普通高等教育电子信息类系列教材

电磁场与光波、电磁波
——MATLAB 实践版

曹建章　著

西安电子科技大学出版社

内容简介

本书是作者多年来从事电磁场与电磁波理论课程教学成果的总结。全书共分15章。第1章为矢量分析和场论基础；第2至5章分别为静电场、静电场边值问题的求解、恒定电流与恒定电场、恒定电流的磁场；后10章分别为时变电磁场、无界空间电磁波的传播、平面电磁波的反射与透射、光的干涉、光的衍射、平面光波在各向异性线性介质中的传播、传输线、金属波导、光波导和天线基础。

本书系统地把电磁场与电磁波的数学原理用MATLAB仿真程序进行数值模拟，从而把数学问题转化为易于理解的可视化图形。这样不仅可以帮助学生理解电磁场的分布特性和光波、电磁波的传播特性，还可以提升学生学习数学的兴趣，进而提升其学习电磁理论课的兴趣。通过本书的学习，学生不仅可以学到扎实的电磁场与电磁波基础理论知识，还可以把学到的理论知识运用到MATLAB中去创建简单的程序。MATLAB仿真既可以展现理论概念，又可以帮助学生更好地理解物理参数的意义和价值。

本书内容翔实，概念清晰，数学描述细腻而严谨，层次分明，取材具有一定的广度和深度，在内容上作了适当取舍，可作为不同层次、不同电类专业和光类专业本科生学习电磁场与电磁波理论的教材，也可作为低年级研究生深入学习电磁场理论的参考书。同时，本书还可为从事电磁场与电磁波理论教学、光学教学和光通信及天线设计的科研人员提供参考。

图书在版编目(CIP)数据

电磁场与光波、电磁波——MATLAB实践版／曹建章著. --西安：西安电子科技大学出版社，2023.8
ISBN 978-7-5606-6707-2

Ⅰ.①电… Ⅱ.①曹… Ⅲ.①Matlab软件—应用—电磁场②Matlab软件—应用—电磁波
Ⅳ.①O441.4

中国国家版本馆CIP数据核字(2023)第047820号

策　　划　陈　婷
责任编辑　陈　婷
出版发行　西安电子科技大学出版社(西安市太白南路2号)
电　　话　(029)88202421　88201467　　邮　　编　710071
网　　址　www.xduph.com　　电子邮箱　xdupfxb001@163.com
经　　销　新华书店
印刷单位　陕西博文印务有限责任公司
版　　次　2023年8月第1版　　2023年8月第1次印刷
开　　本　787毫米×1092毫米　1/16　　印张　36.5
字　　数　864千字
印　　数　1~2000册
定　　价　92.00元
ISBN 978-7-5606-6707-2/O
XDUP　7009001-1
* * * * * 如有印装问题可调换 * * * * *

前　言 PREFACE

在21世纪这一信息化时代，科技进步和创新成为推动人类社会发展的重要引擎。因此，高等教育体制面临着前所未有的变革，必须面向当前急需和未来产业的发展，提前进行人才布局，培养具有创新创业意识、数字化思维和跨界整合能力的“新工科”人才，以适应未来社会对人才的需求。

电磁理论广泛应用于通信、广播电视、导航、遥感遥测、工业自动化、家用电器、电力系统和医用电子设备等，是许多新兴学科的增长点和交叉点。所以，电磁理论课是高等学校通信工程、电子信息、微波技术、电磁兼容和光学工程等众多专业本科生必修的一门重要的学科理论基础课，学习电磁理论课是信息类技术人才培养的一个重要环节。这是因为：通过学习电磁理论课，学生不仅能够掌握电磁场的基本理论，包括电磁场的基本实验定律和电磁场基本方程，从而掌握电磁场的分析方法，而且能够掌握无界空间电磁波的传播特性以及波导和天线电磁波的传播特性，并掌握电磁波传播特性的分析和计算方法，提高自主学习和创新能力，为后续学习、从事研究和工作打下坚实的理论基础。

2010年作者编著出版《电磁场与电磁波理论基础》一书，该书曾在十多所院校使用，得到了许多老师和学生的好评。经过十多年的教学实践和教学研究，同时考虑使用该书的教师和学生提出的宝贵意见和建议，作者在原书的基础上进行了改编。改编主要涉及四个方面：

（1）注重物理概念与数学概念的结合，重点突出电磁场物理问题的数学描述。由于电磁理论物理概念抽象，理论性强，要求学生具有较深厚的数学基础（掌握矢量分析和场论、数学物理方法等），因此对于初学者有一定的难度，其难点在于对电磁理论概念的理解、对数学语言的理解和掌握。因此，学习电磁理论本身就是锻炼学生应用数学方法解决实际问题的能力，也是数学学习的深入和继续，这对学习其他理论课程与从事科学研究和创新都是非常有益的。

（2）对教材内容进行精心编排。2018年6月21日，教育部陈宝生部长在新时代全国高等学校本科教育工作会议上第一次提出，对大学生要有效“增负”，提升大学生的学业挑战度，合理增加课程难度，拓展课程深度，扩大课程的可选择性，真正把“水课”转变成有深度、有难度、有挑战度的“金课”。鉴于此，本书在取材的深度和广度上充分考虑了电磁理论前沿科学领域的知识内容。

(3) 电磁场和电磁波求解结果与 MATLAB 仿真实验相结合。MATLAB 可以把抽象而复杂的电磁场和电磁波数学公式转化为可视化图形，这样不仅可以帮助学生理解电磁场的分布特性和电磁波的传播特性，还可以提升学生学习数学的兴趣。目前 MATLAB 软件已成为科学计算和仿真的主流软件，适用于各门信息类课程的教学。近年来，我国理工科高等院校已经把 MATLAB 作为一门选修课或必修课，学生已具备电磁理论课 MATLAB 仿真实验的基础。基于此，本书选择用 MATLAB 进行实践。

(4) 增加光波内容。由于历史原因和光波具有的特点，一般电磁场与电磁波教材很少涉及光波内容。但是，随着信息化技术的发展，光和电深度融合，因此本书增加了光波的内容，以适应光电和光学工程专业学生的学习。

除此之外，本书每个 MATLAB 仿真实验都给出了仿真计算参数，可通过实验对结果进行验证。

本书共包含 15 章。

第 1 章为矢量分析和场论基础，讲述了电磁场理论必要的数学基础。

第 2~5 章为静态场，包括静电场、静电场边值问题的求解、恒定电流与恒定电场、恒定电流的磁场，主要介绍静态场的基本概念和基本方程，并将静态场基本方程应用于实际问题的分析和计算。通过静态场的学习，学生可在掌握静态场基本原理的基础上，掌握运用数学方法和 MATLAB 进行仿真计算，以解决工程中的一些实际问题。

第 6~8 章分别为时变电磁场、无界空间电磁波的传播、平面电磁波的反射与透射。时变电磁场一章讨论时变场的基本方程——麦克斯韦方程和物质方程、时变场的边界条件、坡印廷定理和坡印廷矢量、时域形式的波动方程和时谐电磁场。无界空间电磁波的传播一章讨论理想介质中的矢量平面电磁波、有耗介质和良导体中的矢量平面电磁波、矢量平面电磁波的极化和标量光波。平面电磁波的反射与透射一章讨论平面电磁波对分界平面的垂直入射和对理想介质分界平面的斜入射、反射系数和透射系数随入射角的变化特性、斯托克斯倒逆关系，以及理想介质与理想介质分界面的反射率和透射率。这三章是后续光波、电磁波传播的基础。

第 9~11 章为光波内容。第 9 章光的干涉，讨论的是无界空间矢量平面光波双光束干涉、标量柱面光波双光束干涉、标量球面光波双光束干涉、标量柱面光波分波阵面杨氏双缝干涉、矢量平面光波平行平板分振幅双光束干涉，以及矢量平面光波多光束干涉光刻。第 10 章光的衍射，首先讨论基尔霍夫衍射理论，给出标量球面光波衍射积分公式和标量平面光波衍射积分公式，以及在旁轴和距离近似条件下的菲涅耳衍射积分公式、夫琅和费衍射积分公式。然后讨论基尔霍夫矢量衍射理论，并给出标量格林函数表述的平面衍射屏矢量平面光波入射的基尔霍夫矢量衍射公式。第 11 章平面光波在各向异性线性介质中的传播，主要讨论矢量平面光波在单轴晶体中的传播特性以及矢量平面光波在各向异性线性介质表面的反射与透射。光的干涉、衍射和偏振(极化)是研究各种光学现象的基础，通过学习，学生可在掌握光干涉和衍射基本原理的基础上，用 MATLAB 仿真实验得到不同干涉和衍射装置的光强分布曲线和干涉衍射条纹，并与干涉和衍射实验装置结果进行定量比较，从而掌握研究光干涉和衍射的理论及方法。

第 12~14 章分别为传输线、金属波导和光波导。传输线一章采用电路分析方法对均匀无耗传输线的传输特性进行了较为深入的讨论。通过学习传输线，学生可掌握均匀无耗传输线应用中实用而简单的分析方法。金属波导一章采用场的分析方法，从矢量赫姆霍兹方程出发，分别讨论金属矩形波导和金属圆波导的传播特性。对于波导中电磁波的不同传播模式，结合 MATLAB 仿真计算，给出波导中的场分布和壁面电流分布。通过学习，学生可掌握金属波导中的电磁波在不同传播模式的分析方法，而这种分析方法具有实际的应用价值。光波导一章讨论平面对称光波导和圆柱形光波导——阶跃型光纤。平面对称光波导是集成光波导的基础。光波导分析方法是从麦克斯韦方程出发，采用纵向场解法，求解满足边界条件的矢量赫姆霍兹方程，从而得到光波导中光波的不同传播模式，结合 MATLAB 仿真计算，给出不同传播模式的电磁场矢量分布和光强分布。目前，光纤已广泛应用于光纤通信。阶跃型光纤是一种常见的光纤类型，学习其相关知识可为学生从事光纤通信和光纤光学应用研究奠定坚实的理论基础。

第 15 章为天线基础。天线既可以向外辐射电磁波，也可以接收电磁波，其广泛应用于无线通信、卫星通信、雷达及导航等。本章从位函数波动方程出发，讨论基本振子的辐射，在此基础上给出天线的辐射特性及描述参数，然后讨论对称振子天线、天线阵、接收天线和雷达基本原理。本章结合 MATLAB 仿真计算，给出了许多天线辐射特性场的方向图算例。通过本章的学习，学生可掌握天线辐射特性常用的基本概念、天线设计的方法和步骤、天线场方向图和功率方向图的计算以及天线特性参数的计算，由此奠定从事天线设计和研究的基础。

本书具有以下主要特点：

（1）物理概念清晰，重点突出，数学推导严谨，层次分明，论述由表及里，由浅入深，便于自学。

（2）内容反映教学研究成果，安排合理，学生易于接受。

（3）取材在深度和广度上充分反映了现代前沿科学领域的知识内容。

（4）结合 MATLAB 仿真计算，内容图文并茂，体现了教学改革的新观念和新方法。

（5）理论联系实际，面向工程应用，培养创新思维，夯实能力基础。

本书在编写过程中参考了国内外许多专家和学者的优秀教材和文献，在此对所列文献作者深表感谢。

虽然作者在编写本书过程中力求做到无误，但限于作者水平，书中难免存在不妥之处，敬请读者及同行给予批评指正。

曹建章
2023 年 1 月于深圳大学
E-mail：caojianzhang@ sina. com

[1] 教育部高等教育司关于开展新工科研究与实践的通知（教高司函〔2017〕6 号）[EB/OL].（2017 - 02 - 20）. http://www. moe. gov. cn/s78/A08/tongzhi/201702/t20170223_297158. html.

[2] 教育部关于加快建设高水平本科教育全面提高人才培养能力的意见（教高〔2018〕2 号）[EB/OL].（2018 - 09 - 17）. https://www. gov. cn/zhengce/zhengceku/2018 - 12/

31/content_5443541. htm.

[3] 教育部 财政部 国家发展改革委印发《关于高等学校加快“双一流”建设的指导意见》的通知（教研〔2018〕5 号）[EB/OL]. (2018 - 08 - 08). https://www. gov. cn/zhengce/zhengceku/2018 - 12/31/content_5443460. htm.

[4] 梁快，胡顺仁，郑大青，等. “新工科”背景下电磁场与电磁波教学新思考[J]. 电脑知识与技术，2018(36)：128 - 129.

[5] 姜霞，郑宏兴，王莉，等. “新工科”背景下电磁场与微波类课程改革与实践[J]. 机电技术，2021(1)：118 - 120.

[6] 邵小桃，李一玫，王国栋. 电磁场与电磁波(M^+Book)[M]. 2 版. 北京：清华大学出版社，2021.

[7] 杨琳，刘皎，张娜，等. “四个一流”建设背景下地方高校教学改革与实践：以“电磁场与电磁波”课程为例[J]. 教学研究，2018,41(4)：74 - 79.

[8] 王乐. MATLAB 软件在电磁场与电磁波可视化教学中的应用[J]. 科技风，2021(20)：84 - 85.

[9] 支飞虎. MATLAB 在电磁场与电磁波课程内矢量分析教学中的应用[J]. 教育教学论坛，2020，51：354 - 355.

[10] 李莉，赵同刚，王雅琪. 理论与实验相结合的电磁场教学方法[J]. 电气电子教学学报，2019，41(4)：127 - 129.

目　录 CONTENTS

第 1 章　矢量分析和场论基础

矢量分析和场论是学习电磁场理论必备的数学工具，在高等数学课程中已有简单介绍。鉴于在电磁场理论学习中普遍采用矢量，本章简要介绍矢量分析与场论的基本概念和定理，以便于在后续章节中应用。

1.1　标量和矢量

所谓标量，是指用单一数就可以完整描述的物理量，比如质量、时间、温度和功等；而矢量是指既有大小又有方向的物理量，比如力、电场和磁场等。标量通常用字母或数字表示，如 A、a、20℃、10 g。而矢量既有大小，又有方向，表示也多种多样，可用黑斜体字母表示，如 $\boldsymbol{A}$、$\boldsymbol{R}$，也可用字母加箭头表示，如 $\vec{a}$、$\vec{A}$，还可以用字母或数字加单位矢量表示，如 $A\boldsymbol{e}_A$、$5\boldsymbol{e}_A$，其中 $\boldsymbol{e}_A$ 为单位矢量。单位矢量仅表示矢量的方向，其大小为单位 1。本书中用黑斜体字母表示矢量，比如矢量 $\boldsymbol{A}$ 可以写成

$$\boldsymbol{A} = A\,\boldsymbol{e}_A \tag{1-1}$$

式中，A 是 $\boldsymbol{A}$ 的大小，$\boldsymbol{e}_A$ 代表 $\boldsymbol{A}$ 的方向，$\boldsymbol{e}_A$ 的大小为 1。由式(1-1)有

$$\boldsymbol{e}_A = \frac{\boldsymbol{A}}{A} \tag{1-2}$$

通常矢量大小也记作 $|\boldsymbol{A}|$。为了直观起见，矢量还可以用带箭头的线段表示，如图 1-1 中带箭头的矢量可表示为 $\overrightarrow{OA}$。

在量纲或单位相同的情况下，标量可以直接比较大小，而两个或多个矢量比较，除大小外，还涉及方向。假如两个矢量具有相同的量纲或单位，说两个矢量相等，表明两个矢量大小相等并具有相同的方向。

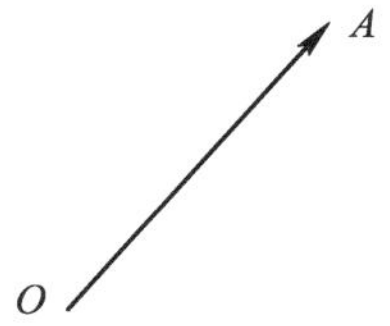

图 1-1　矢量表示

1.2　矢量的运算

1.2.1　直角坐标系中矢量的表示

如图 1-1 所示的矢量表示，对于矢量运算很不方便。为了定量描述矢量的大小和方向，以便于矢量的运算，通常把矢量置于三维直角坐标系中，如图 1-2所示。直角坐标系中三个互相垂直的有向线段分别称为 X 轴、Y 轴和 Z 轴，沿坐标轴的单位矢量分别记作 $\boldsymbol{e}_x$、$\boldsymbol{e}_y$ 和 $\boldsymbol{e}_z$。设矢量 $\boldsymbol{A}$ 的始点位于坐标原点 O，$\boldsymbol{A}$ 沿三个坐标轴的投影分别为 A_x、A_y 和 A_z，称为矢量 $\boldsymbol{A}$ 沿坐标轴的分量。根据勾股定理，可写出矢量 $\boldsymbol{A}$ 的大小(或称为模)为

$$|\boldsymbol{A}| = A = \sqrt{A_x^2 + A_y^2 + A_z^2} \tag{1-3}$$

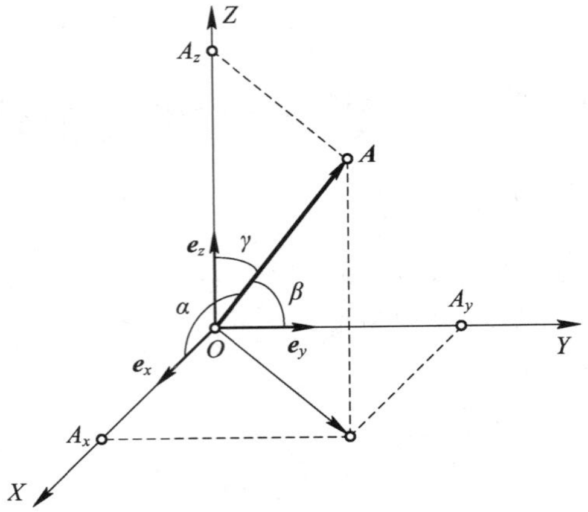

图 1-2　直角坐标系中矢量的描述

矢量的方向通常用方向余弦表示。设矢量 **A** 与三个坐标轴 X、Y 和 Z 的夹角分别为 α、β 和 γ，则矢量 **A** 的方向可由三个方向余弦确定，即

$$\begin{cases} \cos\alpha = \dfrac{A_x}{A} \\ \cos\beta = \dfrac{A_y}{A} \\ \cos\gamma = \dfrac{A_z}{A} \end{cases} \tag{1-4}$$

矢量 **A** 的方向也可简记为 $\{\cos\alpha, \cos\beta, \cos\gamma\}$。把式(1-4)代入式(1-3)，可知方向余弦满足条件：

$$\cos^2\alpha + \cos^2\beta + \cos^2\gamma = 1 \tag{1-5}$$

由此可以看出，任何矢量都可以用矢量沿直角坐标轴的分量和沿坐标轴的单位矢量表示，即

$$\boldsymbol{A} = A_x \boldsymbol{e}_x + A_y \boldsymbol{e}_y + A_z \boldsymbol{e}_z \tag{1-6}$$

1.2.2　矢量的运算

标量运算包括加、减、乘法和除法，并满足结合律、分配律和交换律。矢量运算要复杂得多，包括加、减法和乘法运算，没有除法运算。

1. 矢量加法

假设矢量 **A**、**B** 和 **C** 具有相同的单位或量纲，则三个矢量的和为一确定矢量，记作 **D**，则有

$$\boldsymbol{D} = D_x \boldsymbol{e}_x + D_y \boldsymbol{e}_y + D_z \boldsymbol{e}_z = \boldsymbol{A} + \boldsymbol{B} + \boldsymbol{C} \tag{1-7}$$

将矢量 **A**、**B** 和 **C** 写成分量形式，然后代入式(1-7)，则有

$$\begin{cases} D_x = A_x + B_x + C_x \\ D_y = A_y + B_y + C_y \\ D_z = A_z + B_z + C_z \end{cases} \tag{1-8}$$

对于矢量减法，可看作矢量反向，然后再相加。

由式(1－7)可以看出，矢量加法(或者减法)满足结合律和交换律，即

$$(\boldsymbol{A}+\boldsymbol{B})+\boldsymbol{C}=\boldsymbol{A}+(\boldsymbol{B}+\boldsymbol{C}) \tag{1-9}$$

$$\boldsymbol{A}+\boldsymbol{C}+\boldsymbol{B}=\boldsymbol{B}+\boldsymbol{C}+\boldsymbol{A} \tag{1-10}$$

2. 矢量的标积

矢量乘法包括标积和矢积。矢量的标积也称点积或数量积，其定义为

$$\boldsymbol{A}\cdot\boldsymbol{B}=|\boldsymbol{A}||\boldsymbol{B}|\cos\theta \tag{1-11}$$

式中，$|\boldsymbol{A}|$ 和 $|\boldsymbol{B}|$ 分别为矢量 $\boldsymbol{A}$ 和 $\boldsymbol{B}$ 的大小，θ 为两矢量间的夹角，如图 1－3 所示。显然，矢量的标积是一个数量，并满足交换律、分配律和数乘，即

$$\boldsymbol{A}\cdot\boldsymbol{B}=\boldsymbol{B}\cdot\boldsymbol{A} \tag{1-12}$$

$$\boldsymbol{A}\cdot(\boldsymbol{B}+\boldsymbol{C})=\boldsymbol{A}\cdot\boldsymbol{B}+\boldsymbol{A}\cdot\boldsymbol{C} \tag{1-13}$$

$$k(\boldsymbol{A}\cdot\boldsymbol{B})=(k\boldsymbol{A})\cdot\boldsymbol{B}=\boldsymbol{A}\cdot(k\boldsymbol{B}) \tag{1-14}$$

式中，k 为一常数。

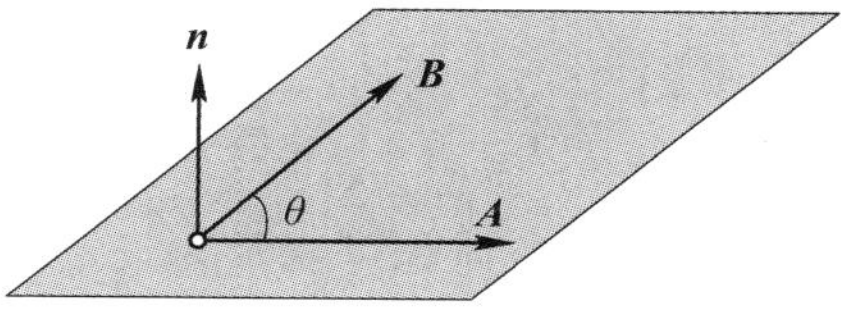

图 1－3　矢量的标积和矢积

矢量的标积也可以写成分量形式：

$$\boldsymbol{A}\cdot\boldsymbol{B}=(A_x\boldsymbol{e}_x+A_y\boldsymbol{e}_y+A_z\boldsymbol{e}_z)\cdot(B_x\boldsymbol{e}_x+B_y\boldsymbol{e}_y+B_z\boldsymbol{e}_z)$$

由于 $\boldsymbol{e}_x$、$\boldsymbol{e}_y$ 和 $\boldsymbol{e}_z$ 相互垂直，由式(1－11)可得 $\boldsymbol{e}_x\cdot\boldsymbol{e}_y=0$，$\boldsymbol{e}_y\cdot\boldsymbol{e}_z=0$，$\boldsymbol{e}_x\cdot\boldsymbol{e}_z=0$，因此上式可化简为

$$\boldsymbol{A}\cdot\boldsymbol{B}=A_xB_x+A_yB_y+A_zB_z \tag{1-15}$$

由式(1－6)和式(1－15)可得如下关系：

$$\begin{cases}A_x=\boldsymbol{A}\cdot\boldsymbol{e}_x\\A_y=\boldsymbol{A}\cdot\boldsymbol{e}_y\\A_z=\boldsymbol{A}\cdot\boldsymbol{e}_z\end{cases} \tag{1-16}$$

式(1－16)是矢量 $\boldsymbol{A}$ 在三个直角坐标轴上的投影公式。

3. 矢量的矢积

矢量的矢积也称叉积，定义为

$$\boldsymbol{A}\times\boldsymbol{B}=|\boldsymbol{A}||\boldsymbol{B}|\sin\theta\boldsymbol{n} \tag{1-17}$$

式中，$\boldsymbol{n}$ 是垂直于由矢量 $\boldsymbol{A}$ 和 $\boldsymbol{B}$ 构成的平面的法向单位矢量，并遵循右手螺旋法则，如图 1－3所示。由定义式(1－17)可见，两个矢量的矢积是一矢量，其方向为 $\boldsymbol{n}$。另外，矢量的矢积不满足交换律，但满足如下关系：

$$\boldsymbol{A}\times\boldsymbol{B}=-\boldsymbol{B}\times\boldsymbol{A} \tag{1-18}$$

矢积满足分配律和数乘，即

$$\boldsymbol{A}\times(\boldsymbol{B}+\boldsymbol{C})=\boldsymbol{A}\times\boldsymbol{B}+\boldsymbol{A}\times\boldsymbol{C} \tag{1-19}$$

$$(k\boldsymbol{A})\times\boldsymbol{B}=k(\boldsymbol{A}\times\boldsymbol{B})=\boldsymbol{A}\times(k\boldsymbol{B}) \tag{1-20}$$

式中，k 为一常数。

矢量的矢积写成分量形式有

$$\boldsymbol{A}\times\boldsymbol{B}=(A_x\boldsymbol{e}_x+A_y\boldsymbol{e}_y+A_z\boldsymbol{e}_z)\times(B_x\boldsymbol{e}_x+B_y\boldsymbol{e}_y+B_z\boldsymbol{e}_z) \tag{1-21}$$

由定义式(1-17)可得 $\boldsymbol{e}_x\times\boldsymbol{e}_y=\boldsymbol{e}_z$，$\boldsymbol{e}_y\times\boldsymbol{e}_z=\boldsymbol{e}_x$，$\boldsymbol{e}_z\times\boldsymbol{e}_x=\boldsymbol{e}_y$，$\boldsymbol{e}_x\times\boldsymbol{e}_x=\boldsymbol{e}_y\times\boldsymbol{e}_y=\boldsymbol{e}_z\times\boldsymbol{e}_z=0$，因此式(1-21)可简化为

$$\boldsymbol{A}\times\boldsymbol{B}=(A_yB_z-A_zB_y)\boldsymbol{e}_x+(A_zB_x-A_xB_z)\boldsymbol{e}_y+(A_xB_y-A_yB_x)\boldsymbol{e}_z \tag{1-22}$$

式(1-22)也可以简写为行列式的形式，即

$$\boldsymbol{A}\times\boldsymbol{B}=\begin{vmatrix}\boldsymbol{e}_x & \boldsymbol{e}_y & \boldsymbol{e}_z\\ A_x & A_y & A_z\\ B_x & B_y & B_z\end{vmatrix} \tag{1-23}$$

下面是两个矢量恒等式，采用直角坐标分量形式可直接得到验证。

$$\boldsymbol{A}\cdot(\boldsymbol{B}\times\boldsymbol{C})=\boldsymbol{C}\cdot(\boldsymbol{A}\times\boldsymbol{B})=\boldsymbol{B}\cdot(\boldsymbol{C}\times\boldsymbol{A}) \tag{1-24}$$

$$\boldsymbol{A}\times(\boldsymbol{B}\times\boldsymbol{C})=(\boldsymbol{A}\cdot\boldsymbol{C})\boldsymbol{B}-(\boldsymbol{A}\cdot\boldsymbol{B})\boldsymbol{C} \tag{1-25}$$

【例 1.1】 已知矢量 $\boldsymbol{A}=2\boldsymbol{e}_x+\boldsymbol{e}_y-2\boldsymbol{e}_z$，$\boldsymbol{B}=-\boldsymbol{e}_x+3\boldsymbol{e}_y+5\boldsymbol{e}_z$，$\boldsymbol{C}=5\boldsymbol{e}_x-2\boldsymbol{e}_y-2\boldsymbol{e}_z$，计算由矢量 $\boldsymbol{A}$、$\boldsymbol{B}$ 和 $\boldsymbol{C}$ 构成的平行六面体的体积，如图 1-4 所示。

解 借助于式(1-23)，平行六面体的体积可表示为矢量三重积的行列式形式：

$$V=\boldsymbol{A}\cdot(\boldsymbol{B}\times\boldsymbol{C})=\begin{vmatrix}A_x & A_y & A_z\\ B_x & B_y & B_z\\ C_x & C_y & C_z\end{vmatrix}$$

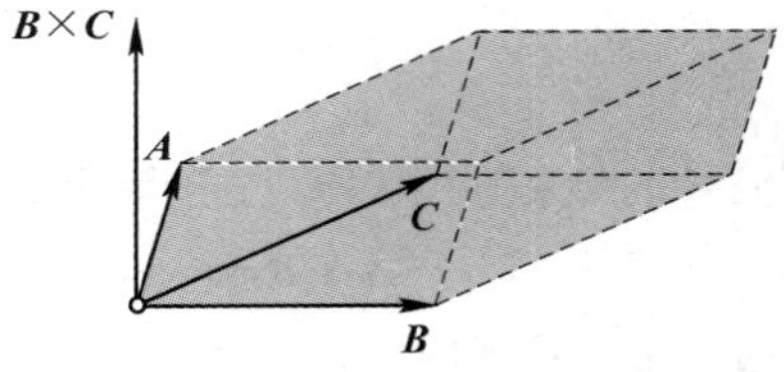

图 1-4 例 1.1 图

代入数值得

$$V=\begin{vmatrix}2 & 1 & -2\\ -1 & 3 & 5\\ 5 & -2 & -2\end{vmatrix}=57$$

【例 1.2】 已知矢量 $\boldsymbol{A}=\boldsymbol{e}_x+2\boldsymbol{e}_y-3\boldsymbol{e}_z$，$\boldsymbol{B}=-4\boldsymbol{e}_y+\boldsymbol{e}_z$，$\boldsymbol{C}=5\boldsymbol{e}_x-2\boldsymbol{e}_y$，试求 $\boldsymbol{A}\cdot\boldsymbol{B}$ 和 $\boldsymbol{A}\times\boldsymbol{C}$。

解 由式(1-15)有

$$\boldsymbol{A}\cdot\boldsymbol{B}=(\boldsymbol{e}_x+2\boldsymbol{e}_y-3\boldsymbol{e}_z)\cdot(-4\boldsymbol{e}_y+\boldsymbol{e}_z)=-11$$

由式(1-23)有

$$\boldsymbol{A}\times\boldsymbol{C}=\begin{vmatrix}\boldsymbol{e}_x & \boldsymbol{e}_y & \boldsymbol{e}_z\\ 1 & 2 & -3\\ 5 & -2 & 0\end{vmatrix}=-6\boldsymbol{e}_x-15\boldsymbol{e}_y-12\boldsymbol{e}_z$$

1.3 标量场和矢量场

在高等数学中，一元函数和多元函数是抽象的概念，而在实际物理问题中可以赋予函数确切的物理含义，如速度函数、密度函数、温度函数等。在电磁场理论中，通常把函数也称为场，它是描述一个物理量在空间区域的分布或者变化规律的函数。物理量可以是标量或者矢量，因而场可以是标量场，也可以是矢量场。如果物理量的分布或者变化规律仅随空间点变化，不随时间变化，则这种场称为静态场，否则，称为动态场或时变场。

标量场的典型例子有温度场、密度场、电位分布场等。图1-5是一温度场分布示意图。一灯泡放置于坐标原点，当灯泡通电后，除了在空间产生光辐射外，还产生热辐射，这样就在空间形成了一温度场。图1-5是用灰度变化图来表示的，用数学的语言描述可表达为

$$T = T(x, y, z) \tag{1-26}$$

这就是温度场随空间坐标点变化的普遍函数形式。如果根据源的分布和其他条件能够确定温度场分布的具体函数形式，那么就可以定量描述温度场的特性。如果坐标原点选取不同，此时描述场的函数形式就会有所不同，但场的空间分布不会改变。

矢量场的典型例子有速度场、加速度场、重力场、电场和磁场等。图1-6是电场分布示意图。一正的带电体放置于坐标原点，电荷周围产生电场，电场是矢量场，在空间中的点不仅具有大小，而且具有方向。图1-6用灰度变化表示电场的大小，图中的小箭头表示在空间中电场在该点的单位矢量。由于在空间中每一点电场不仅有确定的大小，还有确定的方向，因而必须用矢量函数来描述，可表达为

$$\boldsymbol{E} = \boldsymbol{E}(x, y, z) \tag{1-27}$$

如果已知电荷分布，则可利用点电荷的场强公式和电场强度叠加原理求出电场分布的具体表达式。

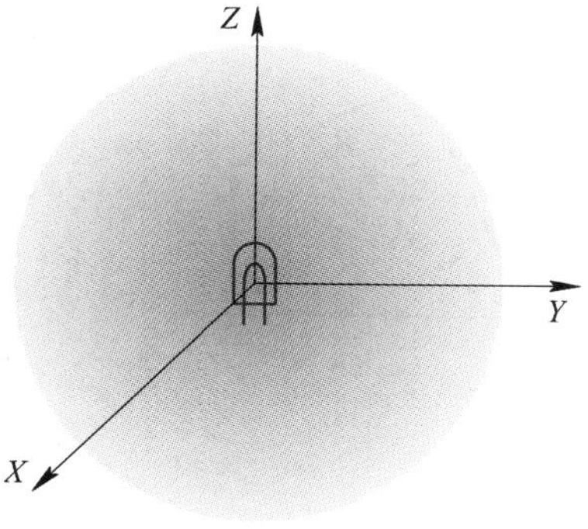

图1-5　温度场分布示意图

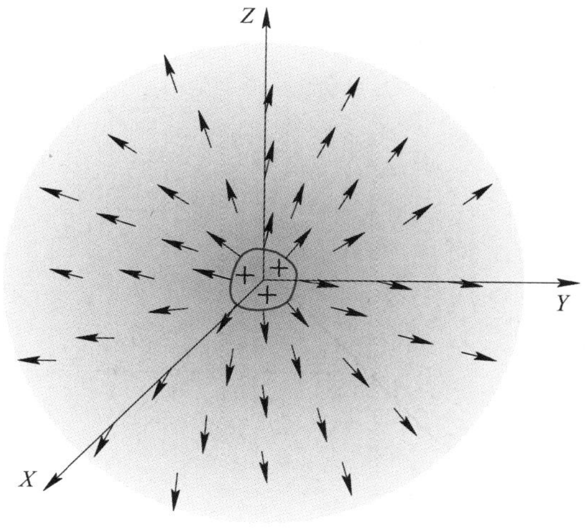

图1-6　电场分布示意图

假如带电体中的电荷随时间变化，那么空间电场分布也随时间变化，表达式(1-27)还必须包含时间变量t，则有

$$\boldsymbol{E} = \boldsymbol{E}(x, y, z; t) \tag{1-28}$$

此时，在空间的任意点，电场的大小随时间变化，方向也随时间变化，这就是时变场。显然，时变矢量场比时变标量场要复杂得多。

1.4　特殊正交曲线坐标系

在电磁场理论学习中，场的定量描述以及标量场和矢量场的微分、积分等都与坐标系紧密相关，因此熟悉和掌握坐标系的运用很有必要。本书将采用三种特殊的正交坐标系

——直角坐标系、圆柱坐标系和球坐标系，更一般的正交坐标系本书不予讨论。

1.4.1　直角坐标系

前面已指出，直角坐标系由三个相互垂直的有向直线构成，三直线称为 X、Y 和 Z 轴，单位矢量 $\boldsymbol{e}_x$、$\boldsymbol{e}_y$ 和 $\boldsymbol{e}_z$ 分别表示 X、Y 和 Z 轴的方向，$\boldsymbol{e}_x$、$\boldsymbol{e}_y$ 和 $\boldsymbol{e}_z$ 相互垂直。

1. 位置矢量

位置矢量简称位矢，是一个从坐标原点指向空间任意点 $P(x, y, z)$ 的矢量，通常记作 $\boldsymbol{r}$，用分量形式表示为

$$\boldsymbol{r} = x\boldsymbol{e}_x + y\boldsymbol{e}_y + z\boldsymbol{e}_z \tag{1-29}$$

式中，x、y 和 z 是 $\boldsymbol{r}$ 在 X、Y 和 Z 轴上的投影或分量，如图 1-7 所示。

2. 距离矢量

距离矢量是从空间一点 $P(x_1, y_1, z_1)$ 到另一点 $Q(x_2, y_2, z_2)$ 的矢量，记作 $\boldsymbol{R}$。根据位矢的分量形式，距离矢量 $\boldsymbol{R}$ 可表示为

$$\boldsymbol{R} = \boldsymbol{r}_2 - \boldsymbol{r}_1 = (x_2 - x_1)\boldsymbol{e}_x + (y_2 - y_1)\boldsymbol{e}_y + (z_2 - z_1)\boldsymbol{e}_z \tag{1-30}$$

其大小为

$$|\boldsymbol{R}| = |\boldsymbol{r}_2 - \boldsymbol{r}_1| = \sqrt{(x_2 - x_1)^2 + (y_2 - y_1)^2 + (z_2 - z_1)^2} \tag{1-31}$$

距离矢量如图 1-8 所示。

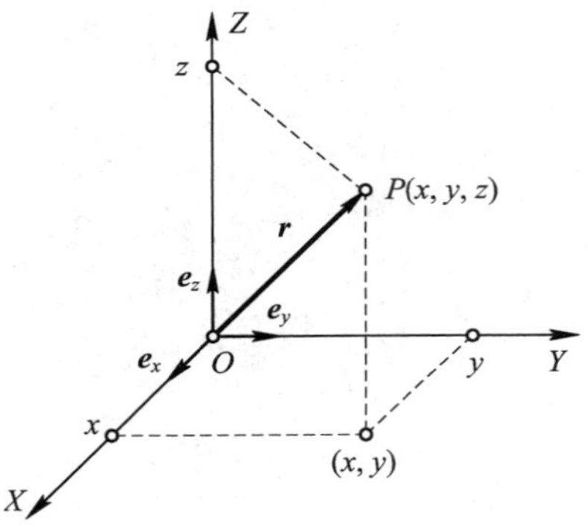

图 1-7　位置矢量

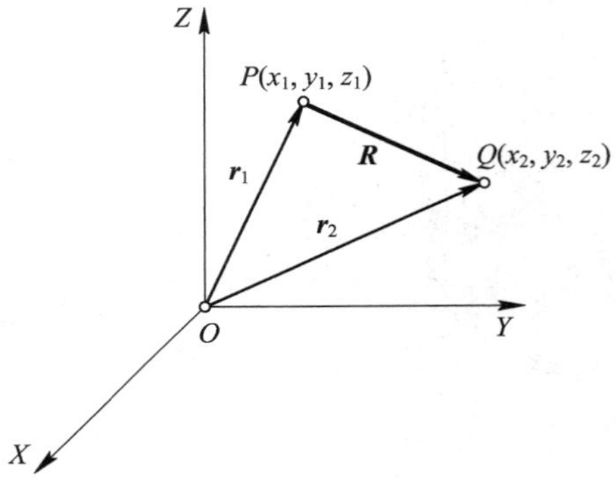

图 1-8　距离矢量

3. 体、面和线微分元

如图 1-9 所示，直角坐标系中体微分元 $\mathrm{d}V$ 由沿坐标轴的三个线元 $\mathrm{d}x$、$\mathrm{d}y$ 和 $\mathrm{d}z$ 构成，即

$$\mathrm{d}V = \mathrm{d}x\mathrm{d}y\mathrm{d}z \tag{1-32}$$

体微分元的表面是六个面微分元，构成一闭合曲面。闭合曲面是有向曲面，通常取外法向为曲面的方向，由此可写出沿坐标轴正方向 $\boldsymbol{e}_x$、$\boldsymbol{e}_y$ 和 $\boldsymbol{e}_z$ 的三个面微分元分别为

$$\begin{cases} \mathrm{d}\boldsymbol{S}_x = \mathrm{d}y\mathrm{d}z\,\boldsymbol{e}_x \\ \mathrm{d}\boldsymbol{S}_y = \mathrm{d}x\mathrm{d}z\,\boldsymbol{e}_y \\ \mathrm{d}\boldsymbol{S}_z = \mathrm{d}x\mathrm{d}y\,\boldsymbol{e}_z \end{cases} \tag{1-33}$$

沿坐标轴负向 $-\boldsymbol{e}_x$、$-\boldsymbol{e}_y$ 和 $-\boldsymbol{e}_z$ 的三个面微分元仅需在式(1-33)各式右端分别加“$-$”。

如图 1－10 所示，一有向曲线 l，在曲线 l 上任取一点 P，过 P 点做线微分元 $\mathrm{d}\boldsymbol{l}$，然后把 $\mathrm{d}\boldsymbol{l}$ 进行投影，得到 $\mathrm{d}\boldsymbol{l}$ 的三个直角坐标线微分元 $\mathrm{d}x$、$\mathrm{d}y$ 和 $\mathrm{d}z$，由此可将 $\mathrm{d}\boldsymbol{l}$ 写成分量形式：

$$\mathrm{d}\boldsymbol{l} = \mathrm{d}x\,\boldsymbol{e}_x + \mathrm{d}y\,\boldsymbol{e}_y + \mathrm{d}z\,\boldsymbol{e}_z \tag{1-34}$$

可以在任何场中建立直角坐标系，并用数学的语言对场加以描述，给出直角坐标系下场的表达式。然而，某些情况下，在直角坐标系下描述场的表达式会很复杂，比如当场具有柱对称性或球对称性时，采用特殊的曲线正交坐标系——柱坐标系或球坐标系描述场的数学关系要简单得多。因此，有必要介绍柱坐标系和球坐标系。

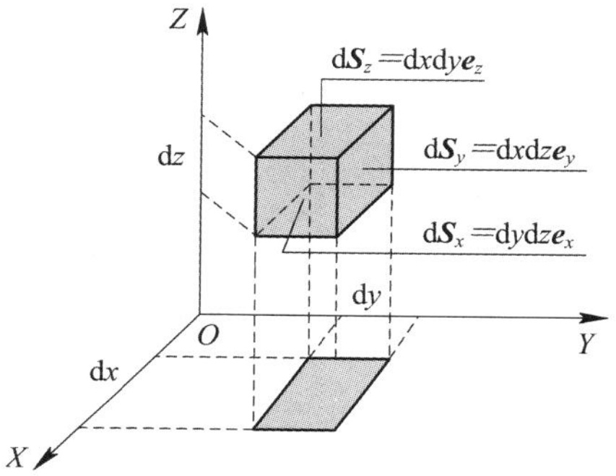

图 1－9　面微分元和体微分元

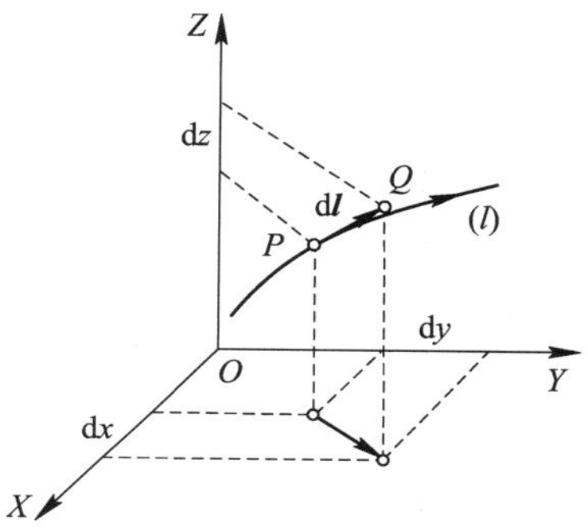

图 1－10　线微分元

1.4.2　圆柱坐标系

圆柱坐标系（简称柱坐标系）是建立在直角坐标系基础之上的，如图 1－11 所示。空间任一点 P 在柱坐标系下的坐标为 (ρ, φ, z)，其中 ρ 为位置矢量 $\boldsymbol{r}$ 在 XY 平面上的投影；φ 为平面 PZ 与平面 XZ 之间的夹角，逆时针方向增大；z 是 $\boldsymbol{r}$ 在 Z 轴上的投影。与坐标 (ρ, φ, z) 对应的单位矢量为 $(\boldsymbol{e}_\rho, \boldsymbol{e}_\varphi, \boldsymbol{e}_z)$，$\boldsymbol{e}_\rho$、$\boldsymbol{e}_\varphi$ 和 $\boldsymbol{e}_z$ 相互垂直，并服从右手法则。值得注意的是，在柱坐标系下，$\boldsymbol{e}_\rho$ 和 $\boldsymbol{e}_\varphi$ 是空间坐标点的函数，随空间坐标点的变化而变化。因此，在柱坐标系下求积分或微分时要特别注意这一点。

1. 位置矢量

在柱坐标系下位置矢量 $\boldsymbol{r}$ 的分量表达式为

$$\boldsymbol{r} = \rho\,\boldsymbol{e}_\rho + z\,\boldsymbol{e}_z \tag{1-35}$$

式中，$\rho = \boldsymbol{r} \cdot \boldsymbol{e}_\rho$，$z = \boldsymbol{r} \cdot \boldsymbol{e}_z$。对于任意的 $\boldsymbol{r}$，恒有 $\boldsymbol{r} \cdot \boldsymbol{e}_\varphi = 0$。

2. 直角坐标与柱坐标之间的关系

由图 1－11 可以看出，除 z 坐标不变外，直角坐标与柱坐标有如下的关系：

$$\begin{cases} x = \rho\cos\varphi \\ y = \rho\sin\varphi \end{cases} \tag{1-36}$$

$$\rho = \sqrt{x^2 + y^2} \tag{1-37}$$

$$\varphi = \arctan\frac{y}{x} \tag{1-38}$$

柱坐标的三个正交面分别为 ρ= 常数、φ= 常数和 z= 常数，如图 1-12 所示。三个正交面在交点 $P(\rho, \varphi, z)$ 处对应的单位矢量（$\boldsymbol{e}_\rho$，$\boldsymbol{e}_\varphi$，$\boldsymbol{e}_z$）彼此正交。三个变量的取值范围分别为

$$\begin{cases} 0 \leqslant \rho < +\infty \\ 0 \leqslant \varphi \leqslant 2\pi \\ -\infty < z < +\infty \end{cases} \tag{1-39}$$

在柱坐标系下，由于单位矢量 $\boldsymbol{e}_\rho$ 和 $\boldsymbol{e}_\varphi$ 是空间坐标点的函数，因而距离矢量不具有直角坐标系下的简单表达式。但是，如果两个位置矢量是在 φ= 常数的平面上，那么距离矢量仍可以写成分量形式，对于任意矢量也是如此。

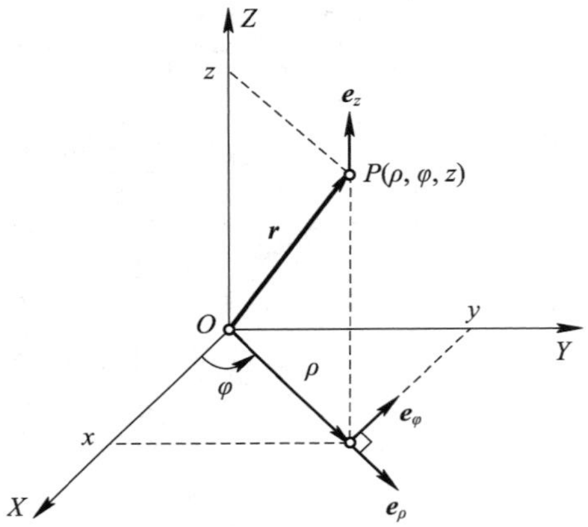

图 1-11　圆柱坐标

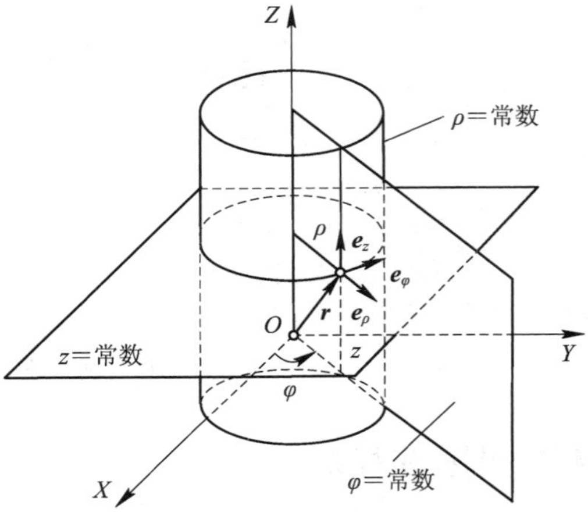

图 1-12　柱坐标系的三个正交面

3. 体、面和线微分元

如图 1-13 所示，柱坐标系中体微分元 $\mathrm{d}V$ 由柱坐标的三个线微分元 $\mathrm{d}\rho$、$\rho\mathrm{d}\varphi$ 和 $\mathrm{d}z$ 构成，即

$$\mathrm{d}V = \rho\mathrm{d}\rho\mathrm{d}\varphi\mathrm{d}z \tag{1-40}$$

同样，体微分元的表面是六个面微分元，构成一闭合曲面。闭合曲面的面元很小，每个面元的方向近似不变，由此可写出正向 $\boldsymbol{e}_\rho$、$\boldsymbol{e}_\varphi$ 和 $\boldsymbol{e}_z$ 三个面微分元分别为

$$\begin{cases} \mathrm{d}\boldsymbol{S}_\rho = \rho\mathrm{d}\varphi\mathrm{d}z\,\boldsymbol{e}_\rho \\ \mathrm{d}\boldsymbol{S}_\varphi = \mathrm{d}\rho\mathrm{d}z\,\boldsymbol{e}_\varphi \\ \mathrm{d}\boldsymbol{S}_z = \rho\mathrm{d}\rho\mathrm{d}\varphi\,\boldsymbol{e}_z \end{cases} \tag{1-41}$$

沿负向 $-\boldsymbol{e}_\rho$、$-\boldsymbol{e}_\varphi$ 和 $-\boldsymbol{e}_z$ 的三个面微分元仅需在式(1-41)各式右端分别加“－”。

如图 1-14 所示，一有向曲线 l，在 l 上任取一点 P，过 P 点做柱坐标系下的体微分元，由于体微分元很小，过点 P 的线微分元 $\mathrm{d}\boldsymbol{l}$ 近似过点 Q，根据矢量平行四边形法则，$\mathrm{d}\boldsymbol{l}$ 可表示为矢量的分量形式为

$$\mathrm{d}\boldsymbol{l} = \mathrm{d}\rho\,\boldsymbol{e}_\rho + \rho\mathrm{d}\varphi\,\boldsymbol{e}_\varphi + \mathrm{d}z\,\boldsymbol{e}_z \tag{1-42}$$

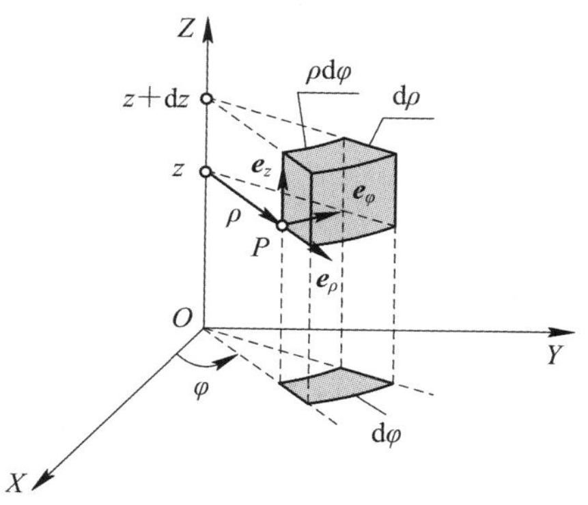

图 1-13　面微分元和体微分元

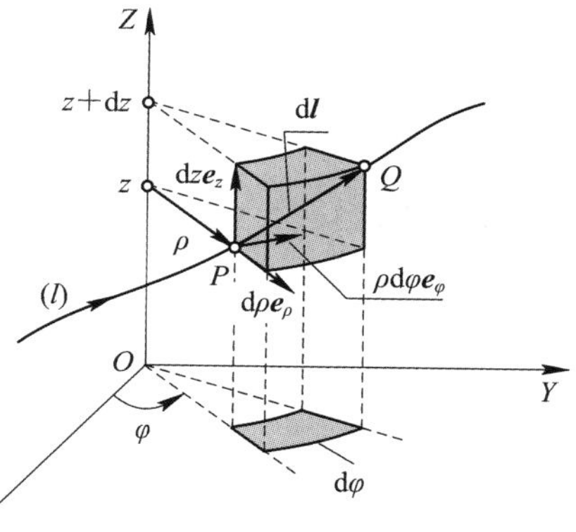

图 1-14　线微分元

4. 单位矢量的变换

矢量在直角坐标系和柱坐标系之间的变换，涉及单位矢量间的变换和分量间的变换。由图 1-15 可以看出，柱坐标系的单位矢量 $\boldsymbol{e}_\rho$ 和 $\boldsymbol{e}_\varphi$ 在直角坐标系中的分量表达式分别为

$$\begin{cases}\boldsymbol{e}_\rho = \cos\varphi\,\boldsymbol{e}_x + \sin\varphi\,\boldsymbol{e}_y \\ \boldsymbol{e}_\varphi = -\sin\varphi\,\boldsymbol{e}_x + \cos\varphi\,\boldsymbol{e}_y\end{cases} \tag{1-43}$$

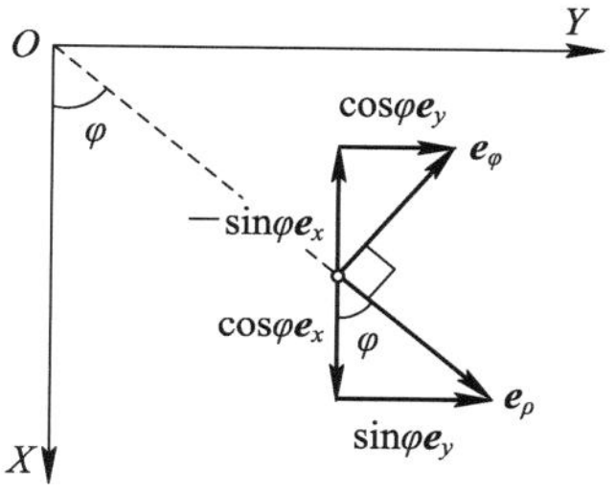

图 1-15　单位矢量之间的变换

直角坐标和柱坐标在 Z 方向的单位矢量不变，即 $\boldsymbol{e}_z = \boldsymbol{e}_z$，把三个变换方程写成矩阵形式，有

$$\begin{bmatrix}\boldsymbol{e}_\rho \\ \boldsymbol{e}_\varphi \\ \boldsymbol{e}_z\end{bmatrix} = \begin{bmatrix}\cos\varphi & \sin\varphi & 0 \\ -\sin\varphi & \cos\varphi & 0 \\ 0 & 0 & 1\end{bmatrix}\begin{bmatrix}\boldsymbol{e}_x \\ \boldsymbol{e}_y \\ \boldsymbol{e}_z\end{bmatrix} \tag{1-44}$$

如果把直角坐标系的单位矢量 $\boldsymbol{e}_x$、$\boldsymbol{e}_y$ 和 $\boldsymbol{e}_z$ 投影到柱坐标系下的单位矢量 $\boldsymbol{e}_\rho$、$\boldsymbol{e}_\varphi$ 和 $\boldsymbol{e}_z$ 上，则有

$$\begin{bmatrix}\boldsymbol{e}_x \\ \boldsymbol{e}_y \\ \boldsymbol{e}_z\end{bmatrix} = \begin{bmatrix}\cos\varphi & -\sin\varphi & 0 \\ \sin\varphi & \cos\varphi & 0 \\ 0 & 0 & 1\end{bmatrix}\begin{bmatrix}\boldsymbol{e}_\rho \\ \boldsymbol{e}_\varphi \\ \boldsymbol{e}_z\end{bmatrix} \tag{1-45}$$

实际上，由式(1-44)和式(1-45)不难验证，从直角坐标到柱坐标的变换矩阵与柱坐标到直角坐标的变换矩阵互为逆矩阵。

5. 任意矢量的变换

假如有一任意矢量 $\boldsymbol{A}$，在柱坐标系下的分量表达式为

$$\boldsymbol{A} = A_\rho\,\boldsymbol{e}_\rho + A_\varphi\,\boldsymbol{e}_\varphi + A_z\,\boldsymbol{e}_z \tag{1-46}$$

要得到在直角坐标系下的分量表达式，可直接利用式(1-45)的系数变换矩阵，得到矢量在直角坐标系下的三个分量为

$$\begin{bmatrix}A_x \\ A_y \\ A_z\end{bmatrix} = \begin{bmatrix}\cos\varphi & -\sin\varphi & 0 \\ \sin\varphi & \cos\varphi & 0 \\ 0 & 0 & 1\end{bmatrix}\begin{bmatrix}A_\rho \\ A_\varphi \\ A_z\end{bmatrix} \tag{1-47}$$

由此可以看出，单位矢量之间的变换矩阵也是矢量分量之间的变换矩阵。

同理，如果已知矢量在直角坐标系下的分量表达式，利用式(1-44)中的变换矩阵就可得到在柱坐标系下三个分量的表达式。

1.4.3 球坐标系

球坐标系如图 1-16 所示。空间任一点 P 在球坐标系下的坐标为(r, θ, φ)，其中 r 为位置矢量 $\boldsymbol{r}$ 的大小；θ 是位矢与正 Z 轴之间的夹角，φ 是 X 轴正向与位矢在 XOY 平面上的投影之间的夹角，与坐标(r, θ, φ)对应的单位矢量为 $(\boldsymbol{e}_r, \boldsymbol{e}_\theta, \boldsymbol{e}_\varphi)$，$\boldsymbol{e}_r$、$\boldsymbol{e}_\theta$ 和 $\boldsymbol{e}_\varphi$ 相互垂直，并服从右手法则。在球坐标系下，$\boldsymbol{e}_r$、$\boldsymbol{e}_\theta$ 和 $\boldsymbol{e}_\varphi$ 都是空间坐标点的函数，随空间坐标点的变化而变化。

1. 位置矢量

在球坐标系下，对于所有的 $\boldsymbol{r}$，由于 $\boldsymbol{e}_\theta \cdot \boldsymbol{r} = \boldsymbol{e}_\varphi \cdot \boldsymbol{r} = 0$，因此位置矢量有简单的表达式：

$$\boldsymbol{r} = r\boldsymbol{e}_r \tag{1-48}$$

2. 直角坐标和球坐标之间的关系

由图 1-16 可以看出，直角坐标用球坐标表示有如下关系：

$$\begin{cases} x = r\sin\theta\cos\varphi \\ y = r\sin\theta\sin\varphi \\ z = r\cos\theta \end{cases} \tag{1-49}$$

根据式(1-49)可以得到球坐标用直角坐标表示的关系式为

$$\begin{cases} r = \sqrt{x^2 + y^2 + z^2} \\ \theta = \arccos \dfrac{z}{r} \\ \varphi = \arctan \dfrac{y}{x} \end{cases} \tag{1-50}$$

球坐标系的三个正交面分别为 r=常数(球面)、θ=常数(锥面)和 φ=常数(平面)，如图 1-17 所示。三个正交面在交点 $P(r, \theta, \varphi)$处对应的单位矢量$(\boldsymbol{e}_r, \boldsymbol{e}_\theta, \boldsymbol{e}_\varphi)$彼此正交。三个变量的取值范围分别为

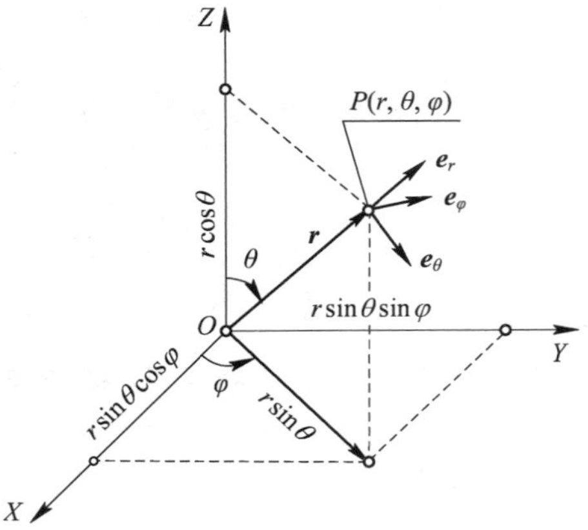

图 1-16　球坐标系

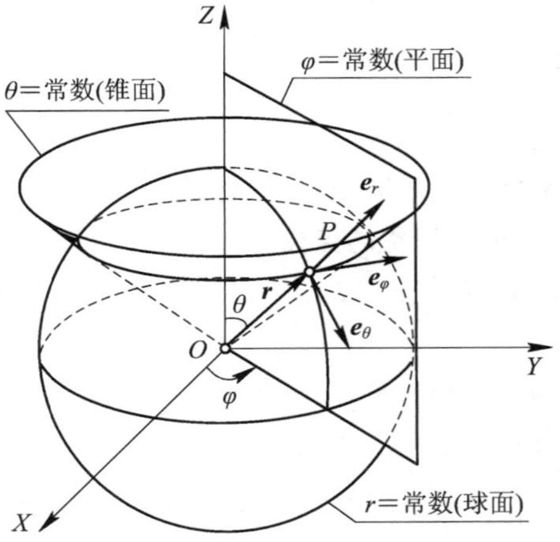

图 1-17　球坐标系的三个正交面

$$\begin{cases} 0 \leqslant r < +\infty \\ 0 \leqslant \varphi \leqslant 2\pi \\ 0 \leqslant \theta \leqslant \pi \end{cases} \tag{1-51}$$

在球坐标系下，由于单位矢量是空间坐标点的函数，因此距离矢量也不具有直角坐标系下的简单表达式。两矢量不在同一点，进行相加或相乘时必须先把矢量变换到直角坐标系。

3. 体、面和线微分元

如图1-18所示，球坐标系中体微分元$\mathrm{d}V$由球坐标的三个线微分元$\mathrm{d}r$、$r\mathrm{d}\theta$和$r\sin\theta\mathrm{d}\varphi$构成，即

$$\mathrm{d}V = r^2\sin\theta\mathrm{d}r\mathrm{d}\theta\mathrm{d}\varphi \tag{1-52}$$

同样，体微分元的表面是六个面微分元，构成闭合曲面。六个面微分元很小，每个面元上的方向认为近似不变，由此可写出沿$\boldsymbol{e}_r$、$\boldsymbol{e}_\theta$和$\boldsymbol{e}_\varphi$三个正向的面微分元分别为

$$\begin{cases} \mathrm{d}\boldsymbol{S}_r = r^2\sin\theta\mathrm{d}\theta\mathrm{d}\varphi\,\boldsymbol{e}_r \\ \mathrm{d}\boldsymbol{S}_\theta = r\sin\theta\mathrm{d}r\mathrm{d}\varphi\,\boldsymbol{e}_\theta \\ \mathrm{d}\boldsymbol{S}_\varphi = r\mathrm{d}r\mathrm{d}\theta\,\boldsymbol{e}_\varphi \end{cases} \tag{1-53}$$

沿负向$-\boldsymbol{e}_r$、$-\boldsymbol{e}_\theta$和$-\boldsymbol{e}_\varphi$的三个面微分元仅需在式(1-53)的各式右端分别加“$-$”。

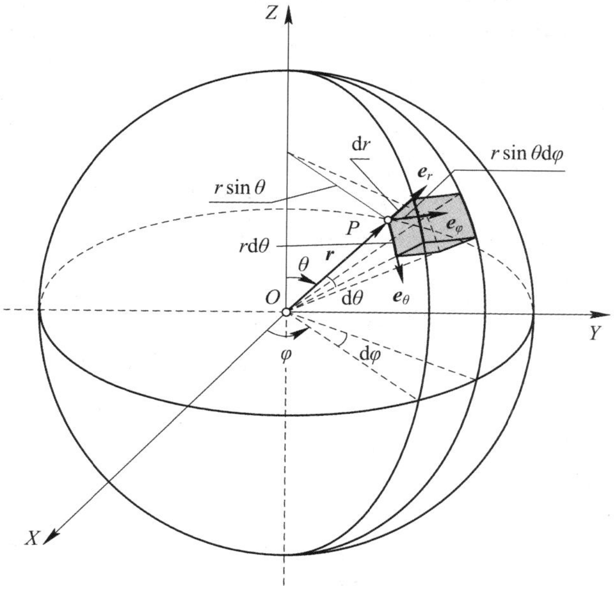

图1-18　面微分元和体微分元

如图1-19所示，一有向曲线l，在l上任取一点P，过P点做球坐标系下的体微分元，由于体微分元很小，因此过P点的线微分元$\mathrm{d}\boldsymbol{l}$近似过点Q，根据矢量平行四边形法则，$\mathrm{d}\boldsymbol{l}$可表示为矢量的分量形式：

$$\mathrm{d}\boldsymbol{l} = \mathrm{d}r\,\boldsymbol{e}_r + r\mathrm{d}\theta\,\boldsymbol{e}_\theta + r\sin\theta\mathrm{d}\varphi\,\boldsymbol{e}_\varphi \tag{1-54}$$

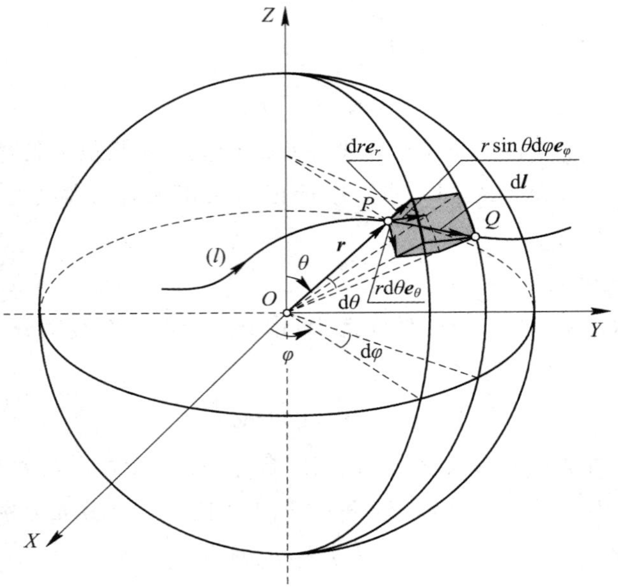

图 1-19　线微分元

4. 单位矢量的变换

在球坐标系下，由于单位矢量 $\boldsymbol{e}_r$、$\boldsymbol{e}_\theta$ 和 $\boldsymbol{e}_\varphi$ 是坐标点的函数，因此当两个或多个矢量不在同一点也不在同一径向线上时，在进行运算时必须先把这些矢量变换到直角坐标系。如图 1-20 所示，根据矢量平行四边形法则可知，球坐标系下的三个单位矢量 $\boldsymbol{e}_r$、$\boldsymbol{e}_\theta$ 和 $\boldsymbol{e}_\varphi$ 沿直角坐标系的分量表达式分别为

$$\begin{cases}\boldsymbol{e}_r = \sin\theta\cos\varphi\,\boldsymbol{e}_x + \sin\theta\sin\varphi\,\boldsymbol{e}_y + \cos\theta\,\boldsymbol{e}_z \\ \boldsymbol{e}_\theta = \cos\theta\cos\varphi\,\boldsymbol{e}_x + \cos\theta\sin\varphi\,\boldsymbol{e}_y - \sin\theta\,\boldsymbol{e}_z \\ \boldsymbol{e}_\varphi = -\sin\varphi\,\boldsymbol{e}_x + \cos\varphi\,\boldsymbol{e}_y + 0\,\boldsymbol{e}_z\end{cases} \tag{1-55}$$

三个方程写成矩阵形式为

$$\begin{bmatrix}\boldsymbol{e}_r \\ \boldsymbol{e}_\theta \\ \boldsymbol{e}_\varphi\end{bmatrix} = \begin{bmatrix}\sin\theta\cos\varphi & \sin\theta\sin\varphi & \cos\theta \\ \cos\theta\cos\varphi & \cos\theta\sin\varphi & -\sin\theta \\ -\sin\varphi & \cos\varphi & 0\end{bmatrix}\begin{bmatrix}\boldsymbol{e}_x \\ \boldsymbol{e}_y \\ \boldsymbol{e}_z\end{bmatrix} \tag{1-56}$$

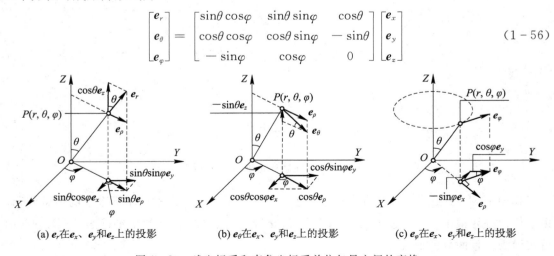

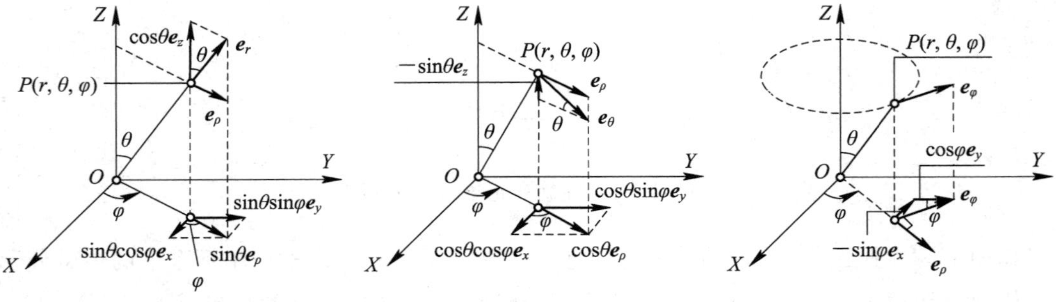

(a) $\boldsymbol{e}_r$在$\boldsymbol{e}_x$、$\boldsymbol{e}_y$和$\boldsymbol{e}_z$上的投影　(b) $\boldsymbol{e}_\theta$在$\boldsymbol{e}_x$、$\boldsymbol{e}_y$和$\boldsymbol{e}_z$上的投影　(c) $\boldsymbol{e}_\varphi$在$\boldsymbol{e}_x$、$\boldsymbol{e}_y$和$\boldsymbol{e}_z$上的投影

图 1-20　球坐标系和直角坐标系单位矢量之间的变换

如果把直角坐标系的单位矢量投影到球坐标系下，可得矩阵表示为

$$\begin{bmatrix} \boldsymbol{e}_x \\ \boldsymbol{e}_y \\ \boldsymbol{e}_z \end{bmatrix} = \begin{bmatrix} \sin\theta\cos\varphi & \cos\theta\cos\varphi & -\sin\varphi \\ \sin\theta\sin\varphi & \cos\theta\sin\varphi & \cos\varphi \\ \cos\theta & -\sin\theta & 0 \end{bmatrix} \begin{bmatrix} \boldsymbol{e}_r \\ \boldsymbol{e}_\theta \\ \boldsymbol{e}_\varphi \end{bmatrix} \tag{1-57}$$

不难证明，矩阵方程(1－56)中的系数矩阵与矩阵方程(1－57)中的系数矩阵互为逆矩阵。

5. 任意矢量的变换

假如有一任意矢量 $\boldsymbol{A}$，在球坐标系下的分量表达式为

$$\boldsymbol{A} = A_r \boldsymbol{e}_r + A_\theta \boldsymbol{e}_\theta + A_\varphi \boldsymbol{e}_\varphi \tag{1-58}$$

要得到在直角坐标系下的分量表达式，可利用式(1－57)的变换矩阵，得到

$$\begin{bmatrix} A_x \\ A_y \\ A_z \end{bmatrix} = \begin{bmatrix} \sin\theta\cos\varphi & \cos\theta\cos\varphi & -\sin\varphi \\ \sin\theta\sin\varphi & \cos\theta\sin\varphi & \cos\varphi \\ \cos\theta & -\sin\theta & 0 \end{bmatrix} \begin{bmatrix} A_r \\ A_\theta \\ A_\varphi \end{bmatrix} \tag{1-59}$$

同理，如果已知矢量在直角坐标系下的分量表达式，利用式(1－56)中的变换矩阵，就可得到在球坐标系下的分量表达式。

【例 1.3】 在圆柱坐标系中一点的坐标为 $\{\rho, \varphi, z\} = \{4, 2\pi/3, 3\}$，试求该点分别在直角坐标系和球坐标系中的坐标。

解 由式(1－36)可得在直角坐标系中的坐标为

$$\begin{cases} x = \rho\cos\varphi = 4\cos(2\pi/3) = -2 \\ y = \rho\sin\varphi = 4\sin(2\pi/3) = 2\sqrt{3} \\ z = 3 \end{cases}$$

求球坐标系中的坐标，可以利用已得到的直角坐标的结果，然后再利用式(1－50)，也可以根据柱坐标与球坐标间的关系得

$$\begin{cases} r = \sqrt{\rho^2 + z^2} = \sqrt{4^2 + 3^2} = 5 \\ \theta = \arctan(\rho/z) = \arctan(4/3) = 53.13^\circ \\ \varphi = 2\pi/3 = 120^\circ \end{cases}$$

【例 1.4】 在柱坐标系中点，$P(2, \pi/6, 5)$ 有一矢量 $\boldsymbol{A} = 3\boldsymbol{e}_\rho + 2\boldsymbol{e}_\varphi + 5\boldsymbol{e}_z$，在另一点 $Q(4, \pi/3, 3)$ 有一矢量 $\boldsymbol{B} = -2\boldsymbol{e}_\rho + 3\boldsymbol{e}_\varphi - \boldsymbol{e}_z$，在点 $S(2, \pi/4, 4)$ 处有矢量 $\boldsymbol{C} = \boldsymbol{A} + \boldsymbol{B}$。试求 $\boldsymbol{C}$ 矢量。

解 由题可知，$\boldsymbol{A}$ 和 $\boldsymbol{B}$ 两矢量不在同一 φ＝常数的平面上，柱坐标系下不能直接按分量形式求和，必须首先把在柱坐标系下的矢量变换到直角坐标系。利用式(1－47)对点 P 的矢量 $\boldsymbol{A}$ 进行变换，有

$$\begin{bmatrix} A_x \\ A_y \\ A_z \end{bmatrix} = \begin{bmatrix} \cos(\pi/6) & -\sin(\pi/6) & 0 \\ \sin(\pi/6) & \cos(\pi/6) & 0 \\ 0 & 0 & 1 \end{bmatrix} \begin{bmatrix} 3 \\ 2 \\ 5 \end{bmatrix}$$

由此得到

$$\boldsymbol{A} = 1.598\, \boldsymbol{e}_x + 3.232\, \boldsymbol{e}_y + 5\, \boldsymbol{e}_z$$

同理，对点 Q 的矢量 $\boldsymbol{B}$ 进行变换，得

$$\boldsymbol{B} = -3.598\, \boldsymbol{e}_x - 0.232\, \boldsymbol{e}_y - \boldsymbol{e}_z$$

由此可得到在直角坐标系下矢量 $\boldsymbol{C}$ 的分量表达式为

$$\boldsymbol{C}=\boldsymbol{A}+\boldsymbol{B}=-2\,\boldsymbol{e}_x+3\,\boldsymbol{e}_y+4\,\boldsymbol{e}_z$$

然后利用式(1-44)变回到圆柱坐标系下的点 $S(2,\ \pi/4,\ 4)$，得

$$\begin{bmatrix} C_\rho \\ C_\varphi \\ C_z \end{bmatrix}=\begin{bmatrix} \cos(\pi/4) & \sin(\pi/4) & 0 \\ -\sin(\pi/4) & \cos(\pi/4) & 0 \\ 0 & 0 & 1 \end{bmatrix}\begin{bmatrix} -2 \\ 3 \\ 4 \end{bmatrix}$$

则有

$$\boldsymbol{C}=0.707\,\boldsymbol{e}_\rho+3.535\,\boldsymbol{e}_\varphi+4\,\boldsymbol{e}_z$$

1.5 场　　论

描述场的函数形式包含了场分布和变化的所有信息。借助于等值面、等值线和矢量线可直观描述场在空间的分布和变换规律。但这种描述是整体性的，如果要求了解场的局部特性，即考虑场在空间每个点和每一个方向的变化情况，则对于标量场，需要引入方向导数和梯度的概念；对于矢量场，需要引入散度和旋度的概念。

1.5.1 数量场的等值面和矢量场的矢量线

1. 数量场的等值面和等值线

标量场可以用标量函数表示。在直角坐标系下，静态标量场 u 可表示为

$$u=u(x,\ y,\ z) \tag{1-60}$$

为了直观研究标量场的空间分布情况，通常引入等值面的概念。所谓等值面，就是指由场中具有相同函数值的点构成的面。比如，温度场的等值面就是由温度相同的点构成的等温面，电场中由电位相同的点构成的等位面。标量场 u 的等值面方程为

$$u(x,\ y,\ z)=c \tag{1-61}$$

式中，c 为常数。由隐函数定理知，$u(x,\ y,\ z)$单值，且各连续偏导数 u'_x、u'_y 和 u'_z 不全为零时，这种等值面一定存在。如果常数 c 取不同的值，就可得到不同的等值面，如图 1-21 所示。等值面充满标量场所在的整个空间，由于 $u(x,\ y,\ z)$单值，因此等值面互不相交。

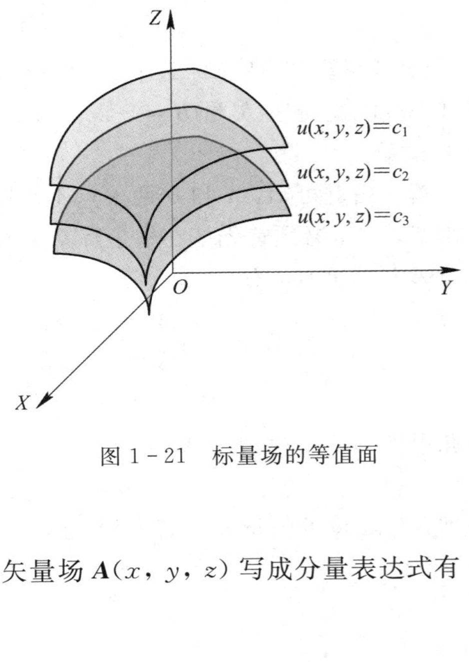

图 1-21　标量场的等值面

同理，如果标量场是二维函数 $u(x,\ y)$，则对应的是平面场，可令 $u(x,\ y)=c$ 得到平面场的等值线。比如，地形图上的等高线，地面气象图上的等温线、等压线等，都是平面标量场等值线的例子。

2. 矢量场的矢量线

矢量场可用矢量函数表示。在直角坐标系下，矢量场 $\boldsymbol{A}(x,\ y,\ z)$ 写成分量表达式有

$$\boldsymbol{A}(x, y, z) = A_x(x, y, z)\boldsymbol{e}_x + A_y(x, y, z)\boldsymbol{e}_y + A_z(x, y, z)\boldsymbol{e}_z \tag{1-62}$$

为了直观描述矢量场的分布情况，可引入矢量线的概念。所谓矢量线，就是这样的曲线，在曲线上每一点处矢量场的方向都在该点的切线方向上，如图 1-22(a)所示。静电场的电力线、磁场的磁力线和流速场的流线等都是矢量线的例子。

如果已知矢量场 $\boldsymbol{A}=\boldsymbol{A}(x, y, z)$，那么怎样求出矢量线的方程？下面就来讨论这个问题。

如图 1-22(b)所示，假设 $P(x, y, z)$为矢量线上任一点，其位矢为 $\boldsymbol{r}$，则过 P 点线微分元 $\mathrm{d}\boldsymbol{r}$ 沿矢量线的切线方向。根据矢量线的定义，在 P 点线微分元 $\mathrm{d}\boldsymbol{r}$ 与矢量 $\boldsymbol{A}=\boldsymbol{A}(x, y, z)$ 共线，则必有

$$\boldsymbol{A} \times \mathrm{d}\boldsymbol{r} = 0 \tag{1-63}$$

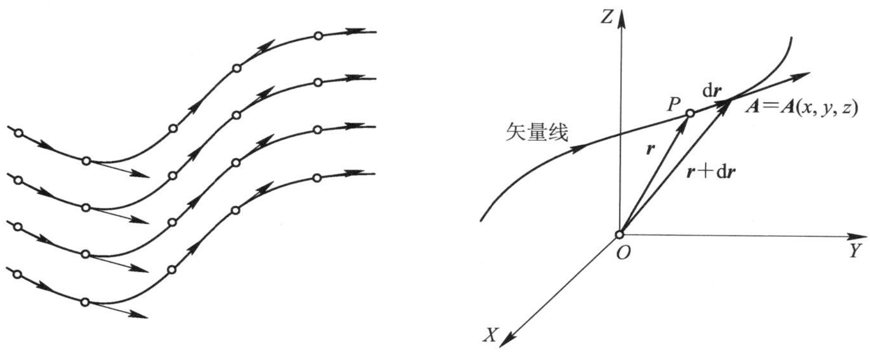

(a) 矢量线示意图　　(b) 矢量线的求解

图 1-22　矢量场的矢量线

在直角坐标系下，将位矢 $\boldsymbol{r}$ 的分量表达式(1-29)和 $\boldsymbol{A}$ 的分量表达式(1-62)代入式(1-63)，可得矢量线满足的微分方程为

$$\frac{\mathrm{d}x}{A_x} = \frac{\mathrm{d}y}{A_y} = \frac{\mathrm{d}z}{A_z} \tag{1-64}$$

求解该微分方程，可得一矢量线族。当 A_x、A_y 和 A_z 单值且连续并具有一阶连续偏导数时，矢量线不仅存在，而且充满矢量场所在的空间，互不相交。

【例 1.5】　已知二维矢量场 $\boldsymbol{F}(x, y, z) = -y\boldsymbol{e}_x + x\boldsymbol{e}_y$，求矢量线方程，并定性画出该矢量场的图形。

解　由场的表达式可知，$F_x = -y$，$F_y = x$，根据式(1-64)可得到矢量线的微分方程为

$$\frac{\mathrm{d}x}{-y} = \frac{\mathrm{d}y}{x}$$

求解该微分方程，得到矢量线方程为

$$x^2 + y^2 = c$$

显然，该矢量场的矢量线为同心圆，如图 1-23 所示。

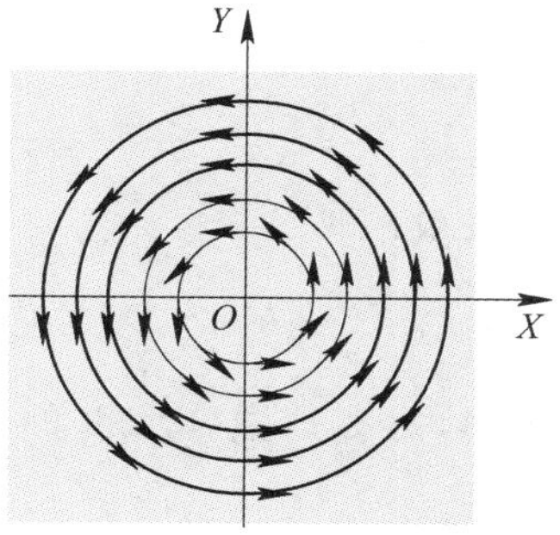

图 1-23　二维场的矢量线

1.5.2　标量场的梯度和方向导数

1. 梯度的定义及方向导数

1.5.1 节介绍的等值面或等值线可直观描述标量场，但对于标量场的局部细节描述还需要引入方向导数和梯度的概念。方向导数是指对于给定的空间点，标量场沿某个方向的变化率；而梯度是指在给定的空间点处变化率最大的方向导数。如图 1-24 所示，标量场 $u(x, y, z)$ 的两个等值面 u 和 $u+\mathrm{d}u$ 在直角坐标系下，根据全微分的定义，有

$$\mathrm{d}u=\frac{\partial u}{\partial x}\mathrm{d}x+\frac{\partial u}{\partial y}\mathrm{d}y+\frac{\partial u}{\partial z}\mathrm{d}z \qquad (1-65)$$

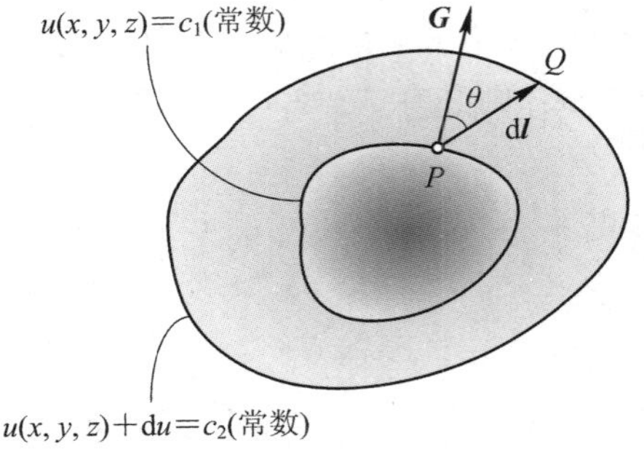

图 1-24　标量场的方向导数和梯度

在等值面 $u(x, y, z)=c_1$ 上任取一点 P，在 $u(x, y, z)+\mathrm{d}u=c_2$ 上任取一点 Q，P 点到 Q 点的线微分元为

$$\mathrm{d}\boldsymbol{l}=\mathrm{d}x\,\boldsymbol{e}_x+\mathrm{d}y\,\boldsymbol{e}_y+\mathrm{d}z\,\boldsymbol{e}_z$$

假设线微分元 $\mathrm{d}\boldsymbol{l}$ 的长度为 $\mathrm{d}l$。式(1-65)两边同除以 $\mathrm{d}l$，得到

$$\frac{\mathrm{d}u}{\mathrm{d}l}=\frac{\partial u}{\partial x}\frac{\mathrm{d}x}{\mathrm{d}l}+\frac{\partial u}{\partial y}\frac{\mathrm{d}y}{\mathrm{d}l}+\frac{\partial u}{\partial z}\frac{\mathrm{d}z}{\mathrm{d}l} \qquad (1-66)$$

式(1-66)就是标量场 $u(x, y, z)$ 在 P 点沿 $\mathrm{d}\boldsymbol{l}$ 方向的方向导数。

设线微分元 $\mathrm{d}\boldsymbol{l}$ 的方向余弦为 $\{\cos\alpha, \cos\beta, \cos\gamma\}$，则有

$$\begin{cases}\cos\alpha=\dfrac{\mathrm{d}x}{\mathrm{d}l}\\ \cos\beta=\dfrac{\mathrm{d}y}{\mathrm{d}l}\\ \cos\gamma=\dfrac{\mathrm{d}z}{\mathrm{d}l}\end{cases} \qquad (1-67)$$

将式(1-67)代入式(1-66)，有

$$\frac{\mathrm{d}u}{\mathrm{d}l}=\frac{\partial u}{\partial x}\cos\alpha+\frac{\partial u}{\partial y}\cos\beta+\frac{\partial u}{\partial z}\cos\gamma \qquad (1-68)$$

式(1-68)可表达为

$$\boldsymbol{G}=\frac{\partial u}{\partial x}\boldsymbol{e}_x+\frac{\partial u}{\partial y}\boldsymbol{e}_y+\frac{\partial u}{\partial z}\boldsymbol{e}_z \qquad (1-69)$$

和

$$\boldsymbol{a}_l=\cos\alpha\,\boldsymbol{e}_x+\cos\beta\,\boldsymbol{e}_y+\cos\gamma\,\boldsymbol{e}_z \qquad (1-70)$$

的点积，即

$$\frac{\mathrm{d}u}{\mathrm{d}l}=\boldsymbol{G}\cdot\boldsymbol{a}_l \qquad (1-71)$$

式中，$\boldsymbol{a}_l$ 是线微分元 $\mathrm{d}\boldsymbol{l}$ 的单位矢量，而 $\boldsymbol{G}$ 就是标量场的梯度。梯度通常记作 ∇u 或 grad u，则有

$$\nabla u=\mathrm{grad}\,u=\frac{\partial u}{\partial x}\boldsymbol{e}_x+\frac{\partial u}{\partial y}\boldsymbol{e}_y+\frac{\partial u}{\partial z}\boldsymbol{e}_z \qquad (1-72)$$

式中，符号“ ∇ ”称为哈密顿算子，也称为矢量微分算子或梯度算子(国标中称之为那勒勒

算子)。在直角坐标系下，哈密顿算子为

$$\nabla = \frac{\partial}{\partial x}\boldsymbol{e}_x + \frac{\partial}{\partial y}\boldsymbol{e}_y + \frac{\partial}{\partial z}\boldsymbol{e}_z \tag{1-73}$$

需要说明的是，哈密顿算子本身并没有任何物理意义，但当算子对标量场 $u(x, y, z)$ 进行运算时，就具有鲜明的物理含义。式(1-72)表明，标量场的梯度在空间每一点对应于一个矢量，即标量场的梯度为矢量场；该矢量场在空间每一点的大小表示标量场单位距离的最大变化率，即变化率最大的方向导数；而方向则为标量场变化最快的方向。对于给定空间的任意点，梯度的方向总垂直于标量场的等值面。

2. 梯度在柱坐标系和球坐标系下的表达式

采用在柱坐标系和球坐标系下哈密顿算子 ∇ 的表达式，可得标量场在柱坐标系和球坐标系下的梯度表达式分别为

$$\nabla u = \frac{\partial u}{\partial \rho}\boldsymbol{e}_\rho + \frac{1}{\rho}\frac{\partial u}{\partial \varphi}\boldsymbol{e}_\varphi + \frac{\partial u}{\partial z}\boldsymbol{e}_z \tag{1-74}$$

$$\nabla u = \frac{\partial u}{\partial r}\boldsymbol{e}_r + \frac{1}{r}\frac{\partial u}{\partial \theta}\boldsymbol{e}_\theta + \frac{1}{r\sin\theta}\frac{\partial u}{\partial \varphi}\boldsymbol{e}_\varphi \tag{1-75}$$

【例 1.6】 求标量函数 $u(x, y, z) = x^2yz$ 的梯度，并求在空间坐标点 $P(2, 3, 1)$处，沿方向 $\boldsymbol{a}_l = \frac{3}{\sqrt{50}}\boldsymbol{e}_x + \frac{4}{\sqrt{50}}\boldsymbol{e}_y + \frac{5}{\sqrt{50}}\boldsymbol{e}_z$ 的方向导数。

解　根据式(1-72)，有

$$\nabla u = \boldsymbol{e}_x\frac{\partial}{\partial x}(x^2yz) + \boldsymbol{e}_y\frac{\partial}{\partial y}(x^2yz) + \boldsymbol{e}_z\frac{\partial}{\partial z}(x^2yz) = \boldsymbol{e}_x 2xyz + \boldsymbol{e}_y x^2 z + \boldsymbol{e}_z x^2 y$$

显然，标量函数的梯度在空间构成一矢量场。

根据式(1-71)可得沿指定方向 $\boldsymbol{a}_l$ 的方向导数为

$$\frac{\mathrm{d}u}{\mathrm{d}l} = \nabla u \cdot \boldsymbol{a}_l = \frac{6xyz}{\sqrt{50}} + \frac{4x^2z}{\sqrt{50}} + \frac{5x^2y}{\sqrt{50}}$$

对于给定的空间坐标点 $P(2, 3, 1)$，方向导数大小为

$$\frac{\mathrm{d}u}{\mathrm{d}l} = \frac{36}{\sqrt{50}} + \frac{16}{\sqrt{50}} + \frac{60}{\sqrt{50}} = \frac{112}{\sqrt{50}}$$

1.5.3　矢量场的通量和散度

从矢量线的角度看，矢量场的分布可分为两类：一类是发散场，矢量线由辐射状的线构成；二是涡旋场，矢量线由闭合线构成。对于发散场，数学上描述场在空间发散程度的大小是在空间放置一曲面，计算矢量线穿过该曲面的“数量”，也就是数学意义下的通量。下面给出通量的数学定义。

1. 通量的定义

设有一矢量场 $\boldsymbol{A} = \boldsymbol{A}(x, y, z)$，在空间取一有向开曲面 S，如图 1-25 所示，则通量的定义为

$$\Phi = \iint_{(S)} \boldsymbol{A} \cdot \mathrm{d}\boldsymbol{S} \tag{1-76}$$

式中，$\mathrm{d}\boldsymbol{S}$ 为曲面 S 上任取的面微分元，法线方向为 $\boldsymbol{n}$（单位矢量），$\mathrm{d}\boldsymbol{S} = \mathrm{d}S\boldsymbol{n}$。

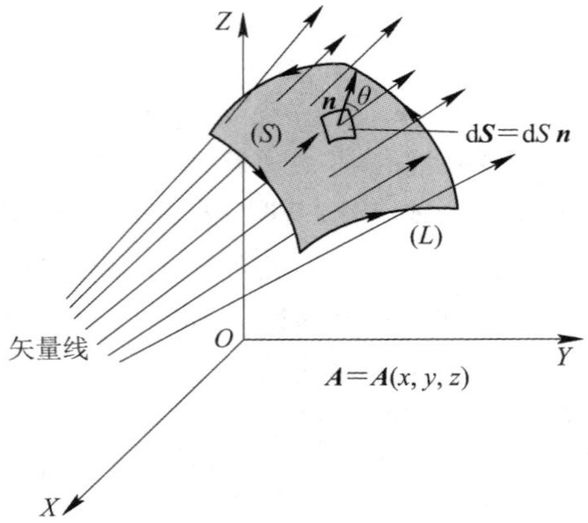

图 1-25　通量定义

对于有向开曲面 S，面微分元法线方向 $\boldsymbol{n}$ 的确定是依据右手螺旋关系：开曲面 S 可以看作是张在有向闭合曲线 L 上的曲面，曲线 L 的方向确定之后，右手四指弯曲沿曲线 L 的方向，则大拇指所指方向就是曲面 S 的法线方向，面微分元的法线方向 $\boldsymbol{n}$ 的取向与曲面 S 的方向在同一侧。

由于在曲面 S 上所取的面微分元 d$\boldsymbol{S}$ 很小，在 d$\boldsymbol{S}$ 上矢量 $\boldsymbol{A}$ 的大小和方向视为相同，矢量 $\boldsymbol{A}$ 穿过 d$\boldsymbol{S}$ 的通量为

$$\mathrm{d}\Phi = \boldsymbol{A} \cdot \mathrm{d}\boldsymbol{S} = A\cos\theta \mathrm{d}S \tag{1-77}$$

式中，θ 是 $\boldsymbol{A}$ 与 $\boldsymbol{n}$ 的夹角。显然式(1-76)就是有向开曲面 S 上所有面微分元的通量相加。

通量是个标量，矢量场给定之后，由于有向闭合曲线 L 的方向选取有两种可能，因而通量计算的结果可正可负。

在直角坐标系中，设矢量场

$$\boldsymbol{A}(x, y, z) = A_x(x, y, z)\boldsymbol{e}_x + A_y(x, y, z)\boldsymbol{e}_y + A_z(x, y, z)\boldsymbol{e}_z$$

又有

$$\boldsymbol{n} = \cos\alpha\, \boldsymbol{e}_x + \cos\beta\, \boldsymbol{e}_y + \cos\gamma\, \boldsymbol{e}_z$$

$$\mathrm{d}\boldsymbol{S} = \mathrm{d}S\boldsymbol{n} = \mathrm{d}S\cos\alpha\, \boldsymbol{e}_x + \mathrm{d}S\cos\beta\, \boldsymbol{e}_y + \mathrm{d}S\cos\gamma\, \boldsymbol{e}_z = \mathrm{d}y\mathrm{d}z\, \boldsymbol{e}_x + \mathrm{d}x\mathrm{d}z\, \boldsymbol{e}_y + \mathrm{d}x\mathrm{d}y\, \boldsymbol{e}_z$$

式中，$\{\cos\alpha, \cos\beta, \cos\gamma\}$ 为单位矢量 $\boldsymbol{n}$ 的方向余弦。根据点积的定义，通量可改写成

$$\Phi = \iint_{(S)} \boldsymbol{A} \cdot \mathrm{d}\boldsymbol{S} = \iint_{(S)} A_x \mathrm{d}y\mathrm{d}z + A_y \mathrm{d}x\mathrm{d}z + A_z \mathrm{d}x\mathrm{d}y \tag{1-78}$$

如果选取 S 为一闭合曲面，则闭合曲面的总通量为

$$\Phi = \oint\!\!\!\oint_{(S)} \boldsymbol{A} \cdot \mathrm{d}\boldsymbol{S} = \oint\!\!\!\oint_{(S)} \boldsymbol{A} \cdot \boldsymbol{n}\mathrm{d}S \tag{1-79}$$

式中，闭合曲面法线方向 $\boldsymbol{n}$ 总是选择闭合曲面的外侧。对于闭合曲面通量的计算，存在三种情况：① $\Phi>0$，表明穿出闭合曲面 S 的矢量线比穿入的多，闭合曲面内部有产生矢量线的源，这种源称之为正源；② $\Phi<0$，表明穿出闭合曲面 S 的矢量线比穿入的少，闭合曲面内有吸收矢量线的源，这种源称之为负源；③ $\Phi=0$，表明穿出和穿入的矢量线数相等，此时在闭合曲面内部可能无源，也可能内部正源和负源产生的矢量线数目相等。

矢量场通量的概念是对矢量场在空间分布的宏观描述，而要描述矢量场在空间每一点发散的情况，需要引入散度的概念。

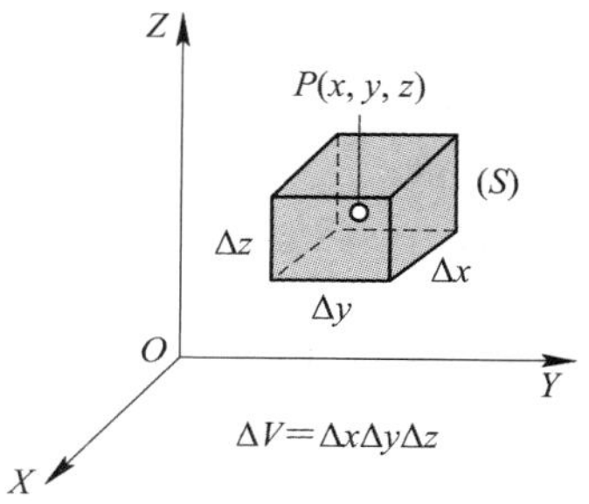

图 1-26 直角坐标系下的体微分元

2. 散度的定义

设有矢量场 $\boldsymbol{A}(x, y, z)$，$P(x, y, z)$ 为矢量场中的任意一点，作包围 $P(x, y, z)$ 点的闭曲面 S，并设 S 所包围的体积为 ΔV，如图 1-26 所示。当 $\Delta V \to 0$ 时，闭曲面 S 就收缩到点 P。若极限

$$\lim_{\Delta V \to 0} \frac{\oint\!\!\oint_{(S)} \boldsymbol{A} \cdot \mathrm{d}\boldsymbol{S}}{\Delta V}$$

存在，则称此极限值为矢量场 $\boldsymbol{A}$ 在 P 点的散度，记作 $\mathrm{div}\boldsymbol{A}$，即

$$\mathrm{div}\boldsymbol{A} = \lim_{\Delta V \to 0} \frac{\oint\!\!\oint_{(S)} \boldsymbol{A} \cdot \mathrm{d}\boldsymbol{S}}{\Delta V} \tag{1-80}$$

显然，根据通量的定义，散度是点 P 的通量对体积的变化率，有时也称为源通量密度。在 P 点处，如果散度 $\mathrm{div}\boldsymbol{A}>0$，表明在空间点 P 有发出矢量线的正源；若 $\mathrm{div}\boldsymbol{A}<0$，表明 P 点有吸收矢量线的负源；若 $\mathrm{div}\boldsymbol{A}=0$，表明 P 点无源，矢量线在该点连续。

3. 散度在直角坐标系下的表达式

根据定义，散度的计算与坐标系无关，但具体计算时不同坐标系有不同的表达式。下面推导在直角坐标系下散度的表达式。

设 $P(x, y, z)$ 是矢量场 $\boldsymbol{A}$ 中的任意一点，以 P 点为中心作一正六面体 ΔV，表面为闭合面 S，见图 1-26。正六面体的三个边分别为 Δx、Δy、Δz，闭合面的六个面微分元：$\boldsymbol{e}_x$ 和 $-\boldsymbol{e}_x$ 方向(前后)面微分元与坐标面 YZ 平行，$\boldsymbol{e}_y$ 和 $-\boldsymbol{e}_y$ 方向(左右)面微分元与坐标面 ZX 平行，$\boldsymbol{e}_z$ 和 $-\boldsymbol{e}_z$ 方向(上下)面微分元与坐标面 XY 平行。设矢量场 $\boldsymbol{A}$ 穿过闭合面 S 的总通量为 $\Delta\Phi$，则有

$$\Delta\Phi = \Delta\Phi_x + \Delta\Phi_y + \Delta\Phi_z$$

式中，$\Delta\Phi_x$ 表示体微分元前后面的通量，$\Delta\Phi_y$ 表示左右面的通量，$\Delta\Phi_z$ 表示上下面的通量。当 Δx、Δy、Δz 充分小时，利用式

$$\boldsymbol{A}(x, y, z) = A_x(x, y, z)\,\boldsymbol{e}_x + A_y(x, y, z)\,\boldsymbol{e}_y + A_z(x, y, z)\,\boldsymbol{e}_z$$

容易得到

$$\begin{cases} \Delta\Phi_x \approx A_x\left(x+\dfrac{1}{2}\Delta x, y, z\right)\Delta y\Delta z - A_x\left(x-\dfrac{1}{2}\Delta x, y, z\right)\Delta y\Delta z \\ \Delta\Phi_y \approx A_y\left(x, y+\dfrac{1}{2}\Delta y, z\right)\Delta z\Delta x - A_y\left(x, y-\dfrac{1}{2}\Delta y, z\right)\Delta z\Delta x \\ \Delta\Phi_z \approx A_z\left(x, y, z+\dfrac{1}{2}\Delta z\right)\Delta x\Delta y - A_z\left(x, y, z-\dfrac{1}{2}\Delta z\right)\Delta x\Delta y \end{cases}$$

由微分中值定理，上式可化为

$$\begin{cases} \Delta\Phi_x \approx \dfrac{\partial A_x(x+\lambda_1\Delta x, y, z)}{\partial x}\Delta x\Delta y\Delta z \\ \Delta\Phi_y \approx \dfrac{\partial A_y(x, y+\lambda_2\Delta y, z)}{\partial y}\Delta x\Delta y\Delta z \\ \Delta\Phi_z \approx \dfrac{\partial A_z(x, y, z+\lambda_3\Delta z)}{\partial z}\Delta x\Delta y\Delta z \end{cases}$$

式中，λ_1、λ_2、λ_3都是介于0和1之间的常数。取极限，得到

$$\operatorname{div}\boldsymbol{A}=\lim_{\Delta V\to 0}\frac{\Delta\Phi}{\Delta V}=\lim_{\Delta V\to 0}\left\{\frac{\partial A_x(x+\lambda_1\Delta x,y,z)}{\partial x}+\frac{\partial A_y(x,y+\lambda_2\Delta y,z)}{\partial y}+\frac{\partial A_z(x,y,z+\lambda_3\Delta z)}{\partial z}\right\}$$
$$=\frac{\partial A_x}{\partial x}+\frac{\partial A_y}{\partial y}+\frac{\partial A_z}{\partial z}$$

利用哈密顿算子式(1-73)和矢量$\boldsymbol{A}$的分量表达式，上式可简写为

$$\operatorname{div}\boldsymbol{A}=\frac{\partial A_x}{\partial x}+\frac{\partial A_y}{\partial y}+\frac{\partial A_z}{\partial z}=\nabla\cdot\boldsymbol{A} \tag{1-81}$$

4. 散度在柱坐标系和球坐标系下的表达式

采用在柱坐标系和球坐标系中哈密顿算符∇的表达式，可得矢量场在柱坐标系和球坐标系下的散度表达式分别为

$$\nabla\cdot\boldsymbol{A}=\frac{1}{\rho}\frac{\partial}{\partial\rho}(\rho A_\rho)+\frac{1}{\rho}\frac{\partial A_\varphi}{\partial\varphi}+\frac{\partial A_z}{\partial z} \tag{1-82}$$

$$\nabla\cdot\boldsymbol{A}=\frac{1}{r^2}\frac{\partial}{\partial r}(r^2A_r)+\frac{1}{r\sin\theta}\frac{\partial}{\partial\theta}(\sin\theta A_\theta)+\frac{1}{r\sin\theta}\frac{\partial A_\varphi}{\partial\varphi} \tag{1-83}$$

5. 高斯散度定理

如图1-27所示，设矢量场$\boldsymbol{A}(x,y,z)$的三个分量$A_x(x,y,z)$、$A_y(x,y,z)$和$A_z(x,y,z)$在闭合面S所围成的区域V上连续，且具有一阶连续偏导数，则矢量场$\boldsymbol{A}(x,y,z)$的散度在V上的三重积分等于矢量场$\boldsymbol{A}(x,y,z)$穿过S的通量，即

$$\iiint_{(V)}\nabla\cdot\boldsymbol{A}\mathrm{d}V=\oint\!\!\!\oint_{(S)}\boldsymbol{A}\cdot\mathrm{d}\boldsymbol{S} \tag{1-84}$$

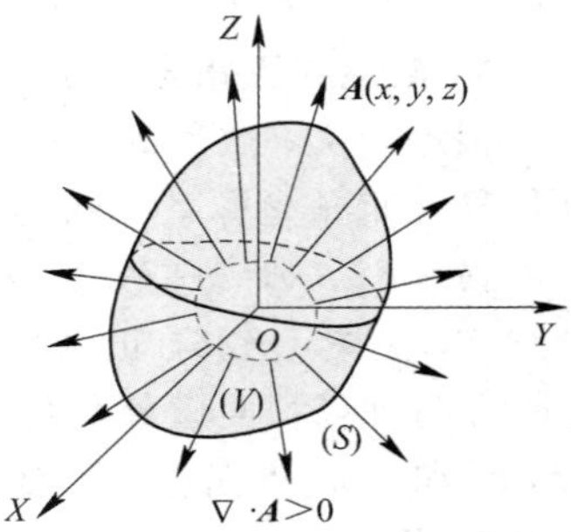

图1-27 高斯定理

或

$$\iiint_{(V)}\left(\frac{\partial A_x}{\partial x}+\frac{\partial A_y}{\partial y}+\frac{\partial A_z}{\partial z}\right)\mathrm{d}V=\oint\!\!\!\oint_{(S)}A_x\mathrm{d}y\mathrm{d}z+A_y\mathrm{d}z\mathrm{d}x+A_z\mathrm{d}x\mathrm{d}y \tag{1-85}$$

这就是高斯散度定理。高斯散度定理具有鲜明的物理意义：$\nabla\cdot\boldsymbol{A}$表示在空间每一点矢量场的发散量，而散度的体积分是矢量场在体积V内全部发散量的总和，而此发散量与从V边界面S穿出的通量相等。

【例1.7】 设有一矢量场

$$\boldsymbol{A}(x,y,z)=x^2\boldsymbol{e}_x+x^2y^2\boldsymbol{e}_y+24x^2y^2z^3\boldsymbol{e}_z$$

(1) 求该矢量场的散度；

(2) 取中心在原点的一个单位立方体，如图1-28所示，求散度的体积分和矢量场对此立方体表面的积分，验证散度定理。

解 (1) 根据式(1-81)得

$$\nabla\cdot\boldsymbol{A}=\frac{\partial A_x}{\partial x}+\frac{\partial A_y}{\partial y}+\frac{\partial A_z}{\partial z}=\frac{\partial(x^2)}{\partial x}+\frac{\partial(x^2y^2)}{\partial y}+\frac{\partial(24x^2y^2z^3)}{\partial z}$$
$$=2x+2x^2y+72x^2y^2z^2$$

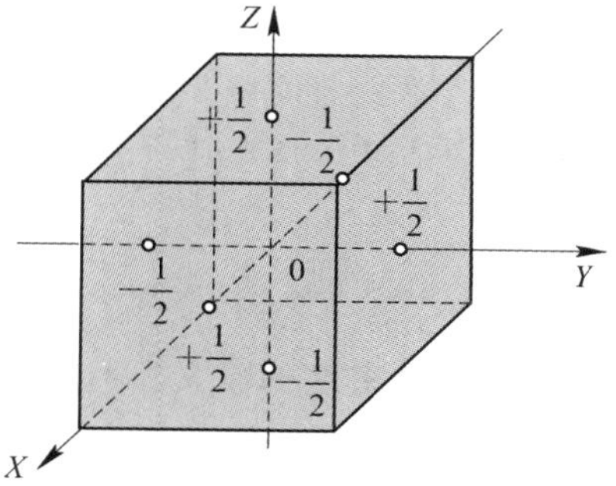

图 1-28 例 1.7 图

(2) $\nabla\cdot\boldsymbol{A}$ 对中心在原点的单位立方体的积分为

$$\iiint\limits_{(V)}\nabla\cdot\boldsymbol{A}\mathrm{d}V=\int_{-1/2}^{+1/2}\int_{-1/2}^{+1/2}\int_{-1/2}^{+1/2}(2x+2x^2y+72x^2y^2z^2)\mathrm{d}x\mathrm{d}y\mathrm{d}z=\frac{1}{24}$$

矢量 $\boldsymbol{A}$ 对单位立方体表面的积分为

$$\begin{aligned}\oint\!\!\!\!\oint\limits_{(S)}\boldsymbol{A}\cdot\mathrm{d}\boldsymbol{S}=&\oint\!\!\!\!\oint\limits_{(S)}A_x\mathrm{d}y\mathrm{d}z+A_y\mathrm{d}z\mathrm{d}x+A_z\mathrm{d}x\mathrm{d}y=\int_{-1/2}^{+1/2}\int_{-1/2}^{+1/2}\left(\frac{1}{2}\right)^2\mathrm{d}y\mathrm{d}z-\int_{-1/2}^{+1/2}\int_{-1/2}^{+1/2}\left(-\frac{1}{2}\right)^2\mathrm{d}y\mathrm{d}z+\\&\int_{-1/2}^{+1/2}\int_{-1/2}^{+1/2}x^2\left(\frac{1}{2}\right)^2\mathrm{d}z\mathrm{d}x-\int_{-1/2}^{+1/2}\int_{-1/2}^{+1/2}x^2\left(-\frac{1}{2}\right)^2\mathrm{d}z\mathrm{d}x+\\&\int_{-1/2}^{+1/2}\int_{-1/2}^{+1/2}24x^2y^2\left(\frac{1}{2}\right)^3\mathrm{d}x\mathrm{d}y-\int_{-1/2}^{+1/2}\int_{-1/2}^{+1/2}24x^2y^2\left(-\frac{1}{2}\right)^3\mathrm{d}x\mathrm{d}y=\frac{1}{24}\end{aligned}$$

显然，散度定理成立。

1.5.4 矢量场的环量和旋度

对于涡旋场，矢量线是由闭合线构成的。数学上检测场的涡旋性是在空间放置一闭合曲线，计算矢量场与该闭合曲线的线积分，也就是数学意义下的环量。

1. 环量的定义

矢量场 $\boldsymbol{A}(x,y,z)$ 沿闭合曲线 L 的曲线积分

$$\Gamma=\oint\limits_{(L)}\boldsymbol{A}\cdot\mathrm{d}\boldsymbol{l}\tag{1-86}$$

称为矢量场沿 L 的环量。式中 L 是空间有向闭合曲线，$\mathrm{d}\boldsymbol{l}$ 是曲线 L 上 P 点的线微分元，θ 是在空间点 P 处矢量 $\boldsymbol{A}$ 与 $\mathrm{d}\boldsymbol{l}$ 之间的夹角，如图 1-29 所示。

从式(1-86)可以看出，环量是一个标量，其大小和正负与矢量场 $\boldsymbol{A}$ 的分布和所取积分路径的方向有关。对于不同的矢量场，环量具有不同的物理含义。如果 $\boldsymbol{A}$ 为作用在物体上的力场，则环量为物体绕 L 运动一周该力所做的功；如果 $\boldsymbol{A}$ 是电场强度，则环量是沿闭合回路的电动势。

如果环量 $\Gamma\neq0$，矢量场属涡旋场，必定有产生这种场的涡旋源；如果环量 $\Gamma=0$，矢量场属无旋场，则产生该矢量场的源也无旋。无旋场也称为保守场，如重力场和静电场。

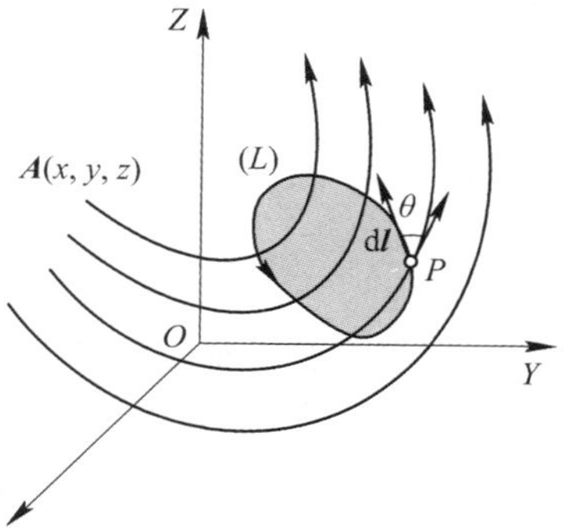

图 1-29 矢量场的环量

2. 旋度的定义

如图 1-30 所示，设有一涡旋矢量场 $\boldsymbol{A}(x,y,z)$，在空间取一包含 P 点的面微分元 ΔS，当 ΔS 趋于零而紧缩到点 P 时，矢量场 $\boldsymbol{A}(x,y,z)$ 沿 ΔS 周线 L 的环量与 ΔS 比值的极限为

$$\lim_{\Delta S \to 0} \frac{\oint_{(L)} \boldsymbol{A} \cdot \mathrm{d}\boldsymbol{l}}{\Delta S}$$

此极限是环量对面积的变化率，具有环量密度的意义。不难看出，当给定矢量场 $\boldsymbol{A}$ 在空间的分布，环量对面积的变化率与所取面微分元 ΔS 的方向有关。

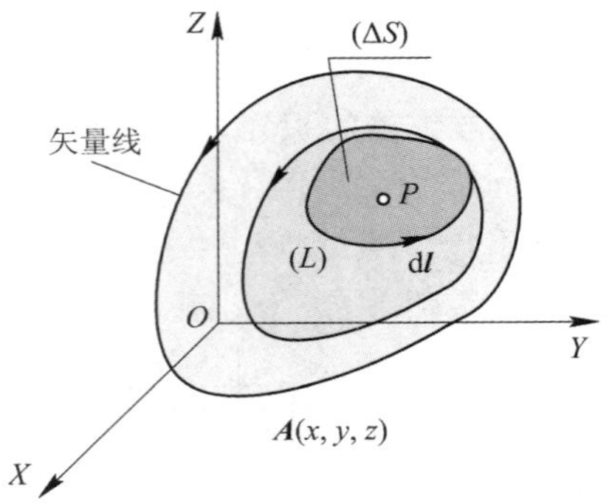

图 1-30　环量密度

如图 1-31 所示，如果所取面微分元 ΔS 的方向与矢量线构成的涡旋面的方向垂直，则极值为零；如果所取面微分元 ΔS 的方向与矢量线构成的涡旋面的方向相同，则极值最大；当所取面微分元 ΔS 的方向与矢量线构成的涡旋面的方向有一夹角 θ，则极值介于零和最大值之间。把环量密度取最大值及对应的方向称为矢量场 $\boldsymbol{A}$ 的旋度，记作 rot$\boldsymbol{A}$。显然，旋度为一矢量，旋度矢量表示沿该方向最大的环量密度，而任何其他方向的环量密度就是旋度矢量在该方向上的投影。注意在计算环量时，面微分元 ΔS 的法向与 ΔS 的周线 L 的方向呈右手定则关系。

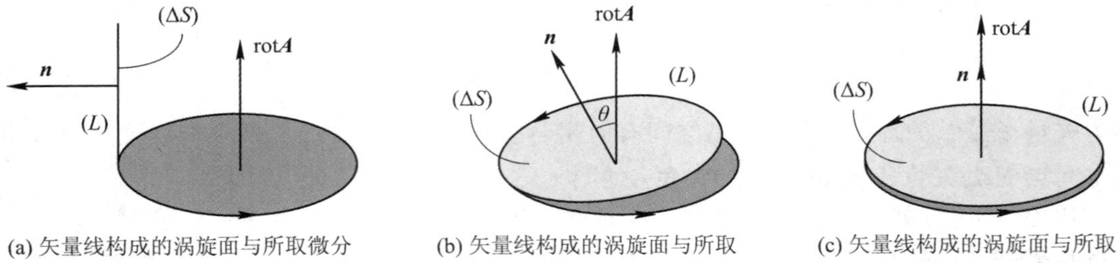

(a) 矢量线构成的涡旋面与所取微分面元ΔS的方向垂直　(b) 矢量线构成的涡旋面与所取微分面元ΔS的方向夹角为θ　(c) 矢量线构成的涡旋面与所取微分面元ΔS的方向同向

图 1-31　环量对面积的变化率与所取面微分元 ΔS 的方向关系示意图

3. 旋度在直角坐标系下的表达式

由环量密度的定义可知，旋度的计算与坐标系的选择无关。下面推导旋度在直角坐标系下的表达式。

为了简单起见，仅给出旋度 rot$\boldsymbol{A}$ 在 X 轴上的分量表达式证明，其余类推。

设 $P(x,y,z)$ 是矢量场中任一点，过 P 点作垂直于 X 轴的矩形面微分元 ΔS，ΔS 的 ab 和

cd 两边平行于 Y 轴，边长为 Δy，bc 和 da 两边平行于 Z 轴，边长为 Δz。矩形面微分元周线 L 的绕行方向如图 1-32 所示。由右手定则关系可知，矩形面微分元的法向就是 X 轴的正方向，矩形面微分元的面积 $\Delta S=\Delta y\Delta z$。由旋度的定义有

$$\mathrm{rot}_x\boldsymbol{A}=\lim_{\substack{\Delta y\to 0\\ \Delta z\to 0}}\frac{\oint_{(L)}\boldsymbol{A}\cdot \mathrm{d}\boldsymbol{l}}{\Delta y\Delta z}$$

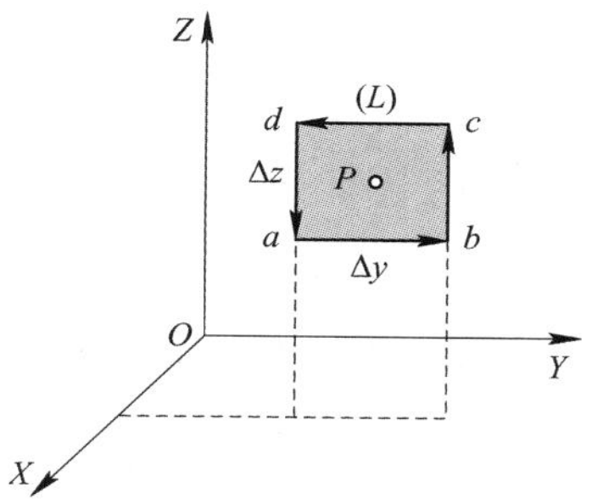

图 1-32　旋度在 X 方向的分量

设在 P 点 $\boldsymbol{A}(x,y,z)=A_x(x,y,z)\boldsymbol{e}_x+A_y(x,y,z)\boldsymbol{e}_y+A_z(x,y,z)\boldsymbol{e}_z$，则有

$$\oint_{(L)}\boldsymbol{A}\cdot \mathrm{d}\boldsymbol{l}=\int_{(ab)}\boldsymbol{A}\left(x,y,z-\frac{\Delta z}{2}\right)\cdot \boldsymbol{e}_y\mathrm{d}y+\int_{(bc)}\boldsymbol{A}\left(x,y+\frac{\Delta y}{2},z\right)\cdot \boldsymbol{e}_z\mathrm{d}z+$$
$$\int_{(cd)}\boldsymbol{A}\left(x,y,z+\frac{\Delta z}{2}\right)\cdot(-\boldsymbol{e}_y)(-\mathrm{d}y)+\int_{(da)}\boldsymbol{A}\left(x,y-\frac{\Delta y}{2},z\right)\cdot(-\boldsymbol{e}_z)(-\mathrm{d}z)$$

整理后，先应用微分中值定理，然后再利用积分中值定理，得到

$$\oint_{(L)}\boldsymbol{A}\cdot \mathrm{d}\boldsymbol{l}=-\int_{y-\frac{\Delta y}{2}}^{y+\frac{\Delta y}{2}}\left[A_y\left(x,y,z+\frac{\Delta z}{2}\right)-A_y\left(x,y,z-\frac{\Delta z}{2}\right)\right]\mathrm{d}y+$$
$$\int_{z-\frac{\Delta z}{2}}^{z+\frac{\Delta z}{2}}\left[A_z\left(x,y+\frac{\Delta y}{2},z\right)-A_z\left(x,y-\frac{\Delta y}{2},z\right)\right]\mathrm{d}z$$
$$=-\int_{y-\frac{\Delta y}{2}}^{y+\frac{\Delta y}{2}}\left[\frac{\partial}{\partial z}A_y(x,y,z_1)\Delta z\right]\mathrm{d}y+\int_{z-\frac{\Delta z}{2}}^{z+\frac{\Delta z}{2}}\left[\frac{\partial}{\partial y}A_z(x,y_1,z)\Delta y\right]\mathrm{d}z$$
$$=\left[\frac{\partial}{\partial y}A_z(x,y_1,z_2)-\frac{\partial}{\partial z}A_y(x,y_2,z_1)\right]\Delta y\Delta z$$

其中：

$$y-\frac{\Delta y}{2}<y_1,\quad y_2<y+\frac{\Delta y}{2},\quad z-\frac{\Delta z}{2}<z_1,\quad z_2<z+\frac{\Delta z}{2}$$

当 $\Delta y\to 0$，$\Delta z\to 0$ 时，有 $y_1\to y$，$y_2\to y$，$z_1\to z$，$z_2\to z$，于是

$$\mathrm{rot}_x\boldsymbol{A}=\lim_{\substack{\Delta y\to 0\\ \Delta z\to 0}}\frac{\oint_{(L)}\boldsymbol{A}\cdot \mathrm{d}\boldsymbol{l}}{\Delta y\Delta z}=\frac{\partial A_z}{\partial y}-\frac{\partial A_y}{\partial z}$$

同理，可得

$$\mathrm{rot}_y\boldsymbol{A}=\frac{\partial A_x}{\partial z}-\frac{\partial A_z}{\partial x},\quad \mathrm{rot}_z\boldsymbol{A}=\frac{\partial A_y}{\partial x}-\frac{\partial A_x}{\partial y}$$

写成矢量和的形式，有

$$\mathrm{rot}\boldsymbol{A}=(\mathrm{rot}_x\boldsymbol{A})\boldsymbol{e}_x+(\mathrm{rot}_y\boldsymbol{A})\boldsymbol{e}_y+(\mathrm{rot}_z\boldsymbol{A})\boldsymbol{e}_z$$
$$=\left(\frac{\partial A_z}{\partial y}-\frac{\partial A_y}{\partial z}\right)\boldsymbol{e}_x+\left(\frac{\partial A_x}{\partial z}-\frac{\partial A_z}{\partial x}\right)\boldsymbol{e}_y+\left(\frac{\partial A_y}{\partial x}-\frac{\partial A_x}{\partial y}\right)\boldsymbol{e}_z$$

由此可以看出，旋度 $\mathrm{rot}\boldsymbol{A}$ 可简写为哈密顿算子 ∇ 与矢量场 $\boldsymbol{A}$ 的叉积，即

$$\mathrm{rot}\boldsymbol{A}=\left(\frac{\partial}{\partial x}\boldsymbol{e}_x+\frac{\partial}{\partial y}\boldsymbol{e}_y+\frac{\partial}{\partial z}\boldsymbol{e}_z\right)\times(A_x\boldsymbol{e}_x+A_y\boldsymbol{e}_y+A_z\boldsymbol{e}_z)=\nabla\times\boldsymbol{A}\qquad(1-87)$$

为了方便记忆，式(1-87)也可写成行列式形式：

$$\nabla\times\boldsymbol{A}=\begin{vmatrix}\boldsymbol{e}_x & \boldsymbol{e}_y & \boldsymbol{e}_z\\ \dfrac{\partial}{\partial x} & \dfrac{\partial}{\partial y} & \dfrac{\partial}{\partial z}\\ A_x & A_y & A_z\end{vmatrix}\tag{1-88}$$

4. 旋度在柱坐标系和球坐标系下的表达式

矢量场旋度在柱坐标系和球坐标系中的表达式分别为

$$\nabla\times\boldsymbol{A}=\left(\frac{1}{\rho}\frac{\partial A_z}{\partial\varphi}-\frac{\partial A_\varphi}{\partial z}\right)\boldsymbol{e}_\rho+\left(\frac{\partial A_\rho}{\partial z}-\frac{\partial A_z}{\partial\rho}\right)\boldsymbol{e}_\varphi+\frac{1}{\rho}\left(\frac{\partial(\rho A_\varphi)}{\partial\rho}-\frac{\partial A_\rho}{\partial\varphi}\right)\boldsymbol{e}_z=\frac{1}{\rho}\begin{vmatrix}\boldsymbol{e}_\rho & \rho\,\boldsymbol{e}_\varphi & \boldsymbol{e}_z\\ \dfrac{\partial}{\partial\rho} & \dfrac{\partial}{\partial\varphi} & \dfrac{\partial}{\partial z}\\ A_\rho & \rho A_\varphi & A_z\end{vmatrix}\tag{1-89}$$

$$\begin{aligned}\nabla\times\boldsymbol{A}&=\frac{1}{r\sin\theta}\left[\frac{\partial(A_\varphi\sin\theta)}{\partial\theta}-\frac{\partial A_\theta}{\partial\varphi}\right]\boldsymbol{e}_r+\frac{1}{r}\left[\frac{1}{\sin\theta}\frac{\partial A_r}{\partial\varphi}-\frac{\partial(rA_\varphi)}{\partial r}\right]\boldsymbol{e}_\theta+\frac{1}{r}\left[\frac{\partial(rA_\theta)}{\partial r}-\frac{\partial A_r}{\partial\theta}\right]\boldsymbol{e}_\varphi\\&=\frac{1}{r^2\sin\theta}\begin{vmatrix}\boldsymbol{e}_r & r\,\boldsymbol{e}_\theta & r\sin\theta\,\boldsymbol{e}_\varphi\\ \dfrac{\partial}{\partial r} & \dfrac{\partial}{\partial\theta} & \dfrac{\partial}{\partial\varphi}\\ A_r & rA_\theta & r\sin\theta A_\varphi\end{vmatrix}\end{aligned}\tag{1-90}$$

5. 斯托克斯定理

在直角坐标系中，假设矢量场 $\boldsymbol{A}$ 的三个分量 $A_x(x,y,z)$、$A_y(x,y,z)$、$A_z(x,y,z)$ 在包含曲面 S 的空间区域内有一阶连续偏导数，L 为曲面 S 的周线，则

$$\iint_{(S)}\nabla\times\boldsymbol{A}\cdot\mathrm{d}\boldsymbol{S}=\oint_{(L)}\boldsymbol{A}\cdot\mathrm{d}\boldsymbol{l}\tag{1-91}$$

或

$$\iint_{(S)}\left(\frac{\partial A_z}{\partial y}-\frac{\partial A_y}{\partial z}\right)\mathrm{d}y\mathrm{d}z+\left(\frac{\partial A_x}{\partial z}-\frac{\partial A_z}{\partial x}\right)\mathrm{d}z\mathrm{d}x+\left(\frac{\partial A_y}{\partial x}-\frac{\partial A_x}{\partial y}\right)\mathrm{d}x\mathrm{d}y=\oint_{(L)}A_x\mathrm{d}x+A_y\mathrm{d}y+A_z\mathrm{d}z\tag{1-92}$$

式(1-91)就是斯托克斯定理。在式(1-91)中，S 是张在闭合曲线 L 上的开曲面，S 的外法向与 L 的方向呈右手定则关系，如图 1-33 所示。式(1-91)表明，矢量场 $\boldsymbol{A}$ 构成的旋度矢量沿开曲面 S 的总通量等于矢量场 $\boldsymbol{A}$ 沿闭合曲线 L 的线积分。如果矢量场 $\boldsymbol{A}$ 的旋度为零，则矢量场 $\boldsymbol{A}$ 的环量积分为零，该矢量场为保守场。

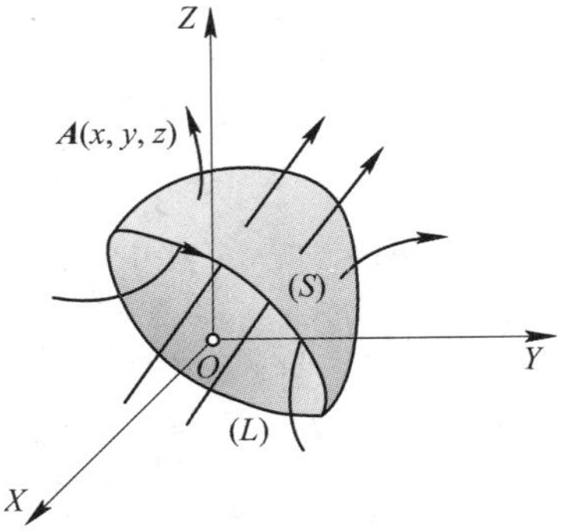

图 1-33　斯托克斯定理

【例 1.8】 设有一平面流速场 $\boldsymbol{v}(x,y)$，其流线的分布如图 1-34所示，图中有些流线是闭合曲线。如果取闭合积分回路 L 与闭合流线重合，计算流速环量

$$\Gamma = \oint_{(L)} \boldsymbol{v}(x,y) \cdot \mathrm{d}\boldsymbol{l}$$

显然，积分结果不等于零，表明对于这样的流速场，流体的运动具有涡旋性。

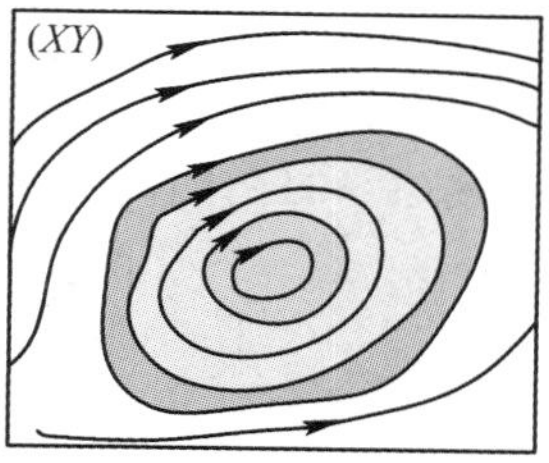

图 1-34　平面流速场

【例 1.9】 图 1-35 所示为黏滞流体在管道中流动时的流速分布，图中矢量线的长短代表各层流体的速度不同，离管壁近的地方流速小，离管壁远的地方流速大。选取闭合回路 $abcd$，计算流速场的环量。

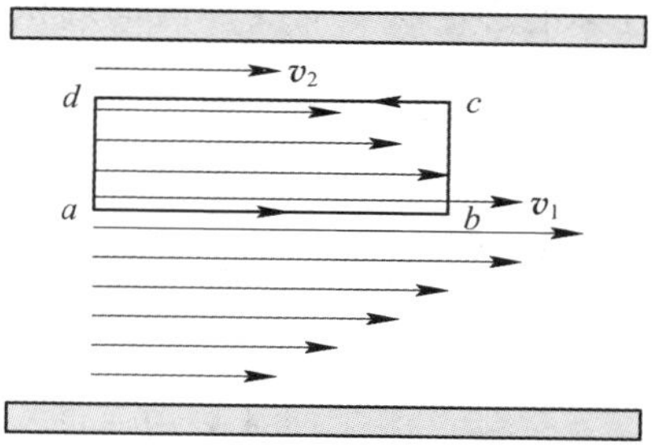

图 1-35　黏滞流体流速分布

由于 bc 和 da 两边与流线垂直，因此

$$\int_{(bc)} \boldsymbol{v} \cdot \mathrm{d}\boldsymbol{l} = \int_{(da)} \boldsymbol{v} \cdot \mathrm{d}\boldsymbol{l} = 0$$

另外，ab 边与流速方向一致，cd 边与流速方向相反，设 $ab=cd=l$，则有

$$\int_{(ab)} \boldsymbol{v} \cdot \mathrm{d}\boldsymbol{l} = v_1 l \qquad \int_{(cd)} \boldsymbol{v} \cdot \mathrm{d}\boldsymbol{l} = - v_2 l$$

由此可得

$$\oint_{(L)} \boldsymbol{v} \cdot \mathrm{d}\boldsymbol{l} = (v_1 - v_2) l \neq 0$$

结果说明管道中黏滞流体流速场的环量不为零，因而流速场是有旋场。

通过例 1.9 可以看出，黏滞流体流速场虽然矢量线不是闭合线，但场仍具有涡旋性。实际上在空间情况下，矢量场的特性要复杂得多，既可以具有散度，同时也可以具有旋度。前面为了引入散度和旋度的概念，简单起见，用辐射状矢量线描述发散场，闭合矢量线描述涡旋场，这样做并不具有普遍意义。

【例 1.10】 设矢量场 $\boldsymbol{A} = (\cos\varphi/\rho)\boldsymbol{e}_z$，取圆柱面的一段：$\rho=2, \pi/3 \leqslant \varphi \leqslant \pi/2$，$0 \leqslant z \leqslant 3$，如图 1-36 所示。验证斯托克斯定理。

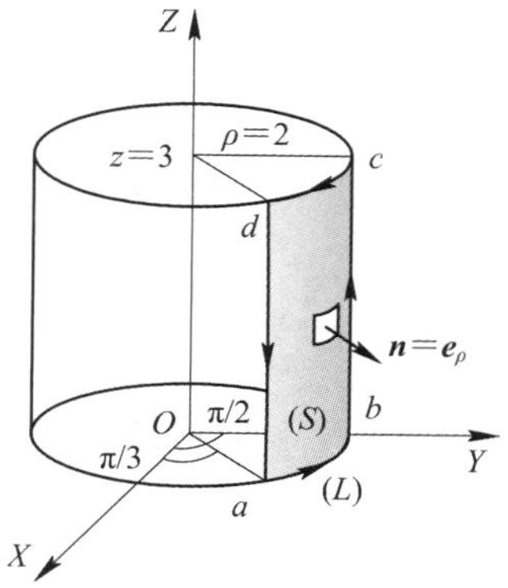

图 1-36　例 1.10 图

解　由题可知，矢量场的三个分量为

$$A_\rho = 0, \quad A_\varphi = 0, \quad A_z = \cos\frac{\varphi}{\rho}$$

代入柱坐标系下的旋度公式

$$\nabla \times \boldsymbol{A} = \left(\frac{1}{\rho}\frac{\partial A_z}{\partial \varphi} - \frac{\partial A_\varphi}{\partial z}\right)\boldsymbol{e}_\rho + \left(\frac{\partial A_\rho}{\partial z} - \frac{\partial A_z}{\partial \rho}\right)\boldsymbol{e}_\varphi + \frac{1}{\rho}\left(\frac{\partial(\rho A_\varphi)}{\partial \rho} - \frac{\partial A_\rho}{\partial \varphi}\right)\boldsymbol{e}_z$$

可得

$$\nabla\times\boldsymbol{A}=\frac{1}{\rho}\frac{\partial A_z}{\partial\varphi}\boldsymbol{e}_\rho-\frac{\partial A_z}{\partial\rho}\boldsymbol{e}_\varphi=-\frac{\sin\varphi}{\rho^2}\boldsymbol{e}_\rho+\frac{\cos\varphi}{\rho^2}\boldsymbol{e}_\varphi$$

由式(1-91)计算在给定面 S 上的积分，有

$$\iint_{(S)}\nabla\times\boldsymbol{A}\cdot\mathrm{d}\boldsymbol{S}=\int_{z=0}^{z=3}\int_{\varphi=\pi/3}^{\varphi=\pi/2}\left[-\frac{\sin\varphi}{\rho^2}\boldsymbol{e}_\rho+\frac{\cos\varphi}{\rho^2}\boldsymbol{e}_\varphi\right]\cdot\boldsymbol{e}_\rho\rho\mathrm{d}\varphi\mathrm{d}z$$

$$=\int_{z=0}^{z=3}\int_{\varphi=\pi/3}^{\varphi=\pi/2}\left[-\frac{\sin\varphi}{\rho}\right]\mathrm{d}\varphi\mathrm{d}z=-\frac{3}{2\rho}=-\frac{3}{4}$$

计算沿给定面 S 周线 L 上的线积分，有

$$\oint_{(L)}\boldsymbol{A}\cdot\mathrm{d}\boldsymbol{l}=\int_a^b\boldsymbol{A}_{ab}\cdot\mathrm{d}\boldsymbol{l}+\int_b^c\boldsymbol{A}_{bc}\cdot\mathrm{d}\boldsymbol{l}+\int_c^d\boldsymbol{A}_{cd}\cdot\mathrm{d}\boldsymbol{l}+\int_d^a\boldsymbol{A}_{da}\cdot\mathrm{d}\boldsymbol{l}$$

在曲线 ab、cd 段，场矢量的方向与曲线方向垂直，点积为零；在曲线 bc 段，场矢量方向与曲线方向同向，但因 $\varphi=\pi/2$，矢量场分量为零。因此，闭合曲线积分仅有 da 段的积分，由此得到

$$\oint_{(L)}\boldsymbol{A}\cdot\mathrm{d}\boldsymbol{l}=\int_d^a\boldsymbol{A}_{da}\cdot\mathrm{d}\boldsymbol{l}=\int_3^0\frac{\cos(\pi/3)}{2}\boldsymbol{e}_z\cdot(-\boldsymbol{e}_z)(-\mathrm{d}z)$$

$$=\int_3^0\frac{\cos(\pi/3)}{2}\mathrm{d}z=-\frac{3}{4}$$

显然，斯托克斯定理成立。

【例 1.11】 设标量场 $u(x,y,z)$ 具有连续的二阶偏导数，证明 $\nabla\times(\nabla u)=0$。

解　由式(1-72)可知，$u(x,y,z)$ 的梯度为

$$\nabla u=\frac{\partial u}{\partial x}\boldsymbol{e}_x+\frac{\partial u}{\partial y}\boldsymbol{e}_y+\frac{\partial u}{\partial z}\boldsymbol{e}_z$$

由式(1-88)得 ∇u 的旋度为

$$\nabla\times(\nabla u)=\begin{vmatrix}\boldsymbol{e}_x & \boldsymbol{e}_y & \boldsymbol{e}_z\\ \partial/\partial x & \partial/\partial y & \partial/\partial z\\ \partial u/\partial x & \partial u/\partial y & \partial u/\partial z\end{vmatrix}$$

$$=\left[\frac{\partial^2 u}{\partial y\partial z}-\frac{\partial^2 u}{\partial z\partial y}\right]\boldsymbol{e}_x+\left[\frac{\partial^2 u}{\partial z\partial x}-\frac{\partial^2 u}{\partial x\partial z}\right]\boldsymbol{e}_y+\left[\frac{\partial^2 u}{\partial x\partial y}-\frac{\partial^2 u}{\partial y\partial x}\right]\boldsymbol{e}_z$$

由于 $u(x,y,z)$ 具有连续的二阶偏导数，有

$$\begin{cases}\dfrac{\partial^2 u}{\partial y\partial z}=\dfrac{\partial^2 u}{\partial z\partial y}\\[2ex] \dfrac{\partial^2 u}{\partial z\partial x}=\dfrac{\partial^2 u}{\partial x\partial z}\\[2ex] \dfrac{\partial^2 u}{\partial x\partial y}=\dfrac{\partial^2 u}{\partial y\partial x}\end{cases}$$

因此

$$\nabla\times(\nabla u)=0 \tag{1-93}$$

式(1-93)表明，一个标量场梯度的旋度恒为零，进而说明标量场的梯度是一个无旋场。反过来讲，如果一个矢量场 $\boldsymbol{A}$ 的旋度为零，那么，这个矢量场就可以表达为某一标量函数 u 的梯度，即

$$\boldsymbol{A}=\pm\nabla u \tag{1-94}$$

式中，符号“±”的选择取决于物理问题的需要。式(1-93)也表明，实际求解矢量场物理问题时，当矢量场的旋度为零时，就可以把问题转化为标量函数的求解问题，然后依据式(1-94)再求该标量函数的梯度，即可求得矢量场。

【例1.12】 设矢量场 $\boldsymbol{A}(x,y,z)$ 具有连续的二阶偏导数，证明 $\nabla\cdot(\nabla\times\boldsymbol{A})=0$。

解 由式(1-88)有

$$\nabla\times\boldsymbol{A}=\left(\frac{\partial A_z}{\partial y}-\frac{\partial A_y}{\partial z}\right)\boldsymbol{e}_x+\left(\frac{\partial A_x}{\partial z}-\frac{\partial A_z}{\partial x}\right)\boldsymbol{e}_y+\left(\frac{\partial A_y}{\partial x}-\frac{\partial A_x}{\partial y}\right)\boldsymbol{e}_z$$

又根据式(1-81)得到

$$\begin{aligned}\nabla\cdot(\nabla\times\boldsymbol{A})&=\frac{\partial}{\partial x}\left(\frac{\partial A_z}{\partial y}-\frac{\partial A_y}{\partial z}\right)+\frac{\partial}{\partial y}\left(\frac{\partial A_x}{\partial z}-\frac{\partial A_z}{\partial x}\right)+\frac{\partial}{\partial z}\left(\frac{\partial A_y}{\partial x}-\frac{\partial A_x}{\partial y}\right)\\&=\frac{\partial^2 A_z}{\partial x\partial y}-\frac{\partial^2 A_y}{\partial x\partial z}+\frac{\partial^2 A_x}{\partial y\partial z}-\frac{\partial^2 A_z}{\partial y\partial x}+\frac{\partial^2 A_y}{\partial z\partial x}-\frac{\partial^2 A_x}{\partial z\partial y}\end{aligned}$$

由于 $\boldsymbol{A}$ 具有连续二阶偏导数，有

$$\begin{cases}\dfrac{\partial^2 A_x}{\partial y\partial z}=\dfrac{\partial^2 A_x}{\partial z\partial y}\\[2ex]\dfrac{\partial^2 A_y}{\partial x\partial z}=\dfrac{\partial^2 A_y}{\partial z\partial x}\\[2ex]\dfrac{\partial^2 A_z}{\partial x\partial y}=\dfrac{\partial^2 A_z}{\partial y\partial x}\end{cases}$$

因此有

$$\nabla\cdot(\nabla\times\boldsymbol{A})=0 \tag{1-95}$$

式(1-95)表明，一个矢量场的旋度的散度恒为零，说明矢量场的旋度是一个无散场。反过来讲，如果一个矢量场 $\boldsymbol{A}$ 的散度为零，那么这个矢量场就可以表达为某一矢量场 $\boldsymbol{B}$ 的旋度，即

$$\boldsymbol{A}=\nabla\times\boldsymbol{B} \tag{1-96}$$

这样就可以把求解矢量场 $\boldsymbol{A}$ 的问题转化为求解矢量场 $\boldsymbol{B}$ 的问题。

1.5.5 符号说明

目前矢量分析的教材中，梯度、散度和旋度基本上都使用两种符号表示，梯度用 grad u 或 ∇u，散度用 div$\boldsymbol{A}$ 或 $\nabla\cdot\boldsymbol{A}$，旋度用 rot$\boldsymbol{A}$ 、curl$\boldsymbol{A}$ 或 $\nabla\times\boldsymbol{A}$。用哈密顿算子 ∇ 表示散度和旋度最早出现在美国数学家吉布斯(J. Willard Gibbs)的著作 *Elements of Vector Analysis* 中，由于其符号的简洁性，很快被人们接受。在吉布斯的表示方法中，认为散度 $\nabla\cdot\boldsymbol{A}$ 和旋度 $\nabla\times\boldsymbol{A}$ 是哈密顿算子 ∇ 与矢量 $\boldsymbol{A}$ 的点积和叉积，这是错误的，虽然吉布斯本人并未对其赋予这种解释，但已造成误会和混淆。美籍华裔科学家戴振铎教授对矢量分析和场论作了系统而全面的历史研究，指出了至今仍存在于矢量分析中的错误，找到了根源，并系统全面地建立起了一套完善的矢量场符号运算理论。但由于戴振铎教授提出的符号较晚，其价值要被广泛认可还需要时间。本教材仍然使用吉布斯符号，但要注意的是 $\nabla\cdot\boldsymbol{A}$ 和 $\nabla\times\boldsymbol{A}$ 绝不是表示哈密顿算子 ∇ 与矢量 $\boldsymbol{A}$ 的点积和叉积。

1.6 拉普拉斯算子和拉普拉斯方程

拉普拉斯算子是一个二阶微分算子，其定义为梯度的散度。

1. 直角坐标系下的拉普拉斯算子

由式(1-72)可知，标量场 $u(x,y,z)$ 的梯度

$$\nabla u = \text{grad}\, u = \frac{\partial u}{\partial x}\boldsymbol{e}_x + \frac{\partial u}{\partial y}\boldsymbol{e}_y + \frac{\partial u}{\partial z}\boldsymbol{e}_z$$

为一矢量场，根据定义，求矢量场 ∇u 的散度，由式(1-81)得

$$\nabla \cdot \nabla u = \frac{\partial^2 u}{\partial x^2} + \frac{\partial^2 u}{\partial y^2} + \frac{\partial^2 u}{\partial z^2} \tag{1-97}$$

为了方便起见，记

$$\nabla^2 = \frac{\partial^2}{\partial x^2} + \frac{\partial^2}{\partial y^2} + \frac{\partial^2}{\partial z^2} \tag{1-98}$$

∇^2 称为拉普拉斯算子。由式(1-97)可以看出，标量函数的拉普拉斯表达式是一个标量式，仅涉及该函数的二阶偏导数。

2. 柱坐标系和球坐标系下的拉普拉斯算子

经过简单的变换，可得到柱坐标系和球坐标系下的拉普拉斯表达式分别为

$$\nabla^2 u = \frac{1}{\rho}\frac{\partial}{\partial \rho}\left(\rho \frac{\partial u}{\partial \rho}\right) + \frac{1}{\rho^2}\frac{\partial^2 u}{\partial \varphi^2} + \frac{\partial^2 u}{\partial z^2} \tag{1-99}$$

$$\nabla^2 u = \frac{1}{r^2}\frac{\partial}{\partial r}\left(r^2 \frac{\partial u}{\partial r}\right) + \frac{1}{r^2 \sin\theta}\frac{\partial}{\partial \theta}\left(\sin\theta \frac{\partial u}{\partial \theta}\right) + \frac{1}{r^2 \sin^2\theta}\frac{\partial^2 u}{\partial \varphi^2} \tag{1-100}$$

3. 拉普拉斯方程

如果标量函数 $u(x,y,z)$的拉普拉斯为零，即

$$\nabla^2 u = \frac{\partial^2 u}{\partial x^2} + \frac{\partial^2 u}{\partial y^2} + \frac{\partial^2 u}{\partial z^2} = 0 \tag{1-101}$$

则称此方程为拉普拉斯方程，满足此方程的函数 $u(x,y,z)$称为调和函数。

在电磁场理论中，还会遇到矢量场的拉普拉斯 $\nabla^2 \boldsymbol{A}$。根据矢量恒等式

$$\nabla \times (\nabla \times \boldsymbol{A}) = \nabla(\nabla \cdot \boldsymbol{A}) - \nabla^2 \boldsymbol{A}$$

有

$$\nabla^2 \boldsymbol{A} = \nabla(\nabla \cdot \boldsymbol{A}) - \nabla \times (\nabla \times \boldsymbol{A}) \tag{1-102}$$

在直角坐标系下，矢量拉普拉斯表达式为

$$\nabla^2 \boldsymbol{A} = \nabla^2 A_x \boldsymbol{e}_x + \nabla^2 A_y \boldsymbol{e}_y + \nabla^2 A_z \boldsymbol{e}_z \tag{1-103}$$

如果矢量场 $\boldsymbol{A}$ 的拉普拉斯为零，即

$$\nabla^2 \boldsymbol{A} = \nabla^2 A_x \boldsymbol{e}_x + \nabla^2 A_y \boldsymbol{e}_y + \nabla^2 A_z \boldsymbol{e}_z = 0 \tag{1-104}$$

则必然有每个分量的拉普拉斯为零，即

$$\begin{cases} \nabla^2 A_x = 0 \\ \nabla^2 A_y = 0 \\ \nabla^2 A_z = 0 \end{cases} \tag{1-105}$$

由此可以看出，在直角坐标系下，矢量场 $\boldsymbol{A}$ 的拉普拉斯方程可以分解为三个分量 A_x、A_y 和 A_z 的标量拉普拉斯方程，使问题的求解得以简化。

1.7　电磁场的分类和赫姆霍兹定理

1.5 节介绍了矢量场散度和旋度的概念。可以看出，散度和旋度是两个独立的运算，在两个不同方面反映场的特性，因此，要完整描述一个矢量场，需要从散度和旋度两方面入手。矢量场散度运算满足的关系和旋度运算满足的关系，构成了决定矢量场基本特性的基本方程。在电磁场的研究中，根据矢量场满足散度运算关系和旋度运算关系的不同组合，可将场分为四种类型。不同类型的电磁场问题，求解的方法各不相同。下面简要介绍矢量场的类型。

1. 第一类场

如果矢量场 $\boldsymbol{A}$ 在给定的空间区域处处满足

$$\nabla\cdot\boldsymbol{A}=0 \quad 和 \quad \nabla\times\boldsymbol{A}=0$$

则该矢量场属于第一类场。由例 1.11 题证明的结果可知，矢量场 $\boldsymbol{A}$ 的旋度为零，那么，矢量场 $\boldsymbol{A}$ 可表示为一标量函数 u 的梯度，即

$$\boldsymbol{A}=-\nabla u$$

又因为矢量场的散度为零，可得到

$$\nabla\cdot\boldsymbol{A}=\nabla\cdot(-\nabla u)=-\nabla^2u=0$$

即

$$\nabla^2u=0 \tag{1-106}$$

这就是拉普拉斯方程。对于求解这样一类矢量场问题，必须求解满足边界条件的拉普拉斯方程，然后再利用 $\boldsymbol{A}=-\nabla u$ 计算矢量场 $\boldsymbol{A}$。

2. 第二类场

如果矢量场 $\boldsymbol{A}$ 在给定的空间区域处处满足

$$\nabla\cdot\boldsymbol{A}\neq0 \quad 和 \quad \nabla\times\boldsymbol{A}=0$$

则该矢量场属于第二类场。因为矢量场 $\boldsymbol{A}$ 的旋度为零，同样可写出 $\boldsymbol{A}=-\nabla u$ 。但 $\nabla\cdot\boldsymbol{A}\neq0$，令

$$\nabla\cdot\boldsymbol{A}=\rho \tag{1-107}$$

于是得到

$$\nabla^2u=-\rho \tag{1-108}$$

此方程称为标量泊松方程。式中 ρ 可以是常数，也可以是某一区域的已知函数，它是产生散度场的源，称为标量源。对于第二类问题求解，就是求解满足边界条件的标量泊松方程，然后再由 $\boldsymbol{A}=-\nabla u$ 计算矢量场 $\boldsymbol{A}$。

3. 第三类场

如果一个矢量场在给定的空间区域满足

$$\nabla\cdot\boldsymbol{A}=0 \ 和 \ \nabla\times\boldsymbol{A}\neq0$$

则该矢量场属第三类场。由于矢量场 $\boldsymbol{A}$ 的散度为零，利用例 1.12 的证明结果，令

$$\boldsymbol{A}=\nabla\times\boldsymbol{G}$$

式中，$\boldsymbol{G}$ 是另一矢量场。又因为 $\nabla\times\boldsymbol{A}\neq0$，令

$$\nabla\times\boldsymbol{A}=\boldsymbol{J} \tag{1-109}$$

式中，$\boldsymbol{J}$ 是产生旋度场的源，称之为矢量源。把 $\boldsymbol{A}=\nabla\times\boldsymbol{G}$ 代入式(1-109)，得到

$$\nabla \times \nabla \times \boldsymbol{G} = \boldsymbol{J}$$

再利用矢量等式(1-102)，可得

$$\nabla(\nabla \cdot \boldsymbol{G}) - \nabla^2 \boldsymbol{G} = \boldsymbol{J}$$

为了使矢量场的解唯一，必须定义矢量 $\boldsymbol{G}$ 的散度，如果取约束条件 $\nabla \cdot \boldsymbol{G} = 0$，则得到

$$\nabla^2 \boldsymbol{G} = -\boldsymbol{J} \tag{1-110}$$

此方程称为矢量泊松方程，约束条件 $\nabla \cdot \boldsymbol{G} = 0$ 称为库仑规范。由此可以看出，第三类问题的求解归结为求解满足边界条件的矢量泊松方程，然后由 $\boldsymbol{A} = \nabla \times \boldsymbol{G}$ 求矢量 $\boldsymbol{A}$。

4. 第四类场

如果矢量场在给定的空间区域满足

$$\nabla \cdot \boldsymbol{A} \neq 0 \quad \text{和} \quad \nabla \times \boldsymbol{A} \neq 0$$

则属于第四类场。对于这类矢量场的求解，可以先进行场分解。把矢量场 $\boldsymbol{A}$ 分解成两个矢量场 $\boldsymbol{G}$ 和 $\boldsymbol{H}$ 的矢量和，即 $\boldsymbol{A} = \boldsymbol{G} + \boldsymbol{H}$，而矢量场 $\boldsymbol{G}$ 和 $\boldsymbol{H}$ 分别满足第二类和第三类场的要求，即

$$\nabla \cdot \boldsymbol{G} \neq 0, \nabla \times \boldsymbol{G} = 0$$

和

$$\nabla \cdot \boldsymbol{H} = 0, \nabla \times \boldsymbol{H} \neq 0$$

令

$$\boldsymbol{G} = -\nabla u, \boldsymbol{H} = \nabla \times \boldsymbol{F}$$

求解 u 所满足的标量泊松方程，求解 $\boldsymbol{F}$ 所满足的矢量泊松方程，然后可求得

$$\boldsymbol{A} = \nabla \times \boldsymbol{F} - \nabla u \tag{1-111}$$

赫姆霍兹定理 若矢量场 $\boldsymbol{A}$ 在无界空间中处处单值，且其导数连续有界，源分布在有限区域，则矢量场由其散度和旋度唯一确定，并且矢量场 $\boldsymbol{A}$ 可表示为一个标量函数的梯度和一个矢量函数的旋度之和。

赫姆霍兹定理表明，一个在无界空间中单值的矢量场 $\boldsymbol{A}$ 既有散度又有旋度，必然有产生该矢量场的标量源 ρ 和产生该矢量场的矢量源 $\boldsymbol{J}$ 满足：

$$\begin{cases} \nabla \cdot \boldsymbol{A} = \rho \\ \nabla \times \boldsymbol{A} = \boldsymbol{J} \end{cases} \tag{1-112}$$

当分布在有限空间矢量场的源(ρ,$\boldsymbol{J}$)已知时，无界空间的矢量场就唯一确定了。式(1-112)为矢量场基本方程的微分形式，适合于空间连续的区域。对于在不连续的边界上，描述矢量场基本方程的微分形式将失去意义，必须从矢量场的通量和环量去研究，即

$$\begin{cases} \displaystyle\oint\!\!\!\oint_{(S)} \boldsymbol{A} \cdot \mathrm{d}\boldsymbol{S} = \iiint_{(V)} \rho \mathrm{d}V \\ \displaystyle\oint_{(L)} \boldsymbol{A} \cdot \mathrm{d}\boldsymbol{l} = \iint_{(S)} \boldsymbol{J} \cdot \mathrm{d}\boldsymbol{S} \end{cases} \tag{1-113}$$

式(1-113)称为矢量场基本方程的积分形式。

前面简要介绍了矢量分析和场论的一些基本概念，标量场的梯度、矢量场的散度和旋度，这些都是描述场的重要数学手段。一个标量场的特性完全由它的梯度来表述，而一个矢量场的特性完全由它的散度和旋度来表述。标量场的梯度构成矢量场，矢量场的散度构成标量场，矢量场的旋度构成矢量场。如果一个矢量场的散度为零，则为无散场；如果矢量

场的旋度为零，则为无旋场。梯度场为无旋场，旋度场为无散场。但是在无界空间中，场的存在必定有源，无旋场的散度不能处处为零，而无散场的旋度不能处处为零，否则矢量场就不存在。因此，研究一个矢量场必须从两方面入手，即散度和旋度。

习　题　1

1-1　在直角坐标系下，三个矢量 $\boldsymbol{A}$、$\boldsymbol{B}$ 和 $\boldsymbol{C}$ 的分量式分别为

$$\begin{cases}\boldsymbol{A}=\boldsymbol{e}_x+2\boldsymbol{e}_y-3\boldsymbol{e}_z\\ \boldsymbol{B}=-4\boldsymbol{e}_y+\boldsymbol{e}_z\\ \boldsymbol{C}=5\boldsymbol{e}_x-2\boldsymbol{e}_z\end{cases}$$

试求：

(1) 矢量 $\boldsymbol{A}$ 的单位矢量 $\boldsymbol{a}_A$；

(2) 两矢量 $\boldsymbol{A}$ 和 $\boldsymbol{B}$ 之间的夹角 θ；

(3) $\boldsymbol{A}\cdot\boldsymbol{B}$ 和 $\boldsymbol{A}\times\boldsymbol{B}$；

(4) $\boldsymbol{A}\cdot(\boldsymbol{B}\times\boldsymbol{C})$ 和 $(\boldsymbol{A}\times\boldsymbol{B})\cdot\boldsymbol{C}$；

(5) $(\boldsymbol{A}\times\boldsymbol{B})\times\boldsymbol{C}$ 和 $\boldsymbol{A}\times(\boldsymbol{B}\times\boldsymbol{C})$。

1-2　证明以下三个矢量在同一平面上。

$$\begin{cases}\boldsymbol{A}=11\boldsymbol{e}_x+9\boldsymbol{e}_y+18\boldsymbol{e}_z\\ \boldsymbol{B}=17\boldsymbol{e}_x+9\boldsymbol{e}_y+27\boldsymbol{e}_z\\ \boldsymbol{C}=4\boldsymbol{e}_x-6\boldsymbol{e}_y+5\boldsymbol{e}_z\end{cases}$$

1-3　给定两矢量 $\boldsymbol{A}=2\boldsymbol{e}_x+3\boldsymbol{e}_y-4\boldsymbol{e}_z$ 和 $\boldsymbol{B}=-6\boldsymbol{e}_x-4\boldsymbol{e}_y+\boldsymbol{e}_z$，求 $\boldsymbol{A}\times\boldsymbol{B}$ 在矢量 $\boldsymbol{C}=\boldsymbol{e}_x-\boldsymbol{e}_y+\boldsymbol{e}_z$ 上的投影。

1-4　已知位置矢量 $\boldsymbol{r}_1=-2\boldsymbol{e}_y+\boldsymbol{e}_z$ 和 $\boldsymbol{r}_2=-2\boldsymbol{e}_x+3\boldsymbol{e}_z$，求两点间的距离矢量 $\boldsymbol{R}$。

1-5　已知矢量 $\boldsymbol{A}=3\boldsymbol{e}_x+5\boldsymbol{e}_y+17\boldsymbol{e}_z$ 和 $\boldsymbol{B}=-\boldsymbol{e}_y-5\boldsymbol{e}_z$，求与矢量 $\boldsymbol{A}+\boldsymbol{B}$ 平行的单位矢量，并计算此单位矢量与 X 轴之间的夹角。

1-6　将直角坐标系下的以下位置矢量转换成柱坐标系和球坐标系下的位置矢量。

(1) $\boldsymbol{r}_1=\boldsymbol{e}_x+2\boldsymbol{e}_y$；

(2) $\boldsymbol{r}_2=3\boldsymbol{e}_z$；

(3) $\boldsymbol{r}_3=\boldsymbol{e}_x+\boldsymbol{e}_y+2\boldsymbol{e}_z$；

(4) $\boldsymbol{r}_4=-3\boldsymbol{e}_x+3\boldsymbol{e}_y-3\boldsymbol{e}_z$。

1-7　在球坐标系下矢量场的数学描述为

$$\boldsymbol{F}(r,\theta,\varphi)=r\boldsymbol{e}_r+r\tan\theta\boldsymbol{e}_\theta+r\sin\theta\cos\varphi\boldsymbol{e}_\varphi$$

试写出该矢量场在直角坐标系下的表达式。

1-8　在柱坐标系下描述矢量场的数学表达式为

$$\boldsymbol{F}(\rho,\varphi,z)=\rho\cos\varphi\boldsymbol{e}_\rho+r\sin\varphi\boldsymbol{e}_\varphi+z^2\boldsymbol{e}_z$$

在圆柱面 $\rho=4$ 的点 $P(4,\pi,2)$ 处，求：

(1) 矢量 $\boldsymbol{F}$ 垂直于该圆柱的分量；

（2）矢量 $\boldsymbol{F}$ 相切于该圆柱的分量。

1-9　求数量场 $u(x,y,z)=12x^2+yz^2$ 在点 $P(-1,0,1)$ 处相对于距离的最大变化率，并求 $u(x,y,z)$ 在 X、Y 和 Z 方向的变化率。

1-10　求数量场 $u(x,y,z)=(x^2+y^2)/z$ 经过点 $P(1,1,2)$ 的等值面方程。

1-11　求矢量场 $\boldsymbol{A}(x,y,z)=xy^2\boldsymbol{e}_x+x^2y\boldsymbol{e}_y+zy^2\boldsymbol{e}_z$ 的矢量线方程。

1-12　求数量场 $u(x,y,z)=x^2z^3+2y^2z$ 在点 $P(2,0,-1)$ 处沿 $\boldsymbol{l}=2x\boldsymbol{e}_x-xy^2\boldsymbol{e}_y+3z^4\boldsymbol{e}_z$ 方向的方向导数。

1-13　设 $u(x,y,z)=3x^2y-y^3z^2$，求在点 $P(1,-2,1)$ 处的 ∇u。

1-14　设 $\boldsymbol{A}(x,y,z)=-xy\boldsymbol{e}_x+3x^2yz\boldsymbol{e}_y+xz^3\boldsymbol{e}_z$，求在 $P(1,-1,2)$ 处的 $\nabla\cdot\boldsymbol{A}$。

1-15　设 $\boldsymbol{A}(x,y,z)=\dfrac{x}{r}\boldsymbol{e}_x$，求 $\nabla\times\boldsymbol{A}$，其中 r 为空间点 $P(x,y,z)$ 的位置矢量的大小。

1-16　对于矢量场 $\boldsymbol{A}(x,y,z)=xz\boldsymbol{e}_x-yz^2\boldsymbol{e}_y-xy\boldsymbol{e}_z$，计算以下内容验证散度定理：

（1）设立方体以原点为中心，边长为 2 个单位，计算流出立方体的总通量；

（2）计算在该立方体中 $\nabla\cdot\boldsymbol{A}$ 的体积分。

1-17　对于矢量场 $\boldsymbol{A}(\rho,\varphi,z)=10\mathrm{e}^{-\rho}\boldsymbol{e}_\rho-3z\boldsymbol{e}_z$，应用 $\rho=2$，$z=0$，$z=4$ 的圆柱区域验证散度定理。

1-18　设区域内的通量密度为 $\boldsymbol{D}(\rho,\varphi,z)=(2+16\rho^2)\boldsymbol{e}_z$，求穿过 $\rho=2$ 在 XY 平面上圆平面的总通量 $\iint\boldsymbol{D}\cdot\mathrm{d}\boldsymbol{S}$。

1-19　已知矢量场 $\boldsymbol{E}(x,y,z)=xy\boldsymbol{e}_x-(x^2+2y^2)\boldsymbol{e}_y$，计算图 T1-1(a)所示三角形路径的积分 $\oint_{(L)}\boldsymbol{E}\cdot\mathrm{d}\boldsymbol{l}$ 和图(b)三角形区域的 $\iint_{(S)}(\nabla\times\boldsymbol{E})\cdot\mathrm{d}\boldsymbol{S}$。

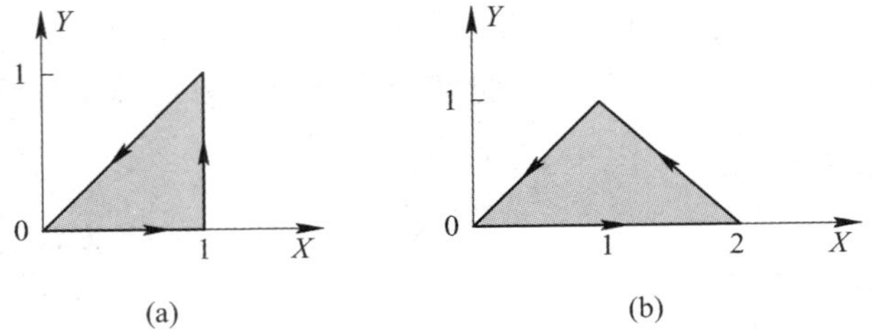

图 T1-1　习题 1-19 图

1-20　已知矢量场 $\boldsymbol{B}(r,\theta,\varphi)=r\cos\varphi\boldsymbol{e}_r+\sin\varphi\boldsymbol{e}_\varphi$，计算以下积分并验证斯托克斯定理：

（1）沿图 T1-2(a)所示的半圆路径的积分 $\oint_{(L)}\boldsymbol{B}\cdot\mathrm{d}\boldsymbol{l}$ 和半圆区域的积分 $\iint_{(S)}(\nabla\times\boldsymbol{B})\cdot\mathrm{d}\boldsymbol{S}$；

（2）沿图 T1-2(b)所示路径重新计算积分 $\oint_{(L)}\boldsymbol{B}\cdot\mathrm{d}\boldsymbol{l}$ 和 $\iint_{(S)}(\nabla\times\boldsymbol{B})\cdot\mathrm{d}\boldsymbol{S}$。

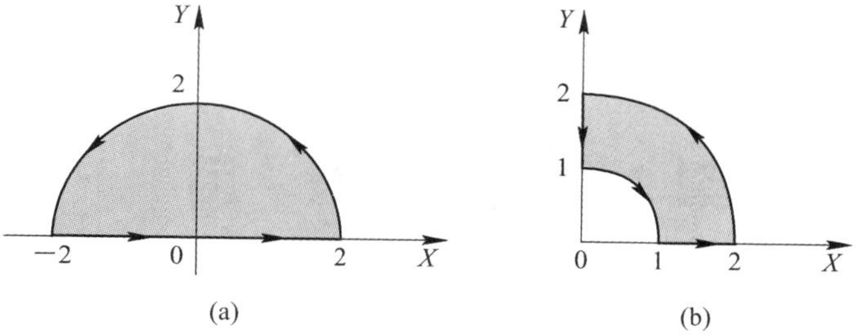

图 T1-2　习题 1-20 图

1-21　求下列矢量场的散度和旋度：

(1) $\boldsymbol{A}(x,y,z)=(3x^2y+z)\boldsymbol{e}_x+(y^3-xz^2)\boldsymbol{e}_y+2xyz\boldsymbol{e}_z$；

(2) $\boldsymbol{A}(x,y,z)=yz^2\boldsymbol{e}_x+zx^2\boldsymbol{e}_y+xy^2\boldsymbol{e}_z$；

(3) $\boldsymbol{A}(x,y,z)=P(x)\boldsymbol{e}_x+Q(y)\boldsymbol{e}_y+R(z)\boldsymbol{e}_z$。

1-22　已知 $u(x,y,z)=\mathrm{e}^{xyz}$，$\boldsymbol{A}(x,y,z)=z^2\boldsymbol{e}_x+x^2\boldsymbol{e}_y+y^2\boldsymbol{e}_z$，求 $\nabla\times(u\boldsymbol{A})$。

1-23　已知 $\boldsymbol{A}(x,y,z)=3y\boldsymbol{e}_x+2z^2\boldsymbol{e}_y+xy\boldsymbol{e}_z$，$\boldsymbol{B}(x,y,z)=x^2\boldsymbol{e}_x-4\boldsymbol{e}_z$，求 $\nabla\times(\boldsymbol{A}\times\boldsymbol{B})$。

1-24　(1) 已知 $u(\rho,\varphi,z)=\rho^2\cos\varphi+z^2\sin\varphi$，求 $\boldsymbol{A}(\rho,\varphi,z)=\nabla u$ 和 $\nabla\cdot\boldsymbol{A}$；

(2) 已知 $\boldsymbol{A}(\rho,\varphi,z)=\rho\cos^2\varphi\boldsymbol{e}_\rho+\rho\sin\varphi\boldsymbol{e}_\varphi$，求 $\nabla\times\boldsymbol{A}$；

(3) 已知 $u(r,\theta,\varphi)=\left(ar^2+\dfrac{1}{r^3}\right)\sin2\theta\cos\varphi$，求 $\boldsymbol{A}(r,\theta,\varphi)=\nabla u$；

(4) 已知 $u(r,\theta,\varphi)=2r\sin\theta+r^2\cos\varphi$，求 $F(r,\theta,\varphi)=\nabla^2u$。

1-25　已知两个矢量场：

$$\boldsymbol{A}(\rho,\varphi,z)=z^2\sin\varphi\boldsymbol{e}_\rho+z^2\cos\varphi\boldsymbol{e}_\varphi+2\rho z\sin\varphi\boldsymbol{e}_z$$
$$\boldsymbol{B}(x,y,z)=(3y^2-2x)\boldsymbol{e}_x+x^2\boldsymbol{e}_y+2z\boldsymbol{e}_z$$

(1) 哪一个矢量场可以由一个标量函数的梯度表示？哪一个矢量场可以由一个矢量函数的旋度表示？

(2) 求矢量场的源分布。

第2章 静 电 场

库仑定律是静电场理论的基础和出发点。本章从库仑定律出发，导出描述点电荷电场强度的矢量公式，然后根据线性叠加原理，给出分布电荷电场强度的矢量计算公式；根据电位的定义，给出点电荷电位计算公式和分布电荷电位计算公式，并导出电场强度矢量与电位的梯度关系；在电偶极子概念的基础上，引入描述介质极化状态的物理量——极化强度矢量，给出极化强度矢量与外加电场的线性关系和非线性关系；根据电偶极子电位，推导出极化强度矢量与束缚电荷面密度和束缚电荷体密度之间的关系；从描述矢量场的角度出发，导出静电场的基本方程，包括真空中的高斯定理、介质中的高斯定理、静电场的散度方程以及静电场的环量方程和旋度方程；应用静电场基本方程的积分形式，导出不同介质分界面的边界条件；应用静电场基本方程的微分形式，导出求解静电场边值问题的泊松方程和拉普拉斯方程；最后讨论导体系统的电容、静电场的能量和电场力。

2.1 库仑定律和电场强度

2.1.1 库仑定律

库仑定律是由法国物理学家库仑(见图 2-1)提出的。库仑定律不仅是电磁学的基本定律，也是物理学的基本定律之一。库仑定律阐明了静止电荷相互作用的规律，决定了静电场的性质，也为整个电磁场理论奠定了基础。

库仑定律表明，真空中两个静止点电荷 q_1 和 q_2 之间的相互作用力 $\boldsymbol{F}$ 的大小与它们的电量 q_1 和 q_2 的乘积成正比，而与它们之间距离 R 的平方成反比，作用力的方向沿两者之间的连线，如图 2-2 所示。

图 2-1 法国物理学家库仑
(Charles-Augustin de Coulomb，1736—1806)

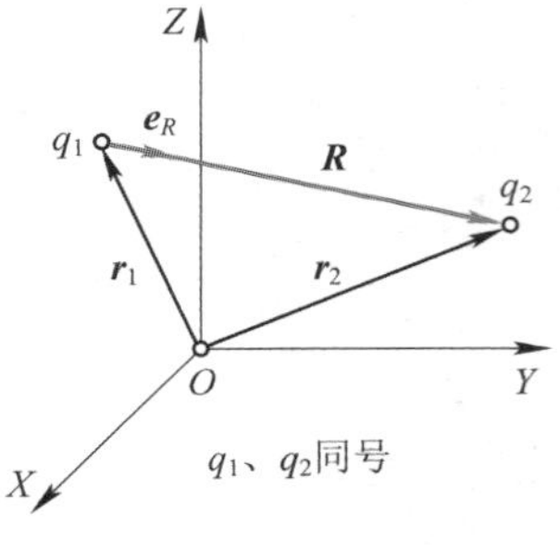

图 2-2 库仑定律

库仑定律用数学公式表达为

$$\boldsymbol{F}=\frac{1}{4\pi\varepsilon_0}\frac{q_1q_2}{R^2}\boldsymbol{e}_R=\frac{1}{4\pi\varepsilon_0}\frac{q_1q_2}{R^3}\boldsymbol{R} \tag{2-1}$$

式中，$R=|\boldsymbol{R}|=|\boldsymbol{r}_2-\boldsymbol{r}_1|$，$\boldsymbol{r}_1$ 和 $\boldsymbol{r}_2$ 分别为 q_1 和 q_2 的位置矢量；$\boldsymbol{R}$ 是 q_1 到 q_2 的距离矢量；$\boldsymbol{e}_R$ 是 $\boldsymbol{R}$ 的单位矢量；$\varepsilon_0\approx8.85\times10^{-12}$ F/m，是真空中的介电常数，是表征真空电性质的物理量。式(2-1)采用国际单位制(SI)，$\boldsymbol{F}$ 的单位为 N（牛顿），电荷的单位为 C（库仑），ε_0 的单位为 F/m（法/米）。

库仑定律表明了两个点电荷之间相互作用力的大小和方向，当两个点电荷同号时，q_1 对 q_2 作用力的方向为 $\boldsymbol{e}_R$，即同号相斥；当两个点电荷异号时，q_1 对 q_2 作用力的方向为 $-\boldsymbol{e}_R$，即异号相吸。

值得注意的是，库仑定律中点电荷是一个相对的概念，当带电体的几何尺寸远小于它们之间的距离 R 时，带电体就可以视为点电荷。因此，不能以电荷的实际大小来判断它是否为点电荷。另外，应该指出，近代核物理实验证明，当距离 R 小到 10^{-14} m 时库仑定律仍然有效，但在原子核的范围(约 10^{-15} m)库仑定律不再成立。地球物理实验证明，库仑定律在 $10^0\sim10^7$ m 范围内是精确成立的；在更大的距离(如天文距离 $10^7\sim10^{26}$ m)范围内，由于电磁波在空间以光速传播，电磁场理论仍然成立，因此可以推断库仑定律仍然有效。由此得出，库仑定律的适用范围为 $10^{-14}\sim10^{26}$ m。

2.1.2　电场强度

库仑定律不仅表明了两个点电荷之间相互作用力的大小和方向，而且还蕴含了电荷受力是因为电荷周围存在电场的含义。换句话说，电荷在其周围空间会产生电场，而电场对处在电场空间的电荷有作用力，这种力也称为电场力。

1. 点电荷的电场强度

设在空间点 $S(x',y',z')$ 处放置一点电荷 q'，而在空间点 $P(x,y,z)$ 处放置一试验电荷 q_t，如图 2-3 所示。根据库仑定律式(2-1)，q' 对试验电荷 q_t 的作用力为

$$\boldsymbol{F}(\boldsymbol{r})=\frac{q'q_t}{4\pi\varepsilon_0}\frac{1}{R^2}\boldsymbol{e}_R \tag{2-2}$$

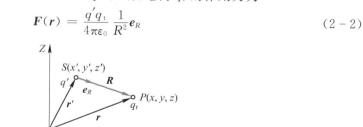

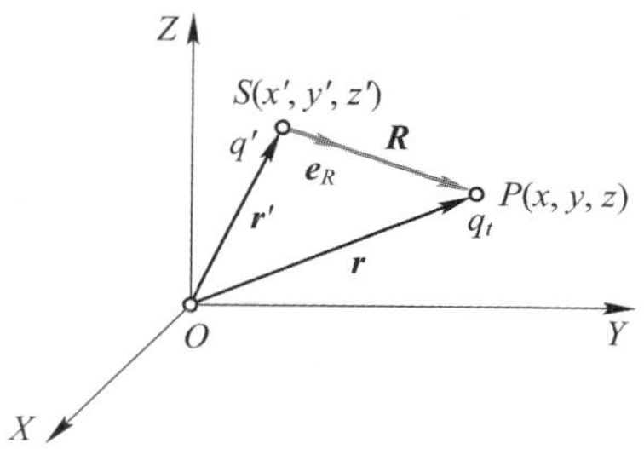

图 2-3　源点和场点

从场论的观点看，库仑力 $\boldsymbol{F}(\boldsymbol{r})$ 就是矢量场。由于该矢量场仅有 $\boldsymbol{e}_R$ 分量，因此库仑力场 $\boldsymbol{F}(\boldsymbol{r})$ 属发散场，矢量线由辐射状力线构成且具有球对称性。另外，由于库仑力 $\boldsymbol{F}(\boldsymbol{r})$ 与点电荷 q' 和 q_t 呈线性关系，且 q' 和 q_t 具有对等性，因此可令

$$\boldsymbol{E}(\boldsymbol{r})=\frac{q'}{4\pi\varepsilon_0}\frac{1}{R^2}\boldsymbol{e}_R \tag{2-3}$$

或者

$$\boldsymbol{e}_{\mathrm{t}}(\boldsymbol{r}) = -\frac{q_{\mathrm{t}}}{4\pi\varepsilon_0}\frac{1}{R^2}\boldsymbol{e}_R \tag{2-4}$$

则库仑定律也可改写成

$$\boldsymbol{F}_{q'}(\boldsymbol{r}) = q_{\mathrm{t}}\boldsymbol{E} \quad 或者 \quad \boldsymbol{F}_{q_{\mathrm{t}}}(\boldsymbol{r}) = q'\boldsymbol{e}_{\mathrm{t}} \tag{2-5}$$

式中，$\boldsymbol{F}_{q'}$ 表示 q' 对 q_{t} 的作用力，由式(2-2)可知，$\boldsymbol{F}_{q'}=\boldsymbol{F}$；$\boldsymbol{F}_{q_{\mathrm{t}}}$ 表示 q_{t} 对 q' 的作用力。$\boldsymbol{F}_{q'}$ 和 $\boldsymbol{F}_{q_{\mathrm{t}}}$ 满足

$$\boldsymbol{F}_{q'} = -\boldsymbol{F}_{q_{\mathrm{t}}} \tag{2-6}$$

式(2-6)表明，库仑力满足牛顿第三定律。但要强调的是，两个运动电荷之间的作用力不遵循牛顿第三定律。

由式(2-3)不难看出，矢量场 $\boldsymbol{E}$ 在量值上等于单位试验电荷($q_{\mathrm{t}}=1$)所受的力 $\boldsymbol{F}$，因而矢量场 $\boldsymbol{E}$ 与库仑力场 $\boldsymbol{F}$ 具有相同的矢量特性，而 $\boldsymbol{F}$ 矢量特性的本质反映的是 $\boldsymbol{E}$ 的矢量特性。又因为矢量场 $\boldsymbol{E}$ 的分布与 q_{t} 的存在与否无关，仅与 q' 有关，所以 q' 是产生矢量场 $\boldsymbol{E}$ 的源，即电荷 q' 在其周围空间产生矢量场 $\boldsymbol{E}$，如图 2-4 所示。由此把点电荷 q' 产生的场 $\boldsymbol{E}$ 称为电场，而把式(2-3)的 $\boldsymbol{E}$ 定义为点电荷的电场强度。电场强度 $\boldsymbol{E}$ 的单位为 N/C(牛顿/库仑)或 V/m(伏特/米)。

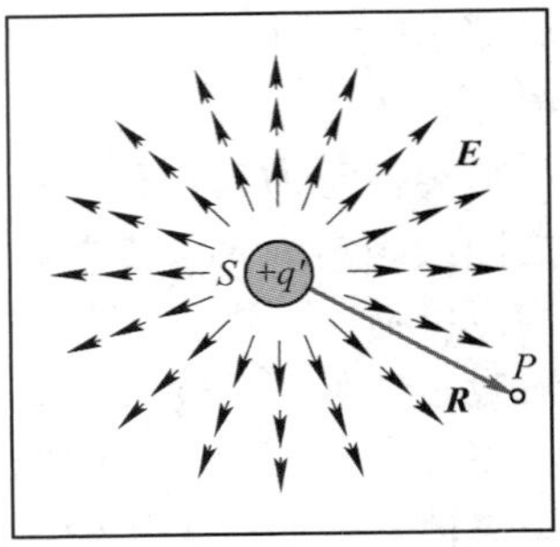

图 2-4　点电荷电场分布示意图

比较式(2-3)和式(2-4)也可以看出，点电荷 q' 产生的电场 $\boldsymbol{E}$ 和试验电荷 q_{t} 产生的电场 $\boldsymbol{e}_{\mathrm{t}}$ 具有对等性，因而电荷 q' 和 q_{t} 之间的库仑力是通过电场传递作用的结果，这就是近距作用观点。

为了便于计算，通常把电荷所在的点称为源点，而把观察点称为场点。源点位置的坐标带撇，如 $S(x',y',z')$ 或 $\boldsymbol{r}'$，场点位置的坐标不带撇，如 $P(x,y,z)$ 或 $\boldsymbol{r}$。

2. 点电荷电场强度的叠加

由式(2-3)可知，电场强度 $\boldsymbol{E}$ 与点电荷 q' 呈线性关系，由此当空间分布有 n 个点电荷时，可利用线性叠加原理计算电场。如图 2-5 所示，假设空间存在 n 个点电荷 q_1'，q_2'，…，q_n'，根据线性叠加原理，空间任一点 $P(x,y,z)$ 处的电场强度等于 n 个点电荷在该点产生的电场强度的矢量和，即

$$\boldsymbol{E}(\boldsymbol{r}) = \sum_{i=1}^{n}\boldsymbol{e}_i(\boldsymbol{r}) = \sum_{i=1}^{n}\frac{q_i'}{4\pi\varepsilon_0}\frac{\boldsymbol{R}_i}{R_i^3} \tag{2-7}$$

式中，$\boldsymbol{R}_i$ 为点电荷 q_i' 到场点 P 的距离矢量，R_i 为距离矢量的大小。

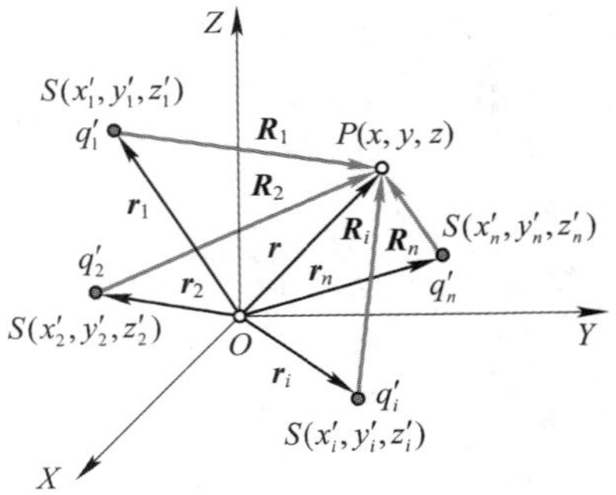

图 2-5　点电荷电场强度的叠加

3. 分布电荷产生的电场强度

对于电荷连续分布的情况，需要引入电荷分布密度，线密度、面密度和体密度分别定义如下：

线密度 $\rho_{l'}$　当电荷连续分布在一条线上时，线密度定义为单位长度上的电荷，即

$$\rho_{l'} = \lim_{\Delta l'\to 0}\frac{\Delta q}{\Delta l'} \tag{2-8a}$$

式中，Δq 是线微分元 $\Delta l'$ 上带的电荷。

面密度 $\rho_{S'}$　当电荷连续分布在一个表面上时，面密度定义为单位面积上的电荷，即

$$\rho_{S'} = \lim_{\Delta S' \to 0} \frac{\Delta q}{\Delta S'} \tag{2-8b}$$

式中，Δq 是面微分元 $\Delta S'$ 上带的电荷。

体密度 $\rho_{V'}$　如果电荷连续分布在一空间体积内，体密度定义为单位体积内的电荷，即

$$\rho_{V'} = \lim_{\Delta V' \to 0} \frac{\Delta q}{\Delta V'} \tag{2-8c}$$

式中，Δq 是体微分元 $\Delta V'$ 内所包含的电荷。

对于电荷连续分布的情况，同样可利用线性叠加原理。如图 2-6(a)所示，设有一带电体 V'，其内电荷连续分布，分布密度为 $\rho_{V'}(x', y', z')$。在 V' 内任取一体微分元 dV'，微分元内的电荷 $\rho_{V'}(x', y', z')dV'$ 看作点电荷，则 V' 内电荷在空间任一点 $P(x, y, z)$ 产生的电场强度为

$$\boldsymbol{E}(\boldsymbol{r}) = \frac{1}{4\pi\varepsilon_0}\iiint_{(V')} \frac{\rho_{V'}(\boldsymbol{r}')}{R^2}\boldsymbol{e}_R dV' = \frac{1}{4\pi\varepsilon_0}\iiint_{(V')} \frac{\rho_{V'}(\boldsymbol{r}')}{R^3}\boldsymbol{R} dV' \tag{2-9}$$

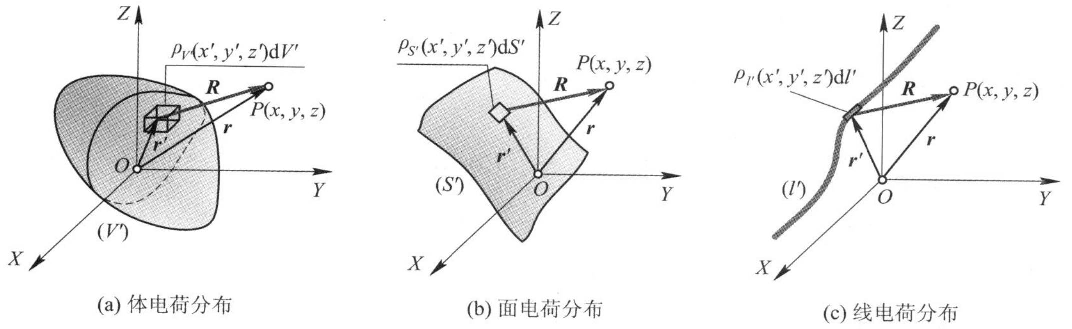

图 2-6　电荷分布示意图

同理，可得面电荷分布(图 2-6(b))和线电荷分布(图 2-6(c))电场强度的表达式为

$$\boldsymbol{E}(\boldsymbol{r}) = \frac{1}{4\pi\varepsilon_0}\iint_{(S')} \frac{\rho_{S'}(\boldsymbol{r}')}{R^2}\boldsymbol{e}_R dS' = \frac{1}{4\pi\varepsilon_0}\iint_{(S')} \frac{\rho_{S'}(\boldsymbol{r}')}{R^3}\boldsymbol{R} dS' \tag{2-10}$$

$$\boldsymbol{E}(\boldsymbol{r}) = \frac{1}{4\pi\varepsilon_0}\int_{(l')} \frac{\rho_{l'}(\boldsymbol{r}')}{R^2}\boldsymbol{e}_R dl' = \frac{1}{4\pi\varepsilon_0}\int_{(l')} \frac{\rho_{l'}(\boldsymbol{r}')}{R^3}\boldsymbol{R} dl' \tag{2-11}$$

【例 2.1】　设有一均匀带电球，球的半径为 a，电荷体密度为 $\rho_{V'}$，试计算带电球外的电场强度。

解　应用式(2-9)计算电场强度 $\boldsymbol{E}$。选择球坐标系，为简单起见，将球心置于坐标原点，如图 2-7所示。由于电荷均匀分布，电场在球外分布具有对称性，因此场分布与 θ 和 φ 无关。不失一般性，选择 Z 轴上一点 $P(r, 0, \varphi)$，计算带电球体在该点产生的电场强度。

首先考虑体微分元 dV' 中电荷所产生的电场，把 $\rho_{V'}dV'$ 看作点电荷，则有

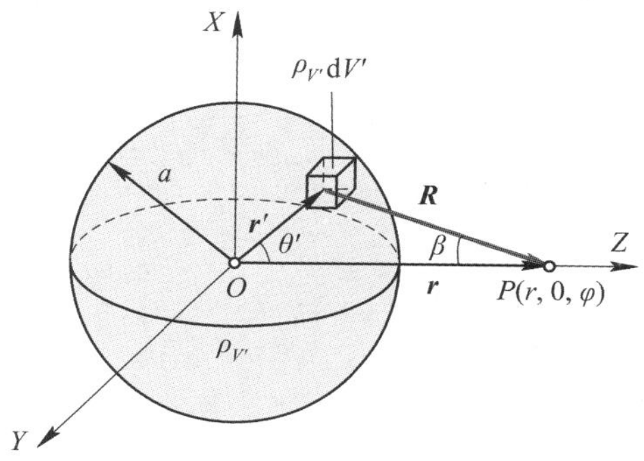

图 2-7　例 2.1 图

$$dE(r)=\frac{1}{4\pi\varepsilon_0}\frac{\rho_{V'}dV'}{R^2}e_R=\frac{1}{4\pi\varepsilon_0}\frac{\rho_{V'}r'^2\sin\theta' dr' d\theta' d\varphi'}{R^2}e_R$$

式中，e_R 为距离矢量 R 方向的单位矢量。由于电荷分布具有对称性，因此当点电荷 $\rho_{V'}dV'$ 取遍整个球体时，所有点电荷电场强度的矢量叠加仅有 Z 方向的分量，即

$$E_z(r)=\frac{\rho_{V'}}{4\pi\varepsilon_0}\int_0^{2\pi}\int_0^{\pi}\int_0^{a}\frac{r'^2\sin\theta' dr' d\theta' d\varphi'}{R^2}\cos\beta$$

为了积分简单起见，需要把对 θ' 的积分转化为对 R 的积分。利用余弦定理有

$$\begin{cases}\cos\theta'=\dfrac{r^2+r'^2-R^2}{2rr'}\\ \cos\beta=\dfrac{R^2+r^2-r'^2}{2Rr}\end{cases}$$

把 r' 看作常数，r 为常数，θ' 为 R 的函数。上式第一个式子对 θ' 求导得

$$\sin\theta' d\theta'=\frac{RdR}{rr'}$$

当 θ' 从 0 到 π 变化时，由

$$R=(r^2+r'^2-2rr'\cos\theta')^{1/2}$$

知，R 从 $r-r'$ 到 $r+r'$ 变化，则有

$$E_z(r)=\frac{\rho_{V'}}{4\pi\varepsilon_0\times 2r^2}\int_0^{2\pi}\int_0^{a}\int_{r-r'}^{r+r'}r'\left(1+\frac{r^2-r'^2}{R^2}\right)dRdr'd\varphi' =\frac{1}{4\pi\varepsilon_0}\frac{\rho_{V'}\left(\frac{4}{3}\pi a^3\right)}{r^2}=\frac{1}{4\pi\varepsilon_0}\frac{Q}{r^2}$$

式中，Q 为球体内的总电荷。点 $P(r,0,\varphi)$ 的电场沿 Z 方向，也是 r 的方向，因此有

$$E(r)=\frac{1}{4\pi\varepsilon_0}\frac{Q}{r^2}e_r\quad (r>a)$$

【例 2.2】 一均匀带电圆盘，半径为 a，电荷面密度为 $\rho_{S'}$，求中心轴线上任一点的电场强度。

解 应用式(2-10)计算电场强度 E。建立坐标系如图 2-8所示，圆盘放置于 XOY 平面，中心位于坐标原点。在圆盘上取面微分元 $\rho' d\rho' d\varphi'$，面元上所带电荷为 $\rho_{S'}\rho' d\rho' d\varphi'$，看作点电荷，那么在 Z 轴上场点 $P(0,\varphi,z)$ 处产生的电场强度为

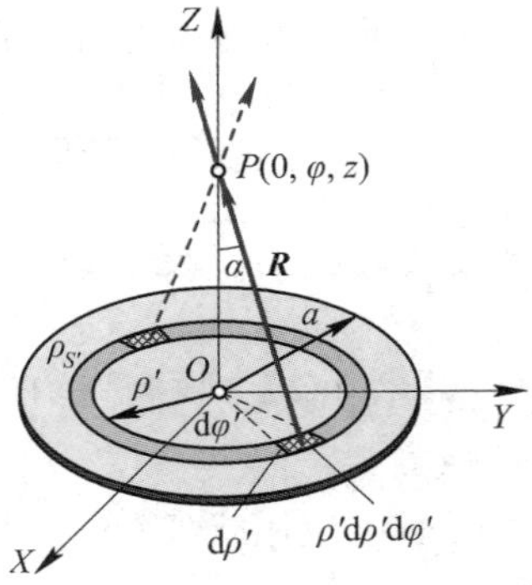

图 2-8 例 2.2 图

$$dE(r)=\frac{\rho_{S'}}{4\pi\varepsilon_0}\frac{\rho' d\rho' d\varphi'}{R^2}e_R$$

式中，e_R 为距离矢量 R 方向上的单位矢量。由于电荷分布具有对称性，当 φ' 从 0 变化到 2π 时，电场的叠加仅有 Z 分量，因此有

$$E(z)=\frac{\rho_{S'}}{4\pi\varepsilon_0}\int_0^{2\pi}\int_0^{a}\frac{\rho' d\rho' d\varphi'}{R^2}\cos\alpha e_z$$

式中

$$\cos\alpha=\frac{z}{R},\quad R=[z^2+\rho'^2]^{1/2}$$

于是得

$$E(z)=\frac{\rho_{S'}z}{4\pi\varepsilon_0}\int_0^{2\pi}\int_0^{a}\frac{\rho' d\rho' d\varphi'}{[z^2+\rho'^2]^{3/2}}e_z=\frac{\rho_{S'}}{2\varepsilon_0}\left[1-\frac{z}{\sqrt{a^2+z^2}}\right]e_z$$

当 $a\to\infty$ 时，无穷大电荷平面在其上半空间产生的电场为

$$E=\frac{\rho_{S'}}{2\varepsilon_0}e_z$$

该式说明无限大均匀带电平面上半空间的电场为常矢量场。由对称性可以推断，无限大均匀带电平面下半空间的电场与上半空间的电场大小相等，方向相反。需要指出的是，虽然无限大均匀带电平面并不存在，但是在考虑有限大小均匀带电平面邻近的电场时，可近似由无限大均匀带电平面确定电场强度。

2.2 电 位

2.2.1 电位的定义

根据线性叠加原理，上一节给出了分布电荷电场的计算方法。由于静电场是矢量场，直接根据矢量叠加求电场过程比较复杂。实际上，描述静电场还可以采用标量函数——电位，而电场计算可间接由电位得到。下面给出电位的定义。

在静电场中，某点 P 处相对于某点 Q 的电位定义为把单位正电荷从 P 点移到 Q 点的过程中静电场所做的功。

设存在一静电场 $\boldsymbol{E}$，如图 2-9 所示，根据定义，若把试验电荷 q_t 从 P 点移到 Q 点的过程中，电场力做功为 W，则 P 点的电位定义为

$$u=\lim_{q_t\to 0}\frac{W}{q_t}=\int_P^Q \boldsymbol{E}\cdot \mathrm{d}\boldsymbol{l} \qquad (2-12)$$

Q 点称为参考点，P 点电位是相对于 Q 点而言的。实际上，在空间一点，绝对电位是没有意义的。在电路中，谈论某点的电压(电压即电位差)时，都是相对参考点(即地的电压)而言的，即地电压就是选定电路中某个点，并赋以零电压，又称为地电压。对于有限的电荷体系，电位的参考点通常选择为无穷远点，即当 Q 点位于无穷远处时，设电位为零，由此可得任意一点的电位为

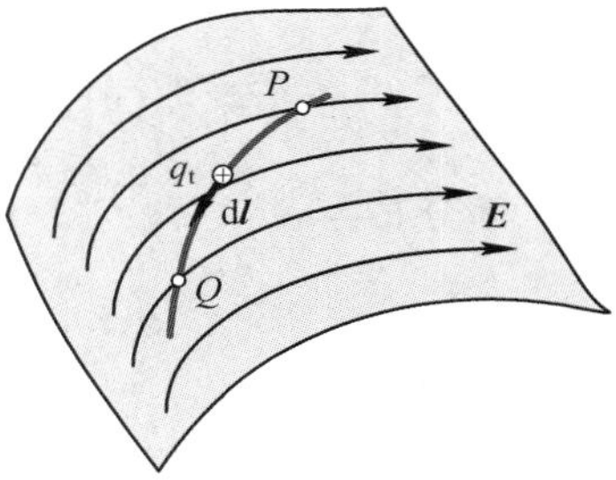

图 2-9 电场力做功

$$u=\lim_{q_t\to 0}\frac{W}{q_t}=\int_P^\infty \boldsymbol{E}\cdot \mathrm{d}\boldsymbol{l} \qquad (2-13)$$

电位的单位为 V (伏特)或 J/C (焦耳/库仑)。

2.2.2 点电荷的电位

由式(2-3)知，点电荷 q 的电场强度为

$$\boldsymbol{E}(\boldsymbol{r})=\frac{q}{4\pi\varepsilon_0}\frac{1}{R^2}\boldsymbol{e}_R=\frac{q}{4\pi\varepsilon_0}\frac{\boldsymbol{R}}{R^3}$$

设点电荷位于空间点 S，S 点的位置矢量为 $\boldsymbol{r}'$，如图 2-10 所示。现计算空间任一点 P 的电位，位置矢量为 $\boldsymbol{r}$，选择无穷远点为参考点。根据式(2-13)可知，P 点的电位为

$$u_P(\boldsymbol{r})=\int_P^\infty \boldsymbol{E}\cdot \mathrm{d}\boldsymbol{l}=\frac{q}{4\pi\varepsilon_0}\int_r^\infty \frac{\boldsymbol{R}\cdot \mathrm{d}\boldsymbol{l}}{R^3} \qquad (2-14)$$

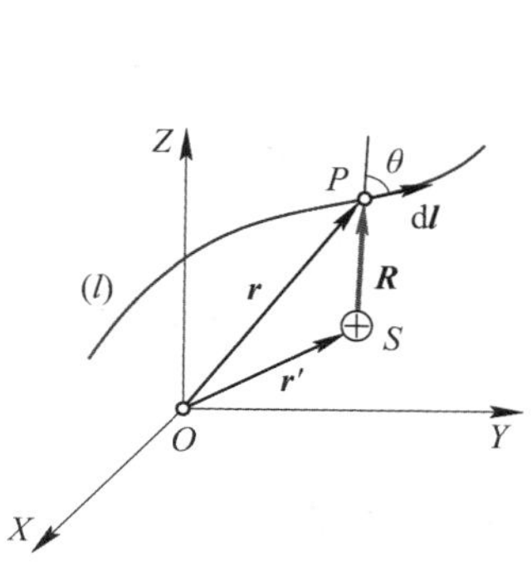

图 2-10 点电荷电位的计算

式中，$\mathrm{d}\boldsymbol{l}$ 为积分路径 l 上的线微分元。由于

$$\boldsymbol{R} \cdot \mathrm{d}\boldsymbol{l} = R\cos\theta \mathrm{d}l = R\mathrm{d}R$$

因此积分为

$$u(\boldsymbol{r}) = \int_P^{\infty} \boldsymbol{E} \cdot \mathrm{d}\boldsymbol{l} = \frac{q}{4\pi\varepsilon_0}\int_R^{\infty} \frac{\mathrm{d}R}{R^2} = \frac{q}{4\pi\varepsilon_0}\left(-\frac{1}{R}\bigg|_R^{\infty}\right) = \frac{q}{4\pi\varepsilon_0 R} \tag{2-15}$$

这就是点电荷电位的表达式，与点电荷电场强度式(2-3)相对应。

点电荷电位满足线性叠加原理。设空间放置 N 个点电荷 q_1，q_2，…，q_N，对应的位置矢量分别为 $\boldsymbol{r}'_1$，$\boldsymbol{r}'_2$，…，$\boldsymbol{r}'_N$，对于空间任一点 $P(\boldsymbol{r})$，根据线性叠加原理，可得 N 个点电荷产生的电位为

$$u(\boldsymbol{r}) = \frac{1}{4\pi\varepsilon_0}\sum_{i=1}^{N}\frac{q_i}{R_i} = \frac{1}{4\pi\varepsilon_0}\sum_{i=1}^{N}\frac{q_i}{|\boldsymbol{r}-\boldsymbol{r}'_i|} \tag{2-16}$$

2.2.3 连续分布电荷的电位

对于在体积 V' 中给定电荷体密度 $\rho_{V'}$、在曲面 S' 上给定电荷面密度 $\rho_{S'}$ 和在曲线 l' 上给定电荷线密度 $\rho_{l'}$ 的连续电荷分布情况，分别用 $\rho_{V'}\mathrm{d}V'$、$\rho_{S'}\mathrm{d}S'$ 和 $\rho_{l'}\mathrm{d}l'$ 代替式(2-16)中的点电荷 q_i，求和变为积分，可得连续分布电荷的电位计算表达式为

体分布：

$$u(\boldsymbol{r}) = \frac{1}{4\pi\varepsilon_0}\iiint_{(V')}\frac{\rho_{V'}(\boldsymbol{r}')}{R}\mathrm{d}V' = \frac{1}{4\pi\varepsilon_0}\iiint_{(V')}\frac{\rho_{V'}(\boldsymbol{r}')}{|\boldsymbol{r}-\boldsymbol{r}'|}\mathrm{d}V' \tag{2-17}$$

面分布：

$$u(\boldsymbol{r}) = \frac{1}{4\pi\varepsilon_0}\iint_{(S')}\frac{\rho_{S'}(\boldsymbol{r}')}{R}\mathrm{d}S' = \frac{1}{4\pi\varepsilon_0}\iint_{(S')}\frac{\rho_{S'}(\boldsymbol{r}')}{|\boldsymbol{r}-\boldsymbol{r}'|}\mathrm{d}S' \tag{2-18}$$

线分布：

$$u(\boldsymbol{r}) = \frac{1}{4\pi\varepsilon_0}\int_{(l')}\frac{\rho_{l'}(\boldsymbol{r}')}{R}\mathrm{d}l' = \frac{1}{4\pi\varepsilon_0}\int_{(l')}\frac{\rho_{l'}(\boldsymbol{r}')}{|\boldsymbol{r}-\boldsymbol{r}'|}\mathrm{d}l' \tag{2-19}$$

2.2.4 电场与电位的关系

由于

$$\nabla\frac{1}{|\boldsymbol{r}-\boldsymbol{r}'|} = -\frac{\boldsymbol{r}-\boldsymbol{r}'}{|\boldsymbol{r}-\boldsymbol{r}'|^3} = -\frac{\boldsymbol{R}}{R^3} \tag{2-20}$$

因此体电荷分布的电场强度表达式(2-9)可改写为

$$\boldsymbol{E}(\boldsymbol{r}) = \frac{1}{4\pi\varepsilon_0}\iiint_{(V')}\left[-\nabla\frac{1}{|\boldsymbol{r}-\boldsymbol{r}'|}\right]\rho_{V'}(\boldsymbol{r}')\mathrm{d}V' = \frac{1}{4\pi\varepsilon_0}\iiint_{(V')}\left[-\nabla\frac{1}{R}\right]\rho_{V'}(\boldsymbol{r}')\mathrm{d}V'$$

积分是对源区(x'，y'，z')进行，而算子 ∇ 是对场点(x,y,z)求导数，所以算子 ∇ 可提到积分号外，则上式可改写为

$$\boldsymbol{E}(\boldsymbol{r}) = -\nabla\left[\frac{1}{4\pi\varepsilon_0}\iiint_{(V')}\frac{\rho_{V'}(\boldsymbol{r}')}{|\boldsymbol{r}-\boldsymbol{r}'|}\mathrm{d}V'\right] = -\nabla\left[\frac{1}{4\pi\varepsilon_0}\iiint_{(V')}\frac{\rho_{V'}(\boldsymbol{r}')}{R}\mathrm{d}V'\right]$$

显然，算子内的表达式就是体电荷分布的电位表达式(2-17)，因而得到电场强度与电位的关系为

$$\boldsymbol{E}(\boldsymbol{r}) = -\nabla u(\boldsymbol{r}) \tag{2-21}$$

式(2-21)表明，静电场 $\boldsymbol{E}(\boldsymbol{r})$ 可以表示为标量电位 $u(\boldsymbol{r})$ 梯度的负值。由第1章1.7节的讨论知，梯度的旋度恒为零，必有静电场 $\boldsymbol{E}(\boldsymbol{r})$ 的旋度为零，即 $\boldsymbol{E}(\boldsymbol{r})$ 为无旋场。

一般来说，由于电位是标量函数，因此在电荷源分布较为复杂的情况下，先求标量电位 $u(\boldsymbol{r})$，然后通过梯度运算再求电场 $\boldsymbol{E}(\boldsymbol{r})$，要比直接求电场简便，所以式(2-17)～式(2-19)应用更为广泛。

【例 2.3】 在 XY 平面上放置一半径为 a 的圆环，环上电荷均匀分布，线密度为 $\rho_{l'}$，如图 2-11 所示，求圆环轴线上任一点的电位和电场强度。

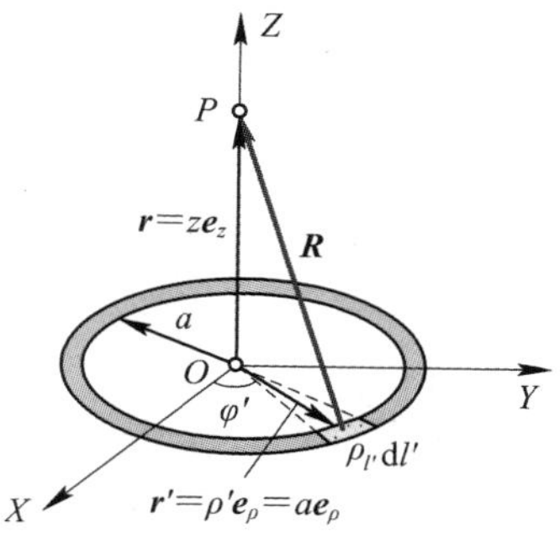

图 2-11 例 2.3 图

解 在圆环上取线微分元 dl'，dl' 上带电荷 $\rho_{l'}dl'$，源点到场点 P 的距离为

$$R=[z^2+a^2]^{1/2}$$

在圆柱坐标系下，由式(2-19)得

$$u(z)=\frac{1}{4\pi\varepsilon_0}\int_{(l')}\frac{\rho_{l'}(\boldsymbol{r}')}{R}dl'$$

$$=\frac{\rho_{l'}a}{4\pi\varepsilon_0}\int_0^{2\pi}\frac{d\varphi'}{[z^2+a^2]^{1/2}}=\frac{\rho_{l'}a}{2\varepsilon_0[z^2+a^2]^{1/2}}$$

显然，电位仅与坐标 z 有关，与 ρ 和 φ 无关。把上式代入式(2-21)得

$$\boldsymbol{E}(z)=-\nabla u(\boldsymbol{r})=-\left(\frac{\partial u}{\partial\rho}\boldsymbol{e}_\rho+\frac{1}{\rho}\frac{\partial u}{\partial\varphi}\boldsymbol{e}_\varphi+\frac{\partial u}{\partial z}\boldsymbol{e}_z\right)=-\frac{\partial u}{\partial z}\boldsymbol{e}_z=\frac{\rho_{l'}az}{2\varepsilon_0[z^2+a^2]^{3/2}}\boldsymbol{e}_z$$

2.3 电偶极子的电场

电偶极子是描述物质电特性的微观经典物理模型，它由相距很近的两个等量异号点电荷构成。假设两个点电荷所带电量为 q，相距为 d，对称地放置在 Z 轴上，如图 2-12(a)所示。下面计算电偶极子在空间任一点 P 的电位和电场。

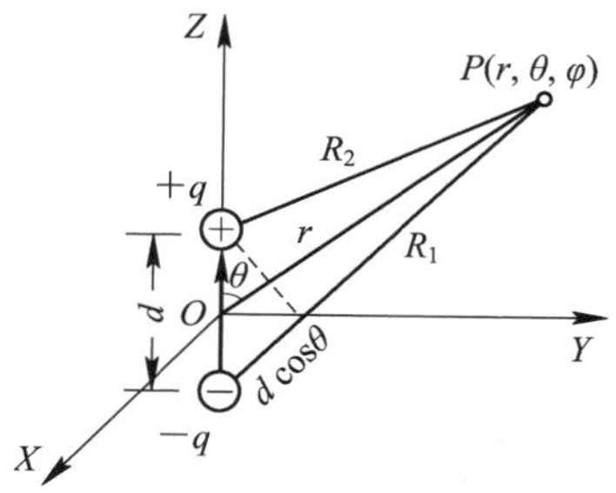

(a) 电偶极子

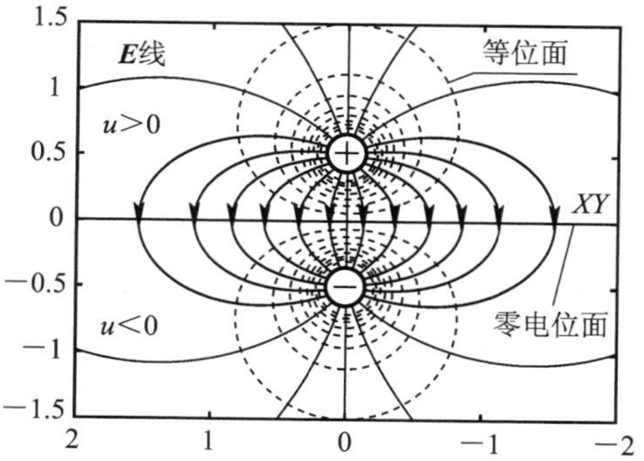

(b) 电偶极子电场和电位分布仿真图

图 2-12 电偶极子及其场分布

根据点电荷电位的表达式(2-15)可知，电偶极子在 P 点的电位为

$$u(r,\theta,\varphi)=\frac{q}{4\pi\varepsilon_0}\left(\frac{1}{R_2}-\frac{1}{R_1}\right)=\frac{q}{4\pi\varepsilon_0}\frac{R_1-R_2}{R_1R_2}\tag{2-22}$$

当两点电荷之间的距离 d(氢原子原子核与电子之间的距离约为10^{-11}m)相对于到场点 P 的距离 R_1 和 R_2 非常小时(即 $R_1 \gg d$, $R_2 \gg d$)，取近似(即把 P 点的位置矢量 $\boldsymbol{r}$ 和距离矢量$\boldsymbol{R}_1$ 和$\boldsymbol{R}_2$ 近似看作平行线)有

$$\begin{cases} R_1 - R_2 \approx d\cos\theta \\ R_1 R_2 \approx r^2 \end{cases}$$

由此电偶极子电位的表达式(2-22)可近似为

$$u(r,\theta,\varphi) \approx \frac{qd\cos\theta}{4\pi\varepsilon_0 r^2} \tag{2-23}$$

定义电偶极矩矢量 $\boldsymbol{p}_e$ 为

$$\boldsymbol{p}_e = p_e \boldsymbol{e}_z = qd\boldsymbol{e}_z \tag{2-24}$$

式中，qd 是电偶极矩的大小，方向为 $\boldsymbol{e}_z$，由负电荷指向正电荷。由此可把式(2-23)改写为如下形式：

$$u(r,\theta,\varphi) = \frac{\boldsymbol{p}_e \cdot \boldsymbol{e}_r}{4\pi\varepsilon_0 r^2} \tag{2-25}$$

根据式(2-21)，并利用式(1-75)，把式(2-23)代入，可得到电偶极子的电场强度矢量为

$$\boldsymbol{E}(r,\theta,\varphi) = -\nabla u = -\left(\frac{\partial u}{\partial r}\boldsymbol{e}_r + \frac{1}{r}\frac{\partial u}{\partial \theta}\boldsymbol{e}_\theta + \frac{1}{r\sin\theta}\frac{\partial u}{\partial \varphi}\boldsymbol{e}_\varphi\right) = \frac{p_e}{4\pi\varepsilon_0 r^3}(2\cos\theta\boldsymbol{e}_r + \sin\theta\boldsymbol{e}_\theta) \tag{2-26}$$

在 $r \gg d$ 的条件下，由式(2-23)和式(2-26)不难看出，电偶极子的电位和电场与坐标 φ 无关，因而具有轴对称性。和单一点电荷相比较，电偶极子的电位与距离的平方 r^2 成反比，电场与距离的三次方 r^3 成反比，说明电偶极子的电场比单一点电荷的电场衰减快。另外，电偶极子在 $z>0$ (θ 从 0 变化到 $\pi/2$)的上半平面 $u>0$，而在 $z<0$ (θ 从 $\pi/2$ 变化到 π)的下半平面 $u<0$，XOY 平面为对称平面。依据式(2-22)可知，电偶极子电位和电场分布仿真结果如图 2-12(b)所示。

2.4 物质的电特性

前面几节讨论了在自由空间(真空)中点电荷和分布电荷产生的电场，这是静电场最基本的概念。实际上，针对一般静电场问题，涉及物质与电场的相互作用，因为任何物质都是由原子和分子构成的，电场与物质相互作用就是电场与构成物质的原子和分子这些带电粒子相互作用。下面讨论描述物质与静电场相互作用的关系。

根据物质的电特性，通常把物质分为三大类：导体、半导体和绝缘体。导体和半导体的特点是其内部存在大量自由运动的电荷，在外电场的作用下，导体和半导体内部的自由电子可以作宏观运动而形成电流，描述导体和半导体导电性的参数是电导率，将在第 4 章中讨论。绝缘体是一种电阻率很高、导电性很差的物质，通常把绝缘体也称为电介质或介质。电介质中没有自由运动的电荷，在没有外电场的情况下，介质本身对外不显电性，而当介质置于电场中时，会使介质表面或内部出现电荷分布，这种现象称为介质的极化。在静电场情况下，物质可以分为导体和电介质两类。

2.4.1　介质的极化及极化强度

根据固体物理学的观点，介质极化有三种方式：偶极转向、离子位移和电子位移。从微观的角度看，偶极转向(也称取向极化)是构成电介质的分子具有极性，每个极性分子可以看作电偶极子，在没有外电场时，由于分子的热运动，电介质中的极性分子杂乱无章地排列，宏观上对外不显电性，即所有分子电偶极矩矢量和为零；而当外加电场后，电介质中的分子在外场的作用下定向排列，所有分子电偶极矩的矢量和不再为零，宏观上对外显电性，在电介质表面和介质内部出现电荷分布，如图 2-13(a)所示。由于这种电荷受到分子的束缚，因此称为束缚电荷或极化电荷。如果束缚电荷仅出现在电介质表面，则这种极化称为均匀极化；如果束缚电荷不仅出现在电介质表面，而且还出现在电介质内部，则这种极化称为非均匀极化。

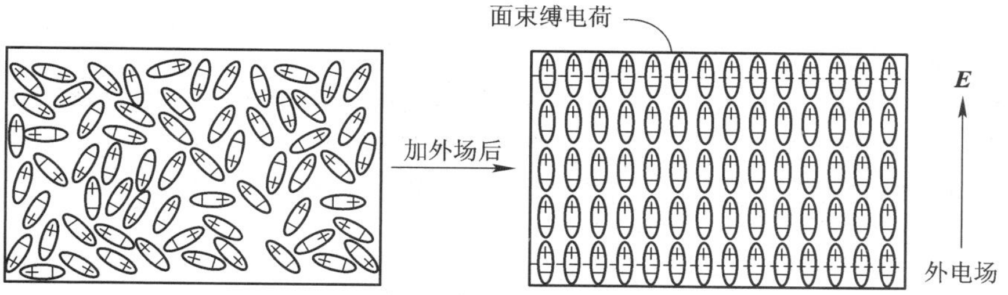

(a) 偶极转向极化

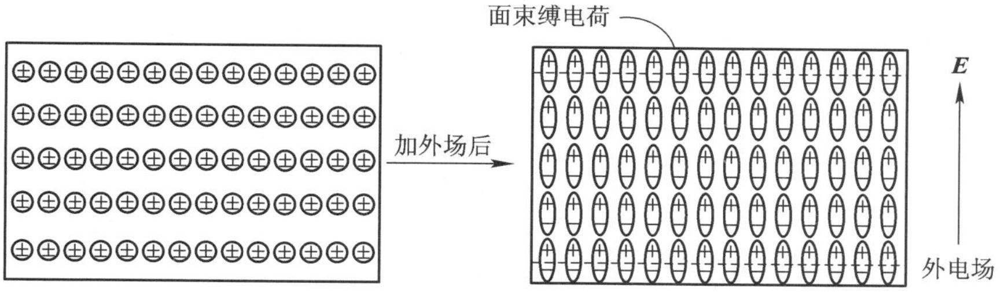

(b) 离子位移和电子位移极化

图 2-13　电介质极化示意图

离子位移和电子位移极化是构成电介质的分子和原子不具有极性，单个分子和原子的正电中心和负电中心重合，宏观上对外不显电性。当存在外加电场时，无极性分子和原子中的离子和电子在外电场的作用下产生位移，构成电介质的分子和原子的正电中心和负电中心不再重合，形成电偶极子，并定向排列，在电介质表面和内部出现束缚电荷，宏观上对外显电性，如图 2-13(b)所示。

为了描述电介质极化的状态，引入极化强度矢量 $\boldsymbol{P}$。$\boldsymbol{P}$ 定义为电介质中单位体积内电偶极矩的矢量和，即

$$\boldsymbol{P}=\lim_{\Delta V'\to 0}\frac{\sum_i \boldsymbol{p}_{ei}}{\Delta V'} \tag{2-27}$$

$\boldsymbol{P}$ 的单位是 C/m^2 (库仑/平方米)。极化强度矢量 $\boldsymbol{P}$ 的值取决于电介质的特性和外加电场强度 $\boldsymbol{E}$。对于不同的电介质，极化强度矢量 $\boldsymbol{P}$ 与电场 $\boldsymbol{E}$ 的关系是很复杂的，可概括为以下三大类。

1. 各向同性线性介质

各向同性线性介质，$\boldsymbol{P}$ 和 $\boldsymbol{E}$ 呈线性关系：

$$\boldsymbol{P} = \varepsilon_0 \chi_e \boldsymbol{E} \tag{2-28}$$

式中，χ_e 为一无量纲的参数，称为介质的极化率，是反映介质电特性的物理量。该式说明电介质中电场 $\boldsymbol{E}$ 和 $\boldsymbol{P}$ 同方向，这种介质称为各向同性线性介质。如果 χ_e 取常数，则此介质为均匀线性介质，如果 χ_e 是空间坐标的函数，则此介质为非均匀线性介质。

2. 各向异性线性介质

对于各向异性线性介质，极化强度矢量 $\boldsymbol{P}$ 与电场 $\boldsymbol{E}$ 的关系可以采用并矢形式表示，也可以采用向量形式表示，本书采用向量形式表示。需要注意的是，为了与黑斜体矢量字母符号区别，下面向量符号采用黑斜体字母加角标表示。

在直角坐标系下，极化强度矢量 $\boldsymbol{P}$ 和电场强度矢量 $\boldsymbol{E}$ 的分量形式为

$$\boldsymbol{P} = P_x \boldsymbol{e}_x + P_y \boldsymbol{e}_y + P_z \boldsymbol{e}_z \tag{2-29}$$

$$\boldsymbol{E} = E_x \boldsymbol{e}_x + E_y \boldsymbol{e}_y + E_z \boldsymbol{e}_z \tag{2-30}$$

式中，P_x、P_y 和 P_z 分别为极化强度矢量 $\boldsymbol{P}$ 沿直角坐标 X、Y 和 Z 方向的分量；E_x、E_y 和 E_z 分别为电场强度矢量 $\boldsymbol{E}$ 沿直角坐标 X、Y 和 Z 方向的分量。

对于各向异性的线性介质，介质的极化率取二阶张量形式：

$$\overline{\overline{\boldsymbol{\chi}}}_e^{(1)} = \begin{bmatrix} \chi_{exx} & \chi_{exy} & \chi_{exz} \\ \chi_{eyx} & \chi_{eyy} & \chi_{eyz} \\ \chi_{ezx} & \chi_{ezy} & \chi_{ezz} \end{bmatrix} = [\chi_{eij}]_{3\times 3} \quad (i,j = x,y,z) \tag{2-31}$$

如果把极化强度矢量 $\boldsymbol{P}$ 和电场强度矢量 $\boldsymbol{E}$ 的三个分量写成列向量形式：

$$\boldsymbol{P}^{(1)} = \begin{bmatrix} P_x \\ P_y \\ P_z \end{bmatrix} = [P_i]_{3\times 1} \quad (i = x,y,z) \tag{2-32}$$

$$\boldsymbol{E}^{(1)} = \begin{bmatrix} E_x \\ E_y \\ E_z \end{bmatrix} = [E_j]_{3\times 1} \quad (j = x,y,z) \tag{2-33}$$

则极化强度矢量 $\boldsymbol{P}$ 和电场强度矢量 $\boldsymbol{E}$ 的张量关系为

$$\begin{bmatrix} P_x \\ P_y \\ P_z \end{bmatrix} = \varepsilon_0 \begin{bmatrix} \chi_{exx} & \chi_{exy} & \chi_{exz} \\ \chi_{eyx} & \chi_{eyy} & \chi_{eyz} \\ \chi_{ezx} & \chi_{ezy} & \chi_{ezz} \end{bmatrix} \begin{bmatrix} E_x \\ E_y \\ E_z \end{bmatrix} \tag{2-34}$$

写成分量求和形式为

$$P_i = \sum_{j=x,y,z} \varepsilon_0 \chi_{eij} E_j \quad (i = x,y,z) \tag{2-35}$$

简记为

$$\boldsymbol{P}^{(1)} = \varepsilon_0 \overline{\overline{\boldsymbol{\chi}}}_e^{(1)} \boldsymbol{E}^{(1)} \tag{2-36}$$

显然，由式(2-35)可以看出，极化率 χ_{eij} 与方向有关，由此导致极化强度矢量 $\boldsymbol{P}$ 与电场强度矢量 $\boldsymbol{E}$ 的方向也不一致，但 $\boldsymbol{P}$ 与 $\boldsymbol{E}$ 仍然保持线性关系，这种介质称为各向异性线性介质。如果 $\overline{\overline{\boldsymbol{\chi}}}_e^{(1)}$ 的分量 χ_{eij} 取值为实常数，则称为均匀线性电各向异性介质；如果 χ_{eij} 取值为空间坐标的函数，则称为非均匀线性电各向异性介质。

3. 各向异性非线性介质

当极化强度矢量 $\boldsymbol{P}$ 与电场强度矢量 $\boldsymbol{E}$ 呈非线性关系时，可将非线性关系写成向量形式：

$$\boldsymbol{P}^{(1)}=\varepsilon_0\overline{\overline{\boldsymbol{\chi}}}_{\mathrm{e}}^{(1)}\boldsymbol{E}^{(1)}+\varepsilon_0\overline{\overline{\boldsymbol{\chi}}}_{\mathrm{e}}^{(2)}\boldsymbol{E}^{(2)}+\varepsilon_0\overline{\overline{\boldsymbol{\chi}}}_{\mathrm{e}}^{(3)}\boldsymbol{E}^{(3)}+\cdots \tag{2-37}$$

式中，列向量 $\boldsymbol{P}^{(1)}$ 见式(2-32)，$\overline{\overline{\boldsymbol{\chi}}}_{\mathrm{e}}^{(1)}$ 见式(2-31)。对于线性项列向量 $\boldsymbol{E}^{(1)}$、非线性项列向量 $\boldsymbol{E}^{(2)}$ 和 $\boldsymbol{E}^{(3)}$ 等，可根据外加电场分为两种情况。

1）单一电场矢量显式非线性

当外加单一电场矢量 $\boldsymbol{E}$ 时，线性项列向量 $\boldsymbol{E}^{(1)}$ 见式(2-33)。非线性项 $\boldsymbol{E}^{(2)}$ 是电场强度矢量相乘 $\boldsymbol{EE}$（也称并矢）构成的二阶非线性项列向量；非线性项 $\boldsymbol{E}^{(3)}$ 是电场强度矢量相乘 $\boldsymbol{EEE}$ 构成的三阶非线性项列向量；$\overline{\overline{\boldsymbol{\chi}}}_{\mathrm{e}}^{(2)}$ 和 $\overline{\overline{\boldsymbol{\chi}}}_{\mathrm{e}}^{(3)}$ 分别是与二阶和三阶非线性项列向量 $\boldsymbol{E}^{(2)}$ 和 $\boldsymbol{E}^{(3)}$ 相对应的二阶和三阶非线性极化率张量，$\overline{\overline{\boldsymbol{\chi}}}_{\mathrm{e}}^{(2)}$ 是三阶张量，$\overline{\overline{\boldsymbol{\chi}}}_{\mathrm{e}}^{(3)}$ 是四阶张量。比如，两矢量 $\boldsymbol{E}$ 和 $\boldsymbol{E}$ 相乘，有

$$\begin{aligned}\boldsymbol{EE}&=(E_x\boldsymbol{e}_x+E_y\boldsymbol{e}_y+E_z\boldsymbol{e}_z)(E_x\boldsymbol{e}_x+E_y\boldsymbol{e}_y+E_z\boldsymbol{e}_z)\\&=E_xE_x\boldsymbol{e}_x\boldsymbol{e}_x+E_yE_x\boldsymbol{e}_y\boldsymbol{e}_x+E_zE_x\boldsymbol{e}_z\boldsymbol{e}_x+E_xE_y\boldsymbol{e}_x\boldsymbol{e}_y+E_yE_y\boldsymbol{e}_y\boldsymbol{e}_y+\\&\quad E_zE_y\boldsymbol{e}_z\boldsymbol{e}_y+E_xE_z\boldsymbol{e}_x\boldsymbol{e}_z+E_yE_z\boldsymbol{e}_y\boldsymbol{e}_z+E_zE_z\boldsymbol{e}_z\boldsymbol{e}_z\end{aligned} \tag{2-38}$$

由此可构成二阶非线性项列向量：

$$\begin{aligned}\boldsymbol{E}^{(2)}&=[E_xE_x,E_yE_x,E_zE_x,E_xE_y,E_yE_y,E_zE_y,E_xE_z,E_yE_z,E_zE_z]^{\mathrm{T}}\\&=[E_jE_k]_{9\times1}\quad(j,k=x,y,z)\end{aligned} \tag{2-39}$$

式中，角标 T 表示转置。与式(2-38)相对应的二阶非线性极化率张量 $\overline{\overline{\boldsymbol{\chi}}}_{\mathrm{e}}^{(2)}$ 的矩阵形式为

$$\begin{aligned}\overline{\overline{\boldsymbol{\chi}}}_{\mathrm{e}}^{(2)}&=\begin{bmatrix}\chi_{\mathrm{e}xxx}&\chi_{\mathrm{e}xyx}&\chi_{\mathrm{e}xzx}&\chi_{\mathrm{e}xxy}&\chi_{\mathrm{e}xyy}&\chi_{\mathrm{e}xzy}&\chi_{\mathrm{e}xxz}&\chi_{\mathrm{e}xyz}&\chi_{\mathrm{e}xzz}\\\chi_{\mathrm{e}yxx}&\chi_{\mathrm{e}yyx}&\chi_{\mathrm{e}yzx}&\chi_{\mathrm{e}yxy}&\chi_{\mathrm{e}yyy}&\chi_{\mathrm{e}yzy}&\chi_{\mathrm{e}yxz}&\chi_{\mathrm{e}yyz}&\chi_{\mathrm{e}yzz}\\\chi_{\mathrm{e}zxx}&\chi_{\mathrm{e}zyx}&\chi_{\mathrm{e}zzx}&\chi_{\mathrm{e}zxy}&\chi_{\mathrm{e}zyy}&\chi_{\mathrm{e}zzy}&\chi_{\mathrm{e}zxz}&\chi_{\mathrm{e}zyz}&\chi_{\mathrm{e}zzz}\end{bmatrix}\\&=[\chi_{\mathrm{e}ijk}]_{3\times9}\qquad(i,j,k=x,y,z)\end{aligned} \tag{2-40}$$

同理，可写出三阶非线性项列向量 $\boldsymbol{E}^{(3)}$ 和三阶非线性极化率张量 $\overline{\overline{\boldsymbol{\chi}}}_{\mathrm{e}}^{(3)}$ 的分量表达式为

$$\boldsymbol{E}^{(3)}=[E_jE_kE_l]_{27\times1}\quad(j,k,l=x,y,z) \tag{2-41}$$

$$\overline{\overline{\boldsymbol{\chi}}}_{\mathrm{e}}^{(3)}=[\chi_{\mathrm{e}ijkl}]_{3\times27}\quad(i,j,k,l=x,y,z) \tag{2-42}$$

由式(2-35)、式(2-39)～式(2-42)可将向量关系式(2-37)写成分量求和形式为①

$$P_i=\sum_{j=x,y,z}\varepsilon_0\chi_{\mathrm{e}ij}E_j+\sum_{j=x,y,z}\sum_{k=x,y,z}\varepsilon_0\chi_{\mathrm{e}ijk}E_jE_k+\sum_{j=x,y,z}\sum_{k=x,y,z}\sum_{l=x,y,z}\varepsilon_0\chi_{\mathrm{e}ijkl}E_jE_kE_l+\cdots\quad(i=x,y,z) \tag{2-43}$$

由式(2-43)不难看出，极化强度矢量 $\boldsymbol{P}$ 与电场强度矢量 $\boldsymbol{E}$ 不仅方向不一致，而且 $\boldsymbol{P}$ 与 $\boldsymbol{E}$ 是非线性关系，这种介质称为各向异性非线性介质。如果 $\overline{\overline{\boldsymbol{\chi}}}_{\mathrm{e}}^{(1)}$、$\overline{\overline{\boldsymbol{\chi}}}_{\mathrm{e}}^{(2)}$ 和 $\overline{\overline{\boldsymbol{\chi}}}_{\mathrm{e}}^{(3)}$ 等各分量的取值为常数，则这种介质称为均匀非线性电各向异性介质；如果 $\overline{\overline{\boldsymbol{\chi}}}_{\mathrm{e}}^{(1)}$、$\overline{\overline{\boldsymbol{\chi}}}_{\mathrm{e}}^{(2)}$ 和 $\overline{\overline{\boldsymbol{\chi}}}_{\mathrm{e}}^{(3)}$ 等各分量是空间坐标点的函数，则这种介质称为非均匀非线性电各向异性介质；如果 $\overline{\overline{\boldsymbol{\chi}}}_{\mathrm{e}}^{(1)}$、$\overline{\overline{\boldsymbol{\chi}}}_{\mathrm{e}}^{(2)}$ 和 $\overline{\overline{\boldsymbol{\chi}}}_{\mathrm{e}}^{(3)}$ 等各分量的取值

---

① 一元函数非线性：$f(x)=\alpha_1x+\alpha_2x^2+\alpha_3x^3+\cdots$。

二元函数非线性：$f(x_1,x_2)=\sum_{i=1}^{2}\alpha_1x_1+\sum_{j=1}^{2}\sum_{i=1}^{2}\alpha_{ij}x_ix_j+\sum_{k=1}^{2}\sum_{j=1}^{2}\sum_{i=1}^{2}\alpha_{ijk}x_ix_jx_k+\cdots$ 单一电场矢量显式非线性可与多元函数非线性进行类比。

与频率有关，则这种介质称为非线性电各向异性色散介质。因为式(2-43)中的电场分量 E_j、E_k 和 E_l 是单一电场矢量的不同分量，所以属于单一电场矢量的非线性。又由于线性极化率张量 $\overline{\overline{\boldsymbol{\chi}}}_{\mathrm{e}}^{(1)}$、非线性极化率张量 $\overline{\overline{\boldsymbol{\chi}}}_{\mathrm{e}}^{(2)}$ 和 $\overline{\overline{\boldsymbol{\chi}}}_{\mathrm{e}}^{(3)}$ 等与电场强度矢量 $\boldsymbol{E}$ 无关，非线性关系中电场强度矢量分量 E_j、E_k 和 E_l 与 $\overline{\overline{\boldsymbol{\chi}}}_{\mathrm{e}}^{(1)}$、$\overline{\overline{\boldsymbol{\chi}}}_{\mathrm{e}}^{(2)}$ 和 $\overline{\overline{\boldsymbol{\chi}}}_{\mathrm{e}}^{(3)}$ 相分离，因此称为单一电场显式非线性。

2) 多个电场矢量显式非线性

当同方向或不同方向外加多个电场矢量($\boldsymbol{E}_1$、$\boldsymbol{E}_2$ 和 $\boldsymbol{E}_3$ 等)时，线性项列向量 $\boldsymbol{E}^{(1)}$ 是电场强度矢量 $\boldsymbol{E}_1$、$\boldsymbol{E}_2$ 和 $\boldsymbol{E}_3$ 等构成的列向量之和，即

$$\boldsymbol{E}^{(1)} = [E_{1j}]_{3\times1} + [E_{2j}]_{3\times1} + [E_{3j}]_{3\times1} + \cdots \quad (j = x, y, z) \tag{2-44}$$

线性极化率张量 $\overline{\overline{\boldsymbol{\chi}}}_{\mathrm{e}}^{(1)}$ 见式(1-31)。$\boldsymbol{E}^{(2)}$ 是电场强度矢量 $\boldsymbol{E}_1$、$\boldsymbol{E}_2$ 和 $\boldsymbol{E}_3$ 等两两相乘 $\boldsymbol{E}_1\boldsymbol{E}_2$、$\boldsymbol{E}_1\boldsymbol{E}_3$ 和 $\boldsymbol{E}_2\boldsymbol{E}_3$ 等构成的二阶非线性项列向量之和；$\boldsymbol{E}^{(3)}$ 是电场强度矢量 $\boldsymbol{E}_1$、$\boldsymbol{E}_2$ 和 $\boldsymbol{E}_3$ 等三个相乘 $\boldsymbol{E}_1\boldsymbol{E}_2\boldsymbol{E}_3$ 等构成的三阶非线性项列向量之和；$\overline{\overline{\boldsymbol{\chi}}}_{\mathrm{e}}^{(2)}$ 和 $\overline{\overline{\boldsymbol{\chi}}}_{\mathrm{e}}^{(3)}$ 分别是与二阶和三阶非线性项列向量 $\boldsymbol{E}^{(2)}$ 和 $\boldsymbol{E}^{(3)}$ 相对应的三阶和四阶极化率张量。比如，矢量 $\boldsymbol{E}_1$ 和 $\boldsymbol{E}_2$ 相乘，有

$$\begin{aligned}\boldsymbol{E}_1\boldsymbol{E}_2 &= (E_{1x}\boldsymbol{e}_x + E_{1y}\boldsymbol{e}_y + E_{1z}\boldsymbol{e}_z)(E_{2x}\boldsymbol{e}_x + E_{2y}\boldsymbol{e}_y + E_{2z}\boldsymbol{e}_z)\\ &= E_{1x}E_{2x}\boldsymbol{e}_x\boldsymbol{e}_x + E_{1y}E_{2x}\boldsymbol{e}_y\boldsymbol{e}_x + E_{1z}E_{2x}\boldsymbol{e}_z\boldsymbol{e}_x + E_{1x}E_{2y}\boldsymbol{e}_x\boldsymbol{e}_y + E_{1y}E_{2y}\boldsymbol{e}_y\boldsymbol{e}_y +\\ &\quad E_{1z}E_{2y}\boldsymbol{e}_z\boldsymbol{e}_y + E_{1x}E_{2z}\boldsymbol{e}_x\boldsymbol{e}_z + E_{1y}E_{2z}\boldsymbol{e}_y\boldsymbol{e}_z + E_{1z}E_{2z}\boldsymbol{e}_z\boldsymbol{e}_z\end{aligned} \tag{2-45}$$

由此可构成二阶非线性项列向量：

$$\begin{aligned}&[E_{1x}E_{2x}, E_{1y}E_{2x}, E_{1z}E_{2x}, E_{1x}E_{2y}, E_{1y}E_{2y}, E_{1z}E_{2y}, E_{1x}E_{2z}, E_{1y}E_{2z}, E_{1z}E_{2z}]^{\mathrm{T}}\\ &= [E_{1j}E_{2k}]_{9\times1} \quad (j, k = x, y, z)\end{aligned} \tag{2-46}$$

同理，$\boldsymbol{E}_1$、$\boldsymbol{E}_3$ 相乘，有

$$\begin{aligned}&[E_{1x}E_{3x}, E_{1y}E_{3x}, E_{1z}E_{3x}, E_{1x}E_{3y}, E_{1y}E_{3y}, E_{1z}E_{3y}, E_{1x}E_{3z}, E_{1y}E_{3z}, E_{1z}E_{3z}]^{\mathrm{T}}\\ &= [E_{1j}E_{3k}]_{9\times1} \quad (j, k = x, y, z)\end{aligned} \tag{2-47}$$

$\boldsymbol{E}_2$、$\boldsymbol{E}_3$ 相乘，有

$$\begin{aligned}&[E_{2x}E_{3x}, E_{2y}E_{3x}, E_{2z}E_{3x}, E_{2x}E_{3y}, E_{2y}E_{3y}, E_{2z}E_{3y}, E_{2x}E_{3z}, E_{2y}E_{3z}, E_{2z}E_{3z}]^{\mathrm{T}}\\ &= [E_{2j}E_{3k}]_{9\times1} \quad (j, k = x, y, z)\end{aligned} \tag{2-48}$$

以此类推，相加得到二阶非线性列向量为

$$\boldsymbol{E}^{(2)} = [E_{1j}E_{2k}]_{9\times1} + [E_{1j}E_{3k}]_{9\times1} + [E_{2j}E_{3k}]_{9\times1} + \cdots \quad (j, k = x, y, z) \tag{2-49}$$

与式(2-49)相对应的二阶非线性极化率张量 $\overline{\overline{\boldsymbol{\chi}}}_{\mathrm{e}}^{(2)}$ 的矩阵形式仍取式(2-40)。

与二阶非线性项相同，可写出三阶非线性项列向量 $\boldsymbol{E}^{(3)}$ 的分量表达式为

$$\boldsymbol{E}^{(3)} = [E_{1j}E_{2k}E_{3l}]_{27\times1} + \cdots \quad (j, k, l = x, y, z) \tag{2-50}$$

与式(2-50)相对应的三阶非线性极化率张量 $\overline{\overline{\boldsymbol{\chi}}}_{\mathrm{e}}^{(3)}$ 的矩阵形式仍取式(2-42)。

由式(2-31)和式(2-44)、式(2-40)和式(2-49)、式(2-42)和式(2-50)可将向量关系式(2-37)写成分量求和形式为

$$\begin{aligned}P_i = &\sum_{j=x,y,z}\varepsilon_0\chi_{eij}[E_{1j} + E_{2j} + E_{3j} + \cdots] +\\ &\sum_{k=x,y,z}\sum_{k=x,y,z}\varepsilon_0\chi_{eijk}[E_{1j}E_{2k} + E_{1j}E_{3k} + E_{2j}E_{3k} + \cdots] +\\ &\sum_{j=x,y,z}\sum_{k=x,y,z}\sum_{l=x,y,z}\varepsilon_0\chi_{eijkl}[E_{1j}E_{2k}E_{3l} + \cdots] + \cdots \quad (i = x, y, z)\end{aligned} \tag{2-51}$$

比较式(2-51)与式(2-43)，可见其差别在于在式(2-51)中，电场分量 E_{1j}、E_{2k} 和 E_{3l} 等分别对应于不同电场矢量 $\boldsymbol{E}_1$、$\boldsymbol{E}_2$ 和 $\boldsymbol{E}_3$ 等的不同分量，所以属于多个电场矢量的非线性。

又由于电场矢量分量 E_{1j}、E_{2k} 和 E_{3l} 等与 $\overline{\overline{\boldsymbol{\chi}}}_{e}^{(1)}$、$\overline{\overline{\boldsymbol{\chi}}}_{e}^{(2)}$ 和 $\overline{\overline{\boldsymbol{\chi}}}_{e}^{(3)}$ 相分离，因此称为多个电场矢量显式非线性。在非线性光学中，二阶非线性项用于研究三波混频，而三阶非线性项用于研究四波混频。需要说明的是，本书仅涉及各向同性线性介质和各向异性线性介质，介质的非线性问题不予讨论。

2.4.2 极化电荷产生的电位

如图 2-14 所示，设一电介质体积为 V'，表面为 S'，在外电场 $\boldsymbol{E}$ 的作用下被极化，其内部和表面产生束缚电荷分布。根据前面的分析，束缚电荷分布可等效为真空中在体积 V' 内电偶极子的分布 $\boldsymbol{P}(\boldsymbol{r}')$。极化电荷产生的附加电场实质上就是电偶极子分布 $\boldsymbol{P}(\boldsymbol{r}')$ 产生的电场。在介质中取一体微分元 dV'，根据极化强度矢量 $\boldsymbol{P}$ 的定义式(2-27)可知，体微分元中包含电偶极子的矢量和为

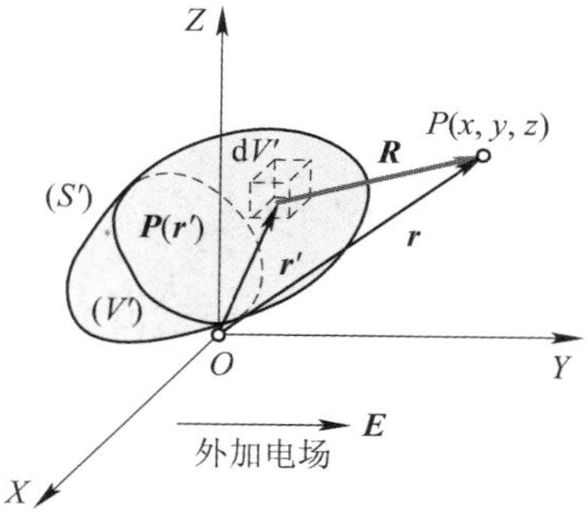

图 2-14 极化电荷产生的电位

$$\sum_i \boldsymbol{p}_{ei} = \boldsymbol{P}(\boldsymbol{r}')dV'$$

当 $dV' \to 0$ 时，可把电偶极子的矢量和看作一新的等效电偶极子：

$$\boldsymbol{p}_e = \boldsymbol{P}(\boldsymbol{r}')dV'$$

由式(2-25)可得等效电偶极子在空间点 P 产生的电位为

$$du(\boldsymbol{r}) = \frac{\boldsymbol{p}_e \cdot \boldsymbol{R}}{4\pi\varepsilon_0 R^3} = \frac{1}{4\pi\varepsilon_0}\frac{\boldsymbol{P}(\boldsymbol{r}')\cdot(\boldsymbol{r}-\boldsymbol{r}')}{|\boldsymbol{r}-\boldsymbol{r}'|^3}dV' \tag{2-52}$$

积分得到 V' 内所有电偶极子产生的电位为

$$u(\boldsymbol{r}) = \frac{1}{4\pi\varepsilon_0}\iiint_{(V')}\frac{\boldsymbol{P}(\boldsymbol{r}')\cdot\boldsymbol{R}}{R^3}dV' = \frac{1}{4\pi\varepsilon_0}\iiint_{(V')}\frac{\boldsymbol{P}(\boldsymbol{r}')\cdot(\boldsymbol{r}-\boldsymbol{r}')}{|\boldsymbol{r}-\boldsymbol{r}'|^3}dV' \tag{2-53}$$

根据式(2-20)，把对场点坐标求导换为对源点坐标求导，有

$$\nabla'\frac{1}{|\boldsymbol{r}-\boldsymbol{r}'|} = \frac{\boldsymbol{r}-\boldsymbol{r}'}{|\boldsymbol{r}-\boldsymbol{r}'|^3}$$

将上式代入式(2-53)，得

$$u(\boldsymbol{r}) = \frac{1}{4\pi\varepsilon_0}\iiint_{(V')}\boldsymbol{P}(\boldsymbol{r}')\cdot\nabla'\frac{1}{|\boldsymbol{r}-\boldsymbol{r}'|}dV' \tag{2-54}$$

利用矢量等式

$$\nabla'\cdot(f\boldsymbol{A}) = f\nabla'\cdot\boldsymbol{A} + \nabla' f\cdot\boldsymbol{A}$$

令

$$f = \frac{1}{|\boldsymbol{r}-\boldsymbol{r}'|},\quad \boldsymbol{A} = \boldsymbol{P}$$

则有

$$u(\boldsymbol{r}) = \frac{1}{4\pi\varepsilon_0}\iiint_{(V')}\nabla'\cdot\left(\frac{\boldsymbol{P}(\boldsymbol{r}')}{|\boldsymbol{r}-\boldsymbol{r}'|}\right)dV' + \frac{1}{4\pi\varepsilon_0}\iiint_{(V')} -\frac{1}{|\boldsymbol{r}-\boldsymbol{r}'|}\nabla'\cdot\boldsymbol{P}(\boldsymbol{r}')dV'$$

再利用高斯散度定理，将上式第一项化为闭合面 S' 的面积分，得

$$u(\boldsymbol{r}) = \frac{1}{4\pi\varepsilon_0}\oint\!\!\!\oint_{(S')}\frac{\boldsymbol{P}(\boldsymbol{r}')\cdot\boldsymbol{n}}{|\boldsymbol{r}-\boldsymbol{r}'|}dS' + \frac{1}{4\pi\varepsilon_0}\iiint_{(V')}\frac{-\nabla'\cdot\boldsymbol{P}(\boldsymbol{r}')}{|\boldsymbol{r}-\boldsymbol{r}'|}dV' \tag{2-55}$$

式中，$\boldsymbol{n}$ 为闭曲面 S' 的外法向单位矢量。把式(2-55)与式(2-17)和式(2-18)比较，可知

$$\rho_{S'}(\boldsymbol{r}') = \boldsymbol{P}(\boldsymbol{r}')\cdot\boldsymbol{n}$$

$$\rho_{V'}(\boldsymbol{r}') = -\nabla'\cdot\boldsymbol{P}(\boldsymbol{r}')$$

上式表明介质被极化后，在介质内部产生束缚电荷体密度分布 $\rho_{V'}(\boldsymbol{r}')$ 和介质表面产生束缚电荷面密度分布 $\rho_{S'}(\boldsymbol{r}')$。为了与自由电荷相区别，把束缚电荷体密度记为 $\rho_{V'_b}(\boldsymbol{r}')$，而把束缚电荷面密度记为 $\rho_{S'_b}(\boldsymbol{r}')$，则有

$$\rho_{S'_b}(\boldsymbol{r}') = \boldsymbol{P}(\boldsymbol{r}') \cdot \boldsymbol{n} \tag{2-56}$$

$$\rho_{V'_b}(\boldsymbol{r}') = -\nabla' \cdot \boldsymbol{P}(\boldsymbol{r}') \tag{2-57}$$

将式(2-56)和式(2-57)代入式(2-55)，得

$$u(\boldsymbol{r}) = \frac{1}{4\pi\varepsilon_0}\oint\!\!\!\oint_{(S')} \frac{\rho_{S'_b}(\boldsymbol{r}')}{|\boldsymbol{r}-\boldsymbol{r}'|}\mathrm{d}S' + \frac{1}{4\pi\varepsilon_0}\iiint_{(V')} \frac{\rho_{V'_b}(\boldsymbol{r}')}{|\boldsymbol{r}-\boldsymbol{r}'|}\mathrm{d}V' \tag{2-58}$$

这就是极化电荷产生的电位表达式。

要特别强调的是，关系式(2-56)和(2-57)仅仅表明源点坐标之间的关系，与场点坐标无关。当极化强度矢量 $\boldsymbol{P}$ 用电场矢量 $\boldsymbol{E}$ 表示时，如式(2-28)、式(2-36)和式(2-37)，极化强度矢量 $\boldsymbol{P}$ 必然与电场矢量 $\boldsymbol{E}$ 采用相同的坐标，若把 $\boldsymbol{r}'$ 用 $\boldsymbol{r}$ 替代，则“∇'”就改为“∇”，此时式(2-56)和式(2-57)就应该变为

$$\rho_{S_b}(\boldsymbol{r}) = \boldsymbol{P}(\boldsymbol{r}) \cdot \boldsymbol{n} \tag{2-59}$$

$$\rho_{V_b}(\boldsymbol{r}) = -\nabla \cdot \boldsymbol{P}(\boldsymbol{r}) \tag{2-60}$$

2.5 静电场的基本方程

由第 1 章讨论可知，研究一矢量场涉及矢量场的通量、散度以及环量和旋度，这样就构成了描述矢量场的基本方程。本节讨论静电场的基本方程。

2.5.1 静电场的通量和散度

1. 真空中的高斯定理

如图 2-15 所示，设在自由空间任意放置一点电荷 q，位置矢量为 $\boldsymbol{r}'$，由式(2-3)知，q 产生的电场强度为

$$\boldsymbol{E}(\boldsymbol{r}) = \frac{q}{4\pi\varepsilon_0}\frac{1}{R^2}\boldsymbol{e}_R$$

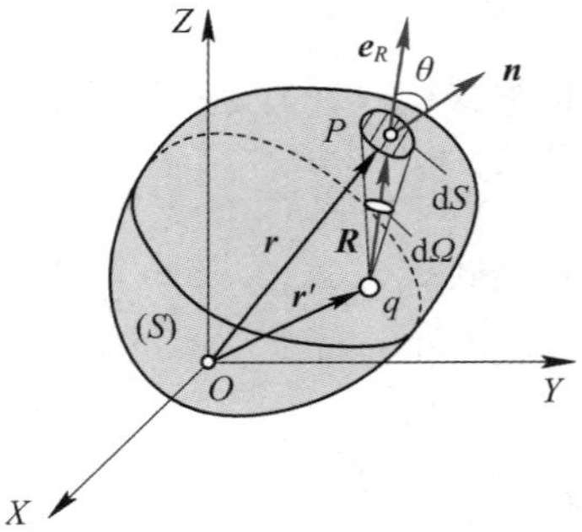

图 2-15 电通量计算

选择一任意闭曲面 S 包围点电荷 q，则点电荷电场穿过闭曲面的通量为

$$\oint\!\!\!\oint_{(S)} \boldsymbol{E}(\boldsymbol{r}) \cdot \mathrm{d}\boldsymbol{S} = \frac{q}{4\pi\varepsilon_0}\oint\!\!\!\oint_{(S)} \frac{\boldsymbol{e}_R \cdot \boldsymbol{n}\mathrm{d}S}{R^2} \tag{2-61}$$

式中，$\boldsymbol{r}$ 为闭曲面 S 上任一点 P 的位置矢量，$\boldsymbol{n}$ 为过点 P 面微分元 $\mathrm{d}S$ 的外法向单位矢量，R 为距离矢量 $\boldsymbol{R}$ 的大小，$\boldsymbol{e}_R$ 为距离矢量 $\boldsymbol{R}$ 的单位矢量。根据立体角的概念，面微分元 $\mathrm{d}\boldsymbol{S}$ 所张立体角元为

$$\mathrm{d}\Omega = \frac{\boldsymbol{e}_R \cdot \boldsymbol{n}\mathrm{d}S}{R^2} = \frac{\cos\theta \mathrm{d}S}{R^2} \tag{2-62}$$

对于闭曲面 S，所张立体角为

$$\Omega = \oint\!\!\!\oint_{(S)} \frac{\cos\theta \mathrm{d}S}{R^2} = \begin{cases} 4\pi & (\boldsymbol{r}' \text{ 在 } S \text{ 内}) \\ 0 & (\boldsymbol{r}' \text{ 在 } S \text{ 外}) \end{cases} \tag{2-63}$$

将式(2-63)代入式(2-61)，得

$$\oint\!\!\!\oint_{(S)} \boldsymbol{E}(\boldsymbol{r}) \cdot \mathrm{d}\boldsymbol{S} = \frac{q}{\varepsilon_0} \tag{2-64}$$

如果点电荷 q 位于闭曲面 S 外，则有

$$\oint\!\!\!\oint_{(S)} \boldsymbol{E}(\boldsymbol{r}) \cdot \mathrm{d}\boldsymbol{S} = 0 \tag{2-65}$$

式(2-64)是一个点电荷电场强度矢量通过闭曲面 S 的通量。如果在空间分布有 N 个点电荷，闭曲面 S 内有 M 个点电荷，则根据点电荷场强叠加原理，有

$$\oint\!\!\!\oint_{(S)} \boldsymbol{E}(\boldsymbol{r}) \cdot \mathrm{d}\boldsymbol{S} = \oint\!\!\!\oint_{(S)} \left[\sum_{i=1}^{N} \boldsymbol{E}_i(\boldsymbol{r}) \right] \cdot \mathrm{d}\boldsymbol{S} = \sum_{i=1}^{N} \oint\!\!\!\oint_{(S)} \boldsymbol{E}_i(\boldsymbol{r}) \cdot \mathrm{d}\boldsymbol{S} = \frac{1}{\varepsilon_0} \sum_{i=1}^{M} q_i \tag{2-66}$$

式(2-66)表明，电通量仅与闭曲面 S 内的电荷有关，而与闭曲面外的电荷无关。需要强调的是，闭曲面外的电荷对通量计算无贡献，但并不等于说闭曲面外的电荷不参与电场的叠加。

闭曲面内有连续电荷分布时，根据场强叠加原理可得体电荷分布、面电荷分布和线电荷分布的通量计算公式分别为

$$\oint\!\!\!\oint_{(S)} \boldsymbol{E}(\boldsymbol{r}) \cdot \mathrm{d}\boldsymbol{S} = \frac{1}{\varepsilon_0} \iiint_{(V')} \rho_{V'}(\boldsymbol{r}') \mathrm{d}V' \tag{2-67}$$

$$\oint\!\!\!\oint_{(S)} \boldsymbol{E}(\boldsymbol{r}) \cdot \mathrm{d}\boldsymbol{S} = \frac{1}{\varepsilon_0} \iint_{(S')} \rho_{S'}(\boldsymbol{r}') \mathrm{d}S' \tag{2-68}$$

$$\oint\!\!\!\oint_{(S)} \boldsymbol{E}(\boldsymbol{r}) \cdot \mathrm{d}\boldsymbol{S} = \frac{1}{\varepsilon_0} \int_{(l')} \rho_{l'}(\boldsymbol{r}') \mathrm{d}l' \tag{2-69}$$

如果把闭曲面内的总电荷量记作 Q，则上述表达式可统一简记为

$$\oint\!\!\!\oint_{(S)} \boldsymbol{E}(\boldsymbol{r}) \cdot \mathrm{d}\boldsymbol{S} = \frac{Q}{\varepsilon_0} \tag{2-70}$$

式(2-70)就是真空中静电场的高斯定理。该式表明，在真空中电场强度矢量穿过任意闭曲面的通量等于该闭曲面内的总电荷量 Q 与真空介电常数 ε_0 之比。

2. 介质中的高斯定理

1）电通密度矢量

在真空中，电通密度矢量定义为

$$\boldsymbol{D} = \varepsilon_0 \boldsymbol{E} \tag{2-71}$$

如果将点电荷电场式(2-3)代入式(2-71)，则电通密度矢量为

$$\boldsymbol{D} = \varepsilon_0 \boldsymbol{E} = \frac{1}{4\pi} \frac{q}{R^2} \boldsymbol{e}_R \tag{2-72}$$

这就是真空中点电荷电通密度矢量的表达式。显然，电通密度矢量与真空介电常数 ε_0 无关。电通密度矢量的单位为 $\mathrm{C/m^2}$（库仑/平方米）。

在介质中，电通密度矢量定义为

$$\boldsymbol{D} = \varepsilon_0 \boldsymbol{E} + \boldsymbol{P} \tag{2-73}$$

把式(2-28)代入，式(2-73)变为

$$\boldsymbol{D}=\varepsilon_0(1+\chi_e)\boldsymbol{E} \tag{2-74}$$

记$\varepsilon_r=1+\chi_e$，ε_r称为相对介电常数，则有

$$\boldsymbol{D}=\varepsilon_0\varepsilon_r\boldsymbol{E}=\varepsilon\boldsymbol{E} \tag{2-75}$$

式中，$\varepsilon=\varepsilon_0\varepsilon_r$称为介质的介电常数，与介质极化率相关，也是描述介质电特性的参数。

电通密度矢量$\boldsymbol{D}$与电极化强度矢量$\boldsymbol{P}$具有相同的量纲，它们都是反映介质电特性的物理量。在电通密度矢量$\boldsymbol{D}$和电场强度矢量$\boldsymbol{E}$的关系式中，通过介质电特性参数ε把二者联系起来，因而把式(2-75)称为物质方程或本构方程。电通密度矢量$\boldsymbol{D}$也称为电位移矢量，因介质位移极化而得名。

2) 介质中的高斯定理

如图 2-16 所示，空间有一带电体V_1'(表面为S_1')，其自由电荷体密度为$\rho_{V'_1}$。一电介质占据的空间体积为V_2'(表面为S_2')，置于带电体产生的电场中，电介质在外电场的作用下被极化，因而在介质内部和介质表面出现束缚电荷。束缚电荷产生一附加电场，空间电场就是自由电荷产生的电场与束缚电荷产生的附加电场叠加的结果。在空间任取一闭合曲面S(空间体积为V)，计算电场$\boldsymbol{E}$穿过闭合曲面S的通量，根据式(2-70)，有

$$\oint\!\!\!\oint_{(S)}\boldsymbol{E}(\boldsymbol{r})\cdot\mathrm{d}\boldsymbol{S}=\frac{1}{\varepsilon_0}(Q+Q') \tag{2-76}$$

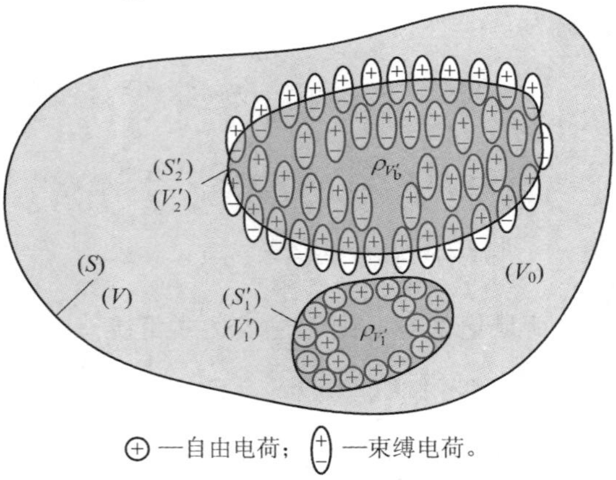

图 2-16 介质中的高斯定理示意图

式中，Q为V_1'内的自由电荷，Q'为V_2'内的束缚电荷和表面S_2'上的束缚电荷之和。假设束缚电荷体密度为ρ_{V_b}，束缚电荷面密度为ρ_{S_b}，则有

$$\begin{cases} Q=\iiint_{(V'_1)}\rho_{V'_1}\,\mathrm{d}V' \\ Q'=\iiint_{(V'_2)}\rho_{V_b}\,\mathrm{d}V'+\oint\!\!\!\oint_{(S'_2)}\rho_{S_b}\,\mathrm{d}S' \end{cases}$$

将式(2-59)和式(2-60)代入，得到

$$Q'=\iiint_{(V_2')}[-\nabla\cdot\boldsymbol{P}(\boldsymbol{r})]\mathrm{d}V'+\oint\!\!\!\oint_{(S'_2)}[\boldsymbol{P}(\boldsymbol{r})\cdot\boldsymbol{n}]\mathrm{d}S'$$

将式(2-76)两边同时乘以ε_0，然后根据高斯散度定理(式(1-84))，将式(2-76)左端转化为体积分，并将Q'代入等式右端，有

$$\iiint_{(V)}\varepsilon_0\ \nabla\cdot\ \boldsymbol{E}(\boldsymbol{r})\mathrm{d}V = Q+\iiint_{(V_2')}[-\nabla\cdot\boldsymbol{P}(\boldsymbol{r})]\mathrm{d}V'+\oint\!\!\!\oint_{(S_2')}[\boldsymbol{P}(\boldsymbol{r})\cdot\boldsymbol{n}]\mathrm{d}S' \qquad (2-77)$$

式(2－77)右端第二项的积分区域为 V_2'。由于 $V=V_1'+V_2'+V_0$，因此有

$$\iiint_{(V_2')}[-\nabla\cdot\boldsymbol{P}(\boldsymbol{r})]\mathrm{d}V'=\iiint_{(V)}[-\nabla\cdot\boldsymbol{P}(\boldsymbol{r})]\mathrm{d}V-\iiint_{(V_1')}[-\nabla\cdot\boldsymbol{P}(\boldsymbol{r})]\mathrm{d}V'-\iiint_{(V_0)}[-\nabla\cdot\boldsymbol{P}(\boldsymbol{r})]\mathrm{d}V$$

式中，V_0 为 S 面内除去 V_1'、V_2' 的空间区域。将上式代入式(2－77)并移项整理，得

$$\iiint_{(V)}\nabla\cdot\ \boldsymbol{D}(\boldsymbol{r})\mathrm{d}V = Q+\iiint_{(V_1')}[\nabla\cdot\boldsymbol{P}(\boldsymbol{r})]\mathrm{d}V'+\iiint_{(V_0)}[\nabla\cdot\boldsymbol{P}(\boldsymbol{r})]\mathrm{d}V+\oint\!\!\!\oint_{(S_2')}[\boldsymbol{P}(\boldsymbol{r})\cdot\boldsymbol{n}]\mathrm{d}S' \quad (2-78)$$

式中，$\boldsymbol{D}$ 见式(2－73)。由于在 V_1' 内 $\boldsymbol{P}$ 为零，因此有

$$\iiint_{(V_1')}[-\nabla\cdot\boldsymbol{P}(\boldsymbol{r})]\mathrm{d}V'=0$$

V_0 由闭合曲面 S、S_1' 和 S_2' 构成，因此根据高斯散度定理，式(2－78)中的第三项积分可化为

$$\iiint_{(V_0)}[\nabla\cdot\boldsymbol{P}(\boldsymbol{r})]\mathrm{d}V=\oint\!\!\!\oint_{(S)}[\boldsymbol{P}(\boldsymbol{r})\cdot\boldsymbol{n}]\mathrm{d}S-\oint\!\!\!\oint_{(S_1')}[\boldsymbol{P}(\boldsymbol{r})\cdot\boldsymbol{n}]\mathrm{d}S'-\oint\!\!\!\oint_{(S_2')}[\boldsymbol{P}(\boldsymbol{r})\cdot\boldsymbol{n}]\mathrm{d}S'$$

注意：此处构成 V_0 的闭曲面 S_2' 的外法向单位矢量与式(2－77)相反，向内为正。因为在 S 和 S_1' 的表面不存在束缚电荷，所以

$$\oint\!\!\!\oint_{(S)}[\boldsymbol{P}(\boldsymbol{r})\cdot\boldsymbol{n}]\mathrm{d}S=0,\qquad \oint\!\!\!\oint_{(S_1')}[\boldsymbol{P}(\boldsymbol{r})\cdot\boldsymbol{n}]\mathrm{d}S'=0$$

因此有

$$\iiint_{(V_0)}[\nabla\cdot\boldsymbol{P}(\boldsymbol{r})]\mathrm{d}V=-\oint\!\!\!\oint_{(S_2')}[\boldsymbol{P}(\boldsymbol{r})\cdot\boldsymbol{n}]\mathrm{d}S' \qquad (2-79)$$

将式(2－79)代入式(2－78)，并应用高斯散度定理，得到

$$\oint\!\!\!\oint_{(S)}\boldsymbol{D}\cdot\mathrm{d}\boldsymbol{S}=Q \qquad (2-80)$$

这就是介质中的高斯定理。式(2－80)表明，在介质中电通密度矢量 $\boldsymbol{D}$ 穿过任意闭曲面 S 的通量等于该闭曲面内自由电荷总量 Q，与束缚电荷无关。

3. 高斯定理的应用

已知电荷分布，可以利用叠加原理求电场强度矢量；也可以先求电位，然后再利用电位与电场强度之间的关系求电场。如果根据电荷分布可推断出电场分布具有球面对称性、柱面对称性或平面对称性，那么利用高斯定理求解静电场问题更为方便，下面给出应用实例。

【例 2.4】 一半径为 a 的均匀带电球体放置于自由空间中，电荷体密度为 ρ_V，求球内和球外任意点的电场强度矢量和电位。

解 (1) 求电场强度。

为了求解简便，选择坐标系原点为球心，如图 2－17 所示。取圆心在坐标原点的球面 S，由于电荷分布均匀，因此球面 S 上任一点的电场强度矢量仅有径向分量，即

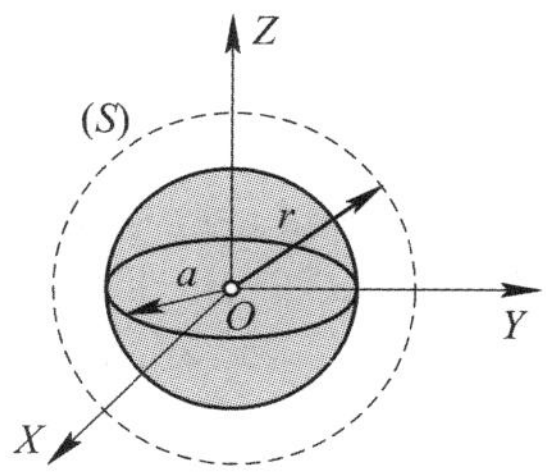

图 2－17 例 2.4 图

$$\boldsymbol{E}(\boldsymbol{r})=E(r)\,\boldsymbol{e}_r$$

应用高斯定理有

$$\oint\!\!\!\oint_{(S)} \boldsymbol{E}(\boldsymbol{r})\cdot \mathrm{d}\boldsymbol{S} = 4\pi r^2 E(r) = \frac{1}{\varepsilon_0}\iiint_{(V)}\rho_V \mathrm{d}V = \frac{\rho_V}{\varepsilon_0}\iiint_{(V)}\mathrm{d}V$$

式中右端项的积分为

$$\frac{\rho_V}{\varepsilon_0}\iiint_{(V)}\mathrm{d}V = \begin{cases} \dfrac{\rho_V}{\varepsilon_0}\cdot\dfrac{4}{3}\pi r^3 & (r<a) \\ \dfrac{\rho_V}{\varepsilon_0}\cdot\dfrac{4}{3}\pi a^3 & (r>a) \end{cases}$$

由此得到电场强度为

$$\boldsymbol{E}(r) = \begin{cases} \dfrac{\rho_V r}{3\varepsilon_0}\boldsymbol{e}_r & (r<a) \\ \dfrac{\rho_V a^3}{3\varepsilon_0 r^2}\boldsymbol{e}_r & (r>a) \end{cases}$$

如果记

$$Q = \rho_V \frac{4}{3}\pi a^3$$

则上式可改写为

$$\boldsymbol{E}(r) = \begin{cases} \dfrac{Qr}{4\pi\varepsilon_0 a^3}\boldsymbol{e}_r & (r<a) \\ \dfrac{Q}{4\pi\varepsilon_0 r^2}\boldsymbol{e}_r & (r>a) \end{cases}$$

(2) 求电位。

根据电位定义式(2-13)，选择无穷远为参考点，则得球外任意点的电位为

$$u(r) = \int_r^\infty \boldsymbol{E}\cdot \mathrm{d}\boldsymbol{r} = \int_r^\infty \boldsymbol{E}\cdot\boldsymbol{e}_r \mathrm{d}r = \frac{Q}{4\pi\varepsilon_0}\int_r^\infty \frac{\boldsymbol{e}_r\cdot\boldsymbol{e}_r}{r^2}\mathrm{d}r = \frac{Q}{4\pi\varepsilon_0 r} \quad (r>a)$$

球内任意点的电位为

$$\begin{aligned} u(r) &= \int_r^\infty \boldsymbol{E}\cdot \mathrm{d}\boldsymbol{r} = \int_r^a \boldsymbol{E}\cdot\boldsymbol{e}_r \mathrm{d}r + \int_a^\infty \boldsymbol{E}\cdot\boldsymbol{e}_r \mathrm{d}r \\ &= \frac{Q}{4\pi\varepsilon_0 a^3}\int_r^a r\,\boldsymbol{e}_r\cdot\boldsymbol{e}_r \mathrm{d}r + \frac{Q}{4\pi\varepsilon_0}\int_a^\infty \frac{\boldsymbol{e}_r\cdot\boldsymbol{e}_r}{r^2}\mathrm{d}r = \frac{Q}{8\pi\varepsilon_0 a}\left(3-\frac{r^2}{a^2}\right) \quad (r<a) \end{aligned}$$

4. 静电场的散度

设空间有一带电体，自由电荷体密度分布为 ρ_V，由高斯定理知，电通密度矢量 $\boldsymbol{D}$ 沿任意闭曲面 S 的通量为

$$\oint\!\!\!\oint_{(S)} \boldsymbol{D}\cdot \mathrm{d}\boldsymbol{S} = Q = \iiint_{(V)}\rho_V \mathrm{d}V$$

应用高斯散度定理有

$$\oint\!\!\!\oint_{(S)} \boldsymbol{D}\cdot \mathrm{d}\boldsymbol{S} = \iiint_{(V)} \nabla\cdot\boldsymbol{D}\mathrm{d}V = \iiint_{(V)}\rho_V \mathrm{d}V$$

积分对任意闭曲面 S 所包围的体积 V 都成立，因而等式两端被积函数相等，则有

$$\nabla\cdot\boldsymbol{D} = \rho_V \tag{2-81}$$

式(2-81)表明，电荷是产生静电场的散度源，存在于空间任一点的电荷都发出电通量线，

电通密度的强与弱也体现散度源的大与小，即自由电荷的多少。通常把式(2-81)称为高斯定理的微分形式。

如果电荷分布于自由空间，利用真空中电通密度矢量与电场强度的定义式(2-71)，则式(2-81)可写为

$$\nabla \cdot \boldsymbol{E} = \frac{\rho_V}{\varepsilon_0} \tag{2-82}$$

在均匀介质中，介电常数 ε 为常数，将式(2-75)代入式(2-81)有

$$\nabla \cdot \boldsymbol{E} = \frac{\rho_V}{\varepsilon} \tag{2-83}$$

2.5.2 静电场的环量和旋度

如图 2-18 所示，空间分布一电场 $\boldsymbol{E}$，如果选取无穷远处为电位零点，根据电位定义式(2-13)可知，P_1 和 P_2 两点之间的电位差为

$$u(P_1) - u(P_2) = \int_{P_1}^{P_2} \boldsymbol{E} \cdot \mathrm{d}\boldsymbol{l} \tag{2-84}$$

作为特例，假设点电荷 q 放置于坐标原点 O，然后将点电荷电场强度公式(2-3)代入式(2-84)，得到

$$u(P_1) - u(P_2) = \int_{r_1}^{r_2} \boldsymbol{E} \cdot \mathrm{d}\boldsymbol{l} = \frac{q}{4\pi\varepsilon_0}\left(\frac{1}{r_1} - \frac{1}{r_2}\right) \tag{2-85}$$

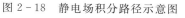

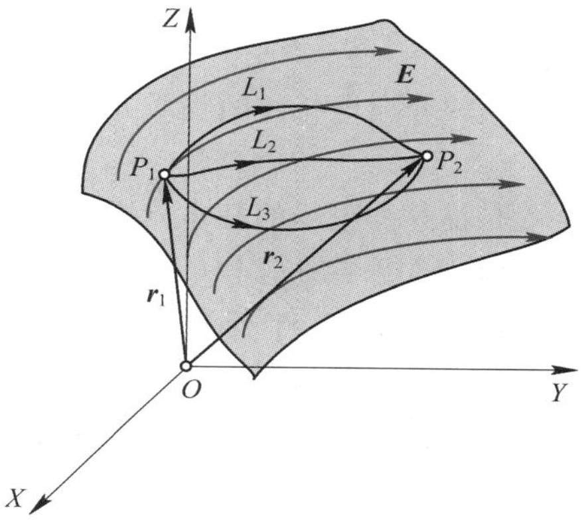

图 2-18 静电场积分路径示意图

式(2-85)表明，电位差仅与 P_1 和 P_2 两点的位置 $\boldsymbol{r}_1$ 和 $\boldsymbol{r}_2$ 有关，而与积分所选取的路径 L_1、L_2 和 L_3 无关。可以证明，对于任意分布电荷产生的电场，利用点电荷叠加原理，此结论仍然正确。因此，当积分回路取闭合回路时，必然有

$$\oint_{(L)} \boldsymbol{E} \cdot \mathrm{d}\boldsymbol{l} = 0 \tag{2-86}$$

式(2-86)表明，静电场沿任意闭合线的积分为零，说明静电场是无旋场，即保守场。

利用斯托克斯定理式(1-91)，式(2-86)还可以化为

$$\oint_{(L)} \boldsymbol{E} \cdot \mathrm{d}\boldsymbol{l} = \iint_{(S)} \nabla \times \boldsymbol{E} \cdot \mathrm{d}\boldsymbol{S} = 0 \tag{2-87}$$

式中，S 为张在闭合回路 L 上的有向开曲面。显然，式(2-87)为零，必有

$$\nabla \times \boldsymbol{E} = 0 \tag{2-88}$$

另外，在 2.2.4 节曾证明，对于任意分布电荷产生的电场与电位的关系为

$$\boldsymbol{E}(\boldsymbol{r}) = -\nabla u(\boldsymbol{r}) \tag{2-89}$$

式(2-89)说明电场强度矢量可以表示为一标量函数的梯度，根据第 1 章例 1.11 证明得到的矢量恒等式

$$\nabla \times \nabla u \equiv 0$$

同样也可以得到式(2-88)。静电场是无旋场表明静电场的场线(即电力线)具有发散特性，而不具有旋涡性。

2.5.3 静电场的基本方程

由上面两节的讨论，得到了各向同性线性介质中描述静电场的通量、环量和散度、旋度表达式，归纳起来为

$$\begin{cases}\oint\!\!\!\oint_{(S)} \boldsymbol{D}\cdot \mathrm{d}\boldsymbol{S} = \iiint_{(V)} \rho_V \mathrm{d}V \\ \oint_{(L)} \boldsymbol{E}\cdot \mathrm{d}\boldsymbol{l} = 0\end{cases} \tag{2-90}$$

$$\begin{cases}\nabla\cdot \boldsymbol{D} = \rho_V \\ \nabla\times \boldsymbol{E} = 0\end{cases} \tag{2-91}$$

还有反映介质电特性的物质方程：

$$\boldsymbol{D} = \varepsilon \boldsymbol{E} \tag{2-92}$$

这就是描述静电场的基本方程。基本方程表明静电场是有散无旋场，电荷分布是静电场的散度源。静电场的基本方程从两个方面完整地描述了场的特性。

【例 2.5】 一半径为 a 的均匀带电球体放置于自由空间中，电荷体密度为 ρ_V，求均匀带电球内和球外任一点电场强度矢量的散度和旋度。

解 由例 2.4 知，带电球体内、外的电场强度矢量为

$$\boldsymbol{E}(r) = \begin{cases}\dfrac{Qr}{4\pi\varepsilon_0 a^3}\boldsymbol{e}_r & (r < a) \\ \dfrac{Q}{4\pi\varepsilon_0 r^2}\boldsymbol{e}_r & (r > a)\end{cases}$$

显然，电场强度矢量仅有径向分量 E_r，把该式代入球坐标系下的散度公式(1-83)，得

在球内：

$$\nabla\cdot\boldsymbol{E} = \frac{1}{r^2}\frac{\partial}{\partial r}(r^2 E_r) = \frac{Q}{4\pi\varepsilon_0 a^3}\frac{1}{r^2}\frac{\partial}{\partial r}(r^2\times r) = \frac{3Q}{4\pi\varepsilon_0 a^3} = \frac{\rho_V}{\varepsilon_0}$$

在球外：

$$\nabla\cdot\boldsymbol{E} = \frac{1}{r^2}\frac{\partial}{\partial r}(r^2 E_r) = \frac{Q}{4\pi\varepsilon_0}\frac{1}{r^2}\frac{\partial}{\partial r}\left(r^2\times\frac{1}{r^2}\right) = 0$$

把 E_r 代入旋度公式(1-90)，得

$$\nabla\times\boldsymbol{E} = \frac{1}{r^2\sin\theta}\begin{vmatrix}\boldsymbol{e}_r & r\boldsymbol{e}_\theta & r\sin\theta\,\boldsymbol{e}_\varphi \\ \dfrac{\partial}{\partial r} & \dfrac{\partial}{\partial\theta} & \dfrac{\partial}{\partial\varphi} \\ E_r & 0 & 0\end{vmatrix} = 0$$

由此可以看出，均匀带电球体产生的电场矢量在源区(球内)散度不为零，在无源区(球外)散度为零，而在源区和无源区旋度处处为零。

2.6 泊松方程与拉普拉斯方程

在均匀、线性、各向同性介质中，ε 为常数，把物质方程(2-92)代入静电场散度方程

(2－91)，有

$$\nabla \cdot \boldsymbol{D} = \varepsilon \nabla \cdot \boldsymbol{E} = \rho_V$$

再把电场与电位的关系式(2－21)代入上式，有

$$\nabla \cdot \boldsymbol{D} = \varepsilon \nabla \cdot \boldsymbol{E} = -\varepsilon \nabla \cdot \nabla u = -\varepsilon \nabla^2 u = \rho_V$$

由此得

$$\nabla^2 u = -\frac{\rho_V}{\varepsilon} \tag{2-93}$$

式(2－93)就是求解静电场问题时电位所满足的泊松方程，它是电位满足的二阶偏微分方程。

如果 $\rho_V = 0$（无源区域），则有

$$\nabla^2 u = 0 \tag{2-94}$$

这就是电位满足的拉普拉斯方程。关于泊松方程和拉普拉斯方程中拉普拉斯算子在直角坐标系下、柱坐标系下和球坐标系下的表达式见第1章式(1－97)、式(1－99)和式(1－100)。

在已知电荷分布的情况下，无界空间求解静电场问题可以依据式(2－9)、式(2－10)和式(2－11)直接求解，也可以先依据式(2－17)、式(2－18)和式(2－19)求解电位，再由电场与电位的关系式(2－21)得到电场；在电场具有球面对称性、柱面对称性或平面对称性时，利用高斯定理求解电场更为简便。但是，在有界空间或区域求解静电场时，在给定静电场边界条件的情况下，需要求解泊松方程或拉普拉斯方程，这就是静电场边值问题。

2.7　静电场边界条件

电场中存在多种介质时，介质分界面处的介质参数不连续，界面两边的介质极化特性不同，因而出现束缚电荷；如果存在导体，在导体表面上还会出现感应电荷。束缚电荷和感应电荷的出现使界面两侧的电场不连续，但不连续满足一定的关系，这种决定电场在分界面两侧必须满足的关系称为边界条件。

2.7.1　*D*的法向分量边界条件

由于在两介质分界面上电场不连续，电场的散度和旋度都不存在，因此静电场基本方程的微分形式在分界面上不适用。但电场穿过分界面仍然满足高斯定理，因此下面用高斯定理推导关于电通密度矢量 ***D*** 的边界条件。

如图2－19所示，在介电常数为 ε_1 和 ε_2 的两介质分界面上过 P 点作一小的圆柱形闭合面，圆柱面的两个底面面积为 ΔS，侧面高为 Δh。分界面 P 点的单位法向矢量为 $\boldsymbol{n}$，由介质2指向介质1。假设在分界面上存在自由电荷面密度分布 ρ_S。根据高斯定理，当 Δh 趋向于零时，圆柱面侧面面积分近似为零；Δh 趋向于零，圆柱面两底面相切于分界面，且 ΔS 足够小，在 ΔS 上电通密度矢量可以看作是常矢量。依据式(2－80)，有

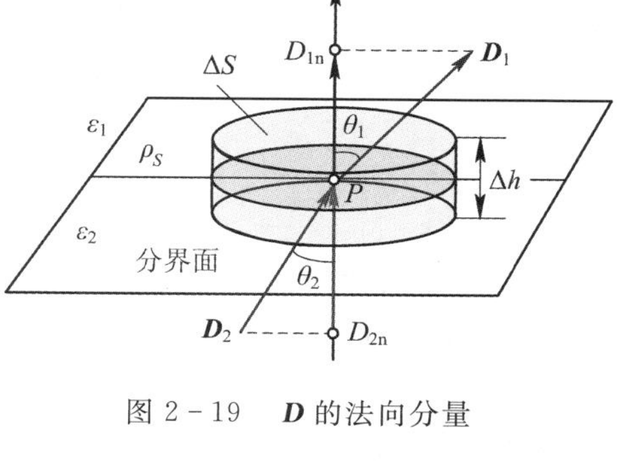

图2－19　***D***的法向分量

$$\oint\!\!\!\oint_{(S)} \boldsymbol{D} \cdot \mathrm{d}\boldsymbol{S} \approx \boldsymbol{D}_1 \cdot \boldsymbol{n}\Delta S - \boldsymbol{D}_2 \cdot \boldsymbol{n}\Delta S = \rho_S \Delta S = Q$$

由此得到电通密度矢量法向的边界条件为

$$\boldsymbol{n} \cdot (\boldsymbol{D}_1 - \boldsymbol{D}_2) = \rho_S \tag{2-95}$$

或

$$D_{1n} - D_{2n} = \rho_S \tag{2-96}$$

式(2-96)表明，在介质分界面存在自由电荷面密度的情况下，电通密度矢量的法向不连续。

由物质方程(2-92)有

$$D_{1n} = \varepsilon_1 E_{1n}, \quad D_{2n} = \varepsilon_2 E_{2n}$$

将此式代入式(2-96)，得到电场强度法向分量的边界条件为

$$\varepsilon_1 E_{1n} - \varepsilon_2 E_{2n} = \rho_S \tag{2-97}$$

将物质方程(2-92)和电位与电场的关系式(2-21)代入式(2-95)，有

$$\boldsymbol{n} \cdot (\varepsilon_1 \boldsymbol{E}_1 - \varepsilon_2 \boldsymbol{E}_2) = -(\varepsilon_1 \boldsymbol{n} \cdot \nabla u_1 - \varepsilon_2 \boldsymbol{n} \cdot \nabla u_2) = \rho_S$$

利用方向导数公式(1-71)有

$$\boldsymbol{n} \cdot \nabla u_1 = \frac{\partial u_1}{\partial n}, \quad \boldsymbol{n} \cdot \nabla u_2 = \frac{\partial u_2}{\partial n}$$

由此得到电位函数表示的法向边界条件为

$$\varepsilon_1 \frac{\partial u_1}{\partial n} - \varepsilon_2 \frac{\partial u_2}{\partial n} = -\rho_S \tag{2-98}$$

如果分界面不存在自由电荷分布(介质分界面一般不存在自由电荷分布)，即 $\rho_S = 0$，则由式(2-96)，有

$$D_{1n} = D_{2n} \tag{2-99}$$

式(2-99)表明，在分界面不存在自由电荷面密度的情况下，电通密度矢量的法向分量连续。但是，电场强度矢量的法向分量并不连续。由式(2-97)可知，令 $\rho_S = 0$，有

$$\varepsilon_1 E_{1n} - \varepsilon_2 E_{2n} = 0 \quad 或 \quad E_{1n} = \frac{\varepsilon_2}{\varepsilon_1} E_{2n} \tag{2-100}$$

显然，$E_{1n} \neq E_{2n}$。

由式(2-98)可知，令 $\rho_S = 0$，得电位函数满足的法向边界条件为

$$\varepsilon_1 \frac{\partial u_1}{\partial n} - \varepsilon_2 \frac{\partial u_2}{\partial n} = 0 \tag{2-101}$$

由此也可以看出，在分界面不存在自由电荷的情况下，电位函数的法向导数也不连续。

如果介质 2 为理想导体，在静电平衡条件下，导体表面存在感应电荷，自由电荷面密度不为零，即 $\rho_S \neq 0$，而理想导体中任意一点的电场强度矢量和电通密度矢量都为零，即 $\boldsymbol{E}_2 = \boldsymbol{D}_2 = 0$，由此得到介质与理想导体分界面满足的边界条件为

$$D_{1n} = \rho_S \tag{2-102}$$

$$\varepsilon_1 E_{1n} = \rho_S \tag{2-103}$$

$$\varepsilon_1 \frac{\partial u_1}{\partial n} = -\rho_S \tag{2-104}$$

2.7.2 E 的切向分量边界条件

根据静电场是保守场的性质，静电场沿任何闭合回路的积分为零，可推导出电场强度

矢量和电通密度矢量切向分量的边界条件。

如图2-20(a)所示，在两介质分界面上P点处取一微小矩形闭合回路，闭合回路宽$bc=da=\Delta h$，长$ab=cd=\Delta l$，ab段方向为$\boldsymbol{l}_0$，cd段方向为$-\boldsymbol{l}_0$；选择矩形回路所张曲面为平面，其方向为$\boldsymbol{n}_0$。当Δh趋向于零时，bc和da段线积分近似为零；Δh趋向于零，ab和cd两边在P点相切于分界面，且Δl足够小，在线元ab上，电场强度矢量$\boldsymbol{E}_2$近似为常矢量，在线元cd上，$\boldsymbol{E}_1$近似为常矢量。依据式(2-90)第二式，有

$$\oint_{(L)}\boldsymbol{E}\cdot\mathrm{d}\boldsymbol{l}\approx\int_a^b\boldsymbol{E}_2\cdot\mathrm{d}\boldsymbol{l}+\int_c^d\boldsymbol{E}_1\cdot\mathrm{d}\boldsymbol{l}\approx\boldsymbol{E}_2\cdot\boldsymbol{l}_0\Delta l-\boldsymbol{E}_1\cdot\boldsymbol{l}_0\Delta l=0 \tag{2-105}$$

把$\boldsymbol{E}_1$和$\boldsymbol{E}_2$用切向分量和法向分量表示，有

$$\begin{cases}\boldsymbol{E}_1=\boldsymbol{E}_{1\mathrm{t}}+\boldsymbol{E}_{1\mathrm{n}}\\ \boldsymbol{E}_2=\boldsymbol{E}_{2\mathrm{t}}+\boldsymbol{E}_{2\mathrm{n}}\end{cases} \tag{2-106}$$

将式(2-106)代入式(2-105)，得

$$E_{2\mathrm{t}}\Delta l-E_{1\mathrm{t}}\Delta l=0$$

式中，$E_{1\mathrm{t}}$和$E_{2\mathrm{t}}$为切向分量的大小。由此得到

$$E_{2\mathrm{t}}=E_{1\mathrm{t}} \tag{2-107}$$

式(2-107)表明，在两介质分界面上，电场强度矢量的切向分量连续。

由物质方程式(2-92)，有

$$D_{1\mathrm{t}}=\varepsilon_1E_{1\mathrm{t}},\quad D_{2\mathrm{t}}=\varepsilon_2E_{2\mathrm{t}} \tag{2-108}$$

将式(2-108)代入式(2-107)，可得电通密度矢量切向分量的边界条件为

$$\frac{D_{1\mathrm{t}}}{\varepsilon_1}=\frac{D_{2\mathrm{t}}}{\varepsilon_2} \tag{2-109}$$

显然，电通密度矢量切向分量不连续，$D_{1\mathrm{t}}\neq D_{2\mathrm{t}}$。

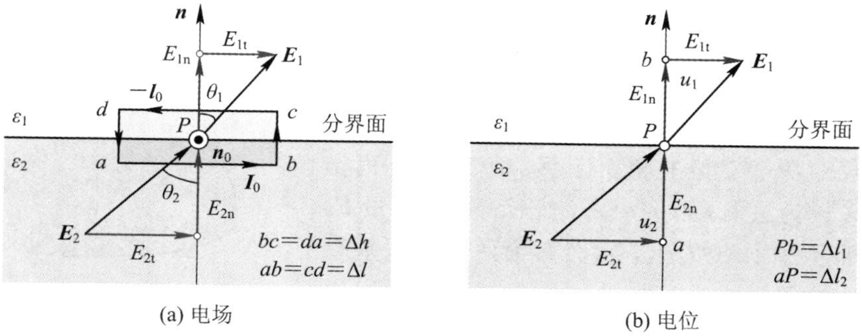

图2-20 静电场切向边界条件

利用静电场是保守场的性质，也可以得到介质分界面两侧电位满足的边界条件。如图2-20(b)所示，由于静电场中两点之间的电位差与积分路径无关，因此可过介质分界面P点选择垂直于分界面的线微分元ab，线微分元长度$aP=\Delta l_2$，$Pb=\Delta l_1$。线元端点a位于介质2，a点电位为u_2，线元端点b位于介质1，b点电位为u_1。根据电位差的定义式(2-84)，有

$$\begin{aligned}u_2-u_1&=\lim_{\substack{\Delta l_1\to0\\ \Delta l_2\to0}}\int_a^b\boldsymbol{E}\cdot\mathrm{d}\boldsymbol{l}=\lim_{\Delta l_2\to0}\int_a^P\boldsymbol{E}_2\cdot\mathrm{d}\boldsymbol{l}+\lim_{\Delta l_1\to0}\int_P^b\boldsymbol{E}_1\cdot\mathrm{d}\boldsymbol{l}\\ &\approx\lim_{\Delta l_2\to0}\boldsymbol{E}_2\cdot\boldsymbol{n}\Delta l_2+\lim_{\Delta l_1\to0}\boldsymbol{E}_1\cdot\boldsymbol{n}\Delta l_1=\lim_{\Delta l_2\to0}E_{2\mathrm{n}}\Delta l_2+\lim_{\Delta l_1\to0}E_{1\mathrm{n}}\Delta l_1\end{aligned} \tag{2-110}$$

由于电场强度 E_{2n}、E_{1n}有界，因此当 $\Delta l_2 \to 0$、$\Delta l_1 \to 0$ 时，式(2-110)右端项为零，则有

$$u_1 = u_2 \tag{2-111}$$

式(2-111)表明，分界面两侧电位连续。

式(2-107)是电场矢量切向分量边界条件的标量形式。实际上，由式(2-105)也可以得到电场矢量切向分量边界条件的矢量形式：

$$(\boldsymbol{E}_2 - \boldsymbol{E}_1)\cdot \boldsymbol{l}_0 = 0 \tag{2-112}$$

由图 2-20(a)可知

$$\boldsymbol{n}\times \boldsymbol{n}_0 = \boldsymbol{l}_0 \tag{2-113}$$

将式(2-113)代入式(2-112)，有

$$\boldsymbol{E}_2 \cdot (\boldsymbol{n}\times \boldsymbol{n}_0) - \boldsymbol{E}_1 \cdot (\boldsymbol{n}\times \boldsymbol{n}_0) = 0 \tag{2-114}$$

利用矢量恒等式(1-24)，即

$$\boldsymbol{A}\cdot(\boldsymbol{B}\times\boldsymbol{C}) = \boldsymbol{C}\cdot(\boldsymbol{A}\times\boldsymbol{B}) = \boldsymbol{B}\cdot(\boldsymbol{C}\times\boldsymbol{A})$$

式(2-114)可化为

$$\boldsymbol{n}_0 \cdot (\boldsymbol{E}_2\times\boldsymbol{n} - \boldsymbol{E}_1\times\boldsymbol{n}) = \boldsymbol{n}_0 \cdot (\boldsymbol{n}\times\boldsymbol{E}_1 - \boldsymbol{n}_2\times\boldsymbol{E}_2) = 0 \tag{2-115}$$

由此可得

$$\boldsymbol{n}\times(\boldsymbol{E}_1 - \boldsymbol{E}_2) = 0 \tag{2-116}$$

这就是电场矢量切向分量边界条件的矢量形式。在此需要强调的是，电场矢量切向分量边界条件式(2-107)和式(2-116)都是在假定边界 P 点的法向矢量 $\boldsymbol{n}$ 与电场矢量 $\boldsymbol{E}_1$ 和 $\boldsymbol{E}_2$ 共面情况下推导出来的，但两者表示不同的切向分量。如图 2-21 所示，对于介质 1 中的电场矢量 $\boldsymbol{E}_1$，式(2-107)中的 E_{1t}对应于分界面 P 点切平面上的切向分量 $\boldsymbol{E}_{1t}$，而式(2-116)中的切向分量 $\boldsymbol{n}\times\boldsymbol{E}_1$ 垂直于切向分量 $\boldsymbol{E}_{1t}$。介质 2 中的电场矢量 $\boldsymbol{E}_2$ 也是如此(图中未画)。

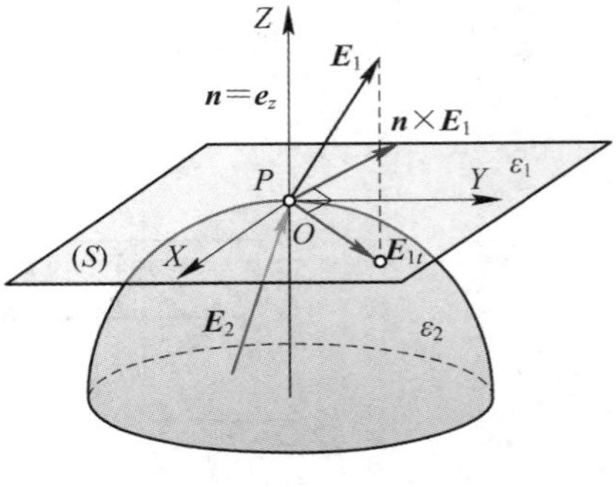

图 2-21　$\boldsymbol{E}$ 切向分量分解

对于各向同性线性介质，介质分界面光滑的情况下，穿过分界面的电场矢量与分界面法向矢量构成共面矢量。一般情况下，应用电场矢量切向连续边界条件，首先需要过 P 点建立直角坐标系，把 XOY 平面作为切平面，Z 轴为法向，取 $\boldsymbol{n} = \boldsymbol{e}_z$，然后将电场矢量 $\boldsymbol{E}_1$ 和 $\boldsymbol{E}_2$ 投影到切平面 XOY 上，再分解为两个相互垂直的水平分量，这两个水平分量分别满足切向分量边界条件式(2-107)和式(2-116)。

如果介质 2 为理想导体，静电平衡条件下，$\boldsymbol{E}_2=0$。由式(2-116)，必有 $\boldsymbol{n}\times\boldsymbol{E}_1=0$，即介质 1 中的电场强度矢量 $\boldsymbol{E}_1$ 切向分量为零，$\boldsymbol{E}_{1t}=0$，仅有法向分量 $\boldsymbol{E}_{1n}\neq 0$，表明静电场总是垂直于理想导体表面，导体表面为等位面。

2.7.3　静电场边界条件小结

边界条件本质上是静电场基本方程的补充，也是静电场基本方程在介质分界面上的一种表现形式，在求解静电场边值问题时，边界条件起着定解的作用。为了便于使用和查找，将静电场的边界条件小结列于表 2-1。

表 2-1 静电场边界条件

电通密度矢量边界条件		电场强度矢量边界条件		电位边界条件	
法向-矢量形式（$\rho_S \neq 0$）	$\boldsymbol{n}\cdot(\boldsymbol{D}_1-\boldsymbol{D}_2)=\rho_S$	切向-矢量形式	$\boldsymbol{n}\times(\boldsymbol{E}_1-\boldsymbol{E}_2)=0$		
法向-分量形式（$\rho_S \neq 0$）	$D_{1n}-D_{2n}=\rho_S$	切向-分量形式	$E_{2t}=E_{1t}$	法向-分量形式（$\rho_S \neq 0$）	$\varepsilon_1\dfrac{\partial u_1}{\partial n}-\varepsilon_2\dfrac{\partial u_2}{\partial n}=-\rho_S$
法向-分量形式（$\rho_S = 0$）	$D_{1n}-D_{2n}=0$	法向-分量形式（$\rho_S \neq 0$）	$\varepsilon_1 E_{1n}-\varepsilon_2 E_{2n}=\rho_S$	法向-分量形式（$\rho_S = 0$）	$\varepsilon_1\dfrac{\partial u_1}{\partial n}-\varepsilon_2\dfrac{\partial u_2}{\partial n}=0$
法向-分量形式（$\boldsymbol{E}_2=0$）	$D_{1n}=\rho_S$	法向-分量形式（$\rho_S = 0$）	$\varepsilon_1 E_{1n}-\varepsilon_2 E_{2n}=0$	法向-分量形式（$\boldsymbol{E}_2=0$）	$\varepsilon_1\dfrac{\partial u_1}{\partial n}=-\rho_S$
切向-分量形式	$\dfrac{D_{1t}}{\varepsilon_1}=\dfrac{D_{2t}}{\varepsilon_2}$	法向-分量形式（$\boldsymbol{E}_2=0$）	$\varepsilon_1 E_{1n}=\rho_S$	切向	$u_1=u_2$

【例 2.6】 设两半无限大介质，介电常数分别为 ε_1 和 ε_2，介质分界面为 XY 平面。如果介质 1 中的电场为 $\boldsymbol{E}_1=E_{1x}\boldsymbol{e}_x+E_{1y}\boldsymbol{e}_y+E_{1z}\boldsymbol{e}_z$，求介质 2 中的电场 $\boldsymbol{E}_2$ 和两个电场矢量方向之间的关系。

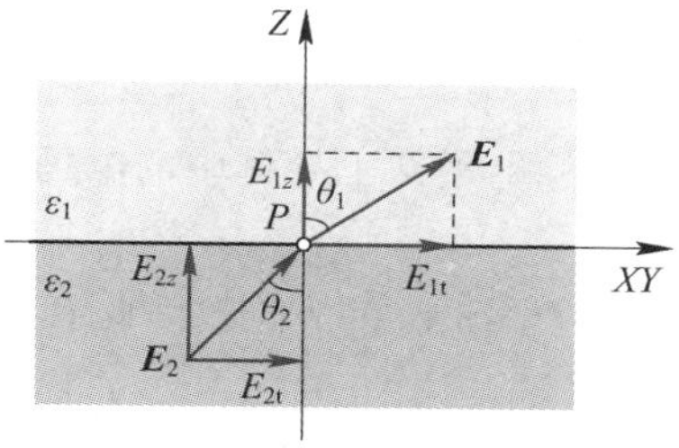

图 2-22 例 2.6 图

解 首先求解介质 2 中的电场强度矢量。如图 2-22 所示，在介质分界面任取一点 P，以 P 为坐标原点建立直角坐标系。设介质 2 中电场强度矢量 $\boldsymbol{E}_2$ 的分量形式为

$$\boldsymbol{E}_2=E_{2x}\boldsymbol{e}_x+E_{2y}\boldsymbol{e}_y+E_{2z}\boldsymbol{e}_z$$

介质分界面上无自由电荷分布，$\rho_S=0$，根据电场强度矢量切向分量连续边界条件式(2-107)和电通密度矢量法向分量连续边界条件式(2-99)，有

$$E_{1t}=E_{2t}\rightarrow E_{1x}=E_{2x},\quad E_{1y}=E_{2y}$$

$$D_{1z}=D_{2z}\rightarrow \varepsilon_1 E_{1z}=\varepsilon_2 E_{2z}$$

代入 $\boldsymbol{E}_2$ 的表达式，得

$$\boldsymbol{E}_2=E_{1x}\boldsymbol{e}_x+E_{1y}\boldsymbol{e}_y+\frac{\varepsilon_1}{\varepsilon_2}E_{1z}\boldsymbol{e}_z$$

下面求解介质 1 与介质 2 两矢量之间的关系。由于介质分界面的法向单位矢量 $\boldsymbol{n}=\boldsymbol{e}_z$、$\boldsymbol{E}_1$ 和 $\boldsymbol{E}_2$ 共面，设介质 1 中电场矢量 $\boldsymbol{E}_1$ 与 Z 轴之间的夹角为 θ_1，介质 2 中电场矢量 $\boldsymbol{E}_2$ 与 Z 轴之间的夹角为 θ_2。由图 2-22 可知

$$\tan\theta_1=\frac{E_{1t}}{E_{1z}}$$

$$\tan\theta_2=\frac{E_{2t}}{E_{2z}}=\frac{E_{1t}}{(\varepsilon_1/\varepsilon_2)E_{1z}}$$

两式相除，有

$$\frac{\tan\theta_2}{\tan\theta_1}=\frac{\varepsilon_2}{\varepsilon_1} \tag{2-117}$$

式(2-117)表明，电通密度矢量 $\boldsymbol{D}$ 和电场强度矢量 $\boldsymbol{E}$ 通过介质分界面时，一般要改变方向，这种特性称为场的折射，如光的折射反映的就是场的折射特性。

【例 2.7】 两无限大平行导电板，板间距为 d。两板接于直流电源充电后断开，充电电压为 U_0。充完电后在平行导电板间放入一均匀介质板，介质板的相对介电常数 $\varepsilon_r=9$，求放入板前、后平行导电板间的电场强度。

解 导体平板无限大，板间为空气，介电常数近似为 ε_0，充电后导体板表面均匀带电，板间电场均匀。假设下极板带正电，电荷面密度为 ρ_S，上极板带负电，电荷面密度为 $-\rho_S$，板间电场指向 Z 方向，如图 2-23(a)所示。两板间电压为 U_0，根据电位差定义式(2-84)，可得两板间的电场强度大小为

$$E_0=\frac{U_0}{d}$$

为了求解放入介质板后介质中的电场强度，可利用电通密度矢量边界条件式(2-95)，首先求出导体板表面的自由电荷面密度 ρ_S。为此在导体板和空气分界面上取一圆柱形高斯面，如图 2-23(a)所示，把空气记为介质 1，导体板记为介质 2，空气与导体板分界面的法向为正 Z 方向，空气与导体板分界面上自由电荷面密度为 ρ_S。根据电通密度矢量法向边界条件式(2-95)，有

$$\boldsymbol{e}_z\cdot(\boldsymbol{D}_1-\boldsymbol{D}_2)=\rho_S$$

由于静电平衡下导体中的电场为零，即 $\boldsymbol{E}_2=0$，因此 $\boldsymbol{D}_2=0$，由此得到

$$\boldsymbol{e}_z\cdot\boldsymbol{D}_1=\rho_S$$

由于 $\boldsymbol{D}_1$ 与 $\boldsymbol{e}_z$ 同方向，因此有

$$D_1=\rho_S$$

由物质方程(2-92)知，两平行导体板之间电通密度 $D_1=\varepsilon_0 E_0$，将 E_0 代入，得

$$\rho_S=D_1=\varepsilon_0 E_0=\varepsilon_0\frac{U_0}{d}$$

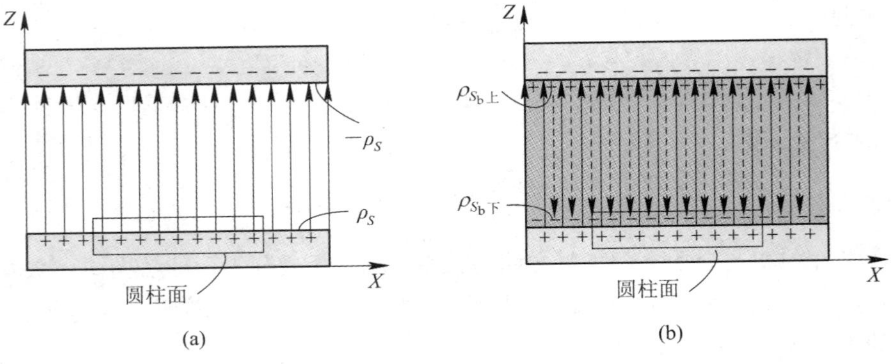

图 2-23　例 2.7 图

放入介质板后，上、下导体板表面的电荷面密度并不改变。同样可应用电通密度矢量法向边界条件，在导体板和介质板分界面上作一圆柱形高斯面，如图 2-23(b)所示，有

$$\boldsymbol{e}_z\cdot(\boldsymbol{D}_1-\boldsymbol{D}_2)=\rho_S$$

同样，由于 $\boldsymbol{E}_2=0$，$\boldsymbol{D}_2=0$，得到

$$\boldsymbol{e}_z\cdot\boldsymbol{D}_1=\rho_S$$

由于 $\boldsymbol{D}_1$ 沿 $\boldsymbol{e}_z$ 方向，因此有

$$D_1 = \rho_S$$

此时，物质方程为 $D_1 = \varepsilon_0\varepsilon_r E_1$，可得介质中的电场强度为

$$E_1 = \frac{D_1}{\varepsilon_0\varepsilon_r} = \frac{\rho_S}{\varepsilon_0\varepsilon_r} = \frac{1}{\varepsilon_0\varepsilon_r}\varepsilon_0\frac{U_0}{d} = \frac{U_0}{\varepsilon_r d} = \frac{E_0}{9}$$

可见介质板中的电场强度仅有介质板放入前空气中电场强度的 1/9，造成这种现象的原因是在介质表面出现了束缚电荷，束缚电荷产生的附加电场与导体板表面自由电荷产生的电场方向相反，因而削弱了原场强。

下面根据极化强度矢量 $\boldsymbol{P}$ 求解介质表面的束缚电荷面密度 ρ_{S_b}。根据式(2－28)可知，介质中的极化强度矢量为

$$\boldsymbol{P} = \chi_e\varepsilon_0\boldsymbol{E}_1 = (\varepsilon_r - 1)\varepsilon_0\boldsymbol{E}_1 = (\varepsilon_r - 1)\varepsilon_0\frac{E_0}{9}\boldsymbol{e}_z = \frac{8}{9}\rho_S\boldsymbol{e}_z$$

介质下表面的外法向单位矢量为负 Z 方向，根据式(2－59)可得介质板下表面的束缚电荷面密度为

$$\rho_{S_{b下}} = \boldsymbol{P}\cdot(-\boldsymbol{e}_z) = -\frac{8}{9}\rho_S$$

上表面的外法向单位矢量为正 Z 方向，则有

$$\rho_{S_{b上}} = \boldsymbol{P}\cdot\boldsymbol{e}_z = \frac{8}{9}\rho_S$$

由此可以看出，介质上、下表面束缚电荷产生的附加场沿负 Z 方向，与 $\boldsymbol{E}_0$ 方向正好相反，附加场为 $\boldsymbol{E}_0$ 的 8/9 。

2.8 导体系统的电容

2.8.1 两导体电容

导体是储存电荷的容器，当电源连接导体时，电荷就会聚集到导体的表面，电源电压越高，导体表面聚集的电荷就越多。另一方面，导体储存电荷的量还与导体的形状、大小和导体周围填充的介质有关。任意两个导电物体，当被电介质间隔时，就形成了电容器，如图 2－24所示。两导体电容器的电容定义为

$$C = \frac{Q}{U} \tag{2-118}$$

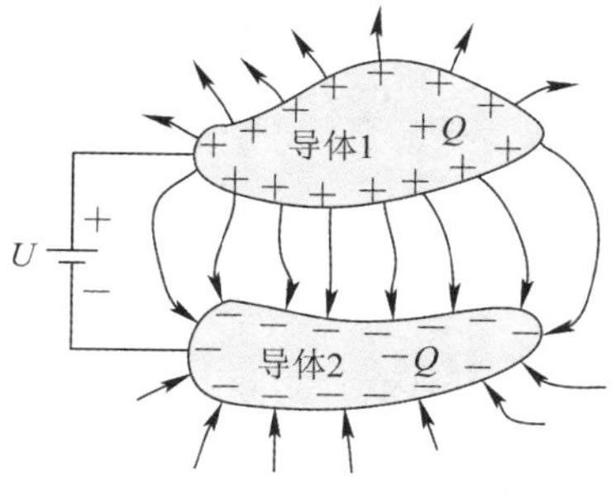

图 2－24 两导体构成的电容器

式中，U 为两导体连接电源的电压，即电位差；Q 是两导体所带电荷，导体 1 连接电源正极带正电，导体 2 带负电。电容的单位是 F（法拉），跟 C/V（库仑/伏特）等效。

下面举例说明两导体电容的计算。

【例 2.8】 两块面积为 S、相距为 d 的平行导电板组成的平板电容器，如图 2－25 所示。两导电板间填充介电常数为 ε 的电介质，如果 d=1 cm，电介质为石英，且 d 远远小于平行板电容器极板的边长，求平板电容器的电容和击穿电压。

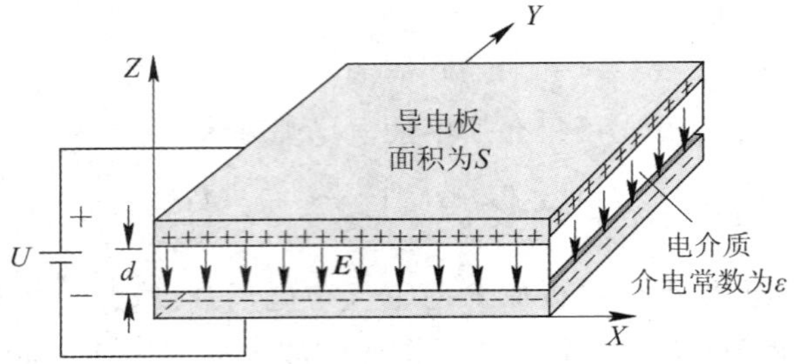

图 2-25　导体板电容器

解　由于 d 远远小于平行板电容器极板的边长，因此可把平行板电容器看作板间距为 d 的两无限大平行导电板。下极板位于 $z=0$ 处，上极板位于 $z=d$ 处，上极板接电源正极带正电，下极板带负电，不考虑边缘效应，板间电场均匀分布，电场方向沿负 Z 方向。由例 2.7 知

$$E=\frac{U}{d}$$

$$E=\frac{D}{\varepsilon}=\frac{\rho_S}{\varepsilon}=\frac{Q}{\varepsilon S}$$

根据两导体电容定义式(2-118)可得两导体板的电容为

$$C=\frac{Q}{U}=\frac{Q}{Ed}=\frac{\varepsilon S}{d}$$

石英的击穿场强为 $E_{\mathrm{ds}}=30\ \mathrm{MV/m}$，由此可得击穿电压为

$$U_{\mathrm{br}}=E_{\mathrm{ds}}d=30\times10^6\times1\times10^{-2}\ \mathrm{V}=3\times10^5\ \mathrm{V}$$

【例 2.9】　同轴电缆由内、外导体之间充以介电常数为 ε 的电介质构成，内导体半径为 a，外导体半径为 b，如图 2-26 所示，求同轴电缆单位长度的电容。

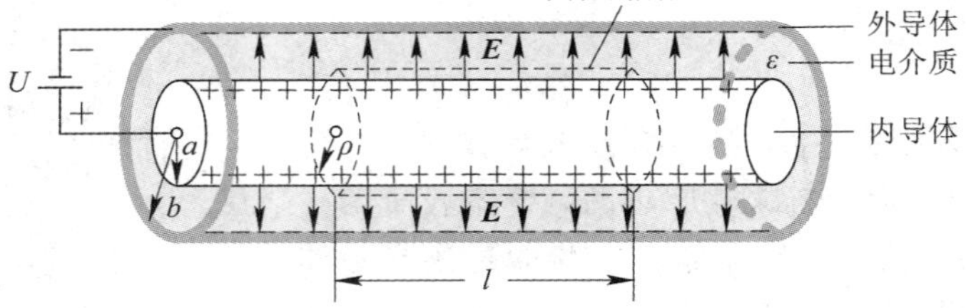

图 2-26　同轴电缆示意图

解　在同轴电缆内、外导体间加电压 U，内导体接正极，则内导体带正电 Q，外导体带电 $-Q$，电荷在内、外导体表面均匀分布，内导体单位长度的电荷线密度为 ρ_l，外导体为 $-\rho_l$。绕内导体取一圆柱形高斯面，圆柱面长为 l，半径为 ρ。由于在柱面上的电通密度矢量大小相等，方向沿 $\boldsymbol{e}_\rho$ 方向，具有圆柱对称性，因此根据介质中的高斯定理式(2-80)，有

$$\oint\!\!\!\oint_{(S)}\boldsymbol{D}\cdot\mathrm{d}\boldsymbol{S}=\int_0^l\int_0^{2\pi}D_\rho\,\boldsymbol{e}_\rho\cdot\boldsymbol{e}_\rho\rho\,\mathrm{d}\varphi\mathrm{d}z=\rho D_\rho\int_0^l\int_0^{2\pi}\mathrm{d}\varphi\mathrm{d}z=\rho_l l=Q$$

即

$$D_\rho=\frac{\rho_l}{2\pi\rho}$$

根据物质方程(2-92)，有

$$E_\rho = \frac{D_\rho}{\varepsilon} = \frac{\rho_l}{2\pi\varepsilon\rho}$$

根据电位差定义式(2-84)可得内、外导体间的电压为

$$U = \int_a^b \boldsymbol{E} \cdot \mathrm{d}\boldsymbol{l} = \int_a^b \frac{\rho_l}{2\pi\varepsilon\rho} \boldsymbol{e}_\rho \cdot \boldsymbol{e}_\rho \mathrm{d}\rho = \frac{\rho_l}{2\pi\varepsilon} \ln\left(\frac{b}{a}\right)$$

由电容定义式(2-118)，可得长度为 l 的电容为

$$C = \frac{Q}{U} = \frac{\rho_l l}{U} = \frac{\rho_l l}{\dfrac{\rho_l}{2\pi\varepsilon}\ln(b/a)} = \frac{2\pi\varepsilon l}{\ln(b/a)}$$

则单位长度上同轴电缆的电容为

$$C' = \frac{C}{l} = \frac{2\pi\varepsilon}{\ln(b/a)}$$

由以上两例可以看出，两导体间的电容取决于：① 导体的尺寸和形状；② 两导体的间距；③ 介质的介电常数。电容与两导体间的电压无关。

2.8.2 部分电容

除了两导体系统外，还有两个以上导体组成的多导体系统。在 N 个导体组成的系统中，假设 N 个导体分别带电荷为 q_1，q_2，…，q_N，记 N 个导体的电位分别为 u_1，u_2，…，u_N，则任一导体的电位相当于 q_1，q_2，…，q_N 分别作用时产生的电位叠加，即

$$\begin{cases} u_1 = p_{11}q_1 + p_{12}q_2 + \cdots + p_{1N}q_N \\ u_2 = p_{21}q_1 + p_{22}q_2 + \cdots + p_{2N}q_N \\ \quad\vdots \\ u_N = p_{N1}q_1 + p_{N2}q_2 + \cdots + p_{NN}q_N \end{cases} \tag{2-119}$$

写成矩阵形式为

$$\boldsymbol{u} = \boldsymbol{PQ} \tag{2-120}$$

式中，$\boldsymbol{u} = [u_1, u_2, \cdots, u_N]^{\mathrm{T}}$ 和 $\boldsymbol{Q} = [q_1, q_2, \cdots, q_N]^{\mathrm{T}}$ 分别是电位和电荷组成的列向量，$\boldsymbol{P}$ 是系数矩阵 $[p_{ij}]_{N\times N}$。系数矩阵的元素 p_{ij} 称为电位系数，具有相同下标的元素 p_{ii} 称为自电位系数，其余 $p_{ij}(i \neq j)$ 称为互电位系数。电位系数仅与导体的几何形状、尺寸、相对位置和电介质的特性有关，与导体所带电荷量无关。

自电位系数是导体 i 带电荷 q_i、其余导体不带电时，导体 i 自身的电位 u_i 与电荷量 q_i 之比，即

$$p_{ii} = \left.\frac{u_i}{q_i}\right|_{q_1=q_2=\cdots q_{i-1}=q_{i+1}=\cdots=q_N=0} \tag{2-121}$$

互电位系数是导体 j 带电荷 q_j、其余导体不带电时，导体 i 的电位 u_i 与导体 j 的电荷量 q_j 之比，即

$$p_{ij} = \left.\frac{u_i}{q_j}\right|_{q_1=q_2=\cdots q_{j-1}=q_{j+1}=\cdots=q_N=0} \tag{2-122}$$

互电位系数具有互易性，即系数矩阵具有对称性 $p_{ij} = p_{ji}$。

如果把矩阵方程(2-119)变换为电位表示电荷的形式，则有

$$\begin{cases} q_1 = g_{11}u_1 + g_{12}u_2 + \cdots + g_{1N}u_N \\ q_2 = g_{21}u_1 + g_{22}u_2 + \cdots + g_{2N}u_N \\ \quad\vdots \\ q_N = g_{N1}u_1 + g_{N2}u_2 + \cdots + g_{NN}u_N \end{cases} \tag{2-123}$$

写成矩阵形式为

$$\boldsymbol{Q} = \boldsymbol{G}\boldsymbol{u} \tag{2-124}$$

式中，矩阵$\boldsymbol{G}$为矩阵$\boldsymbol{P}$的逆矩阵，$\boldsymbol{G} = \boldsymbol{P}^{-1}$。矩阵$\boldsymbol{G}$的对角线元素$g_{ii}$称为电容系数，非对角线元素$g_{ij}(i \neq j)$称为感应系数，感应系数具有互易性，即$g_{ij} = g_{ji}$。电容系数是导体$i$不接地、其余都接地时，导体$i$的带电量与自身的电位之比；感应系数为导体$j$不接地、其余都接地时，导体$i$上的带电量与导体$j$上的电位之比，即

$$g_{ii} = \left.\frac{q_i}{u_i}\right|_{u_1=u_2=\cdots u_{i-1}=u_{i+1}=\cdots=u_N=0} \tag{2-125}$$

$$g_{ij} = \left.\frac{q_i}{u_j}\right|_{u_1=u_2=\cdots u_{j-1}=u_{j+1}=\cdots=u_N=0} \tag{2-126}$$

将方程组(2-123)第一个方程加、减同一个量

$$g_{12}u_1 + g_{13}u_1 \cdots + g_{1N}u_1$$

则第一个方程变为

$$\begin{aligned} q_1 &= (g_{11} + g_{12} + \cdots g_{1N})u_1 - g_{12}(u_1 - u_2) - \cdots - g_{1N}(u_1 - u_N) \\ &= C_{11}u_1 + C_{12}(u_1 - u_2) + \cdots + C_{1N}(u_1 - u_N) = C_{11}U_{11} + C_{12}U_{12} + \cdots + C_{1N}U_{1N} \end{aligned}$$

以此变换方程组(2-123)的其他方程，得到方程组如下：

$$\begin{cases} q_1 = C_{11}U_{11} + C_{12}U_{12} + \cdots + C_{1N}U_{1N} \\ q_2 = C_{21}U_{21} + C_{22}U_{22} + \cdots + C_{2N}U_{2N} \\ \quad\vdots \\ q_N = C_{N1}U_{N1} + C_{N2}U_{N2} + \cdots + C_{NN}U_{NN} \end{cases} \tag{2-127}$$

写成矩阵形式，有

$$\boldsymbol{Q} = \boldsymbol{C}\boldsymbol{U} \tag{2-128}$$

式中，

$$\begin{cases} C_{ii} = g_{i1} + g_{i2} \cdots + g_{iN} \\ C_{ij} = -g_{ij} \quad (i \neq j) \\ U_{ii} = u_i \\ U_{ij} = u_i - u_j \quad (i \neq j) \end{cases} \tag{2-129}$$

矩阵$\boldsymbol{C}$的对角线元素$C_{ii}(i=1, 2, \cdots, N)$称为导体的自部分电容，矩阵非对角线元素$C_{ij}(i \neq j, j=1, 2, \cdots, N)$称为互部分电容。对于$N$个导体和大地组成的多导体系统，自部分电容为各导体与大地之间的电容，而互部分电容为两导体之间的电容，显然$C_{ij} = C_{ji}$，即电容系数具有互易性，系数矩阵为对称矩阵。图2-27所示为三导体系统的自部分电容和互部分电容。

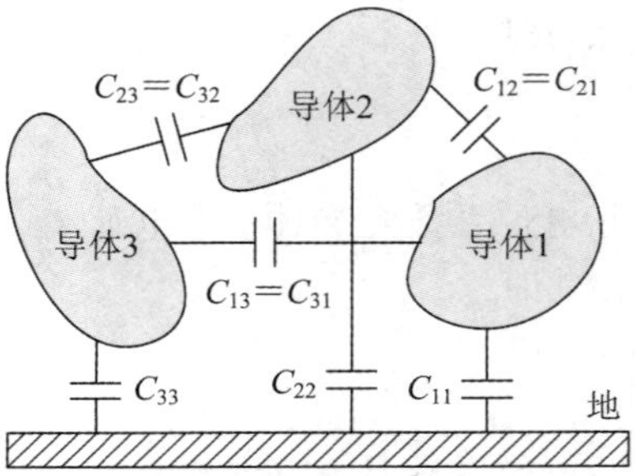

图2-27　三导体系统的部分电容

实际上，在电子电路和电子设备系统中，导线之间、引线之间、不同回路之间以及导线、引线和地之间都存在部分电容，其效果是电信号互相耦合，造成信号干扰，这属于电磁兼容问题。为了避免部分电容干扰，可适当调节导体间的相对位置、加大两导体间的距离、采用灵活多样的接地技术或屏蔽技术等，以减小部分电容的影响。由此也可以看出，任何电子电路和系统，电磁兼容都是很复杂的系统问题。

【例 2.10】 导体球 1 与其同心导体球壳 2 构成两导体系统，内导体球半径为 a，外导体球壳很薄，半径为 b，如图 2－28 所示。假设两导体间填充介质为空气，外导体球壳外也为空气，介电常数为 ε_0，求两导体系统的电位系数、电容系数、部分电容及两导体电容器的电容。

解 对于两导体系统，将式(2－119)简化为二元一次方程组：

$$\begin{cases} u_1 = p_{11}q_1 + p_{12}q_2 \\ u_2 = p_{21}q_1 + p_{22}q_2 \end{cases}$$

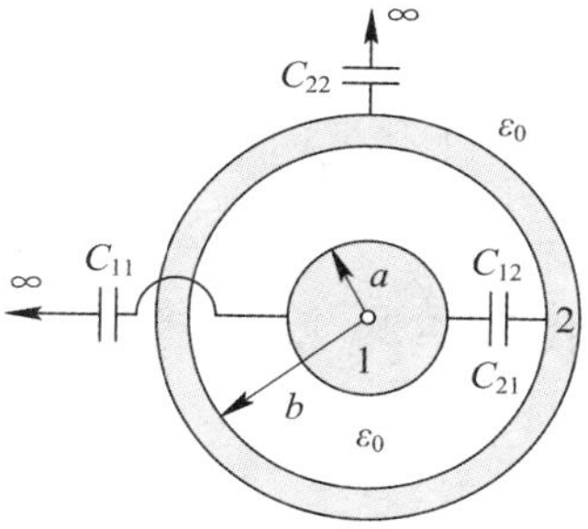

图 2－28 例 2.10 图

根据定义，自电位系数 p_{11} 为导体 1 带电 $q_1 \neq 0$，导体 2 不带电 $q_2 = 0$ 时，导体 1 自身电位 u_1 与电荷量 q_1 之比，即

$$p_{11} = \left.\frac{u_1}{q_1}\right|_{q_2=0}$$

互电位系数 p_{21} 是导体 1 带电荷 $q_1 \neq 0$，导体 2 不带电 $q_2 = 0$ 时，导体 2 的电位 u_2 与导体 1 的电荷量 q_1 之比，则有

$$p_{21} = \left.\frac{u_2}{q_1}\right|_{q_2=0}$$

选择无穷远点为电位零点，根据真空中的高斯定理(2－70)，由例 2.4 可得内导体和导体球壳的自电位为

$$u_1 = \frac{q_1}{4\pi\varepsilon_0 a}, \quad u_2 = \frac{q_1}{4\pi\varepsilon_0 b}$$

比较可知

$$p_{11} = \frac{1}{4\pi\varepsilon_0 a}, \quad p_{21} = \frac{1}{4\pi\varepsilon_0 b}$$

同理，在 $q_2 \neq 0$，$q_1 = 0$ 的情况下，有

$$p_{12} = \left.\frac{u_1}{q_2}\right|_{q_1=0}, \ p_{22} = \left.\frac{u_2}{q_2}\right|_{q_1=0}$$

内导体和导体球壳的自电位为

$$u_1 = \frac{q_2}{4\pi\varepsilon_0 b}, \quad u_2 = \frac{q_2}{4\pi\varepsilon_0 b}$$

比较可知

$$p_{12} = p_{22} = \frac{1}{4\pi\varepsilon_0 b}$$

将 p_{11}、p_{21}、p_{12} 和 p_{22} 代入二元一次方程组，有

$$\begin{cases} u_1 = \dfrac{1}{4\pi\varepsilon_0 a}q_1 + \dfrac{1}{4\pi\varepsilon_0 b}q_2 \\ u_2 = \dfrac{1}{4\pi\varepsilon_0 b}q_1 + \dfrac{1}{4\pi\varepsilon_0 b}q_2 \end{cases}$$

由此可写出电位系数矩阵 $\boldsymbol{P}$ 为

$$\boldsymbol{P}=\begin{bmatrix}\dfrac{1}{4\pi\varepsilon_0 a} & \dfrac{1}{4\pi\varepsilon_0 b}\\ \dfrac{1}{4\pi\varepsilon_0 b} & \dfrac{1}{4\pi\varepsilon_0 b}\end{bmatrix}$$

矩阵 $\boldsymbol{P}$ 的行列式为

$$|\boldsymbol{P}|=\left(\frac{1}{4\pi\varepsilon_0}\right)^2\left(\frac{1}{ab}-\frac{1}{b^2}\right)=\left(\frac{1}{4\pi\varepsilon_0}\right)^2\frac{b-a}{ab^2}$$

矩阵求逆可得电容系数矩阵为

$$\boldsymbol{G}=\boldsymbol{P}^{-1}=\frac{1}{|\boldsymbol{P}|}\begin{bmatrix}p_{22} & -p_{21}\\ -p_{12} & p_{11}\end{bmatrix}=\begin{bmatrix}\dfrac{4\pi\varepsilon_0 ab}{b-a} & -\dfrac{4\pi\varepsilon_0 ab}{b-a}\\ -\dfrac{4\pi\varepsilon_0 ab}{b-a} & \dfrac{4\pi\varepsilon_0 b^2}{b-a}\end{bmatrix}$$

由此得

$$g_{11}=\frac{4\pi\varepsilon_0 ab}{b-a},\quad g_{12}=g_{21}=-\frac{4\pi\varepsilon_0 ab}{(b-a)},\quad g_{22}=\frac{4\pi\varepsilon_0 b^2}{b-a}$$

代入式(2-129)，得部分电容为

$$C_{11}=g_{11}+g_{12}=0$$

$$C_{22}=g_{21}+g_{22}=4\pi\varepsilon_0 b$$

$$C_{12}=-g_{12}=\frac{4\pi\varepsilon_0 ab}{b-a}$$

$$C_{21}=-g_{21}=\frac{4\pi\varepsilon_0 ab}{b-a}$$

另外，也可以通过计算导体球与导体球壳之间的电位得到两导体之间的电容。假设内导体球带电 q_1，在静电平衡条件下，电荷均匀分布于内导体球表面，内导体球外电场分布具有球对称性，根据真空中的高斯定理(2-70)可知，在内导体球外和导体球壳间选择球面高斯面，可得内导体球与导体球壳之间的电场强度为

$$\boldsymbol{E}(r)=\frac{q_1}{4\pi\varepsilon_0 r^2}\boldsymbol{e}_r\quad(a<r<b)$$

又根据电位差式(2-84)，可得内导体球与球壳之间的电压为

$$u=\int_a^b\boldsymbol{E}\cdot\mathrm{d}\boldsymbol{r}=\frac{q_1}{4\pi\varepsilon_0}\int_a^b\frac{1}{r^2}\mathrm{d}r=\frac{q_1}{4\pi\varepsilon_0}\frac{b-a}{ab}$$

根据电容的定义式(2-118)，可得两导体之间的电容为

$$C=\frac{q_1}{u}=\frac{4\pi\varepsilon_0 ab}{b-a}$$

显然，$C=C_{12}=C_{21}$，表明互部分电容就是两导体之间的电容。

需要强调的是，自部分电容 $C_{11}=0$，而 $C_{22}\neq 0$，并不是说内导体相对于电位零点的电容为零。实际上，内导体相对于电位零点的电容是部分电容 C_{12} 与部分电容 C_{22} 串联，然后与部分电容 C_{11} 并联的结果。根据电容串并联有

$$C_{11}+\frac{C_{12}C_{22}}{C_{12}+C_{22}}=4\pi\varepsilon_0 a$$

这就是内导体球相对于电位零点的电容，与导体球壳相对于电位零点的电容 $C_{22}=4\pi\varepsilon_0 b$ 相一致。

2.9 电场能量

2.9.1 电场能量

电荷周围存在电场，当另一电荷放入电场中时会受到电场力的作用而产生位移，说明电场具有能量。电场越强，电荷受力越大，说明电场具有的能量也越大。根据能量守恒定律，电场具有能量，建立电场就需要消耗能量，电场能量就等于在建立电场的过程中外力移动电荷所做的功。

下面以电容器的储能为例推导静电能量。设将电源连接到电容器上，在电容器的充电过程中，电源要消耗能量。如果构成电容器的导体极板为理想导体(即电阻为零)，极板间的填充介质为理想电介质(即电导率为零或电阻率为无穷大)，理想介质中没有电流通过，因而在充电过程中没有任何欧姆损耗。在此情况下，充电过程中电源消耗的能量最终以静电能的形式储存在电介质中。

假如某时刻 t 在电源的作用下，电容器一导体极板积聚了 q 的电荷，另一导体极板积聚了 $-q$ 的电荷，则电容器两端的电压 u 为

$$u=\frac{q}{C}$$

式中，C 为电容器的电容。在 $t+\Delta t$ 时刻，电容器极板充电到 $q+\mathrm{d}q$，效果上看相当于把 $\mathrm{d}q$ 的电荷从电容器的一极板移到另一极板，根据电位的定义式(2-12)可知，电场力所做的微功为

$$\mathrm{d}W_{\mathrm{e}}=u\mathrm{d}q=\frac{q}{C}\mathrm{d}q \tag{2-130}$$

那么，电容器从0充电到电荷 Q 时，对式(2-130)积分，得到所做的总功为

$$W_{\mathrm{e}}=\int_0^Q\frac{q}{C}\mathrm{d}q=\frac{1}{2}\frac{Q^2}{C}=\frac{1}{2}CU^2 \tag{2-131}$$

这就是电容器储存的电场能量。式中利用了 $C=Q/U$，U 为电容器的最终电压，功的单位为J(焦耳)。

2.9.2 能量密度

考虑一平行平板电容器，由例2.8知，电容和电容器两端电压与电介质中电场幅值的关系为

$$C=\frac{Q}{U}=\frac{Q}{Ed}=\frac{\varepsilon S}{d}$$

$$U=Ed$$

将此式代入式(2-131)，得

$$W_{\mathrm{e}}=\frac{1}{2}\frac{\varepsilon S}{d}(Ed)^2=\frac{1}{2}\varepsilon E^2Sd=\frac{1}{2}\varepsilon E^2V \tag{2-132}$$

式中，$V=Sd$ 为电容器极板间的空间体积。由式(2-132)可得单位体积的电场能量为

$$w_e = \frac{W_e}{V} = \frac{1}{2}\varepsilon E^2 \tag{2-133}$$

这一表达式尽管是从平行板电容器推导出来的，但对于任何处于电场 $\boldsymbol{E}$ 中的线性各向同性介质同样有效。式(2－133)表明，有电场分布的空间就有能量存储。

根据物质方程(2－92)，式(2－133)可化为

$$w_e = \frac{1}{2}\boldsymbol{D}\cdot\boldsymbol{E} \tag{2-134}$$

由此对于任意静电系统，空间 V 内的储能为

$$W_e = \frac{1}{2}\iiint_{(V)}\boldsymbol{D}\cdot\boldsymbol{E}\mathrm{d}V \tag{2-135}$$

式(2－135)表明，凡是静电场不为零的空间中都存储着静电能，电场能量是以电场的形式储存于空间，而不是以电荷或电位的形式存在于空间。

在此需要强调指出，式(2－133)或式(2－134)都是直接以场量表达能量，不仅适用于静电场，而且也适用于时变场。式(2－135)可以用来计算全部空间的总能量，也可以计算部分区域的能量。但在计算总能量时，产生场的源电荷分布应是在有限的空间区域，因为式(2－135)假定无穷远点为电位零点。

【例 2.11】 已知在内半径为 R_1、外半径为 R_2 的接地金属球壳内部充满着均匀带电体，电荷体密度为 ρ_V，求系统的静电能。

解 利用高斯定理，可得在球壳内、外的电场为

$$\boldsymbol{E} = \begin{cases} \dfrac{\rho_V}{3\varepsilon_0} r\,\boldsymbol{e}_r & (r < R_1) \\ 0 & (r > R_1) \end{cases}$$

根据式(2－135)，有

$$\begin{aligned} W_e &= \frac{1}{2}\iiint_{(V)}\boldsymbol{D}\cdot\boldsymbol{E}\mathrm{d}V = \frac{1}{2}\iiint_{(V)}\varepsilon_0 E^2\,\mathrm{d}V = \frac{\rho^2}{18\varepsilon_0}\int_0^{R_1}\int_0^{\pi}\int_0^{2\pi} r^4\sin\theta\mathrm{d}r\mathrm{d}\theta\mathrm{d}\varphi \\ &= \frac{\rho^2}{18\varepsilon_0}2\pi\times 2\times\frac{1}{5}R_1^5 = \frac{2\pi\rho^2}{45\varepsilon_0}R_1^5 \end{aligned}$$

【例 2.12】 一同轴电缆内导体半径为 a，外导体半径为 b，两导体之间填充介电常数为 ε 的电介质，当两导体间加电压 U 时，求单位长度的电场能量。如果 $a = 0.5$ cm，$b = 1.0$ cm，电介质的相对介电常数为 $\varepsilon_r = 5$，击穿场强为 200 kV/cm，问该电缆每公里所储存的最大静电能量为多少？

解 设外导体的电位为零，内导体单位长度带电量为 ρ_l，根据高斯定理选择圆柱高斯面，可得两导体间的电场强度为

$$\boldsymbol{E}_\rho = \frac{\rho_l}{2\pi\varepsilon\rho}\boldsymbol{e}_\rho \quad (a < \rho < b)$$

根据电位差定义式(2－84)，可得两导体间的电压为

$$U = \frac{\rho_l}{2\pi\varepsilon}\ln\left(\frac{b}{a}\right)$$

解得

$$\rho_l = \frac{2\pi\varepsilon U}{\ln(b/a)}$$

代入电场表达式，有

$$E_\rho = \frac{\rho_l}{2\pi\varepsilon\rho} e_\rho = \frac{U}{\ln(b/a)\rho} e_\rho \quad (a < \rho < b)$$

单位长度($l = 1$ m)的电场能量为

$$W_e = \frac{1}{2}\iiint_{(V)} \boldsymbol{D} \cdot \boldsymbol{E} \mathrm{d}V = \frac{1}{2}\iiint_{(V)} \varepsilon E^2 \mathrm{d}V = \frac{1}{2}\int_a^b \frac{\varepsilon U^2}{[\ln(b/a)]^2 \rho^2} 2\pi\rho \mathrm{d}\rho = \frac{\pi\varepsilon U^2}{\ln(b/a)}$$

由电场强度表达式可知，当 $\rho = a$ 时，电场强度最大，因而应有

$$E_\rho = \frac{U}{\ln(b/a)a} \leqslant E_{\max} = 200 \text{ kV/cm}$$

解得

$$U_{\max} = 2 \times 10^5 \ln\left(\frac{b}{a}\right) a$$

每公里($l = 10^3$ m)电缆储存的最大静电能为

$$W_e = \frac{\pi\varepsilon U_{\max}{}^2}{\ln(b/a)} \times 10^3 = \frac{\pi\varepsilon \left[2 \times 10^5 \ln(b/a) a\right]^2}{\ln(b/a)} \times 10^3 \approx 963 \text{ J}$$

2.10 电 场 力

库仑定律可计算两点电荷之间的作用力。对于任意带电体之间作用力的计算，原则上仍可利用库仑定律通过矢量叠加进行计算，但很复杂。下面介绍一种利用电场能量的变化计算带电体之间作用力的方法，称为虚位移法。这种方法在某些情况下计算电场力比较方便。

假设有 N 个带电体构成的系统，如图 2-29 所示。带电系统带电体彼此之间有力的作用，带电体 1 受力 $\boldsymbol{F}_1$，带电体 2 受力 $\boldsymbol{F}_2$，带电体 i 受力 $\boldsymbol{F}_i$，带电体 N 受力 $\boldsymbol{F}_N$。为了求第 i 个带电体所受的电场力 $\boldsymbol{F}_i$，可假设该带电体在电场力 $\boldsymbol{F}_i$ 的作用下产生位移 $\mathrm{d}\boldsymbol{r}$（虚位移），其他带电体不动，则电场力做功为 $\boldsymbol{F}_i \cdot \mathrm{d}\boldsymbol{r}$。带电体的移动必然引起系统电场能量发生变化，假设系统电场能量变化为 $\mathrm{d}W_e$。下面分两种情况进行讨论。

1. 电荷不变

如果带电体系是孤立系统(所有带电体不与外电源相连)，则其中一带电体有位移时，系统中所有带电体的电荷均保持不变，如图 2-29(a)所示。根据能量守恒定律可知，孤立带电体电场力做功，必然伴有系统电场能量的减少，因此有

$$\boldsymbol{F}_i \cdot \mathrm{d}\boldsymbol{r} = -\mathrm{d}W_e\big|_q \tag{2-136}$$

由全微分的概念，有

$$\mathrm{d}W_e = \frac{\partial W_e}{\partial x}\mathrm{d}x + \frac{\partial W_e}{\partial y}\mathrm{d}y + \frac{\partial W_e}{\partial z}\mathrm{d}z = \nabla W_e \cdot \mathrm{d}\boldsymbol{r} \tag{2-137}$$

比较式(2-136)和式(2-137)，可得

$$\boldsymbol{F}_i = -\nabla W_e\big|_q \tag{2-138}$$

式中，“－”表示系统能量的减少，角标“ q ”表示求偏导数时，电荷不变。

2. 电位不变

如果系统中带电体都与外电源相连，如图 2-29(b)所示，则电源将保持各带电体的电位不变。当带电体 i 有位移 $\mathrm{d}\boldsymbol{r}$ 时，各带电体的电荷要发生变化，即带电体通过电源充电或放电。假设第 i 个带电体电荷增量为 $\mathrm{d}q_i$，第 i 个带电体电位为 u_i，则带电系统电源所做的功为

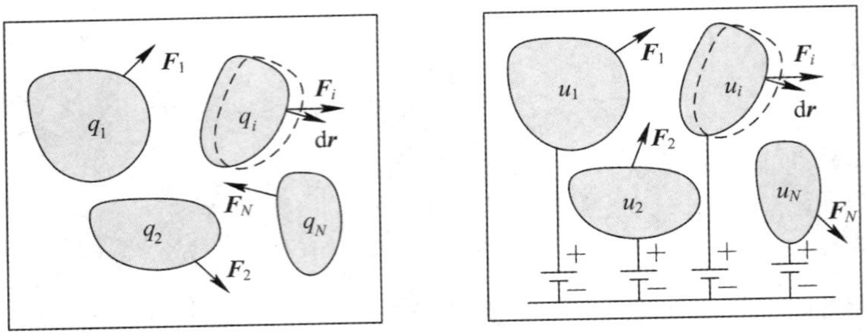

(a) 电荷不变　　(b) 电位不变

图 2-29　N 个带电体构成的系统

$$dW_b = \sum_{i=1}^{N} u_i dq_i \tag{2-139}$$

系统电场能量为

$$W_e = \frac{1}{2}\sum_{i=1}^{N} u_i q_i \tag{2-140}$$

求微分，得电场能量的增量为

$$dW_e = \frac{1}{2}\sum_{i=1}^{N} u_i dq_i \tag{2-141}$$

根据能量守恒定律，电场力做功及电场能量增量之和等于带电系统电源所做的功，即

$$dW_b = \boldsymbol{F}_i \cdot d\boldsymbol{r} + dW_e \tag{2-142}$$

由式(2-139)和式(2-141)，可知

$$dW_b = 2dW_e \tag{2-143}$$

将式(2-143)代入式(2-142)，得

$$\boldsymbol{F}_i \cdot d\boldsymbol{r} = dW_e \tag{2-144}$$

将式(2-137)代入式(2-144)，得

$$\boldsymbol{F}_i = \nabla W_e \big|_u \tag{2-145}$$

式中，角标“u”表示求偏导数，电位不变。

需要强调的是，在电荷和电位不变的条件下，电场力计算式(2-138)和式(2-145)虽然相差一个“－”号，但最终结果是相同的。实际计算带电体系统的电场力时，首先要求得电场能量与坐标的解析函数形式，然后根据电荷不变或者电位不变求得电场力。通常情况下，得到电场能量与坐标的函数形式是比较困难的。

【例 2.13】 如图 2-30 所示，平行板电容器极板面积为 A，极板间距为 x，两极板带电分别为 $+q$ 和 $-q$，极板电压为 U，试求极板所受的电场力。

解　用两种方法计算。

(1) 电荷不变。

不考虑边缘效应，由例 2.8 可知，平行板电容器板间电场为

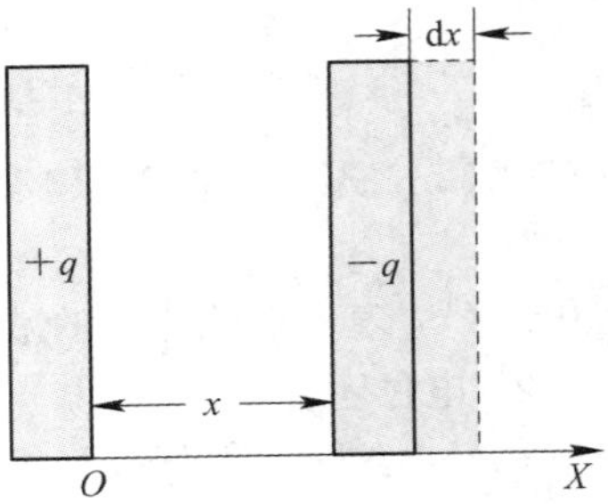

图 2-30　例 2.13 图

$$E = \frac{q}{\varepsilon_0 A}$$

代入式(2－134)，得能量密度为

$$w_e = \frac{1}{2}\boldsymbol{D}\cdot\boldsymbol{E} = \frac{1}{2}\frac{q^2}{\varepsilon_0 A^2}$$

代入式(2－135)，积分得

$$W_e = \frac{1}{2}\iiint_{(V)}\boldsymbol{D}\cdot\boldsymbol{E}\mathrm{d}V = \frac{A}{2}\int_0^x\boldsymbol{D}\cdot\boldsymbol{E}\mathrm{d}x = \frac{1}{2}\frac{q^2 x}{\varepsilon_0 A}$$

由式(2－138)，可得极板所受电场力为

$$\boldsymbol{F} = -\nabla W_e\big|_{q_i} = -\frac{\partial W_e}{\partial x}\bigg|_q \boldsymbol{e}_x = -\frac{1}{2}\frac{q^2}{\varepsilon_0 A}\boldsymbol{e}_x$$

式中，“－”表示受力方向与 X 方向相反，板间作用力为吸引力。

(2) 电位不变。

由例 2.8 可知，平行板电容器电容为

$$C = \frac{\varepsilon_0 A}{x}$$

代入式(2－131)，有

$$W_e = \frac{1}{2}CU^2 = \frac{1}{2}\frac{\varepsilon_0 A U^2}{x}$$

由式(2－145)，可得极板所受电场力为

$$\boldsymbol{F} = (\nabla W_e)_{u_i} = \frac{\partial W_e}{\partial x}\bigg|_U \boldsymbol{e}_x = -\frac{1}{2}\frac{\varepsilon_0 A U^2}{x^2}\boldsymbol{e}_x$$

平行板电容器板间电压用电场表示为

$$U = Ex = \frac{qx}{\varepsilon_0 A}$$

代入上式，得

$$\boldsymbol{F} = -\frac{1}{2}\frac{q^2}{\varepsilon_0 A}\boldsymbol{e}_x$$

由此可见，两种方法计算结果相同。

【例 2.14】 平行板电容器极板尺寸为 $a\times b$，两板相距为 d，两板间电压为 U。设有一介电常数为 ε 的介质板部分插入电容器中，介质板厚度为 d，宽度为 a，如图 2－31 所示。试求介质板所受的电场力。

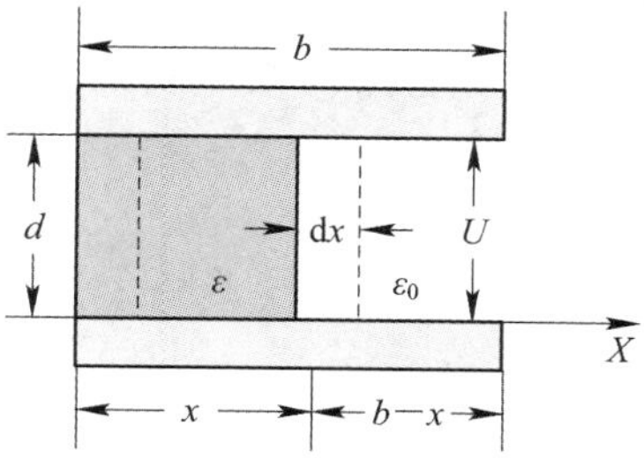

图 2－31 例 2.14 图

解 设介质板插入平行板电容器的长度为 x，则电容器的电容是长度为 $b-x$ 和 x 两个电容器的并联。忽略边缘效应，由例 2.8 可知，两个平板电容器的电容为

$$C_1=\frac{\varepsilon a x}{d},\quad C_2=\frac{\varepsilon_0 a(b-x)}{d}$$

根据电容器并联公式，可得插入介质板后电容器的电容为

$$C=C_1+C_2=\frac{\varepsilon a x}{d}+\frac{\varepsilon_0 a(b-x)}{d}$$

代入式(2-131)，可得电容器的电场能量为

$$W_e=\frac{1}{2}CU^2=\frac{1}{2}\frac{\varepsilon a x}{d}U^2+\frac{1}{2}\frac{\varepsilon_0 a(b-x)}{d}U^2$$

由式(2-145)，可得

$$\boldsymbol{F}=\nabla W_e\big|_U=\frac{\partial W_e}{\partial x}\boldsymbol{e}_x=\frac{1}{2}\frac{(\varepsilon-\varepsilon_0)aU^2}{d}\boldsymbol{e}_x$$

由于 $\varepsilon-\varepsilon_0>0$，因此 $\boldsymbol{F}$ 沿 $+X$ 方向，即介质板受到吸入电容器的电场力。

习 题 2

2-1 已知半径为 $r=a$ 的导体球面上分布着面电荷密度为 $\rho_S=\rho_{S_0}\cos\theta$ 的电荷，ρ_{S_0} 为常数，试计算球面上的总电荷量。

2-2 两个无限大平面相距为 d，分别均匀分布着等面电荷密度的异性电荷，求两平面外及两平面间的电场强度。

2-3 两点电荷 $q_1=8$ C 和 $q_2=-4$ C，分别位于 $z=4$ 和 $y=4$ 处，求点 $P(4,0,0)$ 处的电场强度。

2-4 一根 10 m 长的细线上均匀分布着线密度为 $\rho_l=10\ \mu\text{C/m}$ 的电荷，求细线垂直平分面上 $\rho=5$ m 处的电场强度。

2-5 有两根均匀带电的直线，其长度为 l，分别带等量异号电荷 $\pm q$，两根线相距也为 l，试求此带电系统中心处的电场。

2-6 一半径为 b 的球，体内电荷均匀分布，其密度为 ρ_V。在距球心 a 处挖去一半径为 c 的小球，如图 T2-1 所示。试求小球内任一点 P 的场强。

2-7 一个点电荷 $+q$ 位于 $(-a,0,0)$ 处，另一点电荷 $-2q$ 位于 $(+a,0,0)$ 处，求电位等于零的面，判断空间是否有电场强度等于零的点。

2-8 两无限长同轴圆柱导体，半径分别为 a 和 $b(a<b)$，内、外导体间为空气，如图 T2-2 所示。设同轴圆柱导体的电荷均匀分布，其电荷面密度分别为 ρ_{S_1} 和 ρ_{S_2}。

(1) 求空间各处的电场强度；

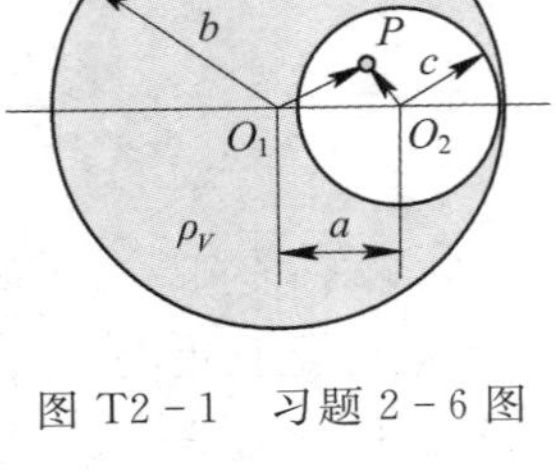

图 T2-1 习题 2-6 图

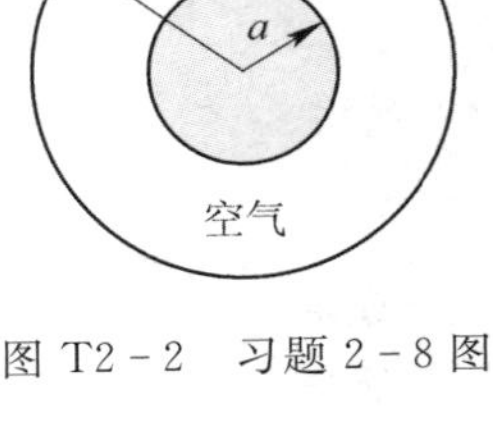

图 T2-2 习题 2-8 图

（2）求两导体间的电压；

（3）要使 $\rho > b$ 区域内的电场强度等于零，则 ρ_{S_1} 和 ρ_{S_2} 应满足什么关系？

2-9　电场中有一半径为 a 的圆柱体，已知圆柱内、外的电位为

$$\begin{cases} u = 0 & \rho \leqslant a \\ u = A\left(\rho - \dfrac{a^2}{\rho}\right)\cos\varphi & (\rho \geqslant a) \end{cases}$$

（1）求圆柱体内、外的电场强度；

（2）这个圆柱是由什么材料构成的，表面有电荷吗？

2-10　计算在电场 $\boldsymbol{E} = y\boldsymbol{e}_x + x\boldsymbol{e}_y$ 中把带电量为 $-2\ \mu\text{C}$ 的电荷沿以下两种方式从 $(2,2,-1)$ 移到 $(8,2,-1)$ 时电场所作的功：

（1）沿曲线 $x = 2y^2$；

（2）沿连接两点的直线。

2-11　两无限大平行板电极，距离为 d，电位分别为 0 和 U_0，两板间充满电荷密度为 $\rho_0 x/d$ 的介质，如图 T2-3 所示。求两极板间的电位分布和极板上的电荷密度。

2-12　三个点电荷排成一条直线，其电荷量为 q，相邻电荷间的距离为 d，观察点 P 到中央点电荷的距离也为 d，如图 T2-4 所示。求：

（1）P 点的电位 u_P；

（2）P 点的电场强度 $\boldsymbol{E}_P$；

（3）如果把 $2n+1$ 个点电荷排成直线阵列，P 点的电位和电场强度。

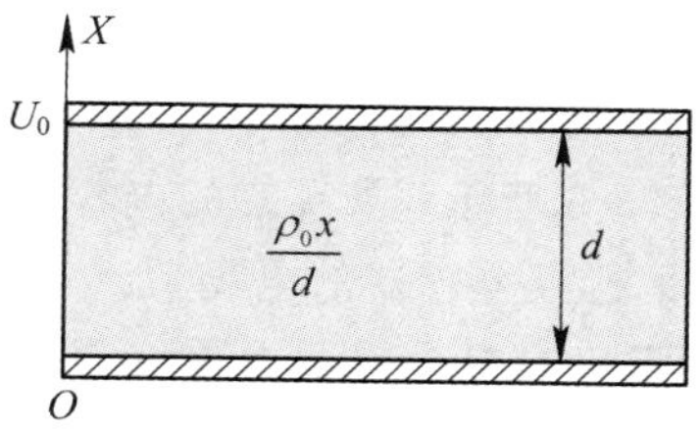

图 T2-3　习题 2-11 图

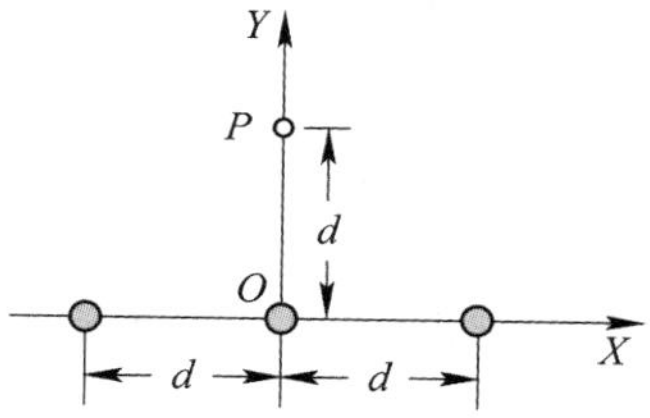

图 T2-4　习题 2-12 图

2-13　一半径为 a 的无限长圆柱，圆柱表面的电荷均匀分布，其密度为 ρ_S，求圆柱内、外的电场和电位。

2-14　一半径为 a、中心在原点的电介质，球内的电通密度为 $\boldsymbol{D} = \rho_0 r\boldsymbol{e}_r\,(\text{C/m}^2)$，其中 ρ_0 为常数，求球中的总电荷。

2-15　空间某区域中的电荷密度在柱坐标系中为 $\rho_V = 20\rho e^{-\rho}\,(\text{C/m}^3)$，应用高斯定理求电通密度矢量 $\boldsymbol{D}$。

2-16　自由空间的 XOY 平面上有个边长为 a 的正方形，其中心在坐标原点，正方形的四个边同 X、Y 轴平行，在顶点 $(a/2, a/2)$ 及 $(a/2, -a/2)$ 上各有一点电荷 $+Q$，另外两个顶点上各有一个点电荷 $-Q$，求：

（1）X 轴上任一点的电位；

（2）$x = a/2$ 处的电位。

2-17　在真空中放置一无限长线电荷密度为 ρ_ℓ 的细金属棒，证明在径向距离上的两

点 ρ_1、ρ_2 之间的电位差为

$$U=\frac{\rho_\ell}{2\pi\varepsilon_0}\ln\left(\frac{\rho_2}{\rho_1}\right)$$

2-18　一无限长电介质圆柱体，其半径 $r=10$ cm，相对介电常数为 $\varepsilon_{r1}=4$，圆柱体外介质的相对介电常数为 $\varepsilon_{r2}=8$。如果圆柱体区域内的电场强度矢量为

$$\boldsymbol{E}_1=\rho^2\sin\varphi\,\boldsymbol{e}_\rho+3\rho^2\cos\varphi\,\boldsymbol{e}_\varphi+3\,\boldsymbol{e}_z$$

求圆柱外区域中的 $\boldsymbol{E}_2$ 和 $\boldsymbol{D}_2$。(假定圆柱体表面不存在自由电荷)

2-19　一半径为 2 cm 的介质球，其相对介电常数为 $\varepsilon_{r1}=3$，介质球镶嵌于相对介电常数为 $\varepsilon_{r2}=9$ 的介质中。如果球外介质中的电场强度矢量为 $\boldsymbol{E}_2=3\cos\varphi\,\boldsymbol{e}_r-3\sin\theta\,\boldsymbol{e}_\theta$，求球内的 $\boldsymbol{E}_1$ 和 $\boldsymbol{D}_1$。(假定球表面不存在自由电荷)

2-20　如图 T2-5 所示，三层厚度相同的电介质板具有不同的介电常数。已知上部空气中 $\boldsymbol{E}_0$ 与 Z 轴成 45°夹角，求其他各层中 $\boldsymbol{E}$ 的夹角。

2-21　有一内、外半径分别为 a 和 b 的空心介质球，介质的介电常数为 ε，使介质内均匀带电，且电荷体密度为 ρ_V，求：

(1) 空间各点的电场；

(2) 束缚电荷体密度和束缚电荷面密度。

2-22　同轴电缆的内导体半径为 a，外导体内半径为 c，内、外导体之间填充两层介质，其介电常数分别为 ε_1 和 ε_2，两层介质的分界面为同轴圆柱面，分界面半径为 b。当外加电压为 U_0 时，求：

(1) 介质中电场强度分布；

(2) 同轴电缆单位长度的电容。

2-23　两同心球壳间充满两种不同介质，如图 T2-6 所示，求系统的电容。

2-24　利用式(2-138)求解例 2.14 介质板插入平行板电容器的电场力。

2-25　平板电容器填充两种介质，如图 T2-7 所示，试求分界面上单位面积所受的电场力。

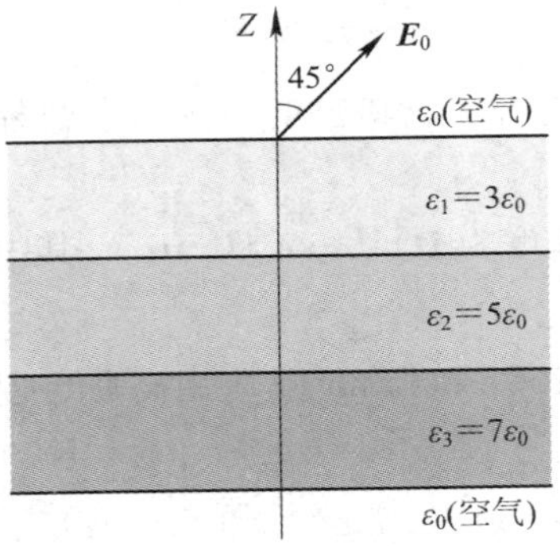

图 T2-5　习题 2-20 图

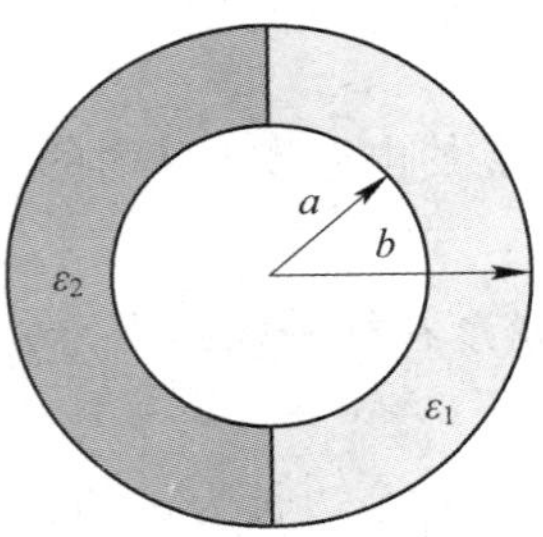

图 T2-6　习题 2-23 图

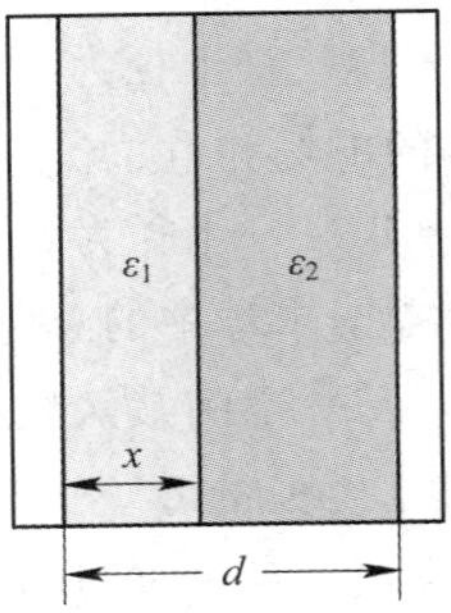

图 T2-7　习题 2-25 图

第 3 章　静电场边值问题的求解

在点电荷电场强度和电位概念的基础上，第 2 章讨论了利用叠加原理或高斯定理直接计算电场和电位的方法。然而，实际中遇到的大多数工程问题是已知有限区域中的电荷分布和区域边界的电位或电荷分布，求解有限区域电位满足的泊松方程或拉普拉斯方程，这样的问题称为静电场的边值问题。静电场边值问题属于偏微分方程的求解，相比利用叠加原理或高斯定理求解电场和电位要复杂得多，因而涉及的方法也很多，有镜像法、分离变量法、格林函数法、复变函数法、有限差分法、矩量法、有限元法和边界元法等。限于篇幅，本章仅讨论三种主要经典解法：镜像法、分离变量法和格林函数法。

3.1　静电场边值问题的分类

第 2 章 2.6 节讨论了在均匀、线性、各向同性介质中，静电场电位 u 满足泊松方程和拉普拉斯方程，即

$$\nabla^2 u = -\frac{\rho_V}{\varepsilon} \tag{3-1}$$

和

$$\nabla^2 u = 0 \tag{3-2}$$

在有限区域内求解该微分方程，需要已知区域边界条件。在边界上给定条件通常分为三类：

（1）给定边界面 S 上的电位 $\varphi_1(S)$，即

$$u\big|_S = \varphi_1(S) \tag{3-3}$$

该条件称为第一类边界条件或狄利克莱条件，对应的边值问题称为第一类边值问题。

（2）给定边界面 S 上电位的法向导数值 $\varphi_2(S)$，即

$$\left.\frac{\partial u}{\partial n}\right|_S = \varphi_2(S) \tag{3-4}$$

该条件称为第二类边界条件或诺依曼条件，对应的边值问题称为第二类边值问题。

（3）给定边界面 S 上电位和电位法向导数的线性组合 $\varphi_3(S)$，即

$$\left.\left(u + \alpha\frac{\partial u}{\partial n}\right)\right|_S = \varphi_3(S) \tag{3-5}$$

该条件称为第三类边界条件或混合边界条件，对应的边值问题称为第三类边值问题。

（4）如果电荷分布在有限区域，而场区域延伸到无穷远处，则无穷远处的电位必须满足电位为有限值，即

$$\lim_{r\to\infty} ru = A \quad （有限值） \tag{3-6}$$

该条件称为自然边界条件。

3.2　唯一性定理

求解偏微分方程边值问题也称定解问题，通常要考虑解的存在性、唯一性和稳定性，统称为定解问题的适定性。如果一个定解问题的解是存在的、唯一的且稳定，则称这个定解问题是适定的。但应该强调的是，论证定解问题的适定性在许多情况下是比较困难的，因此当用数学物理方法求解静电场问题时，不必先解决问题的适定性再去求解。关于解的存在性、唯一性和稳定性，有兴趣的读者可阅读数学物理方法方面的专著。为了后续讨论需要，下面给出静电场唯一性定理的证明。

唯一性定理　对任意有界空间区域，当电荷分布和求解区域边界上的边界条件已知时，有界空间区域的电场分布就是唯一的。

下面以泊松方程的第一类边界条件为例，对静电场的唯一性定理加以证明。图 3－1 所示为单导体系统，在有界空间区域 V 内，介质的介电常数为 ε，自由电荷分布 ρ_V 已知，边界面 S 电位 $\varphi_1(S)$ 已知。

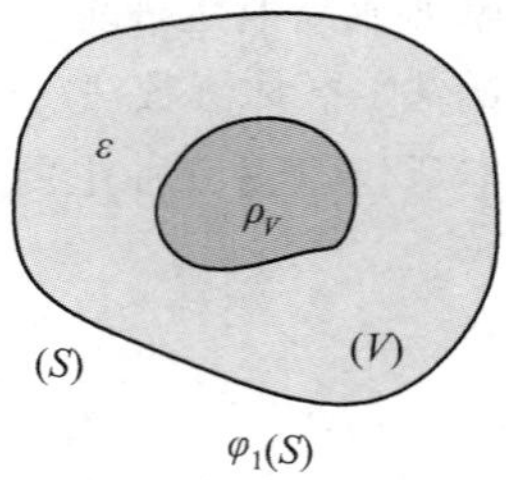

图 3－1　单导体系统

下面采用反证法证明唯一性定理。假设在空间区域 V 内有两个解 u_1 和 u_2 都满足泊松方程，即

$$\nabla^2 u_1 = -\frac{\rho_V}{\varepsilon},\qquad \nabla^2 u_2 = -\frac{\rho_V}{\varepsilon}$$

在 V 的边界面 S 上，两个解满足同样的边界条件，即

$$u_1|_S = \varphi_1(S),\qquad u_2|_S = \varphi_1(S)$$

令 $u = u_1 - u_2$，则在 V 内必有 u 满足边值问题：

$$\begin{cases}\nabla^2 u = 0\\ u|_S = 0\end{cases}$$

利用格林第一恒等式

$$\iiint\limits_{(V)}(\varphi\nabla^2\psi + \nabla\varphi\cdot\nabla\psi)\,\mathrm{d}V = \oint\!\!\!\oint\limits_{(S)}\varphi\frac{\partial\psi}{\partial n}\mathrm{d}S$$

取 $\varphi = \psi = u$，得到

$$\iiint\limits_{(V)}(u\nabla^2 u + \nabla u\cdot\nabla u)\,\mathrm{d}V = \oint\!\!\!\oint\limits_{(S)}u\frac{\partial u}{\partial n}\mathrm{d}S$$

由于 $\nabla^2 u = 0$，则有

$$\iiint\limits_{(V)}|\nabla u|^2\,\mathrm{d}V = \oint\!\!\!\oint\limits_{(S)}u\frac{\partial u}{\partial n}\mathrm{d}S$$

在闭合面 S 上 u 为零，因而有

$$\iiint\limits_{(V)}|\nabla u|^2\,\mathrm{d}V = 0$$

对于任意的 u，由于 $|\nabla u| \geqslant 0$，因此必有

$$\nabla u = 0$$

解方程得 $u =$ 常数。在边界面 S 上，$u = 0$ 可推得在整个区域 V 内 $u \equiv 0$，因而

$$u_1 = u_2$$

表明解是唯一的。

边值问题有解，解就是唯一的，唯一性定理给出了充分必要条件。唯一性定理也表明，不论采用什么方法，只要能找到一个既满足给定边界条件，又满足微分方程(泊松方程和拉普拉斯方程)的电位函数，则这个解就是正确且唯一的。

3.3 镜像法

镜像法是应用唯一性定理求解静电场问题的一种间接方法，适合于无界区域静电场问题的求解。镜像法的关键是在求解区域之外寻找虚拟电荷，使求解区域内的实际电荷与虚拟电荷共同作用产生的电场既能满足实际边界上复杂的电荷分布或电位边界条件，又能在求解区域内满足微分方程。由于虚拟电荷为实际电荷的镜像，虚拟电荷又称为镜像电荷，因此该方法也称为镜像法。

3.3.1 平面镜像法

1. 点电荷对无限大接地导体平面的镜像

设在无限大接地导体平面的上半空间放一点电荷 $+q$，如图 3-2(a)所示。由于在导体表面分布有感应电荷，因此计算上半空间的电场分布不能直接采用无界空间点电荷的电场和电位公式。但在上半空间，除源点 $S(0,0,h)$ 外，电位满足边值问题：

$$\begin{cases}\nabla^2 u = 0 \\ u|_S = 0 \quad (\text{此处 } S \text{ 为导体表面})\end{cases} \tag{3-7}$$

这属于上半空间内求解拉普拉斯方程的第一边值问题。

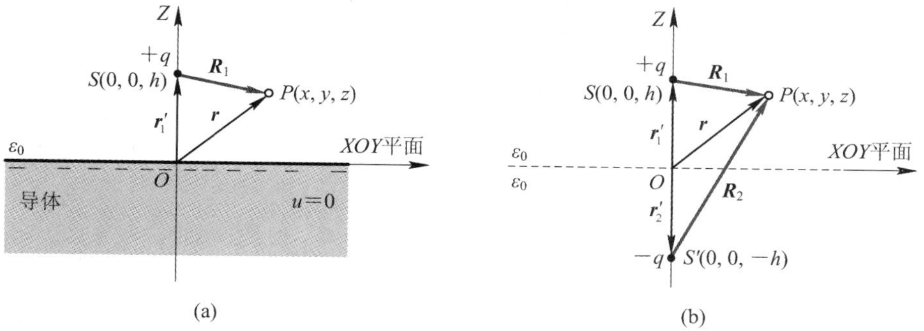

图 3-2　点电荷对无限大接地导体平面的镜像

采用镜像法求解的具体步骤如下：

(1) 移去导体平面，下半空间用 ε_0 的介质填充，如图 3-2(b)所示；

(2) 取与 $+q$ 等量异号的电荷 $-q$，放置于与源电荷镜像的位置 $S'(0,0,-h)$ 处；

(3) 利用点电荷叠加原理，求点电荷 $+q$ 和 $-q$ 在 P 点产生的电位，根据点电荷电位式(2-15)有

$$u(x,y,z) = \frac{q}{4\pi\varepsilon_0}\left(\frac{1}{R_1} - \frac{1}{R_2}\right) = \frac{q}{4\pi\varepsilon_0}\left(\frac{1}{\sqrt{x^2+y^2+(z-h)^2}} - \frac{1}{\sqrt{x^2+y^2+(z+h)^2}}\right) \tag{3-8}$$

(4) 验证其正确性。首先验证电位函数是否满足拉普拉斯方程。将式(3－8)代入式(2－94)有

$$\begin{aligned}\nabla^2 u &= \frac{\partial^2 u}{\partial x^2}+\frac{\partial^2 u}{\partial y^2}+\frac{\partial^2 u}{\partial z^2}\\ &= [3(x^2+y^2+(z-h)^2)(x^2+y^2+(z-h)^2)^{-\frac{5}{2}}-3(x^2+y^2+(z-h)^2)^{-\frac{3}{2}}]\\ &=-[3(x^2+y^2+(z+h)^2)(x^2+y^2+(z+h)^2)^{-\frac{5}{2}}-3(x^2+y^2+(z+h)^2)^{-\frac{3}{2}}]\\ &=0\end{aligned}$$

其次验证电位函数是否满足边界条件。将式(3－8)代入式(3－7)第二式有

$$u|_S = u|_{z=0} = \frac{q}{4\pi\varepsilon_0}\left(\frac{1}{\sqrt{x^2+y^2+(-h)^2}}-\frac{1}{\sqrt{x^2+y^2+(+h)^2}}\right)=0$$

显然，镜像解满足拉普拉斯方程和边界条件，根据唯一性定理知，式(3－8)为边值问题(3－7)的解。

根据电位与电场的关系式(2－21)，得到上半空间任一点的电场强度为

$$\boldsymbol{E} = -\nabla u = -\frac{q}{4\pi\varepsilon_0}\left[\left(\frac{x}{R_2^3}-\frac{x}{R_1^3}\right)\boldsymbol{e}_x+\left(\frac{y}{R_2^3}-\frac{y}{R_1^3}\right)\boldsymbol{e}_y+\left(\frac{z+h}{R_2^3}-\frac{z-h}{R_1^3}\right)\boldsymbol{e}_z\right] \tag{3－9}$$

在导体表面上 $z=0$，$R_1=R_2$，令 $R=R_1=R_2$，得到导体表面的电场强度为

$$\boldsymbol{E} = -\frac{q}{4\pi\varepsilon_0}\left[\left(\frac{h}{R^3}-\frac{-h}{R^3}\right)\boldsymbol{e}_z\right]=-\frac{2qh}{4\pi\varepsilon_0 R^3}\boldsymbol{e}_z \tag{3－10}$$

显然，电场方向沿 $\boldsymbol{e}_z$，电场垂直于导体表面；电场与 R^3 成反比，且具有圆对称性。

利用边界条件(2－95)，即

$$\boldsymbol{n}\cdot(\boldsymbol{D}_1-\boldsymbol{D}_2)=\rho_S$$

介质 1 为空气，介质 2 为导体。在导体中电场为零，即 $\boldsymbol{D}_2=\varepsilon_0\boldsymbol{E}_2=0$，界面单位法方向为 $\boldsymbol{n}=\boldsymbol{e}_z$，由此得到导体表面电荷的面密度为

$$\rho_S = \boldsymbol{n}\cdot\boldsymbol{D}_1 = \boldsymbol{e}_z\cdot(\varepsilon_0\boldsymbol{E}) = \boldsymbol{e}_z\cdot\varepsilon_0\left(-\frac{2qh}{4\pi\varepsilon_0 R^3}\boldsymbol{e}_z\right)=-\frac{2qh}{4\pi R^3} \tag{3－11}$$

可以看出，导体表面感应电荷分布 ρ_S 与 R^3 成反比，其分布与电场分布相对应。欲求导体表面总感应电荷，应采用极坐标，取 $\rho^2+h^2=R^2$，于是有

$$Q=\iint_{(S)}\rho_S\mathrm{d}S=\int_0^{\infty}\int_0^{2\pi}-\frac{2qh}{4\pi R^3}\rho\mathrm{d}\rho\mathrm{d}\varphi=-\int_0^{\infty}\frac{qh}{(\rho^2+h^2)^{3/2}}\rho\mathrm{d}\rho=-q \tag{3－12}$$

式(3－12)表明导体平面上总感应电荷与源电荷大小相等，符号相反。

依据式(3－8)可知，点电荷对无限大接地导体平面的电场和电位仿真计算如图 3－3 所示。计算参数：$q=2\times10^{-6}$C，$h=0.3$ m，$\varepsilon_0\approx8.85\times10^{-12}$F/m；计算区域范围：$x=-0.6\sim0.6$ m，$y=0$，$z=0\sim0.6$ m。由图 3－3 可见，电力线垂直于导体平板表面，导体表面为等位面；电力线以 Z 轴对称分布，中间密，边缘疏，表明导体表面电荷分布具有圆对称性；靠近点电荷，等电位线密，电场强，远离点电荷，等电位线疏，电场弱。

点电荷对导体平面的镜像法，不仅适用于无限大单导体平面，而且也适用于两相交半无限大导体平面。可以证明，当两半无限大相交导体平面之间的夹角为 α 时，$n=360°/\alpha$，n 为整数，则需镜像电荷数为 $n-1$，下面举例说明。

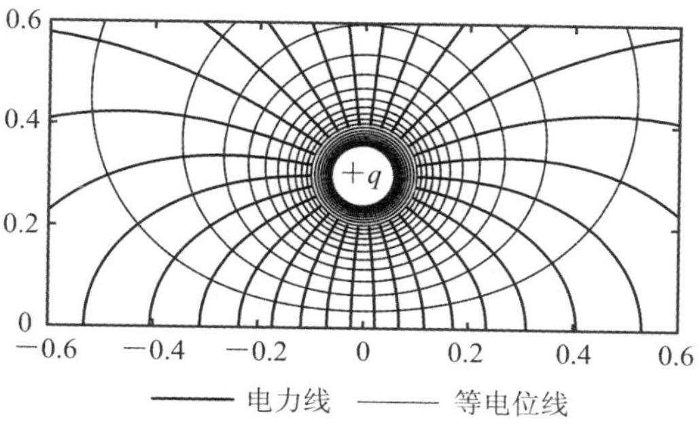

图 3-3 点电荷对无限大接地导体平板电场和电位仿真图

【例 3.1】 如图 3-4(a)所示，在自由空间垂直放置两个半无限大接地导体平面，在 $x>0$，$y>0$的空间放置一点电荷$+q$，求在该区域内的电位和电场分布。

解 由题可知，除源点 $S(x',y',z')$ 外，电位满足边值问题：

$$\begin{cases}\nabla^2 u = 0 & (0<x<+\infty,\quad 0<y<+\infty,\quad -\infty<z<+\infty)\\ u|_{y=0}=0 & (0<x<+\infty,\quad -\infty<z<+\infty)\\ u|_{x=0}=0 & (0<y<+\infty,\quad -\infty<z<+\infty)\end{cases}\tag{3-13}$$

这属于求解拉普拉斯方程的第一边值问题，镜像法求解可按如下步骤进行：

(1) 两半无限大导体平面间的夹角为 $\alpha=90°$，$n=360°/90°=4$，则所需镜像电荷数为 3。

(2) 移去沿 Y 轴放置的导体平板，在 $x<0$，$y>0$ 的空间填充 ε_0 的介质，并在与放置 $+q$ 对称的位置上放置等量异号的电荷 $-q$，如图 3-4(b)所示。

(3) 移去 X 轴放置的导体平板，在 $y<0$ 的下半空间填充 ε_0 的介质，并在与上半空间放置电荷的对称位置上放置等量异号电荷。

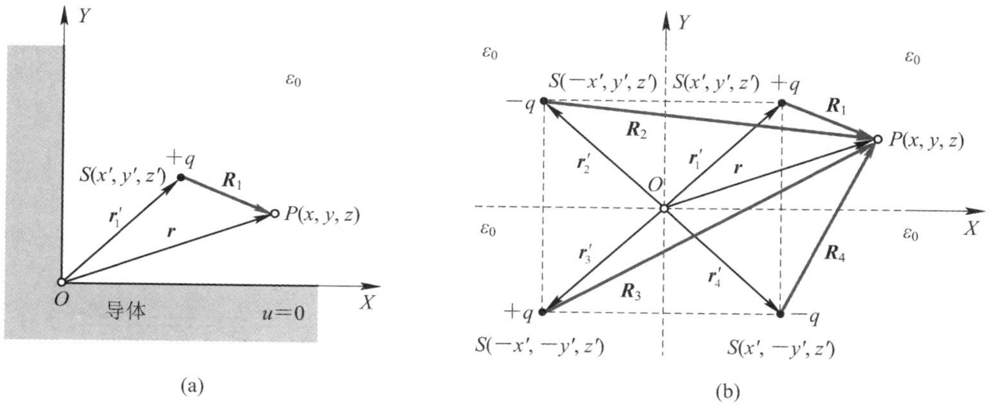

图 3-4 两半无限大直角导体平面的镜像

(4) 利用点电荷叠加原理，根据点电荷电位式(2-15)，得到四个点电荷在 P 点产生的电位为

$$u(x,y,z)=\frac{q}{4\pi\varepsilon_0}\left(\frac{1}{R_1}-\frac{1}{R_2}+\frac{1}{R_3}-\frac{1}{R_4}\right)$$

$$=\frac{q}{4\pi\varepsilon_0}\left(\frac{1}{\sqrt{(x-x')^2+(y-y')^2+(z-z')^2}}-\right.$$

$$\frac{1}{\sqrt{(x+x')^2+(y-y')^2+(z-z')^2}}+$$

$$\frac{1}{\sqrt{(x+x')^2+(y+y')^2+(z-z')^2}}-$$

$$\left.\frac{1}{\sqrt{(x-x')^2+(y+y')^2+(z-z')^2}}\right) \tag{3-14}$$

(5) 验证电位函数是否满足拉普拉斯方程。将式(3-14)代入式(3-13)，有

$$\nabla^2 u=\frac{\partial^2 u}{\partial x^2}+\frac{\partial^2 u}{\partial y^2}+\frac{\partial^2 u}{\partial z^2}$$

$$=-3\left([x-x']^2+[y-y']^2+[z-z']^2\right)^{-\frac{3}{2}}+$$

$$3[(x-x')^2+(y-y')^2+(z-z')^2]\left([x-x']^2+[y-y']^2+[z-z']^2\right)^{-\frac{5}{2}}+$$

$$3\left([x+x']^2+[y-y']^2+[z-z']^2\right)^{-\frac{3}{2}}-$$

$$3[(x+x')^2+(y-y')^2+(z-z')^2]\left([x+x']^2+[y-y']^2+[z-z']^2\right)^{-\frac{5}{2}}-$$

$$3\left([x+x']^2+[y+y']^2+[z-z']^2\right)^{-\frac{3}{2}}+$$

$$3[(x+x')^2+(y+y')^2+(z-z')^2]\left([x+x']^2+[y+y']^2+[z-z']^2\right)^{-\frac{5}{2}}+$$

$$3\left([x-x']^2+[y+y']^2+[z-z']^2\right)^{-\frac{3}{2}}-$$

$$3[(x-x')^2+(y+y')^2+(z-z')^2]\left([x-x']^2+[y+y']^2+[z-z']^2\right)^{-\frac{5}{2}}$$

$$=0$$

验证电位函数是否满足边界条件。令 $y=0$，由式(3-14)有

$$u|_{y=0}=\frac{q}{4\pi\varepsilon_0}\left(\frac{1}{\sqrt{(x-x')^2+(y')^2+(z-z')^2}}-\frac{1}{\sqrt{(x+x')^2+(y')^2+(z-z')^2}}+\right.$$

$$\left.\frac{1}{\sqrt{(x+x')^2+(y')^2+(z-z')^2}}-\frac{1}{\sqrt{(x-x')^2+(y')^2+(z-z')^2}}\right)=0$$

令 $x=0$，有

$$u|_{x=0}=\frac{q}{4\pi\varepsilon_0}\left(\frac{1}{\sqrt{(x')^2+(y-y')^2+(z-z')^2}}-\frac{1}{\sqrt{(x')^2+(y-y')^2+(z-z')^2}}+\right.$$

$$\left.\frac{1}{\sqrt{(x')^2+(y+y')^2+(z-z')^2}}-\frac{1}{\sqrt{(x')^2+(y+y')^2+(z-z')^2}}\right)=0$$

由此得到

$$u|_S=0$$

根据唯一性定理知，式(3-14)为边值问题(3-13)的解。

2. 点电荷对无限大电介质交界平面的镜像

设两无限大半空间 $z>0$ 和 $z<0$ 分别由介电常数为 ε_1 和 ε_2 的介质填充，XOY 平面为分界面，如图 3-5(a)所示。在上半空间放置一点电荷 q，求全空间的电位分布。

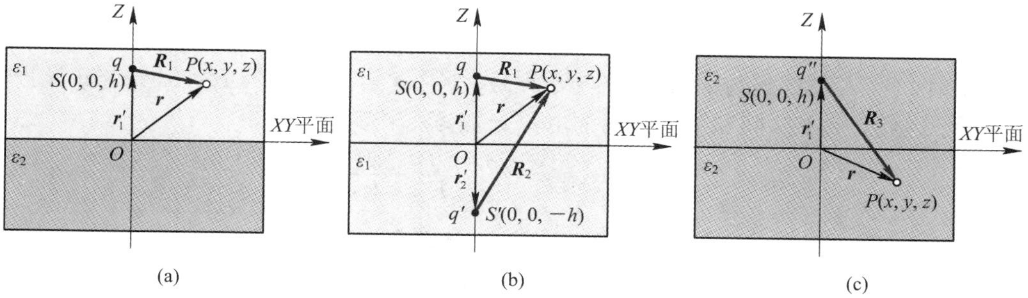

图 3-5　点电荷对无限大电介质交界平面的镜像

在点电荷 q 电场的作用下，介质分界面分布有极化电荷，计算电位分布不能直接采用无界空间点电荷的电位公式。但在上、下半空间，除源点 $S(0,0,h)$ 外，电位满足边值问题：

$$\begin{cases}\nabla^2 u_1 = 0 & (z>0,-\infty<x,y<+\infty)\\ \nabla^2 u_2 = 0 & (z<0,-\infty<x,y<+\infty)\\ u_1 = u_2 & (z=0,-\infty<x,y<+\infty)\\ \varepsilon_1\dfrac{\partial u_1}{\partial n}=\varepsilon_2\dfrac{\partial u_2}{\partial n} & (z=0,-\infty<x,y<+\infty)\end{cases} \tag{3-15}$$

这属于求解拉普拉斯方程的第三边值问题，也可以采用镜像法求解，具体步骤如下：

(1) 求上半空间的电位 u_1。移去介质 2，用介电常数为 ε_1 的介质填充下半空间，并在与上半空间放置 q 的镜像位置 $S'(0,0,-h)$ 处放置一待定的点电荷 q'，如图 3-5(b)所示，则在上半空间任一点 P 的电位为

$$u_1(x,y,z)=\frac{1}{4\pi\varepsilon_1}\left(\frac{q}{R_1}+\frac{q'}{R_2}\right)\quad(z>0) \tag{3-16}$$

(2) 求下半空间的电位 u_2。移去介质 1，用介电常数为 ε_2 的介质填充上半空间，并在上半空间放置 q 的位置 $S(0,0,h)$ 处放置一待定的点电荷 q''，如图 3-5(c)所示，则在下半空间任一点 P 的电位为

$$u_2(x,y,z)=\frac{1}{4\pi\varepsilon_2}\frac{q''}{R_3}\quad(z<0) \tag{3-17}$$

(3) 在 XY 平面上，自由电荷分布 $\rho_S=0$，根据电场强度矢量切向分量连续边界条件电位形式(2-111)和电位函数满足的法向边界条件式(2-101)，并利用分界面的法向 $\boldsymbol{n}=\boldsymbol{e}_z$，则有

$$\begin{cases}u_1=u_2\\ \varepsilon_1\dfrac{\partial u_1}{\partial z}=\varepsilon_2\dfrac{\partial u_2}{\partial z}\end{cases} \tag{3-18}$$

(4) 在式(3-16)和式(3-17)中，令 $z=0$，然后代入式(3-18)得

$$\begin{cases}\dfrac{q+q'}{\varepsilon_1}=\dfrac{q''}{\varepsilon_2}\\ q-q'=q''\end{cases} \tag{3-19}$$

解方程，得

$$\begin{cases}q'=\dfrac{\varepsilon_1-\varepsilon_2}{\varepsilon_1+\varepsilon_2}q=Kq\\ q''=\dfrac{2\varepsilon_2}{\varepsilon_1+\varepsilon_2}q=(1-K)q\end{cases} \tag{3-20}$$

式中：

$$K=\frac{\varepsilon_1-\varepsilon_2}{\varepsilon_1+\varepsilon_2} \tag{3-21}$$

当 $\varepsilon_1>\varepsilon_2$ 时，$0<K<1$，q'与 q 同号，q''与 q 异号；当 $\varepsilon_1<\varepsilon_2$ 时，$-1<K<0$，q'与 q 异号，q''与 q 同号。因此，上半空间和下半空间的电位分别为

$$\begin{cases} u_1(x,y,z)=\dfrac{q}{4\pi\varepsilon_1}\left(\dfrac{1}{R_1}+\dfrac{K}{R_2}\right) \\ u_2(x,y,z)=\dfrac{q}{4\pi\varepsilon_2}\dfrac{1-K}{R_3} \end{cases} \tag{3-22}$$

将式(3-22)代入式(3-15)，可证明 $\nabla^2 u_1=0$，$\nabla^2 u_2=0$，即 u_1 和 u_2 是边值问题(3-15)的解。

依据式(3-22)，点电荷对无限大介质交界平面电场和电位仿真计算如图 3-6 所示。计算参数：$q=1.0\times10^{-6}$ C，$h=6$ cm，$\varepsilon_0\approx8.85\times10^{12}$ F/m，介质 1 相对介电常数 $\varepsilon_{r1}=3.0$，介质 2 相对介电常数 $\varepsilon_{r2}=9.0$。在 XZ 平面内($y=0$)，计算区域范围为 $x=-25\sim25$ cm，$z=-25\sim+25$ cm。为了清楚起见，电场矢量进行了归一化处理，图中矢量仅代表电场矢量在对应点的方向。由图可见，由于介质界面极化电荷的影响，等电位面在介质界面发生改变，表明电位法向导数不连续，也即介质界面存在电场切向分量，因此满足电位连续的边界条件。

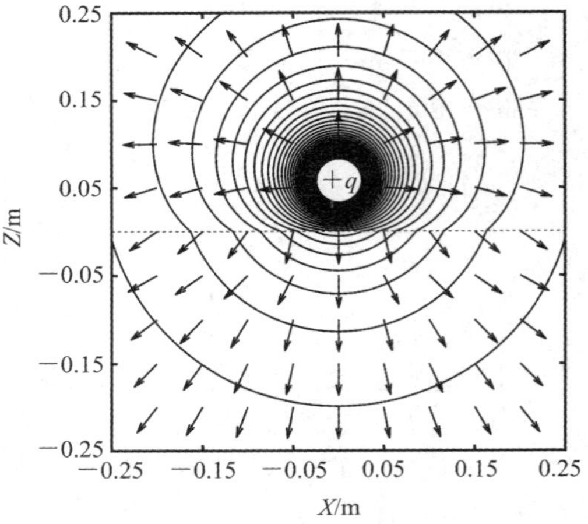

图 3-6 点电荷对无限大介质交界平面电场和电位仿真图

3.3.2 柱面镜像法——电轴法

1. 两平行无限长均匀带电细导线的电位

设两根无限长均匀带电平行细导线相距为 $2d$，一根线电荷密度为 $+\rho_l$，另一根线电荷密度为 $-\rho_l$，如图 3-7(a)所示。求空间电位分布及等位面方程。

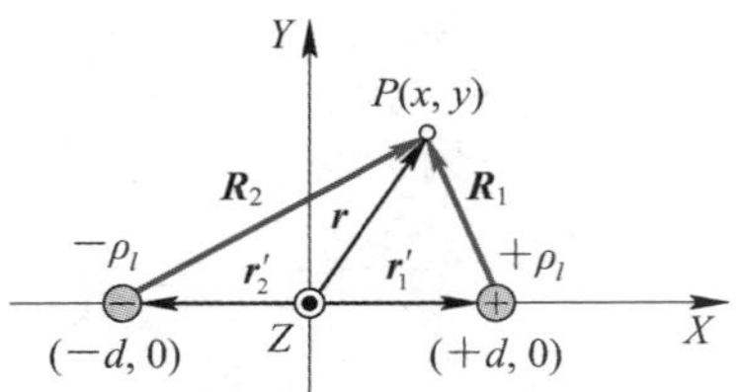

(a)

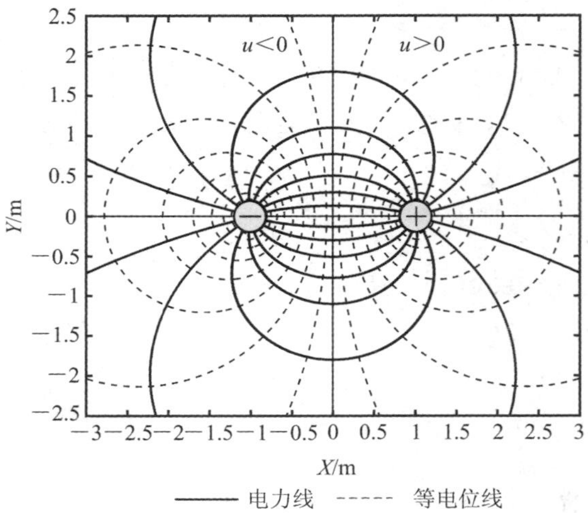

(b)

图 3-7 平行无限长带电双导线的镜像

首先求单根无限长细导线产生的电位。为简单起见，取无限长细导线与 Z 轴重合，由对称性分析可知，无限长均匀带电细导线产生的电场与 z 无关，具有圆柱对称性。利用真空中的高斯定理式(2-70)，可得无限长均匀带电细导线的电场强度矢量为

$$\boldsymbol{E}=\frac{\rho_l}{2\pi\varepsilon_0\rho}\boldsymbol{e}_\rho \tag{3-23}$$

由于带电细导线为无限长，因此不能选择无穷远处为电位零点。在垂直于 Z 轴的平面内选取一点 ρ_0 为电位参考点，根据电位差的定义式(2-84)，有

$$u=\int_P^Q\boldsymbol{E}\cdot\mathrm{d}\boldsymbol{l}=\frac{\rho_l}{2\pi\varepsilon_0}\int_\rho^{\rho_0}\frac{\boldsymbol{e}_\rho\cdot\mathrm{d}\boldsymbol{l}}{\rho}=\frac{\rho_l}{2\pi\varepsilon_0}\int_\rho^{\rho_0}\frac{\mathrm{d}\rho}{\rho}=\frac{\rho_l}{2\pi\varepsilon_0}\ln\frac{\rho_0}{\rho} \tag{3-24}$$

根据此式，对于平行于 Z 轴放置在 $(-d,0)$ 和 $(+d,0)$ 处的两根无限长带电细导线，选择坐标原点为电位参考点，则两无限长带电细导线在空间任一点 P 的电位分别为

$$u_+=\frac{\rho_l}{2\pi\varepsilon_0}\ln\frac{d}{R_1} \tag{3-25}$$

$$u_-=\frac{-\rho_l}{2\pi\varepsilon_0}\ln\frac{d}{R_2} \tag{3-26}$$

式中：

$$R_1=[(x-d)^2+y^2]^{1/2},\quad R_2=[(x+d)^2+y^2]^{1/2} \tag{3-27}$$

那么，两根带电导线在 P 点产生的电位为

$$u(x,y)=\frac{\rho_l}{2\pi\varepsilon_0}\ln\frac{R_2}{R_1}=\frac{\rho_l}{2\pi\varepsilon_0}\ln\frac{[(x+d)^2+y^2]^{1/2}}{[(x-d)^2+y^2]^{1/2}} \tag{3-28}$$

等位面方程为

$$\frac{[(x+d)^2+y^2]^{1/2}}{[(x-d)^2+y^2]^{1/2}}=c\quad 或\quad \frac{(x+d)^2+y^2}{(x-d)^2+y^2}=c^2 \tag{3-29}$$

式中，c 为任意常数，是场点到两根带电细导线的距离比。经整理，得到

$$\left(x-\frac{c^2+1}{c^2-1}d\right)^2+y^2=\left(\frac{2cd}{c^2-1}\right)^2 \tag{3-30}$$

这是圆方程，圆心在 X 轴上，圆心坐标为

$$\begin{cases}x_0=\dfrac{c^2+1}{c^2-1}d\\ y_0=0\end{cases} \tag{3-31}$$

圆半径 ρ 为

$$\rho=\left|\frac{2cd}{c^2-1}\right| \tag{3-32}$$

当 c 取不同值时，圆心在 X 轴上平移，表明等电位面是不同心的圆柱面。当 $c=1$ 时，等电位面是 $x=0$ 的平面，电位为零，即 $u=0$；当 $c>1$ 时，等电位面是圆心在 X 轴正向的圆柱面，电位 $u>0$；当 $c<1$ 时，等电位面是圆心在 X 轴负向的圆柱面，电位 $u<0$。依据式(3-28)，电场和电位仿真计算如图 3-7(b)所示，计算参数为 $\rho_l=1.0\times10^{-6}$ C/m，$\varepsilon_0=8.85\times10^{-12}$ F/m，$d=1$ m，计算区域范围为 $x=-3\sim3$ m，$y=-2.5\sim2.5$ m。

取式(3-31)中 x_0 的平方，并利用式(3-32)，可得

$$x_0^2=\rho^2+d^2 \tag{3-33}$$

或

$$\rho^2 = x_0{}^2 - d^2 = (x_0 - d)(x_0 + d) \tag{3-34}$$

式(3-34)表明，对任一等电位圆柱面，其半径的平方等于 x_0-d 与 x_0+d 的乘积，而 x_0-d 是一线电荷到圆心的距离，x_0+d 是另一线电荷到圆心的距离，线电荷的位置一个在圆柱面内，另一个在圆柱面外，对圆柱面来说，两个线电荷互为镜像，因而也属镜像法。通常把两根线电荷称为电轴，求解平行双导体带电圆柱电位分布问题的方法又称为电轴法。

2. 无限长线电荷与无限长导体圆柱的电位

设有一无限长均匀带电细导线，其线密度为 $+\rho_l$，另一半径为 a 的无限长导体圆柱与细导线平行放置，导体圆柱轴线与带电细导线间的距离为 D，导体圆柱单位长度上带有电荷 $-\rho_l$，如图 3-8 所示，用镜像法求空间任一点的电位分布。

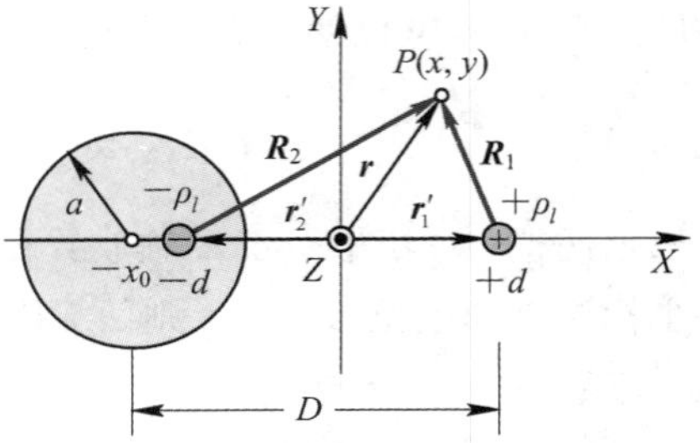

图 3-8　线电荷与导体圆柱的镜像

记导体圆柱的圆心位置为$(-x_0, 0)$，带电细导线的位置为$(+d, 0)$。把导体圆柱表面的电荷分布看作是分布于一电轴，并放置于与原带电细导线对称的位置$(-d, 0)$上，且在导体圆柱面内。然后，移去导体圆柱，该问题就变为两无限长带电细导线的镜像法求解。导体圆柱面为等电位面，必满足式(3-33)，因此有

$$\begin{cases} x_0^2 = a^2 + d^2 \\ x_0 = D - d \end{cases} \tag{3-35}$$

解此方程，得到

$$d = \frac{D^2 - a^2}{2D} \tag{3-36}$$

代入式(3-28)，得到空间任一点 P 的电位为

$$u(x,y) = \frac{\rho_l}{2\pi\varepsilon_0}\ln\left\{\frac{\left[\left(x+\dfrac{D^2-a^2}{2D}\right)^2 + y^2\right]^{1/2}}{\left[\left(x-\dfrac{D^2-a^2}{2D}\right)^2 + y^2\right]^{1/2}}\right\} \tag{3-37}$$

式(3-37)满足导体圆柱面为等位面的条件，也说明空间等位面为圆柱面，零电位面是 $x=0$ 的平面。

3. 两无限长不同半径平行导体圆柱的电位

设有两个无限长平行导体圆柱，一个半径为 a_1，单位长度带电荷为 $+\rho_l$，另一圆柱半径为 a_2，单位长度带电荷为 $-\rho_l$，两个圆柱间的轴线距离为 $D(D > a_1 + a_2)$，如图 3-9 所示。用镜像法求电位分布。

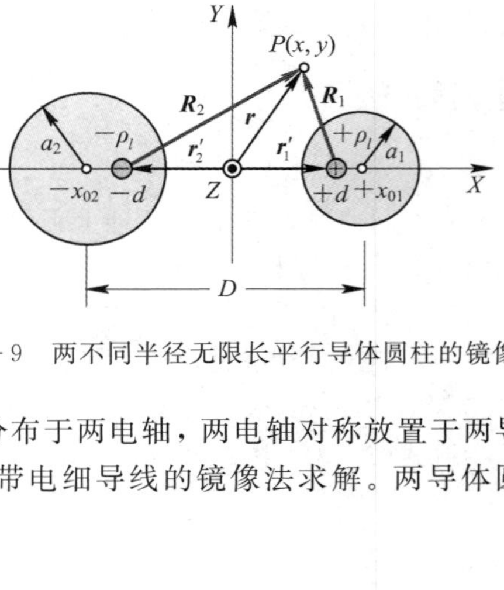

图 3-9　两不同半径无限长平行导体圆柱的镜像

记两导体圆柱的圆心位置分别为$(+x_{01}, 0)$和$(-x_{02}, 0)$，把两导体圆柱表面的电荷分布看作是分布于两电轴，两电轴对称放置于两导体圆柱内，移去两圆柱导体，该问题就变为两无限长带电细导线的镜像法求解。两导体圆

柱面为等位面，满足式(3－33)，则有

$$\begin{cases}x_{01}^2=a_1^2+d^2\\x_{02}^2=a_2^2+d^2\\x_{01}+x_{02}=D\end{cases}\tag{3-38}$$

求解得

$$x_{01}=\frac{1}{2}\left(D+\frac{a_1^2-a_2^2}{D}\right)\tag{3-39}$$

$$x_{02}=\frac{1}{2}\left(D-\frac{a_1^2-a_2^2}{D}\right)\tag{3-40}$$

$$d=\left[\frac{1}{4}\left(D+\frac{a_1^2-a_2^2}{D}\right)^2-a_1^2\right]^{1/2}\tag{3-41}$$

把 d 代入式(3－28)，得到空间任一点 P 的电位为

$$u(x,y)=\frac{\rho_l}{2\pi\varepsilon_0}\ln\frac{\left\{\left(x+\left[\frac{1}{4}\left(D+\frac{a_1^2-a_2^2}{D}\right)^2-a_1^2\right]^{1/2}\right)^2+y^2\right\}^{1/2}}{\left\{\left(x-\left[\frac{1}{4}\left(D+\frac{a_1^2-a_2^2}{D}\right)^2-a_1^2\right]^{1/2}\right)^2+y^2\right\}^{1/2}}\tag{3-42}$$

式(3－42)满足两导体圆柱面为等位面的条件，零电位面是 $x=0$ 的平面，空间等电位面为圆柱面。

3.3.3 球面镜像法

1. 点电荷对接地导体球的镜像

设半径为 a 的接地导体球放置于介电常数为 ε 的均匀介质中，球外放一点电荷 $+q$，相距球心的距离为 d，如图 3－10(a)所示。由于导体球接地，因此导体球表面有感应负电荷分布，并关于 Z 轴对称，导体球外电场分布具有轴对称性。除源点外，电位满足边值问题：

$$\begin{cases}\nabla^2u=0\\u|_S=0\ (\text{此处 } S \text{ 为导体球表面})\end{cases}\tag{3-43}$$

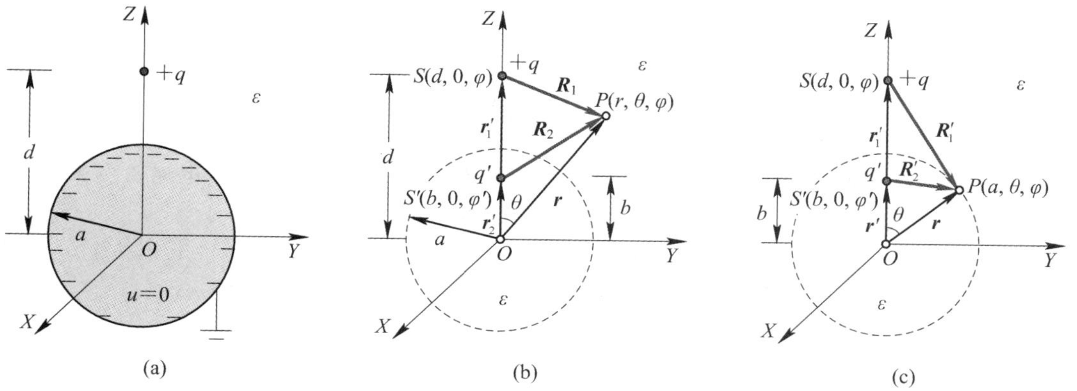

图 3－10 点电荷对接地导体球的镜像

镜像法求解的具体步骤如下：

(1) 把球面作为镜像面，移去导体球，用介电常数为 ε 的介质填充，球面感应电荷用点电荷 q' 替代，放置于球内对称轴上的一点，距离球心为 b，如图 3－10(b)所示。两个点电荷

在空间任一点 P 产生的电位为

$$u(r,\theta,\varphi)=\frac{1}{4\pi\varepsilon}\left(\frac{q}{R_1}+\frac{q'}{R_2}\right) \tag{3-44}$$

式中：

$$R_1=[r^2+d^2-2rd\cos\theta]^{1/2},\quad R_2=[r^2+b^2-2rb\cos\theta]^{1/2} \tag{3-45}$$

（2）镜像电荷 q' 和位置 b 是待求量，由导体球面电位为零的边界条件确定，以保证边值问题(3-43)满足边界条件。

在导体球面上取一点 $P(a,\theta,\varphi)$，如图 3-10(c)所示，则有

$$u(a,\theta,\varphi)=\frac{1}{4\pi\varepsilon}\left(\frac{q}{R'_1}+\frac{q'}{R'_2}\right)=0 \tag{3-46}$$

由此得到

$$-\frac{q}{q'}=\frac{R'_1}{R'_2}\quad 或\quad \frac{q^2}{q'^2}=\frac{R'^2_1}{R'^2_2} \tag{3-47}$$

利用几何关系，有

$$\begin{cases}R'^2_1=a^2+d^2-2ad\cos\theta\\ R'^2_2=a^2+b^2-2ab\cos\theta\end{cases} \tag{3-48}$$

代入式(3-47)得

$$\frac{q^2}{q'^2}=\frac{a^2+d^2-2ad\cos\theta}{a^2+b^2-2ab\cos\theta} \tag{3-49}$$

整理可得

$$q^2(b^2+a^2)-q'^2(d^2+a^2)+2a(q'^2d-q^2b)\cos\theta=0 \tag{3-50}$$

在导体球表面电位处处为零，故与 θ 无关，因此 $\cos\theta$ 的系数为零，得到

$$\begin{cases}q^2(b^2+a^2)-q'^2(d^2+a^2)=0\\ q'^2d-q^2b=0\end{cases} \tag{3-51}$$

求解可得

$$b=\frac{a^2}{d},\quad q'=-\frac{aq}{d} \tag{3-52}$$

代入电位表达式(3-44)有

$$u(r,\theta,\varphi)=\frac{q}{4\pi\varepsilon}\left(\frac{1}{R_1}-\frac{a}{dR_2}\right) \tag{3-53}$$

（3）由于静电平衡条件下，导体内电场为零，即 $\boldsymbol{E}_1$，因而 $\boldsymbol{D}_1=0$。根据电通密度矢量 $\boldsymbol{D}$ 法向边界条件式(2-95)，可得导体球表面的电荷面密度为

$$\begin{aligned}\rho_S&=\boldsymbol{n}\cdot(-\boldsymbol{D}_2)=-\boldsymbol{e}_r\cdot(-\varepsilon\boldsymbol{E}_2)=-\boldsymbol{e}_r\cdot(\varepsilon\nabla u)=-\varepsilon\left.\frac{\partial u}{\partial r}\right|_{r=a}\\&=-\frac{q}{4\pi a}\left(\frac{d^2-a^2}{(a^2+d^2-2ad\cos\theta)^{3/2}}\right)\end{aligned} \tag{3-54}$$

由式(3-54)可以看出，$0\leqslant\theta\leqslant\pi$，$\rho_S<0$，接地导体球表面带负电；当 $\theta=0$ 时有

$$\rho_S\big|_{\theta=0}=-\frac{q}{4\pi a}\left[\frac{d+a}{(d-a)^2}\right]$$

表明 $\left|\rho_S\big|_{\theta=0}\right|$ 取最大值，且 $d-a$ 越小，即点电荷离导体球越近，$\left|\rho_S\big|_{\theta=0}\right|$ 越大，球面顶点带电荷越多，因而导体球顶点处的电场越强；当 $\theta=\pi$ 时有

$$\rho_S\big|_{\theta=\pi} = -\frac{q}{4\pi a}\left[\frac{d-a}{(d+a)^2}\right]$$

表明 $\left|\rho_S\big|_{\theta=\pi}\right|$ 取最小值，且 $d-a$ 越小，导体球背面的电荷越少，因而导体球背面的电场越弱。ρ_S 随 θ 的变化曲线如图 3-11(a)所示，计算参数为 $q=1.0\times10^{-6}$C，$d=50$ cm，$a=20$ cm。

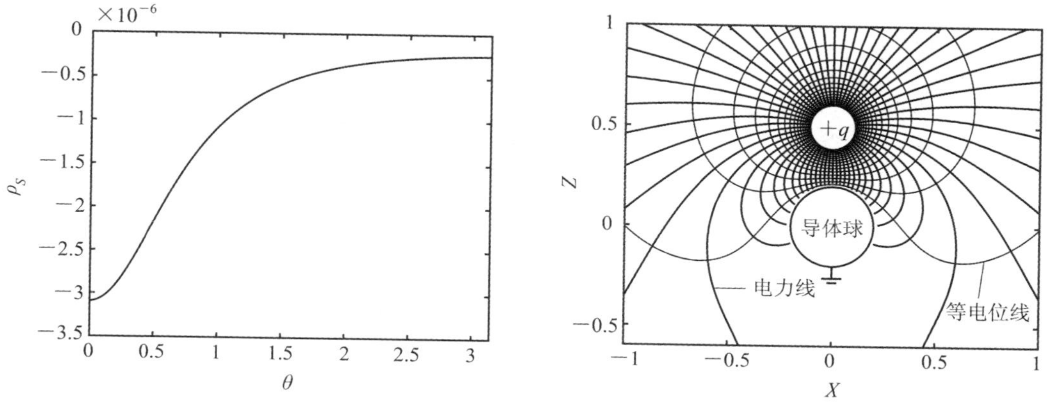

(a) $\rho_S\sim\theta$ 曲线　　(b) 电场和电位分布

图 3-11 点电荷对接地导体球电场和电位分布仿真图

依据式(3-53)，点电荷对接地导体球电场和电位仿真计算如图 3-11(b)所示。计算参数：$q=1.0\times10^{-6}$C，介质相对介电常数 $\varepsilon_r=6.0$，真空介电常数 $\varepsilon_0\approx8.85\times10^{12}$ F/m，$d=50$ cm，导体球半径 $a=20$ cm。在 XZ 平面内($y=0$)，计算区域范围为 $x=-100\sim100$ cm，$z=-100\sim100$ cm。由图可见，$\theta=0$ 时，电力线密度最大，因而感应电荷密度 $\left|\rho_S\big|_{\theta=0}\right|$ 最大；$\theta=\pi$ 时，电力线密度最小，感应电荷密度 $\left|\rho_S\big|_{\theta=\pi}\right|$ 也最小。导体球为等电位面，电力线垂直于导体球，且具有轴对称性，与球表面感应电荷分布相一致。

2. 点电荷对不接地导体球的镜像

半径为 a 的导体球放置于介电常数为 ε 的均匀介质中，球外放一点电荷 $+q$，相距球心的距离为 d。导体球不接地，因而导体球的电位不为零(选无穷远处电位为零)，邻近点电荷 $+q$ 一侧的球面感应负电荷，另一侧感应正电荷，但导体球上总的感应电荷的代数和为零，如图 3-12(a)所示。除源点外，电位满足边值问题：

$$\begin{cases}\nabla^2 u=0\\ u\big|_S=C\quad(\text{此处 } C \text{ 为导体球表面的电位})\end{cases}\tag{3-55}$$

镜像法求解的具体步骤如下：

(1) 把球面作为镜像面，移去导体球，用介电常数为 ε 的介质填充，首先确定对应于球面电位为零的镜像电荷的大小和位置，如图 3-12(b)所示。显然，镜像电荷 q' 的大小和位置 b 由式(3-52)确定。

(2) 根据电荷守恒定律，导体球感应电荷的代数和为零，必然在球内还要放置另一镜像电荷 q''，与镜像电荷 q' 等量异号，即

$$q''=-q'=\frac{aq}{d}\tag{3-56}$$

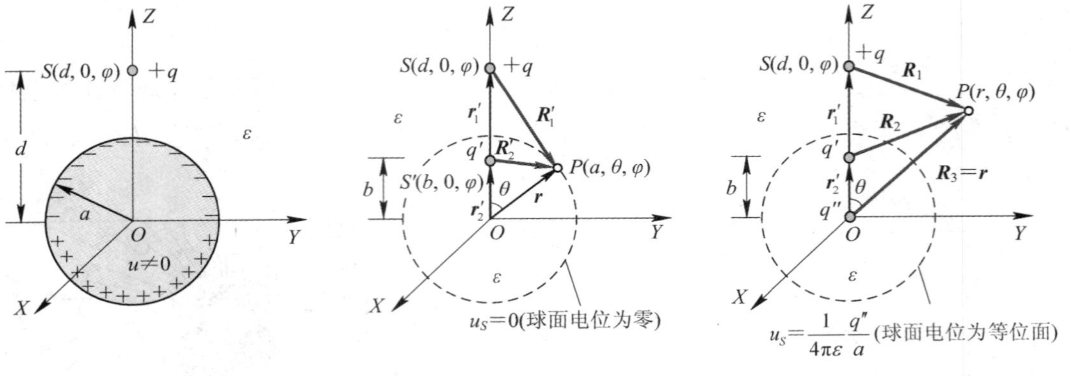

(a) (b) (c)

图 3-12　不接地导体球的镜像

为了满足球面为等电位面的条件，镜像电荷 q'' 放置于球心处，如图 3-12(c)所示。由此可得球外空间任一点 P 的电位为

$$u(r,\theta,\varphi) = \frac{1}{4\pi\varepsilon}\left(\frac{q}{R_1}+\frac{q'}{R_2}+\frac{q''}{R_3}\right) = \frac{q}{4\pi\varepsilon}\left(\frac{1}{R_1}-\frac{a}{dR_2}+\frac{a}{dr}\right) \tag{3-57}$$

式中，R_1 和 R_2 由式(3-45)确定，r 为球外任意一点位置矢量的大小。球面电位为

$$u_S(a,\theta,\varphi) = \frac{1}{4\pi\varepsilon}\frac{q''}{a} = \frac{1}{4\pi\varepsilon}\frac{q}{d} = C \tag{3-58}$$

由式(3-58)可知，导体球外点电荷在导体球表面产生的电位等于导体球不存在时点电荷 q 放置于球心、半径为 d 的球面的电位。由于导体是等位体，因而导体球内任一点的电位都由式(3-58)给出。

(3) 由于静电平衡条件下，导体内电场为零，即 $\boldsymbol{E}_1=0$，因此 $\boldsymbol{D}_1=0$。根据电通密度矢量 $\boldsymbol{D}$ 法向边界条件式(2-95)，可得导体球表面的电荷面密度为

$$\begin{aligned}\rho_S &= \boldsymbol{n}\cdot(-\boldsymbol{D}_2) = -\boldsymbol{e}_r\cdot(-\varepsilon\boldsymbol{E}_2) = -\boldsymbol{e}_r\cdot(\varepsilon\nabla u) = -\varepsilon\left.\frac{\partial u}{\partial r}\right|_{r=a}\\ &= -\frac{q}{4\pi a}\left[\frac{d(d^2-a^2)-(a^2+d^2-2ad\cos\theta)^{3/2}}{d\,(a^2+d^2-2ad\cos\theta)^{3/2}}\right]\end{aligned} \tag{3-59}$$

根据式(3-59)，可得 ρ_S 随 θ 变化的曲线如图 3-13(a)所示，计算取值为 $q=1.0\times10^{-6}$C，$d=50$ cm、40 cm、35 cm，$a=20$ cm。由图可见，导体球感应电荷密度 ρ_S 分布随点电荷与导体球之间距离的变化而变化，距离越小，导体球顶点的电荷密度越大，电场越强。导体球表面存在正、负电荷分界点 θ_0，对应 $\rho_S=0$：$d=50$ cm，分界点 $\theta_0\approx1.225$；$d=40$ cm，$\theta_0\approx1.31$；$d=35$ cm，$\theta_0\approx1.068$。当 $0\leqslant\theta<\theta_0$ 时，$\rho_S<0$，球面感应带负电荷；当 $\theta_0<\theta<\pi$ 时，$\rho_S>0$，球面感应带正电荷。

依据式(3-57)，点电荷对不接地导体球电场和电位仿真计算如图 3-13(b)所示。计算参数：$q=1.0\times10^{-6}$C，介质相对介电常数 $\varepsilon_r=6.0$，真空介电常数 $\varepsilon_0\approx8.85\times10^{12}$ F/m，$d=50$ cm，导体球半径 $a=20$ cm。在 XZ 平面内($y=0$)，计算区域范围为 $x=-100\sim100$ cm，$z=-100\sim100$ cm。由图可见，在分界点 $\theta_0=1.225$ 处，电力线将导体球表面分为两个区域：$0<\theta<\theta_0$ 时，电力线由点电荷 $+q$ 发出终止于导体球表面感应负电荷；$\theta_0<\theta<\pi$

时，导体球表面感应正电荷，电力线由导体球发出终止于无穷远。但不论电力线终止于导体球，还是导体球发出电力线，电力线都垂直于导体球表面，且电力线分布具有轴对称性。

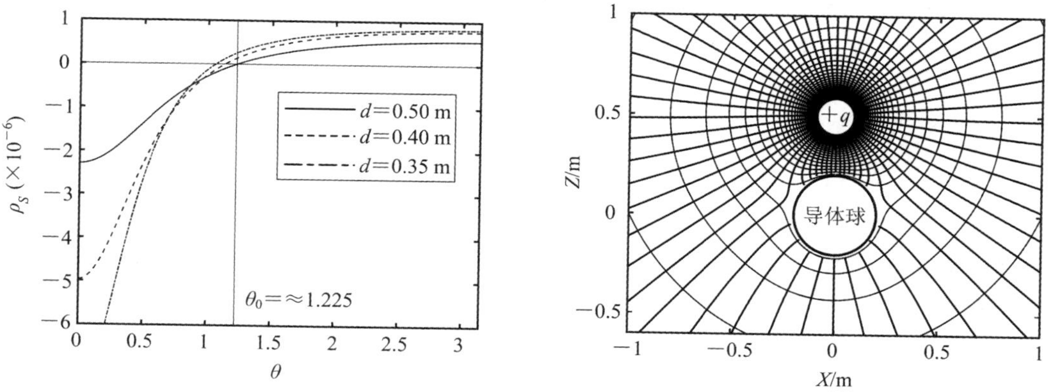

(a) $\rho_S\sim\theta$ 曲线　　(b) 电场和电位分布

图 3-13　点电荷对不接地导体球电场和电位分布仿真图

3.4　分离变量法

分离变量法是数学物理方程中应用最为广泛的一种方法，主要用于有限区域边值问题的求解，其特点是把求解偏微分方程的定解问题转化为常微分方程的求解。转化的办法是进行场坐标变量分离，得到每个场变量所满足的常微分方程，然后线性叠加构成通解，利用边界条件确定通解的叠加系数。分离变量法的理论依据仍然是场的唯一性定理，分离变量后线性叠加的通解既满足微分方程，又满足边界条件，那么解就是唯一的。下面分别介绍直角坐标系、柱面坐标系和球面坐标系中的分离变量法。

3.4.1　直角坐标系下的分离变量法

在均匀、线性、各向同性介质中，无源区域电位满足拉普拉斯方程。如果求解区域边界适合选用直角坐标系，则拉普拉斯方程就选用直角坐标系下的形式，即

$$\frac{\partial^2 u}{\partial x^2}+\frac{\partial^2 u}{\partial y^2}+\frac{\partial^2 u}{\partial z^2}=0 \tag{3-60}$$

用分离变量法求解该方程时，首先将电位函数分离变量表示为

$$u(x,y,z)=X(x)Y(y)Z(z) \tag{3-61}$$

将式(3-61)代入式(3-60)，得

$$X''(x)Y(y)Z(z)+X(x)Y''(y)Z(z)+X(x)Y(y)Z''(z)=0 \tag{3-62}$$

该式两端同除以 $X(x)Y(y)Z(z)$，有

$$\frac{X''(x)}{X(x)}+\frac{Y''(y)}{Y(y)}+\frac{Z''(z)}{Z(z)}=0 \tag{3-63}$$

式(3-63)中的每一项仅是单个变量的函数，函数间的变量彼此无关，要使该式恒成立，各项必分别为某一常数，三个常数之和为零。令三个常数分别为 $-k_x^2$、$-k_y^2$ 和 $-k_z^2$，则有

$$-k_x^2-k_y^2-k_z^2=0 \quad 或 \quad k_x^2+k_y^2+k_z^2=0 \tag{3-64}$$

k_x、k_y 和 k_z 称为分离常数，都是待定量。式(3-64)表明，三个分离常数并不是独立的。令式(3-63)左端每一项等于对应分离常数，得到三个二阶常微分方程为

$$\frac{d^2X(x)}{dx^2}=-k_x^2X(x) \tag{3-65}$$

$$\frac{d^2Y(y)}{dy^2}=-k_y^2Y(y) \tag{3-66}$$

$$\frac{d^2Z(z)}{dz^2}=-k_z^2Z(z) \tag{3-67}$$

在常微分方程理论中，把具有形式(3-65)、(3-66)和(3-67)的常微分方程通常称为本征方程，分离常数 k_x、k_y 和 k_z 称为本征值，待求函数 $X(x)$、$Y(y)$和 $Z(z)$称为本征函数。

下面以 k_x 为例，就分离常数的取值进行讨论。

(1) $k_x^2=0$ 时，方程(3-65)的解为

$$X(x)=A_0x+B_0 \tag{3-68}$$

(2) $k_x^2>0$ 时，即本征值 k_x 取实数，常微分方程(3-65)的特征值[①]$\lambda_1=+\mathrm{j}k_x$，$\lambda_2=-\mathrm{j}k_x$，则方程的解为

$$X(x)=Ae^{\mathrm{j}k_xx}+Be^{-\mathrm{j}k_xx} \tag{3-69}$$

或

$$X(x)=A'\cos k_xx+B'\sin k_xx \tag{3-70}$$

(3) $k_x^2<0$ 时，即本征值 k_x 取虚数，常微分方程(3-65)的特征值为 $\lambda_1=+|k_x|$，$\lambda_2=-|k_x|$，则方程的解为

$$X(x)=Ce^{|k_x|x}+De^{-|k_x|x} \tag{3-71}$$

或

$$X(x)=C'\cosh|k_x|x+D'\sinh|k_x|x \tag{3-72}$$

由此可以看出，分离常数的取值不同，对应于常微分方程的解形式不同，究竟取哪种解形式，需要根据边界条件确定。如果边界条件具有周期性，则方程的解选择三角函数形式(3-70)；如果边界条件具有非周期性，则解的形式取双曲函数或衰减函数，有界区域选双曲函数式(3-72)，无界区域选式(3-71)；如果微分方程与某一坐标无关，则相应分离常数为零，解形式取常数。

求得各变量对应的解 $X(x)$、$Y(y)$和 $Z(z)$后，乘积形式 $X(x)Y(y)Z(z)$就是偏微分方程的特解。如果特解仅有一个，由边界条件确定其任意常数，便得到偏微分方程的解。如果特解有多个或无穷多个，则需将所有的特解叠加起来，使其满足边界条件，确定任意常数，可得到偏微分方程的解。

下面举例说明直角坐标系下分离变量法的应用。

【例 3.2】 设有一无限长矩形导体槽，其边长分别为 a 和 b，槽接地电位为零，槽上有

---

① 根据微分方程理论，与方程(3-65)对应的特征方程为

$$\lambda^2+k_x^2=0$$

求解可得特征值为

$$\lambda_1=+\mathrm{j}k_x,\ \lambda_2=-\mathrm{j}k_x$$

槽盖与槽壁绝缘，槽盖电位为 U_0，如图 3-14(a)所示，求槽内的电位分布。

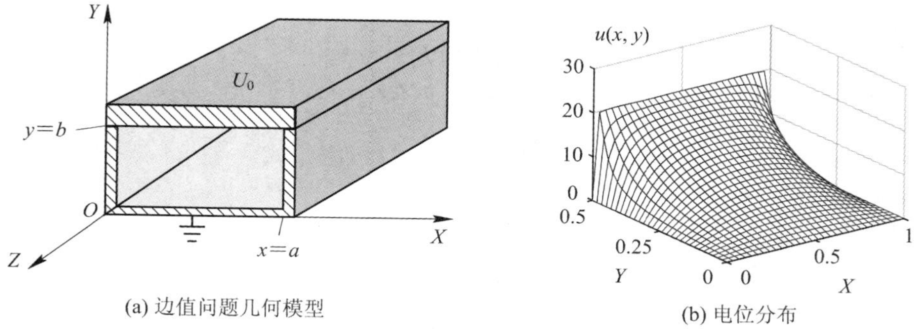

(a) 边值问题几何模型　　(b) 电位分布

图 3-14　矩形导体槽

解　由于矩形槽无限长，槽壁电位沿 Z 方向不变，故槽内场分布与 z 无关，式(3-67)中的分离常数 $k_z=0$，由此得到矩形槽电位分布的边值问题为

$$\begin{cases}\dfrac{\partial^2 u}{\partial x^2}+\dfrac{\partial^2 u}{\partial y^2}=0\\ u\big|_{x=0,\ x=a;\ 0\leqslant y\leqslant b}=0\\ u\big|_{0\leqslant x\leqslant a;\ y=0}=0\\ u\big|_{0\leqslant x\leqslant a;\ y=b}=U_0\end{cases}\tag{3-73}$$

令

$$u(x,y,z)=X(x)Y(y)\tag{3-74}$$

代入式(3-73)，得

$$\frac{\mathrm{d}^2X(x)}{\mathrm{d}x^2}=-k_x^2X(x)\tag{3-75}$$

$$\frac{\mathrm{d}^2Y(y)}{\mathrm{d}y^2}=-k_y^2Y(y)\tag{3-76}$$

常数 k_x 和 k_y 满足

$$k_x^2+k_y^2=0\tag{3-77}$$

下面就常数 k_x 和 k_y 的取值和本征函数的解形式进行讨论：

(1) $k_x^2>0$，$k_y^2<0$ 时，方程(3-75)的解取三角函数形式(3-70)，方程(3-76)的解取双曲函数形式(3-71)或(3-72)。

(2) $k_x^2<0$，$k_y^2>0$ 时，方程(3-75)的解取双曲函数形式(3-71)或(3-72)，方程(3-76)的解取三角函数形式(3-70)。

(3) 由边值问题(3-73)，可得本征函数所满足的边界条件为

$$X\big|_{x=0,x=a}=0\tag{3-78}$$

$$Y\big|_{y=0}=0\tag{3-79}$$

本征函数 $X(x)$ 在边界有两个零点，$X(x)$ 只能取三角函数形式。由式(3-70)有

$$X(x)=A'\cos k_x x+B'\sin k_x x\tag{3-80}$$

本征函数 $Y(y)$ 在边界有一个零点，而实指数函数形式(3-71)在有限区域内没有零点，$Y(y)$ 应取双曲函数形式。由式(3-72)有

$$Y(y)=C'\cosh|k_y|y+D'\sinh|k_y|y\tag{3-81}$$

(4) 根据边界条件(3-78)，由式(3-80)，得

$$\begin{cases} X(0) = A' = 0 \\ X(a) = B'\sin k_x a = 0 \end{cases} \tag{3-82}$$

显然，B' 不能为零，否则电位函数恒为零，因此必有

$$\sin k_x a = 0 \tag{3-83}$$

得到

$$k_x = \frac{n\pi}{a} \quad (n = 1,2,\cdots) \tag{3-84}$$

将式(3-82)和式(3-84)代入式(3-80)，有

$$X(x) = B'\sin\frac{n\pi}{a}x \tag{3-85}$$

(5) 根据边界条件(3-79)，由式(3-81)，得

$$Y(0) = C'\cosh|k_y|0 + D'\sinh|k_y|0 = 0 \tag{3-86}$$

由于双曲正弦 $\sinh 0 = 0$，而双曲余弦 $\cosh 0 \neq 0$，因此必有 $C' = 0$。又由式(3-77)，将式(3-84)代入，有

$$k_x^2 + k_y^2 = \left(\frac{n\pi}{a}\right)^2 + k_y^2 = 0 \tag{3-87}$$

求解得到

$$k_y = \mathrm{j}\,\frac{n\pi}{a}, \quad |k_y| = \frac{n\pi}{a} \tag{3-88}$$

由此可写出本征函数的解的形式为

$$Y(y) = D'\sinh\frac{n\pi}{a}y \tag{3-89}$$

(6) 有了本征函数的解的形式后，可得电位函数的特解为

$$u_n(x,y) = X(x)Y(y) = B'D'\sin\frac{n\pi}{a}x\sinh\frac{n\pi}{a}y \tag{3-90}$$

该特解满足边界电位为零的边界条件。

(7) 当 n 取不同值时，特解不同，根据线性叠加原理，得到矩形槽内电位的通解为

$$u(x,y) = \sum_{n=1}^{\infty} u_n(x,y) = \sum_{n=1}^{\infty} B_n\sin\frac{n\pi}{a}x\sinh\frac{n\pi}{a}y \tag{3-91}$$

式中，系数 $B_n = B'D'$ 为待定常数。

(8) 确定常数 B_n。将式(3-91)代入边值问题(3-73)非零边界条件得

$$u(x,b) = \sum_{n=1}^{\infty} B_n\sin\frac{n\pi}{a}x\sinh\frac{n\pi}{a}b = U_0 \tag{3-92}$$

为了便于求解，把方程(3-92)写成如下形式

$$U_0 = \sum_{n=1}^{\infty}\left(B_n\sinh\frac{n\pi}{a}b\right)\sin\frac{n\pi}{a}x = \sum_{n=1}^{\infty} B'_n\sin\frac{n\pi}{a}x \tag{3-93}$$

显然，该式就是奇周期函数的傅里叶级数展开式，所以需要把 U_0 在 $(-a,+a)$ 进行奇周期延拓，即取 $U_0(x)$ 为奇函数，然后求傅里叶级数的系数，有

$$B'_n = \frac{1}{a}\int_{-a}^{a} U_0\sin\frac{n\pi}{a}x\,\mathrm{d}x = \frac{2U_0}{a}\int_0^a \sin\frac{n\pi}{a}x\,\mathrm{d}x = \begin{cases} \dfrac{4U_0}{n\pi} & (n = 1,3,5,\cdots) \\ 0 & (n = 2,4,6,\cdots) \end{cases} \tag{3-94}$$

则 B_n 为

$$B_n=\begin{cases}\dfrac{4U_0}{n\pi\sinh\dfrac{n\pi}{a}b} & (n=1,3,5,\cdots)\\[2ex] 0 & (n=2,4,6,\cdots)\end{cases} \tag{3-95}$$

(9) 将 B_n 代入式(3-91)，得到边值问题(3-73)的解为

$$u(x,y)=\sum_{n=1,3,5,\cdots}^{\infty}\frac{4U_0}{n\pi\sinh\dfrac{n\pi}{a}b}\sin\frac{n\pi}{a}x\sinh\frac{n\pi}{a}y \tag{3-96}$$

令 $n=2m+1$，式(3-96)可改写为

$$u(x,y)=\sum_{m=0}^{\infty}\frac{4U_0}{(2m+1)\pi\sinh\dfrac{(2m+1)\pi}{a}b}\sin\frac{(2m+1)\pi}{a}x\sinh\frac{(2m+1)\pi}{a}y \tag{3-97}$$

依据式(3-97)，矩形导体槽电位仿真计算如图3-14(b)所示。计算参数：$U_0=20$ V，$a=1.0$ m，$b=0.5$ m，截取项数 $m=200$。由图可以看出，槽盖邻近的电位高，然后沿 Y 轴负向衰减，在 $y=0$ 槽底面电位衰减为零；在 X 方向，电位沿正、负两个方向衰减，$x=0$ 和 $x=a$ 导体槽两侧面电位衰减为零。显然，电位分布满足边值问题给定的边界条件。

【例3.3】 设有一长方形导体盒，其边长分别为 a、b 和 c，盒底和盒壁四周接地电位为零，盒盖与盒壁绝缘，盒盖电位为 U_0，如图3-15(a)所示，求盒内的电位分布。

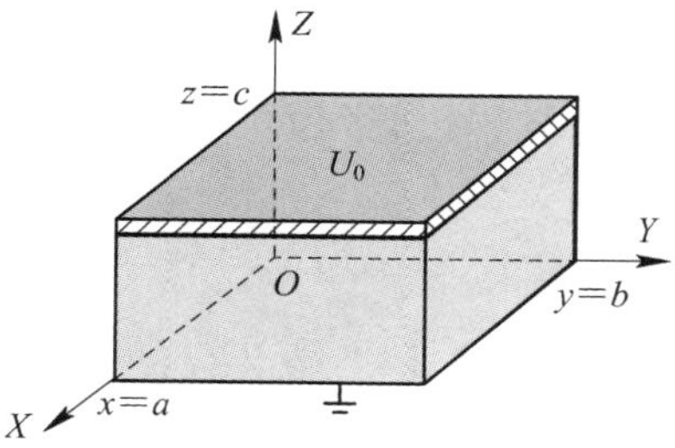

(a) 边值问题几何模型

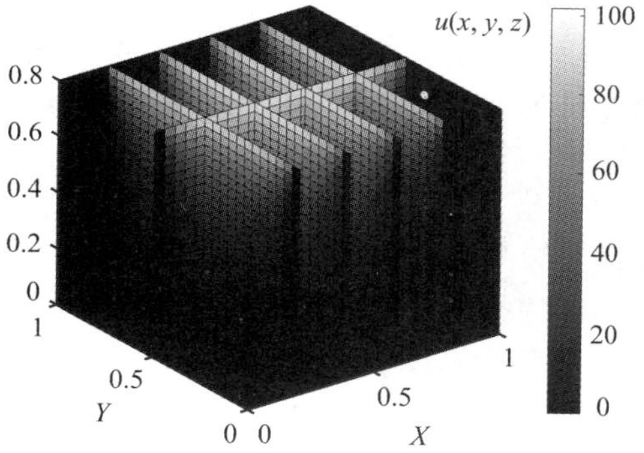

(b) 三维空间电位分布

图3-15 长方形导体盒

解 长方形导体盒内电位分布归结为如下边值问题：

$$\begin{cases}\dfrac{\partial^2 u}{\partial x^2}+\dfrac{\partial^2 u}{\partial y^2}+\dfrac{\partial^2 u}{\partial z^2}=0\\ u\big|_{x=0,x=a;0\leqslant y\leqslant b;0\leqslant z\leqslant c}=0\\ u\big|_{0\leqslant x\leqslant a;y=0,y=b;0\leqslant z\leqslant c}=0\\ u\big|_{0\leqslant x\leqslant a;0\leqslant y\leqslant b;z=0}=0\\ u\big|_{0\leqslant x\leqslant a;0\leqslant y\leqslant b;z=c}=U_0\end{cases} \tag{3-98}$$

令 $u(x,y,z)=X(x)Y(y)Z(z)$，分离变量可得式(3-65)、式(3-66)和式(3-67)关于 $X(x)$、$Y(y)$ 和 $Z(z)$ 的本征方程，本征值满足式(3-64)。然后，把 $u(x,y,z)=$

$X(x)Y(y)Z(z)$ 代入边值问题(3-98)中的边界条件，得到本征函数满足的边界条件为

$$X|_{x=0,x=a}=0 \tag{3-99}$$

$$Y|_{y=0,y=b}=0 \tag{3-100}$$

$$Z|_{z=0}=0,\quad Z|_{z=c}=U_0 \tag{3-101}$$

与例 3.2 的讨论相同，本征函数 $X(x)$ 和 $Y(y)$ 分别取如下解形式：

$$X(x)=B_1\sin\frac{n\pi}{a}x \tag{3-102}$$

$$Y(y)=B_2\sin\frac{m\pi}{b}y \tag{3-103}$$

分离常数 k_x 和 k_y 分别为

$$k_x=\frac{n\pi}{a}\quad(n=1,2,\cdots) \tag{3-104}$$

$$k_y=\frac{m\pi}{b}\quad(m=1,2,\cdots) \tag{3-105}$$

根据式(3-64)，分离常数 k_z 满足

$$k_x^2+k_y^2+k_z^2=\left(\frac{n\pi}{a}\right)^2+\left(\frac{m\pi}{b}\right)^2+k_z^2=0$$

解得

$$k_z=\mathrm{j}\sqrt{\left(\frac{n\pi}{a}\right)^2+\left(\frac{m\pi}{b}\right)^2},\quad |k_z|=\sqrt{\left(\frac{n\pi}{a}\right)^2+\left(\frac{m\pi}{b}\right)^2} \tag{3-106}$$

根据边界条件(3-101)可知，本征函数 $Z(z)$取如下形式：

$$Z(z)=B_3\sinh|k_z|z \tag{3-107}$$

由此可得电位函数 $u(x,y,z)$ 的特解为

$$u_{nm}(x,y,z)=X(x)Y(y)Z(z)=B_1B_2B_3\sin\frac{n\pi}{a}x\sin\frac{m\pi}{b}y\sinh|k_z|z \tag{3-108}$$

该特解满足边界电位为零的边界条件。

根据线性叠加原理，得到长方形导体盒内电位的通解为

$$u(x,y,z)=\sum_{n=1}^{\infty}\sum_{m=1}^{\infty}u_{nm}(x,y,z)=\sum_{n=1}^{\infty}\sum_{m=1}^{\infty}B_{nm}\sin\frac{n\pi}{a}x\sin\frac{m\pi}{b}y\sinh|k_z|z \tag{3-109}$$

式中，系数 $B_{nm}=B_1B_2B_3$ 为待定常数。

为了确定常数 B_{nm}，由非零边界条件(3-101)可得

$$u(x,y,c)=\sum_{n=1}^{\infty}\sum_{m=1}^{\infty}B_{nm}\sin\frac{n\pi}{a}x\sin\frac{m\pi}{b}y\sinh|k_z|c=U_0 \tag{3-110}$$

利用三角函数的正交性，上式两边同时乘以 $\sin\frac{n\pi}{a}x\sin\frac{m\pi}{b}y$，并在垂直于 Z 轴的平面内积分，则有

$$B_{nm}\sinh|k_z|c\int_0^a\mathrm{d}x\int_0^b\left(\sin\frac{n\pi}{a}x\right)^2\left(\sin\frac{m\pi}{b}y\right)^2\mathrm{d}y=U_0\int_0^a\mathrm{d}x\int_0^b\sin\frac{n\pi}{a}x\sin\frac{m\pi}{b}y\,\mathrm{d}y \tag{3-111}$$

上式中的两个积分分别为

$$\int_0^a\mathrm{d}x\int_0^b\sin^2\frac{n\pi}{a}x\,\sin^2\frac{m\pi}{b}y\,\mathrm{d}y=\frac{ab}{4} \tag{3-112}$$

$$\int_0^a \mathrm{d}x\int_0^b \sin\frac{n\pi}{a}x\sin\frac{m\pi}{b}y\mathrm{d}y=\frac{ab}{nm\pi^2}(1-\cos n\pi)(1-\cos m\pi) \tag{3-113}$$

$$\frac{ab}{nm\pi^2}(1-\cos n\pi)(1-\cos m\pi)=\begin{cases}\dfrac{4ab}{nm\pi^2} & (n、m\ \text{均为奇数})\\ 0 & (n、m\ \text{均为偶数})\end{cases} \tag{3-114}$$

由此得到

$$B_{nm}=\frac{16U_0}{nm\pi^2\sinh|k_z|c}=\frac{16U_0}{nm\pi^2\sinh\sqrt{\left(\dfrac{n\pi}{a}\right)^2+\left(\dfrac{m\pi}{a}\right)^2}c} \tag{3-115}$$

将 B_{nm} 代入式(3－109)，得到边值问题(3－98)的解为

$$u(x,y,z)=\sum_{n=1,3,\cdots}^{\infty}\sum_{m=1,3,\cdots}^{\infty}\frac{16U_0}{nm\pi^2\sinh|k_z|c}\sin\frac{n\pi}{a}x\sin\frac{m\pi}{b}y\sinh|k_z|z \tag{3-116}$$

或

$$u(x,y,z)=\sum_{n=0}^{\infty}\sum_{m=0}^{\infty}\frac{16U_0}{(2n+1)(2m+1)\pi^2\sinh|k_z|c}\sin\frac{(2n+1)\pi}{a}x\sin\frac{(2m+1)\pi}{b}y\sinh|k_z|z \tag{3-117}$$

依据式(3－117)，长方形导体盒电位分布计算仿真如图3－15(b)所示。由于式(3－117)属于四维问题，因此三维空间的电位值 $u(x,y,z)$ 用灰度颜色表示，绘图用MATLAB函数slice实现。计算参数：$U_0=100$ V，$a=1.0$ m，$b=1.0$ m，$c=1.5$ m；截取项数：$n=50$，$m=50$。为了清楚起见，图中在 $x=0.2$ m、0.4 m、0.6 m、0.8 m、1.0 m处和 $y=0.5$ m、1.0 m处给出了切片图。由图可见，盒盖邻近电位值大，沿 Z 轴负方向逐渐衰减，四壁和盒底部电位值为零，满足边值问题边界条件。

3.4.2　圆柱坐标系下的分离变量法

由圆柱坐标系下的拉普拉斯表达式(1－99)，可写出无源区域电位满足的拉普拉斯方程为

$$\nabla^2 u=\frac{1}{\rho}\frac{\partial}{\partial\rho}\left(\rho\frac{\partial u}{\partial\rho}\right)+\frac{1}{\rho^2}\frac{\partial^2 u}{\partial\varphi^2}+\frac{\partial^2 u}{\partial z^2}=0 \tag{3-118}$$

用分离变量法求解该方程，令电位函数

$$u(\rho,\varphi,z)=R(\rho)\Phi(\varphi)Z(z) \tag{3-119}$$

将式(3－119)代入式(3－118)，有

$$\Phi Z\frac{\mathrm{d}^2R}{\mathrm{d}\rho^2}+\frac{Z\Phi}{\rho}\frac{\mathrm{d}R}{\mathrm{d}\rho}+\frac{RZ}{\rho^2}\frac{\mathrm{d}^2\Phi}{\mathrm{d}\varphi^2}+R\Phi\frac{\mathrm{d}^2Z}{\mathrm{d}z^2}=0 \tag{3-120}$$

用 $\rho^2/R\Phi Z$ 遍乘式(3－120)中各项，并移项得

$$\frac{\rho^2}{R}\frac{\mathrm{d}^2R}{\mathrm{d}\rho^2}+\frac{\rho}{R}\frac{\mathrm{d}R}{\mathrm{d}\rho}+\frac{\rho^2}{Z}\frac{\mathrm{d}^2Z}{\mathrm{d}z^2}=-\frac{1}{\Phi}\frac{\mathrm{d}^2\Phi}{\mathrm{d}\varphi^2} \tag{3-121}$$

方程(3－121)左边是 ρ 和 z 的函数，而右边是 φ 的函数，两边相等只能等于一常数，记作 λ，则有

$$\frac{\rho^2}{R}\frac{\mathrm{d}^2R}{\mathrm{d}\rho^2}+\frac{\rho}{R}\frac{\mathrm{d}R}{\mathrm{d}\rho}+\frac{\rho^2}{Z}\frac{\mathrm{d}^2Z}{\mathrm{d}z^2}=-\frac{1}{\Phi}\frac{\mathrm{d}^2\Phi}{\mathrm{d}\varphi^2}=\lambda \tag{3-122}$$

由此得到两个方程

$$\frac{\mathrm{d}^2\Phi}{\mathrm{d}\varphi^2}+\lambda\Phi=0 \tag{3-123}$$

和

$$\frac{\rho^2}{R}\frac{\mathrm{d}^2R}{\mathrm{d}\rho^2}+\frac{\rho}{R}\frac{\mathrm{d}R}{\mathrm{d}\rho}+\frac{\rho^2}{Z}\frac{\mathrm{d}^2Z}{\mathrm{d}z^2}=\lambda \tag{3-124}$$

首先求解常微分方程(3-123)。如果 $\lambda=0$，则

$$\Phi(\varphi)=A_0\varphi+B_0 \tag{3-125}$$

如果 $\lambda>0$，令 $\lambda=\nu^2$，则有

$$\frac{\mathrm{d}^2\Phi}{\mathrm{d}\varphi^2}+\nu^2\Phi=0 \tag{3-126}$$

其解为

$$\Phi(\varphi)=A\cos\nu\varphi+B\sin\nu\varphi \tag{3-127}$$

ν 是一分离常数。实际应用中，电位常常满足周期性边界条件

$$\Phi(\varphi+2\pi)=\Phi(\varphi) \tag{3-128}$$

因此有

$$\nu(\varphi+2\pi)=\nu\varphi+2m\pi\quad(m=1,2,\cdots) \tag{3-129}$$

即

$$\nu=m\quad(m=1,2,\cdots) \tag{3-130}$$

于是有

$$\Phi(\varphi)=A\cos m\varphi+B\sin m\varphi \tag{3-131}$$

下面求解方程(3-124)。将 $\lambda=\nu^2=m^2$ 代入方程(3-124)，整理并移项得

$$\frac{1}{R}\frac{\mathrm{d}^2R}{\mathrm{d}\rho^2}+\frac{1}{\rho R}\frac{\mathrm{d}R}{\mathrm{d}\rho}-\frac{m^2}{\rho^2}=-\frac{1}{Z}\frac{\mathrm{d}^2Z}{\mathrm{d}z^2} \tag{3-132}$$

该方程左边是 ρ 的函数，右边是 z 的函数，两边相等只能取同一常数，记为 $-\mu$，因此有

$$\frac{1}{R}\frac{\mathrm{d}^2R}{\mathrm{d}\rho^2}+\frac{1}{\rho R}\frac{\mathrm{d}R}{\mathrm{d}\rho}-\frac{m^2}{\rho^2}=-\frac{1}{Z}\frac{\mathrm{d}^2Z}{\mathrm{d}z^2}=-\mu \tag{3-133}$$

由此得到方程的两个常微分方程

$$\frac{\mathrm{d}^2Z}{\mathrm{d}z^2}-\mu Z=0 \tag{3-134}$$

和

$$\frac{\mathrm{d}^2R}{\mathrm{d}\rho^2}+\frac{1}{\rho}\frac{\mathrm{d}R}{\mathrm{d}\rho}+\left(\mu-\frac{m^2}{\rho^2}\right)R=0 \tag{3-135}$$

求解方程(3-134)和方程(3-135)，需要对 μ 的取值进行讨论。

(1) $\mu=0$ 时，方程(3-135)变为欧拉方程。方程(3-134)和方程(3-135)的解为

$$Z_0(z)=C_0+D_0z \tag{3-136}$$

$$R_0(\rho)=\begin{cases}E+F\ln\rho & (m=0)\\ E\rho^m+\dfrac{F}{\rho^m} & (m\neq 0)\end{cases} \tag{3-137}$$

(2) $\mu>0$ 时，方程(3-134)的解为

$$Z(z)=C\mathrm{e}^{\sqrt{\mu}z}+D\mathrm{e}^{-\sqrt{\mu}z} \tag{3-138}$$

或

$$Z(z)=C\cosh\sqrt{\mu}z+D\sinh\sqrt{\mu}z \tag{3-139}$$

对于方程(3-135)的求解，需要作变量代换，令

$$x=\rho\sqrt{\mu} \tag{3-140}$$

注意此处 x 并非直角坐标。将式(3－140)代入方程(3－135)，有

$$\frac{\mathrm{d}R}{\mathrm{d}\rho}=\frac{\mathrm{d}R}{\mathrm{d}x}\frac{\mathrm{d}x}{\mathrm{d}\rho}=\sqrt{\mu}\frac{\mathrm{d}R}{\mathrm{d}x}$$

$$\frac{\mathrm{d}^2R}{\mathrm{d}\rho^2}=\frac{\mathrm{d}}{\mathrm{d}\rho}\left(\sqrt{\mu}\frac{\mathrm{d}R}{\mathrm{d}x}\right)=\frac{\mathrm{d}}{\mathrm{d}x}\left(\sqrt{\mu}\frac{\mathrm{d}R}{\mathrm{d}x}\right)\frac{\mathrm{d}x}{\mathrm{d}\rho}=\mu\frac{\mathrm{d}^2R}{\mathrm{d}x^2}$$

代入方程(3－135)，有

$$x^2\frac{\mathrm{d}^2R}{\mathrm{d}x^2}+x\frac{\mathrm{d}R}{\mathrm{d}x}+(x^2-m^2)R=0 \tag{3-141}$$

这就是 m 阶柱贝塞尔方程，其通解形式为

$$R(x)=E\mathrm{J}_m(x)+F\mathrm{J}_{-m}(x)\quad (m\neq 整数) \tag{3-142}$$

$$R(x)=E\mathrm{J}_m(x)+F\mathrm{Y}_m(x)\quad (m 可取任意值) \tag{3-143}$$

式中，$\mathrm{J}_m(x)$ 称为 m 阶第一类柱贝塞尔函数，$\mathrm{Y}_m(x)$ 称为 m 阶第二类柱贝塞尔函数；E 和 F 为任意常数，由边界条件确定。第一类整数阶柱贝塞尔函数和第二类整数阶柱贝塞尔函数的级数表达式分别为

$$\mathrm{J}_m(x)=\sum_{k=0}^{\infty}(-1)^{-k}\frac{1}{k!(k+m)!}\left(\frac{x}{2}\right)^{2k+m} \tag{3-144}$$

$$\mathrm{Y}_m(x)=\lim_{\nu\to m}\frac{\mathrm{J}_\nu(x)\cos\nu\pi-\mathrm{J}_{-\nu}(x)}{\sin\nu\pi} \tag{3-145}$$

$\mathrm{J}_m(x)$ 和 $\mathrm{Y}_m(x)$ 的仿真结果如图 3－16(a)和(b)所示。

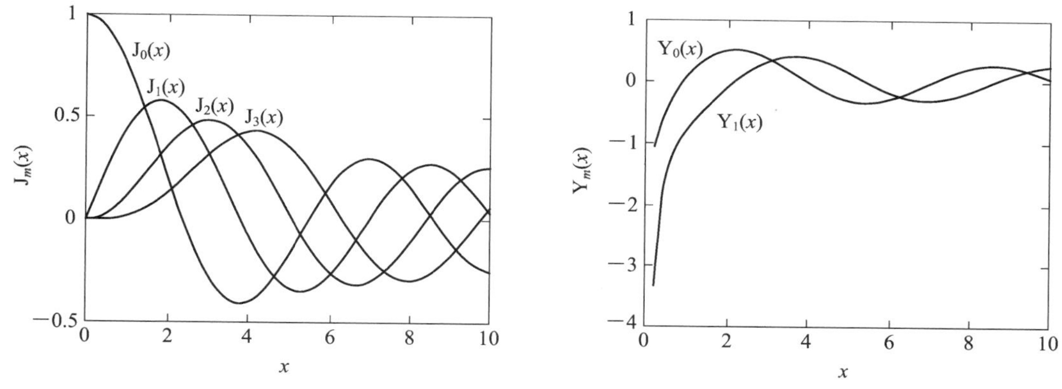

(a) 第一类柱贝塞尔函数$\mathrm{J}_m(x)$　　(b) 第二类柱贝塞尔函数$\mathrm{Y}_m(x)$

图 3－16　整数阶柱贝塞尔函数曲线

(3) $\mu<0$ 时，令 $-\mu=k^2$，而 $k^2>0$，则方程(3－134)变为

$$\frac{\mathrm{d}^2Z}{\mathrm{d}z^2}+k^2Z=0 \tag{3-146}$$

此方程的解为

$$Z(z)=C\cos kz+D\sin kz \tag{3-147}$$

对于方程(3－135)，作变量代换

$$x=k\rho \tag{3-148}$$

则方程(3－135)化为

$$x^2\frac{\mathrm{d}^2R}{\mathrm{d}x^2}+x\frac{\mathrm{d}R}{\mathrm{d}x}-(x^2+m^2)R=0 \tag{3-149}$$

这就是虚宗量柱贝塞尔方程。实际上把柱贝塞尔方程(3-141)中的变量 x 换为 jx，就是虚宗量柱贝塞尔方程(3-149)。虚宗量柱贝塞尔方程的通解形式为

$$R(x)=E\mathrm{I}_m(x)+F\mathrm{I}_{-m}(x)\quad (m\neq \text{整数}) \tag{3-150}$$

$$R(x)=E\mathrm{I}_m(x)+F\mathrm{K}_m(x)\quad (m\ \text{可取任意值}) \tag{3-151}$$

式中，$\mathrm{I}_m(x)$ 称为 m 阶第一类虚宗量柱贝塞尔函数(也称第一类修正柱贝塞尔函数)，$\mathrm{K}_m(x)$ 称为 m 阶第二类虚宗量柱贝塞尔函数(也称第二类修正柱贝塞尔函数)；E 和 F 为任意常数，由边界条件确定。第一类整数阶虚宗量柱贝塞尔函数和第二类整数阶虚宗量柱贝塞尔函数的级数表达式分别为

$$\mathrm{I}_m(x)=\sum_{k=0}^{\infty}\frac{1}{k!(k+m)!}\left(\frac{x}{2}\right)^{2k+m} \tag{3-152}$$

$$\mathrm{K}_m(x)=\lim_{\nu\to m}\frac{\pi}{2}\frac{\mathrm{I}_{-\nu}(x)-\mathrm{I}_{\nu}(x)}{\sin\nu\pi} \tag{3-153}$$

$\mathrm{I}_m(x)$ 和 $\mathrm{K}_m(x)$ 的仿真结果如图 3-17(a)和(b)所示。

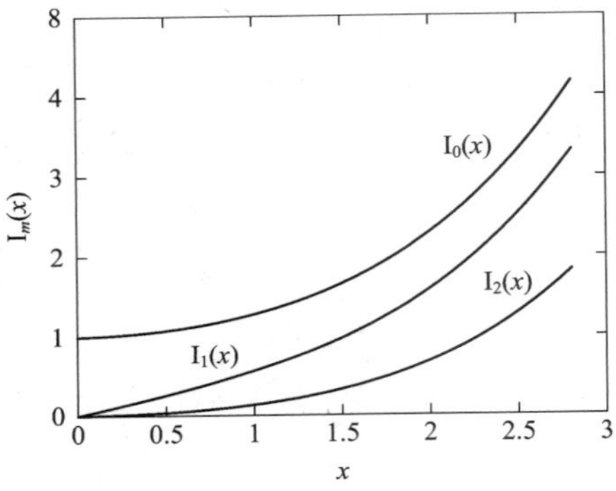

(a) 第一类虚宗量柱贝塞尔函数$\mathrm{I}_m(x)$

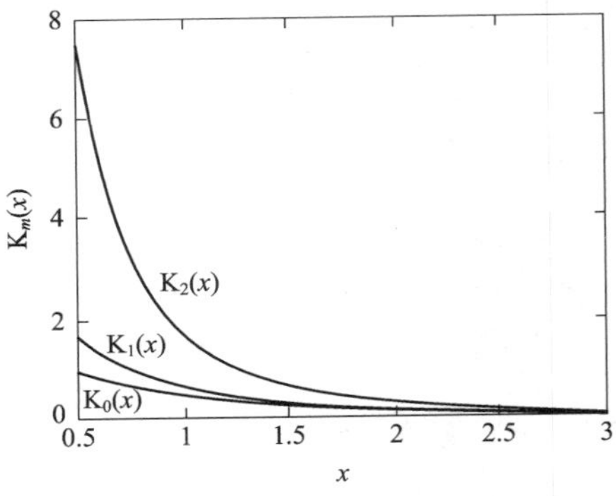

(b) 第二类虚宗量柱贝塞尔函数$\mathrm{K}_m(x)$

图 3-17 虚宗量柱贝塞尔函数曲线

下面举例说明圆柱坐标系下分离变量法的应用。

【例 3.4】 在均匀电场 $\boldsymbol{E}_0$ 中放一无限长导体圆柱，半径为 a，试求导体圆柱放入后的电场。

解 如图 3-18(a)所示，设导体圆柱平行于 Z 轴放置，圆柱轴线与 Z 轴重合，外加均

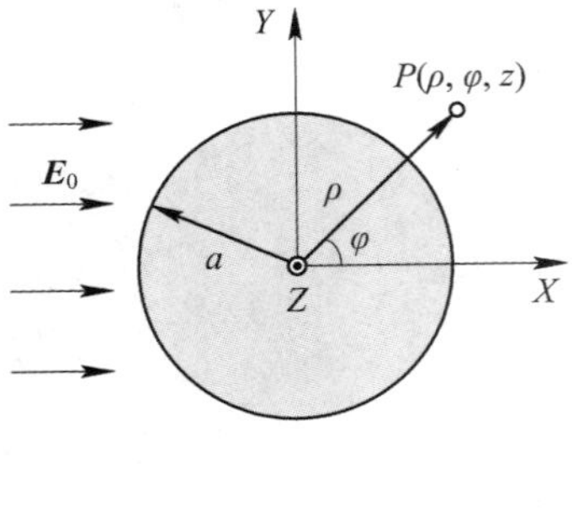

(a) 边值问题几何模型

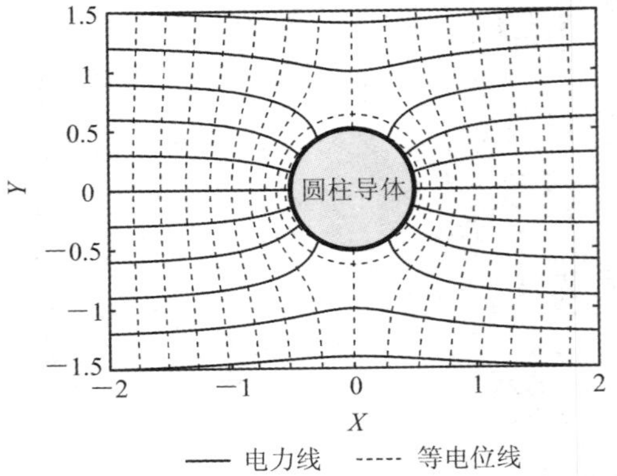

(b) 电场和电位分布

图 3-18 均匀电场中放一无限长导体圆柱

匀电场方向沿 X 轴方向，即

$$\boldsymbol{E}_0 = E_0\,\boldsymbol{e}_x$$

在圆柱导体外，电位分布满足拉普拉斯方程(3-118)。由于导体圆柱无限长，且导体圆柱是等位体，因此可选择导体圆柱电位为电位零点，由此可写出导体圆柱外电位满足如下边值问题：

$$\begin{cases}\nabla^2 u = \dfrac{1}{\rho}\dfrac{\partial}{\partial\rho}\left(\rho\dfrac{\partial u}{\partial\rho}\right)+\dfrac{1}{\rho^2}\dfrac{\partial^2 u}{\partial\varphi^2}+\dfrac{\partial^2 u}{\partial z^2}=0 \\ u\big|_{\rho=a}=0\end{cases} \tag{3-154}$$

依据前面柱坐标系下拉普拉斯方程求解的分离变量过程，下面首先求解 $\Phi(\varphi)$、$R(\rho)$ 和 $Z(z)$。

(1) 当 φ 变化 2π 时，电位值相同，即

$$\Phi(\varphi) = \Phi(\varphi + 2\pi)$$

$\Phi(\varphi)$ 满足周期性边界条件，由式(3-131)，有

$$\Phi(\varphi) = A\cos m\varphi + B\sin m\varphi \quad (m = 1, 2, \cdots)$$

电位分布以 XZ 面为对称面，即

$$\Phi(\varphi) = \Phi(-\varphi)$$

由此推得 $B = 0$，则有

$$\Phi(\varphi) = A\cos m\varphi \quad (m = 1, 2, \cdots)$$

(2) 由于导体圆柱无限长，电位分布与 z 无关，属二维平面场，因此，$\mu = 0$，由式(3-136)和式(3-137)，得

$$Z_0(z) = C_0$$

$$R_0(\rho) = E\rho^m + \frac{F}{\rho^m} \quad (m \neq 0)$$

由此得到圆柱外电位的通解为

$$u(\rho,\varphi) = \sum_{m=1}^{\infty}\left(A_m\rho^m + \frac{B_m}{\rho^m}\right)\cos m\varphi$$

式中，$A_m = AEC_0$，$B_m = AFC_0$。

(3) 确定常数 A_m、B_m 和 m。导体圆柱的电位为零，则有

$$u(a,\varphi) = \sum_{m=1}^{\infty}\left(A_m a^m + \frac{B_m}{a^m}\right)\cos m\varphi = 0$$

由此得

$$A_m = -B_m a^{-2m}$$

当 $\rho \to \infty$ 时，导体圆柱对外电场的影响可忽略不计。根据电位定义式(2-13)有

$$u_\infty = \int_\rho^a \boldsymbol{E}\cdot \mathrm{d}\boldsymbol{l} = u_a - u_\rho = -u_\rho$$

选取导体圆柱的圆心为电位参考零点，在无穷远处有

$$\boldsymbol{E}_0 = E_0\,\boldsymbol{e}_x$$

而电位为

$$u_\rho = E_0 x = E_0\rho\cos\varphi$$

则有

$$u_{\infty} = -E_0 \rho\cos\varphi$$

由此得到

$$\lim_{\rho\to\infty}\sum_{m=1}^{\infty} A_m\left(\rho^m - \frac{a^{2m}}{\rho^m}\right)\cos m\varphi = -\lim_{\rho\to\infty} E_0\rho\cos\varphi$$

显然，上式只有 $m=1$ 时才成立，得到

$$A_1 = -E_0$$

于是，圆柱外电位的解为

$$u(\rho,\varphi) = -E_0\left(\rho - \frac{a^2}{\rho}\right)\cos\varphi = -E_0\rho\cos\varphi + \frac{E_0 a^2}{\rho}\cos\varphi \tag{3-155}$$

根据电位与电场的关系式(2-21)及柱坐标系下的梯度表达式(1-74)，有

$$\boldsymbol{E} = -\nabla u = -\left(\frac{\partial u}{\partial\rho}\boldsymbol{e}_\rho + \frac{1}{\rho}\frac{\partial u}{\partial\varphi}\boldsymbol{e}_\varphi + \frac{\partial u}{\partial z}\boldsymbol{e}_z\right)$$

把电位表达式(3-155)代入得

$$\begin{aligned}\boldsymbol{E} &= -\frac{\partial u}{\partial\rho}\boldsymbol{e}_\rho - \frac{1}{\rho}\frac{\partial u}{\partial\varphi}\boldsymbol{e}_\varphi \\ &= \left(E_0\cos\varphi + \frac{E_0 a^2}{\rho^2}\cos\varphi\right)\boldsymbol{e}_\rho - \left(E_0\sin\varphi - \frac{E_0 a^2}{\rho^2}\sin\varphi\right)\boldsymbol{e}_\varphi \\ &= E_0\cos\varphi\left(1+\frac{a^2}{\rho^2}\right)\boldsymbol{e}_\rho - E_0\sin\varphi\left(1-\frac{a^2}{\rho^2}\right)\boldsymbol{e}_\varphi \end{aligned} \tag{3-156}$$

依据式(3-155)可知，无限长导体圆柱外电位分布仿真计算如图 3-18(b)所示。计算参数：电场强度 $E_0 = 10\ 000$ V/m，圆柱导体半径 $a = 0.5$ m。在 XY 平面内，计算区域范围为 $x = -2.0 \sim 2.0$ m，$y = -1.5 \sim 1.5$ m。由图可见，电力线分布具有平面对称性，导体圆柱等电位，电力线垂直于导体表面。

3.4.3 球坐标系下的分离变量法

由球坐标系下的拉普拉斯表达式(1-100)，可写出无源区域电位满足的拉普拉斯方程为

$$\nabla^2 u = \frac{1}{r^2}\frac{\partial}{\partial r}\left(r^2\frac{\partial u}{\partial r}\right) + \frac{1}{r^2\sin\theta}\frac{\partial}{\partial\theta}\left(\sin\theta\frac{\partial u}{\partial\theta}\right) + \frac{1}{r^2\sin^2\theta}\frac{\partial^2 u}{\partial\varphi^2} = 0 \tag{3-157}$$

用分离变量法求解该方程，令电位函数

$$u(r,\theta,\varphi) = R(r)\Theta(\theta)\Phi(\varphi)$$

代入式(3-157)得

$$\frac{\Theta\Phi}{r^2}\frac{\mathrm{d}}{\mathrm{d}r}\left(r^2\frac{\mathrm{d}R}{\mathrm{d}r}\right) + \frac{R\Phi}{r^2\sin\theta}\frac{\mathrm{d}}{\mathrm{d}\theta}\left(\sin\theta\frac{\mathrm{d}\Theta}{\mathrm{d}\theta}\right) + \frac{R\Phi}{r^2\sin^2\theta}\frac{\mathrm{d}^2\Phi}{\mathrm{d}\varphi^2} = 0 \tag{3-158}$$

式(3-158)两边同乘以 $r^2/R\Theta\Phi$，并移项得

$$\frac{1}{R}\frac{\mathrm{d}}{\mathrm{d}r}\left(r^2\frac{\mathrm{d}R}{\mathrm{d}r}\right) = -\frac{1}{\Theta\sin\theta}\frac{\mathrm{d}}{\mathrm{d}\theta}\left(\sin\theta\frac{\mathrm{d}\Theta}{\mathrm{d}\theta}\right) - \frac{1}{\Phi\sin^2\theta}\frac{\mathrm{d}^2\Phi}{\mathrm{d}\varphi^2} \tag{3-159}$$

欲使式(3-159)成立，则式左边必须等于常数，取常数为 $n(n+1)$，则有

$$\frac{1}{R}\frac{\mathrm{d}}{\mathrm{d}r}\left(r^2\frac{\mathrm{d}R}{\mathrm{d}r}\right) = n(n+1) \tag{3-160}$$

$$\frac{1}{\Theta\sin\theta}\frac{\mathrm{d}}{\mathrm{d}\theta}\left(\sin\theta\frac{\mathrm{d}\Theta}{\mathrm{d}\theta}\right)+\frac{1}{\Phi\sin^2\theta}\frac{\mathrm{d}^2\Phi}{\mathrm{d}\varphi^2}=-n(n+1) \tag{3-161}$$

方程(3－160)可化为

$$r^2\frac{\mathrm{d}^2R}{\mathrm{d}r^2}+2r\frac{\mathrm{d}R}{\mathrm{d}r}-n(n+1)R=0 \tag{3-162}$$

用 $\sin^2\theta$ 乘方程(3－161)两端，并移项得

$$\frac{\sin\theta}{\Theta}\frac{\mathrm{d}}{\mathrm{d}\theta}\left(\sin\theta\frac{\mathrm{d}\Theta}{\mathrm{d}\theta}\right)+n(n+1)\sin^2\theta=-\frac{1}{\Phi}\frac{\mathrm{d}^2\Phi}{\mathrm{d}\varphi^2} \tag{3-163}$$

上式左端为 θ 函数，右端为 φ 的函数，两端相等，必为一常数。与方程(3－122)的讨论相同，常数为 m^2，从而得

$$\frac{\sin\theta}{\Theta}\frac{\mathrm{d}}{\mathrm{d}\theta}\left(\sin\theta\frac{\mathrm{d}\Theta}{\mathrm{d}\theta}\right)+n(n+1)\sin^2\theta=m^2 \tag{3-164}$$

$$\frac{1}{\Phi}\frac{\mathrm{d}^2\Phi}{\mathrm{d}\varphi^2}=-m^2 \tag{3-165}$$

式(3－162)、式(3－164)和式(3－165)是球坐标系下拉普拉斯方程分离变量得到的三个常微分方程。下面对三个方程的求解进行讨论。

(1) 方程(3－162)是欧拉方程，其解为

$$R(r)=A_1r^n+A_2r^{-(n+1)} \tag{3-166}$$

式中，A_1 和 A_2 为任意常数。

(2) 方程(3－165)的通解为

$$\Phi(\varphi)=B_1\cos m\varphi+B_2\sin m\varphi \tag{3-167}$$

式中，B_1 和 B_2 为任意常数。

在方程(3－164)中，令 $x=\cos\theta$，记 $\Theta(\theta)$ 为 $P(x)$，则式(3－164)可化为

$$(1-x^2)\frac{\mathrm{d}^2\mathrm{P}}{\mathrm{d}x^2}-2x\frac{\mathrm{d}\mathrm{P}}{\mathrm{d}x}+\left[n(n+1)-\frac{m^2}{\sin^2\theta}\right]\mathrm{P}=0 \tag{3-168}$$

此方程称为连带勒让德方程。

如果 $m=0$，则式(3－168)可化为

$$(1-x^2)\frac{\mathrm{d}^2\mathrm{P}}{\mathrm{d}x^2}-2x\frac{\mathrm{d}\mathrm{P}}{\mathrm{d}x}+n(n+1)\mathrm{P}=0 \tag{3-169}$$

这就是勒让德方程。如果 n 取整数，勒让德方程的解是勒让德多项式，记为 $\mathrm{P}_n(x)$，则有

$$\mathrm{P}_n(x)=\frac{1}{2^n n!}\frac{\mathrm{d}^n}{\mathrm{d}x^n}(x^2-1)^n \tag{3-170}$$

如果 m 和 n 都取整数，连带勒让德方程的解是连带勒让德多项式，记为 $\mathrm{P}_n^m(x)$，则有

$$\mathrm{P}_n^m(x)=(1-x^2)^{\frac{m}{2}}\frac{\mathrm{d}^m\mathrm{P}_n(x)}{\mathrm{d}x^m}\quad(m\leqslant n,\quad |x|\leqslant 1) \tag{3-171}$$

也称为缔合勒让德函数。勒让德多项式和连带勒让德多项式统称为洛德利格斯公式。勒让德多项式和连带勒让德多项式在区间[－1,＋1]上具有正交性。$\mathrm{P}_n(x)$ 和 $\mathrm{P}_n^m(x)$ 的仿真结果如图 3－19(a)和(b)所示。

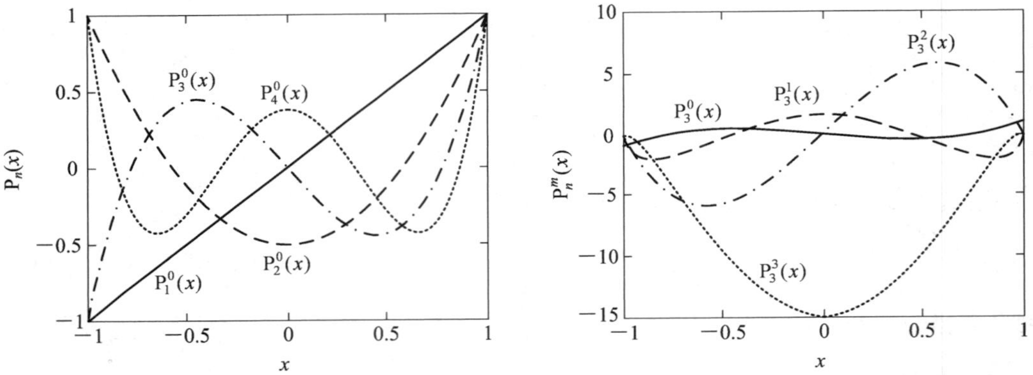

(a) $P_n(x)$　　(b) $P_n^m(x)$

图 3-19　勒让德多项式 $P_n(x)$和连带勒让德多项式 $P_n^m(x)$函数曲线

【例 3.5】 如图 3-20(a)所示，在均匀电场 $\boldsymbol{E}_0$ 中放一接地导体球，球的半径等于 a，求球外电位和电场。

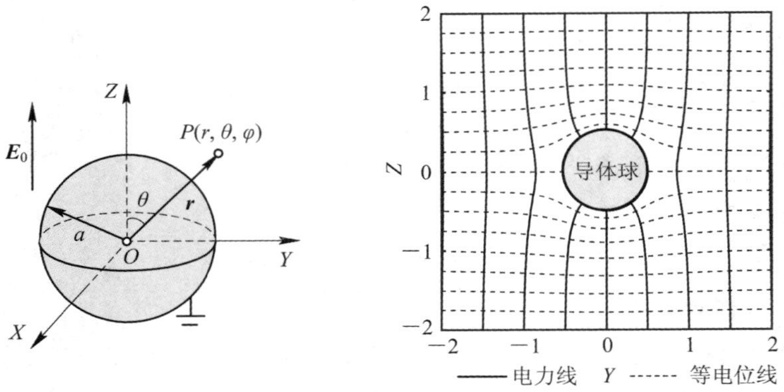

(a) 边值问题几何模型　　(b) 电场和电位分布

图 3-20　均匀电场中放一接地导体球

解　在球外没有电荷分布，球外电位满足拉普拉斯方程。导体球是问题的唯一边界，所以选用球坐标系。选取球坐标极轴 Z 沿外电场的方向，由对称性可知，电位分布与 φ 无关，因此边值问题可归结为

$$\begin{cases}\nabla^2 u = \dfrac{1}{r^2}\dfrac{\partial}{\partial r}\left(r^2\dfrac{\partial u}{\partial r}\right)+\dfrac{1}{r^2\sin\theta}\dfrac{\partial}{\partial\theta}\left(\sin\theta\dfrac{\partial u}{\partial\theta}\right)=0\\ u\big|_{r=a}=0\end{cases}\tag{3-172}$$

用分离变量法求解。设

$$u(r,\theta)=R(r)\Theta(\theta)\tag{3-173}$$

代入方程(3-172)，并两端除以 $R(r)\Theta(\theta)$，得

$$\frac{1}{r^2R}\frac{\mathrm{d}}{\mathrm{d}r}\left(r^2\frac{\mathrm{d}R}{\mathrm{d}r}\right)+\frac{1}{r^2\sin\theta\,\Theta}\frac{\mathrm{d}}{\mathrm{d}\theta}\left(\sin\theta\frac{\mathrm{d}\Theta}{\mathrm{d}\theta}\right)=0\tag{3-174}$$

要使方程成立，必须使其中的两项都为常数，设第一项为常数 μ，第二项为常数 $-\mu$，则有

$$\frac{1}{\sin\theta\ \Theta}\frac{\mathrm{d}}{\mathrm{d}\theta}\left(\sin\theta\frac{\mathrm{d}\Theta}{\mathrm{d}\theta}\right)=-\mu \tag{3-175}$$

$$\frac{\mathrm{d}}{\mathrm{d}r}\left(r^2\frac{\mathrm{d}R}{\mathrm{d}r}\right)-\mu R=0 \tag{3-176}$$

展开方程(3-175)有

$$\frac{\mathrm{d}^2\Theta}{\mathrm{d}\theta^2}+\frac{\cos\theta}{\sin\theta}\frac{\mathrm{d}\Theta}{\mathrm{d}\theta}=-\mu\Theta \tag{3-177}$$

令 $x=\cos\theta$，$\mathrm{P}(x)=\Theta(\theta)$，利用复合函数求导，得

$$\frac{\mathrm{d}\Theta}{\mathrm{d}\theta}=\frac{\mathrm{dP}}{\mathrm{d}x}\frac{\mathrm{d}x}{\mathrm{d}\theta}=-\sin\theta\frac{\mathrm{dP}}{\mathrm{d}x}$$

$$\frac{\mathrm{d}^2\Theta}{\mathrm{d}\theta^2}=\frac{\mathrm{d}}{\mathrm{d}\theta}\left[-\sin\theta\frac{\mathrm{dP}}{\mathrm{d}x}\right]=-\cos\theta\frac{\mathrm{dP}}{\mathrm{d}x}+\sin^2\theta\frac{\mathrm{d}^2\mathrm{P}}{\mathrm{d}x^2}$$

代入方程(3-177)，得

$$(1-x^2)\frac{\mathrm{d}^2\mathrm{P}}{\mathrm{d}x^2}-2x\frac{\mathrm{dP}}{\mathrm{d}x}+\mu\mathrm{P}=0\quad(-1\leqslant x\leqslant+1) \tag{3-178}$$

与方程(3-169)比较可知，式(3-178)就是勒让德方程。若要方程解有界，必须取

$$\mu=n(n+1)\quad(n=0,1,2,\cdots) \tag{3-179}$$

其解为勒让德多项式(3-170)，则方程(3-177)的解为

$$\Theta(\theta)=\mathrm{P}_n(\cos\theta) \tag{3-180}$$

当 $\mu=n(n+1)$ 时，方程(3-176)变为

$$r^2\frac{\mathrm{d}^2R}{\mathrm{d}r^2}+2r\frac{\mathrm{d}R}{\mathrm{d}r}-n(n+1)R=0 \tag{3-181}$$

这就是欧拉方程，其解为(3-166)，即

$$R(r)=Ar^n+Br^{-(n+1)} \tag{3-182}$$

因此，边值问题(3-172)在 $r>a$ 区域的有界特解为

$$u_n(r,\theta)=[A_nr^n+B_nr^{-(n+1)}]\mathrm{P}_n(\cos\theta)\quad(n=0,1,2,\cdots) \tag{3-183}$$

要得到满足边界条件的解，需要把这些解叠加起来，有

$$u(r,\theta)=\sum_{n=0}^{\infty}[A_nr^n+B_nr^{-(n+1)}]\mathrm{P}_n(\cos\theta) \tag{3-184}$$

下面利用边界条件确定常数 A_n 和 B_n。当 $r=a$ 时，导体球表面的电位为零，有

$$u(a,\theta)=\sum_{n=0}^{\infty}[A_na^n+B_na^{-(n+1)}]\mathrm{P}_n(\cos\theta)=0 \tag{3-185}$$

$\mathrm{P}_n(\cos\theta)\neq 0$，必有

$$A_na^n+B_na^{-(n+1)}=0\quad 或\quad B_n=-A_na^{2n+1} \tag{3-186}$$

代入式(3-184)有

$$u(r,\theta)=\sum_{n=0}^{\infty}A_n(r^n-a^{2n+1}r^{-(n+1)})\mathrm{P}_n(\cos\theta) \tag{3-187}$$

由于外场为均匀场，球外区域延伸至无穷远处，因此还必须考虑无穷远处电位应满足的条件。在外场的作用下，导体球表面会出现感应电荷分布，感应电荷对无穷远处的电场强度和电位的影响可忽略不计，所以在无穷远处的电场仅有原来的外电场分量，即

$$E_{r\to\infty}=E_0 \tag{3-188}$$

选取电位参考零点为球心(导体球为等位体)，根据电位定义有

$$u_{r\to\infty}=\int_r^a \boldsymbol{E}\cdot \mathrm{d}\boldsymbol{l}=\int_r^a(\boldsymbol{E}_0+\boldsymbol{E}')\cdot \mathrm{d}\boldsymbol{l} \tag{3-189}$$

$\boldsymbol{E}'$ 为感应电荷产生的电场。根据感应电荷分布的对称性，可得 $\boldsymbol{E}'$ 产生的电位为

$$\int_{r\to\infty}^0 \boldsymbol{E}'\cdot \mathrm{d}\boldsymbol{l}=0 \tag{3-190}$$

而 $\boldsymbol{E}_0$ 产生的电位为

$$\int_{r\to\infty}^0 \boldsymbol{E}_0\cdot \mathrm{d}\boldsymbol{l}=\int_{r\to\infty}^0 E_0\,\mathrm{d}z=-E_0 r\cos\theta \tag{3-191}$$

将式(3-190)和式(3-191)代入式(3-189)有

$$u_{r\to\infty}=-E_0 r\cos\theta \tag{3-192}$$

由此得到

$$u(r,\theta)=\lim_{r\to\infty}\sum_{n=0}^{\infty}A_n r^n \mathrm{P}_n(\cos\theta)=-\lim_{r\to\infty}E_0 r\cos\theta \tag{3-193}$$

勒让德多项式 $\mathrm{P}_0(\cos\theta)=1$，$\mathrm{P}_1(\cos\theta)=\cos\theta$，比较式(3-193)两边的系数，有

$$A_0=0,\quad A_1=-E_0,\quad A_2=A_3=\cdots=0 \tag{3-194}$$

代入方程(3-187)，得到边值问题的解为

$$u(r,\theta)=-E_0 r\cos\theta+E_0 a^3\frac{\cos\theta}{r^2} \tag{3-195}$$

式(3-195)表明，导体球外电位分布由两部分组成，一是外场的电位，二是导体球感应电荷产生的电位。

根据电位与电场的关系式(2-21)及球坐标系下的梯度表达式(1-75)，有

$$\boldsymbol{E}=-\nabla u=-\left(\frac{\partial u}{\partial r}\boldsymbol{e}_r+\frac{1}{r}\frac{\partial u}{\partial\theta}\boldsymbol{e}_\theta\right) \tag{3-196}$$

将式(3-195)代入得

$$\boldsymbol{E}=E_0\cos\theta\left(1+\frac{2a^3}{r^3}\right)\boldsymbol{e}_r-E_0\sin\theta\left(1-\frac{a^3}{r^3}\right)\boldsymbol{e}_\theta \tag{3-197}$$

依据式(3-195)，导体球外电位分布仿真计算结果如图 3-20(b)所示。计算参数：电场强度 $E_0=500$ V/m，导体球半径 $a=0.5$ m。由于电位 $u(r,\theta)$ 与 φ 无关，在 YZ 平面内，可采用极坐标计算。计算区域范围为 $y=-2.0\sim2.0$ m，$z=-2.0\sim2.0$ m。由图3-20(b)可见，电力线分布具有轴对称性，导体球等电位，电力线垂直于导体球表面。

3.5 格林函数法

格林函数法求解静电场边值问题，不仅适用于求解拉普拉斯方程，也适用于求解泊松方程和赫姆霍兹方程，因此格林函数法应用更为广泛。格林函数法是将具有任意源分布的静电场边值问题化为具有齐次边界条件的点源(点电荷)边值问题，首先求解点源边值问题的解，然后利用积分叠加得到具有任意源分布边值问题的解，所以格林函数法又称点源函数法。由于描述点源边值问题要用到 δ 函数，下面首先介绍 δ 函数的基本概念。

3.5.1 δ 函数的基本概念

1. δ(x) 函数的定义

一维 δ 函数定义为

$$\delta(x)=\begin{cases}+\infty & (x=0)\\ 0 & (x\neq 0)\end{cases} \tag{3-198}$$

$$\int_{-\infty}^{+\infty}\delta(x)\mathrm{d}x=1 \tag{3-199}$$

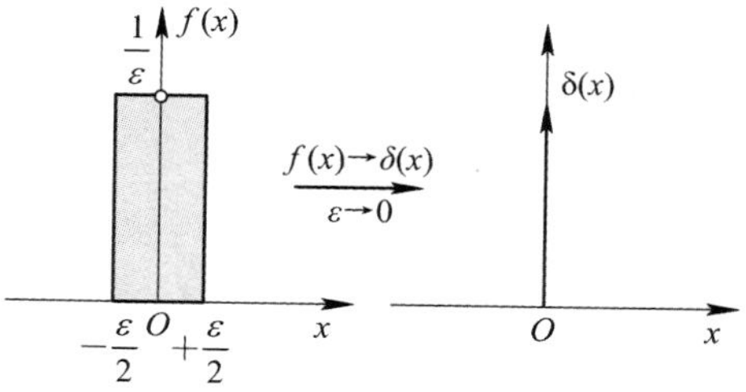

图 3－21　一维 δ 函数的定义

由定义可见，在点 $x=0$ 处，$\delta(x)$ 为无穷大，因此 δ 函数不符合普通函数的定义，但 $\delta(x)$ 可以作为连续函数的极限来理解。如图 3－21 所示，设矩形脉冲函数

$$f(x)=\frac{1}{\varepsilon}\quad\left(x\in\left[-\frac{\varepsilon}{2},+\frac{\varepsilon}{2}\right]\right)$$

当 $\varepsilon\to 0$ 时，有

$$\lim_{\varepsilon\to 0}f(x)=\lim_{\varepsilon\to 0}\frac{1}{\varepsilon}\to+\infty$$

而

$$\int_{-\infty}^{+\infty}f(x)\mathrm{d}x=\lim_{\varepsilon\to 0}\int_{-\varepsilon/2}^{+\varepsilon/2}\frac{1}{\varepsilon}\mathrm{d}x=1$$

显然，矩形脉冲 $f(x)$ 在 $\varepsilon\to 0$ 时满足 δ 函数的定义。δ 函数是诺贝尔物理学奖获得者狄拉克引入的，因而也称为狄拉克函数。近代物理中，δ 函数有着广泛的应用。

2. $\delta(x-x')$ 的定义

设 $f(x)$ 为定义在 $(-\infty,+\infty)$ 上的任意连续函数，$\delta(x-x')$ 的定义为

$$\delta(x-x')=\begin{cases}\infty & (x=x')\\ 0 & (x\neq x')\end{cases} \tag{3-200}$$

$$\int_{-\infty}^{+\infty}f(x)\delta(x-x')\mathrm{d}x=f(x') \tag{3-201}$$

显然，$\delta(x)$ 的定义形象地反映了 δ 函数的物理背景，而 $\delta(x-x')$ 的定义则反映的是 δ 函数的运算性质，式(3－201)表明 δ 具有取样特性。

3. 二维和三维空间中直角坐标系下的 δ 函数

在直角坐标系下，设 $f(\boldsymbol{r})=f(x,y,z)$ 为定义在 $-\infty<x,y,z<+\infty$ 上的连续函数，则三维 δ 函数 $\delta(\boldsymbol{r}-\boldsymbol{r}')$ 定义为

$$\delta(\boldsymbol{r}-\boldsymbol{r}')=\delta(x-x')\delta(y-y')\delta(z-z')=\begin{cases}\infty & (\boldsymbol{r}=\boldsymbol{r}')\\ 0 & (\boldsymbol{r}\neq\boldsymbol{r}')\end{cases} \tag{3-202}$$

$$\int_{-\infty}^{+\infty}\int_{-\infty}^{+\infty}\int_{-\infty}^{+\infty}f(x,y,z)\delta(x-x')\delta(y-y')\delta(z-z')\mathrm{d}x\mathrm{d}y\mathrm{d}z=f(x',y',z') \tag{3-203}$$

同理，可写出二维 δ 函数的定义为

$$\delta(\boldsymbol{r}-\boldsymbol{r}')=\delta(x-x')\delta(y-y')=\begin{cases}\infty & (\boldsymbol{r}=\boldsymbol{r}')\\ 0 & (\boldsymbol{r}\neq\boldsymbol{r}')\end{cases} \tag{3-204}$$

$$\int_{-\infty}^{+\infty}\int_{-\infty}^{+\infty}f(x,y)\delta(x-x')\delta(y-y')\mathrm{d}x\mathrm{d}y=f(x',y') \tag{3-205}$$

4. 点电荷密度的 δ 函数表示

如果把一维 δ 函数理解为矩形脉冲函数 $f(x)$ 在 $\varepsilon\to 0$ 时的极限，则 $\delta(x)$ 具有 $[1/L]$ 的量纲，L 为长度，单位 m(米)。以此类推，$\delta(x)\delta(y)$ 具有 $[1/L^2]$ 的量纲，而

$\delta(x)\delta(y)\delta(z)$具有$[1/L^3]$的量纲。因此，点电荷 q 的线密度 ρ_l、面密度 ρ_S 和体密度 ρ_V 就可以用 δ 函数表示为

$$\rho_l(x') = q\,\delta(x - x') \tag{3-206}$$

$$\rho_S(x', y') = q\,\delta(x - x')\delta(y - y') \tag{3-207}$$

$$\rho_V(x', y', z') = q\,\delta(x - x')\delta(y - y')\delta(z - z') \tag{3-208}$$

3.5.2　格林函数

从数学意义上讲，把与任意源分布静电场边值问题相对应的具有齐次边界条件的点源边值问题的解称为对应边值问题的格林函数，也称为对应边值问题的基本解。因此，对于不同源分布和不同边界条件，静电场边值问题对应不同的格林函数。下面介绍三种格林函数。

1. 无界空间的格林函数

假设在三维无界空间某给定区域 V 内存在一带电体，电荷体密度为 $\rho_V(x, y, z)$，则空间电位满足边值问题：

$$\begin{cases} \nabla^2 u(\boldsymbol{r}) = -\dfrac{\rho_V(\boldsymbol{r})}{\varepsilon_0} \\ u\big|_{x,y,z\to\infty} = 0 \end{cases} \tag{3-209}$$

与边值问题(3-209)相对应的点源边值问题为

$$\begin{cases} \nabla^2 G(\boldsymbol{r}, \boldsymbol{r}') = -\dfrac{\delta(\boldsymbol{r} - \boldsymbol{r}')}{\varepsilon_0} \\ G\big|_{x,y,z\to\infty} = 0 \end{cases} \tag{3-210}$$

边值问题(3-210)的解 G 称为无界空间的格林函数。实际上，边值问题(3-210)的解就是在源点 $\boldsymbol{r}'$ 处放置一单位正电荷($q=+1$)电位所满足的泊松方程。由式(2-15)可知，放置于空间点 $\boldsymbol{r}'$ 处的单位正电荷产生的电位为

$$G(\boldsymbol{r}, \boldsymbol{r}') = \frac{1}{4\pi\varepsilon_0\sqrt{(x - x')^2 + (y - y')^2 + (z - z')^2}} \tag{3-211}$$

式中，(x', y', z') 为单位点电荷所在的位置坐标，即源点坐标，(x, y, z) 为场点坐标。表达式(3-211)就是无界空间的格林函数。格林函数也可以在球坐标系下求齐次方程

$$\begin{cases} \nabla^2 G(\boldsymbol{r}, \boldsymbol{r}') = 0 \\ G\big|_{x,y,z\to\infty} = 0 \end{cases} \tag{3-212}$$

的解得到，其结果与式(3-211)是相同的。在此需要说明的是，由于格林函数既是场点坐标 (x, y, z) 的函数，也是源点坐标 (x', y', z') 的函数，为了书写方便起见，通常把格林函数记作 $G(\boldsymbol{r}, \boldsymbol{r}')$。

2. 上半空间的格林函数

设在无限大接地导体平板的上半空间某给定区域 V 内存在一带电体，电荷体密度为 $\rho_V(x, y, z)$，则上半空间电位满足边值问题：

$$\begin{cases} \nabla^2 u(\boldsymbol{r}) = -\dfrac{\rho_V(\boldsymbol{r})}{\varepsilon_0} \\ u\big|_{z=0} = 0 \end{cases} \tag{3-213}$$

与边值问题(3-213)相对应的点源边值问题为

$$\begin{cases}\nabla^2 G(\boldsymbol{r},\boldsymbol{r}')=-\dfrac{\delta(\boldsymbol{r}-\boldsymbol{r}')}{\varepsilon_0}\\ G|_{z=0}=0\end{cases} \tag{3-214}$$

边值问题(3-214)的解 G 就是上半空间的格林函数。求解格林函数 G，是求解齐次方程

$$\begin{cases}\nabla^2 G(\boldsymbol{r},\boldsymbol{r}')=0\\ G|_{z=0}=0\end{cases} \tag{3-215}$$

的解。显然，边值问题(3-215)与边值问题(3-7)相同，因而可以采用镜像法求解。由式(3-8)可知，当单位点电荷放置于上半空间任一点 $\boldsymbol{r}'$ 处时，得到上半空间格林函数为

$$G(\boldsymbol{r},\boldsymbol{r}')=\frac{1}{4\pi\varepsilon_0}\left[\frac{1}{\sqrt{(x-x')^2+(y-y')^2+(z-z')^2}}-\frac{1}{\sqrt{(x-x')^2+(y-y')^2+(z+z')^2}}\right] \tag{3-216}$$

3. 球外空间的格林函数

设半径为 a 的接地导体球放置于真空介质中，球外某给定区域 V 内存在一带电导体，电荷体密度为 $\rho_V(x,y,z)$，则空间电位满足边值问题：

$$\begin{cases}\nabla^2 u(\boldsymbol{r})=-\dfrac{\rho_V(\boldsymbol{r})}{\varepsilon_0}\\ u|_{r=a}=0\end{cases} \tag{3-217}$$

与边值问题(3-217)相对应的点源边值问题为

$$\begin{cases}\nabla^2 G(\boldsymbol{r},\boldsymbol{r}')=-\dfrac{\delta(\boldsymbol{r}-\boldsymbol{r}')}{\varepsilon_0}\\ G|_{r=a}=0\end{cases} \tag{3-218}$$

边值问题(3-218)的解 G 就是球外空间的格林函数。求齐次方程

$$\begin{cases}\nabla^2 G(\boldsymbol{r},\boldsymbol{r}')=0\\ G|_{r=a}=0\end{cases} \tag{3-219}$$

的解，即得球外格林函数 G。边值问题(3-219)与边值问题(3-43)相同，因而也可以采用镜像法求解。点电荷对接地导体球镜像求解结果为式(3-53)，因而式(3-53)就是齐次方程(3-219)的解。但由于式(3-53)的点电荷放置于 $\theta=0$ 的 Z 轴上，对于点电荷放置于空间任一点 $\boldsymbol{r}'$处($\theta'\neq 0$)，式(3-53)需要进行变量代换。如图3-22所示，由余弦定理，并将式(3-52)中的 b 代入式(3-45)，有

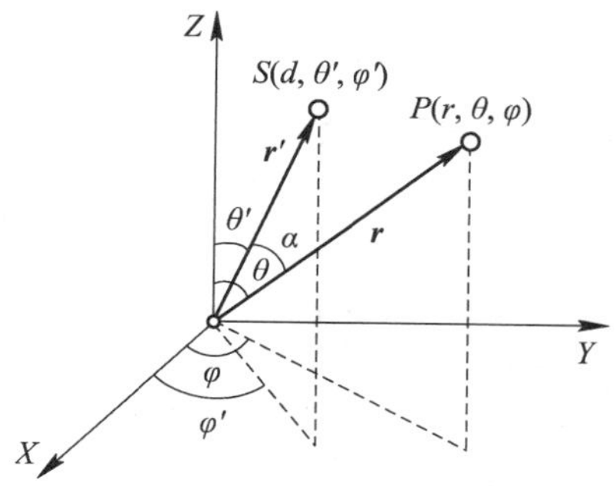

图3-22　场点与源点位置矢量之间的夹角

$$R_1=[r^2+d^2-2rd\cos\alpha]^{1/2} \tag{3-220}$$

$$R_2=\frac{1}{d}[r^2d^2+a^4-2a^2rd\cos\alpha]^{1/2} \tag{3-221}$$

式中，α 为场点位置矢量 $\boldsymbol{r}$ 和源点位置矢量 $\boldsymbol{r}'$ 之间的夹角，a 为导体球半径，d 为点电荷到球心的距离，r 为场点位置矢量 $\boldsymbol{r}$ 的大小。

利用球坐标与直角坐标矢量分量之间的变换关系式(1-59)，可求得 $\cos\alpha$。在球坐标系

下，设场点位置矢量 $\boldsymbol{r}$ 的单位矢量 $\boldsymbol{e}_r$ 的大小为 $A_r=1$，源点位置矢量 $\boldsymbol{r}'$ 的单位矢量 $\boldsymbol{e}'_r$ 的大小为 $A_{r'}=1$。由式(1-59)可得单位矢量 $\boldsymbol{e}_r$ 和 $\boldsymbol{e}_{r'}$ 在直角坐标系下的分量为

$$\begin{bmatrix} A_x \\ A_y \\ A_z \end{bmatrix}=\begin{bmatrix} \sin\theta\cos\varphi & \cos\theta\cos\varphi & -\sin\varphi \\ \sin\theta\sin\varphi & \cos\theta\sin\varphi & \cos\varphi \\ \cos\theta & -\sin\theta & 0 \end{bmatrix}\begin{bmatrix} A_r \\ 0 \\ 0 \end{bmatrix} \tag{3-222}$$

$$\begin{bmatrix} A_{x'} \\ A_{y'} \\ A_{z'} \end{bmatrix}=\begin{bmatrix} \sin\theta'\cos\varphi' & \cos\theta'\cos\varphi' & -\sin\varphi' \\ \sin\theta'\sin\varphi' & \cos\theta'\sin\varphi' & \cos\varphi' \\ \cos\theta' & -\sin\theta' & 0 \end{bmatrix}\begin{bmatrix} A_r' \\ 0 \\ 0 \end{bmatrix} \tag{3-223}$$

由此得到

$$\boldsymbol{A}=\sin\theta\cos\varphi\,\boldsymbol{e}_x+\sin\theta\sin\varphi\,\boldsymbol{e}_y+\cos\theta\,\boldsymbol{e}_z \tag{3-224}$$

$$\boldsymbol{A}'=\sin\theta'\cos\varphi'\,\boldsymbol{e}_x+\sin\theta'\sin\varphi'\,\boldsymbol{e}_y+\cos\theta'\,\boldsymbol{e}_z \tag{3-225}$$

矢量 $\boldsymbol{A}$ 和 $\boldsymbol{A}'$ 为单位矢量，夹角为 α，求两矢量的标量积，得

$$\cos\alpha=\boldsymbol{A}\cdot\boldsymbol{A}'=\cos\theta\cos\theta'+\sin\theta\sin\theta'\cos(\varphi-\varphi') \tag{3-226}$$

将式(3-220)和式(3-221)代入式(3-53)，得到导体球外空间格林函数为

$$G(r,\theta,\varphi)=\frac{1}{4\pi\varepsilon}\left(\frac{1}{\sqrt{r^2+d^2-2rd\cos\alpha}}-\frac{a}{\sqrt{r^2d^2+a^4-2a^2rd\cos\alpha}}\right) \tag{3-227}$$

3.5.3 静电场边值问题解的格林函数积分表达式

在已知点源边值问题的解格林函数之后，可利用格林第二恒等式

$$\iiint_{(V)}(\psi\nabla^2\varphi-\varphi\nabla^2\psi)\mathrm{d}V=\oint\!\!\oint_{(S)}\left(\psi\frac{\partial\varphi}{\partial n}-\varphi\frac{\partial\psi}{\partial n}\right)\mathrm{d}S \tag{3-228}$$

得到任意源分布边值问题的解。因为格林公式(3-228)适用于任意函数 φ 和 ψ，可取 $\varphi=u$，$\psi=G$(G 为已知格林函数)，u 满足任意源分布的泊松方程：

$$\nabla^2u(\boldsymbol{r})=-\frac{\rho_V(\boldsymbol{r})}{\varepsilon_0} \tag{3-229}$$

而 G 满足点源泊松方程：

$$\nabla^2G(\boldsymbol{r},\boldsymbol{r}')=-\frac{\delta(\boldsymbol{r}-\boldsymbol{r}')}{\varepsilon_0} \tag{3-230}$$

将式(3-229)和式(3-230)代入格林公式(3-228)，得到

$$\iiint_{(V)}\left(u(\boldsymbol{r})\frac{\delta(\boldsymbol{r}-\boldsymbol{r}')}{\varepsilon_0}-G(\boldsymbol{r},\boldsymbol{r}')\frac{\rho_V(\boldsymbol{r})}{\varepsilon_0}\right)\mathrm{d}V=\oint\!\!\oint_{(S)}\left(G(\boldsymbol{r},\boldsymbol{r}')\frac{\partial u(\boldsymbol{r})}{\partial n}-u(\boldsymbol{r})\frac{\partial G(\boldsymbol{r},\boldsymbol{r}')}{\partial n}\right)\mathrm{d}S \tag{3-231}$$

当源点在区域 V 内时，根据式(3-203)，有

$$\iiint_{(V)}u(\boldsymbol{r})\delta(\boldsymbol{r}-\boldsymbol{r}')\mathrm{d}V=u(\boldsymbol{r}') \tag{3-232}$$

由此式(3-231)可改写为

$$u(\boldsymbol{r}')=\iiint_{(V)}G(\boldsymbol{r},\boldsymbol{r}')\rho_V(\boldsymbol{r})\mathrm{d}V+\varepsilon_0\oint\!\!\oint_{(S)}\left(G(\boldsymbol{r},\boldsymbol{r}')\frac{\partial u(\boldsymbol{r})}{\partial n}-u(\boldsymbol{r})\frac{\partial G(\boldsymbol{r},\boldsymbol{r}')}{\partial n}\right)\mathrm{d}S \tag{3-233}$$

将式(3-233)中源点坐标 $\boldsymbol{r}'$ 与场点坐标 $\boldsymbol{r}$ 互换，并利用格林函数的对称性：

$$G(\boldsymbol{r},\boldsymbol{r}') = G(\boldsymbol{r}',\boldsymbol{r}) \tag{3-234}$$

得到

$$u(\boldsymbol{r}) = \iiint\limits_{(V)} G(\boldsymbol{r},\boldsymbol{r}')\rho_V(\boldsymbol{r}')\mathrm{d}V' + \varepsilon_0 \oint\!\!\!\oint\limits_{(S)} \left(G(\boldsymbol{r},\boldsymbol{r}') \frac{\partial u(\boldsymbol{r}')}{\partial n'} - u(\boldsymbol{r}') \frac{\partial G(\boldsymbol{r},\boldsymbol{r}')}{\partial n'} \right) \mathrm{d}S' \tag{3-235}$$

这就是任意源分布静电场边值问题的积分解，也称为泊松方程解的基本积分公式。

下面就积分解(3-235)应用于三类边值问题进行讨论。

1. 第一类边值问题

在边界面上给定电位 $\varphi_1(S)$，任意电荷分布的静电场边值问题为

$$\begin{cases} \nabla^2 u(\boldsymbol{r}) = -\dfrac{\rho_V(\boldsymbol{r})}{\varepsilon_0} \\ u|_S = \varphi_1(S) \end{cases} \tag{3-236}$$

与边值问题(3-236)相对应的点源格林函数满足边值问题为

$$\begin{cases} \nabla^2 G(\boldsymbol{r},\boldsymbol{r}') = -\dfrac{\delta(\boldsymbol{r}-\boldsymbol{r}')}{\varepsilon_0} \\ G(\boldsymbol{r},\boldsymbol{r}')|_S = 0 \end{cases} \tag{3-237}$$

将边值问题(3-236)和边值问题(3-237)中的边界条件代入积分解(2-235)，有

$$u(r) = \iiint\limits_{(V)} G(\boldsymbol{r},\boldsymbol{r}')\rho_V(\boldsymbol{r}')\mathrm{d}V' - \varepsilon_0 \oint\!\!\!\oint\limits_{(S)} \varphi_1(\boldsymbol{r}') \frac{\partial G(\boldsymbol{r},\boldsymbol{r}')}{\partial n'} \mathrm{d}S' \tag{3-238}$$

这就是第一类边值问题的解。在边界面上 $\varphi_1(\boldsymbol{r}')$ 已知，空间区域电荷分布 $\rho_V(\boldsymbol{r}')$ 已知，相对应的空间格林函数 $G(\boldsymbol{r},\boldsymbol{r}')$ 已知的情况下，积分可得空间电位分布 $u(\boldsymbol{r})$。

作为特例，考虑三维无界空间 V 内存在一带电体 V'，电荷体密度为 $\rho_{V'}(\boldsymbol{r}')$，无界空间 V 的边界面可看作是半径 $r'\to\infty$ 的球面，在球面上 $\varphi_1(\boldsymbol{r}')=0$，并将无界空间格林函数式(3-211)代入式(3-238)，得

$$u(\boldsymbol{r}) = \frac{1}{4\pi\varepsilon_0} \iiint\limits_{(V')} \frac{\rho_{V'}(\boldsymbol{r}')}{R} \mathrm{d}V' = \frac{1}{4\pi\varepsilon_0} \iiint\limits_{(V')} \frac{\rho_{V'}(\boldsymbol{r}')}{|\boldsymbol{r}-\boldsymbol{r}'|} \mathrm{d}V' \tag{3-239}$$

显然，式(3-239)与式(2-17)完全相同。

2. 第二类边值问题

给定边界面 S 上电位的法向导数值为 $\varphi_2(S)$，则任意电荷分布的静电场边值问题为

$$\begin{cases} \nabla^2 u(\boldsymbol{r}) = -\dfrac{\rho_V(\boldsymbol{r})}{\varepsilon_0} \\ \left.\dfrac{\partial u}{\partial n}\right|_S = \varphi_2(S) \end{cases} \tag{3-240}$$

与边值问题(3-240)相对应的点源格林函数满足的边值问题为

$$\begin{cases} \nabla^2 G(\boldsymbol{r},\boldsymbol{r}') = -\dfrac{\delta(\boldsymbol{r}-\boldsymbol{r}')}{\varepsilon_0} \\ \left.\dfrac{\partial G}{\partial n}\right|_S = 0 \end{cases} \tag{3-241}$$

将边值问题(3-240)和边值问题(3-241)中的边界条件代入积分解(3-235)，得到第二边值问题的解为

$$u(\boldsymbol{r})=\iiint\limits_{(V)}G(\boldsymbol{r},\boldsymbol{r}')\rho_V(\boldsymbol{r}')\mathrm{d}V'+\varepsilon_0\oiint\limits_{(S)}\varphi_2(\boldsymbol{r}')G(\boldsymbol{r},\boldsymbol{r}')\mathrm{d}S' \tag{3-242}$$

已知空间电荷分布 $\rho_V(\boldsymbol{r}')$ 和边界面的法向导数 $\varphi_2(\boldsymbol{r}')$，在相对应的空间格林函数 $G(\boldsymbol{r},\boldsymbol{r}')$ 已知的情况下，积分可得空间电位分布 $u(\boldsymbol{r})$。

3. 第三类边值问题

给定边界面 S 上电位和电位法向导数的线性组合 $\varphi_3(S)$，任意电荷分布的静电场边值问题为

$$\begin{cases}\nabla^2u(\boldsymbol{r})=-\dfrac{\rho_V(\boldsymbol{r})}{\varepsilon_0}\\[2mm]\left.\left(u+\alpha\dfrac{\partial u}{\partial n}\right)\right|_S=\varphi_3(S)\end{cases} \tag{3-243}$$

与边值问题(3-243)相对应的点源格林函数满足的边值问题为

$$\begin{cases}\nabla^2G(\boldsymbol{r},\boldsymbol{r}')=-\dfrac{\delta(\boldsymbol{r}-\boldsymbol{r}')}{\varepsilon_0}\\[2mm]\left.\left(G(\boldsymbol{r},\boldsymbol{r}')+\alpha\dfrac{\partial G(\boldsymbol{r},\boldsymbol{r}')}{\partial n}\right)\right|_S=0\end{cases} \tag{3-244}$$

边值问题式(3-243)的边界条件两边同乘以格林函数 $G(\boldsymbol{r},\boldsymbol{r}')$，有

$$G(\boldsymbol{r},\boldsymbol{r}')\left.\left(u+\alpha\frac{\partial u}{\partial n}\right)\right|_S=G(\boldsymbol{r},\boldsymbol{r}')\varphi_3(S) \tag{3-245}$$

式(3-244)的第二式边界条件两边同乘以 $u(\boldsymbol{r})$，有

$$u\left.\left(G(\boldsymbol{r},\boldsymbol{r}')+\alpha\frac{\partial G(\boldsymbol{r},\boldsymbol{r}')}{\partial n}\right)\right|_S=0 \tag{3-246}$$

式(3-245)与式(3-246)相减，得

$$\alpha\left.\left(G(\boldsymbol{r},\boldsymbol{r}')\frac{\partial u}{\partial n}-u\frac{\partial G(\boldsymbol{r},\boldsymbol{r}')}{\partial n}\right)\right|_S=G(\boldsymbol{r},\boldsymbol{r}')\varphi_3(S) \tag{3-247}$$

由于式(3-247)两边都是对边界面而言的，因此 S 用 $\boldsymbol{r}'$ 代换，外法向导数 $\partial/\partial n$ 用 $\partial/\partial n'$ 代换，然后再代入式(3-235)，得

$$u(\boldsymbol{r})=\iiint\limits_{(V)}G(\boldsymbol{r},\boldsymbol{r}')\rho_V(\boldsymbol{r}')\mathrm{d}V'+\frac{\varepsilon_0}{\alpha}\oiint\limits_{(S)}\varphi_3(\boldsymbol{r}')G(\boldsymbol{r},\boldsymbol{r}')\mathrm{d}S' \tag{3-248}$$

这就是第三类边值问题的解。

上面三类边值问题的讨论都是针对泊松方程而言的。实际上，取 $\rho_V(\boldsymbol{r})=0$，可直接得到拉普拉斯方程相应边值问题的解。

令 $\rho_V(\boldsymbol{r})=0$，由式(3-238)得到拉普拉斯方程第一边值问题的解为

$$u(\boldsymbol{r})=-\varepsilon_0\oiint\limits_{(S)}\varphi_1(\boldsymbol{r}')\frac{\partial G(\boldsymbol{r},\boldsymbol{r}')}{\partial n'}\mathrm{d}S' \tag{3-249}$$

由式(3-242)得到拉普拉斯方程第二类边值问题的解为

$$u(\boldsymbol{r})=\varepsilon_0\oiint\limits_{(S)}\varphi_2(\boldsymbol{r}')G(\boldsymbol{r},\boldsymbol{r}')\mathrm{d}S' \tag{3-250}$$

由式(3-248)得到拉普拉斯方程第三类边值问题的解为

$$u(\boldsymbol{r})=\frac{\varepsilon_0}{\alpha}\oiint\limits_{(S)}\varphi_3(\boldsymbol{r}')G(\boldsymbol{r},\boldsymbol{r}')\mathrm{d}S' \tag{3-251}$$

【例 3.6】 无限大导体平板开有半径为 a 的圆孔，圆孔用导体圆盘填充，并与外导体板绝缘。圆盘平面记作 S_1，无限大导体平板记作 S_2，导体圆盘电位为 U_0，外导体板接地电位为零，如图 3-23(a)所示，求上半空间的电位分布。

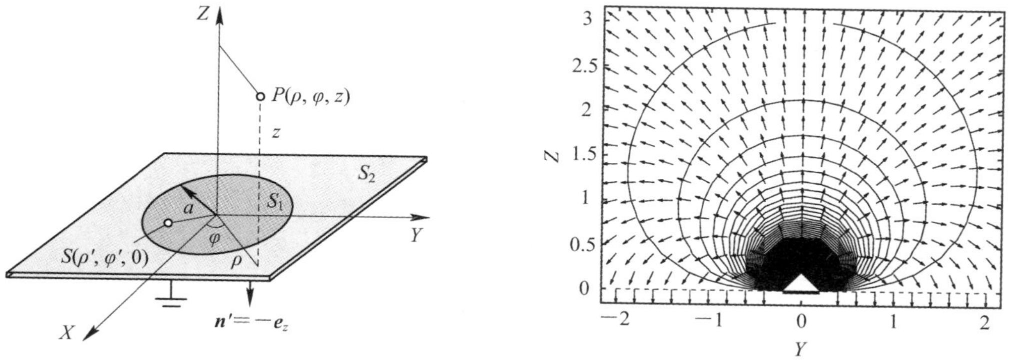

(a) 边值问题几何模型　　(b) 电位和电场分布仿真结果

图 3-23　例 3.6 图

解　因为上半空间 $\rho_V(\boldsymbol{r})=0$，边值问题属于拉普拉斯方程第一边值问题，即

$$\begin{cases}\nabla^2 u(\boldsymbol{r})=0\\ u|_{S_1}=U_0,\ u|_{S_2}=0\end{cases}\tag{3-252}$$

由式(3-249)知，其解为

$$u(\boldsymbol{r})=-\varepsilon_0 U_0\iint_{(S_1)}\frac{\partial G(\boldsymbol{r},\boldsymbol{r}')}{\partial n'}\mathrm{d}S'$$

式中，$G(\boldsymbol{r},\boldsymbol{r}')$ 为上半空间格林函数，由式(3-216)，有

$$G(\boldsymbol{r},\boldsymbol{r}')=\frac{1}{4\pi\varepsilon_0}\left(\frac{1}{\sqrt{(x-x')^2+(y-y')^2+(z-z')^2}}-\frac{1}{\sqrt{(x-x')^2+(y-y')^2+(z+z')^2}}\right)$$

积分面为圆盘 $S_1(z'=0)$，外法向 $\boldsymbol{n}'=-\boldsymbol{e}_z$，因此有

$$\left.\frac{\partial G(\boldsymbol{r},\boldsymbol{r}')}{\partial n'}\right|_{z'=0}=-\left.\frac{\partial G(\boldsymbol{r},\boldsymbol{r}')}{\partial z'}\right|_{z'=0}=-\frac{z}{2\pi\varepsilon_0}\left[(x-x')^2+(y-y')^2+z^2\right]^{-\frac{3}{2}}$$

代入得

$$u(\boldsymbol{r})=\frac{U_0}{2\pi}\iint_{(S_1)}z\left[(x-x')^2+(y-y')^2+z^2\right]^{-\frac{3}{2}}\mathrm{d}S'$$

采用圆柱坐标系，Z 轴垂直于导体平面并过内圆盘圆心，则有

$$\begin{cases}x=\rho\cos\varphi,\quad y=\rho\sin\varphi\\ x'=\rho'\cos\varphi',\quad y'=\rho'\sin\varphi'\end{cases}$$

代入得到

$$u(\rho,\varphi,z)=\frac{U_0 z}{2\pi}\int_0^{2\pi}\int_0^{a}\left[\rho^2-2\rho\rho'\cos(\varphi-\varphi')+\rho'^2+z^2\right]^{-\frac{3}{2}}\rho'\mathrm{d}\rho'\mathrm{d}\varphi'$$

变形得到

$$u(\rho,\varphi,z)=\frac{U_0 z}{2\pi}(\rho^2+z^2)^{-\frac{3}{2}}\int_0^{2\pi}\int_0^{a}\left(1+\frac{\rho'^2-2\rho\rho'\cos(\varphi-\varphi')}{(\rho^2+z^2)}\right)^{-\frac{3}{2}}\rho'\mathrm{d}\rho'\mathrm{d}\varphi'\tag{3-253}$$

此式就是拉普拉斯边值问题(3-252)的积分解。

在远场情况下，$\rho^2+z^2\gg a^2$，令

$$x=\frac{\rho'^2-2\rho\rho'\cos(\varphi-\varphi')}{(\rho^2+z^2)}$$

并根据公式

$$(1+x)^\alpha=1+\alpha x+\frac{\alpha(\alpha-1)}{2!}x^2+\cdots+\frac{\alpha(\alpha-1)\cdots(\alpha-n+1)}{n!}x^n$$

$$(-1<x<1,\quad \alpha\neq 0)$$

将式(3-253)被积函数展开，有

$$\left(1+\frac{\rho'^2-2\rho\rho'\cos(\varphi-\varphi')}{(\rho^2+z^2)}\right)^{-\frac{3}{2}}\approx 1-\frac{3}{2}\frac{\rho'^2-2\rho\rho'\cos(\varphi-\varphi')}{(\rho^2+z^2)}+\frac{15}{8}\frac{[\rho'^2-2\rho\rho'\cos(\varphi-\varphi')]^2}{(\rho^2+z^2)^2}+\cdots$$

代入式(3-253)，取前三项积分，得到近似解为

$$u(\rho,\varphi,z)\approx\frac{U_0a^2z}{2}(\rho^2+z^2)^{-\frac{3}{2}}\left[1-\frac{3a^2}{4}(\rho^2+z^2)^{-1}+\frac{15}{8}\left(\frac{a^4+3\rho^2a^2}{3}\right)(\rho^2+z^2)^{-2}\right]\tag{3-254}$$

依据式(3-254)，边值问题(3-252)电场和电位仿真计算结果如图 3-23(b)所示。计算参数为：$U_0=100$ V，圆盘半径 $a=20$ cm。计算区域范围为：$x=0$，$y=-2.0\sim2.0$ m，$z=0\sim3.0$ m。为了清楚起见，电场矢量进行了归一化处理，图中矢量仅代表电场矢量在对应点的方向。由图可见，在远场条件下，式(3-254)给出了很好的近似结果。

习　题　3

3-1　如图 T3-1 所示，电荷 Q 距离两无限大接地直角平面 XY 平面的垂直距离为 d，距离 XZ 平面的垂直距离也是 d。利用镜像法求任一点 $P(0,y,z)$ 的电位和电场。

3-2　设一点电荷 q 与无限大接地导体平面的距离为 d，如图 T3-2 所示。求：

(1) 上半空间的电位分布和电场强度；

(2) 导体平面上的感应电荷密度；

(3) 点电荷所受的力。

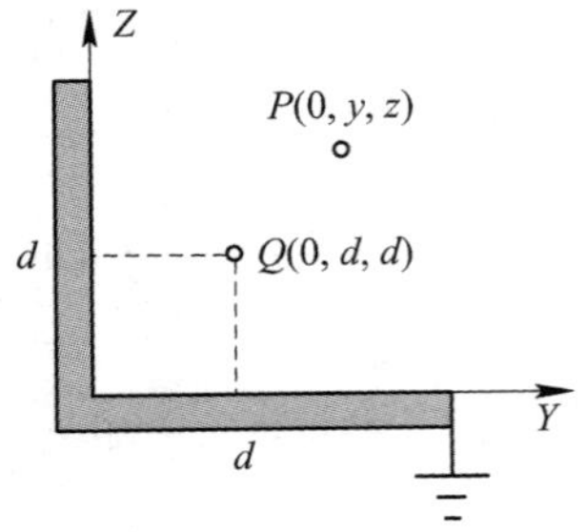

图 T3-1　习题 3-1 图

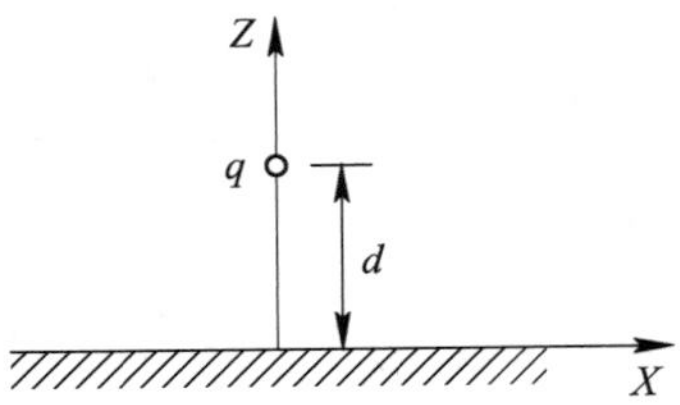

图 T3-2　习题 3-2 图

3-3　如图 T3-3 所示，一个沿 Z 轴很长且中空的矩形金属管，其中三边保持零电位，第四边电位为 U，求：

(1) 当 $U=U_0$ 时，管内的电位分布；

(2) 当 $U=U_0\sin(\pi y/b)$ 时，管内的电位分布。

3-4　两平行无限大导体平面，其间距离为 b，在两板间沿 Z 方向有一无限长极薄导体片，其坐标为由 $y=d$ 到 $y=b$，如图 T3-4 所示。上板和薄片保持电位为 U_0，下板为零电位，求板间的电位分布。(设在薄片平面上，从 $y=0$ 到 $y=d$ 电位线性变化，即 $u=U_0 y/d$。)

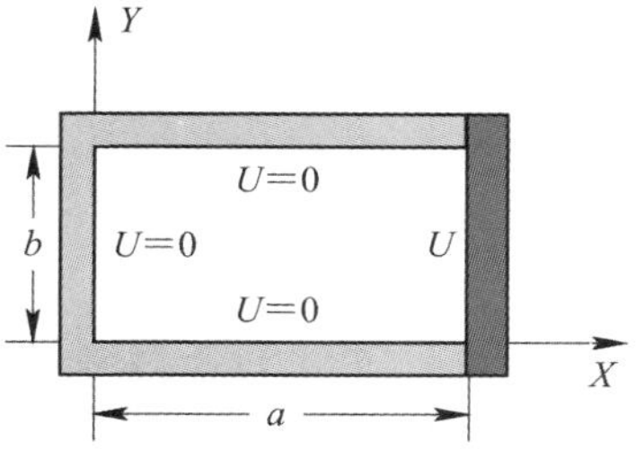

图 T3-3　习题 3-3 图

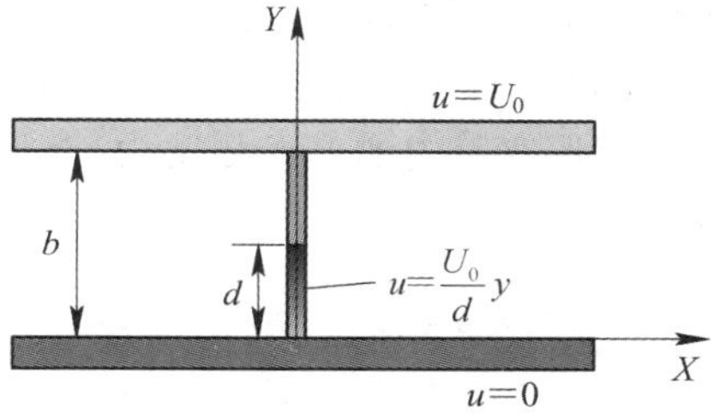

图 T3-4　习题 3-4 图

3-5　如图 T3-5 所示，接地无限大导体板平面上有一半径为 a 的凸起半圆球，该导体与 XY 平面重合，以 Z 轴为界，左、右空间分别充满 ε_1 和 ε_2 的电介质，P 点放一点电荷 q，P 点的坐标为 $(x_0, 0, z_0)$。用镜像法研究 ε_1 中的电场并确定镜像电荷的大小和位置。

3-6　圆锥形导体电极尖端无限接近一导体平面，但二者绝缘，其轴线与平面垂直，圆锥面与轴线的夹角为 θ_0，如图 T3-6 所示。如果圆锥形导体电极的电位为 u_0，导体平面接地，求空间任一点 P 处的电位及电场强度。

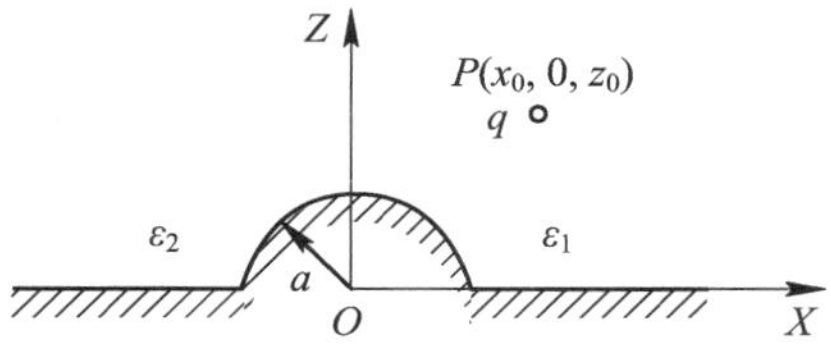

图 T3-5　习题 3-5 图

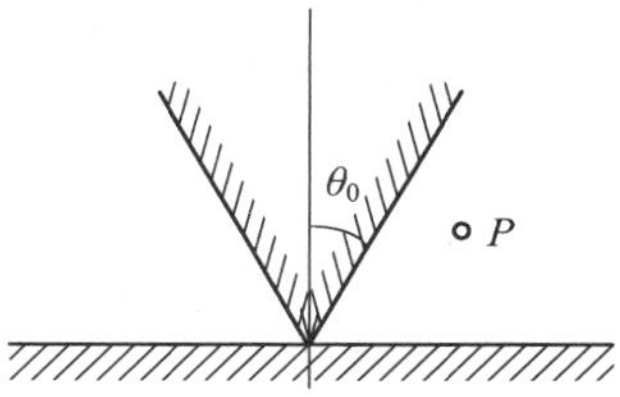

图 T3-6　习题 3-6 图

3-7　图 T3-7 所示为三个同心金属球壳，内球半径为 R_1，中间球壳半径为 R_2，外球壳半径为 R_3。球壳之间充塞介电常数为 ε 的电介质，内、外球壳接地，在中间球壳上放置 Q_2 的电荷。试求球壳间的电位分布 u_1 和 u_2，以及内、外球壳上的感应电荷 Q_1 和 Q_3。

3-8　设空间存在均匀电场 $\boldsymbol{E}=\boldsymbol{E}_0\boldsymbol{e}_x$，如图 T3-8 所示，在垂直于电场方向上放置一导体圆柱，圆柱半径为 a，求圆柱外的电位函数和导体表面的感应电荷密度。如果导体圆柱

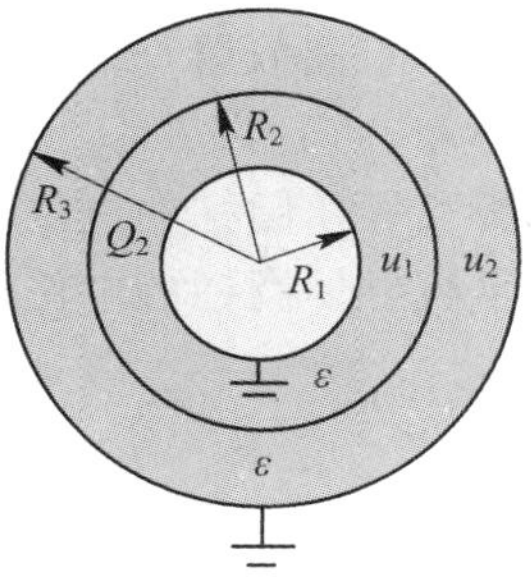

图 T3-7　习题 3-7 图

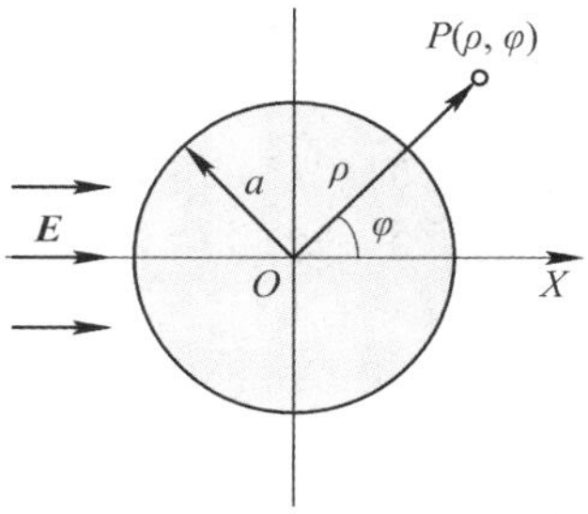

图 T3-8　习题 3-8 图

外包一层电介质，介电常数为 ε，介质的半径为 b（即 $a<\rho<b$ 为介质），求各区域中的电位函数。

3-9　在均匀外电场中置入半径为 R_0 的导体球，试用分离变量法求以下情况下导体球外的电位分布：

(1) 导体球的电位为 U_0；

(2) 导体球带电为 Q。

3-10　无限大介质中存在均匀电场强度 $\boldsymbol{E}_0$，介质的介电常数为 ε。在介质中有一球形空腔，试证明球形空腔内的电场强度为

$$\boldsymbol{E}=\frac{3\varepsilon\boldsymbol{E}_0}{2\varepsilon+\varepsilon_0}$$

3-11　如图 T3-9 所示，无限大接地导体平板上方(y', z')处平行于 X 轴放置一无限长带电细导线，线电荷密度为 ρ_l，导体板上方介质为空气，介电常数为 ε_0，试证明上半空间的格林函数为

$$G(\boldsymbol{r},\boldsymbol{r}')=\frac{1}{2\pi\varepsilon_0}\ln\frac{R_2}{R_1}$$

式中，$R_1=\sqrt{(y-y')^2+(z-z')^2}$，$R_2=\sqrt{(y-y')^2+(z+z')^2}$。

3-12　已知无限大导体平板由两个相互绝缘的半无限大导体平板组成，导体板右半部的电位为 U_0，左半部的电位为零，求上半空间的电位。

3-13　已知一半径为 a 的圆柱形区域内体电荷密度为零，界面上的电位为 $u(a,\varphi)=u(\varphi)$，用格林函数法求圆柱内部的电位。

3-14　在无限大导体板上方放置一无限长带线，带线宽为 W，带线厚度忽略不计，带线上均匀分布有正电荷，单位长带电荷 ρ_l，导体板电位为零，如图 T3-10 所示，依据习题 3-11给出的格林函数计算空间电位分布。

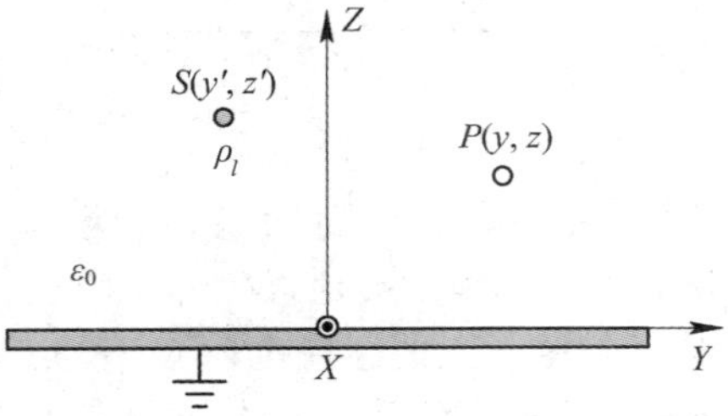

图 T3-9　习题 3-11 图

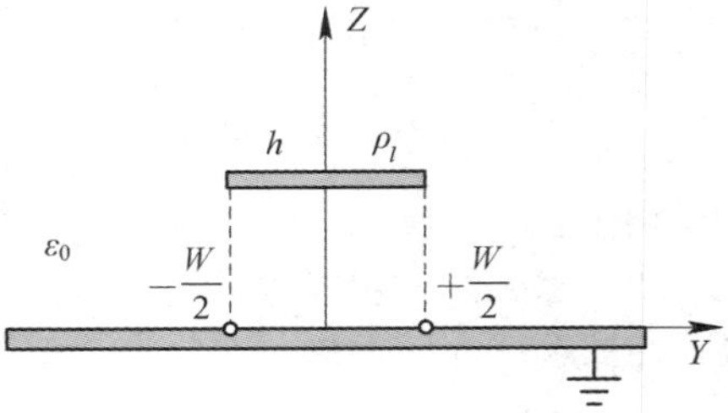

图 T3-10　习题 3-14 图

3-15　两无限大垂直接地导体平面，在 $x>0$，$y>0$ 的空间放置一点电荷 $+q$，依据式(3-14)，仿真计算在 $x>0$，$y>0$ 的空间电位和电场分布。

3-16　依据式(3-37)，仿真计算无限长线电荷与无限长导体圆柱的电位和电场分布。

3-17　依据式(3-42)，仿真计算两无限长不同半径平行导体圆柱的电位和电场分布。

第 4 章　恒定电流与恒定电场

静电场中的导体在静电平衡时，导体内部无电荷，电荷分布于导体的表面，导体内的电场为零。可是，导体具有良好的导电性能，根据经典金属电子论，构成导体的原子内的电子可以分为两部分：一部分受原子所束缚，只能在原子内部运动并与原子核构成导体内的正离子；另一部分电子受原子核的束缚较弱，它们已不属于特定的原子，而是在导体中自由运动，称为自由电子，导体良好的导电性就是由这些自由电子的运动所决定的。当在导体的两端有外电场作用时，导体中的自由电子宏观上定向运动而形成电流。如果外电场作用维持导体内的电流恒定不变，则在导体内对应的电场称为恒定电场，而电流也称为恒定电流，恒定电场维持导体内恒定电流的存在。

本章讨论恒定电场的基本属性以及描述它们的基本方程，涉及的内容包括电流及电流密度的概念、欧姆定律和焦耳定律、电动势以及恒定电场的基本方程和边界条件。

4.1　电流与电流密度

4.1.1　电流强度的概念

在导体内，电荷的运动形成电流。电流定义为导体中单位时间通过一定面积的电荷，即

$$i(t) = \frac{\mathrm{d}q}{\mathrm{d}t} \tag{4-1}$$

式中，$\mathrm{d}q$ 是在 $\mathrm{d}t$ 时间内通过导体中一定面积的电荷量。在国际单位制(SI)中，电流的单位是 A（安培），用以纪念法国物理学家安培(见图 4－1)。1 安培电流相当于在 1 秒内传输 1 库仑的电荷。本章讨论不随时间变化的电流，称为恒定电流，也称直流电流，记为 I。I 通常也称为电流强度。

图 4－1　法国物理学家安培（1775—1836）

电流有传导电流和运流电流之分。传导电流指金属导体中自由电子的流动形成的电流；而运流电流指自由空间中带电粒子的运动形成的电流，真空电子管中电子从阴极向阳极的运动就是一个典型的实例。

4.1.2　电流密度

从场的观点看，电流的分布可以随空间坐标点变化。为了研究导体中不同点处电荷运动的情况，包括电荷运动量的大小和方向，需要引入电流密度矢量的概念。

1. 体电流密度矢量 $\boldsymbol{J}_V$

如图 4－2 所示，在导体中电荷流动方向上取一微分面元 ΔS，该面元的法线方向与正电荷流动的方向平行，电荷流动的方向为 $\boldsymbol{n}$，ΔI 为面元 ΔS 上通过的电流，则定义体电流密度矢量为

$$\boldsymbol{J}_V = \lim_{\Delta S \to 0} \frac{\Delta I}{\Delta S}\boldsymbol{n} = \frac{\mathrm{d}I}{\mathrm{d}S}\boldsymbol{n} \tag{4-2}$$

$\boldsymbol{J}_V$ 的方向规定为正电荷运动的方向。实际上导体中电荷的流动是自由电子的运动，电子运动方向与电流方向相反。体电流密度矢量 $\boldsymbol{J}_V$ 的单位为 $\mathrm{A/m^2}$（安培/平方米）。电流密度矢量 $\boldsymbol{J}_V$ 描述电流在导体中的分布情况，是空间坐标点的函数，$\boldsymbol{J}_V = \boldsymbol{J}_V(\boldsymbol{r})$。如果 $\boldsymbol{J}_V$ 与时间无关，则属于恒定电流场分布；如果 $\boldsymbol{J}_V$ 与时间有关，$\boldsymbol{J}_V = \boldsymbol{J}_V(\boldsymbol{r};t)$，则属非恒定电流场。与电力线形象描述静电场分布一样，电流场也可以用电流密度矢量线来描述。

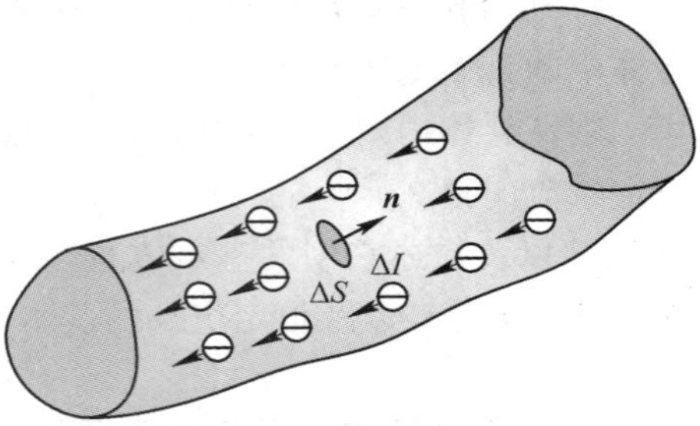

图 4－2　体电流密度定义

如果已知导体内电流密度矢量 $\boldsymbol{J}_V$ 的分布，由电流密度矢量 $\boldsymbol{J}_V$ 可计算导体中任意曲面 S 上通过的电流强度，即

$$I = \iint_{(S)} \boldsymbol{J}_V(\boldsymbol{r}) \cdot \mathrm{d}\boldsymbol{S} \tag{4-3}$$

式(4－3)表明，电流密度矢量 $\boldsymbol{J}_V$ 与电流强度 I 的关系是矢量场与通量的关系，或者说电流 I 是电流密度矢量场 $\boldsymbol{J}_V(\boldsymbol{r})$ 的通量。

电荷运动形成电流，而电荷运动可由电荷密度随时间的变化描述，即 $\rho_V = \rho_V(\boldsymbol{r};t)$。那么，电流密度矢量 $\boldsymbol{J}_V(\boldsymbol{r})$ 也可以由电荷密度 $\rho_V = \rho_V(\boldsymbol{r};t)$ 和电荷运动速度 $\boldsymbol{v}$ 来表示。如图 4－2 所示，设导体内的电荷体密度为 $\rho_V = \rho_V(\boldsymbol{r};t)$，取面元 $\mathrm{d}S$ 与电流方向垂直，在 $\mathrm{d}t$ 时间内，穿过面元 $\mathrm{d}S$ 的电荷为

$$\mathrm{d}q = \rho_V(\boldsymbol{r};t)v\mathrm{d}t\mathrm{d}S$$

式中，v 表示电荷运动速度的大小。由此得到电流密度矢量的大小为

$$J_V = \frac{\mathrm{d}I}{\mathrm{d}S} = \frac{\mathrm{d}q/\mathrm{d}t}{\mathrm{d}S} = \rho_V v$$

写成矢量形式，有

$$\boldsymbol{J}_V = \rho_V \boldsymbol{v} \tag{4-4}$$

式(4－4)表明，体电流密度矢量 $\boldsymbol{J}_V$ 为电荷体密度 ρ_V 与电荷运动速度 $\boldsymbol{v}$ 的乘积，电流密度矢量 $\boldsymbol{J}_V$ 的方向就是正电荷运动方向，即 $\boldsymbol{v}$ 的方向。

如果电流由多种带电粒子形成，则有

$$\boldsymbol{J}_V = \sum_i \rho_{Vi} \boldsymbol{v}_i \tag{4-5}$$

式中，ρ_{Vi} 为第 i 种运动电荷体密度，$\boldsymbol{v}_i$ 为第 i 种电荷运动速度。

值得指出的是，在均匀导体内部，恒定电流场分布情况下，均匀导体中带负电的电子与带正电的原子仍保持净电荷体密度 ρ_V 为零，但正、负电荷运动速度不同，由式(4-5)可知，电流密度不为零。

2. 面电流密度矢量 $\boldsymbol{J}_S$

在工程中，有时会遇到电流仅分布在导体薄层中流动的情况，此时可认为导体薄层的厚度趋于零，电流是在导体表面上流动的，如图 4-3 所示。定义面电流密度矢量为

$$\boldsymbol{J}_S = \lim_{\Delta l \to 0} \frac{\Delta I}{\Delta l}\boldsymbol{n} = \frac{\mathrm{d}I}{\mathrm{d}l}\boldsymbol{n} \tag{4-6}$$

式中，$\mathrm{d}l$ 为导体面上的线微分元，$\mathrm{d}I$ 为 $\boldsymbol{n}$ 方向上的电流微元。面电流密度矢量的单位为 A/m（安培/米）。面电流密度矢量 $\boldsymbol{J}_S$ 描述电流在导体面上的分布情况，同样是空间坐标点的函数，即 $\boldsymbol{J}_S = \boldsymbol{J}_S(\boldsymbol{r})$。

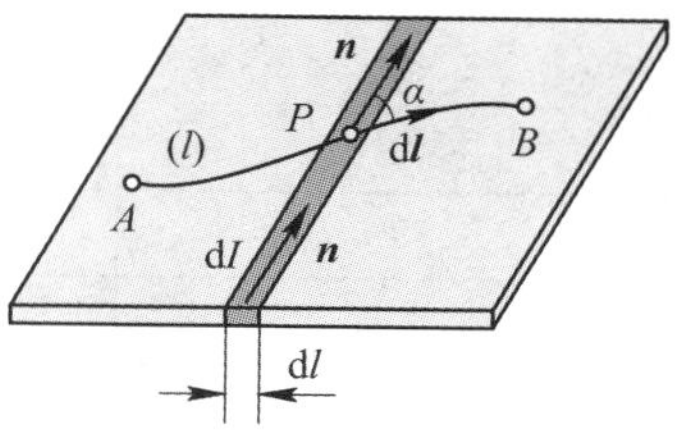

图 4-3　面电流密度定义

如果已知面电流密度分布 $\boldsymbol{J}_S$，欲求曲面上通过任意曲线 l 的电流 I，则有

$$I = \int_{(l)} J_S(\boldsymbol{r}) \sin\alpha \mathrm{d}l \tag{4-7}$$

式中，α 是在 P 点处面电流密度矢量 $\boldsymbol{J}_S(\boldsymbol{r})$ 与线微分元 $\mathrm{d}\boldsymbol{l}$ 之间的夹角。注意此处 $\mathrm{d}\boldsymbol{l}$ 是曲线 l 上的线微分元。

面电流密度矢量 $\boldsymbol{J}_S(\boldsymbol{r})$ 与电荷面密度 $\rho_S(\boldsymbol{r};t)$ 的关系为

$$\boldsymbol{J}_S = \rho_S \boldsymbol{v} \tag{4-8}$$

式中，$\boldsymbol{v}$ 为电荷运动的速度。

3. 线电流 I

前面定义了体电流密度矢量 $\boldsymbol{J}_V$ 和面电流密度矢量 $\boldsymbol{J}_S$。同样，还可以引入线电流。实际上，线电流就是电流 I，电荷流动的载体是细导线，导线可以看作是几何线，如图 4-4 所示。用电荷线密度 $\rho_l(\boldsymbol{r};t)$和电荷运动速度 $\boldsymbol{v}$ 表示，线电流 I 为

$$I = \rho_l v \tag{4-9}$$

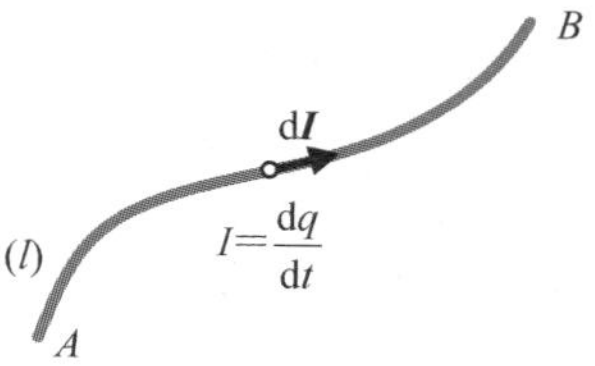

图 4-4　线电流定义

需要注意的是，线电流本身是一个标量，但载有电流的导线选择为有向曲线，因此，电荷流动的方向与有向曲线的方向一致或相反。

4.2　欧姆定律和焦耳定律

4.2.1　材料的电导率

材料的电导率是在外电场作用下，电子通过材料容易程度的度量，是描述材料导电特性的物理量，通常用 σ 表示，部分常用材料 20℃时的电导率如表 4-1 所示。在静电场情况

下，把物质分为两类，导体 $\sigma \neq 0$ 和电介质 $\sigma = 0$。但在恒定电场情况下，由于电介质电导率并不为零，因此需要考虑电介质的导电性。下面讨论恒定电场中电介质的特性，都假定 $\sigma \neq 0$，因而电介质与导体具有共性，遵循欧姆定律和焦耳定律。

表 4-1　部分常用材料 20℃ 时的电导率

材　料	电导率/(S/m)	材　料	电导率/(S/m)
导体：		半导体：	
银	6.2×10^{7}	纯锗	2.2
铜	5.8×10^{7}	纯硅	4.4×10^{-4}
金	4.1×10^{7}	绝缘体：	
铝	3.5×10^{7}	玻璃	10^{-12}
铁	1.0×10^{7}	石蜡	10^{-15}
水银	1.0×10^{6}	云母	10^{-15}
碳	3.0×10^{7}	熔凝石英	10^{-17}

实际应用中，根据电导率的不同，通常把材料分为理想导体、导体、半导体和绝缘体几类。如果材料电导率很大，可认为电导率 $\sigma\to\infty$，则属于理想导体；如果材料电导率 σ 取有限值，电导率在 $10^{6}\sim10^{7}$ S/m 之间，则相应的材料就是金属导体；如果材料电导率 $\sigma\to 0$，如电导率在 $10^{-10}\sim10^{-17}$ S/m 之间，则可认为材料属绝缘体。在静电场和恒定电场情况下，半导体和导体具有近似相同的特性，因而可不加区分。

需要强调的是，材料的电导率取决于环境温度和材料的纯度等因素；通常金属导体的电导率随温度下降而增大，在接近绝对零度的低温时，某些导体的电导率变为无穷大，这就是超导体。

4.2.2　欧姆定律

导体中存在自由电子，在外电场的作用下，导体中的自由电子作定向运动形成电流。实验表明，对于各向同性的导体，导体内任意点的电流密度与该点的电场强度成正比，即

$$\boldsymbol{J}_V = \sigma \boldsymbol{E} \tag{4-10}$$

式中，σ 为导体的电导率，单位是 S/m（西门子/米）。式(4-10)也称为欧姆定律的微分形式。

电路理论中，欧姆定律为

$$U = IR \tag{4-11}$$

式中，U、I 和 R 分别为电压、电流和电阻。用积分形式表示，U 为

$$U = u_P - u_Q = \int_P^Q \boldsymbol{E}\cdot \mathrm{d}\boldsymbol{l} \tag{4-12}$$

而 I 为

$$I = \iint_{(S)} \boldsymbol{J}_V \cdot \mathrm{d}\boldsymbol{S} \tag{4-13}$$

所以式(4-11)也称为欧姆定律的积分形式。

欧姆定律的积分形式描述的是一段有限长、截面有限的导体的导电规律，而欧姆定律的微分形式反映的是导体中任一点的 $\boldsymbol{J}_V$ 和 $\boldsymbol{E}$ 之间的关系，所以欧姆定律的微分形式比积分形式描述导体的导电规律更为细致。另外，欧姆定律的积分形式仅适合电流稳恒的情况，而欧姆定律的微分形式不仅适合于稳恒情况，对于非稳恒情况也适用。

4.2.3　电动势

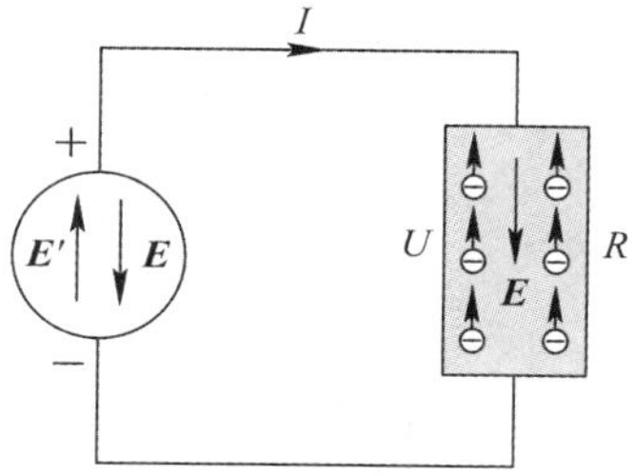

图 4－5　有源导电回路

式(4－10)描述的是导体内电场与电流密度之间的关系。实际上，在导体内形成稳恒电流必须依靠外电源在导体内维持一恒定电场，即必须有外电源与导体相连接，如图 4－5 所示。电源(指直流电源)是一种将机械、化学或热能转换成电能的装置。在电源内部，存在非静电力，这种非静电力的作用使电源内部负极的正电荷向正极运动，不断补充正极的电荷以维持电极上的电荷不变，因而在导体中维持恒定电流。将这种非静电力对电荷的作用等效为一个非保守场(或称非库仑场)$\boldsymbol{E}'$，电场强度 $\boldsymbol{E}'$仅存在于电源内部。在电源内部，还存在保守场 $\boldsymbol{E}$，非保守场 $\boldsymbol{E}'$和保守场 $\boldsymbol{E}$ 在电源内部方向相反，因此，电流实际上是非静电场和静电场共同作用的结果。为了定量描述电源的这种特性，引入了电动势的概念。电动势定义为在电源内部单位正电荷从负极运动到正极非静电力所做的功，用 $\mathscr{E}$ 表示，其数学表达式为

$$\mathscr{E} = \int_{-}^{+} \boldsymbol{E}' \cdot \mathrm{d}\boldsymbol{l} \tag{4-14}$$

在电源内部和外部整个回路中，导体中的保守场 $\boldsymbol{E}$ 是由分布恒定的电荷产生的，与静电场相同，具有无旋特性，保守场 $\boldsymbol{E}$ 沿闭合回路的积分为零，即

$$\oint_{(l)} \boldsymbol{E} \cdot \mathrm{d}\boldsymbol{l} = 0 \tag{4-15}$$

因此，电动势可以用保守场和非保守场之和的闭合回路积分表示为

$$\mathscr{E} = \int_{-}^{+} \boldsymbol{E}' \cdot \mathrm{d}\boldsymbol{l} = \oint_{(l)} (\boldsymbol{E}' + \boldsymbol{E}) \cdot \mathrm{d}\boldsymbol{l} \tag{4-16}$$

如果把电源内部的非保守场也考虑在内，欧姆定律的微分形式可改写为

$$\boldsymbol{J}_V = \sigma(\boldsymbol{E} + \boldsymbol{E}') \tag{4-17}$$

式(4－17)称为有源欧姆定律的微分形式。在电源内部，σ 为电源内部导电介质的电导率。

4.2.4　电阻

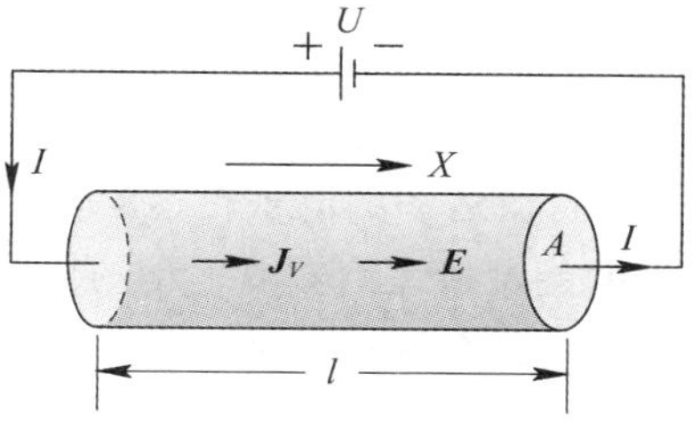

图 4－6　电阻的计算

为了说明欧姆定律微分形式的用途，下面根据式(4－13)推导一根长为 l、横截面为 A 的直线导体的电阻 R，如图 4－6 所示。在导体两端加电压 U，导体内的电场沿导体轴线 X 方向，即 $\boldsymbol{E}=E_x\boldsymbol{e}_x$，电场从高电位指向低电位，根据式(2－12)有

$$U = \int_{x_1}^{x_2} \boldsymbol{E} \cdot \mathrm{d}\boldsymbol{l} = \int_{x_1}^{x_2} E_x \boldsymbol{e}_x \cdot \mathrm{d}l\, \boldsymbol{e}_x = E_x l \tag{4-18}$$

又根据式(4－13)可知，通过导体横截面的电流为

$$I = \iint_{(S)} \boldsymbol{J}_V \cdot \mathrm{d}\boldsymbol{S} = \iint_{(S)} \sigma\boldsymbol{E} \cdot \mathrm{d}\boldsymbol{S} = \sigma E_x A \tag{4-19}$$

再利用式(4-11)，得到各向同性均匀导体两端的电阻为

$$R = \frac{l}{\sigma A} \tag{4-20}$$

由此可以看出，对于任意形状的导体电阻的计算，有

$$R = \frac{U}{I} = \frac{\int_{(l)} \boldsymbol{E} \cdot \mathrm{d}\boldsymbol{l}}{\iint_{(S)} \boldsymbol{J}_V \cdot \mathrm{d}\boldsymbol{S}} = \frac{\int_{(l)} \boldsymbol{E} \cdot \mathrm{d}\boldsymbol{l}}{\iint_{(S)} \sigma\boldsymbol{E} \cdot \mathrm{d}\boldsymbol{S}} \tag{4-21}$$

【例 4.1】 长度为 l 的同轴电缆，内、外导体半径分别为 a 和 b，如图 4-7 所示，电介质的电导率为 σ。计算同轴电缆单位长度电介质的电导。

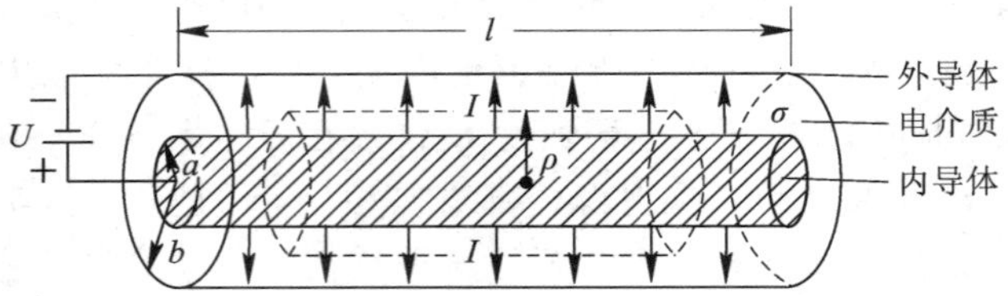

图 4-7 同轴电缆电导的计算

解 设 I 为内导体经过电介质流到外导体的总电流，在任一半径为 ρ 的圆柱截面上电流均匀分布，则电介质中体电流密度矢量为

$$\boldsymbol{J}_V = \frac{I}{2\pi\rho l}\boldsymbol{e}_\rho$$

根据式(4-10)，有

$$\boldsymbol{E} = \frac{I}{2\pi\sigma\rho l}\boldsymbol{e}_\rho$$

由式(4-18)得

$$U_{ab} = \int_a^b \boldsymbol{E} \cdot \mathrm{d}\boldsymbol{l} = \int_a^b \frac{I}{2\pi\sigma\rho l}\boldsymbol{e}_\rho \cdot \boldsymbol{e}_\rho \mathrm{d}\rho = \int_a^b \frac{I}{2\pi\sigma l}\frac{\mathrm{d}\rho}{\rho} = \frac{I}{2\pi\sigma l}\ln\frac{b}{a}$$

单位长度的电导为

$$g = \frac{G}{l} = \frac{I/U_{ab}}{l} = \frac{2\pi\sigma}{\ln(b/a)}$$

4.2.5 焦耳定律

金属导体中的电流是自由电子在电场力的作用下做定向运动形成的。从微观的角度看，自由运动的电子在运动过程中不断与金属导体晶格点阵上的原子发生碰撞，电子把自身的能量传递给做热运动的原子，使晶格点阵的热运动加剧，导致温度升高，这种现象称为电流的热效应，这种由电能转换而来的热能称为焦耳热。

下面研究处于恒定电场 $\boldsymbol{E}$ 中的导体所消耗的功率。假设在导体中，运动电荷体密度为 ρ_V，电荷运动速度为 $\boldsymbol{v}$，则在 Δt 的时间内，电场力对体积元 ΔV 内的电荷微元 $\Delta q = \rho_V \mathrm{d}V$ 所做的功为

$$\Delta W = \rho_V \Delta V \boldsymbol{E} \cdot \boldsymbol{v} \Delta t = \boldsymbol{E} \cdot (\rho_V \boldsymbol{v}) \Delta V \Delta t = \boldsymbol{E} \cdot \boldsymbol{J}_V \Delta V \Delta t \tag{4-22}$$

此功转化为焦耳热。当 $\Delta V \to 0$，$\Delta t \to 0$ 时，取极限就得到导体中任一点的热功率密度为

$$p = \lim_{\Delta V \to 0} \frac{\Delta P}{\Delta V} = \lim_{\Delta V \to 0} \frac{\Delta W/\Delta t}{\Delta V} = \boldsymbol{E} \cdot \boldsymbol{J}_V \tag{4-23}$$

式(4－23)称为焦耳定律的微分形式，不仅适用于恒定电场，也适用于时变场。注意此式不适用于运流电流的情况。

如果导体中有电流分布$\boldsymbol{J}_V$，那么体积为 V 的导体消耗的功率为

$$P = \iiint_{(V)} \boldsymbol{E} \cdot \boldsymbol{J}_V \mathrm{d}V \tag{4-24}$$

对于长为 l、横截面为 S 的均匀导体，由式(4－24)可以得到导体消耗的功率为

$$P = \iiint_{(V)} \boldsymbol{E} \cdot \boldsymbol{J}_V \mathrm{d}V = \int_{(l)} \boldsymbol{E} \cdot \mathrm{d}\boldsymbol{l} \iint_{(S)} \boldsymbol{J}_V \cdot \mathrm{d}\boldsymbol{S} = UI \tag{4-25}$$

这就是电路理论中的欧姆定律，也称为积分形式的焦耳定律。

【例 4.2】 同例 4.1，设内、外导体间的电压为 U，试求同轴电缆由电介质引起的单位长度的功率损耗。

解 设 I 为内导体经过电介质流到外导体的总电流，在任一半径为 ρ 的圆柱截面上电流均匀分布，则电介质中的体电流密度矢量为

$$\boldsymbol{J}_V = \frac{I}{2\pi\rho l} \boldsymbol{e}_\rho$$

根据式(4－10)，有

$$\boldsymbol{E} = \frac{I}{2\pi\sigma\rho l} \boldsymbol{e}_\rho$$

已知内、外导体间的电压为 U，由例 4.1 知，单位长度的电导为

$$g = \frac{G}{l} = \frac{2\pi\sigma}{\ln(b/a)}$$

则单位长度电介质的漏电流为

$$i = \frac{I}{l} = gU = \frac{2\pi\sigma}{\ln(b/a)} U$$

由此得

$$\boldsymbol{J}_V = \frac{I}{2\pi\rho l} \boldsymbol{e}_\rho = \frac{i}{2\pi\rho} \boldsymbol{e}_\rho = \frac{\sigma U}{\ln(b/a)\rho} \boldsymbol{e}_\rho$$

$$\boldsymbol{E} = \frac{I}{2\pi\sigma\rho l} \boldsymbol{e}_\rho = \frac{i}{2\pi\sigma\rho} \boldsymbol{e}_\rho = \frac{U}{\ln(b/a)\rho} \boldsymbol{e}_\rho$$

由式(4－25)可得电介质功率损耗为

$$\begin{aligned} P &= \iiint_{(V)} \boldsymbol{E} \cdot \boldsymbol{J}_V \mathrm{d}V = \int_0^l \mathrm{d}l \int_a^b \int_0^{2\pi} \frac{U}{\ln(b/a)\rho} \boldsymbol{e}_\rho \cdot \frac{\sigma U}{\ln(b/a)\rho} \boldsymbol{e}_\rho \rho \mathrm{d}\rho \mathrm{d}\varphi \\ &= \int_0^l \mathrm{d}l \int_a^b \int_0^{2\pi} \frac{\sigma U^2 \mathrm{d}\rho \mathrm{d}\varphi}{[\ln(b/a)]^2 \rho} = \frac{2\pi\sigma U^2}{\ln(b/a)} l \end{aligned}$$

单位长度损耗的功率为

$$p = \frac{P}{l} = \frac{2\pi\sigma U^2}{\ln(b/a)}$$

4.3　恒定电场的基本方程

4.3.1　电流连续性方程

设有一导电区域，其电荷体密度分布为 $\rho_V(\boldsymbol{r};t)$，体电流密度矢量为 $\boldsymbol{J}_V(\boldsymbol{r};t)$，如图 4-8 所示。在导电区域内任取一闭合面 S，则经闭合面流出的总电流为

$$i(t)=\oint\!\!\!\!\oint_{(S)} \boldsymbol{J}_V(\boldsymbol{r};t)\cdot \mathrm{d}\boldsymbol{S} \tag{4-26}$$

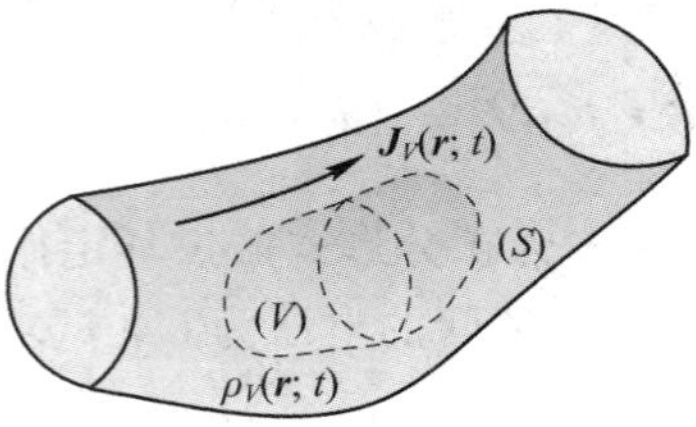

图 4-8　导电区域

而闭合面内包含的总电荷量为

$$q(t)=\iiint_{(V)} \rho_V(\boldsymbol{r};t)\,\mathrm{d}V \tag{4-27}$$

依据电流的定义式(4-1)，有

$$i(t)=\frac{\mathrm{d}q}{\mathrm{d}t}=\frac{\mathrm{d}}{\mathrm{d}t}\iiint_{(V)} \rho_V(\boldsymbol{r};t)\,\mathrm{d}V \tag{4-28}$$

根据电荷守恒原理，闭曲面流出的电流应等于闭曲面所包围的体积中单位时间内电荷的减少量，因此有

$$\oint\!\!\!\!\oint_{(S)} \boldsymbol{J}_V(\boldsymbol{r};t)\cdot \mathrm{d}\boldsymbol{S}=-\frac{\mathrm{d}}{\mathrm{d}t}\iiint_{(V)} \rho_V(\boldsymbol{r};t)\,\mathrm{d}V \tag{4-29}$$

这就是电流连续性方程的积分形式。

应用高斯散度定理(见式(1-84))，式(4-29)可改写为

$$\iiint_{(V)}\left[\nabla\cdot\boldsymbol{J}_V+\frac{\partial\rho_V}{\partial t}\right]\mathrm{d}V=0 \tag{4-30}$$

要使这个积分对任意体积都成立，必有被积函数为零，即

$$\nabla\cdot\boldsymbol{J}_V=-\frac{\partial\rho_V}{\partial t} \tag{4-31}$$

这就是电流连续性方程的微分形式。该式表明电荷密度随时间的变化是体电流密度矢量的源。

如果电荷密度 ρ_V 不随时间变化，则有

$$\oint\!\!\!\!\oint_{(S)} \boldsymbol{J}_V\cdot \mathrm{d}\boldsymbol{S}=0 \tag{4-32}$$

或者

$$\nabla \cdot \boldsymbol{J}_V = 0 \tag{4-33}$$

式(4-32)和式(4-33)表明，恒定电流是连续的，电流线是闭合线，即导体中通过恒定电流时，内部电流密度矢量为无散场。

实际上，式(4-32)就是电路理论中基尔霍夫定律的数学描述，表示电路节点的电流代数和为零，如图 4-9 所示。或者，当闭合面收缩为一点时，式(4-32)便可解释为

$$\sum_i I_i = 0 \tag{4-34}$$

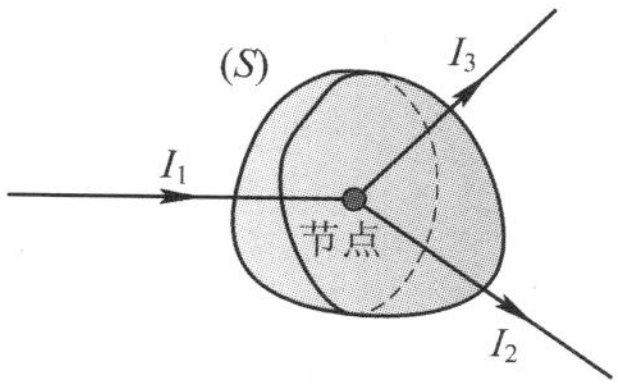

图 4-9　节点电流

将式(4-10)代入式(4-33)，得

$$\nabla \cdot \boldsymbol{J}_V = \nabla \cdot (\sigma \boldsymbol{E}) = \sigma \nabla \cdot \boldsymbol{E} + \boldsymbol{E} \cdot \nabla \sigma = 0 \tag{4-35}$$

如果导电介质均匀，则有

$$\nabla \sigma = 0 \tag{4-36}$$

设导体中的电位分布为 U，将 $\boldsymbol{E} = -\nabla U$ 代入式(4-35)，得

$$\nabla^2 U = 0 \tag{4-37}$$

这就是导体中电位分布满足的拉普拉斯方程。

4.3.2　恒定电场的基本方程

综合以上分析，由式(4-15)和式(4-32)，可得恒定电场基本方程的积分形式为

$$\begin{cases} \oint_{(l)} \boldsymbol{E} \cdot \mathrm{d}\boldsymbol{l} = 0 \\ \oiint_{(S)} \boldsymbol{J}_V \cdot \mathrm{d}\boldsymbol{S} = 0 \end{cases} \tag{4-38}$$

利用斯托克斯定理式(1-91)，由式(4-38)的第一式和式(4-33)，可得恒定电场基本方程的微分形式为

$$\begin{cases} \nabla \times \boldsymbol{E} = 0 \\ \nabla \cdot \boldsymbol{J}_V = 0 \end{cases} \tag{4-39}$$

4.4　恒定电场的边界条件

当恒定电流通过两种不同电导率的导体时，电流密度和电场必须满足的关系称为恒定电场的边界条件。下面根据恒定电场基本方程的积分形式推导恒定电场满足的边界条件。

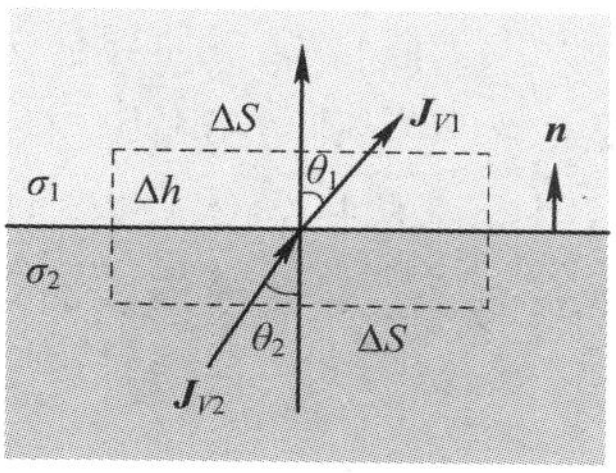

图 4-10　电流密度边界条件

首先推导电流密度的边界条件。如图 4-10 所示，设两种导体的电导率分别为 σ_1 和 σ_2，两导体中的电流密度矢量分别为 $\boldsymbol{J}_{V1}$ 和 $\boldsymbol{J}_{V2}$，导体分界面的法向单位矢量为 $\boldsymbol{n}$，$\boldsymbol{J}_{V1}$ 和 $\boldsymbol{J}_{V2}$ 与界面法向的夹角分别为 θ_1 和 θ_2。作一圆柱形闭合面，上、下底面微元为 ΔS，柱高为 Δh，在面微分元 ΔS 上 $\boldsymbol{J}_{V1}$ 和 $\boldsymbol{J}_{V2}$ 近似为常矢量，当 $\Delta h \to 0$ 时，应用式(4-38)第二式可得

$$\oiint_{(S)} \boldsymbol{J}_V \cdot \mathrm{d}\boldsymbol{S} = \boldsymbol{J}_{V1} \cdot \boldsymbol{n}\Delta S - \boldsymbol{J}_{V2} \cdot \boldsymbol{n}\Delta S = 0$$

则有

$$\boldsymbol{J}_{V1} \cdot \boldsymbol{n} = \boldsymbol{J}_{V2} \cdot \boldsymbol{n} \tag{4-40}$$

或

$$J_{V1\mathrm{n}} = J_{V2\mathrm{n}} \tag{4-41}$$

即

$$\boldsymbol{n} \cdot (\boldsymbol{J}_{V1} - \boldsymbol{J}_{V2}) = 0 \tag{4-42}$$

式(4-42)表明两导体分界面上电流密度矢量的法向连续。

由欧姆定律的微分形式(式(4-10))和电场与电位的关系式(2-21)，可得两导体分界面电位满足的边界条件为

$$\sigma_1 \frac{\partial u_1}{\partial n} = \sigma_2 \frac{\partial u_2}{\partial n} \tag{4-43}$$

同理，应用式(4-38)的第一式，可得电场切向分量的连续边界条件，即

$$\boldsymbol{n} \times (\boldsymbol{E}_1 - \boldsymbol{E}_2) = 0 \tag{4-44}$$

即

$$E_{1\mathrm{t}} = E_{2\mathrm{t}} \tag{4-45}$$

用电位形式表示为

$$u_1 = u_2 \tag{4-46}$$

将欧姆定律的微分形式(式(4-10))，代入式(4-44)，可得到电流密度矢量满足边界条件的切向分量方程为

$$\boldsymbol{n} \times \left(\frac{\boldsymbol{J}_{V_1}}{\sigma_1} - \frac{\boldsymbol{J}_{V_2}}{\sigma_2}\right) = 0 \tag{4-47}$$

或者

$$\frac{J_{V1\mathrm{t}}}{J_{V2\mathrm{t}}} = \frac{\sigma_1}{\sigma_2} \tag{4-48}$$

式(4-48)表明，电流密度矢量的切向分量不连续。

由式(4-41)和式(4-48)，可得两导体分界面上电流密度矢量的折射关系为

$$\frac{\tan\theta_1}{\tan\theta_2} = \frac{\sigma_1}{\sigma_2} \tag{4-49}$$

作为特例，下面讨论两种情况：

(1) 假设第一种导体为不良导体，第二种为良导体，即 $\sigma_2 \gg \sigma_1$，则由式(4-49)可知，只要 $\theta_2 \neq 90°$，则 θ_1 很小。换句话说，导体 1 中，电流或电场的切向分量很小，可以忽略不计。表明电流从良导体进入不良导体时，在导体 1 中电流线 $\boldsymbol{J}_V$（也即电力线 $\boldsymbol{E}$）近似地与良导体表面垂直，良导体表面近似为等位面，这与静电场相似。另一方面，根据式(4-42)有

$$E_{2\mathrm{n}} = \frac{\sigma_1}{\sigma_2} E_{1\mathrm{n}} \tag{4-50}$$

当 $\sigma_2 \gg \sigma_1$ 时，$E_{2\mathrm{n}}$很小，即在导体 2 中电场的法向分量很小。

(2) 假设在导体 1 和导体 2 的分界面上存在自由电荷面密度 ρ_S（一般情况也是如此），则根据电通密度矢量 $\boldsymbol{D}$ 的法向分量边界条件式(2-96)可得

$$\rho_S = D_{1n} - D_{2n} = \varepsilon_1 E_{1n} - \varepsilon_2 E_{2n} \tag{4-51}$$

由式(4-41)有

$$\sigma_1 E_{1n} = \sigma_2 E_{2n} \tag{4-52}$$

代入式(4-51)可得

$$\rho_S = E_{2n}\left(\varepsilon_1 \frac{\sigma_2}{\sigma_1} - \varepsilon_2\right) \tag{4-53}$$

由式(4-53)可知，如果$\sigma_1/\sigma_2 \neq \varepsilon_1/\varepsilon_2$，$\rho_S \neq 0$，则说明两导体分界面上存在自由电荷分布。

对于金属导体，通常取$\varepsilon_1 = \varepsilon_2 = \varepsilon_0$，代入式(4-53)，有

$$\rho_S = \varepsilon_0 E_{2n}\left(\frac{\sigma_2}{\sigma_1} - 1\right) \tag{4-54}$$

式(4-54)表明，只要$\sigma_1 \neq \sigma_2$，$\rho_S \neq 0$，则说明在两种导体分界面上总是有自由电荷存在。

【例4.3】 一平行板电容器，两极板间加电压为U，极板的面积为S，两极板间填充两种电介质，它们的厚度、介电常数和电导率分别为d_1、d_2、ε_1、ε_2和σ_1、σ_2，如图4-11所示。求：

(1) 极板间的电流密度；

(2) 两种电介质中的电场强度；

(3) 上、下极板表面和两电介质分界面上的面电荷分布。

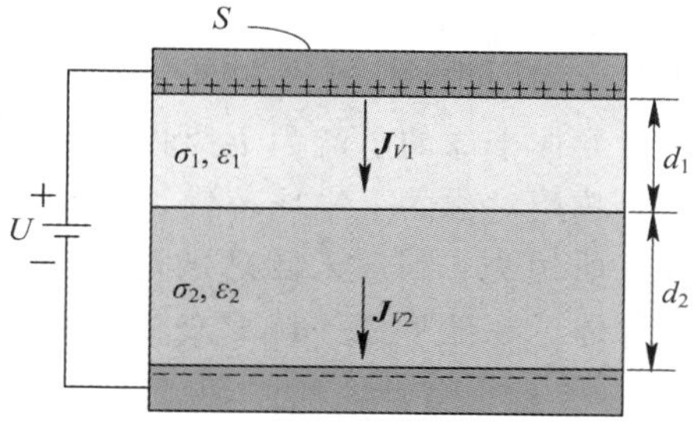

图4-11　填充两种介质的平板电容器

解　(1) 两电介质的电阻分别为

$$R_1 = \frac{1}{\sigma_1}\frac{d_1}{S},\quad R_2 = \frac{1}{\sigma_2}\frac{d_2}{S}$$

两极板间的电阻是两层电介质电阻的串联，则总电阻为

$$R = R_1 + R_2 = \frac{1}{\sigma_1}\frac{d_1}{S} + \frac{1}{\sigma_2}\frac{d_2}{S} = \frac{1}{S}\left(\frac{d_1}{\sigma_1} + \frac{d_2}{\sigma_2}\right)$$

电流具有连续性，则两极板间的漏电流为

$$I = \frac{U}{R} = \frac{\sigma_1\sigma_2 US}{d_1\sigma_2 + d_2\sigma_1}$$

漏电流密度矢量的大小为

$$J_V = \frac{I}{S} = \frac{\sigma_1\sigma_2 U}{d_1\sigma_2 + d_2\sigma_1}$$

(2) 由欧姆定律，得到两层电介质中电场矢量的大小为

$$E_1 = \frac{J_V}{\sigma_1} = \frac{\sigma_2 U}{d_1\sigma_2 + d_2\sigma_1},\qquad E_2 = \frac{J_V}{\sigma_2} = \frac{\sigma_1 U}{d_1\sigma_2 + d_2\sigma_1}$$

(3) 根据电通密度矢量$\boldsymbol{D}$的法向分量边界条件式(2-96)，得到上极板的自由电荷面密度为

$$\rho_{S1} = D_1 = \varepsilon_1 E_1 = \frac{\varepsilon_1\sigma_2 U}{d_1\sigma_2 + d_2\sigma_1}$$

下极板的自由电荷面密度为

$$\rho_{S2} = -D_2 = -\varepsilon_2 E_2 = -\frac{\varepsilon_2\sigma_1 U}{d_1\sigma_2 + d_2\sigma_1}$$

两电介质分界面上的自由电荷面密度为

$$\rho_S = D_2 - D_1 = \varepsilon_2 E_2 - \varepsilon_1 E_1 = \frac{(\varepsilon_2\sigma_1 - \varepsilon_1\sigma_2)U}{d_1\sigma_2 + d_2\sigma_1}$$

实际上，电介质 1 和电介质 2 的上、下表面还存在束缚电荷面密度，以削弱自由电荷产生的电场。

【例 4.4】 半径为 a 的两金属半球接地系统，如图 4－12 所示。两金属半球间加电压 U，相距为 D，大地的电导率为 σ，如果 $D \gg a$，求：

（1）两电极之间的电阻；

（2）流经大地中的电流。

解 首先求电场的分布，然后利用电场与电流密度之间的关系，便可求得电阻和电流。

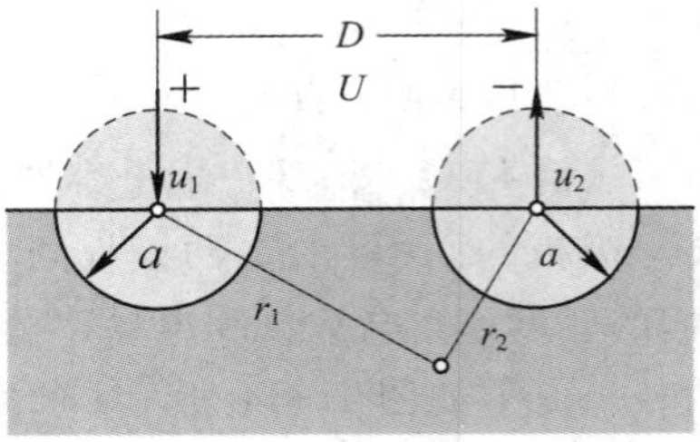

图 4－12 两金属半球接地系统

依题意，$D \gg a$，问题可以得到简化，即不考虑两个半球之间的影响，而当作两个孤立的半导体球考虑。假设通过导体半球的电流为 I，利用镜像法，地表面电流分布的影响用对称的上半球替代，并将上半空间用电导率为 σ 的介质填充，则通入圆球的电流为 $2I$，由此可得两个孤立导体球在地下任一点 P 处的电流密度矢量分别为

$$\boldsymbol{J}_{V1} = \frac{2I}{4\pi r_1^2}\boldsymbol{e}_{r_1} = \frac{I}{2\pi r_1^2}\boldsymbol{e}_{r_1}, \quad \boldsymbol{J}_{V2} = -\frac{2I}{4\pi r_2^2}\boldsymbol{e}_{r_2} = -\frac{I}{2\pi r_2^2}\boldsymbol{e}_{r_2}$$

由欧姆定律式(4－10)，得到相应电场强度分布分别为

$$\boldsymbol{E}_1 = \frac{I}{2\pi\sigma r_1^2}\boldsymbol{e}_{r_1}, \quad \boldsymbol{E}_2 = -\frac{I}{2\pi\sigma r_2^2}\boldsymbol{e}_{r_2}$$

选择无穷远处为电位零点，则两孤立金属导体球在空间任一点的电位分别为

$$u_1' = \frac{I}{2\pi\sigma r_1}, \quad u_2' = -\frac{I}{2\pi\sigma r_2}$$

利用电位叠加原理，两个金属球表面的电位为

$$u_1 = u_1'|_{r_1=a} + u_2'|_{r_2=D-a} = \frac{I}{2\pi\sigma}\left[\frac{1}{a} - \frac{1}{D-a}\right]$$

$$u_2 = u_1'|_{r_1=D-a} + u_2'|_{r_2=a} = \frac{I}{2\pi\sigma}\left[\frac{1}{D-a} - \frac{1}{a}\right]$$

两个金属球之间的电压为

$$U = u_1 - u_2 = \frac{I}{\pi\sigma}\left(\frac{1}{a} - \frac{1}{D-a}\right)$$

两个金属半球之间的电阻为

$$R = \frac{U}{I} = \frac{1}{\pi\sigma}\left(\frac{1}{a} - \frac{1}{D-a}\right)$$

流经大地的电流为

$$I = \frac{U}{R} = \frac{\pi\sigma U}{\left(\dfrac{1}{a} - \dfrac{1}{D-a}\right)}$$

习　题　4

4-1　半径为 a 和 b 的同心球，内球的电位为 $u=U_0$，外球的电位为 $u=0$，两球之间电介质的电导率为 σ。试求这个球形电阻器的电阻。

4-2　已知电流密度矢量 $\boldsymbol{J}_V=10y^2z\boldsymbol{e}_x-2x^2y\boldsymbol{e}_y+2x^2z\boldsymbol{e}_z$(A/m²)。试求：

(1) 穿过图 T4-1 所示面积($x=3$，$2\leqslant y\leqslant 3$，$3.8\leqslant z\leqslant 5.2$)沿 $\boldsymbol{e}_x$ 方向的总电流；

(2) 在上述面积中心处电流密度的大小；

(3) 在上述面积上电流密度 X 方向的分量 J_{Vx} 的平均值。

4-3　有一宽度为 2 m 的电流薄层，其总电流为 6 A，位于 $z=0$ 平面上，方向为从原点指向点(2，3，0)的方向。试求 $\boldsymbol{J}_S$ 的表达式。

4-4　在一半径为 a 的球内，均匀地分布着总电量为 Q 的电荷。如果使球以均匀速度 ω 绕一直径旋转，试求球内的电流密度。

4-5　在一块厚度为 d 的导电板上，由两个半径分别为 ρ_1 和 ρ_2 的圆弧和夹角为 α 的两半径割出的一块扇形体，如图 T4-2 所示。(设导电板的电导率为 σ)试求：

(1) 沿厚度方向的电阻；

(2) 两圆弧之间的电阻；

(3) 沿 α 方向的两电极之间的电阻。

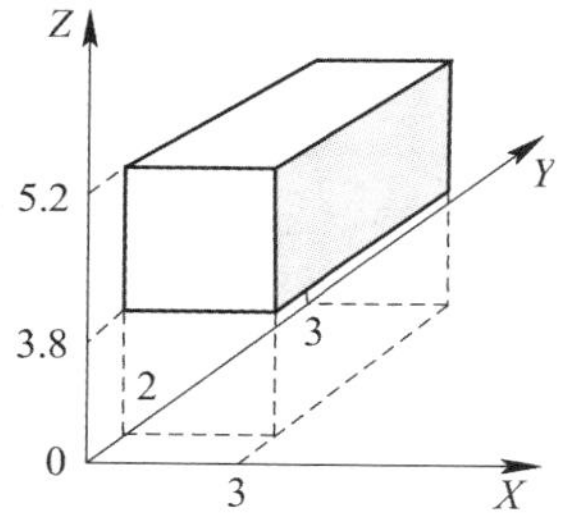

图 T4-1　习题 4-2 图

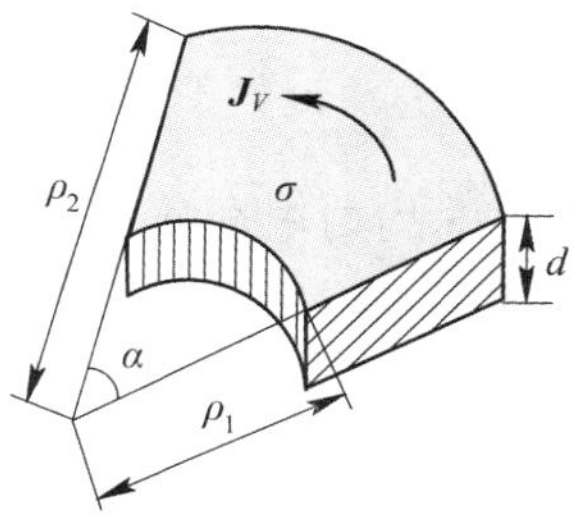

图 T4-2　习题 4-5 图

4-6　两层电介质的同轴电缆，介质的电导率分别为 σ_1 和 σ_2，介电常数分别为 ε_1 和 ε_2，内、外导体的半径为 R_1 和 R_3，介质分界面的半径为 R_2，如图 T4-3 所示。在电缆上外加恒定电压 U，试求电缆中的电场强度、电位分布、单位长度上的电容和单位长度上的漏电阻。

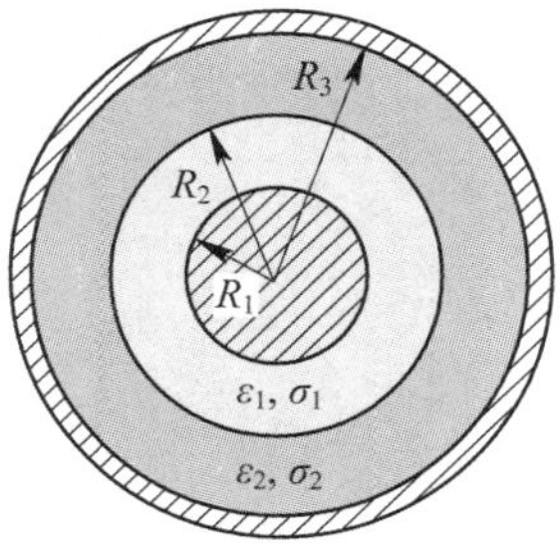

图 T4-3　习题 4-6 图

4-7　为了得到良好的接地，一半径为 0.15 m 的半球形导体球埋在地中，其半球底面与地面相合，设地的电阻率为 $2\times10^{-5}\ \Omega\cdot m$。试求接地电阻。

4-8 一个半径为 0.4 m 的导体球当作接地电极深埋地下，设土壤的电导率为 0.6 S/m，略去地面的影响。试求电极与地之间的电阻。

4-9 无限大导体中有恒定电流流过，已知导体中的电场强度为 $\boldsymbol{E}$，电导率为 $\sigma=\sigma(x,y,z)$，介电常数 $\varepsilon=\varepsilon(x,y,z)$。试求该导体中的电流密度矢量。

4-10 介质 1($\sigma_1=100$ S/m，$\varepsilon_{r1}=9.6$)的电流密度为 50 A/m^2，分界面法线的夹角为 30°。如果介质 2 的电导率为 $\sigma_2=10$ S/m，相对介电常数为 $\varepsilon_{r2}=4$。电流密度是多少？它与分界面法线的夹角是多少？分界面上的面电荷密度是多少？

4-11 两种电介质之间的分界面如图 T4-4 所示。如果分界面上方电介质 1($\sigma_1=100$ S/m，$\varepsilon_{r1}=2$)的电流密度为

$$\boldsymbol{J}_{V1}=20\,\boldsymbol{e}_x+30\,\boldsymbol{e}_y-10\,\boldsymbol{e}_z\quad (A/m^2)$$

分界面下方电介质 2($\sigma_2=1000$ S/m，$\varepsilon_{r2}=9$)的电流密度是多少？分界面两边 $\boldsymbol{E}$ 和 $\boldsymbol{D}$ 的对应分量各为多少？分界面上的面电荷密度是多少？

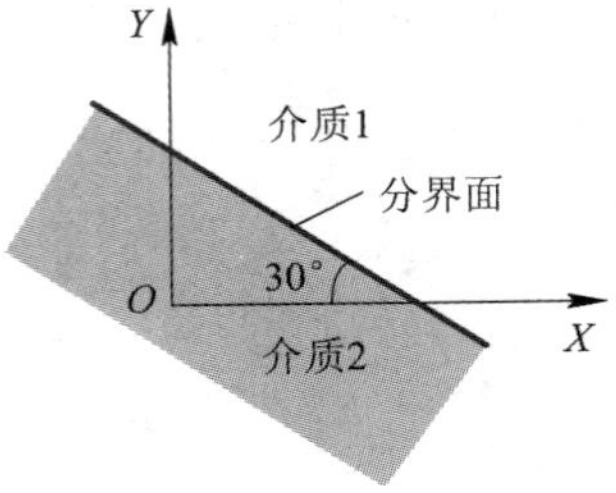

图 T4-4 习题 4-11 图

4-12 有一非均匀电介质板，厚度为 d，其两侧面为良导体电极，下板表面与坐标 $z=0$ 重合，电介质的电阻率为

$$\rho_R=\frac{1}{\sigma}=\rho_{R_1}+\frac{\rho_{R_1}-\rho_{R_2}}{d}z$$

电介质介电常数为 ε_0，电介质中有 $\boldsymbol{J}_V=J_0\boldsymbol{e}_z$ 的均匀电流。试求：

(1) 电介质中的自由电荷密度；

(2) 两极板间的电位差；

(3) 面积为 A 的一块电介质板中的功率损耗。

第 5 章　恒定电流的磁场

实验表明，在运动电荷周围，不仅存在电场，还存在磁场。磁场是由运动电荷或电流产生的，磁场表现为对在场中的其他运动电荷或电流有力的作用。当电流恒定时，所产生的磁场不随时间变化，这种磁场称为恒定电流的磁场或恒定磁场，有时也称静磁场。

本章从安培定律和毕奥-萨伐尔实验定律出发，首先，讨论描述磁场的基本物理量——磁通密度矢量(也称为磁感应强度矢量)和磁通连续性原理；其次，根据磁场的无散性导出矢量磁位及矢量磁位满足的泊松方程；第三，讨论由恒定磁场中的介质磁化现象引入磁场强度矢量，讨论磁场强度矢量表示的安培环路定律及磁场的旋度，从而总结出描述磁场的基本方程；最后，应用恒定磁场基本方程的积分形式，导出不同介质分界面上的边界条件，并讨论导体回路的电感、恒定磁场的能量和磁场力。

5.1　恒定磁场的实验定律

1820 年，丹麦物理学家奥斯特实验时发现通电导线可使磁针偏转，这一现象把电和磁联系起来，使科学家立刻认识到电流也是产生磁场的源。1825 年，安培发现通电导线间存在磁力，并通过实验建立了定量关系，称为安培定律。在安培之前，毕奥-萨伐尔通过实验得到通电导线在空间产生磁通密度矢量的公式，称为毕奥-萨伐尔定律。下面介绍这两个实验定律。

5.1.1　安培定律

如图 5-1 所示，在真空中有两个分别载有电流 I_1 和 I_2 的回路 l_1 和 l_2，在两电流回路上取电流元 $I_1\mathrm{d}\boldsymbol{l}_1$ 和 $I_2\mathrm{d}\boldsymbol{l}_2$，则电流元 $I_1\mathrm{d}\boldsymbol{l}_1$ 对电流元 $I_2\mathrm{d}\boldsymbol{l}_2$ 的作用力为

$$\mathrm{d}\boldsymbol{F}_{12}=\frac{\mu_0}{4\pi}\frac{I_2\mathrm{d}\boldsymbol{l}_2\times(I_1\mathrm{d}\boldsymbol{l}_1\times\boldsymbol{e}_R)}{R^2}\tag{5-1}$$

式中，$R=|\boldsymbol{r}_2-\boldsymbol{r}_1|$ 是两电流元之间距离矢量的大小；$\boldsymbol{e}_R$ 是距离矢量 $\boldsymbol{R}$ 的单位矢量；μ_0 是真空中的磁导率，$\mu_0=4\pi\times10^{-7}$ H/m(亨/米)。

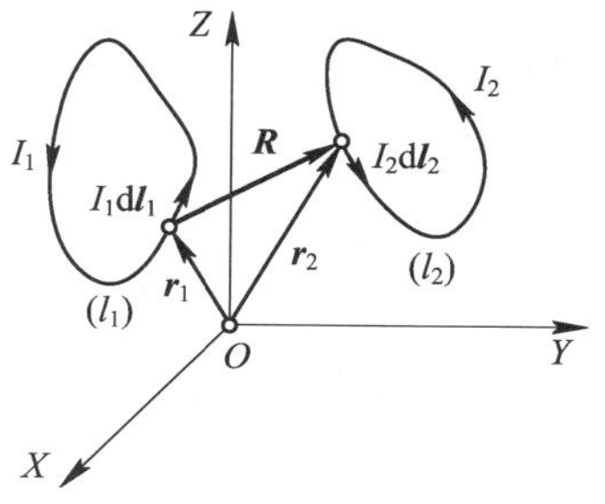

图 5-1　两个电流回路之间的作用力

如果求两个电流回路之间的作用力，则积分得

$$\boldsymbol{F}_{12}=\frac{\mu_0}{4\pi}\oint_{(l_2)}\oint_{(l_1)}\frac{I_2\mathrm{d}\boldsymbol{l}_2\times(I_1\mathrm{d}\boldsymbol{l}_1\times\boldsymbol{e}_R)}{R^2}\tag{5-2}$$

式(5-2)称为安培定律。库仑定律揭示了两点电荷之间的作用力，而安培定律揭示了两电流回路之间的作用力，安培的这一卓越贡献被麦克斯韦誉为“科学中最光辉的成就之一”，

安培本人也被誉为“电学中的牛顿”。

5.1.2 毕奥-萨伐尔定律

奥斯特在发现了电流的磁效应后，其并没有进一步作定量研究。法国物理学家毕奥和年轻的萨伐尔一起，在拉普拉斯的帮助下，很快就推导出载流导线上电流元产生的力与距离的平方成反比的定律，称为毕奥-萨伐尔定律。该定律是毕奥-萨伐尔的实验工作与拉普拉斯的理论分析相结合的产物。为简便起见，下面从安培定律出发，推导毕奥-萨伐尔定律。

与库仑定律相同，安培定律不仅表明了两电流回路之间相互作用力的大小和方向，而且隐含了电流回路受力是因为电流回路周围存在磁场，而磁场对处在磁场空间的通电回路有作用力，这种力称为磁场力，也称安培力。

根据场论的观点，安培力 $\boldsymbol{F}_{12}$ 是矢量场，$\boldsymbol{F}_{12}$ 与电流 I_1 和 I_2 呈线性关系，且 I_1 和 I_2 具有对等性，可令

$$\boldsymbol{B}_1=\frac{\mu_0}{4\pi}\oint_{(l_1)}\frac{I_1\mathrm{d}\boldsymbol{l}_1\times\boldsymbol{e}_R}{R^2} \tag{5-3}$$

$$\boldsymbol{B}_2=\frac{\mu_0}{4\pi}\oint_{(l_2)}\frac{I_2\mathrm{d}\boldsymbol{l}_2\times(-\boldsymbol{e}_R)}{R^2} \tag{5-4}$$

则安培定律可改写为

$$\boldsymbol{F}_{12}=\oint_{(l_2)}I_2\mathrm{d}\boldsymbol{l}_2\times\boldsymbol{B}_1 \tag{5-5}$$

和

$$\boldsymbol{F}_{21}=\oint_{(l_1)}I_1\mathrm{d}\boldsymbol{l}_1\times\boldsymbol{B}_2 \tag{5-6}$$

式中，$\boldsymbol{F}_{12}$ 是电流回路 l_1 对电流回路 l_2 的作用力，而 $\boldsymbol{F}_{21}$ 是电流回路 l_2 对电流回路 l_1 的作用力。$\boldsymbol{F}_{12}$ 和 $\boldsymbol{F}_{21}$ 满足牛顿第三定律，即

$$\boldsymbol{F}_{12}=-\boldsymbol{F}_{21} \tag{5-7}$$

下面给予证明。

利用矢量恒等式(1-25)，有

$$\mathrm{d}\boldsymbol{l}_2\times(\mathrm{d}\boldsymbol{l}_1\times\boldsymbol{e}_R)=(\mathrm{d}\boldsymbol{l}_2\cdot\boldsymbol{e}_R)\mathrm{d}\boldsymbol{l}_1-(\mathrm{d}\boldsymbol{l}_2\cdot\mathrm{d}\boldsymbol{l}_1)\boldsymbol{e}_R \tag{5-8}$$

$$\mathrm{d}\boldsymbol{l}_1\times(\mathrm{d}\boldsymbol{l}_2\times\boldsymbol{e}_R)=(\mathrm{d}\boldsymbol{l}_1\cdot\boldsymbol{e}_R)\mathrm{d}\boldsymbol{l}_2-(\mathrm{d}\boldsymbol{l}_1\cdot\mathrm{d}\boldsymbol{l}_2)\boldsymbol{e}_R \tag{5-9}$$

将式(5-3)代入式(5-5)，并利用式(5-8)，有

$$\boldsymbol{F}_{12}=\frac{\mu_0I_1I_2}{4\pi}\left(\oint_{(l_1)}\mathrm{d}\boldsymbol{l}_1\oint_{(l_2)}\frac{(\mathrm{d}\boldsymbol{l}_2\cdot\boldsymbol{e}_R)}{R^2}-\oint_{(l_2)}\oint_{(l_1)}\frac{(\mathrm{d}\boldsymbol{l}_2\cdot\mathrm{d}\boldsymbol{l}_1)\boldsymbol{e}_R}{R^2}\right) \tag{5-10}$$

将式(5-4)代入式(5-6)，并利用式(5-9)代入，有

$$\boldsymbol{F}_{21}=\frac{\mu_0I_1I_2}{4\pi}\left(-\oint_{(l_2)}\mathrm{d}\boldsymbol{l}_2\oint_{(l_1)}\frac{(\mathrm{d}\boldsymbol{l}_1\cdot\boldsymbol{e}_R)}{R^2}+\oint_{(l_1)}\oint_{(l_2)}\frac{(\mathrm{d}\boldsymbol{l}_1\cdot\mathrm{d}\boldsymbol{l}_2)\boldsymbol{e}_R}{R^2}\right) \tag{5-11}$$

式(5-10)和式(5-11)两端相加，有

$$\boldsymbol{F}_{12}+\boldsymbol{F}_{21}=\frac{\mu_0I_1I_2}{4\pi}\left(\oint_{(l_1)}\mathrm{d}\boldsymbol{l}_1\oint_{(l_2)}\frac{(\mathrm{d}\boldsymbol{l}_2\cdot\boldsymbol{e}_R)}{R^2}-\oint_{(l_2)}\mathrm{d}\boldsymbol{l}_2\oint_{(l_1)}\frac{(\mathrm{d}\boldsymbol{l}_1\cdot\boldsymbol{e}_R)}{R^2}\right) \tag{5-12}$$

因为积分

$$\oint_{(l_2)} \frac{\mathrm{d}\boldsymbol{l}_2 \cdot \boldsymbol{e}_R}{R^2} = -\oint_{(l_2)} \frac{\mathrm{d}R}{R^2} = 0, \qquad \oint_{(l_1)} \frac{\mathrm{d}\boldsymbol{l}_1 \cdot \boldsymbol{e}_R}{R^2} = \oint_{(l_1)} \frac{\mathrm{d}R}{R^2} = 0 \tag{5-13}$$

必有

$$\boldsymbol{F}_{12} + \boldsymbol{F}_{21} = 0 \quad 即 \quad \boldsymbol{F}_{12} = -\boldsymbol{F}_{21} \tag{5-14}$$

得证。

由式(5－3)和式(5－4)不难看出，矢量场 $\boldsymbol{B}_1$ 取决于回路 l_1 的电流分布 I_1 及源点 $\boldsymbol{r}_1$ 到场点 $\boldsymbol{r}_2$ 之间的距离 R，而与电流回路 l_2 无关；矢量场 $\boldsymbol{B}_2$ 取决于回路 l_2 的电流分布 I_2 及源点 $\boldsymbol{r}_2$ 到场点 $\boldsymbol{r}_1$ 之间的距离 R，而与电流回路 l_1 无关。由此可定义矢量场 $\boldsymbol{B}$ 为

$$\boldsymbol{B} = \frac{\mu_0}{4\pi}\oint_{(l)} \frac{I\mathrm{d}\boldsymbol{l}' \times \boldsymbol{e}_R}{R^2} \tag{5-15}$$

式中，$\boldsymbol{B}$、$\mathrm{d}\boldsymbol{l}'$ 和 $\boldsymbol{e}_R$ 三者遵循右手关系，$\boldsymbol{B}$ 垂直于 $\mathrm{d}\boldsymbol{l}'$ 和 $\boldsymbol{e}_R$ 构成的平面，如图 5－2 所示。式(5－15)称为毕奥-萨伐尔定律，矢量 $\boldsymbol{B}$ 称为磁通密度矢量或磁感应强度矢量，在国际单位制中，其单位是 T(特斯拉简称特)，也可用 $\mathrm{Wb/m^2}$（韦伯/米^2）表示。

由式(5－15)可以看出，电流 I 是产生磁场 $\boldsymbol{B}$ 的源，载流回路在其周围空间产生磁场 $\boldsymbol{B}$。因而式(5－2)中的电流回路 l_1 和电流回路 l_2 之间的安培力是磁场 $\boldsymbol{B}_1$ 和 $\boldsymbol{B}_2$ 相互作用的结果。

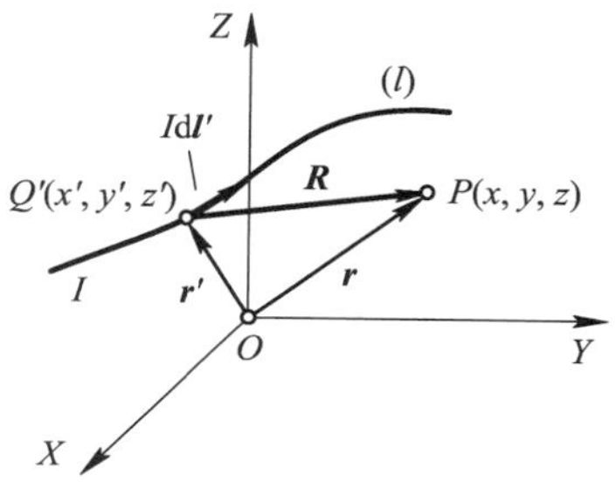

图 5－2　毕奥-萨伐尔定律

如果电流分布不是线电流，而是体电流分布 $\boldsymbol{J}_V(\boldsymbol{r}')$ 和面电流分布 $\boldsymbol{J}_S(\boldsymbol{r}')$，则有

$$\boldsymbol{B} = \frac{\mu_0}{4\pi}\iiint_{(V)} \frac{\boldsymbol{J}_V(\boldsymbol{r}') \times \boldsymbol{e}_R}{R^2}\mathrm{d}V' \tag{5-16}$$

$$\boldsymbol{B} = \frac{\mu_0}{4\pi}\iint_{(S)} \frac{\boldsymbol{J}_S(\boldsymbol{r}') \times \boldsymbol{e}_R}{R^2}\mathrm{d}S' \tag{5-17}$$

根据式(5－15)、式(5－16)或式(5－17)可直接计算任意的线电流分布、体电流分布和面电流分布在空间产生的磁场矢量 $\boldsymbol{B}$。

【例 5.1】　一长度为 $2l$ 的直导线放置于自由空间，导线通电流 I，求在空间产生的磁场矢量 $\boldsymbol{B}$。

解　选择柱坐标系，通电导线垂直于 XY 面沿 Z 轴放置，如图 5－3(a)所示。场点坐标为 $P(\rho,\varphi,z)$，源点坐标为 $Q(0,\varphi',z')$，线电流元为 $I\mathrm{d}\boldsymbol{l}' = I\mathrm{d}z'\boldsymbol{e}_z$。由式(5－15)有

$$\boldsymbol{B} = \frac{\mu_0}{4\pi}\oint_{(l)} \frac{I\mathrm{d}\boldsymbol{l}' \times \boldsymbol{e}_R}{R^2} = \frac{\mu_0}{4\pi}\oint_{(l)} \frac{I\mathrm{d}z'\boldsymbol{e}_z \times \boldsymbol{e}_R}{R^2} = \frac{\mu_0 I}{4\pi}\boldsymbol{e}_\varphi\oint_{(l)} \frac{\sin\alpha\mathrm{d}z'}{R^2}$$

由图 5－3(a)的几何关系得

$$R = \rho/\sin\alpha, \quad z - z' = \rho/\tan\alpha$$

求导，有

$$\mathrm{d}z' = \frac{\rho\mathrm{d}\alpha}{\sin^2\alpha}$$

代入得到

$$\boldsymbol{B} = \frac{\mu_0 I}{4\pi}\boldsymbol{e}_\varphi\oint_{(l)} \frac{\sin^3\alpha\rho\mathrm{d}\alpha}{\rho^2\sin^2\alpha} = \frac{\mu_0 I}{4\pi}\boldsymbol{e}_\varphi\int_{\alpha_1}^{\alpha_2} \frac{\sin\alpha\mathrm{d}\alpha}{\rho} = \boldsymbol{e}_\varphi\frac{\mu_0 I}{4\pi\rho}(\cos\alpha_1 - \cos\alpha_2) \tag{5-18}$$

如果通电导线为无限长，则 $\alpha_1 \to 0$，$\alpha_2 \to \pi$，代入式(5-18)，得到无限长载流直导线在空间产生的磁场 $\boldsymbol{B}$ 为

$$\boldsymbol{B} = \frac{\mu_0 I}{2\pi\rho}\boldsymbol{e}_\varphi \tag{5-19}$$

式(5-19)表明，沿 Z 轴放置的载流直导线产生的磁场 $\boldsymbol{B}$ 的矢量线是闭合线，闭合线是以直导线为轴，以 ρ 为半径的同心圆，方向为 $\boldsymbol{e}_\varphi$，矢量线的方向与电流方向成右手关系，如图 5-3(b)所示。

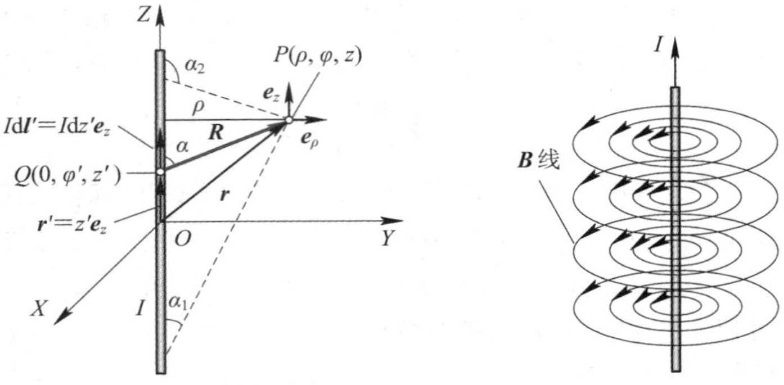

(a) 几何模型　　(b) $\boldsymbol{B}$ 线分布

图 5-3　载流直导线在空间产生的磁场

5.2　恒定磁场的散度和通量

5.2.1　磁通密度矢量的散度

磁通密度矢量 $\boldsymbol{B}$ 的散度可以从毕奥-萨伐尔定律直接推导。由于

$$\nabla \frac{1}{R} = -\frac{\boldsymbol{e}_R}{R^2} \tag{5-20}$$

并利用矢量恒等式

$$\nabla \times (\phi \boldsymbol{A}) = \nabla \phi \times \boldsymbol{A} + \phi \nabla \times \boldsymbol{A} \tag{5-21}$$

由式(5-16)有

$$\begin{aligned}\boldsymbol{B}(\boldsymbol{r}) &= \frac{\mu_0}{4\pi}\iiint_{(V)} \boldsymbol{J}_V(\boldsymbol{r}') \times \left(-\nabla \frac{1}{R}\right)\mathrm{d}V' = \frac{\mu_0}{4\pi}\iiint_{(V)} \nabla \frac{1}{R} \times \boldsymbol{J}_V(\boldsymbol{r}')\mathrm{d}V' \\ &= \frac{\mu_0}{4\pi}\iiint_{(V)} \left[\nabla \times \left(\frac{\boldsymbol{J}_V(\boldsymbol{r}')}{R}\right) - \frac{1}{R}\nabla \times \boldsymbol{J}_V(\boldsymbol{r}')\right]\mathrm{d}V'\end{aligned} \tag{5-22}$$

由于 $\boldsymbol{J}_V(\boldsymbol{r}')$ 是源点的函数，而算子“∇”是对场点求微分运算，因此有

$$\nabla \times \boldsymbol{J}_V(\boldsymbol{r}') = 0 \tag{5-23}$$

又因积分是对源点进行的，故可将算子“∇”提到积分号外得

$$\boldsymbol{B}(\boldsymbol{r}) = \nabla \times \left(\frac{\mu_0}{4\pi}\iiint_{(V)} \frac{\boldsymbol{J}_V(\boldsymbol{r}')}{R}\mathrm{d}V'\right) \tag{5-24}$$

利用矢量恒等式(1-95)，即 $\nabla \cdot (\nabla \times \boldsymbol{A}) \equiv 0$，则有

$$\nabla \cdot \boldsymbol{B}(\boldsymbol{r}) \equiv 0 \tag{5-25}$$

式(5-25)表明，磁通密度矢量的散度恒为零，亦即磁通密度矢量 $\boldsymbol{B}(\boldsymbol{r})$ 不存在标量源。虽然式(5-25)是由恒定电流的磁场推导出来的，但式(5-25)也适用于电流以任何形式随时间变化的情况，具有普遍适用性。

5.2.2　恒定磁场的通量

根据矢量场通量的定义，磁通密度矢量 $\boldsymbol{B}(\boldsymbol{r})$ 的通量定义为

$$\psi = \iint_{(S)} \boldsymbol{B} \cdot \mathrm{d}\boldsymbol{S} \tag{5-26}$$

式中，S 为张在有向闭合曲线 l 上的开曲面，如图 5-4 所示。如果选择曲面 S 为闭合面，则穿过闭合面的磁通量为

$$\psi = \oiint_{(S)} \boldsymbol{B} \cdot \mathrm{d}\boldsymbol{S} \tag{5-27}$$

应用高斯散度定理(1-84)，并利用式(5-25)，有

$$\oiint_{(S)} \boldsymbol{B} \cdot \mathrm{d}\boldsymbol{S} = \iiint_{(V)} \nabla \cdot \boldsymbol{B}\ \mathrm{d}V = 0 \tag{5-28}$$

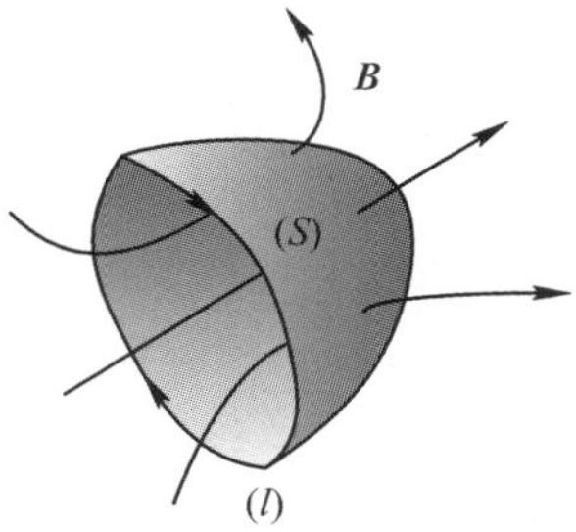

图 5-4　磁通量的计算

式中，V 为闭合面 S 所包围的体积。

式(5-28)表明，穿过任意闭合面的磁通量为零，换句话说，磁力线永远是连续的闭合线，这就是磁通连续性原理。

5.3　恒定磁场的环量和旋度

5.3.1　环量

由磁通连续性原理可知，磁通密度矢量 $\boldsymbol{B}$ 对任意闭合面的积分恒为零，但磁通密度矢量 $\boldsymbol{B}$ 的环量并不处处为零。为简单起见，下面以无限长载流导线的场为例加以证明。

由式(5-19)可知，无限长载流导线的磁通密度矢量 $\boldsymbol{B}$ 仅有 $\boldsymbol{e}_\varphi$ 分量，磁力线在平行于 XY 面的平面内。在垂直于 Z 轴的任一平面内选择一闭合回路 l，载流导线包含在回路内，如图 5-5(a)所示，由此得到磁通密度矢量沿闭合回路的积分为

$$\oint_{(l)} \boldsymbol{B} \cdot \mathrm{d}\boldsymbol{l} = \frac{\mu_0 I}{2\pi}\int_{(l)} \frac{1}{\rho}\boldsymbol{e}_\varphi \cdot \mathrm{d}\boldsymbol{l} = \frac{\mu_0 I}{2\pi}\int_{(l)} \frac{1}{\rho}\cos\alpha \mathrm{d}l = \frac{\mu_0 I}{2\pi}\int_0^{2\pi} \frac{1}{\rho}\rho \mathrm{d}\varphi = \mu_0 I \tag{5-29}$$

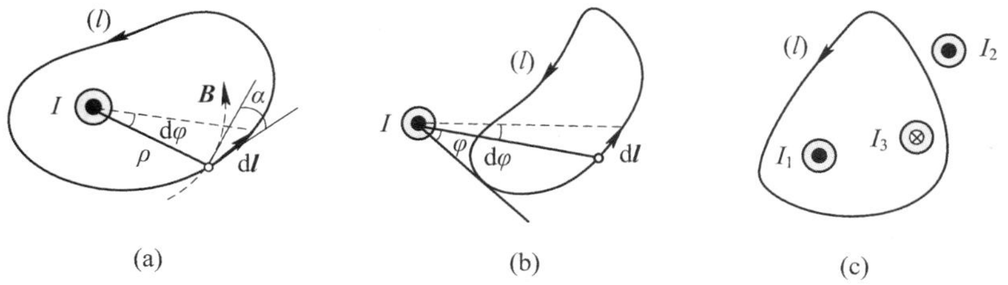

图 5-5　电通密度的环量计算

如果载流导线不包含在闭合回路内，如图 5-5(b)所示，则有

$$\oint_{(l)}\boldsymbol{B}\cdot \mathrm{d}\boldsymbol{l}=\frac{\mu_0 I}{2\pi}\int_{\varphi}^{\varphi}\frac{1}{\rho}\rho\mathrm{d}\varphi=0 \tag{5-30}$$

如果在闭合回路内包含两个无限长载流导线 I_1 和 I_3，而 I_2 不包含在回路内，如图 5-5(c)所示，则有

$$\oint_{(l)}\boldsymbol{B}\cdot \mathrm{d}\boldsymbol{l}=\oint_{(l)}(\boldsymbol{B}_1+\boldsymbol{B}_2+\boldsymbol{B}_3)\cdot \mathrm{d}\boldsymbol{l}=\oint_{(l)}\boldsymbol{B}_1\cdot \mathrm{d}\boldsymbol{l}+\oint_{(l)}\boldsymbol{B}_2\cdot \mathrm{d}\boldsymbol{l}+\oint_{(l)}\boldsymbol{B}_3\cdot \mathrm{d}\boldsymbol{l}=\mu_0(I_1-I_3) \tag{5-31}$$

实际上，由于电流总是闭合的，因此闭合回路包围的电流实质上与电流回路相铰链。对于这种一般情况，可以直接由毕奥-萨伐尔定律推导磁通密度矢量的环量，结果是相同的。

由以上特殊情况的讨论，推而广之得到恒定磁场的磁通密度矢量的环量为

$$\oint_{(l)}\boldsymbol{B}\cdot \mathrm{d}\boldsymbol{l}=\mu_0\sum_{i=1}^{N}I_i \tag{5-32}$$

该式就是真空中的安培环路定律，表明在真空中磁通密度矢量沿任一回路的环量等于真空磁导率乘以与该闭合回路相铰链的电流的代数和。若闭合积分回路 l 的方向与电流 I 的方向符合右手关系，则环量积分取正，否则取负。如果闭合回路与电流回路无铰链，则环量积分为零，如图 5-5(b)所示。

5.3.2　旋度

根据斯托克斯定理(见式(1-91))，把式(5-32)左端线积分转化为面积分，有

$$\oint_{(l)}\boldsymbol{B}\cdot \mathrm{d}\boldsymbol{l}=\iint_{(S)}\nabla\times\boldsymbol{B}\cdot \mathrm{d}\boldsymbol{S} \tag{5-33}$$

又因式(5-32)右端项可改写为

$$\mu_0\sum_{i=1}^{N}I_i=\mu_0\iint_{(S)}\boldsymbol{J}_V\cdot \mathrm{d}\boldsymbol{S} \tag{5-34}$$

因而有

$$\iint_{(S)}\nabla\times\boldsymbol{B}\cdot \mathrm{d}\boldsymbol{S}=\mu_0\iint_{(S)}\boldsymbol{J}_V\cdot \mathrm{d}\boldsymbol{S} \tag{5-35}$$

式中积分曲面 S 是张在闭合曲线 l 上的任意曲面，积分相等必有被积函数相等，即

$$\nabla\times\boldsymbol{B}=\mu_0\boldsymbol{J}_V \tag{5-36}$$

式(5-36)是真空中安培定律的微分形式，表明磁场是有旋场，电流是激发磁场的旋涡源。

对于具有对称分布的电流，磁场分布也具有对称性，安培环路定律可用于计算磁通密度矢量 $\boldsymbol{B}$，关键在于选择合适的闭合回路。

【例 5.2】　一个在圆环上密绕 N 匝的线圈(也称为环形螺线管)，通有电流 I，如图 5-6 所示，圆环的内、外半径分别为 a 和 b。试求螺线管内、外的磁场 $\boldsymbol{B}$。

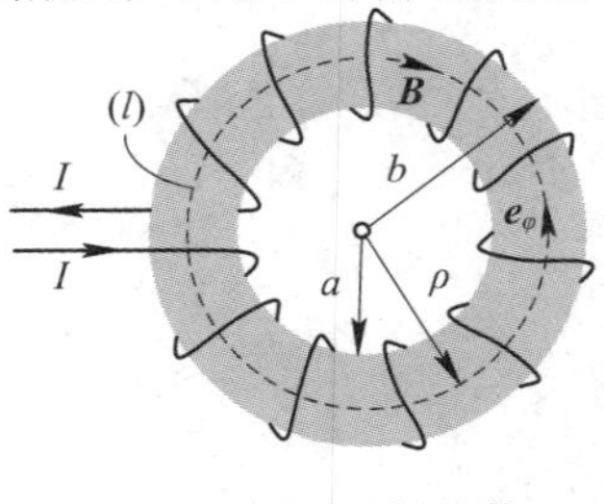

图 5-6　圆环形螺线管

解　由于电流分布具有对称性，因此螺线管内的场分布沿 $-\boldsymbol{e}_\varphi$ 方向且具有均匀分布的特点。根据安培环路定律可知：

(1) 在 $\rho<a$ 的区域，取一闭合积分路径，由于不会有电流穿

过该闭合回路，因此 $\boldsymbol{B}=0$。

(2) 在 $a<\rho<b$ 的区域，在螺线管内选取一圆形闭合积分路径 l，在路径 l 上磁场大小相同，方向与积分回路方向 $\boldsymbol{e}_\varphi$ 相反，因而有

$$\boldsymbol{B}=-B\boldsymbol{e}_\varphi$$

半径为 ρ 的闭合回路所包围的总电流的代数和为 NI，由真空中的安培环路定律式(5-32)，得到

$$\oint_{(l)}\boldsymbol{B}\cdot\mathrm{d}\boldsymbol{l}=\int_0^{2\pi}-B\boldsymbol{e}_\varphi\cdot\rho\boldsymbol{e}_\varphi\mathrm{d}\varphi=-2\pi\rho B=\mu_0 NI$$

因此有

$$\boldsymbol{B}=-\frac{\mu_0 NI}{2\pi\rho}\boldsymbol{e}_\varphi \tag{5-37}$$

5.4 矢量磁位

5.4.1 矢量磁位

由式(5-25)可知，磁场的散度处处为零。利用矢量恒等式(1-95)可知，磁通密度矢量 $\boldsymbol{B}$ 可表示为某一矢量 $\boldsymbol{A}$ 的旋度，即

$$\boldsymbol{B}=\nabla\times\boldsymbol{A} \tag{5-38}$$

矢量 $\boldsymbol{A}$ 称为矢量磁位。在国际单位制中，$\boldsymbol{A}$ 的单位为 Wb/m（韦伯/米）。

式(5-38)并不能唯一确定矢量磁位 $\boldsymbol{A}$。因为由例 1.11 可知，对于任意标量场，梯度的旋度恒为零。假设矢量 $\boldsymbol{A}'$是标量场 φ 的梯度和矢量 $\boldsymbol{A}$ 之和，即

$$\boldsymbol{A}'=\boldsymbol{A}+\nabla\varphi \tag{5-39}$$

则式(5-39)同样满足式(5-25)和式(5-38)。但矢量 $\boldsymbol{A}'$ 的散度为

$$\nabla\cdot\boldsymbol{A}'=\nabla\cdot\boldsymbol{A}+\nabla^2\varphi \tag{5-40}$$

显然，矢量 $\boldsymbol{A}$ 和 $\boldsymbol{A}'$ 的散度并不相等。为了克服这种不唯一性，在恒定磁场中，最简单的选择是取

$$\nabla\cdot\boldsymbol{A}=0 \tag{5-41}$$

式(5-41)称为库仑规范。

将式(5-24)与式(5-38)进行比较，可得

$$\boldsymbol{A}(\boldsymbol{r})=\frac{\mu_0}{4\pi}\iiint_{(V)}\frac{\boldsymbol{J}_V(\boldsymbol{r}')}{R}\mathrm{d}V' \tag{5-42}$$

这就是体电流密度分布 $\boldsymbol{J}_V(\boldsymbol{r}')$ 在空间任一点 $\boldsymbol{r}$ 处产生的矢量磁位的计算公式。与此相对应，可以得到面电流分布和线电流分布矢量磁位的计算公式分别为

$$\boldsymbol{A}(\boldsymbol{r})=\frac{\mu_0}{4\pi}\iint_{(S)}\frac{\boldsymbol{J}_S(\boldsymbol{r}')}{R}\mathrm{d}S' \tag{5-43}$$

$$\boldsymbol{A}(\boldsymbol{r})=\frac{\mu_0}{4\pi}\int_{(l)}\frac{I\mathrm{d}\boldsymbol{l}'}{R} \tag{5-44}$$

5.4.2 矢量泊松方程

将式(5-38)代入式(5-36)，得

$$\nabla\times(\nabla\times\boldsymbol{A})=\mu_0\boldsymbol{J}_V \tag{5-45}$$

利用矢量恒等式

$$\nabla\times(\nabla\times\boldsymbol{A})=\nabla(\nabla\cdot\boldsymbol{A})-\nabla^2\boldsymbol{A} \tag{5-46}$$

和库仑规范条件 $\nabla\cdot\boldsymbol{A}=0$，有

$$\nabla^2\boldsymbol{A}=-\mu_0\boldsymbol{J}_V \tag{5-47}$$

式(5-47)就是矢量磁位所满足的矢量泊松方程。在直角坐标系下，求解式(5-47)对应于求解三个标量泊松方程，即

$$\begin{cases}\nabla^2A_x=-\mu_0J_{Vx}\\ \nabla^2A_y=-\mu_0J_{Vy}\\ \nabla^2A_z=-\mu_0J_{Vz}\end{cases} \tag{5-48}$$

在已知电流密度分布的情况下，微分方程(5-48)的解为

$$\begin{cases}A_x=\dfrac{\mu_0}{4\pi}\iiint\limits_{(V)}\dfrac{J_{Vx}\,\mathrm{d}V'}{R}\\ A_y=\dfrac{\mu_0}{4\pi}\iiint\limits_{(V)}\dfrac{J_{Vy}\,\mathrm{d}V'}{R}\\ A_z=\dfrac{\mu_0}{4\pi}\iiint\limits_{(V)}\dfrac{J_{Vz}\,\mathrm{d}V'}{R}\end{cases} \tag{5-49}$$

式(5-49)写成矢量形式为

$$\boldsymbol{A}=\frac{\mu_0}{4\pi}\iiint\limits_{(V)}\frac{\boldsymbol{J}_V\,\mathrm{d}V'}{R} \tag{5-50}$$

显而易见，矢量泊松方程的解形式与由毕奥-萨伐尔定律推导出的矢量磁位形式相同。除毕奥-萨伐尔定律和安培环路定律之外，矢量磁位提供了第三种计算磁场的方法。安培环路定律计算磁场，仅适用于电流分布具有几何对称性的简单情况。与毕奥-萨法尔定律计算磁场相比较，计算矢量磁位通常更容易，因为式(5-50)的积分较式(5-16)的积分容易得多。

5.5 磁偶极子

磁偶极子是描述物质磁特性的微观物理模型，它是一微小电流环，半径为 a，通电流为 I，如图 5-7(a)所示。下面求解在 $r\gg a$ 的情况下，磁偶极子在空间任一点 P 的矢量磁位和磁通密度矢量。

采用球坐标系，电流环放置于 XY 平面内，圆环中心与坐标原点重合。由于电流环电流分布具有对称性，因而磁场分布也具有对称性。根据式(5-44)可知，磁偶极子矢量磁位仅有 $\boldsymbol{e}_\varphi$ 分量，$\boldsymbol{e}_r$ 和 $\boldsymbol{e}_\theta$ 分量为零。据此可将待求场点选在 YZ 平面内，并不失一般性。

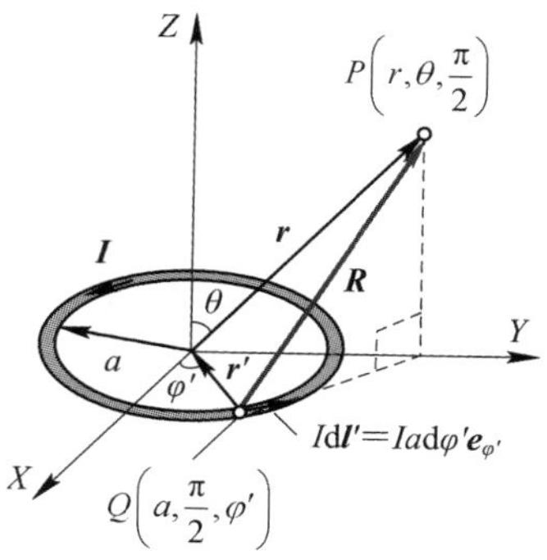

(a) 几何模型

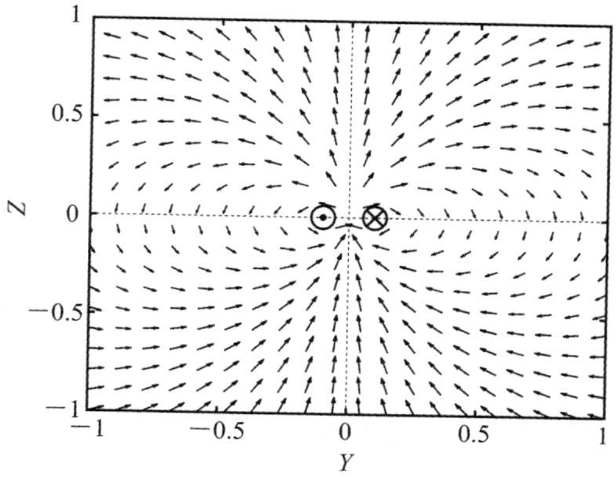

(b) 磁通密度矢量$\boldsymbol{B}$仿真图

图5-7　磁偶极子及其场分布

在YZ平面内任取一场点$P(r,\theta,\pi/2)$，在电流环上任取一源点$Q(a,\pi/2,\varphi')$，过源点Q的电流元表示为

$$I\mathrm{d}\boldsymbol{l}' = Ia\,\mathrm{d}\varphi'\boldsymbol{e}_{\varphi'} \tag{5-51}$$

又有

$$\boldsymbol{e}_{\varphi'} = -\sin\varphi'\,\boldsymbol{e}_x + \cos\varphi'\,\boldsymbol{e}_y \tag{5-52}$$

$$\begin{cases} x = r\sin\theta\cos\varphi = r\sin\theta\cos\dfrac{\pi}{2} = 0 \\ y = r\sin\theta\sin\varphi = r\sin\theta\sin\dfrac{\pi}{2} = r\sin\theta \\ z = r\cos\theta \end{cases} \tag{5-53}$$

$$\begin{cases} x' = r'\sin\theta'\cos\varphi' = a\sin\dfrac{\pi}{2}\cos\varphi' = a\cos\varphi' \\ y' = r'\sin\theta'\sin\varphi' = a\sin\dfrac{\pi}{2}\sin\varphi' = a\sin\varphi' \\ z' = r'\cos\theta' = a\cos\dfrac{\pi}{2} = 0 \end{cases} \tag{5-54}$$

$$R = \sqrt{(x-x')^2+(y-y')^2+(z-z')^2} = \sqrt{r^2+a^2-2ra\sin\theta\sin\varphi'} \tag{5-55}$$

由于$r \gg a$，因此取近似有

$$\frac{1}{R} \approx \frac{1}{r}\left(1+\frac{a}{r}\sin\theta\sin\varphi'\right) \tag{5-56}$$

把式(5-51)和式(5-56)代入线电流分布矢量磁位的公式(5-44)，得到

$$\boldsymbol{A}(\boldsymbol{r}) = \frac{\mu_0}{4\pi}\int_0^{2\pi}\frac{1}{r}\left(1+\frac{a}{r}\sin\theta\sin\varphi'\right)Ia\,(-\sin\varphi'\,\boldsymbol{e}_x+\cos\varphi'\,\boldsymbol{e}_y)\,\mathrm{d}\varphi' \tag{5-57}$$

积分得

$$\boldsymbol{A}(\boldsymbol{r}) = \frac{\mu_0 Ia^2}{4r^2}\sin\theta(-\boldsymbol{e}_x) \tag{5-58}$$

对于空间任一点，有

$$\boldsymbol{e}_\varphi = -\sin\varphi\,\boldsymbol{e}_x + \cos\varphi\,\boldsymbol{e}_y \tag{5-59}$$

取场点坐标 $\varphi=\pi/2$，代入得到

$$\boldsymbol{e}_{\varphi}=-\boldsymbol{e}_{x} \tag{5-60}$$

最后，得到矢量磁位在球坐标系下的表达式为

$$\boldsymbol{A}(\boldsymbol{r})=\frac{\mu_0 I a^2}{4r^2}\sin\theta\,\boldsymbol{e}_{\varphi} \tag{5-61}$$

如果取 $S=\pi a^2$，$p_{\mathrm{m}}=IS$，$\boldsymbol{p}_{\mathrm{m}}=I\boldsymbol{S}$，$S$ 为张在微小电流环上的平面，$\boldsymbol{S}$ 的方向 $\boldsymbol{n}$ 与电流的方向满足右手关系，则微小电流环矢量磁位可以表达为

$$\boldsymbol{A}(\boldsymbol{r})=\frac{\mu_0}{4\pi}\frac{\boldsymbol{p}_{\mathrm{m}}\times\boldsymbol{e}_r}{r^2} \tag{5-62}$$

于是，由式(5-38)，并利用球坐标系下的梯度公式(1-90)，得到微小电流环的磁通密度矢量为

$$\boldsymbol{B}(\boldsymbol{r})=\begin{vmatrix}\dfrac{\boldsymbol{e}_r}{r^2\sin\theta} & \dfrac{\boldsymbol{e}_\theta}{r\sin\theta} & \dfrac{\boldsymbol{e}_\varphi}{r}\\ \dfrac{\partial}{\partial r} & \dfrac{\partial}{\partial\theta} & \dfrac{\partial}{\partial\varphi}\\ A_r & rA_\theta & r\sin\theta A_\varphi\end{vmatrix}=\frac{\mu_0 p_{\mathrm{m}}}{4\pi r^3}(2\cos\theta\,\boldsymbol{e}_r+\sin\theta\,\boldsymbol{e}_\theta) \tag{5-63}$$

相比之下，可以看出式(5-63)与静电场中电偶极子电场的表达式(2-26)之间具有对偶性，仅仅需要将式(2-26)中的 $1/\varepsilon_0$ 换成 μ_0，p_{e} 换成 p_{m}，$\boldsymbol{E}(\boldsymbol{r})$ 就变成 $\boldsymbol{B}(\boldsymbol{r})$。这样的话，微小电流环就可以等效为一个磁偶极子，磁偶极矩为 $\boldsymbol{p}_{\mathrm{m}}=I\boldsymbol{S}$。依据式(5-63)，并利用式(1-47)，取 $\varphi=\pi/2$，经归一化处理，微小电流环磁通密度矢量分布仿真计算结果如图 5-7(b)所示。

实验研究表明，一根微小的永久磁针周围的磁场分布与微小电流环周围的磁场分布是相同的。因此，可以把永久磁针看作是两端有正、负磁荷 $\pm q_{\mathrm{m}}$ 的磁偶极子，正、负磁荷相距 d，磁矩为 $p_{\mathrm{m}}=q_{\mathrm{m}}d$。二者等效即为正、负磁荷的磁矩与微小电流环的磁矩等效。

5.6 物质的磁特性

在构成物质的原子或分子中，电子的自旋和绕原子核轨道运动形成的微小圆形电流环，称为分子电流或束缚电流。每个微小电流环就相当于一个磁偶极子，具有一定的磁矩，所以物质的磁性可用分子的等效磁矩来表达。一般情况下，由于分子的热运动，物质中的磁偶极子取向杂乱无章，磁偶极子产生的磁场在宏观上相互抵消，对外不显磁性。但是，如果有外磁场存在，磁性物质中的分子电流磁矩会取向排列，宏观上对外呈现磁效应，影响外磁场的分布，这种现象称为磁化现象。就磁化特性而言，物质大体可分为抗磁性、顺磁性和铁磁性三类。抗磁性物质在外磁场的作用下，分子磁矩产生的磁场与外磁场方向相反，削弱外磁场，所有的有机化合物和大部分无机化合物都是抗磁体，但这种反磁效应特别弱。顺磁性物质在外磁场的作用下，分子磁矩产生的磁场与外磁场一致，如金、银、铜和石墨等，但这种顺磁性仍然相当弱。铁磁性物质在外磁场的作用下产生强烈的磁化效应，所受到的磁力是顺磁物质的数千倍，如铁、磁铁矿等。

由于抗磁性物质和顺磁性物质在外磁场中所受的力都很弱，因此实际上通常把它们都归为一类，统称为非磁性物质，而且假设所有非磁性物质的磁导率与自由空间的磁导率 μ_0

相同。

5.6.1　介质的磁化和磁化强度矢量的定义

在磁性介质中，分子中的电子以恒速绕原子核作圆周运动形成分子电流，相当于一个微小的电流环，如图 5-8 所示，这个微小电流环可等效为磁偶极子，其磁偶极矩的表达式为

$$\boldsymbol{p}_{\mathrm{m}} = I_{\mathrm{a}} S \boldsymbol{n} \tag{5-64}$$

式中，I_a 为分子电流，S 为分子电流圆环的面积，其方向 $\boldsymbol{n}$ 与分子电流的绕行方向成右手关系(注意图中给出的是电子绕行的方向，与分子电流的方向相反)。

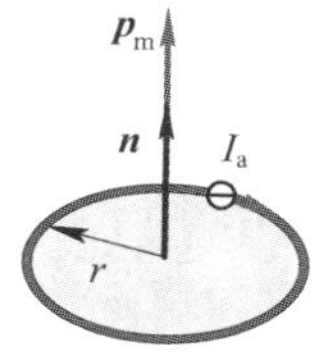

图 5-8　分子磁偶极矩

就一般介质而言，在没有外磁场时，介质内部各分子磁矩的取向随机分布，磁矩的矢量和为零，对外不显磁性，如图 5-9 (a)所示。当有外磁场存在时，介质内部的分子磁矩沿外磁场方向排列，如图 5-9(b)所示，这种有序排列会在介质内部产生一附加场。磁偶极子的有序排列类似于电偶极子在电介质中的有序排列，但有区别。电偶极子的有序排列总是使电场减弱，而磁偶极子的有序排列则使磁场增强。对于均匀介质来说，磁介质内部磁偶极子的有序排列会在介质的表面产生面电流分布，如图 5-9(c)所示，这种电流称为束缚电流。

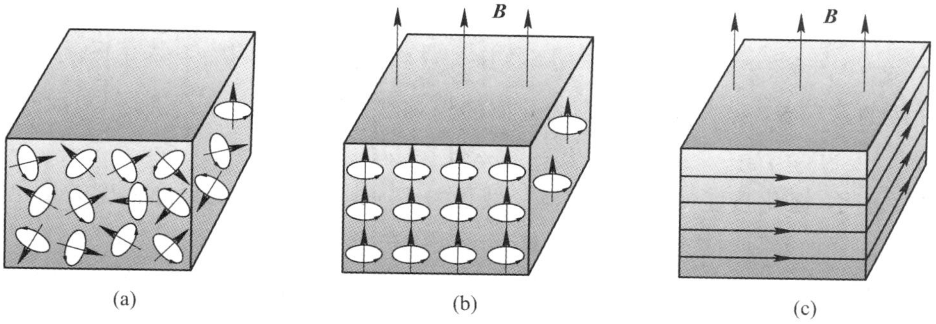

图 5-9　介质的磁化

为了定量描述磁介质在外场作用下磁化程度的强弱，引入了磁化强度矢量 $\boldsymbol{M}$。定义磁化强度矢量为磁介质中单位体积内分子磁矩的矢量和，即

$$\boldsymbol{M} = \lim_{\Delta V' \to 0} \frac{\sum_i \boldsymbol{p}_{\mathrm{m}i}}{\Delta V'} \tag{5-65}$$

如果 $\boldsymbol{M} \neq 0$，表明介质被磁化。$\boldsymbol{M}$ 的单位是 A/m (安培/米)。

5.6.2　磁化强度矢量与外加磁场的关系

为了描述方便起见，引入一新的物理量，磁场强度矢量 $\boldsymbol{H}$。在真空中，磁场强度矢量与磁通密度矢量的关系定义为

$$\boldsymbol{B} = \mu_0 \boldsymbol{H} \tag{5-66}$$

式中，μ_0 为真空中的磁导率，磁场强度 $\boldsymbol{H}$ 的单位为 A/m (安培/米)。

磁化强度矢量 $\boldsymbol{M}$ 取决于磁介质的特性和外加磁场强度矢量 $\boldsymbol{H}$。对于不同的磁介质，磁

化强度矢量 $\boldsymbol{M}$ 与磁场强度矢量 $\boldsymbol{H}$ 的关系也分为三大类。

1. 各向同性线性介质

对于各向同性线性介质，磁化强度矢量 $\boldsymbol{M}$ 与磁场强度矢量 $\boldsymbol{H}$ 满足线性关系：

$$\boldsymbol{M}=\chi_{m}\boldsymbol{H} \tag{5-67}$$

式中，χ_m 是一个无量纲的量，称为介质的磁化率，是反映介质磁特性的物理量。对于抗磁性介质和顺磁性介质，在给定温度的情况下，χ_m 是一个常数，线性关系成立。顺磁性介质 $\chi_m>0$，抗磁性介质 $\chi_m<0$。对于非均匀磁介质，磁化率 χ_m 是空间坐标的函数，则为非均匀各向同性线性磁介质。

当外加磁场 $\boldsymbol{H}$ 时，介质因磁化产生的磁通密度矢量为

$$\boldsymbol{B}_{m}=\mu_{0}\boldsymbol{M} \tag{5-68}$$

磁介质内的总磁通密度矢量为

$$\boldsymbol{B}=\mu_{0}\boldsymbol{H}+\mu_{0}\boldsymbol{M}=\mu_{0}(\boldsymbol{H}+\boldsymbol{M}) \tag{5-69}$$

式中，第一项代表外磁场的贡献，第二项代表介质磁化的贡献。如果把式(5-67)代入式(5-69)，可得

$$\boldsymbol{B}=\mu_{0}(\boldsymbol{H}+\boldsymbol{M})=\mu_{0}(\boldsymbol{H}+\chi_{m}\boldsymbol{H})=\mu_{0}(1+\chi_{m})\boldsymbol{H} \tag{5-70}$$

记

$$\mu=\mu_{0}(1+\chi_{m})=\mu_{0}\mu_{r} \tag{5-71}$$

μ 称为介质的磁导率，$\mu_r=1+\chi_m$ 称为介质的相对磁导率，则有

$$\boldsymbol{B}=\mu_{0}\mu_{r}\boldsymbol{H}=\mu\boldsymbol{H} \tag{5-72}$$

式(5-72)表明，磁化强度矢量与外磁场呈线性关系，则磁介质中的磁通密度矢量也与外场呈线性关系。显而易见，磁场强度矢量 $\boldsymbol{H}$ 与介质无关。

为了方便比较，表 5-1 列举了抗磁性、顺磁性和铁磁性介质的一些简单特性和参数。

表 5-1 磁性介质的性质及参数

对比项目	抗磁性介质	顺磁性介质	铁磁性介质
永久磁偶极矩	无	有，很弱	有，很强
主要磁化机制	电子轨道磁矩	电子自旋磁矩	磁畴
感应磁场的方向（相对于外磁场）	反向	同向	磁滞
常见介质举例	铋、铜、金刚石、金、铅、水银、银、硅	铝、钙、铬、锰、铌、铂、钨	铁、钴、镍
χ_m 的典型值	约为 -10^{-5}	约为 10^{-5}	$\lvert\chi_m\rvert\gg1$，磁滞
μ_r 的典型值	约为 1	约为 1	$\lvert\mu_r\rvert\gg1$，磁滞

2. 各向异性线性介质

在直角坐标系下，磁化强度矢量 $\boldsymbol{M}$ 和磁场强度矢量 $\boldsymbol{H}$ 的分量形式为

$$\boldsymbol{M} = M_x \boldsymbol{e}_x + M_y \boldsymbol{e}_y + M_z \boldsymbol{e}_z \tag{5-73}$$

$$\boldsymbol{H} = H_x \boldsymbol{e}_x + H_y \boldsymbol{e}_y + H_z \boldsymbol{e}_z \tag{5-74}$$

式中，M_x、M_y 和 M_z 分别为磁化强度矢量 $\boldsymbol{M}$ 沿直角坐标 X、Y 和 Z 方向的分量；H_x、H_y 和 H_z 分别为磁场强度矢量 $\boldsymbol{H}$ 沿直角坐标 X、Y 和 Z 方向的分量。

对于各向异性的线性介质，介质的磁化率取张量形式：

$$\overline{\overline{\boldsymbol{\chi}}}_{\mathrm{m}}^{(1)} = [\chi_{\mathrm{m}ij}]_{3\times 3} = \begin{bmatrix} \chi_{\mathrm{m}xx} & \chi_{\mathrm{m}xy} & \chi_{\mathrm{m}xz} \\ \chi_{\mathrm{m}yx} & \chi_{\mathrm{m}yy} & \chi_{\mathrm{m}yz} \\ \chi_{\mathrm{m}zx} & \chi_{\mathrm{m}zy} & \chi_{\mathrm{m}zz} \end{bmatrix} \quad (i,j = x,y,z) \tag{5-75}$$

如果把磁化强度矢量 $\boldsymbol{M}$ 和磁场强度矢量 $\boldsymbol{H}$ 的三个分量写成向量形式

$$\boldsymbol{M}^{(1)} = [M_i]_{3\times 1} = \begin{bmatrix} M_x \\ M_y \\ M_z \end{bmatrix} \quad (i = x,y,z) \tag{5-76}$$

$$\boldsymbol{H}^{(1)} = [H_j]_{3\times 1} = \begin{bmatrix} H_x \\ H_y \\ H_z \end{bmatrix} \quad (j = x,y,z) \tag{5-77}$$

则磁化强度矢量 $\boldsymbol{M}$ 和磁场强度矢量 $\boldsymbol{H}$ 的张量关系为

$$\begin{bmatrix} M_x \\ M_y \\ M_z \end{bmatrix} = \begin{bmatrix} \chi_{\mathrm{m}xx} & \chi_{\mathrm{m}xy} & \chi_{\mathrm{m}xz} \\ \chi_{\mathrm{m}yx} & \chi_{\mathrm{m}yy} & \chi_{\mathrm{m}yz} \\ \chi_{\mathrm{m}zx} & \chi_{\mathrm{m}zy} & \chi_{\mathrm{m}zz} \end{bmatrix} \begin{bmatrix} H_x \\ H_y \\ H_z \end{bmatrix} \tag{5-78}$$

写成求和形式为

$$M_i = \sum_{j=x,y,z} \chi_{\mathrm{m}ij} H_j \quad (i = x,y,z) \tag{5-79}$$

简记为

$$\boldsymbol{M}^{(1)} = \overline{\overline{\boldsymbol{\chi}}}_{\mathrm{m}}^{(1)} \boldsymbol{H}^{(1)} \tag{5-80}$$

式(5-79)表明，磁化率 $\overline{\overline{\boldsymbol{\chi}}}_{\mathrm{m}}^{(1)}$ 与方向有关，导致磁化强度矢量 $\boldsymbol{M}$ 与磁场强度矢量 $\boldsymbol{H}$ 方向不一致，但 $\boldsymbol{M}$ 与 $\boldsymbol{H}$ 仍然保持线性关系。如果 $\overline{\overline{\boldsymbol{\chi}}}_{\mathrm{m}}^{(1)}$ 的分量 $\chi_{\mathrm{m}ij}$ 取值为实常数，则称为均匀线性磁各向异性介质；如果 $\chi_{\mathrm{m}ij}$ 取值为空间坐标的函数，则称为非均匀线性磁各向异性介质；如果 $\chi_{\mathrm{m}ij}$ 与频率有关，则称为线性磁各向异性色散介质。

3. 各向异性非线性介质——隐式关系

对于铁磁性介质，内部存在许许多多小区域，在每个小区域磁性原子或离子之间存在着很强的相互作用，这种相互作用可用内磁场来等效，其等效磁场称为分子磁场，相对应的小区域称为磁畴。在没有外磁场的作用下，构成铁磁性介质内的磁畴磁矩矢量杂乱无章地排列，对外不显磁性，$\boldsymbol{M} = 0$，如图 5-10(a)所示；当铁磁性介质置于外磁场 $\boldsymbol{H}$ 中时，铁

磁性介质沿外磁场方向被磁化，铁磁性介质对外显磁性，$\boldsymbol{M} \neq 0$，如图 5-10(b)所示；当外加磁场 $\boldsymbol{H}$ 不断增强，达到某一临界值时，铁磁性介质内部的磁畴消失，磁化强度矢量达到最大值 $\boldsymbol{M}_{\max}$，如图 5-10(c)所示。最大磁化强度矢量 $\boldsymbol{M}_{\max}$ 也称为饱和磁化强度，通常记作 $\boldsymbol{M}_{s}$。铁磁性介质磁化过程的磁场强度矢量 $\boldsymbol{H}$ 的大小与磁化强度矢量 $\boldsymbol{M}$ 的大小之间的非线性关系如图 5-11(a)所示。

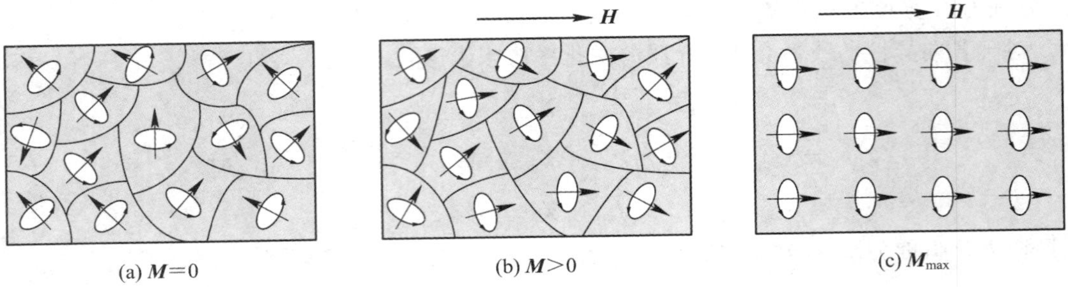

图 5-10　铁磁性物质内部磁畴磁矩随外磁场的变化

由此可见，铁磁性介质不仅具有各向异性，而且磁化率 χ_{m} 随磁场强度 $\boldsymbol{H}$ 呈非线性变化，因此，磁化强度矢量 $\boldsymbol{M}$ 与磁场强度矢量 $\boldsymbol{H}$ 的关系可表示为

$$\boldsymbol{M}^{(1)} = \overline{\overline{\boldsymbol{\chi}}}_{\mathrm{m}}^{(1)}(\boldsymbol{H})\boldsymbol{H}^{(1)} + \overline{\overline{\boldsymbol{\chi}}}_{\mathrm{m}}^{(2)}(\boldsymbol{H})\boldsymbol{H}^{(2)} + \cdots \tag{5-81}$$

式中，列向量 $\boldsymbol{M}^{(1)}$ 见式(5-76)；列向量 $\boldsymbol{H}^{(1)}$ 见式(5-77)。列向量 $\boldsymbol{H}^{(2)}$ 是磁场强度矢量 $\boldsymbol{H}$ 的乘积 $\boldsymbol{HH}$ 构成的列向量，即

$$\begin{aligned}\boldsymbol{H}^{(2)} &= [H_j H_k]_{9\times1} \\ &= [H_xH_x, H_yH_x, H_zH_x, H_xH_y, H_yH_y, H_zH_y, H_xH_z, H_yH_z, H_zH_z]^{\mathrm{T}} \quad (j,k = x,y,z)\end{aligned} \tag{5-82}$$

磁化率张量 $\overline{\overline{\boldsymbol{\chi}}}_{\mathrm{m}}^{(1)}(\boldsymbol{H})$ 和 $\overline{\overline{\boldsymbol{\chi}}}_{\mathrm{m}}^{(2)}(\boldsymbol{H})$ 的分量形式分别为

$$\overline{\overline{\boldsymbol{\chi}}}_{\mathrm{m}}^{(1)}(\boldsymbol{H}) = [\chi_{\mathrm{m}ij}(\boldsymbol{H})]_{3\times3} \quad (i,j = x,y,z) \tag{5-83}$$

$$\overline{\overline{\boldsymbol{\chi}}}_{\mathrm{m}}^{(2)}(\boldsymbol{H}) = [\chi_{\mathrm{m}ijk}(\boldsymbol{H})]_{3\times9} \quad (i,j,k = x,y,z) \tag{5-84}$$

由此可将式(5-81)写成求和形式有

$$M_i = \sum_{j=x,y,z} \chi_{\mathrm{m}ij}(\boldsymbol{H})H_j + \sum_{j=x,y,z}\sum_{k=x,y,z} \chi_{\mathrm{m}ijk}(\boldsymbol{H})H_jH_k + \cdots \quad (i = x,y,z) \tag{5-85}$$

式(5-83)和式(5-84)表明，反映铁磁性介质各向异性的磁化率张量，不仅随磁场强度矢量 $\boldsymbol{H}$ 的方向变化，且随 $\boldsymbol{H}$ 的大小非线性变化。另外，式(5-85)和式(2-43)相比较，可以看出电介质极化各向异性非线性关系呈显式关系，而铁磁性介质各向异性非线性关系呈隐式关系，这种隐式非线性关系通常都是由微分方程的形式给出，如朗道-栗夫希茨方程：

$$\frac{\mathrm{d}\boldsymbol{M}}{\mathrm{d}t} = -\gamma(\boldsymbol{M}\times\boldsymbol{H}) - \gamma\frac{\alpha}{M}\boldsymbol{M}\times(\boldsymbol{M}\times\boldsymbol{H}) \tag{5-86}$$

式中，常数 γ 称为旋磁比，而无量纲常数 α 称为朗道阻尼系数，M 是磁化强度矢量 $\boldsymbol{M}$ 的大小。方程(5-86)是微磁学研究的基本方程。

铁磁性介质磁场强度矢量 $\boldsymbol{H}$ 的大小与磁化强度矢量 $\boldsymbol{M}$ 的大小之间非线性变化的典型曲线就是磁滞回线，如图 5-11(b)所示。

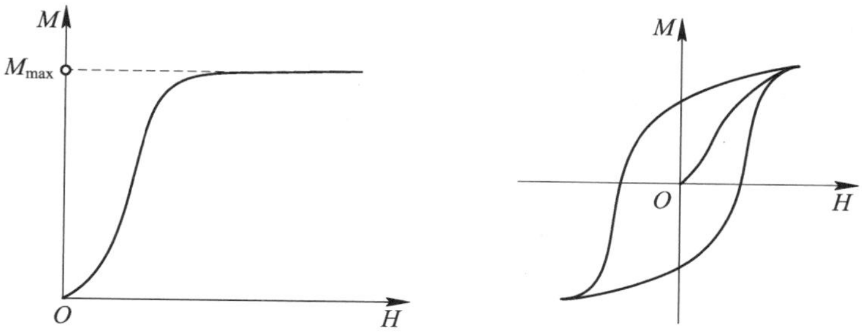

(a) 非线性磁化过程 (b) 磁滞回线

图 5-11 铁磁性介质非线性磁化过程示意图

5.6.3 介质磁化产生的矢量磁位

由式(5-62)可知，对于放置于空间任一点的磁偶极子，磁矢量位表示为

$$\boldsymbol{A}(\boldsymbol{r}) = \frac{\mu_0}{4\pi}\frac{\boldsymbol{p}_m \times \boldsymbol{e}_R}{R^2} \tag{5-87}$$

现设一磁介质体积为 V'，表面面积为 S'，在外场的作用下被磁化，其内部和介质表面产生束缚电流分布，如图 5-12 所示。根据上述分析，磁介质内的束缚电流分布可等效为在真空中体积 V' 内的磁偶极子分布，束缚电流产生的附加磁场实质上就是磁偶极子分布产生的磁场。在介质内取一体积微元 dV'，则体积微元中包含的磁偶极矩的矢量和为

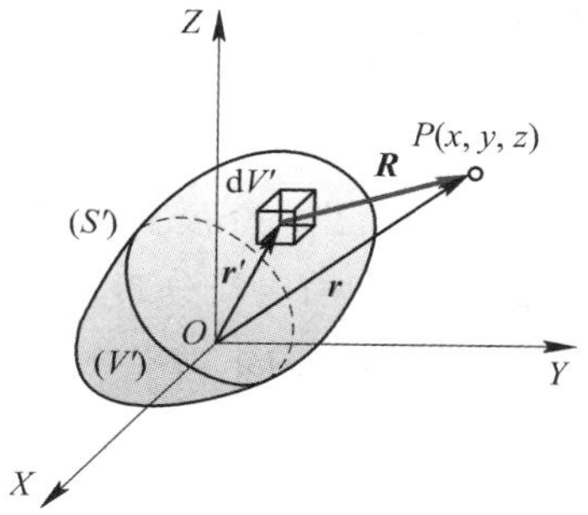

图 5-12 介质磁化产生的磁矢量位

$$\sum_i \boldsymbol{p}_{mi} = \boldsymbol{M}(\boldsymbol{r}')dV' \tag{5-88}$$

当 $dV' \to 0$ 时，可把磁偶极子的矢量和等效为一新的磁偶极子

$$\boldsymbol{p}_m = \boldsymbol{M}(\boldsymbol{r}')dV' \tag{5-89}$$

由式(5-87)可得该磁偶极子在空间任一点 P 产生的磁矢量位为

$$d\boldsymbol{A}(\boldsymbol{r}) = \frac{\mu_0}{4\pi}\frac{\boldsymbol{p}_m \times \boldsymbol{e}_R}{R^2} = \frac{\mu_0}{4\pi}\frac{\boldsymbol{M}(\boldsymbol{r}') \times \boldsymbol{e}_R}{R^2}dV' \tag{5-90}$$

则 V' 内所有磁偶极子产生的矢量磁位为上式的积分，即

$$\boldsymbol{A}(\boldsymbol{r}) = \frac{\mu_0}{4\pi}\iiint_{(V')}\frac{\boldsymbol{M}(\boldsymbol{r}') \times \boldsymbol{e}_R}{R^2}dV' = \frac{\mu_0}{4\pi}\iiint_{(V')}\frac{\boldsymbol{M}(\boldsymbol{r}') \times (\boldsymbol{r}-\boldsymbol{r}')}{|\boldsymbol{r}-\boldsymbol{r}'|^3}dV' \tag{5-91}$$

利用关系式

$$\nabla'\left(\frac{1}{R}\right) = \frac{\boldsymbol{e}_R}{R^2} \tag{5-92}$$

和矢量恒等式

$$\nabla' \times (f\boldsymbol{A}) = f\nabla' \times \boldsymbol{A} + \nabla' f \times \boldsymbol{A} \tag{5-93}$$

有

$$\boldsymbol{M} \times \nabla'\left(\frac{1}{R}\right) = \frac{1}{R}\nabla' \times \boldsymbol{M} - \nabla' \times \left(\frac{\boldsymbol{M}}{R}\right) \tag{5-94}$$

则矢量磁位可写成

$$\boldsymbol{A}(\boldsymbol{r}) = \frac{\mu_0}{4\pi}\iiint_{(V')} \frac{\nabla' \times \boldsymbol{M}}{R}\mathrm{d}V' - \frac{\mu_0}{4\pi}\iiint_{(V')} \nabla' \times \left(\frac{\boldsymbol{M}}{R}\right)\mathrm{d}V' \tag{5-95}$$

再利用矢量恒等式

$$\iiint_{(V')} \nabla \times \boldsymbol{F}\mathrm{d}V = -\oint\!\!\oint_{(S')} \boldsymbol{F} \times \mathrm{d}\boldsymbol{S} \tag{5-96}$$

有

$$\iiint_{(V')} \nabla' \times \left(\frac{\boldsymbol{M}}{R}\right)\mathrm{d}V' = -\oint\!\!\oint_{(S')} \frac{\boldsymbol{M}}{R} \times \mathrm{d}\boldsymbol{S}' = -\oint\!\!\oint_{(S')} \frac{\boldsymbol{M} \times \boldsymbol{n}}{R} \times \mathrm{d}S' \tag{5-97}$$

代入式(5-95)，得

$$\boldsymbol{A}(\boldsymbol{r}) = \frac{\mu_0}{4\pi}\iiint_{(V')} \frac{\nabla' \times \boldsymbol{M}}{R}\mathrm{d}V' + \frac{\mu_0}{4\pi}\oint\!\!\oint_{(S')} \frac{\boldsymbol{M} \times \boldsymbol{n}}{R} \times \mathrm{d}S' \tag{5-98}$$

式中，$\boldsymbol{n}$ 为闭曲面 S' 的外法线单位矢量。把式(5-98)与式(5-42)和式(5-43)进行比较，可知

$$\boldsymbol{J}_{V'}(\boldsymbol{r}') = \nabla' \times \boldsymbol{M}(\boldsymbol{r}') \tag{5-99}$$

$$\boldsymbol{J}_{S'}(\boldsymbol{r}') = \boldsymbol{M}(\boldsymbol{r}') \times \boldsymbol{n} \tag{5-100}$$

由此可以看出，介质被磁化后产生的磁效应相当于在 V' 内有体电流分布 $\boldsymbol{J}_{V'}(\boldsymbol{r}')$ 和在介质表面 S 上有面电流分布 $\boldsymbol{J}_{S'}(\boldsymbol{r}')$。这些电流不同于自由电流，形成电流的电荷被束缚在介质内部，所以称为束缚电流密度。为了与自由电流相区别，束缚电流体密度和束缚电流面密度分别记为

$$\boldsymbol{J}_{V'\mathrm{m}}(\boldsymbol{r}') = \nabla' \times \boldsymbol{M}(\boldsymbol{r}') \tag{5-101}$$

$$\boldsymbol{J}_{S'\mathrm{m}}(\boldsymbol{r}') = \boldsymbol{M}(\boldsymbol{r}') \times \boldsymbol{n} \tag{5-102}$$

要特别强调的是，关系式(5-101)和(5-102)仅仅表明源点坐标之间的关系，与场点坐标无关，而当磁化强度矢量与磁场矢量发生关系时，磁化强度矢量以相同坐标点给出，则关系式(5-101)和(5-102)也应该把式中的 $\boldsymbol{r}'$ 换成 $\boldsymbol{r}$，“∇'”就改为“∇”，则有

$$\boldsymbol{J}_{V\mathrm{m}}(\boldsymbol{r}) = \nabla \times \boldsymbol{M}(\boldsymbol{r}) \tag{5-103}$$

$$\boldsymbol{J}_{S\mathrm{m}}(\boldsymbol{r}) = \boldsymbol{M}(\boldsymbol{r}) \times \boldsymbol{n} \tag{5-104}$$

利用式(5-101)和式(5-102)，式(5-98)可改写为

$$\boldsymbol{A}(\boldsymbol{r}) = \frac{\mu_0}{4\pi}\iiint_{(V')} \frac{\boldsymbol{J}_{V'\mathrm{m}}(\boldsymbol{r}')}{R}\mathrm{d}V' + \frac{\mu_0}{4\pi}\oint\!\!\oint_{(S')} \frac{\boldsymbol{J}_{S'\mathrm{m}}(\boldsymbol{r}')}{R} \times \mathrm{d}\boldsymbol{S}' \tag{5-105}$$

式(5-105)是介质被磁化后，体束缚电流和面束缚电流产生的是矢量磁位。如果要计算空间中的总磁场分布，还必须考虑自由电流体密度 $\boldsymbol{J}_V$ 和自由电流面密度 $\boldsymbol{J}_S$ 分布产生的矢量磁位，然后把束缚电流产生的磁场与自由电流产生的磁场进行矢量叠加。

5.7 磁介质中的安培环路定律

真空中存在自由电流体密度分布 $\boldsymbol{J}_V(\boldsymbol{r})$，也存在磁介质，磁介质在外磁场的作用下磁化，内部产生磁化电流 $\boldsymbol{J}_{V\mathrm{m}}(\boldsymbol{r})$，则真空中的安培环路定律，除了考虑自由电流 I 外，还必须考虑磁化电流 I_{m}，因此有

$$\oint_{(l)} \boldsymbol{B} \cdot \mathrm{d}\boldsymbol{l} = \mu_0 (I + I_\mathrm{m}) \tag{5-106}$$

式中：

$$I = \iint_{(S)} \boldsymbol{J}_V \cdot \mathrm{d}\boldsymbol{S} \tag{5-107}$$

$$I_\mathrm{m} = \iint_{(S)} \boldsymbol{J}_{V\mathrm{m}} \cdot \mathrm{d}\boldsymbol{S} = \iint_{(S)} \nabla \times \boldsymbol{M}(\boldsymbol{r}) \cdot \mathrm{d}\boldsymbol{S} \tag{5-108}$$

应用斯托克斯定理，有

$$\iint_{(S)} \nabla \times \boldsymbol{M}(\boldsymbol{r}) \cdot \mathrm{d}\boldsymbol{S} = \oint_{(l)} \boldsymbol{M} \cdot \mathrm{d}\boldsymbol{l} \tag{5-109}$$

式中，S 是张在 l 上的开曲面，S 的外法线矢量与有向闭合曲线 l 成右手关系。将式(5-109)代入式(5-108)，然后代入式(5-106)，得到

$$\oint_{(l)} \boldsymbol{B} \cdot \mathrm{d}\boldsymbol{l} = \mu_0 \left(I + \oint_{(l)} \boldsymbol{M} \cdot \mathrm{d}\boldsymbol{l} \right) \tag{5-110}$$

即

$$\oint_{(l)} \left(\frac{\boldsymbol{B}}{\mu_0} - \boldsymbol{M} \right) \cdot \mathrm{d}\boldsymbol{l} = I \tag{5-111}$$

利用式(5-69)，有

$$\oint_{(l)} \boldsymbol{H} \cdot \mathrm{d}\boldsymbol{l} = I \tag{5-112}$$

这就是磁介质中的安培环路定律，表示磁介质中磁场矢量的环量。要特别强调的是，式(5-112)右端项仅仅是自由电流，不包括束缚电流，这就给磁场的计算带来了很大的方便。

利用式(5-107)和斯托克斯定理，安培环路定律可写成

$$\oint_{(l)} \boldsymbol{H} \cdot \mathrm{d}\boldsymbol{l} = \iint_{(S)} (\nabla \times \boldsymbol{H}) \cdot \mathrm{d}\boldsymbol{S} = \iint_{(S)} \boldsymbol{J}_V \cdot \mathrm{d}\boldsymbol{S} \tag{5-113}$$

则有

$$\nabla \times \boldsymbol{H} = \boldsymbol{J}_V \tag{5-114}$$

这就是安培环路定律的微分形式，表明磁场的旋度源仅是自由体电流密度，而与束缚电流体密度和束缚电流面密度无关。

【例 5.3】 一根无限长的细载流导线被一外半径为 b、磁导率为 μ 的圆柱体所包围，柱外为自由空间，导线半径为 a，通电流为 I，如图 5-13 所示。试求空间各处的 $\boldsymbol{B}$、$\boldsymbol{H}$ 和 $\boldsymbol{M}$，以及磁介质中的束缚电流密度。

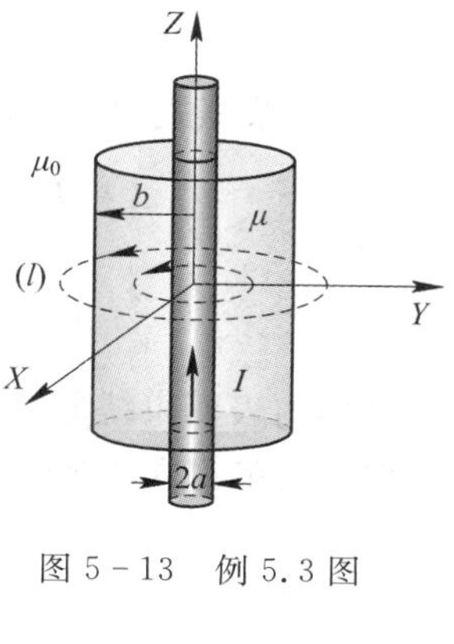

图 5-13　例 5.3 图

解　由例 5.1 可知，无限长载流导线周围的磁场分布为圆形闭合线，因此可用安培环路定律求解。

(1) 当 $a < \rho < b$ 时，由式(5-112)有

$$\oint_{(l)} \boldsymbol{H} \cdot \mathrm{d}\boldsymbol{l} = H_\varphi 2\pi\rho = I$$

根据右手关系，电流沿 $\boldsymbol{e}_z$ 方向，$\boldsymbol{H}$ 沿 $\boldsymbol{e}_\varphi$ 方向，得到

$$\boldsymbol{H} = \frac{I}{2\pi\rho} \boldsymbol{e}_\varphi$$

根据式(5－72)有

$$\boldsymbol{B} = \mu \boldsymbol{H} = \frac{\mu I}{2\pi\rho}\boldsymbol{e}_{\varphi}$$

由式(5－69)有

$$\boldsymbol{M} = \frac{\boldsymbol{B}}{\mu_0} - \boldsymbol{H} = \frac{1}{\mu_0}\frac{\mu I}{2\pi\rho}\boldsymbol{e}_{\varphi} - \frac{I}{2\pi\rho}\boldsymbol{e}_{\varphi} = \frac{\mu-\mu_0}{\mu_0}\frac{I}{2\pi\rho}\boldsymbol{e}_{\varphi}$$

(2) 当 $\rho > b$ 时，有

$$\boldsymbol{H} = \frac{I}{2\pi\rho}\boldsymbol{e}_{\varphi}$$

$$\boldsymbol{B} = \mu_0 \boldsymbol{H} = \frac{\mu_0 I}{2\pi\rho}\boldsymbol{e}_{\varphi}$$

$$\boldsymbol{M} = \frac{\boldsymbol{B}}{\mu_0} - \boldsymbol{H} = \frac{1}{\mu_0}\frac{\mu_0 I}{2\pi\rho}\boldsymbol{e}_{\varphi} - \frac{I}{2\pi\rho}\boldsymbol{e}_{\varphi} = 0$$

(3) 由于磁化强度矢量仅有 M_{φ} 分量，由式(5－103)可知，在磁介质内($a<\rho<b$)有

$$\begin{aligned}\boldsymbol{J}_{\mathrm{Vm}}(\boldsymbol{r}) &= \nabla \times \boldsymbol{M}(\boldsymbol{r}) \\ &= \left(\frac{1}{\rho}\frac{\partial M_z}{\partial \varphi} - \frac{\partial M_{\varphi}}{\partial z}\right)\boldsymbol{e}_{\rho} + \left(\frac{\partial M_{\rho}}{\partial z} - \frac{\partial M_z}{\partial \rho}\right)\boldsymbol{e}_{\varphi} + \frac{1}{\rho}\left(\frac{\partial(\rho M_{\varphi})}{\partial \rho} - \frac{\partial M_{\rho}}{\partial \varphi}\right)\boldsymbol{e}_z \\ &= 0\end{aligned}$$

表明在磁介质内，束缚体电流密度为零。

(4) 根据式(5－104)可得

$$\boldsymbol{J}_{\mathrm{Sm}} = \boldsymbol{M} \times \boldsymbol{n} = \frac{\mu-\mu_0}{\mu_0}\frac{I}{2\pi\rho}\boldsymbol{e}_{\varphi} \times \boldsymbol{n}$$

此式表明束缚电流面密度不为零。束缚电流分布于磁介质内、外表面，对于无限长圆柱体磁介质，表面由紧接无限长导线的内表面和外表面构成，外表面的外法线单位矢量为 $\boldsymbol{e}_{\rho}$，由此可得外表面的束缚电流面密度为

$$\boldsymbol{J}_{\mathrm{Sm}}\big|_{\rho=b} = \boldsymbol{M} \times \boldsymbol{n}\big|_{\rho=b} = \frac{\mu-\mu_0}{\mu_0}\frac{I}{2\pi b}\boldsymbol{e}_{\varphi} \times \boldsymbol{e}_{\rho} = -\frac{\mu-\mu_0}{\mu_0}\frac{I}{2\pi b}\boldsymbol{e}_z$$

表明束缚电流密度矢量沿 $-\boldsymbol{e}_z$ 方向，则束缚电流也沿 $-\boldsymbol{e}_z$ 方向。

内表面的外法线单位矢量为 $-\boldsymbol{e}_{\rho}$，可得内表面的束缚电流面密度为

$$\boldsymbol{J}_{\mathrm{Sm}}\big|_{\rho=a} = \boldsymbol{M} \times \boldsymbol{n}\big|_{\rho=a} = \frac{\mu-\mu_0}{\mu_0}\frac{I}{2\pi a}\boldsymbol{e}_{\varphi} \times (-\boldsymbol{e}_{\rho}) = \frac{\mu-\mu_0}{\mu_0}\frac{I}{2\pi a}\boldsymbol{e}_z$$

(5) 根据式(4－7)，可得圆柱体内表面的束缚电流为

$$I_{\mathrm{m}} = \oint_{(l)} \mathrm{J}_{\mathrm{Sm}}\big|_{\rho=a}\sin\alpha \mathrm{d}l = \frac{\mu-\mu_0}{\mu_0}\frac{I}{2\pi a}\oint_{(l)}\mathrm{d}\rho = \frac{\mu-\mu_0}{\mu_0}I$$

$$I_{\mathrm{m}} = \frac{\mu-\mu_0}{\mu_0}I$$

圆柱体内表面束缚电流沿 $\boldsymbol{e}_z$ 方向，因而束缚电流 I_{m} 也沿 $\boldsymbol{e}_z$ 方向。圆柱外表面束缚电流与内表面束缚电流大小相等，方向相反。

5.8 恒定磁场的基本方程

前面几节讨论了描述恒定磁场的通量、散度和环量、旋度，可总结归纳如下：

通量和环量方程：

$$\begin{cases}\oint\!\!\!\oint_{(S)} \boldsymbol{B}\cdot \mathrm{d}\boldsymbol{S}=0 \\ \oint_{(l)} \boldsymbol{H}\cdot \mathrm{d}\boldsymbol{l}=I\end{cases} \tag{5-115}$$

散度和旋度方程：

$$\begin{cases}\nabla\cdot \boldsymbol{B}=0 \\ \nabla\times \boldsymbol{H}=\boldsymbol{J}_V\end{cases} \tag{5-116}$$

反映介质磁特性的物质方程：

$$\boldsymbol{B}=\mu \boldsymbol{H} \tag{5-117}$$

式(5－115)、式(5－116)和式(5－117)就是描述恒定磁场的基本方程。基本方程表明磁场是有旋无散场，通量方程和散度方程表明磁场没有标量源，也即磁力线是闭合线。环量方程(称为安培环路定律)和旋度方程表明自由电流是磁场的矢量源。

5.9　恒定磁场的边界条件

在不同介质分界面上，磁导率存在突变，且在磁介质表面上一般存在束缚电流。因此，**B** 和 **H** 在经过分界面时，场量和方向都会发生变化。这种变化在分界面上仍然满足基本方程的积分形式。下面利用磁通连续性的积分方程和磁场环量积分方程，分别讨论磁场法线方向的边界条件和切向方向的边界条件。

5.9.1　法向分量的边界条件

如图 5－14 所示，在磁导率分别为 μ_1 和 μ_2 的两介质分界面上作一小的圆柱闭合面，圆柱面的上底面在介质 1 中，下底面在介质 2 中，两底面平行于分界面，两底面的面积为 ΔS。圆柱面的侧面高为 Δh，$\boldsymbol{n}$ 为 P 处分界面的单位法线矢量。应用式(5－115)的第一式，由于 ΔS 很小，近似认为在 ΔS 上 $\boldsymbol{B}$ 的大小相等，方向相同，当 $\Delta h\to 0$ 时，得到

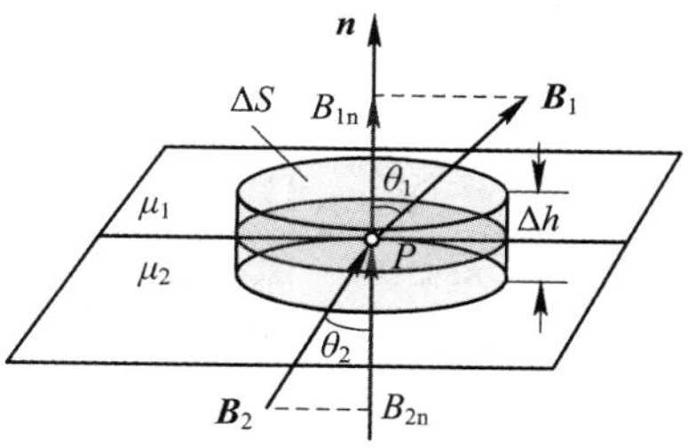

图 5－14　B 的法向边界条件

$$\oint\!\!\!\oint_{(S)} \boldsymbol{B}\cdot \mathrm{d}\boldsymbol{S}\approx \boldsymbol{B}_1\cdot \boldsymbol{n}\Delta S+\boldsymbol{B}_2\cdot(-\boldsymbol{n})\Delta S=0$$

即

$$\boldsymbol{n}\cdot(\boldsymbol{B}_1-\boldsymbol{B}_2)=0 \tag{5-118}$$

写成分量形式，有

$$B_{1n}=B_{2n} \tag{5-119}$$

式(5－119)表明，磁通密度矢量 **B** 穿过分界面时，法向分量连续。

5.9.2　切向分量的边界条件

如图 5－15 所示，在磁导率分别为 μ_1 和 μ_2 的两介质分界面上作一小的闭合回路 l，闭合回路的短边为 Δh，长边为 Δl，长边平行于界面并分别置于界面两侧。$\boldsymbol{n}$ 为 P 处分界面的单位法线矢量，$\boldsymbol{l}_0$ 为在 P 处平行于界面的单位切向矢量。应用式(5－115)的第二式，由于

Δl 很小，因此可近似认为在 Δl 上 $\boldsymbol{H}$ 的大小相等，方向相同，当短边 $\Delta h \to 0$ 时，得到

$$\oint_{(l)} \boldsymbol{H} \cdot \mathrm{d}\boldsymbol{l} \approx \boldsymbol{H}_1 \cdot \boldsymbol{l}_0 \Delta l - \boldsymbol{H}_2 \cdot \boldsymbol{l}_0 \Delta l = I \tag{5-120}$$

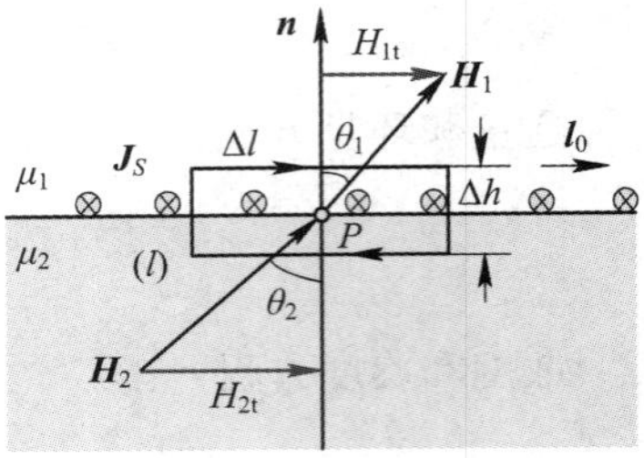

图 5-15　$\boldsymbol{H}$ 的切向边界条件

式中，I 为张在闭合回路 l 上面元 ΔS 中所通过的自由电流。自由电流有体电流分布和界面上的面电流分布，当 $\Delta h \to 0$ 时，即使两介质中存在体电流分布，对环量积分的贡献也为零。假设分界面上有自由电流面密度分布 $\boldsymbol{J}_S$，则有

$$I = \boldsymbol{J}_S \cdot (\boldsymbol{n} \times \boldsymbol{l}_0)\Delta l \tag{5-121}$$

式中，$\boldsymbol{n} \times \boldsymbol{l}_0$ 为面元 ΔS 的法向单位矢量。将式(5-121)代入式(5-120)，有

$$\boldsymbol{H}_1 \cdot \boldsymbol{l}_0 \Delta l - \boldsymbol{H}_2 \cdot \boldsymbol{l}_0 \Delta l = \boldsymbol{l}_0 \cdot (\boldsymbol{H}_1 - \boldsymbol{H}_2)\Delta l = \boldsymbol{J}_S \cdot (\boldsymbol{n} \times \boldsymbol{l}_0)\Delta l \tag{5-122}$$

$\boldsymbol{l}_0$ 是 P 点处界面切向单位矢量。又有

$$\boldsymbol{l}_0 = (\boldsymbol{n} \times \boldsymbol{l}_0) \times \boldsymbol{n} \tag{5-123}$$

将式(5-123)代入式(5-122)，有

$$[(\boldsymbol{n} \times \boldsymbol{l}_0) \times \boldsymbol{n}] \cdot (\boldsymbol{H}_1 - \boldsymbol{H}_2) = \boldsymbol{J}_S \cdot (\boldsymbol{n} \times \boldsymbol{l}_0) \tag{5-124}$$

利用矢量恒等式

$$(\boldsymbol{A} \times \boldsymbol{B}) \cdot \boldsymbol{C} = (\boldsymbol{B} \times \boldsymbol{C}) \cdot \boldsymbol{A} \tag{5-125}$$

得到

$$\boldsymbol{n} \times (\boldsymbol{H}_1 - \boldsymbol{H}_2) \cdot (\boldsymbol{n} \times \boldsymbol{l}_0) = \boldsymbol{J}_S \cdot (\boldsymbol{n} \times \boldsymbol{l}_0) \tag{5-126}$$

因此有

$$\boldsymbol{n} \times (\boldsymbol{H}_1 - \boldsymbol{H}_2) = \boldsymbol{J}_S \tag{5-127}$$

式(5-127)表明，磁场强度矢量 $\boldsymbol{H}$ 的切向分量在介质分界面两侧是不连续的。

如果无自由面电流分布，即 $\boldsymbol{J}_S = 0$，则有

$$\boldsymbol{n} \times (\boldsymbol{H}_1 - \boldsymbol{H}_2) = 0 \tag{5-128}$$

$\boldsymbol{J}_S = 0$ 即式(5-120)右端项 $I = 0$，由式(5-120)可得切向边界条件分量形式为

$$H_{1t} = H_{2t} \tag{5-129}$$

在此需要强调的是，$\boldsymbol{J}_S = 0$，则切向分量边界条件式(5-128)和式(5-129)是不同的，两者互相垂直。对于各向同性线性介质，介质界面光滑的情况下，应用磁场矢量切向连续边界条件时，需要过界面点的切平面进行分解，这与电场切向分量边界条件的用法是相同的，见 2.7.2 节的讨论。

当 $\boldsymbol{J}_S = 0$ 时，由于 $\boldsymbol{B} = \mu \boldsymbol{H}$，则由式(5-119)和式(5-129)可得磁场矢量经过分界面时的折射关系为

$$\frac{\tan\theta_1}{\tan\theta_2} = \frac{\mu_1}{\mu_2} \tag{5-130}$$

式(5-130)表明：

(1) 如果 $\theta_2 = 0$，则有 $\theta_1 = 0$，即磁场垂直穿过两磁介质分界面时，磁场的方向不发生改变，且其数值相等；

(2) 如果 $\mu_2 \gg \mu_1$，且 $\theta_2 \neq 90°$，则 $\theta_1 \to 0$，即磁场由铁磁体介质进入一个非磁性介质时，磁场几乎总是垂直于铁磁体介质的表面，这一特点与静电场垂直于理想导体的表面类似。

【例 5.4】 设在 $X<0$ 的半空间充满磁导率为 μ 的均匀磁介质，$X>0$ 的半空间为真空。在两介质分界面上镶嵌有一根无限长载流细导线通电流为 I，如图 5－16(a)所示，求两介质中的磁场强度以及磁化电流的分布。

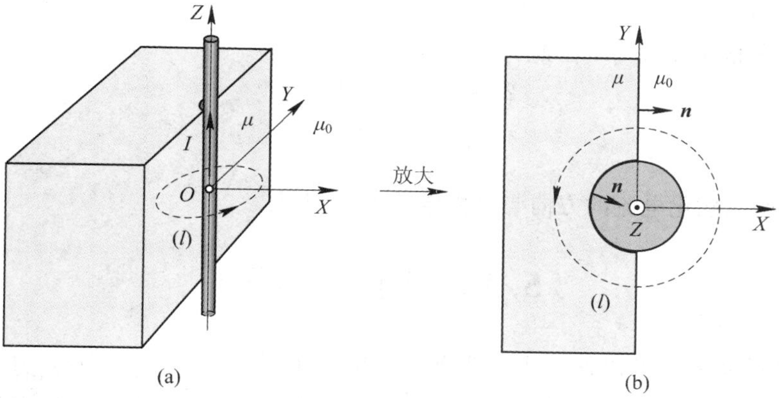

图 5－16　例 5.4 图

解　载流导线无限长，磁场强度 $\boldsymbol{H}$ 仅有 $\boldsymbol{e}_\varphi$ 分量，场分布具有柱对称性。假设在两半空间磁场强度的分量分别为 H_{φ_1} 和 H_{φ_2}，则根据安培环路定律(5－112)有

$$\oint_{(l)} \boldsymbol{H} \cdot \mathrm{d}\boldsymbol{l} = \pi\rho H_{\varphi 1} + \pi\rho H_{\varphi 2} = I$$

且在两半空间有

$$\begin{cases} \boldsymbol{B}_1 = \mu_0 \boldsymbol{H}_1 & (x>0) \\ \boldsymbol{B}_2 = \mu \boldsymbol{H}_2 & (x<0) \end{cases}$$

利用边界条件式(5－119)得

$$B_{\varphi 1} = B_{\varphi 2} = B$$

又有

$$\mu_0 H_{\varphi 1} = \mu H_{\varphi 2} = B$$

联立求解，得

$$\boldsymbol{H} = \begin{cases} \dfrac{\mu_0 I}{\pi(\mu_0+\mu)\rho}\boldsymbol{e}_\varphi & (x<0) \\ \dfrac{\mu I}{\pi(\mu_0+\mu)\rho}\boldsymbol{e}_\varphi & (x>0) \end{cases}$$

又根据式(5－67)知，在磁介质中，磁化强度矢量 $\boldsymbol{M}$ 也仅有 $\boldsymbol{e}_\varphi$ 分量，利用式(1－89)，由式(5－103)可得

$$\boldsymbol{J}_{V\mathrm{m}} = \nabla \times \boldsymbol{M} = \left(\frac{1}{\rho}\frac{\partial M_z}{\partial \varphi} - \frac{\partial M_\varphi}{\partial z}\right)\boldsymbol{e}_\rho + \left(\frac{\partial M_\rho}{\partial z} - \frac{\partial M_z}{\partial \rho}\right)\boldsymbol{e}_\varphi + \frac{1}{\rho}\left(\frac{\partial(\rho M_\varphi)}{\partial \rho} - \frac{\partial M_\rho}{\partial \varphi}\right)\boldsymbol{e}_z = 0$$

此式表明磁介质内没有体束缚电流分布。

两介质分界面是由 YZ 平面和细导线镶嵌于磁介质中的半圆柱面构成，如图 5－16(b)所示。对于磁介质的表面，其外法线单位矢量为 $\boldsymbol{n}$。由式(5－104)可得

$$\boldsymbol{J}_{S\mathrm{m}} = \boldsymbol{M} \times \boldsymbol{n} \begin{cases} = 0 & (YZ\text{ 平面}) \\ \neq 0 & (\text{半圆柱面}) \end{cases}$$

由此可知，镶嵌于磁介质内的细载流导线与磁介质的半圆柱接触面上存在磁化电流。磁介质的影响用磁化电流 I_b 代替，应用真空中的安培环路定律(5-32)有

$$\oint_{(l)} \boldsymbol{B} \cdot \mathrm{d}\boldsymbol{l} = \mu_0 (I + I_b)$$

由于两介质中 $\boldsymbol{B}$ 的大小相等，因此得

$$2\pi\rho B = \mu_0 (I + I_b)$$

$$I_b = \frac{\mu_r - 1}{\mu_r + 1} I$$

因为 $\mu_r > 1$，所以磁化电流的方向与自由电流方向相同。

5.10 电　　感

电容器的两极板间可以储存电场能量，而电感器是与电容器对偶的器件，电感器能够存储磁场能量。电感器最简单的例子就是线圈，线圈通常用导线绕制在圆柱芯上构成，这种结构也称为螺线管。螺线管的圆柱芯可以是空气，也可以是磁介质。当螺线管通电流 I 时，在螺线管内、外就存在磁场分布，如图 5-17 所示。

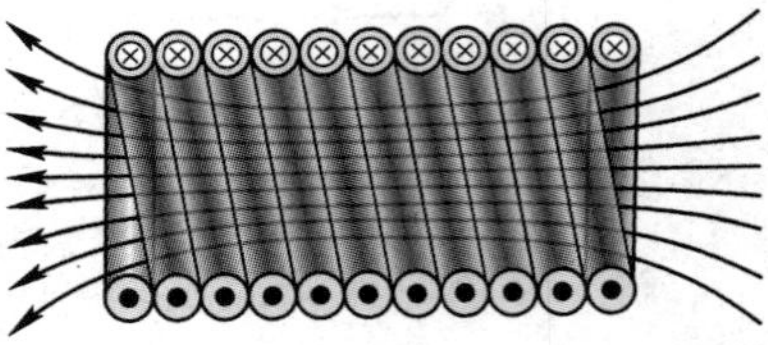

图 5-17　螺线管磁场分布示意图

5.10.1 自感

由毕奥-萨伐尔定律可知，在线性介质中电流回路在空间任一点产生的磁通密度矢量的大小 B 与该电流回路通过的电流 I 成正比，因此穿过该回路的磁通量 ψ 也与回路电流 I 成正比。如果回路是由一根导线密绕成 N 匝构成的，则穿过回路的总磁通(也称磁链)等于单匝磁通的 N 倍，总磁通或磁链通常用 Ψ 表示。由此可以引入自感的概念。

一电流回路的磁链 Ψ 与回路本身通过的电流 I 之比定义为回路的自感 L，即

$$L = \frac{\Psi}{I} \tag{5-131}$$

自感也称为电感，单位为 H(亨)。自感与回路的形状、尺寸、匝数和介质的磁导率有关，与回路中通过的电流无关。

【例 5.5】 空间放置两根无限长平行细导线，导线半径为 a，轴间距为 $D(D\gg a)$，如图 5-18 所示。求平行双导线单位长度的自感。

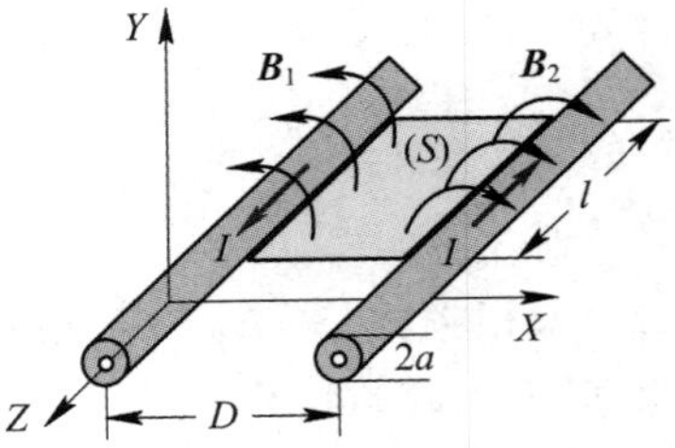

图 5-18　平行线传输线

解　设双导线通电流为 I，方向相反。在 $D\gg a$ 的条件下，电流可看作是线电流分布。由真空中的安培环路定律(5-32)可知，两导线间 XZ 平面上的磁场分别为

$$\boldsymbol{B}_1 = \frac{\mu_0 I}{2\pi}\frac{1}{x}\boldsymbol{e}_\varphi, \quad \boldsymbol{B}_2 = \frac{\mu_0 I}{2\pi}\frac{1}{D-x}\boldsymbol{e}_\varphi$$

在 XZ 平面上的总磁场为

$$\boldsymbol{B} = \boldsymbol{B}_1 + \boldsymbol{B}_2 = \frac{\mu_0 I}{2\pi}\left(\frac{1}{x} + \frac{1}{D-x}\right)\boldsymbol{e}_\varphi$$

在两导线间取一平面 S，则通过 S 的磁通为

$$\psi = \iint_{(S)} \boldsymbol{B} \cdot \mathrm{d}\boldsymbol{S} = \frac{\mu_0 I}{2\pi}\int_z^{z+l}\int_a^{D-a}\left(\frac{1}{x}+\frac{1}{D-x}\right)\boldsymbol{e}_\varphi \cdot \boldsymbol{e}_\varphi \mathrm{d}x\mathrm{d}z = \frac{\mu_0 I}{\pi}\ln\left(\frac{D-a}{a}\right)l$$

由定义式(5－131)可得单位长度上的自感为

$$L = \frac{\psi}{Il} = \frac{\mu_0}{\pi}\ln\left(\frac{D-a}{a}\right) \tag{5-132}$$

显然，两无限长平行直导线间的自感仅与两导线间的距离、导线的半径和真空磁导率有关，而与电流无关。

5.10.2　互感

互感用来描述两个导电结构之间的磁耦合。最简单的例子就是两个回路 l_1 和 l_2 的磁耦合，如图 5－19 所示。两个线圈的面积分别为 S_1 和 S_2，第一个线圈通电流 I_1，I_1 产生的磁场 $\boldsymbol{B}_1$ 在线圈 2 中引起的磁通为

$$\psi_{12} = \iint_{(S_2)} \boldsymbol{B}_1 \cdot \mathrm{d}\boldsymbol{S} \tag{5-133}$$

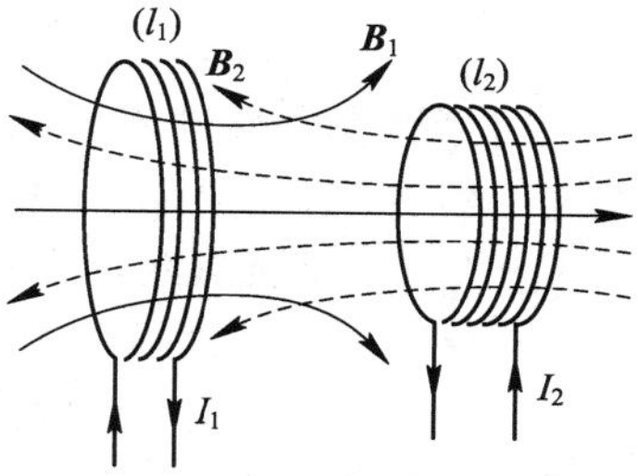

图 5－19　两线圈间的互感

假设线圈 2 有 N_2 匝，并且以完全相同的方式与 $\boldsymbol{B}_1$ 耦合，则 $\boldsymbol{B}_1$ 穿过线圈 2 的磁链为

$$\Psi_{12} = N_2\psi_{12} = N_2\iint_{(S_2)} \boldsymbol{B}_1 \cdot \mathrm{d}\boldsymbol{S} \tag{5-134}$$

定义

$$M_{12} = \frac{\Psi_{12}}{I_1} = \frac{N_2}{I_1}\iint_{(S_2)} \boldsymbol{B}_1 \cdot \mathrm{d}\boldsymbol{S} \tag{5-135}$$

为两个回路间的互感。

同样，如果回路 l_2 中通电流 I_2，I_2 所产生的磁场 $\boldsymbol{B}_2$ 穿过线圈 1 的磁链为

$$\Psi_{21} = N_1\psi_{21} = N_1\iint_{(S_1)} \boldsymbol{B}_2 \cdot \mathrm{d}\boldsymbol{S} \tag{5-136}$$

则互感为

$$M_{21} = \frac{\Psi_{21}}{I_2} = \frac{N_1}{I_2}\iint_{(S_1)} \boldsymbol{B}_2 \cdot \mathrm{d}\boldsymbol{S} \tag{5-137}$$

下面以单匝线电流为例证明 $M_{12} = M_{21}$。

设空间放置两个载有电流分别为 I_1 和 I_2 的回路 l_1 和 l_2，如图 5－1 所示。利用式(5－38)，将式(5－135)和式(5－137)化为

$$M_{12} = \frac{1}{I_1}\iint_{(S_2)} \boldsymbol{B}_1 \cdot \mathrm{d}\boldsymbol{S} = \frac{1}{I_1}\iint_{(S_2)} \nabla\times\boldsymbol{A}_1 \cdot \mathrm{d}\boldsymbol{S} \tag{5-138}$$

$$M_{21} = \frac{1}{I_2}\iint_{(S_1)} \boldsymbol{B}_2 \cdot \mathrm{d}\boldsymbol{S} = \frac{1}{I_2}\iint_{(S_1)} \nabla\times\boldsymbol{A}_2 \cdot \mathrm{d}\boldsymbol{S} \tag{5-139}$$

由式(5－44)可得

$$\boldsymbol{A}_1 = \frac{\mu_0}{4\pi}\oint_{(l_1)} \frac{I_1\mathrm{d}\boldsymbol{l}_1}{R} \tag{5-140}$$

$$\boldsymbol{A}_2 = \frac{\mu_0}{4\pi}\oint_{(l_2)} \frac{I_2 \mathrm{d}\boldsymbol{l}_2}{R} \tag{5-141}$$

根据斯托克斯定理式(1－91)，并将式(5－140)代入式(5－138)，将式(5－141)代入式(5－139)，有

$$M_{12} = \frac{1}{I_1}\iint_{(S_2)} \nabla\times\boldsymbol{A}_1\cdot\mathrm{d}\boldsymbol{S} = \frac{1}{I_1}\oint_{(l_2)}\boldsymbol{A}_1\cdot\mathrm{d}\boldsymbol{l}_2 = \frac{\mu_0}{4\pi}\oint_{(l_2)}\oint_{(l_1)}\frac{\mathrm{d}\boldsymbol{l}_1\cdot\mathrm{d}\boldsymbol{l}_2}{R} \tag{5-142}$$

$$M_{21} = \frac{1}{I_2}\iint_{(S_1)} \nabla\times\boldsymbol{A}_2\cdot\mathrm{d}\boldsymbol{S} = \frac{1}{I_2}\oint_{(l_1)}\boldsymbol{A}_2\cdot\mathrm{d}\boldsymbol{l}_1 = \frac{\mu_0}{4\pi}\oint_{(l_1)}\oint_{(l_2)}\frac{\mathrm{d}\boldsymbol{l}_2\cdot\mathrm{d}\boldsymbol{l}_1}{R} \tag{5-143}$$

比较式(5－142)和式(5－143)可知

$$M_{12} = M_{21} \tag{5-144}$$

互感的单位与自感相同。互感是变压器的重要参数，在变压器中，通常有两组或多组线圈共同绕在同一个磁芯上，图 5－20 是具有两组线圈的变压器实例。

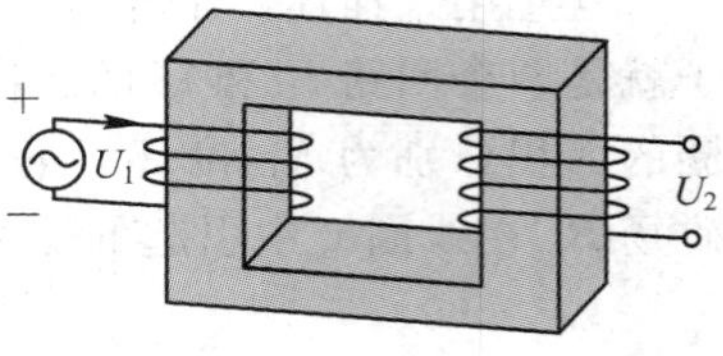

图 5－20　圆环形螺线管变压器

互感可取正，也可取负，正负取决于两回路的电流方向。图 5－21 给出两回路间互感取值的说明，图 5－21(a)中两回路产生的磁场 $\boldsymbol{B}_1$、$\boldsymbol{B}_2$ 在回路 2 中方向相反，互感取负值，而图 5－21(b)中两回路产生的磁场 $\boldsymbol{B}_1$、$\boldsymbol{B}_2$ 在回路 2 中方向相同，互感取正值。可见回路不变，回路中的电流改变方向时，互感也改变符号。

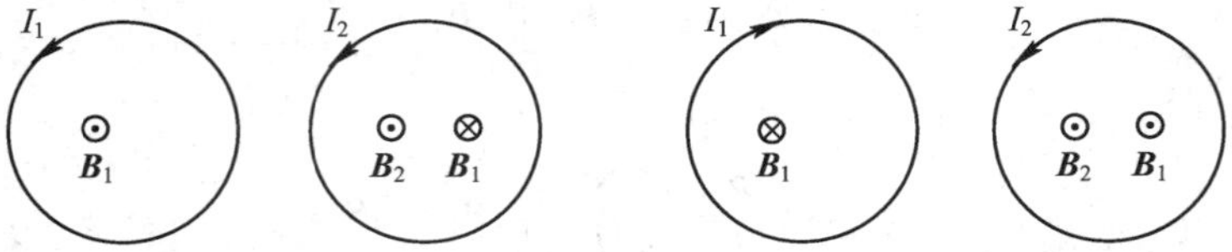

(a) $\boldsymbol{B}_1$、$\boldsymbol{B}_2$ 在回路 2 中方向相反　　(b) $\boldsymbol{B}_1$、$\boldsymbol{B}_2$ 在回路 2 中方向相同

图 5－21　互感取值的说明

【例 5.6】 有一长方形线框与双线传输线在同一平面内，线框两长边与传输线平行，如图 5－22 所示，求传输线与线框之间的互感。

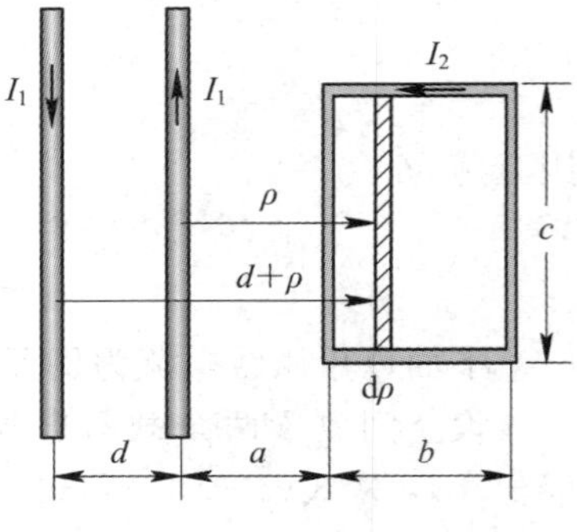

图 5－22　长方形线框与双线传输线之间的互感

解　选择圆柱坐标系，内传输线为 Z 轴，由式(5－19)可写出两无限长传输线周围磁场分布分别为

$$\boldsymbol{B}_1 = \frac{\mu_0 I_1}{2\pi\rho}\boldsymbol{e}_\varphi,\quad \boldsymbol{B}_2 = -\frac{\mu_0 I_1}{2\pi(d+\rho)}\boldsymbol{e}_\varphi$$

两传输线在矩形线框中产生的磁场为

$$\boldsymbol{B} = \boldsymbol{B}_1 + \boldsymbol{B}_2 = \frac{\mu_0 I_1}{2\pi}\left[\frac{1}{\rho} - \frac{1}{d+\rho}\right]\boldsymbol{e}_\varphi$$

通过矩形回路的磁链(即磁通)为

$$\psi_{12} = \iint_{(S)}\boldsymbol{B}\cdot\mathrm{d}\boldsymbol{S} = \frac{\mu_0 I_1}{2\pi}\int_0^c\int_a^{a+b}\left[\frac{1}{\rho} - \frac{1}{d+\rho}\right]\boldsymbol{e}_\varphi\cdot\boldsymbol{e}_\varphi\mathrm{d}\rho\mathrm{d}z = \frac{\mu_0 I_1}{2\pi}c\ln\left[\frac{(a+b)(a+d)}{a(a+d+b)}\right]$$

由此得到两传输线与矩形线框之间的互感为

$$M_{12} = -\frac{\psi_{12}}{I_1} = -\frac{\mu_0 c}{2\pi}\ln\left[\frac{(a+b)(a+d)}{a(a+d+b)}\right]$$

此例说明，互感的大小不仅取决于回路的形状、尺寸、匝数和介质的磁导率，还与两传输线与线框的相对位置有关。

5.11 磁场能量

电场具有能量，同样磁场也具有能量。磁场能量也是在建立磁场过程中由外源提供并储存于磁场中。磁场能量和电场能量都是势能，势能的建立与过程无关，仅仅与最后的状态有关。下面从单个线圈的储能过程出发给出磁场能量的表达式。

5.11.1 单个线圈

考虑一个 N 匝密绕线圈与电源相连接，线圈通过的电流为 $i(t)$，如图 5-23(a)所示。当电流变化时，线圈两端产生的感应电动势为①

$$\mathscr{E}(t)=-N\frac{\mathrm{d}\psi}{\mathrm{d}t} \tag{5-145}$$

式中，负号"－"表示当电流增加时，电动势阻止电流的增加。磁通量 ψ 是电流 $i(t)$ 的函数，为了维持电流的增长，电源就要消耗能量，在 $\mathrm{d}t$ 时间内，电源做功为

$$\mathrm{d}W_{\mathrm{m}}=-\mathscr{E}(t)i(t)\mathrm{d}t=i(t)N\mathrm{d}\psi \tag{5-146}$$

由式(5-131)知，对于线性电路，有

$$L\mathrm{d}i(t)=N\mathrm{d}\psi \tag{5-147}$$

则电源做的总功为

$$W_{\mathrm{m}}=\int_0^I Li(t)\mathrm{d}i=\frac{1}{2}LI^2 \tag{5-148}$$

式中，L 为线圈的自感，I 为线圈最后建立的电流，假设线圈初始能量为零。

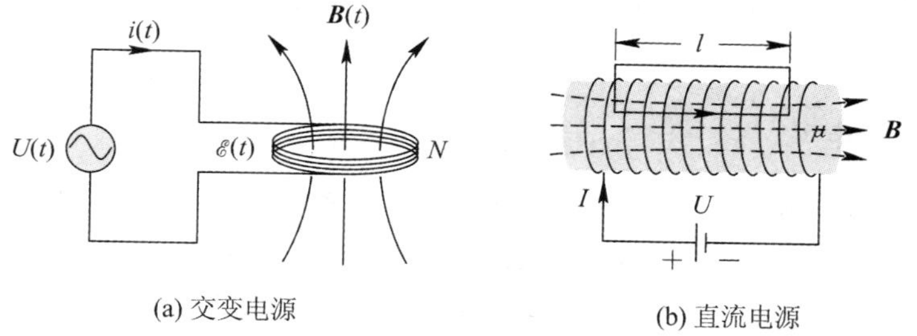

图 5-23 载有电流的线圈

对于线性电路，假设线圈初始能量为零，对式(5-147)两端积分，得

$$LI=N\psi \quad\rightarrow\quad L=\frac{N\psi}{I}=\frac{\Psi}{I} \tag{5-149}$$

将式(5-149)代入式(5-148)，得

$$W_{\mathrm{m}}=\frac{1}{2}N\psi I=\frac{1}{2}\Psi I \tag{5-150}$$

---

① 磁场能量概念的建立需要用到法拉第电磁感应定律，但考虑到恒定电流磁场与静电场体系的对应关系，故把磁场能量和磁场力放在第 5 章。法拉第电磁感应定律见式(6-1)。

式中，Ψ 为 N 匝线圈的磁链，ψ 为单匝线圈的磁通。式(5-148)和式(5-150)就是单个线圈中储存的磁场能。另外，单个线圈磁场能式(5-148)与电容器储能式(2-131)形式相同，对应关系为自感 L 对应电容 C，电流 I 对应电压 U。

线圈中储存的能量也可用磁通密度矢量 $\boldsymbol{B}$ 和磁场强度矢量 $\boldsymbol{H}$ 表示。考虑长直螺线管的情况，如图 5-23(b)所示。螺线管绕在磁导率为 μ 的介质圆柱上，圆柱面为 S，螺线管通电流 I，螺线管中磁场均匀分布，螺线管外磁场为零。选择一矩形闭合回路，边长为 l，假设穿过闭合回路的电流线圈匝数为 N，则根据安培环路定律式(5-112)，有

$$\oint_{(l)} \boldsymbol{H} \cdot \mathrm{d}\boldsymbol{l} = NI \quad \rightarrow \quad H = \frac{NI}{l} \tag{5-151}$$

又根据式(5-26)，可得单匝线圈的磁通量为

$$\psi = \iint_{(S)} \boldsymbol{B} \cdot \mathrm{d}\boldsymbol{S} = BS \tag{5-152}$$

将式(5-151)和式(5-152)代入式(5-150)，得

$$W_{\mathrm{m}} = \frac{1}{2}N\psi I = \frac{1}{2}HBSl = \frac{1}{2}HBV \tag{5-153}$$

式中，$V = Sl$ 为螺线管的体积。由此得到单位体积的磁场能量为

$$w_{\mathrm{m}} = \frac{W_{\mathrm{m}}}{V} = \frac{1}{2}HB = \frac{1}{2}\mu H^2 \tag{5-154}$$

式(5-154)是由螺线管推导出来的，但对于任何处于磁场 $\boldsymbol{B}$ 中的线性各向同性介质都是适用的。对于空间任一点的磁场能量密度写成矢量形式为

$$w_{\mathrm{m}} = \frac{1}{2}\boldsymbol{B} \cdot \boldsymbol{H} \tag{5-155}$$

能量密度的单位为 $\mathrm{J/m^3}$（焦耳/米^3）。式(5-155)表明，磁场能量是以磁场的形式储存于空间，而不是以电流的形式储存于空间。式(5-155)不仅适用于恒定磁场，也适用于时变磁场。

5.11.2 耦合线圈

下面以两个线圈为例讨论耦合线圈的磁场能。如图 5-19 所示，线圈 1 匝数为 N_1，面积为 S_1；线圈 2 匝数为 N_2，面积为 S_2。设线圈 1 通电流 I_1、线圈 2 电流 $I_2 = 0$ 时，磁场 $\boldsymbol{B}_1$ 在线圈 1 单匝线圈的磁通记作 ψ_{11}；线圈 2 通电流 I_2、线圈 1 电流 $I_1 = 0$ 时，磁场 $\boldsymbol{B}_2$ 在线圈 1 单匝线圈的交链磁通记作 ψ_{12}，则线圈 1 通电流 I_1，线圈 2 通电流 I_2，在线圈 1 单匝线圈产生的总磁通为

$$\psi_1 = \psi_{11} + \psi_{12} \tag{5-156}$$

需要注意的是，式(5-156)中 ψ_{12} 前取“+”号，表示两线圈产生的磁场 $\boldsymbol{B}_1$、$\boldsymbol{B}_2$ 在线圈 1 中同方向，互感取正值。如果两线圈产生的磁场 $\boldsymbol{B}_1$、$\boldsymbol{B}_2$ 在线圈 1 中方向相反，互感取负值，则 ψ_{12} 前取“-”号。

将式(5-156)两端乘 N_1，得到线圈 1 产生的磁链为

$$\Psi_1 = \Psi_{11} + \Psi_{12} \tag{5-157}$$

式中，$\Psi_1 = N_1\psi_1$，$\Psi_{11} = N_1\psi_{11}$，$\Psi_{12} = N_1\psi_{12}$。

同理，线圈 1 通电流 I_1，线圈 2 通电流 I_2，可写出在线圈 2 单匝线圈产生的总磁通为

$$\psi_2 = \psi_{22} + \psi_{21} \tag{5-158}$$

将式(5-158)两端乘 N_2，得到线圈2产生的磁链为

$$\Psi_2 = \Psi_{22} + \Psi_{21} \tag{5-159}$$

式中，$\Psi_2 = N_2\psi_2$，$\Psi_{22} = N_2\psi_{22}$，$\Psi_{21} = N_2\psi_{21}$。

根据式(5-150)，可写出两耦合线圈的磁场能为

$$\begin{aligned} W_{\mathrm{m}} &= \frac{1}{2}\Psi_1 I_1 + \frac{1}{2}\Psi_2 I_2 \\ &= \frac{1}{2}N_1\psi_1 I_1 + \frac{1}{2}N_2\psi_2 I_2 = \frac{1}{2}N_1\psi_{11} I_1 + \frac{1}{2}N_1\psi_{12} I_1 + \frac{1}{2}N_2\psi_{22} I_2 + \frac{1}{2}N_2\psi_{21} I_2 \end{aligned} \tag{5-160}$$

由自感的定义式(5-131)、互感定义式(5-135)和式(5-137)可得

$$L_1 = \frac{N_1\psi_{11}}{I_1},\quad M_{12} = \frac{N_1\psi_{12}}{I_1},\quad L_2 = \frac{N_2\psi_{22}}{I_2},\quad M_{21} = \frac{N_2\psi_{21}}{I_2} \tag{5-161}$$

由此两耦合线圈的磁场能可改写为

$$W_{\mathrm{m}} = \frac{1}{2}L_{11}I_1^2 + \frac{1}{2}M_{12}I_1^2 + \frac{1}{2}L_{22}I_2^2 + \frac{1}{2}M_{21}I_2^2 \tag{5-162}$$

式(5-160)可推广到 K 个线圈更普遍的情况，有

$$W_{\mathrm{m}} = \frac{1}{2}\sum_{i=1}^{k}\Psi_i I_i \tag{5-163}$$

式中，Ψ_i 为第 i 个线圈的磁链。如果用自感系数和互感系数表示，K 个线圈的磁场能式(5-162)可表示为

$$W_{\mathrm{m}} = \frac{1}{2}\sum_{i=1}^{K}L_i I_i^2 + \frac{1}{2}\sum_{\substack{i=1\\ i\neq j}}^{K}\sum_{\substack{j=1\\ j\neq i}}^{K}M_{ij}I_i I_j \tag{5-164}$$

式中，L_i 为第 i 个线圈的自感系数，M_{ij} 为线圈 i 和 j 之间的互感系数。

【例5.7】 设同轴电缆内导体的外半径为 a，外导体的内半径为 b，两导体间介质的磁导率为 μ。同轴电缆内导体通电流 I，计算长为 l 的一段同轴电缆中的磁场能。

解 利用安培环路定律可得同轴电缆介质中的磁场强度大小为

$$H = \frac{I}{2\pi\rho}$$

式中，ρ 为柱坐标系下的极径。又由 $B = \mu H$，根据式(5-154)得

$$\begin{aligned} W_{\mathrm{m}} &= \frac{1}{2}\mu\iiint_{(V)} H^2\,\mathrm{d}V = \frac{1}{2}\mu\int_0^l\int_0^{2\pi}\int_a^b H^2\rho\mathrm{d}\rho\mathrm{d}\varphi\mathrm{d}z \\ &= \frac{1}{2}\mu\int_0^l\int_0^{2\pi}\int_a^b H^2\rho\mathrm{d}\rho\mathrm{d}\varphi\mathrm{d}z = \frac{2\pi\mu l}{2}\left(\frac{I}{2\pi}\right)^2\int_a^b\left(\frac{1}{\rho}\right)^2\rho\mathrm{d}\rho = \frac{\mu I^2 l}{4\pi}\ln\frac{b}{a} \end{aligned}$$

5.12 磁 场 力

电流回路间的作用力，原则上讲可用安培定律直接计算。假设空间磁场为 $\boldsymbol{B}$，由式(5-2)，并利用式(5-15)、式(5-16)和式(5-17)，可写出存在于空间的线电流、面电流和体电流分布所受的安培力分别如下：

线电流：

$$\boldsymbol{F}=\oint_{(l)} I\mathrm{d}\boldsymbol{l}\times\boldsymbol{B} \tag{5-165}$$

面电流：

$$\boldsymbol{F}=\iint_{(S)} \boldsymbol{J}_S\times\boldsymbol{B}\mathrm{d}S \tag{5-166}$$

体电流：

$$\boldsymbol{F}=\iiint_{(V)} \boldsymbol{J}_V\times\boldsymbol{B}\mathrm{d}V \tag{5-167}$$

运动电荷 q 在磁场 $\boldsymbol{B}$ 中受的洛伦兹力为

$$\boldsymbol{F}=q\boldsymbol{v}\times\boldsymbol{B} \tag{5-168}$$

式中，$\boldsymbol{v}$ 为电荷的运动速度。如果除磁场 $\boldsymbol{B}$ 外，空间还存在电场 $\boldsymbol{E}$，则运动电荷受力为

$$\boldsymbol{F}=q(\boldsymbol{E}+\boldsymbol{v}\times\boldsymbol{B}) \tag{5-169}$$

对于复杂的电流分布 I、$\boldsymbol{J}_S$ 和 $\boldsymbol{J}_V$，应用式(5-165)、式(5-166)和式(5-167)计算磁场力，积分往往很困难。在某些情况下，用虚位移法计算磁场力较为方便。

假设在空间有 K 个载流回路系统，如图 5-24 所示。载流回路彼此之间有力的作用，载流回路 1 匝数为 N_1，受力 $\boldsymbol{F}_1$；载流回路 2 匝数为 N_2，受力 $\boldsymbol{F}_2$；载流回路 i 匝数为 N_i，受力 $\boldsymbol{F}_i$；载流回路 K 匝数为 N_K，受力为 $\boldsymbol{F}_K$。为了求第 i 个载流回路所受的磁场力 $\boldsymbol{F}_i$，可假设该载流回路在磁场力 $\boldsymbol{F}_i$ 的作用下产生位移 $\mathrm{d}\boldsymbol{r}$（虚位移），其他载流回路不动，则磁场力做功为 $\boldsymbol{F}_i\cdot\mathrm{d}\boldsymbol{r}$。载流回路的移动必然引起系统磁场能量发生变化，假设系统能量变化为 $\mathrm{d}W_{\mathrm{m}}$。下面分磁链不变和电流不变两种情况进行讨论。

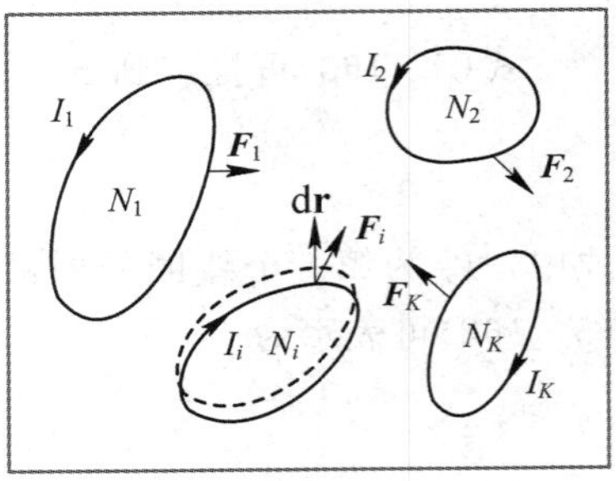

图 5-24　K 个载流回路系统

1. 磁链不变

如果载流回路 i 发生位移时，其他载流回路磁链不发生变化，则感应电动势为零，电源不做功。根据能量守恒定律，磁场力 $\boldsymbol{F}_i$ 做功 $\boldsymbol{F}_i\cdot\mathrm{d}\boldsymbol{r}$，必然引起系统能量的减少，则有

$$\boldsymbol{F}_i\cdot\mathrm{d}\boldsymbol{r}=-\mathrm{d}W_{\mathrm{m}}\big|_{\psi} \tag{5-170}$$

由全微分的概念，有

$$\mathrm{d}W_{\mathrm{m}}=\frac{\partial W_{\mathrm{m}}}{\partial x}\mathrm{d}x+\frac{\partial W_{\mathrm{m}}}{\partial y}\mathrm{d}y+\frac{\partial W_{\mathrm{m}}}{\partial z}\mathrm{d}z=\nabla W_{\mathrm{m}}\cdot\mathrm{d}\boldsymbol{r} \tag{5-171}$$

比较式(5-170)和式(5-171)可得

$$\boldsymbol{F}_i=-\nabla W_{\mathrm{m}}\big|_{\psi} \tag{5-172}$$

式中，“$-$”表示系统能量的减少，角标“ψ”表示求偏导数时磁链不变。

2. 电流不变

如果载流回路 i 发生位移 $\mathrm{d}\boldsymbol{r}$，则使载流回路间的相对位置发生变化，由此使所有回路的磁链发生变化。磁链的变化在各电流回路中产生感应电动势，假设在第 i 个回路中产生的感应电动势为

$$\mathscr{E}_i=-\frac{\mathrm{d}\Psi_i}{\mathrm{d}t} \tag{5-173}$$

则为了维持电流恒定，由式(5-173)可得第 i 回路电源克服感应电动势做功为

$$-I_i\mathscr{E}_i\,\mathrm{d}t = I_i\,\mathrm{d}\boldsymbol{\Psi}_i \tag{5-174}$$

对于 K 个载流回路系统，电源克服感应电动势做功为

$$\mathrm{d}W_{\mathrm{b}} = \sum_{i=1}^{K} I_i\,\mathrm{d}\boldsymbol{\Psi}_i \tag{5-175}$$

由式(5－163)可写出系统磁场能量的增量为

$$\mathrm{d}W_{\mathrm{m}} = \frac{1}{2}\sum_{i=1}^{K} I_i\,\mathrm{d}\boldsymbol{\Psi}_i \tag{5-176}$$

根据能量守恒有

$$\mathrm{d}W_{\mathrm{b}} = \mathrm{d}W_{\mathrm{m}} + \boldsymbol{F}_i\cdot\mathrm{d}\boldsymbol{r} \tag{5-177}$$

移项得

$$\boldsymbol{F}_i\cdot\mathrm{d}\boldsymbol{r} = \mathrm{d}W_{\mathrm{b}} - \mathrm{d}W_{\mathrm{m}} \tag{5-178}$$

由式(5－175)和式(5－176)可知

$$\mathrm{d}W_{\mathrm{b}} = 2\mathrm{d}W_{\mathrm{m}} \tag{5-179}$$

将式(5－179)代入式(5－178)，并利用式(5－171)可得

$$\boldsymbol{F}_i = \nabla W_{\mathrm{m}}\big|_I \tag{5-180}$$

式中，角标“I”表示求偏导数，电流不变。

因为载流回路受力是单值的，所以式(5－172)和式(5－180)的计算结果相同。

【例 5.8】 设理想长直螺线管 1 插入另一理想长直螺线管 2 中，如图 5－25 所示。假设两螺线管的导线很细，可认为两螺线管截面近似相等，截面为 S，螺线管内为空气，磁导率为 μ_0，两螺线管单位长度匝数分别为 n_1 和 n_2，螺线管 1 长度为 l_1，螺线管 2 长度为 l_2，螺线管 1 通电流 I_1，螺线管 2 通电流 I_2，求螺线管 1 所受的磁场力。

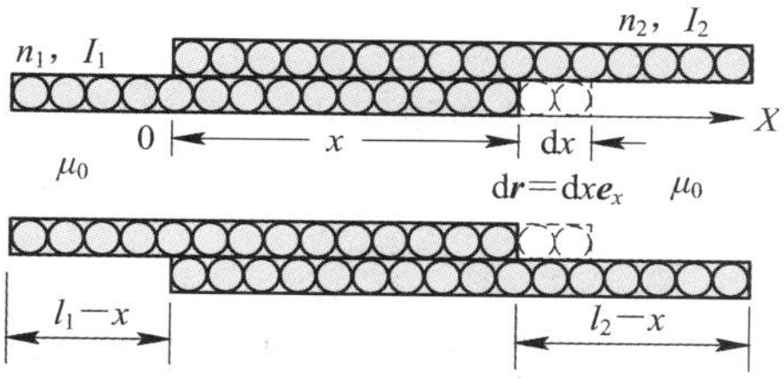

图 5－25　两理想长螺线管

解　理想长直螺线管内磁场为匀强磁场，由式(5－151)有

螺线管 1：$H_1 = n_1 I_1$

螺线管 2：$H_2 = n_2 I_2$

假设两螺线管磁场同方向，则两螺线管插入部分的磁场为

$$H = H_1 + H_2 = n_1 I_1 + n_2 I_2$$

两螺线管构成的耦合系统能量由三部分构成：① 螺线管 1 未插入部分的能量，长度为 l_1-x；② 两螺线管插入部分的能量，长度为 x；③ 螺线管 2 插入剩余部分的能量，长度为 l_2-x。根据式(5－154)，可写出两螺线管耦合系统的能量为

$$W_{\mathrm{m}} = \frac{1}{2}\mu_0 n_1^2 I_1^2 S(l_1-x) + \frac{1}{2}\mu_0\,(n_1 I_1 + n_2 I_2)^2 Sx + \frac{1}{2}\mu_0 n_2^2 I_2^2 S(l_2-x)$$

展开整理得

$$W_{\mathrm{m}} = \frac{1}{2}\mu_0 n_1^2 I_1^2 S l_1 + \frac{1}{2}\mu_0 n_2^2 I_2^2 S l_2 + \mu_0 n_1 n_2 I_1 I_2 Sx$$

此式表明，两螺线管耦合系统的能量由三部分构成：线圈 1 的储能、线圈 2 的储能和两线圈的耦合能。另外，在 $\boldsymbol{H}_1$ 和 $\boldsymbol{H}_2$ 同方向的情况下，如果 $I_1 = I_2$、$n_1 = n_2$、$l_1 = l_2 = x = l$，

则两螺线管耦合系统的能量是两线圈能量和的平方。

由式(5－180)可得线圈 1 所受的磁场力为

$$\boldsymbol{F}_1 = \nabla W_m |_I = \left.\frac{dW_m}{dx}\right|_I \boldsymbol{e}_x = \mu_0 n_1 n_2 I_1 I_2 S \boldsymbol{e}_x$$

此式表明，螺线管 1 受沿 ＋X 方向的吸力。

如果两螺线管内磁场的方向相反，假定 $\boldsymbol{H}_2$ 沿 －X 方向，则两螺线管插入部分的磁场为

$$H = H_1 - H_2 = n_1 I_1 - n_2 I_2$$

则两螺线管耦合系统的能量为

$$W_m = \frac{1}{2}\mu_0 n_1^2 I_1^2 S l_1 + \frac{1}{2}\mu_0 n_2^2 I_2^2 S l_2 - \mu_0 n_1 n_2 I_1 I_2 S x$$

此式表明，在 $\boldsymbol{H}_1$ 和 $\boldsymbol{H}_2$ 反向的情况下，如果 $I_1 = I_2$、$n_1 = n_2$、$l_1 = l_2 = x = l$，则两螺线管耦合系统的能量为零，即耦合系统磁场为零。

由式(5－180)可得线圈 1 所受的磁场力为

$$\boldsymbol{F}_1 = \nabla W_m |_I = \left.\frac{dW_m}{dx}\right|_I \boldsymbol{e}_x = -\mu_0 n_1 n_2 I_1 I_2 S \boldsymbol{e}_x$$

此式表明，螺线管 1 受沿－X 方向的斥力。

习　题　5

5－1　求如图 T5－1 所示各种形状的线电流 I 在 P 点产生的磁通密度矢量(假设介质为真空)。

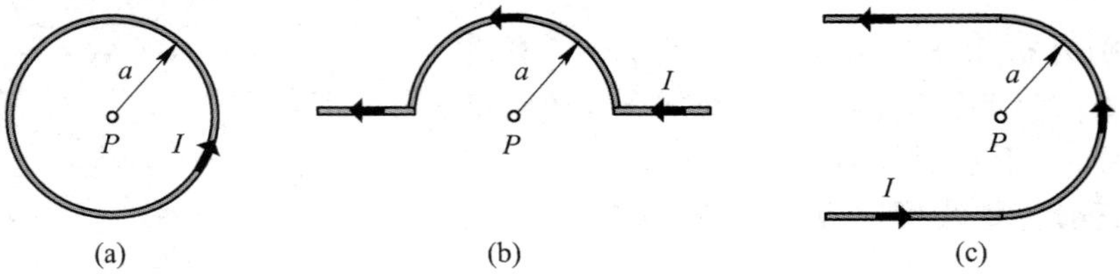

图 T5－1　习题 5－1 图

5－2　真空中载流长直导线旁有一等边三角形回路，如图 T5－2 所示，求通过三角形回路的磁通量。

5－3　半径为 a、通电流为 I 的无限长圆柱导体置于空气中，已知导体的磁导率为 μ_0，求导体内、外的磁场强度矢量 $\boldsymbol{H}$ 和磁通密度矢量 $\boldsymbol{B}$ 。

5－4　如图 T5－3 所示，通有均匀电流密度为 $\boldsymbol{J}$ 的长圆柱导体中有一平行于圆柱轴的圆柱空腔，试计算圆柱内、外各部分的磁通密度矢量，并说明空腔内的场是什么场。

5－5　在圆柱坐标系中，已知电流密度 $\boldsymbol{J} = k\rho^2 \boldsymbol{e}_z$ ($\rho < a$)。

(1) 求磁通密度矢量 $\boldsymbol{B}$；

(2) 证明 $\nabla \times \boldsymbol{B} = \mu_0 \boldsymbol{J}$。

5－6　已知某电流在空间产生的矢量磁位为

$$\boldsymbol{A} = x^2 y \boldsymbol{e}_x + xy^2 \boldsymbol{e}_y - 4xyz \boldsymbol{e}_z$$

求磁通密度矢量 $\boldsymbol{B}$。

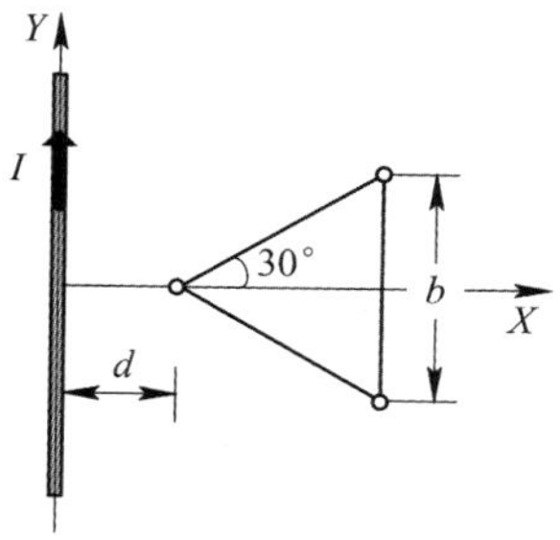

图 T5－2　习题 5－2 图

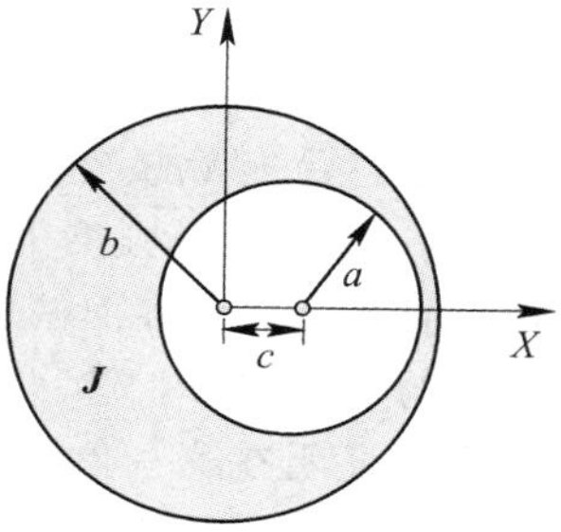

图 T5－3　习题 5－4 图

5－7　两半径相同的长直圆柱导体，轴线距离为 d，导体圆柱的半径为 a，且 $d<2a$。现将相交部分挖成空洞，并且在相交处用绝缘纸隔开，如图 T5－4 所示。设两导体分别通有电流密度 $\boldsymbol{J}_1=J_0\boldsymbol{e}_z$ 和 $\boldsymbol{J}_2=-J_0\boldsymbol{e}_z$ 的电流，求空洞中的磁场强度。

5－8　边长为 a 和 b 的小矩形回路，通有电流 I，如图 T5－5 所示。求远处一点 $P(x,y,z)$ 的矢量磁位。

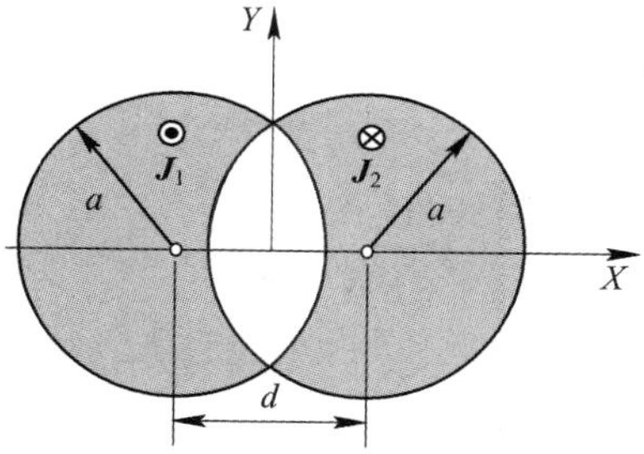

图 T5－4　习题 5－7 图

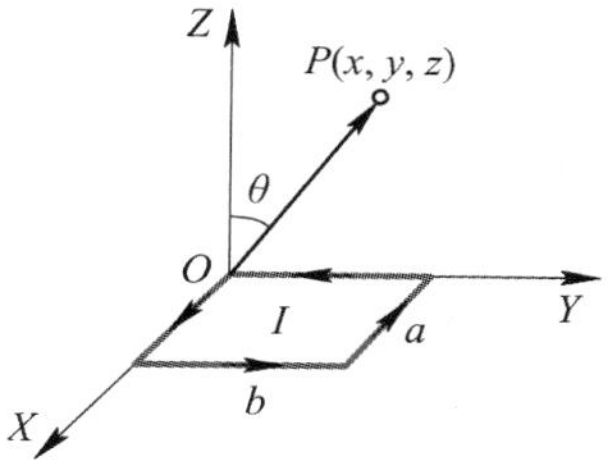

图 T5－5　习题 5－8 图

5－9　无限长载流导线垂直于磁导率分别为 μ_1 和 μ_2 的两种磁介质交界面，载流导线通电流 I，如图 T5－6 所示，试求两种介质中的磁通密度矢量 $\boldsymbol{B}_1$ 和 $\boldsymbol{B}_2$。

5－10　通有电流 I_1 的两平行长直导线，轴线距离为 d，两导线间有一载流 I_2 的矩形线圈，如图 T5－7 所示，求两平行长直导线对线圈的互感。

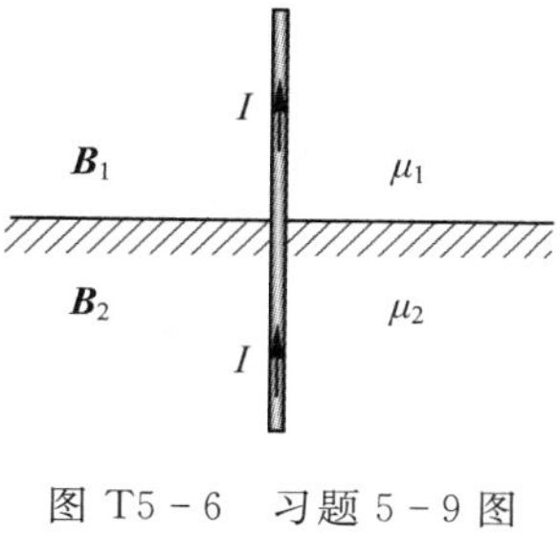

图 T5－6　习题 5－9 图

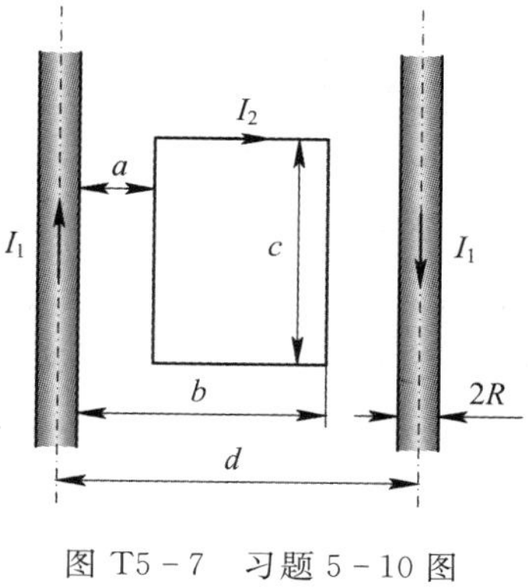

图 T5－7　习题 5－10 图

5－11　一个电流为 I_1 的长直导线和一个电流为 I_2 的圆环在同一平面上，圆心与导线的距离为 d，证明两电流间相互作用的安培力为

$$F=\mu_0 I_1 I_2\left(\sec\frac{\alpha}{2}-1\right)$$

5－12　在 XY 平面上沿 $+X$ 方向有均匀面电流 $\boldsymbol{J}_S$，如图 T5－8 所示。如果将 XY 平面视为无穷大，求空间任一点的磁场强度矢量 $\boldsymbol{H}$。

5－13　证明在不同磁介质分界面两侧，矢量磁位 $\boldsymbol{A}$ 切向分量连续。

5－14　一条扁平的直导体带，宽为 $2a$，中心线与 Z 轴重合，沿 Z 轴方向流过的总电流为 I，如图 T5－9 所示。证明在第一象限内磁通密度矢量的分量为

$$B_x=-\frac{\mu_0 I}{4\pi a},\quad B_y=\frac{\mu_0 I}{4\pi a}\ln\frac{r_2}{r_1}$$

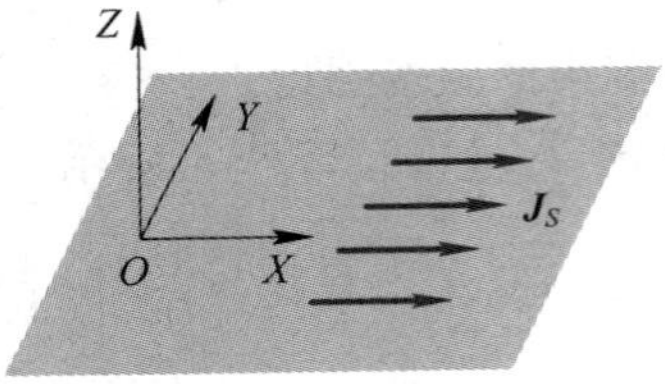

图 T5－8　习题 5－12 图

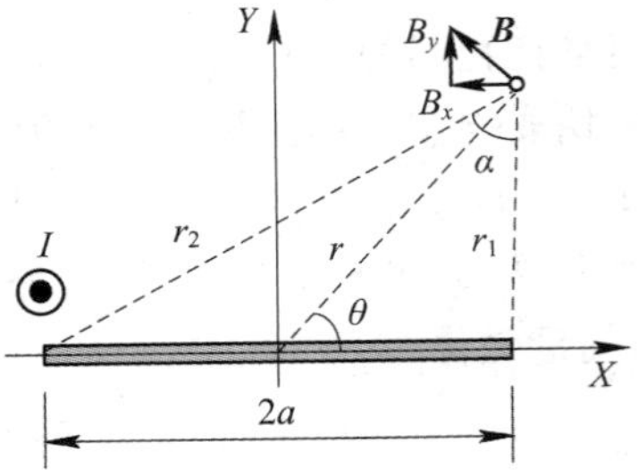

图 T5－9　习题 5－14 图

5－15　如图 T5－10 所示，求长为 l 的两条传输线的自感($a\ll D$)。

5－16　直导线附近放置一矩形回路，回路与导线不共面，如图 T5－11 所示。证明直导线与回路间的互感为

$$M=-\frac{\mu_0 a}{2\pi}\ln\frac{R}{\left[2b\left(R^2-C^2\right)^{1/2}+b^2+R^2\right]^{1/2}}$$

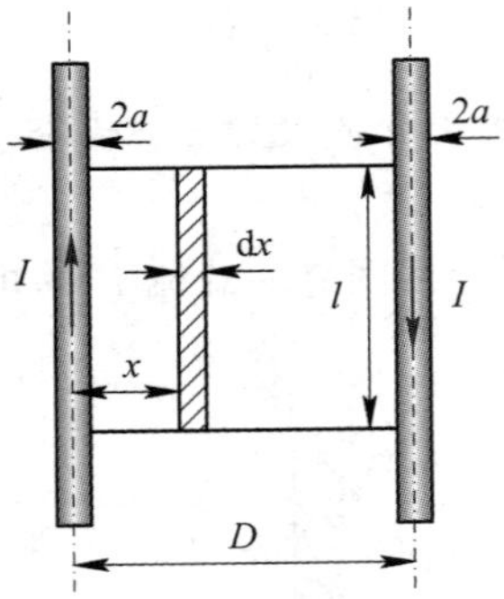

图 T5－10　习题 5－15 图

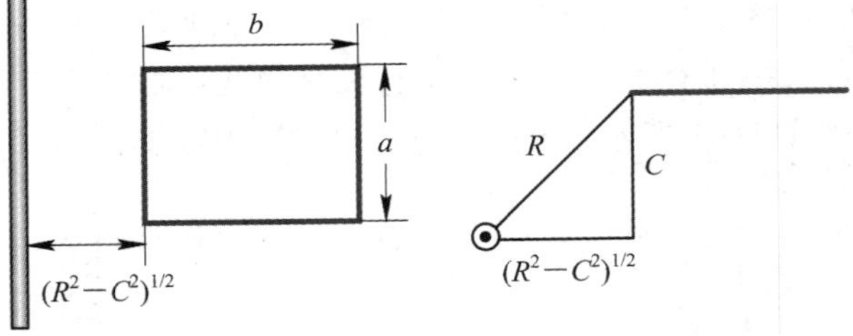

图 T5－11　习题 5－16 图

5－17　同轴电缆内导体半径为 a，外导体半径为 b，外导体厚度很薄可忽略，两导体之间的介质磁导率为 μ_0，设电缆通过电流为 I，求电缆单位长度的磁场能量。

5－18　两无限长直导线，各载有方向相反的电流 6A，如图 T5－12 所示。试确定 P 点的磁通密度矢量 $\boldsymbol{B}$。

5－19　如图 T5－13 所示，两个平行的环形回路各载电流 20 A，第一个回路位于 XY 平面内，中心在原点，第二个回路平行于 XY 平面放置，中心在 Z 轴上 $z=2$ m 处。如果两个回路具有相同的半径 $a=3$ m，试确定 Z 轴上以下各点磁通密度矢量 $\boldsymbol{B}$ 的大小：(1) $z=0$；(2) $z=1$ m；(3) $z=2$ m。

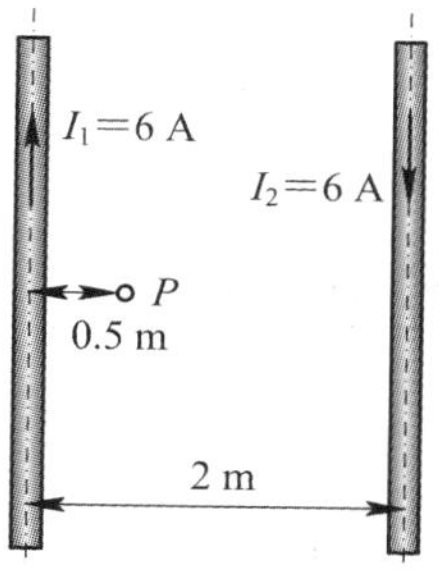

图 T5-12 习题 5-18 图

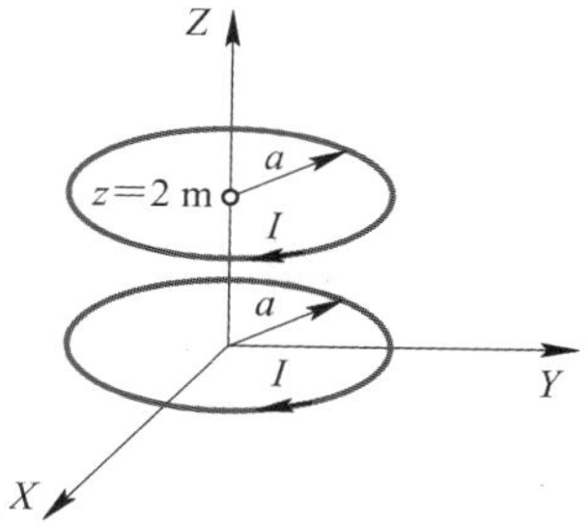

图 T5-13 习题 5-19 图

5-20 均匀电流密度 $\boldsymbol{J}=J_0\boldsymbol{e}_z$ 产生的矢量磁位为

$$\boldsymbol{A}=-\frac{\mu_0 J_0}{4}(x^2+y^2)\boldsymbol{e}_z$$

(1) 应用矢量泊松方程验证此结论；(2) 利用 $\boldsymbol{A}$ 的表达式求 $\boldsymbol{H}$；(3) 应用 $\boldsymbol{J}$ 的表达式以及安培定律求 $\boldsymbol{H}$。

5-21 假定在两种磁介质交界面 $y=0$ 上，存在面电流密度 $\boldsymbol{J}_S=4\boldsymbol{e}_x$，在介质 1($y>0$)中，$H_1=8\boldsymbol{e}_z$，试确定介质 2($y<0$)中的 $\boldsymbol{H}_2$。

5-22 $z=0$ 的平面将空气同铁块分离，如果空气($z>0$)中的 $\boldsymbol{B}_1=4\boldsymbol{e}_x-6\boldsymbol{e}_y+8\boldsymbol{e}_z$，求铁块($z<0$)中的 $\boldsymbol{B}_2$($\mu=5000\mu_0$)。

5-23 电荷为 q、质量为 m 的电荷，以初速度 $\boldsymbol{v}$ 垂直进入均匀磁场 $\boldsymbol{B}$ 中，作用在电荷上的磁场力 $\boldsymbol{F}_m$ 将导致电荷作半径为 a 的圆周运动，如图 T5-14 所示。通过令 $\boldsymbol{F}_m$ 等于作用在电荷上的离心力，可将半径 a 表示为 q、m、$\boldsymbol{v}$ 和 $\boldsymbol{B}$ 的函数，试求该函数。

5-24 如图 T5-15 所示为一矩形线圈，其长度为 $l=15$ cm，宽度为 $w=5$ cm，匝数为 20，矩形线圈的一边与 Z 轴重合且线圈位于 YZ 平面内。

(1) 如果载流 $I=10$ A，并外加磁场为

$$\boldsymbol{B}=2\times10^{-2}(\boldsymbol{e}_x+2\boldsymbol{e}_y)$$

确定磁场作用在线圈上的转矩；

(2) 当线圈绕 Z 轴旋转时，φ 角为多少时转矩为零？

(3) φ 角为多少时转矩最大，并确定最大转矩。

5-25 设电磁铁与衔铁间隙长为 l，磁路中磁通为 Ψ，磁铁芯横截面积为 S，如图 T5-16所示。计算电磁铁对衔铁的吸引力。

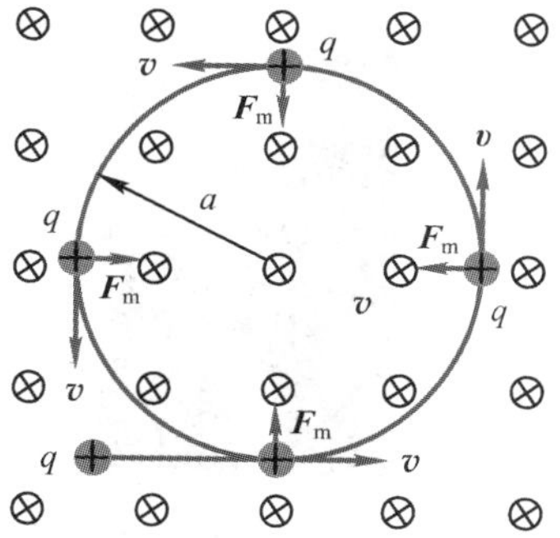

图 T5-14 习题 5-23 图

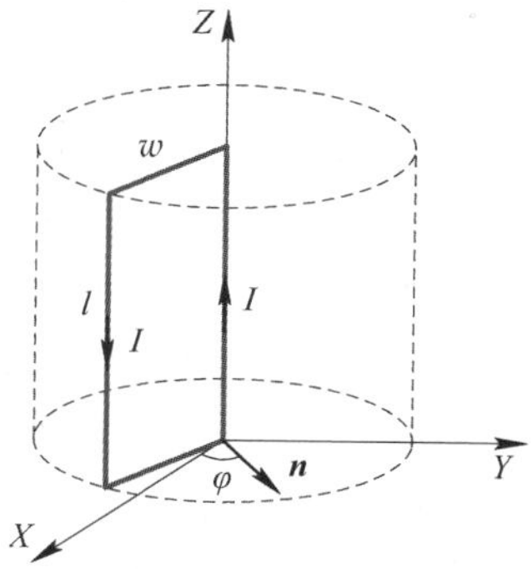

图 T5-15 习题 5-24 图

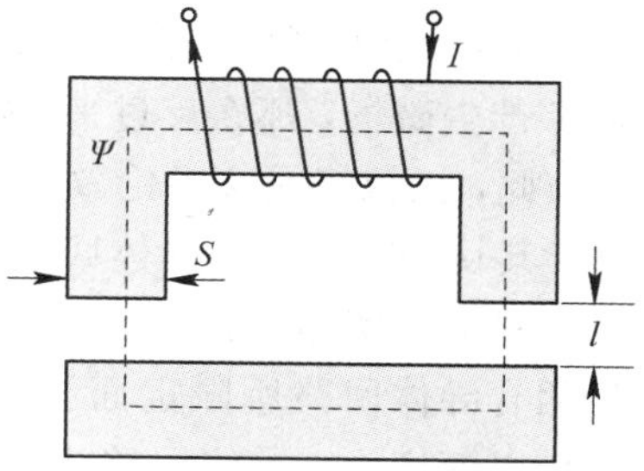

图 T5-16 习题 5-25 图

第6章 时变电磁场

前面5章内容讨论的是静电场、恒定电场和恒定电流的磁场。这类不随时间变化的场统称为静态场，其特点是产生场的电荷源和电流源分布不变，电场和磁场彼此无关，各自独立存在。因此，从场论的角度描述静电场和恒定电流的磁场分别需要两个基本方程：通量和环量方程或散度和旋度方程，即

$$\begin{cases} \oiint\limits_{(S)} \boldsymbol{D} \cdot \mathrm{d}\boldsymbol{S} = \iiint\limits_{(V)} \rho_V \mathrm{d}V \\ \oint\limits_{(L)} \boldsymbol{E} \cdot \mathrm{d}\boldsymbol{l} = 0 \end{cases} \quad \text{或} \quad \begin{cases} \nabla \cdot \boldsymbol{D} = \rho_V \\ \nabla \times \boldsymbol{E} = 0 \end{cases}$$

$$\begin{cases} \oiint\limits_{(S)} \boldsymbol{B} \cdot \mathrm{d}\boldsymbol{S} = 0 \\ \oint\limits_{(l)} \boldsymbol{H} \cdot \mathrm{d}\boldsymbol{l} = I \end{cases} \quad \text{或} \quad \begin{cases} \nabla \cdot \boldsymbol{B} = 0 \\ \nabla \times \boldsymbol{H} = \boldsymbol{J}_V \end{cases}$$

可是，当电荷或电流随时间变化时，由此产生的电场和磁场也会随时间变化，这就是时变电磁场，也可称为动态电磁场。在时变场情况下，电场和磁场同时存在并相互激发、相互影响，形成一个统一的整体。描述时变电磁场需要四个基本方程，这就是著名的麦克斯韦方程组。

本章首先介绍法拉第电磁感应定律和全电流定律，由此得到描述时变电磁场的基本方程——麦克斯韦方程组，然后介绍坡印亭定理和坡印亭矢量、时谐电磁场和电磁波谱。

6.1 时变电磁场的环量和旋度及通量和散度

6.1.1 法拉第电磁感应定律——时变电场的环量和旋度

英国物理学家法拉第（见图6-1）受丹麦物理学家奥斯特（1820年4月）发现电流磁效应的启发，提出如下设想：既然电流能够产生磁场，那么反过来，磁场也应该可以在导体中产生电流。为此，法拉第在位于伦敦的实验室进行了长达10年的艰苦探索，其目的就是要使导体回路在磁场中感应出电流。

图6-1 英国物理学家、化学家法拉第（1791—1867）

通过大量实验，法拉第于1831年发现了电磁感应现象：当穿过闭合导体回路所限定面积的磁通量发生变化时，回路中就有感应电流产生。导体回路中出现感应电流表明回路存在感应电动势。实验还发现，感应电动势与穿过回路所交链磁通量的时

间变化率成正比，在国际单位制下其数学表达式为

$$\mathscr{E}=-\frac{\mathrm{d}\psi_{\mathrm{m}}}{\mathrm{d}t}=-\frac{\mathrm{d}}{\mathrm{d}t}\iint_{(S)}\boldsymbol{B}\cdot\mathrm{d}\boldsymbol{S} \tag{6-1}$$

这就是法拉第电磁感应定律。式中，$\mathscr{E}$ 为感应电动势；ψ_{m} 为穿过张在闭合回路 l 上的开曲面 S 的磁通量；$\boldsymbol{B}(t)$ 是随时间变化的磁场，如图 6－2 所示。

式(6－1)的求导是关于时间的全导数，其作用对象有两种情况：一是回路随时间变化；二是磁场随时间变化。因此，产生感应电动势存在三种情况：

(1) 导体回路静止，磁场随时间变化，这时产生的感应电动势称为感生电动势。

(2) 导体回路运动，磁场恒定，这时产生的感应电动势称为动生电动势。

(3) 导体回路运动的同时，磁场也随时间变化，感生电动势和动生电动势将同时在回路中出现。

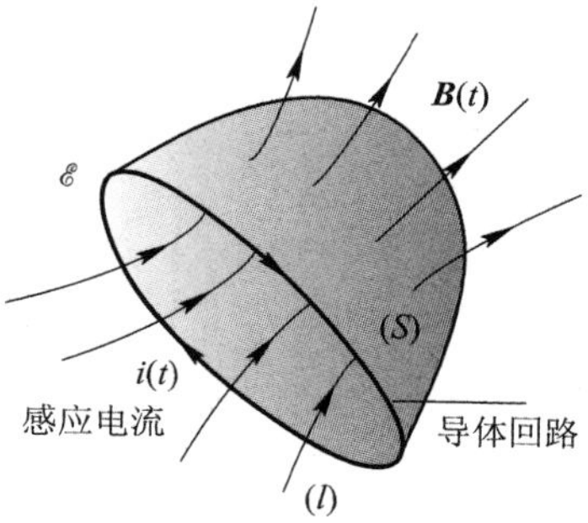

图 6－2　法拉第电磁感应定律

式(6－1)中取负号表明导电回路中感应电流的方向总是使它自己的磁场穿过回路所限定面积的磁通量去抵偿引起感应电流磁通量的变化。即当外磁场穿过回路的磁通变化增大时，感应电流产生的磁通与外磁场磁通方向相反，以抵消原磁通的增加；而当穿过回路的外磁通减小时，感应电流产生的磁通与外磁通方向相同，以补偿原磁通的减小。

导体回路中出现感应电流，预示着回路内存在驱动自由电荷作定向运动而形成感应电流的电场。基于对一系列电磁感应现象的深入思考，麦克斯韦提出了涡旋电场的假设：变化的磁场在其周围空间激发一种电场，这个电场的力线是闭合的。回路中的感应电动势应等于涡旋电场沿此回路的积分，即

$$\mathscr{E}=\oint_{(l)}\boldsymbol{E}_{\mathrm{e}}\cdot\mathrm{d}\boldsymbol{l}=-\frac{\mathrm{d}}{\mathrm{d}t}\iint_{(S)}\boldsymbol{B}\cdot\mathrm{d}\boldsymbol{S} \tag{6-2}$$

式中，$\boldsymbol{E}_{\mathrm{e}}$ 为涡旋电场，显然它是一种非保守场。

式(6－2)这一基于麦克斯韦涡旋电场假设下的法拉第电磁感应定律的数学表述比式(6－1)具有更深刻的物理意义。其一是随时间变化的磁场激发的电场具有涡旋性，扩大了人们对电场的认识。静电场由电荷激发，是有源无旋场，而涡旋电场是由变化的磁场激发，是无源有旋场。如果空间既有静电场又有涡旋场，则总电场为两者之和，总电场是有源有旋场。其二，涡旋电场的出现与磁场中是否放置导体回路无关，只要磁场随时间变化，涡旋电场就随之在周围空间出现，也不论闭合回路是处在真空中还是介质中，式(6－2)都成立。

如果记 $\boldsymbol{E}$ 为静电场与涡旋电场之和，由于静电场沿任意闭合回路的积分为零，因此有

$$\oint_{(l)}\boldsymbol{E}\cdot\mathrm{d}\boldsymbol{l}=-\frac{\mathrm{d}}{\mathrm{d}t}\iint_{(S)}\boldsymbol{B}\cdot\mathrm{d}\boldsymbol{S} \tag{6-3}$$

假设回路 l 是静止的，对式(6－3)应用斯托克斯定理，有

$$\oint_{(l)}\boldsymbol{E}\cdot\mathrm{d}\boldsymbol{l}=\iint_{(S)}\nabla\times\boldsymbol{E}\cdot\mathrm{d}\boldsymbol{S}=-\iint_{(S)}\frac{\partial\boldsymbol{B}}{\partial t}\cdot\mathrm{d}\boldsymbol{S} \tag{6-4}$$

由于 S 是以 l 为边界的任意曲面，因此有

$$\nabla\times\boldsymbol{E}=-\frac{\partial\boldsymbol{B}}{\partial t} \tag{6-5}$$

式(6－5)为法拉第电磁感应定律的微分形式，也即时变电场的旋度方程，而式(6－3)就是时变电场的环量积分方程。式(6－5)表明，随时间变化的磁场是时变电场的旋度源，或者说，随时间变化的磁场激发电场。

【例 6.1】 一个 N 匝密绕的矩形线圈在均匀磁场中旋转，设初始状态下线圈平面与磁场垂直，如图 6－3(a)所示。求线圈中的感应电动势。

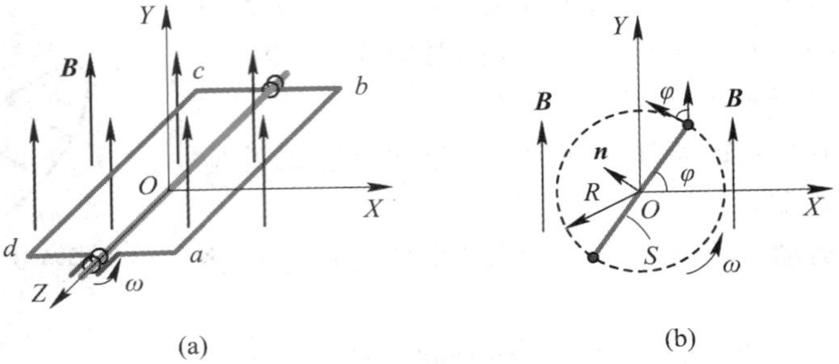

图 6－3 线圈在磁场中旋转

解 当线圈以角速度 ω 绕 Z 轴在均匀磁场中旋转时，磁力线穿过线圈平面 $abcd$ 的通量为

$$\psi_{\mathrm{m}}(t)=\iint_{(S)}\boldsymbol{B}\cdot\mathrm{d}\boldsymbol{S}=\iint_{(S)}B\,\boldsymbol{e}_y\cdot\boldsymbol{n}\mathrm{d}S=\iint_{(S)}B\cos\varphi\mathrm{d}S=B\cos\omega t\iint_{(S)}\mathrm{d}S=BS\cos\omega t$$

由于通量随时间变化，因此依据法拉第电磁感应定律式(6－1)，可得 N 匝线圈中的感应电动势为

$$\mathscr{E}=-N\frac{\mathrm{d}\psi_{\mathrm{m}}(t)}{\mathrm{d}t}=BSN\omega\sin\omega t$$

如果磁通密度矢量随时间作正弦变化，则有

$$\boldsymbol{B}(t)=B_{\mathrm{m}}\sin\omega t\,\boldsymbol{e}_y$$

磁力线穿过线圈平面 $abcd$ 的通量为

$$\psi_{\mathrm{m}}(t)=\iint_{(S)}\boldsymbol{B}\cdot\mathrm{d}\boldsymbol{S}=\iint_{(S)}B\cos\varphi\mathrm{d}S=B_{\mathrm{m}}S\sin\omega t\cos\omega t=\frac{1}{2}B_{\mathrm{m}}S\sin2\omega t$$

由此得到 N 匝线圈中的感应电动势为

$$\mathscr{E}=-N\frac{\mathrm{d}\psi_{\mathrm{m}}(t)}{\mathrm{d}t}=-B_{\mathrm{m}}SN\omega\cos2\omega t$$

【例 6.2】 如图 6－4 所示，一根无限长直载流导线通电流为 $I=10$ A，另一根长为 30 cm 的金属棒在 YZ 平面内以 $\boldsymbol{v}=5\boldsymbol{e}_z$ m/s 的速度作匀速运动，金属棒离 Z 轴的最近距离为 10 cm，求金属棒中的动生电动势。

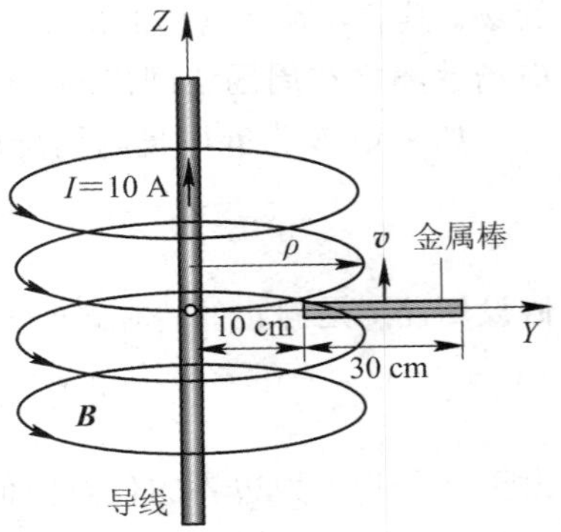

图 6－4 例 6.2 图

解 当导体在磁场中以速度 $\boldsymbol{v}$ 运动时，导体中的电荷受洛伦兹力的作用为

$$\boldsymbol{F}_{\mathrm{m}}=q\boldsymbol{v}\times\boldsymbol{B}$$

如果将上述力看作电荷 q 在一个电场 $\boldsymbol{E}_{\mathrm{m}}$ 中受的力，则该电场为

$$\boldsymbol{E}_{\mathrm{m}} = \frac{\boldsymbol{F}_{\mathrm{m}}}{q} = \boldsymbol{v} \times \boldsymbol{B}$$

$\boldsymbol{E}_{\mathrm{m}}$ 称为动生电场，其方向与 $\boldsymbol{v}$ 和 $\boldsymbol{B}$ 成右旋关系，并垂直于 $\boldsymbol{v}$ 和 $\boldsymbol{B}$ 构成的平面。对于图6-4所示的金属棒运动，金属棒内的动生电场沿 $-\boldsymbol{e}_x$ 方向，作用在金属棒内自由电子上的磁场力将引起电子沿正 $\boldsymbol{e}_x$ 方向运动。由此在金属棒两端引起电位差，$x=10$ cm 端电位高，$x=30$ cm端电位低。根据电动势的定义，有

$$\mathscr{E} = -\int_{x_1}^{x_2} (\boldsymbol{v} \times \boldsymbol{B}) \cdot \mathrm{d}\boldsymbol{l}$$

在柱坐标系下，无限长直载流导线产生的磁场为

$$\boldsymbol{B} = \frac{\mu_0 I}{2\pi\rho} \boldsymbol{e}_\varphi$$

把 $\boldsymbol{B}$ 代入上式，得

$$\begin{aligned}\mathscr{E} &= -\frac{\mu_0 I}{2\pi}\int_{10}^{40}\left(5\,\boldsymbol{e}_z \times \boldsymbol{e}_\varphi \frac{1}{\rho}\right)\cdot \boldsymbol{e}_x \mathrm{d}x = -\frac{\mu_0 I}{2\pi}\int_{10}^{40} \frac{5}{\rho}(-\boldsymbol{e}_x \cdot \boldsymbol{e}_x)\mathrm{d}x \\ &= \frac{\mu_0 I}{2\pi}\int_{10}^{40} \frac{5}{\rho}\mathrm{d}\rho = \frac{\mu_0 5I}{2\pi}\ln\frac{40}{10} = 13.9\ \mu\mathrm{V}\end{aligned}$$

6.1.2　全电流定律——时变磁场的环量和旋度

随时间变化的磁场产生涡旋电场，仅仅揭示了电场与磁场内在联系的一个侧面，还应该存在其逆效应，即随时间变化的电场也会产生磁场。1861 年 12 月 10 日，麦克斯韦在给汤姆森的一封信中首次谈到了这个问题。接着，1862 年他在《论物理力线》一文中明确提出了位移电流的假设，并给出了数学描述，圆满地解决了上述问题。

下面以平行板电容器为例，引入位移电流的概念，并说明位移电流的物理意义。

设电容器与一个随时间变化的电压源 $u(t)$ 相连，电路中形成的电流也随时间变化，必然引起电容器极板上的电荷分布随时间变化，导线中的时变电流 $i(t)$ 在其周围形成时变磁场 $\boldsymbol{H}$。选择一包含电流 $i(t)$ 的闭合回路 l，并在 l 上张开曲面 S，如图 6-5 所示。由安培环路定律得

$$\oint_{(l)} \boldsymbol{H} \cdot \mathrm{d}\boldsymbol{l} = \iint_{(S)} \boldsymbol{J}_V \cdot \mathrm{d}\boldsymbol{S} = i(t) \tag{6-6}$$

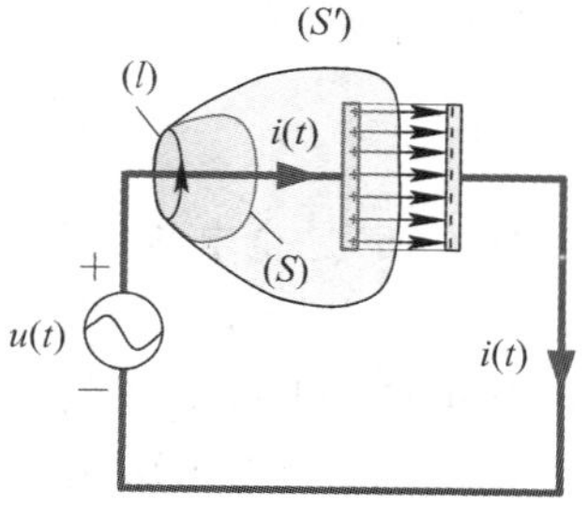

图 6-5　位移电流

如果选择张在 l 上的开曲面 S' 包含电容器的一个极板，由于电容器内的电介质中不存在传导电流，因此有

$$\oint_{(l)} \boldsymbol{H} \cdot \mathrm{d}\boldsymbol{l} = \iint_{(S')} \boldsymbol{J}_V \cdot \mathrm{d}\boldsymbol{S} = 0 \tag{6-7}$$

在交变状态下，电路始终是导通的，因此式(6-6)和式(6-7)相矛盾。为了解决这个矛盾，麦克斯韦断言，在电容器两个极板间的电介质中必有另一种形式的非传导电流存在，这就是位移电流。

对于由 S 和 S' 构成的闭合面，应用电流连续性原理有

$$\oiint_{(S+S')} \boldsymbol{J}_V \cdot \mathrm{d}\boldsymbol{S} = -\frac{\mathrm{d}q}{\mathrm{d}t} \tag{6-8}$$

式中，q 为电容器极板上的电荷。利用高斯定理

$$\oiint_{(S+S')} \boldsymbol{D} \cdot \mathrm{d}\boldsymbol{S} = q \tag{6-9}$$

有

$$\oiint_{(S+S')} \boldsymbol{J}_V \cdot \mathrm{d}\boldsymbol{S} = -\frac{\mathrm{d}}{\mathrm{d}t}\oiint_{(S+S')} \boldsymbol{D} \cdot \mathrm{d}\boldsymbol{S} = -\oiint_{(S+S')} \frac{\partial \boldsymbol{D}}{\partial t} \cdot \mathrm{d}\boldsymbol{S} \tag{6-10}$$

令

$$\boldsymbol{J}_\mathrm{d} = \frac{\partial \boldsymbol{D}}{\partial t} \tag{6-11}$$

$\boldsymbol{J}_\mathrm{d}$ 称为位移电流密度，单位为 $\mathrm{A/m^2}$(安培/米^2)。显然位移电流是由时变电场引起的，它并不代表任何电荷的运动，所以位移电流可以存在于真空和介质中。引入位移电流后，式(6－7)变为

$$\oint_{(l)} \boldsymbol{H} \cdot \mathrm{d}\boldsymbol{l} = \iint_{(S')} \boldsymbol{J}_\mathrm{d} \cdot \mathrm{d}\boldsymbol{S} = \iint_{(S')} \frac{\partial \boldsymbol{D}}{\partial t} \cdot \mathrm{d}\boldsymbol{S} = i_\mathrm{d}(t) \tag{6-12}$$

并且导线中的传导电流与电容器极板间的位移电流相等，即

$$i_\mathrm{d}(t) = i(t) \tag{6-13}$$

在有电容器的电路中，电容器两极板间中断了的传导电流可以由位移电流继续下去，从而解决了电流的连续性问题。

传导电流激发磁场。式(6－12)表明，位移电流假设的实质是认为变化的电场也激发磁场，传导电流和位移电流都是激发磁场的源。因此，安培环路定律可改写为

$$\oint_{(l)} \boldsymbol{H} \cdot \mathrm{d}\boldsymbol{l} = \iint_{(S)} (\boldsymbol{J}_V + \boldsymbol{J}_\mathrm{d}) \cdot \mathrm{d}\boldsymbol{S} = \iint_{(S)} \left(\boldsymbol{J}_V + \frac{\partial \boldsymbol{D}}{\partial t}\right) \cdot \mathrm{d}\boldsymbol{S} \tag{6-14}$$

这就是麦克斯韦全电流定律的积分形式，即时变磁场的环量方程。

利用斯托克斯定理，由式(6－14)可得

$$\nabla \times \boldsymbol{H} = \boldsymbol{J}_V + \frac{\partial \boldsymbol{D}}{\partial t} \tag{6-15}$$

式(6－15)是全电流定律的微分形式，也是时变磁场的旋度方程。

涡旋电场和位移电流这两个假设是麦克斯韦对电磁理论的重大创新，它完整地揭示了时变电场和时变磁场的内在联系，即变化着的磁场将激发涡旋电场，变化着的电场将激发涡旋磁场。时变电磁场相互激发预示了电磁波的存在。

6.1.3 时变电磁场的通量和散度

在研究静电场时，曾得到高斯定律的积分和微分形式为

$$\oiint_{(S)} \boldsymbol{D} \cdot \mathrm{d}\boldsymbol{S} = \iiint_{(V)} \rho_V \mathrm{d}V \tag{6-16}$$

$$\nabla \cdot \boldsymbol{D} = \rho_V \tag{6-17}$$

式中，$\boldsymbol{D}$ 为电通密度矢量，ρ_V 为介质中的自由电荷体密度。麦克斯韦认为，高斯定律也适用于时变电场，唯一不同是 $\boldsymbol{D}$ 和 ρ_V 都是时变场量。

由于磁力线永远是闭合线，恒定电流磁场的高斯定律仍然适用于时变磁场，因此，可写出时变磁场 $\boldsymbol{B}$ 的通量和散度方程为

$$\oiint_{(S)} \boldsymbol{B} \cdot \mathrm{d}\boldsymbol{S} = 0 \tag{6-18}$$

$$\nabla \cdot \boldsymbol{B} = 0 \tag{6-19}$$

6.2　时变电磁场的基本方程——麦克斯韦方程组和物质方程

6.1 节讨论了时变电磁场的环量和旋度，并给出了时变电磁场的通量和散度，这些方程是 1864 年 12 月麦克斯韦(见图 6-6)在《电磁场的动力学理论》这本著作中提出的完整描述电磁场的方程组——麦克斯韦方程组。该方程组既适用于时变电磁场，也适用于静态场，是研究宏观电磁现象和现代工程电磁问题的理论基础。

图 6-6　英国物理学家、数学家麦克斯韦(1831—1879)

为了便于记忆，把这些方程重新分列如下：

(1) 积分形式：

$$\oint_{(l)} \boldsymbol{H} \cdot \mathrm{d}\boldsymbol{l} = \iint_{(S)} \left(\boldsymbol{J}_V + \frac{\partial \boldsymbol{D}}{\partial t}\right) \cdot \mathrm{d}\boldsymbol{S} \tag{6-20}$$

$$\oint_{(l)} \boldsymbol{E} \cdot \mathrm{d}\boldsymbol{l} = -\iint_{(S)} \frac{\partial \boldsymbol{B}}{\partial t} \cdot \mathrm{d}\boldsymbol{S} \tag{6-21}$$

$$\oiint_{(S)} \boldsymbol{B} \cdot \mathrm{d}\boldsymbol{S} = 0 \tag{6-22}$$

$$\oiint_{(S)} \boldsymbol{D} \cdot \mathrm{d}\boldsymbol{S} = \iiint_{(V)} \rho_V \mathrm{d}V \tag{6-23}$$

(2) 微分形式：

$$\nabla \times \boldsymbol{H} = \boldsymbol{J}_V + \frac{\partial \boldsymbol{D}}{\partial t} \tag{6-24}$$

$$\nabla \times \boldsymbol{E} = -\frac{\partial \boldsymbol{B}}{\partial t} \tag{6-25}$$

$$\nabla \cdot \boldsymbol{B} = 0 \tag{6-26}$$

$$\nabla \cdot \boldsymbol{D} = \rho_V \tag{6-27}$$

这些方程统一称为麦克斯韦方程组的非限定形式，适用于任意介质。

在求解麦克斯韦方程时，还应该涉及反映介质特性的关系，这些关系称为物质方程或本构关系。在线性、各向同性的均匀介质中，表示电磁场量之间关系的方程为

$$\boldsymbol{D} = \varepsilon \boldsymbol{E} \tag{6-28}$$

$$\boldsymbol{J}_V = \sigma \boldsymbol{E} \tag{6-29}$$

$$\boldsymbol{B} = \mu \boldsymbol{H} \tag{6-30}$$

所谓线性介质，是指其参数与电磁场强度大小无关的介质；均匀介质是介质参数与空间位置无关的介质；各向同性介质是介质参数与矢量场方向无关的介质。如果介质参数与场量的频率无关，则称为无色散介质，否则称为色散介质。

如果将式(6-28)～式(6-30)代入麦克斯韦方程，则得到仅用 $\boldsymbol{E}$ 和 $\boldsymbol{H}$ 表达的方程形式：

$$\nabla\times\boldsymbol{H}=\boldsymbol{J}_V+\varepsilon\frac{\partial\boldsymbol{E}}{\partial t}\tag{6-31}$$

$$\nabla\times\boldsymbol{E}=-\mu\frac{\partial\boldsymbol{H}}{\partial t}\tag{6-32}$$

$$\nabla\cdot\boldsymbol{H}=0\tag{6-33}$$

$$\nabla\cdot\boldsymbol{E}=\frac{\rho_V}{\varepsilon}\tag{6-34}$$

这四个方程称为麦克斯韦方程的限定形式。如果场源$\boldsymbol{J}_V$和ρ_V给定，就可以求解特定介质中$\boldsymbol{E}$和$\boldsymbol{H}$两个矢量场的分布。

6.3 介质分界面上的边界条件

和静态场一样，场中存在多种介质时，时变电磁场在两种介质分界面上也必须满足边界条件，这些边界条件可用时变电磁场环量和通量积分方程导出，结果与静态场的边界条件相同。下面直接给出结果，证明参见2.7节、4.4节和5.9节的推导。

6.3.1 介质分界面上的边界条件

假设介质1和介质2的参数分别为ε_1、μ_1、σ_1和ε_2、μ_2、σ_2，场矢量分别为$\boldsymbol{E}_1$、$\boldsymbol{D}_1$、$\boldsymbol{H}_1$、$\boldsymbol{B}_1$、$\boldsymbol{J}_{V1}$和$\boldsymbol{E}_2$、$\boldsymbol{D}_2$、$\boldsymbol{H}_2$、$\boldsymbol{B}_2$、$\boldsymbol{J}_{V2}$，时变电磁场在介质分界面上满足的边界条件如下：

（1）矢量形式：

$$\boldsymbol{n}\times(\boldsymbol{E}_1-\boldsymbol{E}_2)=0\tag{6-35}$$

$$\boldsymbol{n}\times(\boldsymbol{H}_1-\boldsymbol{H}_2)=\boldsymbol{J}_S\tag{6-36}$$

$$\boldsymbol{n}\times\left(\frac{\boldsymbol{J}_{V1}}{\sigma_1}-\frac{\boldsymbol{J}_{V2}}{\sigma_2}\right)=0\tag{6-37}$$

$$\boldsymbol{n}\cdot(\boldsymbol{D}_1-\boldsymbol{D}_2)=\rho_S\tag{6-38}$$

$$\boldsymbol{n}\cdot(\boldsymbol{B}_1-\boldsymbol{B}_2)=0\tag{6-39}$$

$$\boldsymbol{n}\cdot(\boldsymbol{J}_{V1}-\boldsymbol{J}_{V2})=-\frac{\partial\rho_S}{\partial t}\tag{6-40}$$

（2）标量形式：

$$E_{1\mathrm{t}}=E_{2\mathrm{t}}\tag{6-41}$$

$$H_{1\mathrm{t}}-H_{2\mathrm{t}}=J_S\tag{6-42}$$

$$\frac{J_{V1\mathrm{t}}}{\sigma_1}=\frac{J_{V2\mathrm{t}}}{\sigma_2}\tag{6-43}$$

$$D_{1\mathrm{n}}-D_{2\mathrm{n}}=\rho_S\tag{6-44}$$

$$B_{1\mathrm{n}}=B_{2\mathrm{n}}\tag{6-45}$$

$$J_{V1\mathrm{n}}-J_{V2\mathrm{n}}=-\frac{\partial\rho_S}{\partial t}\tag{6-46}$$

式中，下标t表示分界面的切向分量，下标n表示分界面的法向分量；ρ_S和J_S分别表示分界面上的自由电荷面密度和传导电流面密度；$\boldsymbol{n}$表示介质分界面上的单位矢量，并取$\boldsymbol{n}$的方向由介质2指向介质1。

6.3.2　理想介质分界面上的边界条件

理想介质的电导率 $\sigma=0$，其分界面不存在自由面电荷和面传导电流的情况下，上述介质分界面上的边界条件可简化为

$$\boldsymbol{n}\times(\boldsymbol{E}_1-\boldsymbol{E}_2)=0 \tag{6-47}$$

$$\boldsymbol{n}\times(\boldsymbol{H}_1-\boldsymbol{H}_2)=0 \tag{6-48}$$

$$\boldsymbol{n}\cdot(\boldsymbol{D}_1-\boldsymbol{D}_2)=0 \tag{6-49}$$

$$\boldsymbol{n}\cdot(\boldsymbol{B}_1-\boldsymbol{B}_2)=0 \tag{6-50}$$

6.3.3　理想导体分界面上的边界条件

如果介质 1 为理想介质，介质 2 为理想导体，即 $\sigma_1=0$，$\sigma_2\to\infty$，如图 6-7 所示，则在理想导体中，根据欧姆定律的微分形式和麦克斯韦方程中时变电场的旋度方程知

$$\boldsymbol{E}_2=0,\quad \boldsymbol{B}_2=0 \tag{6-51}$$

代入边界条件(6-35)至(6-39)有

$$\boldsymbol{n}\times\boldsymbol{E}_1=0 \tag{6-52}$$

$$\boldsymbol{n}\times\boldsymbol{H}_1=\boldsymbol{J}_S \tag{6-53}$$

$$\boldsymbol{n}\cdot\boldsymbol{D}_1=\rho_S \tag{6-54}$$

$$\boldsymbol{n}\cdot\boldsymbol{B}_1=0 \tag{6-55}$$

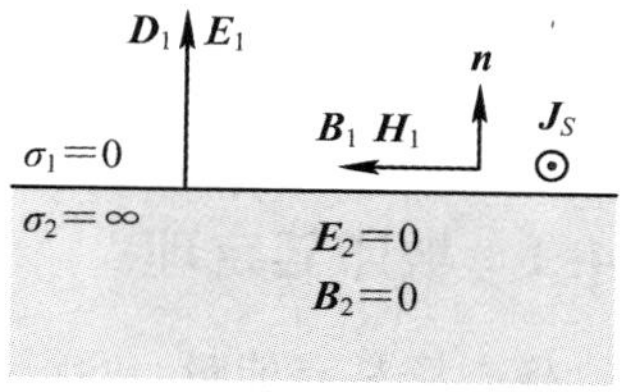

图 6-7　理想导体与理想介质分界面

对于时变电磁场，在理想导体与理想介质分界面上，电场总是与导体表面相垂直，而磁场总是与导体表面相切。导体内部既没有电场，也没有磁场。理想导体表面面电流的方向与磁场垂直。

实际上，理想导体是不存在的，但在良导体和空气的分界面上，可近似用理想导体和理想介质的边界条件处理，使问题得到简化。

【例 6.3】　如图 6-8 所示，在两无限大理想导体平板之间($0\leqslant x\leqslant a$)存在时变电磁场为

$$\begin{cases} E_y=H_0\mu\omega\left(\dfrac{a}{\pi}\right)\sin\left(\dfrac{\pi x}{a}\right)\sin(\omega t-kz) \\ H_x=H_0k\left(\dfrac{a}{\pi}\right)\sin\left(\dfrac{\pi x}{a}\right)\sin(\omega t-kz) \\ H_z=H_0\cos\left(\dfrac{\pi x}{a}\right)\cos(\omega t-kz) \end{cases}$$

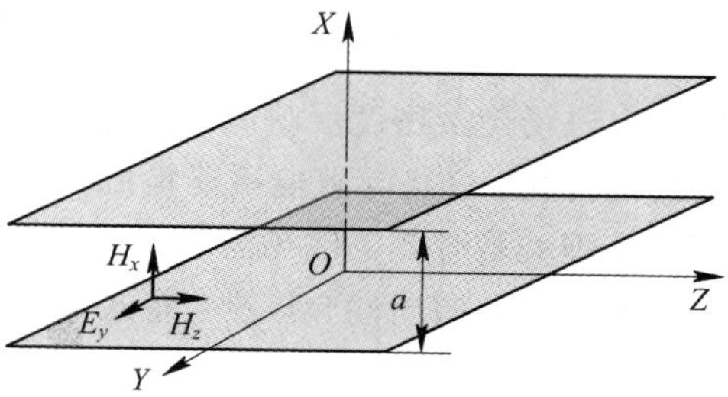

图 6-8　例 6.3 图

判断电磁场是否满足边界条件，若满足，试求导电壁上的电流密度值。

解　对于 $x=0$ 的导体表面，由给定场分量的表达式知，切向分量为

$$E_y\big|_{x=0}=0,\ H_z\big|_{x=0}=H_0\cos(\omega t-kz)$$

法向分量为

$$H_x\big|_{x=0}=0$$

对于 $x=a$ 的导体表面，切向分量为

$$E_y\big|_{x=a}=0,\ H_z\big|_{x=a}=-H_0\cos(\omega t-kz)$$

法向分量为

$$H_x\big|_{x=a} = 0$$

在理想导体表面，电场的切向分量为零，磁场的法向分量为零，显然满足理想导体边界条件。

对于 $x=0$ 的导体表面，其法向单位矢量为 $\boldsymbol{n}=\boldsymbol{e}_x$，根据边界条件式(6-53)可知，导体表面的电流密度为

$$\boldsymbol{J}_S = \boldsymbol{n}\times\boldsymbol{H}\big|_{x=0} = \boldsymbol{e}_x\times[H_x\boldsymbol{e}_x + H_z\boldsymbol{e}_z]\big|_{x=0} = -\boldsymbol{e}_y H_0\cos(\omega t - kz)$$

对于 $x=a$ 的导体表面，其法向单位矢量为 $\boldsymbol{n}=-\boldsymbol{e}_x$，导体表面的电流密度为

$$\boldsymbol{J}_S = \boldsymbol{n}\times\boldsymbol{H}\big|_{x=a} = -\boldsymbol{e}_x\times[H_x\boldsymbol{e}_x + H_z\boldsymbol{e}_z]\big|_{x=a} = -\boldsymbol{e}_y H_0\cos(\omega t - kz)$$

显然，两导体表面的电流密度矢量方向相同。

6.4 坡印廷定理和坡印廷矢量

6.4.1 坡印廷定理

静态场具有能量，同样时变场也具有能量。静电场和恒定电流磁场的能量密度反映了能量在空间的分布。由式(2-134)可知静电场中的能量密度为

$$w_e = \frac{1}{2}\boldsymbol{D}\cdot\boldsymbol{E} = \frac{1}{2}\varepsilon E^2(\boldsymbol{r}) \tag{6-56}$$

由式(5-148)可知恒定电流磁场中的能量密度为

$$w_m = \frac{1}{2}\boldsymbol{B}\cdot\boldsymbol{H} = \frac{1}{2}\mu H^2(\boldsymbol{r}) \tag{6-57}$$

式(6-56)和式(6-57)不仅适用于静态场，也适用于时变场。时变电磁场中的能量密度是电场能量密度与磁场能量密度之和，即

$$w = w_e + w_m = \frac{1}{2}\boldsymbol{D}\cdot\boldsymbol{E} + \frac{1}{2}\boldsymbol{B}\cdot\boldsymbol{H} = \frac{1}{2}\varepsilon E^2(\boldsymbol{r};t) + \frac{1}{2}\mu H^2(\boldsymbol{r};t) \tag{6-58}$$

时变电磁场能量密度反映的也是能量的空间分布，即能量密度是空间坐标点的函数，而且随时间变化，这将导致电磁能量流动。在此过程中，电磁场能量必须遵守能量守恒定律，坡印廷定理就是时变电磁场能量守恒的定量描述。

在线性各向同性介质中，将式(6-24)和式(6-25)代入矢量恒等式：

$$\nabla\cdot(\boldsymbol{E}\times\boldsymbol{H}) = \boldsymbol{H}\cdot\nabla\times\boldsymbol{E} - \boldsymbol{E}\cdot\nabla\times\boldsymbol{H} \tag{6-59}$$

有

$$\nabla\cdot(\boldsymbol{E}\times\boldsymbol{H}) = -\mu\boldsymbol{H}\cdot\frac{\partial\boldsymbol{H}}{\partial t} - \boldsymbol{E}\cdot\boldsymbol{J}_V - \varepsilon\boldsymbol{E}\cdot\frac{\partial\boldsymbol{E}}{\partial t}$$

由于

$$\mu\boldsymbol{H}\cdot\frac{\partial\boldsymbol{H}}{\partial t} = \frac{\partial}{\partial t}\left(\frac{1}{2}\mu H^2\right) = \frac{\partial}{\partial t}(w_m)$$

$$\varepsilon\boldsymbol{E}\cdot\frac{\partial\boldsymbol{E}}{\partial t} = \frac{\partial}{\partial t}\left(\frac{1}{2}\varepsilon E^2\right) = \frac{\partial}{\partial t}(w_e)$$

则有

$$\nabla\cdot(\boldsymbol{E}\times\boldsymbol{H})=-\frac{\partial}{\partial t}(w_{\mathrm{e}}+w_{\mathrm{m}})-\boldsymbol{E}\cdot\boldsymbol{J}_V=-\frac{\partial w}{\partial t}-\boldsymbol{E}\cdot\boldsymbol{J}_V$$

在空间任取一体积 V，求积分并应用散度定理，有

$$\oint\!\!\!\oint_{(S)}(\boldsymbol{E}\times\boldsymbol{H})\cdot\mathrm{d}\boldsymbol{S}=-\frac{\partial}{\partial t}\iiint_{(V)}w\mathrm{d}V-\iiint_{(V)}\boldsymbol{E}\cdot\boldsymbol{J}_V\mathrm{d}V$$

或者

$$-\frac{\partial}{\partial t}\iiint_{(V)}w\mathrm{d}V=\iiint_{(V)}\boldsymbol{E}\cdot\boldsymbol{J}_V\mathrm{d}V+\oint\!\!\!\oint_{(S)}(\boldsymbol{E}\times\boldsymbol{H})\cdot\mathrm{d}\boldsymbol{S}\qquad(6-60)$$

式(6-60)就是坡印廷定理。该式表明，单位时间内体积 V 中电磁场能量的减少量等于单位时间内体积 V 中损耗的能量与单位时间内穿出体积 V（即 S 面）的能量之和。

6.4.2　坡印廷矢量

根据式(6-60)，定义

$$\boldsymbol{S}=\boldsymbol{E}\times\boldsymbol{H}\qquad(6-61)$$

为坡印廷矢量，单位为 $\mathrm{W/m^2}$（瓦/米^2）。由式(6-60)可知，$\boldsymbol{S}$ 表示的是单位时间内通过垂直于能量流动方向单位面积上的能量，因而也称为能流密度矢量或功率密度矢量。坡印廷矢量 $\boldsymbol{S}$ 与电场 $\boldsymbol{E}$ 和磁场 $\boldsymbol{H}$ 符合右手螺旋关系，$\boldsymbol{S}$ 的方向就是电磁能量传输（流动）的方向。

当已知 $\boldsymbol{E}$ 和 $\boldsymbol{H}$ 时，欲求穿出某闭合面的电磁功率，则只需求面积分

$$\oint\!\!\!\oint_{(S)}\boldsymbol{S}\cdot\mathrm{d}\boldsymbol{S}=\oint\!\!\!\oint_{(S)}(\boldsymbol{E}\times\boldsymbol{H})\cdot\mathrm{d}\boldsymbol{S}\qquad(6-62)$$

即可。如果求穿进某闭合面的电磁功率，可求积分

$$-\oint\!\!\!\oint_{(S)}\boldsymbol{S}\cdot\mathrm{d}\boldsymbol{S}=-\oint\!\!\!\oint_{(S)}(\boldsymbol{E}\times\boldsymbol{H})\cdot\mathrm{d}\boldsymbol{S}\qquad(6-63)$$

如果 $\boldsymbol{E}$ 和 $\boldsymbol{H}$ 都是随时间变化的时谐周期函数，则 $\boldsymbol{S}$ 也是时谐函数，在一个周期内求平均，得到坡印廷矢量的平均值即平均能流密度为

$$\boldsymbol{S}_{\mathrm{av}}=\frac{1}{T}\int_0^T\boldsymbol{S}(\boldsymbol{r};t)\mathrm{d}t\qquad(6-64)$$

【例 6.4】　半径为 a 的导线通电流 I_z，导线单位长度的电阻为 R，试用坡印廷矢量计算导线单位长度的损耗功率。

解　导线单位长度的电位差为

$$u_z=I_zR$$

根据电位差的定义，导线任意两点间的电位差为

$$U_z=E_zl$$

由此可得，导线内的恒定电场为

$$E_z=\frac{U_z}{l}=u_z=I_zR$$

由于磁场具有柱对称性，因此选择柱坐标系，如图 6-9 所示。由安培环路定律，可得导线表面的磁场强度为

$$H_\varphi=\frac{I_z}{2\pi a}$$

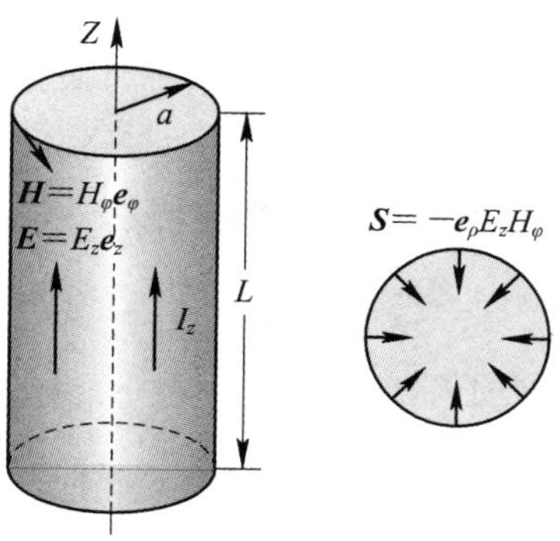

图 6-9　例 6.4 图

于是，可得坡印廷矢量

$$\boldsymbol{S}=E_z\boldsymbol{e}_z\times\boldsymbol{e}_\varphi H_\varphi=-\boldsymbol{e}_\rho\frac{I_z^2R}{2\pi a}$$

该能流密度矢量垂直穿过导线外表面流入导体内部，引起导线传输中的热损耗，而不是传向负载。因此，长度为 L 的导线损耗功率为

$$\begin{aligned}P&=-\oint\!\!\!\!\oint_{(S)}\boldsymbol{S}\cdot\mathrm{d}\boldsymbol{S}=-\left[\iint_{(S_{上底})}\boldsymbol{S}\cdot\mathrm{d}\boldsymbol{S}+\iint_{(S_{下底})}\boldsymbol{S}\cdot\mathrm{d}\boldsymbol{S}+\iint_{(S_{侧})}\boldsymbol{S}\cdot\mathrm{d}\boldsymbol{S}\right]\\&=-\left[\iint_{(S_{上底})}-\frac{I_z^2R}{2\pi a}\boldsymbol{e}_\rho\cdot\boldsymbol{e}_z\mathrm{d}S+\iint_{(S_{下底})}-\frac{I_z^2R}{2\pi a}\boldsymbol{e}_\rho\cdot(-\boldsymbol{e}_z)\mathrm{d}S+\int_0^L\int_0^{2\pi}-\frac{I_z^2R}{2\pi a}\boldsymbol{e}_\rho\cdot\boldsymbol{e}_\rho a\,\mathrm{d}\varphi\mathrm{d}l\right]\\&=-\int_0^L\int_0^{2\pi}-\frac{I_z^2R}{2\pi a}\boldsymbol{e}_\rho\cdot\boldsymbol{e}_\rho a\,\mathrm{d}\varphi\mathrm{d}l=I_z^2RL\end{aligned}$$

则单位长度的损耗为

$$P'=\frac{P}{L}=I_z^2R$$

由此可见，由导线表面进入内部的功率等于导线内的焦耳热损耗功率。由于是静态场，因此电磁能量密度不随时间变化，这时式(6-60)左端项应为零，显然坡印廷定理成立。

6.5 波动方程

时变电磁场的理论基础是描述电磁场运动规律的三类典型波动方程：无源电介质中的波动方程、无源理想介质中的波动方程和有源理想介质中的非齐次波动方程。本节从限定形式的麦克斯韦方程组出发，建立这三类波动方程。有源理想介质中的非齐次波动方程直接求解很复杂，可引入位函数间接求解，使问题得以简化。因此，本节也建立位函数波动方程。

6.5.1 无源电介质中的齐次波动方程

在均匀、各向同性线性介质中，σ、ε 和 μ 为常数，无源区域的麦克斯韦方程为

$$\nabla\times\boldsymbol{H}=\sigma\boldsymbol{E}+\varepsilon\frac{\partial\boldsymbol{E}}{\partial t}\tag{6-65}$$

$$\nabla\times\boldsymbol{E}=-\mu\frac{\partial\boldsymbol{H}}{\partial t}\tag{6-66}$$

$$\nabla\cdot\boldsymbol{H}=0\tag{6-67}$$

$$\nabla\cdot\boldsymbol{E}=0\tag{6-68}$$

对式(6-65)两端取旋度，有

$$\nabla\times\nabla\times\boldsymbol{H}=\sigma\nabla\times\boldsymbol{E}+\varepsilon\nabla\times\frac{\partial\boldsymbol{E}}{\partial t}$$

利用矢量恒等式

$$\nabla\times\nabla\times\boldsymbol{F}=\nabla(\nabla\cdot\boldsymbol{F})-\nabla^2\boldsymbol{F}\tag{6-69}$$

有

$$\nabla(\nabla\cdot\boldsymbol{H})-\nabla^2\boldsymbol{H}=\sigma\nabla\times\boldsymbol{E}+\varepsilon\frac{\partial}{\partial t}\nabla\times\boldsymbol{E}\tag{6-70}$$

将式(6-66)和式(6-67)代入，得到磁场强度矢量的波动方程：

$$\nabla^2 \boldsymbol{H} - \mu\sigma \frac{\partial \boldsymbol{H}}{\partial t} - \mu\varepsilon \frac{\partial^2 \boldsymbol{H}}{\partial t^2} = 0 \tag{6-71}$$

同理可得电场波动方程：

$$\nabla^2 \boldsymbol{E} - \mu\sigma \frac{\partial \boldsymbol{E}}{\partial t} - \mu\varepsilon \frac{\partial^2 \boldsymbol{E}}{\partial t^2} = 0 \tag{6-72}$$

式(6-71)和式(6-72)就是无源电介质中的齐次波动方程。

6.5.2 无源理想介质中的齐次波动方程

在理想、均匀、各向同性线性介质中，ε 和 μ 为常数，而 $\sigma=0$，磁场和电场波动方程化为

$$\nabla^2 \boldsymbol{H} - \mu\varepsilon \frac{\partial^2 \boldsymbol{H}}{\partial t^2} = 0 \tag{6-73}$$

$$\nabla^2 \boldsymbol{E} - \mu\varepsilon \frac{\partial^2 \boldsymbol{E}}{\partial t^2} = 0 \tag{6-74}$$

式(6-73)和式(6-74)是齐次矢量波动方程，也称矢量赫姆霍兹方程，描述的是在无源空间中电磁波传播的规律。

6.5.3 有源理想介质中的非齐次波动方程

在无耗、均匀、各向同性线性介质中，$\sigma=0$，ε 和 μ 为常数，场源 $\boldsymbol{J}_V$ 和 ρ_V 已知。对麦克斯韦方程限定形式(6-31)两端取旋度有

$$\nabla \times \nabla \times \boldsymbol{H} = \nabla \times \boldsymbol{J}_V + \varepsilon \frac{\partial}{\partial t} \nabla \times \boldsymbol{E} = \nabla \times \boldsymbol{J}_V - \varepsilon\mu \frac{\partial^2 \boldsymbol{H}}{\partial t^2}$$

对式(6-32)两端取旋度，有

$$\nabla \times \nabla \times \boldsymbol{E} = -\mu \frac{\partial}{\partial t} \nabla \times \boldsymbol{H} = -\mu \frac{\partial \boldsymbol{J}_V}{\partial t} - \varepsilon\mu \frac{\partial^2 \boldsymbol{E}}{\partial t^2}$$

利用矢量恒等式(6-69)，并利用式(6-33)和式(6-34)，得到

$$\nabla^2 \boldsymbol{H} - \varepsilon\mu \frac{\partial^2 \boldsymbol{H}}{\partial t^2} = -\nabla \times \boldsymbol{J}_V \tag{6-75}$$

$$\nabla^2 \boldsymbol{E} - \varepsilon\mu \frac{\partial^2 \boldsymbol{E}}{\partial t^2} = \mu \frac{\partial \boldsymbol{J}_V}{\partial t} + \frac{1}{\varepsilon} \nabla \rho_V \tag{6-76}$$

方程(6-75)和(6-76)就是有源理想介质中的非齐次矢量波动方程。

6.5.4 位函数波动方程

为了简化求解波动方程(6-75)和(6-76)，可引入位函数。由于磁场 $\boldsymbol{B}$ 具有无散性，因此 $\boldsymbol{B}$ 可表为矢量 $\boldsymbol{A}$ 的旋度，即

$$\boldsymbol{B} = \nabla \times \boldsymbol{A} \tag{6-77}$$

式中，$\boldsymbol{A}$ 称为矢量磁位。将式(6-77)代入式(6-25)，得到

$$\nabla \times \left(\boldsymbol{E} + \frac{\partial \boldsymbol{A}}{\partial t}\right) = 0 \tag{6-78}$$

由于梯度的旋度恒为零，因此无旋场可表示为一标量函数 u 的负梯度：

$$-\nabla u = \boldsymbol{E} + \frac{\partial \boldsymbol{A}}{\partial t} \tag{6-79}$$

即

$$\boldsymbol{E} = -\nabla u - \frac{\partial \boldsymbol{A}}{\partial t} \tag{6-80}$$

式中，u 称为标量电位。时变场的情况下，矢量磁位和标量电位不仅是空间坐标的点函数，而且是时间的函数。引入位函数后，求解描述电磁场的六个场分量函数 B_x、B_y、B_z、E_x、E_y、E_z 缩减为求解四个位函数 A_x、A_y、A_z 和 u，除此之外，位函数满足的方程也更为简单。

将式(6－77)和式(6－80)代入麦克斯韦方程(6－31)，并利用式(6－30)有

$$\nabla \times \nabla \times \boldsymbol{A} = \mu \boldsymbol{J}_V + \mu \varepsilon \frac{\partial}{\partial t}\left(-\nabla u - \frac{\partial \boldsymbol{A}}{\partial t}\right)$$

利用矢量恒等式(6－69)，得

$$\nabla^2 \boldsymbol{A} - \mu \varepsilon \frac{\partial^2 \boldsymbol{A}}{\partial t^2} = -\mu \boldsymbol{J}_V + \nabla\left(\nabla \cdot \boldsymbol{A} + \mu \varepsilon \frac{\partial u}{\partial t}\right) \tag{6-81}$$

引入位函数 $\boldsymbol{A}$ 和 u 仅仅是为了数学上的方便。如果对 $\boldsymbol{A}$ 和 u 作如下变换：

$$\boldsymbol{A} \rightarrow \boldsymbol{A}' = \boldsymbol{A} + \nabla U \tag{6-82}$$

$$u \rightarrow u' = u - \frac{\partial U}{\partial t} \tag{6-83}$$

则变换后新的位函数 $\boldsymbol{A}'$ 和 u' 描述的场为

$$\boldsymbol{B}' = \nabla \times \boldsymbol{A}' = \nabla \times (\boldsymbol{A} + \nabla U) = \nabla \times \boldsymbol{A} = \boldsymbol{B} \tag{6-84}$$

$$\boldsymbol{E}' = -\nabla u' - \frac{\partial \boldsymbol{A}'}{\partial t} = -\nabla u - \frac{\partial \boldsymbol{A}}{\partial t} = \boldsymbol{E} \tag{6-85}$$

显然，变换后的场与原来的场相等，这种特性称为规范不变性，式(6－82)和式(6－83)称为规范变换。规范变换说明对于给定的场 $\boldsymbol{B}$ 和 $\boldsymbol{E}$，所用的位函数 $\boldsymbol{A}$ 和 u 并不是唯一确定的，这就为按需要选择位函数提供了可能性。常用的选择(也称规范条件)有如下两种：

$$\nabla \cdot \boldsymbol{A} + \mu \varepsilon \frac{\partial u}{\partial t} = 0 \tag{6-86}$$

$$\nabla \cdot \boldsymbol{A} = 0 \tag{6-87}$$

式(6－86)称为洛伦兹规范，式(6－87)称为库仑规范。

在洛伦兹规范条件下，方程(6－81)可化简为

$$\nabla^2 \boldsymbol{A} - \mu \varepsilon \frac{\partial^2 \boldsymbol{A}}{\partial t^2} = -\mu \boldsymbol{J}_V \tag{6-88}$$

利用式(6－28)，并将式(6－80)代入式(6－27)，有

$$\nabla \cdot \boldsymbol{D} = \varepsilon \nabla \cdot \boldsymbol{E} = \varepsilon \nabla \cdot \left(-\nabla u - \frac{\partial \boldsymbol{A}}{\partial t}\right) = -\varepsilon \nabla^2 u - \varepsilon \frac{\partial (\nabla \cdot \boldsymbol{A})}{\partial t} = \rho_V$$

利用洛伦兹规范可得

$$\nabla^2 u - \mu \varepsilon \frac{\partial^2 u}{\partial t^2} = -\frac{\rho_V}{\varepsilon} \tag{6-89}$$

式(6－88)和式(6－89)就是在洛仑兹条件下位函数 $\boldsymbol{A}$ 和 u 的波动方程，称为达朗贝尔方程。两个达朗贝尔方程相互独立，$\boldsymbol{A}$ 仅与电流密度 $\boldsymbol{J}_V$ 有关，而 u 仅与电荷密度 ρ_V 有关，且两个

位函数波动方程形式完全相同，从而使计算工作大为简化。这就是选择洛仑兹变换的重要原因。

6.6　时谐电磁场

波动方程(6-88)和(6-89)中，时变电磁场的源 $\boldsymbol{J}_V(\boldsymbol{r};t)$ 和 $\rho_V(\boldsymbol{r};t)$ 可以是时间的任意函数。但实际上，时变电磁场问题中最常见的是源随时间作正弦或余弦变化，因而空间任一点的电场强度和磁场强度也随时间作正弦或余弦变化，这类电磁场称为时谐电磁场。从傅里叶变换的角度看，任何时变场都可以分解为无穷多个谐波成分的叠加。因此，引用复数表示讨论时谐电磁场不仅是为了方便，而且具有重要的实际应用价值。

6.6.1　时谐量的复数表示

设电场强度 $\boldsymbol{E}$ 的每个分量都是时间 t 的余弦函数，用复数可表示为

$$E_x(\boldsymbol{r};t)=E_{x\text{m}}(\boldsymbol{r})\cos(\omega t+\varphi_x)=\text{Re}[E_{x\text{m}}(\boldsymbol{r})\text{e}^{\text{j}\varphi_x}\text{e}^{\text{j}\omega t}]=\text{Re}[\tilde{E}_{x\text{m}}\text{e}^{\text{j}\omega t}]$$

$$E_y(\boldsymbol{r};t)=E_{y\text{m}}(\boldsymbol{r})\cos(\omega t+\varphi_y)=\text{Re}[E_{y\text{m}}(\boldsymbol{r})\text{e}^{\text{j}\varphi_y}\text{e}^{\text{j}\omega t}]=\text{Re}[\tilde{E}_{y\text{m}}\text{e}^{\text{j}\omega t}]$$

$$E_z(\boldsymbol{r};t)=E_{z\text{m}}(\boldsymbol{r})\cos(\omega t+\varphi_z)=\text{Re}[E_{z\text{m}}(\boldsymbol{r})\text{e}^{\text{j}\varphi_z}\text{e}^{\text{j}\omega t}]=\text{Re}[\tilde{E}_{z\text{m}}\text{e}^{\text{j}\omega t}]$$

式中：

$$\tilde{E}_{x\text{m}}=E_{x\text{m}}\text{e}^{\text{j}\varphi_x},\ \tilde{E}_{y\text{m}}=E_{y\text{m}}\text{e}^{\text{j}\varphi_y},\ \tilde{E}_{z\text{m}}=E_{z\text{m}}\text{e}^{\text{j}\varphi_z}$$

称为复振幅。将上面各分量合成，有

$$\begin{aligned}\boldsymbol{E}(\boldsymbol{r};t)&=\text{Re}[\tilde{E}_{x\text{m}}\text{e}^{\text{j}\omega t}]\boldsymbol{e}_x+\text{Re}[\tilde{E}_{y\text{m}}\text{e}^{\text{j}\omega t}]\boldsymbol{e}_y+\text{Re}[\tilde{E}_{z\text{m}}\text{e}^{\text{j}\omega t}]\boldsymbol{e}_z\\&=\text{Re}[(\tilde{E}_{x\text{m}}\boldsymbol{e}_x+\tilde{E}_{y\text{m}}\boldsymbol{e}_y+\tilde{E}_{z\text{m}}\boldsymbol{e}_z)\text{e}^{\text{j}\omega t}]\end{aligned}$$

令

$$\tilde{\boldsymbol{E}}=\tilde{E}_{x\text{m}}\boldsymbol{e}_x+\tilde{E}_{y\text{m}}\boldsymbol{e}_y+\tilde{E}_{z\text{m}}\boldsymbol{e}_z$$

则

$$\boldsymbol{E}(\boldsymbol{r};t)=\text{Re}[\tilde{\boldsymbol{E}}\text{e}^{\text{j}\omega t}]\tag{6-90}$$

式中，$\tilde{\boldsymbol{E}}$ 称为 $\boldsymbol{E}(\boldsymbol{r};t)$ 的复振幅矢量，仅是空间坐标 $\boldsymbol{r}$ 的函数，而与时间变量 t 无关。Re[　] 表示取实部。如果场量是时间 t 的正弦函数，在式(6-90)中应该取虚部，即 Im[　]。

对于其他时谐量，也可以写成复振幅的形式，有

$$\boldsymbol{D}(\boldsymbol{r};t)=\text{Re}[\tilde{\boldsymbol{D}}\text{e}^{\text{j}\omega t}]\tag{6-91}$$

$$\boldsymbol{H}(\boldsymbol{r};t)=\text{Re}[\tilde{\boldsymbol{H}}\text{e}^{\text{j}\omega t}]\tag{6-92}$$

$$\boldsymbol{B}(\boldsymbol{r};t)=\text{Re}[\tilde{\boldsymbol{B}}\text{e}^{\text{j}\omega t}]\tag{6-93}$$

$$\boldsymbol{J}_V(\boldsymbol{r};t)=\text{Re}[\tilde{\boldsymbol{J}}_V\text{e}^{\text{j}\omega t}]\tag{6-94}$$

$$\rho_V(\boldsymbol{r};t)=\text{Re}[\tilde{\rho}_V\text{e}^{\text{j}\omega t}]\tag{6-95}$$

由此可见，只要把已知时谐量的复振幅与时间因子 $\text{e}^{\text{j}\omega t}$ 相乘并取实部就可得到该量的瞬时

值表达式。

6.6.2 麦克斯韦方程组的复数形式

将相关时谐量的复数表达式(6－90)～式(6－95)代入时域形式的麦克斯韦方程组式(6－31)～式(6－34)，便得到麦克斯韦方程组的复数形式：

$$\nabla\times\tilde{\boldsymbol{H}}=\tilde{\boldsymbol{J}}_V+\mathrm{j}\omega\tilde{\boldsymbol{D}} \tag{6-96}$$

$$\nabla\times\tilde{\boldsymbol{E}}=-\mathrm{j}\omega\tilde{\boldsymbol{B}} \tag{6-97}$$

$$\nabla\cdot\tilde{\boldsymbol{B}}=0 \tag{6-98}$$

$$\nabla\cdot\tilde{\boldsymbol{D}}=\tilde{\rho}_V \tag{6-99}$$

电流连续性方程的复数形式为

$$\nabla\cdot\tilde{\boldsymbol{J}}_V=-\mathrm{j}\omega\tilde{\rho}_V \tag{6-100}$$

6.6.3 复数形式的物质方程与边界条件

在线性各向同性介质中，物质方程的复数形式为

$$\tilde{\boldsymbol{D}}=\varepsilon\tilde{\boldsymbol{E}} \tag{6-101}$$

$$\tilde{\boldsymbol{J}}_V=\sigma\tilde{\boldsymbol{E}} \tag{6-102}$$

$$\tilde{\boldsymbol{B}}=\mu\tilde{\boldsymbol{H}} \tag{6-103}$$

边界条件的复数形式与瞬时形式相同，则有

$$\boldsymbol{n}\times(\tilde{\boldsymbol{E}}_1-\tilde{\boldsymbol{E}}_2)=0 \tag{6-104}$$

$$\boldsymbol{n}\times(\tilde{\boldsymbol{H}}_1-\tilde{\boldsymbol{H}}_2)=\tilde{\boldsymbol{J}}_S \tag{6-105}$$

$$\boldsymbol{n}\times\left(\frac{\tilde{\boldsymbol{J}}_{V1}}{\sigma_1}-\frac{\tilde{\boldsymbol{J}}_{V2}}{\sigma_2}\right)=0 \tag{6-106}$$

$$\boldsymbol{n}\cdot(\tilde{\boldsymbol{D}}_1-\tilde{\boldsymbol{D}}_2)=\tilde{\rho}_S \tag{6-107}$$

$$\boldsymbol{n}\cdot(\tilde{\boldsymbol{B}}_1-\tilde{\boldsymbol{B}}_2)=0 \tag{6-108}$$

$$\boldsymbol{n}\cdot(\tilde{\boldsymbol{J}}_{V1}-\tilde{\boldsymbol{J}}_{V2})=-\mathrm{j}\omega\tilde{\rho}_S \tag{6-109}$$

6.6.4 复坡印廷矢量和平均坡印廷矢量

坡印廷矢量式(6－61)代表瞬时电磁能流密度。对于时谐场，电场和磁场都是时间的周期函数，研究在一个周期内的平均能流密度更有实际意义。

由于

$$\boldsymbol{E}(t)=\mathrm{Re}[\tilde{\boldsymbol{E}}\mathrm{e}^{\mathrm{j}\omega t}]=\frac{1}{2}(\tilde{\boldsymbol{E}}\mathrm{e}^{\mathrm{j}\omega t}+\tilde{\boldsymbol{E}}^*\mathrm{e}^{-\mathrm{j}\omega t}) \tag{6-110}$$

$$\boldsymbol{H}(t)=\mathrm{Re}[\tilde{\boldsymbol{H}}\mathrm{e}^{\mathrm{j}\omega t}]=\frac{1}{2}(\tilde{\boldsymbol{H}}\mathrm{e}^{\mathrm{j}\omega t}+\tilde{\boldsymbol{H}}^*\mathrm{e}^{-\mathrm{j}\omega t}) \tag{6-111}$$

将式(6－110)和式(6－111)代入式(6－61)，得到坡印廷矢量的瞬时值为

$$\boldsymbol{S}(t)=\boldsymbol{E}(t)\times\boldsymbol{H}(t)=\frac{1}{2}(\widetilde{\boldsymbol{E}}e^{j\omega t}+\widetilde{\boldsymbol{E}}^{*}e^{-j\omega t})\times\frac{1}{2}(\widetilde{\boldsymbol{H}}e^{j\omega t}+\widetilde{\boldsymbol{H}}^{*}e^{-j\omega t})$$

$$=\frac{1}{2}\mathrm{Re}[\widetilde{\boldsymbol{E}}\times\widetilde{\boldsymbol{H}}^{*}]+\frac{1}{2}\mathrm{Re}[\widetilde{\boldsymbol{E}}\times\widetilde{\boldsymbol{H}}e^{2j\omega t}] \tag{6-112}$$

定义

$$\widetilde{\boldsymbol{S}}=\frac{1}{2}\widetilde{\boldsymbol{E}}\times\widetilde{\boldsymbol{H}}^{*} \tag{6-113}$$

为复坡印廷矢量，代表复功率密度。根据定义式(6-64)，把式(6-112)代入式(6-64)，得到平均能流密度为

$$\boldsymbol{S}_{av}=\frac{1}{T}\int_{0}^{T}\boldsymbol{S}(t)\mathrm{d}t=\mathrm{Re}\left[\frac{1}{2}\widetilde{\boldsymbol{E}}\times\widetilde{\boldsymbol{H}}^{*}\right]=\mathrm{Re}[\widetilde{\boldsymbol{S}}] \tag{6-114}$$

显然，平均能流密度为复坡印廷矢量的实部，$\boldsymbol{S}_{av}$ 也称为平均坡印廷矢量。

6.6.5 平均电磁能量密度

将式(6-110)代入式(6-56)，并利用 $\widetilde{\boldsymbol{E}}\cdot\widetilde{\boldsymbol{E}}=|\widetilde{\boldsymbol{E}}|^{2}$，$\widetilde{\boldsymbol{E}}^{*}\cdot\widetilde{\boldsymbol{E}}^{*}=|\widetilde{\boldsymbol{E}}^{*}|^{2}=|\widetilde{\boldsymbol{E}}|^{2}$，得到电场瞬时能量密度为

$$w_{e}=\frac{1}{2}\varepsilon\boldsymbol{E}\cdot\boldsymbol{E}=\frac{1}{8}\varepsilon(\widetilde{\boldsymbol{E}}e^{j\omega t}+\widetilde{\boldsymbol{E}}^{*}e^{-j\omega t})\cdot(\widetilde{\boldsymbol{E}}e^{j\omega t}+\widetilde{\boldsymbol{E}}^{*}e^{-j\omega t})=\frac{1}{4}(\varepsilon\widetilde{\boldsymbol{E}}\cdot\widetilde{\boldsymbol{E}}^{*}+|\widetilde{\boldsymbol{E}}|^{2}\cos2\omega t) \tag{6-115}$$

与式(6-64)相同，在一个周期内求时间平均，得到平均电场能量密度为

$$w_{ave}=\frac{1}{T}\int_{0}^{T}w_{e}\mathrm{d}t=\frac{1}{4}\frac{1}{T}\int_{0}^{T}(\varepsilon\widetilde{\boldsymbol{E}}\cdot\widetilde{\boldsymbol{E}}^{*}+|\widetilde{\boldsymbol{E}}|^{2}\cos2\omega t)\mathrm{d}t=\frac{1}{4}\varepsilon\widetilde{\boldsymbol{E}}\cdot\widetilde{\boldsymbol{E}}^{*} \tag{6-116}$$

同理，可得平均磁场能量密度为

$$w_{avm}=\frac{1}{T}\int_{0}^{T}w_{m}\mathrm{d}t=\frac{1}{4}\frac{1}{T}\int_{0}^{T}(\mu\widetilde{\boldsymbol{H}}\cdot\widetilde{\boldsymbol{H}}^{*}+|\widetilde{\boldsymbol{H}}|^{2}\cos2\omega t)\mathrm{d}t=\frac{1}{4}\mu\widetilde{\boldsymbol{H}}\cdot\widetilde{\boldsymbol{H}}^{*} \tag{6-117}$$

将式(6-116)和式(6-117)相加，得到平均总电磁场能量密度为

$$w_{av}=w_{ave}+w_{avm}=\frac{1}{4}(\varepsilon\widetilde{\boldsymbol{E}}\cdot\widetilde{\boldsymbol{E}}^{*}+\mu\widetilde{\boldsymbol{H}}\cdot\widetilde{\boldsymbol{H}}^{*}) \tag{6-118}$$

6.6.6 复介电常数和复磁导率

在理想介质的情况下，介电常数 ε 和磁导率 μ 都是实数，表明电磁场在理想介质中传输的过程中没有能量损耗。然而，实际情况是介质有损耗，且损耗与电磁场的频率有关。当电磁场频率不很高时，其损耗可以忽略；当频率很高时，如在微波频段，许多介质由于能量损耗大而不能使用。比如，铁氧体在高频下其电损耗和磁损耗都不能忽略。

电介质产生的损耗解释为介质存在阻尼作用，使电极化强度矢量 $\boldsymbol{P}$ 的相位变化总是滞后于 $\boldsymbol{E}$。这种滞后作用可表示为

$$\boldsymbol{P}=\chi_{e}\varepsilon_{0}\boldsymbol{E}=\alpha e^{-j\varphi}\varepsilon_{0}\boldsymbol{E} \tag{6-119}$$

式中，α 是一个正的实常数，φ 为 $\boldsymbol{P}$ 滞后于 $\boldsymbol{E}$ 的相位，则电极化率为

$$\chi_{e}=\alpha e^{-j\varphi}=\alpha\cos\varphi-j\alpha\sin\varphi \tag{6-120}$$

由关系式(2-74)知，介质的介电常数为

$$\tilde{\varepsilon} = \varepsilon_0(1+\chi_e) = \varepsilon_0(1+\alpha\cos\varphi - \mathrm{j}\alpha\sin\varphi) = \varepsilon' - \mathrm{j}\varepsilon'' = |\tilde{\varepsilon}|\mathrm{e}^{-\mathrm{j}\delta_\varepsilon} \tag{6-121}$$

同理，磁介质的磁导率也是复数，可表为

$$\tilde{\mu} = \mu' - \mathrm{j}\mu'' = |\tilde{\mu}|\mathrm{e}^{-\mathrm{j}\delta_\mu} \tag{6-122}$$

式中，$\tilde{\varepsilon}$ 和 $\tilde{\mu}$ 分别称为复介电常数和复磁导率，δ_ε 和 δ_μ 称为损耗角，而

$$\tan\delta_\varepsilon = \frac{\varepsilon''}{\varepsilon'} \tag{6-123}$$

和

$$\tan\delta_\mu = \frac{\mu''}{\mu'} \tag{6-124}$$

称为损耗正切。

对于具有复介电常数的介质，假设介质电导率 σ 也不为零，由麦克斯韦方程(6-96)可得

$$\nabla\times\tilde{\boldsymbol{H}} = \tilde{\boldsymbol{J}}_V + \mathrm{j}\omega\tilde{\varepsilon}\tilde{\boldsymbol{E}} = \sigma\tilde{\boldsymbol{E}} + \mathrm{j}\omega(\varepsilon' - \mathrm{j}\varepsilon'')\tilde{\boldsymbol{E}} = \mathrm{j}\omega\left[\varepsilon' - \mathrm{j}\left(\varepsilon'' + \frac{\sigma}{\omega}\right)\right]\tilde{\boldsymbol{E}} = \mathrm{j}\omega\tilde{\varepsilon}_c\tilde{\boldsymbol{E}} \tag{6-125}$$

式中：

$$\tilde{\varepsilon}_c = \varepsilon' - \mathrm{j}\left(\varepsilon'' + \frac{\sigma}{\omega}\right) \tag{6-126}$$

称为等效复介电常数。式(6-125)表明，介电常数的虚部与电导率的作用相似，将引起能量损耗。

引入复介电常数和复磁导率后，有耗介质和理想介质的麦克斯韦方程组在形式上完全相同，因此，分析有耗介质和理想介质的电磁特性可以采用同样的方法，仅需用复介电常数和复磁导率代替理想介质情况下的介电常数和磁导率。

6.6.7 复矢量波动方程——矢量赫姆霍兹方程

将式(6-90)和式(6-92)代入式(6-73)和式(6-74)，得到

$$\nabla^2\tilde{\boldsymbol{E}} + k^2\tilde{\boldsymbol{E}} = 0 \tag{6-127}$$

$$\nabla^2\tilde{\boldsymbol{H}} + k^2\tilde{\boldsymbol{H}} = 0 \tag{6-128}$$

式中：

$$k = \omega\sqrt{\mu\varepsilon} \tag{6-129}$$

式(6-127)和式(6-128)就是时谐电磁场的复矢量 $\tilde{\boldsymbol{E}}$ 和 $\tilde{\boldsymbol{H}}$ 在无源理想介质中的复矢量波动方程，又称为无源理想介质中的齐次复矢量赫姆霍兹方程。

另外，将式(6-90)和式(6-92)代入式(6-72)和式(6-71)，可得

$$\nabla^2\tilde{\boldsymbol{E}} - \mathrm{j}\omega\mu\sigma\tilde{\boldsymbol{E}} + \omega^2\mu\varepsilon\tilde{\boldsymbol{E}} = \nabla^2\tilde{\boldsymbol{E}} + (\omega^2\mu\varepsilon - \mathrm{j}\omega\mu\sigma)\tilde{\boldsymbol{E}} = 0$$

$$\nabla^2\tilde{\boldsymbol{H}} - \mathrm{j}\omega\mu\sigma\tilde{\boldsymbol{H}} + \omega^2\mu\varepsilon\tilde{\boldsymbol{H}} = \nabla^2\tilde{\boldsymbol{H}} + (\omega^2\mu\varepsilon - \mathrm{j}\omega\mu\sigma)\tilde{\boldsymbol{H}} = 0$$

令

$$\tilde{k}_c = \omega\sqrt{\mu\left(\varepsilon - \mathrm{j}\frac{\sigma}{\omega}\right)} \tag{6-130}$$

则有

$$\nabla^2\tilde{\boldsymbol{E}}+\tilde{k}_c^2\tilde{\boldsymbol{E}}=0 \tag{6-131}$$

$$\nabla^2\tilde{\boldsymbol{H}}+\tilde{k}_c^2\tilde{\boldsymbol{H}}=0 \tag{6-132}$$

式(6-131)和式(6-132)就是**无源有耗介质中的齐次复矢量赫姆霍兹方程**。由此可以看出，有耗介质与无耗介质中的赫姆霍兹方程形式完全相同，使求解得以简化。

【例 6.5】 已知在真空中时变电磁场的电场矢量为

$$\boldsymbol{E}=\boldsymbol{e}_x E_{xm}\cos\left(\omega t-\frac{\omega}{c}z\right)$$

证明 $\boldsymbol{S}_{av}=\boldsymbol{e}_x w_{av} c$，其中 w_{av} 是电磁场能量密度的时间平均值，$c=1/\sqrt{\varepsilon_0\mu_0}$ 为电磁波在真空中的传播速度。

证 电场的复振幅矢量为

$$\tilde{\boldsymbol{E}}=\boldsymbol{e}_x E_{xm}\mathrm{e}^{-\mathrm{j}\frac{\omega}{c}z}$$

由麦克斯韦方程(6-97)式有

$$\nabla\times\tilde{\boldsymbol{E}}=-\mathrm{j}\omega\mu_0\tilde{\boldsymbol{H}}$$

得到磁场强度的复振幅矢量为

$$\tilde{\boldsymbol{H}}=\frac{\mathrm{j}}{\omega\mu_0}\nabla\times\tilde{\boldsymbol{E}}=\frac{\mathrm{j}}{\omega\mu_0}\boldsymbol{e}_z\times\boldsymbol{e}_x\frac{\partial}{\partial z}(E_{xm}\mathrm{e}^{-\mathrm{j}\frac{\omega}{c}z})=\boldsymbol{e}_y\sqrt{\frac{\varepsilon_0}{\mu_0}}E_{xm}\mathrm{e}^{-\mathrm{j}\frac{\omega}{c}z}$$

根据式(6-114)，得平均坡印廷矢量为

$$\boldsymbol{S}_{av}=\frac{1}{2}\mathrm{Re}[\tilde{\boldsymbol{E}}\times\tilde{\boldsymbol{H}}^*]=\boldsymbol{e}_z\frac{1}{2}\sqrt{\frac{\varepsilon_0}{\mu_0}}E_{xm}^2$$

由式(6-118)得平均总电磁场能量密度为

$$w_{av}=\frac{1}{4}(\varepsilon_0\tilde{\boldsymbol{E}}\cdot\tilde{\boldsymbol{E}}^*+\mu_0\tilde{\boldsymbol{H}}\cdot\tilde{\boldsymbol{H}}^*)=\frac{1}{2}\varepsilon_0 E_{xm}^2$$

又由于

$$\sqrt{\frac{\varepsilon_0}{\mu_0}}=\frac{\varepsilon_0}{\sqrt{\varepsilon_0\mu_0}}=\varepsilon_0 c$$

则有

$$\boldsymbol{S}_{av}=\boldsymbol{e}_z\frac{\varepsilon_0}{2}E_{xm}^2 c=\boldsymbol{e}_z w_{av} c$$

6.7 电磁波谱

6.7.1 波数、频率和波长

在无源区域，线性、均匀各向同性介质中电磁波传播满足方程(6-73)和(6-74)，令

$$v=\frac{1}{\sqrt{\mu\varepsilon}} \tag{6-133}$$

则有

$$\begin{cases}\nabla^2 \boldsymbol{E}-\dfrac{1}{v^2}\dfrac{\partial^2 \boldsymbol{E}}{\partial t^2}=0\\ \nabla^2 \boldsymbol{H}-\dfrac{1}{v^2}\dfrac{\partial^2 \boldsymbol{H}}{\partial t^2}=0\end{cases} \tag{6-134}$$

该式是**标准的波动微分方程**，式中 v 是电磁波在介质中的传播速度。如果电磁场以圆频率为 ω 的时谐形式传播，电磁波也满足赫姆霍兹方程(6-127)和(6-128)，那么 k 即为波数，也称空间圆频率。波速、圆频率和波数三者的关系由式(6-129)给出，即

$$k=\omega\sqrt{\mu\varepsilon}=\frac{\omega}{v} \tag{6-135}$$

描述波动特征的基本物理量——波数 k、波长 λ、圆频率 ω、周期 T 和频率 f 之间的关系为

$$k=\frac{2\pi}{\lambda}=2\pi\nu \tag{6-136}$$

$$\omega=\frac{2\pi}{T}=2\pi f \tag{6-137}$$

$$v=\lambda f \tag{6-138}$$

式中，ν 为空间频率。

6.7.2　电磁波谱

由赫兹实验开始，无线电波、红外线、可见光、紫外线、X 射线、γ 射线等都逐渐被统一在电磁波这个概念下，其共性是在真空中的传播速度为光速 $c=3.0\times10^8$ m/s。电磁波按波长或频率顺序排列就形成了电磁波谱。电磁波谱是人类的重要资源，现在人们已经能够充分将电磁波谱的各个波段应用于科学技术以及生产的很多领域。19 世纪以来，电子信息方面的重大发明，如无线电报、电话、广播、电视、雷达和遥感遥测等，都是电磁波的直接应用，这些应用极大地推动了社会的发展，并深刻地影响和改变着人们的生活。

表 6-1 列出了自然科学对电磁波的分类以及电磁波在电子学中使用的电磁波段的名称。

表 6-1　电 磁 波 谱

电磁波段	频率 f	波长 λ	性质及应用
长波	$10^1\sim10^4$ Hz	$3\times10^7\sim3\times10^4$ m	类静电磁场
无线电波	$10^4\sim10^{11}$ Hz	$3\times10^4\sim3\times10^{-3}$ m	波动性为主
红外	$10^{11}\sim4\times10^{14}$ Hz	$3\times10^{-3}\sim7\times10^{-7}$ m	有生理感受
可见光	$4\times10^{14}\sim7\times10^{14}$ Hz	$7\times10^{-7}\sim4\times10^{-7}$ m	波粒二象性
紫外	$7\times10^{14}\sim10^{17}$ Hz	$4\times10^{-7}\sim3\times10^{-10}$ m	有生理感受
X 射线	$10^{17}\sim10^{20}$ Hz	$3\times10^{-9}\sim3\times10^{-12}$ m	波粒二象性
γ射线	$10^{20}\sim10^{27}$ Hz	$3\times10^{-12}\sim3\times10^{-19}$ m	粒子性为主
音频	20 Hz～20 kHz	1500 km～15 km	声音频谱
视频	30 Hz～6 MHz	1000 km～50 m	图像频谱
射频	20 kHz～3 THz	15 km～100 μm	无线电波

续表

电磁波段	频率 f	波长 λ	性质及应用
小于 3 Hz	<3 Hz	$<10^8$ m	地球结构的电磁探测
极低频	3～30 Hz	$10^8\sim10^7$ m	隐蔽金属物体的探测
超低频	30～300 Hz	$10^7\sim10^6$ m	电离层探测、潜艇通信
特低频	300～3 kHz	$10^6\sim10^5$ m	电话机用音频信号
甚低频	3～30 kHz	$10^5\sim10^4$ m	导航及定位
低频	30～300 kHz	$10^4\sim10^3$ m	空中导航及天气预报
中频	300～3 MHz	$10^3\sim10^2$ m	AM 广播
高频	3～30 MHz	$10^2\sim10^1$ m	短波广播
甚高频	30～300 MHz	$10^1\sim10^0$ m	电视发射、FM 广播
特高频	300 MHz～3 GHz	$10^0\sim10^{-1}$ m	电视发射、雷达、射电
超高频	3～30 GHz	$10^{-1}\sim10^{-2}$ m	雷达、卫星通信系统
极高频	30～300 GHz	$10^{-2}\sim10^{-3}$ m	雷达、高级通信系统

表 6-1 第一部分是物理学对于电磁波谱的分类，从低频到高频共分为七个区域：长波、无线电波、红外、可见光、紫外、X 射线、γ 射线。第二部分是电子工程中常用的电磁波段的名称、频率和波长区间。音频本来指人耳能听见的声波频率区间，但在电子信息工程中经常把声波转换为电磁信号，转换过程中频率不变，因此在电磁波段也有这个频段。视频的定义来源不同，其定义是电视屏幕上连续的图像变化每秒超过 24 桢时，根据视觉暂留原理，人眼无法辨别单幅的静态画面，看上去是平滑连续的视觉效果，这样连续的画面叫作视频，最高频率在 5～6 MHz。射频(简称 RF)是电子工程中常用的名称，其实射频和无线电波的频率区间完全重合。第三部分是在通信领域应用最为广泛的无线电波频段更为细致的划分。射频电磁波在通信领域又可分为超长波、长波、中波、短波、微波，或者按频率划分为极低频(ELF)、甚低频(VLF)、低频(LF)、中频(MF)、高频(HF)、甚高频(VHF)、特高频(UHF)、超高频(SHF)、极高频(EHz)，其频率区间从赫(Hz)、千赫(kHz)、兆赫(MHz)、吉赫(GHz)到接近太赫(THz)。

无线电波频段的应用领域十分广泛。极低频(ELF)段的频率范围为 3～30 Hz，主要用于隐藏金属物体的探测。比 ELF 更低的频率，直至 0.1 Hz 的频率，用于地球结构的电磁探测。1 Hz～1 kHz 的频率，有时用于水下潜艇的通信以及对地球电离层的探测。甚高频(VHF)的频率范围为 3～30 kHz，用于潜艇通信以及导航系统的定位。低频(LF)的频率范围为 30～300 kHz，用于某些形式的通信以及定位系统。用于空中导航的某些无线电塔及天气预报，则运行在低频段频率较高的一端。中频(MF)段的频率范围为 300 kHz～3 MHz，该频段包含了 AM 广播频段。高频(HF)段为 3～30 MHz，由于电离层对其反射最强而吸收最小，因此长距离通信及长距离短波广播使用这个频段。甚高频(VHF)段的频率范围为 30～300 MHz，主要用于电视塔和 FM 电台，也用于飞机及其他交通工具的通信。特高频(UHF)段的范围为 300 MHz～3 GHz，除了部分频率用作电视发射及飞机、水面快艇的移动通信外，绝大部分频率都用于雷达。工作在这一频段的雷达主要用于飞机的探测和跟踪。本频段还有部分频率用于射电天文观测。许多点对点通信系统以及多种地面雷达、舰载机雷达运行在3～30 GHz的超高频(SHF)段，某些飞机导航系统也运行在这个频段。极高频段(EHF)的范围为30～300 GHz，大部分频率至今未被广泛使用，原因主要是：第一技术不成熟，第二大气层对其中的部分频率吸收特别严重。但在频段30～35 GHz、70～75 GHz、90～95 GHz、135～145 GHz，大气的吸收并不严重，某些高级的通信系统(如汽车防撞雷达、军用成像雷达系统等)就工作在这一频段。

习　题　6

6-1　试推导在线性、各向同性的非均匀无耗介质中的麦克斯韦方程组。

6-2　设$\boldsymbol{E}_1$、$\boldsymbol{B}_1$、$\boldsymbol{D}_1$和$\boldsymbol{H}_1$满足场源$\boldsymbol{J}_{V1}$和ρ_{V1}的麦克斯韦方程组，而$\boldsymbol{E}_2$、$\boldsymbol{B}_2$、$\boldsymbol{D}_2$和$\boldsymbol{H}_2$满足场源$\boldsymbol{J}_{V2}$和ρ_{V2}的麦克斯韦方程组，问当场源为$\boldsymbol{J}_V=\boldsymbol{J}_{V1}+\boldsymbol{J}_{V2}$和$\rho_V=\rho_{V1}+\rho_{V2}$时，什么样的电磁场才能满足麦克斯韦方程组，并加以证明。

6-3　设空气中半径为a的球形区域均匀充满着电荷，其体密度为ρ_V，求球内和球外的$\boldsymbol{D}$和$\boldsymbol{E}$，并求$\nabla\cdot\boldsymbol{D}$和$\nabla\times\boldsymbol{E}$。

6-4　证明在有源区域(体电荷密度为ρ_V，体电流密度为$\boldsymbol{J}_V$)的均匀无耗介质中，电场强度$\boldsymbol{E}$和磁场强度$\boldsymbol{H}$满足波动方程：

$$\begin{cases}\nabla^2\boldsymbol{E}-\mu\varepsilon\dfrac{\partial^2\boldsymbol{E}}{\partial t^2}=\mu\dfrac{\partial\boldsymbol{J}_V}{\partial t}+\nabla\left(\dfrac{\rho_V}{\varepsilon}\right)\\ \nabla^2\boldsymbol{H}-\mu\varepsilon\dfrac{\partial^2\boldsymbol{H}}{\partial t^2}=-\nabla\times\boldsymbol{J}_V\end{cases}$$

6-5　计算下列介质中的传导电流密度与位移电流密度在频率$f_1=1$ kHz和$f_2=1$ MHz时的比值。

(1) 铜：$\sigma=5.8\times10^7$ S/m，$\varepsilon_r=\varepsilon_0$；

(2) 蒸馏水：$\sigma=2.0\times10^{-4}$ S/m，$\varepsilon_r=80$；

(3) 聚苯乙烯：$\sigma=10^{-16}$ S/m，$\varepsilon_r=2.53$。

6-6　证明通过任意闭合曲面的传导电流和位移电流的总量为零。

6-7　电容器的极板面积为10 cm^2，板间间距为1 cm，中间填充的介电材料$\varepsilon=4\varepsilon_0$，两端电压为$u(t)=20\cos(2\pi\times10^6 t)$，求位移电流。

6-8　自由空间中的电磁场为

$$\begin{cases}\boldsymbol{E}(z;t)=1000\cos(\omega t-kz)\boldsymbol{e}_x\\ \boldsymbol{H}(z;t)=2.65\cos(\omega t-kz)\boldsymbol{e}_y\end{cases}$$

式中，$k=\omega\sqrt{\varepsilon_0\mu_0}=0.42$(rad/m)，试求：

(1) 瞬时坡印廷矢量；

(2) 平均坡印廷矢量；

(3) 任一时刻流入图T6-1所示的平行六面体中的净功率。

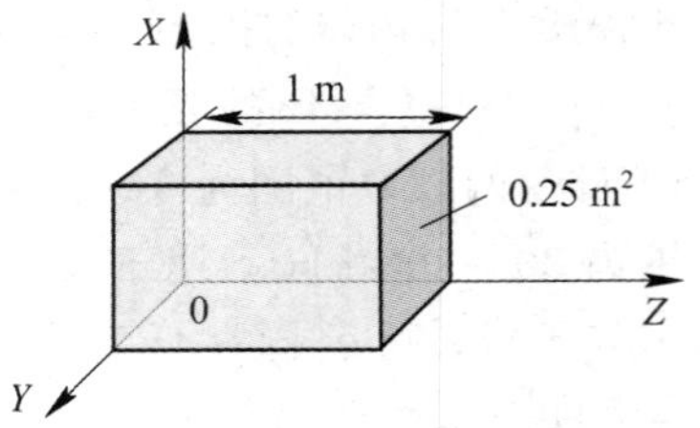

图 T6-1　习题 6-8 图

6-9　已知某电磁场的复振幅矢量为

$$\begin{cases}\widetilde{\boldsymbol{E}}(z)=\mathrm{j}E_0\sin(k_0z)\boldsymbol{e}_x\\ \widetilde{\boldsymbol{H}}(z)=\sqrt{\dfrac{\varepsilon_0}{\mu_0}}E_0\cos(k_0z)\boldsymbol{e}_y\end{cases}$$

式中，$k=2\pi/\lambda_0=\omega/c$，$c$ 为真空中的光速，λ_0 是波长。试求：

(1) $z=0$、$\lambda_0/8$、$\lambda_0/4$ 各点处的瞬时坡印廷矢量；

(2) 以上各点处的平均坡印廷矢量。

6－10　在球坐标系中，已知电磁场的瞬时值为

$$\begin{cases}\boldsymbol{E}(\boldsymbol{r};t)=\dfrac{E_0}{r}\sin\theta\sin(\omega t-k_0r)\boldsymbol{e}_\theta\\ \boldsymbol{H}(\boldsymbol{r};t)=\dfrac{E_0}{\eta_0r}\sin\theta\sin(\omega t-k_0r)\boldsymbol{e}_\varphi\end{cases}$$

式中，E_0 为常数，$\eta_0=\sqrt{\mu_0/\varepsilon_0}$，$k_0=\omega\sqrt{\varepsilon_0\mu_0}$。试计算通过以坐标原点为球心、$r_0$ 为半径的球面 S 的总功率。

6－11　已知真空中有两个沿 Z 方向传播的电磁波，电场复振幅矢量为

$$\boldsymbol{E}_1=E_{01}\mathrm{e}^{-\mathrm{j}kz}\boldsymbol{e}_x,\quad \boldsymbol{E}_2=E_{02}\mathrm{e}^{-\mathrm{j}(kz-\phi)}\boldsymbol{e}_y$$

其中，ϕ 为常数，$k_0=\omega\sqrt{\varepsilon_0\mu_0}$。证明总的平均坡印廷矢量等于两个波的平均坡印廷矢量之和。

6－12　根据电流连续性方程，证明当界面上不存在自由面电流时，界面两侧电流连续性条件为

$$\boldsymbol{n}\cdot(\boldsymbol{J}_{V1}-\boldsymbol{J}_{V2})=-\frac{\partial\rho_S}{\partial t}\quad 或者\quad \boldsymbol{n}\cdot\left(\boldsymbol{J}_{V1}+\frac{\partial\boldsymbol{D}_1}{\partial t}\right)=\boldsymbol{n}\cdot\left(\boldsymbol{J}_{V2}+\frac{\partial\boldsymbol{D}_2}{\partial t}\right)$$

式中，$\boldsymbol{J}_{V1}$、$\boldsymbol{J}_{V2}$、$\boldsymbol{D}_1$ 和 $\boldsymbol{D}_2$ 分别为界面两侧的体电流密度矢量和电通密度矢量，ρ_S 为分界面上的自由面电荷密度。

6－13　证明在无源空间中，下列矢量函数满足波动方程：

$$\nabla^2\boldsymbol{E}-\frac{1}{c^2}\frac{\partial^2\boldsymbol{E}}{\partial t^2}=0$$

(1) $\boldsymbol{E}=E_0\cos\left(\omega t-\dfrac{\omega}{c}z\right)\boldsymbol{e}_x$；

(2) $\boldsymbol{E}=E_0\sin\left(\dfrac{\omega}{c}z\right)\cos(\omega t)\boldsymbol{e}_x$；

(3) $\boldsymbol{E}=E_0\cos\left(\omega t+\dfrac{\omega}{c}z\right)\boldsymbol{e}_y$。

(式中 $c=1/\sqrt{\mu_0\varepsilon_0}$，$E_0$ 为常数)

6－14　证明在线性、均匀、各向同性的无源导电区域，时谐电磁场满足下列方程：

$$\begin{cases}\nabla^2\widetilde{\boldsymbol{E}}+(\omega^2\mu\varepsilon-\mathrm{j}\omega\mu\sigma)\widetilde{\boldsymbol{E}}=0\\ \nabla^2\widetilde{\boldsymbol{H}}+(\omega^2\mu\varepsilon-\mathrm{j}\omega\mu\sigma)\widetilde{\boldsymbol{H}}=0\end{cases}$$

第7章 无界空间电磁波的传播

在时变情况下，时变电场和时变磁场相互激发，在空间形成电磁波。本章从时谐电磁场的波动方程出发，在无源、均匀、无界空间中求解电磁场波动方程，并对平面电磁波解在理想介质内、有耗介质内和良导体内的传播特性进行讨论。此外还将讨论电磁波的极化特性，以及标量平面光波、标量柱面光波和标量球面光波。

7.1 理想介质中的矢量平面电磁波

7.1.1 矢量赫姆霍兹方程的平面波解

在无源（$\boldsymbol{J}_V=0$，$\rho_V=0$）、均匀（ε和μ均为常数）、无耗（$\sigma=0$）、线性各向同性介质中，时谐电磁场满足赫姆霍兹方程（6-127）和（6-128），即

$$\nabla^2\widetilde{\boldsymbol{E}}+k^2\widetilde{\boldsymbol{E}}=0 \tag{7-1}$$

$$\nabla^2\widetilde{\boldsymbol{H}}+k^2\widetilde{\boldsymbol{H}}=0 \tag{7-2}$$

式中：

$$k=\omega\sqrt{\mu\varepsilon} \tag{7-3}$$

场矢量$\widetilde{\boldsymbol{E}}$和$\widetilde{\boldsymbol{H}}$满足的方程形式相同，因此解也具有相同的形式，且解通过式（6-97）相联系。这样一来，方程（7-1）和（7-2）仅需要求解电场赫姆霍兹方程，可由关系

$$\nabla\times\widetilde{\boldsymbol{E}}=-\mathrm{j}\omega\mu\widetilde{\boldsymbol{H}} \tag{7-4}$$

得到磁场。

在直角坐标系下，将复振幅矢量$\widetilde{\boldsymbol{E}}$的分量形式代入方程（7-1），有

$$\nabla^2(\widetilde{E}_{x\mathrm{m}}\boldsymbol{e}_x+\widetilde{E}_{y\mathrm{m}}\boldsymbol{e}_y+\widetilde{E}_{z\mathrm{m}}\boldsymbol{e}_z)+k^2(\widetilde{E}_{x\mathrm{m}}\boldsymbol{e}_x+\widetilde{E}_{y\mathrm{m}}\boldsymbol{e}_y+\widetilde{E}_{z\mathrm{m}}\boldsymbol{e}_z)=0 \tag{7-5}$$

由此得到

$$\begin{cases}\nabla^2\widetilde{E}_{x\mathrm{m}}+k^2\widetilde{E}_{x\mathrm{m}}=0\\ \nabla^2\widetilde{E}_{y\mathrm{m}}+k^2\widetilde{E}_{y\mathrm{m}}=0\\ \nabla^2\widetilde{E}_{z\mathrm{m}}+k^2\widetilde{E}_{z\mathrm{m}}=0\end{cases} \tag{7-6}$$

式（7-6）为电场$\widetilde{\boldsymbol{E}}$的三个分量$\widetilde{E}_{x\mathrm{m}}$、$\widetilde{E}_{y\mathrm{m}}$和$\widetilde{E}_{z\mathrm{m}}$所满足的标量赫姆霍兹方程。三个分量方程的形式完全相同，因此只需求解一个即可。下面采用分离变量法求解电场复振幅分量$\widetilde{E}_{x\mathrm{m}}$满足的标量赫姆霍兹方程的解。重写$\widetilde{E}_{x\mathrm{m}}$满足的标量赫姆霍兹方程如下：

$$\frac{\partial^2\widetilde{E}_{x\mathrm{m}}}{\partial x^2}+\frac{\partial^2\widetilde{E}_{x\mathrm{m}}}{\partial y^2}+\frac{\partial^2\widetilde{E}_{x\mathrm{m}}}{\partial z^2}+k^2\widetilde{E}_{x\mathrm{m}}=0 \tag{7-7}$$

令

$$\widetilde{E}_{xm}(x, y, z) = X(x)Y(y)Z(z) \tag{7-8}$$

把式(7-8)代入式(7-7)，得

$$\frac{X''(x)}{X(x)} + \frac{Y''(y)}{Y(y)} + \frac{Z''(z)}{Z(z)} + k^2 = 0 \tag{7-9}$$

由于式(7-9)中的每一项都是单一自变量的函数，而且彼此独立，因此只有当每一项分别为常数时，等式才成立。于是有

$$\begin{cases} X''(x) + k_x^2 X(x) = 0 \\ Y''(y) + k_y^2 Y(y) = 0 \\ Z''(z) + k_z^2 Z(z) = 0 \end{cases} \tag{7-10}$$

式中，k_x^2、k_y^2 和 k_z^2 为常数，满足

$$k^2 = k_x^2 + k_y^2 + k_z^2 \tag{7-11}$$

方程

$$X''(x) + k_x^2 X(x) = 0 \tag{7-12}$$

为二阶常微分方程，其通解为

$$X(x) = A_1 e^{-jk_x x} + A_2 e^{jk_x x} \tag{7-13}$$

式中，A_1 和 A_2 为待定常数。式(7-13)右端第一项代表沿 $+X$ 方向传播的波，而第二项代表沿 $-X$ 方向传播的波。在此需要强调的是，由于本教材时间因子选择为 $e^{j\omega t}$，因此 $e^{-jk_x x}$ 为 $+X$ 方向的传播因子。如果时间因子选择为 $e^{-j\omega t}$，则 $e^{jk_x x}$ 为 $-X$ 方向的传播因子。对于发散波和会聚波也是如此，后面不再特别说明。

同理可得

$$Y(y) = B_1 e^{-jk_y y} + B_2 e^{jk_y y} \tag{7-14}$$

$$Z(z) = C_1 e^{-jk_z z} + C_2 e^{jk_z z} \tag{7-15}$$

式中，B_1 和 B_2、C_1 和 C_2 也分别为待定常数。

假如仅考虑沿 $+X$、$+Y$ 和 $+Z$ 方向传播的波，则有

$$A_2 = B_2 = C_2 = 0 \tag{7-16}$$

将式(7-13)、式(7-14)和式(7-15)代入式(7-8)，并利用式(7-16)可得

$$\widetilde{E}_{xm}(x, y, z) = \widetilde{A} e^{-j(k_x x + k_y y + k_z z)} \tag{7-17}$$

式中，$\widetilde{A} = A_1 B_1 C_1$ 为复常数。

同理可得

$$\widetilde{E}_{ym}(x, y, z) = \widetilde{B} e^{-j(k_x x + k_y y + k_z z)} \tag{7-18}$$

$$\widetilde{E}_{zm}(x, y, z) = \widetilde{C} e^{-j(k_x x + k_y y + k_z z)} \tag{7-19}$$

式中，$\widetilde{B}$ 和 $\widetilde{C}$ 为复常数。将式(7-17)、式(7-18)和式(7-19)代入下式：

$$\widetilde{\boldsymbol{E}} = \widetilde{E}_{xm}\boldsymbol{e}_x + \widetilde{E}_{ym}\boldsymbol{e}_y + \widetilde{E}_{zm}\boldsymbol{e}_z \tag{7-20}$$

有

$$\widetilde{\boldsymbol{E}}(x, y, z) = \widetilde{\boldsymbol{E}}_0 e^{-j(k_x x + k_y y + k_z z)} \tag{7-21}$$

式中：

$$\widetilde{\boldsymbol{E}}_0 = \widetilde{A}\boldsymbol{e}_x + \widetilde{B}\boldsymbol{e}_y + \widetilde{C}\boldsymbol{e}_z \tag{7-22}$$

如果记

$$\boldsymbol{k}=k_x\boldsymbol{e}_x+k_y\boldsymbol{e}_y+k_z\boldsymbol{e}_z \tag{7-23}$$

则式(7-21)可改写为

$$\widetilde{\boldsymbol{E}}(x,\ y,\ z)=\widetilde{\boldsymbol{E}}_0\mathrm{e}^{-\mathrm{j}\boldsymbol{k}\cdot\boldsymbol{r}} \tag{7-24}$$

式中，$\boldsymbol{k}$ 称为波传播矢量，简称波矢量；$\boldsymbol{r}$ 为等相位面上任一点的位置矢量；$\widetilde{\boldsymbol{E}}_0=\boldsymbol{E}_0\mathrm{e}^{\mathrm{j}\varphi_e}$，$\boldsymbol{E}_0$ 为电场复振幅矢量的矢量模，φ_e 为电场复振幅矢量的初相位。$\boldsymbol{E}_0=E_0\boldsymbol{e}_e$，$E_0$ 为矢量模 $\boldsymbol{E}_0$ 的大小，$\boldsymbol{e}_e$ 为矢量模 $\boldsymbol{E}_0$ 的单位矢量。

由方程(7-4)可得磁场强度复振幅矢量满足方程(7-2)的解为

$$\begin{aligned}\widetilde{\boldsymbol{H}}&=\frac{\mathrm{j}}{\omega\mu}\nabla\times\widetilde{\boldsymbol{E}}=\frac{\mathrm{j}}{\omega\mu}\begin{vmatrix}\boldsymbol{e}_x & \boldsymbol{e}_y & \boldsymbol{e}_z\\ \dfrac{\partial}{\partial x} & \dfrac{\partial}{\partial y} & \dfrac{\partial}{\partial z}\\ \widetilde{E}_{xm} & \widetilde{E}_{ym} & \widetilde{E}_{zm}\end{vmatrix}\\ &=\frac{\mathrm{j}}{\omega\mu}\left[\left(\frac{\partial\widetilde{E}_{zm}}{\partial y}-\frac{\partial\widetilde{E}_{ym}}{\partial z}\right)\boldsymbol{e}_x+\left(\frac{\partial\widetilde{E}_{xm}}{\partial z}-\frac{\partial\widetilde{E}_{zm}}{\partial x}\right)\boldsymbol{e}_y+\left(\frac{\partial\widetilde{E}_{ym}}{\partial x}-\frac{\partial\widetilde{E}_{xm}}{\partial y}\right)\boldsymbol{e}_z\right]\\ &=\frac{1}{\omega\mu}[(k_y\widetilde{C}-k_z\widetilde{B})\boldsymbol{e}_x+(k_z\widetilde{A}-k_x\widetilde{C})\boldsymbol{e}_y+(k_x\widetilde{B}-k_y\widetilde{A})\boldsymbol{e}_z]\mathrm{e}^{-\mathrm{j}(k_xx+k_yy+k_zz)}\\ &=\frac{1}{\omega\mu}\begin{vmatrix}\boldsymbol{e}_x & \boldsymbol{e}_y & \boldsymbol{e}_z\\ k_x & k_y & k_z\\ \widetilde{A} & \widetilde{B} & \widetilde{C}\end{vmatrix}\mathrm{e}^{-\mathrm{j}(k_xx+k_yy+k_zz)}=\frac{1}{\omega\mu}\boldsymbol{k}\times\widetilde{\boldsymbol{E}}\end{aligned}$$

即

$$\widetilde{\boldsymbol{H}}(x,\ y,\ z)=\widetilde{\boldsymbol{H}}_0\mathrm{e}^{-\mathrm{j}\boldsymbol{k}\cdot\boldsymbol{r}}=\frac{\boldsymbol{k}\times\widetilde{\boldsymbol{E}}_0}{\omega\mu}\mathrm{e}^{-\mathrm{j}\boldsymbol{k}\cdot\boldsymbol{r}} \tag{7-25}$$

式中，$\widetilde{\boldsymbol{H}}_0=\boldsymbol{H}_0\mathrm{e}^{\mathrm{j}\varphi_h}$，$\boldsymbol{H}_0$ 为磁场复振幅矢量的矢量模，φ_h 为磁场复振幅矢量的初相位。$\boldsymbol{H}_0=H_0\boldsymbol{e}_h$，$H_0$ 为矢量模 $\boldsymbol{H}_0$ 的大小，$\boldsymbol{e}_h$ 为矢量模 $\boldsymbol{H}_0$ 的单位矢量。式(7-24)和式(7-25)就是矢量赫姆霍兹方程(7-1)和方程(7-2)的矢量平面波解。

7.1.2 理想介质中矢量平面电磁波的基本特性

式(7-24)和式(7-25)乘时间因子 $\mathrm{e}^{\mathrm{j}\omega t}$，然后取实部，得到时谐平面电磁波的余弦形式为

$$\boldsymbol{E}(\boldsymbol{r};\ t)=\boldsymbol{E}_0\cos(\omega t-\boldsymbol{k}\cdot\boldsymbol{r}+\varphi_e) \tag{7-26}$$

$$\boldsymbol{H}(\boldsymbol{r};\ t)=\boldsymbol{H}_0\cos(\omega t-\boldsymbol{k}\cdot\boldsymbol{r}+\varphi_h) \tag{7-27}$$

又由式(7-25)有

$$\widetilde{\boldsymbol{H}}_0=\frac{\boldsymbol{k}\times\widetilde{\boldsymbol{E}}_0}{\omega\mu}=\frac{\boldsymbol{k}\times\boldsymbol{E}_0}{\omega\mu}\mathrm{e}^{\mathrm{j}\varphi_e}=\boldsymbol{H}_0\mathrm{e}^{\mathrm{j}\varphi_e}$$

此式表明

$$\boldsymbol{H}_0=\frac{\boldsymbol{k}\times\boldsymbol{E}_0}{\omega\mu},\quad \varphi_h=\varphi_e \tag{7-28}$$

如果记波矢量的单位矢量为 $\boldsymbol{k}_0$，则波矢量可写成

$$\boldsymbol{k}=k\boldsymbol{k}_0 \tag{7-29}$$

将式(7-28)代入式(7-27)，并利用式(7-3)，可得磁场矢量的余弦形式为

$$\boldsymbol{H}(\boldsymbol{r};\ t)=\sqrt{\frac{\varepsilon}{\mu}}\boldsymbol{k}_0\times\boldsymbol{E}_0\cos(\omega t-\boldsymbol{k}\cdot\boldsymbol{r}+\varphi_e) \tag{7-30}$$

分析式(7-26)和式(7-30)可知，理想介质中的矢量平面电磁波具有如下特性。

1. 等相位面和相速度

由式(7-26)和式(7-30)可以看出，电场矢量和磁场矢量同相位。等相位面方程为

$$\varphi(\boldsymbol{r};\ t)=\omega t-\boldsymbol{k}\cdot\boldsymbol{r}+\varphi_e=\omega t-(k_x x+k_y y+k_z z)+\varphi_e \tag{7-31}$$

令 $\varphi(\boldsymbol{r};\ t)=C$（常数），对于任意给定的时间 t，方程(7-31)为一空间平面，所以称为平面波。另外，由式(7-26)和式(7-30)可知，电场矢量和磁场矢量瞬时表达式振幅为常矢量，等相位面 $\varphi(\boldsymbol{r};\ t)=C$ 上振幅相等，这种平面波称为均匀矢量平面波，简称均匀平面波。如果等相位面 $\varphi(\boldsymbol{r};\ t)=C$ 上，电场和磁场振幅矢量在变化，则称为非均匀矢量平面波，简称非均匀平面波。

式(7-31)为一空间坐标的标量函数，求梯度有

$$\nabla\varphi(\boldsymbol{r};\ t)=-(k_x\boldsymbol{e}_x+k_y\boldsymbol{e}_y+k_z\boldsymbol{e}_z)=-\boldsymbol{k} \tag{7-32}$$

显然，等相位面的法向与梯度方向反向，可知平面的法向为 $\boldsymbol{k}$，这就是称 $\boldsymbol{k}$ 为波传播矢量的原因。

令 $\varphi(\boldsymbol{r};\ t)=C$，将等相面方程(7-31)两端对时间求导数，并利用式(7-3)得

$$v_\varphi=\boldsymbol{k}_0\cdot\frac{\mathrm{d}\boldsymbol{r}}{\mathrm{d}t}=\frac{\omega}{k}=\frac{1}{\sqrt{\mu\varepsilon}} \tag{7-33}$$

称 v_φ 为相速度，其方向沿 $\boldsymbol{k}_0$ 的方向。将式(7-33)与式(6-133)比较可知，线性、均匀各向同性介质中，平面电磁波相速度 v_φ 就是电磁波传播速度 v。

在真空中，相速度 v_φ 为

$$v_\varphi=c=\frac{1}{\sqrt{\mu_0\varepsilon_0}}=3\times10^8\quad(\mathrm{m/s}) \tag{7-34}$$

表明电磁波在真空中传播的速度等于光速 c。

2. 矢量平面电磁波的横波性

在无源区域，线性、均匀各向同性介质中，由于

$$\nabla\cdot\boldsymbol{E}=0$$

因此将式(7-26)代入，有

$$\nabla\cdot\boldsymbol{E}=\nabla\cdot[\boldsymbol{E}_0\cos(\omega t-\boldsymbol{k}\cdot\boldsymbol{r}+\varphi_e)]=\boldsymbol{k}\cdot\boldsymbol{E}_0\sin(\omega t-\boldsymbol{k}\cdot\boldsymbol{r}+\varphi_e)=0 \tag{7-35}$$

得到

$$\boldsymbol{k}\cdot\boldsymbol{E}_0=0 \tag{7-36}$$

由式(7-36)可知，$\boldsymbol{E}$ 与 $\boldsymbol{k}$ 相互垂直，即矢量平面电磁波是横电波，$\boldsymbol{E}$ 可以在与 $\boldsymbol{k}$ 相垂直的平面上任意取向。

又根据麦克斯韦方程(6-33)，由于

$$\nabla\cdot\boldsymbol{H}=0$$

因此将式(7-30)代入，有

$$\begin{aligned}\nabla\cdot\boldsymbol{H}&=\nabla\cdot\left[\sqrt{\frac{\varepsilon}{\mu}}\boldsymbol{k}_0\times\boldsymbol{E}_0\cos(\omega t-\boldsymbol{k}\cdot\boldsymbol{r}+\varphi_e)\right]\\&=\boldsymbol{k}\cdot(\boldsymbol{k}_0\times\boldsymbol{E}_0)\sqrt{\frac{\varepsilon}{\mu}}\sin(\omega t-\boldsymbol{k}\cdot\boldsymbol{r}+\varphi_e)=0\end{aligned} \tag{7-37}$$

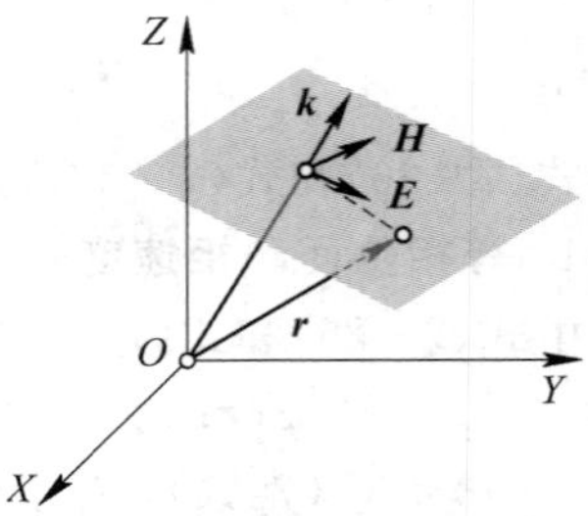

图 7-1 矢量平面电磁波

得到

$$\boldsymbol{k}\cdot(\boldsymbol{k}_0\times\boldsymbol{E}_0)=0 \qquad (7-38)$$

由式(7-28)可知，$\boldsymbol{k}_0\times\boldsymbol{E}_0$ 与 $\boldsymbol{H}_0$ 同方向，因而式(7-38)表明，$\boldsymbol{H}$ 与 $\boldsymbol{k}$ 相互垂直，即矢量平面电磁波也是横磁波。

由此得出结论，矢量平面电磁波是横电磁波，简称TEM波，电场 $\boldsymbol{E}$、磁场 $\boldsymbol{H}$ 和波矢 $\boldsymbol{k}$ 三者相互垂直，并服从右手定则关系，如图7-1所示。

3. 波阻抗 η

根据式(7-26)和式(7-30)，介质的波阻抗(或称本征阻抗)定义为

$$\eta=\frac{|\boldsymbol{E}|}{|\boldsymbol{H}|}=\sqrt{\frac{\mu}{\varepsilon}} \qquad (7-39)$$

η 为具有阻抗的量纲。在真空中，$\varepsilon_r=1$，$\mu_r=1$，有

$$\eta=\eta_0=\frac{|\boldsymbol{E}|}{|\boldsymbol{H}|}=\sqrt{\frac{\mu_0}{\varepsilon_0}}=\sqrt{\frac{4\pi\times10^{-7}}{8.85\times10^{-12}}}\ \Omega\approx377\ \Omega\approx120\pi\quad\Omega \qquad (7-40)$$

有了波阻抗的概念后，式(7-30)可改写为

$$\boldsymbol{H}(\boldsymbol{r};\ t)=\frac{1}{\eta}\boldsymbol{k}_0\times\boldsymbol{E}_0\cos(\omega t-\boldsymbol{k}\cdot\boldsymbol{r}+\varphi_e) \qquad (7-41)$$

电磁波在线性、各向同性的均匀介质中传播，波阻抗为纯电阻性，这也说明，电场 $\boldsymbol{E}$ 和磁场 $\boldsymbol{H}$ 是同相位的。

【例7.1】 在空气中沿 $+Z$ 方向传播的矢量平面电磁波，其频率为1 MHz，电场沿 X 方向。如果电场振幅为 1.2π mV/m，在 $t=0$ 时刻，电场 $\boldsymbol{E}$ 的最大值出现在 $z=50$ m处。求 $\boldsymbol{E}(z;\ t)$ 和 $\boldsymbol{H}(z;\ t)$ 的表达式，并绘制在 $t=0$ 时刻电场 $\boldsymbol{E}$ 和磁场 $\boldsymbol{H}$ 随 z 变化的波形中。

解 当 $f=1$ MHz时，空气中的波长为

$$\lambda=\frac{c}{f}=\frac{3.0\times10^8}{1.0\times10^6}\ \text{m}=300\quad\text{m}$$

对应的波数为

$$k=\frac{2\pi}{\lambda}=\frac{2\pi}{300}\quad\text{rad/m}$$

由题知，波沿 $+Z$ 方向传播，电场沿 X 方向，其振幅为 1.2πmV/m，那么代入式(7-26)有

$$\boldsymbol{E}(z;\ t)=\boldsymbol{e}_x1.2\ \pi\cos\left(2\pi\times10^6t-\frac{2\pi}{300}z+\varphi_e\right)$$

把 $t=0$，$z=50$ m代入，电场取最大值，解得

$$\varphi_e=\frac{\pi}{3}$$

取 $\eta_0=120\pi\Omega$，得

$$\frac{1}{\eta}\boldsymbol{k}_0\times\boldsymbol{E}_0=\frac{1}{\eta_0}\boldsymbol{e}_z\times\boldsymbol{e}_x1.2\pi=\boldsymbol{e}_y10$$

分别代入式(7-26)和式(7-41)，得

$$\boldsymbol{E}(z;\ t)=\boldsymbol{e}_x1.2\pi\cos\left(2\pi\times10^6t-\frac{2\pi}{300}z+\frac{\pi}{3}\right)$$

$$\boldsymbol{H}(z;\ t) = \boldsymbol{e}_y 10\cos\left(2\pi \times 10^6 t - \frac{2\pi}{300}z + \frac{\pi}{3}\right)$$

在 $t = 0$ 时，依据

$$\boldsymbol{E}(z;\ 0) = \boldsymbol{e}_x 1.2\pi\cos\left(\frac{2\pi}{300}z - \frac{\pi}{3}\right)$$

$$\boldsymbol{H}(z;\ 0) = \boldsymbol{e}_y 10\cos\left(\frac{2\pi}{300}z - \frac{\pi}{3}\right)$$

作波形图，如图 7－2 所示。

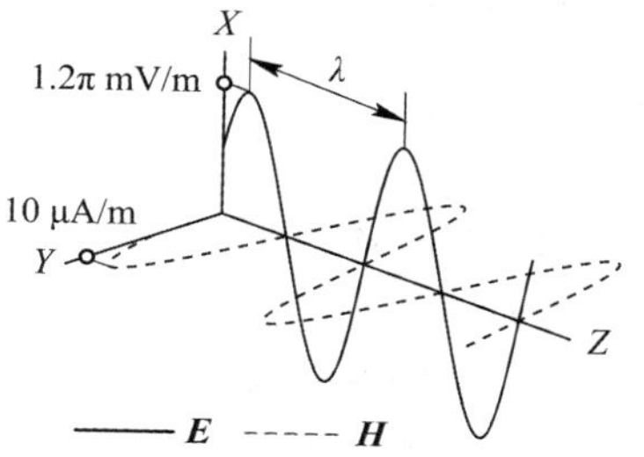

图 7－2　例 7.1 图

7.1.3　矢量平面电磁波的能量和能流密度

根据式(6－58)，并将式(7－26)和式(7－30)代入，得到矢量平面电磁波的瞬时能量密度为

$$\begin{aligned} w &= w_e + w_m = \frac{1}{2}\boldsymbol{D}\cdot\boldsymbol{E} + \frac{1}{2}\boldsymbol{B}\cdot\boldsymbol{H} \\ &= \frac{1}{2}\varepsilon E_0^2\cos^2(\omega t - \boldsymbol{k}\cdot\boldsymbol{r} + \varphi_e) + \frac{1}{2}\mu H_0^2\cos^2(\omega t - \boldsymbol{k}\cdot\boldsymbol{r} + \varphi_e) \\ &= \frac{1}{2}\varepsilon E_0^2\cos^2(\omega t - \boldsymbol{k}\cdot\boldsymbol{r} + \varphi_e) + \frac{1}{2}\mu\frac{E_0^2}{\mu/\varepsilon}\cos^2(\omega t - \boldsymbol{k}\cdot\boldsymbol{r} + \varphi_e) \\ &= \varepsilon E_0^2\cos^2(\omega t - \boldsymbol{k}\cdot\boldsymbol{r} + \varphi_e) \end{aligned} \tag{7-42}$$

可以看出，任一时刻电场能量密度与磁场能量密度相等，各占电磁场能量密度的一半。又由式(6－118)可得平均电磁能量密度为

$$w_{av} = \frac{1}{4}(\varepsilon\tilde{\boldsymbol{E}}\cdot\tilde{\boldsymbol{E}}^* + \mu\tilde{\boldsymbol{H}}\cdot\tilde{\boldsymbol{H}}^*) = \frac{1}{2}\varepsilon E_0^2 \tag{7-43}$$

把式(7－26)和式(7－41)代入式(6－61)，并利用矢量恒等式(1—25)和式(7－36)，得到坡印廷矢量为

$$\boldsymbol{S} = \boldsymbol{E}\times\boldsymbol{H} = \frac{1}{\eta}\boldsymbol{E}_0\times(\boldsymbol{k}_0\times\boldsymbol{E}_0)\cos^2(\omega t - \boldsymbol{k}\cdot\boldsymbol{r} + \varphi_e) = \frac{1}{\eta}E_0^2\boldsymbol{k}_0\cos^2(\omega t - \boldsymbol{k}\cdot\boldsymbol{r} + \varphi_e) \tag{7-44}$$

把式(7－24)和式(7－25)代入式(6－113)，并利用式(7－3)和式(7－39)，得到复坡印廷矢量为

$$\tilde{\boldsymbol{S}} = \frac{1}{2}\tilde{\boldsymbol{E}}\times\tilde{\boldsymbol{H}}^* = \frac{1}{2\omega\mu}\tilde{\boldsymbol{E}}_0\times(\boldsymbol{k}\times\tilde{\boldsymbol{E}}_0^*)\mathrm{e}^{-\mathrm{j}\boldsymbol{k}\cdot\boldsymbol{r}}\mathrm{e}^{+\mathrm{j}\boldsymbol{k}\cdot\boldsymbol{r}} = \frac{1}{2\eta}E_0^2\boldsymbol{k}_0 \tag{7-45}$$

根据式(6－114)得平均坡印廷矢量为

$$\boldsymbol{S}_{av} = \mathrm{Re}\left[\frac{1}{2}\tilde{\boldsymbol{E}}\times\tilde{\boldsymbol{H}}^*\right] = \mathrm{Re}[\tilde{\boldsymbol{S}}] = \frac{1}{2\eta}E_0^2\boldsymbol{k}_0 \tag{7-46}$$

式(7－46)表明，与矢量平面电磁波传播方向相垂直的平面上，每单位面积通过的平均功率相同，电磁波在传播过程中没有能量损耗，即沿传播方向电磁波无衰减。因此，理想介质中的均匀平面电磁波是等幅波。

均匀平面电磁波的能量传播速度为

$$v_e = \frac{|\boldsymbol{S}_{av}|}{w_{av}} = \frac{E_0^2/2\eta}{\varepsilon E_0^2/2} = \frac{1}{\sqrt{\mu\varepsilon}} = v_\varphi \tag{7-47}$$

可见，在无界理想介质中，均匀平面电磁波的能量传播速度等于相速度。

【例 7.2】　一均匀平面电磁波的电场瞬时表达式为

$$\boldsymbol{E}(z;\ t)=\boldsymbol{e}_x 50\cos(10^{10}t-kz)$$

在无耗聚丙烯（$\mu_r=1$，$\varepsilon_r=2.25$）介质中传播。试求：

（1）波的频率 f；

（2）波数 k；

（3）磁场强度的瞬时表达式 $\boldsymbol{H}(z;\ t)$；

（4）平均坡印廷矢量 $\boldsymbol{S}_{av}$。

解　（1）由给定的电场强度瞬时表达式知，平面电磁波角频率为

$$\omega=2\pi f=10^{10}$$

由上式得到平面波的传播频率为

$$f=\frac{10^{10}}{2\pi}=\frac{5}{\pi}\times 10^9\ \text{Hz}$$

（2）由式(7－3)得到波数为

$$k=\omega\sqrt{\mu\varepsilon}=\omega\sqrt{\mu_0\mu_r\varepsilon_0\varepsilon_r}=\omega\frac{\sqrt{\varepsilon_r}}{c}=10^{10}\frac{\sqrt{2.25}}{3\times 10^8}\text{rad/m}=50\quad \text{rad/m}$$

（3）由式(7－39)得到波阻抗为

$$\eta=\sqrt{\frac{\mu}{\varepsilon}}=\sqrt{\frac{\mu_r}{\varepsilon_r}}\eta_0=120\pi\sqrt{\frac{\mu_r}{\varepsilon_r}}=\frac{120\pi}{\sqrt{2.25}}\Omega=80\pi\quad\Omega$$

又由式(7－41)可写出磁场的瞬时表达式为

$$\boldsymbol{H}(z;\ t)=\frac{1}{\eta}\boldsymbol{e}_z\times\boldsymbol{e}_x E_0\cos(10^{10}t-kz)=\boldsymbol{e}_y\frac{5}{8\pi}\cos(10^{10}t-kz)$$

（4）由已知的电场强度和磁场强度的瞬时表达式，可写出电场强度和磁场强度的复振幅矢量分别为

$$\widetilde{\boldsymbol{E}}(z)=\boldsymbol{e}_x 50\mathrm{e}^{-\mathrm{j}kz},\ \widetilde{\boldsymbol{H}}(z)=\boldsymbol{e}_y\frac{5}{8\pi}\mathrm{e}^{-\mathrm{j}kz}$$

由式(6－112)得平均坡印廷矢量为

$$\boldsymbol{S}_{av}=\mathrm{Re}\left[\frac{1}{2}\widetilde{\boldsymbol{E}}\times\widetilde{\boldsymbol{H}}^*\right]=\frac{1}{2}\mathrm{Re}\left[(\boldsymbol{e}_x\times\boldsymbol{e}_y)\frac{50\times 5}{8\pi}\mathrm{e}^{-\mathrm{j}kz}\mathrm{e}^{+\mathrm{j}kz}\right]=\boldsymbol{e}_z\frac{125}{8\pi}$$

7.2　有耗介质和良导体中的矢量平面电磁波

7.2.1　有耗介质中的矢量平面电磁波

一般情况下，介质的电导率非零，即 $\sigma\neq 0$，假设介质的介电常数为 ε，磁导率为 μ。在无源、线性、各向同性的均匀介质中，时谐电磁场传播所满足的波动方程为式(6－131)和式(6－132)，即

$$\nabla^2\widetilde{\boldsymbol{E}}+\widetilde{k}_c^2\widetilde{\boldsymbol{E}}=0\tag{7-48}$$

$$\nabla^2\widetilde{\boldsymbol{H}}+\widetilde{k}_c^2\widetilde{\boldsymbol{H}}=0\tag{7-49}$$

式中：

$$\tilde{k}_c = \omega\sqrt{\mu\left(\varepsilon - j\frac{\sigma}{\omega}\right)} \tag{7-50}$$

为复波数。

有耗介质中的波动方程与理想介质中的波动方程形式相同，其解的形式也相同。仅考虑沿正方向传播的波，由式(7-24)和式(7-25)得

$$\widetilde{\boldsymbol{E}}(x, y, z) = \widetilde{\boldsymbol{E}}_0 e^{-j\tilde{\boldsymbol{k}}_c \cdot \boldsymbol{r}} \tag{7-51}$$

$$\widetilde{\boldsymbol{H}}(x, y, z) = \widetilde{\boldsymbol{H}}_0 e^{-j\tilde{\boldsymbol{k}}_c \cdot \boldsymbol{r}} = \frac{\tilde{\boldsymbol{k}}_c \times \widetilde{\boldsymbol{E}}_0}{\omega\mu} e^{-j\tilde{\boldsymbol{k}}_c \cdot \boldsymbol{r}} \tag{7-52}$$

式中，$\tilde{\boldsymbol{k}}_c$ 为复波数矢量。$\tilde{\boldsymbol{k}}_c$ 写成分量形式，有

$$\tilde{\boldsymbol{k}}_c = \tilde{k}_x \boldsymbol{e}_x + \tilde{k}_y \boldsymbol{e}_y + \tilde{k}_z \boldsymbol{e}_z \tag{7-53}$$

对式(7-53)取模平方，有

$$|\tilde{\boldsymbol{k}}_c|^2 = \tilde{\boldsymbol{k}}_c \cdot \tilde{\boldsymbol{k}}_c^* = \tilde{k}_x \tilde{k}_x^* + \tilde{k}_y \tilde{k}_y^* + \tilde{k}_z \tilde{k}_z^* = |\tilde{k}_x|^2 + |\tilde{k}_y|^2 + |\tilde{k}_z|^2 \tag{7-54}$$

在均匀线性介质中，复波数矢量 $\tilde{\boldsymbol{k}}_c$ 可表示为

$$\tilde{\boldsymbol{k}}_c = \boldsymbol{\beta} - j\boldsymbol{\alpha} = (\beta_x \boldsymbol{e}_x + \beta_y \boldsymbol{e}_y + \beta_z \boldsymbol{e}_z) - j(\alpha_x \boldsymbol{e}_x + \alpha_y \boldsymbol{e}_y + \alpha_z \boldsymbol{e}_z) \tag{7-55}$$

式中：

$$\boldsymbol{\beta} = \beta_x \boldsymbol{e}_x + \beta_y \boldsymbol{e}_y + \beta_z \boldsymbol{e}_z \tag{7-56}$$

$$\boldsymbol{\alpha} = \alpha_x \boldsymbol{e}_x + \alpha_y \boldsymbol{e}_y + \alpha_z \boldsymbol{e}_z \tag{7-57}$$

$\boldsymbol{\beta}$ 称为相位矢量，$\boldsymbol{\alpha}$ 称为衰减矢量。一般情况下，$\boldsymbol{\beta}$ 与 $\boldsymbol{\alpha}$ 不同向，即等相位面与等振幅面不重合。矢量 $\boldsymbol{\beta}$ 和 $\boldsymbol{\alpha}$ 的大小为

$$\beta = \sqrt{\beta_x^2 + \beta_y^2 + \beta_z^2} \tag{7-58}$$

$$\alpha = \sqrt{\alpha_x^2 + \alpha_y^2 + \alpha_z^2} \tag{7-59}$$

分别称为相位常数和衰减常数。

将式(7-55)代入式(7-51)和式(7-52)，得

$$\widetilde{\boldsymbol{E}}(x, y, z) = \widetilde{\boldsymbol{E}}_0 e^{-j\tilde{\boldsymbol{k}}_c \cdot \boldsymbol{r}} = \widetilde{\boldsymbol{E}}_0 e^{-\boldsymbol{\alpha} \cdot \boldsymbol{r}} e^{-j\boldsymbol{\beta} \cdot \boldsymbol{r}} \tag{7-60}$$

$$\widetilde{\boldsymbol{H}}(x, y, z) = \frac{1}{\tilde{\eta}_c} \boldsymbol{k}_0 \times \widetilde{\boldsymbol{E}}_0 e^{-\boldsymbol{\alpha} \cdot \boldsymbol{r}} e^{-j\boldsymbol{\beta} \cdot \boldsymbol{r}} \tag{7-61}$$

式中：

$$\tilde{\eta}_c = \sqrt{\frac{\mu}{\varepsilon - j\dfrac{\sigma}{\omega}}} \tag{7-62}$$

称为复波阻抗。

令

$$\tilde{\eta}_c = |\tilde{\eta}_c| e^{j\theta} \tag{7-63}$$

则

$$\begin{cases} \widetilde{\boldsymbol{E}}_0 = \boldsymbol{E}_0 e^{j\varphi_e} \\ \widetilde{\boldsymbol{H}}_0 = \dfrac{1}{\tilde{\eta}_c} \boldsymbol{k}_0 \times \boldsymbol{E}_0 e^{j\varphi_e} = \dfrac{1}{|\tilde{\eta}_c|} \boldsymbol{k}_0 \times \boldsymbol{E}_0 e^{j(\varphi_e - \theta)} = \boldsymbol{H}_0 e^{j(\varphi_e - \theta)} \end{cases} \tag{7-64}$$

将式(7-64)代入式(7-60)和式(7-61)，并取实部，得到有耗介质中矢量平面波的瞬时表达式为

$$\boldsymbol{E}(\boldsymbol{r};\ t) = \mathrm{Re}[\boldsymbol{E}_0 \mathrm{e}^{-\boldsymbol{\alpha}\cdot\boldsymbol{r}} \mathrm{e}^{\mathrm{j}(\omega t - \boldsymbol{\beta}\cdot\boldsymbol{r} + \varphi_e)}] = \boldsymbol{E}_0 \mathrm{e}^{-\boldsymbol{\alpha}\cdot\boldsymbol{r}} \cos[\omega t - \boldsymbol{\beta}\cdot\boldsymbol{r} + \varphi_e] \tag{7-65}$$

$$\begin{aligned}\boldsymbol{H}(\boldsymbol{r};\ t) &= \mathrm{Re}\left[\frac{1}{|\tilde{\eta}_c|}\boldsymbol{k}_0 \times \boldsymbol{E}_0 \mathrm{e}^{-\boldsymbol{\alpha}\cdot\boldsymbol{r}} \mathrm{e}^{\mathrm{j}(\omega t - \boldsymbol{\beta}\cdot\boldsymbol{r} + \varphi_e - \theta)}\right] \\ &= \frac{1}{|\tilde{\eta}_c|}\boldsymbol{k}_0 \times \boldsymbol{E}_0 \mathrm{e}^{-\boldsymbol{\alpha}\cdot\boldsymbol{r}} \cos(\omega t - \boldsymbol{\beta}\cdot\boldsymbol{r} + \varphi_e - \theta)\end{aligned} \tag{7-66}$$

由于相位矢量 $\boldsymbol{\beta}$ 和衰减矢量 $\boldsymbol{\alpha}$ 不同向，因此矢量平面波的等相位面和等振幅面不重合，这样的波就是非均匀矢量平面波。可以证明，有耗介质中非均匀平面波的等相位面与等振幅面有一小于90°的夹角，如图 7-3 所示。

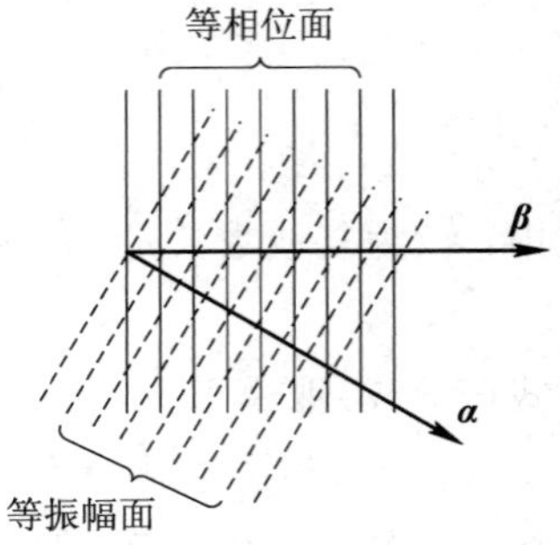

图 7-3　有耗介质中的非均匀矢量平面波

考虑最简单的情况，假设 $\boldsymbol{\beta}$ 与 $\boldsymbol{\alpha}$ 同方向，方向为 $\boldsymbol{k}_0$，则式(7-55)可改写为

$$\tilde{\boldsymbol{k}}_c = \tilde{k}_c \boldsymbol{k}_0 = (\beta - \mathrm{j}\alpha)\boldsymbol{k}_0 \tag{7-67}$$

下面对有耗介质中平面波的传播特点进行讨论。

(1) 假设平面波沿 $+Z$ 方向传播，即 $\boldsymbol{k}_0 = \boldsymbol{e}_z$，并假设电场矢量沿 X 方向，即 $\boldsymbol{E}_0 = E_0\,\boldsymbol{e}_x$，则式(7-65)和式(7-66)可改写为

$$\boldsymbol{E}(z;\ t) = \boldsymbol{e}_x E_0 \mathrm{e}^{-\alpha z} \cos[\omega t - \beta z + \varphi_e] \tag{7-68}$$

$$\boldsymbol{H}(z;\ t) = \boldsymbol{e}_y \frac{E_0}{|\tilde{\eta}_c|} \mathrm{e}^{-\alpha z} \cos(\omega t - \beta z + \varphi_e - \theta) \tag{7-69}$$

由式(7-68)和式(7-69)可以看出：

① 有耗介质中的矢量平面波是衰减的平面波，电场强度和磁场强度振幅因子 $\mathrm{e}^{-\alpha z}$ 随 z 的增大而衰减，α 是反映每单位长度衰减的常数，单位为 m^{-1}。这种衰减是电磁波在传播过程中能量转换为热能的结果，即热损耗。

② 等相位面为垂直于 Z 轴的平面，对于给定的 z，等相位面与等振幅面重合，因而在 $\boldsymbol{\beta}$ 与 $\boldsymbol{\alpha}$ 同方向的情况下，有耗介质中的平面波为均匀平面波。

③ 在有耗介质中电磁波的磁场强度矢量滞后电场强度矢量 θ 角，与理想介质中的均匀平面波不同，有耗介质中电场强度矢量和磁场强度矢量不同相。

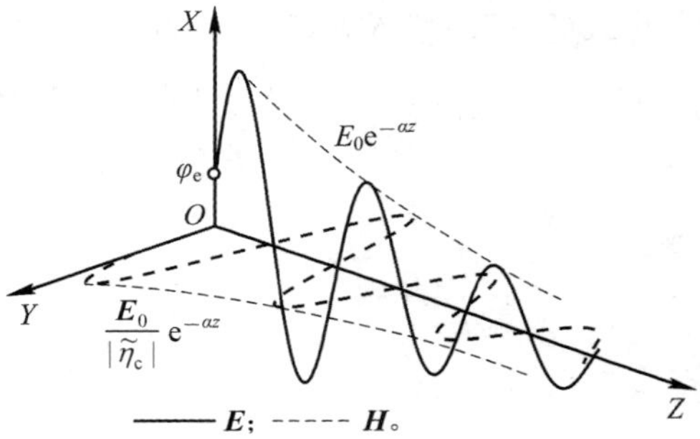

图 7-4　有耗介质中的均匀平面电磁波

④ 有耗介质中平面波的传播方向与电场强度矢量和磁场强度矢量仍相互垂直，三者满足右手定则关系，这个性质与理想介质中的均匀平面波情况相同，即有耗介质中的均匀平面电磁波是横电磁波，如图 7-4 所示。

(2) 由式(7-50)和式(7-67)有

$$\tilde{k}_c^2 = \omega^2\mu\left(\varepsilon - \mathrm{j}\frac{\sigma}{\omega}\right) = (\beta - \mathrm{j}\alpha)^2 \tag{7-70}$$

利用实部和虚部分别相等，求解可得

$$\alpha=\omega\sqrt{\frac{\mu\varepsilon}{2}\left[\sqrt{1+\left(\frac{\sigma}{\omega\varepsilon}\right)^2}-1\right]} \tag{7-71}$$

$$\beta=\omega\sqrt{\frac{\mu\varepsilon}{2}\left[\sqrt{1+\left(\frac{\sigma}{\omega\varepsilon}\right)^2}+1\right]} \tag{7-72}$$

由于θ为常数，求导时可忽略。由式(7－68)和式(7－69)可写出有耗介质中等相位面方程为

$$\varphi=\omega t-\beta z+\varphi_e \tag{7-73}$$

令$\varphi(z;\ t)=C$(常数)，然后两端对时间求导数，得

$$v_\varphi=\frac{\mathrm{d}z}{\mathrm{d}t}=\frac{\omega}{\beta}=\frac{\sqrt{2}}{\sqrt{\mu\varepsilon}}\left[\sqrt{1+\left(\frac{\sigma}{\omega\varepsilon}\right)^2}+1\right]^{-1/2}<\frac{1}{\sqrt{\mu\varepsilon}} \tag{7-74}$$

其波长为

$$\lambda=\frac{2\pi}{\beta}=\frac{v_\varphi}{f} \tag{7-75}$$

由式(7－74)可知，在有耗介质中，平面电磁波的相速度比理想介质中的相速度慢，且电导率σ越大，相速度越慢，波长越短。另外，相速度与频率有关，频率低相速度慢，因此不同频率的电磁波将以不同的相速度传播，这种现象称为色散。有耗介质是色散介质，当电磁信号在有耗介质中传播时，会造成信号失真就是这个原因。

(3) 由式(7－62)和式(7－63)，可得有耗介质中的波阻抗为

$$\tilde{\eta}_c=|\tilde{\eta}_c|e^{j\theta}=\sqrt{\frac{\mu}{\varepsilon}}\left[1-j\frac{\sigma}{\varepsilon\omega}\right]^{-1/2} \tag{7-76}$$

由此得到

$$|\tilde{\eta}_c|=\sqrt{\frac{\mu}{\varepsilon}}\left[1+\left(\frac{\sigma}{\varepsilon\omega}\right)^2\right]^{-1/4}<\sqrt{\frac{\mu}{\varepsilon}} \tag{7-77}$$

$$\theta=\frac{1}{2}\arctan\frac{\sigma}{\varepsilon\omega}=0\sim\frac{\pi}{4}\quad(\sigma=0\sim\infty) \tag{7-78}$$

由式(7－77)和式(7－78)可知，有耗介质中的复波阻抗其模小于理想介质中的波阻抗，复波阻抗的辐角在$0\sim\pi/4$之间变化，表明有耗介质中电场和磁场虽然在空间上仍然相互垂直，但在时间上有相位差，磁场强度的相位滞后于电场强度的相位，电导率σ越大，滞后越多。

(4) 将式(7－63)和式(7－67)代入式(7－60)和式(7－61)，并取$\boldsymbol{k}_0=\boldsymbol{e}_z$，$\boldsymbol{E}_0=E_0\boldsymbol{e}_x$，得到电场和磁场复振幅矢量为

$$\widetilde{\boldsymbol{E}}(x,\ y,\ z)=E_0\,\boldsymbol{e}_x e^{-\alpha z}e^{-j(\beta z-\varphi_e)} \tag{7-79}$$

$$\widetilde{\boldsymbol{H}}(x,\ y,\ z)=\frac{E_0}{|\tilde{\eta}_c|}\boldsymbol{e}_y e^{-\alpha z}e^{-j(\beta z-\varphi_e+\theta)} \tag{7-80}$$

将式(7－79)和式(7－80)代入式(6－111)，得到有耗介质中的复坡印廷矢量为

$$\widetilde{\boldsymbol{S}}=\frac{1}{2}\widetilde{\boldsymbol{E}}\times\widetilde{\boldsymbol{H}}^*=\boldsymbol{e}_z\frac{E_0^2}{2|\tilde{\eta}_c|}e^{-2\alpha z}e^{j\theta} \tag{7-81}$$

由式(6－112)可得平均能流密度矢量为

$$\boldsymbol{S}_{av}=\mathrm{Re}\left[\frac{1}{2}\widetilde{\boldsymbol{E}}\times\widetilde{\boldsymbol{H}}^*\right]=\boldsymbol{e}_z\frac{E_0^2}{2|\tilde{\eta}_c|}e^{-2\alpha z}\cos\theta \tag{7-82}$$

(5) 由式(6－118)可得有耗介质中平均电磁能量密度为

$$w_{av}=\frac{1}{4}(\varepsilon\widetilde{\boldsymbol{E}}\cdot\widetilde{\boldsymbol{E}}^*+\mu\widetilde{\boldsymbol{H}}\cdot\widetilde{\boldsymbol{H}}^*)=\frac{1}{4}\left(\varepsilon E_0^2\mathrm{e}^{-2\alpha z}+\mu\frac{E_0^2}{|\tilde{\eta}_c|^2}\mathrm{e}^{-2\alpha z}\right)$$
$$=\frac{1}{4}\varepsilon E_0^2\mathrm{e}^{-2\alpha z}\left[1+\sqrt{1+\left(\frac{\sigma}{\varepsilon\omega}\right)^2}\right]\tag{7-83}$$

能量传播速度为

$$v_e=\frac{|\boldsymbol{S}_{av}|}{w_{av}}=\frac{\sqrt{2}}{\sqrt{\mu\varepsilon}}\left[1+\sqrt{1+\left(\frac{\sigma}{\varepsilon\omega}\right)^2}\right]^{-1/2}=v_\varphi\tag{7-84}$$

式(7-84)中利用了关系式

$$\cos\theta=\frac{1}{\sqrt{2}}\left[1+\left(1+\left(\frac{\sigma}{\omega\varepsilon}\right)^2\right)^{-1/2}\right]^{1/2}\tag{7-85}$$

由式(7-84)可知，有耗介质中均匀平面波的能量传播速度与相速度相同。

【例7.3】 一均匀平面电磁波垂直入射到海平面上，海水的物质参数为$\varepsilon_r=80$，$\mu_r=1$，$\sigma=4\ \mathrm{S/m}$。入射到海平面上的磁场强度矢量的瞬时值(单位mA/m)为

$$\boldsymbol{H}=\boldsymbol{e}_y100\cos(2\pi\times10^3t+15^\circ)$$

水下200 m深处有一潜艇利用线天线接收1 kHz的信号。试写出电场强度和磁场强度的瞬时表达式，并确定入射到潜艇天线处的功率密度。

解 选择直角坐标系，海平面为XY平面，Z轴向下。磁场沿$+\boldsymbol{e}_y$方向，传播方向为$+\boldsymbol{e}_z$，则电场沿$+\boldsymbol{e}_x$方向。由式(7-68)和式(7-69)，可写出电场强度和磁场强度矢量复振幅表达式为

$$\widetilde{\boldsymbol{E}}(z)=\boldsymbol{e}_xE_{x0}\mathrm{e}^{-\alpha z}\mathrm{e}^{-\mathrm{j}(\beta z-\varphi_e)}$$
$$\widetilde{\boldsymbol{H}}(z)=\boldsymbol{e}_y\frac{E_{x0}}{|\tilde{\eta}_c|}\mathrm{e}^{-\alpha z}\mathrm{e}^{-j(\beta z-\varphi_e+\theta)}$$

式中，φ_e和θ分别是初相位和复波阻抗的辐角。

根据给定海平面上磁场强度的表达式知，$\omega=2\pi\times10^3\ \mathrm{rad/s}$，则$f=1\ \mathrm{kHz}$。由于

$$\frac{\sigma}{\omega\varepsilon}=\frac{4}{2\pi\times10^3\times80\times(10^{-9}/(36\pi))}=9\times10^5\gg1$$

因此由式(7-71)和式(7-72)，得

$$\alpha=\sqrt{\frac{\omega\sigma\mu}{2}}=\sqrt{\frac{2\pi\times10^3\times4\times1.0\times4\pi\times10^{-7}}{2}}\mathrm{Np/m}\approx0.126\ \mathrm{Np/m}$$
$$\beta=\alpha=\sqrt{\frac{\omega\sigma\mu}{2}}\approx0.126\ \mathrm{rad/m}$$

由式(7-76)得到复波阻抗为

$$\tilde{\eta}_c=|\tilde{\eta}_c|\mathrm{e}^{\mathrm{j}\theta}=\sqrt{\frac{\mu}{\varepsilon}}\left[1-\mathrm{j}\frac{\sigma}{\varepsilon\omega}\right]^{-1/2}\approx\sqrt{\mathrm{j}\frac{\mu\omega}{\sigma}}=\sqrt{\frac{\mu\omega}{\sigma}}\left(\cos\frac{\pi}{4}+\mathrm{j}\sin\frac{\pi}{4}\right)$$
$$=\frac{1}{\sigma}\sqrt{\frac{\mu\sigma\omega}{2}}(1+\mathrm{j})=\frac{\alpha}{\sigma}(1+\mathrm{j})=\frac{0.126}{4}(\sqrt{2}\mathrm{e}^{\mathrm{j}\frac{\pi}{4}})=0.044\mathrm{e}^{\mathrm{j}\frac{\pi}{4}}$$

所以

$$|\tilde{\eta}_c|=0.044,\quad \theta=\frac{\pi}{4}$$

由此，可以写出瞬时电场强度和磁场强度的表达式为

$$\boldsymbol{E}(z;\ t)=\boldsymbol{e}_x E_{x0}\mathrm{e}^{-0.126z}\cos(2\pi\times10^3 t-0.126z+\varphi_e)$$

$$\begin{aligned}\boldsymbol{H}(z;\ t)&=\boldsymbol{e}_y\frac{E_{x0}}{0.044}\mathrm{e}^{-0.126z}\cos\left(2\pi\times10^3 t-0.126z+\varphi_e-\frac{\pi}{4}\right)\\&=\boldsymbol{e}_y 22.5E_{x0}\mathrm{e}^{-0.126z}\cos\left(2\pi\times10^3 t-0.126z+\varphi_e-\frac{\pi}{4}\right)\end{aligned}$$

与在海平面上给定磁场强度的表达式

$$\boldsymbol{H}(0;\ t)=\boldsymbol{e}_y 100\cos(2\pi\times10^3 t+15^\circ)$$

相比较，得到

$$22.5E_{x0}=100\times10^{-3},\quad E_{x0}=4.44\ \mathrm{mV/m}$$

及

$$\varphi_e-\frac{\pi}{4}=15^\circ,\quad \varphi_e=60^\circ$$

最后，得到电场强度和磁场强度矢量的瞬时表达式为

$$\boldsymbol{E}(z;\ t)=\boldsymbol{e}_x 4.44\mathrm{e}^{-0.126z}\cos[2\pi\times10^3 t-0.126z+60^\circ]$$

$$\boldsymbol{H}(z;\ t)=\boldsymbol{e}_y 100\mathrm{e}^{-0.126z}\cos[2\pi\times10^3 t-0.126z+15^\circ]$$

根据式(7-82)，得到平均能流密度矢量为

$$\boldsymbol{S}_{\mathrm{av}}=\boldsymbol{e}_z\frac{E_0^2}{2|\tilde{\eta}_c|}\mathrm{e}^{-2\alpha z}\cos\theta=\boldsymbol{e}_z\frac{(4.44\times10^{-3})^2}{2\times0.044}\mathrm{e}^{-2\times0.126z}\cos45^\circ=\boldsymbol{e}_z 0.16\mathrm{e}^{-0.252z}$$

当 $z=200$ m 时，电磁波的平均能流密度矢量为

$$\boldsymbol{S}_{\mathrm{av}}=\boldsymbol{e}_z 0.16\mathrm{e}^{-0.252\times200}=2.1\times10^{-26}\ \mathrm{W/m^2}$$

7.2.2 良导体中的矢量平面电磁波

1. 趋肤深度

导体中的总电流包括传导电流和位移电流。当导体的电导率 σ 很高或者电磁波的频率很低，满足条件

$$\frac{\sigma}{\omega\varepsilon}\geqslant10 \tag{7-86}$$

时，可把导体看作良导体。在此条件下，式(7-71)和式(7-72)就可简化为

$$\alpha=\beta\approx\sqrt{\frac{\omega\mu\sigma}{2}} \tag{7-87}$$

而式(7-74)、式(7-75)和式(7-76)可简化为

$$v_\varphi=\frac{\omega}{\beta}=\sqrt{\frac{2\omega}{\mu\sigma}} \tag{7-88}$$

$$\lambda=\frac{2\pi}{\beta}=\sqrt{\frac{2}{\omega\mu\sigma}} \tag{7-89}$$

$$\tilde{\eta}_c=|\tilde{\eta}_c|\mathrm{e}^{\mathrm{j}\theta}=\frac{1}{\sigma}\sqrt{\frac{\mu\sigma\omega}{2}}(1+\mathrm{j})=\sqrt{\frac{\mu\omega}{\sigma}}\mathrm{e}^{\mathrm{j}\frac{\pi}{4}} \tag{7-90}$$

由式(7-87)可以看出，当高频电磁波传入良导体后，由于良导体的电导率很高，一般为 10^7 S/m 的量级，因此衰减常数 α 比较大，由式(7-68)和式(7-69)可知，电磁波的电场振幅和磁场振幅在良导体中衰减很快。因此，高频电磁波仅存在于良导体的表面，这种现象称为趋肤效应。为了表征良导体中趋肤效应的程度，定义电磁波电场强度振幅衰减到表面

振幅的 1/e 的深度为趋肤深度(或穿透深度)，以 δ 表示。由式(7-68)有

$$E_0 \mathrm{e}^{-\alpha\delta} = E_0 \mathrm{e}^{-1}$$

即

$$\delta = \frac{1}{\alpha} = \sqrt{\frac{2}{\omega\mu\sigma}} \tag{7-91}$$

可见，导电性能越好，工作频率越高，趋肤深度越小。比如，银的电导率为 $\sigma = 6.15 \times 10^7\,\mathrm{S/m}$，磁导率 $\mu_0 = 4\pi \times 10^7\,\mathrm{H/m}$，则趋肤深度为

$$\delta = \sqrt{\frac{1}{\pi f \mu_0 \sigma}} = \sqrt{\frac{1}{\pi \times f \times 4\pi \times 6.15}} = \frac{0.0642}{\sqrt{f}}$$

当频率 $f = 3\ \mathrm{GHz}$ 时，趋肤深度 $\delta \approx 1.17\ \mu\mathrm{m}$。由此可见，良导体的趋肤深度很小，电磁波能量主要集中在良导体表面的薄层内，因此很薄的金属片对无线电波有很好的屏蔽作用。

2. 表面电阻和表面阻抗

假设平面电磁波垂直入射到良导体表面，如图 7-5所示。在良导体中，由式(7-68)和式(7-69)可写出平面电磁波电场强度和磁场强度复振幅矢量为

$$\widetilde{\boldsymbol{E}}(z) = \boldsymbol{e}_x E_{x0} \mathrm{e}^{-\alpha z} \mathrm{e}^{-\mathrm{j}(\beta z - \varphi_e)} \tag{7-92}$$

$$\widetilde{\boldsymbol{H}}(z) = \boldsymbol{e}_y \frac{E_{x0}}{|\tilde{\eta}_c|} \mathrm{e}^{-\alpha z} \mathrm{e}^{-\mathrm{j}(\beta z - \varphi_e + \theta)} \tag{7-93}$$

式中：

$$|\tilde{\eta}_c| = \sqrt{\frac{\mu\omega}{\sigma}}, \quad \theta = \frac{\pi}{4} \tag{7-94}$$

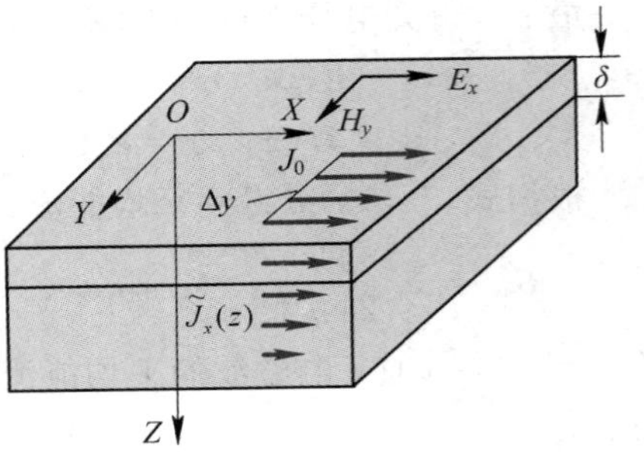

图 7-5 垂直于导体表面传播的平面波

根据欧姆定律 $\boldsymbol{J}_V = \sigma\boldsymbol{E}$，可知电流沿 X 方向流动，其电流体密度为

$$\widetilde{\boldsymbol{J}}_x(z) = \boldsymbol{e}_x \widetilde{J}_x(z) = \boldsymbol{e}_x \sigma E_{x0} \mathrm{e}^{-\alpha z} \mathrm{e}^{-\mathrm{j}(\beta z - \varphi_e)} = \boldsymbol{e}_x J_0 \mathrm{e}^{-\alpha z} \mathrm{e}^{-\mathrm{j}(\beta z - \varphi_e)} \tag{7-95}$$

式中：

$$J_0 = \sigma E_{x0} \tag{7-96}$$

为导体表面($z = 0$)处电流密度的幅值。

将式(7-92)和式(7-93)代入式(6-113)，得复坡印廷矢量为

$$\widetilde{\boldsymbol{S}} = \frac{1}{2}\widetilde{\boldsymbol{E}} \times \widetilde{\boldsymbol{H}}^* = \boldsymbol{e}_z \frac{E_{x0}^2}{2|\tilde{\eta}_c|} \mathrm{e}^{-2\alpha z} \mathrm{e}^{\mathrm{j}\theta} = \boldsymbol{e}_z \frac{1}{2}\sqrt{\frac{\sigma}{2\mu\omega}} E_{x0}^2 \mathrm{e}^{-2\alpha z} (1 + \mathrm{j}) \tag{7-97}$$

从而得到平均坡印廷矢量为

$$\boldsymbol{S}_{\mathrm{av}} = \mathrm{Re}[\widetilde{\boldsymbol{S}}] = \boldsymbol{e}_z \frac{1}{2}\sqrt{\frac{\sigma}{2\mu\omega}} E_{x0}^2 \mathrm{e}^{-2\alpha z} \tag{7-98}$$

由式(7-97)可以看出，复坡印廷矢量不仅有实功率，还有虚功率。如果取 $z = 0$，得到导体表面每单位面积所吸收的平均功率为

$$\boldsymbol{S}_{\mathrm{av}}(z = 0) = \boldsymbol{e}_z \frac{1}{2}\sqrt{\frac{\sigma}{2\mu\omega}} E_{x0}^2 \tag{7-99}$$

而单位面积导体内传导电流的热损耗功率，由焦耳定律积分式(4-24)，有

$$P = \frac{1}{2}\int_0^{\infty} \sigma E^2 \mathrm{d}z = \frac{1}{2}\int_0^{\infty} \sigma E_{x0}^2 \mathrm{e}^{-2\alpha z} \mathrm{d}z = \frac{\sigma}{4\alpha} E_{x0}^2 = \frac{1}{2}\sqrt{\frac{\sigma}{2\mu\omega}} E_{x0}^2 \tag{7-100}$$

比较式(7-99)和式(7-100)可知，导体表面每单位面积吸收的平均功率传入导体后，全部化为导体内的热损耗功率。

导体表面处的电场切向分量与磁场切向分量之比定义为导体表面阻抗(良导体的本征阻抗)。由式(7-92)和式(7-93)，并利用式(7-63)，良导体取 $\theta=\pi/4$，可得

$$\widetilde{Z}_S=\frac{\widetilde{E}_x}{\widetilde{H}_y}\bigg|_{z=0}=|\widetilde{\eta}_c|e^{j\frac{\pi}{4}}=\widetilde{\eta}_c=\sqrt{\frac{\mu\omega}{2\sigma}}(1+j)=R_S+jX_S \tag{7-101}$$

式(7-101)表明导体的表面阻抗 $\widetilde{Z}_S$ 等于复波阻抗 $\widetilde{\eta}_c$。R_S 和 X_S 分别称为表面电阻和表面电抗，并有

$$R_S=X_S=\sqrt{\frac{\mu\omega}{2\sigma}}=\frac{1}{\sigma\delta} \tag{7-102}$$

表面电阻 R_S 相当于单位长度、单位宽度而厚度为趋肤深度的导体块的直流电阻，而表面电抗 $X_S>0$，说明导体表面具有感性电抗的作用。

3. 表面电流

对于在 Y 方向宽度为 Δy、Z 方向从0延伸到无穷的导体，其中流过的电流为

$$\widetilde{I}=\Delta y\int_0^\infty \widetilde{J}_x(z)\mathrm{d}z=\Delta y\int_0^\infty J_0e^{-\alpha z}e^{-j(\beta z-\varphi_e)}\mathrm{d}z\quad=\Delta y e^{j\varphi_e}J_0\int_0^\infty e^{-\frac{1+j}{\delta}z}\mathrm{d}z=\frac{J_0\delta\Delta y}{1+j}e^{j\varphi_e} \tag{7-103}$$

式(7-103)最后等式中的分子等效于一个均匀的电流密度 J_0，电流在表面宽度为 Δy、厚度为 δ 的薄层中流过，这就是称为趋肤效应的原因。

在时变的情况下，由于存在趋肤效应，电流通过导线在横截面内的分布与直流电流完全不同，如图7-6所示。当直流电压加到导线两端时，流经导线的电流将在导线的横截面形成均匀的电流分布，而交变电流通过导线，电流分布在导线横截面的外圆周上最大，在导线的轴线上电流最小，从导线表面到轴线电流按指数规律减小。实际上，在高频的情况下，电流仅存在于导线横截面外围的一个薄层内。如果是理想导体，电流仅存在于导线的表面。

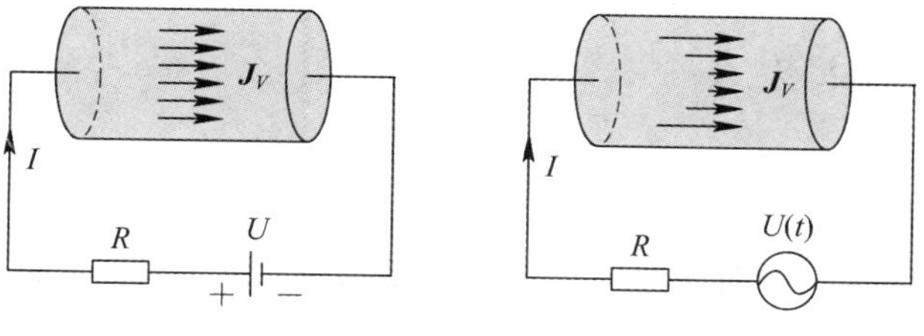

(a) 直流　　(b) 交流

图7-6　导线中的电流密度

7.3　平面电磁波的极化

由7.1节和7.2节的讨论可知，理想介质和有耗介质中的平面电磁波为横电磁波，电场矢量 $\boldsymbol{E}$ 和磁场矢量 $\boldsymbol{H}$ 垂直于波传播的方向，且电场矢量和磁场矢量在横平面内具有方向性，二者相互垂直。平面电磁波极化的概念是用于描述在给定空间点，电场矢量 $\boldsymbol{E}$ 在垂直

于波传播方向的横平面内矢量末端随时间变化的轨迹或形状，极化也称为偏振。通常可将极化分为三种：线极化、圆极化和椭圆极化。下面讨论平面电磁波极化的数学描述。

对于线性、各向同性的均匀无耗介质，沿任意方向 $\boldsymbol{k}_0$ 传播的均匀平面电磁波，由式(7-24)和式(7-25)，并利用式(7-39)，可写出电场复振幅矢量 $\widetilde{\boldsymbol{E}}$ 与磁场复振幅矢量 $\widetilde{\boldsymbol{H}}$ 为

$$\widetilde{\boldsymbol{E}}(\boldsymbol{r}) = \widetilde{\boldsymbol{E}}_0 \mathrm{e}^{-\mathrm{j}\boldsymbol{k}\cdot\boldsymbol{r}} \tag{7-104}$$

$$\widetilde{\boldsymbol{H}}(\boldsymbol{r}) = \frac{1}{\eta}\boldsymbol{k}_0 \times \widetilde{\boldsymbol{E}}_0 \mathrm{e}^{-\mathrm{j}\boldsymbol{k}\cdot\boldsymbol{r}} = \frac{1}{\eta}\boldsymbol{k}_0 \times \widetilde{\boldsymbol{E}}(\boldsymbol{r}) \tag{7-105}$$

对于有耗介质此关系也成立，仅需要把波阻抗换为复波阻抗 $\tilde{\eta}_c$，波矢量 $\boldsymbol{k}$ 换为复波矢量 $\tilde{\boldsymbol{k}}_c$ 即可。

为了讨论方便起见，设平面波传播方向为 $\boldsymbol{k}_0 = \boldsymbol{e}_z$，在垂直于 Z 轴的横平面内，电场强度和磁场强度复振幅矢量写成分量形式，有

$$\widetilde{\boldsymbol{E}}(z) = \widetilde{E}_x(z)\,\boldsymbol{e}_x + \widetilde{E}_y(z)\,\boldsymbol{e}_y \tag{7-106}$$

$$\widetilde{\boldsymbol{H}}(z) = \widetilde{H}_x(z)\,\boldsymbol{e}_x + \widetilde{H}_y(z)\,\boldsymbol{e}_y \tag{7-107}$$

应用式(7-105)，得

$$\widetilde{\boldsymbol{H}}(z) = \frac{1}{\eta}\boldsymbol{e}_z \times [\widetilde{E}_x(z)\,\boldsymbol{e}_x + \widetilde{E}_y(z)\,\boldsymbol{e}_y] = -\frac{1}{\eta}\widetilde{E}_y(z)\,\boldsymbol{e}_x + \frac{1}{\eta}\widetilde{E}_x(z)\,\boldsymbol{e}_y \tag{7-108}$$

比较式(7-107)和式(7-108)，有

$$\widetilde{H}_x(z) = -\frac{1}{\eta}\widetilde{E}_y(z), \quad \widetilde{H}_y(z) = \frac{1}{\eta}\widetilde{E}_x(z) \tag{7-109}$$

式(7-106)和式(7-109)表明，沿 Z 方向传播的平面波($\widetilde{\boldsymbol{E}}$，$\widetilde{\boldsymbol{H}}$)，电场在垂直于传播方向的横平面内任意取向，可以分解为两个平面波之和：一个具有分量($\widetilde{E}_x$，$\widetilde{H}_y$)，一个具有分量($\widetilde{E}_y$，$\widetilde{H}_x$)，如图 7-7 所示。这样一来，矢量平面电磁波的极化问题($\widetilde{\boldsymbol{E}}$ 末端的轨迹或形状)就可用两个平面波($\widetilde{E}_x$ 和 $\widetilde{E}_y$)的叠加来描述，使问题得以简化。

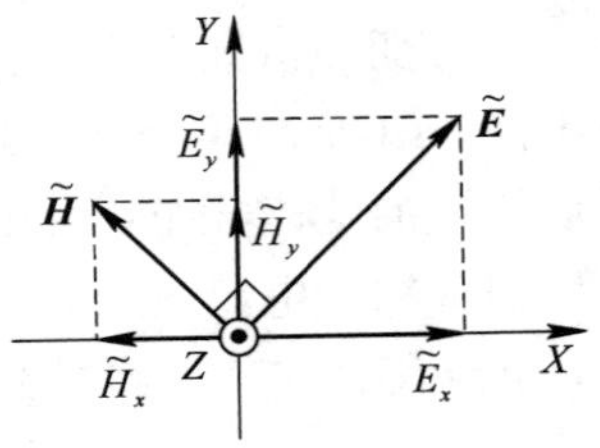

图 7-7　矢量平面波的分解

由式(7-104)，取 $\boldsymbol{k}_0 = \boldsymbol{e}_z$，可写出两个相互正交平面波电场复振幅 $\widetilde{E}_x(z)$ 和 $\widetilde{E}_y(z)$ 为

$$\widetilde{E}_x(z) = \widetilde{E}_{x0}\mathrm{e}^{-\mathrm{j}kz} \tag{7-110}$$

$$\widetilde{E}_y(z) = \widetilde{E}_{y0}\mathrm{e}^{-\mathrm{j}kz} \tag{7-111}$$

式中，$\widetilde{E}_{x0}$ 和 $\widetilde{E}_{y0}$ 分别为 X 方向和 Y 方向的初始复振幅。由于初始复振幅 $\widetilde{E}_{x0}$ 和 $\widetilde{E}_{y0}$ 存在初始相位(即辐角)，因此平面波的极化状态与 $\widetilde{E}_{x0}$ 和 $\widetilde{E}_{y0}$ 的相位差紧密相关，而不是取决于 $\widetilde{E}_{x0}$ 和 $\widetilde{E}_{y0}$ 的初始相位。比如 $z=0$，平面波的极化状态取决于 $\widetilde{E}_{y0}$ 相对于 $\widetilde{E}_{x0}$ 的相位，而不是 $\widetilde{E}_{x0}$ 和 $\widetilde{E}_{y0}$ 的绝对相位。为了描述方便起见，把 $\widetilde{E}_{x0}$ 作为参考并赋予 $\widetilde{E}_{x0}$ 的初相位为零，那么，记 $\widetilde{E}_{y0}$ 相对于 $\widetilde{E}_{x0}$ 的相位差为 δ，则式(7-110)和式(7-111)可改写为

$$\widetilde{E}_x(z) = |\widetilde{E}_{x0}|\,\mathrm{e}^{-\mathrm{j}kz} \tag{7-112}$$

$$\widetilde{E}_y(z) = |\widetilde{E}_{y0}|\,\mathrm{e}^{\mathrm{j}\delta}\mathrm{e}^{-\mathrm{j}kz} \tag{7-113}$$

式中，$|\widetilde{E}_{x0}|$ 和 $|\widetilde{E}_{y0}|$ 分别为 $\widetilde{E}_{x0}$ 和 $\widetilde{E}_{y0}$ 的模。由式(7-112)和式(7-113)可写出电场强度

的复振幅矢量为

$$\widetilde{\boldsymbol{E}}(z) = (|\widetilde{E}_{x0}|\boldsymbol{e}_x + |\widetilde{E}_{y0}|e^{j\delta}\boldsymbol{e}_y)e^{-jkz} \tag{7-114}$$

对应的电场强度矢量瞬时表达式为

$$\boldsymbol{E}(z;t) = \mathrm{Re}[\widetilde{\boldsymbol{E}}(z)e^{j\omega t}] = \boldsymbol{e}_x|\widetilde{E}_{x0}|\cos(\omega t - kz) + \boldsymbol{e}_y|\widetilde{E}_{y0}|\cos(\omega t - kz + \delta) \tag{7-115}$$

电场强度矢量分量形式为

$$\begin{cases} E_x(z;t) = |\widetilde{E}_{x0}|\cos(\omega t - kz) \\ E_y(z;t) = |\widetilde{E}_{y0}|\cos(\omega t - kz + \delta) \end{cases} \tag{7-116}$$

式(7-115)和式(7-116)就是用于讨论矢量平面电磁波极化的电场强度矢量瞬时表达式和电场强度分量表达式。

7.3.1 线极化波

设矢量平面电磁波沿 $+Z$ 方向传播，为方便讨论而又不失一般性，选择 $z=0$ 的平面。假设在 $z=0$ 的平面上，$\widetilde{E}_x(0;t)$ 与 $\widetilde{E}_y(0;t)$ 同相，即 $\delta=0$，根据式(7-115)，有

$$\boldsymbol{E}(0;t) = (\boldsymbol{e}_x|\widetilde{E}_{x0}| + \boldsymbol{e}_y|\widetilde{E}_{y0}|)\cos\omega t \tag{7-117}$$

由于 $\boldsymbol{e}_x|\widetilde{E}_{x0}| + \boldsymbol{e}_y|\widetilde{E}_{y0}|$ 为常矢量，表明合成电场矢量 $\boldsymbol{E}$ 在一平面内，电场矢量 $\boldsymbol{E}$ 与 X 轴的夹角为

$$\psi(0;t) = \arctan\frac{|\widetilde{E}_{y0}|}{|\widetilde{E}_{x0}|} \quad (\text{同相}) \tag{7-118}$$

相角在第一象限内，与时间 t 无关，相角为常数，这样的平面波称为线极化平面波。

如果 $E_x(0;t)$ 与 $E_y(0;t)$ 反相，即 $\delta=\pi$，则有

$$\boldsymbol{E}(0;t) = [\boldsymbol{e}_x|\widetilde{E}_{x0}| - \boldsymbol{e}_y|\widetilde{E}_{y0}|]\cos(\omega t) \tag{7-119}$$

同样，$\boldsymbol{e}_x|\widetilde{E}_{x0}| - \boldsymbol{e}_y|\widetilde{E}_{y0}|$ 为常矢量，表明合成电场矢量 $\boldsymbol{E}$ 仍在一平面内，电场矢量与 X 方向的夹角为

$$\psi(0;t) = \arctan\frac{-|\widetilde{E}_{y0}|}{|\widetilde{E}_{x0}|} \quad (\text{反相}) \tag{7-120}$$

相角在第四象限内，相角为常数，如图 7-8 所示。在 $z=0$ 平面内，由式(7-117)，有

$$|\boldsymbol{E}(0;t)| = \sqrt{|\widetilde{E}_{x0}|^2 + |\widetilde{E}_{y0}|^2}\cos\omega t \tag{7-121}$$

显然，$\boldsymbol{E}$ 的大小随时间按余弦规律变化。

如果 $E_y(0;t)=0$，$\psi=0$ 或 π，则平面波为 X 线极化平面波；如果 $E_x(0;t)=0$，$\psi=+\pi/2$ 或 $-\pi/2$，则平面波为 Y 线极化平面波。

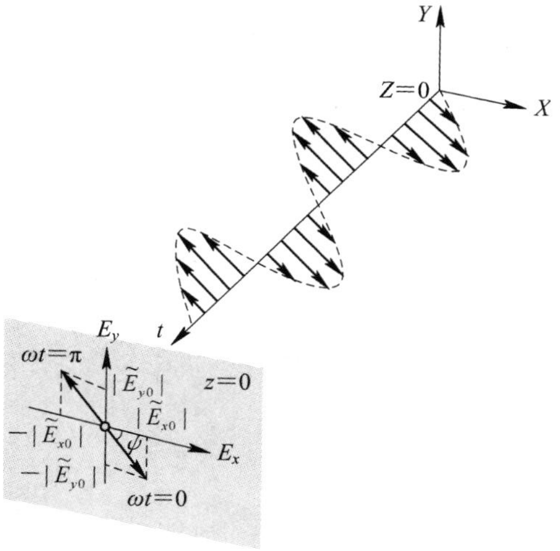

图 7-8 线极化波(反相)

7.3.2 圆极化波

考虑电场矢量 $\boldsymbol{E}$ 的 X 和 Y 分量相等的情况，并假定 $\delta=\pm\pi/2$。

1. 左旋圆极化波

如果 $|\widetilde{E}_{x0}|=|\widetilde{E}_{y0}|=|\widetilde{E}_0|$，$\delta=+\pi/2$，选择 $z=0$ 平面，根据式(7-115)，有

$$\begin{aligned}\boldsymbol{E}(0;t)&=\boldsymbol{e}_x|\widetilde{E}_0|\cos(\omega t)+\boldsymbol{e}_y|\widetilde{E}_0|\cos\left(\omega t+\frac{\pi}{2}\right)\\&=\boldsymbol{e}_x|\widetilde{E}_0|\cos(\omega t)-\boldsymbol{e}_y|\widetilde{E}_0|\sin(\omega t)\end{aligned}\tag{7-122}$$

由此可写出合成电场矢量 $\boldsymbol{E}$ 相应的模和相角为

$$\begin{aligned}|\boldsymbol{E}(0;t)|&=[E_x^2(0;t)+E_y^2(0;t)]^{1/2}\\&=[|\widetilde{E}_0|^2\cos^2(\omega t)+|\widetilde{E}_0|^2\sin^2(\omega t)]^{1/2}=|\widetilde{E}_0|\end{aligned}\tag{7-123}$$

$$\psi(0;t)=\arctan\frac{E_y(0;t)}{E_x(0;t)}=\arctan\frac{-|\widetilde{E}_0|\sin(\omega t)}{|\widetilde{E}_0|\cos(\omega t)}=-\omega t\tag{7-124}$$

由此可见，电场矢量的模 $|\boldsymbol{E}(0;t)|$ 为常数，而相角 ψ 是时间变量 t 的线性函数，在 $z=0$ 的横平面内，电场矢量 $\boldsymbol{E}$ 以角速度 ω 绕 Z 轴旋转，$\boldsymbol{E}(0;t)$ 末端的轨迹为 XY 平面内的一个圆，这样的平面波称为圆极化平面波。式(7-124)中的负号说明，随着时间的增加，相角在减小，如图 7-9(a)所示。当逆着波传播的方向 $-\boldsymbol{e}_z$ 观察时，电场矢量随时间沿顺时针方向旋转，这种波也称为左旋圆极化波，因为当左手大拇指沿着波传播的方向时，其余弯曲四指指向电场 $\boldsymbol{E}$ 旋转的方向。

2. 右旋圆极化波

同样，取 $|\widetilde{E}_{x0}|=|\widetilde{E}_{y0}|=|\widetilde{E}_0|$，而 $\delta=-\pi/2$，选择 $z=0$ 平面，根据式(7-115)，有

$$|\boldsymbol{E}(0;t)|=|\widetilde{E}_0|,\quad \psi=\omega t\tag{7-125}$$

合成矢量 $\boldsymbol{E}$ 随时间 t 的变化轨迹仍为 XY 平面内的一个圆，如图 7-9(b)所示。当逆着波传播的方向 $-\boldsymbol{e}_z$ 观察时，由于相角 ψ 取正值，随着时间的增加，相角也在增加，电场矢量 $\boldsymbol{E}$ 随时间沿逆时针方向旋转，这种波也称为右旋圆极化波，因为当右手大拇指沿着波传播的方向时，其余弯曲四指指向电场 $\boldsymbol{E}$ 旋转的方向。

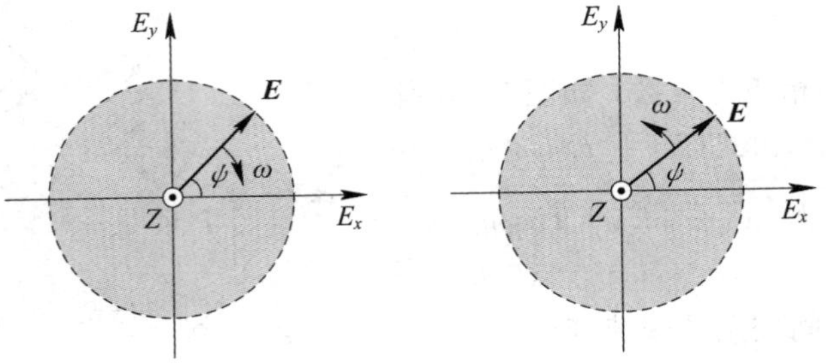

(a) 左旋　　(b) 右旋

图 7-9　圆极化波

左旋圆极化波电场矢量 $\boldsymbol{E}$ 随时间的变化如图 7-10 所示，电场 $\boldsymbol{E}$ 末端轨迹随时间的变化形成螺旋线。如果固定时间 t，电场矢量 $\boldsymbol{E}$ 随坐标 z 变化，在空间也形成螺旋线，但方向

正好与图 7-10 的相反。

圆极化波具有两个与应用有关的重要特性：

(1) 圆极化波入射到对称目标上时，反射波的旋转方向反向，即左旋极化波变为右旋极化波，右旋极化波变为左旋极化波；

(2) 天线若辐射左旋圆极化波，则天线仅接收左旋圆极化波而不接收右旋圆极化波；反之，若天线辐射右旋圆极化波，则天线仅接收右旋圆极化波。这种性质称为圆极化天线的旋转正交性。

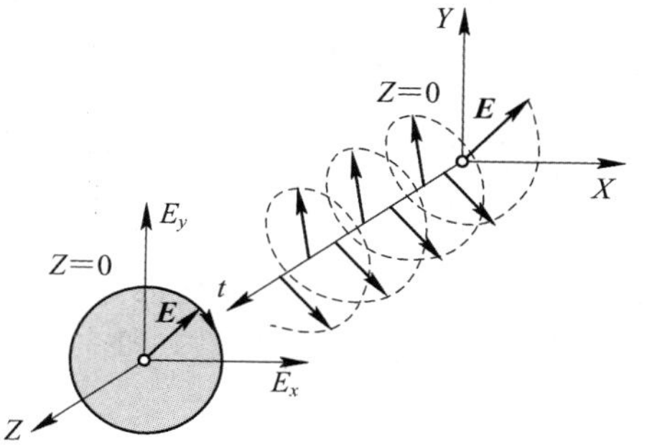

图 7-10　左旋圆极化波随时间变化形成螺旋线

根据这些性质，在雨雾天气的情况下，雷达采用圆极化波工作，将具有抑制雨雾干扰的能力，因为水滴近似呈球形，对圆极化波的反射是反旋的，不会为雷达天线所接收。雷达目标如飞机、舰船或坦克一般是非简单对称体，反射波是椭圆极化波，必有同旋向的圆极化成分，因而天线可以接收到。同样，如果电视台播发的电视信号是由圆极化波载送的(如国际通信卫星转发的电视信号)，则在建筑物上的反射波是反旋向的，反射波不会被接收原旋向波的电视天线所接收，从而可以避免因建筑物的多次反射所引起的电视图像的重影效应。

因为一个线极化波可以分解为两个极化方向相反的圆极化波，所以不同取向的线极化波都可以由圆极化天线接收到，因此现代战争中都采用圆极化天线进行电子侦察和实施电子干扰。

7.3.3　椭圆极化波

1. 标准椭圆方程

如果 $|\widetilde{E}_{x0}| \neq |\widetilde{E}_{y0}| \neq 0$，$\delta = \pm \pi/2$，则根据式(7-115)，选择 $z=0$ 平面，有

$$\boldsymbol{E}(0;\ t) = \boldsymbol{e}_x |\widetilde{E}_{x0}| \cos(\omega t) \mp \boldsymbol{e}_y |\widetilde{E}_{y0}| \sin(\omega t) \tag{7-126}$$

其分量表达式为

$$E_x(0;\ t) = |\widetilde{E}_{x0}| \cos(\omega t) \tag{7-127}$$

$$E_y(0;\ t) = \mp |\widetilde{E}_{y0}| \sin(\omega t) \tag{7-128}$$

式(7-127)和式(7-128)也可写为

$$\frac{E_x(0;\ t)}{|\widetilde{E}_{x0}|} = \cos(\omega t) \tag{7-129}$$

$$\frac{E_y(0;\ t)}{|\widetilde{E}_{y0}|} = \mp \sin(\omega t) \tag{7-130}$$

式(7-129)和式(7-130)平方后相加，得

$$\frac{E_x^2(0;\ t)}{|\widetilde{E}_{x0}|^2} + \frac{E_y^2(0;\ t)}{|\widetilde{E}_{y0}|^2} = 1 \tag{7-131}$$

式(7-131)表明，在 $z=0$ 平面内，电场强度矢量 $\boldsymbol{E}(0;\ t)$ 末端轨迹随时间的变化为标准椭圆方程，这种波称为椭圆极化波，如图 7-11 所示。当 $|\widetilde{E}_{x0}| > |\widetilde{E}_{y0}|$ 时，其长轴为 $2|\widetilde{E}_{x0}|$；当 $|\widetilde{E}_{x0}| < |\widetilde{E}_{y0}|$ 时，其

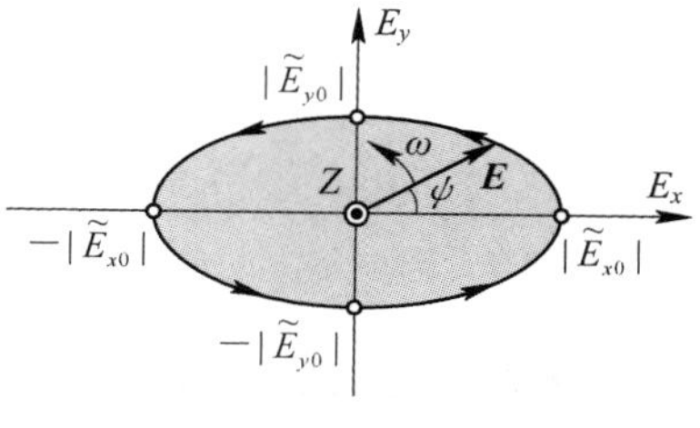

图 7-11　右旋椭圆极化

长轴为 $2|\widetilde{E}_{y0}|$。

当 $\delta=+\pi/2$ 时，由式(7-127)和式(7-128)可知，其相角为

$$\psi(0;\ t)=\arctan\frac{E_y(0;\ t)}{E_x(0;\ t)}=\arctan\frac{-|\widetilde{E}_{y0}|\sin(\omega t)}{|\widetilde{E}_{x0}|\cos(\omega t)}=-\arctan\left(\frac{|\widetilde{E}_{y0}|}{|\widetilde{E}_{x0}|}\tan\omega t\right) \tag{7-132}$$

可见，$\psi(0;\ t)$ 取"－"，极化波为左旋椭圆极化波。但是，与圆极化波不同，$\psi(0;\ t)\neq\omega t$，两角度的正切之比为一常数，即

$$\frac{\tan\psi(0;\ t)}{\tan(\omega t)}=-\frac{|\widetilde{E}_{y0}|}{|\widetilde{E}_{x0}|} \tag{7-133}$$

当 $\delta=-\pi/2$ 时，$\psi(0;\ t)$ 取"＋"，极化波为右旋椭圆极化波。

2. 一般椭圆方程

对于一般情况，$|\widetilde{E}_{x0}|\neq|\widetilde{E}_{y0}|\neq 0$，$\delta\neq 0$，根据式(7-116)，选择 $z=0$ 平面，可得

$$\frac{E_x(0;\ t)}{|\widetilde{E}_{x0}|}=\cos(\omega t) \tag{7-134}$$

$$\frac{E_y(0;\ t)}{|\widetilde{E}_{y0}|}=\cos(\omega t+\delta)=\cos(\omega t)\cos\delta-\sin(\omega t)\sin\delta \tag{7-135}$$

式(7-134)与式(7-135)两端相乘，得

$$\frac{E_x(0;\ t)}{|\widetilde{E}_{x0}|}\frac{E_y(0;\ t)}{|\widetilde{E}_{y0}|}=\cos^2\omega t\cos\delta-\sin\omega t\cos\omega t\sin\delta \tag{7-136}$$

式(7-134)、式(7-135)两边取平方，然后相加，得

$$\frac{E_x^2(0;\ t)}{|\widetilde{E}_{x0}|^2}+\frac{E_y^2(0;\ t)}{|\widetilde{E}_{y0}|^2}=\cos^2(\omega t)+\cos^2(\omega t)\cos^2\delta-2\sin(\omega t)\cos(\omega t)\sin\delta\cos\delta+\sin^2(\omega t)\sin^2\delta \tag{7-137}$$

式(7-136)两端乘 $2\cos\delta$，并与式(7-137)相减，整理得到

$$\frac{E_x^2(0;\ t)}{|\widetilde{E}_{x0}|^2}+\frac{E_y^2(0;\ t)}{|\widetilde{E}_{y0}|^2}-2\left(\frac{E_x(0;\ t)}{|\widetilde{E}_{x0}|}\right)\left(\frac{E_y(0;\ t)}{|\widetilde{E}_{y0}|}\right)\cos\delta=\sin^2\delta \tag{7-138}$$

式(7-138)为一般的椭圆方程，表明在 $z=0$ 平面内，电场强度矢量 $\boldsymbol{E}(0;\ t)$ 的末端轨迹随时间的变化为椭圆，如图7-12所示。

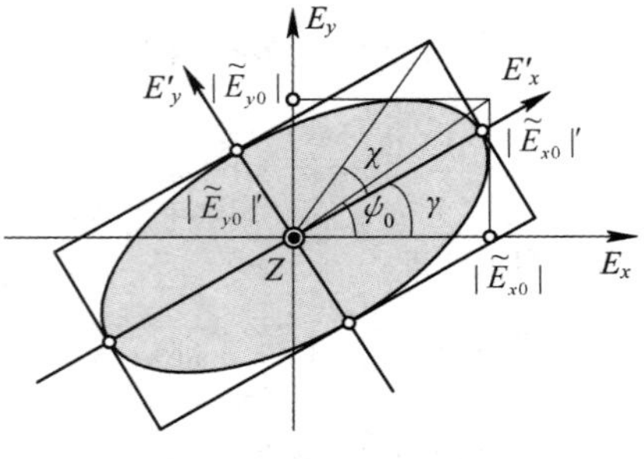

图7-12　椭圆极化参数

3. 椭圆极化波的三角函数表示法

对于一般情况下的椭圆极化波，除了方程(7-138)的表示外，还有三角函数表示法、

斯托克斯参量表示法和邦加球表示法。这些方法的优点在于便于测量。下面简单介绍椭圆极化的三角函数表示法。

三角函数表示法通常引入 χ 和 γ 两个参数，χ 称为椭圆角；γ 是椭圆长轴 E'_x 与参考方向 E_x 轴之间的夹角，称为椭圆倾角，如图 7－12 所示。

椭圆角定义为

$$\tan\chi = \pm\frac{|\widetilde{E}_{y0}|'}{|\widetilde{E}_{x0}|'}\quad\left(-\frac{\pi}{2}\leqslant\chi\leqslant+\frac{\pi}{2}\right)\tag{7-139}$$

式中，“$\pm$”对应于椭圆极化两种旋转方向。另外，还需定义椭圆辅助角 ψ_0 为

$$\tan\psi_0 = \frac{|\widetilde{E}_{y0}|}{|\widetilde{E}_{x0}|}\quad\left(0\leqslant\psi_0\leqslant\frac{\pi}{2}\right)\tag{7-140}$$

由此可以证明，椭圆极化可用三角函数表示为①

$$\tan(2\gamma) = \tan(2\psi_0)\cos\delta\quad\left(-\frac{\pi}{2}\leqslant\gamma\leqslant+\frac{\pi}{2}\right)\tag{7-141}$$

$$\sin(2\chi) = \sin(2\psi_0)\sin\delta\quad\left(-\frac{\pi}{2}\leqslant\chi\leqslant+\frac{\pi}{2}\right)\tag{7-142}$$

χ 和 γ 描述了椭圆极化的形状和取向，应用中可以直接测量。

表 7－1 给出了不同角度 γ 和 χ 组合情况下的极化状态示意图。当 $\chi=\pm45°$ 时，椭圆退化为圆；当 $\chi=0$ 时，椭圆退化为直线。$\chi>0$ 对应于 $\sin\delta>0$，相应的极化波为左旋波，而 $\chi<0$ 对应于 $\sin\delta<0$，相应的极化波为右旋波。

表 7－1　不同角度 χ 和 γ 组合情况下的极化状态示意图

χ	极化波	γ				
		−90°	−45°	0°	45°	90°
45°	左旋圆极化波	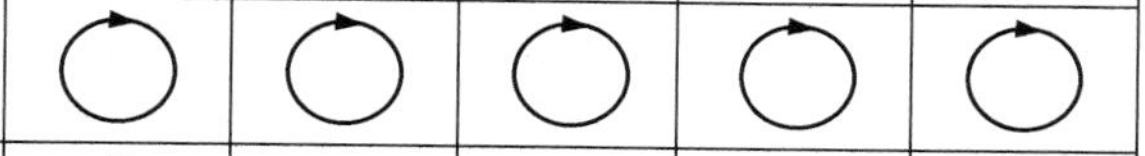				
22.5°	左旋椭圆极化波	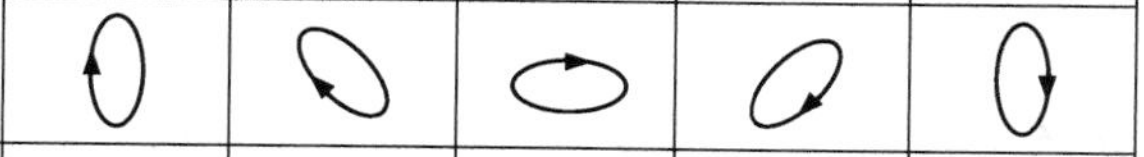				
0°	线极化波	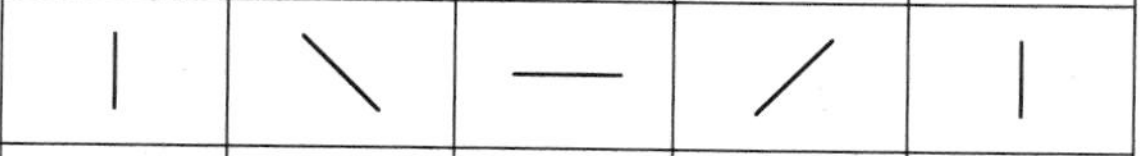				
−22.5°	右旋椭圆极化波	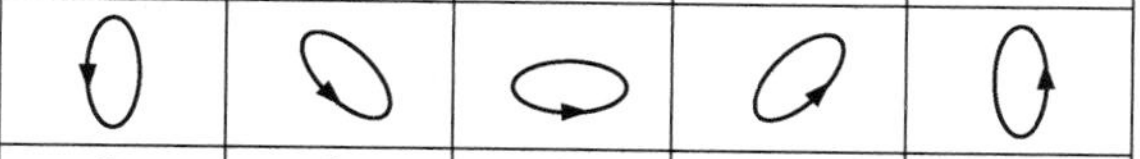				
−45°	右旋圆极化波	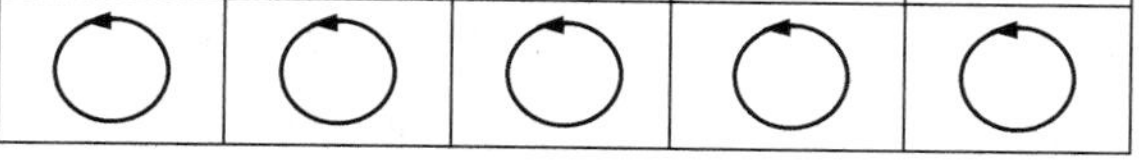				

【例 7.4】 已知某区域电场强度复振幅矢量的表达式为

$$\widetilde{\boldsymbol{E}}(z) = (4\boldsymbol{e}_x + 3\mathrm{e}^{-\mathrm{j}\frac{\pi}{2}}\boldsymbol{e}_y)\mathrm{e}^{-(0.1z+\mathrm{j}0.3z)}$$

试讨论电场所表示的均匀平面波的极化特性。

解　由给定电场强度复振幅矢量的表达式可以看出，这是在有耗介质中沿 $+Z$ 方向传播的均匀平面波。电场强度的两个瞬时分量表达式为

---

① 证明见附录Ⅵ。

$$E_x(z;\ t)=\mathrm{Re}[\widetilde{E}_x(z)\mathrm{e}^{\mathrm{j}\omega t}]=\mathrm{Re}[4\mathrm{e}^{-0.1z}\mathrm{e}^{\mathrm{j}(\omega t-0.3z)}]=4\mathrm{e}^{-0.1z}\cos(\omega t-0.3z)$$

$$E_y(z;\ t)=\mathrm{Re}[\widetilde{E}_y(z)\mathrm{e}^{\mathrm{j}\omega t}]=\mathrm{Re}[3\mathrm{e}^{-0.1z}\mathrm{e}^{\mathrm{j}\left(\omega t-0.3z-\frac{\pi}{2}\right)}]=3\mathrm{e}^{-0.1z}\cos\left(\omega t-0.3z-\frac{\pi}{2}\right)$$

为简单起见，取 $z=0$，得到

$$E_x(0;\ t)=4\cos(\omega t)$$

$$E_y(0;\ t)=3\cos\left(\omega t-\frac{\pi}{2}\right)=3\sin(\omega t)$$

两式平方后相加，得

$$\frac{E_x^2(0;\ t)}{16}+\frac{E_y^2(0;\ t)}{9}=1$$

显然这是一个标准的椭圆方程，长半轴为 $|\widetilde{E}_{x0}|=4$，短半轴为 $|\widetilde{E}_{y0}|=3$。因此，根据给定的电场强度的表达式判定均匀平面电磁波为椭圆极化波。又因为 $\delta=-\pi/2$，或根据 $\sin\delta=\sin(-\pi/2)<0$，判定电场强度矢量末端随时间变化的轨迹为右旋，所以均匀平面波为右旋椭圆极化波。

7.4 标量光波

1865年麦克斯韦建立了电磁理论，并预言光波就是电磁波，因而光波是矢量波。但是，1860年之前，光波作为标量场的波动学说已经建立，光波衍射遵循惠更斯-菲涅耳原理。1882年基尔霍夫在麦克斯韦方程的基础上，把光波看作标量球面波，建立了基尔霍夫标量衍射理论，成功地把惠更斯-菲涅耳原理用数学的形式表示出来。在光学教材中，基尔霍夫标量衍射理论一直用于衍射的定量描述，所以光波标量衍射理论也应该归于电磁理论的范畴。第9章光的干涉和第10章光的衍射，需要用到无界空间标量光波的概念，包括标量平面光波、标量柱面光波和标量球面光波。下面分别进行讨论。

7.4.1 标量平面光波

在无源、均匀、线性各向同性理想介质中，电场复振幅矢量满足矢量赫姆霍兹方程(7-1)。如果把电场复振幅矢量 $\widetilde{\boldsymbol{E}}$ 看作是标量电场复振幅 $\widetilde{E}$，则矢量赫姆霍兹方程就变为标量赫姆霍兹方程

$$\nabla^2\widetilde{E}+k^2\widetilde{E}=0 \tag{7-143}$$

式中，$k=\omega\sqrt{\mu\varepsilon}$ 为波数。式(7-143)就是无源无界空间标量电场所满足的赫姆霍兹方程。

方程(7-143)与方程(7-7)的求解过程相同，仅考虑 $+X$、$+Y$ 和 $+Z$ 方向传播的波，由式(7-17)可写出标量赫姆霍兹方程(7-143)的解为

$$\widetilde{E}(x,\ y,\ z)=\widetilde{E}_0\mathrm{e}^{-\mathrm{j}(k_x x+k_y y+k_z z)}=\widetilde{E}_0\mathrm{e}^{-\mathrm{j}\boldsymbol{k}\cdot\boldsymbol{r}} \tag{7-144}$$

式中，$\boldsymbol{k}$ 为波矢量，见式(7-23)；$\boldsymbol{r}$ 为等相位面上任一点的位置矢量；$\widetilde{E}_0$ 为标量电场初始复振幅。式(7-144)就是标量平面光波的复振幅表达式，与式(7-24)比较可知，矢量平面电磁波与标量平面光波复振幅表达式的区别仅在于矢量平面波的初始复振幅 $\widetilde{\boldsymbol{E}}_0$ 为矢量，而标量平面光波的初始复振幅 $\widetilde{E}_0$ 为标量。

假定 $\widetilde{E}_0=|\widetilde{E}_0|\mathrm{e}^{\mathrm{j}\varphi_e}$，将式(7-144)乘时间因子 $\mathrm{e}^{\mathrm{j}\omega t}$，取实部，得到瞬时标量电场为

$$E(\boldsymbol{r};t)=\mathrm{Re}[\widetilde{E}_0\mathrm{e}^{\mathrm{j}(\omega t-\boldsymbol{k}\cdot\boldsymbol{r})}]=|\widetilde{E}_0|\cos(\omega t-\boldsymbol{k}\cdot\boldsymbol{r}+\varphi_{\mathrm{e}}) \tag{7-145}$$

由此可写出等相位面方程为

$$\omega t-\boldsymbol{k}\cdot\boldsymbol{r}+\varphi_{\mathrm{e}}=\omega t-(k_x x+k_y y+k_z z)+\varphi_{\mathrm{e}}=C\quad(\text{常数}) \tag{7-146}$$

显然，等相位面为平面，因此式(7-145)称为标量平面光波。

对式(7-146)两边求时间导数，得到相速度为

$$v_\varphi=\boldsymbol{k}_0\cdot\frac{\mathrm{d}\boldsymbol{r}}{\mathrm{d}t}=\frac{1}{\sqrt{\mu\varepsilon}}=\frac{c}{n} \tag{7-147}$$

式中，$n=\sqrt{\varepsilon_{\mathrm{r}}}$ 为介质折射率(假定 $\mu_{\mathrm{r}}=1$)；c 为光速。

7.4.2　标量柱面光波

假设在均匀各向同性线性理想介质中沿 Z 轴放置一理想线光源，如图 7-13(a)所示。光源发射电磁波，在无源区域电场复振幅矢量 $\widetilde{\boldsymbol{E}}$ 满足齐次矢量赫姆霍兹方程(7-1)。在柱坐标系下，把电场复振幅矢量 $\widetilde{\boldsymbol{E}}$ 写成分量形式，有

$$\widetilde{\boldsymbol{E}}=\widetilde{E}_\rho\boldsymbol{e}_\rho+\widetilde{E}_\varphi\boldsymbol{e}_\varphi+\widetilde{E}_z\boldsymbol{e}_z \tag{7-148}$$

柱坐标系下的拉普拉斯算子为

$$\nabla^2=\frac{1}{\rho}\frac{\partial}{\partial\rho}\left(\rho\frac{\partial}{\partial\rho}\right)+\frac{1}{\rho^2}\frac{\partial^2}{\partial\varphi^2}+\frac{\partial^2}{\partial z^2} \tag{7-149}$$

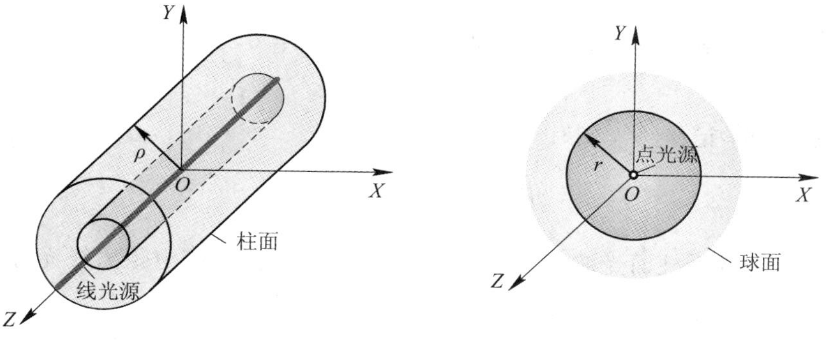

(a) 柱面波　　(b) 球面波

图 7-13　标量柱面光波和标量球面光波

拉普拉斯算子作用于矢量函数式(7-148)，写出方程分量形式，有①

$$\begin{cases}\nabla^2\widetilde{E}_\rho-\dfrac{1}{\rho^2}\widetilde{E}_\rho-\dfrac{2}{\rho^2}\dfrac{\partial\widetilde{E}_\varphi}{\partial\varphi}+k^2\widetilde{E}_\rho=0\\[2ex]\nabla^2\widetilde{E}_\varphi-\dfrac{1}{\rho^2}\widetilde{E}_\varphi+\dfrac{2}{\rho^2}\dfrac{\partial\widetilde{E}_\rho}{\partial\varphi}+k^2\widetilde{E}_\varphi=0\\[2ex]\nabla^2\widetilde{E}_z+k^2\widetilde{E}_z=0\end{cases} \tag{7-150}$$

与直角坐标系下式(7-6)相比较，除 $\widetilde{E}_z$ 分量具有标量齐次赫姆霍兹方程的形式外，柱坐标系下 $\widetilde{E}_\rho$ 和 $\widetilde{E}_\varphi$ 分量方程不具有齐次赫姆霍兹方程的形式，两个分量方程既含有 $\widetilde{E}_\rho$ 又含有

---

① 梁昆淼:《数学物理方法》,人民教育出版社,1979,第 293 页。

$\widetilde{E}_\varphi$，出现交叉项，使得求解电场复振幅矢量变得很复杂。

为了简化求解，在理想线源的情况下，假设电场为标量，则电场仅与坐标 ρ 有关，而与 φ 和 z 无关，标量电场仍满足标量赫姆霍兹方程(7-143)。

标量赫姆霍兹方程(7-143)相对应的格林函数 $\widetilde{G}$ 满足方程

$$\nabla^2\widetilde{G}+k^2\widetilde{G}=-\delta(\boldsymbol{r}-\boldsymbol{r}') \tag{7-151}$$

式中，$\boldsymbol{r}'$ 为线光源所在的位置，$\delta(\boldsymbol{r}-\boldsymbol{r}')$ 为线源 δ 函数。当线光源放置于 Z 轴时，由于线光源无限长，光源产生的场与 φ 和 z 无关，而仅与 ρ 有关，因此格林函数 $\widetilde{G}$ 仅与 ρ 有关。在无源区域，$\boldsymbol{r}\neq 0$，方程(7-151)简化为

$$\frac{1}{\rho}\frac{\mathrm{d}}{\mathrm{d}\rho}\left(\rho\frac{\mathrm{d}\widetilde{G}}{\mathrm{d}\rho}\right)+k^2\widetilde{G}=0 \tag{7-152}$$

这是零阶柱贝塞尔方程，其两个线性无关的解可取第三类零阶柱贝塞尔函数或称柱汉开尔函数，即

$$\begin{cases}\mathrm{H}_0^{(1)}(k\rho)\approx\sqrt{\dfrac{2}{\pi k\rho}}\mathrm{e}^{\mathrm{j}\left(k\rho-\frac{\pi}{4}\right)}\\[2ex]\mathrm{H}_0^{(2)}(k\rho)\approx\sqrt{\dfrac{2}{\pi k\rho}}\mathrm{e}^{-\mathrm{j}\left(k\rho-\frac{\pi}{4}\right)}\end{cases} \tag{7-153}$$

由此可写出方程(7-152)的解为

$$\widetilde{G}=\widetilde{A}\mathrm{H}_0^{(1)}(k\rho)+\widetilde{B}\mathrm{H}_0^{(2)}(k\rho) \tag{7-154}$$

式中，$\widetilde{A}$ 和 $\widetilde{B}$ 为复常数。如果仅考虑正向发散波，取 $\widetilde{A}=0$，则有

$$\widetilde{G}=\widetilde{B}\mathrm{H}_0^{(2)}(k\rho) \tag{7-155}$$

将系数合写在一起，记作 $\widetilde{A}_0$，则有

$$\widetilde{E}(\rho)=\widetilde{G}=\frac{\widetilde{A}_0}{\sqrt{\rho}}\mathrm{e}^{-\mathrm{j}k\rho} \tag{7-156}$$

这就是理想线光源标量柱面光波电场的复振幅表达式，式中 $\widetilde{A}_0$ 为距离线光源单位距离处的复振幅，$1/\sqrt{\rho}$ 为柱面波衰减因子。

假定 $\widetilde{A}_0=|\widetilde{A}_0|\mathrm{e}^{\mathrm{j}\varphi_a}$，将式(7-156)乘时间因子 $\mathrm{e}^{\mathrm{j}\omega t}$，取实部，得到瞬时标量电场为

$$E(\rho;\ t)=\mathrm{Re}\left[\frac{\widetilde{A}_0}{\sqrt{\rho}}\mathrm{e}^{\mathrm{j}(\omega t-k\rho)}\right]=\frac{|\widetilde{A}_0|}{\sqrt{\rho}}\cos(\omega t-k\rho+\varphi_a) \tag{7-157}$$

由此得等相位面方程为

$$\omega t-k\rho+\varphi_a=\omega t-k\sqrt{x^2+y^2}+\varphi_a=C\quad(\text{常数}) \tag{7-158}$$

显然，对于给定的时间 t，方程(7-158)为柱面波方程。

通常情况下，柱面光波干涉一般不考虑光波的衰减，可令

$$\widetilde{E}_0=\frac{\widetilde{A}_0}{\sqrt{\rho}}=|\widetilde{E}_0|\mathrm{e}^{\mathrm{j}\varphi_e} \tag{7-159}$$

$\widetilde{E}_0$ 为单位距离处的电场初始复振幅。由此式(7-157)可改写为

$$E(\rho;\ t)=|\widetilde{E}_0|\cos(\omega t-k\rho+\varphi_e) \tag{7-160}$$

这就是标量柱面光波的表达式。

对式(7-158)两边求时间导数，得到相速度为

$$v_\varphi = \frac{\mathrm{d}\rho}{\mathrm{d}t} = \frac{\omega}{k} = \frac{1}{\sqrt{\mu\varepsilon}} = \frac{c}{n} \tag{7-161}$$

式中，n 为介质的折射率，c 为光速。

7.4.3 标量球面光波

标量球面光波与标量柱面光波的处理相同。假设在均匀各向同性线性理想介质中，坐标原点放置理想点光源，如图 7-13(b)所示。点光源发射电磁波，在无源区域电场复振幅矢量 $\widetilde{\boldsymbol{E}}$ 满足齐次矢量赫姆霍兹方程(7-1)。在球坐标系下，把电场复振幅矢量 $\widetilde{\boldsymbol{E}}$ 写成分量形式，有

$$\widetilde{\boldsymbol{E}} = \widetilde{E}_r \boldsymbol{e}_r + \widetilde{E}_\theta \boldsymbol{e}_\theta + \widetilde{E}_\varphi \boldsymbol{e}_\varphi \tag{7-162}$$

球坐标系下的拉普拉斯算子为

$$\nabla^2 = \frac{1}{r^2}\frac{\partial}{\partial r}\left(r^2\frac{\partial}{\partial r}\right) + \frac{1}{r^2\sin\theta}\frac{\partial}{\partial\theta}\left(\sin\theta\frac{\partial}{\partial\theta}\right) + \frac{1}{r^2\sin^2\theta}\frac{\partial^2}{\partial\varphi^2} \tag{7-163}$$

拉普拉斯算子作用于矢量函数式(7-162)，写出方程(7-1)的分量形式，有①

$$\begin{cases}\nabla^2\widetilde{E}_r - \dfrac{2}{r^2}\widetilde{E}_r - \dfrac{2}{r^2\sin^2\theta}\dfrac{\partial}{\partial\theta}(\widetilde{E}_\theta\sin\theta) - \dfrac{2}{r^2\sin\theta}\dfrac{\partial\widetilde{E}_\varphi}{\partial\varphi} + k^2\widetilde{E}_r = 0 \\ \nabla^2\widetilde{E}_\theta - \dfrac{1}{r^2\sin^2\theta}\widetilde{E}_\theta + \dfrac{2}{r^2}\dfrac{\partial\widetilde{E}_r}{\partial\theta} - \dfrac{2\cos\theta}{r^2\sin^2\theta}\dfrac{\partial\widetilde{E}_\varphi}{\partial\varphi} + k^2\widetilde{E}_\theta = 0 \\ \nabla^2\widetilde{E}_\varphi - \dfrac{1}{r^2\sin^2\theta}\widetilde{E}_\varphi + \dfrac{2}{r^2\sin\theta}\dfrac{\partial\widetilde{E}_r}{\partial\varphi} + \dfrac{2\cos\theta}{r^2\sin^2\theta}\dfrac{\partial\widetilde{E}_\theta}{\partial\varphi} + k^2\widetilde{E}_\varphi = 0\end{cases} \tag{7-164}$$

相比之下，球坐标系下的分量方程更为复杂，不可能利用此分量式求解电场强度矢量的分布。为此需要简化求解。

假设电场为标量，当点光源放置于坐标原点时，光源产生的场仅与坐标 r 有关，而与 θ 和 φ 无关，标量电场仍满足标量赫姆霍兹方程(7-143)，相对应的格林函数 $\widetilde{G}$ 满足方程(7-151)。在无源区域，$\boldsymbol{r} \neq 0$，方程(7-151)可简化为

$$\frac{1}{r^2}\frac{\mathrm{d}}{\mathrm{d}r}\left(r^2\frac{\mathrm{d}\widetilde{G}}{\mathrm{d}r}\right) + k^2\widetilde{G} = 0 \tag{7-165}$$

令

$$\widetilde{U} = r\widetilde{G} \tag{7-166}$$

代入方程(7-165)，得

$$\frac{\mathrm{d}^2\widetilde{U}}{\mathrm{d}r^2} + k^2\widetilde{U} = 0 \tag{7-167}$$

这是二阶常系数线性齐次微分方程，写出相应的特征方程，可得其解为

$$\widetilde{U} = \widetilde{A}\mathrm{e}^{-\mathrm{j}kr} + \widetilde{B}\mathrm{e}^{\mathrm{j}kr} \tag{7-168}$$

式中，$\widetilde{A}$ 和 $\widetilde{B}$ 为复常数。如果仅考虑发散波，取 $\widetilde{B} = 0$，则有

$$\widetilde{U} = \widetilde{A}\mathrm{e}^{-\mathrm{j}kr} \tag{7-169}$$

利用式(7-166)，可得

---

① 梁昆淼:《数学物理方法》,人民教育出版社,1979,第 295 页。

$$\widetilde{E}(r)=\widetilde{G}=\frac{\widetilde{A}}{r}\mathrm{e}^{-\mathrm{j}kr} \tag{7-170}$$

这就是理想点光源标量球面光波电场复振幅表达式。式中，$\widetilde{A}$ 为距离点光源单位距离处的复振幅，$1/r$ 为球面波衰减因子。

假定 $\widetilde{A}=|\widetilde{A}|\mathrm{e}^{\mathrm{j}\varphi_\mathrm{a}}$，将式(7-170)乘时间因子 $\mathrm{e}^{\mathrm{j}\omega t}$，取实部，得到瞬时标量电场为

$$E(r;\ t)=\mathrm{Re}\left[\frac{\widetilde{A}}{r}\mathrm{e}^{\mathrm{j}(\omega t-kr)}\right]=\frac{|\widetilde{A}|}{r}\cos(\omega t-kr+\varphi_\mathrm{a}) \tag{7-171}$$

由此得到等相位面方程为

$$\omega t-kr+\varphi_\mathrm{a}=\omega t-k\sqrt{x^2+y^2+z^2}+\varphi_\mathrm{a}=C\quad(\text{常数}) \tag{7-172}$$

对于给定的时间 t，方程(7-172)为球面方程。对于球面光波干涉在不考虑光波衰减的情况下，可令

$$\widetilde{E}_0=\frac{\widetilde{A}}{r}=|\widetilde{E}_0|\mathrm{e}^{\mathrm{j}\varphi_\mathrm{e}} \tag{7-173}$$

$\widetilde{E}_0$ 为单位距离处的电场初始复振幅。由此，式(7-171)可改写为

$$E(r;\ t)=|\widetilde{E}_0|\cos(\omega t-kr+\varphi_\mathrm{e}) \tag{7-174}$$

这就是标量球面光波的表达式。

对式(7-172)两边求时间导数，得到相速度为

$$v_\varphi=\frac{\mathrm{d}r}{\mathrm{d}t}=\frac{\omega}{k}=\frac{1}{\sqrt{\mu\varepsilon}}=\frac{c}{n} \tag{7-175}$$

式中，n 为介质的折射率。

在此需要强调的是，电场是矢量，无源区域电磁波的传播，在直角坐标系下场分量可分解为三个齐次标量赫姆霍兹方程求解。然而在柱坐标和球坐标系下，电场矢量的分量方程并不具有齐次标量赫姆霍兹方程的形式。为了简化求解，取电场为标量场，电磁波传播满足标量赫姆霍兹方程。其出发点是电场的波动特点和电磁波传播过程中的能量守恒，所以电场满足齐次标量赫姆霍兹方程(7-143)并不是麦克斯韦方程推导的必然结果。

习　题　7

7-1　已知自由空间电磁波电场强度 $\boldsymbol{E}$ 的瞬时值为

$$\boldsymbol{E}(z;\ t)=37.7\cos(6\pi\times10^8t+2\pi z)\boldsymbol{e}_y$$

(1) 该电磁波是否属于均匀平面波？沿何方向传播？

(2) 该电磁波的频率、波长、相位常数和相速度各为多少？

(3) 该电磁波磁场强度的瞬时表达式怎么表示？

7-2　理想介质(介质参数为 $\varepsilon=\varepsilon_0\varepsilon_\mathrm{r}$，$\mu=\mu_0$，$\sigma=0$) 中有一均匀平面电磁波沿 X 方向传播，已知其电场瞬时表达式为

$$\boldsymbol{E}(x;\ t)=377\cos(10^9t-5x)\boldsymbol{e}_y$$

试求：

(1) 该理想介质的相对介电常数；

(2) 该平面电磁波的磁场瞬时表达式；

（3）该平面电磁波的平均功率密度。

7-3　空气中一平面电磁波的磁场强度矢量为

$$\boldsymbol{H}(\boldsymbol{r};\ t)=10^{-6}\left(\frac{3}{2}\,\boldsymbol{e}_x+\boldsymbol{e}_y+\boldsymbol{e}_z\right)\cos\left[\omega t+\pi\left(x-y-\frac{1}{2}z\right)\right]$$

试求：

（1）波的传播方向；

（2）波长和频率；

（3）电场强度矢量 $\boldsymbol{E}$；

（4）平均坡印廷矢量。

7-4　频率为 550 kHz 的广播信号通过一电介质，其介质参数为 $\varepsilon_r=2.1$，$\mu_r=1.0$，$\sigma/(\omega\varepsilon)=0.2$。试求：

（1）衰减常数和相位常数；

（2）相速度和相位波长；

（3）波阻抗。

7-5　纯水的 $\varepsilon_r=81$，$\mu_r=1.0$，计算 $f=10$ MHz 的正弦平面电磁波在其内传播时的相位常数、波阻抗、相速度和波长。

7-6　干燥土壤的 $\varepsilon_r=5$，$\mu_r=1.0$，$\sigma=10^{-4}$ S/m，在平面电磁波的频率为 $f=60$ Hz、1 kHz、1 MHz 和 1 GHz 下，试确定干燥土壤到底应看成良导体、准导体，还是低耗电介质，并计算衰减常数、相位常数、波长、相速度和波阻抗。

7-7　在非磁性、有耗电介质中，一个 300 MHz 的平面电磁波磁场复振幅矢量为

$$\widetilde{\boldsymbol{H}}(y)=(\boldsymbol{e}_x-\mathrm{j}4\,\boldsymbol{e}_z)\mathrm{e}^{-2y}\mathrm{e}^{-\mathrm{j}9y}$$

试求电场、磁场矢量的时域表达式。

7-8　指出下列各平面波的极化方式：

（1）$\widetilde{\boldsymbol{E}}=3(\boldsymbol{e}_x+\mathrm{j}\,\boldsymbol{e}_y)\mathrm{e}^{-\mathrm{j}kz}$；

（2）$\widetilde{\boldsymbol{E}}=(3\,\boldsymbol{e}_x+2\,\boldsymbol{e}_y)\mathrm{e}^{-\mathrm{j}kz}$；

（3）$\widetilde{\boldsymbol{E}}=(3\,\boldsymbol{e}_x+4\mathrm{e}^{\mathrm{j}\frac{\pi}{3}}\,\boldsymbol{e}_y)\mathrm{e}^{-\mathrm{j}kz}$；

（4）$\widetilde{\boldsymbol{E}}=-(\boldsymbol{e}_x+2\sqrt{3}\,\boldsymbol{e}_y+\sqrt{3}\,\boldsymbol{e}_z)\mathrm{e}^{-\mathrm{j}0.04\pi(\sqrt{3}x-2y+3z)}$。

7-9　空气中的 TEM 波，沿 Z 方向传播，已知其电场强度为

$$\boldsymbol{E}(z;\ t)=E_0\sin(\omega t-kz)\boldsymbol{e}_x+E'_0\cos(\omega t-kz)\boldsymbol{e}_y$$

试求或判断：

（1）磁场强度 $\boldsymbol{H}(z;\ t)$；

（2）电场和磁场分别是什么极化波；

（3）平均功率密度 $\boldsymbol{S}_{av}$。

7-10　在自由空间传播的均匀平面电磁波电场强度复振幅矢量为

$$\widetilde{\boldsymbol{E}}=\mathrm{e}^{-4}\mathrm{e}^{-\mathrm{j}20\pi z}\,\boldsymbol{e}_x+\mathrm{e}^{-4}\mathrm{e}^{-\mathrm{j}\left(20\pi z-\frac{\pi}{2}\right)}\boldsymbol{e}_y$$

试求：

（1）平面电磁波的传播方向和频率；

（2）波的极化方式；

（3）磁场强度复振幅矢量 $\widetilde{\boldsymbol{H}}$；

(4) 流过沿传播方向单位面积的平均功率。

7-11 证明：电磁波在良导体中传播时场强每经过一个波长振幅衰减 55 dB。

7-12 有一线极化均匀平面电磁波在海水($\varepsilon_r=81$，$\mu_r=1.0$，$\sigma=4$ S/m)中沿 $+Y$ 方向传播，其磁场强度在 $y=0$ 处为

$$\boldsymbol{H}(0;\ t)=0.1\sin\left(10^{10}\pi t-\frac{\pi}{3}\right)\boldsymbol{e}_x$$

(1) 试求衰减常数、相位常数、本征阻抗、相速度、波长和透入深度；

(2) 确定 $\boldsymbol{H}$ 的振幅为 0.01 A/m 时的位置；

(3) 写出 $\boldsymbol{E}(y;\ t)$ 和 $\boldsymbol{H}(y;\ t)$ 的表达式。

7-13 一沿 $+Z$ 方向传播的均匀平面波，由两个线性极化波

$$\begin{cases} E_x=3\cos(\omega t-\beta z) \\ E_y=2\cos\left(\omega t-\beta z+\dfrac{\pi}{2}\right) \end{cases}$$

合成。

(1) 证明合成波 $\boldsymbol{E}$ 为椭圆极化波；

(2) 求椭圆的长短轴之比；

(3) 说明是左旋极化还是右旋极化。

7-14 频率为 150 MHz 的均匀平面电磁波在有耗介质中传播，已知 $\varepsilon_r=1.4$，$\mu_r=1.0$，$\sigma/(\omega\varepsilon)=10^{-4}$。电磁波在该介质中传播几米后波的相位改变 90°？

7-15 线极化均匀平面波在空气中的波长是 $\lambda_0=60$ m。当波沿 Z 方向进入海水中垂直向下传播时，已知水面下 1 m 处 $\boldsymbol{E}=\cos\omega t\ \boldsymbol{e}_x$。已知海水 $\varepsilon_r=81$，$\mu_r=1.0$，$\sigma=4$ S/m，求海水中任一点 $\boldsymbol{E}$、$\boldsymbol{H}$ 的瞬时式及相速度、波长。

第 8 章　平面电磁波的反射与透射

第 7 章讨论了均匀平面电磁波在无界、均匀、线性各向同性介质中的传播。实际上，电磁波在传播过程中总会遇到不同介质分界面，由于分界面处介质具有不连续性，因此当电磁波从一种介质入射到第二种介质时，除了被分界面反射形成的反射波外，还会有透过分界面并继续在另一介质中传播的透射波。本章讨论平面电磁波在遇到平面分界面时的传播规律，即入射波、反射波以及透射波之间的关系。最后给出两个应用实例，即光在光纤波导中的传播和全内反射式扫描隧道光学显微镜。

8.1　平面电磁波对分界平面的垂直入射

如图 8－1 所示，假定 $z \leqslant 0$ 的区域充满介质 1，其参数为 ε_1、μ_1、σ_1；$z \geqslant 0$ 的区域充满介质 2，其参数为 ε_2、μ_2、σ_2，两介质分界面为 XY 平面。在介质 1 中，X 方向极化的平面波沿 $\boldsymbol{k}_0^{\mathrm{i}}=\boldsymbol{e}_z$ 方向入射到 XY 面上，入射电场复振幅矢量记作 $\widetilde{\boldsymbol{E}}_{\mathrm{i}}$，入射磁场复振幅矢量记作 $\widetilde{\boldsymbol{H}}_{\mathrm{i}}$，$\boldsymbol{k}_0^{\mathrm{i}}$、$\widetilde{\boldsymbol{E}}_{\mathrm{i}}$ 和 $\widetilde{\boldsymbol{H}}_{\mathrm{i}}$ 满足右手定则关系。分界面上存在反射和透射，在介质 1 中出现沿 $\boldsymbol{k}_0^{\mathrm{r}}=-\boldsymbol{e}_z$ 方向传播的反射平面波，反射平面波电场复振幅矢量记作 $\widetilde{\boldsymbol{E}}_{\mathrm{r}}$，磁场复振幅矢量记作 $\widetilde{\boldsymbol{H}}_{\mathrm{r}}$，$\boldsymbol{k}_0^{\mathrm{r}}$、$\widetilde{\boldsymbol{E}}_{\mathrm{r}}$ 和 $\widetilde{\boldsymbol{H}}_{\mathrm{r}}$ 满足右手定则关系；在介质 2 中出现沿 $\boldsymbol{k}_0^{\mathrm{t}}=\boldsymbol{e}_z$ 方向传播的透射平面波，透射平面波电场复振幅矢量记作 $\widetilde{\boldsymbol{E}}_{\mathrm{t}}$，磁场复振幅矢量记作 $\widetilde{\boldsymbol{H}}_{\mathrm{t}}$，$\boldsymbol{k}_0^{\mathrm{t}}$、$\widetilde{\boldsymbol{E}}_{\mathrm{t}}$ 和 $\widetilde{\boldsymbol{H}}_{\mathrm{t}}$ 满足右手定则关系。根据 7.2 节的讨论，由式(7－51)和式(7－52)可写出入射平面波、反射平面波和透射平面波电场和磁场复振幅矢量表达式。

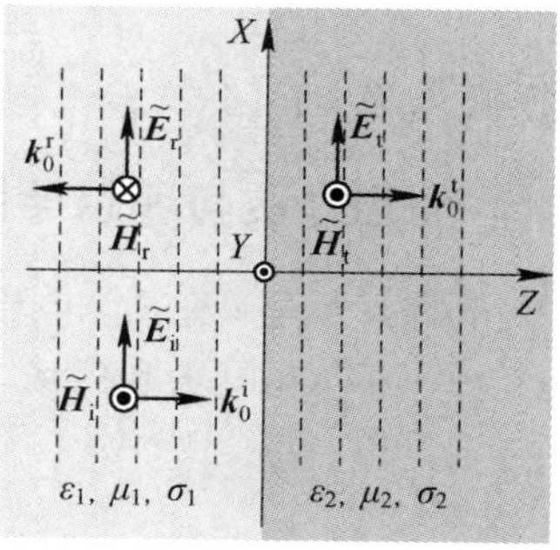

图 8－1　两介质分界面的垂直入射

入射波：

$$\begin{cases}\widetilde{\boldsymbol{E}}_{\mathrm{i}}(z)=\boldsymbol{e}_x\widetilde{E}_0^{\mathrm{i}}\mathrm{e}^{-\mathrm{j}\widetilde{k}_{\mathrm{c}}^1 z}\\ \widetilde{\boldsymbol{H}}_{\mathrm{i}}(z)=\dfrac{1}{\widetilde{\eta}_1}\boldsymbol{k}_0^{\mathrm{i}}\times\widetilde{\boldsymbol{E}}_{\mathrm{i}}(z)=\dfrac{1}{\widetilde{\eta}_1}\boldsymbol{e}_z\times\boldsymbol{e}_x\widetilde{E}_0^{\mathrm{i}}\mathrm{e}^{-\mathrm{j}\widetilde{k}_{\mathrm{c}}^1 z}=\boldsymbol{e}_y\dfrac{\widetilde{E}_0^{\mathrm{i}}}{\widetilde{\eta}_1}\mathrm{e}^{-\mathrm{j}\widetilde{k}_{\mathrm{c}}^1 z}\end{cases}\tag{8-1}$$

反射波：

$$\begin{cases}\widetilde{\boldsymbol{E}}_{\mathrm{r}}(z)=\boldsymbol{e}_x\widetilde{E}_0^{\mathrm{r}}\mathrm{e}^{\mathrm{j}\widetilde{k}_{\mathrm{c}}^1 z}\\ \widetilde{\boldsymbol{H}}_{\mathrm{r}}(z)=\dfrac{1}{\widetilde{\eta}_1}\boldsymbol{k}_0^{\mathrm{r}}\times\widetilde{\boldsymbol{E}}_{\mathrm{r}}(z)=\dfrac{1}{\widetilde{\eta}_1}(-\boldsymbol{e}_z)\times\boldsymbol{e}_x\widetilde{E}_0^{\mathrm{r}}\mathrm{e}^{\mathrm{j}\widetilde{k}_{\mathrm{c}}^1 z}=-\boldsymbol{e}_y\dfrac{\widetilde{E}_0^{\mathrm{r}}}{\widetilde{\eta}_1}\mathrm{e}^{\mathrm{j}\widetilde{k}_{\mathrm{c}}^1 z}\end{cases}\tag{8-2}$$

透射波：

$$\begin{cases}\widetilde{\boldsymbol{E}}_{\mathrm{t}}(z)=\boldsymbol{e}_x\widetilde{E}_0^{\mathrm{t}}\mathrm{e}^{-\mathrm{j}\widetilde{k}_{\mathrm{c}}^2 z}\\ \widetilde{\boldsymbol{H}}_{\mathrm{t}}(z)=\dfrac{1}{\widetilde{\eta}_2}\boldsymbol{k}_0^{\mathrm{t}}\times\widetilde{\boldsymbol{E}}_{\mathrm{t}}(z)=\dfrac{1}{\widetilde{\eta}_2}\boldsymbol{e}_z\times\boldsymbol{e}_x\widetilde{E}_0^{\mathrm{t}}\mathrm{e}^{-\mathrm{j}\widetilde{k}_{\mathrm{c}}^2 z}=\boldsymbol{e}_y\dfrac{\widetilde{E}_0^{\mathrm{t}}}{\widetilde{\eta}_2}\mathrm{e}^{-\mathrm{j}\widetilde{k}_{\mathrm{c}}^2 z}\end{cases}\tag{8-3}$$

式中，$\widetilde{E}_0^{\mathrm{i}}$、$\widetilde{E}_0^{\mathrm{r}}$ 和 $\widetilde{E}_0^{\mathrm{t}}$ 分别表示入射、反射和透射平面波的电场复振幅。由式(7-50)和式(7-62)可写出介质 1 和介质 2 的复波数和复波阻抗分别为

$$\widetilde{k}_{\mathrm{c}}^1=\omega\sqrt{\mu_1\left(\varepsilon_1-\mathrm{j}\frac{\sigma_1}{\omega}\right)}=\omega\sqrt{\mu_1\tilde{\varepsilon}_1},\quad \widetilde{\eta}_1=\sqrt{\frac{\mu_1}{\tilde{\varepsilon}_1}}\tag{8-4}$$

$$\widetilde{k}_{\mathrm{c}}^2=\omega\sqrt{\mu_2\left(\varepsilon_2-\mathrm{j}\frac{\sigma_2}{\omega}\right)}=\omega\sqrt{\mu_2\tilde{\varepsilon}_2},\quad \widetilde{\eta}_2=\sqrt{\frac{\mu_2}{\tilde{\varepsilon}_2}}\tag{8-5}$$

在介质 1 中存在的场是入射波与反射波的叠加，将式(8-1)和式(8-2)相加，得到

$$\begin{cases}\widetilde{\boldsymbol{E}}_1(z)=\widetilde{\boldsymbol{E}}_{\mathrm{i}}(z)+\widetilde{\boldsymbol{E}}_{\mathrm{r}}(z)=\boldsymbol{e}_x[\widetilde{E}_0^{\mathrm{i}}\mathrm{e}^{-\mathrm{j}\widetilde{k}_{\mathrm{c}}^1 z}+\widetilde{E}_0^{\mathrm{r}}\mathrm{e}^{\mathrm{j}\widetilde{k}_{\mathrm{c}}^1 z}]\\ \widetilde{\boldsymbol{H}}_1(z)=\widetilde{\boldsymbol{H}}_{\mathrm{i}}(z)+\widetilde{\boldsymbol{H}}_{\mathrm{r}}(z)=\boldsymbol{e}_y\dfrac{1}{\widetilde{\eta}_1}[\widetilde{E}_0^{\mathrm{i}}\mathrm{e}^{-\mathrm{j}\widetilde{k}_{\mathrm{c}}^1 z}-\widetilde{E}_0^{\mathrm{r}}\mathrm{e}^{\mathrm{j}\widetilde{k}_{\mathrm{c}}^1 z}]\end{cases}\tag{8-6}$$

介质 2 中存在的场就是透射波，由式(8-3)有

$$\begin{cases}\widetilde{\boldsymbol{E}}_2(z)=\widetilde{\boldsymbol{E}}_{\mathrm{t}}(z)=\boldsymbol{e}_x\widetilde{E}_0^{\mathrm{t}}\mathrm{e}^{-\mathrm{j}\widetilde{k}_{\mathrm{c}}^2 z}\\ \widetilde{\boldsymbol{H}}_2(z)=\widetilde{\boldsymbol{H}}_{\mathrm{t}}(z)=\boldsymbol{e}_y\dfrac{\widetilde{E}_0^{\mathrm{t}}}{\widetilde{\eta}_2}\mathrm{e}^{-\mathrm{j}\widetilde{k}_{\mathrm{c}}^2 z}\end{cases}\tag{8-7}$$

根据式(8-6)和式(8-7)，下面讨论两种特殊情况。

8.1.1 理想介质与理想导体分界平面的垂直入射

设介质 1 为理想介质，电导率 $\sigma_1=0$；介质 2 为理想导体，电导率 $\sigma_2\to\infty$。由于理想导体中($z>0$)不存在电场和磁场，因此

$$\begin{cases}\widetilde{\boldsymbol{E}}_2(z)=\widetilde{\boldsymbol{E}}_{\mathrm{t}}(z)=0\\ \widetilde{\boldsymbol{H}}_2(z)=\widetilde{\boldsymbol{H}}_{\mathrm{t}}(z)=0\end{cases}\tag{8-8}$$

即 $\widetilde{E}_0^{\mathrm{t}}=0$。

在理想介质中($z<0$)，有

$$\widetilde{k}_{\mathrm{c}}^1=k_1=\omega\sqrt{\mu_1\varepsilon_1},\quad \widetilde{\eta}_1=\eta_1=\sqrt{\frac{\mu_1}{\varepsilon_1}}\tag{8-9}$$

由此得到

$$\begin{cases}\widetilde{\boldsymbol{E}}_1(z)=\boldsymbol{e}_x[\widetilde{E}_0^{\mathrm{i}}\mathrm{e}^{-\mathrm{j}k_1 z}+\widetilde{E}_0^{\mathrm{r}}\mathrm{e}^{\mathrm{j}k_1 z}]\\ \widetilde{\boldsymbol{H}}_1(z)=\boldsymbol{e}_y\dfrac{1}{\eta_1}[\widetilde{E}_0^{\mathrm{i}}\mathrm{e}^{-\mathrm{j}k_1 z}-\widetilde{E}_0^{\mathrm{r}}\mathrm{e}^{\mathrm{j}k_1 z}]\end{cases}\tag{8-10}$$

根据在边界面上($z=0$)电场切向分量连续的条件

$$\boldsymbol{n}\times(\boldsymbol{E}_1-\boldsymbol{E}_2)=0\tag{8-11}$$

即 $E_{1\mathrm{t}}=E_{2\mathrm{t}}$。由式(8-10)和式(8-8)有

$$\widetilde{E}_0^{\mathrm{i}}+\widetilde{E}_0^{\mathrm{r}}=0\tag{8-12}$$

定义分界面处反射平面波电场复振幅与入射平面波电场复振幅之比为反射系数，记作 $\tilde{r}$；透射平面波电场复振幅与入射平面波电场复振幅之比为透射系数，记作 $\tilde{t}$。对于理想介质

与理想导体分界面的垂直入射，由式(8－12)和式(8－8)得反射系数和透射系数分别为

$$\tilde{r}=\frac{\tilde{E}_0^{\mathrm{r}}}{\tilde{E}_0^{\mathrm{i}}}=-1 \tag{8-13}$$

$$\tilde{t}=\frac{\tilde{E}_0^{\mathrm{t}}}{\tilde{E}_0^{\mathrm{i}}}=0 \tag{8-14}$$

式(8－13)和式(8－14)表明，当电磁波垂直入射到理想导体表面时，平面电磁波全部被反射，这种现象称为全反射。

由式(8－10)，并利用式(8－13)和 $\tilde{E}_0^{\mathrm{i}}=|\tilde{E}_0^{\mathrm{i}}|\mathrm{e}^{\mathrm{j}\varphi_0}$，且取 $\varphi_0=0$，得到介质 1 中的合成波电场矢量和磁场矢量瞬时表达式为

$$\begin{cases}\boldsymbol{E}_1(z;\ t)=\mathrm{Re}\left[\boldsymbol{e}_x\tilde{E}_0^{\mathrm{i}}\left[\mathrm{e}^{-\mathrm{j}k_1z}-\mathrm{e}^{\mathrm{j}k_1z}\right]\mathrm{e}^{\mathrm{j}\omega t}\right]=2|\tilde{E}_0^{\mathrm{i}}|\sin k_1z\sin\omega t\,\boldsymbol{e}_x\\ \boldsymbol{H}_1(z;\ t)=\mathrm{Re}\left[\boldsymbol{e}_y\dfrac{1}{\eta_1}\tilde{E}_0^{\mathrm{i}}\left[\mathrm{e}^{-\mathrm{j}k_1z}+\mathrm{e}^{\mathrm{j}k_1z}\right]\mathrm{e}^{\mathrm{j}\omega t}\right]=\dfrac{2|\tilde{E}_0^{\mathrm{i}}|}{\eta_1}\cos k_1z\cos\omega t\,\boldsymbol{e}_y\end{cases} \tag{8-15}$$

由式(8－15)可以看出，电磁波在介质 1 中的分布具有以下重要特征：

(1) 在介质 1 中合成波的电场矢量和磁场矢量仍相互垂直。

(2) 合成波电场振幅随 z 按正弦规律变化，在

$$k_1z=-n\pi \quad 或 \quad z=-n\frac{\lambda_1}{2}\quad (n=0,1,2,\cdots) \tag{8-16}$$

处电场振幅始终为零，这些点称为波节点，而在

$$k_1z=-(2n+1)\frac{\pi}{2}$$

或

$$z=-(2n+1)\frac{\lambda_1}{4}\quad (n=0,1,2,\cdots) \tag{8-17}$$

处电场振幅始终最大，这些点称为波腹点。

合成波磁场振幅随 z 按余弦规律变化，波节点和波腹点的位置正好与合成波电场相反。这种波节点和波腹点不随时间变化的波称为驻波，如图 8－2 所示。

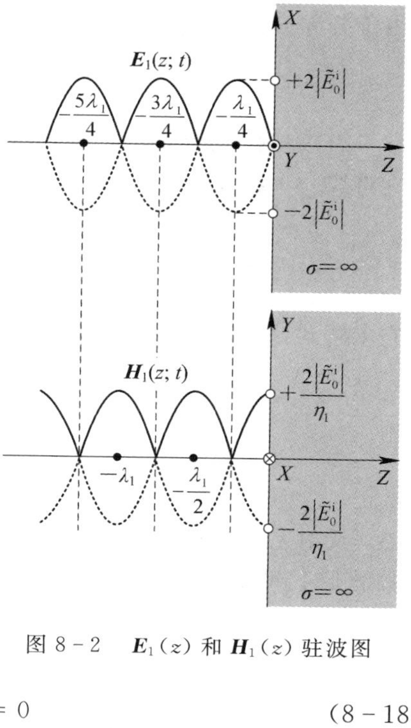

图 8－2　$\boldsymbol{E}_1(z)$ 和 $\boldsymbol{H}_1(z)$ 驻波图

(3) 将式(8－10)代入式(6－114)，并利用式(8－13)，得到介质 1 中合成波的平均坡印廷矢量为

$$\begin{aligned}\boldsymbol{S}_{\mathrm{av}}^1&=\frac{1}{2}\mathrm{Re}\left[\tilde{\boldsymbol{E}}_1\times\tilde{\boldsymbol{H}}_1^*\right]\\&=\frac{1}{2}\mathrm{Re}\left[\boldsymbol{e}_z\left(\frac{|\tilde{E}_0^{\mathrm{i}}|^2}{\eta_1}(-2\mathrm{j}\sin 2k_1z)\right)\right]=0\end{aligned} \tag{8-18}$$

平均坡印廷矢量为零，表明驻波只有电能与磁能之间的相互转换，而没有电磁能量的传输。

8.1.2　理想介质与理想介质分界平面的垂直入射

当介质 1 为理想介质，介质 2 也为理想介质时，$\sigma_1=0$，$\sigma_2=0$，两介质中的波数和本征阻抗分别为

$$\tilde{k}_c^1 = k_1 = \omega\sqrt{\mu_1\varepsilon_1}, \quad \tilde{\eta}_1 = \eta_1 = \sqrt{\frac{\mu_1}{\varepsilon_1}} \tag{8-19}$$

$$\tilde{k}_c^2 = k_2 = \omega\sqrt{\mu_2\varepsilon_2}, \quad \tilde{\eta}_2 = \eta_2 = \sqrt{\frac{\mu_2}{\varepsilon_2}} \tag{8-20}$$

由式(8－6)和式(8－7)，得到介质1和介质2中的电场复振幅矢量和磁场复振幅矢量表达式分别为

$$\begin{cases} \widetilde{\boldsymbol{E}}_1(z) = \widetilde{\boldsymbol{E}}_i(z) + \widetilde{\boldsymbol{E}}_r(z) = \boldsymbol{e}_x[\widetilde{E}_0^i e^{-jk_1 z} + \widetilde{E}_0^r e^{jk_1 z}] \\ \widetilde{\boldsymbol{H}}_1(z) = \widetilde{\boldsymbol{H}}_i(z) + \widetilde{\boldsymbol{H}}_r(z) = \boldsymbol{e}_y \dfrac{1}{\eta_1}[\widetilde{E}_0^i e^{-jk_1 z} - \widetilde{E}_0^r e^{jk_1 z}] \end{cases} \tag{8-21}$$

和

$$\begin{cases} \widetilde{\boldsymbol{E}}_2(z) = \widetilde{\boldsymbol{E}}_t(z) = \boldsymbol{e}_x \widetilde{E}_0^t e^{-jk_2 z} \\ \widetilde{\boldsymbol{H}}_2(z) = \widetilde{\boldsymbol{H}}_t(z) = \boldsymbol{e}_y \dfrac{\widetilde{E}_0^t}{\eta_2} e^{-jk_2 z} \end{cases} \tag{8-22}$$

由电场切向方向连续边界条件(6－47)有

$$\boldsymbol{n} \times (\boldsymbol{E}_1 - \boldsymbol{E}_2) = 0 \tag{8-23}$$

即

$$E_{1t} = E_{2t}$$

又由于分界面上自由电流面密度矢量为零，即 $\boldsymbol{J}_S = 0$，由式(6－48)有

$$\boldsymbol{n} \times (\boldsymbol{H}_1 - \boldsymbol{H}_2) = 0 \tag{8-24}$$

即

$$H_{1t} = H_{2t}$$

式(8－24)表明，分界面上磁场切向分量连续。

将式(8－21)和式(8－22)代入边界条件式(8－23)和式(8－24)，取 $z=0$，得到

$$\widetilde{E}_0^i + \widetilde{E}_0^r = \widetilde{E}_0^t \tag{8-25}$$

$$\frac{1}{\eta_1}(\widetilde{E}_0^i - \widetilde{E}_0^r) = \frac{1}{\eta_2}\widetilde{E}_0^t \tag{8-26}$$

联立求解式(8－25)和式(8－26)，根据反射系数和透射系数的定义，得到

$$\tilde{r} = \frac{\widetilde{E}_0^r}{\widetilde{E}_0^i} = \frac{\eta_2 - \eta_1}{\eta_2 + \eta_1} \tag{8-27}$$

$$\tilde{t} = \frac{\widetilde{E}_0^t}{\widetilde{E}_0^i} = \frac{2\eta_2}{\eta_2 + \eta_1} \tag{8-28}$$

显然，反射系数 $\tilde{r}$ 和透射系数 $\tilde{t}$ 均为实数。由式(8－27)和式(8－28)可知，反射系数和透射系数满足下列关系：

$$1 + \tilde{r} = \tilde{t} \tag{8-29}$$

由式(8－21)，并利用反射系数式(8－27)，$\widetilde{E}_0^i = |\widetilde{E}_0^i| e^{j\varphi_0}$，取 $\varphi_0 = 0$，$\tilde{r} = |\tilde{r}| e^{j\varphi_r}$，如果 $\eta_2 > \eta_1$，取 $\varphi_r = 0$，得到介质1中的合成波电场矢量和磁场矢量瞬时表达式为

$$\begin{aligned} \boldsymbol{E}_1(z;t) &= \mathrm{Re}[\boldsymbol{e}_x \widetilde{E}_0^i (1 + \tilde{r} e^{j2k_1 z}) e^{j(\omega t - k_1 z)}] = \mathrm{Re}[\boldsymbol{e}_x \widetilde{E}_0^i \widetilde{A} e^{j(\omega t - k_1 z)}] \\ &= \mathrm{Re}[\boldsymbol{e}_x \widetilde{E}_0^i A e^{j\theta_a} e^{j(\omega t - k_1 z)}] = |\widetilde{E}_0^i| A\cos(\omega t - k_1 z + \theta_a)\boldsymbol{e}_x \end{aligned} \tag{8-30}$$

$$\begin{aligned} \boldsymbol{H}_1(z;t) &= \mathrm{Re}\left[\boldsymbol{e}_y \frac{1}{\eta_1} \widetilde{E}_0^i (1 - \tilde{r} e^{j2k_1 z}) e^{j(\omega t - k_1 z)}\right] = \mathrm{Re}\left[\boldsymbol{e}_y \frac{1}{\eta_1} \widetilde{E}_0^i \widetilde{B} e^{j(\omega t - k_1 z)}\right] \\ &= \mathrm{Re}\left[\boldsymbol{e}_y \frac{1}{\eta_1} \widetilde{E}_0^i B e^{j\theta_b} e^{j(\omega t - k_1 z)}\right] = \frac{1}{\eta_1} |\widetilde{E}_0^i| B\cos(\omega t - k_1 z + \theta_b)\boldsymbol{e}_y \end{aligned} \tag{8-31}$$

式中：

$$A=(1+|\tilde{r}|^2+2|\tilde{r}|\cos 2k_1 z)^{\frac{1}{2}},\quad \theta_a=\arctan\frac{|\tilde{r}|\sin 2k_1 z}{1+|\tilde{r}|\cos 2k_1 z} \tag{8-32}$$

$$B=(1+|\tilde{r}|^2-2|\tilde{r}|\cos 2k_1 z)^{\frac{1}{2}},\quad \theta_b=\arctan\frac{-|\tilde{r}|\sin 2k_1 z}{1-|\tilde{r}|\cos 2k_1 z} \tag{8-33}$$

如果 $\eta_2<\eta_1$，取 $\varphi_r=\pi$，式(8－30)和式(8－31)仍然成立，仅需将式(8－30)和式(8－31)中的 A 和 B、θ_a 和 θ_b 互换即可。

下面根据式(8－30)至式(8－33)分析合成电磁波在介质 1 中的传播特性如下：

(1) 由式(8－30)和式(8－31)可知，介质 1 中的合成电磁波电场矢量和磁场矢量相互垂直。

(2) 式(8－30)和式(8－31)中的振幅因子 A 和 B 表示驻波，而因子 $\cos(\omega t-k_1 z+\theta_a)$ 和 $\cos(\omega t-k_1 z+\theta_b)$ 表示沿 $+Z$ 方向传播的行波，这种波称为行驻波。因此，介质 1 中的合成电磁波为行驻波。

(3) 根据式(8－32)，当 $\eta_2>\eta_1$ 时，电场振幅取最大值处，磁场振幅取最小值，即

$$\max(|\tilde{E}_0^i|A)=|\tilde{E}_0^i|(1+|\tilde{r}|) \tag{8-34}$$

$$\min\left(\frac{1}{\eta_1}|\tilde{E}_0^i|B\right)=\frac{1}{\eta_1}|\tilde{E}_0^i|(1-|\tilde{r}|) \tag{8-35}$$

与之相对应的电场波腹点(磁场波节点)为

$$2k_1 z=-2n\pi\quad 或\quad z=-n\frac{\lambda_1}{2}\quad (n=0,1,2,\cdots) \tag{8-36}$$

而电场振幅出现最小值处，磁场振幅则出现最大值，即

$$\min(|\tilde{E}_0^i|A)=|\tilde{E}_0^i|(1-|\tilde{r}|) \tag{8-37}$$

$$\max\left(\frac{1}{\eta_1}|\tilde{E}_0^i|B\right)=\frac{1}{\eta_1}|\tilde{E}_0^i|(1+|\tilde{r}|) \tag{8-38}$$

与之相对应的电场波节点(磁场波腹点)为

$$2k_1 z=-(2n+1)\pi\quad 或\quad z=-(2n+1)\frac{\lambda_1}{4}\quad (n=0,1,2,\cdots) \tag{8-39}$$

当 $\eta_2<\eta_1$ 时，电场和磁场出现最大值与最小值的位置，即波腹点和波节点出现的位置与 $\eta_2>\eta_1$ 时的情况正好对调。

(4) 将式(8－21)代入式(6－114)，并利用式(8－27)，得到在介质 1 中合成波的平均坡印廷矢量为

$$\begin{aligned}\boldsymbol{S}_{av}^1&=\frac{1}{2}\mathrm{Re}[\tilde{\boldsymbol{E}}_1\times\tilde{\boldsymbol{H}}_1^*]=\frac{1}{2}\mathrm{Re}\left[\boldsymbol{e}_x\tilde{E}_0^i(\mathrm{e}^{-\mathrm{j}k_1 z}+\tilde{r}\mathrm{e}^{\mathrm{j}k_1 z})\times\boldsymbol{e}_y\left[\frac{\tilde{E}_0^i}{\eta_1}(\mathrm{e}^{-\mathrm{j}k_1 z}-\tilde{r}\mathrm{e}^{\mathrm{j}k_1 z})\right]^*\right]\\&=\boldsymbol{e}_z\frac{|\tilde{E}_0^i|^2}{2\eta_1}\mathrm{Re}[1-|\tilde{r}|^2+\tilde{r}\mathrm{e}^{\mathrm{j}2k_1 z}-(\tilde{r}\mathrm{e}^{\mathrm{j}2k_1 z})^*]\\&=\boldsymbol{e}_z\frac{|\tilde{E}_0^i|^2}{2\eta_1}(1-|\tilde{r}|^2)=\boldsymbol{e}_z|\tilde{E}_0^i|^2\frac{2\eta_2}{(\eta_2+\eta_1)^2}\end{aligned} \tag{8-40}$$

将式(8－22)代入式(6－114)，并利用式(8－28)，得到在介质 2 中透射波的平均坡印廷矢量为

$$\boldsymbol{S}_{\rm av}^{2}=\frac{1}{2}{\rm Re}[\widetilde{\boldsymbol{E}}_2\times\widetilde{\boldsymbol{H}}_2^{*}]=\frac{1}{2}{\rm Re}\left[\boldsymbol{e}_x\widetilde{E}_0^{\rm t}{\rm e}^{-{\rm j}k_2z}\times\boldsymbol{e}_y\left(\frac{\widetilde{E}_0^{\rm t}}{\eta_2}{\rm e}^{-{\rm j}k_2z}\right)^{*}\right]$$

$$=\boldsymbol{e}_z\frac{1}{2\eta_2}{\rm Re}[|\tilde{t}|^2\,|\widetilde{E}_0^{\rm i}|^2]=\boldsymbol{e}_z\frac{|\widetilde{E}_0^{\rm i}|^2}{2\eta_2}|\tilde{t}|^2=\boldsymbol{e}_z|\widetilde{E}_0^{\rm i}|^2\frac{2\eta_2}{(\eta_2+\eta_1)^2}\qquad(8-41)$$

比较式(8－40)和式(8－41)可知，在垂直入射情况下，两理想介质中透射平面波的平均能流密度矢量与入射波、反射波的合成波平均能流密度矢量相等，即

$$\boldsymbol{S}_{\rm av}^{1}=\boldsymbol{S}_{\rm av,\,i}+\boldsymbol{S}_{\rm av,\,r}=\boldsymbol{S}_{\rm av}^{2}\qquad(8-42)$$

【例 8.1】 均匀平面电磁波的电场强度复振幅矢量为

$$\widetilde{\boldsymbol{E}}_{\rm i}(z)=\boldsymbol{e}_x10{\rm e}^{-{\rm j}6z}$$

电磁波从空气中垂直入射到 $\varepsilon_{\rm r}=2.5$、损耗角正切($\tan\delta=\sigma/(\omega\varepsilon)$)为 0.5 的有耗介质表面上，试求：

(1) 反射波和透射波电场矢量和磁场矢量的瞬时表达式；

(2) 空气中及有耗介质中的平均坡印廷矢量。

解 (1) 根据式(8－1)，X 方向极化且沿 $+Z$ 方向传播的平面电磁波的复振幅表达式为

$$\widetilde{\boldsymbol{E}}_{\rm i}(z)=\boldsymbol{e}_x\widetilde{E}_0^{\rm i}{\rm e}^{-{\rm j}\tilde{k}_{\rm c}^{1}z}$$

与题目给出的电场强度复振幅矢量比较，可得在空气中的波数为

$$\tilde{k}_{\rm c}^{1}=6\quad{\rm rad/m}$$

又因

$$\tilde{k}_{\rm c}^{1}=\omega\sqrt{\mu_1\varepsilon_1}\approx\omega\sqrt{\mu_0\varepsilon_0}=\frac{\omega}{c}$$

所以

$$\omega=\tilde{k}_{\rm c}^{1}c=6\times3\times10^8\ {\rm rad/s}=1.8\times10^9\quad{\rm rad/s}$$

空气的波阻抗为

$$\eta_1=\sqrt{\frac{\mu_1}{\varepsilon_1}}\approx\sqrt{\frac{\mu_0}{\varepsilon_0}}=377\quad\Omega$$

在导体中，由损耗正切给定值知

$$\tan\delta=\frac{\sigma_2}{\omega\varepsilon_2}=0.5$$

根据式(7－71)和式(7－72)，得到介质 2 中的衰减常数和传播常数为

$$\alpha=\omega\sqrt{\frac{\mu_2\varepsilon_2}{2}\left[\sqrt{1+\left(\frac{\sigma_2}{\omega\varepsilon_2}\right)^2}-1\right]}=1.8\times10^9\sqrt{\frac{2.5\mu_0\varepsilon_0}{2}\left[\sqrt{1+0.5^2}-1\right]}=2.31\quad{\rm Np/m}$$

$$\beta=\omega\sqrt{\frac{\mu_2\varepsilon_2}{2}\left[\sqrt{1+\left(\frac{\sigma_2}{\omega_2\varepsilon_2}\right)^2}+1\right]}=1.8\times10^9\sqrt{\frac{2.5\mu_0\varepsilon_0}{2}\left[\sqrt{1+0.5^2}+1\right]}=9.77\quad{\rm rad/m}$$

由式(7－62)得到介质 2 中的复波阻抗为

$$\tilde{\eta}_2=\sqrt{\frac{\mu_2}{\varepsilon_2-{\rm j}\dfrac{\sigma_2}{\omega}}}=\sqrt{\frac{\mu_2}{\varepsilon_2}}\left[\sqrt{1-{\rm j}\frac{\sigma_2}{\omega\varepsilon_2}}\right]^{-1}=\sqrt{\frac{\mu_0}{2.5\varepsilon_0}}\left[\sqrt{1-{\rm j}0.5}\right]^{-1}=218.96+{\rm j}51.76\quad\Omega$$

由此可得分界面反射系数和透射系数为

$$\tilde{r}=\frac{\tilde{\eta}_2-\tilde{\eta}_1}{\tilde{\eta}_2+\tilde{\eta}_1}=\frac{218.96+\mathrm{j}51.76-377}{218.96+\mathrm{j}51.76+377}=0.278\mathrm{e}^{\mathrm{j}156.9^\circ}$$

$$\tilde{t}=\frac{2\tilde{\eta}_2}{\tilde{\eta}_2+\tilde{\eta}_1}=\frac{2\times(218.96+\mathrm{j}51.76)}{218.96+\mathrm{j}51.76+377}=0.752\mathrm{e}^{\mathrm{j}8.34^\circ}$$

根据式(8－1)至式(8－3)，可写出入射波、反射波和透射波电场和磁场的复振幅矢量表达式。

入射波：

$$\begin{cases}\widetilde{\boldsymbol{E}}_\mathrm{i}(z)=\boldsymbol{e}_x10\mathrm{e}^{-\mathrm{j}6z}\\ \widetilde{\boldsymbol{H}}_\mathrm{i}(z)=\boldsymbol{e}_y\dfrac{10}{377}\mathrm{e}^{-\mathrm{j}6z}\end{cases}$$

反射波：

$$\begin{cases}\widetilde{\boldsymbol{E}}_\mathrm{r}(z)=\boldsymbol{e}_x10r\mathrm{e}^{\mathrm{j}6z}=\boldsymbol{e}_x10\times0.278\mathrm{e}^{\mathrm{j}156.9^\circ}\mathrm{e}^{\mathrm{j}6z}\\ \widetilde{\boldsymbol{H}}_\mathrm{r}(z)=-\boldsymbol{e}_y\dfrac{10r}{377}\mathrm{e}^{\mathrm{j}6z}=-\boldsymbol{e}_y\dfrac{10\times0.278\mathrm{e}^{\mathrm{j}156.9^\circ}}{377}\mathrm{e}^{\mathrm{j}6z}\end{cases}$$

透射波：

$$\begin{cases}\widetilde{\boldsymbol{E}}_\mathrm{t}(z)=\boldsymbol{e}_x10\times t\mathrm{e}^{-\alpha z}\mathrm{e}^{-\mathrm{j}\beta z}=\boldsymbol{e}_x10\times0.752\mathrm{e}^{\mathrm{j}8.34^\circ}\mathrm{e}^{-2.31z}\mathrm{e}^{-\mathrm{j}9.77z}\\ \widetilde{\boldsymbol{H}}_\mathrm{t}(z)=\boldsymbol{e}_y\dfrac{10\times t}{\tilde{\eta}_2}\mathrm{e}^{-\alpha z}\mathrm{e}^{-\mathrm{j}\beta z}=\boldsymbol{e}_y\dfrac{10\times0.752\mathrm{e}^{\mathrm{j}8.34^\circ}}{218.96+\mathrm{j}51.76}\mathrm{e}^{-2.31z}\mathrm{e}^{-\mathrm{j}9.77z}\end{cases}$$

反射波和透射波的电场矢量和磁场矢量瞬时表达式为

$$\begin{cases}\boldsymbol{E}_\mathrm{r}(z;\ t)=\mathrm{Re}[\widetilde{\boldsymbol{E}}_\mathrm{r}(z)\mathrm{e}^{\mathrm{j}\omega t}]=\boldsymbol{e}_x2.78\cos(1.8\times10^9t+6z+156.9^\circ)\\ \boldsymbol{H}_\mathrm{r}(z;\ t)=\mathrm{Re}[\widetilde{\boldsymbol{H}}_\mathrm{r}(z)\mathrm{e}^{\mathrm{j}\omega t}]=-\boldsymbol{e}_y7.37\times10^{-3}\cos(1.8\times10^9t+6z+156.9^\circ)\end{cases}$$

$$\begin{cases}\boldsymbol{E}_\mathrm{t}(z;\ t)=\mathrm{Re}[\widetilde{\boldsymbol{E}}_\mathrm{t}(z)\mathrm{e}^{\mathrm{j}\omega t}]=\boldsymbol{e}_x7.52\mathrm{e}^{-2.31z}\cos(1.8\times10^9t-9.77z+8.34^\circ)\\ \boldsymbol{H}_\mathrm{t}(z;\ t)=\mathrm{Re}[\widetilde{\boldsymbol{H}}_\mathrm{t}(z)\mathrm{e}^{\mathrm{j}\omega t}]=\boldsymbol{e}_y0.033\mathrm{e}^{-2.31z}\cos(1.8\times10^9t-9.77z-4.96^\circ)\end{cases}$$

(2) 空气和有耗介质中的平均坡印廷矢量为

$$\begin{aligned}\boldsymbol{S}_\mathrm{av}^1&=\frac{1}{2}\mathrm{Re}[\widetilde{\boldsymbol{E}}_1\times\widetilde{\boldsymbol{H}}_1{}^*]=\boldsymbol{S}_{\mathrm{av,\ i}}+\boldsymbol{S}_{\mathrm{av,\ r}}=\frac{1}{2}\mathrm{Re}[\widetilde{\boldsymbol{E}}_\mathrm{i}\times\widetilde{\boldsymbol{H}}_\mathrm{i}{}^*]+\frac{1}{2}\mathrm{Re}[\widetilde{\boldsymbol{E}}_\mathrm{r}\times\widetilde{\boldsymbol{H}}_\mathrm{r}{}^*]\\&=\boldsymbol{e}_z\frac{1}{2}\times\frac{10^2}{377}-\boldsymbol{e}_z\frac{1}{2}\times\frac{2.78^2}{377}=\boldsymbol{e}_z0.122\end{aligned}$$

$$\begin{aligned}\boldsymbol{S}_\mathrm{av}^2&=\frac{1}{2}\mathrm{Re}[\widetilde{\boldsymbol{E}}_2\times\widetilde{\boldsymbol{H}}_2{}^*]=\frac{1}{2}\mathrm{Re}[\widetilde{\boldsymbol{E}}_\mathrm{t}\times\widetilde{\boldsymbol{H}}_\mathrm{t}{}^*]\\&=\frac{1}{2}\mathrm{Re}[(\boldsymbol{e}_x7.52\mathrm{e}^{-2.31z}\mathrm{e}^{-\mathrm{j}9.77z}\mathrm{e}^{\mathrm{j}8.34^\circ})\times(\boldsymbol{e}_y0.033\mathrm{e}^{-2.31z}\mathrm{e}^{-\mathrm{j}9.77z}\mathrm{e}^{-\mathrm{j}4.96^\circ})^*]\\&=\frac{1}{2}\mathrm{Re}[\boldsymbol{e}_z0.248\boldsymbol{e}^{-4.62z}\boldsymbol{e}^{\mathrm{j}13.3^\circ}]=\boldsymbol{e}_z0.122\mathrm{e}^{-4.62z}\end{aligned}$$

显然，$\boldsymbol{S}_\mathrm{av}^1=\boldsymbol{S}_\mathrm{av}^2$。

8.2 平面电磁波对理想介质分界平面的斜入射

在垂直入射情况下，平面电磁波的电场矢量和磁场矢量总是与分界平面平行，反射系数和透射系数与入射平面波的极化状态无关。但在斜入射情况下，由于电场矢量可以在垂直于传播方向的横平面内任意取向，因此反射系数和透射系数与极化状态有关。由 7.3 节讨论可知，任意极化状态的平面波都可以分解为两个相互垂直的线极化平面波的叠加，所以对于任意极化状态平面电磁波的反射和透射问题，可把任意取向的电场矢量分解为垂直于入射面和在入射面内的两个线极化分量(平面波传播方向与分界面法向构成的平面称为入射面)，电场矢量垂直于入射面的线极化波称为垂直极化波(或称 TE 波，光学中也称为 S 波偏振)，电场矢量平行于入射面的线极化波称为平行极化波(或称 TM 波，光学中也称为 P 波偏振)。斜入射情况下平面电磁波的反射与透射就是分别确定垂直极化波和平行极化波的反射系数和透射系数。

8.2.1　垂直极化

如图 8－3(a)所示，理想介质 1 的介电常数为 ε_1，磁导率为 μ_1；理想介质 2 的介电常数为 ε_2，磁导率为 μ_2。两介质分界面为 XY 平面，两介质分界面法向为 Z 方向。

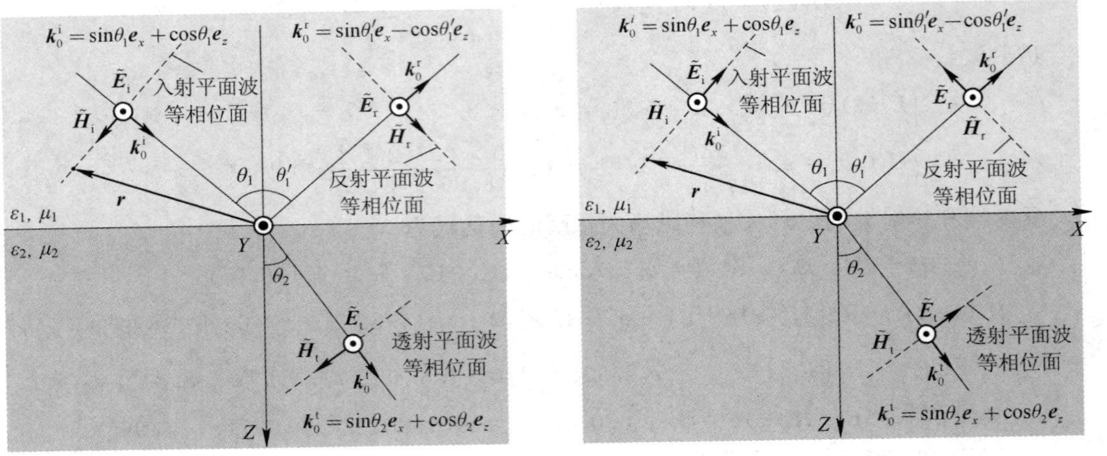

(a) 垂直极化　　　　(b) 平行极化

图 8－3　平面边界平面电磁波的斜入射

假设入射平面波的波传播单位矢量为 $\boldsymbol{k}_0^i$，电场复振幅矢量 $\tilde{\boldsymbol{E}}_i$ 指向 Y 方向垂直于入射面，磁场复振幅矢量 $\tilde{\boldsymbol{H}}_i$ 在 XZ 面内平行于入射面，$\tilde{\boldsymbol{E}}_i \times \tilde{\boldsymbol{H}}_i$ 沿 $\boldsymbol{k}_0^i$ 方向，满足右旋关系。$\boldsymbol{r}$ 为等相位平面上任意一点的位置矢量，入射平面波的波矢量 $\boldsymbol{k}_0^i$ 与介质分界面反法向 $-\boldsymbol{e}_z$ 的夹角为 θ_1，θ_1 称为入射角。

假设反射平面波的波传播单位矢量为 $\boldsymbol{k}_0^r$，电场复振幅矢量 $\tilde{\boldsymbol{E}}_r$ 沿 Y 方向垂直于入射面，磁场复振幅矢量 $\tilde{\boldsymbol{H}}_r$ 在 XZ 平面内平行于入射面，$\tilde{\boldsymbol{E}}_r \times \tilde{\boldsymbol{H}}_r$ 沿 $\boldsymbol{k}_0^r$ 方向。反射平面波的波矢量 $\boldsymbol{k}_0^r$ 与介质分界面反法线方向 $-\boldsymbol{e}_z$ 的夹角为 θ'_1，θ'_1 称为反射角。

假设透射平面波的波传播单位矢量为 $\boldsymbol{k}_0^t$，电场复振幅矢量 $\tilde{\boldsymbol{E}}_t$ 沿 Y 方向垂直于入射面，磁场复振幅矢量 $\tilde{\boldsymbol{H}}_t$ 在 XZ 平面内平行于入射面，$\tilde{\boldsymbol{E}}_t \times \tilde{\boldsymbol{H}}_t$ 沿 $\boldsymbol{k}_0^t$ 方向。透射平面波波矢量 $\boldsymbol{k}_0^t$ 与介质分界面法向 $\boldsymbol{e}_z$ 夹角为 θ_2，θ_2 称为透射角或折射角。

根据式(7－24)和式(7－25)，并利用式(7－39)，可写出入射平面波的电场和磁场复振幅矢量表达式为

$$\begin{cases}\widetilde{\boldsymbol{E}}_{\mathrm{i}}(\boldsymbol{r}) = \boldsymbol{e}_y \widetilde{E}_{0\mathrm{i}} \mathrm{e}^{-\mathrm{j}k_1 \boldsymbol{k}_0^{\mathrm{i}} \cdot \boldsymbol{r}} \\ \widetilde{\boldsymbol{H}}_{\mathrm{i}}(\boldsymbol{r}) = \dfrac{1}{\eta_1} \boldsymbol{k}_0^{\mathrm{i}} \times \boldsymbol{e}_y \widetilde{E}_{0\mathrm{i}} \mathrm{e}^{-\mathrm{j}k_1 \boldsymbol{k}_0^{\mathrm{i}} \cdot \boldsymbol{r}}\end{cases} \tag{8-43}$$

式中，$\widetilde{E}_{0\mathrm{i}}$ 是入射平面波电场复振幅；$k_1 = \omega\sqrt{\mu_1 \varepsilon_1}$ 为介质 1 中的入射平面波波数，η_1 为介质 1 的本征阻抗。

入射波传播方向单位矢量 $\boldsymbol{k}_0^{\mathrm{i}}$ 写成分量形式有

$$\boldsymbol{k}_0^{\mathrm{i}} = \sin\theta_1 \boldsymbol{e}_x + \cos\theta_1 \boldsymbol{e}_z \tag{8-44}$$

等相位面上任意一点的位置矢量为

$$\boldsymbol{r} = x\boldsymbol{e}_x + y\boldsymbol{e}_y + z\boldsymbol{e}_z \tag{8-45}$$

将式(8－44)和式(8－45)代入式(8－43)，得到

$$\begin{cases}\widetilde{\boldsymbol{E}}_{\mathrm{i}}(\boldsymbol{r}) = \boldsymbol{e}_y \widetilde{E}_{0\mathrm{i}} \mathrm{e}^{-\mathrm{j}k_1(x\sin\theta_1 + z\cos\theta_1)} \\ \widetilde{\boldsymbol{H}}_{\mathrm{i}}(\boldsymbol{r}) = (-\cos\theta_1 \boldsymbol{e}_x + \sin\theta_1 \boldsymbol{e}_z)\dfrac{\widetilde{E}_{0\mathrm{i}}}{\eta_1} \mathrm{e}^{-\mathrm{j}k_1(x\sin\theta_1 + z\cos\theta_1)}\end{cases} \tag{8-46}$$

同理，可写出反射平面波与透射平面波电场和磁场复振幅矢量表达式分别为

$$\begin{cases}\widetilde{\boldsymbol{E}}_{\mathrm{r}}(\boldsymbol{r}) = \boldsymbol{e}_y \widetilde{E}_{0\mathrm{r}} \mathrm{e}^{-\mathrm{j}k_1(x\sin\theta_1' - z\cos\theta_1')} \\ \widetilde{\boldsymbol{H}}_{\mathrm{r}}(\boldsymbol{r}) = (\cos\theta'_1 \boldsymbol{e}_x + \sin\theta'_1 \boldsymbol{e}_z)\dfrac{\widetilde{E}_{0\mathrm{r}}}{\eta_1} \mathrm{e}^{-\mathrm{j}k_1(x\sin\theta_1' - z\cos\theta_1')}\end{cases} \tag{8-47}$$

$$\begin{cases}\widetilde{\boldsymbol{E}}_{\mathrm{t}}(\boldsymbol{r}) = \boldsymbol{e}_y \widetilde{E}_{0\mathrm{t}} \mathrm{e}^{-\mathrm{j}k_2(x\sin\theta_2 + z\cos\theta_2)} \\ \widetilde{\boldsymbol{H}}_{\mathrm{t}}(\boldsymbol{r}) = (-\cos\theta_2\ \boldsymbol{e}_x + \sin\theta_2\ \boldsymbol{e}_z)\dfrac{\widetilde{E}_{0\mathrm{t}}}{\eta_2} \mathrm{e}^{-\mathrm{j}k_2(x\sin\theta_2 + z\cos\theta_2)}\end{cases} \tag{8-48}$$

式中，$\widetilde{E}_{0\mathrm{r}}$ 和 $\widetilde{E}_{0\mathrm{t}}$ 分别为反射平面波和透射平面波电场复振幅；$k_2 = \omega\sqrt{\mu_2 \varepsilon_2}$ 为介质 2 中透射平面波的波数；η_2 为介质 2 的本征阻抗。入射平面波、反射平面波和透射平面波频率相同，ω 不变。

根据理想介质边界条件式(6－47)和式(6－48)，电场矢量和磁场矢量切向分量连续，则有

$$\begin{cases}\widetilde{E}_{1\mathrm{t}} = \widetilde{E}_{2\mathrm{t}} \\ \widetilde{H}_{1\mathrm{t}} = \widetilde{H}_{2\mathrm{t}}\end{cases} \tag{8-49}$$

注意，式(8－49)角标“t”表示切向分量。垂直极化电场矢量垂直于入射面沿 Y 方向，属切向分量；磁场矢量在入射面内，既有 X 分量，又有 Z 分量，X 分量属切向分量。因此有

$$\begin{cases}[\widetilde{E}_{\mathrm{i}}(\boldsymbol{r}) + \widetilde{E}_{\mathrm{r}}(\boldsymbol{r})]_{z=0} = [\widetilde{E}_{\mathrm{t}}(\boldsymbol{r})]_{z=0} \\ [\widetilde{H}_{\mathrm{i}x}(\boldsymbol{r}) + \widetilde{H}_{\mathrm{r}x}(\boldsymbol{r})]_{z=0} = [\widetilde{H}_{\mathrm{t}x}(\boldsymbol{r})]_{z=0}\end{cases} \tag{8-50}$$

将式(8－46)、式(8－47)和式(8－48)电场复振幅矢量和磁场复振幅矢量切向分量表达式代入边界条件(8－50)，得到

$$\begin{cases}\widetilde{E}_{0\mathrm{i}} \mathrm{e}^{-\mathrm{j}k_1 x\sin\theta_1} + \widetilde{E}_{0\mathrm{r}} \mathrm{e}^{-\mathrm{j}k_1 x\sin\theta_1'} = \widetilde{E}_{0\mathrm{t}} \mathrm{e}^{-\mathrm{j}k_2 x\sin\theta_2} \\ -\cos\theta_1 \dfrac{\widetilde{E}_{0\mathrm{i}}}{\eta_1} \mathrm{e}^{-\mathrm{j}k_1 x\sin\theta_1} + \cos\theta'_1 \dfrac{\widetilde{E}_{0\mathrm{r}}}{\eta_1} \mathrm{e}^{-\mathrm{j}k_1 x\sin\theta_1'} = -\cos\theta_2 \dfrac{\widetilde{E}_{0\mathrm{t}}}{\eta_2} \mathrm{e}^{-\mathrm{j}k_2 x\sin\theta_2}\end{cases} \tag{8-51}$$

对任意的 x，要使式(8－51)成立，必须使三个指数满足相位匹配条件，即

$$k_1\sin\theta_1 = k_1\sin\theta'_1 = k_2\sin\theta_2 \tag{8-52}$$

由此得到，斯涅尔反射定律

$$\theta_1 = \theta'_1 \tag{8-53}$$

和斯涅尔折射定律

$$k_1\sin\theta_1 = k_2\sin\theta_2 \tag{8-54}$$

反射定律用于确定反射平面波的传播方向，折射定律用于确定透射平面波的传播方向。

对于光学介质而言，$\mu_r \approx 1$，折射率 $n=\sqrt{\varepsilon_r}$，而 $k=\omega\sqrt{\mu\varepsilon}$，由式(8-54)可得

$$n_1\sin\theta_1 = n_2\sin\theta_2 \tag{8-55}$$

这就是光学中的折射定律。式中，n_1 和 n_2 分别为介质1和介质2的折射率。

考虑到式(8-52)，式(8-51)可简化为

$$\begin{cases}\widetilde{E}_{0i}+\widetilde{E}_{0r}=\widetilde{E}_{0t}\\ \dfrac{\cos\theta_1}{\eta_1}(\widetilde{E}_{0r}-\widetilde{E}_{0i})=-\dfrac{\cos\theta_2}{\eta_2}\widetilde{E}_{0t}\end{cases} \tag{8-56}$$

联立求解式(8-56)，得到垂直极化情况下反射系数和透射系数的表达式为

$$\tilde{r}_s=\frac{\widetilde{E}_{0r}}{\widetilde{E}_{0i}}=\frac{\eta_2\cos\theta_1-\eta_1\cos\theta_2}{\eta_2\cos\theta_1+\eta_1\cos\theta_2} \tag{8-57}$$

$$\tilde{t}_s=\frac{\widetilde{E}_{0t}}{\widetilde{E}_{0i}}=\frac{2\eta_2\cos\theta_1}{\eta_2\cos\theta_1+\eta_1\cos\theta_2} \tag{8-58}$$

这两个系数称为垂直极化菲涅耳反射系数和透射系数，二者满足关系

$$\tilde{t}_s = 1+\tilde{r}_s \tag{8-59}$$

反射系数 $\tilde{r}_s$ 反映入射平面波和反射平面波振幅和相位之间的关系，透射系数 $\tilde{t}_s$ 反映入射平面波和透射平面波振幅和相位之间的关系。

对于光学介质(非磁性介质)，$\mu_1=\mu_2\approx\mu_0$，取 $n=\sqrt{\varepsilon_r}$，利用式(7-39)，$\eta=\eta_0/n$，代入式(8-57)和式(8-58)，并利用式(8-55)，得到

$$\tilde{r}_s=\frac{n_1\cos\theta_1-n_2\cos\theta_2}{n_1\cos\theta_1+n_2\cos\theta_2}=-\frac{\sin(\theta_1-\theta_2)}{\sin(\theta_1+\theta_2)} \tag{8-60}$$

$$\tilde{t}_s=\frac{2n_1\cos\theta_1}{n_1\cos\theta_1+n_2\cos\theta_2}=\frac{2\cos\theta_1\sin\theta_2}{\sin(\theta_1+\theta_2)} \tag{8-61}$$

在垂直入射的情况下，$\theta_1=\theta_2=0°$，则式(8-57)可简化为式(8-27)，式(8-58)可简化为式(8-28)，说明垂直入射是斜入射的特殊情况。

8.2.2　平行极化

与垂直极化相同，假设入射平面波、反射平面波和透射平面波的波传播单位矢量分别为 $\boldsymbol{k}_0^i$、$\boldsymbol{k}_0^r$ 和 $\boldsymbol{k}_0^t$，平行极化情况下，入射平面波磁场复振幅矢量 $\widetilde{\boldsymbol{H}}_i$、反射平面波磁场复振幅矢量 $\widetilde{\boldsymbol{H}}_r$ 和透射平面波磁场复振幅矢量 $\widetilde{\boldsymbol{H}}_t$ 均沿 Y 方向，而入射平面波电场复振幅矢量 $\widetilde{\boldsymbol{E}}_i$、反射平面波电场复振幅矢量 $\widetilde{\boldsymbol{E}}_r$ 和透射平面波电场复振幅矢量 $\widetilde{\boldsymbol{E}}_t$ 均在 XZ 平面内，且 $\widetilde{\boldsymbol{E}}_i\times\widetilde{\boldsymbol{H}}_i$ 沿 $\boldsymbol{k}_0^i$ 方向，$\widetilde{\boldsymbol{E}}_r\times\widetilde{\boldsymbol{H}}_r$ 沿 $\boldsymbol{k}_0^r$ 方向，$\widetilde{\boldsymbol{E}}_t\times\widetilde{\boldsymbol{H}}_t$ 沿 $\boldsymbol{k}_0^t$ 方向。入射角为 θ_1，反射角为 θ'_1，透射角为 θ_2，如图8-3(b)所示。

根据式(7-24)和式(7-25)，利用式(7-39)，并将式(8-44)和式(8-45)代入，可写

出入射平面波电场和磁场复振幅矢量表达式为

$$\begin{cases}\widetilde{\boldsymbol{E}}_{\mathrm{i}}(\boldsymbol{r})=(\boldsymbol{e}_x\cos\theta_1-\boldsymbol{e}_z\sin\theta_1)\widetilde{E}_{0\mathrm{i}}\mathrm{e}^{-\mathrm{j}k_1(x\sin\theta_1+z\cos\theta_1)}\\ \widetilde{\boldsymbol{H}}_{\mathrm{i}}(\boldsymbol{r})=\boldsymbol{e}_y\dfrac{\widetilde{E}_{0\mathrm{i}}}{\eta_1}\mathrm{e}^{-\mathrm{j}k_1(x\sin\theta_1+z\cos\theta_1)}\end{cases}\tag{8-62}$$

式中，$\widetilde{E}_{0\mathrm{i}}$ 是入射平面波电场复振幅，$k_1=\omega\sqrt{\mu_1\varepsilon_1}$ 为介质 1 中的波数，η_1 为介质 1 的本征阻抗。

同理，可写出反射平面波与透射平面波电场和磁场复振幅矢量表达式分别为

$$\begin{cases}\widetilde{\boldsymbol{E}}_{\mathrm{r}}(\boldsymbol{r})=(-\boldsymbol{e}_x\cos\theta'_1-\boldsymbol{e}_z\sin\theta'_1)\widetilde{E}_{0\mathrm{r}}\mathrm{e}^{-\mathrm{j}k_1(x\sin\theta'_1-z\cos\theta'_1)}\\ \widetilde{\boldsymbol{H}}_{\mathrm{r}}(\boldsymbol{r})=\boldsymbol{e}_y\dfrac{1}{\eta_1}\widetilde{E}_{0\mathrm{r}}\mathrm{e}^{-\mathrm{j}k_1(x\sin\theta'_1-z\cos\theta'_1)}\end{cases}\tag{8-63}$$

$$\begin{cases}\widetilde{\boldsymbol{E}}_{\mathrm{t}}(\boldsymbol{r})=(\boldsymbol{e}_x\cos\theta_2-\boldsymbol{e}_z\sin\theta_2)\widetilde{E}_{0\mathrm{t}}\mathrm{e}^{-\mathrm{j}k_2(x\sin\theta_2+z\cos\theta_2)}\\ \widetilde{\boldsymbol{H}}_{\mathrm{t}}(\boldsymbol{r})=\boldsymbol{e}_y\dfrac{1}{\eta_2}\widetilde{E}_{0\mathrm{t}}\mathrm{e}^{-\mathrm{j}k_2(x\sin\theta_2+z\cos\theta_2)}\end{cases}\tag{8-64}$$

式中，$\widetilde{E}_{0\mathrm{r}}$ 和 $\widetilde{E}_{0\mathrm{t}}$ 分别为反射平面波和透射平面波电场复振幅，$k_2=\omega\sqrt{\mu_2\varepsilon_2}$ 为介质 2 中的透射平面波的波数，η_2 为介质 2 的本征阻抗。

平行极化电场矢量在入射面内既有 X 分量，又有 Z 分量，X 分量属切向分量。磁场矢量垂直于入射面沿 Y 方向，属切向分量。根据电场矢量和磁场矢量切向分量连续边界条件式(8-49)，有

$$\begin{cases}[\widetilde{E}_{\mathrm{i}x}(\boldsymbol{r})+\widetilde{E}_{\mathrm{r}x}(\boldsymbol{r})]_{z=0}=[\widetilde{E}_{\mathrm{t}x}(\boldsymbol{r})]_{z=0}\\ [\widetilde{H}_{\mathrm{i}}(\boldsymbol{r})+\widetilde{H}_{\mathrm{r}}(\boldsymbol{r})]_{z=0}=[\widetilde{H}_{\mathrm{t}}(\boldsymbol{r})]_{z=0}\end{cases}\tag{8-65}$$

将式(8-62)、式(8-63)和式(8-64)电场强度矢量和磁场强度矢量切向分量代入式(8-65)，得到

$$\begin{cases}\cos\theta_1\widetilde{E}_{0\mathrm{i}}\mathrm{e}^{-\mathrm{j}k_1x\sin\theta_1}-\cos\theta'_1\widetilde{E}_{0\mathrm{r}}\mathrm{e}^{-\mathrm{j}k_1x\sin\theta'_1}=\cos\theta_2\widetilde{E}_{0\mathrm{t}}\mathrm{e}^{-\mathrm{j}k_2x\sin\theta_2}\\ \dfrac{\widetilde{E}_{0\mathrm{i}}}{\eta_1}\mathrm{e}^{-\mathrm{j}k_1x\sin\theta_1}+\dfrac{1}{\eta_1}\widetilde{E}_{0\mathrm{r}}\mathrm{e}^{-\mathrm{j}k_1x\sin\theta'_1}=\dfrac{1}{\eta_2}\widetilde{E}_{0\mathrm{t}}\mathrm{e}^{-\mathrm{j}k_2x\sin\theta_2}\end{cases}\tag{8-66}$$

同样，对任意的 x，要使式(8-66)成立，必须使三个指数相位满足相位匹配条件：

$$k_1\sin\theta_1=k_1\sin\theta'_1=k_2\sin\theta_2\tag{8-67}$$

由此得到反射定律和折射定律

$$\theta_1=\theta'_1,\quad k_1\sin\theta_1=k_2\sin\theta_2\tag{8-68}$$

比较式(8-68)与式(8-53)和式(8-54)可知，不管是垂直极化还是平行极化，平面波在两介质分界面的反射和透射，反射平面波和透射平面波传播方向的改变都遵循反射定律和折射定律。

利用式(8-67)，式(8-66)可简化为

$$\begin{cases}\cos\theta_1(\widetilde{E}_{0\mathrm{i}}-\widetilde{E}_{0\mathrm{r}})=\cos\theta_2\widetilde{E}_{0\mathrm{t}}\\ \dfrac{1}{\eta_1}(\widetilde{E}_{0\mathrm{i}}+\widetilde{E}_{0\mathrm{r}})=\dfrac{\widetilde{E}_{0\mathrm{t}}}{\eta_2}\end{cases}\tag{8-69}$$

联立求解式(8-69)，得到平行极化菲涅耳反射系数和透射系数的表达式为

$$\tilde{r}_p = \frac{\tilde{E}_{0r}}{\tilde{E}_{0i}} = \frac{\eta_1\cos\theta_1 - \eta_2\cos\theta_2}{\eta_1\cos\theta_1 + \eta_2\cos\theta_2} \tag{8-70}$$

$$\tilde{t}_p = \frac{\tilde{E}_{0t}}{\tilde{E}_{0i}} = \frac{2\eta_2\cos\theta_1}{\eta_1\cos\theta_1 + \eta_2\cos\theta_2} \tag{8-71}$$

在平行极化情况下，二者满足关系

$$\tilde{t}_p = (1-\tilde{r}_p)\frac{\cos\theta_1}{\cos\theta_2} \tag{8-72}$$

需要注意的是，反射系数 $\tilde{r}_p$ 与反射平面波电场和磁场的方向选取有关，相差一个负号。

对于光学介质，$\mu_1 = \mu_2 = \mu_0$，$\eta = \eta_0/n$，而 $n = \sqrt{\varepsilon_r}$，式(8-70)和式(8-71)可化为

$$\tilde{r}_p = \frac{n_2\cos\theta_1 - n_1\cos\theta_2}{n_2\cos\theta_1 + n_1\cos\theta_2} \tag{8-73}$$

$$\tilde{t}_p = \frac{2n_1\cos\theta_1}{n_2\cos\theta_1 + n_1\cos\theta_2} \tag{8-74}$$

8.3 反射系数、透射系数随入射角的变化特性

反射系数和透射系数是描述反射波复振幅、透射波复振幅与入射波复振幅之比随入射角的变化关系，这种关系不仅反映了反射和透射平面波电场矢量振幅和相位的变化，而且也反映了极化状态的变化，其特性在实际应用中极为广泛。下面介绍一些重要概念，并给出实例加以讨论。

8.3.1 全反射、表面波与倏逝波

为了讨论方便起见，下面以光学介质(非磁性介质)为例，介质参数假定 $\mu = \mu_0$，$\mu_r = 1$，$\varepsilon = \varepsilon_r\varepsilon_0$，$n = \sqrt{\varepsilon_r}$，$\eta = \eta_0/n$。

1. 光疏介质到光密介质($n_1 < n_2$)

对于两个各向同性理想均匀介质分界面的反射与透射，如果入射介质折射率 n_1 小于透射介质折射率 n_2（$n_1 < n_2$），即光从光疏介质入射到光密介质，由于正弦函数在第一象限是增函数，由斯涅尔折射定律式(8-55)知，透射角小于入射角，即 $\theta_2 < \theta_1$。由式(8-60)、式(8-61)、式(8-73)和式(8-74)可以判断，入射角取值在 $0\sim 90°$ 的范围时，垂直极化反射系数 $\tilde{r}_s$ 和平行极化反射系数 $\tilde{r}_p$、垂直极化透射系数 $\tilde{t}_s$ 和平行极化透射系数 $\tilde{t}_p$ 均为实数。

依据式(8-60)、式(8-61)、式(8-73)和式(8-74)，取 $n_1 = 1.0$（空气），$n_2 = 1.52$（玻璃），计算结果如图8-4所示。

2. 光密介质到光疏介质($n_1 > n_2$)

如果入射介质的折射率 n_1 大于透射介质的折射率 n_2（$n_1 > n_2$），由斯涅尔折射定律式(8-55)可知，透射角大于入射角，即 $\theta_2 > \theta_1$。当 $\theta_1 = \theta_c$ 时，透射角 $\theta_2 = 90°$，由式(8-55)有

$$\sin\theta_c = \frac{n_2}{n_1} \tag{8-75}$$

θ_c 称为临界角。

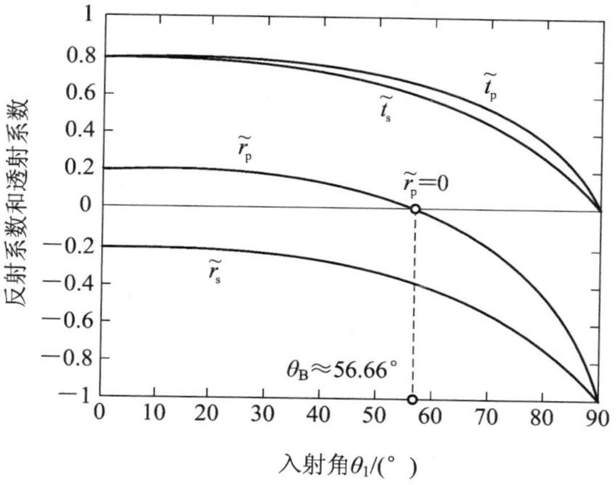

图 8-4　反射系数和透射系数随入射角的变化曲线（$n_1=1.0$，$n_2=1.52$）

将 $\theta_2=90°$代入式(8-48)和式(8-64)，并利用 $k_2=\omega n_2/c$，$\eta_2=\eta_0/n_2$，得到垂直极化：

$$\begin{cases}\widetilde{\boldsymbol{E}}_t(\boldsymbol{r})=\boldsymbol{e}_y\widetilde{E}_{0t}e^{-j\frac{\omega}{c}n_2x}\\ \widetilde{\boldsymbol{H}}_t(\boldsymbol{r})=\boldsymbol{e}_z\sqrt{\dfrac{\varepsilon_0}{\mu_0}}n_2\widetilde{E}_{0t}e^{-j\frac{\omega}{c}n_2x}\end{cases}\tag{8-76}$$

平行极化：

$$\begin{cases}\widetilde{\boldsymbol{E}}_t(\boldsymbol{r})=-\boldsymbol{e}_z\widetilde{E}_{0t}e^{-j\frac{\omega}{c}n_2x}\\ \widetilde{\boldsymbol{H}}_t(\boldsymbol{r})=\boldsymbol{e}_y\sqrt{\dfrac{\varepsilon_0}{\mu_0}}n_2\widetilde{E}_{0t}e^{-j\frac{\omega}{c}n_2x}\end{cases}\tag{8-77}$$

式(8-76)和式(8-77)表明，对于垂直极化，磁场仅有 Z 分量，电场沿 Y 方向，由坡印廷定理知，波沿 $+X$ 方向传播，没有 Z 方向传播的波；而对于平行极化，电场仅有 $-Z$ 分量，磁场沿 Y 方向，波沿 $+X$ 方向传播，也没有 Z 方向传播的波，这种波称为表面波，如图 8-5 所示。

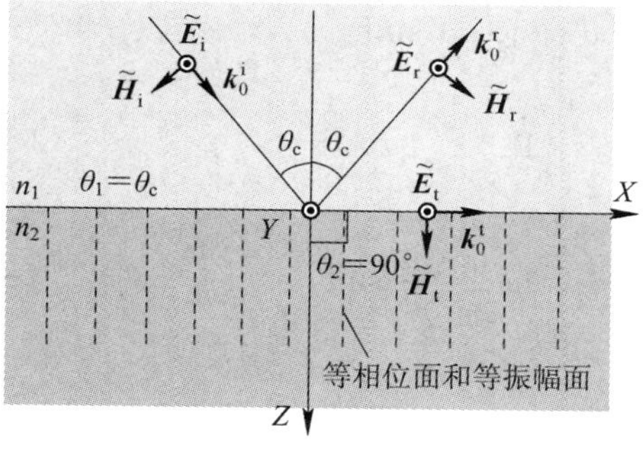

(a) 垂直极化

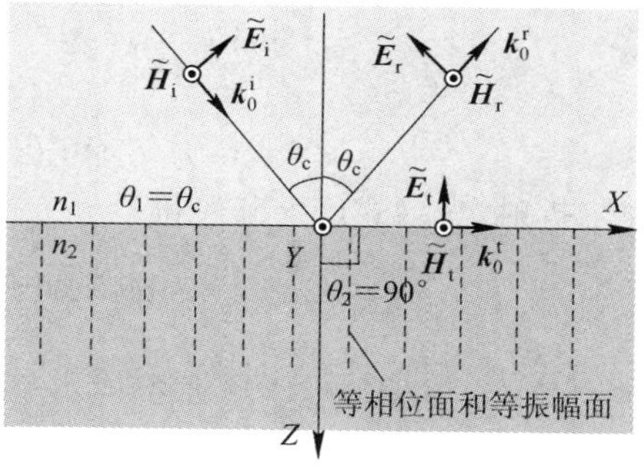

(b) 平行极化

图 8-5　表面波（$n_1>n_2$，$\theta_1=\theta_c$）

在临界入射情况下，由式(8-60)和式(8-73)可知，$\tilde{r}_s=\tilde{r}_p=1$，表明无论是垂直极化还是平行极化，当 $\theta_1=\theta_c$ 时，产生全反射，因此，临界角 θ_c 也称为全反射角。

依据式(8-60)和式(8-73)，取 $n_1=1.52$（玻璃），$n_2=1.0$（空气），$\tilde{r}_s$ 和 $\tilde{r}_p$ 计算结果如图 8-6(a)所示；依据式(8-61)和式(8-74)，$|\tilde{t}_s|$ 和 $|\tilde{t}_p|$ 的计算结果如图 8-6(b)所示。由图 8-6(b)可见，入射角在 $0\leqslant\theta_1\leqslant\theta_c$ 的范围内，垂直极化透射系数的模 $|\tilde{t}_s|>1$，平行极化透射系数的模 $|\tilde{t}_p|>1$，且在 $\theta_c\leqslant\theta_1\leqslant 90°$ 的范围内，反射系数 $\tilde{r}_s=1$，$\tilde{r}_p=1$，但透射系数 $|\tilde{t}_s|\neq 0$，$|\tilde{t}_p|\neq 0$。这种“奇异”特性反映的是倏逝波的存在和在 X 方向反射波的相移，并不代表透射波振幅的“放大”。

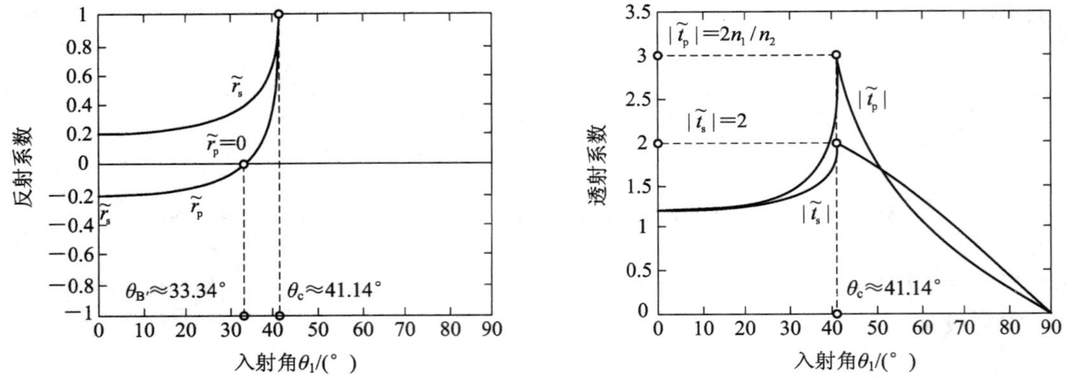

(a) 反射系数曲线　　(b) 透射系数曲线

图 8-6　反射系数和透射系数随入射角变化曲线（$n_1=1.52$，$n_2=1.0$）

实际上，在 $n_1>n_2$ 情况下，当入射角大于临界角($\theta_1>\theta_c$)时，因为

$$\sin\theta_1>\frac{n_2}{n_1} \tag{8-78}$$

显然，斯涅尔折射定律(式(8-55))不再成立。要使斯涅尔折射定律(式(8-55))仍然成立，可取透射角为复角，令

$$\theta_2=\theta'+\mathrm{j}\theta'' \tag{8-79}$$

由此有

$$\begin{cases}\cos(\theta'+\mathrm{j}\theta'')=\cos\theta'\cosh\theta''-\mathrm{j}\sin\theta'\sinh\theta''\\ \sin(\theta'+\mathrm{j}\theta'')=\sin\theta'\cosh\theta''+\mathrm{j}\cos\theta'\sinh\theta''\end{cases} \tag{8-80}$$

且

$$\sin^2\theta_2+\cos^2\theta_2=1 \tag{8-81}$$

由斯涅尔折射定律(式(8-55))得

$$\sin\theta_2=\sin\theta'\cosh\theta''+\mathrm{j}\cos\theta'\sinh\theta''=\frac{n_1}{n_2}\sin\theta_1 \tag{8-82}$$

而

$$\cos\theta_2=\sqrt{1-\sin^2\theta_2}=\sqrt{1-\frac{n_1^2}{n_2^2}\sin^2\theta_1}=\pm\mathrm{j}\sqrt{\frac{n_1^2}{n_2^2}\sin^2\theta_1-1} \tag{8-83}$$

则有

$$\cos\theta'\cosh\theta''-\mathrm{j}\sin\theta'\sinh\theta''=\pm\mathrm{j}\sqrt{\frac{n_1^2}{n_2^2}\sin^2\theta_1-1} \tag{8-84}$$

令方程(8-82)和方程(8-84)两端实部和虚部分别相等，则等式(8-84)右端取负号(衰减

波)有

$$\begin{cases}\sin\theta'\cosh\theta''=\dfrac{n_1}{n_2}\sin\theta_1\\ \sin\theta'\sinh\theta''=\sqrt{\dfrac{n_1^2}{n_2^2}\sin^2\theta_1-1}\end{cases}\tag{8-85}$$

将式(8-85)两式的两端平方，然后相减，并利用关系

$$\cosh^2\theta''-\sinh^2\theta''=1\tag{8-86}$$

求解得到

$$\begin{cases}\sin^2\theta'=1,\quad \theta'=90°\\ \sinh\theta''=\sqrt{\dfrac{n_1^2}{n_2^2}\sin^2\theta_1-1},\quad \cosh\theta''=\dfrac{n_1}{n_2}\sin\theta_1\end{cases}\tag{8-87}$$

将式(8-87)代入式(8-80)，有

$$\begin{cases}\cos\theta_2=\cos\left(\dfrac{\pi}{2}+\mathrm{j}\theta''\right)=-\mathrm{j}\sqrt{\dfrac{n_1^2}{n_2^2}\sin^2\theta_1-1}\\ \sin\theta_2=\sin\left(\dfrac{\pi}{2}+\mathrm{j}\theta''\right)=\dfrac{n_1}{n_2}\sin\theta_1\end{cases}\tag{8-88}$$

将式(8-88)代入垂直极化透射平面波的表达式(8-48)，且 $k_2=\omega n_2/c$，$\eta_2=\eta_0/n_2$，由此得

$$\text{垂直极化：}\begin{cases}\widetilde{\boldsymbol{E}}_{\mathrm{t}}(\boldsymbol{r})=\boldsymbol{e}_y\widetilde{E}_{0\mathrm{t}}\mathrm{e}^{-\frac{\omega}{c}\alpha z}\mathrm{e}^{-\mathrm{j}\frac{\omega}{c}n_1x\sin\theta_1}\\ \widetilde{\boldsymbol{H}}_{\mathrm{t}}(\boldsymbol{r})=\left(\mathrm{j}\sinh\theta''\boldsymbol{e}_x+\dfrac{n_1}{n_2}\sin\theta_1\ \boldsymbol{e}_z\right)\sqrt{\dfrac{\varepsilon_0}{\mu_0}}n_2\widetilde{E}_{0\mathrm{t}}\mathrm{e}^{-\frac{\omega}{c}\alpha z}\mathrm{e}^{-\mathrm{j}\frac{\omega}{c}n_1x\sin\theta_1}\end{cases}\tag{8-89}$$

将式(8-88)代入平行极化透射平面波的表达式(8-64)，得到

$$\text{平行极化：}\begin{cases}\widetilde{\boldsymbol{E}}_{\mathrm{t}}(\boldsymbol{r})=\left(-\mathrm{j}\sinh\theta''\boldsymbol{e}_x-\dfrac{n_1}{n_2}\sin\theta_1\boldsymbol{e}_z\right)\widetilde{E}_{0\mathrm{t}}\mathrm{e}^{-\frac{\omega}{c}\alpha z}\mathrm{e}^{-\mathrm{j}\frac{\omega}{c}n_1x\sin\theta_1}\\ \widetilde{\boldsymbol{H}}_{\mathrm{t}}(\boldsymbol{r})=\boldsymbol{e}_y\sqrt{\dfrac{\varepsilon_0}{\mu_0}}n_2\widetilde{E}_{0\mathrm{t}}\mathrm{e}^{-\frac{\omega}{c}\alpha z}\mathrm{e}^{-\mathrm{j}\frac{\omega}{c}n_1x\sin\theta_1}\end{cases}\tag{8-90}$$

式中：

$$\alpha=n_2\sinh\theta''\tag{8-91}$$

分析式(8-89)和式(8-90)，可得如下结论：

(1) 当入射角大于临界角($\theta_1>\theta_c$)时，不管是垂直极化还是平行极化，透射波为非均匀平面光波，平面波沿 $+X$ 方向传播，振幅沿 $+Z$ 方向衰减，其衰减常数为 α，与导体中的消光系数相对应。αz 等于常数为等振幅面，$n_1x\sin\theta_1$ 等于常数为等相位面，如图 8-7 所示。这种存在于介质 2 中沿平行于界面传播而在垂直于界面方向衰减的非均匀平面波称为倏逝波。由此看出，透射复角的实部 θ' 反映的是平面波的传播方向，而透射复角的虚部 θ'' 反映的是平面波的衰减。

(2) 当 $\theta_1=\theta_c$ 时，由式(8-76)和式(8-77)可知，垂直极化和平行极化表面波等相位面传播速度为 $v_\varphi=c/n_2$；而当 $\theta_1>\theta_c$ 时，由式(8-89)和式(8-90)可知，垂直极化和平行极化倏逝波等相位面传播速度为 $v_\varphi=c/(n_1\sin\theta_1)$。由于 $n_1\sin\theta_1>n_2$，因此倏逝波的等相位面传播速度慢，并随入射角变化。由此得出结论，临界角入射表面波的传播速度最快，且在

Z 方向没有能量的衰减。

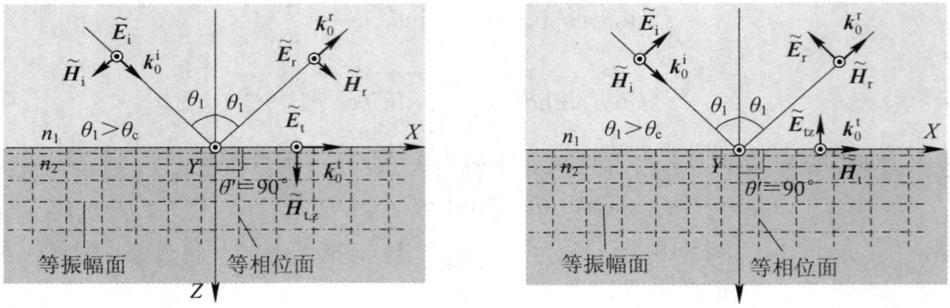

(a) 垂直极化　　　　(b) 平行极化

图 8-7　倏逝波（$n_1>n_2$，$\theta_1>\theta_c$）

（3）当 $\theta_1>\theta_c$ 时，不论是垂直极化还是平行极化，由式(8-89)或者式(8-90)，可得平均坡印廷矢量为

$$\boldsymbol{S}_{av}=\frac{1}{2}\mathrm{Re}[\tilde{\boldsymbol{E}}_t\times\tilde{\boldsymbol{H}}_t^*]=\frac{1}{2}\sqrt{\frac{\varepsilon_0}{\mu_0}}n_1\sin\theta_1\ |\tilde{E}_{0t}|^2e^{-2\frac{\omega}{c}\alpha z}\boldsymbol{e}_x \qquad (8-92)$$

与导体中的平均坡印廷矢量式(7-82)相比较可知，理想介质中的倏逝波具有导体中平面波传播的特性，垂直极化电场矢量 $\boldsymbol{e}_y$ 分量和磁场矢量 $\boldsymbol{e}_z$ 分量与平面波传播方向垂直，而平行极化电场矢量 $-\boldsymbol{e}_z$ 分量和磁场矢量 $\boldsymbol{e}_y$ 分量与平面波传播方向垂直，平面波传播具有横波性，如图 8-7 所示。

（4）由式(8-92)可知，倏逝波的平均坡印廷矢量沿 X 方向，没有 Z 方向能量的流动。但是，由式(8-89)和式(8-90)可得沿 Z 方向倏逝波的瞬时能流并不为 0。假设 $\tilde{E}_{0t}=|\tilde{E}_{0t}|$，式(8-89)和式(8-90)乘时间因子 $e^{j\omega t}$，然后取实部，代入式(6-61)，可得垂直极化和平行极化瞬时能流密度矢量均为

$$\boldsymbol{S}=\sqrt{\frac{\varepsilon_0}{\mu_0}}n_2\ |\tilde{E}_{0t}|^2e^{-2\frac{\omega}{c}\alpha z}\left\{\boldsymbol{e}_x\frac{1}{2}\frac{n_1}{n_2}\sin\theta_1+\boldsymbol{e}_x\frac{1}{2}\frac{n_1}{n_2}\sin\theta_1\cos\left[2\left(\omega t-\frac{\omega}{c}n_1x\sin\theta_1\right)\right]+\right.$$
$$\left.\boldsymbol{e}_z\frac{1}{2}\mathrm{sh}\theta''\sin\left[2\left(\omega t-\frac{\omega}{c}n_1x\sin\theta_1\right)\right]\right\} \qquad (8-93)$$

此式第三项表明，在介质界面下方每一点 z 处也都存在沿 Z 方向极化沿 X 方向传播的波，等振幅面沿 Z 方向指数衰减。

牛顿曾用如图 8-8(a)所示的直角棱镜和凸透镜实验装置观测倏逝波的存在，所以此实验也称为牛顿倏逝波实验。假设玻璃棱镜折射率为 n_1=1.52，空气折射率 n_2=1.0，平面光波从棱镜底部以 45°角入射到玻璃与空气的分界面，入射角大于临界角 θ_c=41.14°，产生全反射。当透镜远离棱镜底面时，可在反射光方向观察到完整的全反射光斑。可是，当透镜逐渐靠近棱镜底部时，两者之间的空气间隙愈来愈小，间隙厚度小于 4λ（λ 为入射光波长），反射光方向可观察到光斑的变化，间隙愈小，这种变化愈明显。当透镜与棱镜点接触时，接触点处边界条件遭到破坏，全反射消失，反射光出现黑斑点，表明接触点未发生全反射。由此可以看出，倏逝波可以穿过光疏介质而进入另一种光密介质，这种现象称为光学隧道效应。光学隧道显微镜就是光学隧道效应的典型应用。

另一种测量倏逝波存在的实验装置如图 8-8(b)所示，将直角棱镜底面浸在含有荧光

素的液体中，当入射平面光波大于临界角入射到玻璃与液体的分界面时，由于倏逝波的存在，与棱镜底面相接触的液体表面出现绿色的荧光，而光束没有射到的地方不会出现荧光，由此表明倏逝波在液体中存在。

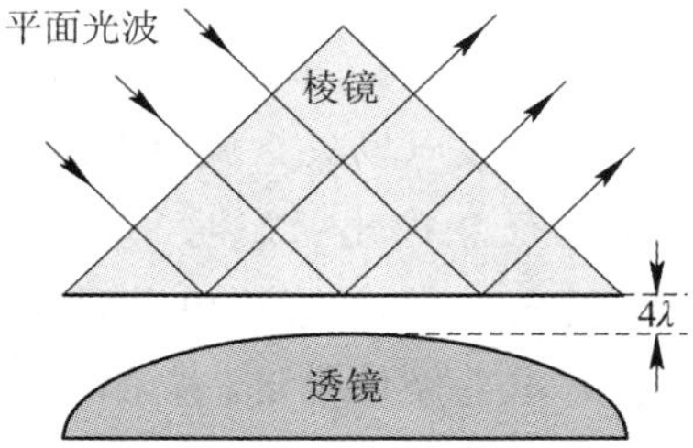

(a) 牛顿实验

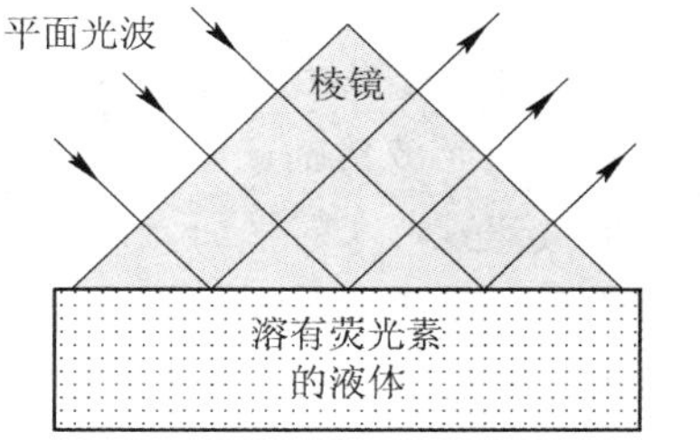

(b) 荧光素实验

图 8 - 8　倏逝波测量实验

(5) 除此之外，由式(8 - 89)可知，垂直极化磁场强度复振幅矢量出现虚 $\boldsymbol{e}_x$ 分量，由式(8 - 90)可知，平行极化电场强度复振幅矢量出现虚 $\boldsymbol{e}_x$ 分量。由此表明，垂直极化磁场强度复振幅矢量在 X 方向产生相移，平行极化电场强度复振幅矢量在 X 方向产生相移，从而导致反射波在 X 方向产生相移，这就是反射波古斯-汉欣(Goos-Hänchen)位移。

8.3.2　全透射

当垂直极化反射系数 $\tilde{r}_s = 0$ 和平行极化反射系数 $\tilde{r}_p = 0$ 时，对应的入射角 θ_1 定义为布儒斯特角，记作 θ_B。对于垂直极化，令式(8 - 60)的分子为零，则有

$$n_1 \cos\theta_B = n_2 \cos\theta_2 \tag{8-94}$$

该式两端平方，再利用式(8 - 55)，得到

$$1 - \frac{n_2^2}{n_1^2} = 0 \tag{8-95}$$

显然，式(8 - 95)无解。结果表明斜入射垂直极化不存在布儒斯特角，也即不存在垂直极化反射为零的入射角。

对于平行极化，令 $\tilde{r}_p = 0$，即式(8 - 73)的分子为零，并利用式(8 - 55)，得到

$$\sin\theta_B = \sqrt{\frac{1}{1 + n_1^2/n_2^2}} \tag{8-96}$$

或者

$$\tan\theta_B = \frac{n_2}{n_1} \tag{8-97}$$

另一方面，将式(8 - 55)代入平行极化反射系数公式(8 - 73)，再利用三角函数关系

$$\frac{\sin\alpha - \sin\beta}{\sin\alpha + \sin\beta} = \frac{\tan\frac{1}{2}(\alpha - \beta)}{\tan\frac{1}{2}(\alpha + \beta)} \tag{8-98}$$

可得

$$\tilde{r}_p = \frac{\sin 2\theta_B - \sin 2\theta_2}{\sin 2\theta_B + \sin 2\theta_2} = \frac{\tan(\theta_B - \theta_2)}{\tan(\theta_B + \theta_2)} \tag{8-99}$$

欲使 $\tilde{r}_p = 0$，$\tan\pi/2 \rightarrow \infty$，必有

$$\theta_B + \theta_2 = \frac{\pi}{2} \tag{8-100}$$

式(8-97)和式(8-100)就是布儒斯特定律，是由布儒斯特(D. Brewster)在1815年发现的。式(8-100)表明，当任意极化状态的入射平面光波以布儒斯特角 θ_B 入射时，反射平面光波传播矢量与透射平面光波传播矢量垂直，且反射平面光波电场矢量属完全线极化波。

由以上讨论可知，当入射平面光波的电场矢量为任意极化状态时，可分解为垂直极化分量和平行极化分量的矢量和，平面光波以布儒斯特角 θ_B 入射到理想介质表面时，平行极化分量全部透入第二种介质，而反射平面光波仅包含垂直极化分量，这种现象称为全透射。计算实例见图 8-4。由于任意极化方向的平面光波以布儒斯特角入射时，反射平面光波仅包含垂直极化分量，椭圆极化平面光波或圆极化平面光波经反射后将成为线极化平面光波，因此布儒斯特角 θ_B 也称为极化角，光学中称为偏振角。

8.3.3　反射系数振幅和相位随入射角的变化

当平面电磁波入射到两种各向同性理想介质分界面时，反射系数和透射系数随入射角的变化而变化，反射系数和透射系数是入射角的函数。不论是垂直极化还是平行极化，平面电磁波通过界面不仅改变入射波的振幅，也改变入射波的相位和极化状态。一般情况下，菲涅耳反射系数为复值，写成模和辐角的形式反映振幅和相位的变化更为方便。因此，可令

$$\tilde{r}_s = |\tilde{r}_s| e^{j\delta_s}, \quad \tilde{r}_p = |\tilde{r}_p| e^{j\delta_p} \tag{8-101}$$

式中，$|\tilde{r}_s|$ 和 $|\tilde{r}_p|$ 分别为垂直极化反射系数的模和平行极化反射系数的模，而 δ_s 和 δ_p 分别为垂直极化反射系数的相位(即辐角)和平行极化反射系数的相位。图 $|\tilde{r}_s| - \theta_1$ 和图 $|\tilde{r}_p| - \theta_1$ 称为反射系数的振幅图，图 $\delta_s - \theta_1$ 和图 $\delta_p - \theta_1$ 称为反射系数的相位图。

下面以平面光波从空气($n_1 = 1.0$)入射到玻璃($n_2 = 1.52$)和平面光波从玻璃($n_1 = 1.52$)入射到空气($n_2 = 1.0$)为例，分析垂直极化反射系数和平行极化反射系数振幅和相位随入射角的变化特性。

1. 光疏介质到光密介质($n_1 < n_2$)

图 8-9 所示为垂直极化反射系数振幅图 $|\tilde{r}_s| - \theta_1$ 和相位图 $\delta_s - \theta_1$，计算采用式(8-60)。由图可见，平面光波从空气入射到玻璃表面，反射系数的模 $|\tilde{r}_s|$ 随入射角的增大而增大，垂直入射 $\theta_1 = 0°$，反射系数的模 $|\tilde{r}_s| \approx 0.206$；掠入射 $\theta_1 = 90°$，反射系数的模 $|\tilde{r}_s| = 1$。而入射角 θ_1 从 $0° \sim 90°$ 的范围内，相位变化始终为 $180°$。

图 8-10 为平行极化反射系数振幅图 $|\tilde{r}_p| - \theta_1$ 和相位图 $\delta_p - \theta_1$，计算采用式(8-73)。由图可见，当 $\theta_1 = \theta_B = 56.66°$ 时，$|\tilde{r}_p| = 0$，表明反射平面光波中仅有垂直极化分量，而没有平行极化分量，这种现象称为全偏振现象，因而角 θ_B 也称为全偏振角。入射角 θ_1 在 $0° \sim \theta_B$ 的范围内，反射系数的模 $|\tilde{r}_p|$ 随入射角的增大而减小，相位 $\delta_p = 0°$；入射角 θ_1 在 $\theta_B \sim 90°$ 的范围内，反射系数的模 $|\tilde{r}_p|$ 随入射角的增大而增大，相位 $\delta_p = 180°$。垂直入射 $\theta_1 = 0°$，反射系数的模 $|\tilde{r}_p| \approx 0.206$；掠入射 $\theta_1 = 90°$，反射系数的模 $|\tilde{r}_p| = 1$。

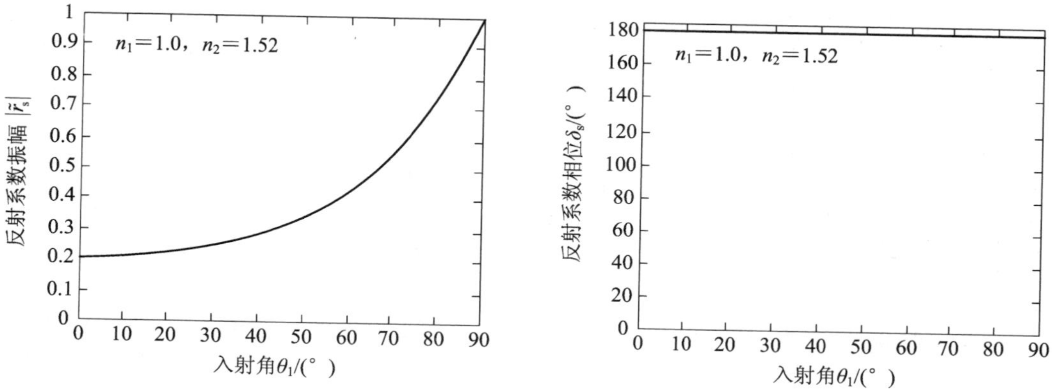

(a) 振幅图　　(b) 相位图

图 8-9　垂直极化反射系数振幅和相位图($n_1 < n_2$)

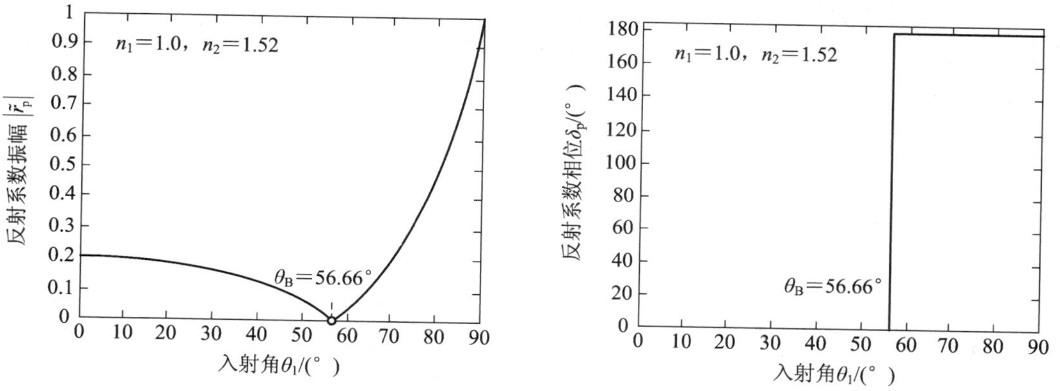

(a) 振幅图　　(b) 相位图

图 8-10　平行极化反射系数振幅和相位图($n_1 < n_2$)

2. 光密介质到光疏介质($n_1 > n_2$)

图 8-11 为垂直极化反射系数振幅图 $|\tilde{r}_s|-\theta_1$ 和相位图 $\delta_s-\theta_1$，相位变化采用反余弦计算。由于光密介质到光疏介质存在临界角 θ_c，图中采用分段计算，入射角 θ_1 在 $0°\sim\theta_c$ 的范围内时，采用式(8-60)，θ_1 在 $\theta_c\sim 90°$ 的范围内时，采用式

$$\tilde{r}_s=\frac{n_1\cos\theta_1+\mathrm{j}n_2\sqrt{\dfrac{n_1^2}{n_2^2}\sin^2\theta_1-1}}{n_1\cos\theta_1-\mathrm{j}n_2\sqrt{\dfrac{n_1^2}{n_2^2}\sin^2\theta_1-1}}\tag{8-102}$$

由图 8-11 可见，入射角 θ_1 在 $0°\sim\theta_c$ 的范围内时，反射系数的模 $|\tilde{r}_s|$ 随入射角的增大而增大，当入射角增大到临界角 $\theta_1=\theta_c=41.14°$ 时，反射系数的模 $|\tilde{r}_s|=1$，产生全反射；反射系数的相位在 $0°\sim\theta_c$ 的范围内时，$\delta_s=0°$。入射角 θ_1 在 $\theta_c\sim 90°$ 的范围内时，反射系数的模 $|\tilde{r}_s|=1$，仍为全反射，而相位变化为曲线。

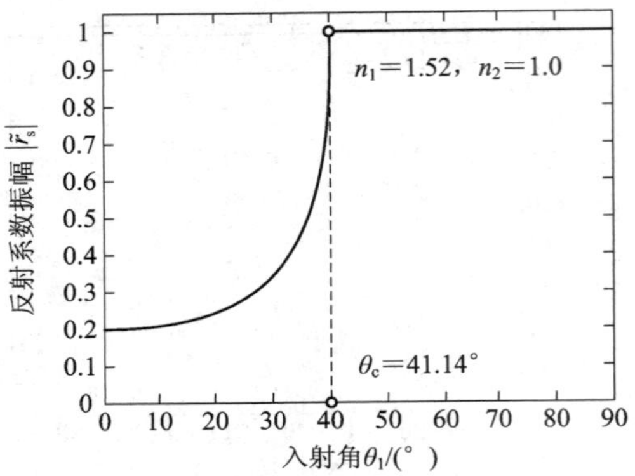

(a) 振幅图

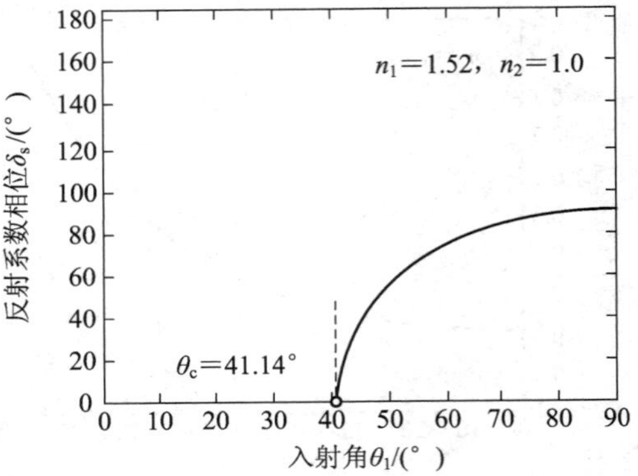

(b) 相位图

图 8-11 垂直极化反射系数振幅和相位图($n_1 > n_2$)

图 8-12 为平行极化反射系数振幅图 $|\tilde{r}_p|-\theta_1$ 和相位图 $\delta_p-\theta_1$，相位变化采用反余弦。图中采用分段计算，入射角 θ_1 在 $0^\circ \sim \theta_c$ 的范围内时，采用式(8-73)；θ_1 在 $\theta_c \sim 90^\circ$ 的范围内时，采用式

$$\tilde{r}_p = \frac{n_2\cos\theta_1 + jn_1\sqrt{\frac{n_1^2}{n_2^2}\sin^2\theta_1 - 1}}{n_2\cos\theta_1 - jn_1\sqrt{\frac{n_1^2}{n_2^2}\sin^2\theta_1 - 1}} \tag{8-103}$$

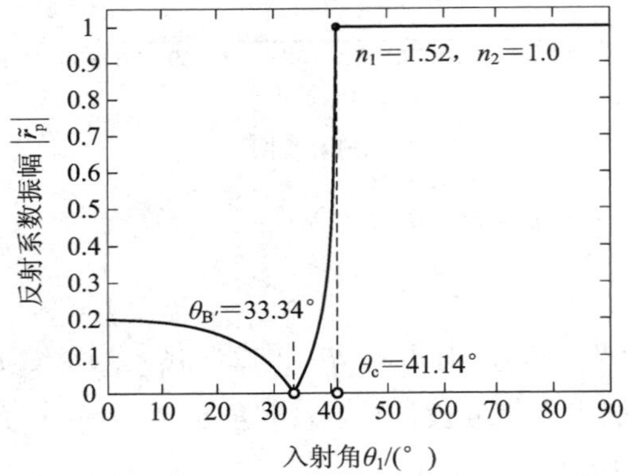

(a) 振幅图

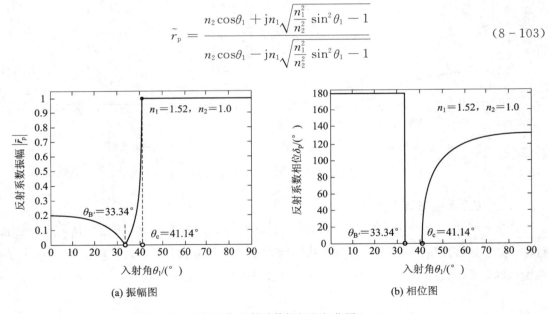

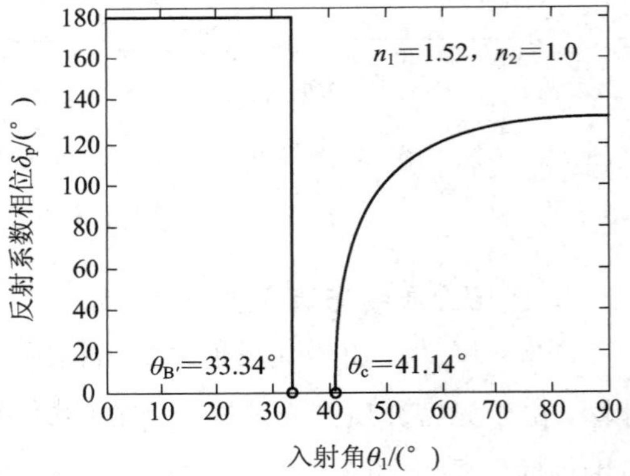

(b) 相位图

图 8-12 平行极化反射系数振幅和相位图($n_1 > n_2$)

由图 8-12 可见，当 $\theta_1 = \theta_{B'} = 33.34^\circ$ 时 $|\tilde{r}_p| = 0$，表明反射平面光波中仅有垂直极化分量，而没有平行极化分量，产生全偏振现象。当 θ_1 在 $0^\circ \sim \theta_{B'}$ 的范围内时，反射系数的模 $|\tilde{r}_p|$ 随入射角的增大而减小，相位 $\delta_p = 180^\circ$。当 θ_1 在 $\theta_{B'} \sim \theta_c$ 的范围内时，反射系数的模 $|\tilde{r}_p|$ 随入射角的增大而增大，相位 $\delta_p = 0^\circ$。当入射角 $\theta_1 = \theta_c = 41.14^\circ$ 时，产生全反射，$|\tilde{r}_p| = 1$。当 θ_1 在 $\theta_c \sim 90^\circ$ 的范围内时，仍为全反射，$|\tilde{r}_p| = 1$，相位变化为曲线。

8.4 斯托克斯倒逆关系

菲涅耳反射系数 $\tilde{r}$（式(8-57)和式(8-70)或式(8-60)和式(8-73)）和透射系数 $\tilde{t}$（式(8-58)和式(8-71)或式(8-61)和式(8-74)）反映了平面电磁波从介质 1 入射到介质 2 时，经两介质分界平面的反射平面电磁波和透射平面电磁波振幅、相位和极化状态的变化。当平面电磁波从介质 2 入射到介质 1 时，反射系数和透射系数分别记作 $\tilde{r}'$ 和 $\tilde{t}'$，那么，$\tilde{r}$、$\tilde{r}'$、$\tilde{t}$ 和 $\tilde{t}'$ 之间存在什么关系？英国物理学家斯托克斯(G. G. Stokes，1819—1903)在菲涅耳反射系数和透射系数公式出现以前，利用光的可逆性原理巧妙地解决了这个问题，但并不是一个严格的证明，而从菲涅耳公式出发可以严格证明斯托克斯倒逆关系。下面，首先给出斯托克斯由光波可逆性原理得到倒逆关系，然后利用菲涅耳反射和透射系数给出证明。

1. 可逆性原理

如图 8-13(a)所示，设平面电磁波入射到两介质分界平面，入射平面波复振幅为 $\tilde{E}_{0i}$，界面反射系数和透射系数分别为 $\tilde{r}$ 和 $\tilde{t}$，根据反射系数和透射系数的定义，可知反射平面波复振幅为 $\tilde{r}\tilde{E}_{0i}$，透射平面波复振幅为 $\tilde{t}\tilde{E}_{0i}$。当复振幅为 $\tilde{r}\tilde{E}_{0i}$ 的平面波逆着原来的反射波从介质 1 入射到两介质分界面时，在界面产生反射光 $\tilde{r}\tilde{r}\tilde{E}_{0i}$ 和透射光 $\tilde{t}\tilde{r}\tilde{E}_{0i}$，而复振幅为 $\tilde{t}\tilde{E}_{0i}$ 的平面波逆着原来的透射波从介质 2 入射到两介质分界面，产生反射平面波 $\tilde{r}'\tilde{t}\tilde{E}_{0i}$ 和透射平面波 $\tilde{t}'\tilde{t}\tilde{E}_{0i}$，如图 8-13(b)所示。

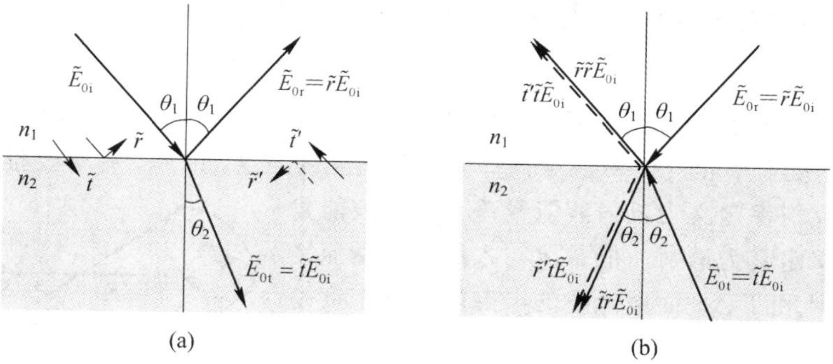

图 8-13 斯托克斯倒逆关系示意图

根据光的可逆性原理，有

$$\begin{cases}\tilde{r}\tilde{r}\tilde{E}_{0i}+\tilde{t}'\tilde{t}\tilde{E}_{0i}=\tilde{E}_{0i}\\ \tilde{r}'\tilde{t}\tilde{E}_{0i}+\tilde{t}\tilde{r}\tilde{E}_{0i}=0\end{cases} \tag{8-104}$$

即

$$\begin{cases}\tilde{r}^2+\tilde{t}'\tilde{t}=1\\ \tilde{r}'=-\tilde{r}\end{cases} \tag{8-105}$$

式(8-105)称为斯托克斯倒逆关系。此关系对垂直极化和平行极化均适用。

2. 严格证明

由式(8-60)和式(8-73)可以看出，菲涅耳反射系数 $\tilde{r}_s$ 和 $\tilde{r}_p$ 是入射角 θ_1 的函数，透射角 θ_2 由斯涅尔折射定律(式(8-55))确定。在相同的条件下，如果平面光波反方向入射，则光从介质 2 入射到分界面，入射介质折射率为 n_2，透射介质折射率为 n_1，入射角为 θ_2，透射角为 θ_1，则由式(8-60)有

$$\tilde{r}'_s(\theta_2)=\frac{n_2\cos\theta_2-n_1\cos\theta_1}{n_2\cos\theta_2+n_1\cos\theta_1}=-\frac{n_1\cos\theta_1-n_2\cos\theta_2}{n_1\cos\theta_1+n_2\cos\theta_2}=-\tilde{r}_s(\theta_1) \tag{8-106}$$

同理，由式(8-73)可得

$$\tilde{r}'_p(\theta_2)=-\tilde{r}_p(\theta_1) \tag{8-107}$$

在相同条件下，如果平面光波反方向入射，由式(8-61)有

$$\tilde{t}'_s(\theta_2)=\frac{2n_2\cos\theta_2}{n_2\cos\theta_2+n_1\cos\theta_1} \tag{8-108}$$

$$\tilde{t}_s(\theta_1)\tilde{t}'_s(\theta_2)=\frac{4n_1n_2\cos\theta_1\cos\theta_2}{(n_1\cos\theta_1+n_2\cos\theta_2)^2} \tag{8-109}$$

而

$$\tilde{r}_s^2(\theta_1)=\frac{(n_1\cos\theta_1-n_2\cos\theta_2)^2}{(n_1\cos\theta_1+n_2\cos\theta_2)^2} \tag{8-110}$$

式(8-109)与式(8-110)相加，有

$$\tilde{r}_s^2(\theta_1)+\tilde{t}_s(\theta_1)\tilde{t}'_s(\theta_2)=1 \tag{8-111}$$

同理可得

$$\tilde{r}_p^2(\theta_1)+\tilde{t}_p(\theta_1)\tilde{t}'_p(\theta_2)=1 \tag{8-112}$$

8.5 理想介质与理想介质分界面的反射率和透射率

反射系数和透射系数分别表示反射波和透射波的电场复振幅与入射波的电场复振幅之比。但实际上，反射率和透射率是实验室可以直接测量的量，因此，有必要推导出反射率和透射率公式。反射率定义为反射波能量流与入射波能量流之比，透射率定义为透射波能量流与入射波能量流之比，分别记作 R 和 T。平面电磁波的电磁能量流密度是平均坡印廷矢量 $\boldsymbol{S}_{av}$，其物理意义为单位时间通过垂直于传播方向单位面积的能量。

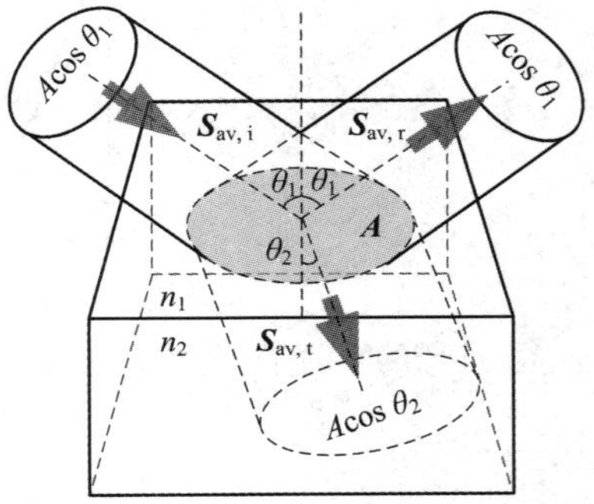

图 8-14　入射、反射和透射能流

1. 垂直极化

如图 8-14 所示，设平面电磁波沿一圆柱体入射到两理想介质分界平面，入射平面电磁波波矢为 $\boldsymbol{k}_0^i$，圆柱与平面界面相交的截面面元为 $\boldsymbol{A}=A\boldsymbol{e}_z$，$A$ 为面元的面积，$\boldsymbol{e}_z$ 为面元的方向。入射、反射和透射平面波电场复振幅分别为 $\tilde{E}_{0i}$、$\tilde{E}_{0r}$ 和 $\tilde{E}_{0t}$。下面分两种情况进行讨论。

1) $n_1<n_2$ 或者 $\eta_1>\eta_2$

将式(8-46)代入式(6-114)，并利用 $n=\sqrt{\varepsilon_r}$，$\eta=\eta_0/n$，得到入射平面电磁波平均能流密度矢量为

$$\boldsymbol{S}_{av,i}=\frac{1}{2\eta_1}|\tilde{E}_{0i}|^2(\sin\theta_1\boldsymbol{e}_x+\cos\theta_1\boldsymbol{e}_z)=\frac{1}{2}\sqrt{\frac{\varepsilon_0}{\mu_0}}n_1|\tilde{E}_{0i}|^2(\sin\theta_1\boldsymbol{e}_x+\cos\theta_1\boldsymbol{e}_z) \tag{8-113}$$

将式(8-47)代入式(6-114)，并取 $\theta'_1=\theta_1$，得到反射平面电磁波平均能流密度矢量为

$$\boldsymbol{S}_{\text{av, r}}=\frac{1}{2\eta_1}\mid\widetilde{E}_{0\text{r}}\mid^2(\sin\theta_1\boldsymbol{e}_x-\cos\theta_1\boldsymbol{e}_z)=\frac{1}{2}\sqrt{\frac{\varepsilon_0}{\mu_0}}n_1\mid\widetilde{E}_{0\text{r}}\mid^2(\sin\theta_1\boldsymbol{e}_x-\cos\theta_1\boldsymbol{e}_z) \tag{8-114}$$

将式(8-48)代入式(6-114)，得到透射平面电磁波平均能流密度矢量为

$$\boldsymbol{S}_{\text{av, t}}=\frac{1}{2\eta_2}\mid\widetilde{E}_{0\text{t}}\mid^2(\sin\theta_2\boldsymbol{e}_x+\cos\theta_2\boldsymbol{e}_z)=\frac{1}{2}\sqrt{\frac{\varepsilon_0}{\mu_0}}n_2\mid\widetilde{E}_{0\text{t}}\mid^2(\sin\theta_2\boldsymbol{e}_x+\cos\theta_2\boldsymbol{e}_z) \tag{8-115}$$

式中，η_1 和 η_2 分别为介质 1 和介质 2 的波阻抗，n_1 和 n_2 分别为介质 1 和介质 2 的折射率。

由入射平面波、反射平面波和透射平面波平均能流密度矢量，可写出入射、反射和透射平面波穿过面元 $\boldsymbol{A}$ 的平均能量流分别为

$$P_\text{i}=\boldsymbol{S}_{\text{av, i}}\cdot\boldsymbol{A}=\frac{1}{2\eta_1}\mid\widetilde{E}_{0\text{i}}\mid^2A\cos\theta_1=\frac{1}{2}\sqrt{\frac{\varepsilon_0}{\mu_0}}n_1\mid\widetilde{E}_{0\text{i}}\mid^2A\cos\theta_1 \tag{8-116}$$

$$P_\text{r}=\boldsymbol{S}_{\text{av, r}}\cdot\boldsymbol{A}=-\frac{1}{2\eta_1}\mid\widetilde{E}_{0\text{r}}\mid^2A\cos\theta_1=-\frac{1}{2}\sqrt{\frac{\varepsilon_0}{\mu_0}}n_1\mid\widetilde{E}_{0\text{r}}\mid^2A\cos\theta_1 \tag{8-117}$$

$$P_\text{t}=\boldsymbol{S}_{\text{av, t}}\cdot\boldsymbol{A}=\frac{1}{2\eta_2}\mid\widetilde{E}_{0\text{t}}\mid^2A\cos\theta_2=\frac{1}{2}\sqrt{\frac{\varepsilon_0}{\mu_0}}n_2\mid\widetilde{E}_{0\text{t}}\mid^2A\cos\theta_2 \tag{8-118}$$

式(8-117)中出现“—”号，表示反射平均能量流穿过面元 $\boldsymbol{A}$ 的流动方向沿 $-\boldsymbol{e}_z$ 方向。

根据反射率定义，由式(8-116)和式(8-117)，且不计入式(8-117)中的“—”号，得到反射率为

$$R_\text{s}=\frac{\mid P_\text{r}\mid}{P_\text{i}}=\frac{\mid\widetilde{E}_{0\text{r}}\mid^2}{\mid\widetilde{E}_{0\text{i}}\mid^2}\frac{\cos\theta_1}{\cos\theta_1}=\frac{\mid\widetilde{E}_{0\text{r}}\mid^2}{\mid\widetilde{E}_{0\text{i}}\mid^2}=\mid\tilde{r}_\text{s}\mid^2 \tag{8-119}$$

式中，$\tilde{r}_\text{s}$ 见式(8-57)或式(8-60)。

根据透射率定义，由式(8-116)和式(8-118)，得到透射率为

$$T_\text{s}=\frac{P_\text{t}}{P_\text{i}}=\frac{\mid\widetilde{E}_{0\text{t}}\mid^2}{\mid\widetilde{E}_{0\text{i}}\mid^2}\frac{\eta_1\cos\theta_2}{\eta_2\cos\theta_1}=\frac{\mid\widetilde{E}_{0\text{t}}\mid^2}{\mid\widetilde{E}_{0\text{i}}\mid^2}\frac{n_2\cos\theta_2}{n_1\cos\theta_1}=\mid\tilde{t}_\text{s}\mid^2\frac{n_2\cos\theta_2}{n_1\cos\theta_1} \tag{8-120}$$

式中，$\tilde{t}_\text{s}$ 见式(8-58)或式(8-61)。

在理想介质情况下，介质没有吸收，入射波、反射波和透射波满足能量守恒，即入射波的能量流等于反射能量流和透射能量流之和，则有

$$P_\text{i}=\mid P_\text{r}\mid+P_\text{t} \tag{8-121}$$

将式(8-116)、式(8-117)和式(8-118)代入式(8-121)，得到

$$\frac{1}{2\eta_1}\mid\widetilde{E}_{0\text{i}}\mid^2A\cos\theta_1=\frac{1}{2\eta_1}\mid\widetilde{E}_{0\text{r}}\mid^2A\cos\theta_1+\frac{1}{2\eta_2}\mid\widetilde{E}_{0\text{t}}\mid^2A\cos\theta_2 \tag{8-122}$$

利用式(8-119)和式(8-120)，得到

$$R_\text{s}+T_\text{s}=1 \tag{8-123}$$

这就是垂直极化反射率与透射率之间的关系，反映的是入射波、反射波和透射波三者能量守恒。

2) $n_1>n_2$ 或者 $\eta_1<\eta_2$

在 $n_1>n_2$ 的情况下，由于入射平面波和反射平面波电场和磁场复振幅矢量表达式

(8-46)和式(8-47)中的 $\sin\theta_1$ 和 $\cos\theta_1$ 取实数，因此入射平面波平均能流密度矢量仍为式(8-113)，反射平面波平均能流密度矢量仍为式(8-114)。

但是，在 $n_1>n_2$ 的情况下，当 $\theta_1>\theta_c$ 时，θ_2 取复值，$\theta_2=\theta'+j\theta''$，透射平面波平均能流密度矢量不具有式(8-115)的形式。由式(8-89)有

$$\begin{cases}\widetilde{\boldsymbol{E}}_t(\boldsymbol{r})=\boldsymbol{e}_y\widetilde{E}_{0t}e^{-\frac{\omega}{c}\alpha z}e^{-j\frac{\omega}{c}n_1 x\sin\theta_1}\\ \widetilde{\boldsymbol{H}}_t^*(\boldsymbol{r})=\left(-j\sinh\theta''\boldsymbol{e}_x+\dfrac{n_1}{n_2}\sin\theta_1\boldsymbol{e}_z\right)\sqrt{\dfrac{\varepsilon_0}{\mu_0}}n_2\widetilde{E}_{0t}^*e^{-\frac{\omega}{c}\alpha z}e^{j\frac{\omega}{c}n_1 x\sin\theta_1}\end{cases} \tag{8-124}$$

将式(8-124)代入式(6-114)，得到透射平面波平均能流密度矢量为

$$\boldsymbol{S}_{av,t}=\frac{1}{2}\mathrm{Re}[\widetilde{\boldsymbol{E}}\times\widetilde{\boldsymbol{H}}^*]=\frac{1}{2}\sqrt{\frac{\varepsilon_0}{\mu_0}}n_1\sin\theta_1|\widetilde{E}_{0t}|^2e^{-2\frac{\omega}{c}\alpha z}\boldsymbol{e}_x\quad(\theta_1>\theta_c) \tag{8-125}$$

由此得到透射平面波穿过面元 **A** 的平均能量流为

$$P_t=\boldsymbol{S}_{av,t}\cdot\boldsymbol{A}=\frac{1}{2}\sqrt{\frac{\varepsilon_0}{\mu_0}}n_1\sin\theta_1|\widetilde{E}_{0t}|^2e^{-2\frac{\omega}{c}\alpha z}\boldsymbol{e}_x\cdot A\boldsymbol{e}_z=0\quad(\theta_1>\theta_c) \tag{8-126}$$

将式(8-116)、式(8-117)和式(8-126)代入式(8-121)，并利用式(8-119)得到

$$R_s=1\quad(\theta_1>\theta_c) \tag{8-127}$$

该式表明，在 $n_1>n_2$ 的情况下，当 $\theta_1>\theta_c$ 时，能量全部反射，透射能量为零。

为了统一起见，把式(8-123)和式(8-127)合写在一起，在 $\theta_1>\theta_c$ 时，由于透射率公式(8-120)中的 $\cos\theta_2$ 为虚数，仅需取实部即可，因此有

$$T_s=|\tilde{t}_s|^2\mathrm{Re}\left(\frac{n_2\cos\theta_2}{n_1\cos\theta_1}\right)\quad(\theta_1>\theta_c) \tag{8-128}$$

式(8-119)和式(8-128)满足能量守恒式(8-123)。

2. 平行极化

对于平行极化，也分两种情况进行考虑。

1) $n_1<n_2$ 或者 $\eta_1>\eta_2$

对于平行极化，将式(8-62)、式(8-63)和式(8-64)代入式(6-114)，可得 $\boldsymbol{S}_{av,i}$、$\boldsymbol{S}_{av,r}$ 和 $\boldsymbol{S}_{av,t}$。$\boldsymbol{S}_{av,i}$、$\boldsymbol{S}_{av,r}$ 和 $\boldsymbol{S}_{av,t}$ 与式(8-113)、式(8-114)和式(8-115)完全相同，然后求 P_i、P_r 和 P_t。根据反射率和透射率的定义可得

$$R_p=\frac{|P_r|}{P_i}=\frac{|\widetilde{E}_{0r}|^2}{|\widetilde{E}_{0i}|^2}\frac{\cos\theta_1}{\cos\theta_1}=\frac{|\widetilde{E}_{0r}|^2}{|\widetilde{E}_{0i}|^2}=|\tilde{r}_p|^2 \tag{8-129}$$

$$T_p=\frac{P_t}{P_i}=\frac{|\widetilde{E}_{0t}|^2}{|\widetilde{E}_{0i}|^2}\frac{\eta_1\cos\theta_2}{\eta_2\cos\theta_1}=\frac{|\widetilde{E}_{0t}|^2}{|\widetilde{E}_{0i}|^2}\frac{n_2\cos\theta_2}{n_1\cos\theta_1}=|\tilde{t}_p|^2\frac{n_2\cos\theta_2}{n_1\cos\theta_1} \tag{8-130}$$

式中，$\tilde{r}_p$ 见式(8-70)或式(8-73)，$\tilde{t}_p$ 见式(8-71)或式(8-74)。

利用能量守恒关系式(8-121)可得

$$R_p+T_p=1 \tag{8-131}$$

显然，平行极化与垂直极化反射率和透射率之间的关系形式完全相同，入射波、反射波和透射波三者同样满足能量守恒。

2) $n_1>n_2$ 或者 $\eta_1<\eta_2$

在 $\theta_1<\theta_c$ 时，平行极化反射率仍为式(8-129)，透射率仍为式(8-130)，能量守恒关系

仍满足式(8－131)。但在 $\theta_1>\theta_c$ 时，由于透射平面波平均能流密度矢量与式(8－125)相同，因而产生全反射，能量守恒关系为

$$R_p=1\quad(\theta_1>\theta_c) \tag{8-132}$$

为了把式(8－131)和式(8－132)合写在一起，仅需对透射率公式(8－130)取实部，则有

$$T_p=|\tilde{t}_p|^2\mathrm{Re}\left(\frac{n_2\cos\theta_2}{n_1\cos\theta_1}\right)\quad(\theta_1>\theta_c) \tag{8-133}$$

式(8－129)和式(8－133)仍然满足能量守恒式(8－131)。

对于任意极化状态入射的平面波，平面波电场矢量可分解为垂直极化分量和平行极化分量，所以计算反射率就是分别计算 R_s 和 R_p，计算透射率就是分别计算 T_s 和 T_p。实际测量中，通常反射率测量值是指 R_s 和 R_p 的平均值，透射率测量值是指 T_s 和 T_p 的平均值，即

$$R=\frac{R_s+R_p}{2} \tag{8-134}$$

$$T=\frac{T_s+T_p}{2} \tag{8-135}$$

显然，利用式(8－123)和式(8－131)，必有

$$R+T=1 \tag{8-136}$$

依据式(8－119)、式(8－120)和式(8－129)、式(8－130)，取 $n_1=1.0$，$n_2=1.52$，反射率和透射率随入射角变化的计算曲线如图 8－15 所示。依据式(8－119)、式(8－120)、式(8－128)和式(8－129)、式(8－130)、式(8－133)，取 $n_1=1.52$(玻璃)，$n_2=1.0$(空气)，反射率和透射率随入射角变化的计算曲线如图 8－16 所示。由图可以看出，垂直极化满足能量守恒条件式(8－123)，平行极化满足能量守恒条件式(8－131)。平均反射率 R 和平均透射率 T 满足能量守恒式(8－136)。计算结果表明，透射系数 $\tilde{t}_s$ 和 $\tilde{t}_p$ 在能量守恒关系中并不具有“奇异性”。

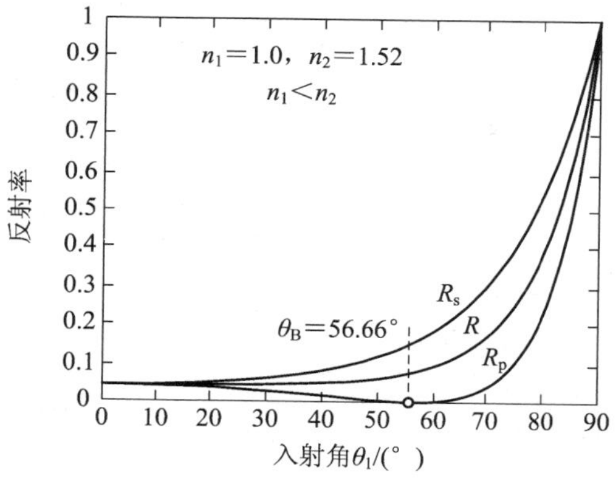

(a) 反射率

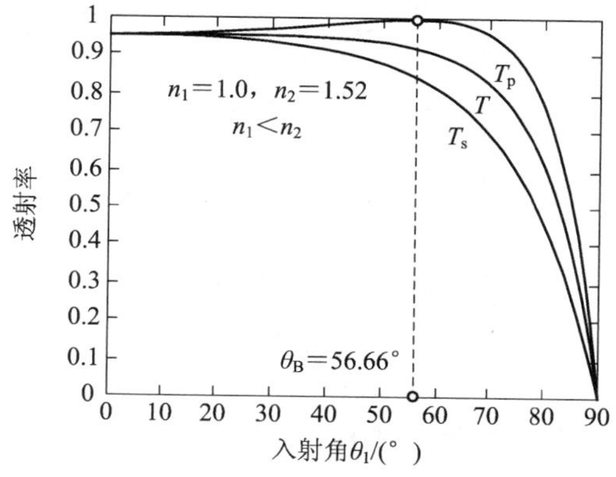

(b) 透射率

图 8－15　反射率和透射率随入射角的变化曲线($n_1<n_2$)

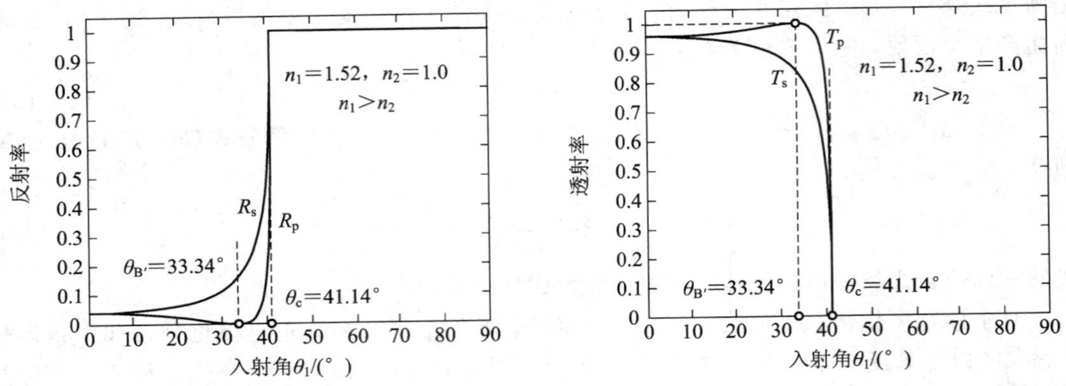

(a) 反射率　　　　(b) 透射率

图 8-16　反射率和透射率随入射角的变化曲线($n_1>n_2$)

【例 8.2】 垂直极化的均匀平面电磁波从水下以入射角 $\theta_1=20°$入射到水与空气的分界面上，已知淡水的 $\varepsilon_{r1}=81$，$\mu_{r1}=1$，$\sigma_1=0$，试求：

(1) 临界角；

(2) 反射系数和透射系数；

(3) 透射波在空气中传播一个波长距离的衰减量。

解　(1) 根据式(8-75)，并利用 $n=\sqrt{\varepsilon_r}$，得到

$$\theta_c=\arcsin\frac{\sqrt{\varepsilon_{r2}}}{\sqrt{\varepsilon_{r1}}}=\arcsin\sqrt{\frac{1}{81}}=6.38°$$

(2) 根据式(8-55)和式(8-60)，有

$$\tilde{r}_s=\frac{n_1\cos\theta_1-n_2\sqrt{1-(n_1\sin\theta_1/n_2)^2}}{n_1\cos\theta_1+n_2\sqrt{1-(n_1\sin\theta_1/n_2)^2}}=\frac{\cos\theta_1-\sqrt{(n_2/n_1)^2-\sin^2\theta_1}}{\cos\theta_1+\sqrt{(n_2/n_1)^2-\sin^2\theta_1}}$$

$$=\frac{\cos 20°-\sqrt{(n_2/n_1)^2-\sin^2 20°}}{\cos 20°+\sqrt{(n_2/n_1)^2-\sin^2 20°}}=\frac{\cos 20°-\sqrt{(1/81)-\sin^2 20°}}{\cos 20°+\sqrt{(1/81)-\sin^2 20°}}$$

$$=\frac{0.94-\sqrt{0.012-0.117}}{0.94+\sqrt{0.012-0.117}}=\frac{0.94-\mathrm{j}0.32}{0.94+\mathrm{j}0.32}=\mathrm{e}^{-\mathrm{j}38.04°}$$

根据式(8-61)，得到透射系数为

$$\tilde{t}_s=\frac{2n_1\cos\theta_1}{n_1\cos\theta_1+n_2\cos\theta_2}=\frac{2\cos\theta_1}{\cos\theta_1+\sqrt{(n_2/n_1)^2-\sin^2\theta_1}}$$

$$=\frac{2\cos 20°}{\cos 20°+\sqrt{(1/81)-\sin^2 20°}}=\frac{2\times 0.94}{0.94+\sqrt{0.012-0.117}}=1.89\mathrm{e}^{-\mathrm{j}19.02°}$$

(3) 由于入射角大于临界角，$\theta_1>\theta_c$，因此会产生全反射，由斯涅尔定律(式(8-55))得

$$\sin\theta_2=\frac{n_1}{n_2}\sin\theta_1=\sqrt{81}\sin 20°=3.08$$

$$\cos\theta_2=\sqrt{1-\sin^2\theta_2}=\sqrt{1-3.08^2}=-\mathrm{j}2.91$$

由式(8-48)得到透射波电场复振幅矢量为

$$\widetilde{\boldsymbol{E}}_t(\boldsymbol{r})=\boldsymbol{e}_y\widetilde{E}_{0t}\mathrm{e}^{-\mathrm{j}k_2(x\sin\theta_2+z\cos\theta_2)}=\boldsymbol{e}_y\widetilde{E}_{0t}\mathrm{e}^{-k_2(2.91z)}\mathrm{e}^{-\mathrm{j}3.08k_2x}$$

透射波传播一个波长，振幅衰减为

$$\tilde{E}_{0t}e^{-\frac{2\pi}{\lambda_2}(2.91\lambda_2)}=\tilde{E}_{0t}e^{-2\pi\times 2.91}$$

用分贝表示①，衰减量为($z=0$，电场振幅为$|\tilde{E}_{0t}|$)

$$20\lg(e^{-2\pi\times 2.91})=-158.8\ \text{dB}$$

【例 8.3】 一个圆极化平面波由空气斜入射到与玻璃($\varepsilon_r=4$)的分界面上，已知该入射平面波的平均能流密度为 $\tilde{\boldsymbol{S}}_{av,i}=1\ \text{mW/m}^2$，假设反射平面波仅有线极化波。

(1) 试求入射角 θ_1；

(2) 试求反射平面波的平均能流密度 $\tilde{\boldsymbol{S}}_{av,r}$；

(3) 透射平面波是什么极化波？

解 入射的圆极化平面波可以分解为两个振幅相等、时间相位和空间相位相差90°的线极化平面波，一个对应于垂直极化，而另一个对应于平行极化，因此，圆极化平面波入射可以看作是垂直极化平面波和平行极化平面波同时入射。要使反射平面波为线极化平面波，入射角必须等于布儒斯特角 θ_B，因为平行极化的反射为零，反射平面波就仅有垂直极化分量——线极化平面波。

(1) 当入射角为布儒斯特角时，反射波中的平行极化分量为零。根据式(8-97)有

$$\theta_1=\theta_B=\arctan\frac{n_2}{n_1}=\arctan\frac{\sqrt{\varepsilon_{r2}}}{\sqrt{\varepsilon_{r1}}}=\arctan 2=63.43°$$

(2) 根据式(8-114)，并利用式(8-119)和式(8-113)，可写出反射平面波的平均能流密度为

$$S_{av,r}=\frac{1}{2\eta_1}|\tilde{E}_{0r}|^2=\frac{1}{2\eta_1}R_s|\tilde{E}_{0i}|^2=R_sS_{av,i}$$

由于垂直极化分量和平行极化分量振幅相等，入射平面波垂直极化分量的平均能流密度为入射圆极化平面波平均能流的一半，即

$$S_{av,i}=\frac{1}{2\eta_1}|\tilde{E}_{0i}|^2=\frac{1}{2}\ \text{mW/m}^2$$

当入射角为布儒斯特角 θ_B 时，垂直极化反射率为

$$R_s=|\tilde{r}_s|^2=\left(\frac{n_1\cos\theta_1-n_2\cos\theta_2}{n_1\cos\theta_1+n_2\cos\theta_2}\right)^2=\left[\frac{\cos\theta_1-\sqrt{(n_2/n_1)^2-\sin^2\theta_1}}{\cos\theta_1+\sqrt{(n_2/n_1)^2-\sin^2\theta_1}}\right]^2$$

$$=\left[\frac{\cos 63.43°-\sqrt{4-\sin^2 63.43°}}{\cos 63.43°+\sqrt{4-\sin^2 63.43°}}\right]^2=(-0.6)^2=0.36$$

把两个计算结果代入，得到垂直极化反射平面波的平均能流密度为

$$S_{av,r}=R_sS_{av,i}=0.36\times\frac{1}{2}\ \text{mW/m}^2=0.18\ \text{mW/m}^2$$

(3) 根据式(8-61)和式(8-74)，可知透射平面波既有垂直极化分量，也有平行极化分量，但二者电场复振幅不等，因此，合成透射平面波应为椭圆极化波。

---

① 衰减量通常用分贝表示。分贝定义为 20 lg$|\tilde{E}_2|/|\tilde{E}_1|$(dB)，式中$|\tilde{E}_1|$表示电场初始振幅，$|\tilde{E}_2|$表示传播一段距离后电场的衰减振幅。

8.6 应用实例

由前述几节关于平面电磁波在理想介质与理想介质分界面的反射与透射讨论可知，当入射介质折射率 n_1 大于透射介质折射率 n_2，不管是垂直极化还是平行极化，入射角大于临界角($\theta_1>\theta_c$)，都将产生全反射，透射介质中存在倏逝波。另外，不管是光疏到光密，还是光密到光疏，当入射角等于布儒斯特角 $\theta_1=\theta_B$ 时，反射平面波仅出现垂直极化波，平行极化波全透射，这些物理原理在光学领域有许多应用。下面简单介绍全反射应用于光纤通信的基本原理和倏逝波隧道效应应用于光学扫描隧道显微镜的基本原理。

8.6.1 光在光纤波导中的传播

光纤是 20 世纪最重要的发明之一。利用光纤传递光信号改变了人类通信的模式，并为现代高速宽带 Internet 的实现奠定了基础。这一概念是由华人科学家高琨(见图 8-17) 1966 年提出的，因而获得了 2009 年诺贝尔物理学奖。由此有人称高琨先生为光纤通信之父。

图 8-17　光纤通信之父高琨
(Charles K. Kao，1933—2018)

光纤也称为光纤波导或者介质波导。光信号在光纤中传播的基本原理是光在两介质分界面上产生全反射。最简单的光纤是阶跃型光纤(简记为 SI)，其构成如图 8-18 所示。阶跃型光纤由三部分构成：纤芯、包层和保护层。纤芯和包层是折射率分别为 n_1 和 n_2 的均匀纯净介质，纤芯是光密介质，包层是光疏介质，$n_1>n_2$。光从空气($n_0=1.0$)以 Φ_0 入射到光纤纤芯端面，然后以临界角 θ_c 入射到纤芯与包层分界面产生全反射。根据斯涅尔折射定律有

$$\sin\Phi_0 = n_1\sin\left(\frac{\pi}{2}-\theta_c\right) = n_1\cos\theta_c \tag{8-137}$$

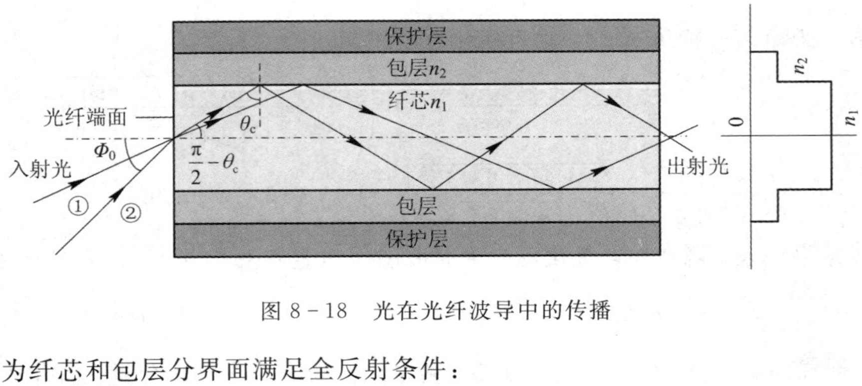

图 8-18　光在光纤波导中的传播

又因为纤芯和包层分界面满足全反射条件：

$$n_1\sin\theta_c = n_2 \tag{8-138}$$

由此可将式(8-137)化为

$$\sin\Phi_0 = n_1\sqrt{1-\sin^2\theta_c} = \sqrt{n_1^2-n_2^2} \tag{8-139}$$

Φ_0 是纤芯与包层分界面产生全反射对应的光纤端面最小入射角，通常称为孔径角。光纤端

面入射角小于 Φ_0 的光线在纤芯与包层分界面都将产生全反射，所以 Φ_0 表征光纤的收光能力。

光学上，显微镜物镜的通光能力用数值孔径描述，简记为 N. A. 。光纤的通光能力也采用数值孔径描述，定义为

$$\text{N. A.} = \sin\Phi_0 = \sqrt{n_1^2 - n_2^2} \tag{8-140}$$

如果令

$$\Delta = \frac{n_1 - n_2}{n_1} \tag{8-141}$$

表示光纤纤芯和包层的相对折射率差，则在 $n_1 \approx n_2$ 的条件下，式(8－140)可简化为

$$\text{N. A.} \approx \sqrt{2n_1(n_1 - n_2)} = n_1\sqrt{2\Delta} \tag{8-142}$$

光纤的发明给光的应用带来了广阔的空间，也极大地改变了光学各不同领域的面貌，并使许多应用性学科取得了突破性进展。

8.6.2　全内反射式扫描隧道光学显微镜

显微镜一直是探秘微观世界最主要的工具，广泛应用于化学、物理学、医学和生物学等领域。1982 年宾宁(G. Binning)和罗雷尔(H. Rohrer)(见图 8－19)在 IBM 位于瑞士苏黎世的苏黎世实验室研制成功了世界上第一台扫描隧道显微镜(Scanning Tunneling Microscope, STM)，其原理就是量子力学中的隧道效应。通过探测固体样品表面原子中的电子隧道电流来判断样品表面原子的形貌，可以获得样品表面横向 0.1 nm 和纵向 0.01 nm 的分辨率。由此宾宁和罗雷尔获得了 1986 年的诺贝尔物理学奖。

德国物理学家格尔德·宾宁(G. Binning)

瑞士物理学家海因里希·罗雷尔(H. Rohrer)

图 8－19　扫描隧道显微镜的发明者

在扫描隧道显微镜技术支持下，出现了不同工作方式的扫描近场光学显微镜(Scanning Near-field Optical Microscope, SNOM)，成像原理基本结构可分为透射式、全内反射式(倏逝波)和外反射式三种。首先，1989 年瑞迪克(R. C. Reddick)等人利用全内反射的倏逝波研制成功突破光学分辨极限的光子扫描隧道显微镜(Photon Scanning Tunneling Microscope, PSTM)。之后，1991 年，贝尔(Bell)实验室伯兹格(E. Betzig)等人对扫描近场光学显微镜做了两大改进：一是采用单模光纤探针代替玻璃毛细管探针；二是采用激光探测探针和样品表面间的切变力变化进行反馈控制，以保证探针和样品之间达到纳米数量级的距离。这两项关键技术的改进，使扫描近场光学显微镜的实用化成为可能。

全内反射式扫描隧道光学显微镜的成像原理如图 8-20 所示。薄膜样品置于球面透镜或直角棱镜表面，薄膜样品折射率小于玻璃折射率，入射平面光波以大于临界角($\theta_1>\theta_c$)入射到玻璃与薄膜样品分界面，在薄膜样品中产生倏逝波，光纤探针接收薄膜表面的倏逝波，由此可得到薄膜样品表面形貌信息图像，而且还可以得到薄膜样品的微观光学特性，分辨率可达纳米量级。在此成像方式下，薄膜样品要求厚度小于入射光波长。

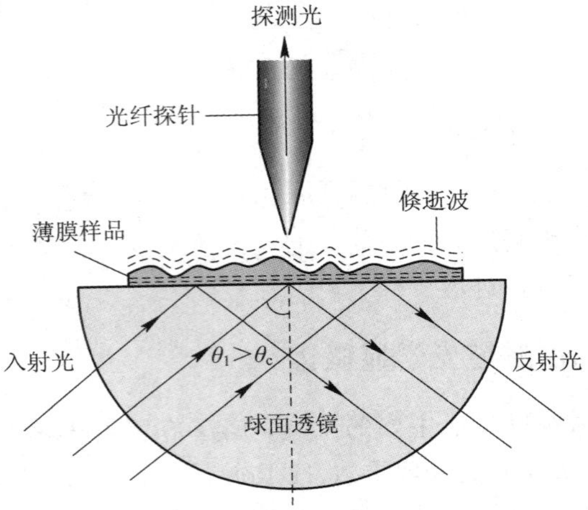

图 8-20　扫描隧道光学显微镜原理图

扫描近场光学显微镜可在空气、液体等各种环境下进行无损伤观测和原位探测，结合荧光和光谱探测技术，对生物样品具有超分辨成像能力，因而已广泛用于单分子、单分子膜层、纳米微结构和生物样品的研究。除此之外，利用材料的光致变色特性，近场光学显微技术还可以用于光存储；利用低温技术，近场光学显微镜可以探测和区分几十纳米量子线的光发射，以及单个或多个量子阱的发射谱等。

习　题　8

8-1　空气中的平面电磁波电场幅值为 10 V/m，垂直入射到 $\varepsilon_r=2.5$ 的无耗非磁性介质的表面，试确定：

(1) 反射系数和透射系数；

(2) 入射波、反射波和透射波的平均功率流密度。

8-2　平面电磁波由介质 1($\varepsilon_{r1}=2.25$)垂直入射到介质 2($\varepsilon_{r2}=4.0$)上，两种介质都是非磁性、不导电的材料。如果入射波的电场矢量为

$$\boldsymbol{E}_i = 4\cos(6\pi\times 10^9 t-30\pi x)\boldsymbol{e}_y$$

试求：

(1) 两介质中电场和磁场的瞬时表达式；

(2) 入射波、反射波以及透射波的平均功率密度。

8-3　一个左旋圆极化平面电磁波频率为 200 MHz，电场强度的幅值为 10 V/m，在空气中垂直入射到相对介电常数为 $\varepsilon_r=4.0$ 的介质中(充满整个 $z>0$ 的区域)，假定入射波的

电场在 $z=0$ 处、$t=0$ 时刻有一个正的最大值。

(1) 写出入射波的电场复振幅矢量表达式；

(2) 计算反射系数和透射系数；

(3) 写出反射波、透射波的电场复振幅矢量表达式，以及 $z<0$ 区域中的总电场；

(4) 确定在入射平均功率中，被边界反射的功率百分比，以及透射到第二介质中的功率百分比。

8-4　一均匀平面电磁波沿 $+Z$ 方向传播，其电场强度矢量为

$$\boldsymbol{E} = 100\sin(\omega t - kz)\boldsymbol{e}_x + 200\cos(\omega t - kz)\boldsymbol{e}_y$$

(1) 应用麦克斯韦方程求相对应的磁场 $\boldsymbol{H}$；

(2) 若在传播方向上 $z=0$ 处放置一无限大理想导体板，求 $z<0$ 区域中合成波的电场 $\boldsymbol{E}_1$ 和磁场 $\boldsymbol{H}_1$；

(3) 求理想导体板表面的电流密度。

8-5　一平面电磁波沿 $+Z$ 方向传播，其电场矢量沿 X 方向，频率为 1 GHz，振幅为 100 V/m，初相位为零，由空气垂直入射到一无损耗介质的表面($\varepsilon_r=2.1$)。试求：

(1) 每一区域中的波阻抗和传播常数；

(2) 两区域中电场矢量和磁场矢量的瞬时表达式。

8-6　已知 $z<0$ 区域中介质 1 的 $\sigma_1=0$，$\varepsilon_{r1}=4$，$\mu_{r1}=1$，$z>0$ 区域中介质 2 的 $\sigma_2=0$，$\varepsilon_{r2}=10$，$\mu_{r2}=4$，角频率 $\omega=5\times10^8$ rad/s 的均匀平面电磁波从介质 1 垂直入射到分界面上。设入射波是沿 X 方向的线极化波，在 $t=0$，$z=0$ 时，入射波电场振幅为 2.4 V/m，试求：

(1) 介质 1 和介质 2 中波的传播常数 β_1 和 β_2；

(2) 反射系数 $\tilde{r}$；

(3) 介质 1 和介质 2 中的电场 $\boldsymbol{E}_1(z;t)$ 和 $\boldsymbol{E}_2(z;t)$；

(4) $t=5$ ns 时，介质 1 中的磁场 $\boldsymbol{H}_1(-1;t)$ 的值。

8-7　一圆极化平面电磁波的电场复振幅矢量为

$$\widetilde{\boldsymbol{E}} = (\boldsymbol{e}_y + \mathrm{j}\boldsymbol{e}_z)E_0\mathrm{e}^{-\mathrm{j}\beta x}$$

平面电磁波沿 $+X$ 方向从空气垂直入射到 $\varepsilon_r=4$、$\mu_r=1$ 的理想介质表面上。

(1) 试求反射波和透射波的电场；

(2) 它们分别属于什么极化？

8-8　有一均匀平面电磁波由空气斜入射到 $z=0$ 的理想导体平面上，其电场强度复振幅矢量为

$$\widetilde{\boldsymbol{E}}=10\mathrm{e}^{-\mathrm{j}(6x+8z)}\boldsymbol{e}_y$$

试求：

(1) 波的频率和波长；

(2) 写出入射波电场和磁场矢量的瞬时表达式；

(3) 确定入射角；

(4) 反射波电场矢量和磁场矢量复振幅表达式；

(5) 合成波的电场矢量和磁场矢量复振幅表达式。

8-9　均匀电磁平面波以入射角 θ_1 由介质 1 斜入射到两种无耗介质分界面，入射波的电场矢量与入射面垂直(垂直极化)，透射角为 θ_2。

(1) 若已知反射系数 $\tilde{r}=0.5$，求透射系数 $\tilde{t}$；

(2) 若垂直极化的平面波自介质 2 射向介质 1，即 $\theta'_1=\theta_2$，求 θ'_2、$\tilde{r}'$和$\tilde{t}'$；

(3) 在上述两种情况下，反射率和透射率是否相等？

8－10　一线极化平面电磁波从空气入射到 $\varepsilon_r=4$，$\mu_r=1$ 的介质分界面上，假设入射波的电场与入射面的夹角为 45°。

(1) 入射角 θ_1 为多少时，反射波仅有垂直极化波？

(2) 此时反射波的平均能流密度 $\tilde{S}_{av,r}$是入射波的百分之几？

8－11　空气中的平面电磁波电场复振幅矢量

$$\tilde{\boldsymbol{E}}_i = 10e^{-j(3x+4z)}\boldsymbol{e}_y$$

入射到 $\varepsilon_r=4$ 的介质表面，该介质占据 $z>0$ 的无限半空间。试确定：

(1) 入射波的极化状态；

(2) 入射角；

(3) 反射电场强度、磁场强度矢量的瞬时表达式；

(4) 透射电场强度、磁场强度矢量的瞬时表达式；

(5) 介质中平面电磁波的平均能流密度。

8－12　垂直极化平面电磁波从水下以 $\theta_1=20°$入射到水和空气的分界面上，设水的 $\varepsilon_r=81$，$\mu_r=1$，试求：

(1) 临界角 θ_c；

(2) 反射系数和透射系数。

8－13　频率为 $f=100$ MHz 的平行极化正弦均匀平面电磁波，在空气中以入射角 $\theta_1=60°$斜入射到理想导体表面。设入射波磁场振幅为 0.1 A/m，磁场矢量沿 Y 方向。试求：

(1) 入射波和反射波的电场和磁场表达式；

(2) 求理想导体表面上的感应电流密度和电荷密度；

(3) 空气中的平均能流密度。

8－14　一架飞机载着 0.5 MHz 的天线在海洋上空飞行，天线产生的电磁波电场幅值为 3000 V/m，以平面波的形式垂直入射到海水表面，海水介质的参数为 $\varepsilon_r=72$，$\mu_r=1$，$\sigma_1=4$ S/m。飞机试图向水面下 d 处的潜艇传递信息，如果潜艇的接收器要求的最小信号幅值为 0.1 μV/m，能够进行成功通信的最大深度 d 是多少？

第 9 章　光的干涉

当两束光波在空间传播时，如果光的振幅、频率和相位满足一定的条件，光波叠加的结果在空间会出现光强极大和光强极小分布，这种现象称为光的干涉。本章首先从波的叠加原理出发，讨论光干涉的基本概念，包括双光束平面波干涉、双光束柱面波干涉和双光束球面波干涉。然后讨论分波阵面和分振幅双光束干涉，最后讨论多光束干涉光刻。

需要强调的是，光波是电磁波，光波干涉属于电磁波干涉。虽然本章以光的干涉为基本内容进行讨论，但也适用于其他频段电磁波的干涉。

9.1　光强的基本概念

在光学中，平均能流密度矢量 $\boldsymbol{S}_{av}$ 的大小称为光强[①]，记作 I。光强是一个可观察量，人眼的视网膜或光学仪器所检测到光的强弱都是由平均能流密度矢量的大小决定的。在光频段，介质的相对磁导率 $\mu_r \approx 1$，介质的折射率 $n \approx \sqrt{\varepsilon_r}$，则波矢量式(7－29)可改写为

$$\boldsymbol{k} = k\boldsymbol{k}_0 = \omega\sqrt{\mu\,\varepsilon}\boldsymbol{k}_0 = \frac{\omega}{c}n\boldsymbol{k}_0 \tag{9-1}$$

波阻抗用折射率可表示为

$$\eta = \sqrt{\frac{\mu}{\varepsilon}} = \frac{1}{n}\sqrt{\frac{\mu_0}{\varepsilon_0}} = \frac{1}{n}\eta_0 \tag{9-2}$$

式中，η_0 为真空中的波阻抗。由此平面光波电场强度复振幅矢量式(7－24)和磁场强度复振幅矢量式(7－25)可改写为

$$\widetilde{\boldsymbol{E}}(\boldsymbol{r}) = \widetilde{\boldsymbol{E}}_0 e^{-j\frac{\omega}{c}n\boldsymbol{k}_0\cdot\boldsymbol{r}} \tag{9-3}$$

$$\widetilde{\boldsymbol{H}}(\boldsymbol{r}) = \frac{1}{\eta}\boldsymbol{k}_0 \times \widetilde{\boldsymbol{E}}_0 e^{-j\frac{\omega}{c}n\boldsymbol{k}_0\cdot\boldsymbol{r}} = \sqrt{\frac{\varepsilon_0}{\mu_0}}n\boldsymbol{k}_0 \times \widetilde{\boldsymbol{E}}_0 e^{-j\frac{\omega}{c}n\boldsymbol{k}_0\cdot\boldsymbol{r}} \tag{9-4}$$

式中，$\widetilde{\boldsymbol{E}}_0 = \boldsymbol{E}_0 e^{j\varphi_e}$，$\boldsymbol{E}_0$ 为电场复振幅矢量的矢量模，φ_e 为电场复振幅矢量的初相位。$\boldsymbol{E}_0 = E_0\boldsymbol{e}_e$，$E_0$ 为矢量模 $\boldsymbol{E}_0$ 的大小，$\boldsymbol{e}_e$ 为矢量模 $\boldsymbol{E}_0$ 的单位矢量。将式(9－3)和式(9－4)代入式(6－114)，并利用矢量恒等式

$$\boldsymbol{A} \times (\boldsymbol{B} \times \boldsymbol{C}) = \boldsymbol{B}(\boldsymbol{A}\cdot\boldsymbol{C}) - \boldsymbol{C}(\boldsymbol{A}\cdot\boldsymbol{B})$$

和式(7－36)，可得平均坡印廷矢量为

$$\boldsymbol{S}_{av} = \mathrm{Re}\left[\frac{1}{2}\widetilde{\boldsymbol{E}} \times \widetilde{\boldsymbol{H}}^*\right] = \frac{1}{2}\sqrt{\frac{\varepsilon_0}{\mu_0}}nE_0^2\boldsymbol{k}_0 \tag{9-5}$$

取其大小，得到光强与电场振幅的关系为

---

① 光强与线电流采用相同符号 I。

$$I = S_{av} = \frac{1}{2}\sqrt{\frac{\varepsilon_0}{\mu_0}} n E_0^2 \propto n E_0^2 \tag{9-6}$$

实际应用中通常是以相对光强表示光强的分布和变化，所以也可用

$$I = n E_0^2 \tag{9-7}$$

度量光强度。需要强调的是，光学教材中常用“强度”一词，现在国际上大多赞成用辐照度(radiance)代替“强度”。习惯起见，本教材仍采用光强的概念。

9.2 线性叠加原理

在线性理想介质中，当两列(或多列)光波在介质中传播时，传播互不影响，各自独立进行，这就是光的独立传播定律。从数学的角度讲，描述光波在线性理想介质中传播是二阶线性常系数的偏微分方程，光波电场矢量满足方程(7-1)，其解为单色平面光波，见式(7-26)。假设两列(或多列)不同频率、不同偏振(极化)方向的单色平面光波电场矢量满足方程(7-1)，则两列(或多列)单色平面光波叠加后仍然满足方程(7-1)，这就是在线性理想介质中光波传播所满足的线性叠加原理。相反，根据傅里叶变换的观点，在线性理想介质中传播的非单色光波，都可分解为不同频率单色平面光波的叠加，表明单色平面光波在线性理想介质中独立传播，所以波的独立传播定律与波的线性叠加实质是相同的。

设两列单色平面光波在介质折射率为 n 的空间传播，其频率分别为 ω_1 和 ω_2，波传播的单位矢量分别为 $\boldsymbol{k}_{01}$ 和 $\boldsymbol{k}_{02}$，如图 9-1 所示，由式(9-3)可写出两列平面光波电场矢量的余弦形式为

$$\boldsymbol{E}_1 = \boldsymbol{E}_{01}\cos\left(\omega_1 t - \frac{\omega_1}{c} n\boldsymbol{k}_{01}\cdot\boldsymbol{r} + \varphi_{01}\right) \tag{9-8}$$

$$\boldsymbol{E}_2 = \boldsymbol{E}_{02}\cos\left(\omega_2 t - \frac{\omega_2}{c} n\boldsymbol{k}_{02}\cdot\boldsymbol{r} + \varphi_{02}\right) \tag{9-9}$$

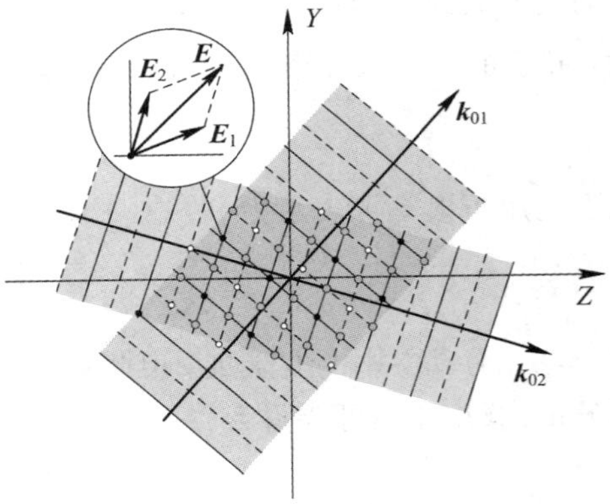

图 9-1 两列单色平面光波叠加

式中，$\boldsymbol{E}_{01}$ 和 $\boldsymbol{E}_{02}$ 分别为两列光波的电场振幅矢量，φ_{01} 和 φ_{02} 分别为两列波的初相位。在空间每个点的光振动满足线性叠加原理，有

$$\boldsymbol{E} = \boldsymbol{E}_1 + \boldsymbol{E}_2 \tag{9-10}$$

对于非单色光波，根据傅里叶变换，可把非单色平面光波看作是无穷多个不同频率单色平面光波的叠加，则空间每个点的合成电场矢量 $\boldsymbol{E}$ 可表示为

$$\boldsymbol{E} = \sum_{i=1}^{\infty}\boldsymbol{E}_i \tag{9-11}$$

式中，$\boldsymbol{E}_i\,(i=1, 2, \cdots)$ 为频率 ω_i 的平面光波电场矢量，形式为

$$\boldsymbol{E}_i = \boldsymbol{E}_{0i}\cos\left(\omega_i t - \frac{\omega_i}{c} n\boldsymbol{k}_{0i}\cdot\boldsymbol{r} + \varphi_{0i}\right) \tag{9-12}$$

实际上，对于任意二阶常系数微分方程，反映的物理本质是介质或系统具有线性性质，而波在线性介质中传输必然满足线性叠加原理。比如，信号在线性系统中传输满足线性叠

加原理，机械波在线性理想介质中传播也满足线性叠加原理。但是，线性叠加原理的适用是有条件的，除了介质或系统具有线性性质外，还有波的强度。当光的强度很强时，即使介质具有线性，光波在介质中传播也不满足叠加原理，这种现象称为光的非线性效应，研究光的非线性效应的学科称为非线性光学。激光出现之后，非线性光学得到了快速发展。

9.3 双光束干涉

对于光波而言，由于光波频率很高，大约在 $10^{12}\sim10^{16}$ Hz 的频率范围，因此检测光的振幅变化是不切实际的。通常检测的是光强 I 的变化，比如，光电管、热辐射计、感光胶片、人的眼睛等。讨论光的干涉现象也是检测光的强度变化，下面从两列平面光波叠加给出双光束干涉光强的一般表达式。对于柱面光波和球面光波，在不考虑振幅衰减因子的情况下，与平面光波得到的光强表达式形式完全相同。

9.3.1 两列平面光波的干涉

根据平均坡印廷矢量的定义式(6－64)，并由单色平面光波光强的定义式(9－6)，可写出两列平面光波叠加后的光强表达式为

$$I=\sqrt{\frac{\varepsilon_0}{\mu_0}}n\,\frac{1}{\tau}\int_0^{\tau}\boldsymbol{E}\cdot\boldsymbol{E}\mathrm{d}t \tag{9－13}$$

式中，积分表示在时间间隔 τ 内求时间平均，n 为介质折射率，$\boldsymbol{E}$ 为两列单色平面光波叠加后的电场强度矢量。

由式(9－10)，并将式(9－8)和式(9－9)代入，有

$$\begin{aligned}\boldsymbol{E}\cdot\boldsymbol{E}&=(\boldsymbol{E}_1+\boldsymbol{E}_2)\cdot(\boldsymbol{E}_1+\boldsymbol{E}_2)=\boldsymbol{E}_1\cdot\boldsymbol{E}_1+2\boldsymbol{E}_1\cdot\boldsymbol{E}_2+\boldsymbol{E}_2\cdot\boldsymbol{E}_2\\&=E_{01}^2\cos^2\left(\omega_1t-\frac{\omega_1}{c}n\boldsymbol{k}_{01}\cdot\boldsymbol{r}+\varphi_{01}\right)+\\&\quad 2\boldsymbol{E}_{01}\cdot\boldsymbol{E}_{02}\cos\left(\omega_1t-\frac{\omega_1}{c}n\boldsymbol{k}_{01}\cdot\boldsymbol{r}+\varphi_{01}\right)\cos\left(\omega_2t-\frac{\omega_2}{c}n\boldsymbol{k}_{02}\cdot\boldsymbol{r}+\varphi_{02}\right)+\\&\quad E_{02}^2\cos^2\left(\omega_2t-\frac{\omega_2}{c}n\boldsymbol{k}_{02}\cdot\boldsymbol{r}+\varphi_{02}\right)\end{aligned} \tag{9－14}$$

将式(9－14)中第二项时间相位因子与空间相位因子分离，利用三角函数关系

$$\cos(\alpha-\beta)=\cos\alpha\cos\beta+\sin\alpha\sin\beta \tag{9－15}$$

有

$$\begin{aligned}&\cos\left(\omega_1t-\frac{\omega_1}{c}n\boldsymbol{k}_{01}\cdot\boldsymbol{r}+\varphi_{01}\right)\cos\left(\omega_2t-\frac{\omega_2}{c}n\boldsymbol{k}_{02}\cdot\boldsymbol{r}+\varphi_{02}\right)\\&=\cos\omega_1t\cos\omega_2t\cos\left(\frac{\omega_1}{c}n\boldsymbol{k}_{01}\cdot\boldsymbol{r}-\varphi_{01}\right)\cos\left(\frac{\omega_2}{c}n\boldsymbol{k}_{02}\cdot\boldsymbol{r}-\varphi_{02}\right)+\\&\quad\sin\omega_1t\cos\omega_2t\sin\left(\frac{\omega_1}{c}n\boldsymbol{k}_{01}\cdot\boldsymbol{r}-\varphi_{01}\right)\cos\left(\frac{\omega_2}{c}n\boldsymbol{k}_{02}\cdot\boldsymbol{r}-\varphi_{02}\right)+\\&\quad\cos\omega_1t\sin\omega_2t\cos\left(\frac{\omega_1}{c}n\boldsymbol{k}_{01}\cdot\boldsymbol{r}-\varphi_{01}\right)\sin\left(\frac{\omega_2}{c}n\boldsymbol{k}_{02}\cdot\boldsymbol{r}-\varphi_{02}\right)+\\&\quad\sin\omega_1t\sin\omega_2t\sin\left(\frac{\omega_1}{c}n\boldsymbol{k}_{01}\cdot\boldsymbol{r}-\varphi_{01}\right)\sin\left(\frac{\omega_2}{c}n\boldsymbol{k}_{02}\cdot\boldsymbol{r}-\varphi_{02}\right)\end{aligned} \tag{9－16}$$

式(9－13)在时间间隔 τ 内求时间平均，即对式(9－14)每一项求时间平均。利用积分关系

$$\int \cos^2 u\mathrm{d}u = \frac{1}{2}u + \frac{1}{4}\sin 2u + C \tag{9-17}$$

$$\int \sin mu \sin nu\,\mathrm{d}u = -\frac{\sin(m+n)u}{2(m+n)} + \frac{\sin(m-n)u}{2(m-n)} + C \tag{9-18}$$

$$\int \cos mu \cos nu\,\mathrm{d}u = \frac{\sin(m+n)u}{2(m+n)} + \frac{\sin(m-n)u}{2(m-n)} + C \tag{9-19}$$

$$\int \sin mu \cos nu\,\mathrm{d}u = -\frac{\cos(m+n)u}{2(m+n)} - \frac{\cos(m-n)u}{2(m-n)} + C \tag{9-20}$$

得到

$$\begin{aligned}&\frac{1}{\tau}\int_0^\tau \cos^2\left(\omega_1 t - \frac{\omega_1}{c}n\boldsymbol{k}_{01}\cdot\boldsymbol{r} + \varphi_{01}\right)\mathrm{d}t\\ &= \frac{1}{2} + \frac{1}{\tau\omega_1}\frac{1}{4}\left[\sin 2\left(\omega_1\tau - \frac{\omega_1}{c}n\boldsymbol{k}_{01}\cdot\boldsymbol{r} + \varphi_{01}\right) - \sin 2\left(-\frac{\omega_1}{c}n\boldsymbol{k}_{01}\cdot\boldsymbol{r} + \varphi_{01}\right)\right]\end{aligned} \tag{9-21}$$

对于光波而言，频率 ω_1 的取值在 $10^{12} \sim 10^{16}$ 的量级，$1/\omega_1 \to 0$，所以式(9－21)右端第二项和右端第一项相比较很小，可忽略，则有

$$\frac{1}{\tau}\int_0^\tau \cos^2\left(\omega_1 t - \frac{\omega_1}{c}n\boldsymbol{k}_{01}\cdot\boldsymbol{r} + \varphi_{01}\right)\mathrm{d}t = \frac{1}{2} \tag{9-22}$$

同理，可得

$$\frac{1}{\tau}\int_0^\tau \cos^2\left(\omega_2 t - \frac{\omega_2}{c}n\boldsymbol{k}_{02}\cdot\boldsymbol{r} + \varphi_{02}\right)\mathrm{d}t = \frac{1}{2} \tag{9-23}$$

对式(9－16)右端的每一项进行积分有

$$\begin{aligned}&\frac{1}{\tau}\int_0^\tau \cos\omega_1 t\cos\omega_2 t\cos\left(\frac{\omega_1}{c}n\boldsymbol{k}_{01}\cdot\boldsymbol{r} - \varphi_{01}\right)\cos\left(\frac{\omega_2}{c}n\boldsymbol{k}_{02}\cdot\boldsymbol{r} - \varphi_{02}\right)\mathrm{d}t\\ &= \frac{1}{\tau}\cos\left(\frac{\omega_1}{c}n\boldsymbol{k}_{01}\cdot\boldsymbol{r} - \varphi_{01}\right)\cos\left(\frac{\omega_2}{c}n\boldsymbol{k}_{02}\cdot\boldsymbol{r} - \varphi_{02}\right)\left[\frac{\sin(\omega_1+\omega_2)\tau}{2(\omega_1+\omega_2)} + \frac{\sin(\omega_1-\omega_2)\tau}{2(\omega_1-\omega_2)}\right]\end{aligned} \tag{9-24}$$

$$\begin{aligned}&\frac{1}{\tau}\int_0^\tau \sin\omega_1 t\cos\omega_2 t\sin\left(\frac{\omega_1}{c}n\boldsymbol{k}_{01}\cdot\boldsymbol{r} - \varphi_{01}\right)\cos\left(\frac{\omega_2}{c}n\boldsymbol{k}_{02}\cdot\boldsymbol{r} - \varphi_{02}\right)\mathrm{d}t\\ &= \frac{1}{\tau}\sin\left(\frac{\omega_1}{c}n\boldsymbol{k}_{01}\cdot\boldsymbol{r} - \varphi_{01}\right)\cos\left(\frac{\omega_2}{c}n\boldsymbol{k}_{02}\cdot\boldsymbol{r} - \varphi_{02}\right)\cdot\\ &\quad\left[\frac{1}{2(\omega_1+\omega_2)} - \frac{\cos(\omega_1+\omega_2)\tau}{2(\omega_1+\omega_2)} + \frac{1}{2(\omega_1-\omega_2)} - \frac{\cos(\omega_1-\omega_2)\tau}{2(\omega_1-\omega_2)}\right]\end{aligned} \tag{9-25}$$

$$\begin{aligned}&\frac{1}{\tau}\int_0^\tau \cos\omega_1 t\sin\omega_2 t\cos\left(\frac{\omega_1}{c}n\boldsymbol{k}_{01}\cdot\boldsymbol{r} - \varphi_{01}\right)\sin\left(\frac{\omega_2}{c}n\boldsymbol{k}_{02}\cdot\boldsymbol{r} - \varphi_{02}\right)\mathrm{d}t\\ &= \frac{1}{\tau}\cos\left(\frac{\omega_1}{c}n\boldsymbol{k}_{01}\cdot\boldsymbol{r} - \varphi_{01}\right)\sin\left(\frac{\omega_2}{c}n\boldsymbol{k}_{02}\cdot\boldsymbol{r} - \varphi_{02}\right)\cdot\\ &\quad\left[\frac{1}{2(\omega_2+\omega_1)} - \frac{\cos(\omega_2+\omega_1)\tau}{2(\omega_2+\omega_1)} + \frac{1}{2(\omega_2-\omega_1)} - \frac{\cos(\omega_2-\omega_1)\tau}{2(\omega_2-\omega_1)}\right]\end{aligned} \tag{9-26}$$

$$\begin{aligned}&\frac{1}{\tau}\int_0^\tau \sin\omega_1 t\sin\omega_2 t\sin\left(\frac{\omega_1}{c}n\boldsymbol{k}_{01}\cdot\boldsymbol{r} - \varphi_{01}\right)\sin\left(\frac{\omega_2}{c}n\boldsymbol{k}_{02}\cdot\boldsymbol{r} - \varphi_{02}\right)\mathrm{d}t\\ &= \frac{1}{\tau}\sin\left(\frac{\omega_1}{c}n\boldsymbol{k}_{01}\cdot\boldsymbol{r} - \varphi_{01}\right)\sin\left(\frac{\omega_2}{c}n\boldsymbol{k}_{02}\cdot\boldsymbol{r} - \varphi_{02}\right)\left[-\frac{\sin(\omega_1+\omega_2)\tau}{2(\omega_1+\omega_2)} + \frac{\sin(\omega_1-\omega_2)\tau}{2(\omega_1-\omega_2)}\right]\end{aligned} \tag{9-27}$$

将式(9－24)～式(9－27)的积分结果相加，取近似

$$\frac{\sin(\omega_1+\omega_2)\tau}{2(\omega_1+\omega_2)}\to 0,\qquad \frac{1}{2(\omega_1+\omega_2)}\to 0,\qquad \frac{\cos(\omega_1+\omega_2)\tau}{2(\omega_1+\omega_2)}\to 0 \tag{9-28}$$

并利用三角函数关系式(9－15)和关系式

$$\sin(\alpha-\beta)=\sin\alpha\cos\beta-\cos\alpha\sin\beta \tag{9-29}$$

得到式(9－16)的积分结果为

$$\begin{aligned}&\frac{1}{\tau}\int_0^\tau\cos\left(\omega_1 t-\frac{\omega_1}{c}n\boldsymbol{k}_{01}\cdot\boldsymbol{r}+\varphi_{01}\right)\cos\left(\omega_2 t-\frac{\omega_2}{c}n\boldsymbol{k}_{02}\cdot\boldsymbol{r}+\varphi_{02}\right)\mathrm{d}t\\&=\frac{1}{\tau}\frac{\sin(\omega_1-\omega_2)\tau}{2(\omega_1-\omega_2)}\cos\left[\left(\frac{\omega_1}{c}n\boldsymbol{k}_{01}-\frac{\omega_2}{c}n\boldsymbol{k}_{02}\right)\cdot\boldsymbol{r}+\varphi_{02}-\varphi_{01}\right]+\\&\quad\frac{1}{\tau}\left[\frac{1}{2(\omega_1-\omega_2)}-\frac{\cos(\omega_1-\omega_2)\tau}{2(\omega_1-\omega_2)}\right]\sin\left[\left(\frac{\omega_1}{c}n\boldsymbol{k}_{01}-\frac{\omega_2}{c}n\boldsymbol{k}_{02}\right)\cdot\boldsymbol{r}+\varphi_{02}-\varphi_{01}\right]\end{aligned} \tag{9-30}$$

在两列平面光波频率相同的情况下，$\omega_1=\omega_2=\omega$，式(9－30)可简化为

$$\begin{aligned}&\frac{1}{\tau}\int_0^\tau\cos\left(\omega_1 t-\frac{\omega_1}{c}n\boldsymbol{k}_{01}\cdot\boldsymbol{r}+\varphi_{01}\right)\cos\left(\omega_2 t-\frac{\omega_2}{c}n\boldsymbol{k}_{02}\cdot\boldsymbol{r}+\varphi_{02}\right)\mathrm{d}t\\&=\frac{1}{2}\cos\left[\frac{\omega}{c}n(\boldsymbol{k}_{01}-\boldsymbol{k}_{02})\cdot\boldsymbol{r}+\varphi_{02}-\varphi_{01}\right]\end{aligned} \tag{9-31}$$

将式(9－14)代入式(9－13)，然后再将式(9－22)、式(9－23)和式(9－31)代入，得到

$$I=\frac{1}{2}\sqrt{\frac{\varepsilon_0}{\mu_0}}nE_{01}^2+\frac{1}{2}\sqrt{\frac{\varepsilon_0}{\mu_0}}nE_{02}^2+\sqrt{\frac{\varepsilon_0}{\mu_0}}n\boldsymbol{E}_{01}\cdot\boldsymbol{E}_{02}\cos\left[\frac{\omega}{c}n(\boldsymbol{k}_{01}-\boldsymbol{k}_{02})\cdot\boldsymbol{r}+\varphi_{02}-\varphi_{01}\right] \tag{9-32}$$

由式(9－6)可知，两列单色平面光波对应的光强为

$$I_1=\frac{1}{2}\sqrt{\frac{\varepsilon_0}{\mu_0}}nE_{01}^2,\qquad I_2=\frac{1}{2}\sqrt{\frac{\varepsilon_0}{\mu_0}}nE_{02}^2 \tag{9-33}$$

又假设两列单色平面光波电场矢量之间的夹角 $\theta\neq 90°$，则有

$$\sqrt{\frac{\varepsilon_0}{\mu_0}}n\boldsymbol{E}_{01}\cdot\boldsymbol{E}_{02}=\sqrt{\frac{\varepsilon_0}{\mu_0}}nE_{01}E_{02}\cos\theta=2\sqrt{I_1I_2}\cos\theta \tag{9-34}$$

将式(9－33)和式(9－34)代入式(9－32)，得到

$$I=I_1+I_2+2\sqrt{I_1I_2}\cos\theta\cos\left[\frac{\omega}{c}n(\boldsymbol{k}_{01}-\boldsymbol{k}_{02})\cdot\boldsymbol{r}+\varphi_{02}-\varphi_{01}\right] \tag{9-35}$$

令

$$\delta(\boldsymbol{r})=\frac{\omega}{c}n(\boldsymbol{k}_{01}-\boldsymbol{k}_{02})\cdot\boldsymbol{r}+\varphi_{02}-\varphi_{01}=\frac{2\pi}{\lambda}(\boldsymbol{k}_{01}-\boldsymbol{k}_{02})\cdot\boldsymbol{r}+\varphi_{02}-\varphi_{01} \tag{9-36}$$

式中，λ 为光波波长，波数 $k=2\pi/\lambda=\omega n/c$。$\delta(\boldsymbol{r})$ 代入式(9－35)有

$$I=I_1+I_2+2\sqrt{I_1I_2}\cos\theta\cos\delta \tag{9-37}$$

这就是两列单色平面光波叠加后的光强表达式。式(9－37)表明，两单色平面光波叠加后的光强并不等于两列单色平面光波的强度和，存在交叉项 $2\sqrt{I_1I_2}\cos\theta\cos\delta$，该项反映的是两列单色平面光波的干涉效应，通常称为干涉项，δ 称为空间相位差，$\varphi_{02}-\varphi_{01}$ 为初始相位差。

由以上讨论可知，在得到干涉公式(9－37)的过程中，假定了两个条件：① 两列单色光波的频率相同；② 两列单色平面光波电场矢量间的夹角 $\theta\neq 90°$，也即两列光波电场矢量存

在平行分量；③ 除此之外，要得到稳定的明暗相间的光强分布，还必须满足初始相位差恒定且不随时间变化，即 $\varphi_{02}-\varphi_{01}=$ 常数。这就是两束单色平面光波产生干涉的必要条件，满足干涉条件的光波称为相干光波，相应的光源称为相干光源。

如果初始相位差 $\varphi_{02}-\varphi_{01}$ 恒定，则当空间相位差取

$$\delta(\boldsymbol{r})=2m\pi \quad (m=0, \pm 1, \pm 2, \cdots) \tag{9-38}$$

时，光强在空间分布取极大值，有

$$I_{\mathrm{M}}=I_1+I_2+2\sqrt{I_1 I_2}\cos\theta \tag{9-39}$$

而当空间相位差取

$$\delta(\boldsymbol{r})=(2m+1)\pi \quad (m=0, \pm 1, \pm 2, \cdots) \tag{9-40}$$

时，光强在空间的分布取极小值，有

$$I_{\mathrm{m}}=I_1+I_2-2\sqrt{I_1 I_2}\cos\theta \tag{9-41}$$

由此可见，两列单色平面光波叠加产生干涉，在空间出现明、暗相间的条纹分布，亮纹称为相长干涉，暗纹称为相消干涉。

如图 9-2(a)所示，假设两单色平面光波的波矢量与 Y 轴垂直，波矢量 $\boldsymbol{k}_{01}$ 的方向角为 $\{\alpha_1, \pi/2, \gamma_1\}$，波矢量 $\boldsymbol{k}_{02}$ 的方向角为 $\{\alpha_2, \pi/2, \gamma_2\}$，则两列波的单位矢量为

$$\begin{cases} \boldsymbol{k}_{01}=\cos\alpha_1\,\boldsymbol{e}_x+\cos\dfrac{\pi}{2}\,\boldsymbol{e}_y+\cos\gamma_1\,\boldsymbol{e}_z \\ \boldsymbol{k}_{02}=\cos\alpha_2\,\boldsymbol{e}_x+\cos\dfrac{\pi}{2}\,\boldsymbol{e}_y+\cos\gamma_2\,\boldsymbol{e}_z \end{cases} \tag{9-42}$$

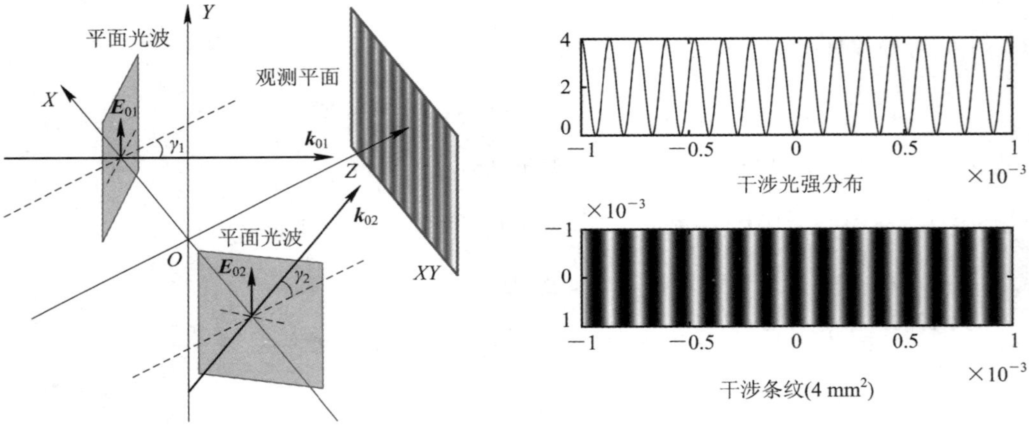

(a) 仿真原理　　(b) 光强分布及干涉图

图 9-2　两列单色平面光波的干涉

又因

$$\alpha_1=\gamma_1+\frac{\pi}{2}, \quad \alpha_2=\frac{\pi}{2}-\gamma_2 \tag{9-43}$$

式(9-42)可改写为

$$\begin{cases} \boldsymbol{k}_{01}=-\sin\gamma_1\,\boldsymbol{e}_x+\cos\gamma_1\,\boldsymbol{e}_z \\ \boldsymbol{k}_{02}=\sin\gamma_2\,\boldsymbol{e}_x+\cos\gamma_2\,\boldsymbol{e}_z \end{cases} \tag{9-44}$$

将式(9-44)代入式(9-36)得

$$\delta(x, z)=\frac{2\pi}{\lambda}[-(\sin\gamma_1+\sin\gamma_2)x+(\cos\gamma_1-\cos\gamma_2)z]+\varphi_{02}-\varphi_{01} \tag{9-45}$$

空间相位分布 $\delta(x, z)$ 与 y 无关，表明干涉条纹是严格平行于 Y 轴的直条纹。

观测屏固定不动，z 取值为常数，空间相位 $\delta(x, z)$ 仅随 x 变化。对式(9-45)两边取差分有

$$\Delta\delta(x, z)=-\frac{2\pi}{\lambda}(\sin\gamma_1+\sin\gamma_2)\Delta x \tag{9-46}$$

由式(9-38)和式(9-40)可知，相邻两极大值或极小值之间的相位变化为 2π，将 $\Delta\delta(x, z)=-2\pi$ 代入式(9-46)，得到条纹间距为

$$\Delta x=\frac{\lambda}{\sin\gamma_1+\sin\gamma_2} \tag{9-47}$$

条纹沿 X 方向呈周期性分布，条纹间距也即空间周期，其倒数为空间频率，记作 ν_x，常用单位为 mm^{-1}。将式(9-47)取倒数有

$$\nu_x=\frac{1}{\Delta x}=\frac{\sin\gamma_1+\sin\gamma_2}{\lambda} \tag{9-48}$$

干涉的三个条件为：① 设两列单色平面光波的波长相同(即频率相同)，取 $\lambda=100\ \mu m$；② 偏振方向相同，取 $\theta=0°$，$\boldsymbol{E}_{01}\parallel\boldsymbol{E}_{02}$；③ 初始相位差恒定，取 $\varphi_{02}-\varphi_{01}=0°$。依据这三个条件取 $\boldsymbol{k}_{01}$ 的方向角为 $\{7\pi/12, \pi/2, \pi/12\}$，$\boldsymbol{k}_{02}$ 的方向角为 $\{\pi/3, \pi/2, \pi/6\}$，两列波的波矢量为

$$\begin{cases}\boldsymbol{k}_{01}=\cos\dfrac{7\pi}{12}\boldsymbol{e}_x+\cos\dfrac{\pi}{2}\boldsymbol{e}_y+\cos\dfrac{\pi}{12}\boldsymbol{e}_z\\ \boldsymbol{k}_{02}=\cos\dfrac{\pi}{3}\boldsymbol{e}_x+\cos\dfrac{\pi}{2}\boldsymbol{e}_y+\cos\dfrac{\pi}{6}\boldsymbol{e}_z\end{cases}$$

取两列光波的光强相等 $I_1=I_2=1(W/m^2)$，观测屏放置在 $z=100$ cm 处，观测屏大小为 2 mm×2 mm。根据式(9-37)进行仿真计算，干涉光强分布和干涉条纹如图 9-2(b)所示。

为了表征干涉效应的明显程度，通常用条纹可见度(或称条纹对比度)描述，其定义为

$$V=\frac{I_M-I_m}{I_M+I_m} \tag{9-49}$$

当干涉光强 $I_m=0$ 时，$V=1$，两束光完全相干，条纹最清晰；当 $I_M=I_m$ 时，$V=0$，两束光完全不相干，无干涉条纹；当 $I_M\neq I_m\neq 0$ 时，$0<V<1$，两束光部分相干，条纹清晰度介于完全相干和完全不相干之间。

9.3.2 两列柱面光波和两列球面光波的干涉

1. 柱面光波

对于理想线光源，由式(7-160)可写出两列同频率标量柱面光波为

$$\begin{cases}E_1=|\widetilde{E}_{01}|\cos(\omega t-k\rho_1+\varphi_{01})\\ E_2=|\widetilde{E}_{02}|\cos(\omega t-k\rho_2+\varphi_{02})\end{cases} \tag{9-50}$$

式中，ω 为光波圆频率，k 为光波波数，ρ_1 和 ρ_2 分别为两柱面光波的波面到线光源的径向距离，φ_{01} 和 φ_{02} 分别为两列柱面光波的初相位。在垂直于光波传播方向的平面内赋予标量电

场特定方向，并假定两列光波的光振动方向相同，然后将式(9-50)代入式(9-13)，求两列柱面光波的叠加光强，在不考虑衰减因子 $1/\sqrt{\rho}$ 的情况下，可得

$$I = I_1 + I_2 + 2\sqrt{I_1 I_2}\cos[k(\rho_1 - \rho_2) + \varphi_{02} - \varphi_{01}] \tag{9-51}$$

式中，I_1 和 I_2 分别为两列单色柱面光波的光强，空间相位差为

$$\delta(\rho) = k(\rho_1 - \rho_2) + \varphi_{02} - \varphi_{01} \tag{9-52}$$

由此可见，两列柱面光波干涉与两列平面光波干涉的光强分布具有相同的形式，区别仅在于平面光波空间相位因子反映的是两列光波方向的不同，而柱面光波空间相位因子反映的是两列光波空间等相位面相交点到光源的距离不同。两列柱面光波产生干涉同样必须满足频率相同、光波振动方向相同和初始相位差恒定的必要条件。

2. 球面光波

对于理想点光源，由式(7-174)可写出两列同频率标量球面光波为

$$\begin{cases} E_1 = |\widetilde{E}_{01}|\cos(\omega t - kr_1 + \varphi_{01}) \\ E_2 = |\widetilde{E}_{02}|\cos(\omega t - kr_2 + \varphi_{02}) \end{cases} \tag{9-53}$$

式中，ω 为光波圆频率，k 为波数，r_1 和 r_2 分别为两球面光波的波面到两点光源的径向距离，φ_{01} 和 φ_{02} 分别为两列光波的初相位。在垂直于光波传播方向的平面内赋予标量电场特定方向，并假定两列光波的光振动方向相同，然后将式(9-53)代入式(9-13)，求两列球面光波的叠加光强，在不考虑振幅衰减因子 $1/r$ 的情况下，可得

$$I = I_1 + I_2 + 2\sqrt{I_1 I_2}\cos[k(r_1 - r_2) + \varphi_{02} - \varphi_{01}] \tag{9-54}$$

式中，I_1 和 I_2 分别为两列标量球面光波的光强，空间相位差为

$$\delta(r) = k(r_1 - r_2) + \varphi_{02} - \varphi_{01} \tag{9-55}$$

球面光波与柱面光波干涉的光强分布具有完全相同的形式。下面对两点光源产生干涉的情况进行简单讨论。

如图 9-3(a)所示，假设在空间放置两点光源，相距为 d，点光源分别位于 X 轴 $S_1(d/2, 0, 0)$ 和 $S_2(-d/2, 0, 0)$ 处，两点光源光强相等 $I_1 = I_2 = I_0$，初始相位差为零，$\varphi_{02} - \varphi_{01} = 0$，则式(9-54)可简化为

$$I = 4I_0\cos^2\frac{\delta}{2} \tag{9-56}$$

当

$$r_1 - r_2 = (2m)\frac{\lambda}{2} \quad (m = 0, \pm 1, \pm 2, \cdots) \tag{9-57}$$

时，空间相位(9-55)满足相干加强的条件，而当

$$r_1 - r_2 = (2m+1)\frac{\lambda}{2} \quad (m = 0, \pm 1, \pm 2, \cdots) \tag{9-58}$$

时，空间相位(9-55)满足干涉相消的条件。

由于 r_1 和 r_2 随空间坐标点变化，因此干涉条纹也在变化。方程(9-57)所描绘的曲线形状，就是干涉条纹的形状。在 XY 平面内任取一点 $P(x, y)$，则有

$$r_1 = \sqrt{\left(x - \frac{d}{2}\right)^2 + y^2}, \quad r_2 = \sqrt{\left(x + \frac{d}{2}\right)^2 + y^2} \tag{9-59}$$

代入方程(9-57)，并记 $\Delta = m\lambda$，有

$$\sqrt{\left(x-\frac{d}{2}\right)^2+y^2}-\sqrt{\left(x+\frac{d}{2}\right)^2+y^2}=\Delta \tag{9-60}$$

移项，有

$$\sqrt{\left(x-\frac{d}{2}\right)^2+y^2}=\Delta+\sqrt{\left(x+\frac{d}{2}\right)^2+y^2} \tag{9-61}$$

两端平方，整理后得到

$$2xd+\Delta^2=-2\Delta\sqrt{\left(x+\frac{d}{2}\right)^2+y^2} \tag{9-62}$$

两端再平方，整理可得

$$\frac{x^2}{\Delta^2/4}-\frac{y^2}{(d^2-\Delta^2)/4}=1 \tag{9-63}$$

式(9-63)表明，在 XY 平面内，对于给定光波波长 λ，每一个 m 取值，方程(9-63)对应于以两点光源为焦点、以 X 轴为轴线的双曲线，即干涉条纹为双曲线。对于任意空间点，方程(9-57)对应于以两个点光源为焦点、以 X 轴为轴线的空间双叶双曲面，所以光强分布式(9-56)也为空间双叶双曲面。

取 $d=2$ mm，$\lambda=200$ μm，两列光波初始相位差 $\varphi_{02}-\varphi_{01}=0°$。两列光波光强相等，即 $I_0=I_1=I_2=1$ W/m^2，观测屏放置在 $z=0$ 处，观测屏大小为 4 mm × 4 mm。根据式(9-56)进行计算仿真，其干涉条纹如图 9-3(b)所示。

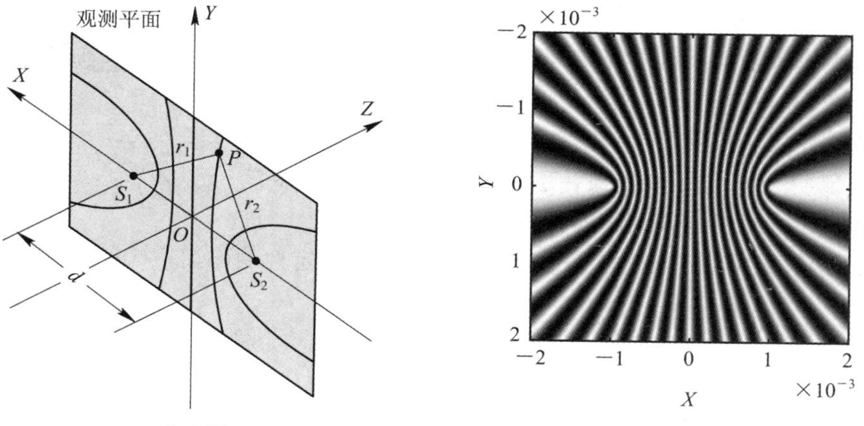

(a) 仿真原理　　(b) 干涉图(4×4 mm^2)

图 9-3　两列球面光波的干涉

9.3.3　分波阵面和分振幅双光束干涉

由光的微观辐射理论可知，普通光源的发光方式主要是自发辐射，每个原子作为一个独立的发光中心，电子在能级之间跳跃发出光子，即有限长光波波列(波列长度约 10^{-8} s)。由于电子在能级之间跳跃是随机的，彼此之间无关，因此不同原子、不同能级产生的波列之间或同一原子、不同能级或相同能级先后产生的波列之间没有固定的相位关系，这样的光波不满足相干条件，叠加不会产生干涉现象。由此可以推断，两个普通光源发出的光不会产生干涉，如两盏白炽灯发出的光波同时照射到一平面，其光强等于两盏灯的光强之和，观察不到干涉条纹。另外，即使是同一盏白炽灯的两个不同部分发出的光也不会产生干涉，所以普通光源是非相干光源。激光器产生的激光具有很好的相干性，因而激光器是一种相干光源。

快速光电接收器件的出现，使接收器的响应时间由 0.1 秒缩短到微秒、纳秒甚至皮秒，这样就可以在很短暂的时间内观测干涉现象，甚至可以实现两个独立激光光源的干涉。但是，即使接收器的响应时间缩短到皮秒，也很难观测到普通光源的干涉条纹。在光学干涉实验中，为了获得相干光，通常的做法是把光源发出的一列光波分成两束或多束，这样就可以使光束之间的初始相位差恒定，然后再让分束光进行叠加，即可得到稳定的干涉条纹。分束方法有两种：分波阵面法和分振幅法。分波阵面法是将光波波列的等相位面每一点都看作是发射光波的次光源，在其波面上取其两部分或多个部分，然后再进行叠加，如杨氏干涉实验。分振幅法是利用光在两介质分界面的反射，将入射光振幅分解为若干部分，然后再进行叠加，如平行平板分振幅干涉。下面分别讨论杨氏双缝干涉和平行平板分振幅干涉。

1. 分波阵面双光束干涉—杨氏双缝干涉

1801 年托马斯·杨(见图 9-4)为了证明光具有波动性，巧妙而简单地建立了光干涉的实验装置，如图 9-5(a)所示。单色光源发出的光波经过开有小孔 S_0 的屏，根据惠更斯原理，小孔 S_0 出射球面波。在距离 S_0 不远处再放置一开孔 S_1 和 S_2 的屏，且孔 S_0 到孔 S_1 和 S_2 的距离相等，小孔 S_1 和 S_2 同样发出相位相同的球面波，因而在距离 D 处的观测屏上可观察到稳定的干涉条纹。杨氏把其中一个小孔 S_1(或 S_2)遮挡起来，干涉条纹立即消失，证明干涉条纹确实源于干涉效应。杨氏不仅在实验上证明了光的干涉现象，还用叠加原理对光的干涉进行了解释，并根据实测条纹间隔计算得到入射光的波长。这就是著名的杨氏干涉实验，对建立光的波动学说起到决定性的作用，具有重要的历史意义。

图 9-4　英国物理学家 Thomas Young(1773—1829) 光的波动说奠基人之一

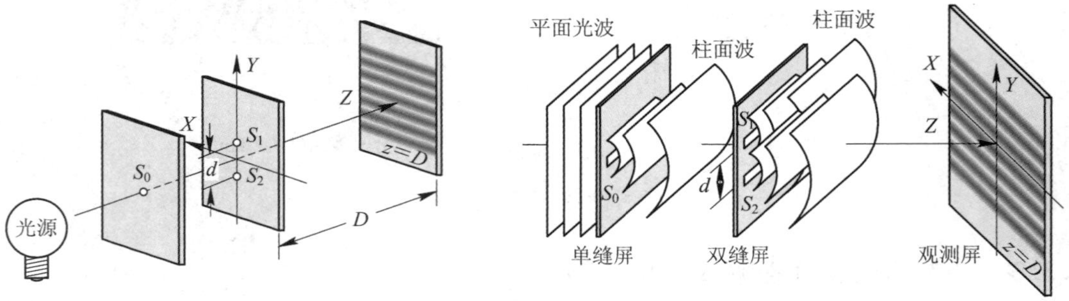

(a) 杨氏双孔干涉　　(b) 杨氏双缝干涉

图 9-5　杨氏干涉实验原理

为了使干涉条纹更亮，通常把杨氏实验中的小孔用狭缝替代，如图 9-5(b)所示。假设单色平面光波照射狭缝 S_0，狭缝 S_0 作为次波源出射柱面光波，然后柱面光波经相距 d 的两狭缝 S_1 和 S_2 分波阵面，出射两列等相位柱面光波，在距狭缝 D 处放置观测屏，可观测到两列柱面光波叠加产生的干涉条纹。下面推导杨氏双缝干涉光强在直角坐标系中的表达式。

杨氏双缝干涉实验原理图如图9-6(a)所示。取双缝屏坐标 $z=0$，单缝屏距双缝屏的距离为 l，观测屏距双缝屏的距离为 D。单缝 S_0 到双缝 S_1 和 S_2 的距离分别为 ρ_{01} 和 ρ_{02}。缝 S_1 到观测屏任一点 P 的径向距离为 ρ_1，缝 S_2 到观测屏 P 点的径向距离为 ρ_2。假设实验放置于空气中，$n=1.0$，入射光为单色平面光波，线源 S_0 出射柱面光波的初相位假设为 φ_0，则线源 S_1 和 S_2 出射柱面光波的初相位分别为

$$\begin{cases}\varphi_{01}=\varphi_0+\dfrac{2\pi}{\lambda}\rho_{01}\\ \varphi_{02}=\varphi_0+\dfrac{2\pi}{\lambda}\rho_{02}\end{cases} \tag{9-64}$$

从而得到初始相位差为

$$\varphi_{02}-\varphi_{01}=\frac{2\pi}{\lambda}(\rho_{02}-\rho_{01}) \tag{9-65}$$

此式说明次波线源 S_1 与 S_2 之间的初始相位差与次波源 S_0 的初始相位 φ_0 无关，由此可保证两束光的初始相位差恒定。

由图9-6(a)的几何关系，可写出次波线源 S_1 和 S_2 到观测屏 $P(x, y, D)$ 点的距离为

$$\begin{cases}\rho_1=S_1P=\sqrt{x^2+\left(y+\dfrac{d}{2}\right)^2+D^2}\\ \rho_2=S_2P=\sqrt{x^2+\left(y-\dfrac{d}{2}\right)^2+D^2}\end{cases} \tag{9-66}$$

在傍轴近似和远场近似条件下，有

$$y^2 \ll D^2(\text{傍轴近似}), \quad d^2 \ll D^2(\text{远场近似}) \tag{9-67}$$

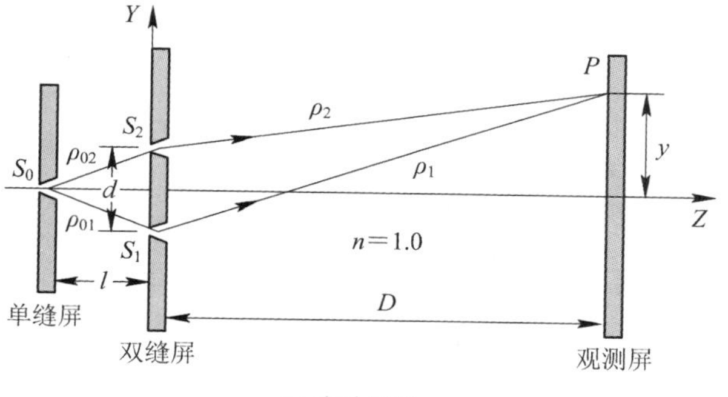

(a) 实验原理

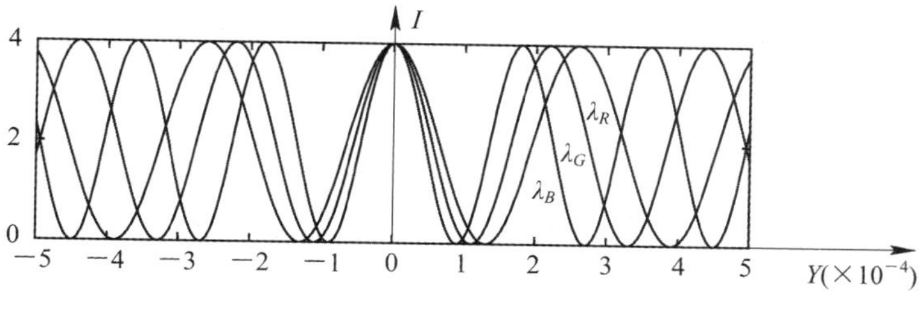

(b) 光强分布

图9-6 杨氏双缝干涉

利用泰勒展开，取线性近似，式(9-66)可近似为

$$\begin{cases}\rho_1 \approx D + \dfrac{x^2+(y+d/2)^2}{2D} \\ \rho_2 \approx D + \dfrac{x^2+(y-d/2)^2}{2D}\end{cases} \tag{9-68}$$

于是有

$$\rho_1 - \rho_2 \approx \frac{yd}{D} \tag{9-69}$$

如果 $\rho_{01}=\rho_{02}$，则两光束的初始相位差 $\varphi_{02}-\varphi_{01}=0$。将式(9-69)代入式(9-52)，得到两束光在 P 点的空间相位差为

$$\delta(x,\ y)=\frac{2\pi}{\lambda}\frac{d}{D}y \tag{9-70}$$

由于 $\rho_{01}=\rho_{02}$，因此两次波源 S_1 和 S_2 处的初始光强相等，令 $I_1=I_2=I_0$，代入式(9-51)，有

$$I=2I_0\left[1+\cos\left(\frac{2\pi}{\lambda}\frac{d}{D}y\right)\right]=4I_0\cos^2\left(\frac{\pi}{\lambda}\frac{d}{D}y\right) \tag{9-71}$$

式(9-71)就是在傍轴和远场近似条件下得到的两光束干涉光强随 y 变化的表达式。光强分布仅与坐标 y 有关，而与 x 无关，表明干涉条纹是平行于 Y 轴的直条纹。

由式(9-38)可知，当

$$\delta(x,\ y)=\frac{2\pi}{\lambda}\frac{d}{D}y=2m\pi\quad(m=0,\ \pm1,\ \pm2,\ \cdots) \tag{9-72}$$

时，干涉光强取极大值。由此得到干涉极大对应的位置为

$$y_{\mathrm{M}}=\frac{m\lambda D}{d}\quad(m=0,\ \pm1,\ \pm2,\ \cdots) \tag{9-73}$$

式中，m 称为干涉条纹的级次。

由式(9-40)可知，当

$$\delta(x,\ y)=\frac{2\pi}{\lambda}\frac{d}{D}y=(2m+1)\pi\quad(m=0,\ \pm1,\ \pm2,\ \cdots) \tag{9-74}$$

时，干涉光强取极小值。由此得到干涉极小对应的位置为

$$y_{\mathrm{m}}=\left(m+\frac{1}{2}\right)\frac{\lambda D}{d}\quad(m=0,\ \pm1,\ \pm2,\ \cdots) \tag{9-75}$$

由式(9-73)或(9-75)可得两相邻亮条纹或两相邻暗条纹的间距为

$$\Delta y=\frac{\lambda D}{d} \tag{9-76}$$

干涉条纹沿 Y 方向呈周期性分布，其间距也即空间周期。将式(9-76)取倒数，得到 Y 方向空间频率为

$$\nu_y=\frac{d}{\lambda D} \tag{9-77}$$

由以上讨论可知，杨氏双峰干涉条纹间距与 λ 和 D 成正比，与 d 成反比，与干涉级次 m 无关。当 λ、D 和 d 取定之后，干涉条纹等间距分布，且光波波长 λ 越短，干涉条纹间距越小，条纹分布也越密集；光波波长 λ 越长，干涉条纹间距越大，条纹分布也越稀疏。当 $m=0$ 时，所有波长中心干涉条纹重合，所以白光的干涉中心仍为白光，两边干涉条纹按波长依次排开，短波长在内，长波长在外，图 9-6(b)给出了三种光波波长干涉光强的计算曲

线，取红光 $\lambda_R = 650$ nm，绿光 $\lambda_G = 550$ nm，蓝光 $\lambda_B = 450$ nm。双缝间距 $d = 0.1$ cm，双缝与观测屏的距离 $D = 40$ cm。变量 y 的取值范围为 $-0.05\text{ cm} \leqslant y \leqslant +0.05\text{ cm}$，两光束的光强取 $I_1 = I_2 = I_0 = 1.0$。

上述讨论没有涉及柱面光波振幅衰减因子 $1/\sqrt{\rho}$，两束光光强相等，$I_1 = I_2 = I_0$。如果考虑振幅衰减因子，光强 I_1 和 I_2 在观测屏上随 y 变化，且 $I_1 \neq I_2$，由此引起干涉条纹光强分布随 $|y|$ 的增加而逐渐减小，所以实际观测到的双缝干涉条纹中间最亮，两边逐渐变暗。在傍轴近似条件下，这种变化很小，可不予考虑。但是，分波阵面干涉次波源衍射效应比较明显，实质上分波阵面干涉是两个次波源衍射场的干涉，干涉条纹的不等亮度正是由于衍射因子的调制所致。

2. 分振幅双光束干涉

1) 平行平板分振幅双光束干涉的基本概念

分振幅干涉是利用光学介质平板或薄膜两个分界面的反射与透射，把一束光分割成两束光产生的干涉。如图 9-7 所示，上半空间入射介质折射率为 n_0，平板介质折射率为 n_1，下半空间介质（薄膜光学中称为基底介质）折射率为 n_g。假设入射光为一单色平面光波，波传播单位矢量为 $\boldsymbol{k}_0$，平面光波入射到平行平板表面，入射角为 θ_0，折射角为 θ_1。入射光束在平板第一分界面将光分为两束平面光波，一束为反射平面光波；一束为透射平面光波。透射平面光波经平板第二分界面反射，再经过平板第一分界面透射。反射平面光波的波传播单位矢量假设为 $\boldsymbol{k}_{01}$，透射平面光波的波传播单位矢量假设为 $\boldsymbol{k}_{02}$。首先，由理想介质与理想介质分界面反射定律和折射定律（式(8-53)和式(8-55)）可知，分割的两束平面光波的波矢量平行，即 $\boldsymbol{k}_{01} = \boldsymbol{k}_{02}$。其次，对于入射平面光波经分界面反射和透射后两束光的电场矢量方向相同或相反，$\theta = 0°$ 或 $\theta = \pi$。第三，两束光起始于“同一点”，相位差恒定。因此，两束光满足两列平面光波干涉的条件，光强分布满足式(9-37)，即

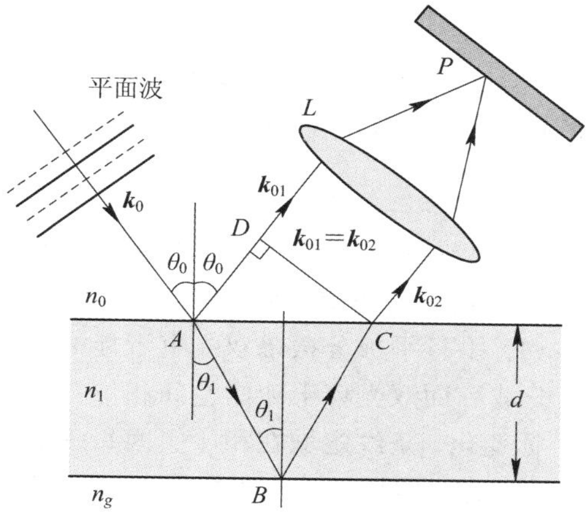

图 9-7 平行平板分振幅双光束干涉

$$I = I_1 + I_2 + 2\sqrt{I_1 I_2}\cos\delta(\boldsymbol{r}) \tag{9-78}$$

式中，I_1 为第一界面反射光束的光强，I_2 为第二界面反射光束的光强，$\delta(\boldsymbol{r})$ 为两束平面光波的空间相位差。将 $\boldsymbol{k}_{01} = \boldsymbol{k}_{02}$ 代入空间相位差（式(9-36)），有

$$\delta(\boldsymbol{r}) = \frac{\omega}{c} n_0 (\boldsymbol{k}_{01} - \boldsymbol{k}_{02}) \cdot \boldsymbol{r} + \varphi_{02} - \varphi_{01} = \varphi_{02} - \varphi_{01} \tag{9-79}$$

显然，平行平板产生的两束平面光波的空间相位与 $\boldsymbol{r}$ 无关，仅与两光束的初始相位差 $\varphi_{02} - \varphi_{01}$ 有关，表明两束平面光波产生的干涉条纹定域在无穷远处，通过透镜 L 可将干涉条纹成像于透镜 L 的焦平面——观测屏。

对于平行平板分振幅双光束干涉，两列平面光波的初始相位差也就是两束光到达观测点 P 的相位差。如图 9-7 所示，第一界面反射光束和第二界面反射光束在第一分界面 A 点分割时并无相位差，第一界面反射光束从 D 点到观测点 P 和第二界面反射光束从 C 点到观

测点 P 也没有产生相位差，所以两束光的相位差来自第一界面反射光束经路程 AD 和第二界面反射光束经路程 ABC 不同产生的光程差。记两束光的光程差为 Δ，则式(9－79)可改写为

$$\delta(\boldsymbol{r}) = \varphi_{02} - \varphi_{01} = \frac{2\pi}{\lambda}\Delta \tag{9-80}$$

式中，λ 为真空中的波长。由图 9－7 的几何关系可知，两束光的光程差为

$$\Delta = 2n_1 AB - n_0 AD = \frac{2d}{\cos\theta_1}(n_1 - n_0\sin\theta_1\sin\theta_0) \tag{9-81}$$

将折射定律

$$n_0\sin\theta_0 = n_1\sin\theta_1 \tag{9-82}$$

代入式(9－81)，得到

$$\Delta = 2n_1 d\cos\theta_1 = 2d\sqrt{n_1^2 - n_0^2\sin^2\theta_0} \tag{9-83}$$

将式(9－83)代入式(9－80)，有

$$\delta(\boldsymbol{r}) = \frac{4\pi}{\lambda}n_1 d\cos\theta_1 = \frac{4\pi}{\lambda}d\sqrt{n_1^2 - n_0^2\sin^2\theta_0} \tag{9-84}$$

式(9－78)和式(9－84)就是描述平行平板分振幅双光束干涉的基本公式，与分波阵面双光束干涉公式形式完全相同。但是，经比较可知，平行平板分振幅双光束干涉具有不同特点：

(1) 平行平板分振幅双光束干涉的空间相位随入射角 θ_0 变化，干涉条纹定域在无穷远处。分波阵面双光束干涉的空间相位与空间坐标 y 和观测坐标 $z = D$ 有关，干涉条纹随空间坐标变化，条纹定域在相干空间每一点。

(2) 在光波波长 λ 和平板厚度 d 给定的情况下，且 n_0 和 n_1 已知，空间相位随入射角 θ_0 变化，入射角相同，干涉条纹级次相同，这种干涉称为等倾干涉。

(3) 平行平板分振幅双光束干涉存在附加光程差问题。

由 8.3.3 节的讨论可知，不管是 S 波偏振还是 P 波偏振，反射平面光波在两介质分界面存在相位变化，这个相位变化引起附加光程差，相位变化需要由菲涅耳反射系数公式确定。在实际应用中，无论是 $n_0 < n_1$，$n_g < n_1$，还是 $n_0 > n_1$，$n_g > n_1$，近似取平板两分界面的反射平面光波存在 $\lambda/2$ 或 $-\lambda/2$ 的附加光程差。因而式(9－83)可改写为

$$\Delta = 2n_1 d\cos\theta_1 + \frac{\lambda}{2} \tag{9-85}$$

当没有附加光程差时，由式(9－78)可知，空间相位 $\delta(\boldsymbol{r})$ 满足

$$\delta(\boldsymbol{r}) = \frac{4\pi}{\lambda}n_1 d\cos\theta_1 = 2m\pi \quad (m = 0,\ 1,\ 2,\ \cdots) \tag{9-86}$$

干涉光强为极大，相应的光程差为

$$\Delta = 2n_1 d\cos\theta_1 = m\lambda \quad (m = 0,\ 1,\ 2,\ \cdots) \tag{9-87}$$

而空间相位 $\delta(\boldsymbol{r})$ 满足

$$\delta(\boldsymbol{r}) = \frac{4\pi}{\lambda}n_1 d\cos\theta_1 = (2m+1)\pi \quad (m = 0,\ 1,\ 2,\ \cdots) \tag{9-88}$$

时，干涉光强为极小，相应的光程差为

$$\Delta = 2n_1 d\cos\theta_1 = \left(m + \frac{1}{2}\right)\lambda \quad (m = 0,\ 1,\ 2,\ \cdots) \tag{9-89}$$

如果考虑附加光程差，干涉极大相应的光程差满足

$$\Delta = 2n_1 d\cos\theta_1 + \frac{\lambda}{2} = m\lambda \quad (m = 1, 2, \cdots) \tag{9-90}$$

干涉极小相应的光程差为

$$\Delta = 2n_1 d\cos\theta_1 + \frac{\lambda}{2} = \left(m + \frac{1}{2}\right)\lambda \quad (m = 0, 1, 2, \cdots) \tag{9-91}$$

式(9-87)和式(9-91)相同，表明存在附加光程差时的干涉极小与无附加光程差时的干涉极大相同，条纹亮暗正好相反。

2）平行平板分振幅双光束干涉

上述讨论是针对平面光波入射平行平板分振幅双光束干涉，其结果同样适用于球面波。根据傅里叶变换理论，球面波可以展开成标量平面波的叠加①，标量平面波也可以展开成球面波的叠加。因此，点光源发射的球面波可展开成无穷多个不同传播矢量 $\boldsymbol{k}_0^i$（$i = 1, 2, \cdots$）标量平面光波的叠加，如图 9-8(a)所示，不同传播矢量 $\boldsymbol{k}_0^i$（$i = 1, 2, \cdots$）对应于不同的入射角 θ_0^i，所以点光源球面光波平行平板分振幅干涉与平面光波平行平板分振幅干涉本质是相同的，都属于分振幅双光束干涉。对于扩展点光源，光源面上的每一点都可看作点光源，发射球面光波，因而扩展点光源平行平板分振幅干涉也属于分振幅双光束干涉，干涉条纹是每个点光源产生的分振幅双光束干涉结果的叠加。

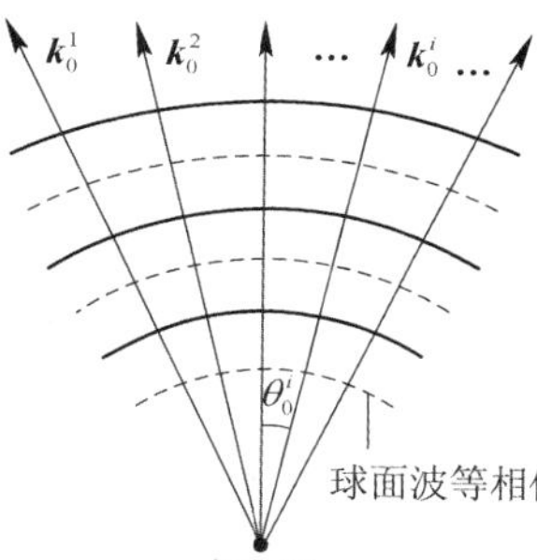

(a) 球面波分解为平面波

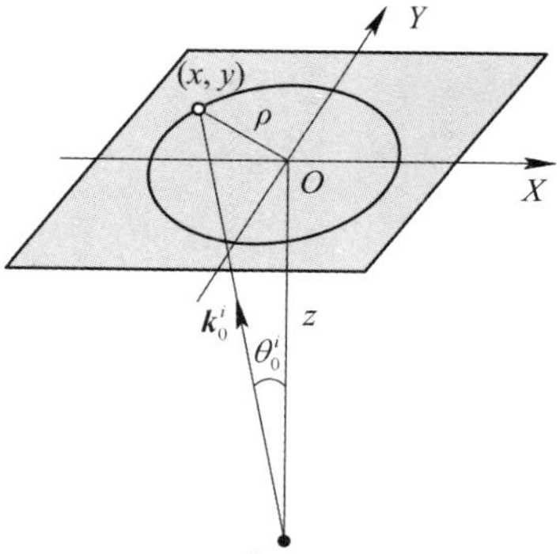

(b) 入射角θ_0^i的计算

图 9-8 球面波与平面波的关系及入射角 θ_0^i 的计算

点光源发射球面波，等相位面为球面，球面波展开为标量平面波，相对应的平面光波传播矢量 $\boldsymbol{k}_0^i$（$i = 1, 2, \cdots$）在空间分布具有球对称辐射特性，相同入射角 θ_0^i 对应的波传播矢量线在空间构成一个锥面，锥面在空间与垂直于对称轴的平面相截为圆，如图 9-8(b)所示，所以平行平板分振幅双光束干涉条纹为同心圆。

由图 9-8(b)可确定标量平面光波传播矢量 $\boldsymbol{k}_0^i$ 相对应的入射角 θ_0^i 为

$$\theta_0^i = \arctan\frac{\rho}{z} = \arctan\frac{\sqrt{x^2 + y^2}}{z} \tag{9-92}$$

① Л. М. 布列霍夫斯基赫：《分层介质中的波》，科学出版社，1960，第 188 页。

对于给定的 z，式(9-92)给出 θ_0^i 与空间坐标 (x, y) 之间的关系，将此式代入式(9-84)，由式(9-78)可进行干涉仿真计算。

图9-9为平行平板分振幅双光束干涉实验原理图。S_0 为扩展点光源，光源面上的每一点发射球面光波，球面光波看作是无穷多个不同传播矢量的标量平面光波的叠加，入射到分光板G，经G反射后入射到折射率为 n_1、厚度为 d 的均匀介质平板表面，经介质平板上、下界面反射的两束平行光再次入射到分光板G，其透射平行光经薄透镜L聚焦在焦平面上成像。由于平行平板厚度不变，观测屏观测到的是等倾干涉条纹。图9-10是依据式(9-78)、式(9-84)和式(9-92)计算得到的点光源干涉光强分布及干涉条纹仿真结果。计算参数取值为：入射单色光波长 $\lambda = 632.8$ nm，入射介质折射率 $n_0 = 1.0$，$n_g = 1.0$，介质平板折射率 $n_1 = 1.52$，介质板厚度 $d = 0.02$ mm，$I_1 = I_2 = I_0 = 1.0$，$z = 10$ cm，x 的取值范围为 -5 cm $\leqslant x \leqslant +5$ cm，y 的取值范围为 -5 cm $\leqslant y \leqslant +5$ cm。计算中没有考虑附加光程差 $\lambda/2$。实际上，将式(9-92)中的 z 改为薄透镜的焦距 f，正好就是薄透镜轴外物点成像公式[①]，所以式(9-78)的计算结果也是干涉条纹通过薄透镜成像的结果。

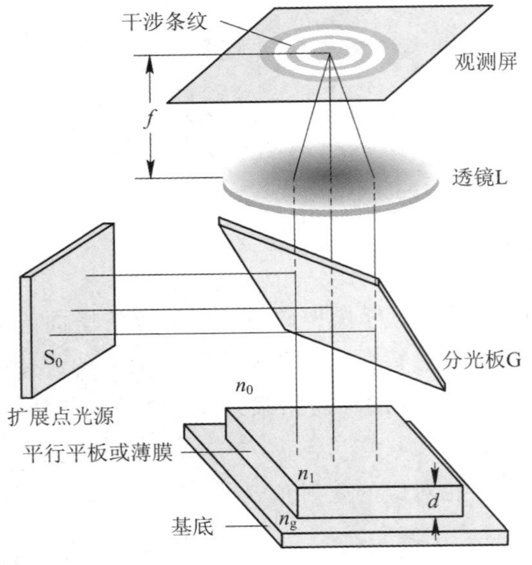

图9-9　平行平板分振幅双光束干涉原理

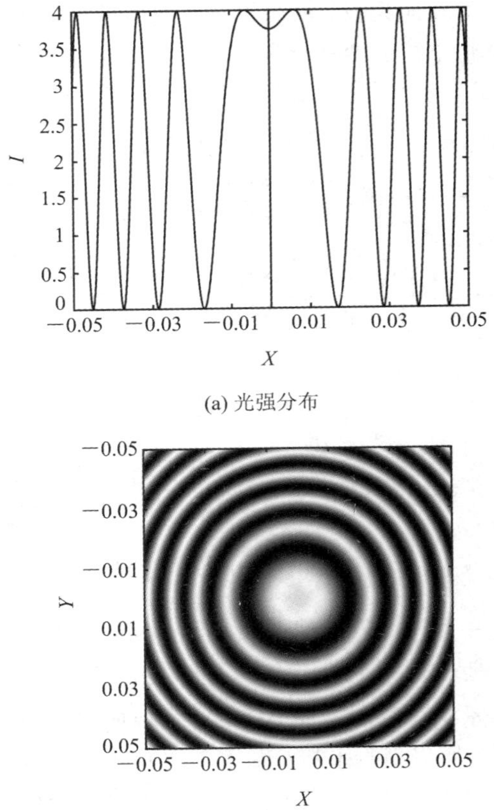

图9-10　点光源分振幅双光束干涉

① 曹建章：《光学原理及应用——经典光学部分(上册)》，电子工业出版社，2020年5月，第185页式(4-303)。

为了便于比较，图 9-11(b)给出了方形扩展点光源干涉的仿真结果。图 9-11(a)为方形扩展点光源入射角 θ_0' 的计算，方形扩展点光源大小为 $-1.0\ \mathrm{mm} \leqslant x' \leqslant +1.0\ \mathrm{mm}$、$-1.0\ \mathrm{mm} \leqslant y' \leqslant +1.0\ \mathrm{mm}$，其他参数的取值与点光源干涉相同。对于扩展点光源的计算，透镜的作用就相当于把 (x', y') 处的点放置于 (0, 0) 处，所以扩展点光源照明下产生的干涉条纹是扩展点光源每个点产生干涉条纹的非相干叠加，干涉条纹要明亮得多。由此也说明等倾干涉与光源的大小无关，空间相干性非常好。

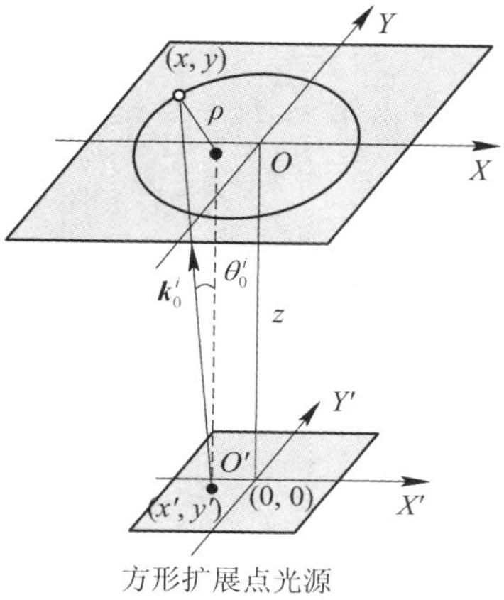

(a) 方形扩展点光源入射角 θ_0' 的计算

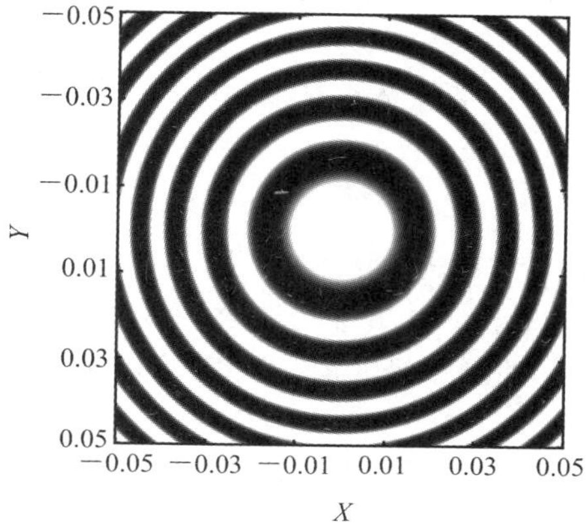

(b) 扩展点光源干涉条纹

图 9-11　扩展点光源分振幅双光束干涉

9.4　多光束干涉光刻

光刻技术作为一种精密微细表面加工技术，已广泛应用于微电子学、二元光学、光子晶体、集成光学和纳米技术等领域。多光束干涉光刻是近年来发展起来的新的光刻技术，其优点在于不用昂贵的光学镜头，不需采用掩膜，制备相对简单且廉价，曝光范围大，能以低成本高效率实现简单和复杂的二维和三维微纳光子结构。

9.4.1　干涉光刻的主要类型

干涉光刻的分类有多种方法。按曝光波长可分为可见光、深紫外、真空紫外、极紫外、X 射线等；按分束的方法可分为分波前干涉光刻和分振幅干涉光刻；按参与干涉光束的数目可分为双光束、三光束、四光束和五光束等；按曝光次数可分为单次曝光光刻和多次曝光光刻；按是否使用掩膜可分为无掩膜干涉光刻和有掩膜干涉光刻。

表面等离子体激元(简称 SPPs)干涉光刻也属于干涉光刻的一种类型，其原理是由外部光波诱导金属表面自由电子集体振荡，从而形成一种沿金属导体表面传播的电荷疏密波。表面等离子体激元的突出特点之一是可将光波能量聚集在纳米空间范围，当表面等离子体激元与光波形成共振时可实现近场光增强效应。这种近场光增强效应用于多光束干涉光刻中可以获得对比度较高的纳米尺度阵列图形。尤其是多棱锥镜耦合下的 SPPs 干涉光刻具有大面积、无掩膜光刻的优点，使低成本制作周期性纳米结构成为可能。

全息光刻技术也是利用多束相干光在空间汇聚产生干涉，来形成空间干涉图案的。由于空间干涉区域放置有感光介质，干涉图案就记录在感光介质上。感光介质感光程度的不同，使介质的折射率产生周期性变化，从而在介质中形成周期性变化的有序结构。

9.4.2　多光束干涉光刻的基本原理

多光束干涉就是多个激光束干涉。激光光束为高斯光束，但在傍轴和远场条件下，由于球面曲率半径趋于无穷，高斯光束等相位面为平面，因此多光束干涉可将激光束近似为平面光波。

考虑 N 列平面光波干涉。由式(7－24)和式(9－3)可写出第 m 列平面光波电场强度复振幅矢量为

$$\widetilde{\boldsymbol{E}}_m(\boldsymbol{r})=\widetilde{\boldsymbol{E}}_{0m}\mathrm{e}^{-\mathrm{j}(k\boldsymbol{k}_{0m}\cdot\boldsymbol{r}+\varphi_{0m})}=\widetilde{\boldsymbol{E}}_{0m}\mathrm{e}^{-\mathrm{j}(\frac{\omega}{c}n\boldsymbol{k}_{0m}\cdot\boldsymbol{r}+\varphi_{0m})} \tag{9-93}$$

式中，$\boldsymbol{r}=x\boldsymbol{e}_x+y\boldsymbol{e}_y+z\boldsymbol{e}_z$ 为空间位置矢量，$\boldsymbol{k}_{0m}$ 为平面光波传播方向单位矢量，如图 9－12 所示。$k=2\pi/\lambda=\omega n/c$ 为波数，λ 为介质中的波长，n 为光刻介质的折射率。$\widetilde{\boldsymbol{E}}_{0m}$ 为第 m 列平面光波初始复振幅矢量，φ_{0m} 为第 m 列平面光波初相位。

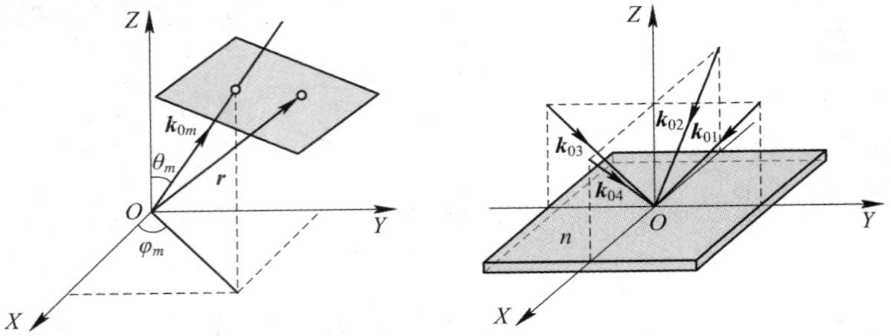

(a) 单束光入射　　(b) 四束光入射

图 9－12　空间直角坐标系与入射光波方向之间的关系

在直角坐标系下，初始复振幅矢量写成分量形式有

$$\widetilde{\boldsymbol{E}}_{0m}=\widetilde{E}_{x0m}\boldsymbol{e}_x+\widetilde{E}_{y0m}\boldsymbol{e}_y+\widetilde{E}_{z0m}\boldsymbol{e}_z \tag{9-94}$$

如果记传播方向单位矢量 $\boldsymbol{k}_{0m}$ 与 Z 轴的夹角为 θ_m，单位矢量 $\boldsymbol{k}_{0m}$ 在 XY 面上的投影与 X 轴的夹角为 φ_m，则传播方向单位矢量 $\boldsymbol{k}_{0m}$ 可表示为

$$\boldsymbol{k}_{0m}=\sin\theta_m\cos\varphi_m\boldsymbol{e}_x+\sin\theta_m\sin\varphi_m\boldsymbol{e}_y+\cos\theta_m\boldsymbol{e}_z \tag{9-95}$$

当 N 束光在空间相遇时，叠加光波的电场强度复振幅矢量为

$$\widetilde{\boldsymbol{E}}(\boldsymbol{r})=\sum_{m=1}^{N}\widetilde{\boldsymbol{E}}_m(\boldsymbol{r})=\sum_{m=1}^{N}\widetilde{\boldsymbol{E}}_{0m}\mathrm{e}^{-\mathrm{j}(k\boldsymbol{k}_{0m}\cdot\boldsymbol{r}+\varphi_{0m})} \tag{9-96}$$

由此可写出空间干涉场的光强分布为

$$\begin{aligned}I(\boldsymbol{r})&=\widetilde{\boldsymbol{E}}\cdot\widetilde{\boldsymbol{E}}^*=\left(\sum_{m=1}^{N}\widetilde{\boldsymbol{E}}_{0m}\mathrm{e}^{-\mathrm{j}(k\boldsymbol{k}_{0m}\cdot\boldsymbol{r}+\varphi_{0m})}\right)\cdot\left(\sum_{m=1}^{N}\widetilde{\boldsymbol{E}}_{0m}^*\mathrm{e}^{\mathrm{j}(k\boldsymbol{k}_{0m}\cdot\boldsymbol{r}+\varphi_{0m})}\right)\\&=\sum_{m=1}^{N}(\widetilde{\boldsymbol{E}}_{0m}\cdot\widetilde{\boldsymbol{E}}_{0m}^*)+\sum_{m=1}^{N}\sum_{n=1,\,n\neq m}^{N}(\widetilde{\boldsymbol{E}}_{0m}\cdot\widetilde{\boldsymbol{E}}_{0n}^*)\mathrm{e}^{-\mathrm{j}[k(\boldsymbol{k}_{0m}-\boldsymbol{k}_{0n})\cdot\boldsymbol{r}+\varphi_{0m}-\varphi_{0n}]}\end{aligned} \tag{9-97}$$

式中第一项为干涉场的背景项，第二项为干涉项。此式不仅适用于多光束干涉光刻，也适

用于全息光刻。

根据式(9-94)有

$$\widetilde{\boldsymbol{E}}_{0m}\cdot\widetilde{\boldsymbol{E}}_{0n}^{*}=\widetilde{\boldsymbol{E}}_{0m}^{*}\cdot\widetilde{\boldsymbol{E}}_{0n}\tag{9-98}$$

另外，根据式(9-95)有

$$\boldsymbol{k}_{0m}-\boldsymbol{k}_{0n}=-(\boldsymbol{k}_{0n}-\boldsymbol{k}_{0m})\tag{9-99}$$

将式(9-97)中干涉项复指数形式用三角函数形式替代，并将式(9-98)和式(9-99)代入式(9-97)，令

$$I_{mn}=\widetilde{E}_{x0m}\widetilde{E}_{x0n}+\widetilde{E}_{y0m}\widetilde{E}_{y0n}+\widetilde{E}_{z0m}\widetilde{E}_{z0n}\tag{9-100}$$

$$\begin{aligned}\delta_{mn}=&k[(\sin\theta_m\cos\varphi_m-\sin\theta_n\cos\varphi_n)x+(\sin\theta_m\sin\varphi_m-\sin\theta_n\sin\varphi_n)y-\\&(\cos\theta_m-\cos\theta_n)z]+(\varphi_{0m}-\varphi_{0n})\end{aligned}\tag{9-101}$$

则式(9-97)写成余弦形式为

$$I(\boldsymbol{r})=\sum_{m=1}^{N}I_{mn}+2\sum_{m=1}^{N}\sum_{n=m+1}^{N}I_{mn}\cos\delta_{mn}\tag{9-102}$$

这就是 N 列平面光波干涉的一般表达式。

下面给出双光束和三光束干涉的计算实例。

(1) $N=2$。

当 $N=2$ 时，由式(9-102)得到

$$I(\boldsymbol{r})=I_{11}+I_{22}+2I_{12}\cos\delta_{12}\tag{9-103}$$

由式(9-101)有

$$\begin{aligned}\delta_{12}=&[(\sin\theta_1\cos\varphi_1-\sin\theta_2\cos\varphi_2)x+k(\sin\theta_1\sin\varphi_1-\sin\theta_2\sin\varphi_2)y-\\&(\cos\theta_1-\cos\theta_2)z]+(\varphi_{01}-\varphi_{02})\end{aligned}\tag{9-104}$$

在 y 和 z 取常数的情况下，对式(9-104)两边取差分有

$$\Delta\delta_{12}=k(\sin\theta_1\cos\varphi_1-\sin\theta_2\cos\varphi_2)\Delta x\tag{9-105}$$

干涉极大满足的条件为

$$\delta_{12}=2m\pi\quad(m=0,\pm1,\pm2,\cdots)\tag{9-106}$$

两相邻极大(或极小)相位变化为 $\Delta\delta_{12}=2\pi$，代入式(9-105)，得到 X 方向的干涉条纹间距为

$$\Delta x=\frac{\lambda}{|\sin\theta_1\cos\varphi_1-\sin\theta_2\cos\varphi_2|}\tag{9-107}$$

同理，可得 Y 和 Z 方向干涉条纹的间距分别为

$$\Delta y=\frac{\lambda}{|\sin\theta_1\sin\varphi_1-\sin\theta_2\sin\varphi_2|}\tag{9-108}$$

$$\Delta z=\frac{\lambda}{|\cos\theta_1-\cos\theta_2|}\tag{9-109}$$

在 XY 平面上观测干涉条纹，$z=0$，取 $I_{11}=I_{22}=I_{12}=I_0$，$\varphi_{01}-\varphi_{02}=0$(初相位 φ_{0m} 和 φ_{0n} 的选取可以使干涉条纹在 XY 面上平行移动)，则式(9-103)可简化为

$$I(\boldsymbol{r})=2I_0(1+\cos\delta_{12})\tag{9-110}$$

而

$$\delta_{12}=k[(\sin\theta_1\cos\varphi_1-\sin\theta_2\cos\varphi_2)x+(\sin\theta_1\sin\varphi_1-\sin\theta_2\sin\varphi_2)y]\tag{9-111}$$

取入射光波长 $\lambda=632.8\ \text{nm}$，$n=1.0$，$\theta_1=\theta_2=\pi/3$，$\varphi_1=\pi/4$，$\varphi_2=5\pi/4$，由式(9-95)可写出双光束传播方向单位矢量为

$$1:\begin{cases}\boldsymbol{k}_{01}=\sin\dfrac{\pi}{3}\cos\dfrac{\pi}{4}\,\boldsymbol{e}_x+\sin\dfrac{\pi}{3}\sin\dfrac{\pi}{4}\,\boldsymbol{e}_y+\cos\dfrac{\pi}{3}\,\boldsymbol{e}_z\\ \boldsymbol{k}_{02}=\sin\dfrac{\pi}{3}\cos\dfrac{5\pi}{4}\,\boldsymbol{e}_x+\sin\dfrac{\pi}{3}\sin\dfrac{5\pi}{4}\,\boldsymbol{e}_y+\cos\dfrac{\pi}{3}\,\boldsymbol{e}_z\end{cases}\tag{9-112}$$

取 $\theta_1=\theta_2=\pi/3$，$\varphi_1=3\pi/4$，$\varphi_2=-\pi/4$，则双光束传播方向单位矢量为

$$2:\begin{cases}\boldsymbol{k}_{03}=\sin\dfrac{\pi}{3}\cos\dfrac{3\pi}{4}\,\boldsymbol{e}_x+\sin\dfrac{\pi}{3}\sin\dfrac{3\pi}{4}\,\boldsymbol{e}_y+\cos\dfrac{\pi}{3}\,\boldsymbol{e}_z\\ \boldsymbol{k}_{04}=\sin\dfrac{\pi}{3}\cos\left(-\dfrac{\pi}{4}\right)\boldsymbol{e}_x+\sin\dfrac{\pi}{3}\sin\left(-\dfrac{\pi}{4}\right)\boldsymbol{e}_y+\cos\dfrac{\pi}{3}\,\boldsymbol{e}_z\end{cases}\tag{9-113}$$

取 $I_0=0.5$，观测屏大小为 3 μm×3 μm。依据式(9-110)和式(9-111)仿真得到的单次曝光双光束干涉条纹如图 9-13(a)和(b)所示，图 9-13(a)对应于传播方向的单位矢量式(9-112)，图 9-13(b)对应于传播方向的单位矢量式(9-113)。由式(9-107)和式(9-108)计算得到与图 9-13(a)对应的条纹间距为 $\Delta x\approx 516.7$ nm，$\Delta y\approx 516.7$ nm，两个方向条纹数约为 6。与图 9-13(b)对应的条纹间距与图 9-13(a)相同。

图 9-13(a)和图 9-13(b)是双光束在 XY 面上单独产生的干涉条纹，也称单次曝光。如果在 XY 面的相同区域曝光两次，就是两次曝光四光束干涉，仿真结果如图 9-13(c)所示。

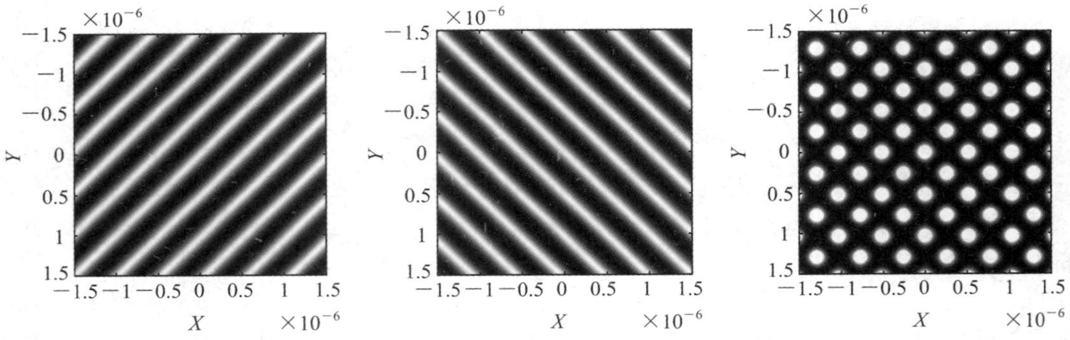

(a) 单次曝光双光束干涉1　(b) 单次曝光双光束干涉2　(c) 两次曝光四光束干涉

图 9-13　单次曝光双光束干涉和两次曝光四光束干涉条纹

(2) N=3。

当 $N=3$ 时，由式(9-102)得到

$$I(\boldsymbol{r})=I_{11}+I_{22}+I_{33}+2I_{12}\cos\delta_{12}+2I_{13}\cos\delta_{13}+2I_{23}\cos\delta_{23}\tag{9-114}$$

由式(9-101)有

$$\begin{aligned}\delta_{12}=k[&(\sin\theta_1\cos\varphi_1-\sin\theta_2\cos\varphi_2)x+(\sin\theta_1\sin\varphi_1-\sin\theta_2\sin\varphi_2)y+\\&(\cos\theta_1-\cos\theta_2)z]+(\varphi_{01}-\varphi_{02})\end{aligned}\tag{9-115}$$

$$\begin{aligned}\delta_{13}=k[&(\sin\theta_1\cos\varphi_1-\sin\theta_3\cos\varphi_3)x+(\sin\theta_1\sin\varphi_1-\sin\theta_3\sin\varphi_3)y+\\&(\cos\theta_1-\cos\theta_3)z]+(\varphi_{01}-\varphi_{03})\end{aligned}\tag{9-116}$$

$$\begin{aligned}\delta_{23}=k[&(\sin\theta_2\cos\varphi_2-\sin\theta_3\cos\varphi_3)x+(\sin\theta_2\sin\varphi_2-\sin\theta_3\sin\varphi_3)y+\\&(\cos\theta_2-\cos\theta_3)z]+(\varphi_{02}-\varphi_{03})\end{aligned}\tag{9-117}$$

式(9-114)至式(9-117)就是三光束干涉计算公式。

在 XOY 平面上观测干涉条纹，$z=0$，取 $I_{11}=I_{22}=I_{33}=I_0$，$I_{12}=I_{13}=I_{23}=I_0$，$\varphi_{01}-\varphi_{02}=0$，$\varphi_{01}-\varphi_{03}=0$，$\varphi_{02}-\varphi_{03}=0$，则式(9-114)可化简为

$$I(\boldsymbol{r})=I_0[3+2(\cos\delta_{12}+\cos\delta_{13}+\cos\delta_{23})] \tag{9-118}$$

而

$$\delta_{12}=k[(\sin\theta_1\cos\varphi_1-\sin\theta_2\cos\varphi_2)x+(\sin\theta_1\sin\varphi_1-\sin\theta_2\sin\varphi_2)y] \tag{9-119}$$

$$\delta_{13}=k[(\sin\theta_1\cos\varphi_1-\sin\theta_3\cos\varphi_3)x+(\sin\theta_1\sin\varphi_1-\sin\theta_3\sin\varphi_3)y] \tag{9-120}$$

$$\delta_{23}=k[(\sin\theta_2\cos\varphi_2-\sin\theta_3\cos\varphi_3)x+(\sin\theta_2\sin\varphi_2-\sin\theta_3\sin\varphi_3)y] \tag{9-121}$$

取入射光波长 $\lambda=632.8$ nm，$n=1.0$，$\theta_1=\theta_2=\theta_3=\pi/3$，$\varphi_1=0$，$\varphi_2=2\pi/3$，$\varphi_3=4\pi/3$，由式(9-95)可写出三光束传播方向的单位矢量为

$$\begin{cases}\boldsymbol{k}_{01}=\sin\dfrac{\pi}{3}\cos0^\circ\,\boldsymbol{e}_x+\sin\dfrac{\pi}{3}\sin0^\circ\,\boldsymbol{e}_y+\cos\dfrac{\pi}{3}\,\boldsymbol{e}_z\\ \boldsymbol{k}_{02}=\sin\dfrac{\pi}{3}\cos\dfrac{2\pi}{3}\,\boldsymbol{e}_x+\sin\dfrac{\pi}{3}\sin\dfrac{2\pi}{3}\,\boldsymbol{e}_y+\cos\dfrac{\pi}{3}\,\boldsymbol{e}_z\\ \boldsymbol{k}_{03}=\sin\dfrac{\pi}{3}\cos\dfrac{4\pi}{3}\,\boldsymbol{e}_x+\sin\dfrac{\pi}{3}\sin\dfrac{4\pi}{3}\,\boldsymbol{e}_y+\cos\dfrac{\pi}{3}\,\boldsymbol{e}_z\end{cases} \tag{9-122}$$

取 $I_0=0.5$，观测屏大小为 3 μm×3 μm。依据式(9-118)至式(9-122)仿真得到单次曝光三光束干涉条纹如图 9-14 所示。

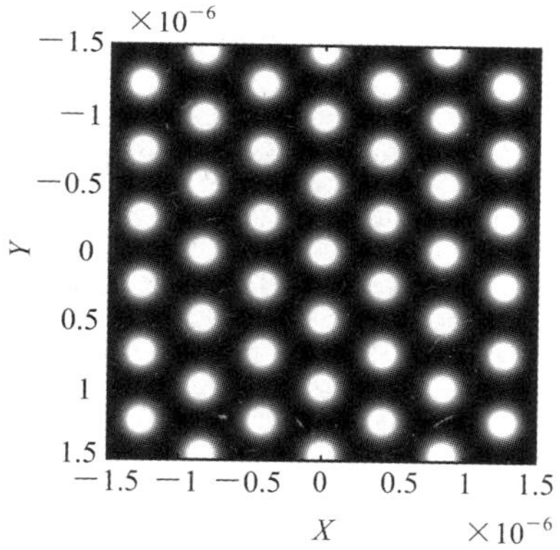

图 9-14 单次曝光三光束干涉

9.4.3 多光束干涉光刻的实现方法

干涉光刻系统的实现方法可分为两类：波前分割法和振幅分割法。

图 9-15 所示为一种波前分割双光束干涉多次曝光系统原理。入射平面光波波前分两部分，一部分直接照射在涂有光刻胶的硅膜上，入射角为 θ_1；另一部分入射到高反射镜 M，反射后照射在涂有光刻胶的硅片上，入射角为 θ_2，两光束在光刻胶表面曝光产生干涉。基片放置在可绕垂直轴旋转的平台上，当第一次曝光后，旋转台转动 90°，再进行第二次曝光，由此得到两次曝光四光束干涉条纹，仿真结果如图 9-13(c)所示。

图 9-16 所示为一种振幅分割双光束干涉多次曝光系统原理。激光束经中性分光镜 G 分为振幅相等的反射光束 1 和透射光束 2。反射光束 1 经高反射镜 M_1 反射，再经准直透镜 L_1 变为平面光波，入射角为 θ_1。透射光束 2 经高反射镜 M_2 反射，再经准直透镜 L_2 变为平面光波，入射角为 θ_2。两列平面光波在光刻胶表面曝光产生干涉。

在此需要强调的是，一般光刻工艺需要在光刻胶表面粘贴掩膜，然后用平面光波照射，光刻胶记录的是掩膜曝光的图案。干涉光刻无须掩膜，采用多光束照射，光刻胶记录的是曝光干涉图案。图9-15和图9-16给出的就是无掩膜双光束干涉光刻系统原理。

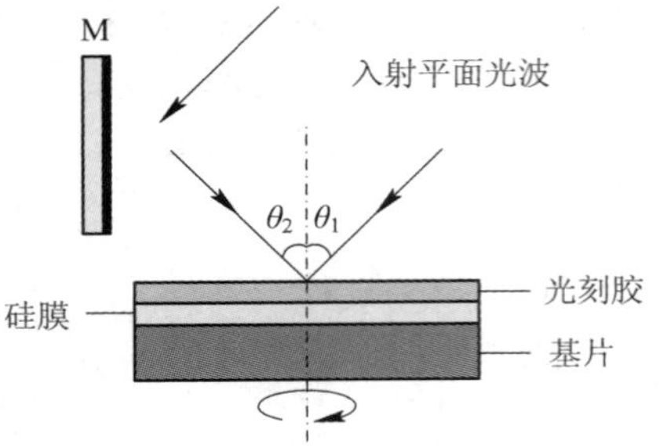

图9-15 波前分割双光束干涉多次曝光系统原理

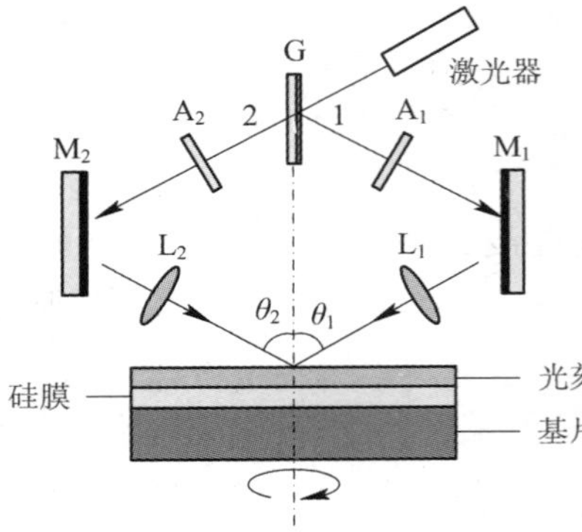

图9-16 振幅分割双光束干涉多次曝光系统原理

9.4.4 多光束SPPs干涉的实现方法

光激励SPPs干涉主要有两种实现方法：光栅耦合和多棱锥镜耦合。光栅耦合金属光栅周期必须满足SPPs共振条件，由此导致金属光栅加工难度大，制备成本也较高。多棱锥镜加工相对容易，成本也较低，因此采用多棱锥镜耦合方式是可供选择的一种实用激励方式。多棱锥镜耦合原理如图9-17(a)所示，用金属膜代替金属光栅，平面光波沿Z轴方向入射到棱锥镜的表面，折射光以等入射角θ_m入射到棱锥镜底部，在棱锥镜底部产生干涉，由此引起金属膜表面自由电子的疏密振荡。由于金属膜很薄，因此自由电子振荡传递到光刻胶引起曝光，从而实现干涉光刻。

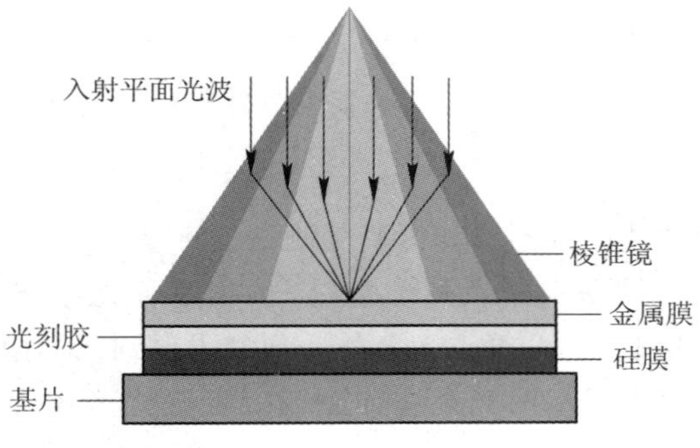

(a) 多棱镜耦合SPPs干涉光刻系统原理

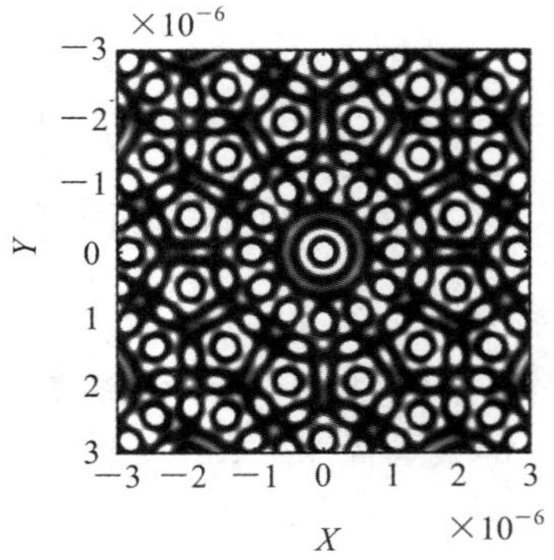

(b) 12束光仿真结果

图9-17 多光束SPPs干涉光刻

图9-17(b)给出的是12棱锥镜耦合仿真干涉图，取金属膜表面坐标$z=0$，入射光波长$\lambda=632.8$ nm，观测屏大小为6 μm×6 μm，多棱锥镜折射率$n=1.52$，棱镜内光束入射角均等，$\theta_m=\pi/3(m=1, 2, \cdots, 12)$，光强相等，$I_{mn}=I_0(m, n=1, 2, \cdots, 12)$，$\varphi_{0m}=$

$0(m=1, 2, \cdots, 12)$，由式(9-102)可得

$$I(\boldsymbol{r}) = 2I_0\left(6 + \sum_{m=1}^{12}\sum_{n=m+1}^{12}\cos\delta_{mn}\right) \tag{9-123}$$

式中，相位 $\delta_{mn}(m, n=1, 2, \cdots, 12)$ 的计算由式(9-101)确定。

9.4.5 激光全息光刻的实现方法

多光束干涉光刻不仅可以制备二维周期性微纳结构，而且也是制作三维微纳光子结构的重要手段。激光全息光刻作为多光束干涉光刻技术，已成为众多领域的研究热点，在飞机制造、汽车工业、建筑设计、医疗、三维光子晶体制备、纳米印刷技术和磁性随机存储等领域有广阔的应用前景。

多光束全息干涉系统原理如图 9-18 所示。在空间放置折射率为 n(n 为常数)的立方体感光介质，多光束(图中给出四束光入射)在感光介质中产生干涉，干涉花纹就记录在感光介质中。由于干涉强度的不同，感光介质的感光程度也不相同，因此使感光介质折射率发生周期性变化（n 为空间坐标 x、y、z 的周期函数)，因而在感光介质中形成空间周期性变化的有序结构。

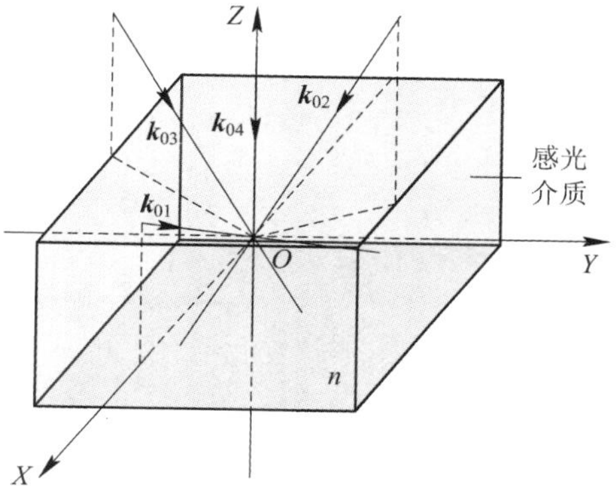

图 9-18 多光束全息干涉系统原理

图 9-19 给出的是多光束全息干涉仿真结果。图 9-19(a)为三光束全息干涉，入射光波长 $\lambda=632.8$ nm，感光介质折射率取 $n=1.62$，三光束方向角 $\theta_m=\pi/3(m=1, 2, 3)$，$\varphi_1=0$，$\varphi_2=2\pi/3$，$\varphi_3=4\pi/3$，光强相等 $I_{mn}=I_0(m, n=1, 2, 3)$，$\varphi_{0m}=0(m=1, 2, 3)$，感光介质体积大小为 4 μm × 4 μm × 4 μm。光强计算依据式(9-102)，相位计算依据式(9-101)。对于三维计算，与二维计算不同之处在于相位因子 δ_{mn} 中的 $z\neq0$。

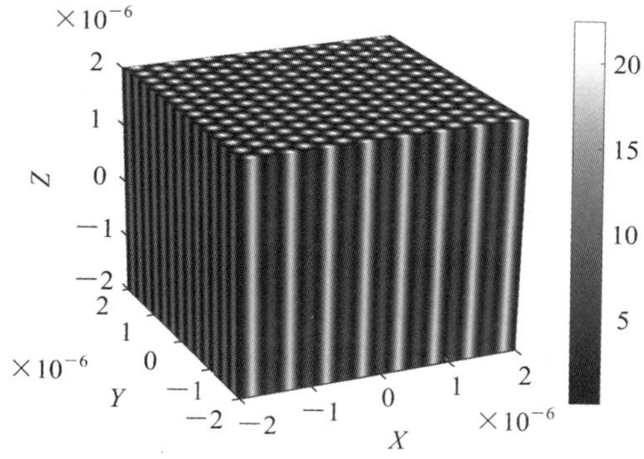

(a) 三光束

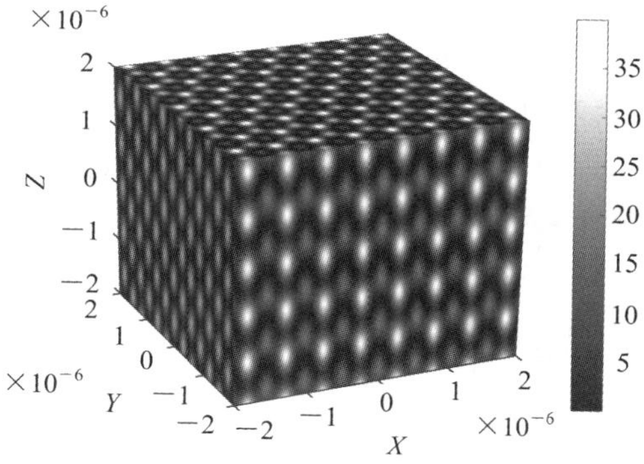

(b) 四光束

图 9-19 多光束全息干涉光刻仿真结果

图 9-19(b)为四光束全息干涉，在图 9-19(a)的三光束全息干涉基础上，增加了垂直入射光束，如图 9-18 所示，方向角 $\theta_4=0$，$\varphi_4=0$，$\varphi_{04}=0$，光强相等 $I_{mn}=I_0(m, n=1,$

2，3，4)。为了干涉图清晰起见，计算过程中两个干涉图光强的计算值倍乘了一个增强系数。由图 9-19 可见，三光束可用来制备二维光子晶体，四光束可用来制备三维光子晶体。

习 题 9

9-1　设两列单色平面光波在空间传播，两列波的电场矢量彼此平行，光波波长 $\lambda=632.8$ nm，两列波的波矢量分别为 $\boldsymbol{k}_{01}=\{2\pi/3, \pi/2, \pi/6\}$ 和 $\boldsymbol{k}_{02}=\{\pi/4, \pi/2, \pi/4\}$，两列波相位差为零，试求两列平面光波的干涉条纹间距和空间频率。

9-2　如图 T9-1 所示，两点光源 S_1 和 S_2 对称放置于 Z 轴上，相距 $d=3$ mm，两光源发射单色球面光波，波长为 $\lambda=100$ μm，观测屏坐标为 $z=20$ cm，试讨论观测屏干涉条纹的特点，并用 MATLAB 仿真计算干涉图。

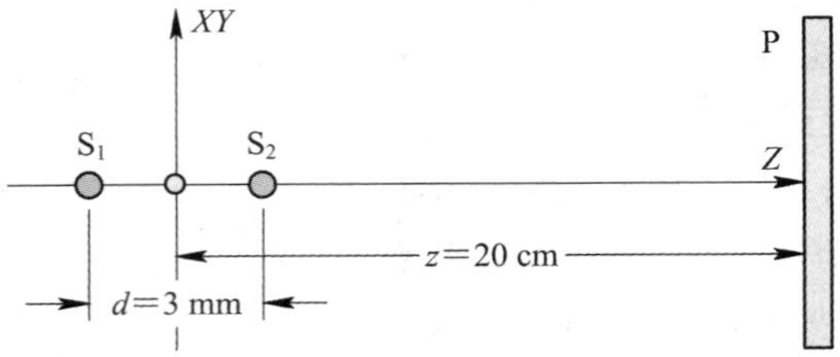

图 T9-1　习题 9-2 图

9-3　依据式(9-50)证明式(9-51)。

9-4　依据式(9-53)证明式(9-54)。

9-5　依据式(9-54)讨论图 9-5(a)所示杨氏双孔干涉条纹的特点。

9-6　不考虑附加光程差，试证明透射光平行平板分振幅双光束干涉光程差与反射光平行平板分振幅双光束干涉光程差式(9-83)相同。

9-7　入射光波长 $\lambda=632.8$ nm，$n=1.0$，$\theta_1=\theta_2=\pi/4$，$\varphi_1=\pi/6$，$\varphi_2=7\pi/6$，取两光束光强相等，$I_{11}=I_{22}=I_{12}=I_0=1.0$，$XY$ 面观测屏大小为 3 μm×3 μm，$z=0$，依据式(9-102)和式(9-101)，用 MATLAB 仿真计算双光束干涉图，并计算两个方向的干涉条纹间距。

9-8　入射光波长 $\lambda=632.8$ nm，六棱锥镜折射率 $n=1.52$（玻璃），棱锥镜内光束入射角均等，$\theta_m=\pi/6(m=1, 2, \cdots, 6)$，光强相等，$I_{mn}=I_0(m, n=1, 2, \cdots, 6)$，$\varphi_{0m}=0$ $(m=1, 2, \cdots, 6)$，六棱锥镜底面 $z=0$，依据式(9-102)和式(9-101)，用 MATLAB 仿真计算六光束干涉图。

9-9　入射光波长 $\lambda=632.8$ nm，感光介质折射率 $n=1.62$，三光束方向角 $\theta_m=\pi/6$ $(m=1, 2, 3)$，$\varphi_1=0$，$\varphi_2=2\pi/3$，$\varphi_3=4\pi/3$，光强相等 $I_{mn}=I_0(m, n=1, 2, 3)$，$\varphi_{0m}=0$ $(m=1, 2, 3)$，感光材料体积为 3 μm × 3 μm × 3 μm，依据式(9-102)和式(9-101)，用 MATLAB仿真计算三光束全息干涉图。

第10章 光的衍射

光的干涉反映的是光的波动特性。同样，光的衍射反映的也是光的波动特性。当光在空间传播过程中遇到障碍物(如圆孔、方孔、单缝、多缝和直边等)时，在障碍物的边缘会发生偏离直线传播的现象，这种现象称为光的衍射。

本章首先介绍惠更斯-菲涅耳原理的基本概念，然后把光波看作标量电磁波，以无界各向同性线性介质中电磁波满足标量赫姆霍兹方程为出发点，应用标量格林函数，讨论基尔霍夫标量衍射理论，给出标量球面光波衍射积分公式和标量平面光波衍射积分公式，以及在傍轴和距离近似条件下的菲涅耳衍射积分和夫琅和费衍射积分公式。光波是电磁波，电磁波建立在麦克斯韦方程基础之上，在无界各向同性线性介质中光波满足矢量赫姆霍兹方程。最后，以矢量赫姆霍兹方程为出发点，应用矢量格林定理，讨论基尔霍夫矢量衍射理论，给出标量格林函数表述的平面衍射屏平面波入射的基尔霍夫矢量衍射公式。

需要强调的是，光衍射的标量理论作为光衍射的基本理论一直延续至今，这是历史的原因造成的。但平面光波矢量衍射理论在旁轴条件下与平面光波标量衍射理论是一致的，其本质是标量理论和矢量理论都遵循赫姆霍兹方程。

10.1 惠更斯-菲涅耳原理

1865年麦克斯韦确立了光的电磁理论。光波是电磁波，光波在介质中传播满足麦克斯韦方程。因此，对于光波衍射光强分布的计算，必须依据麦克斯韦方程并在一定的边界条件下进行求解。又因为光波是矢量场，所以严格的光波衍射理论是矢量波衍射理论。但是，1860年代之前，光波作为标量场的波动学说已经建立，光波衍射遵循惠更斯-菲涅耳原理。

在格里马尔迪(F. M. Grimaldi，1618—1663)去世后的1665年首先报道和描述了光的衍射现象。格里马尔迪观察光波衍射的实验装置如图10-1(a)所示，光源(非相干光源)发射的光照射到开有孔径的不透明屏幕，在屏幕后一定距离的平面上观察光强分布。当时以牛顿(Isaac Newton，1643—1727)为首的光的微粒派占据统治地位，根据微粒学说，光是直线传播(几何光学观点)，观测平面的光强分布应该是轮廓分明的，在AA′区域光强分布均匀，在点A和A′处具有分明的边界。可是格里马尔迪的观测结果表明，边界点A和A′处的光强分布是渐变的，而不是突变的。这种现象用光的微粒学说无法解释。

惠更斯(见图10-2(a))在1678年出版的《光论》(*Traité*)一书中阐述了光的波动原理，即惠更斯原理。惠更斯认为：光波同声波一样，是以球面波的形式传播的。波面上(等相位面)的每一点都可以看作是发射次波的波源，各自发射球面次波，这些球面次波的包络面就是下一时刻新的波面，如图10-1(b)所示。惠更斯原理正确地解释了光的反射定律、折射定律和双折射现象，应用惠更斯原理可以确定光波从一个时刻到另一时刻的传播。然而，

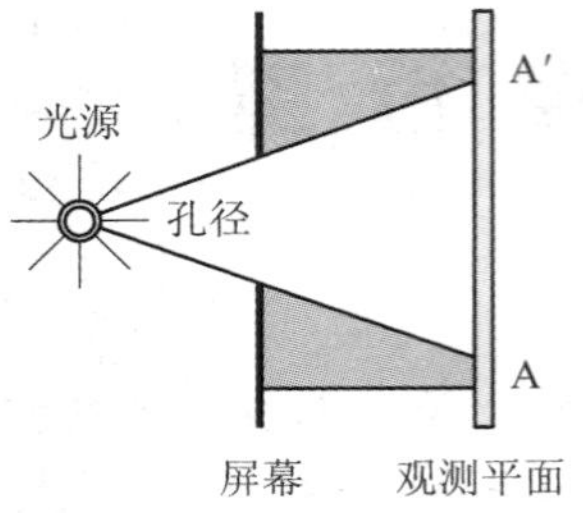

(a) 观测光波衍射实验装置

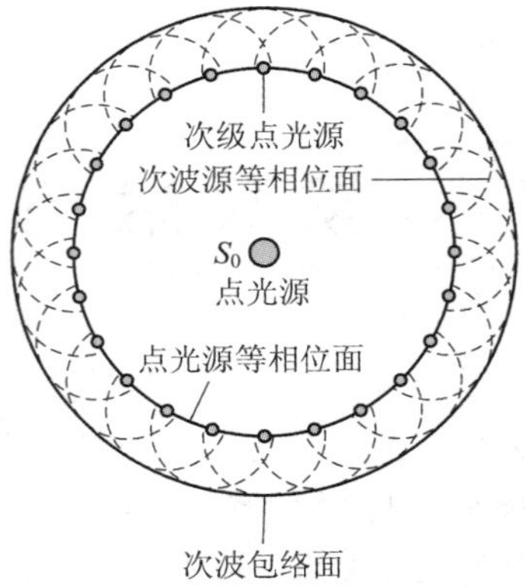

(b) 惠更斯原理

图 10-1　观测光波衍射实验装置及惠更斯原理

(a) 荷兰物理学家、数学家和天文学家
克里斯蒂安・惠更斯(Christiaan. Huygens)
(1629—1695)

(b) 法国物理学家和土木工程师
奥古斯汀-让・菲涅尔(Augustin-Jean Fresnel)
(1788—1827)

图 10-2　光的波动说奠基人

衍射现象涉及观测平面不同方向的光强分布，惠更斯原理并未涉及光强，也没有波长的概念，且惠更斯原理认为光波同声波一样是纵波，所以惠更斯原理并不能解释光波衍射。尽管如此，惠更斯原理为光的波动说开了先河，并为菲涅耳所传承和发展。

1815 年菲涅耳(见图 10-2(b))向巴黎科学院提交了第一篇论文《光的衍射》。在论文中，对微粒说提出了批评，给出了他的衍射理论及其实验根据。1816 年，菲涅耳又提交了反射光栅和半波带法的论文。如何解释光的衍射问题，1818 年巴黎科学院举行了一次大型的科学辩论。当时参加评奖的有五位委员，其中三位是微粒说的信奉者：毕奥(Jean-Baptiste Biot，1774—1862)、拉普拉斯(Pierre-Simon Laplace，1749—1827)和泊松(Siméon-Denis Poisson，1781—1840)。举行辩论会是为了彰显微粒说的统治地位。然而事与愿违，出人意料的是初出茅庐的法国年轻工程师菲涅耳，把惠更斯原理和相干叠加原理相结合，将定性的惠更斯原理发展为半定量的原理，给出了菲涅耳积分，成功地解释了光波的衍射。这就是著名的惠更斯-菲涅耳原理。下面给出惠更斯-菲涅耳原理的数学形式。

如图 10-3 所示，点光源 S_0 发射单色球面光波，S 是半径为 R 的波面(等相位面)。假

设光波为标量波，由式(7－170)可写出波面 S 上的电场复振幅为

$$\widetilde{E}(R)=\frac{\widetilde{E}_0}{R}\mathrm{e}^{-\mathrm{j}kR} \tag{10-1}$$

式中，k 为波数，$\widetilde{E}_0$ 为距离点光源 S_0 单位距离处的复振幅。

为了解释光波衍射现象，菲涅耳对惠更斯原理的球面次波作了如下假设：

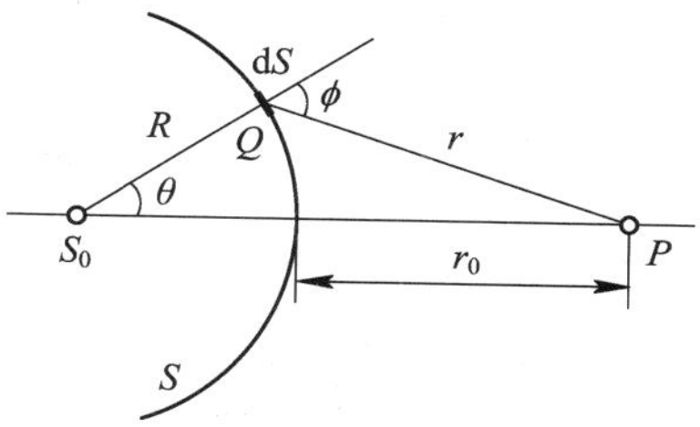

图 10－3　惠更斯-菲涅耳原理

(1) 球面次波为单色光波，频率与光源发射的光波频率相同；

(2) 球面次波为相干光波；

(3) 球面次波为非均匀球面波，振幅随方向而变化。

根据以上三点假设，在波面 S 上任取一点 Q，把 Q 点作为次波源，发射球面次波，由此可写出波面 Q 点处面元 $\mathrm{d}S$ 对空间点 P 处电场复振幅的贡献为

$$\mathrm{d}\widetilde{E}(P)=\widetilde{C}K(\phi)\widetilde{E}(R)\frac{\mathrm{e}^{-\mathrm{j}kr}}{r}\mathrm{d}S=\widetilde{C}K(\phi)\frac{\widetilde{E}_0}{R}\mathrm{e}^{-\mathrm{j}kR}\frac{\mathrm{e}^{-\mathrm{j}kr}}{r}\mathrm{d}S \tag{10-2}$$

式中，r 为波面上 Q 点到空间点 P 的距离；ϕ 为波面 Q 点处的法向与 QP 连线的夹角，称为衍射角；$K(\phi)$ 为倾斜因子，描述波面上次级波源复振幅随方向的变化，$\phi=0$ 时，$K(0)$ 取最大值，$\phi=\pi/2$ 或 $\phi>\pi/2$ 时，$K(\phi)=0$，表明球面次波不存在后向传播；$\widetilde{C}$ 为复比例系数。根据相干叠加原理，由式(10－2)可写出波面 S 上球面次波对空间点 P 的电场复振幅贡献为

$$\widetilde{E}(P)=\widetilde{C}\frac{\widetilde{E}_0}{R}\mathrm{e}^{-\mathrm{j}kR}\iint\limits_{(S)}K(\phi)\frac{\mathrm{e}^{-\mathrm{j}kr}}{r}\mathrm{d}S \tag{10-3}$$

这就是菲涅耳衍射积分公式，也是惠更斯-菲涅耳原理的数学表述。

10.2　基尔霍夫衍射理论——球面波衍射

惠更斯-菲涅耳原理虽然可用于解释衍射现象，但它并不是一种严格的数学理论产物。菲涅耳积分没有给出倾斜因子 $K(\phi)$ 的具体函数形式，其假设完全是依靠直觉，比例系数 $\widetilde{C}$ 的含义也不清楚，所以惠更斯-菲涅耳原理只能算是半定量的原理。针对惠更斯-菲涅耳原理的不足，1882 年基尔霍夫(见图 10－4)在麦克斯韦方程的基础上，把光波看作标量波，建立了基尔霍夫标量衍射理论，成功地把惠更斯-菲涅耳原理用更为严格的数学形式表示出来，给出了菲涅耳衍射公式中倾斜因子 $K(\phi)$ 的具体函数形式和比例系数 $\widetilde{C}$。

图 10－4　德国物理学家
古斯塔夫·罗伯特·基尔霍夫
(Gustav Robert Kirchhoff，1824—1887)

10.2.1　标量赫姆霍兹方程

光波是电磁波，由麦克斯韦方程可得在无源均匀线性各向同性理想介质中，时谐电磁

场电场复振幅矢量 $\widetilde{\boldsymbol{E}}$ 和磁场复振幅矢量 $\widetilde{\boldsymbol{H}}$ 满足复矢量赫姆霍兹方程(6－127)和方程(6－128)，即

$$\begin{cases}\nabla^2\widetilde{\boldsymbol{E}}+k^2\widetilde{\boldsymbol{E}}=0\\ \nabla^2\widetilde{\boldsymbol{H}}+k^2\widetilde{\boldsymbol{H}}=0\end{cases}$$

式中，k 为波数，见式(6－129)。

光波在无源均匀线性各向同性理想介质中传播必须满足复矢量赫姆霍兹方程，然而即使在点源情况下，球坐标系下求解分量方程也特别复杂，见式(7－164)。为此，需要对光波在无源均匀线性各向同性理想介质中的传播进行近似求解。近似的方法就是假设电场强度为标量，且满足标量赫姆霍兹方程(7－143)，即

$$\nabla^2\widetilde{E}+k^2\widetilde{E}=0 \tag{10-4}$$

这就是基尔霍夫标量衍射理论的出发点。

需要强调的是，1864 年 12 月麦克斯韦在《电磁场的电动力学理论》这本著作中提出了完整描述电磁场的方程——麦克斯韦方程。1882 年，基尔霍夫在麦克斯韦方程的基础上建立了标量衍射理论，惠更斯提出的球面次波概念是在 1678 年，菲涅耳衍射公式是在 1815 年提出的，衍射公式中用到了赫姆霍兹方程(10－4)在点源情况下的解——球面波①。所以，光波作为标量波是惠更斯最先提出，并由菲涅耳给出点源解形式。不同的是，惠更斯和菲涅耳把光波与声波类比，认为光波是纵波。由此可以看出，标量衍射理论应该是惠更斯和菲涅耳首先提出的。

10.2.2 格林定理

设 $\widetilde{U}(x, y, z)$ 和 $\widetilde{G}(x, y, z)$ 为空间变量的复值函数，S 为空间闭曲面，闭曲面 S 包围的空间体积为 V。若在 S 面内和 S 面上，$\widetilde{U}(x, y, z)$ 和 $\widetilde{G}(x, y, z)$ 均单值连续，并具有单值连续的一阶和二阶偏导数，则有

$$\iiint_{(V)}(\widetilde{G}\,\nabla^2\widetilde{U}-\widetilde{U}\,\nabla^2\widetilde{G})\mathrm{d}V=\oint\!\!\!\oint_{(S)}(\widetilde{G}\,\nabla\widetilde{U}-\widetilde{U}\,\nabla\widetilde{G})\cdot\mathrm{d}\boldsymbol{S}=\oint\!\!\!\oint_{(S)}\left(\widetilde{G}\frac{\partial\widetilde{U}}{\partial n}-\widetilde{U}\frac{\partial\widetilde{G}}{\partial n}\right)\mathrm{d}S \tag{10-5}$$

式(10－5)就是格林(George Green，1793—1841)定理(也称第二格林公式)。式中，$\mathrm{d}\boldsymbol{S}=\boldsymbol{n}\mathrm{d}S$ 为微分面元，$\mathrm{d}S$ 为面元的大小，$\boldsymbol{n}$ 是面元 $\mathrm{d}\boldsymbol{S}$ 外法向单位矢量，$\partial/\partial n$ 为外法向偏导数，几何关系如图 10－5 所示。

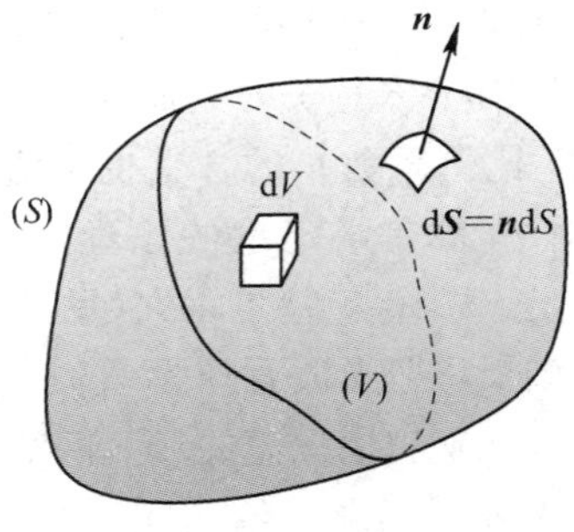

图 10－5 闭合面面积分与体积分的关系

格林定理可以由矢量分析和场论中的高斯散度定理(也称奥斯特罗格拉得斯基公式)得到证明。假设 V 是由分片光滑的闭曲面 S 围成的有界闭区域，矢量场 $\boldsymbol{F}$ 在区域 V 上有连续的一阶偏导数，则

① 菲涅耳于 1827 年去世，格林在 1828 年提出格林函数和格林定理，而菲涅耳给出的球面波解就是赫姆霍兹方程对应的格林函数解。

$$\iiint\limits_{(V)} \nabla \cdot \boldsymbol{F} \mathrm{d}V = \oiint\limits_{(S)} \boldsymbol{F} \cdot \mathrm{d}\boldsymbol{S} \tag{10-6}$$

令

$$\boldsymbol{F} = \widetilde{G} \nabla \widetilde{U} - \widetilde{U} \nabla \widetilde{G} \tag{10-7}$$

并利用矢量恒等式

$$\nabla \cdot (\varphi \boldsymbol{A}) = \varphi \nabla \cdot \boldsymbol{A} + \boldsymbol{A} \cdot \nabla \varphi \tag{10-8}$$

取 $\boldsymbol{A} = \nabla \widetilde{U}$，$\varphi = \widetilde{G}$，则有

$$\nabla \cdot (\widetilde{G} \nabla \widetilde{U}) = \widetilde{G} \nabla^2 \widetilde{U} + \nabla \widetilde{U} \cdot \nabla \widetilde{G} \tag{10-9}$$

取 $\boldsymbol{A} = \nabla \widetilde{G}$，$\varphi = \widetilde{U}$，则有

$$\nabla \cdot (\widetilde{U} \nabla \widetilde{G}) = \widetilde{U} \nabla^2 \widetilde{G} + \nabla \widetilde{G} \cdot \nabla \widetilde{U} \tag{10-10}$$

将式(10－9)和式(10－10)相减并代入式(10－6)的左端，将式(10－7)代入式(10－6)的右端，便可得到式(10－5)。

10.2.3 基尔霍夫衍射定理

应用格林定理求解光波衍射问题，需要将标量电场强度与其中一个复值函数相对应，而另一个复值函数作为已知可供选择。

现假定待求标量电场强度 $\widetilde{E}$ 与复值函数 $\widetilde{U}$ 相对应，$\widetilde{E}$ 满足标量赫姆霍兹方程(10－4)。选择复值函数 $\widetilde{G}$，同样满足赫姆霍兹方程

$$\nabla^2 \widetilde{G} + k^2 \widetilde{G} = 0 \tag{10-11}$$

式中，k 为波数。

如果两个复函数 $\widetilde{E}$ 和 $\widetilde{G}$ 同时满足赫姆霍兹方程，则格林定理积分式(10－5)可以简化。方程(10－4)两边乘 $\widetilde{G}$，方程(10－11)两边乘 $\widetilde{E}$，则有

$$\widetilde{G} \nabla^2 \widetilde{E} + k^2 \widetilde{G}\widetilde{E} = 0 \tag{10-12}$$

$$\widetilde{E} \nabla^2 \widetilde{G} + k^2 \widetilde{E}\widetilde{G} = 0 \tag{10-13}$$

式(10－12)与式(10－13)两式相减，得到

$$\widetilde{G} \nabla^2 \widetilde{E} - \widetilde{E} \nabla^2 \widetilde{G} = -k^2 (\widetilde{G}\widetilde{E} - \widetilde{E}\widetilde{G}) = 0 \tag{10-14}$$

代入格林定理积分式(10－5)，有

$$\oiint\limits_{(S)} \left(\widetilde{G} \frac{\partial \widetilde{E}}{\partial n} - \widetilde{E} \frac{\partial \widetilde{G}}{\partial n} \right) \mathrm{d}S = 0 \tag{10-15}$$

由此可以看出，在 $\widetilde{E}$ 和 $\widetilde{G}$ 都满足赫姆霍兹方程的条件下，标量电场强度 $\widetilde{E}$ 的求解可简化为封闭面 S 的面积分。

封闭面面积分式(10－15)求解标量电场强度 $\widetilde{E}$ 需要给定复值函数 $\widetilde{G}$ 的具体函数形式。实际上，方程(10－4)相对应的格林函数满足方程

$$\nabla^2 \widetilde{G} + k^2 \widetilde{G} = -\delta(\boldsymbol{r} - \boldsymbol{r}') \tag{10-16}$$

由式(7－170)可知(取 $\widetilde{A} = 1$)，在无源区域($\delta(\boldsymbol{r} - \boldsymbol{r}') = 0$)格林函数解的形式为

$$\widetilde{G} = \frac{1}{r} \mathrm{e}^{-\mathrm{j}kr} \tag{10-17}$$

式中，r 为点光源到空间点的距离。显然，式(10－17)可作为复函数 $\widetilde{G}$ 的选择形式。

现假设空间点 P 为观测点，S 为包围点 P 的任意闭曲面，如图 10－6 所示。将式

(10－17)代入面积分式(10－15)进行积分。由于在 S 面内 $\widetilde{G}$ 必须满足单值连续，并具有单值连续的一阶和二阶偏导数，而格林函数 $\widetilde{G}$ 在 P 点 $r=0$，函数无界，因此函数 $\widetilde{G}$ 在 P 点奇异。为了排除这种奇异性，以 P 点为球心，以 ε 为半径作一小球面 S_ε，对应的球体体积为 V_ε。由此格林定理中的体积为介于闭曲面 S 和球面 S_ε 之间的体积，记作 V'，有

$$V' = V - V_\varepsilon \tag{10-18}$$

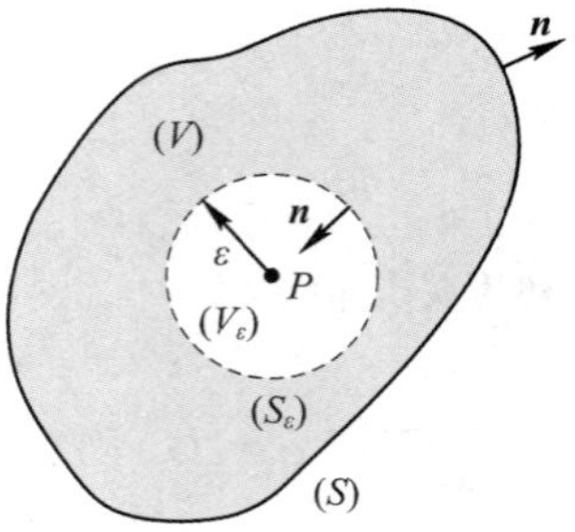

图 10－6 基尔霍夫积分定理

格林定理中的闭曲面变为由闭曲面 S 和球面 S_ε 构成的复合闭曲面，记作 S'，有

$$S' = S + S_\varepsilon \tag{10-19}$$

去掉奇异点后，$\widetilde{E}$ 和 $\widetilde{G}$ 在体积 V' 内和与之对应的闭曲面 S' 上满足格林定理的条件。因此，闭曲面积分(10－15)变为

$$\oiint_{(S')}\left(\widetilde{G}\frac{\partial \widetilde{E}}{\partial n}-\widetilde{E}\frac{\partial \widetilde{G}}{\partial n}\right)\mathrm{d}S=\oiint_{(S)}\left(\widetilde{G}\frac{\partial \widetilde{E}}{\partial n}-\widetilde{E}\frac{\partial \widetilde{G}}{\partial n}\right)\mathrm{d}S+\oiint_{(S_\varepsilon)}\left(\widetilde{G}\frac{\partial \widetilde{E}}{\partial n}-\widetilde{E}\frac{\partial \widetilde{G}}{\partial n}\right)\mathrm{d}S=0 \tag{10-20}$$

或者写成

$$\oiint_{(S_\varepsilon)}\left(\widetilde{G}\frac{\partial \widetilde{E}}{\partial n}-\widetilde{E}\frac{\partial \widetilde{G}}{\partial n}\right)\mathrm{d}S=-\oiint_{(S)}\left(\widetilde{G}\frac{\partial \widetilde{E}}{\partial n}-\widetilde{E}\frac{\partial \widetilde{G}}{\partial n}\right)\mathrm{d}S \tag{10-21}$$

下面分别计算闭曲面 S_ε 和闭曲面 S 上的积分。

在闭曲面 S_ε 上，$r=\varepsilon$，代入式(10－17)，有

$$\widetilde{G}=\frac{1}{\varepsilon}\mathrm{e}^{-\mathrm{j}k\varepsilon} \tag{10-22}$$

又由于曲面 S_ε 外法向单位矢量 $\boldsymbol{n}$ 与位置矢量 $\boldsymbol{r}$ 方向相反，因而有

$$\frac{\partial \widetilde{G}}{\partial n}=\boldsymbol{n}\cdot\boldsymbol{e}_r\frac{\partial \widetilde{G}}{\partial \varepsilon}=-\frac{\partial \widetilde{G}}{\partial \varepsilon} \tag{10-23}$$

将式(10－22)代入式(10－23)，得到

$$\frac{\partial \widetilde{G}}{\partial n}=-\frac{\partial}{\partial \varepsilon}\left(\frac{1}{\varepsilon}\mathrm{e}^{-\mathrm{j}k\varepsilon}\right)=\left[\frac{1}{\varepsilon}+\mathrm{j}k\right]\frac{\mathrm{e}^{-\mathrm{j}k\varepsilon}}{\varepsilon} \tag{10-24}$$

于是有

$$\oiint_{(S_\varepsilon)}\left(\widetilde{G}\frac{\partial \widetilde{E}}{\partial n}-\widetilde{E}\frac{\partial \widetilde{G}}{\partial n}\right)\mathrm{d}S=\oiint_{(S_\varepsilon)}\left[\frac{1}{\varepsilon}\mathrm{e}^{-\mathrm{j}k\varepsilon}\frac{\partial \widetilde{E}}{\partial n}-\widetilde{E}\left(\frac{1}{\varepsilon}+\mathrm{j}k\right)\frac{\mathrm{e}^{-\mathrm{j}k\varepsilon}}{\varepsilon}\right]\mathrm{d}S \tag{10-25}$$

在球坐标系下，面元 $\mathrm{d}S$ 可表示为

$$\mathrm{d}S=\varepsilon^2\sin\theta\mathrm{d}\theta\mathrm{d}\varphi \tag{10-26}$$

当 $\varepsilon\to 0$ 时，由于 $\widetilde{E}$ 单值连续，且具有单值连续的一阶和二阶偏导数，可取

$$\widetilde{E}=\widetilde{E}(P),\qquad \frac{\partial \widetilde{E}}{\partial n}=\left.\frac{\partial \widetilde{E}}{\partial n}\right|_P \tag{10-27}$$

将式(10－26)和式(10－27)代入式(10－25)右端，积分得到

$$\int_0^{\pi}\int_0^{2\pi}\left[\frac{1}{\varepsilon}\mathrm{e}^{-\mathrm{j}k\varepsilon}\left.\frac{\partial\widetilde{E}}{\partial n}\right|_P-\widetilde{E}(P)\left(\frac{1}{\varepsilon}+\mathrm{j}k\right)\frac{\mathrm{e}^{-\mathrm{j}k\varepsilon}}{\varepsilon}\right]\varepsilon^2\sin\theta\mathrm{d}\theta\mathrm{d}\varphi$$

$$=\lim_{\varepsilon\to 0}4\pi\left[\mathrm{e}^{-\mathrm{j}k\varepsilon}\left.\frac{\partial\widetilde{E}}{\partial n}\right|_P\varepsilon-\widetilde{E}(P)(1+\mathrm{j}k\varepsilon)\mathrm{e}^{-\mathrm{j}k\varepsilon}\right]=-4\pi\widetilde{E}(P) \qquad (10-28)$$

将式(10-28)代入式(10-21)，得到

$$\widetilde{E}(P)=\frac{1}{4\pi}\oint\!\!\!\oint_{(S)}\left(\widetilde{G}\frac{\partial\widetilde{E}}{\partial n}-\widetilde{E}\frac{\partial\widetilde{G}}{\partial n}\right)\mathrm{d}S=\frac{1}{4\pi}\oint\!\!\!\oint_{(S)}\left[\left(\frac{\mathrm{e}^{-\mathrm{j}kr}}{r}\right)\frac{\partial\widetilde{E}}{\partial n}-\widetilde{E}\frac{\partial}{\partial n}\left(\frac{\mathrm{e}^{-\mathrm{j}kr}}{r}\right)\right]\mathrm{d}S \qquad (10-29)$$

这就是基尔霍夫衍射定理。由于在声学中赫姆霍兹也曾给出同样的结果，因此也称为赫姆霍兹-基尔霍夫衍射定理。基尔霍夫衍射定理的物理意义在于：光波场空间任一点 P 的标量电场复振幅 $\widetilde{E}(P)$ 可以用包围该点的任意闭曲面 S 上各点的边界值 $\widetilde{E}$ 和法向导数值 $\partial\widetilde{E}/\partial n$ 的积分表示。

10.2.4 平面屏幕的基尔霍夫衍射公式

下面讨论基尔霍夫衍射定理应用于平面孔的衍射。

图 10-7 所示为一不透明平面屏幕 DD′，其上开有透光孔径 AA′，孔平面为 S'。由点光源 S_0（任意放置）发射单色球面光波照射到屏幕和孔平面 S' 上。利用基尔霍夫积分定理求屏幕右侧空间任意点 P 的电场复振幅。

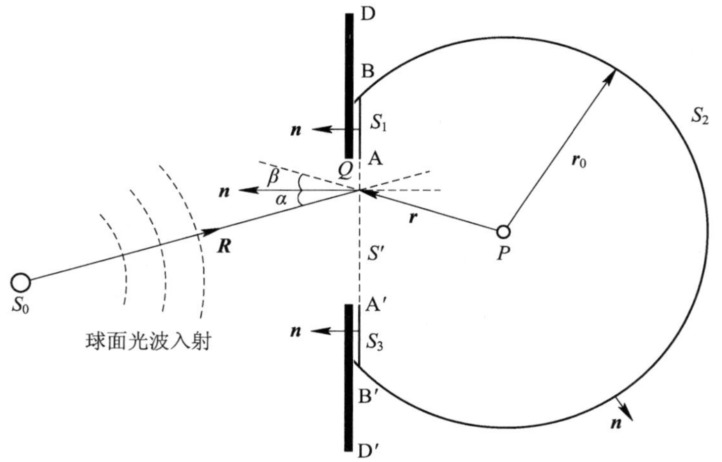

图 10-7 球面光波通过平面孔的衍射(点光源任意放置)

首先，围绕 P 点作一闭曲面 S。S 由三部分构成：① 平面孔 S'；② 不透明屏幕背面部分 AB 和 A′B′，对应平面记作 S_1 和 S_3；③ 以 P 为球心，以 r_0 为半径的部分球面，记作 S_2。由此可将闭曲面 S 表示为

$$S=S'+S_1+S_2+S_3 \qquad (10-30)$$

由基尔霍夫积分定理，可写出 P 点的标量电场复振幅为

$$\widetilde{E}(P)=\frac{1}{4\pi}\left(\iint_{(S')}+\iint_{(S_1)}+\iint_{(S_2)}+\iint_{(S_3)}\right)\left[\left(\frac{\mathrm{e}^{-\mathrm{j}kr}}{r}\right)\frac{\partial\widetilde{E}}{\partial n}-\widetilde{E}\frac{\partial}{\partial n}\left(\frac{\mathrm{e}^{-\mathrm{j}kr}}{r}\right)\right]\mathrm{d}S \qquad (10-31)$$

积分计算需要确定在平面 S'、S_1 和 S_3 以及部分球面 S_2 上的标量电场复振幅 $\widetilde{E}$ 和导数值 $\partial\widetilde{E}/\partial n$。由此基尔霍夫作了如下假定：

(1) 在平面 S' 上，$\tilde{E}$ 和 $\partial\tilde{E}/\partial n$ 由入射球面光波确定，孔平面对入射光波不产生影响。由式(10-1)可写出

$$\tilde{E}|_{S'}=\frac{\tilde{E}_0}{R}\mathrm{e}^{-\mathrm{j}kR} \tag{10-32}$$

由于平面 S' 的法向 $\boldsymbol{n}$ 与径向矢量 $\boldsymbol{R}$ 不同向，因此根据球坐标系下的梯度公式，求 $\boldsymbol{n}$ 方向的方向导数，得到

$$\left.\frac{\partial\tilde{E}}{\partial n}\right|_{S'}=\boldsymbol{n}\cdot\nabla\tilde{E}=\boldsymbol{n}\cdot\boldsymbol{e}_R\frac{\partial\tilde{E}}{\partial R}=\cos\alpha\left(\frac{1}{R}+\mathrm{j}k\right)\frac{\tilde{E}_0}{R}\mathrm{e}^{-\mathrm{j}kR} \tag{10-33}$$

式中，$\boldsymbol{e}_R$ 为沿 $\boldsymbol{R}$ 方向的单位矢量。

(2) 在不透明屏幕背面平面 S_1 和 S_3 上取

$$\tilde{E}|_{S_1}=0,\qquad \left.\frac{\partial\tilde{E}}{\partial n}\right|_{S_1}=0 \tag{10-34}$$

$$\tilde{E}|_{S_3}=0,\qquad \left.\frac{\partial\tilde{E}}{\partial n}\right|_{S_3}=0 \tag{10-35}$$

以上两个假定都是不严格的。孔径边缘必定会对点光源发射的球面波前产生影响，因而式(10-32)和式(10-33)在边缘点仅是一种近似。另外，由于衍射效应电场会从边缘点A和A′扩展到屏幕背面几个波长的地方，因而在屏幕背面几个波长的地方，式(10-34)和式(10-35)也不成立。但是，当孔径比光波波长大许多时，这种影响可以忽略不计，基尔霍夫衍射公式计算结果与实验符合得很好。

另外，从数学的角度讲，基尔霍夫给出的两个假设是矛盾的。因为如果 $\tilde{E}$ 是波动方程的解，$\tilde{E}|_S$ 和 $\partial\tilde{E}/\partial n|_S$ 在任一有限曲面 S 上等于0，由 $\partial\tilde{E}/\partial n|_S=0$，利用赫姆霍兹方程和拉普拉斯方程可以证明，$\tilde{E}$ 在全空间为0。由此说明衍射屏右侧空间任一点 $\tilde{E}(P)\equiv0$，结论与实际情况不相符合。这在数学上称为理论本身的不自洽。

由以上两条假定式(10-34)和式(10-35)，式(10-31)可简化为

$$\tilde{E}(P)=\frac{1}{4\pi}\iint_{(S')}\left[\left(\frac{\mathrm{e}^{-\mathrm{j}kr}}{r}\right)\frac{\partial\tilde{E}}{\partial n}-\tilde{E}\frac{\partial}{\partial n}\left(\frac{\mathrm{e}^{-\mathrm{j}kr}}{r}\right)\right]\mathrm{d}S'+\frac{1}{4\pi}\iint_{(S_2)}\left[\left(\frac{\mathrm{e}^{-\mathrm{j}kr}}{r}\right)\frac{\partial\tilde{E}}{\partial n}-\tilde{E}\frac{\partial}{\partial n}\left(\frac{\mathrm{e}^{-\mathrm{j}kr}}{r}\right)\right]\mathrm{d}S \tag{10-36}$$

对于在部分球面 S_2 上的积分，由于球面 S_2 的外法向 $\boldsymbol{n}$ 与矢径 $\boldsymbol{r}_0$ 同向，因此由式(10-33)可知

$$\left.\frac{\partial}{\partial n}\left(\frac{\mathrm{e}^{-\mathrm{j}kr}}{r}\right)\right|_{r_0}=\left.\frac{\partial}{\partial r}\left(\frac{\mathrm{e}^{-\mathrm{j}kr}}{r}\right)\right|_{r_0}=-\left(\frac{1}{r_0}+\mathrm{j}k\right)\frac{\mathrm{e}^{-\mathrm{j}kr_0}}{r_0} \tag{10-37}$$

在 $r_0\to\infty$ 的情况下，式(10-37)近似为

$$\lim_{r_0\to\infty}-\left(\frac{1}{r_0}+\mathrm{j}k\right)\frac{\mathrm{e}^{-\mathrm{j}kr_0}}{r_0}\approx-\mathrm{j}k\frac{\mathrm{e}^{-\mathrm{j}kr_0}}{r_0} \tag{10-38}$$

代入式(10-36)第二个积分，得到

$$\frac{1}{4\pi}\iint_{(S_2)}\left[\left(\frac{\mathrm{e}^{-\mathrm{j}kr}}{r}\right)\frac{\partial\tilde{E}}{\partial n}-\tilde{E}\frac{\partial}{\partial n}\left(\frac{\mathrm{e}^{-\mathrm{j}kr}}{r}\right)\right]\mathrm{d}S\approx\frac{1}{4\pi}\iint_{(S_2)}\frac{\mathrm{e}^{-\mathrm{j}kr_0}}{r_0}\left(\frac{\partial\tilde{E}}{\partial n}+\mathrm{j}k\tilde{E}\right)\mathrm{d}S \tag{10-39}$$

根据立体角的概念，面元 $\mathrm{d}S$ 所张的立体角元为

$$\mathrm{d}\Omega=\frac{\boldsymbol{r}_0\cdot\boldsymbol{n}\mathrm{d}S}{r_0^3}=\frac{\mathrm{d}S}{r_0^2} \tag{10-40}$$

由此式(10-39)右端积分改写为

$$\frac{1}{4\pi}\iint_{(S_2)}\frac{e^{-jkr_0}}{r_0}\left(\frac{\partial\widetilde{E}}{\partial n}+jk\widetilde{E}\right)dS=\frac{1}{4\pi}\iint_{(\Omega)}e^{-jkr_0}r_0\left(\frac{\partial\widetilde{E}}{\partial n}+jk\widetilde{E}\right)d\Omega \tag{10-41}$$

式中，Ω 为部分球面 S_2 对点 P 所张的立体角，$\Omega<4\pi$。指数函数 e^{-jkr_0} 的模 $|e^{-jkr_0}|=1$，在 S_2 上有界。如果在 S_2 面上 $\widetilde{E}$ 和 $\partial\widetilde{E}/\partial n$ 满足

$$\lim_{r_0\to\infty}r_0\left(\frac{\partial\widetilde{E}}{\partial n}+jk\widetilde{E}\right)=0 \tag{10-42}$$

则当 $r_0\to\infty$ 时，面积分式(10－41)为零，即

$$\frac{1}{4\pi}\iint_{(\Omega)}e^{-jkr_0}r_0\left(\frac{\partial\widetilde{E}}{\partial n}+jk\widetilde{E}\right)d\Omega=0 \tag{10-43}$$

式(10－42)称为索末菲辐射条件。

在满足索末菲辐射条件下，P 点标量电场复振幅的计算最后归结为 S' 面上的积分，由式(10－36)有

$$\widetilde{E}(P)=\frac{1}{4\pi}\iint_{(S')}\left[\left(\frac{e^{-jkr}}{r}\right)\frac{\partial\widetilde{E}}{\partial n}-\widetilde{E}\frac{\partial}{\partial n}\left(\frac{e^{-jkr}}{r}\right)\right]dS' \tag{10-44}$$

在 S' 面上，其法向 $\boldsymbol{n}$ 与 $\boldsymbol{r}$ 不同向，求 $\boldsymbol{n}$ 方向的方向导数，得到

$$\frac{\partial}{\partial n}\left(\frac{e^{-jkr}}{r}\right)=\boldsymbol{n}\cdot\nabla\left(\frac{e^{-jkr}}{r}\right)=\boldsymbol{n}\cdot\boldsymbol{e}_r\frac{\partial}{\partial r}\left(\frac{e^{-jkr}}{r}\right)=-\cos\beta\left(\frac{1}{r}+jk\right)\frac{e^{-jkr}}{r} \tag{10-45}$$

式中，$\boldsymbol{e}_r$ 为沿 $\boldsymbol{r}$ 方向的单位矢量。将式(10－32)、式(10－33)和式(10－45)代入式(10－44)，得到

$$\begin{aligned}\widetilde{E}(P)&=\frac{1}{4\pi}\iint_{(S')}\left[\left(\frac{e^{-jkr}}{r}\right)\frac{\partial\widetilde{E}}{\partial n}-\widetilde{E}\frac{\partial}{\partial n}\left(\frac{e^{-jkr}}{r}\right)\right]dS'\\&=\frac{\widetilde{E}_0}{4\pi}\iint_{(S')}\frac{e^{-jkR}}{R}\left[\cos\alpha\left(\frac{1}{R}+jk\right)+\cos\beta\left(\frac{1}{r}+jk\right)\right]\frac{e^{-jkr}}{r}dS'\end{aligned} \tag{10-46}$$

在点光源 S_0 和观测点 P 远离屏幕的情况下，$R\gg\lambda$，$r\gg\lambda$，则有

$$\frac{1}{R}\ll\frac{1}{\lambda},\quad \frac{1}{r}\ll\frac{1}{\lambda} \tag{10-47}$$

忽略 $1/R$ 和 $1/r$，并将 $k=2\pi/\lambda$ 代入式(10－46)，有

$$\widetilde{E}(P)\approx\frac{j\widetilde{E}_0}{\lambda}\iint_{(S')}\frac{e^{-jkR}}{R}\left(\frac{\cos\alpha+\cos\beta}{2}\right)\frac{e^{-jkr}}{r}dS'\ (\text{球面波衍射}) \tag{10-48}$$

这就是菲涅耳-基尔霍夫衍射公式。在此需要说明的是，由于积分闭曲面开孔部分 S' 为平面，且点光源 S_0 任意放置，S' 平面不是等相位面，因而球面波因子 e^{-jkR}/R 不能提取到积分号外。

为了便于将式(10－48)与菲涅耳衍射积分公式(10－3)进行比较，将点光源 S_0 和观测点 P 放置于对称轴上，如图 10－8 所示。选择闭曲面在开孔部分 S' 为球面，与球面波等相位面重合(忽略边缘效应)，对应的球面半径为 R，S' 外法向 $\boldsymbol{n}$ 与位置矢量 $\boldsymbol{R}$ 方向相反。

由图 10－8 可知，由于 S' 外法向 $\boldsymbol{n}$ 与位置矢量 $\boldsymbol{R}$ 方向相反，夹角为 π，对应于图 10－7 中 $\alpha=0$；S' 外法向 $\boldsymbol{n}$ 与位置矢量 $\boldsymbol{r}$ 的夹角为 ϕ，对应于图 10－7 中的 β。因此，在点光源 S_0 和观测点 P 同在对称轴上的情况下，式(10－48)可改写为

$$\widetilde{E}(P)\approx\frac{j\widetilde{E}_0}{\lambda}\frac{e^{-jkR}}{R}\iint_{(S')}\left(\frac{1+\cos\phi}{2}\right)\frac{e^{-jkr}}{r}dS' \tag{10-49}$$

显然，式(10－49)与式(10－3)形式完全相同，惠更斯-菲涅耳原理得到证明。比较可知，复比例系数 $\widetilde{C}$ 和倾斜因子 $K(\phi)$ 为

$$\widetilde{C}=\frac{\mathrm{j}}{\lambda},\quad K(\phi)=\frac{1+\cos\phi}{2} \tag{10-50}$$

由此可以看出，当 $\phi=0$ 时，$K(0)=1$，表明球面波面在对称轴上次波的贡献最大；当 $\phi=\pi/2$ 时，$K(\pi/2)=1/2$；而当 $\pi/2<\phi<\pi$ 时，$K(\phi)\neq 0$。这一结果表明，菲涅耳关于次波假设 $\pi/2\leqslant\phi\leqslant\pi$ 时，$K(\phi)=0$ 是不正确的。

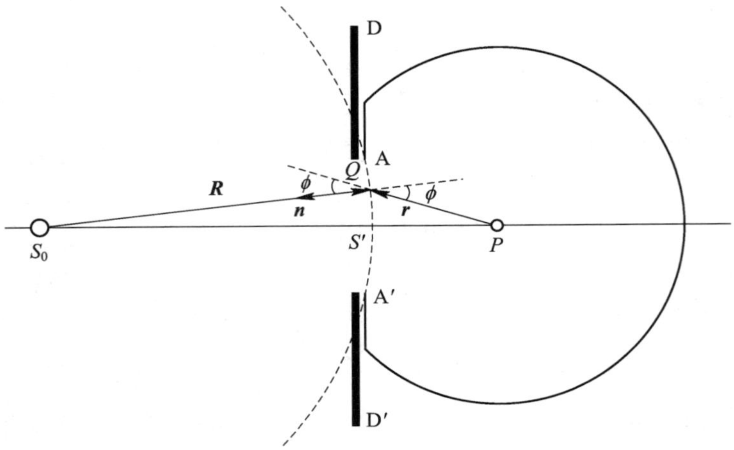

图 10－8　球面光波通过平面孔径的衍射(点光源和观测点在对称轴线上)

10.3　基尔霍夫衍射公式与瑞利-索末菲衍射公式的比较

10.3.1　瑞利-索末菲衍射定理

利用基尔霍夫衍射定理式(10－29)推导基尔霍夫衍射公式(10－48)时，假定标量电场强度及其法向导数在不透明屏幕背面 S_1 和 S_3 面上同时为零，见式(10－34)和式(10－35)。从数学的角度讲这种做法是不合理的，因为波动方程的解如果在有限的面元上为零，必然导致解在全空间为零，也即屏幕后的场处处为零，所以用式(10－48)计算衍射场的分布在数学上是不自洽的。造成这种不自洽的原因是选择了自由空间赫姆霍兹方程的格林函数式(10－17)。为了解决基尔霍夫衍射积分在数学上的不自洽性，索末菲巧妙地选择半空间第一类和第二类格林函数代替自由空间赫姆霍兹方程的格林函数，从而避免了不透明屏幕背面标量电场强度及其法向导数同时为零的假设。

如图 10－9(a)和(b)所示，假设 P 为不透明屏幕右侧观测点，P' 为 P 的镜像点。在 P 点和 P' 点放置相同的点光源，两点光源共同构成屏幕右半空间的格林函数 $\widetilde{G}$。

如果两点光源反相，令

$$\widetilde{G}=\widetilde{G}_1=\frac{\mathrm{e}^{-\mathrm{j}kr}}{r}-\frac{\mathrm{e}^{-\mathrm{j}kr'}}{r'} \tag{10-51}$$

$\widetilde{G}_1$ 满足方程(10－16)，称为半空间第一类格林函数。由于两点光源镜像对称，在整个屏幕平面上，$r=r'$，因而有

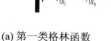

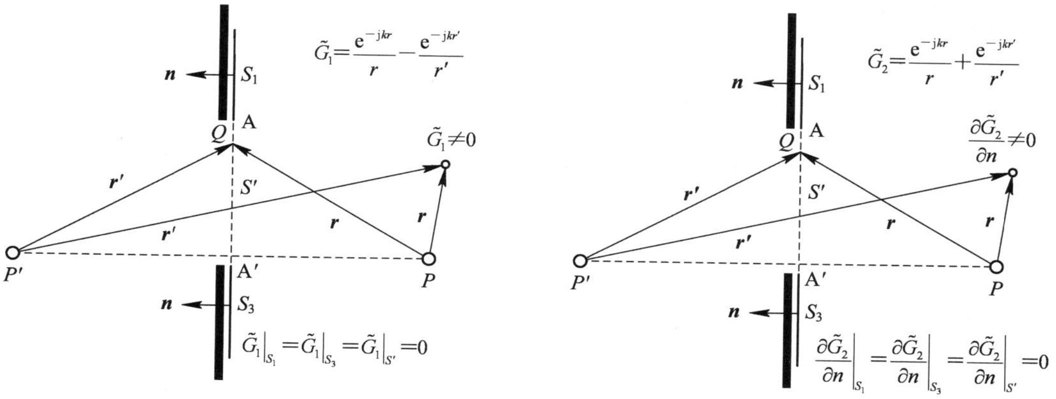

(a) 第一类格林函数　　(b) 第二类格林函数

图 10－9　半空间格林函数

$$\tilde{G}_1\mid_{S_1}=\tilde{G}_1\mid_{S_3}=\tilde{G}_1\mid_{S'}=0 \tag{10-52}$$

在整个屏幕平面上，法向 $\boldsymbol{n}$ 与矢径 $\boldsymbol{r}$ 和 $\boldsymbol{r}'$ 不同向。根据球坐标系下的梯度公式，求 $\boldsymbol{n}$ 方向的方向导数，有

$$\begin{aligned}\frac{\partial\tilde{G}_1}{\partial n}&=\frac{\partial}{\partial n}\left(\frac{e^{-jkr}}{r}-\frac{e^{-jkr'}}{r'}\right)=\boldsymbol{n}\cdot\boldsymbol{e}_r\frac{\partial}{\partial r}\left(\frac{e^{-jkr}}{r}\right)-\boldsymbol{n}\cdot\boldsymbol{e}_{r'}\frac{\partial}{\partial r'}\left(\frac{e^{-jkr'}}{r'}\right)\\&=-\cos\beta\left(\frac{1}{r}+jk\right)\frac{e^{-jkr}}{r}-\cos\alpha\left(\frac{1}{r'}+jk\right)\frac{e^{-jkr'}}{r'}\\&=-2\cos\beta\left(\frac{1}{r}+jk\right)\frac{e^{-jkr}}{r}\approx-2jk\cos\beta\frac{e^{-jkr}}{r}\quad(\alpha=\beta,\ r=r')\end{aligned} \tag{10-53}$$

式中，由于 $r\gg\lambda$，忽略 $1/r$；取 $\boldsymbol{n}$ 与 $\boldsymbol{r}'$ 的夹角为 $\pi-\alpha$，$\boldsymbol{n}$ 与 $\boldsymbol{r}$ 的夹角为 β，见图 10－7。由于 $r=r'$，因此 $\alpha=\beta$。

由基尔霍夫衍射定理式(10－29)可知，在整个屏幕平面上，由于 $\tilde{G}=\tilde{G}_1=0$，因此在屏幕平面上的积分可简化为

$$\begin{aligned}\tilde{E}(P)=\tilde{E}_{\mathrm{I}}(P)&=\frac{1}{4\pi}\oiint_{(S)}\left(\tilde{G}_1\frac{\partial\tilde{E}}{\partial n}-\tilde{E}\frac{\partial\tilde{G}_1}{\partial n}\right)dS\\&=-\frac{1}{4\pi}\left\{\left(\iint_{(S_1)}+\iint_{(S_3)}\right)\tilde{E}\frac{\partial\tilde{G}_1}{\partial n}dS+\iint_{(S')}\tilde{E}\frac{\partial\tilde{G}_1}{\partial n}dS'\right\}\end{aligned} \tag{10-54}$$

显然，被积函数与 $\partial\tilde{E}/\partial n$ 无关。要使在平面 S_1 和 S_3 上的积分为零，仅需要取

$$\tilde{E}\mid_{S_1}=0,\quad \frac{\partial\tilde{E}}{\partial n}\Big|_{S_1}\neq0 \tag{10-55}$$

$$\tilde{E}\mid_{S_3}=0,\quad \frac{\partial\tilde{E}}{\partial n}\Big|_{S_3}\neq0 \tag{10-56}$$

这样选择就避免了基尔霍夫假设式(10－34)和式(10－35)的不自洽性。

在平面 S' 上，$\tilde{E}\neq0$。将式(10－53)代入式(10－54)，得到

$$\tilde{E}_{\mathrm{I}}(P)=-\frac{1}{4\pi}\iint_{(S')}\tilde{E}\frac{\partial\tilde{G}_1}{\partial n}dS'=\frac{jk}{2\pi}\iint_{(S')}\tilde{E}\cos\beta\frac{e^{-jkr}}{r}dS' \tag{10-57}$$

这就是第一类瑞利-索末菲衍射积分。

同理，如果两点光源同相，则令

$$\widetilde{G} = \widetilde{G}_2 = \frac{e^{-jkr}}{r} + \frac{e^{-jkr'}}{r'} \tag{10-58}$$

$\widetilde{G}_2$ 满足方程(10-16)，称为半空间第二类格林函数。由于两点光源镜像对称，在整个屏幕平面上，$r = r'$，因而有

$$\widetilde{G}_2 |_{S_1} = \widetilde{G}_2 |_{S_3} = \widetilde{G}_2 |_{S'} = 2\,\frac{e^{-jkr}}{r} \tag{10-59}$$

在整个屏幕平面上，求 $\boldsymbol{n}$ 方向的方向导数，有

$$\begin{aligned}\frac{\partial \widetilde{G}_2}{\partial n} &= \frac{\partial}{\partial n}\left(\frac{e^{-jkr}}{r} + \frac{e^{-jkr'}}{r'}\right) = \boldsymbol{n} \cdot \boldsymbol{e}_r \frac{\partial}{\partial r}\left(\frac{e^{-jkr}}{r}\right) + \boldsymbol{n} \cdot \boldsymbol{e}_{r'} \frac{\partial}{\partial r'}\left(\frac{e^{-jkr'}}{r'}\right) \\ &= -\cos\beta\left(\frac{1}{r} + jk\right)\frac{e^{-jkr}}{r} + \cos\alpha\left(\frac{1}{r'} + jk\right)\frac{e^{-jkr'}}{r'} = 0 \quad (\alpha = \beta,\ r = r')\end{aligned} \tag{10-60}$$

由基尔霍夫衍射定理式(10-29)可知，在整个屏幕平面上，由于 $\partial\widetilde{G}/\partial n = \partial\widetilde{G}_2/\partial n = 0$，因此在屏幕平面上的积分可简化为

$$\begin{aligned}\widetilde{E}(P) = \widetilde{E}_{\mathrm{II}}(P) &= \frac{1}{4\pi}\oiint_{(S)}\left(\widetilde{G}_2 \frac{\partial \widetilde{E}}{\partial n} - \widetilde{E}\frac{\partial \widetilde{G}_2}{\partial n}\right)dS \\ &= \frac{1}{4\pi}\left\{\left(\iint_{(S_1)} + \iint_{(S_3)}\right)\widetilde{G}_2 \frac{\partial \widetilde{E}}{\partial n}dS + \iint_{(S')}\widetilde{G}_2 \frac{\partial \widetilde{E}}{\partial n}dS'\right\}\end{aligned} \tag{10-61}$$

被积函数与 $\widetilde{E}$ 无关。要使在平面 S_1 和 S_3 平面上的积分为零，仅需要取

$$\widetilde{E}|_{S_1} \neq 0, \quad \left.\frac{\partial \widetilde{E}}{\partial n}\right|_{S_1} = 0 \tag{10-62}$$

$$\widetilde{E}|_{S_3} \neq 0, \quad \left.\frac{\partial \widetilde{E}}{\partial n}\right|_{S_3} = 0 \tag{10-63}$$

这样选择就避免了基尔霍夫假设式(10-34)和式(10-35)的不自洽性。

在平面 S' 上，$\partial\widetilde{E}/\partial n \neq 0$。将式(10-59)代入式(10-61)，得到

$$\widetilde{E}_{\mathrm{II}}(P) = \frac{1}{4\pi}\iint_{(S')}\widetilde{G}_2 \frac{\partial \widetilde{E}}{\partial n}dS' = \frac{1}{2\pi}\iint_{(S')}\frac{e^{-jkr}}{r}\frac{\partial \widetilde{E}}{\partial n}dS' \tag{10-64}$$

这就是第二类瑞利-索末菲衍射积分。

从偏微分方程理论的角度讲，标量赫姆霍兹方程(10-4)与 $\widetilde{E} \neq 0$ 的边界条件构成狄利克勒(Dirichlet)边值问题，瑞利-索末菲衍射积分(10-57)就是狄利克勒边值问题的解。标量赫姆霍兹方程(10-4)与 $\partial\widetilde{E}/\partial n \neq 0$ 的边界条件构成诺伊曼(Neumann)边值问题，瑞利-索末菲衍射积分(10-64)就是诺伊曼边值问题的解。

10.3.2 基尔霍夫衍射公式与瑞利-索末菲衍射公式的比较

为了便于与基尔霍夫衍射公式(10-48)比较，将式(10-32)代入式(10-57)，并将 $k = 2\pi/\lambda$ 代入，有

$$\widetilde{E}_{\mathrm{I}}(P) = \frac{j\widetilde{E}_0}{\lambda}\iint_{(S')}\cos\beta\,\frac{e^{-jkR}}{R}\,\frac{e^{-jkr}}{r}dS' \tag{10-65}$$

在式(10－33)中忽略 $1/R$，然后代入式(10－64)，有

$$\widetilde{E}_{\mathrm{II}}(P)=\frac{\mathrm{j}\widetilde{E}_0}{\lambda}\iint_{(S')}\cos\alpha\,\frac{\mathrm{e}^{-\mathrm{j}kR}}{R}\,\frac{\mathrm{e}^{-\mathrm{j}kr}}{r}\mathrm{d}S' \tag{10-66}$$

如果记菲涅耳-基尔霍夫积分(10－48)为 $\widetilde{E}(P)=\widetilde{E}_{\mathrm{J}}(P)$，则比较可知

$$\widetilde{E}_{\mathrm{J}}(P)=\frac{\widetilde{E}_{\mathrm{I}}(P)+\widetilde{E}_{\mathrm{II}}(P)}{2} \tag{10-67}$$

在傍轴近似条件下，α（称为入射角）和 β（称为衍射角）很小，$\cos\alpha\approx 1$，$\cos\beta\approx 1$，比较式(10－48)、式(10－57)和式(10－64)，可知

$$\widetilde{E}_{\mathrm{J}}(P)\approx\widetilde{E}_{\mathrm{I}}(P)\approx\widetilde{E}_{\mathrm{II}}(P) \tag{10-68}$$

沃夫(Wolf)和马虔德(Marchand)1964 年研究了平面屏幕圆孔衍射基尔霍夫衍射公式和瑞利-索末菲衍射公式之间的差别，结果表明在衍射孔径远远大于光波波长和远场条件下，两种理论计算结果基本相同，表明式(10－68)是正确的。但在其他情况下，三者不能进行简单比较。1974 年赫特利(Heurtley)研究了圆孔衍射观测点在光轴上的变化情况，发现在衍射屏孔径边缘存在明显的差异。

另外，由于第一类瑞利-索末菲衍射积分边界条件式(10－52)和第二类瑞利-索末菲衍射积分边界条件式(10－59)都是在假定 $r=r'$ 的条件下得到的，因此瑞利-索末菲衍射积分仅适用于平面衍射屏。基尔霍夫衍射积分的边界条件式(10－34)和式(10－35)并未受此限制，因而基尔霍夫衍射积分应用范围更加广泛。

10.4 平面光波基尔霍夫衍射公式

式(10－48)、式(10－65)和式(10－66)给出的都是球面光波衍射公式。实际上，基尔霍夫衍射公式也适用于平面光波。

如图 10－10 所示，在 S' 平面上 $\widetilde{E}$ 和 $\partial\widetilde{E}/\partial n$ 由入射平面光波确定，孔平面对入射平面光波不产生影响。假定入射平面光波为标量平面波，不考虑平面光波的偏振特性，由式(7－144)可写出

$$\widetilde{E}\,|_{S'}=\widetilde{E}_0\,\mathrm{e}^{-\mathrm{j}\boldsymbol{k}\cdot\boldsymbol{R}}=\widetilde{E}_0\,\mathrm{e}^{-\mathrm{j}k\boldsymbol{k}_0\cdot\boldsymbol{R}} \tag{10-69}$$

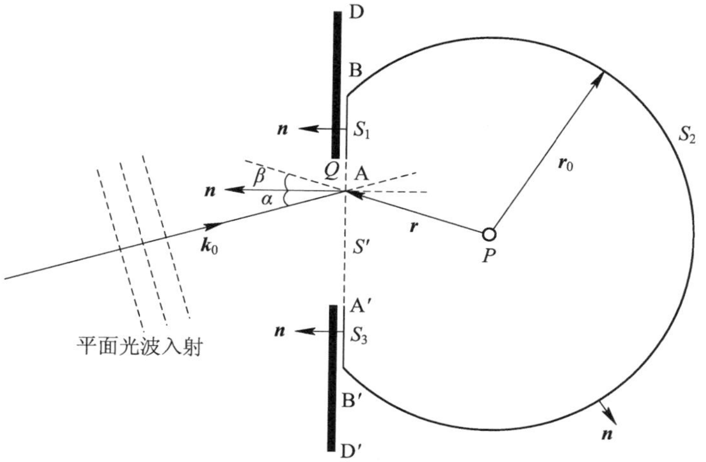

图 10－10 平面光波通过平面孔径的衍射——斜入射

式中，$\widetilde{E}_0$ 为电场复振幅，$\boldsymbol{R}$ 为位置矢量，k 为波数，$\boldsymbol{k}_0$ 为波矢量单位矢量。需要强调的是，式(10－69)中平面光波等相位面上的位置矢量 $\boldsymbol{R}$ 与式(10－32)和式(10－33)中的径向矢量 $\boldsymbol{R}$ 采用了相同的符号，两者完全不同，应区别对待。

由于平面 S' 的法向 $\boldsymbol{n}$ 与位置矢量 $\boldsymbol{R}$ 不同向，因此根据直角坐标系下的梯度公式，求 $\boldsymbol{n}$ 方向的方向导数，得到

$$\left.\frac{\partial \widetilde{E}}{\partial n}\right|_{S'} = \boldsymbol{n}\cdot\nabla\widetilde{E} = -\mathrm{j}k\boldsymbol{n}\cdot\boldsymbol{k}_0\widetilde{E}_0\mathrm{e}^{-\mathrm{j}k\boldsymbol{k}_0\cdot\boldsymbol{R}} = \mathrm{j}k\widetilde{E}_0\cos\alpha\,\mathrm{e}^{-\mathrm{j}k\boldsymbol{k}_0\cdot\boldsymbol{R}} \tag{10-70}$$

需要注意的是，对于平面光波入射，入射角为 α，位置矢量 $\boldsymbol{R}$ 不同，α 为一常数。对于球面光波入射，矢径 $\boldsymbol{R}$ 不同，α 在变化。

将式(10－69)、式(10－70)和式(10－45)代入式(10－44)，并忽略式(10－45)中的 $1/r$，有

$$\widetilde{E}(P) = \frac{\mathrm{j}\widetilde{E}_0}{\lambda}\iint\limits_{(S')}\mathrm{e}^{-\mathrm{j}k\boldsymbol{k}_0\cdot\boldsymbol{R}}\left(\frac{\cos\alpha+\cos\beta}{2}\right)\frac{\mathrm{e}^{-\mathrm{j}kr}}{r}\mathrm{d}S' \quad (\text{平面光波衍射}) \tag{10-71}$$

显然，平面光波基尔霍夫衍射公式与球面光波基尔霍夫衍射公式形式完全相同。

10.5 基尔霍夫衍射公式的近似

以上给出的基尔霍夫衍射公式是描述衍射的一般数学积分形式。为了便于衍射的计算，首先需要建立直角坐标系下衍射屏和观测屏坐标之间的关系。如图 10－11 所示，假设衍射屏对应的坐标平面为 $X'OY'$，观测屏对应的坐标平面为 XOY，两坐标平面彼此平行，Z 轴为光轴，两坐标平面之间的距离为 z'。衍射屏孔平面记作 S'，其上次波源点记作 $Q(x', y')$，观测屏平面上的场点记作 $P(x, y)$。点源 S_0 位于光轴上，坐标为 (0，0)，点源距离衍射屏的距离为 z_0。应用基尔霍夫衍射公式确定特定衍射问题的严格解很困难，因为被积函数形式复杂而得不到解析形式的积分结果，所以需要根据实际条件进行近似处理。近似处理涉及两个方面：傍轴近似和距离近似。

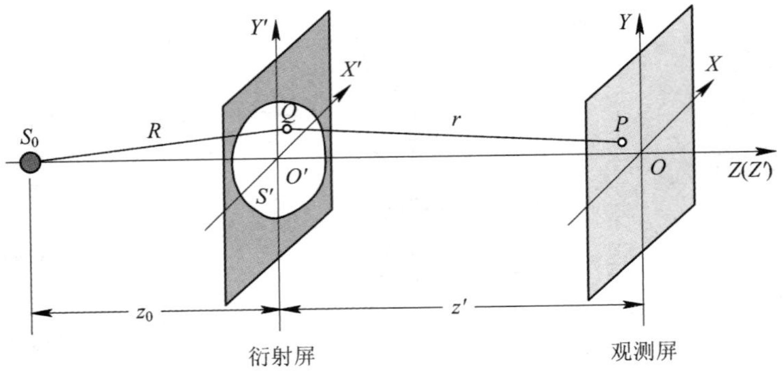

图 10－11 直角坐标系下衍射屏与观测屏坐标之间的关系

10.5.1 傍轴近似

从几何光学的观点看，一般光学系统中，对成像起主要作用的是与光学系统光轴夹角

很小的傍轴光线。把点源、衍射屏和观测屏看作一个光学系统，当衍射屏孔平面 S' 的大小和观测屏的成像范围都远小于点源到衍射屏的距离 z_0 和开孔到观测屏的距离 z' 时，衍射光波可近似为傍轴光线。在傍轴近似条件下，可取

$$\cos\alpha = \cos\beta \approx 1 \quad (\alpha \to 0,\ \beta \to 0) \tag{10-72}$$

$$R \approx z_0,\quad r \approx z' \tag{10-73}$$

由此式(10-48)可简化为

$$\widetilde{E}(x,\ y) \approx \frac{\mathrm{j}\widetilde{E}_0}{\lambda z_0 z'} \iint_{(S')} \mathrm{e}^{-\mathrm{j}k(R+r)}\,\mathrm{d}x'\mathrm{d}y' \quad (\text{球面波衍射}) \tag{10-74}$$

式(10-71)可简化为

$$\widetilde{E}(x,\ y) = \frac{\mathrm{j}\widetilde{E}_0}{\lambda z'} \iint_{(S')} \mathrm{e}^{-\mathrm{j}k\boldsymbol{k}_0\cdot\boldsymbol{R}}\,\mathrm{e}^{-\mathrm{j}kr}\,\mathrm{d}x'\mathrm{d}y' \quad (\text{平面波衍射}) \tag{10-75}$$

需要强调的是，指数相位中的 R 和 r 不可用 z_0 和 z' 替代，因为 R 和 r 的微小变化会引起相位的很大变化。

10.5.2　距离近似

当观测屏放置于衍射屏不同距离处时，衍射光斑是不同的，由此可把衍射现象分为近场衍射和远场衍射。近场衍射也称菲涅耳衍射，远场衍射也称夫琅和费衍射。用基尔霍夫衍射公式计算近场衍射和远场衍射时，可按点源离衍射屏的距离和观测屏离衍射屏的距离对衍射公式进行简化。

1. 菲涅耳近似

由图 10-11，在直角坐标系下 R 和 r 可表示为

$$R = (x'^2 + y'^2 + z_0^2)^{1/2} = z_0\left[1 + \left(\frac{x'^2}{z_0}\right)^2 + \left(\frac{y'}{z_0}\right)^2\right]^{1/2} \tag{10-76}$$

$$r = [(x-x')^2 + (y-y')^2 + z'^2]^{\frac{1}{2}} = z'\left[1 + \left(\frac{x-x'}{z'}\right)^2 + \left(\frac{y-y'}{z'}\right)^2\right]^{\frac{1}{2}} \tag{10-77}$$

按二项式展开定理

$$(1+x)^{\frac{1}{2}} = 1 + \frac{1}{2}x - \frac{1}{8}x^2 + \cdots \quad (|x| < 1) \tag{10-78}$$

取线性项，则式(10-76)可近似为

$$R \approx z_0\left(1 + \frac{1}{2}\left(\frac{x'}{z_0}\right)^2 + \frac{1}{2}\left(\frac{y'}{z_0}\right)^2\right) = z_0 + \frac{x'^2 + y'^2}{2z_0} \tag{10-79}$$

式(10-77)可近似为

$$\begin{aligned} r &\approx z'\left[1 + \frac{1}{2}\left(\frac{x-x'}{z'}\right)^2 + \frac{1}{2}\left(\frac{y-y'}{z'}\right)^2\right] \\ &= z' + \frac{x^2+y^2}{2z'} + \frac{x'^2+y'^2}{2z'} - \frac{xx'+yy'}{z'} \end{aligned} \tag{10-80}$$

式(10-79)与式(10-80)相加，有

$$R + r \approx z_0 + z' + \frac{x^2+y^2}{2z'} + \frac{x'^2+y'^2}{2z_0} + \frac{x'^2+y'^2}{2z'} - \frac{xx'+yy'}{z'} \tag{10-81}$$

这就是菲涅耳近似。在这个区域内观测得到的衍射称为菲涅耳衍射，即近场衍射。

为了书写简单起见，令

$$f(x', y') = \frac{x'^2 + y'^2}{2z_0} + \frac{x'^2 + y'^2}{2z'} - \frac{xx' + yy'}{z'} \tag{10-82}$$

则式(10-81)可简记为

$$R + r \approx z_0 + z' + \frac{x^2 + y^2}{2z'} + f(x', y') \tag{10-83}$$

将式(10-83)代入式(10-74)，有

$$\widetilde{E}(x, y) \approx \frac{\mathrm{j}\widetilde{E}_0 \mathrm{e}^{-\mathrm{j}k\left(z_0 + z' + \frac{x^2+y^2}{2z'}\right)}}{\lambda z' z_0} \iint\limits_{(S')} \mathrm{e}^{-\mathrm{j}kf(x', y')} \mathrm{d}x' \mathrm{d}y' \quad (\text{球面波衍射}) \tag{10-84}$$

将式(10-80)代入式(10-75)，有

$$\widetilde{E}(x, y) = \frac{\mathrm{j}\widetilde{E}_0 \mathrm{e}^{-\mathrm{j}k\left(z' + \frac{x^2+y^2}{2z'}\right)}}{\lambda z'} \iint\limits_{(S')} \mathrm{e}^{-\mathrm{j}k\boldsymbol{k}_0 \cdot \boldsymbol{R}} \mathrm{e}^{-\mathrm{j}k\left(\frac{x'^2+y'^2}{2z'} - \frac{xx'+yy'}{z'}\right)} \mathrm{d}x' \mathrm{d}y' \quad (\text{平面波衍射}) \tag{10-85}$$

2. 夫琅和费近似

当点源离衍射屏和观测屏离衍射屏的距离很远时，关于 x' 和 y' 的二阶小量满足条件

$$k\frac{(x'^2 + y'^2)_{\max}}{2z'} \ll 1, \quad k\frac{(x'^2 + y'^2)_{\max}}{2z_0} \ll 1 \tag{10-86}$$

如果取 $\lambda = 632.8\ \text{nm}$，则

$$\frac{(x'^2 + y'^2)_{\max}}{2z'} \ll 10^{-7}, \quad \frac{(x'^2 + y'^2)_{\max}}{2z_0} \ll 10^{-7} \tag{10-87}$$

可忽略该项，则式(10-80)可近似为

$$r \approx z' + \frac{x^2 + y^2}{2z'} - \frac{xx' + yy'}{z'} \tag{10-88}$$

式(10-81)可近似为

$$R + r \approx z_0 + z' + \frac{x^2 + y^2}{2z'} - \frac{xx' + yy'}{z'} \tag{10-89}$$

这就是夫琅和费近似。在这个区域内观测得到的衍射称为夫琅和费衍射，即远场衍射。

在夫琅和费近似条件下，式(10-84)可简化为

$$\widetilde{E}(x, y) \approx \frac{\mathrm{j}\widetilde{E}_0 \mathrm{e}^{-\mathrm{j}k\left(z_0 + z' + \frac{x^2+y^2}{2z'}\right)}}{\lambda z' z_0} \iint\limits_{(S')} \mathrm{e}^{\mathrm{j}k\frac{xx'+yy'}{z'}} \mathrm{d}x' \mathrm{d}y' \quad (\text{球面波衍射}) \tag{10-90}$$

式(10-85)可近似为

$$\widetilde{E}(x, y) = \frac{\mathrm{j}\widetilde{E}_0 \mathrm{e}^{-\mathrm{j}k\left(z' + \frac{x^2+y^2}{2z'}\right)}}{\lambda z'} \iint\limits_{(S')} \mathrm{e}^{-\mathrm{j}k\boldsymbol{k}_0 \cdot \boldsymbol{R}} \mathrm{e}^{\mathrm{j}k\left(\frac{xx'+yy'}{z'}\right)} \mathrm{d}x' \mathrm{d}y' \quad (\text{平面波衍射}) \tag{10-91}$$

由式(10-90)和式(10-91)不难看出，在远场近似条件下，球面波衍射演变为平面波衍射的形式，但是式(10-90)仅适用于垂直入射的情况，而式(10-91)在垂直入射、斜入射时均适用。

由夫琅和费衍射可以得到解析解，且光学系统中最常见的衍射为夫琅和费衍射，而菲涅耳衍射需要近似求解，所以下面首先讨论夫琅和费衍射。

10.6 夫琅和费衍射

10.6.1 夫琅和费衍射装置

对于夫琅和费衍射，观测屏必须放置在远离衍射屏的地方。由于观测屏很远，波面 S' 上各点次波源发出的球面次波可近似为平行光线，如图 10－12(a)所示，而观测屏观测点光波的复振幅可看作是这些平行光线的叠加，衍射光斑定位于无穷远处。假设次波源发射的平行光线与 Z 轴夹角为 θ，如果在衍射屏后面放置一焦距为 f 的透镜 L_2，如图 10－12(b)所示，则由于透镜的聚焦作用，与 Z 轴夹角为 θ 的平行光线将聚焦于观测屏的 P 点。所以，实际中讨论夫琅和费衍射都需要在透镜焦平面上观测，如果是单色平面光波入射，则夫琅和费衍射都采用图 10－12(b)所示的实验装置。

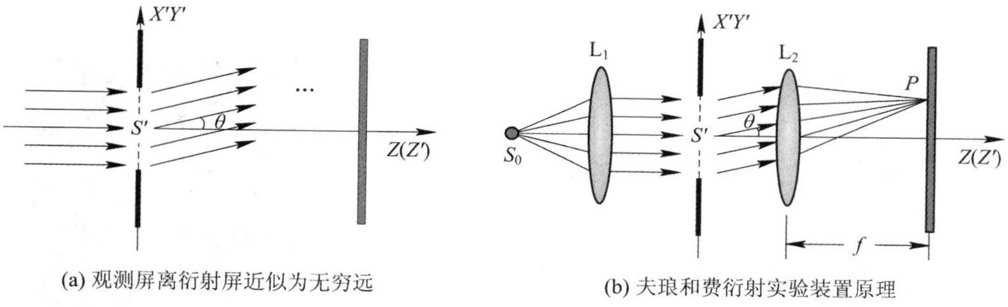

图 10－12 夫琅和费衍射装置原理

对于单色平面光波入射，假设波矢量单位矢量 $\boldsymbol{k}_0$ 沿 Z 轴方向，则有

$$\begin{aligned}\boldsymbol{k}_0 &= \cos\alpha'\,\boldsymbol{e}_{x'} + \cos\beta'\,\boldsymbol{e}_{y'} + \cos\gamma'\,\boldsymbol{e}_{z'} \\ &= \cos\frac{\pi}{2}\,\boldsymbol{e}_{x'} + \cos\frac{\pi}{2}\,\boldsymbol{e}_{y'} + \cos 0^\circ\,\boldsymbol{e}_{z'} = \boldsymbol{e}_{z'}\end{aligned} \tag{10-92}$$

式中，$\{\cos\alpha', \cos\beta', \cos\gamma'\}$ 为波矢量单位矢量的方向余弦。在 $X'Y'$ 坐标平面上，$z'=0$，则有

$$\boldsymbol{k}_0 \cdot \boldsymbol{R} = x'\cos\alpha' + y'\cos\beta' + z'\cos\gamma' = z' = 0 \tag{10-93}$$

在式(10－91)中取衍射屏与观测屏之间的距离 $z'=f$，并将式(10－93)代入，则式(10－91)可简化为

$$\widetilde{E}(x, y) = \frac{\mathrm{j}\widetilde{E}_0\,\mathrm{e}^{-\mathrm{j}k\left(f+\frac{x^2+y^2}{2f}\right)}}{\lambda f}\iint_{(S')}\mathrm{e}^{\mathrm{j}k\left(\frac{xx'+yy'}{f}\right)}\,\mathrm{d}x'\mathrm{d}y' \tag{10-94}$$

这就是垂直入射情况下夫琅和费衍射计算所依据的积分表达式。

10.6.2 夫琅和费矩孔衍射

图 10－13(a)所示为矩孔衍射光路图，矩孔在 X' 轴的宽度为 a，在 Y' 轴的宽度为 b，矩孔中心为坐标原点。由式(10－94)可得

$$\widetilde{E}(x, y)=\frac{\mathrm{j}\widetilde{E}_0\mathrm{e}^{-\mathrm{j}k\left(f+\frac{x^2+y^2}{2f}\right)}}{\lambda f}\int_{-b/2}^{+b/2}\mathrm{e}^{\mathrm{j}\frac{ky}{f}y'}\mathrm{d}y'\int_{-a/2}^{+a/2}\mathrm{e}^{\mathrm{j}\frac{kx}{f}x'}\mathrm{d}x'=\frac{\mathrm{j}\widetilde{E}_0 ab\,\mathrm{e}^{-\mathrm{j}k\left(f+\frac{x^2+y^2}{2f}\right)}}{\lambda f}\frac{\sin\alpha}{\alpha}\frac{\sin\beta}{\beta} \tag{10-95}$$

式中，记

$$\alpha=\frac{kax}{2f}=\frac{\pi ax}{\lambda f},\quad \beta=\frac{kby}{2f}=\frac{\pi by}{\lambda f} \tag{10-96}$$

由式(10－95)可得观测屏 P 点的光强为

$$I(x, y)=\widetilde{E}\widetilde{E}^*=I_0\left(\frac{\sin\alpha}{\alpha}\right)^2\left(\frac{\sin\beta}{\beta}\right)^2 \tag{10-97}$$

式中：

$$I_0=\frac{(ab)^2\,|\widetilde{E}_0|^2}{\lambda^2 f^2} \tag{10-98}$$

依据式(10－97)仿真得到矩孔衍射图如图 10－13(b)所示。参数取值为：$\lambda=632.8$ nm，$a=1.0$ mm，$b=2.0$ mm，$f=1.5$ m，$I_0=400.0$。观测屏取值范围为：$x=-5\sim+5$ mm，$y=-5\sim+5$ mm。

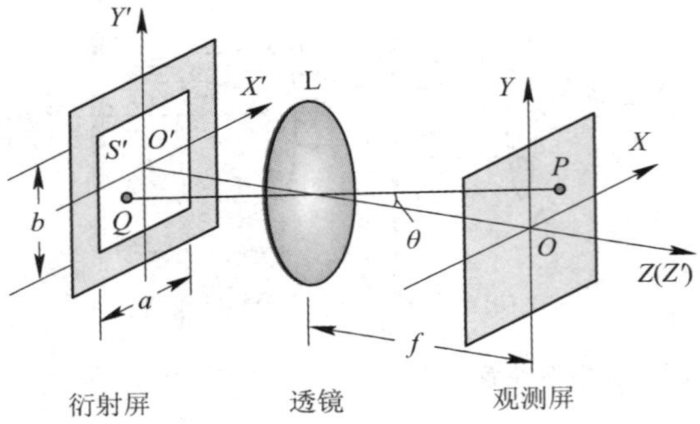

(a) 矩孔衍射光路

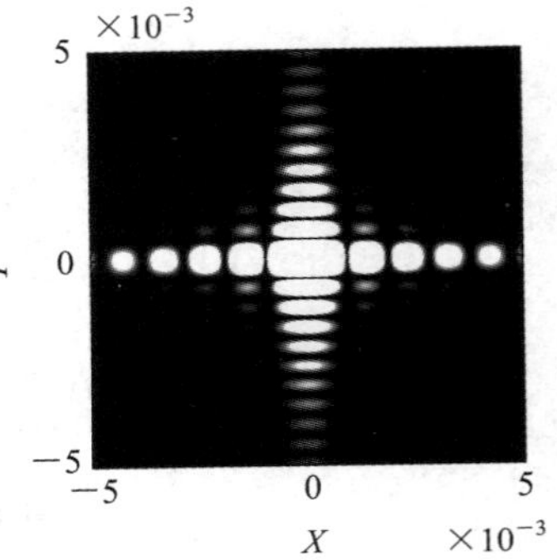

(b) 矩孔衍射图

图 10－13　夫琅和费矩孔衍射

下面讨论矩孔衍射的特点。

1. 衍射光强分布

取 $y=0$，则 $\beta=0$，由于

$$\lim_{\beta\to 0}\frac{\sin\beta}{\beta}=1 \tag{10-99}$$

由式(10－97)可得 X 轴的光强分布为

$$I(x)=I_0\left(\frac{\sin\alpha}{\alpha}\right)^2 \tag{10-100}$$

光强沿 X 轴的分布曲线如图 10－14 所示。

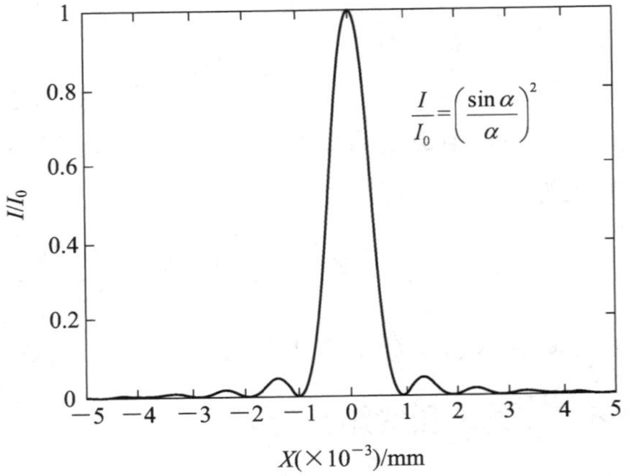

图 10－14　沿 X 轴的光强分布曲线

当 $\alpha=0$ 时，$x=0$，坐标原点取最大值 $I_M(0)=I_0$，即 $I_M(0)/I_0=1$。

当 $\alpha=m\pi(m=\pm1, \pm2, \cdots)$ 时，光强取极小值，$I_m(m\pi)=0$，光强为暗

点，其位置为

$$x = m\frac{f\lambda}{a} \quad (m = \pm 1, \pm 2, \cdots) \tag{10-101}$$

由此可得 X 轴两相邻暗点之间的间隔为

$$\Delta x = \frac{f\lambda}{a} \tag{10-102}$$

在两相邻暗点之间有一个光强次极大，次极大的位置由式(10－100)确定。式(10－100)两端对 α 求导数，并令

$$\frac{\mathrm{d}I(x)}{\mathrm{d}\alpha} = I_0 \frac{\mathrm{d}}{\mathrm{d}\alpha}\left(\frac{\sin\alpha}{\alpha}\right)^2 = 0 \tag{10-103}$$

得到

$$\tan\alpha = \alpha \tag{10-104}$$

这就是确定次极大位置的非线性方程。

同理，可得 Y 轴的光强分布为

$$I(y) = I_0 \left(\frac{\sin\beta}{\beta}\right)^2 \tag{10-105}$$

Y 轴的光强极小的位置为

$$y = m\frac{f\lambda}{b} \quad (m = \pm 1, \pm 2, \cdots) \tag{10-106}$$

Y 轴两相邻暗点之间的间隔为

$$\Delta y = \frac{f\lambda}{b} \tag{10-107}$$

Y 轴次极大的位置由方程

$$\tan\beta = \beta \tag{10-108}$$

确定。

表 10－1 给出了 10 个极小和次极大所对应的 α 值。

表 10－1 矩孔衍射光强度分布极小和次极大点

极值	主极大	极小	次极大	极小	次极大	极小	次极大	极小	次极大	极小
$(\sin\alpha/\alpha)^2$	1	0	0.047 18	0	0.016 94	0	0.008 34	0	0.005 03	0
α	0	π	4.493	2π	7.725	3π	10.90	4π	14.07	5π

由图 10－13(b)可以看出，在 X 轴和 Y 轴以外的 XOY 面内，也存在光强次极大和极小分布，但相对于 X 轴和 Y 轴的光强分布要小很多。

2. 中央亮斑

矩孔衍射中央亮斑的大小可由 X 轴和 Y 轴光强一级极小($m=1$)的位置确定。由式(10－101)和式(10－106)可知，中央亮斑 X 方向和 Y 方向的宽度为

$$\Delta x = \frac{2f\lambda}{a}, \quad \Delta y = \frac{2f\lambda}{b} \tag{10-109}$$

由此可得中央亮斑的面积为

$$S=\Delta x\Delta y=\frac{4f^2\lambda^2}{ab} \tag{10-110}$$

该式表明，中央亮斑的面积与矩孔面积成反比，在λ和f一定的情况下，衍射孔面积越小，中央亮斑面积越大。但是，由式(10-98)可知，衍射孔面积越小，中央亮斑光强I_0越小。

3. 衍射图形状

由式(10-100)和式(10-105)可知，衍射图在X方向和Y方向的形状相同，不同之处在于衍射孔的线度a和b。在λ和f一定的情况下，由式(10-102)和式(10-107)可知，如果$a<b$，则X方向的亮斑宽度大。图10-13(b)中取$b=2a$，因此X方向的亮斑宽度是Y方向亮斑宽度的2倍。

10.6.3 夫琅和费单缝衍射

1. 点源

假定矩孔在X'方向的尺寸比Y'方向大很多，即$a\gg b$，则矩孔衍射演变为一个单缝衍射。如图10-15(a)所示，单色点光源S_0放置在透镜L_1的物方焦点上，透镜L_1出射光波为单色平面光波，波传播单位矢量$\boldsymbol{k}_0$沿Z方向。假设单缝沿X'方向为无限长，沿Y'方向缝宽为b，缝中心线在X'轴上。由式(10-94)有

$$\widetilde{E}(x,y)=\frac{\mathrm{j}\widetilde{E}_0\mathrm{e}^{-\mathrm{j}k\left(f+\frac{x^2+y^2}{2f}\right)}}{\lambda f}\int_{-b/2}^{+b/2}\mathrm{e}^{\mathrm{j}\frac{ky}{f}y'}\mathrm{d}y'\int_{-\infty}^{+\infty}\mathrm{e}^{\mathrm{j}\frac{kx}{f}x'}\mathrm{d}x'=-\frac{\widetilde{E}_0b\mathrm{e}^{-\mathrm{j}k\left(f+\frac{x^2+y^2}{2f}\right)}}{\lambda f}\frac{\sin\beta}{\beta}\int_{-\infty}^{+\infty}\mathrm{e}^{\mathrm{j}\frac{kx}{f}x'}\mathrm{d}x' \tag{10-111}$$

式中，β见式(10-96)。根据δ函数的傅里叶反变换[①]

$$\delta(t)=\frac{1}{2\pi}\int_{-\infty}^{+\infty}\mathrm{e}^{\mathrm{j}\omega t}\mathrm{d}\omega \tag{10-112}$$

得式(10-111)中的积分为

$$\int_{-\infty}^{+\infty}\mathrm{e}^{\mathrm{j}\frac{kx}{f}x'}\mathrm{d}x'=2\pi\delta\left(\frac{kx}{f}\right) \tag{10-113}$$

代入式(10-111)，有

$$\widetilde{E}(x,y)=-\frac{2\pi\widetilde{E}_0b\mathrm{e}^{-\mathrm{j}k\left(f+\frac{x^2+y^2}{2f}\right)}}{\lambda f}\frac{\sin\beta}{\beta}\delta\left(\frac{k}{f}x\right) \tag{10-114}$$

又根据δ函数的尺度变换特性

$$\delta(ax)=\frac{1}{|a|}\delta(x) \tag{10-115}$$

及筛选特性

$$f(x)\delta(x-x_0)=f(x_0)\delta(x-x_0) \tag{10-116}$$

则式(10-114)可化简为

$$\widetilde{E}(x,y)=-\widetilde{E}_0b\mathrm{e}^{-\mathrm{j}k\left(f+\frac{y^2}{2f}\right)}\frac{\sin\beta}{\beta}\delta(x) \tag{10-117}$$

由δ函数的定义

---

① 罗汝梅:《积分变换》，载《现代工程数学手册》第Ⅰ卷第十七篇，华中工学院出版社，1985，第932页。

$$\delta(x)=\begin{cases}0 & (x\neq 0)\\ \infty & (x=0)\end{cases} \tag{10-118}$$

可知，点源单缝衍射观测屏幕电场强度复振幅分布仅沿 Y 方向，X 方向的分布为零。

由式(10－117)可得观测屏幕的光强为

$$I(x,\ y)=\widetilde{E}\widetilde{E}^{*}=I_0\left(\frac{\sin\beta}{\beta}\right)^2\delta^2(x) \tag{10-119}$$

式中：

$$I_0=|\widetilde{E}_0|^2b^2 \tag{10-120}$$

显然，单缝衍射条纹中心的光强与单缝线度的平方 b^2 成正比。式(10－119)中的 $\delta^2(x)$ 表明，光强仅分布在 Y 轴上。需要强调的是，在量纲上，δ 函数可理解为单位长度上的“冲击”，冲击强度取 1，而不是无穷。

推导式(10－119)取单缝为无限长，表达式出现 δ 函数。实际仿真计算中，为了图像清晰起见，仍可采用矩孔衍射光强表达式(10－97)，仅需取 $a\gg b$ 即可。依据式(10－97)，取 $a=5$ cm，$b=0.1$ mm，$\lambda=632.8$ nm，$f=1.5$ m，$I_0=1.0$，观测屏范围为：$x=-1\sim+1$ cm，$y=-3\sim+3$ cm，仿真结果如图 10－15(b)所示。单缝衍射 Y 轴光强分布曲线如图 10－15(c)所示。

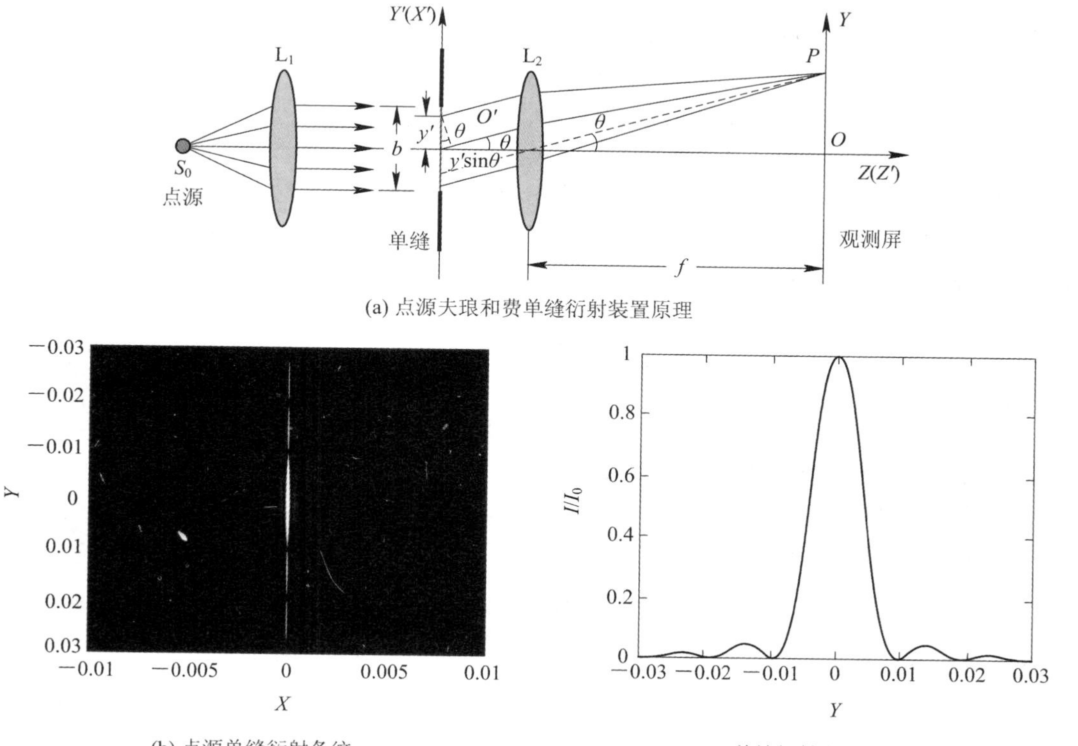

(a) 点源夫琅和费单缝衍射装置原理

(b) 点源单缝衍射条纹

(c) 单缝衍射光强分布

图 10－15 点源单缝衍射

下面讨论点源单缝衍射的特点。

1) 单缝衍射因子和衍射角

在衍射理论中，通常把 $(\sin\beta/\beta)^2$ 称为单缝衍射因子。因此，矩孔衍射的相对光强分布就是两个单缝衍射因子的乘积。

在 $f \gg y$ 的情况下，由图 10-15(a)，取近似

$$\frac{y}{f} = \tan\theta \approx \sin\theta \tag{10-121}$$

则式(10-96)可改写为

$$\beta = \frac{\pi b}{\lambda}\sin\theta \tag{10-122}$$

θ 称为衍射角。

2) 极值点

(1) 主极大。单色光照射时，$\theta = 0$，$\beta = 0$，对应于中央衍射位置。由于

$$\lim_{\beta\to 0}\frac{\sin\beta}{\beta} = 1 \tag{10-123}$$

由式(10-119)，有

$$I(0,\ 0) = I_0 \tag{10-124}$$

显然，单缝衍射条纹中央点的光强最大，中央为亮纹，称为中央主极大。

(2) 极小。当 $\beta = m\pi(m=\pm 1, \pm 2, \cdots)$ 时，$\sin\beta = 0$，$\beta \neq 0$，则有

$$I(0,\ y) = 0 \tag{10-125}$$

对应于单缝衍射的极小点，也即暗点。将 $\beta = m\pi(m=\pm 1, \pm 2, \cdots)$ 代入式(10-122)，有

$$b\sin\theta = m\lambda \quad (m=\pm 1, \pm 2, \cdots) \tag{10-126}$$

这就是单缝衍射暗点所满足的方程，m 对应衍射条纹的级次。

(3) 次极大。除中央亮纹外，在中央亮纹两边还存在亮纹，对应于两相邻暗点之间的次极大。对式(10-119)两边求导数，并令

$$\frac{\mathrm{d}I(x,\ y)}{\mathrm{d}\beta} = 0 \tag{10-127}$$

得到

$$\tan\beta = \beta \tag{10-128}$$

这就是确定次极大位置的方程，其值见表 10-1。

3) 条纹宽度

对式(10-126)两边求微分，有

$$\cos\theta\Delta\theta = \Delta m\frac{\lambda}{b} \tag{10-129}$$

由此可得相邻暗条纹($\Delta m=1$)之间的角宽度为

$$\Delta\theta = \frac{\lambda}{b\cos\theta} \tag{10-130}$$

在衍射角 θ 很小的情况下，$\cos\theta \approx 1$，相邻暗条纹的角宽度为

$$\Delta\theta \approx \frac{\lambda}{b} \tag{10-131}$$

对于中央亮条纹，角宽度记作 $\Delta\theta_0$。由表 10-1 和图 10-15(c)可知，$\Delta\theta_0$ 是 $\Delta\theta$ 的 2 倍，即

$$\Delta\theta_0 \approx \frac{2\lambda}{b} \tag{10-132}$$

由式(10－131)不难看出，在光波长 λ 一定的情况下，条纹角宽度 $\Delta\theta$ 与缝宽 b 成反比。b 小，$\Delta\theta$ 大，衍射现象显著；反之，b 大，$\Delta\theta$ 小，衍射现象不显著。

4）白光照射

由式(10－131)可知，在缝宽 b 一定时，条纹角宽度 $\Delta\theta$ 与入射光波长 λ 成正比。白光照射时，除中央是白色亮纹外，两边均为彩色条纹。对于同一衍射级次，波长长，衍射角大，衍射条纹在外；波长短，衍射角小，衍射条纹在内。所以，对于同一衍射级次，单缝衍射条纹分布从内到外依次为紫、蓝、青、绿、黄、橙、红。

2. 线源

假设单缝衍射采用单色线光源照射，线光源放置于透镜 L_1 的物方焦平面上，其长度为 l，并与 X' 轴平行，如图 10－16(a)所示。为了应用式(10－91)计算线源单缝衍射的光强分布，可将线源分解为无穷多个点源，然后将点源的光强分布进行叠加。在线源 l 上取一点源 S_0（与线源相联系的坐标为 s），由于 S_0 位于透镜 L_1 的焦平面上，L_1 的出射光束为平面光波，对应的波传播单位矢量假设为 $\boldsymbol{k}_0$，写成分量形式，有

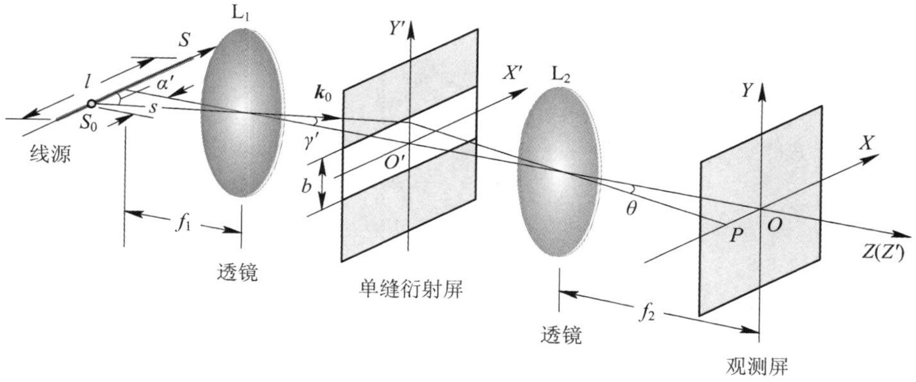

(a) 线源夫琅和费单缝衍射装置原理

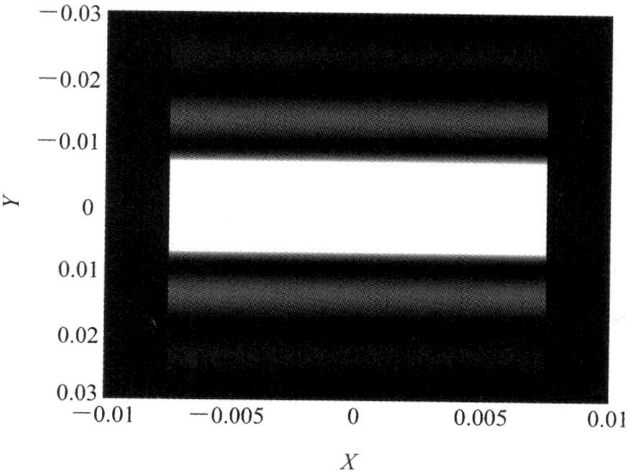

(b) 线源单缝衍射条纹

图 10－16 线源单缝衍射

$$\boldsymbol{k}_0 = \cos\alpha' \boldsymbol{e}_{x'} + \cos\beta' \boldsymbol{e}_{y'} + \cos\gamma' \boldsymbol{e}_{z'} \tag{10-133}$$

式中，$\{\cos\alpha', \cos\beta', \cos\gamma'\}$为波传播单位矢量的方向余弦。方向余弦可由经过透镜$L_1$光心的光线确定。由于线源在$X'Z'$平面内，$\boldsymbol{k}_0$与$X'$轴的夹角为$\alpha'$，与$Y'$轴的夹角为$\beta'$，与$Z'$轴的夹角即为$\gamma'$，由图10-16(a)，有

$$\cos\alpha' = \frac{s}{\sqrt{s^2+f_1^2}}, \quad \cos\beta' = \cos\frac{\pi}{2} = 0, \quad \cos\gamma' = \frac{f_1}{\sqrt{s^2+f_1^2}} \tag{10-134}$$

狭缝平面上任一点的位置矢量为

$$\boldsymbol{R} = x' \boldsymbol{e}_{x'} + y' \boldsymbol{e}_{y'} + z' \boldsymbol{e}_{z'} \tag{10-135}$$

在$X'Y'$平面上，$z'=0$，则有

$$\boldsymbol{k}_0 \cdot \boldsymbol{R} = x'\cos\alpha' + y'\cos\beta' + z'\cos\gamma' = x'\cos\alpha' \tag{10-136}$$

在式(10-91)中取单缝衍射屏与观测屏之间的距离$z'=f_2$，并将式(10-136)代入，得到

$$\begin{aligned}\widetilde{E}(x, y) &= \frac{\mathrm{j}\widetilde{E}_0 \mathrm{e}^{-\mathrm{j}k\left(f_2+\frac{x^2+y^2}{2f_2}\right)}}{\lambda f_2}\iint_{(S')} \mathrm{e}^{-\mathrm{j}kx'\cos\alpha'} \mathrm{e}^{\mathrm{j}k\left(\frac{xx'+yy'}{f_2}\right)} \mathrm{d}x'\mathrm{d}y' \\ &= \frac{\mathrm{j}\widetilde{E}_0 \mathrm{e}^{-\mathrm{j}k\left(f_2+\frac{x^2+y^2}{2f_2}\right)}}{\lambda f_2}\int_{-b/2}^{+b/2} \mathrm{e}^{\mathrm{j}\frac{ky}{f_2}y'} \mathrm{d}y' \int_{-\infty}^{+\infty} \mathrm{e}^{\mathrm{j}\left(\frac{kx}{f_2}-k\cos\alpha'\right)x'} \mathrm{d}x'\end{aligned} \tag{10-137}$$

对式(10-137)进行积分，并应用式(10-112)，有

$$\begin{aligned}\widetilde{E}(x, y) &= -\frac{2\pi\widetilde{E}_0 b \mathrm{e}^{-\mathrm{j}k\left(f_2+\frac{x^2+y^2}{2f_2}\right)}}{\lambda f_2} \frac{\sin\beta}{\beta}\delta\left(\frac{kx}{f_2} - k\cos\alpha'\right) \\ &= -\frac{2\pi\widetilde{E}_0 b \mathrm{e}^{-\mathrm{j}k\left(f_2+\frac{x^2+y^2}{2f_2}\right)}}{\lambda f_2} \frac{\sin\beta}{\beta}\delta\left[\frac{k}{f_2}(x - f_2\cos\alpha')\right]\end{aligned} \tag{10-138}$$

利用式(10-115)和式(10-116)，有

$$\widetilde{E}(x, y) = -\widetilde{E}_0 b \mathrm{e}^{-\mathrm{j}k\left(f_2+\frac{(f_2\cos\alpha')^2+y^2}{2f_2}\right)} \frac{\sin\beta}{\beta}\delta(x - f_2\cos\alpha') \tag{10-139}$$

由δ函数的定义

$$\delta(x - f_2\cos\alpha') = \begin{cases} 0 & (x - f_2\cos\alpha' \neq 0) \\ \infty & (x - f_2\cos\alpha' = 0) \end{cases} \tag{10-140}$$

可知，线源单缝衍射观测屏幕的电场强度复振幅分布沿Y方向为$(\sin\beta)/\beta$。对于给定的y，在满足条件

$$x - f_2\cos\alpha' = 0 \tag{10-141}$$

的情况下，沿X方向的电场强度复振幅分布不变。

由式(10-139)可得观测屏幕的光强为

$$I(x, y) = \widetilde{E}\widetilde{E}^* = I_0\left(\frac{\sin\beta}{\beta}\right)^2 \delta^2(x - f_2\cos\alpha') \tag{10-142}$$

式中，$I_0 = |\widetilde{E}_0|^2 b^2$。式(10-142)表明，在线源分布均匀的情况下，线源上的每一点s，对应于一个α'，由方程(10-141)可确定观测屏上一点x，过x点垂直于X轴方向上的光强分布相同，均为$I_0(\sin\beta/\beta)^2$。在X方向，衍射条纹的宽度大小由线源的长度l确定。

比较式(10-119)和式(10-142)可以看出，线源单缝衍射的特点与点源单缝衍射的特

点相同。

依据式(10－142)进行仿真计算，结果如图 10－16(b)所示，参数取值为：$b=0.1\ \text{mm}$，$\lambda=632.8\ \text{nm}$，$f_1=1.0\ \text{m}$，$f_2=1.5\ \text{m}$，线源长度 $l=1.0\ \text{cm}$，$I_0=1.0$。观测屏范围为：$x=-1\sim+1\ \text{cm}$，$y=-3\sim+3\ \text{cm}$。

10.7 菲涅耳衍射

一般情况下，夫琅和费衍射指平面波衍射，而菲涅耳衍射既可以是平面波衍射，也可以是球面波衍射。和夫琅和费衍射相比较，菲涅耳衍射的计算要复杂得多，需要进行数值积分计算。下面通过直边和矩孔菲涅耳衍射，介绍菲涅耳衍射的近似处理方法。

10.7.1 直边菲涅耳衍射

如图 10－17 所示，在 $X'Y'$ 平面放置一衍射屏，$y'>0$ 时半平面透光，$y'<0$ 时半平面不透光，直边沿 X' 轴。平面光波照射，波传播沿 Z' 轴方向，波传播单位矢量为 $\boldsymbol{k}_0$。由式(10－85)和式(10－93)，可写出在观测屏 P 点电场强度复振幅积分表达式为

$$\begin{aligned}\widetilde{E}(x,y)&=\frac{\mathrm{j}\widetilde{E}_0\,\mathrm{e}^{-\mathrm{j}k\left(z'+\frac{x^2+y^2}{2z'}\right)}}{\lambda z'}\iint\limits_{(S')}\mathrm{e}^{-\mathrm{j}k\left(\frac{x'^2+y'^2}{2z'}-\frac{xx'+yy'}{z'}\right)}\mathrm{d}x'\mathrm{d}y'=\frac{\mathrm{j}\widetilde{E}_0\,\mathrm{e}^{-\mathrm{j}kz'}}{\lambda z'}\iint\limits_{(S')}\mathrm{e}^{-\mathrm{j}k\left(\frac{(x'-x')^2+(y'-y')^2}{2z'}\right)}\mathrm{d}x'\mathrm{d}y'\\&=\frac{\mathrm{j}\widetilde{E}_0\,\mathrm{e}^{-\mathrm{j}kz'}}{\lambda z'}\int_0^{+\infty}\mathrm{e}^{-\mathrm{j}k\frac{(y'-y)^2}{2z'}}\mathrm{d}y'\int_{\infty}^{+\infty}\mathrm{e}^{-\mathrm{j}k\frac{(x'-x)^2}{2z'}}\mathrm{d}x'\end{aligned}\tag{10－143}$$

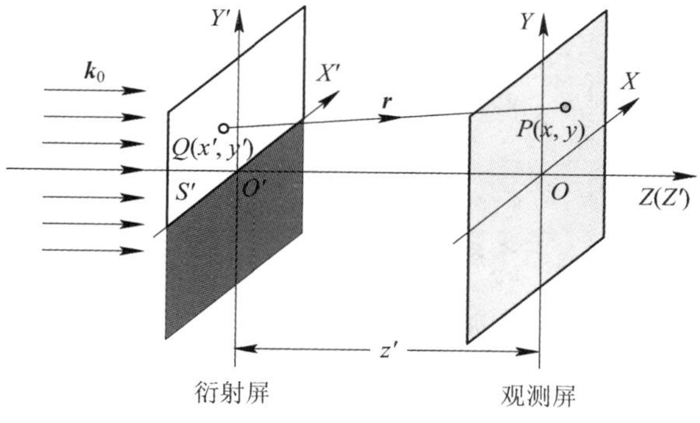

图 10－17 平面光波通过平面直边的菲涅耳衍射

记式(10－143)中两个积分分别为

$$A(x)=\int_{-\infty}^{+\infty}\mathrm{e}^{-\mathrm{j}k\frac{(x'-x)^2}{2z'}}\mathrm{d}x'\tag{10－144}$$

$$B(y)=\int_0^{+\infty}\mathrm{e}^{-\mathrm{j}k\frac{(y'-y)^2}{2z'}}\mathrm{d}y'\tag{10－145}$$

引入新的变量

$$u=\sqrt{\frac{k}{2z'}}(x'-x)\tag{10－146}$$

$$v=\sqrt{\frac{k}{\pi z'}}(y'-y) \tag{10-147}$$

由于

$$\begin{cases} x'\rightarrow -\infty & (u\rightarrow -\infty) \\ x'\rightarrow +\infty & (u\rightarrow +\infty) \end{cases} \tag{10-148}$$

且

$$\mathrm{d}x'=\sqrt{\frac{2z'}{k}}\mathrm{d}u \tag{10-149}$$

因此积分式(10－144)可简化为

$$A(x)=\sqrt{\frac{2z'}{k}}\int_{-\infty}^{+\infty}\mathrm{e}^{-\mathrm{j}u^2}\,\mathrm{d}u=\sqrt{\frac{2z'}{k}}\left[\int_{-\infty}^{+\infty}\cos u^2\,\mathrm{d}u-\mathrm{j}\int_{-\infty}^{+\infty}\sin u^2\,\mathrm{d}u\right] \tag{10-150}$$

又因为

$$A(x)=\sqrt{\frac{2z'}{k}}\int_{-\infty}^{+\infty}\mathrm{e}^{-\mathrm{j}u^2}\,\mathrm{d}u=2\sqrt{\frac{2z'}{k}}\left[\int_{0}^{+\infty}\cos u^2\,\mathrm{d}u-\mathrm{j}\int_{0}^{+\infty}\sin u^2\,\mathrm{d}u\right] \tag{10-151}$$

由广义积分①

$$\int_{0}^{+\infty}\sin x^2\,\mathrm{d}x=\int_{0}^{+\infty}\cos x^2\,\mathrm{d}x=\frac{1}{2}\sqrt{\frac{\pi}{2}} \tag{10-152}$$

利用积分式(10－152)，并将 $k=2\pi/\lambda$ 代入式(10－151)，得到

$$A(x)=\sqrt{\frac{\lambda z'}{2}}(1-\mathrm{j}) \tag{10-153}$$

另一方面，由于

$$y'\rightarrow +\infty,\quad v\rightarrow +\infty;\quad y'=0,\quad v=-\sqrt{\frac{k}{\pi z'}}y \tag{10-154}$$

且

$$\mathrm{d}y'=\sqrt{\frac{\pi z'}{k}}\mathrm{d}v \tag{10-155}$$

则积分式(10－145)可简化为

$$\begin{aligned} B(y)&=\int_{0}^{+\infty}\mathrm{e}^{-\mathrm{j}k\frac{(y'-y)^2}{2z'}}\,\mathrm{d}y'=\sqrt{\frac{\pi z'}{k}}\int_{-\sqrt{\frac{k}{\pi z'}}y}^{+\infty}\mathrm{e}^{-\mathrm{j}\frac{\pi}{2}v^2}\,\mathrm{d}v \\ &=\sqrt{\frac{\pi z'}{k}}\left(\int_{-\sqrt{\frac{k}{\pi z'}}y}^{0}\mathrm{e}^{-\mathrm{j}\frac{\pi}{2}v^2}\,\mathrm{d}v+\int_{0}^{+\infty}\mathrm{e}^{-\mathrm{j}\frac{\pi}{2}v^2}\,\mathrm{d}v\right) \end{aligned} \tag{10-156}$$

根据积分式(10－152)，可得式(10－156)中的第二个积分为

$$\int_{0}^{+\infty}\mathrm{e}^{-\mathrm{j}\frac{\pi}{2}v^2}\,\mathrm{d}v=\sqrt{\frac{2}{\pi}}\int_{0}^{+\infty}\mathrm{e}^{-\mathrm{j}t^2}\,\mathrm{d}t=\sqrt{\frac{2}{\pi}}\left[\int_{0}^{+\infty}\cos t^2\,\mathrm{d}t-\mathrm{j}\int_{0}^{+\infty}\sin t^2\,\mathrm{d}t\right]=\frac{1}{2}(1-\mathrm{j}) \tag{10-157}$$

---

① 陈文忠：《无穷级数与广义积分》，载《现代工程数学手册》第Ⅰ卷第九篇，华中工学院出版社，1985，第390页。

而式(10－156)中第一个积分可化为

$$\int_{-\sqrt{\frac{k}{\pi z'}}y}^{0} e^{-j\frac{\pi}{2}v^2}\,dv = \int_{0}^{\sqrt{\frac{k}{\pi z'}}y} e^{-j\frac{\pi}{2}v^2}\,dv \tag{10-158}$$

令

$$w = \sqrt{\frac{k}{\pi z'}}y = \sqrt{\frac{2}{\lambda z'}}y \tag{10-159}$$

将式(10－157)和式(10－158)代入式(10－156)，并将 $k=2\pi/\lambda$ 代入，有

$$B(y) = \sqrt{\frac{\lambda z'}{2}}\left[\int_0^w e^{-j\frac{\pi}{2}v^2}\,dv + \frac{1}{2}(1-j)\right] \tag{10-160}$$

记积分

$$F(w) = \int_0^w e^{-j\frac{\pi}{2}v^2}\,dv = \int_0^w \cos\frac{\pi}{2}v^2\,dv - j\int_0^w \sin\frac{\pi}{2}v^2\,dv \tag{10-161}$$

$$\begin{cases} C(w) = \int_0^w \cos\dfrac{\pi}{2}v^2\,dv \\ D(w) = \int_0^w \sin\dfrac{\pi}{2}v^2\,dv \end{cases} \tag{10-162}$$

则有

$$F(w) = C(w) - jD(w) \tag{10-163}$$

式(10－163)称为菲涅耳积分，式(10－162)两式分别称为菲涅耳余弦积分和菲涅耳正弦积分(MATLAB 软件有数值求解菲涅耳余弦积分 $C(w)$ 和菲涅耳正弦积分 $D(w)$ 的调用函数“FresnelC”和“FresnelS”)。由此可将积分式(10－160)简记为

$$B(y) = \sqrt{\frac{\lambda z'}{2}}\left\{\left[\frac{1}{2}+C(w)\right] - j\left[\frac{1}{2}+D(w)\right]\right\} \tag{10-164}$$

将式(10－153)和式(10－164)代入式(10－143)，有

$$\begin{aligned}\widetilde{E}(x, y) &= \frac{j\widetilde{E}_0 e^{-jkz'}}{2}\left\{\left[\frac{1}{2}+C(w)\right] - j\left[\frac{1}{2}+D(w)\right]\right\}(1-j) \\ &= \frac{j\widetilde{E}_0 e^{-jkz'}}{2}\{[C(w)-D(w)] - j[1+C(w)+D(w)]\}\end{aligned} \tag{10-165}$$

由此可得观测点 P 的光强为

$$I(x, y) = \widetilde{E}\widetilde{E}^* = \frac{I_0}{4}\{[C(w)-D(w)]^2 + [1+C(w)+D(w)]^2\} \tag{10-166}$$

式中：

$$I_0 = \widetilde{E}_0\widetilde{E}_0^* = |\widetilde{E}_0|^2 \tag{10-167}$$

式(10－166)表明，光强仅与 y 有关，与 x 无关。也就是说，对于给定的 y，X 方向任一点的光强都相同。

下面就直边衍射的特点进行讨论。

1. 菲涅耳积分

1) 菲涅耳积分具有奇函数特性

图 10－18 给出了菲涅耳余弦和正弦积分数值计算曲线，$-4 \leqslant w \leqslant +4$。由图可见，菲涅耳余弦积分 $C(w)$ 和菲涅耳正弦积分 $D(w)$ 均具有奇函数特性，即

$$\begin{cases} C(-w)=-C(w) \\ D(-w)=-D(w) \end{cases} \tag{10-168}$$

因而有

$$F(-w)=-F(-w) \tag{10-169}$$

由图 10-18 可以看出，当 $w=0$ 和 $w\to+\infty$ 时，菲涅耳积分值为

$$F(0)=0, \quad F(+\infty)=\frac{1}{2}(1-\mathrm{j}) \tag{10-170}$$

2）考纽(A. Cornu)螺线

菲涅耳积分的值也可以通过几何图形表示出来。以 $C(w)$ 为实轴，$D(w)$ 为虚轴，当 w 变化时，矢量 $F(w)$ 末端的轨迹形成考纽螺线，如图 10-19 所示，$-4\leqslant w\leqslant+4$。

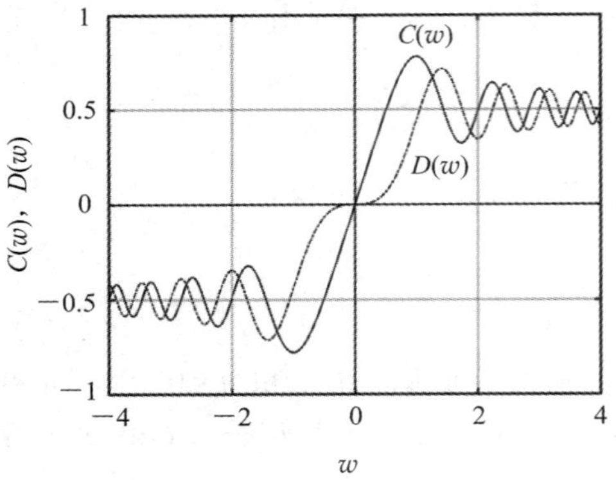

图 10-18 菲涅耳正弦和余弦曲线

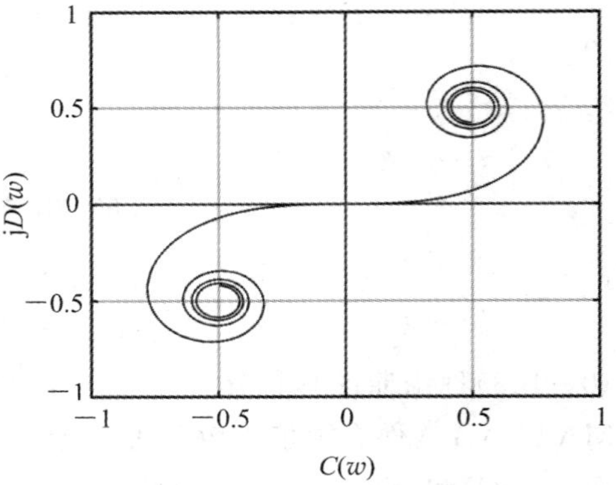

图 10-19 考纽螺线

考纽螺线在第一、三象限具有反对称性。对式(10-162)求导数，有

$$\begin{cases} \dfrac{\mathrm{d}C(w)}{\mathrm{d}w}=\cos\dfrac{\pi}{2}w^2 \\ \dfrac{\mathrm{d}D(w)}{\mathrm{d}w}=\sin\dfrac{\pi}{2}w^2 \end{cases} \tag{10-171}$$

由此可得

$$(\mathrm{d}C)^2+(\mathrm{d}D)^2=\left\{\left[\cos\left(\frac{\pi}{2}w^2\right)\right]^2+\left[\sin\left(\frac{\pi}{2}w^2\right)\right]^2\right\}(\mathrm{d}w)^2=(\mathrm{d}w)^2 \tag{10-172}$$

该式表明，$\mathrm{d}w$ 为考纽螺线线微分元的长度，w 表示从原点到曲线任一点的长度。

2. 光强分布

依据式(10-166)，图 10-20(a)给出了直边衍射光强分布曲线，参数取值为：$\lambda=632.8$ nm，$z'=0.5$ m，$y=-3\sim+3$ mm，$I_0=0.25$。图 10-20(b)为直边衍射条纹仿真结果，参数取值与图 10-20(a)的相同。由图可见，在 XY 平面上，$y<0$，对应于衍射屏不透光区域，光强不为零，但衍射比较弱；$y=0$，对应于直边衍射屏的分界线，光强并不是最大；$y>0$，对应于衍射屏的透光区域，衍射现象明显，衍射条纹由强变弱，条纹宽度由宽变窄，光强由大变小，在离开衍射屏边缘的地方，光强相对值趋于定值 1，也就是入射平面波光强。

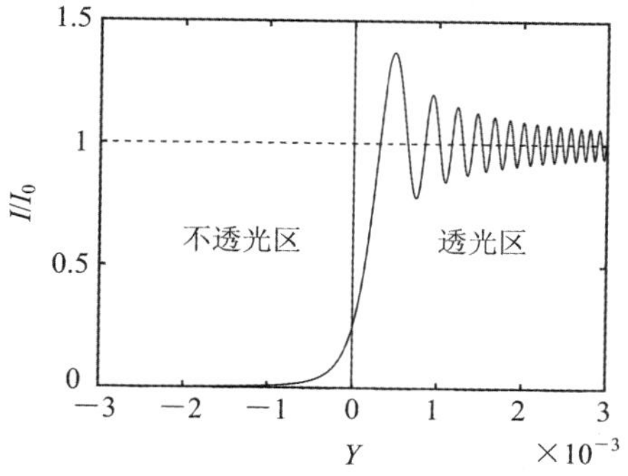

(a) 直边衍射光强分布曲线

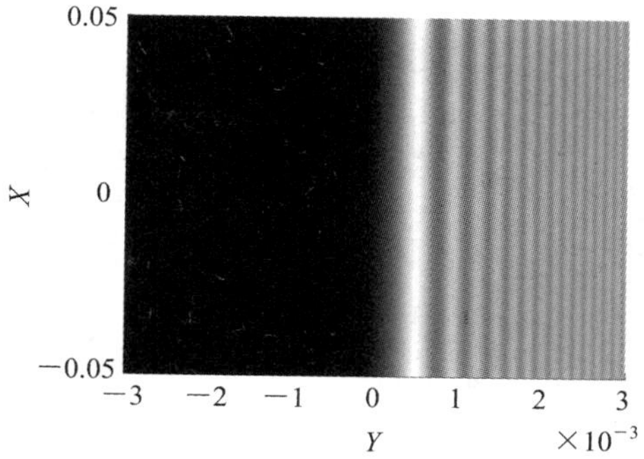

(b) 直边衍射条纹仿真结果

图 10-20 直边衍射光强分布曲线和直边衍射条纹仿真结果

10.7.2 矩孔菲涅耳衍射

如图 10-21 所示，在 $X'Y'$ 平面放置一矩孔衍射屏，矩孔 X' 方向的宽度为 a，Y' 方向的宽度为 b，矩孔中心与坐标原点 O' 重合。平面光波照射，波沿 Z' 轴方向传播，单位矢量为 $\boldsymbol{k}_0$。与直边衍射式(10-143)类同，由式(10-85)和式(10-93)可写出在观测屏 P 点电场强度复振幅积分表达式为

$$\widetilde{E}(x,\ y)=\frac{\mathrm{j}\widetilde{E}_0\,\mathrm{e}^{-\mathrm{j}kz'}}{\lambda z'}\int_{-b/2}^{+b/2}\mathrm{e}^{-\mathrm{j}k\frac{(y'-y)^2}{2z'}}\mathrm{d}y'\int_{-a/2}^{+a/2}\mathrm{e}^{-\mathrm{j}k\frac{(x'-x)^2}{2z'}}\mathrm{d}x' \tag{10-173}$$

记式(10-173)中两个积分分别为

$$A(x)=\int_{-a/2}^{+a/2}\mathrm{e}^{-\mathrm{j}k\frac{(x'-x)^2}{2z'}}\mathrm{d}x' \tag{10-174}$$

$$B(y)=\int_{-b/2}^{+b/2}\mathrm{e}^{-\mathrm{j}k\frac{(y'-y)^2}{2z'}}\mathrm{d}y' \tag{10-175}$$

引入新的变量

$$u=\sqrt{\frac{k}{\pi z'}}(x'-x),\quad \upsilon=\sqrt{\frac{k}{\pi z'}}(y'-y) \tag{10-176}$$

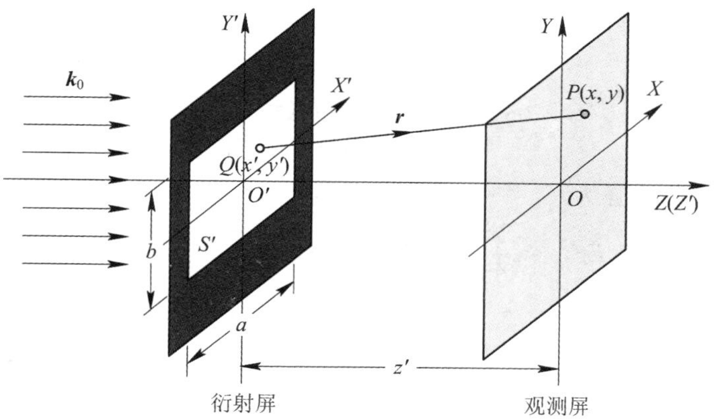

图 10-21 平面光波通过矩孔的菲涅耳衍射

由于

$$\begin{cases} x' = -\dfrac{a}{2},\ u = -\sqrt{\dfrac{k}{\pi z'}}\left(\dfrac{a}{2}+x\right) = -w_x \\ x' = +\dfrac{a}{2},\ u = \sqrt{\dfrac{k}{\pi z'}}\left(\dfrac{a}{2}-x\right) = v_x \end{cases},\quad \begin{cases} y' = -\dfrac{b}{2},\ v = -\sqrt{\dfrac{k}{\pi z'}}\left(\dfrac{b}{2}+y\right) = -w_y \\ y' = +\dfrac{b}{2},\ v = \sqrt{\dfrac{k}{\pi z'}}\left(\dfrac{b}{2}-y\right) = v_y \end{cases} \tag{10-177}$$

且

$$\mathrm{d}x' = \sqrt{\frac{\pi z'}{k}}\mathrm{d}u = \sqrt{\frac{z'\lambda}{2}}\mathrm{d}u,\quad \mathrm{d}y' = \sqrt{\frac{\pi z'}{k}}\mathrm{d}v = \sqrt{\frac{z'\lambda}{2}}\mathrm{d}v \tag{10-178}$$

积分式(10－174)和式(10－175)可简化为

$$A(x) = \sqrt{\frac{z'\lambda}{2}}\int_{-w_x}^{+v_x} \mathrm{e}^{-\mathrm{j}\frac{\pi}{2}u^2}\,\mathrm{d}u \tag{10-179}$$

$$B(y) = \sqrt{\frac{z'\lambda}{2}}\int_{-w_y}^{+v_y} \mathrm{e}^{-\mathrm{j}\frac{\pi}{2}v^2}\,\mathrm{d}v \tag{10-180}$$

为了便于进行菲涅耳积分数值计算，利用式(10－162)，把积分式(10－179)和(10－180)分别化为

$$\begin{aligned} A(x) &= \sqrt{\frac{z'\lambda}{2}}\int_{-w_x}^{+v_x} \mathrm{e}^{-\mathrm{j}\frac{\pi}{2}u^2}\,\mathrm{d}u = \sqrt{\frac{z'\lambda}{2}}\left[\int_0^{w_x} \mathrm{e}^{-\mathrm{j}\frac{\pi}{2}u^2}\,\mathrm{d}t + \int_0^{+v_x} \mathrm{e}^{-\mathrm{j}\frac{\pi}{2}u^2}\,\mathrm{d}u\right] \\ &= \sqrt{\frac{z'\lambda}{2}}\{[C(w_x)+C(v_x)] - \mathrm{j}[D(w_x)+D(v_x)]\} \end{aligned} \tag{10-181}$$

$$\begin{aligned} B(y) &= \sqrt{\frac{z'\lambda}{2}}\int_{-w_y}^{+v_y} \mathrm{e}^{-\mathrm{j}\frac{\pi}{2}v^2}\,\mathrm{d}v = \sqrt{\frac{z'\lambda}{2}}\left[\int_0^{w_y} \mathrm{e}^{-\mathrm{j}\frac{\pi}{2}v^2}\,\mathrm{d}v + \int_0^{+v_y} \mathrm{e}^{-\mathrm{j}\frac{\pi}{2}v^2}\,\mathrm{d}v\right] \\ &= \sqrt{\frac{z'\lambda}{2}}\{[C(w_y)+C(v_y)] - \mathrm{j}[D(w_y)+D(v_y)]\} \end{aligned} \tag{10-182}$$

将式(10－181)和式(10－182)代入式(10－173)，有

$$\begin{aligned} \widetilde{E}(x,y) = \frac{\mathrm{j}\widetilde{E}_0\mathrm{e}^{-\mathrm{j}kz'}}{2}\{&[C(w_x)+C(v_x)][C(w_y)+C(v_y)] - \\ &[D(w_x)+D(v_x)][D(w_y)+D(v_y)] - \\ &\mathrm{j}[[D(w_x)+D(v_x)][C(w_y)+C(v_y)] + \\ &[C(w_x)+C(v_x)][D(w_y)+D(v_y)]]\} \end{aligned} \tag{10-183}$$

由此可得观测点 P 的光强为

$$\begin{aligned} I(x,y) = \widetilde{E}\widetilde{E}^* = \frac{I_0}{4}\{&[[C(w_x)+C(v_x)][C(w_y)+C(v_y)] - \\ &[D(w_x)+D(v_x)][D(w_y)+D(v_y)]]^2 + \\ &[[D(w_x)+D(v_x)][C(w_y)+C(v_y)] + \\ &[C(w_x)+C(v_x)][D(w_y)+D(v_y)]]^2\} \end{aligned} \tag{10-184}$$

式中，$I_0 = |\widetilde{E}_0|^2$。

依据式(10-184)，图10-22给出矩孔菲涅耳衍射仿真计算结果，参数取值为：$a=1\ \mathrm{mm}$，$b=1\ \mathrm{mm}$，$\lambda=632.8\ \mathrm{nm}$，$I_0=5.0$。观测屏取值为：$x=-3\sim+3\ \mathrm{mm}$，$y=-3\sim+3\ \mathrm{mm}$。图10-22(a)取$z'=0.3\ \mathrm{m}$，图10-22(b)取$z'=0.5\ \mathrm{m}$，图10-22(c)取$z'=1.0\ \mathrm{m}$。由图可见，衍射条纹随观测屏距离的变化而变化，近场衍射条纹相对于远场衍射条纹要复杂得多，当观测距离取值比较大时，矩孔菲涅耳衍射条纹与矩孔夫琅和费衍射条纹趋于相同，见图10-13(b)。

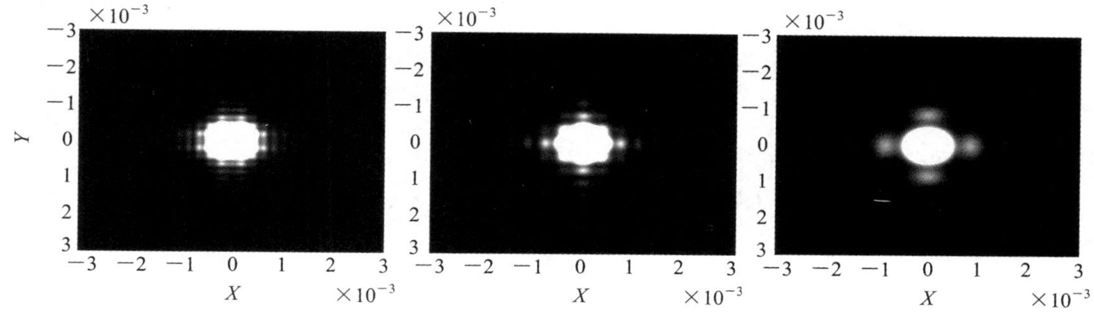

(a) $z'=0.3$ m　(b) $z'=0.5$ m　(c) $z'=1.0$ m

图10-22　矩孔菲涅耳衍射条纹

10.8　惠更斯-菲涅耳矢量衍射原理

光的矢量衍射理论是建立在麦克斯韦方程的基础之上的，出发点是矢量赫姆霍兹方程，应用矢量格林定理，可得到惠更斯-菲涅耳矢量衍射原理的数学表达形式。

10.8.1　齐次矢量赫姆霍兹方程

对于矢量衍射，光波在无源均匀各向同性线性理想介质中，电场强度矢量和磁场强度矢量满足矢量赫姆霍兹方程(6-127)和方程(6-128)，即

$$\begin{cases}\nabla^2\widetilde{\boldsymbol{E}}+k^2\widetilde{\boldsymbol{E}}=0\\ \nabla^2\widetilde{\boldsymbol{H}}+k^2\widetilde{\boldsymbol{H}}=0\end{cases}\tag{10-185}$$

式中，$k=\omega\sqrt{\varepsilon\mu}$为波数，$\omega$为光波圆频率，$\varepsilon$为介质介电常数，$\mu$为介质磁导率，$\widetilde{\boldsymbol{E}}$为电场强度复振幅矢量，$\widetilde{\boldsymbol{H}}$为磁场强度复振幅矢量。在无源区域，有

$$\begin{cases}\nabla\cdot\widetilde{\boldsymbol{E}}=0\\ \nabla\cdot\widetilde{\boldsymbol{H}}=0\end{cases}\tag{10-186}$$

在点源情况下，直接求解矢量赫姆霍兹方程(10-185)，需要应用矢量格林定理。

10.8.2　矢量格林定理

假设V是由闭曲面S所包围的体积，复矢量$\widetilde{\boldsymbol{A}}$是在$V$内及$S$面上具有连续一阶和二阶导数的复矢量函数，则

$$\iiint_{(V)} \nabla \cdot \widetilde{\boldsymbol{A}} \mathrm{d}V = \oiint_{(S)} \widetilde{\boldsymbol{A}} \cdot \mathrm{d}\boldsymbol{S} = \oiint_{(S)} \widetilde{\boldsymbol{A}} \cdot \boldsymbol{n} \mathrm{d}S \tag{10-187}$$

式中，$\boldsymbol{n}$ 为闭曲面 S 的外法向单位矢量。式(10－187)称为高斯散度定理，描述的是复矢量 $\widetilde{\boldsymbol{A}}$ 体积分与面积分之间的关系。

如果将 $\widetilde{\boldsymbol{A}}$ 表示为

$$\widetilde{\boldsymbol{A}} = \widetilde{\boldsymbol{P}} \times \nabla \times \widetilde{\boldsymbol{Q}} \tag{10-188}$$

式中，$\widetilde{\boldsymbol{P}}$ 和 $\widetilde{\boldsymbol{Q}}$ 也是在 V 内和 S 面上具有连续一阶和二阶导数的复矢量函数。将式(10－188)代入式(10－187)，有

$$\iiint_{(V)} \nabla \cdot (\widetilde{\boldsymbol{P}} \times \nabla \times \widetilde{\boldsymbol{Q}}) \mathrm{d}V = \oiint_{(S)} (\widetilde{\boldsymbol{P}} \times \nabla \times \widetilde{\boldsymbol{Q}}) \cdot \mathrm{d}\boldsymbol{S} \tag{10-189}$$

利用矢量恒等式

$$\nabla \cdot (\boldsymbol{A} \times \boldsymbol{B}) = \boldsymbol{B} \cdot (\nabla \times \boldsymbol{A}) - \boldsymbol{A} \cdot (\nabla \times \boldsymbol{B}) \tag{10-190}$$

有

$$\nabla \cdot (\widetilde{\boldsymbol{P}} \times \nabla \times \widetilde{\boldsymbol{Q}}) = \nabla \times \widetilde{\boldsymbol{Q}} \cdot (\nabla \times \widetilde{\boldsymbol{P}}) - \widetilde{\boldsymbol{P}} \cdot (\nabla \times \nabla \times \widetilde{\boldsymbol{Q}}) \tag{10-191}$$

将式(10－191)代入式(10－189)，有

$$\iiint_{(V)} [\nabla \times \widetilde{\boldsymbol{Q}} \cdot (\nabla \times \widetilde{\boldsymbol{P}}) - \widetilde{\boldsymbol{P}} \cdot (\nabla \times \nabla \times \widetilde{\boldsymbol{Q}})] \mathrm{d}V = \oiint_{(S)} (\widetilde{\boldsymbol{P}} \times \nabla \times \widetilde{\boldsymbol{Q}}) \cdot \mathrm{d}\boldsymbol{S} \tag{10-192}$$

这就是第一矢量格林定理。

将式(10－192)中的 $\widetilde{\boldsymbol{P}}$ 和 $\widetilde{\boldsymbol{Q}}$ 交换位置，有

$$\iiint_{(V)} \nabla \times \widetilde{\boldsymbol{P}} \cdot (\nabla \times \widetilde{\boldsymbol{Q}}) - \widetilde{\boldsymbol{Q}} \cdot (\nabla \times \nabla \times \widetilde{\boldsymbol{P}}) \mathrm{d}V = \oiint_{(S)} (\widetilde{\boldsymbol{Q}} \times \nabla \times \widetilde{\boldsymbol{P}}) \cdot \mathrm{d}\boldsymbol{S} \tag{10-193}$$

由于

$$\nabla \times \widetilde{\boldsymbol{P}} \cdot (\nabla \times \widetilde{\boldsymbol{Q}}) = \nabla \times \widetilde{\boldsymbol{Q}} \cdot (\nabla \times \widetilde{\boldsymbol{P}}) \tag{10-194}$$

式(10－193)与式(10－192)相减，得

$$\iiint_{(V)} [\widetilde{\boldsymbol{P}} \cdot (\nabla \times \nabla \times \widetilde{\boldsymbol{Q}}) - \widetilde{\boldsymbol{Q}} \cdot (\nabla \times \nabla \times \widetilde{\boldsymbol{P}})] \mathrm{d}V = \oiint_{(S)} (\widetilde{\boldsymbol{Q}} \times \nabla \times \widetilde{\boldsymbol{P}} - \widetilde{\boldsymbol{P}} \times \nabla \times \widetilde{\boldsymbol{Q}}) \cdot \mathrm{d}\boldsymbol{S} \tag{10-195}$$

这就是第二矢量格林定理。

10.8.3 惠更斯-菲涅耳矢量衍射原理

为了解释光波的衍射现象，惠更斯-菲涅耳认为光波传播是以球面波的形式传播的，波面上的每一点都可以看作是发射次波的波源，各自发射球面次波，这些球面次波的包络面就是下一时刻新的波面。实际上，惠更斯-菲涅耳衍射原理可以用严格的电磁场理论来描述。下面给出其数学表述形式。

式(10－195)是涉及两个矢量场 $\widetilde{\boldsymbol{P}}$ 和 $\widetilde{\boldsymbol{Q}}$ 的积分方程，可选择其中一个为已知。首先求解电场强度矢量 $\widetilde{\boldsymbol{E}}$，令

$$\begin{cases} \widetilde{\boldsymbol{P}} = \widetilde{\boldsymbol{E}}(r) \\ \widetilde{\boldsymbol{Q}} = \widetilde{G}(\boldsymbol{r}, \boldsymbol{r}')\boldsymbol{a} = \widetilde{G}\boldsymbol{a} \end{cases} \tag{10-196}$$

而 $\widetilde{G}(\boldsymbol{r}, \boldsymbol{r}')\boldsymbol{a}$ 满足方程

$$\nabla^2[\widetilde{G}(\boldsymbol{r},\boldsymbol{r}')\boldsymbol{a}]+k^2[\widetilde{G}(\boldsymbol{r},\boldsymbol{r}')\boldsymbol{a}]=-\delta(\boldsymbol{r}-\boldsymbol{r}')\boldsymbol{a} \tag{10-197}$$

式中，$\boldsymbol{a}$ 为任意常矢量，是一个求解过程中的辅助矢量。在无源区域，$\delta(\boldsymbol{r}-\boldsymbol{r}')=0$，方程(10-197)的格林函数解为

$$\widetilde{G}(\boldsymbol{r},\boldsymbol{r}')=\frac{1}{4\pi}\frac{\mathrm{e}^{-\mathrm{j}kR}}{R} \tag{10-198}$$

式中，$R=|\boldsymbol{r}-\boldsymbol{r}'|$ 为点源到空间点的距离。需要强调的是，式(10-198)选择系数 $1/(4\pi)$ 是为了使基尔霍夫矢量衍射公式与基尔霍夫标量衍射公式形式相同。

将式(10-196)代入式(10-195)，有

$$\iiint_{(V)}\{\widetilde{\boldsymbol{E}}\cdot[\nabla\times\nabla\times(\widetilde{G}\boldsymbol{a})]-\widetilde{G}\boldsymbol{a}\cdot(\nabla\times\nabla\times\widetilde{\boldsymbol{E}})\}\mathrm{d}V$$
$$=\oint\!\!\!\oint_{(S)}[(\widetilde{G}\boldsymbol{a})\times\nabla\times\widetilde{\boldsymbol{E}}-\widetilde{\boldsymbol{E}}\times\nabla\times(\widetilde{G}\boldsymbol{a})]\cdot\mathrm{d}\boldsymbol{S} \tag{10-199}$$

下面对方程(10-199)进行简化。

利用矢量恒等式

$$\nabla\times\nabla\times\boldsymbol{A}=\nabla(\nabla\cdot\boldsymbol{A})-\nabla^2\boldsymbol{A} \tag{10-200}$$

有

$$\nabla\times\nabla\times\widetilde{\boldsymbol{E}}=\nabla(\nabla\cdot\widetilde{\boldsymbol{E}})-\nabla^2\widetilde{\boldsymbol{E}} \tag{10-201}$$

$$\nabla\times\nabla\times(\widetilde{G}\boldsymbol{a})=\nabla[\nabla\cdot(\widetilde{G}\boldsymbol{a})]-\nabla^2(\widetilde{G}\boldsymbol{a}) \tag{10-202}$$

利用矢量恒等式

$$\nabla\cdot(\varphi\boldsymbol{A})=\boldsymbol{A}\cdot\nabla\varphi+\varphi\nabla\cdot\boldsymbol{A} \tag{10-203}$$

取 $\varphi=\widetilde{G}$，$\boldsymbol{a}=\boldsymbol{A}$，有

$$\nabla\cdot(\widetilde{G}\boldsymbol{a})=\boldsymbol{a}\cdot\nabla\widetilde{G}+\widetilde{G}\nabla\cdot\boldsymbol{a} \tag{10-204}$$

将式(10-185)和式(10-186)代入式(10-201)，得到

$$\nabla\times\nabla\times\widetilde{\boldsymbol{E}}=k^2\widetilde{\boldsymbol{E}} \tag{10-205}$$

将式(10-204)和式(10-197)代入式(10-202)，因 $\nabla\cdot\boldsymbol{a}=0$，所以有

$$\nabla\times\nabla\times(\widetilde{G}\boldsymbol{a})=\nabla(\boldsymbol{a}\cdot\nabla\widetilde{G})+k^2(\widetilde{G}\boldsymbol{a})+\delta(\boldsymbol{r}-\boldsymbol{r}')\boldsymbol{a} \tag{10-206}$$

将式(10-205)和式(10-206)代入式(10-199)，得到

$$\iiint_{(V)}[\widetilde{\boldsymbol{E}}\cdot\nabla(\boldsymbol{a}\cdot\nabla\widetilde{G})+\delta(\boldsymbol{r}-\boldsymbol{r}')\boldsymbol{a}\cdot\widetilde{\boldsymbol{E}}]\mathrm{d}V=\oint\!\!\!\oint_{(S)}[(\widetilde{G}\boldsymbol{a})\times\nabla\times\widetilde{\boldsymbol{E}}-\widetilde{\boldsymbol{E}}\times\nabla\times(\widetilde{G}\boldsymbol{a})]\cdot\mathrm{d}\boldsymbol{S} \tag{10-207}$$

利用式(10-203)，取 $\varphi=\boldsymbol{a}\cdot\nabla\widetilde{G}$，$\boldsymbol{A}=\widetilde{\boldsymbol{E}}$，且 $\nabla\cdot\widetilde{\boldsymbol{E}}=0$，有

$$\widetilde{\boldsymbol{E}}\cdot\nabla(\boldsymbol{a}\cdot\nabla\widetilde{G})=\nabla\cdot[(\boldsymbol{a}\cdot\nabla\widetilde{G})\widetilde{\boldsymbol{E}}]-(\boldsymbol{a}\cdot\nabla\widetilde{G})\nabla\cdot\widetilde{\boldsymbol{E}}=\nabla\cdot[(\boldsymbol{a}\cdot\nabla\widetilde{G})\widetilde{\boldsymbol{E}}] \tag{10-208}$$

将式(10-208)代入式(10-207)，简化得到

$$\iiint_{(V)}\{\nabla\cdot[(\boldsymbol{a}\cdot\nabla\widetilde{G})\widetilde{\boldsymbol{E}}]+\delta(\boldsymbol{r}-\boldsymbol{r}')\boldsymbol{a}\cdot\widetilde{\boldsymbol{E}}\}\mathrm{d}V=\oint\!\!\!\oint_{(S)}[(\widetilde{G}\boldsymbol{a})\times\nabla\times\widetilde{\boldsymbol{E}}-\widetilde{\boldsymbol{E}}\times\nabla\times(\widetilde{G}\boldsymbol{a})]\cdot\mathrm{d}\boldsymbol{S} \tag{10-209}$$

利用高斯定理式(10-187)，取 $\boldsymbol{A}=(\boldsymbol{a}\cdot\nabla\widetilde{G})\widetilde{\boldsymbol{E}}$，则有

$$\iiint_{(V)}\nabla\cdot[(\boldsymbol{a}\cdot\nabla\widetilde{G})\widetilde{\boldsymbol{E}}]\mathrm{d}V=\oint\!\!\!\oint_{(S)}(\boldsymbol{a}\cdot\nabla\widetilde{G})\widetilde{\boldsymbol{E}}\cdot\mathrm{d}\boldsymbol{S} \tag{10-210}$$

利用 δ 函数的取样特性①，有

$$\iiint_{(V)} \delta(\boldsymbol{r}-\boldsymbol{r}')\widetilde{\boldsymbol{E}}(\boldsymbol{r})\mathrm{d}V = \widetilde{\boldsymbol{E}}(\boldsymbol{r}') \tag{10-211}$$

将式(10－211)两边与常矢量 $\boldsymbol{a}$ 点积，有

$$\boldsymbol{a}\cdot\iiint_{(V)}[\delta(\boldsymbol{r}-\boldsymbol{r}')\widetilde{\boldsymbol{E}}]\mathrm{d}V = \boldsymbol{a}\cdot\widetilde{\boldsymbol{E}}(\boldsymbol{r}') \tag{10-212}$$

将式(10－210)和式(10－212)代入式(10－209)，得

$$\boldsymbol{a}\cdot\widetilde{\boldsymbol{E}}(\boldsymbol{r}') = \oiint_{(S)}[(\widetilde{G}\boldsymbol{a})\times\nabla\times\widetilde{\boldsymbol{E}}(\boldsymbol{r})-\widetilde{\boldsymbol{E}}(\boldsymbol{r})\times\nabla\times(\widetilde{G}\boldsymbol{a})-(\boldsymbol{a}\cdot\nabla\widetilde{G})\widetilde{\boldsymbol{E}}(\boldsymbol{r})]\cdot\mathrm{d}\boldsymbol{S} \tag{10-213}$$

方程(10－213)两边交换符号 $\boldsymbol{r}'$ 和 $\boldsymbol{r}$，式(10－213)变为

$$\boldsymbol{a}\cdot\widetilde{\boldsymbol{E}}(\boldsymbol{r}) = \oiint_{(S')}[(\widetilde{G}\boldsymbol{a})\times\nabla'\times\widetilde{\boldsymbol{E}}(\boldsymbol{r}')-\widetilde{\boldsymbol{E}}(\boldsymbol{r}')\times\nabla'\times(\widetilde{G}\boldsymbol{a})-(\boldsymbol{a}\cdot\nabla'\widetilde{G})\widetilde{\boldsymbol{E}}(\boldsymbol{r}')]\cdot\mathrm{d}\boldsymbol{S}' \tag{10-214}$$

下面对方程(10－214)右边进行简化。

利用矢量关系

$$\nabla'\times(\varphi\boldsymbol{A}) = \varphi\nabla'\times\boldsymbol{A}+\nabla'\varphi\times\boldsymbol{A} \tag{10-215}$$

和 $\nabla'\times\boldsymbol{a}=0$，有

$$\nabla'\times(\widetilde{G}\boldsymbol{a}) = \widetilde{G}\nabla'\times\boldsymbol{a}+\nabla'\widetilde{G}\times\boldsymbol{a} = \nabla'\widetilde{G}\times\boldsymbol{a} \tag{10-216}$$

则

$$\widetilde{\boldsymbol{E}}\times\nabla'\times(\widetilde{G}\boldsymbol{a}) = \widetilde{\boldsymbol{E}}\times\nabla'\widetilde{G}\times\boldsymbol{a} \tag{10-217}$$

再利用矢量关系

$$\boldsymbol{A}\times(\boldsymbol{B}\times\boldsymbol{C}) = \boldsymbol{B}(\boldsymbol{A}\cdot\boldsymbol{C})-\boldsymbol{C}(\boldsymbol{A}\cdot\boldsymbol{B}) \tag{10-218}$$

有

$$\widetilde{\boldsymbol{E}}\times\nabla'\times(\widetilde{G})\boldsymbol{a} = \widetilde{\boldsymbol{E}}\times\nabla'\widetilde{G}\times\boldsymbol{a} = \nabla'\widetilde{G}(\widetilde{\boldsymbol{E}}\cdot\boldsymbol{a})-\boldsymbol{a}(\widetilde{\boldsymbol{E}}\cdot\nabla'\widetilde{G}) \tag{10-219}$$

为了消掉方程(10－214)两端的常矢量 $\boldsymbol{a}$，设 $\mathrm{d}\boldsymbol{S}'=\boldsymbol{n}\mathrm{d}S'$，$\boldsymbol{n}$ 为闭曲面 S' 外法向单位矢量，将式(10－219)代入方程(10－214)，有

$$\boldsymbol{a}\cdot\widetilde{\boldsymbol{E}}(\boldsymbol{r}) = \oiint_{(S')}\{[(\widetilde{G}\boldsymbol{a})\times\nabla'\times\widetilde{\boldsymbol{E}}]\cdot\boldsymbol{n}-\boldsymbol{a}\cdot\widetilde{\boldsymbol{E}}(\nabla'\widetilde{G}\cdot\boldsymbol{n})+(\widetilde{\boldsymbol{E}}\cdot\nabla'\widetilde{G})\boldsymbol{a}\cdot\boldsymbol{n}-\boldsymbol{a}\cdot\nabla'\widetilde{G}(\widetilde{\boldsymbol{E}}\cdot\boldsymbol{n})\}\mathrm{d}S' \tag{10-220}$$

利用矢量关系

$$\boldsymbol{A}\cdot(\boldsymbol{B}\times\boldsymbol{C}) = \boldsymbol{B}\cdot(\boldsymbol{C}\times\boldsymbol{A}) = \boldsymbol{C}\cdot(\boldsymbol{A}\times\boldsymbol{B}) \tag{10-221}$$

取 $\boldsymbol{n}=\boldsymbol{A}$，$\boldsymbol{B}=G\boldsymbol{a}$，$\boldsymbol{C}=\nabla'\times\widetilde{\boldsymbol{E}}$，则有

$$[(\widetilde{G}\boldsymbol{a})\times(\nabla'\times\widetilde{\boldsymbol{E}})]\cdot\boldsymbol{n} = \boldsymbol{n}\cdot[(\widetilde{G}\boldsymbol{a})\times(\nabla'\times\widetilde{\boldsymbol{E}})] = (\widetilde{G}\boldsymbol{a})\cdot[(\nabla'\times\widetilde{\boldsymbol{E}})\times\boldsymbol{n}] \tag{10-222}$$

---

① δ 函数的取样特性：$f(\boldsymbol{r}) = \iiint_{(V')} f(\boldsymbol{r}')\delta(\boldsymbol{r}-\boldsymbol{r}')\mathrm{d}V'$。

又由[①]

$$\nabla'(\boldsymbol{A}\cdot\boldsymbol{B})=\boldsymbol{B}\times(\nabla'\times\boldsymbol{A})+\boldsymbol{A}\times(\nabla'\times\boldsymbol{B})+(\boldsymbol{B}\cdot\nabla')\boldsymbol{A}+(\boldsymbol{A}\cdot\nabla')\boldsymbol{B} \tag{10-223}$$

取 $\boldsymbol{n}=\boldsymbol{A}$, $\boldsymbol{B}=\widetilde{\boldsymbol{E}}$, 有

$$\nabla'(\boldsymbol{n}\cdot\widetilde{\boldsymbol{E}})=\widetilde{\boldsymbol{E}}\times(\nabla'\times\boldsymbol{n})+\boldsymbol{n}\times(\nabla'\times\widetilde{\boldsymbol{E}})+(\widetilde{\boldsymbol{E}}\cdot\nabla')\boldsymbol{n}+(\boldsymbol{n}\cdot\nabla')\widetilde{\boldsymbol{E}} \tag{10-224}$$

因为法向单位矢量 $\boldsymbol{n}$ 与面元 dS' 相关，而 ∇' 是对被积函数的空间坐标 $\boldsymbol{r}'$ 求导数，因而 $\boldsymbol{n}$ 可作为常矢量处理，因此有

$$\nabla'\times\boldsymbol{n}=0,\ (\widetilde{\boldsymbol{E}}\cdot\nabla')\boldsymbol{n}=0 \tag{10-225}$$

又因

$$\boldsymbol{n}\times(\nabla'\times\widetilde{\boldsymbol{E}})=-(\nabla'\times\widetilde{\boldsymbol{E}})\times\boldsymbol{n} \tag{10-226}$$

将式(10－225)和式(10－226)代入式(10－224)，得到

$$(\nabla'\times\widetilde{\boldsymbol{E}})\times\boldsymbol{n}=(\boldsymbol{n}\cdot\nabla')\widetilde{\boldsymbol{E}}-\nabla'(\boldsymbol{n}\cdot\widetilde{\boldsymbol{E}}) \tag{10-227}$$

将式(10－227)代入式(10－222)，有

$$[(\widetilde{G}\boldsymbol{a})\times(\nabla'\times\widetilde{\boldsymbol{E}})]\cdot\boldsymbol{n}=(\widetilde{G}\boldsymbol{a})\cdot[(\boldsymbol{n}\cdot\nabla')\widetilde{\boldsymbol{E}}-\nabla'(\boldsymbol{n}\cdot\widetilde{\boldsymbol{E}})] \tag{10-228}$$

将式(10－228)代入式(10－220)，得

$$\begin{aligned}&\boldsymbol{a}\cdot\widetilde{\boldsymbol{E}}(\boldsymbol{r})=\\&\boldsymbol{a}\cdot\oiint_{(S')}\{[(\boldsymbol{n}\cdot\nabla')\widetilde{\boldsymbol{E}}-\nabla'(\boldsymbol{n}\cdot\widetilde{\boldsymbol{E}})]\widetilde{G}-\widetilde{\boldsymbol{E}}(\nabla'\widetilde{G}\cdot\boldsymbol{n})+(\widetilde{\boldsymbol{E}}\cdot\nabla'\widetilde{G})\boldsymbol{n}-\nabla'\widetilde{G}(\widetilde{\boldsymbol{E}}\cdot\boldsymbol{n})\}dS'\end{aligned} \tag{10-229}$$

显然有

$$\widetilde{\boldsymbol{E}}(\boldsymbol{r})=\oiint_{(S')}\{[(\boldsymbol{n}\cdot\nabla')\widetilde{\boldsymbol{E}}-\nabla'(\boldsymbol{n}\cdot\widetilde{\boldsymbol{E}})]\widetilde{G}-\widetilde{\boldsymbol{E}}(\nabla'\widetilde{G}\cdot\boldsymbol{n})+(\widetilde{\boldsymbol{E}}\cdot\nabla'\widetilde{G})\boldsymbol{n}-\nabla'\widetilde{G}(\widetilde{\boldsymbol{E}}\cdot\boldsymbol{n})\}dS' \tag{10-230}$$

这就是惠更斯-菲涅耳矢量衍射原理电场强度复振幅矢量的表达式。

同样，如果令

$$\begin{cases}\widetilde{\boldsymbol{P}}=\widetilde{\boldsymbol{H}}(\boldsymbol{r})\\ \widetilde{\boldsymbol{Q}}=\widetilde{G}(\boldsymbol{r},\boldsymbol{r}')\boldsymbol{a}=\widetilde{G}\boldsymbol{a}\end{cases} \tag{10-231}$$

利用矢量格林定理，可得惠更斯-菲涅耳矢量衍射原理磁场强度复振幅矢量的表达式为

$$\begin{aligned}&\widetilde{\boldsymbol{H}}(\boldsymbol{r})=\\&\oiint_{(S')}\{[(\boldsymbol{n}\cdot\nabla')\widetilde{\boldsymbol{H}}-\nabla'(\boldsymbol{n}\cdot\widetilde{\boldsymbol{H}})]\widetilde{G}-\widetilde{\boldsymbol{H}}(\nabla'\widetilde{G}\cdot\boldsymbol{n})+(\widetilde{\boldsymbol{H}}\cdot\nabla'\widetilde{G})\boldsymbol{n}-\nabla'\widetilde{G}(\widetilde{\boldsymbol{H}}\cdot\boldsymbol{n})\}dS'\end{aligned} \tag{10-232}$$

---

① 陈龙玄、高瑞：《向量分析》，载《现代工程数学手册》第Ⅰ卷第十篇，华中工学院出版社，1985，第426页。

10.9 基尔霍夫矢量衍射定理

取 $\boldsymbol{A}=\widetilde{\boldsymbol{E}}$，$\varphi=\widetilde{G}$，且 $\nabla'\cdot\widetilde{\boldsymbol{E}}=0$，由式(10-203)，有

$$(\widetilde{\boldsymbol{E}}\cdot\nabla'\widetilde{G})\boldsymbol{n}=[\nabla'\cdot(\widetilde{G}\widetilde{\boldsymbol{E}})]\boldsymbol{n}-\widetilde{G}(\nabla'\cdot\widetilde{\boldsymbol{E}})\boldsymbol{n}=[\nabla'\cdot(\widetilde{G}\widetilde{\boldsymbol{E}})]\boldsymbol{n} \tag{10-233}$$

将式(10-233)代入式(10-230)，得

$$\widetilde{\boldsymbol{E}}(\boldsymbol{r})=\oint\!\!\!\oint_{(S')}\{\widetilde{G}(\boldsymbol{n}\cdot\nabla')\widetilde{\boldsymbol{E}}+[\nabla'\cdot(\widetilde{G}\widetilde{\boldsymbol{E}})]\boldsymbol{n}-\widetilde{G}\,\nabla'(\boldsymbol{n}\cdot\widetilde{\boldsymbol{E}})-\widetilde{\boldsymbol{E}}(\nabla'\widetilde{G}\cdot\boldsymbol{n})-(\widetilde{\boldsymbol{E}}\cdot\boldsymbol{n})\nabla'\widetilde{G}\}\mathrm{d}S' \tag{10-234}$$

利用梯度关系

$$\nabla'(fg)=g\,\nabla'f+f\,\nabla'g \tag{10-235}$$

取 $f=\widetilde{G}$，$g=(\boldsymbol{n}\cdot\widetilde{\boldsymbol{E}})$，有

$$\nabla'[\widetilde{G}(\boldsymbol{n}\cdot\widetilde{\boldsymbol{E}})]=(\boldsymbol{n}\cdot\widetilde{\boldsymbol{E}})\nabla'\widetilde{G}+\widetilde{G}\,\nabla'(\boldsymbol{n}\cdot\widetilde{\boldsymbol{E}}) \tag{10-236}$$

即

$$\widetilde{G}\,\nabla'(\boldsymbol{n}\cdot\widetilde{\boldsymbol{E}})=\nabla'[\widetilde{G}(\boldsymbol{n}\cdot\widetilde{\boldsymbol{E}})]-(\boldsymbol{n}\cdot\widetilde{\boldsymbol{E}})\nabla'\widetilde{G} \tag{10-237}$$

将式(10-237)代入式(10-234)，简化得

$$\begin{aligned}\widetilde{\boldsymbol{E}}(\boldsymbol{r})&=\oint\!\!\!\oint_{(S')}\{\widetilde{G}(\boldsymbol{n}\cdot\nabla')\widetilde{\boldsymbol{E}}+[\nabla'\cdot(\widetilde{G}\widetilde{\boldsymbol{E}})]\boldsymbol{n}-\nabla'[\widetilde{G}(\boldsymbol{n}\cdot\widetilde{\boldsymbol{E}})]-\widetilde{\boldsymbol{E}}(\nabla'\widetilde{G}\cdot\boldsymbol{n})\}\mathrm{d}S'\\&=\oint\!\!\!\oint_{(S')}[\widetilde{G}(\boldsymbol{n}\cdot\nabla')\widetilde{\boldsymbol{E}}-\widetilde{\boldsymbol{E}}(\boldsymbol{n}\cdot\nabla'\widetilde{G})]\mathrm{d}S'-\oint\!\!\!\oint_{(S')}\{\nabla'[\widetilde{G}(\boldsymbol{n}\cdot\widetilde{\boldsymbol{E}})]-[\nabla'\cdot(\widetilde{G}\widetilde{\boldsymbol{E}})]\boldsymbol{n}\}\mathrm{d}S'\end{aligned} \tag{10-238}$$

又由于①

$$(\boldsymbol{n}\times\nabla')\times(\widetilde{G}\widetilde{\boldsymbol{E}})=\nabla'[\widetilde{G}(\boldsymbol{n}\cdot\widetilde{\boldsymbol{E}})]-[\nabla'\cdot(\widetilde{G}\widetilde{\boldsymbol{E}})]\boldsymbol{n} \tag{10-239}$$

将式(10-239)代入式(10-238)，得到

$$\widetilde{\boldsymbol{E}}(\boldsymbol{r})=\oint\!\!\!\oint_{(S')}[\widetilde{G}(\boldsymbol{n}\cdot\nabla')\widetilde{\boldsymbol{E}}-\widetilde{\boldsymbol{E}}(\boldsymbol{n}\cdot\nabla'\widetilde{G})]\mathrm{d}S'-\oint\!\!\!\oint_{(S')}(\boldsymbol{n}\times\nabla')\times(\widetilde{G}\widetilde{\boldsymbol{E}})\mathrm{d}S' \tag{10-240}$$

下面证明式(10-240)的第二项闭合面的积分为零，即

$$\oint\!\!\!\oint_{(S')}(\boldsymbol{n}\times\nabla')\times(\widetilde{G}\widetilde{\boldsymbol{E}})\mathrm{d}S'=\oint\!\!\!\oint_{(S')}(\mathrm{d}\boldsymbol{S}'\times\nabla')\times(\widetilde{G}\widetilde{\boldsymbol{E}})=0 \tag{10-241}$$

为了便于应用斯托克斯定理②

$$\iint_{(S)}(\mathrm{d}\boldsymbol{S}\times\nabla)\times\boldsymbol{A}=\oint_{(L)}\mathrm{d}\boldsymbol{l}\times\boldsymbol{A} \tag{10-242}$$

将式(10-241)右端的积分化为

$$\oint\!\!\!\oint_{(S')}(\mathrm{d}\boldsymbol{S}'\times\nabla')\times(\widetilde{G}\widetilde{\boldsymbol{E}})=\iint_{(S'_1)}(\mathrm{d}\boldsymbol{S}'\times\nabla')\times(\widetilde{G}\widetilde{\boldsymbol{E}})+\iint_{(S'_2)}(\mathrm{d}\boldsymbol{S}'\times\nabla')\times(\widetilde{G}\widetilde{\boldsymbol{E}}) \tag{10-243}$$

---

① 葛德彪、魏兵：《电磁波理论》，科学出版社，2011，第334页。

② 葛德彪、魏兵：《电磁波理论》，科学出版社，2011，第482页。

式中，$\boldsymbol{S}'=\boldsymbol{S}_1'+\boldsymbol{S}_2'$。$\boldsymbol{S}_1'$ 是张在回路 L_1' 上的任意开曲面，$\boldsymbol{S}_2'$ 是张在回路 L_2' 上的任意开曲面，L_1' 和 L_2' 重合，如图 10-23 所示。

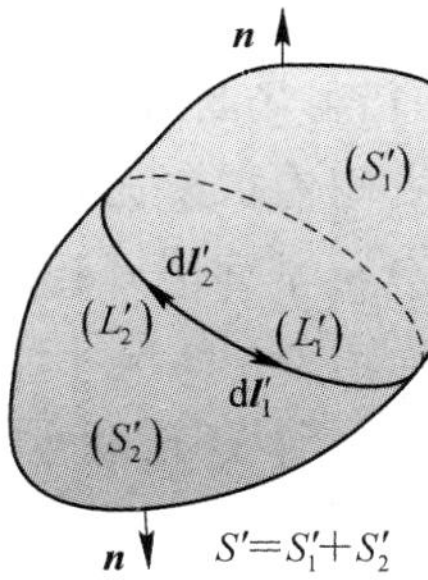

图 10-23 封闭面积分

依据斯托克斯定理有

$$\iint_{(S_1')}(\mathrm{d}\boldsymbol{S}'\times\nabla')\times(\widetilde{G}\widetilde{\boldsymbol{E}})=\oint_{(L_1')}\mathrm{d}\boldsymbol{l}_1'\times(\widetilde{G}\widetilde{\boldsymbol{E}}) \tag{10-244}$$

$$\iint_{(S_2')}(\mathrm{d}\boldsymbol{S}'\times\nabla')\times(\widetilde{G}\widetilde{\boldsymbol{E}})=\oint_{(L_2')}\mathrm{d}\boldsymbol{l}_2'\times(\widetilde{G}\widetilde{\boldsymbol{E}}) \tag{10-245}$$

因为 L_1' 和 L_2' 重合，所以必有

$$\mathrm{d}\boldsymbol{l}_1'=-\mathrm{d}\boldsymbol{l}_2' \tag{10-246}$$

因而

$$\iint_{(S_2')}(\mathrm{d}S'\times\nabla')\times(\widetilde{G}\widetilde{\boldsymbol{E}})=-\oint_{(L_1')}\mathrm{d}\,\boldsymbol{l}_1'\times(\widetilde{G}\widetilde{\boldsymbol{E}}) \tag{10-247}$$

将式(10-244)和式(10-247)代入式(10-243)，即可证明式(10-241)成立。

将式(10-241)代入式(10-240)，得

$$\widetilde{\boldsymbol{E}}(\boldsymbol{r})=\oiint_{(S')}[\widetilde{G}(\boldsymbol{n}\cdot\nabla')\widetilde{\boldsymbol{E}}-\widetilde{\boldsymbol{E}}(\boldsymbol{n}\cdot\nabla'\widetilde{G})]\mathrm{d}S' \tag{10-248}$$

根据方向导数的定义

$$\frac{\partial u}{\partial l}=\boldsymbol{l}_0\cdot\nabla u \tag{10-249}$$

式中，$\boldsymbol{l}_0$ 为长度矢量微元 $\mathrm{d}\boldsymbol{l}$ 的单位矢量。在式(10-248)中，$\widetilde{\boldsymbol{E}}$ 和 $\widetilde{G}$ 的方向导数为

$$\frac{\partial\widetilde{\boldsymbol{E}}(\boldsymbol{r}')}{\partial n}=(\boldsymbol{n}\cdot\nabla')\widetilde{\boldsymbol{E}},\qquad \frac{\partial\widetilde{G}(\boldsymbol{r},\ \boldsymbol{r}')}{\partial n}=\boldsymbol{n}\cdot\nabla'\widetilde{G} \tag{10-250}$$

将式(10-250)代入式(10-248)，有

$$\widetilde{\boldsymbol{E}}(\boldsymbol{r})=\oiint_{(S')}\left[\widetilde{G}(\boldsymbol{r},\ \boldsymbol{r}')\frac{\partial\widetilde{\boldsymbol{E}}(\boldsymbol{r}')}{\partial n}-\widetilde{\boldsymbol{E}}(\boldsymbol{r}')\frac{\partial\widetilde{G}(\boldsymbol{r},\ \boldsymbol{r}')}{\partial n}\right]\mathrm{d}S' \tag{10-251}$$

同理，由式(10-232)可得

$$\widetilde{\boldsymbol{H}}(\boldsymbol{r})=\oiint_{(S')}\left[\widetilde{G}(\boldsymbol{r},\ \boldsymbol{r}')\frac{\partial\widetilde{\boldsymbol{H}}(\boldsymbol{r}')}{\partial n}-\widetilde{\boldsymbol{H}}(\boldsymbol{r}')\frac{\partial\widetilde{G}(\boldsymbol{r},\ \boldsymbol{r}')}{\partial n}\right]\mathrm{d}S' \tag{10-252}$$

式(10-251)和式(10-252)就是基尔霍夫矢量衍射定理。

10.10 平面衍射屏平面波入射的基尔霍夫矢量衍射公式

通常情况下，光波衍射问题源区和衍射场是分开的两个区域，如图10-24所示。平面衍射屏位于$X'Y'$平面，左边为源区，右侧为衍射区，衍射屏开孔面为S'，边缘点为DD'。用基尔霍夫矢量衍射定理式(10-251)分析平面屏开孔的衍射，闭合面积分可看作是衍射屏与半径r_0趋于无穷的球面构成的闭合面，在孔的尺寸大于入射光波长的情况下，需要作如下近似：① 开孔平面S'的场等于入射场；② 开孔以外衍射屏S_1'、S_2'和球面S_3'的场及其法向导数为零。由此闭曲面积分式(10-251)和式(10-252)近似为开曲面积分：

$$\widetilde{\boldsymbol{E}}(\boldsymbol{r})\approx\iint\limits_{(S')}\left[\widetilde{G}(\boldsymbol{r},\boldsymbol{r}')\frac{\partial\widetilde{\boldsymbol{E}}(\boldsymbol{r}')}{\partial n}-\widetilde{\boldsymbol{E}}(\boldsymbol{r}')\frac{\partial\widetilde{G}(\boldsymbol{r},\boldsymbol{r}')}{\partial n}\right]\mathrm{d}S' \tag{10-253}$$

$$\widetilde{\boldsymbol{H}}(\boldsymbol{r})\approx\iint\limits_{(S')}\left[\widetilde{G}(\boldsymbol{r},\boldsymbol{r}')\frac{\partial\widetilde{\boldsymbol{H}}(\boldsymbol{r}')}{\partial n}-\widetilde{\boldsymbol{H}}(\boldsymbol{r}')\frac{\partial\widetilde{G}(\boldsymbol{r},\boldsymbol{r}')}{\partial n}\right]\mathrm{d}S' \tag{10-254}$$

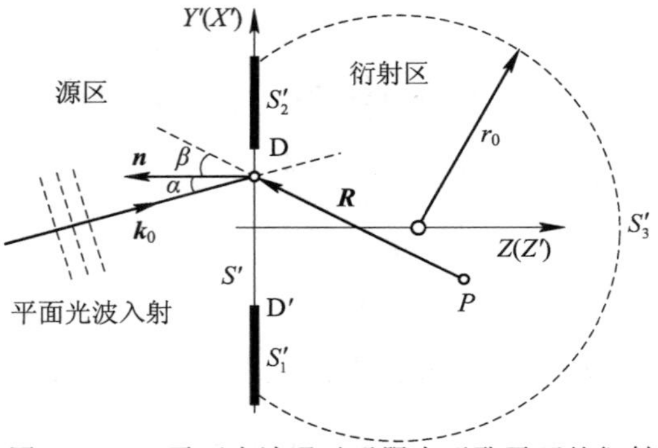

图10-24 平面光波通过无限大开孔平面的衍射

下面在平面波入射的情况下，对式(10-253)和式(10-254)进行简化。

由式(7-24)和式(7-25)，可写出入射平面光波为

$$\begin{cases}\widetilde{\boldsymbol{E}}(\boldsymbol{r}')=\widetilde{\boldsymbol{E}}_0\mathrm{e}^{-\mathrm{j}k\boldsymbol{k}_0\cdot\boldsymbol{r}'}\\ \widetilde{\boldsymbol{H}}(\boldsymbol{r}')=\widetilde{\boldsymbol{H}}_0\mathrm{e}^{-\mathrm{j}k\boldsymbol{k}_0\cdot\boldsymbol{r}'}\end{cases} \tag{10-255}$$

式中，$\widetilde{\boldsymbol{E}}_0$为电场强度复振幅矢量初始值，$\widetilde{\boldsymbol{H}}_0$为磁场强度复振幅矢量初始值，两者的关系为

$$\widetilde{\boldsymbol{H}}_0=\frac{k}{\omega\mu}\boldsymbol{k}_0\times\widetilde{\boldsymbol{E}}_0 \tag{10-256}$$

$k=2\pi/\lambda$为波数，$\boldsymbol{k}_0$为波传播方向的单位矢量，写成方向余弦的形式为

$$\boldsymbol{k}_0=\cos\alpha'\boldsymbol{e}_{x'}+\cos\gamma'\boldsymbol{e}_{y'}+\cos\gamma'\boldsymbol{e}_{z'} \tag{10-257}$$

式中，α'、β'和γ'为$\boldsymbol{k}_0$与坐标轴X'、Y'和Z'之间的夹角。$\boldsymbol{r}'$为平面波等相位面上任一点的位置矢量，即

$$\boldsymbol{r}'=x'\boldsymbol{e}_{x'}+y'\boldsymbol{e}_{y'}+z'\boldsymbol{e}_{z'} \tag{10-258}$$

根据球坐标系下的梯度公式

$$\nabla u=\frac{\partial u}{\partial r}\boldsymbol{e}_r+\frac{1}{r}\frac{\partial u}{\partial\theta}\boldsymbol{e}_\theta+\frac{1}{r\sin\theta}\frac{\partial u}{\partial\varphi}\boldsymbol{e}_\varphi \tag{10-259}$$

利用式(10－249)，对式(10－198)求法向导数，有

$$\frac{\partial \widetilde{G}}{\partial n}=\boldsymbol{n}\cdot\nabla'\widetilde{G}=\boldsymbol{n}\cdot\boldsymbol{e}_R\frac{\partial \widetilde{G}}{\partial R}=-\left(\mathrm{j}k+\frac{1}{R}\right)\frac{1}{4\pi}\frac{\mathrm{e}^{-\mathrm{j}kR}}{R}(\boldsymbol{n}\cdot\boldsymbol{e}_R) \tag{10-260}$$

式中，$\boldsymbol{e}_R$ 为 $\boldsymbol{R}=\boldsymbol{r}-\boldsymbol{r}'$ 方向的单位矢量。

将式(10－260)代入式(10－253)，有

$$\widetilde{\boldsymbol{E}}(\boldsymbol{r})=\iint_{(S')}\left[\left(\mathrm{j}k+\frac{1}{R}\right)(\boldsymbol{n}\cdot\boldsymbol{e}_R)\widetilde{\boldsymbol{E}}(\boldsymbol{r}')+\frac{\partial\widetilde{\boldsymbol{E}}(\boldsymbol{r}')}{\partial n}\right]\frac{1}{4\pi}\frac{\mathrm{e}^{-\mathrm{j}kR}}{R}\mathrm{d}S' \tag{10-261}$$

另外，对式(10－255)的第一式在直角坐标系下求方向导数，则有

$$\frac{\partial\widetilde{\boldsymbol{E}}(\boldsymbol{r}')}{\partial n}=\boldsymbol{n}\cdot\nabla\widetilde{\boldsymbol{E}}(\boldsymbol{r}')=-\mathrm{j}k\boldsymbol{n}\cdot\boldsymbol{k}_0\widetilde{\boldsymbol{E}}_0\mathrm{e}^{-\mathrm{j}k\boldsymbol{k}_0\cdot\boldsymbol{r}'} \tag{10-262}$$

由于光波频率很高，即 $kR=2\pi R/\lambda\gg 1$，因此式(10－260)可近似为

$$\frac{\partial \widetilde{G}}{\partial n}=-\left(1+\frac{1}{\mathrm{j}kR}\right)\frac{\mathrm{j}k}{4\pi}\frac{\mathrm{e}^{-\mathrm{j}kR}}{R}(\boldsymbol{n}\cdot\boldsymbol{e}_R)\approx-\frac{\mathrm{j}k}{4\pi}\frac{\mathrm{e}^{-\mathrm{j}kR}}{R}(\boldsymbol{n}\cdot\boldsymbol{e}_R) \tag{10-263}$$

将式(10－262)和式(10－263)代入式(10－253)，得到

$$\widetilde{\boldsymbol{E}}(\boldsymbol{r})\approx\frac{\mathrm{j}\widetilde{\boldsymbol{E}}_0}{\lambda}\iint_{(S')}\mathrm{e}^{-\mathrm{j}k\boldsymbol{k}_0\cdot\boldsymbol{r}'}\left[\frac{(\boldsymbol{n}\cdot\boldsymbol{e}_R)-(\boldsymbol{n}\cdot\boldsymbol{k}_0)}{2}\right]\frac{\mathrm{e}^{-\mathrm{j}kR}}{R}\mathrm{d}S' \tag{10-264}$$

由图 10－24 可知，衍射孔平面法向 $\boldsymbol{n}$ 与 $\boldsymbol{e}_R$ 和 $\boldsymbol{k}_0$ 夹角的余弦为

$$\boldsymbol{n}\cdot\boldsymbol{e}_R=\cos\beta,\quad \boldsymbol{n}\cdot\boldsymbol{k}_0=\cos(\pi-\alpha)=-\cos\alpha \tag{10-265}$$

将式(10－265)代入式(10－264)，得到

$$\widetilde{\boldsymbol{E}}(\boldsymbol{r})\approx\frac{\mathrm{j}\widetilde{\boldsymbol{E}}_0}{\lambda}\iint_{(S')}\mathrm{e}^{-\mathrm{j}k\boldsymbol{k}_0\cdot\boldsymbol{r}'}\left(\frac{\cos\alpha+\cos\beta}{2}\right)\frac{\mathrm{e}^{-\mathrm{j}kR}}{R}\mathrm{d}S' \tag{10-266}$$

这就是平面衍射屏平面波入射的电场强度复振幅矢量的基尔霍夫矢量衍射公式。显然，平面波入射情况下，电场强度复振幅矢量的基尔霍夫矢量衍射公式与标量电场复振幅的基尔霍夫标量衍射公式(10－71)形式完全相同，标量衍射公式仅是矢量衍射公式的分量形式。在此需要强调的是，平面波衍射矢量公式(10－266)和平面波衍射标量公式(10－71)采用了不同的记号，其对应关系为 $\boldsymbol{r}'\rightarrow\boldsymbol{R}$，$\boldsymbol{R}\rightarrow\boldsymbol{r}$。另外需要说明的是，由于球面波不存在简单解析矢量形式，因此不存在球面波入射基尔霍夫矢量衍射公式。

同理，可得磁场强度复振幅矢量的基尔霍夫矢量衍射公式为

$$\widetilde{\boldsymbol{H}}(\boldsymbol{r})\approx\frac{\mathrm{j}\widetilde{\boldsymbol{H}}_0}{\lambda}\iint_{(S')}\mathrm{e}^{-\mathrm{j}k\boldsymbol{k}_0\cdot\boldsymbol{r}'}\left(\frac{\cos\alpha+\cos\beta}{2}\right)\frac{\mathrm{e}^{-\mathrm{j}kR}}{R}\mathrm{d}S' \tag{10-267}$$

将式(10－256)代入式(10－267)，并利用 $k=\omega\sqrt{\mu\varepsilon}$，$\eta=\sqrt{\mu/\varepsilon}$，有

$$\widetilde{\boldsymbol{H}}(\boldsymbol{r})\approx\frac{\mathrm{j}\boldsymbol{k}_0\times\widetilde{\boldsymbol{E}}_0}{\eta\lambda}\iint_{(S')}\mathrm{e}^{-\mathrm{j}k\boldsymbol{k}_0\cdot\boldsymbol{r}'}\left[\frac{\cos\alpha+\cos\beta}{2}\right]\frac{\mathrm{e}^{-\mathrm{j}kR}}{R}\mathrm{d}S' \tag{10-268}$$

从数学的角度讲，取衍射屏开孔外的场为零，这种做法也是不合理的，其原因也是选择了自由空间矢量的赫姆霍兹方程的格林函数式(10－198)。为了解决基尔霍夫矢量衍射积分式(10－266)的不自洽性，与标量理论相同，也可按照标量理论完全相同的方法讨论瑞利-索末菲矢量衍射定理。

10.11 基尔霍夫矢量衍射公式的近似

下面讨论基尔霍夫矢量衍射积分的近似计算问题。

如图 10-25 所示，设衍射屏的坐标平面为 $X'Y'$，观测屏的坐标平面为 XY，两坐标平面彼此平行，距离为 z'，Z 轴为光轴。衍射屏孔平面记作 S'，孔平面上任一点 Q 的位置矢量为 $\boldsymbol{r}'$，观测屏上任一点 P 的位置矢量为 $\boldsymbol{r}$，距离矢量 $\boldsymbol{R}=\boldsymbol{r}-\boldsymbol{r}'$。

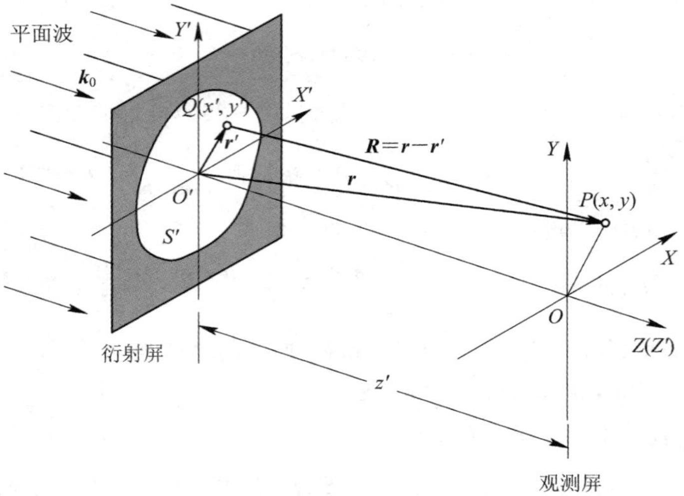

图 10-25 平面波入射衍射屏和观测屏坐标之间的关系

计算矢量衍射积分式(10-266)，需要进行傍轴近似和距离近似。

1. 傍轴近似

当衍射屏孔平面 S' 的大小和观测屏的成像范围都远小于孔平面到观测平面的距离 z' 时，衍射光波可近似为傍轴光线。在傍轴近似条件下，可取

$$\cos\alpha=\cos\beta=1 \quad (\alpha\to 0,\ \beta\to 0) \tag{10-269}$$

$$R=|\boldsymbol{r}-\boldsymbol{r}'|\approx z' \tag{10-270}$$

由此，式(10-266)可近似为

$$\widetilde{\boldsymbol{E}}(\boldsymbol{r})\approx\frac{\mathrm{j}\,\widetilde{\boldsymbol{E}}_0}{\lambda z'}\iint_{(S')}\mathrm{e}^{-\mathrm{j}\boldsymbol{k}_0\cdot\boldsymbol{r}'}\,\mathrm{e}^{-\mathrm{j}kR}\,\mathrm{d}x'\mathrm{d}y' \tag{10-271}$$

因为指数相位中 R 的微小变化会引起相位的很大变化，所以式(10-266)指数相位中的 R 不能由 z' 替代。

同理，式(10-268)可近似为

$$\widetilde{\boldsymbol{H}}(\boldsymbol{r})\approx\frac{\mathrm{j}\boldsymbol{k}_0\times\widetilde{\boldsymbol{E}}_0}{\eta\lambda z'}\iint_{(S')}\mathrm{e}^{-\mathrm{j}\boldsymbol{k}_0\cdot\boldsymbol{r}'}\,\mathrm{e}^{-\mathrm{j}kR}\,\mathrm{d}x'\mathrm{d}y' \tag{10-272}$$

2. 距离近似

1）菲涅耳近似

菲涅耳近似为近场衍射。由图 10-25 可知，在直角坐标系下，R 可表示为

$$R = [(x-x')^2+(y-y')^2+z'^2]^{1/2}$$
$$= z'\left[1+\left(\frac{x-x'}{z'}\right)^2+\left(\frac{y-y'}{z'}\right)^2\right]^{1/2} \tag{10-273}$$

按二项式展开定理式(10-78)展开，取线性项，近似有

$$R \approx z'\left[1+\frac{1}{2}\left(\frac{x-x'}{z'}\right)^2+\frac{1}{2}\left(\frac{y-y'}{z'}\right)^2\right]$$
$$= z'+\frac{x^2+y^2}{2z'}+\frac{x'^2+y'^2}{2z'}-\frac{xx'+yy'}{z'} \tag{10-274}$$

将式(10-274)代入式(10-271)和式(10-272)，得到菲涅耳近似表达式为

$$\widetilde{\boldsymbol{E}}(\boldsymbol{r}) \approx \frac{\mathrm{j}\widetilde{\boldsymbol{E}}_0 \mathrm{e}^{-\mathrm{j}k\left(z'+\frac{x^2+y^2}{2z'}\right)}}{\lambda z'}\iint_{(S')}\mathrm{e}^{-\mathrm{j}k\boldsymbol{k}_0\cdot\boldsymbol{r}'}\mathrm{e}^{-\mathrm{j}k\left(\frac{x'^2+y'^2}{2z'}-\frac{xx'+yy'}{z'}\right)}\mathrm{d}x'\mathrm{d}y' \tag{10-275}$$

$$\widetilde{\boldsymbol{H}}(\boldsymbol{r}) \approx \frac{\mathrm{j}\boldsymbol{k}_0\times\widetilde{\boldsymbol{E}}_0 \mathrm{e}^{-\mathrm{j}k\left(z'+\frac{x^2+y^2}{2z'}\right)}}{\eta\lambda z'}\iint_{(S')}\mathrm{e}^{-\mathrm{j}k\boldsymbol{k}_0\cdot\boldsymbol{r}'}\mathrm{e}^{-\mathrm{j}k\left(\frac{x'^2+y'^2}{2z'}-\frac{xx'+yy'}{z'}\right)}\mathrm{d}x'\mathrm{d}y' \tag{10-276}$$

2) 夫琅和费近似

夫琅和费近似为远场衍射。当关于 x' 和 y' 的二阶小量满足条件

$$k\frac{(x'^2+y'^2)_{\max}}{2z'} \ll 1$$

即

$$\frac{(x'^2+y'^2)_{\max}}{z'} \ll \frac{\lambda}{\pi} \tag{10-277}$$

时，可忽略该项，式(10-274)可近似为

$$R \approx z'+\frac{x^2+y^2}{2z'}-\frac{xx'+yy'}{z'} \tag{10-278}$$

由此可写出夫琅和费衍射电场强度复振幅矢量和磁场强度复振幅矢量近似表达式为

$$\widetilde{\boldsymbol{E}}(\boldsymbol{r}) \approx \frac{\mathrm{j}\,\widetilde{\boldsymbol{E}}_0 \mathrm{e}^{-\mathrm{j}k\left(z'+\frac{x^2+y^2}{2z'}\right)}}{\lambda z'}\iint_{(S')}\mathrm{e}^{-\mathrm{j}k\boldsymbol{k}_0\cdot\boldsymbol{r}'}\mathrm{e}^{\mathrm{j}k\frac{xx'+yy'}{z'}}\mathrm{d}x'\mathrm{d}y' \tag{10-279}$$

$$\widetilde{\boldsymbol{H}}(\boldsymbol{r}) \approx \frac{\mathrm{j}\boldsymbol{k}_0\times\widetilde{\boldsymbol{E}}_0 \mathrm{e}^{-\mathrm{j}k\left(z'+\frac{x^2+y^2}{2z'}\right)}}{\eta\lambda z'}\iint_{(S')}\mathrm{e}^{-\mathrm{j}k\boldsymbol{k}_0\cdot\boldsymbol{r}'}\mathrm{e}^{\mathrm{j}k\frac{xx'+yy'}{z'}}\mathrm{d}x'\mathrm{d}y' \tag{10-280}$$

10.12 夫琅和费圆孔衍射

如图10-26所示，平面衍射屏放置于 $X'Y'$ 坐标平面，衍射孔圆心在坐标原点 O，圆孔半径为 a。假设平面光波垂直于衍射屏入射，电场矢量沿 $+X'$ 方向，磁场矢量沿 $+Y'$ 方向，波传播方向的单位矢量为 $\boldsymbol{k}_0=\boldsymbol{e}_{z'}$，由式(10-255)和式(10-256)可写出入射平面光波电场和磁场复振幅矢量表达式为

$$\begin{cases}\widetilde{\boldsymbol{E}}_{\mathrm{i}}(\boldsymbol{r}') = \boldsymbol{e}_{x'}\widetilde{E}_0\mathrm{e}^{-\mathrm{j}k\boldsymbol{k}_0\cdot\boldsymbol{r}'}\\ \widetilde{\boldsymbol{H}}_{\mathrm{i}}(\boldsymbol{r}') = \boldsymbol{e}_{y'}\dfrac{\widetilde{E}_0}{\eta}\mathrm{e}^{-\mathrm{j}k\boldsymbol{k}_0\cdot\boldsymbol{r}'}\end{cases} \tag{10-281}$$

式中，$\boldsymbol{r}'$ 为入射平面光波等相位面上任一点的位置矢量；$\widetilde{E}_0$ 为电场在 $r'=0$ 处的幅值，$k=\omega\sqrt{\mu\varepsilon}$ 为波数。

在垂直入射情况下，对于入射平面光波，衍射孔平面 S' 上坐标 $z'=0$，因此有

$$\boldsymbol{k}_0\cdot\boldsymbol{r}'=0 \tag{10-282}$$

取衍射屏与观测屏之间的距离 $z'\approx f$（透镜焦距），由此可将式(10－279)和式(10－280)简化为

$$\widetilde{\boldsymbol{E}}(\boldsymbol{r})\approx\boldsymbol{e}_{x'}\frac{\mathrm{j}\widetilde{E}_0\mathrm{e}^{-\mathrm{j}k\left(f+\frac{x^2+y^2}{2f}\right)}}{\lambda f}\iint_{(S')}\mathrm{e}^{\mathrm{j}k\frac{xx'+yy'}{f}}\mathrm{d}x'\mathrm{d}y' \tag{10-283}$$

$$\widetilde{\boldsymbol{H}}(\boldsymbol{r})\approx\boldsymbol{e}_{y'}\frac{\mathrm{j}\widetilde{E}_0\mathrm{e}^{-\mathrm{j}k\left(f+\frac{x^2+y^2}{2f}\right)}}{\eta\lambda f}\iint_{(S')}\mathrm{e}^{\mathrm{j}k\frac{xx'+yy'}{f}}\mathrm{d}x'\mathrm{d}y' \tag{10-284}$$

显然，夫琅和费圆孔衍射的电场强度复振幅矢量与磁场强度复振幅矢量被积函数相同，因此仅需讨论电场强度复振幅矢量的积分计算。

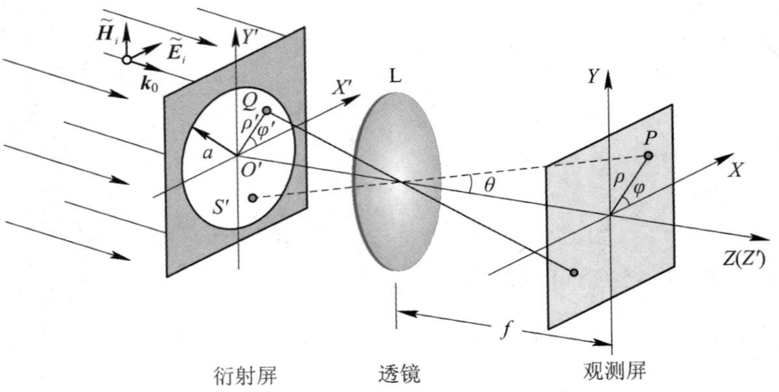

图 10－26　夫琅和费圆孔衍射

由于夫琅和费圆孔衍射的结构具有几何对称性，因此采用极坐标更为方便。如图 10－26所示，衍射孔平面 S' 上任一点 Q 对应的极坐标为 (ρ',φ')，极坐标与直角坐标的关系为

$$\begin{cases}x'=\rho'\cos\varphi'\\y'=\rho'\sin\varphi'\end{cases} \tag{10-285}$$

同样，观测屏上任一点 P 的极坐标为 (ρ,φ)，与直角坐标的关系为

$$\begin{cases}x=\rho\cos\varphi\\y=\rho\sin\varphi\end{cases} \tag{10-286}$$

在极坐标系下，面元 $\mathrm{d}S'$ 的表达式为

$$\mathrm{d}S'=\rho'\mathrm{d}\rho'\mathrm{d}\varphi' \tag{10-287}$$

将式(10－285)、式(10－286)和式(10－287)代入式(10－283)，化简得到

$$\widetilde{\boldsymbol{E}}(\rho,\varphi)\approx\boldsymbol{e}_{x'}\frac{\mathrm{j}\widetilde{E}_0\mathrm{e}^{-\mathrm{j}k\left(f+\frac{\rho^2}{2f}\right)}}{\lambda f}\int_0^a\int_0^{2\pi}\mathrm{e}^{\mathrm{j}k\rho\rho'\frac{\cos(\varphi'-\varphi)}{f}}\rho'\mathrm{d}\rho'\mathrm{d}\varphi' \tag{10-288}$$

在傍轴条件下，取近似

$$\theta \approx \frac{\rho}{f} \tag{10-289}$$

θ是衍射方向与光轴之间的夹角，称为衍射角。将式(10-289)代入式(10-288)，有

$$\widetilde{\boldsymbol{E}}(\rho, \varphi)=\boldsymbol{e}_{x'}\frac{\mathrm{j}\widetilde{E}_0\mathrm{e}^{-\mathrm{j}k\left(f+\frac{\rho^2}{2f}\right)}}{\lambda f}\int_0^a \rho' \mathrm{d}\rho' \int_0^{2\pi} \mathrm{e}^{\mathrm{j}k\rho'\theta\cos(\varphi'-\varphi)} \mathrm{d}\varphi' \tag{10-290}$$

积分变量为φ'，而φ可看作常数。进行变量代换，令

$$\gamma=\varphi'-\varphi \tag{10-291}$$

则有

$$\begin{cases} \mathrm{d}\gamma=\mathrm{d}\varphi' \\ \varphi'=0 \rightarrow \gamma=-\varphi \\ \varphi'=2\pi \rightarrow \gamma=2\pi-\varphi \end{cases} \tag{10-292}$$

由于被积函数$\mathrm{e}^{\mathrm{j}k\rho'\theta\cos\gamma}$为$\gamma$的周期函数，因此积分式(10-290)可简化为

$$\begin{aligned} \widetilde{\boldsymbol{E}}(\rho, \varphi) &= \boldsymbol{e}_{x'}\frac{\mathrm{j}\widetilde{E}_0\mathrm{e}^{-\mathrm{j}k\left(f+\frac{\rho^2}{2f}\right)}}{\lambda f}\int_0^a \rho' \mathrm{d}\rho' \int_{-\varphi}^{2\pi-\varphi} \mathrm{e}^{\mathrm{j}k\rho'\theta\cos\gamma} \mathrm{d}\gamma \\ &= \boldsymbol{e}_{x'}\frac{\mathrm{j}\widetilde{E}_0\mathrm{e}^{-\mathrm{j}k\left(f+\frac{\rho^2}{2f}\right)}}{\lambda f}\int_0^a \rho' \mathrm{d}\rho' \int_0^{2\pi} \mathrm{e}^{\mathrm{j}k\rho'\theta\cos\gamma} \mathrm{d}\gamma \end{aligned} \tag{10-293}$$

零阶柱贝塞尔函数的积分表达式为①

$$\mathrm{J}_0(x)=\frac{1}{2\pi}\int_0^{2\pi} \mathrm{e}^{\mathrm{j}x\cos\phi} \mathrm{d}\phi \tag{10-294}$$

将式(10-293)与式(10-294)比较，有

$$\widetilde{\boldsymbol{E}}(\rho, \varphi)=\boldsymbol{e}_{x'}\frac{\mathrm{j}2\pi\widetilde{E}_0\mathrm{e}^{-\mathrm{j}k\left(f+\frac{\rho^2}{2f}\right)}}{\lambda f}\int_0^a \mathrm{J}_0(k\rho'\theta)\rho' \mathrm{d}\rho' \tag{10-295}$$

令

$$x=k\rho'\theta \tag{10-296}$$

积分化为

$$\widetilde{\boldsymbol{E}}(\rho, \varphi)=\boldsymbol{e}_{x'}\frac{\mathrm{j}2\pi\widetilde{E}_0\mathrm{e}^{-\mathrm{j}k\left(f+\frac{\rho^2}{2f}\right)}}{\lambda f\ (k\theta)^2}\int_0^{ka\theta} x\mathrm{J}_0(x)\mathrm{d}x \tag{10-297}$$

又由柱贝塞尔函数的积分性质②

$$\int x\mathrm{J}_0(x)\mathrm{d}x=x\mathrm{J}_1(x) \tag{10-298}$$

且$\mathrm{J}_1(0)=0$，比较可得式(10-297)的积分结果为

$$\widetilde{\boldsymbol{E}}(\rho, \varphi)=\boldsymbol{e}_{x'}\frac{\mathrm{j}2\pi a^2\widetilde{E}_0\mathrm{e}^{-\mathrm{j}k\left(f+\frac{\rho^2}{2f}\right)}}{\lambda f}\frac{\mathrm{J}_1(ka\theta)}{ka\theta} \tag{10-299}$$

同理，可得磁场强度复振幅矢量式(10-284)的积分结果为

---

① 梁昆淼：《数学物理方法(第二版)》，人民教育出版社，1979，第372页。

② 同上书，第371页。

$$\widetilde{\boldsymbol{H}}(\rho,\ \varphi)\approx \boldsymbol{e}_{y'}\ \frac{\mathrm{j}2\pi a^2\widetilde{E}_0\mathrm{e}^{-\mathrm{j}k\left(f+\frac{\rho^2}{2f}\right)}}{\eta\lambda f}\ \frac{\mathrm{J}_1(ka\theta)}{ka\theta} \tag{10-300}$$

由式(10－299)可得观测屏 P 点的光强为

$$I(\rho,\ \varphi)=\widetilde{\boldsymbol{E}}\cdot\widetilde{\boldsymbol{E}}^*=I_0\left(\frac{2\mathrm{J}_1(ka\theta)}{ka\theta}\right)^2 \tag{10-301}$$

式中，记

$$I_0=\frac{(\pi a^2)^2\ |\widetilde{E}_0|^2}{\lambda^2 f^2} \tag{10-302}$$

式(10－301)就是夫琅和费圆孔衍射的光强分布公式。这个公式最早是由艾里(G. B. airy，1801—1892)在 1835 年推导出来的，所以也称艾里公式。

下面讨论夫琅和费圆孔衍射的特点。

1. 衍射图

由式(10－301)可知，在入射光波长 λ 和圆孔半径 a 给定的情况下，夫琅和费圆孔衍射的光强分布仅与衍射角 θ 有关，也即与极径 ρ 有关(见式(10－289))，与方位角 φ 无关，表明夫琅和费衍射图是圆条纹。依据式(10－301)可得衍射图仿真结果如图 10－27(c)所示(图像做了增强处理)，参数取值为：$I_0=1.0$，$\lambda=632.8$ nm，$a=1.0$ mm，$f=1.5$ m。观测屏取值范围为：$x=-2.0\sim+2.0$ mm，$y=-2.0\sim+2.0$ mm。

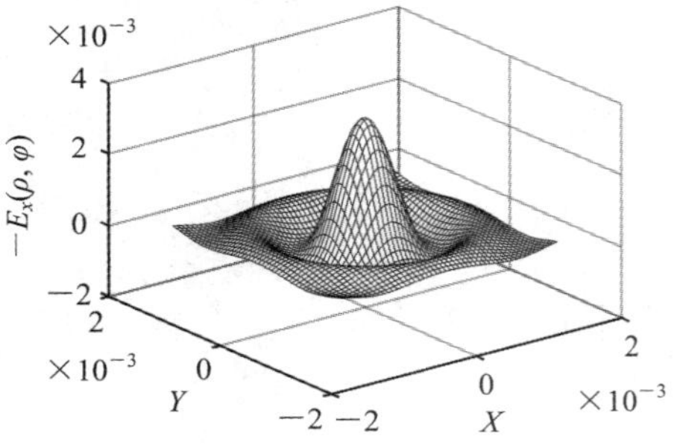

(a) 电场分布

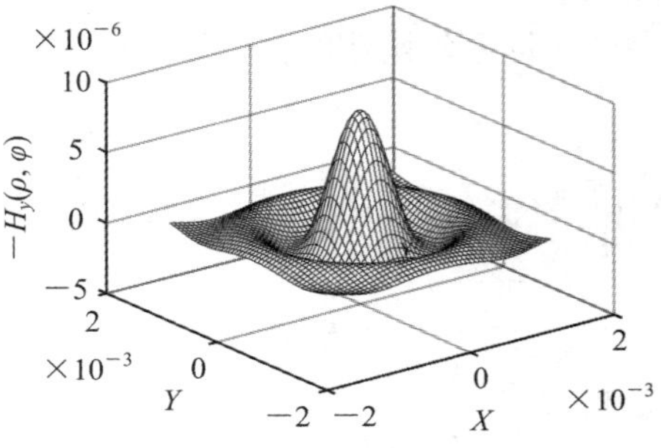

(b) 磁场分布

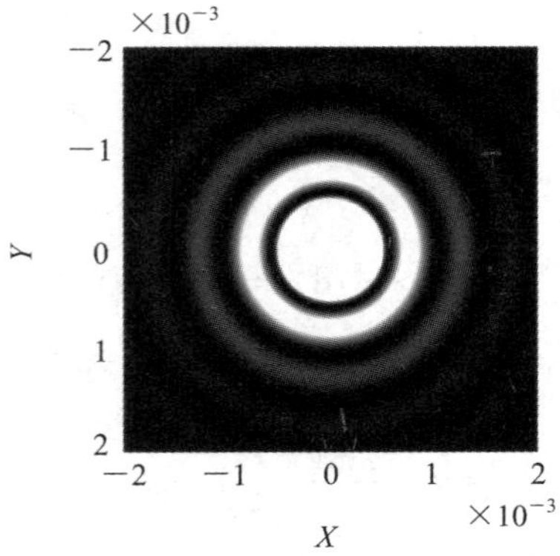

(c) 衍射条纹

图 10－27　夫琅和费圆孔衍射场分布

2. 极值特性

取 $y=0$，则 $\rho=x$，依据式(10-301)可得沿 X 轴的光强分布曲线如图 10-28 所示。显然，圆孔衍射沿 X 轴的光强分布曲线与矩孔衍射沿 X 轴的光强分布曲线具有相同的特点，但中央亮斑两旁光强次极大相对值要小。

为了方便求光强暗环和次极大的位置，对式(10-301)进行简化。令

$$\zeta = ka\theta \tag{10-303}$$

则式(10-301)可简写为

$$I(\zeta)=I_0\left(\frac{2J_1(\zeta)}{\zeta}\right)^2 \tag{10-304}$$

利用整数阶柱贝塞尔函数的级数展开式①

$$J_1(x)=\sum_{k=0}^{\infty}\frac{(-1)^k}{k!(k+1)!}\left(\frac{x}{2}\right)^{2k+1} \tag{10-305}$$

式(10-304)可表示为

$$\frac{I(\zeta)}{I_0}=\left(1-\frac{\zeta^2}{1!2!2^2}+\frac{\zeta^4}{2!3!2^4}+\cdots\right)^2 \tag{10-306}$$

当 $\zeta=0$ 时，由式(10-306)可知，$I(0)=I_0$，对应于中央亮斑的主极大。

当 $J_1(\zeta)=0$ 时，$I(\zeta)=0$，ζ 对应于衍射暗环的位置。

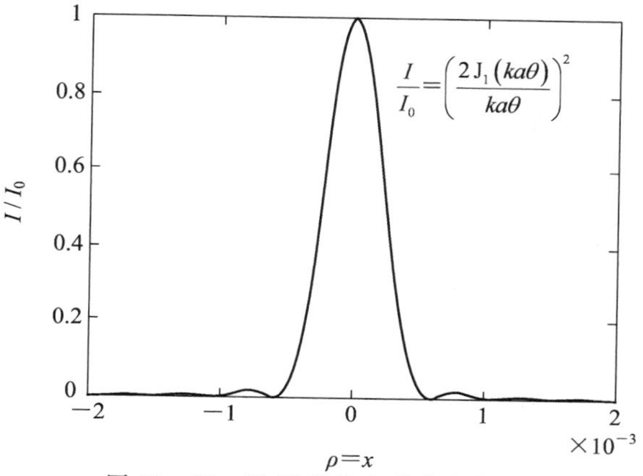

图 10-28　沿 X 轴的光强分布曲线

两相邻暗环之间存在一个衍射次极大，其位置需要求极值得到。根据贝塞尔函数的导数性质②

$$\frac{d}{dx}\left[\frac{J_m(x)}{x^m}\right]=-\frac{J_{m+1}(x)}{x^m} \tag{10-307}$$

对 $J_1(\zeta)/\zeta$ 求导数有

$$\frac{d}{d\zeta}\left[\frac{J_1(\zeta)}{\zeta}\right]=-\frac{J_2(\zeta)}{\zeta} \tag{10-308}$$

由此得到极值条件为

$$J_2(\zeta)=0 \tag{10-309}$$

这就是确定次极大位置的方程。表 10-2 给出了七个极小和次极大所对应的 ζ 值。

表 10-2　圆孔衍射光强度分布极小和次极大点

极值	主极大	极小	次极大	极小	次极大	极小	次极大
$(2J_1(\zeta)/\zeta)^2$	1	0	0.0175	0	0.0042	0	0.0016
ζ	0	1.220π	1.635π	2.233π	2.679π	3.238π	3.699π

---

① 梁昆淼：《数学物理方法(第二版)》，人民教育出版社，1979，第 365 页。

② 同上书，第 366 页。

3. 艾里斑

由图 10－27(c)和图 10－28 的光强分布曲线不难看出，圆孔衍射光能量主要集中在中央亮斑的地方，约占 83.78%，这个光斑称为艾里斑。艾里斑的半径记作 ρ_0，ρ_0 由第一个极小点的 ζ 值确定，即 $\zeta=1.220\pi$。由式(10－289)和式(10－303)，有

$$\zeta = ka\theta = \frac{2\pi a}{\lambda}\frac{\rho_0}{f} = 1.22\pi \tag{10-310}$$

由此得到艾里斑的半径为

$$\rho_0 = 0.61\,\frac{f\lambda}{a} \tag{10-311}$$

如果记中央亮斑角半径为 θ_0，在旁轴条件下，有

$$\theta_0 \approx \frac{\rho_0}{f} = 0.61\,\frac{\lambda}{a} \tag{10-312}$$

艾里斑的面积为

$$S_0 = \pi\rho_0^2 = \frac{(0.61\pi\lambda f)^2}{\pi a^2} \tag{10-313}$$

此式表明，圆孔面积 πa^2 越小，艾里斑面积越大，衍射现象越明显。

4. 传播特性

式(10－299)和式(10－300)乘时间因子 $e^{j\omega t}$，然后取实部，并取 $\widetilde{E}_0=|\widetilde{E}_0|e^{j\varphi_e}$，得到电场强度矢量和磁场强度矢量的瞬时表达式为

$$\boldsymbol{E}(\rho,\varphi;t) = -\boldsymbol{e}_{x'}\frac{\pi a^2|\widetilde{E}_0|}{\lambda f}\frac{2J_1(ka\theta)}{ka\theta}\sin\left[\omega t - k\left(f+\frac{\rho^2}{2f}\right)+\varphi_e\right] \tag{10-314}$$

$$\boldsymbol{H}(\rho,\varphi;t) = -\boldsymbol{e}_{y'}\frac{\pi a^2|\widetilde{E}_0|}{\eta\lambda f}\frac{2J_1(ka\theta)}{ka\theta}\sin\left[\omega t - k\left(f+\frac{\rho^2}{2f}\right)+\varphi_e\right] \tag{10-315}$$

式(10－314)和式(10－315)表明，在观测屏 XY 平面上，衍射波为矢量行驻波，驻波因子为

$$\frac{2J_1(ka\theta)}{ka\theta} \tag{10-316}$$

行波因子为

$$\sin\left[\omega t - k\left(f+\frac{\rho^2}{2f}\right)+\varphi_e\right] \tag{10-317}$$

由式(10－314)和式(10－315)，可写出电场强度矢量和磁场强度矢量的振幅大小为

$$E_x(\rho,\varphi) = -\frac{\pi a^2|\widetilde{E}_0|}{\lambda f}\frac{2J_1(ka\theta)}{ka\theta} \tag{10-318}$$

$$H_y(\rho,\varphi) = -\frac{\pi a^2|\widetilde{E}_0|}{\eta\lambda f}\frac{2J_1(ka\theta)}{ka\theta} \tag{10-319}$$

依据式(10－318)和式(10－319)，图 10－27(a)和图 10－27(b)分别给出了驻波电场分布图和驻波磁场分布图，参数取值为：$|\widetilde{E}_0|=0.001$。观测屏取值范围为：$x=-1.5\sim+1.5$ mm，$y=-1.5\sim+1.5$ mm，其他参数与图 10－27(c)的相同。

另外，由式(10－314)和式(10－315)也可以看出，电场强度矢量 $\boldsymbol{E}$ 沿 $-\boldsymbol{e}_{x'}$ 方向，磁场强度矢量 $\boldsymbol{H}$ 沿 $-\boldsymbol{e}_{y'}$ 方向，波传播方向为

$$\boldsymbol{e}_{z'} = -\boldsymbol{e}_{x'}\times(-\boldsymbol{e}_{y'}) \tag{10-320}$$

所以波传播始终沿 $\boldsymbol{e}_{z'}$ 方向，也即 $\boldsymbol{e}_z$ 方向。

习 题 10

10－1 求矩孔夫琅和费衍射沿 X 方向的第一个次极大和第二个次极大相对于衍射中心的光强。

10－2 如图 T10－1 所示，边长为 a 和 b 的矩孔，中心放置一边长为 a' 和 b' 的矩形不透光屏，这种衍射屏称为矩形光阑。试推导出光阑夫琅和费衍射的光强公式。

10－3 如图 T10－2 所示为双缝夫琅和费衍射装置原理，缝宽为 b，缝间距为 d。试利用单缝衍射光强公式(10－119)推导出双缝衍射光强公式，并与双光束干涉光强公式(9－71)进行比较。

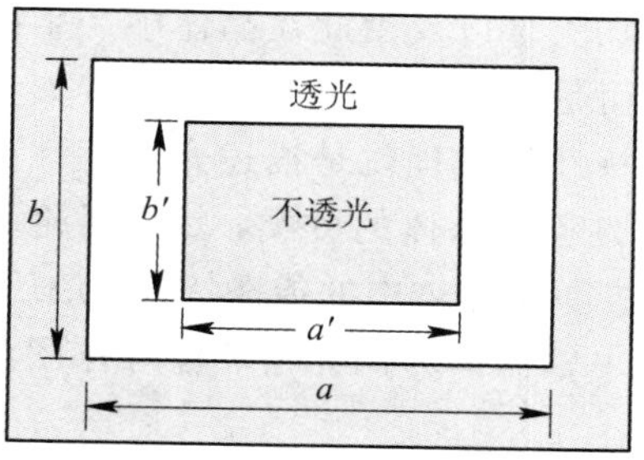

图 T10－1 习题 10－2 图

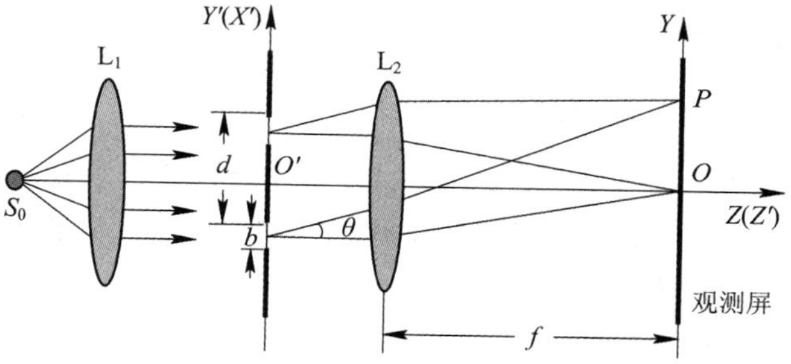

图 T10－2 习题 10－3 图

10－4 图 T10－3 所示为一椭圆衍射孔，试推导夫琅和费椭圆孔衍射光强分布公式。假设椭圆孔长半轴为 a，短半轴为 b，衍射孔椭圆方程为

$$\frac{x'^2}{a^2}+\frac{y'^2}{b^2}=1$$

10－5 如图 T10－4 所示，环形孔内半径为 a，外半径为 b，试推导夫琅和费环形孔衍射光强公式，并仿真计算衍射图。

10－6 假设单缝衍射屏置于 $X'Y'$ 坐标平面，如图 10－15(a)所示，单缝在 X' 方向为无限长，在 Y' 方向缝宽为 b，衍射屏关于 X' 轴对称放置。入射平面光波为

$$\begin{cases}\widetilde{\boldsymbol{E}}_{\mathrm{i}}(\boldsymbol{r}')=\boldsymbol{e}_{x'}\widetilde{E}_0\mathrm{e}^{-\mathrm{j}k\boldsymbol{k}_0\cdot\boldsymbol{r}'}\\ \widetilde{\boldsymbol{H}}_{\mathrm{i}}(\boldsymbol{r}')=\boldsymbol{e}_{y'}\dfrac{\widetilde{E}_0}{\eta}\mathrm{e}^{-\mathrm{j}k\boldsymbol{k}_0\cdot\boldsymbol{r}'}\end{cases}$$

依据式(10－275)和式(10－276)，推导菲涅耳单缝衍射的电场强度矢量、磁场强度矢量和单缝衍射光强公式，并仿真计算衍射图。

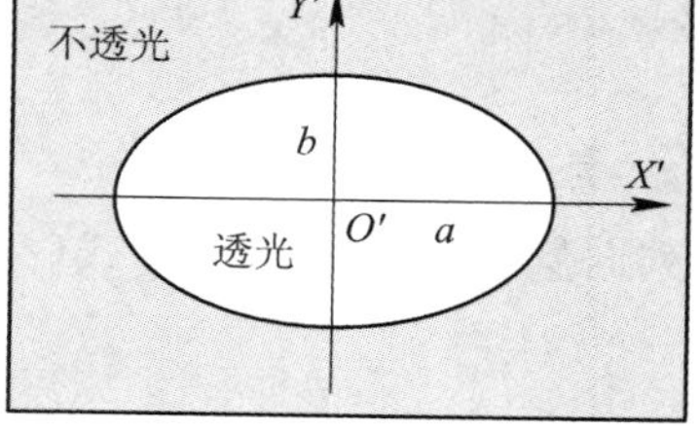

图 T10－3 习题 10－4 图

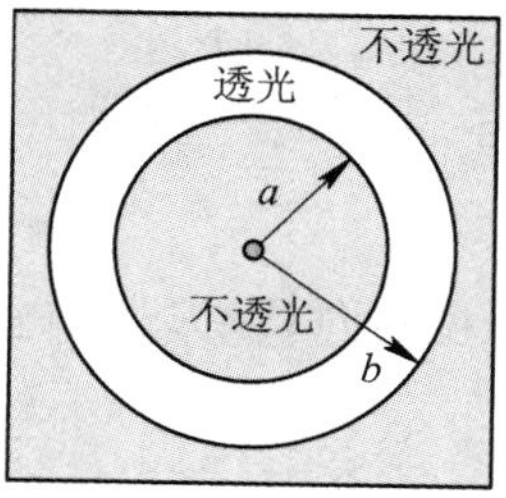

图 T10－4 习题 10－5 图

第 11 章　平面光波在各向异性线性介质中的传播

平面光波在各向异性线性介质中传播，涉及最常见的各向异性介质有方解石晶体、石英晶体和红宝石晶体等，这些光学各向异性晶体的物理属性为平面光波在晶体中传播会出现双折射、二向色性和旋光等现象，同时还会使光波具有偏振特性。宏观上讲，晶体所具有的各向异性本质上是电各向异性，即作用于晶体的光波电场矢量以及由此在晶体中产生的极化强度矢量，二者之间并非简单的数值上的比例关系，而是晶体中产生的极化强度矢量与外加电场矢量的方向有关。根据电磁场理论，反映这种特性的方程就是描述介质特性的物质方程。因此，本章首先讨论各向异性线性介质的物质方程及晶体的分类，然后讨论平面光波在各向异性线性介质中的传播，主要讨论平面光波在单轴晶体中的传播特性。最后，讨论平面光波在各向异性线性介质表面的反射与透射，以单轴晶体为例介绍菲涅耳作图法和惠更斯作图法。

11.1　各向异性线性介质的物质方程及分类

11.1.1　各向异性线性介质的极化率

由 2.4 节的讨论可知，在各向同性线性介质中，极化强度矢量 $\boldsymbol{P}$ 与电场强度矢量 $\boldsymbol{E}$ 之间的关系为线性关系式(2－28)，即

$$\boldsymbol{P} = \varepsilon_0 \chi_e \boldsymbol{E} \tag{11-1}$$

式中，χ_e 为介质极化率。χ_e 是标量，极化强度矢量 $\boldsymbol{P}$ 与电场强度矢量 $\boldsymbol{E}$ 同方向。但在各向异性线性介质中，反映介质极化状态的极化率与方向有关，且极化强度矢量 $\boldsymbol{P}$ 与电场强度矢量 $\boldsymbol{E}$ 的方向也不一致。对于各向异性线性介质，极化强度矢量 $\boldsymbol{P}$ 与电场强度矢量 $\boldsymbol{E}$ 的关系为式(2－34)，即

$$\begin{bmatrix} P_x \\ P_y \\ P_z \end{bmatrix} = \varepsilon_0 \begin{bmatrix} \chi_{exx} & \chi_{exy} & \chi_{exz} \\ \chi_{eyx} & \chi_{eyy} & \chi_{eyz} \\ \chi_{ezx} & \chi_{ezy} & \chi_{ezz} \end{bmatrix} \begin{bmatrix} E_x \\ E_y \\ E_z \end{bmatrix} \tag{11-2}$$

写成向量形式，由式(2－36)，有

$$\boldsymbol{P}^{(1)} = \varepsilon_0 \overline{\overline{\boldsymbol{\chi}}}_e^{(1)} \boldsymbol{E}^{(1)} \tag{11-3}$$

式中，$\boldsymbol{P}^{(1)}$ 为极化强度列向量，$\boldsymbol{E}^{(1)}$ 为电场强度列向量，由式(2－32)和式(2－33)，有

$$\boldsymbol{P}^{(1)} = \begin{bmatrix} P_x \\ P_y \\ P_z \end{bmatrix} = [P_i]_{3\times 1} \qquad (i = x,\ y,\ z) \tag{11-4}$$

$$\boldsymbol{E}^{(1)}=\begin{bmatrix}E_x\\E_y\\E_z\end{bmatrix}=[E_j]_{3\times1}\quad(j=x,\ y,\ z)\tag{11-5}$$

$\overline{\overline{\boldsymbol{\chi}}}_e^{(1)}$ 为极化率二阶张量，由式(2-31)有

$$\overline{\overline{\boldsymbol{\chi}}}_e^{(1)}=\begin{bmatrix}\chi_{exx}&\chi_{exy}&\chi_{exz}\\\chi_{eyx}&\chi_{eyy}&\chi_{eyz}\\\chi_{ezx}&\chi_{ezy}&\chi_{ezz}\end{bmatrix}=[\chi_{eij}]_{3\times3}\quad(i,\ j=x,\ y,\ z)\tag{11-6}$$

将矩阵方程(11-2)写成求和形式，有

$$P_i=\varepsilon_0\sum_{j=x,\ y,\ z}\chi_{eij}E_j\quad(i=x,\ y,\ z)\tag{11-7}$$

式(11-7)表明，极化强度与电场强度仍是线性关系，所以 $\overline{\overline{\boldsymbol{\chi}}}_e^{(1)}$ 也称线性极化率张量。

由上述讨论可以看出，对于各向同性线性介质，极化强度 $\boldsymbol{P}$ 与电场强度 $\boldsymbol{E}$ 之间的关系用矢量方程(11-1)描述，而对于各向异性线性介质，极化强度矢量 $\boldsymbol{P}$ 和电场强度矢量 $\boldsymbol{E}$ 之间的关系用向量方程(11-3)描述，也即矩阵方程(11-2)或者分量方程(11-7)。矢量方程(11-1)表明极化强度矢量 $\boldsymbol{P}$ 与电场强度矢量 $\boldsymbol{E}$ 是同方向，而向量方程(11-3)或者矩阵方程(11-7)表明极化强度矢量 $\boldsymbol{P}$ 与电场强度矢量 $\boldsymbol{E}$ 之间方向不同。

11.1.2 各向异性线性介质的物质方程

对于各向异性线性介质，极化强度矢量 $\boldsymbol{P}$ 与电场强度矢量 $\boldsymbol{E}$ 之间的关系用向量方程描述，那么描述介质特性的物质方程也必然用向量方程描述。记电通密度矢量 $\boldsymbol{D}$ 对应的列向量为

$$\boldsymbol{D}^{(1)}=\begin{bmatrix}D_x\\D_y\\D_z\end{bmatrix}=[D_i]_{3\times1}\quad(i=x,\ y,\ z)\tag{11-8}$$

根据各向同性线性介质描述介质特性的物质方程(2-73)，可写出各向异性线性介质描述介质特性的物质方程为

$$\boldsymbol{D}^{(1)}=\varepsilon_0\boldsymbol{E}^{(1)}+\boldsymbol{P}^{(1)}=\varepsilon_0(\overline{\overline{\boldsymbol{I}}}^{(1)}+\overline{\overline{\boldsymbol{\chi}}}_e^{(1)})\boldsymbol{E}^{(1)}=\varepsilon_0\overline{\overline{\boldsymbol{\varepsilon}}}_r^{(1)}\boldsymbol{E}^{(1)}=\overline{\overline{\boldsymbol{\varepsilon}}}^{(1)}\boldsymbol{E}^{(1)}\tag{11-9}$$

式中，$\overline{\overline{\boldsymbol{I}}}^{(1)}$ 为单位矩阵

$$\overline{\overline{\boldsymbol{I}}}^{(1)}=\begin{bmatrix}1&0&0\\0&1&0\\0&0&1\end{bmatrix}=[I_{ij}]_{3\times3}\quad\left(i,\ j=x,\ y,\ z;\quad I_{ij}=\begin{cases}1&(i=j)\\0&(i\neq j)\end{cases}\right)\tag{11-10}$$

矩阵

$$\overline{\overline{\boldsymbol{\varepsilon}}}_r^{(1)}=\overline{\overline{\boldsymbol{I}}}^{(1)}+\overline{\overline{\boldsymbol{\chi}}}_e^{(1)}=\begin{bmatrix}1+\chi_{exx}&\chi_{exy}&\chi_{exz}\\\chi_{eyx}&1+\chi_{eyy}&\chi_{eyz}\\\chi_{ezx}&\chi_{ezy}&1+\chi_{ezz}\end{bmatrix}=\begin{bmatrix}\varepsilon_{r,\ xx}&\varepsilon_{r,\ xy}&\varepsilon_{r,\ xz}\\\varepsilon_{r,\ yx}&\varepsilon_{r,\ yy}&\varepsilon_{r,\ yz}\\\varepsilon_{r,\ zx}&\varepsilon_{r,\ zy}&\varepsilon_{r,\ zz}\end{bmatrix}$$

$$=[\varepsilon_{r,\ ij}]_{3\times3}\quad(i,\ j=x,\ y,\ z)\tag{11-11}$$

$$\overline{\overline{\boldsymbol{\varepsilon}}}^{(1)}=\varepsilon_0\,\overline{\overline{\boldsymbol{\varepsilon}}}_{\mathrm{r}}^{(1)}=\begin{bmatrix}\varepsilon_0\varepsilon_{\mathrm{r},\,xx} & \varepsilon_0\varepsilon_{\mathrm{r},\,xy} & \varepsilon_0\varepsilon_{\mathrm{r},\,xz}\\ \varepsilon_0\varepsilon_{\mathrm{r},\,yx} & \varepsilon_0\varepsilon_{\mathrm{r},\,yy} & \varepsilon_0\varepsilon_{\mathrm{r},\,yz}\\ \varepsilon_0\varepsilon_{\mathrm{r},\,zx} & \varepsilon_0\varepsilon_{\mathrm{r},\,zy} & \varepsilon_0\varepsilon_{\mathrm{r},\,zz}\end{bmatrix}=\begin{bmatrix}\varepsilon_{xx} & \varepsilon_{xy} & \varepsilon_{xz}\\ \varepsilon_{yx} & \varepsilon_{yy} & \varepsilon_{yz}\\ \varepsilon_{zx} & \varepsilon_{zy} & \varepsilon_{zz}\end{bmatrix}=[\varepsilon_{ij}]_{3\times3}\quad(i,\,j=x,\,y,\,z)\tag{11-12}$$

式中：$\overline{\overline{\boldsymbol{\varepsilon}}}_{\mathrm{r}}^{(1)}$ 称为相对介电张量，$\overline{\overline{\boldsymbol{\varepsilon}}}^{(1)}$ 称为介电张量。

式(11－9)写成矩阵形式，有

$$\begin{bmatrix}D_x\\ D_y\\ D_z\end{bmatrix}=\begin{bmatrix}\varepsilon_{xx} & \varepsilon_{xy} & \varepsilon_{xz}\\ \varepsilon_{yx} & \varepsilon_{yy} & \varepsilon_{yz}\\ \varepsilon_{zx} & \varepsilon_{zy} & \varepsilon_{zz}\end{bmatrix}\begin{bmatrix}E_x\\ E_y\\ E_z\end{bmatrix}\tag{11-13}$$

写成求和形式为

$$D_i=\sum_{j=x,\,y,\,z}\varepsilon_{ij}E_j\quad(i=x,\,y,\,z)\tag{11-14}$$

式(11－9)、式(11－13)和式(11－14)就是描述各向异性线性介质的物质方程。

对于电各向异性线性介质，磁导率 μ 为标量，则介电张量 $\overline{\overline{\boldsymbol{\varepsilon}}}^{(1)}$ 具有对称性，下面给予证明。

各向同性线性介质中电磁场能量密度 w 和能流密度矢量 $\boldsymbol{S}$ 仍然适用于各向异性线性介质。由式(6－58)可知，电磁场能量密度 w 为电场能量密度 w_{e} 和磁场能量密度 w_{m} 之和，即

$$w=w_{\mathrm{e}}+w_{\mathrm{m}}=\frac{1}{2}\boldsymbol{D}\cdot\boldsymbol{E}+\frac{1}{2}\boldsymbol{B}\cdot\boldsymbol{H}=\frac{1}{2}(\boldsymbol{D}\cdot\boldsymbol{E}+\boldsymbol{B}\cdot\boldsymbol{H})\tag{11-15}$$

另外，在无耗情况下，$\boldsymbol{E}\cdot\boldsymbol{J}_V=0$，由式(6－60)可得能量连续性方程为

$$\frac{\partial w}{\partial t}+\nabla\cdot\boldsymbol{S}=0\tag{11-16}$$

将式(11－15)代入式(11－16)，并将坡印廷矢量 $\boldsymbol{S}=\boldsymbol{E}\times\boldsymbol{H}$ 代入，则有

$$\frac{\partial w}{\partial t}=\frac{\partial w_{\mathrm{e}}}{\partial t}+\frac{\partial w_{\mathrm{m}}}{\partial t}=-\nabla\cdot\boldsymbol{S}=-\nabla\cdot(\boldsymbol{E}\times\boldsymbol{H})=\boldsymbol{E}\cdot\nabla\times\boldsymbol{H}-\boldsymbol{H}\cdot\nabla\times\boldsymbol{E}\tag{11-17}$$

式中，

$$\begin{aligned}\frac{\partial w_{\mathrm{e}}}{\partial t}&=\frac{1}{2}\frac{\partial}{\partial t}(\boldsymbol{E}\cdot\boldsymbol{D})=\frac{1}{2}\frac{\partial}{\partial t}\sum_{i=x,\,y,\,z}E_iD_i=\frac{1}{2}\frac{\partial}{\partial t}\sum_{i=x,\,y,\,z}\sum_{j=x,\,y,\,z}E_i\varepsilon_{ij}E_j\\&=\frac{1}{2}\sum_{i=x,\,y,\,z}\sum_{j=x,\,y,\,z}\left(E_i\varepsilon_{ij}\frac{\partial E_j}{\partial t}+E_j\varepsilon_{ji}\frac{\partial E_i}{\partial t}\right)\end{aligned}\tag{11-18}$$

$$\frac{\partial w_{\mathrm{m}}}{\partial t}=\frac{1}{2}\frac{\partial}{\partial t}(\boldsymbol{B}\cdot\boldsymbol{H})=\frac{1}{2}\left(\frac{\partial\boldsymbol{B}}{\partial t}\cdot\boldsymbol{H}+\boldsymbol{B}\cdot\frac{\partial\boldsymbol{H}}{\partial t}\right)=\mu\boldsymbol{H}\cdot\frac{\partial\boldsymbol{H}}{\partial t}\tag{11-19}$$

在无源情况下，介质中 $\boldsymbol{J}_V=0$，将麦克斯韦方程

$$\nabla\times\boldsymbol{H}=\frac{\partial\boldsymbol{D}}{\partial t},\qquad\nabla\times\boldsymbol{E}=-\frac{\partial\boldsymbol{B}}{\partial t}\tag{11-20}$$

代入式(11－17)，得到

$$\begin{aligned}\frac{\partial w}{\partial t}&=\boldsymbol{E}\cdot\nabla\times\boldsymbol{H}-\boldsymbol{H}\cdot\nabla\times\boldsymbol{E}=\boldsymbol{E}\cdot\frac{\partial\boldsymbol{D}}{\partial t}+\boldsymbol{H}\cdot\frac{\partial\boldsymbol{B}}{\partial t}\\&=\boldsymbol{E}\cdot\frac{\partial\boldsymbol{D}}{\partial t}+\mu\boldsymbol{H}\cdot\frac{\partial\boldsymbol{H}}{\partial t}=\sum_{i=x,\,y,\,z}\sum_{j=x,\,y,\,z}E_i\varepsilon_{ij}\frac{\partial E_j}{\partial t}+\frac{\partial w_{\mathrm{m}}}{\partial t}\end{aligned}\tag{11-21}$$

由此得到

$$\frac{\partial w_e}{\partial t}=\sum_{i=x,y,z}\sum_{j=x,y,z}E_i\varepsilon_{ij}\frac{\partial E_j}{\partial t} \tag{11-22}$$

比较式(11－22)和式(11－18)，得到

$$\varepsilon_{ij}=\varepsilon_{ji}\quad(i,\ j=x,\ y,\ z) \tag{11-23}$$

式(11－23)表明各向异性线性介质的介电张量具有对称性。这一对称性质是满足能量守恒定律的直接结果。

由于介电张量具有对称性，张量的 9 个分量中有 6 个独立分量。因此，介电张量可改写成

$$\bar{\bar{\boldsymbol{\varepsilon}}}^{(1)}=\begin{bmatrix}\varepsilon_{xx} & \varepsilon_{xy} & \varepsilon_{xz}\\ \varepsilon_{xy} & \varepsilon_{yy} & \varepsilon_{yz}\\ \varepsilon_{xz} & \varepsilon_{yz} & \varepsilon_{zz}\end{bmatrix} \tag{11-24}$$

相对介电张量形式为

$$\bar{\bar{\boldsymbol{\varepsilon}}}_r^{(1)}=\begin{bmatrix}\varepsilon_{r,xx} & \varepsilon_{r,xy} & \varepsilon_{r,xz}\\ \varepsilon_{r,xy} & \varepsilon_{r,yy} & \varepsilon_{r,yz}\\ \varepsilon_{r,xz} & \varepsilon_{r,yz} & \varepsilon_{r,zz}\end{bmatrix} \tag{11-25}$$

11.1.3　各向异性线性介质的分类

1. 折射率椭球

对于各向同性线性介质，取相对磁导率 $\mu_r=1$，定义折射率 n 为

$$n=\sqrt{\varepsilon_r} \tag{11-26}$$

式中，ε_r 为各向同性线性介质的相对介电常数。对于各向异性线性介质，相对介电常数为二阶对称张量式(11－25)，表明各向异性线性介质的折射率与方向有关并具有对称性。这种与方向有关并具有对称性的特性可用椭球曲面方程

$$a_{xx}x^2+a_{yy}y^2+a_{zz}z^2+2a_{xy}xy+2a_{xz}xz+2a_{yz}yz=1 \tag{11-27}$$

来描述，图 11－1 所示为任意取向的椭球曲面。

方程(11－27)的系数写成矩阵形式为

$$\boldsymbol{a}=\begin{bmatrix}a_{xx} & a_{xy} & a_{xz}\\ a_{xy} & a_{yy} & a_{yz}\\ a_{xz} & a_{yz} & a_{zz}\end{bmatrix} \tag{11-28}$$

显然，任意取向椭球曲面方程的系数矩阵(11－28)正好与二阶张量式(11－25)的元素有对应关系，这种对应关系反映的就是相对介电张量 $\bar{\bar{\boldsymbol{\varepsilon}}}_r^{(1)}$ 的对称特性和方向特性。

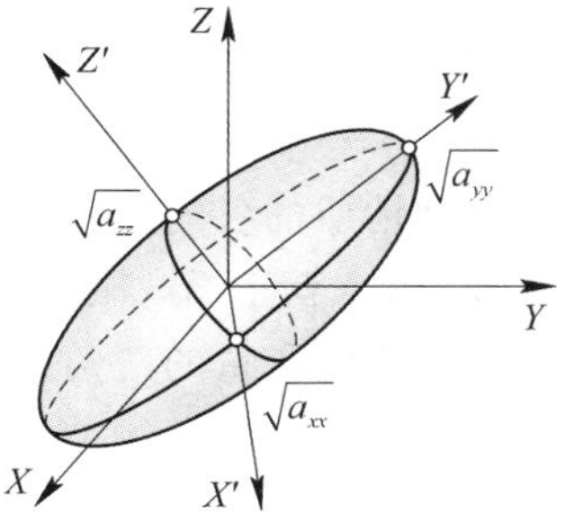

图 11－1　任意取向的椭球曲面

如果进行坐标变换，在直角坐标系 XYZ 下任意取向的椭球面方程(11－27)可化为在直角坐标系 $X'Y'Z'$ 下的标准椭球面方程

$$\frac{x'^2}{(\sqrt{a_{xx}})^2}+\frac{y'^2}{(\sqrt{a_{yy}})^2}+\frac{z'^2}{(\sqrt{a_{zz}})^2}=1 \tag{11-29}$$

式中，$\sqrt{a_{xx}}$ 为 X' 方向椭球面的半轴，$\sqrt{a_{yy}}$ 为 Y' 方向椭球面的半轴，$\sqrt{a_{zz}}$ 为 Z' 方向椭球面的半轴。X'、Y' 和 Z' 称为椭球面的主轴。

同理，如果取三维空间正交坐标轴 XYZ 与折射率椭球曲面的三个主轴重合，则相对介

电张量式(11-25)取对角化形式：

$$\bar{\bar{\boldsymbol{\varepsilon}}}_{\mathrm{r}}^{(1)}=\begin{bmatrix}\varepsilon_{\mathrm{r},\,xx} & 0 & 0\\ 0 & \varepsilon_{\mathrm{r},\,yy} & 0\\ 0 & 0 & \varepsilon_{\mathrm{r},\,zz}\end{bmatrix} \tag{11-30}$$

相对应的折射率椭球曲面方程就可简化为标准折射率椭球曲面方程

$$\frac{x^2}{n_x^2}+\frac{y^2}{n_y^2}+\frac{z^2}{n_z^2}=1 \tag{11-31}$$

式中：

$$n_x=\sqrt{\varepsilon_{\mathrm{r},\,xx}},\quad n_y=\sqrt{\varepsilon_{\mathrm{r},\,yy}},\quad n_z=\sqrt{\varepsilon_{\mathrm{r},\,zz}} \tag{11-32}$$

就是折射率椭球曲面三个主轴的半轴，n_x、n_y 和 n_z 称为各向异性线性介质的主折射率。需要强调的是，式(11-31)中的变量 x、y 和 z 并不是空间坐标，而是与空间坐标轴 X、Y 和 Z 相对应的折射率坐标。

在折射率主轴坐标系下，物质方程(11-13)可简化为

$$\begin{bmatrix}D_x\\ D_y\\ D_z\end{bmatrix}=\begin{bmatrix}\varepsilon_{xx} & 0 & 0\\ 0 & \varepsilon_{yy} & 0\\ 0 & 0 & \varepsilon_{zz}\end{bmatrix}\begin{bmatrix}E_x\\ E_y\\ E_z\end{bmatrix} \tag{11-33}$$

式中：

$$\varepsilon_{xx}=\varepsilon_0\varepsilon_{\mathrm{r},\,xx},\quad \varepsilon_{yy}=\varepsilon_0\varepsilon_{\mathrm{r},\,yy},\quad \varepsilon_{zz}=\varepsilon_0\varepsilon_{\mathrm{r},\,zz} \tag{11-34}$$

介电张量简化为

$$\bar{\bar{\boldsymbol{\varepsilon}}}^{(1)}=\begin{bmatrix}\varepsilon_{xx} & 0 & 0\\ 0 & \varepsilon_{yy} & 0\\ 0 & 0 & \varepsilon_{zz}\end{bmatrix} \tag{11-35}$$

2. 各向异性线性介质的分类

如果介电张量的对角元素不等，即

$$\varepsilon_{xx}\neq\varepsilon_{yy}\neq\varepsilon_{zz} \tag{11-36}$$

则折射率椭球曲面三个主轴的半轴也不相等，主轴折射率不相等，即

$$n_x\neq n_y\neq n_z \tag{11-37}$$

具有这种性质的各向异性线性介质称为双轴晶体。三斜、单斜和正交三个晶系都为双轴晶体，如云母、蓝宝石、橄榄石和硫黄等。

如果介电张量的对角元素有两个相等，即

$$\varepsilon_{xx}=\varepsilon_{yy}\neq\varepsilon_{zz} \tag{11-38}$$

则有

$$n_x=n_y=n_{\mathrm{o}}\neq n_z=n_{\mathrm{e}} \tag{11-39}$$

具有这种性质的各向异性线性介质称为单轴晶体。三角、正方和六角三个晶系为单轴晶体，如方解石(也称冰洲石)、石英、红宝石和冰等。

如果介电张量的对角元素相等，即

$$\varepsilon_{xx}=\varepsilon_{yy}=\varepsilon_{zz} \tag{11-40}$$

对应的就是各向同性介质，称为立方晶体。

自然界存在七大晶系：立方晶系、四方晶系、六方晶系、三方晶系、正交晶系、单斜晶

系、三斜晶系。由于它们的空间对称性不同，因此反映光学性质的相对介电张量的形式也不同。七大晶系的结构及相对介电张量的形式归纳为表 11－1。

表 11－1　七大晶系的结构及相对介电张量的形式

晶系名称	结构图形	主轴坐标系	非主轴坐标系	结构特点	光学分类
三斜	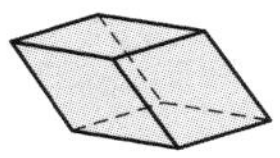	$\begin{bmatrix}\varepsilon_{r,xx} & 0 & 0\\ 0 & \varepsilon_{r,yy} & 0\\ 0 & 0 & \varepsilon_{r,zz}\end{bmatrix}$	$\begin{bmatrix}\varepsilon_{r,xx} & \varepsilon_{r,xy} & \varepsilon_{r,xz}\\ \varepsilon_{r,xy} & \varepsilon_{r,yy} & \varepsilon_{r,yz}\\ \varepsilon_{r,xz} & \varepsilon_{r,yz} & \varepsilon_{r,zz}\end{bmatrix}$	$a \neq b \neq c$ $\alpha \neq \beta \neq \gamma \neq 90°$	双轴
单斜	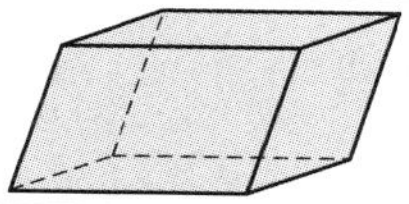		$\begin{bmatrix}\varepsilon_{r,xx} & 0 & \varepsilon_{r,xz}\\ 0 & \varepsilon_{r,yy} & 0\\ \varepsilon_{r,xz} & 0 & \varepsilon_{r,zz}\end{bmatrix}$	$a \neq b \neq c$ $\alpha = \gamma = 90°$ $\beta \neq 90°$	
正交	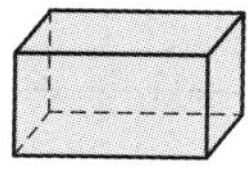		$\begin{bmatrix}\varepsilon_{r,xx} & 0 & \varepsilon_{r,xz}\\ 0 & \varepsilon_{r,yy} & 0\\ \varepsilon_{r,xz} & 0 & \varepsilon_{r,zz}\end{bmatrix}$	$a \neq b \neq c$ $\alpha = \beta = \gamma = 90°$	
三方	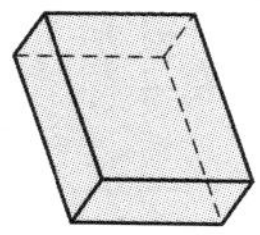	$\begin{bmatrix}\varepsilon_{r,xx} & 0 & 0\\ 0 & \varepsilon_{r,xx} & 0\\ 0 & 0 & \varepsilon_{r,zz}\end{bmatrix}$	$\begin{bmatrix}\varepsilon_{r,xx} & 0 & 0\\ 0 & \varepsilon_{r,xx} & 0\\ 0 & 0 & \varepsilon_{r,zz}\end{bmatrix}$	$a = b = c$ $\alpha = \beta = \gamma \neq 90°$	单轴
四方	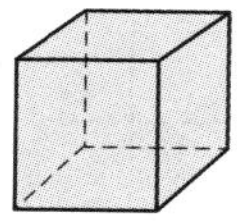			$a = b \neq c$ $\alpha = \beta = \gamma = 90°$	
六方	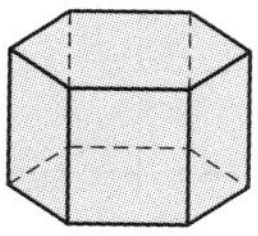			$a = b \neq c$ $\gamma = 120°$ $\alpha = \beta$	
立方	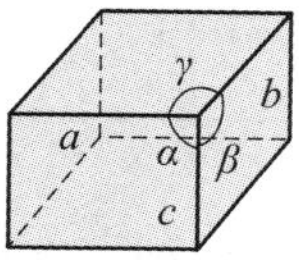	$\begin{bmatrix}\varepsilon_{r} & 0 & 0\\ 0 & \varepsilon_{r} & 0\\ 0 & 0 & \varepsilon_{r}\end{bmatrix}$	$\begin{bmatrix}\varepsilon_{r} & 0 & 0\\ 0 & \varepsilon_{r} & 0\\ 0 & 0 & \varepsilon_{r}\end{bmatrix}$	$a = b = c$ $\alpha = \beta = \gamma = 90°$	各向同性

把式(11－39)代入式(11－31)，得到单轴晶体折射率椭球曲面方程为

$$\frac{x^2+y^2}{n_o^2}+\frac{z^2}{n_e^2}=1 \tag{11-41}$$

显然，这是以 Z 轴为对称轴的旋转椭球曲面，如图 11－2 所示。n_o 和 n_e 称为寻常光折射率和非寻常光折射率，与其相对应的光波传播速度为 v_o 和 v_e。一般选择折射率主轴 n_e 为 Z 轴，主轴 n_o 选择为 X、Y 轴。Z 轴称为单轴晶体的光轴。光轴的特点是通过折射率椭球中心并垂直于光轴的平面与折射率椭球的截面是一个圆。单轴晶体仅有一个光轴，通过折射率椭球中心的截面仅有一个圆，而双轴晶体有两个光轴，所以通过折射率椭球中心的截面得到两个圆。但是，折射率椭球的三个主轴均不是双轴晶体的光轴。

对于单轴晶体，如果 $n_e > n_o$ ($v_e < v_o$)，则这种晶体称为正晶体，正晶体的折射率椭球为一长椭球，如图 11－2(a)所示。正晶体的例子有石英、冰等。如果 $n_e < n_o$ ($v_e > v_o$)，则这种晶体称为负晶体，负晶体的折射率椭球为一扁椭球，如图 11－2(b)所示。负晶体的例子有方解石、电气石等。表 11－2 为常见单轴晶体的折射率。

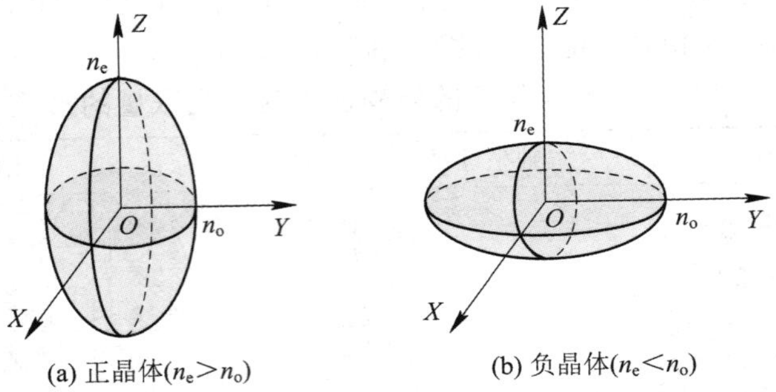

图 11-2 单轴晶体折射率椭球曲面图

表 11-2 常见单轴晶体的折射率

晶 体		n_o	n_e	光波波长
正晶体	石英(SiO_2)	1.546	1.555	546 nm
	金红石(TiO_2)	2.616	2.093	
	钽酸锂($LiTaO_3$)	2.176	2.180	632.8 nm
	冰	1.309	1.313	
负晶体	电气石	1.669	1.638	
	方解石	1.6458	1.4864	
	磷酸二氢钾(KH_2PO_4)	1.61	1.47	546 nm
	磷酸二氢铵($NH_4H_2PO_4$)	1.53	1.48	546 nm
	铌酸锂($LiNbO_3$)	2.286	2.200	1.06 μm

11.2 平面光波在各向异性线性介质中的传播

光波是电磁波，研究光波在各向异性线性介质中传播规律的出发点仍然是麦克斯韦方程及描述各向异性线性介质电特性的物质方程。假设各向异性线性介质为非磁性物质，则 $\mu_r=1$；介质无吸收，则 $\sigma=0$；介质中无源，则 $\rho_V=0$，$\boldsymbol{J}_V=0$。由式(6-96)至式(6-99)可写出介质中的麦克斯韦方程为

$$\nabla\times\widetilde{\boldsymbol{H}}=\mathrm{j}\omega\widetilde{\boldsymbol{D}} \tag{11-42}$$

$$\nabla\times\widetilde{\boldsymbol{E}}=-\mathrm{j}\omega\widetilde{\boldsymbol{B}} \tag{11-43}$$

$$\nabla\cdot\widetilde{\boldsymbol{D}}=0 \tag{11-44}$$

$$\nabla\cdot\widetilde{\boldsymbol{B}}=0 \tag{11-45}$$

描述各向异性线性介质电特性的物质方程为式(11-9)、式(11-13)和式(11-14)。

11.2.1 各向异性线性介质中的平面光波

在无源无界空间，各向同性线性介质中电磁场满足赫姆霍兹方程(7-1)和(7-2)，其

解为平面电磁波，即式(7－24)和式(7－25)。在无源无界空间，对于各向异性线性介质，电磁场分量仍然满足标量赫姆霍兹方程，因此，可设各向异性线性介质中的平面光波为

$$\widetilde{\boldsymbol{E}}(\boldsymbol{r})=\widetilde{\boldsymbol{E}}_0\mathrm{e}^{-\mathrm{j}\boldsymbol{k}\cdot\boldsymbol{r}} \tag{11-46}$$

$$\widetilde{\boldsymbol{D}}(\boldsymbol{r})=\widetilde{\boldsymbol{D}}_0\mathrm{e}^{-\mathrm{j}\boldsymbol{k}\cdot\boldsymbol{r}} \tag{11-47}$$

$$\widetilde{\boldsymbol{H}}(\boldsymbol{r})=\widetilde{\boldsymbol{H}}_0\mathrm{e}^{-\mathrm{j}\boldsymbol{k}\cdot\boldsymbol{r}} \tag{11-48}$$

式中，$\boldsymbol{k}$ 为波矢量，$\boldsymbol{r}$ 为平面光波等相位面上任一点的位置矢量；$\widetilde{\boldsymbol{E}}_0$、$\widetilde{\boldsymbol{D}}_0$ 和 $\widetilde{\boldsymbol{H}}_0$ 分别为电场强度复振幅矢量的振幅、电通密度复振幅矢量的振幅和磁场强度复振幅矢量的振幅。平面光波满足麦克斯韦方程，将式(11－46)、式(11－47)和式(11－48)代入麦克斯韦方程式(11－42)至式(11－45)，得到

$$\widetilde{\boldsymbol{H}}\times\boldsymbol{k}_0=\frac{c}{n}\widetilde{\boldsymbol{D}} \tag{11-49}$$

$$\widetilde{\boldsymbol{E}}\times\boldsymbol{k}_0=-\mu_0\frac{c}{n}\widetilde{\boldsymbol{H}} \tag{11-50}$$

$$\boldsymbol{k}_0\cdot\widetilde{\boldsymbol{D}}=0 \tag{11-51}$$

$$\boldsymbol{k}_0\cdot\widetilde{\boldsymbol{H}}=0 \tag{11-52}$$

式中，$n=\sqrt{\varepsilon_\mathrm{r}}$ 为平面光波沿传播方向的折射率，$c=\sqrt{\mu_0\varepsilon_0}$ 为真空中的光速，$\boldsymbol{k}_0$ 为平面光波传播方向的单位矢量。由式(11－49)和式(11－51)可知，$\widetilde{\boldsymbol{H}}$、$\boldsymbol{k}_0$ 和 $\widetilde{\boldsymbol{D}}$ 构成正交右手系。由式(11－50)和式(11－52)可知，$\boldsymbol{k}_0\times\widetilde{\boldsymbol{E}}$ 与 $\widetilde{\boldsymbol{H}}$ 同方向，$\boldsymbol{k}_0$ 垂直于 $\widetilde{\boldsymbol{H}}$，$\widetilde{\boldsymbol{E}}$ 垂直于 $\widetilde{\boldsymbol{H}}$。

平面光波在各向异性线性介质中传播，由式(6－113)可写出复坡印廷矢量为

$$\widetilde{\boldsymbol{S}}=\frac{1}{2}\widetilde{\boldsymbol{E}}\times\widetilde{\boldsymbol{H}}^* \tag{11-53}$$

由于 $\widetilde{\boldsymbol{E}}$ 垂直于 $\widetilde{\boldsymbol{H}}$，因此由式(11－53)可知，$\widetilde{\boldsymbol{E}}$、$\widetilde{\boldsymbol{H}}$ 和 $\widetilde{\boldsymbol{S}}$ 构成另一右手正交系。

由上述讨论，可总结 $\widetilde{\boldsymbol{H}}$、$\widetilde{\boldsymbol{D}}$、$\widetilde{\boldsymbol{E}}$、$\boldsymbol{k}_0$ 和 $\widetilde{\boldsymbol{S}}$ 之间的相互关系如下：

(1) $\widetilde{\boldsymbol{H}}$ 垂直于 $\widetilde{\boldsymbol{D}}$、$\widetilde{\boldsymbol{E}}$、$\boldsymbol{k}_0$、$\widetilde{\boldsymbol{S}}$，且 $\widetilde{\boldsymbol{D}}$、$\widetilde{\boldsymbol{E}}$、$\boldsymbol{k}_0$ 和 $\widetilde{\boldsymbol{S}}$ 都位于与 $\widetilde{\boldsymbol{H}}$ 垂直的同一平面内，如图 11－3 所示。

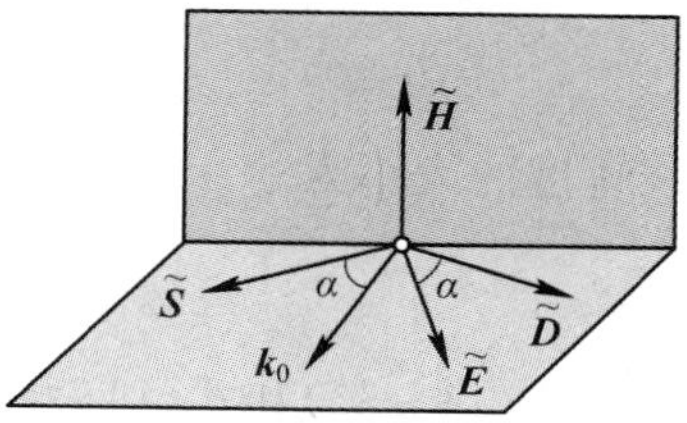

图 11－3　各向异性线性介质中平面光波电磁矢量间的相互关系

(2) 由于各向异性线性介质介电常数为一张量，因此导致 $\widetilde{\boldsymbol{D}}$ 与 $\widetilde{\boldsymbol{E}}$ 方向不一致，设夹角为 α，α 称为离散角。由于 $\widetilde{\boldsymbol{S}}$ 与 $\widetilde{\boldsymbol{E}}$ 垂直，而 $\boldsymbol{k}_0$ 与 $\widetilde{\boldsymbol{D}}$ 垂直，因此，$\boldsymbol{k}_0$ 与 $\widetilde{\boldsymbol{S}}$ 的方向也不一致，其夹角也为 α。

(3) $\widetilde{\boldsymbol{D}}$、$\widetilde{\boldsymbol{H}}$ 和 $\boldsymbol{k}_0$ 组成右手正交系，$\boldsymbol{k}_0$ 是等相位面的单位法线矢量，因此，平面光波的光振动矢量为 $\widetilde{\boldsymbol{D}}$。

(4) $\widetilde{\boldsymbol{E}}$、$\widetilde{\boldsymbol{H}}$ 和 $\widetilde{\boldsymbol{S}}$ 组成另一右手正交系，能流密度矢量 $\widetilde{\boldsymbol{S}}$ 的方向与电场矢量 $\widetilde{\boldsymbol{E}}$ 的方向垂直，$\widetilde{\boldsymbol{S}}$ 并不垂直于 $\widetilde{\boldsymbol{D}}$。

11.2.2　相速度和光线速度

平面光波表达式中，$\boldsymbol{k}=k\boldsymbol{k}_0$，$\boldsymbol{k}_0$ 表示平面光波等相位面的法线方向，称为波面的单位法线矢量。坡印廷矢量 $\widetilde{\boldsymbol{S}}$ 的方向为平面光波能量流动的方向，记 $\widetilde{\boldsymbol{S}}$ 的单位矢量为 $\boldsymbol{s}_0$，$\boldsymbol{s}_0$ 称为光线方向的单位矢量或射线单位矢量。

等相位面传播的速度就是相速度，记作 v_φ。v_φ 与波数 k 的关系为

$$v_\varphi = \frac{\omega}{k} = \frac{c}{n} \tag{11-54}$$

相速度的方向就是波面的单位法线矢量 $\boldsymbol{k}_0$，因此相速度的矢量形式为

$$\boldsymbol{v}_\varphi = \frac{\omega}{k}\boldsymbol{k}_0 = \frac{c}{n}\boldsymbol{k}_0 \tag{11-55}$$

定义能量传播速度或称光线速度为

$$\boldsymbol{v}_s = \frac{|\boldsymbol{S}_{av}|}{w_{av}}\boldsymbol{s}_0 \tag{11-56}$$

式中，w_{av} 为电磁场平均能量密度；$\boldsymbol{S}_{av}$ 为平均坡印廷矢量；$\boldsymbol{s}_0$ 为光线方向的单位矢量，即坡印廷矢量 $\boldsymbol{S}_{av}$ 的方向。

根据式(6-118)，并将式(11-49)和式(11-50)两端取共轭，然后代入式(6-118)，则有

$$\begin{aligned} w_{av} &= \frac{1}{4}(\varepsilon\widetilde{\boldsymbol{E}}\cdot\widetilde{\boldsymbol{E}}^* + \mu\widetilde{\boldsymbol{H}}\cdot\widetilde{\boldsymbol{H}}^*) = \frac{1}{4}(\widetilde{\boldsymbol{E}}\cdot\widetilde{\boldsymbol{D}}^* + \mu_0\widetilde{\boldsymbol{H}}\cdot\widetilde{\boldsymbol{H}}^*) \\ &= \frac{1}{4}\frac{n}{c}[\widetilde{\boldsymbol{E}}\cdot(\widetilde{\boldsymbol{H}}^*\times\boldsymbol{k}_0) - \widetilde{\boldsymbol{H}}\cdot(\widetilde{\boldsymbol{E}}^*\times\boldsymbol{k}_0)] \end{aligned} \tag{11-57}$$

利用矢量公式

$$\boldsymbol{A}\cdot(\boldsymbol{B}\times\boldsymbol{C}) = (\boldsymbol{A}\times\boldsymbol{B})\cdot\boldsymbol{C}$$

将式(11-57)简化为

$$\begin{aligned} w_{av} &= \frac{1}{2}\frac{n}{c}\left[\frac{1}{2}(\widetilde{\boldsymbol{E}}\times\widetilde{\boldsymbol{H}}^*) + \frac{1}{2}(\widetilde{\boldsymbol{E}}\times\widetilde{\boldsymbol{H}}^*)^*\right]\cdot\boldsymbol{k}_0 \\ &= \frac{1}{2}\frac{n}{c}[\widetilde{\boldsymbol{S}} + \widetilde{\boldsymbol{S}}^*]\cdot\boldsymbol{k}_0 = \frac{n}{c}\boldsymbol{S}_{av}\cdot\boldsymbol{k}_0 = \frac{n}{c}|\boldsymbol{S}_{av}|\cos\alpha \end{aligned} \tag{11-58}$$

将式(11-58)代入式(11-56)得

$$\boldsymbol{v}_s = \frac{c}{n}\frac{1}{\cos\alpha}\boldsymbol{s}_0 \tag{11-59}$$

则光线速度的大小为

$$v_s = \frac{c}{n}\frac{1}{\cos\alpha} \tag{11-60}$$

比较式(11-55)和式(11-59)可知，相速度与光线速度之间的关系为

$$v_\varphi = v_s\cos\alpha \tag{11-61}$$

又由相速度与折射率的关系式(11-54)相类比，可定义光线折射率为

$$n_s = \frac{c}{v_s} = n\cos\alpha \tag{11-62}$$

需要说明的是，为了与非寻常光折射率 n_e 相区别，光线折射率采用了下标“s”，即沿 $\boldsymbol{s}_0$ 方向的折射率，而光线速度(即能量传播速度) v_s 也采用与式(7-47)和式(7-84)不同的记号。

11.2.3 菲涅耳法线方程

根据平面光波场矢量间的关系式(11-49)和式(11-50)，可求得波法线方程。用 $\boldsymbol{k}_0$ 左

乘式(8 - 50)，得到

$$-\frac{n}{\mu_0 c}(\widetilde{\boldsymbol{E}} \times \boldsymbol{k}_0) \times \boldsymbol{k}_0 = \widetilde{\boldsymbol{H}} \times \boldsymbol{k}_0 \tag{11-63}$$

把式(11 - 49)代入式(11 - 63)，整理后有

$$\widetilde{\boldsymbol{D}} = -\varepsilon_0 n^2 \boldsymbol{k}_0 \times (\boldsymbol{k}_0 \times \widetilde{\boldsymbol{E}}) \tag{11-64}$$

利用矢量公式

$$\boldsymbol{A} \times (\boldsymbol{B} \times \boldsymbol{C}) = \boldsymbol{B}(\boldsymbol{A} \cdot \boldsymbol{C}) - \boldsymbol{C}(\boldsymbol{A} \cdot \boldsymbol{B})$$

式(11 - 64)可改写为

$$\widetilde{\boldsymbol{D}} = -\varepsilon_0 n^2 [\boldsymbol{k}_0(\boldsymbol{k}_0 \cdot \widetilde{\boldsymbol{E}}) - \widetilde{\boldsymbol{E}}(\boldsymbol{k}_0 \cdot \boldsymbol{k}_0)] = \varepsilon_0 n^2 [\widetilde{\boldsymbol{E}} - \boldsymbol{k}_0(\boldsymbol{k}_0 \cdot \widetilde{\boldsymbol{E}})] \tag{11-65}$$

式(11 - 65)称为晶体光学第一基本方程，写成分量形式为

$$\widetilde{D}_i = \varepsilon_0 n^2 [\widetilde{E}_i - k_{0i}(\boldsymbol{k}_0 \cdot \boldsymbol{E})] \quad (i = x,\ y,\ z) \tag{11-66}$$

在折射率主轴坐标系下，由物质方程(11 - 33)，有

$$\widetilde{D}_i = \varepsilon_{ii} \widetilde{E}_i \quad (i = x,\ y,\ z) \tag{11-67}$$

将式(11 - 67)代入式(11 - 66)，求解 $\widetilde{D}_i$ 得到

$$\widetilde{D}_i = \frac{\varepsilon_0 k_{0i}(\boldsymbol{k}_0 \cdot \boldsymbol{E})}{\dfrac{\varepsilon_0}{\varepsilon_{ii}} - \dfrac{1}{n^2}} \quad (i = x,\ y,\ z) \tag{11-68}$$

由式(11 - 51)可知，$\boldsymbol{k}_0 \perp \widetilde{\boldsymbol{D}}$。将式(11 - 51)写成求和形式，有

$$\sum_{i=x,\ y,\ z} k_{0i} \widetilde{D}_i = 0 \tag{11-69}$$

式(11 - 68)两端乘 k_{0i} 并求和，有

$$\sum_{i=x,\ y,\ z} k_{0i} \widetilde{D}_i = \sum_{i=x,\ y,\ z} \frac{\varepsilon_0 k_{0i} k_{0i}(\boldsymbol{k}_0 \cdot \boldsymbol{E})}{\dfrac{\varepsilon_0}{\varepsilon_{ii}} - \dfrac{1}{n^2}} = \varepsilon_0 (\boldsymbol{k}_0 \cdot \boldsymbol{E}) \sum_{i=x,\ y,\ z} \frac{k_{0i} k_{0i}}{\dfrac{\varepsilon_0}{\varepsilon_{ii}} - \dfrac{1}{n^2}} = 0 \tag{11-70}$$

由于 $\boldsymbol{k}_0 \cdot \widetilde{\boldsymbol{E}} \neq 0$，因此必有

$$\sum_{i=x,\ y,\ z} \frac{k_{0i} k_{0i}}{\dfrac{\varepsilon_0}{\varepsilon_{ii}} - \dfrac{1}{n^2}} = 0 \tag{11-71}$$

又由式(11 - 34)，有

$$\varepsilon_{ii} = \varepsilon_0 \varepsilon_{\mathrm{r},\ ii} \quad (i = x,\ y,\ z) \tag{11-72}$$

代入式(11 - 71)，最后得到

$$\frac{k_{0x}^2}{\dfrac{1}{\varepsilon_{\mathrm{r},\ xx}} - \dfrac{1}{n^2}} + \frac{k_{0y}^2}{\dfrac{1}{\varepsilon_{\mathrm{r},\ yy}} - \dfrac{1}{n^2}} + \frac{k_{0z}^2}{\dfrac{1}{\varepsilon_{\mathrm{r},\ zz}} - \dfrac{1}{n^2}} = 0 \tag{11-73}$$

由式(11 - 32)可将式(11 - 73)改写为

$$\frac{k_{0x}^2}{\dfrac{1}{n_x^2} - \dfrac{1}{n^2}} + \frac{k_{0y}^2}{\dfrac{1}{n_y^2} - \dfrac{1}{n^2}} + \frac{k_{0z}^2}{\dfrac{1}{n_z^2} - \dfrac{1}{n^2}} = 0 \tag{11-74}$$

这个方程描述的是各向异性线性介质中光波传播等相位面的单位法线矢量 $\boldsymbol{k}_0$、与之对应的折射率 n 和介质折射率椭球三个主轴折射率 n_x、n_y 和 n_z 之间的关系，式(11 - 74)称为菲涅耳法线方程。当给定介质的相对介电张量 $\overline{\overline{\boldsymbol{\varepsilon}}}_{\mathrm{r}}^{(1)}$ 和平面光波等相位面的单位法线矢量 $\boldsymbol{k}_0$，可

由菲涅耳法线方程求得在该方向的折射率 n。

11.2.4 平面光波在单轴晶体中的传播特性

假设单轴晶体光轴沿 Z 方向，主轴折射率由式(11-39)可知，$n_x=n_y=n_o$，$n_z=n_e$。为简单起见，选取平面光波的波矢量单位矢量 $\boldsymbol{k}_0$ 在 YZ 平面内，如图 11-4 所示，$\boldsymbol{k}_0$ 与 Z 轴的夹角为 θ。由图 11-4(b)可写出 $\boldsymbol{k}_0$ 的分量形式为

$$\boldsymbol{k}_0=k_{0x}\boldsymbol{e}_x+k_{0y}\boldsymbol{e}_y+k_{0z}\boldsymbol{e}_z=\cos\frac{\pi}{2}\boldsymbol{e}_x+\cos\left(\frac{\pi}{2}+\theta\right)\boldsymbol{e}_y+\cos\theta\boldsymbol{e}_z \tag{11-75}$$

则有

$$k_{0x}=0,\quad k_{0y}=-\sin\theta,\quad k_{0z}=\cos\theta \tag{11-76}$$

将式(11-39)和式(11-76)代入菲涅耳法线方程式(11-74)，则有

$$\left(\frac{1}{n_o^2}-\frac{1}{n^2}\right)\left[\left(\frac{1}{n_e^2}-\frac{1}{n^2}\right)\sin^2\theta+\left(\frac{1}{n_o^2}-\frac{1}{n^2}\right)\cos^2\theta\right]=0 \tag{11-77}$$

该方程的解有两个，分别为

$$n'^2=n_o^2 \tag{11-78}$$

$$n''^2(\theta)=\frac{n_o^2n_e^2}{n_o^2\sin^2\theta+n_e^2\cos^2\theta} \tag{11-79}$$

式(11-78)和式(11-79)表明，平面光波在单轴晶体中传播同时存在两个光波，一般情况下这两个光波的传播方向不一致。对于第一个解，表示折射率 n 不依赖于 $\boldsymbol{k}_0$ 的方向，亦即这种光在晶体中沿任何方向传播时折射率都相同，$n=n_o$，跟各向同性介质中光传播的情况一样，所以称为寻常光，简称 o 光。第二个解表示折射率 n 随波矢量 $\boldsymbol{k}_0$ 的方向而变，与各向同性介质中光传播的情况不同，所以称为非寻常光，简称 e 光。

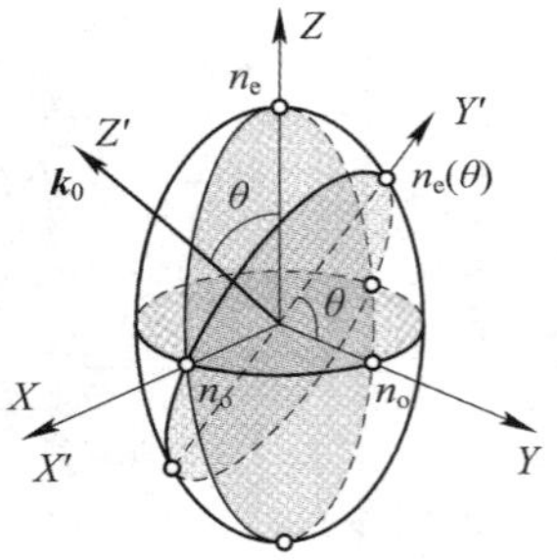

(a) 三维图

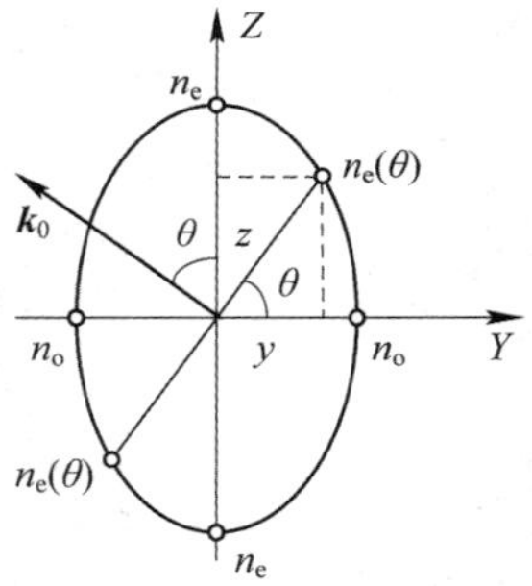

(b) 平面图(主截面)

图 11-4 折射率椭球截面图

下面简单讨论单轴晶体中 o 光和 e 光的偏振态。

1. 寻常光——o 光

记与 $n'=n_o$ 相对应的电通密度矢量和电场强度矢量复振幅为

$$\boldsymbol{D}'=D'_x\boldsymbol{e}_x+D'_y\boldsymbol{e}_y+D'_z\boldsymbol{e}_z \tag{11-80}$$

$$\boldsymbol{E}'=E'_x\boldsymbol{e}_x+E'_y\boldsymbol{e}_y+E'_z\boldsymbol{e}_z \tag{11-81}$$

由式(11-66)有

$$\widetilde{D}'_i=\varepsilon_0n_o^2[E'_i-k_{0i}(k_{0x}E'_x+k_{0y}E'_y+k_{0z}E'_z)]\quad (i=x,\ y,\ z) \tag{11-82}$$

由式(11-33)可知，单轴晶体的物质方程为

$$\begin{bmatrix} D'_x \\ D'_y \\ D'_z \end{bmatrix} = \varepsilon_0 \begin{bmatrix} \varepsilon_{r,\,xx} & 0 & 0 \\ 0 & \varepsilon_{r,\,yy} & 0 \\ 0 & 0 & \varepsilon_{r,\,zz} \end{bmatrix} \begin{bmatrix} E'_x \\ E'_y \\ E'_z \end{bmatrix} = \varepsilon_0 \begin{bmatrix} n_o^2 & 0 & 0 \\ 0 & n_o^2 & 0 \\ 0 & 0 & n_e^2 \end{bmatrix} \begin{bmatrix} E'_x \\ E'_y \\ E'_z \end{bmatrix} \tag{11-83}$$

写成分量形式有

$$\widetilde{D}'_x = \varepsilon_0 n_o^2 \widetilde{E}'_x, \quad \widetilde{D}'_y = \varepsilon_0 n_o^2 \widetilde{E}'_y, \quad \widetilde{D}'_z = \varepsilon_0 n_e^2 \widetilde{E}'_z \tag{11-84}$$

令式(11-84)与式(11-82)相应分量相等，并将式(11-76)代入，得

$$\begin{cases} \varepsilon_0 n_o^2 \widetilde{E}'_x = \varepsilon_0 n_o^2 \widetilde{E}'_x \\ \varepsilon_0 n_o^2 \widetilde{E}'_y = \varepsilon_0 n_o^2 [\widetilde{E}'_y + \sin\theta(-\sin\theta \widetilde{E}'_y + \cos\theta \widetilde{E}'_z)] \\ \varepsilon_0 n_e^2 \widetilde{E}'_z = \varepsilon_0 n_o^2 [\widetilde{E}'_z - \cos\theta(-\sin\theta \widetilde{E}'_y + \cos\theta \widetilde{E}'_z)] \end{cases} \tag{11-85}$$

移项整理可得

$$\begin{cases} (n_o^2 - n_o^2)\widetilde{E}'_x = 0 \\ n_o^2 \sin^2\theta \widetilde{E}'_y - n_o^2 \sin\theta\cos\theta \widetilde{E}'_z = 0 \\ n_o^2 \sin\theta\cos\theta \widetilde{E}'_y - (n_e^2 - n_o^2 \sin^2\theta)\widetilde{E}'_z = 0 \end{cases} \tag{11-86}$$

式(11-86)的第二个和第三个方程是关于 E'_y 和 E'_z 的齐次方程，系数行列式为

$$\Delta = \begin{vmatrix} n_o^2 \sin^2\theta & -n_o^2 \sin\theta\cos\theta \\ n_o^2 \sin\theta\cos\theta & -n_e^2 + n_o^2 \sin^2\theta \end{vmatrix} = n_o^2 \sin^2\theta(n_o^2 - n_e^2) \tag{11-87}$$

一般情况下，$\theta \neq 0$，且 $n_o \neq n_e$，E'_y 和 E'_z 的系数行列式不为零，所以只有零解，即 $E'_y = E'_z = 0$。再由式(11-86)的第一方程知，要使 $\widetilde{\boldsymbol{E}}'$ 有非零解，只有使 $\boldsymbol{E}'_x \neq 0$。由此可得

$$\widetilde{\boldsymbol{E}}' = E'_1 \boldsymbol{e}_x \tag{11-88}$$

$\widetilde{\boldsymbol{E}}'$ 与 $\boldsymbol{k}_0$ 点积，得

$$\widetilde{\boldsymbol{E}}' \cdot \boldsymbol{k}_0 = k_{0x}\widetilde{E}'_x + k_{0y}\widetilde{E}'_y + k_{0z}\widetilde{E}'_z = 0 \tag{11-89}$$

由此可知，与 o 光相对应的电场矢量与光波的传播方向垂直。

在 $E'_y = E'_z = 0$，$E'_x \neq 0$ 的情况下，由式(11-83)可知

$$\widetilde{\boldsymbol{D}}' = \varepsilon_0 n_o^2 \widetilde{E}'_x \boldsymbol{e}_x \tag{11-90}$$

由此得出结论：寻常光是线偏振光，$\widetilde{\boldsymbol{D}}' \parallel \widetilde{\boldsymbol{E}}'$，因此 $\boldsymbol{k}_0 \parallel \boldsymbol{s}'_0$，光波等相位面法线方向与光线方向一致，$\widetilde{\boldsymbol{E}}'$ 沿 $\boldsymbol{e}_x$ 方向，垂直于 $\boldsymbol{k}_0$ 与 Z 组成的平面，即 YZ 面，光学上称为主截面，其折射率为 $n' = n_o$。

2. 非寻常光——e 光

对于非寻常光，折射率由式(11-79)确定。记与 $n''(\theta)$ 相对应的电通密度矢量和电场强度矢量复振幅为

$$\widetilde{\boldsymbol{D}}'' = \widetilde{D}''_x \boldsymbol{e}_x + \widetilde{D}''_y \boldsymbol{e}_y + \widetilde{D}''_z \boldsymbol{e}_z \tag{11-91}$$

$$\widetilde{\boldsymbol{E}}'' = \widetilde{E}''_x \boldsymbol{e}_x + \widetilde{E}''_y \boldsymbol{e}_y + \widetilde{E}''_z \boldsymbol{e}_z \tag{11-92}$$

由式(11-66)，有

$$\widetilde{D}''_i = \varepsilon_0 n^2 [\widetilde{E}''_i - k_{0i}(k_{0x}\widetilde{E}''_x + k_{0y}\widetilde{E}''_y + k_{0z}\widetilde{E}''_z)] \quad (i = x, y, z) \tag{11-93}$$

由式(11-33)可知，单轴晶体的物质方程为

$$\begin{bmatrix}\widetilde{D}''_x\\ \widetilde{D}''_y\\ \widetilde{D}''_z\end{bmatrix}=\varepsilon_0\begin{bmatrix}\varepsilon_{r,\,xx} & 0 & 0\\ 0 & \varepsilon_{r,\,yy} & 0\\ 0 & 0 & \varepsilon_{r,\,zz}\end{bmatrix}\begin{bmatrix}\widetilde{E}''_x\\ \widetilde{E}''_y\\ \widetilde{E}''_z\end{bmatrix}=\varepsilon_0\begin{bmatrix}n_o^2 & 0 & 0\\ 0 & n_o^2 & 0\\ 0 & 0 & n_e^2\end{bmatrix}\begin{bmatrix}\widetilde{E}''_x\\ \widetilde{E}''_y\\ \widetilde{E}''_z\end{bmatrix} \tag{11-94}$$

写成分量式为

$$\widetilde{D}''_x=\varepsilon_0 n_o^2\widetilde{E}''_x,\quad \widetilde{D}''_y=\varepsilon_0 n_o^2\widetilde{E}''_y,\quad \widetilde{D}''_z=\varepsilon_0 n_e^2\widetilde{E}''_z \tag{11-95}$$

令式(11－95)的分量与式(11－93)的相应分量相等，取 $n^2=n''^2$，并将式(11－76)代入，得

$$\begin{cases}\varepsilon_0 n_o^2\widetilde{E}''_x=\varepsilon_0 n''^2\widetilde{E}''_x\\ \varepsilon_0 n_o^2\widetilde{E}''_y=\varepsilon_0 n''^2[\widetilde{E}''_y+\sin\theta(-\sin\theta\widetilde{E}''_y+\cos\theta\widetilde{E}''_z)]\\ \varepsilon_0 n_e^2\widetilde{E}''_z=\varepsilon_0 n''^2[\widetilde{E}''_z-\cos\theta(-\sin\theta\widetilde{E}''_y+\cos\theta\widetilde{E}''_z)]\end{cases} \tag{11-96}$$

移项整理后得

$$\begin{cases}(n_o^2-n''^2)\widetilde{E}''_x=0\\ (n_o^2-n''^2\cos^2\theta)\widetilde{E}''_y-n''^2\sin\theta\cos\theta\widetilde{E}''_z=0\\ n''^2\sin\theta\cos\theta\widetilde{E}''_y-(n_e^2-n''^2\sin^2\theta)\widetilde{E}''_z=0\end{cases} \tag{11-97}$$

由于

$$n_o^2-n''^2\neq 0 \tag{11-98}$$

由式(11－97)的第一个方程，必有

$$\widetilde{E}''_x=0 \tag{11-99}$$

式(11－97)的第二个和第三个方程为 $\widetilde{E}''_y$ 和 $\widetilde{E}''_z$ 的齐次方程，系数行列式

$$\begin{aligned}\Delta&=\begin{vmatrix}n_o^2-n''^2\cos^2\theta & -n''^2\sin\theta\cos\theta\\ n''^2\sin\theta\cos\theta & -n_e^2+n''^2\sin^2\theta\end{vmatrix}\\ &=\frac{-n_o^4n_e^2\sin^2\theta-n_o^2n_e^4\cos^2\theta+n_o^4n_e^2\sin^2\theta+n_o^2n_e^4\cos^2\theta}{n_o^2\sin^2\theta+n_e^2\cos^2\theta}=0\end{aligned} \tag{11-100}$$

所以关于 $\widetilde{E}''_y$ 和 $\widetilde{E}''_z$ 的齐次方程有非零解。将式(11－79)的 $n''(\theta)$ 代入式(11－97)的第二个方程或第三个方程，化简可得

$$\begin{cases}n_o^2\sin\theta\widetilde{E}''_y-n_e^2\cos\theta\widetilde{E}''_z=0\\ n_o^2\sin\theta\widetilde{E}''_y-n_e^2\cos\theta\widetilde{E}''_z=0\end{cases} \tag{11-101}$$

由此得到

$$\frac{\widetilde{E}''_y}{\widetilde{E}''_z}=\frac{n_e^2\cos\theta}{n_o^2\sin\theta} \tag{11-102}$$

令

$$\widetilde{E}''_z=An_o^2\sin\theta \tag{11-103}$$

由式(11－102)，必有

$$\widetilde{E}''_y=An_e^2\cos\theta \tag{11-104}$$

式中，A 为一常数。

利用式(11－103)、式(11－104)和式(11－95)，可写出电场强度矢量和电通密度矢量复振幅为

$$\widetilde{\boldsymbol{E}}'' = An_e^2\cos\theta\boldsymbol{e}_y + An_o^2\sin\theta\boldsymbol{e}_z \tag{11-105}$$

$$\widetilde{\boldsymbol{D}}'' = A\varepsilon_0 n_o^2 n_e^2\cos\theta\boldsymbol{e}_y + A\varepsilon_0 n_e^2 n_o^2\sin\theta\boldsymbol{e}_z \tag{11-106}$$

电场矢量和电通密度矢量的矢量积为

$$\widetilde{\boldsymbol{E}}'' \times \widetilde{\boldsymbol{D}}'' = \begin{vmatrix} \boldsymbol{e}_x & \boldsymbol{e}_y & \boldsymbol{e}_z \\ 0 & An_e^2\cos\theta & An_o^2\sin\theta \\ 0 & A\varepsilon_0 n_o^2 n_e^2\cos\theta & A\varepsilon_0 n_e^2 n_o^2\sin\theta \end{vmatrix} = A^2\varepsilon_0 n_o^2 n_e^2(n_e^2 - n_o^2)\sin\theta\cos\theta\boldsymbol{e}_x \neq 0 \tag{11-107}$$

由此得出结论：e 光电通密度矢量 $\widetilde{\boldsymbol{D}}''$和电场强度矢量 $\widetilde{\boldsymbol{E}}''$均位于 YZ 同一平面内($\widetilde{E}_x''=0$)，但因 $n_e \neq n_o$，可知 $\widetilde{\boldsymbol{D}}''$与 $\widetilde{\boldsymbol{E}}''$不平行($\widetilde{\boldsymbol{D}}''\times\widetilde{\boldsymbol{E}}''\neq 0$)，由此推得，$\boldsymbol{k}_0$ 与 $\boldsymbol{s}_0''$不平行，其夹角为离散角 α。光也是偏振光，其折射率为 $n''(\theta)$。$\widetilde{\boldsymbol{E}}''$在主截面内($YZ$ 面)，并与 o 光的偏振方向($\widetilde{\boldsymbol{E}}$ 沿 $\boldsymbol{e}_x$ 方向)垂直。

综上所述，o 光和 e 光各矢量间的关系如图 11－5 所示。

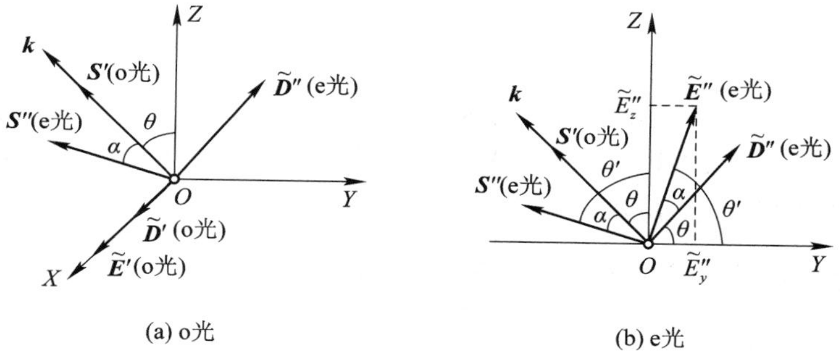

图 11－5　单轴晶体中平面光波矢量间的关系

光波在单轴晶体中传播产生双折射现象，o 光和 e 光之间的夹角——离散角是描述单轴晶体的重要参数，下面推导离散角公式。

由于 e 光在 YZ 平面内，可设 $\widetilde{\boldsymbol{E}}''$的分量表达式为

$$\widetilde{\boldsymbol{E}}'' = \widetilde{E}_y''\boldsymbol{e}_y + \widetilde{E}_z''\boldsymbol{e}_z \tag{11-108}$$

由图 11－5(b)，并将式(11－103)和式(11－104)代入，有

$$\tan\theta' = \frac{\widetilde{E}_z''}{\widetilde{E}_y''} = \frac{An_o^2\sin\theta}{An_e^2\cos\theta} = \frac{n_o^2}{n_e^2}\tan\theta \tag{11-109}$$

而离散角

$$\alpha = \theta' - \theta \tag{11-110}$$

因此有

$$\tan\alpha = \tan(\theta' - \theta) = \frac{\tan\theta' - \tan\theta}{1 + \tan\theta'\tan\theta} = \frac{(n_o^2 - n_e^2)\tan\theta}{n_e^2 + n_o^2\tan^2\theta}$$

$$= \frac{(n_o^2 - n_e^2)\sin\theta\cos\theta}{n_o^2\sin^2\theta + n_e^2\cos^2\theta} = \frac{1}{2}\,\frac{(n_o^2 - n_e^2)\sin 2\theta}{n_o^2\sin^2\theta + n_e^2\cos^2\theta} \tag{11-111}$$

这就是离散角 α 与 n_e、n_o 和波矢方向角 θ 的关系式。当 $\theta=0°$或 $\theta=90°$时，$\tan\alpha=0$，$\alpha=0°$，表明光波沿光轴方向传播或垂直于光轴方向传播时，o 光和 e 光不分散，$\boldsymbol{k}$、$\boldsymbol{S}'$和 $\boldsymbol{S}''$同方向。同时，由式(11－111)可知，对于正单轴晶体，$n_e > n_o$，则 $\alpha=\theta'-\theta<0$，说明 e 光较 o 光更

靠近光轴；对于负单轴晶体，$n_e<n_o$，$\alpha=\theta'-\theta>0$，说明 o 光较 e 光更靠近光轴。另外，离散角有极大值，当

$$\tan\theta=\frac{n_e}{n_o} \tag{11-112}$$

时，由式(11－111)可得

$$\alpha_{max}=\arctan\left(\frac{1}{2}\frac{n_o^2-n_e^2}{n_e n_o}\right) \tag{11-113}$$

【例 11.1】 当入射光的波长为 $\lambda=589.3$ nm 时，两种典型晶体的参数为石英(正晶体)：$n_e=1.5536$，$n_o=1.5443$；方解石(负晶体)：$n_e=1.486\ 41$，$n_o=1.658\ 36$。求最大离散角。

解　石英晶体最大离散角为

$$\alpha_{max}=\arctan\left(\frac{1}{2}\frac{1.5443^2-1.5536^2}{1.5536\times 1.5443}\right)=0.34°$$

而方解石晶体的最大离散角为

$$\alpha_{max}=\arctan\left(\frac{1}{2}\frac{1.658\ 36^2-1.486\ 41^2}{1.486\ 41\times 1.658\ 36}\right)=6.26°$$

由此可见，晶体的离散角很小。另外，晶体体积本身也很小，所以晶体中出射的两束偏振光分离的角度很小，一般很难直接利用这两束光作为偏振光。要利用这两束偏振光就需要在晶体后面加一个分离装置，使两束光进一步分开。

11.2.5 单轴晶体中的折射率曲面和光波面

1. 折射率曲面

折射率曲面也称波矢面，折射率曲面的方程就是菲涅耳法线方程(11－74)，即

$$\frac{k_{0x}^2}{\frac{1}{n_x^2}-\frac{1}{n^2}}+\frac{k_{0y}^2}{\frac{1}{n_y^2}-\frac{1}{n^2}}+\frac{k_{0z}^2}{\frac{1}{n_z^2}-\frac{1}{n^2}}=0 \tag{11-114}$$

设在折射率空间主轴坐标系下，曲面上任意点的矢径为 $\boldsymbol{r}$，则

$$\boldsymbol{r}=n\boldsymbol{k}_0=nk_{0x}\boldsymbol{e}_x+nk_{0y}\boldsymbol{e}_y+nk_{0z}\boldsymbol{e}_z \tag{11-115}$$

矢径的分量为

$$x=nk_{0x},\quad y=nk_{0y},\quad z=nk_{0z} \tag{11-116}$$

因为

$$k_{0x}^2+k_{0y}^2+k_{0z}^2=1 \tag{11-117}$$

所以有

$$r=|\boldsymbol{r}|=(x^2+y^2+z^2)^{\frac{1}{2}}=n \tag{11-118}$$

把式(11－114)展开，并将式(11－116)、式(11－117)和式(11－118)代入，得到

$$(n_x^2x^2+n_y^2y^2+n_z^2z^2)(x^2+y^2+z^2)$$
$$-[n_x^2(n_y^2+n_z^2)x^2+n_y^2(n_x^2+n_z^2)y^2+n_z^2(n_x^2+n_y^2)z^2]+n_x^2n_y^2n_z^2=0 \tag{11-119}$$

对于单轴晶体，$n_x=n_y=n_o$，$n_z=n_e$，代入式(11－119)，得到

$$[(x^2+y^2+z^2)-n_o^2][(n_o^2x^2+n_o^2y^2+n_e^2z^2)-n_o^2n_e^2]=0 \tag{11-120}$$

令此方程两个相乘因子分别为零，得到

$$x^2 + y^2 + z^2 = n_o^2 \tag{11-121}$$

$$\frac{x^2 + y^2}{n_e^2} + \frac{z^2}{n_o^2} = 1 \tag{11-122}$$

显然，方程(11－121)的球面半径为 n_o；方程(11－122)为旋转椭球面，长短半轴分别为 n_o 和 n_e。由此表明，在单轴晶体中存在的两个光波的折射率，其一与传播方向无关，折射率为 n_o，这就是寻常光；其二与传播方向有关，这就是非寻常光。非寻常光的折射率曲面是以 Z 轴为旋转轴的椭球。注意，折射率曲面与折射率椭球不同，折射率曲面在 Z 方向的半轴为 n_o，而在 X、Y 方向的半轴为 n_e。图 11－6 和图 11－7 分别给出了正、负单轴晶体的折射率曲面在 YOZ 和 XOY 的截面图。

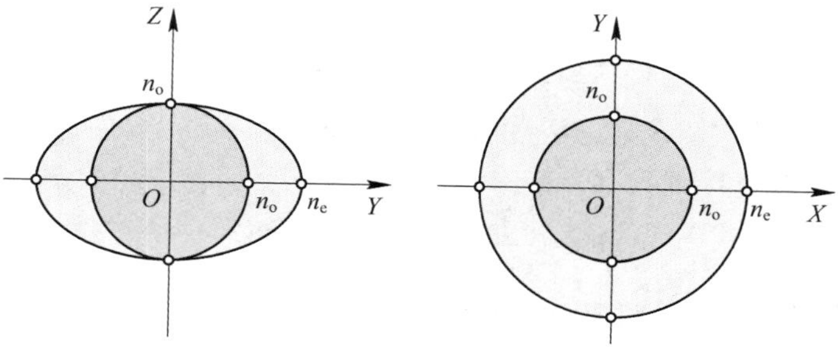

图 11－6　正单轴晶体折射率曲面截面图

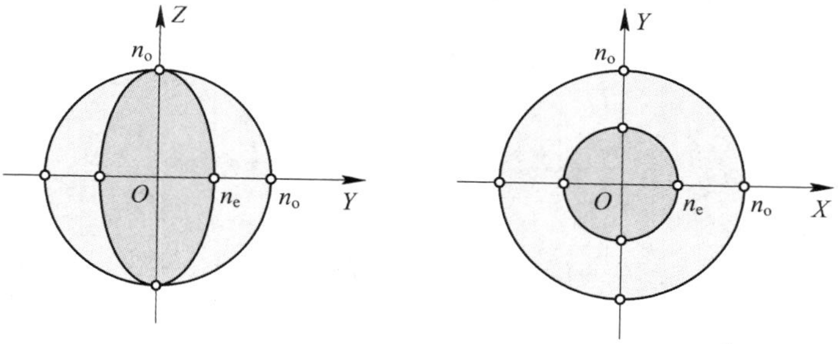

图 11－7　负单轴晶体折射率曲面截面图

2. **光波面**

利用折射率与速度的关系，可以得到以速度描述光在晶体中传播特性的波面方程，也即光线速度面方程。此时菲涅耳法线方程不再适用，必须推导出与光线方向相关的方程。

由图 11－8 可知，$\widetilde{\boldsymbol{E}}$ 在 $\boldsymbol{k}_0$ 方向的投影为

$$\widetilde{\boldsymbol{E}}_{\parallel} = \boldsymbol{k}_0(\boldsymbol{k}_0 \cdot \widetilde{\boldsymbol{E}}) \tag{11-123}$$

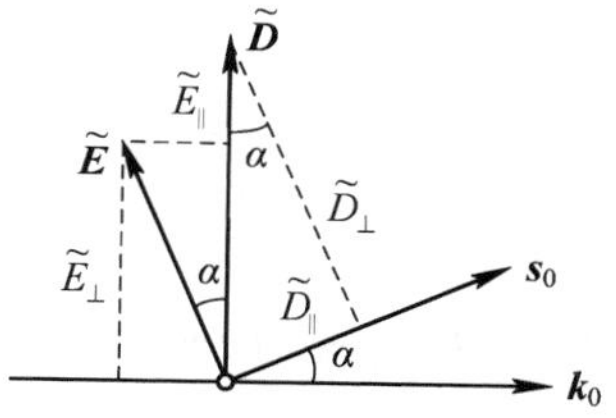

图 11－8　$\widetilde{E}_{\parallel}$、$\widetilde{E}_{\perp}$、$\widetilde{D}_{\parallel}$ 和 $\widetilde{D}_{\perp}$ 与 $\boldsymbol{k}_0$ 和 $\boldsymbol{s}_0$ 之间的关系

而 $\widetilde{\boldsymbol{E}}$ 在 $\widetilde{\boldsymbol{D}}$ 方向的分量为

$$\widetilde{\boldsymbol{E}}_{\perp} = \widetilde{\boldsymbol{E}} - \widetilde{\boldsymbol{E}}_{\parallel} \tag{11-124}$$

因此，式(11－65)可改写为

$$\widetilde{\boldsymbol{D}} = \varepsilon_0 n^2 \widetilde{\boldsymbol{E}}_{\perp} \tag{11-125}$$

$\widetilde{\boldsymbol{D}}$ 与 $\widetilde{\boldsymbol{E}}_{\perp}$ 同方向，复矢量模的大小关系为

$$|\widetilde{\boldsymbol{D}}| = \varepsilon_0 n^2 |\widetilde{\boldsymbol{E}}| \cos\alpha \tag{11-126}$$

又因

$$|\widetilde{\boldsymbol{D}}_{\perp}| = |\widetilde{\boldsymbol{D}}| \cos\alpha = \varepsilon_0 n^2 |\widetilde{\boldsymbol{E}}| \cos^2\alpha \tag{11-127}$$

利用关系式(11－62)，式(11－127)写成矢量形式为

$$\widetilde{\boldsymbol{D}}_{\perp} = \varepsilon_0 n_s^2 \widetilde{\boldsymbol{E}} \tag{11-128}$$

即

$$\widetilde{\boldsymbol{E}} = \frac{1}{\varepsilon_0 n_s^2} \widetilde{\boldsymbol{D}}_{\perp} \tag{11-129}$$

同样，由图 11－8 可知，$\widetilde{\boldsymbol{D}}$ 在 $\boldsymbol{s}_0$ 方向的投影为

$$\widetilde{\boldsymbol{D}}_{\parallel} = \boldsymbol{s}_0(\boldsymbol{s}_0 \cdot \widetilde{\boldsymbol{D}}) \tag{11-130}$$

$$\widetilde{\boldsymbol{D}}_{\perp} = \widetilde{\boldsymbol{D}} - \boldsymbol{s}_0(\boldsymbol{s}_0 \cdot \widetilde{\boldsymbol{D}}) \tag{11-131}$$

将式(11－131)代入式(11－129)有

$$\widetilde{\boldsymbol{E}} = \frac{1}{\varepsilon_0 n_s^2}[\widetilde{\boldsymbol{D}} - \boldsymbol{s}_0(\boldsymbol{s}_0 \cdot \widetilde{\boldsymbol{D}})] \tag{11-132}$$

这就是晶体光学的第二方程，写成分量形式为

$$\widetilde{E}_i = \frac{1}{\varepsilon_0 n_s^2}[\widetilde{D}_i - s_{0i}(\boldsymbol{s}_0 \cdot \widetilde{\boldsymbol{D}})] \quad (i = x, y, z) \tag{11-133}$$

由式(11－33)可知，单轴晶体的物质方程为

$$\begin{bmatrix} \widetilde{D}_x \\ \widetilde{D}_y \\ \widetilde{D}_z \end{bmatrix} = \varepsilon_0 \begin{bmatrix} n_o^2 & 0 & 0 \\ 0 & n_o^2 & 0 \\ 0 & 0 & n_e^2 \end{bmatrix} \begin{bmatrix} \widetilde{E}_x \\ \widetilde{E}_y \\ \widetilde{E}_z \end{bmatrix} \tag{11-134}$$

由此得到

$$\widetilde{E}_x = \frac{1}{\varepsilon_0 n_o^2}\widetilde{D}_x,\ \widetilde{E}_y = \frac{1}{\varepsilon_0 n_o^2}\widetilde{D}_y,\ \widetilde{E}_z = \frac{1}{\varepsilon_0 n_e^2}\widetilde{D}_z \tag{11-135}$$

令式(11－135)与式(11－133)的相应分量相等，得到

$$\begin{cases} \widetilde{D}_x = \dfrac{n_o^2}{n_o^2 - n_s^2} s_{0x}(\boldsymbol{s}_0 \cdot \widetilde{\boldsymbol{D}}) \\ \widetilde{D}_y = \dfrac{n_o^2}{n_o^2 - n_s^2} s_{0y}(\boldsymbol{s}_0 \cdot \widetilde{\boldsymbol{D}}) \\ \widetilde{D}_z = \dfrac{n_e^2}{n_e^2 - n_s^2} s_{0z}(\boldsymbol{s}_0 \cdot \widetilde{\boldsymbol{D}}) \end{cases} \tag{11-136}$$

式(11－136)两端分别乘 s_{0x}、s_{0y} 和 s_{0z}，然后相加，则有

$$s_{0x}\widetilde{D}_x + s_{0y}\widetilde{D}_y + s_{0z}\widetilde{D}_z = \boldsymbol{s}_0 \cdot \widetilde{\boldsymbol{D}} = \left(\frac{n_o^2}{n_o^2 - n_s^2}s_{0x}^2 + \frac{n_o^2}{n_o^2 - n_s^2}s_{0y}^2 + \frac{n_e^2}{n_e^2 - n_s^2}s_{0z}^2\right)(\boldsymbol{s}_0 \cdot \widetilde{\boldsymbol{D}}) \tag{11-137}$$

由此得到

$$\frac{n_o^2}{n_o^2 - n_s^2}s_{0x}^2 + \frac{n_o^2}{n_o^2 - n_s^2}s_{0y}^2 + \frac{n_e^2}{n_e^2 - n_s^2}s_{0z}^2 = 1 \tag{11-138}$$

将单位矢量 $\boldsymbol{s}_0$ 的模

$$s_{0x}^2 + s_{0y}^2 + s_{0z}^2 = 1 \tag{11-139}$$

代入方程(11-138)右端，并移项，有

$$\frac{n_s^2}{n_o^2 - n_s^2} s_{0x}^2 + \frac{n_s^2}{n_o^2 - n_s^2} s_{0y}^2 + \frac{n_s^2}{n_e^2 - n_s^2} s_{0z}^2 = 0 \tag{11-140}$$

利用速度与折射率的关系

$$n_o = \frac{c}{v_o}, \quad n_e = \frac{c}{v_e}, \quad n_s = \frac{c}{v_s} \tag{11-141}$$

式(11-140)可转化为

$$\frac{v_o^2}{v_s^2 - v_o^2} s_{0x}^2 + \frac{v_o^2}{v_s^2 - v_o^2} s_{0y}^2 + \frac{v_e^2}{v_s^2 - v_e^2} s_{0z}^2 = 0 \tag{11-142}$$

设在速度空间，光波面上任意点的矢径为 $\boldsymbol{r}$，则

$$\boldsymbol{r} = v_s \boldsymbol{s}_0 = v_s s_{0x} \boldsymbol{e}_x + v_s s_{0y} \boldsymbol{e}_y + v_s s_{0z} \boldsymbol{e}_z \tag{11-143}$$

矢量的分量为

$$x = v_s s_{0x}, \quad y = v_s s_{0y}, \quad z = v_s s_{0z} \tag{11-144}$$

因为

$$s_{0x}^2 + s_{0y}^2 + s_{0z}^2 = 1 \tag{11-145}$$

所以有

$$r = |\boldsymbol{r}| = (x^2 + y^2 + z^2)^{\frac{1}{2}} = v_s \tag{11-146}$$

将式(11-142)两边乘以 v_s^2，并把式(11-144)代入，得到

$$\frac{v_o^2 x^2}{v_s^2 - v_o^2} + \frac{v_o^2 y^2}{v_s^2 - v_o^2} + \frac{v_e^2 z^2}{v_s^2 - v_e^2} = 0 \tag{11-147}$$

这就是单轴晶体的光波面方程。

展开式(11-147)，并利用式(11-146)，整理可得

$$[(x^2 + y^2 + z^2) - v_o^2][(v_o^2 x^2 + v_o^2 y^2 + v_e^2 z^2) - v_o^2 v_e^2] = 0 \tag{11-148}$$

令此方程两个相乘因子分别为零，得到

$$x^2 + y^2 + z^2 = v_o^2 \tag{11-149}$$

$$\frac{x^2 + y^2}{v_e^2} + \frac{z^2}{v_o^2} = 1 \tag{11-150}$$

由式(11-149)和式(11-150)可以看出，单轴晶体的光波面有两个：其一为球面，半径为 v_o，这是寻常光；其二为旋转椭球面，长短半轴分别为 v_o 和 v_e，这是非寻常光。图 11-9 和图11-10 分别给出了正、负单轴晶体的光波面在 YOZ 和 XOY 的截面图。

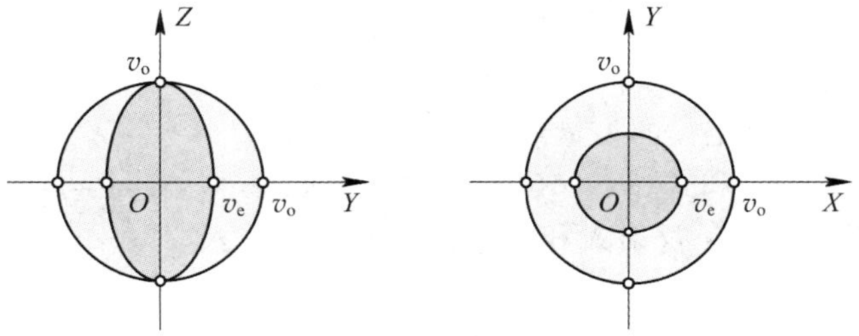

图 11-9　正单轴晶体的光波面

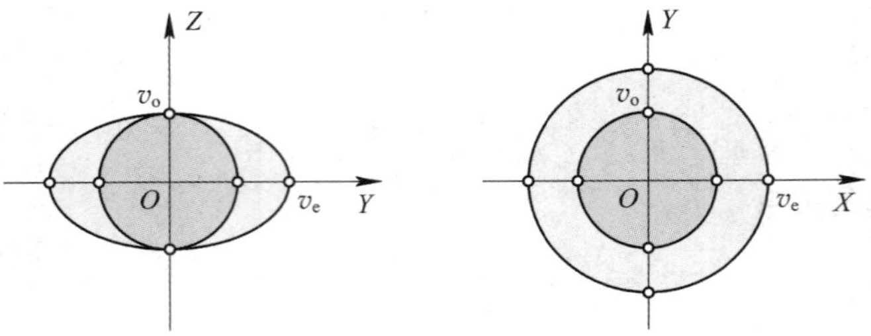

图 11-10 负单轴晶体的光波面

11.3 平面光波在晶体表面的反射与透射

前面两节讨论了表征各向异性晶体的折射率椭球，平面光波在各向异性晶体中传播时电通密度矢量 $\widetilde{\boldsymbol{D}}$、电场强度矢量 $\widetilde{\boldsymbol{E}}$、磁场强度矢量 $\widetilde{\boldsymbol{H}}$、波矢 $\boldsymbol{k}$ 和能流密度矢量 $\boldsymbol{S}$ 间的关系，以及折射率曲面和光波面等。本节讨论当平面光波入射到晶体表面时，反射光和透射光所遵循的反射和透射定律。与各向同性线性介质相比，由于晶体的各向异性，因此光在晶体表面的反射和透射现象要复杂得多。

11.3.1 平面光波在晶体表面上的反射和透射

设入射单色平面光波的电场强度复振幅矢量为

$$\widetilde{\boldsymbol{E}}_{\mathrm{i}}(\boldsymbol{r}) = \widetilde{\boldsymbol{E}}_{0\mathrm{i}}\mathrm{e}^{-\mathrm{j}\boldsymbol{k}_i\cdot\boldsymbol{r}} \tag{11-151}$$

反射和透射平面光波电场强度复振幅矢量为

$$\widetilde{\boldsymbol{E}}_{\mathrm{r}}(\boldsymbol{r}) = \widetilde{\boldsymbol{E}}_{0\mathrm{r}}\mathrm{e}^{-\mathrm{j}\boldsymbol{k}_{\mathrm{r}}\cdot\boldsymbol{r}} \tag{11-152}$$

$$\widetilde{\boldsymbol{E}}_{\mathrm{t}}(\boldsymbol{r}) = \widetilde{E}_{0\mathrm{t}}\mathrm{e}^{-\mathrm{j}\boldsymbol{k}_{\mathrm{t}}\cdot\boldsymbol{r}} \tag{11-153}$$

式中，$\boldsymbol{k}_{\mathrm{i}}$、$\boldsymbol{k}_{\mathrm{r}}$ 和 $\boldsymbol{k}_{\mathrm{t}}$ 分别为入射、反射和透射平面光波的波矢量。与第 8 章讨论平面电磁波在平界面的反射和透射一样，要满足电场切向分量连续的边界条件，必须满足相位匹配条件，即

$$\boldsymbol{k}_{\mathrm{i}}\cdot\boldsymbol{r} = \boldsymbol{k}_{\mathrm{r}}\cdot\boldsymbol{r} = \boldsymbol{k}_{\mathrm{t}}\cdot\boldsymbol{r} \tag{11-154}$$

由此可得

$$\boldsymbol{r}\cdot(\boldsymbol{k}_{\mathrm{r}} - \boldsymbol{k}_{\mathrm{i}}) = 0 \tag{11-155}$$

$$\boldsymbol{r}\cdot(\boldsymbol{k}_{\mathrm{t}} - \boldsymbol{k}_{\mathrm{i}}) = 0 \tag{11-156}$$

式中，$\boldsymbol{r}$ 为分界面上的任一点。由此可以判断，矢量 $\boldsymbol{k}_{\mathrm{r}} - \boldsymbol{k}_{\mathrm{i}}$ 和 $\boldsymbol{k}_{\mathrm{t}} - \boldsymbol{k}_{\mathrm{i}}$ 垂直于界面。式(11-155)就是反射定律的矢量形式，而式(11-156)是透射定律的矢量形式。

另外，由式(11-155)和式(11-156)可知，$\boldsymbol{k}_{\mathrm{i}}$、$\boldsymbol{k}_{\mathrm{r}}$ 和 $\boldsymbol{k}_{\mathrm{t}}$ 与界面法线共面，也就是说，反射光和透射光的波矢都在入射面内，因此有

$$k_{\mathrm{i}}\sin\theta_{\mathrm{i}} = k_{\mathrm{r}}\sin\theta_{\mathrm{r}} = k_{\mathrm{t}}\sin\theta_{\mathrm{t}} \tag{11-157}$$

式中，θ_{i}、θ_{r} 和 θ_{t} 分别为入射角、反射角和透射角，如图 11-11 所示。式(11-157)是反射定律和透射定律的标量形式。

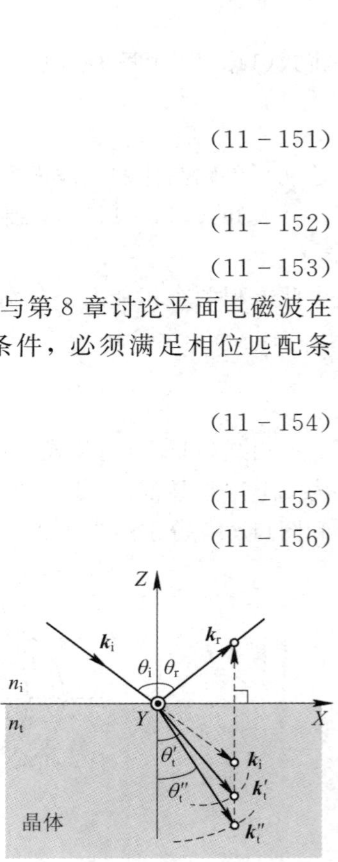

图 11-11 晶体界面的反射和透射

假设入射介质为各向同性线性介质，则反射平面光波与入射平面光波的波矢大小相等，即

$$k_{\mathrm{i}} = k_{\mathrm{r}} \tag{11-158}$$

因此有

$$\theta_{\mathrm{i}} = \theta_{\mathrm{r}} \tag{11-159}$$

式(11－159)表明，反射光遵循各向同性线性介质中的反射定律。

但是，当光进入单轴晶体后，由图 11－6 和图 11－7 可知，各向异性单轴晶体的波矢面为两个不同的面，一个为圆，一个为椭圆，相对应就有两个不同的波矢方向 $\boldsymbol{k}'_{\mathrm{t}}$、$\boldsymbol{k}''_{\mathrm{t}}$，如图 11－11所示。不同波矢对应 $\widetilde{\boldsymbol{E}}$ 的两个不同偏振方向。因此，可写出晶体中的两个透射平面光波的电场强度复振幅矢量为

$$\widetilde{\boldsymbol{E}}'_{\mathrm{t}}(\boldsymbol{r}) = \widetilde{\boldsymbol{E}}'_{0\mathrm{t}}\mathrm{e}^{-\mathrm{j}\boldsymbol{k}'_{\mathrm{t}}\cdot\boldsymbol{r}} \tag{11-160}$$

$$\widetilde{\boldsymbol{E}}''_{\mathrm{t}}(\boldsymbol{r}) = \widetilde{\boldsymbol{E}}''_{0\mathrm{t}}\mathrm{e}^{-\mathrm{j}\boldsymbol{k}''_{\mathrm{t}}\cdot\boldsymbol{r}} \tag{11-161}$$

利用电场切向分量连续边界条件和相位匹配条件，可得

$$k_{\mathrm{i}}\sin\theta_{\mathrm{i}} = k'_{\mathrm{t}}\sin\theta'_{\mathrm{t}} = k''_{\mathrm{t}}\sin\theta''_{\mathrm{t}} \tag{11-162}$$

利用折射率与波数之间的关系

$$k_{\mathrm{i}} = \frac{\omega}{c}n_{\mathrm{i}},\ k'_{\mathrm{t}} = \frac{\omega}{c}n'_{\mathrm{t}},\ k''_{\mathrm{t}} = \frac{\omega}{c}n''_{\mathrm{t}} \tag{11-163}$$

得到

$$n_{\mathrm{i}}\sin\theta_{\mathrm{i}} = n'_{\mathrm{t}}\sin\theta'_{\mathrm{t}} = n''_{\mathrm{t}}\sin\theta''_{\mathrm{t}} \tag{11-164}$$

这就是单轴晶体中平面光波传播满足的折射定律。注意，式(11－164)中的n'_{t}和 n''_{t}是透射角的函数，也是入射角的函数，而不是常数。

11.3.2 菲涅耳作图法

菲涅耳作图法是以折射率曲面为基础的作图方法。如图 11－12 所示，假设平面光波以 $\boldsymbol{k}_{\mathrm{i}}$ 方向从各向同性线性介质(折射率为 n_{i})入射到负单轴晶体表面($n_{\mathrm{e}} < n_{\mathrm{o}}$)，光轴方向如图 11－12 中点画线所示。以晶体表面入射点 O 为原点，在晶体内画出与入射介质折射率 n_{i} 对应的圆和光在晶体中对应于 n_{o} 和 n_{e} 的次波矢面——圆和椭圆(图中画出的是次波矢面在入射面内的截线图)。然后，将入射波矢 $\boldsymbol{k}_{\mathrm{i}}$ 自 O 点延长，并与 n_{i} 对应的圆相交于 A 点。过 A 点作垂直于晶体表面的垂线，与晶体内的 o 光次波矢面相交于 B 点，与 e 光次波矢面相交于 C 点，则 OB 和 OC 的方向就是所求两个透射平面光波的波矢量 $\boldsymbol{k}'_{\mathrm{t}}$和 $\boldsymbol{k}''_{\mathrm{t}}$。显然，$\boldsymbol{k}'_{\mathrm{t}}$和 $\boldsymbol{k}''_{\mathrm{t}}$满足矢量形式的折射定律：

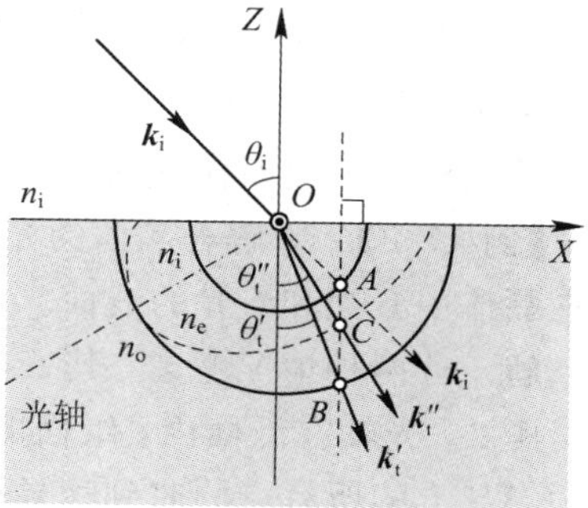

图 11－12　菲涅耳作图法示意图

$$\begin{cases} \boldsymbol{r}\cdot(\boldsymbol{k}'_{\mathrm{t}} - \boldsymbol{k}_{\mathrm{i}}) = 0 \\ \boldsymbol{r}\cdot(\boldsymbol{k}''_{\mathrm{t}} - \boldsymbol{k}_{\mathrm{i}}) = 0 \end{cases} \tag{11-165}$$

值得注意的是：

(1) 当入射角 θ_i 改变时，与 $\boldsymbol{k}_t'$和 $\boldsymbol{k}_t''$对应的透射角 θ_t'和 θ_t''也随之改变，要使式(11-164)成立，折射率就必然随之变化。对于单轴晶体，寻常光的折射率为常数。

(2) 由菲涅耳作图法，根据波矢方向求取离散角和光线方向是很困难的。

(3) 一般情况下，很难在入射面内作出次波矢面的交界线，单轴晶体和双轴晶体只有在一些特殊截面上才可作出交线。

11.3.3　惠更斯作图法

惠更斯作图法是以光波面为基础的作图方法。下面以正单轴晶体为例说明惠更斯作图法的原理和方法。

如图 11-13 所示，设入射平面光波的波矢为 $\boldsymbol{k}_i$，入射角为 θ_i。单轴晶体的光轴在入射面内，晶体的主折射率 $n_o < n_e$(正单轴晶体)。当平面光波斜入射到晶体表面时，首先到达 O 点的光线，在晶体内产生次波，o 光波面为球面，e 光波面为椭球面，由此可作出晶体内光波面在主截面内的交线，即 o 光和 e 光光波面的截线，o 光为圆，e 光为椭圆。经过 $\Delta t = n_i \overline{O'A'}/c$ 的时间后，平面光波从 O'点到达 A'点。通过 A'点对圆作切线，相交于 B 点，则 $A'B$ 就是 o 光经过 Δt 的时间后在晶体中的次波等相面，OB 的方向就是 o 光的光线方向 $\boldsymbol{s}_0$。由于 o 光为寻常光，因此 $\boldsymbol{s}_0$ 与波矢面方向 $\boldsymbol{k}_o$ 同方向，o 光的透射角为 θ_o，而电场矢量 $\widetilde{\boldsymbol{E}}_o$ 的方向垂直于主截面。

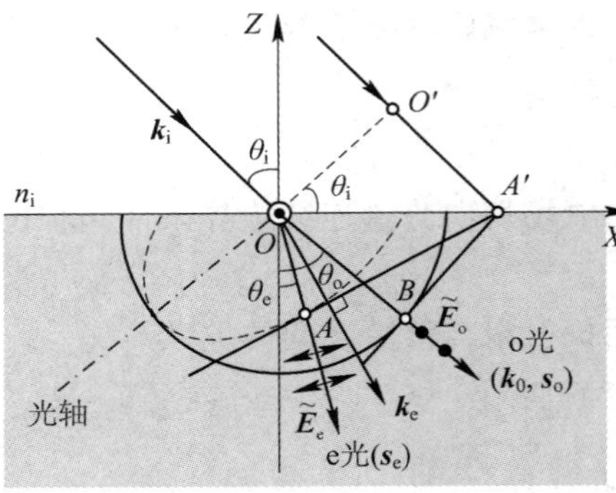

图 11-13　惠更斯作图法示意图

同样，通过 A'点对椭圆作切线，相交于 A 点，则 AA'就是 e 光经过 Δt 时间后晶体内次波等相面，OA 的方向就是 e 光的光线方向 $\boldsymbol{s}_e$。由于 e 光光线方向与波矢方向 $\boldsymbol{k}_e$ 不同，但 $\boldsymbol{k}_e$ 垂直于次波等相面，因此，可通过 O 作等相面 AA'的垂线得到 e 光波矢 $\boldsymbol{k}_e$。与 $\boldsymbol{s}_e$ 对应的电场矢量 $\widetilde{\boldsymbol{E}}_e$ 平行于主截面。

下面给出惠更斯作图法和菲涅耳作图法的两个实例。

【例 11.2】 方解石晶体的光轴平行于晶体表面，垂直入射情况下，试用惠更斯作图法求在晶体中 o 光和 e 光的波面。

解　分两种情况考虑：其一，光轴垂直于纸面，主截面与纸面垂直，如图 11-14(a)所示；其二，光轴在纸面内，纸面即为主截面，如图 11-14(b)所示。光垂直入射，平面光波波面 AB 上的所有点同时到达界面，在晶体的表面作为次波源在晶体内产生 o 光波面和 e 光波面。在光轴垂直于纸面的情况下，o 光波面和 e 光波面的截线是两个圆；而在光轴平行于纸面的情况下，截线是在光轴方向相切的圆和椭圆。在晶体中的光波面就是次波的包络面，所以 A_oB_o 是 o 光的波面，而 A_eB_e 是 e 光的波面。虽然 o 光和 e 光波面平行，传播方向一致，但速度不相同，o 光在后，e 光在前。o 光的电场矢量 $\widetilde{\boldsymbol{E}}_o$ 的方向垂直于主截面，而 e 光的电场矢量 $\widetilde{\boldsymbol{E}}_e$ 的方向平行于主截面。

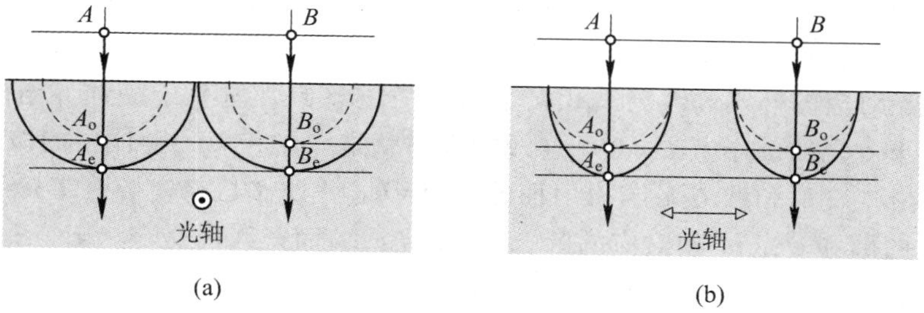

图 11－14　惠更斯作图法(光轴平行于晶体表面)

当光垂直入射到晶体表面时，如果光轴平行于表面，光传播不改变方向，但 o 光和 e 光已经被分开，它们之间产生了一定的相位差。这种 o 光和 e 光被分离的特性，对于制作晶体光学器件和产生偏振光的干涉都有广泛应用。

【例 11.3】　两块由方解石负晶体制成的直角三棱镜黏合在一起构成沃拉斯顿棱镜，两直角棱镜的光轴相互垂直，如图 11－15 所示。自然光垂直入射到晶体的表面，试用菲涅耳作图法求 o 光和 e 光在晶体内部以及出射到空气中波矢 $\boldsymbol{k}$ 的方向。

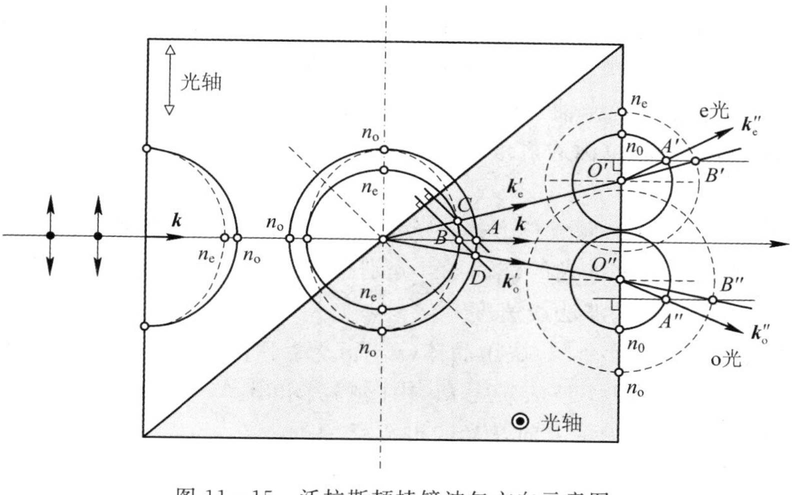

图 11－15　沃拉斯顿棱镜波矢方向示意图

解　由于第一个晶体直角棱镜的光轴在纸面内，因此主截面在纸面内。自然光垂直入射到晶体后，在晶体中 o 光和 e 光的波矢面方向同为 $\boldsymbol{k}$，但由于 o 光为圆面，e 光为椭球面，o 光波矢面和 e 光波矢面彼此分开。

第二个晶体直角棱镜的光轴垂直于纸面，主截面也垂直于纸面。当 o 光入射到第二晶体的表面时，由于电矢量平行于第二晶体主截面，o 光变成第二晶体中的 e 光。在第二晶体中画出与第一晶体中 o 光相对应的圆面和在第二晶体中与 o 光和 e 光相对应的圆面和椭球面。由于两块晶体相同，因此第一晶体中的圆面和第二晶体中的圆面在第二晶体中重合。第二晶体中的 e 光波矢面截线为圆，而第一晶体中的 e 光截线为椭圆，圆和椭圆在波矢 $\boldsymbol{k}$ 方向相切，而第一晶体中的 o 光波矢面和第二晶体中的 o 光波矢面以入射点为圆心重合。在第二晶体中，第一晶体中对应的 o 光波矢面截线——圆与波矢 $\boldsymbol{k}$ 相交于 A 点。由菲涅耳作图法，过 A 点作垂直于晶体表面的垂线，与第二晶体中 e 光波矢面截线——圆相交于 C

点，OC 连线的方向就是 e 光在第二晶体中的波矢方向 $\boldsymbol{k}_e'$。同样，当 e 光入射到第二晶体的表面时，由于电矢量垂直于第二晶体主截面，因此 e 光变成第二晶体中的 o 光。在第二晶体中第一晶体 e 光对应的椭圆和波矢 $\boldsymbol{k}$ 相交于 B 点，过 B 点作垂直于晶体界面的垂线，交第二晶体中对应于 o 光的圆于点 D，OD 连线的方向就是 o 光在第二晶体中的波矢方向 $\boldsymbol{k}_o'$。

同理，可在波矢 $\boldsymbol{k}_e'$和波矢 $\boldsymbol{k}_o'$与出射面的交点 O'、O''处作与空气折射率 n_0 相对应的圆、o 光 n_o 相对应的圆和 e 光 n_e 相对应的圆。$\boldsymbol{k}_e'$与 e 光波矢面截线的交点为 B'，过 B'点作垂直于出射界面的法线，交与 n_0 对应的圆于 A'点，连线 $O'A'$的方向就是出射到空气中 e 光的波矢方向 $\boldsymbol{k}_e''$。$\boldsymbol{k}_o'$与 o 光波矢面截线的交点为 $\boldsymbol{B}''$，过 $\boldsymbol{B}''$点作垂直于出射界面的法线，交与 n_0 对应的圆于 $\boldsymbol{A}''$点，连线 $\boldsymbol{O''A''}$的方向就是出射到空气中 o 光的波矢方向 $\boldsymbol{k}_o''$。

习 题 11

11-1　钛酸钡是一种单轴晶体，$\varepsilon_{r,xx}=5.94$，$\varepsilon_{r,zz}=5.59$，试画出它的折射率椭球及有效折射率面。

11-2　由式(11-111)证明当 $\tan\theta=n_e/n_o$ 时单轴晶体的离散角最大。

11-3　有一平面光波从真空射到单轴晶体的表面，晶体的光轴平行于晶体的表面并与入射面成 α 角。求晶体中寻常光线和非寻常光线的方向。

11-4　有一单轴晶体，光轴平行于界面且在入射面内。若以 θ_o 和 θ_e 分别表示寻常光线和非寻常光线的折射角(也称透射角)，n_o 和 n_e 为晶体的主折射率，试证明 $\tan\theta_o/\tan\theta_e=n_o/n_e$。

11-5　用方解石晶体磨制成长方体，光线垂直于端面入射，光轴在入射面内且与界面法线成30°角，试画出 o 光和 e 光的波面图，分别指出 o 光和 e 光法线和光线方向。如果 e 光光线速度为 v_{re}，求相应的波法线速度 v_{pe}。

11-6　如图 T11-1 所示，一块正晶体($n_o<n_e$)置于空气中，光轴位于纸面内。线偏振光 A 与 B 垂直入射到晶体上，波矢量为 $\boldsymbol{k}$，用图解法求出 A、B 偏振光在晶体内部以及出射到空气中的 $\widetilde{\boldsymbol{E}}$、$\widetilde{\boldsymbol{D}}$、$\boldsymbol{k}$、$\boldsymbol{S}$ 矢量方向及光的出射点。

11-7　如图 T11-2 所示，两块相同的负晶体($n_o>n_e$)黏合在一起置于空气中，两块晶体的光轴相互垂直位于纸面内。线偏振光 A 与 B 垂直入射到晶体上，波矢量为 $\boldsymbol{k}$，用图解法求出 A、B 偏振光在晶体内部以及出射到空气中的 $\widetilde{\boldsymbol{E}}$、$\widetilde{\boldsymbol{D}}$、$\boldsymbol{k}$、$\boldsymbol{S}$ 矢量方向及光的出射点。

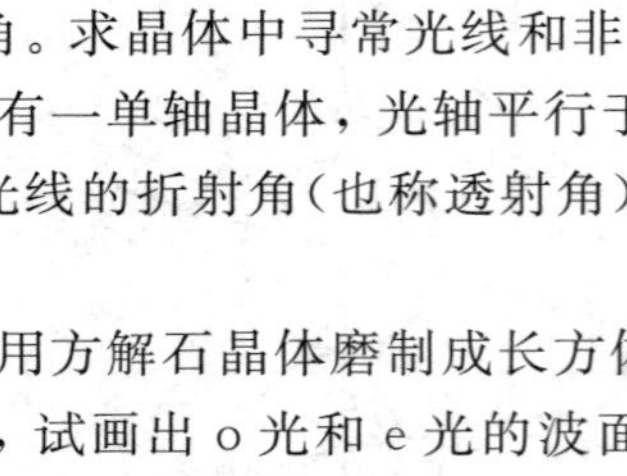

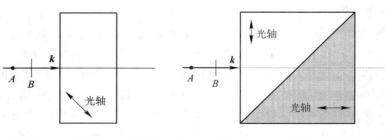

图 T11-1　习题 11-6 图

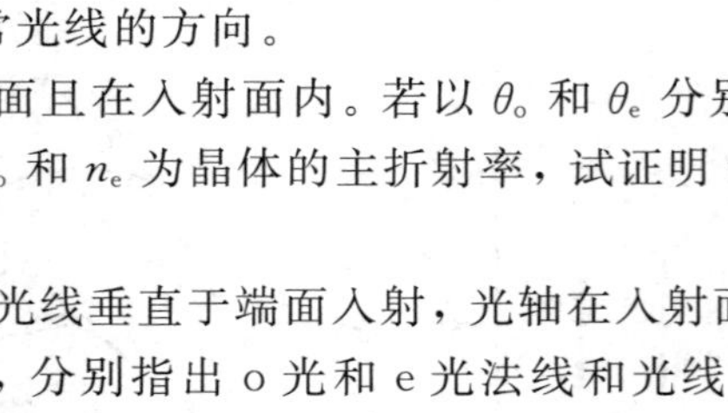

图 T11-2　习题 11-7 图

第12章 传 输 线

广义地讲，传输线是在两点之间传输电磁波信息和能量的媒介和结构，其作用是引导电磁波沿一定路线传输，因此又称为导波系统。狭义地讲，传输线一词是指传输TEM波的双导线传输线、同轴线、平板传输线和微带线等。这些传输线的特点是由两导体构成，统称为双导体传输线。研究传输线的传输特性主要有“场”和“路”两种方法：场分析方法是从麦克斯韦方程出发，在特定边界条件下求解电磁场波动方程，求得电磁场量的时空变化规律，分析电磁波沿传输线传播的特性，这是第13章要讨论的内容。路分析方法是类似低频电路分析法，把电磁场问题化为电路问题来处理，它是从传输线方程出发，求解满足边界条件的电压和电流波动方程，得到传输线上电压和电流的时空变化规律，分析电压和电流的各种传输特性，这就是本章讨论的内容。具体内容包括传输线方程及其解，传输线的状态参量——驻波比、反射系数和输入阻抗，同时分析不同负载情况下传输线的工作状态，并介绍史密斯圆图及应用。

12.1 传输线方程及其解

12.1.1 传输线方程

图12-1(a)所示为一平行双导体传输线电路，传输线长度为l，在传输线始端(始端坐标为$z=-l$)加激励电压$\widetilde{U}_g$，内阻为$\widetilde{Z}_g$，终端(坐标原点$z=0$)接有负载$\widetilde{Z}_L$。如果激励电压源是稳压源，则平行双导线中有大小相等方向相反的电流通过。如果激励电压源是随时间变化的交变源，则导线上的电压和电流既是沿线空间坐标的一维函数，也是时间的函数，电压和电流分别用$u(z;t)$和$i(z;t)$表示。

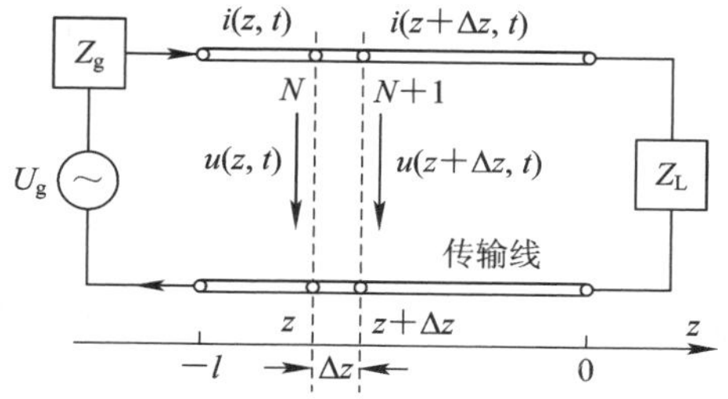

(a) 双导体传输线电路

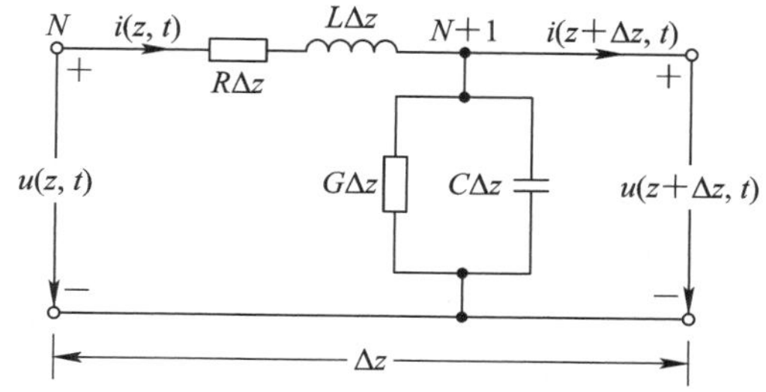

(b) 微分元等效电路

图12-1 传输线模型

众所周知，电流通过传输线使导体发热，表明导体本身有分布电阻；导线间绝缘介质(空气)存在漏电流，表明导线各处有分布电导；两导线间有电压，其间有电场，则导线间存在分布电容；导线通过电流在其周围存在磁场，表明导线本身有分布电感。传输线这四个分布参数分别用单位长度分布电阻 R、单位长度分布漏电导 G、单位长度分布电感 L 和单位长度分布电容 C 来描述。根据传输线分布参数是否均匀，可将传输线分为均匀传输线和非均匀传输线。本章内容仅限于均匀传输线的讨论。

基于上述物理事实，在传输线上取一线元 Δz，该线元就可等效为由电阻 $R\Delta z$、电感 $L\Delta z$、电容 $C\Delta z$ 和漏电导 $G\Delta z$ 组成的网络，如图 12-1(b)所示。

设时刻 t 距离传输线始点 z 处（节点 N）的电流和电压分别为 $i(z;t)$ 和 $u(z;t)$，而在 $z+\Delta z$ 处（节点 $N+1$）的电流和电压分别为 $i(z+\Delta z;t)$ 和 $u(z+\Delta z;t)$。在节点 N 处，应用基尔霍夫电压定律，有

$$u(z;t)-R\Delta z i(z;t)-L\Delta z\frac{\partial i(z;t)}{\partial t}-u(z+\Delta z;t)=0 \tag{12-1}$$

将上式各项除以 Δz，整理可得

$$-\left[\frac{u(z+\Delta z;t)-u(z;t)}{\Delta z}\right]=Ri(z;t)+L\frac{\partial i(z;t)}{\partial t} \tag{12-2}$$

在 $\Delta z\to 0$ 的极限情况下，式(12-2)变为偏微分方程形式：

$$-\frac{\partial u(z;t)}{\partial z}=Ri(z;t)+L\frac{\partial i(z;t)}{\partial t} \tag{12-3}$$

同样，在节点 $N+1$ 处应用基尔霍夫电流定律，得到

$$i(z;t)-G\Delta z u(z+\Delta z;t)-C\Delta z\frac{\partial u(z+\Delta z;t)}{\partial t}-i(z+\Delta z;t)=0 \tag{12-4}$$

将各项除以 Δz，并取极限 $\Delta z\to 0$，得到

$$-\frac{\partial i(z;t)}{\partial z}=Gu(z;t)+C\frac{\partial u(z;t)}{\partial t} \tag{12-5}$$

式(12-3)和式(12-5)是一阶偏微分方程，称为时域形式的传输线方程，也称电报方程。

假设电流和电压随时间的变化是简谐变化，时间因子为 $e^{j\omega t}$，则 $u(z;t)$ 和 $i(z;t)$ 可表达为

$$u(z;t)=\mathrm{Re}[\widetilde{U}(z)e^{j\omega t}] \tag{12-6}$$

$$i(z;t)=\mathrm{Re}[\widetilde{I}(z)e^{j\omega t}] \tag{12-7}$$

式中，$\widetilde{U}(z)$ 称为电压复振幅，$\widetilde{I}(z)$ 称为电流复振幅。将式(12-6)和式(12-7)代入式(12-3)和式(12-5)，并消去时间因子，得到

$$-\frac{\partial\widetilde{U}(z)}{\partial z}=[R+j\omega L]\widetilde{I}(z) \tag{12-8}$$

$$-\frac{\partial\widetilde{I}(z)}{\partial z}=[G+j\omega C]\widetilde{U}(z) \tag{12-9}$$

令

$$\widetilde{Z}=R+j\omega L \tag{12-10}$$

$$\widetilde{Y}=G+j\omega C \tag{12-11}$$

$\widetilde{Z}$ 和 $\widetilde{Y}$ 分别称为传输线单位长度的串联阻抗和单位长度的并联导纳。将式(12-10)代入式(12-8)，将式(12-11)代入式(12-9)，方程化为

$$\frac{d\widetilde{U}(z)}{dz}=-\widetilde{Z}\widetilde{I}(z) \tag{12-12}$$

$$\frac{\mathrm{d}\tilde{I}(z)}{\mathrm{d}z} = -\tilde{Y}\tilde{U}(z) \tag{12-13}$$

方程(12－12)和方程(12－13)是两个一阶耦合常微分方程组，可以进行组合求解，导出两个无耦合的二阶常微分方程。方程(12－12)两边对 z 求导，利用方程(12－13)消去一阶导数 $\mathrm{d}I(z)/\mathrm{d}z$，得到

$$\frac{\mathrm{d}^2\tilde{U}(z)}{\mathrm{d}z^2} - \tilde{\gamma}^2\tilde{U}(z) = 0 \tag{12-14}$$

同理，可得

$$\frac{\mathrm{d}^2\tilde{I}(z)}{\mathrm{d}z^2} - \tilde{\gamma}^2\tilde{I}(z) = 0 \tag{12-15}$$

式中：

$$\tilde{\gamma} = \sqrt{\tilde{Z}\tilde{Y}} = \sqrt{(R+\mathrm{j}\omega L)(G+\mathrm{j}\omega C)} \tag{12-16}$$

称为传输线复传播常数。方程(12－14)和方程(12－15)是关于 $\tilde{U}(z)$ 和 $\tilde{I}(z)$ 的二阶常微分方程，分别称为 $\tilde{U}(z)$ 和 $\tilde{I}(z)$ 的波动方程。

12.1.2 传输线方程的解

根据微分方程理论，二阶常微分方程(12－14)和(12－15)具有如下形式的解：

$$\tilde{U}(z) = \tilde{U}_0^+ \mathrm{e}^{-\tilde{\gamma}z} + \tilde{U}_0^- \mathrm{e}^{+\tilde{\gamma}z} \tag{12-17}$$

$$\tilde{I}(z) = \tilde{I}_0^+ \mathrm{e}^{-\tilde{\gamma}z} + \tilde{I}_0^- \mathrm{e}^{+\tilde{\gamma}z} \tag{12-18}$$

式中，$\tilde{U}_0^+$、$\tilde{U}_0^-$、$\tilde{I}_0^+$ 和 $\tilde{I}_0^-$ 是由始端或末端边界条件确定的积分常数，[$\tilde{U}_0^+$，$\tilde{I}_0^+$]是沿 $+Z$ 方向的电压振幅和电流振幅，[$\tilde{U}_0^-$，$\tilde{I}_0^-$]是沿 $-Z$ 方向的电压振幅和电流振幅。$\mathrm{e}^{-\tilde{\gamma}z}$ 表示沿 $+Z$方向传播的波，$\mathrm{e}^{+\tilde{\gamma}z}$ 表示沿 $-Z$ 方向传播的波。

方程(12－17)和方程(12－18)的四个积分常数仅有两个是独立的。将式(12－17)代入式(12－12)，得

$$\tilde{I}(z) = \frac{\tilde{\gamma}}{R+\mathrm{j}\omega L}[\tilde{U}_o^+ \mathrm{e}^{-\tilde{\gamma}z} - \tilde{U}_0^- \mathrm{e}^{+\tilde{\gamma}z}] \tag{12-19}$$

令式(12－19)与式(12－18)的对应系数相等，得到

$$\frac{\tilde{U}_0^+}{\tilde{I}_0^+} = -\frac{\tilde{U}_0^-}{\tilde{I}_0^-} = \frac{R+\mathrm{j}\omega L}{\tilde{\gamma}} \tag{12-20}$$

令

$$\tilde{Z}_0 = \frac{R+\mathrm{j}\omega L}{\tilde{\gamma}} = \sqrt{\frac{R+\mathrm{j}\omega L}{G+\mathrm{j}\omega C}} = \sqrt{\frac{\tilde{Z}}{\tilde{Y}}} \tag{12-21}$$

$\tilde{Z}_0$ 称为传输线的特征阻抗。需要强调的是，$\tilde{Z}_0$ 是对应于各个单向传输行波的电压和电流之比，而不是总的电压与总的电流之比。将 $\tilde{Z}_0$ 代入式(12－19)，有

$$\tilde{I}(z) = \left[\frac{\tilde{U}_0^+}{\tilde{Z}_0}\mathrm{e}^{-\tilde{\gamma}z} - \frac{\tilde{U}_0^-}{\tilde{Z}_0}\mathrm{e}^{+\tilde{\gamma}z}\right] \tag{12-22}$$

由此可以看出，通过引入传输线特征阻抗 $\tilde{Z}_0$，电压复振幅式(12－17)和电流复振幅式(12－22)的积分常数已减少到两个，即 $\tilde{U}_0^+$ 和 $\tilde{U}_0^-$。

一般情况下，$\tilde{\gamma}$ 是一个复数，可令

$$\tilde{\gamma} = \alpha + \mathrm{j}\beta \tag{12-23}$$

实部 α 称为传输线的衰减常数，单位为 Np/m(奈培/米)；虚部 β 称为相位常数，单位为 rad/m(弧度/米)。如果 $\tilde{U}_0^+$、$\tilde{U}_0^-$ 和 $\tilde{Z}_0$ 均为实数，即 $\tilde{U}_0^+ = |\tilde{U}_0^+|$，$\tilde{U}_0^- = |\tilde{U}_0^-|$，$\tilde{Z}_0 = |\tilde{Z}_0|$，并考虑式(12-6)和式(12-7)，则可得到传输线上电压和电流的瞬时表达式为

$$u(z,\ t) = |\tilde{U}_0^+|\,\mathrm{e}^{-\alpha z}\cos(\omega t - \beta z) + |\tilde{U}_0^-|\,\mathrm{e}^{+\alpha z}\cos(\omega t + \beta z) \tag{12-24}$$

$$i(z,\ t) = \frac{1}{Z_0}\left[\,|\tilde{U}_0^+|\,\mathrm{e}^{-\alpha z}\cos(\omega t - \beta z) - |\tilde{U}_0^-|\,\mathrm{e}^{+\alpha z}\cos(\omega t + \beta z)\right] \tag{12-25}$$

式(12-24)和式(12-25)表明，传输线上任意点的电压和电流都由两部分组成，即在任一点 z 处电压和电流均由沿 $+Z$ 方向传播的行波(称为入射波)和 $-Z$ 方向传播的行波(称为反射波)叠加而成。这一特性与 8.1.2 节平面电磁波垂直入射到介质分界面时的入射和反射类同。

下面就传输常数的取值考虑三种情况：

1. 一般情况，γ 取复值

由

$$\tilde{\gamma} = \alpha + \mathrm{j}\beta = \sqrt{(R + \mathrm{j}\omega L)(G + \mathrm{j}\omega C)}$$

求解可得

$$\alpha = \sqrt{\frac{1}{2}\left[\sqrt{(R^2 + \omega^2 L^2)(G^2 + \omega^2 C^2)} - (\omega^2 LC - RG)\right]} \tag{12-26}$$

$$\beta = \sqrt{\frac{1}{2}\left[\sqrt{(R^2 + \omega^2 L^2)(G^2 + \omega^2 C^2)} + (\omega^2 LC - RG)\right]} \tag{12-27}$$

而

$$\tilde{Z}_0 = \sqrt{\frac{R + \mathrm{j}\omega L}{G + \mathrm{j}\omega C}} = \sqrt{\frac{L}{C}}\frac{\sqrt{1 - \mathrm{j}\dfrac{R}{\omega L}}}{\sqrt{1 - \mathrm{j}\dfrac{G}{\omega C}}} \tag{12-28}$$

由此可见，传输线的传播常数和特征阻抗都是复数，这相当于有耗介质中的平面电磁波传播，见 7.2.1 节的讨论，对应关系为 $u(z;\ t) \to \boldsymbol{E}(z;\ t)$，$i(z;\ t) \to \boldsymbol{H}(z;\ t)$，$\tilde{Z}_0$ 对应于复波阻抗 $\tilde{\eta}_c$。

2. 低频，大损耗情况

在低频情况下，可取近似

$$\omega L \ll R, \qquad \omega C \ll G$$

由式(12-26)、式(12-27)和式(12-28)，取近似有

$$\alpha \approx \sqrt{RG}, \qquad \beta \approx 0, \qquad \tilde{Z}_0 \approx \sqrt{\frac{R}{G}} \tag{12-29}$$

此种情况下，传输线上为指数衰减振荡，没有波的传播，这就是低频导线。

3. 高频，小损耗情况

高频情况下，取近似

$$\omega L \gg R, \qquad \omega C \gg G$$

由式(12-26)、式(12-27)和式(12-28)，取近似有

$$\alpha \approx 0, \qquad \beta \approx \omega\sqrt{LC}, \qquad \tilde{Z}_0 \approx \sqrt{\frac{L}{C}} \tag{12-30}$$

这就是无损耗传输线的近似。在高频近似条件下，电流复振幅和电压复振幅的表达式(12-17)和式(12-22)可化为

$$\widetilde{U}(z)=\widetilde{U}_0^{+}\mathrm{e}^{-\mathrm{j}\beta z}+\widetilde{U}_0^{-}\mathrm{e}^{+\mathrm{j}\beta z} \tag{12-31}$$

$$\widetilde{I}(z)=\frac{\widetilde{U}_0^{+}}{\widetilde{Z}_0}\mathrm{e}^{-\mathrm{j}\beta z}-\frac{\widetilde{U}_0^{-}}{\widetilde{Z}_0}\mathrm{e}^{+\mathrm{j}\beta z} \tag{12-32}$$

式(12-30)、式(12-31)和式(12-32)是以下几节研究高频低损耗情况下传输线波动过程的基础。

12.2 无损耗传输线上的行驻波、反射系数与输入阻抗

12.2.1 行驻波

利用式(12-6)和式(12-7)，由式(12-31)和式(12-32)，可得

$$\begin{aligned}u(z,t)&=\mathrm{Re}\{\widetilde{U}_0^{+}\mathrm{e}^{\mathrm{j}(\omega t-\beta z)}+\widetilde{U}_0^{-}\mathrm{e}^{\mathrm{j}(\omega t+\beta z)}\}=\mathrm{Re}\{\widetilde{U}_0^{+}[1+\widetilde{\Gamma}_0\mathrm{e}^{\mathrm{j}2\beta z}]\mathrm{e}^{\mathrm{j}(\omega t-\beta z)}\}\\&=\mathrm{Re}\{|\widetilde{U}_0^{+}|[1+|\widetilde{\Gamma}_0|\mathrm{e}^{\mathrm{j}(2\beta z+\phi_0)}]\mathrm{e}^{\mathrm{j}(\omega t-\beta z+\phi_+)}\}=|\widetilde{U}_0^{+}|A\cos(\omega t-\beta z+\phi_++\phi_a)\end{aligned} \tag{12-33}$$

$$\begin{aligned}i(z,t)&=\mathrm{Re}\left\{\frac{1}{\widetilde{Z}_0}[\widetilde{U}_0^{+}\mathrm{e}^{\mathrm{j}(\omega t-\beta z)}-\widetilde{U}_0^{-}\mathrm{e}^{\mathrm{j}(\omega t+\beta z)}]\right\}=\mathrm{Re}\left\{\frac{\widetilde{U}_0^{+}}{\widetilde{Z}_0}[1-\widetilde{\Gamma}_0\mathrm{e}^{\mathrm{j}2\beta z}]\mathrm{e}^{\mathrm{j}(\omega t-\beta z)}\right\}\\&=\mathrm{Re}\left\{\left|\frac{\widetilde{U}_0^{+}}{\widetilde{Z}_0}\right|[1-|\widetilde{\Gamma}_0|\mathrm{e}^{\mathrm{j}(2\beta z+\phi_0)}]\mathrm{e}^{\mathrm{j}(\omega t-\beta z+\phi_-)}\right\}=\left|\frac{\widetilde{U}_0^{+}}{\widetilde{Z}_0}\right|B\cos(\omega t-\beta z+\phi_-+\phi_b)\end{aligned} \tag{12-34}$$

式中

$$\widetilde{U}_0^{+}=|\widetilde{U}_0^{+}|\mathrm{e}^{\mathrm{j}\phi_+} \tag{12-35}$$

$$\frac{\widetilde{U}_0^{+}}{\widetilde{Z}_0}=\left|\frac{\widetilde{U}_0^{+}}{\widetilde{Z}_0}\right|\mathrm{e}^{\mathrm{j}\phi_-} \tag{12-36}$$

$$\widetilde{\Gamma}_0=\frac{\widetilde{U}_0^{-}}{\widetilde{U}_0^{+}}=\left|\frac{\widetilde{U}_0^{-}}{\widetilde{U}_0^{+}}\right|\mathrm{e}^{\mathrm{j}\phi_0}=|\widetilde{\Gamma}_0|\mathrm{e}^{\mathrm{j}\phi_0} \tag{12-37}$$

$$A=[1+|\widetilde{\Gamma}_0|^2+2|\widetilde{\Gamma}_0|\cos(2\beta z+\phi_0)]^{1/2} \tag{12-38}$$

$$\phi_a=\arctan\left[\frac{|\widetilde{\Gamma}_0|\sin(2\beta z+\phi_0)}{1+|\widetilde{\Gamma}_0|\cos(2\beta z+\phi_0)}\right] \tag{12-39}$$

$$B=[1+|\widetilde{\Gamma}_0|^2-2|\widetilde{\Gamma}_0|\cos(2\beta z+\phi_0)]^{1/2} \tag{12-40}$$

$$\phi_b=\arctan\left[\frac{-|\widetilde{\Gamma}_0|\sin(2\beta z+\phi_0)}{1-|\widetilde{\Gamma}_0|\cos(2\beta z+\phi_0)}\right] \tag{12-41}$$

式(12-33)和式(12-34)就是无耗传输线上电压和电流的合成波表达式。下面分析传输线上电压波和电流波的传输特性：

(1) 式(12-33)的行波因子为 $\cos(\omega t-\beta z+\phi_++\phi_a)$，式(12-34)的行波因子为 $\cos(\omega t-\beta z+\phi_-+\phi_b)$，表明传输线上合成电压波和合成电流波沿 $+Z$ 方向传播，且其传

播相速度相同。

定义相速度为行波等相位面沿传输线方向的传播速度，令

$$\omega t-\beta z+\phi_{\pm}+\phi_{a}=C \tag{12-42}$$

式中，C 为常数，$\phi_{\pm}=\phi_{+}$ 或者 $\phi_{\pm}=\phi_{-}$。式(12-42)两边对时间求导，得相速度为

$$v_{\varphi}=\frac{\mathrm{d}z}{\mathrm{d}t}=\frac{\omega}{\beta}=\frac{1}{\sqrt{LC}} \tag{12-43}$$

传输线上的波长为

$$\lambda=\frac{2\pi}{\beta}=\frac{v_{\varphi}}{f} \tag{12-44}$$

式中，f 为波的频率。

(2) 式(12-33)和式(12-34)中的振幅因子 A 和 B 随空间坐标变化形成稳定分布，表明传输线上合成电压波和合成电流波的振幅具有驻波特性，因而式(12-33)和式(12-34)为行驻波。与平面电磁波垂直入射到两种理想介质平面分界面的情况相同，见式(8-30)至式(8-33)。

(3) 根据式(12-38)和式(12-40)可知，电压振幅最大值和电流振幅最小值分别为

$$|\widetilde{U}|_{\max}=\max[|\widetilde{U}_0^+|A]=|\widetilde{U}_0^+|(1+|\widetilde{\Gamma}_0|) \tag{12-45}$$

$$|\widetilde{I}|_{\min}=\min\left[\frac{|\widetilde{U}_0^+|}{|\widetilde{Z}_0|}B\right]=\frac{|\widetilde{U}_0^+|}{|\widetilde{Z}_0|}(1-|\widetilde{\Gamma}_0|) \tag{12-46}$$

与之相对应的电压波腹点(电流波节点)为

$$2\beta z+\phi_0=-2n\pi \quad 或 \quad z=-n\frac{\lambda}{2}-\frac{\lambda}{4\pi}\phi_0 \quad (n=0,1,2,\cdots) \tag{12-47}$$

电压振幅最小值与电流振幅最大值分别为

$$|\widetilde{U}|_{\min}=\min[|\widetilde{U}_0^+|A]=|\widetilde{U}_0^+|(1-|\widetilde{\Gamma}_0|) \tag{12-48}$$

$$|\widetilde{I}|_{\max}=\max\left[\frac{|\widetilde{U}_0^+|}{|\widetilde{Z}_0|}B\right]=\frac{|\widetilde{U}_0^+|}{|\widetilde{Z}_0|}(1+|\widetilde{\Gamma}_0|) \tag{12-49}$$

与之对应的电压波节点(电流波腹点)为

$$2\beta z+\phi_0=-(2n+1)\pi \quad 或 \quad z=-(2n+1)\frac{\lambda}{4}-\frac{\lambda}{4\pi}\phi_0 \quad (n=0,1,2,\cdots) \tag{12-50}$$

假设 $\phi_0=0$，驻波电压波形(式(12-38))和电流波形(式(12-40))如图12-2(a)和12-2(b)所示。

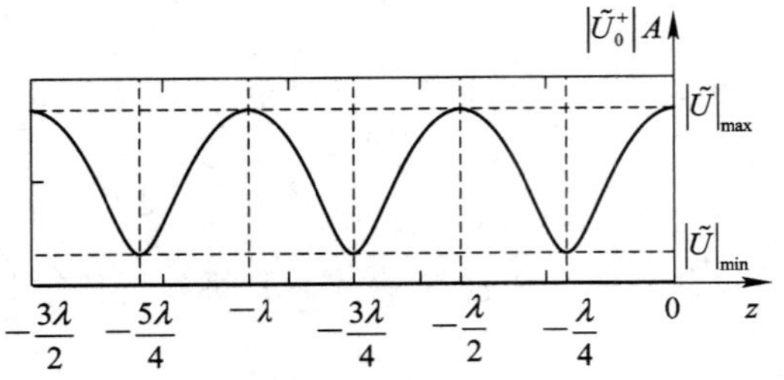

(a) 电压波形

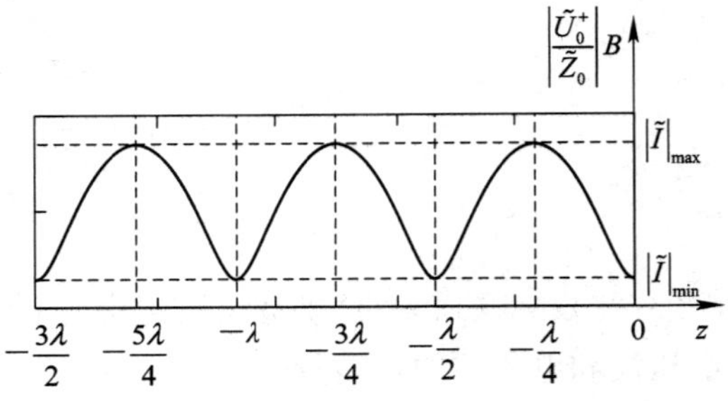

(b) 电流波形

图12-2 无耗传输线上电压和电流驻波波形

(4) 由式(12-47)或式(12-50)可知，相邻波腹与波节的距离 Δz 满足

$$\beta\Delta z = \pi \quad \rightarrow \quad \Delta z = \frac{\lambda}{2} \tag{12-51}$$

为了描述传输线的匹配程度，通常引入驻波比的概念。定义驻波比为传输线上电压最大值与电压最小值之比或电流最大值与电流最小值之比，通常用 ρ 表示。由式(12-45)和式(12-48)，并利用式(12-37)，有

$$\rho = \frac{|\widetilde{U}|_{\max}}{|\widetilde{U}|_{\min}} = \frac{|\widetilde{U}_0^+|(1+|\widetilde{\Gamma}_0|)}{|\widetilde{U}_0^+|(1-|\widetilde{\Gamma}_0|)} = \frac{|\widetilde{U}_0^+|+|\widetilde{U}_0^-|}{|\widetilde{U}_0^+|-|\widetilde{U}_0^-|} \tag{12-52}$$

由式(12-52)可以看出，当 $|\widetilde{U}_0^+|=0$（即无反射）时，$\rho=1$，传输线达到完全匹配。当 $|\widetilde{U}_0^+|=|\widetilde{U}_0^-|$（即入射波与反射波的幅值相等）时，$\rho\rightarrow\infty$，传输线终端产生全反射，传输线上形成全驻波。因此，驻波比的取值范围为 $1\leqslant\rho<\infty$。

12.2.2 反射系数

传输线上任一点 z 处的反射波电压或电流与入射波电压或电流之比称为反射系数，用 $\widetilde{\Gamma}$ 表示。由式(12-31)知，反射波电压为 $\widetilde{U}_0^-\mathrm{e}^{+\mathrm{j}\beta z}$，入射波电压为 $\widetilde{U}_0^+\mathrm{e}^{-\mathrm{j}\beta z}$，则有

$$\widetilde{\Gamma}(z) = \frac{\widetilde{U}_0^-\mathrm{e}^{+\mathrm{j}\beta z}}{\widetilde{U}_0^+\mathrm{e}^{-\mathrm{j}\beta z}} = \frac{\widetilde{U}_0^-}{\widetilde{U}_0^+}\mathrm{e}^{+\mathrm{j}2\beta z} \tag{12-53}$$

考虑到式(12-37)，得到

$$\widetilde{\Gamma}(z) = \widetilde{\Gamma}_0\mathrm{e}^{+\mathrm{j}2\beta z} = |\widetilde{\Gamma}_0|\mathrm{e}^{+\mathrm{j}(2\beta z+\phi_0)} \tag{12-54}$$

显然，$\widetilde{\Gamma}_0$ 就是 $z=0$ 处的电压反射系数，因而称为终端反射系数。式(12-54)表明，对均匀无耗传输线来说，传输线上任一点的反射系数 $\widetilde{\Gamma}(z)$ 大小相等，沿传输线仅有相位的变化，该变化使反射系数沿传输线作周期性变化，其周期为 $\lambda/2$，即反射系数具有周期性。

把反射系数代入式(12-31)和式(12-32)，得到传输线上任一点的电压复振幅和电流复振幅为

$$\widetilde{U}(z) = \widetilde{U}_0^+\mathrm{e}^{-\mathrm{j}\beta z}[1+\widetilde{\Gamma}(z)] = \widetilde{U}_0^+[\mathrm{e}^{-\mathrm{j}\beta z}+\widetilde{\Gamma}_0\mathrm{e}^{\mathrm{j}\beta z}] \tag{12-55}$$

$$\widetilde{I}(z) = \frac{\widetilde{U}_0^+}{\widetilde{Z}_0}\mathrm{e}^{-\mathrm{j}\beta z}[1-\widetilde{\Gamma}(z)] = \frac{\widetilde{U}_0^+}{\widetilde{Z}_0}[\mathrm{e}^{-\mathrm{j}\beta z}-\widetilde{\Gamma}_0\mathrm{e}^{\mathrm{j}\beta z}] \tag{12-56}$$

驻波比用反射系数表示有

$$\rho = \frac{1+|\widetilde{U}_0^-/\widetilde{U}_0^+|}{1-|\widetilde{U}_0^-/\widetilde{U}_0^+|} = \frac{1+|\widetilde{\Gamma}(z)|}{1-|\widetilde{\Gamma}(z)|} \tag{12-57}$$

或

$$|\widetilde{\Gamma}(z)| = \frac{\rho-1}{\rho+1} \tag{12-58}$$

当 $|\widetilde{\Gamma}_0|=0$ 时，表明终端没有反射波，$\rho=1$，$|\widetilde{\Gamma}(z)|=0$，传输线上仅存在沿 $+Z$ 方向传播的行波；当 $|\widetilde{\Gamma}_0|=1$ 时，表明入射波在终端全反射，$\rho\rightarrow\infty$，$|\widetilde{\Gamma}(z)|=1$；当 $0<|\widetilde{\Gamma}_0|<1$ 时，$1<\rho<\infty$，$0<|\widetilde{\Gamma}(z)|<1$。

12.2.3 输入阻抗

在无损耗传输线上形成行驻波，说明传输线在不匹配的情况下，其电压和电流的振幅值沿传输线表现为振荡模式，且二者彼此反相。这就意味着电压与电流的比值沿传输线也是变化的，即传输线上任一点的阻抗沿传输线变化，这种阻抗称为传输线输入阻抗，记作 $\widetilde{Z}_{in}(z)$。在传输线终端，阻抗称为负载阻抗(或终端阻抗)，记作 $\widetilde{Z}_L$。

由图 12-1(a)可见，负载位置坐标 $z=0$。由式(12-31)和式(12-32)得到在负载端的电压 $\widetilde{U}_L$ 和电流 $\widetilde{I}_L$ 为

$$\widetilde{U}_L=\widetilde{U}(z=0)=\widetilde{U}_0^++\widetilde{U}_0^- \tag{12-59}$$

$$\widetilde{I}_L=\widetilde{I}(z=0)=\frac{\widetilde{U}_0^+}{\widetilde{Z}_0}-\frac{\widetilde{U}_0^-}{\widetilde{Z}_0}=\frac{1}{\widetilde{Z}_0}[\widetilde{U}_0^+-\widetilde{U}_0^-] \tag{12-60}$$

则终端负载阻抗为

$$\widetilde{Z}_L=\frac{\widetilde{U}_L}{\widetilde{I}_L}=\widetilde{Z}_0\,\frac{\widetilde{U}_0^++\widetilde{U}_0^-}{\widetilde{U}_0^+-\widetilde{U}_0^-}=\widetilde{Z}_0\,\frac{1+\widetilde{\Gamma}_0}{1-\widetilde{\Gamma}_0} \tag{12-61}$$

由此得到终端反射系数

$$\widetilde{\Gamma}_0=\frac{\widetilde{Z}_L-\widetilde{Z}_0}{\widetilde{Z}_L+\widetilde{Z}_0} \tag{12-62}$$

利用式(12-55)和式(12-56)，得到传输线上任一点的输入阻抗为

$$\widetilde{Z}_{in}(z)=\frac{\widetilde{U}(z)}{\widetilde{I}(z)}=\widetilde{Z}_0\,\frac{[1+\widetilde{\Gamma}(z)]}{[1-\widetilde{\Gamma}(z)]} \tag{12-63}$$

把式(12-54)代入式(12-55)和式(12-56)，并利用式(12-62)，得到输入阻抗用特征阻抗 $\widetilde{Z}_0$ 和负载阻抗 $\widetilde{Z}_L$ 表达的表达式为

$$\widetilde{Z}_{in}(z)=\frac{\widetilde{U}(z)}{\widetilde{I}(z)}=\widetilde{Z}_0\,\frac{[\widetilde{Z}_L-\mathrm{j}\widetilde{Z}_0\tan\beta z]}{[\widetilde{Z}_0-\mathrm{j}\widetilde{Z}_L\tan\beta z]} \tag{12-64}$$

负载阻抗与工作频率有关，且一般为复数，不易直接测量，而式(12-63)表明，输入阻抗与反射系数有一一对应的关系。因此，当传输线的特征阻抗一定时，可通过测量反射系数确定输入阻抗。

12.2.4 始端输入阻抗

由式(12-55)和式(12-56)可以看出，传输线方程的解中有一个待确定的积分常数 $\widetilde{U}_0^+$。确定积分常数 $\widetilde{U}_0^+$，可利用的条件是始端边界条件，即始端输入阻抗。将 $z=-l$ 代入式(12-64)，得到始端输入阻抗为

$$\widetilde{Z}_{in}(-l)=\widetilde{Z}_0\,\frac{\widetilde{Z}_L+\mathrm{j}\widetilde{Z}_0\tan\beta l}{\widetilde{Z}_0+\mathrm{j}\widetilde{Z}_L\tan\beta l} \tag{12-65}$$

从始端的方向看去，传输线可以用始端输入阻抗 $\widetilde{Z}_{in}(-l)$ 来代替，如图 12-3 所示。输入阻抗 $\widetilde{Z}_{in}(-l)$ 两端的电压为

$$\widetilde{U}_i=\widetilde{I}_i\widetilde{Z}_{in}(-l)=\frac{\widetilde{U}_g\widetilde{Z}_{in}(-l)}{\widetilde{Z}_g+\widetilde{Z}_{in}(-l)} \tag{12-66}$$

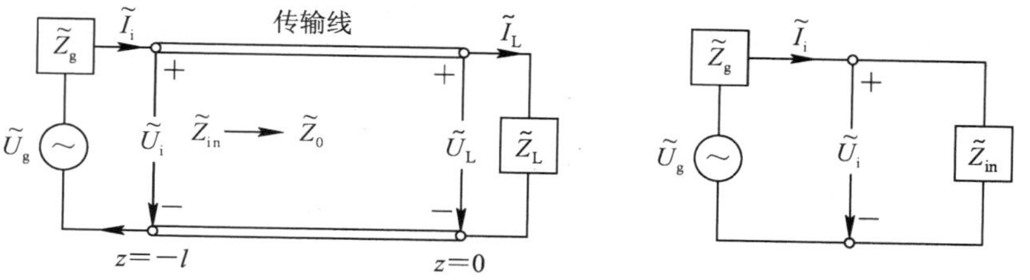

(a) 传输线模型　　(b) 等效电路

图 12-3　始端等效电路

另一方面，由传输线方程的解式(12-55)，也可得到在输入端口的电压，将 $z=-l$ 代入，得到

$$\widetilde{U}_{\mathrm{i}}=\widetilde{U}(-l)=\widetilde{U}_0^+\mathrm{e}^{\mathrm{j}\beta l}[1+\widetilde{\Gamma}(-l)] \tag{12-67}$$

将式(12-66)和式(12-67)两式联立求解，得到

$$\widetilde{U}_0^+=\left[\frac{\widetilde{U}_{\mathrm{g}}\widetilde{Z}_{\mathrm{in}}(-l)}{\widetilde{Z}_{\mathrm{g}}+\widetilde{Z}_{\mathrm{in}}(-l)}\right]\frac{1}{\mathrm{e}^{\mathrm{j}\beta l}[1+\widetilde{\Gamma}(-l)]} \tag{12-68}$$

上述对于无损耗传输线方程(12-14)和方程(12-15)的求解分为几个步骤：首先用传输线的特征阻抗 $\widetilde{Z}_0$ 把微分方程解的四个积分常数减少为两个 $\widetilde{U}_0^+$ 和 $\widetilde{U}_0^-$，见式(12-31)和式(12-32)；其次引入传输线反射系数 $\widetilde{\Gamma}(z)$，把积分常数减少到一个 $\widetilde{U}_0^+$，见式(12-55)和式(12-56)；最后由始端边界条件确定 $\widetilde{U}_0^+$，即式(12-68)。到此，无损耗传输线方程(12-14)和方程(12-15)的求解全部完成。

12.2.5　均匀传输线的参数分布

方程求解完成后，对于方程中包含的复传播常数 $\widetilde{\gamma}=\alpha+\mathrm{j}\beta$ 和特征阻抗 $\widetilde{Z}_0$ 由四个分布参数确定(见式(12-26)～式(12-30))：传输线上单位长度的分布电阻 R、单位长度的分布电导 G、单位长度的分布电感 L 和单位长度的分布电容 C。当已知传输线的类型、尺寸、导体材料和传输线周围介质参数时，这四个参数可用第 2 章、第 3 章、第 4 章和第 5 章求解静态场的方法求得。表 12-1 给出了均匀同轴电缆、双线线路和平行板电路三种 TEM 传输线的分布参数，三种传输线的几何结构模型如图 12-4 所示。

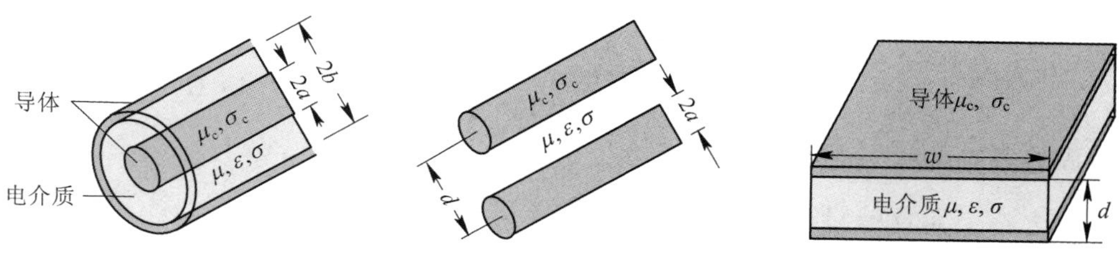

(a) 同轴电缆　　(b) 双线线路　　(c) 平行板线路

图 12-4　传输线模型

表 12-1 三种传输线的分布参数

参数	同轴电缆	双线线路	平行板电路	单位
R	$\frac{\sqrt{\pi f\mu_c/\sigma_c}}{2\pi}\left(\frac{1}{a}+\frac{1}{b}\right)$	$\frac{\sqrt{\pi f\mu_c/\sigma_c}}{\pi a}$	$\frac{2\sqrt{\pi f\mu_c/\sigma_c}}{w}$	$\frac{\Omega}{\mathrm{m}}$
G	$\frac{2\pi\sigma}{\ln(b/a)}$	$\frac{\pi\sigma}{\ln\left[\left(\frac{d}{2a}\right)+\sqrt{\left(\frac{d}{2a}\right)^2-1}\right]}$	$\frac{\sigma w}{d}$	$\frac{\mathrm{S}}{\mathrm{m}}$
L	$\frac{\mu}{2\pi}\ln\left(\frac{b}{a}\right)$	$\frac{\mu}{\pi}\ln\left[\left(\frac{d}{2a}\right)+\sqrt{\left(\frac{d}{2a}\right)^2-1}\right]$	$\frac{\mu d}{w}$	$\frac{\mathrm{H}}{\mathrm{m}}$
C	$\frac{2\pi\varepsilon}{\ln(b/a)}$	$\frac{\pi\varepsilon}{\ln\left[\left(\frac{d}{2a}\right)+\sqrt{\left(\frac{d}{2a}\right)^2-1}\right]}$	$\frac{\varepsilon w}{d}$	$\frac{\mathrm{F}}{\mathrm{m}}$

注：尺寸定义见图 12-4。ε、μ 和 σ 为导体之间绝缘材料的参数；μ_c 和 σ_c 为导体的参数。

【例 12.1】 均匀无耗传输线始端的连接电压源为

$$u_g(t)=10\sin(\omega t+30°)$$

频率 $f=1.05\ \text{GHz}$，串联内阻为 $\tilde{Z}_g=10\ \Omega$，传输线特征阻抗 $\tilde{Z}_0=50\ \Omega$，线长 $l=67\ \text{cm}$。传输线终端连接阻抗 $\tilde{Z}_L=(100+\mathrm{j}50)\Omega$ 的负载，线路中波的传播相速度 $v_\varphi=0.7c$，c 为真空中的光速。试求传输线路上的 $u(z,t)$ 和 $i(z,t)$。

解 由式(12-44)得到传输线上的传输波长为

$$\lambda=\frac{v_\varphi}{f}=\frac{0.7c}{1.05\times10^9}=\frac{0.7\times3\times10^8}{1.05\times10^9}\ \text{m}=0.2\ \text{m}$$

由式(12-62)可得负载处的电压反射系数为

$$\tilde{\Gamma}_0=\frac{\tilde{Z}_L-\tilde{Z}_0}{\tilde{Z}_L+\tilde{Z}_0}=\frac{(100+\mathrm{j}50)-50}{(100+\mathrm{j}50)+50}=0.45\mathrm{e}^{\mathrm{j}26.6°}$$

把

$$\tan(\beta l)=\tan\left(\frac{2\pi}{\lambda}l\right)=\tan\left(\frac{2\pi}{0.2}\times0.67\right)=\tan(6.7\pi)=\tan(0.7\pi)=\tan 126°$$

代入式(12-65)，得到始端的输入阻抗为

$$\tilde{Z}_{in}(-l)=\tilde{Z}_0\frac{\tilde{Z}_L+\mathrm{j}\tilde{Z}_0\tan\beta l}{\tilde{Z}_0+\mathrm{j}\tilde{Z}_L\tan\beta l}=Z_0\left[\frac{(\tilde{Z}_L/\tilde{Z}_0)+\mathrm{j}\tan\beta l}{1+\mathrm{j}(\tilde{Z}_L/\tilde{Z}_0)\tan\beta l}\right]$$

$$=50\left[\frac{(2+\mathrm{j})+\mathrm{j}\tan 126°}{1+\mathrm{j}(2+\mathrm{j})\tan 126°}\right]=(21.9+\mathrm{j}17.4)\ \Omega$$

把电压源的表达式化为余弦形式，有

$$u_g(t)=10\sin(\omega t+30°)=10\cos\left(\frac{\pi}{2}-\omega t-30°\right)$$

$$=10\cos(\omega t-60°)=\mathrm{Re}[10\mathrm{e}^{-\mathrm{j}60°}\mathrm{e}^{\mathrm{j}\omega t}]=\mathrm{Re}[U_g\mathrm{e}^{\mathrm{j}\omega t}]$$

得到

$$\tilde{U}_g=10\mathrm{e}^{-\mathrm{j}60°}\ \text{V}$$

又由式(12－54)和式(12－62)，得到始端的反射系数为

$$\tilde{\Gamma}(-l)=\tilde{\Gamma}_0 e^{-j2\beta l}=0.45e^{j26.6^\circ}e^{-j2\beta l}$$

根据式(12－68)得

$$\begin{aligned}\tilde{U}_0^+&=\left[\frac{\tilde{U}_g\tilde{Z}_{in}(-l)}{\tilde{Z}_g+\tilde{Z}_{in}(-l)}\right]\frac{1}{e^{j\beta l}[1+\tilde{\Gamma}(-l)]}\\&=\left[\frac{10e^{-j60^\circ}(21.9+j17.4)}{10+(21.9+j17.4)}\right]\frac{1}{[e^{j\beta l}+0.45e^{j26.6^\circ}e^{-j\beta l}]}\\&=10.2e^{j159^\circ}\ \mathrm{V}\end{aligned}$$

把 $\tilde{U}_0^+$ 代入式(12－55)，并利用式(12－53)和式(12－62)，得到传输线上的电压复振幅为

$$\tilde{U}(z)=\tilde{U}_0^+e^{-j\beta z}[1+\tilde{\Gamma}(z)]=10.2e^{j159^\circ}[e^{-j\beta z}+0.45e^{j26.6^\circ}e^{+j\beta z}]$$

瞬时电压表达式为

$$u(z,t)=\mathrm{Re}[\tilde{U}(z)e^{j\omega t}]=10.2\cos(\omega t-\beta z+159^\circ)+4.55\cos(\omega t+\beta z+185.6^\circ)$$

同理，把 U_0^+ 代入式(12－56)，可得电流复振幅和电流瞬时表达式分别为

$$\tilde{I}(z)=0.2e^{j159^\circ}[e^{-j\beta z}-0.45e^{j26.6^\circ}e^{+j\beta z}]$$

$$i(z,t)=0.2\cos(\omega t-\beta z+159^\circ)+0.091\cos(\omega t+\beta z+185.6^\circ)$$

12.3 传输线的工作状态分析

传输线的工作状态除与源有关外，负载是影响工作状态的主要因素。如果已知负载的性质及大小，就可以确定传输线上电压波和电流波的形状、驻波比的大小和传输线上任一点的输入阻抗。反之，已知驻波特征就可以求得负载的性质及大小。实际应用中，调试一个系统是否与传输线匹配，往往采用测量驻波比的方法来作出判断，下面就几种典型情况加以讨论。

12.3.1 短路线

当负载阻抗 $\tilde{Z}_L=0$ 时，称为终端短路线，简称短路线。短路条件要求 $\tilde{U}_L(z=0)=0$，由式(12－31)得

$$\tilde{U}_L(z=0)=\tilde{U}_0^++\tilde{U}_0^-=0\quad\rightarrow\quad\tilde{U}_0^+=-\tilde{U}_0^-\tag{12-69}$$

将此式代入式(12－31)和式(12－32)，得到短路无耗传输线的电压和电流复振幅为

$$\tilde{U}_s(z)=\tilde{U}_0^+[e^{-j\beta z}-e^{+j\beta z}]=-j2\tilde{U}_0^+\sin\beta z\tag{12-70}$$

$$\tilde{I}_s(z)=\frac{\tilde{U}_0^+}{\tilde{Z}_0}[e^{-j\beta z}+e^{+j\beta z}]=\frac{2\tilde{U}_0^+}{\tilde{Z}_0}\cos\beta z\tag{12-71}$$

在 $z=-l$ 处，输入阻抗为

$$\tilde{Z}_{in}^s=\frac{\tilde{U}_s(-l)}{\tilde{I}_s(-l)}=j\tilde{Z}_0\tan\beta l\tag{12-72}$$

短路线模型以及归一化电压、归一化电流变化曲线和归一化输入阻抗变化曲线如图 12－5(a)、(b)、(c)和(d)所示。

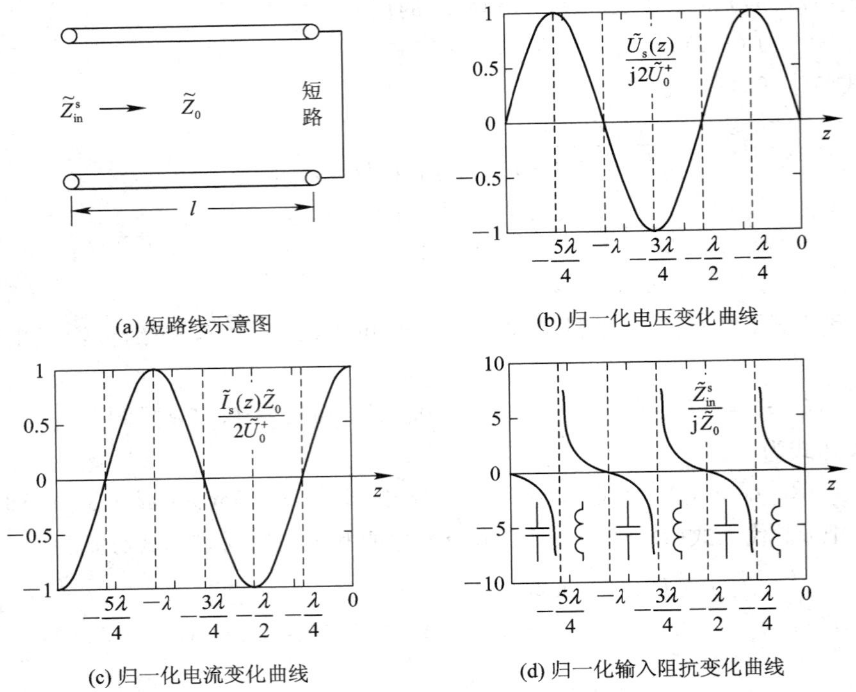

图 12-5 短路线状态

一般情况下，输入阻抗既包含实部输入电阻 R_{in}，也包含虚部输入电抗 X_{in}，即

$$\widetilde{Z}_{in} = R_{in} + jX_{in} \tag{12-73}$$

短路状态下，$R_{in}=0$。如果 $\tan\beta l \geqslant 0$，则传输线呈感性，其表现类似于一个等效电感 L_s。由式(12-72)，有

$$\widetilde{Z}_{in}^s = j\omega L_s = j\widetilde{Z}_0\tan\beta l, \quad \tan\beta l \geqslant 0 \tag{12-74}$$

即

$$L_s = \frac{\widetilde{Z}_0}{\omega}\tan\beta l \tag{12-75}$$

由此可得输入阻抗等效为纯电感 L_s 的最短线路长度为

$$l = \frac{1}{\beta}\arctan\frac{\omega L_s}{\widetilde{Z}_0} \tag{12-76}$$

同理，如果 $\tan\beta l \leqslant 0$，则短线呈容性，表现类似于一个等效电容 C_s。由式(12-74)有

$$\widetilde{Z}_{in}^s = \frac{1}{j\omega C_s} = j\widetilde{Z}_0\tan\beta l, \quad \tan\beta l \leqslant 0 \tag{12-77}$$

即

$$C_s = -\frac{1}{\omega\widetilde{Z}_0\tan\beta l} \tag{12-78}$$

因为 l 取正值，满足 $\tan\beta l \leqslant 0$ 的短线长度 l 应落在 $\pi/2 \leqslant \beta l \leqslant \pi$ 的范围内，因此，输入电阻可等效为纯电容 C_s 的最短线路长度为

$$l = \frac{1}{\beta}\left[\pi - \arctan\left(\frac{1}{\omega\widetilde{Z}_0 C_s}\right)\right] \tag{12-79}$$

短路线讨论的结果表明，可通过选择适当的短路线长度来代替电容和电感，以产生所需要的任何大小的电抗值。这种做法在微波电路及高速集成电路设计中普遍采用，因为在集成电路中制造电容和电感要比制造短路线困难很多。

【例 12.2】 如图 12-6 所示，一特征阻抗为 50 Ω 的无耗短路线，工作频率 $f=2.25$ GHz，短路线波速度为 $0.75c$。试确定其长度，以等效 $C_s=4$ pF 的电容。

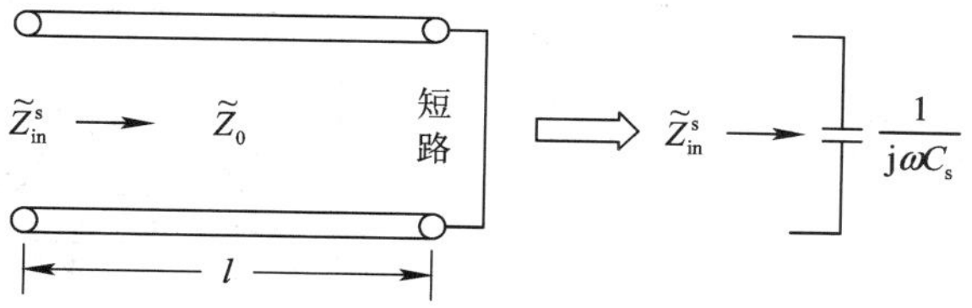

图 12-6 短路线用作等效电容

解 已知

$$v_\varphi = 0.75c = 0.75\times 3\times 10^8\ \text{m/s} = 2.25\times 10^8\ \text{m/s}$$

$$\tilde{Z}_0 = 50\ \Omega$$

$$f = 2.25\ \text{GHz} = 2.25\times 10^9\ \text{Hz}$$

$$C_s = 4\ \text{pF} = 4\times 10^{-12}\ \text{F}$$

由式(12-44)可知，相位常数为

$$\beta = \frac{2\pi f}{v_\varphi} = \frac{2\pi\times 2.25\times 10^9}{2.25\times 10^8}\ \text{rad/m} = 62.8\ \text{rad/m}$$

由式(12-78)得

$$\tan\beta l = -\frac{1}{\omega\tilde{Z}_0 C_s} = -\frac{1}{2\pi\times 2.25\times 10^9\times 50\times 4\times 10^{-12}} = -0.354$$

在第二象限的解为

$$\beta l_1 = 2.8\ \text{rad} \quad\rightarrow\quad l_1 = \frac{2.8}{62.8}\ \text{cm} = 4.46\ \text{cm}$$

在第四象限的解为

$$\beta l_2 = 5.94\ \text{rad} \quad\rightarrow\quad l_2 = \frac{5.94}{62.8}\ \text{cm} = 9.46\ \text{cm}$$

12.3.2 开路线

传输线开路的情况下，$\tilde{Z}_L=\infty$，由式(12-62)知，$\tilde{\Gamma}_0=1$，而 $\rho\rightarrow\infty$（见式(12-52)）。由式(12-55)和式(12-56)，并利用式(12-53)，得电压和电流复振幅表达式为

$$\tilde{U}_o(z) = \tilde{U}_0^+\left[e^{-j\beta z} + e^{+j\beta z}\right] = 2\tilde{U}_0^+\cos\beta z \tag{12-80}$$

$$\tilde{I}_o(z) = \frac{\tilde{U}_0^+}{\tilde{Z}_0}\left[e^{-j\beta z} - e^{+j\beta z}\right] = -\frac{j2\tilde{U}_0^+}{\tilde{Z}_0}\sin\beta z \tag{12-81}$$

将 $z=-l$ 代入式(12-80)和式(12-81)，得开路情况下的输入阻抗为

$$\tilde{Z}_{in}^{o} = \frac{\tilde{U}_o(-l)}{\tilde{I}_o(-l)} = j\tilde{Z}_0\frac{\cos\beta l}{\sin\beta l} = -j\tilde{Z}_0\cot\beta l \quad (l>0) \tag{12-82}$$

开路线模型以及归一化电压、归一化电流变化曲线和归一化输入阻抗变化曲线如图12－7(a)、(b)、(c)和(d)所示。

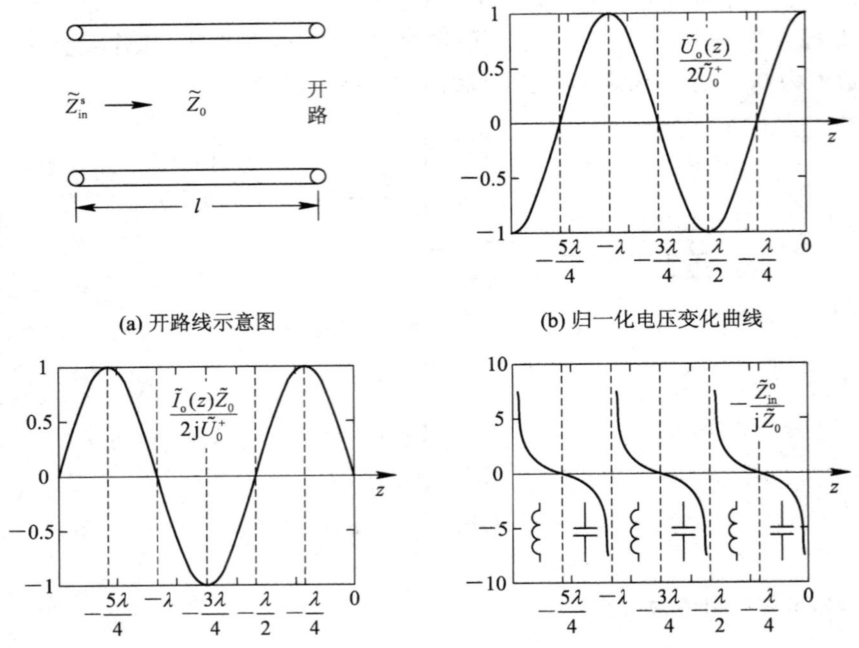

(a) 开路线示意图　(b) 归一化电压变化曲线

(c) 归一化电流变化曲线　(d) 归一化输入阻抗变化曲线

图12－7　开路线状态

网络分析仪是一种射频(RF)仪器，可用来测量接在其输入端口上的任何负载的阻抗。对于无损耗传输线，先用其测量短路线的输入阻抗 Z_{in}^{s}，再测量开路时的输入阻抗 Z_{in}^{o}，组合两次测试的结果，利用式(12－72)和式(12－82)，可以确定传输线的特征阻抗 $\tilde{Z}_0$ 及相位常数 β，因此有

$$\tilde{Z}_0 = \sqrt{\tilde{Z}_{in}^{s}\tilde{Z}_{in}^{o}} \tag{12-83}$$

$$\tan\beta l = \sqrt{\frac{Z_{in}^{s}}{-Z_{in}^{o}}} \quad (l>0) \tag{12-84}$$

需要强调的是，由于正切函数的周期为π，可能存在很多结果。为使结果唯一，应该取长度 l 小于或等于 $\lambda/2$。

12.3.3　匹配传输线

当传输线的特征阻抗与负载阻抗相等时，即 $\tilde{Z}_0=\tilde{Z}_L$，由式(12－54)和式(12－62)知，反射系数 $\tilde{\Gamma}(z)=0$，则式(12－55)中仅有沿线传输的入射波，而无反射波，这种情况属于传输线匹配工作状态，其特点是线上电压和电流是等幅行波，线上任意点的输入阻抗等于线的特征阻抗。匹配工作状态损耗小，传输效率高，功率容量大，是实际中工作中所追求的理想状态。

12.3.4 阻抗负载传输线

传输线的一般工作状态是负载既含有电阻又含有电抗，即

$$\widetilde{Z}_L = R_L + jX_L \tag{12-85}$$

此时传输线上是行驻波，在终端电压振幅和电流振幅既不是驻波极大点，也不是驻波极小点。可以分为两种情况考虑：

（1）已知 $\widetilde{Z}_L = R_L + jX_L$，求得 $Z_0 = \sqrt{L_0/C_0}$ 和 $\beta = 2\pi/\lambda$，利用式(12－57)、式(12－62)和式(12－64)求传输线上驻波分布及沿线的输入阻抗。

（2）已知驻波曲线的形状确定负载的性质和大小。

【例 12.3】 证明半波线的输入阻抗等于负载阻抗。

解 当 $l = n\lambda/2$（n 为整数)时，有

$$\tan\beta l = \tan\left[\frac{2\pi}{\lambda}\frac{n\lambda}{2}\right] = \tan n\pi = 0$$

根据式(12－65)有

$$\widetilde{Z}_{in}\left(-\frac{n\lambda}{2}\right) = \widetilde{Z}_0\frac{\widetilde{Z}_L + j\widetilde{Z}_0\tan\beta\frac{n\lambda}{2}}{\widetilde{Z}_0 + j\widetilde{Z}_L\tan\beta\frac{n\lambda}{2}} = \widetilde{Z}_L$$

该结果表明，任何半波线都不会改变负载阻抗，也就是无损耗半波线与负载连接不影响负载上的电压和电流。

【例 12.4】 如图 12－8 所示，为了使 50 Ω 的无损传输线与负载阻抗 $\widetilde{Z}_L = 100\ \Omega$ 相匹配，通常连接一根四分之一波长的变换器，以消除馈线的反射，试确定变换器的特征阻抗。

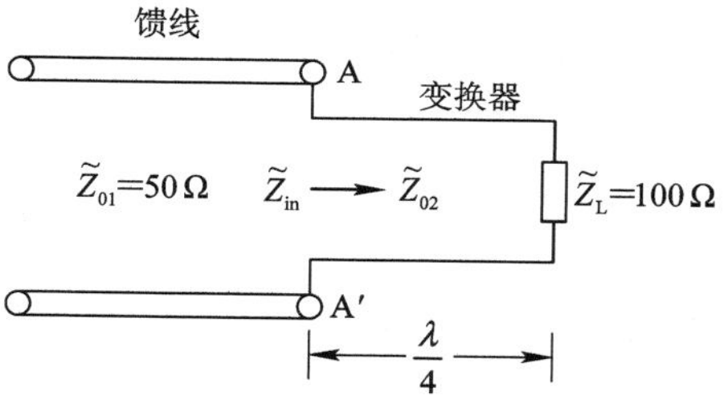

图 12－8 例 12.4 图

解 由式(12－65)可知，当变换器线长取四分之一波长时，即

$$l = \frac{n\lambda}{2} + \frac{\lambda}{4} \quad (n = 0, 1, 2, \cdots)$$

对应于

$$\beta l = \frac{2\pi}{\lambda}\frac{\lambda}{4} = \frac{\pi}{2}$$

则 $\tan\beta l \to \infty$，由式(12－65)可得变换器的输入阻抗为

$$\widetilde{Z}_{in} = \frac{\widetilde{Z}_{02}^2}{\widetilde{Z}_L}$$

式中，$\widetilde{Z}_{02}$ 为四分之一变换器的特征阻抗。为了消除变换器端口 AA′ 的反射，从 AA′ 端看进去的输入阻抗应该为 $Z_{in} = Z_{01} = 50\ \Omega$，即馈线的特征阻抗。利用上式，得到变换器的特征阻抗为

$$\widetilde{Z}_{02} = \sqrt{\widetilde{Z}_{in}\widetilde{Z}_L} = \sqrt{50\times 100}\ \Omega = 70.7\ \Omega$$

四分之一波长变换器虽然可以消除馈线上的反射，但无法消除变换器本身线长上的反射。由于四分之一波长变换器是无损的，因此入射的功率全部传输到负载。

12.4　无耗传输线的功率

下面以无耗传输线为例讨论传输线的功率流动。重写电压复振幅和电流复振幅表达式如下：

$$\widetilde{U}(z)=\widetilde{U}_0^+[\mathrm{e}^{-\mathrm{j}\beta z}+\widetilde{\Gamma}_0\mathrm{e}^{+\mathrm{j}\beta z}] \tag{12-86}$$

$$\widetilde{I}(z)=\frac{\widetilde{U}_0^+}{\widetilde{Z}_0}[\mathrm{e}^{-\mathrm{j}\beta z}-\widetilde{\Gamma}_0\mathrm{e}^{+\mathrm{j}\beta z}] \tag{12-87}$$

式(12-86)和式(12-87)中含 $\mathrm{e}^{-\mathrm{j}\beta z}$ 的项代表入射波的电压和电流，含 $\mathrm{e}^{+\mathrm{j}\beta z}$ 的项代表反射波的电压和电流。在负载处 $z=0$，入射波和反射波的电压和电流复振幅分别为

入射波：

$$\widetilde{U}^{\mathrm{i}}=\widetilde{U}_0^+,\quad \widetilde{I}^{\mathrm{i}}=\frac{\widetilde{U}_0^+}{\widetilde{Z}_0} \tag{12-88}$$

反射波：

$$\widetilde{U}^{\mathrm{r}}=\widetilde{\Gamma}_0\widetilde{U}_0^+,\quad \widetilde{I}^{\mathrm{r}}=-\widetilde{\Gamma}_0\frac{\widetilde{U}_0^+}{\widetilde{Z}_0} \tag{12-89}$$

均匀无耗传输线 $\widetilde{Z}_0$ 为实数，$\widetilde{U}_0^+$ 和终端反射系数 $\widetilde{\Gamma}_0$ 取式(12-35)和式(12-37)的形式，即

$$\widetilde{U}_0^+=|\widetilde{U}_0^+|\mathrm{e}^{\mathrm{j}\phi_+},\qquad \widetilde{\Gamma}_0=|\widetilde{\Gamma}_0|\mathrm{e}^{\mathrm{j}\phi_0}$$

1. 瞬时功率

入射波到达负载($z=0$)时，在负载处的瞬时电压和电流为

$$u^{\mathrm{i}}(t)=\mathrm{Re}[\widetilde{U}^{\mathrm{i}}\mathrm{e}^{\mathrm{j}\omega t}]=\mathrm{Re}[\widetilde{U}_0^+\mathrm{e}^{\mathrm{j}\omega t}]=|\widetilde{U}_0^+|\cos(\omega t+\phi_+) \tag{12-90}$$

$$i^{\mathrm{i}}(t)=\mathrm{Re}[\widetilde{I}^{\mathrm{i}}\mathrm{e}^{\mathrm{j}\omega t}]=\mathrm{Re}\left[\frac{\widetilde{U}_0^+}{\widetilde{Z}_0}\mathrm{e}^{\mathrm{j}\omega t}\right]=\frac{|\widetilde{U}_0^+|}{\widetilde{Z}_0}\cos(\omega t+\phi_+) \tag{12-91}$$

由此得到瞬时入射功率为

$$P^{\mathrm{i}}(t)=u^{\mathrm{i}}(t)\cdot i^{\mathrm{i}}(t)=\frac{|\widetilde{U}_0^+|^2}{\widetilde{Z}_0}\cos^2(\omega t+\phi_+) \tag{12-92}$$

同理，可得反射波在负载处的瞬时电压和电流为

$$u^{\mathrm{r}}(t)=\mathrm{Re}[\widetilde{U}^{\mathrm{r}}\mathrm{e}^{\mathrm{j}\omega t}]=\mathrm{Re}[\widetilde{\Gamma}_0\widetilde{U}_0^+\mathrm{e}^{\mathrm{j}\omega t}]=|\widetilde{\Gamma}_0||\widetilde{U}_0^+|\cos(\omega t+\phi_++\phi_0) \tag{12-93}$$

$$i^{\mathrm{r}}(t)=\mathrm{Re}[\widetilde{I}^{\mathrm{r}}\mathrm{e}^{\mathrm{j}\omega t}]=\mathrm{Re}\left[-\frac{\widetilde{\Gamma}_0\widetilde{U}_0^+}{\widetilde{Z}_0}\mathrm{e}^{\mathrm{j}\omega t}\right]=-\frac{|\widetilde{\Gamma}_0||\widetilde{U}_0^+|}{\widetilde{Z}_0}\cos(\omega t+\phi_++\phi_0) \tag{12-94}$$

而反射波瞬时功率为

$$P^{\mathrm{r}}(t)=u^{\mathrm{r}}(t)\cdot i^{\mathrm{r}}(t)=-|\widetilde{\Gamma}_0|^2\frac{|\widetilde{U}_0^+|^2}{\widetilde{Z}_0}\cos^2(\omega t+\phi_++\phi_0) \tag{12-95}$$

式中，“－”表示功率流沿负 Z 方向流动。

2. 平均功率

对于电压和电流复振幅为 $\widetilde{U}$ 和 $\widetilde{I}$ 的谐波，与式(6-114)相对应的时间平均功率为

$$P_{\mathrm{av}}=\frac{1}{2}\mathrm{Re}[\widetilde{U}\widetilde{I}^*] \tag{12-96}$$

由此可得，入射波和反射波的时间平均功率为

$$P_{av}^{i}=\frac{1}{2}\mathrm{Re}[\widetilde{U}^{i}\widetilde{I}^{i*}]=\frac{1}{2}\mathrm{Re}\left[\frac{\widetilde{U}_0^{+}\cdot\widetilde{U}_0^{+*}}{\widetilde{Z}_0}\right]=\frac{|\widetilde{U}_0^{+}|^2}{2\widetilde{Z}_0} \tag{12-97}$$

$$P_{av}^{r}=\frac{1}{2}\mathrm{Re}[\widetilde{U}^{r}\widetilde{I}^{r*}]-\frac{1}{2}\mathrm{Re}\left[\widetilde{\Gamma}_0\widetilde{U}_0^{+}\left(\widetilde{\Gamma}_0\frac{\widetilde{U}_0^{+}}{\widetilde{Z}_0}\right)^{*}\right]=-|\widetilde{\Gamma}_0|^2\frac{|\widetilde{U}_0^{+}|^2}{2\widetilde{Z}_0}=-|\widetilde{\Gamma}_0|^2P_{av}^{i} \tag{12-98}$$

由式(12－98)可知，平均反射功率等于平均入射功率乘以系数 $|\Gamma_0|^2$。由入射功率和反射功率可得传递到负载的净功率为

$$P_{av}=P_{av}^{i}+P_{av}^{r}=\frac{|\widetilde{U}_0^{+}|^2}{2\widetilde{Z}_0}[1-|\widetilde{\Gamma}_0|^2] \tag{12-99}$$

12.5 史密斯圆图

在实际的传输线工程问题求解过程中，采用前面介绍的理论方法往往是一个很冗长的过程。在计算机和可编程计算器出现之前，史密斯(P. H. Smith)于1939年发明了求解传输线问题的作图方法，它是传输线电路设计和分析中用得最多的作图技术，既形象，又直观，使用方便，具有一定精度，可以满足实际工程设计的需要。利用史密斯圆图不仅可以避免烦琐的复数运算，还可以使阻抗匹配电路的设计变得相对容易。史密斯圆图对有损和无耗传输线都适用，下面仅讨论无耗的情况。

12.5.1 史密斯圆图的参数方程

根据式(12－63)，引入归一化输入阻抗如下：

$$\widetilde{z}_{in}(z)=\frac{\widetilde{Z}_{in}(z)}{\widetilde{Z}_0}=r+\mathrm{j}x \tag{12-100}$$

而令

$$\widetilde{\Gamma}=\Gamma_R+\mathrm{j}\Gamma_I \tag{12-101}$$

式中，r 和 x 为归一化输入阻抗的实部和虚部，Γ_R 和 Γ_I 为反射系数的实部和虚部。由此式(12－63)可改写为

$$\widetilde{z}_{in}(z)=\frac{1+\widetilde{\Gamma}(z)}{1-\widetilde{\Gamma}(z)}\quad 或\quad \widetilde{\Gamma}(z)=\frac{\widetilde{z}_{in}(z)-1}{\widetilde{z}_{in}(z)+1} \tag{12-102}$$

由复变函数理论可知，式(12－102)为一分式线性变换关系，是一种保角变换，它把 z 平面的右半平面映射到 $\widetilde{\Gamma}$ 平面的单位圆内，如图12－9所示。

为了进行定量描述，必须寻求两者之间满足的圆方程。将式(12－100)和式(12－101)代入式(12－102)有

$$r+\mathrm{j}x=\frac{(1+\Gamma_R)+\mathrm{j}\Gamma_I}{(1-\Gamma_R)+\mathrm{j}\Gamma_I} \tag{12-103}$$

令式(12－103)两边的实部和虚部分别相等，得到

$$r=\frac{1-\Gamma_R^2-\Gamma_I^2}{(1-\Gamma_R)^2+\Gamma_I^2} \tag{12-104}$$

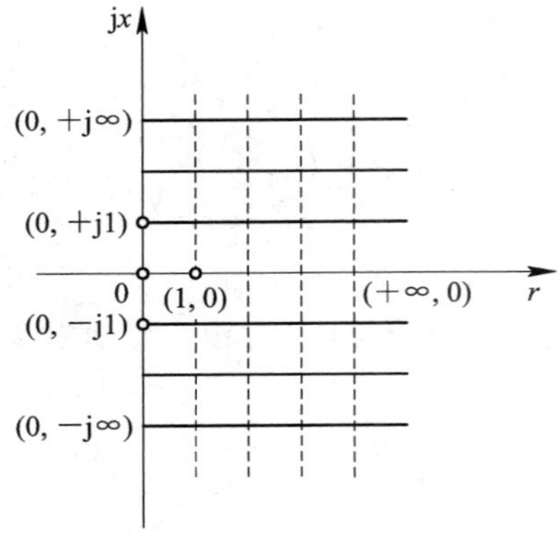

(a) $\tilde{z}_{in}$—平面

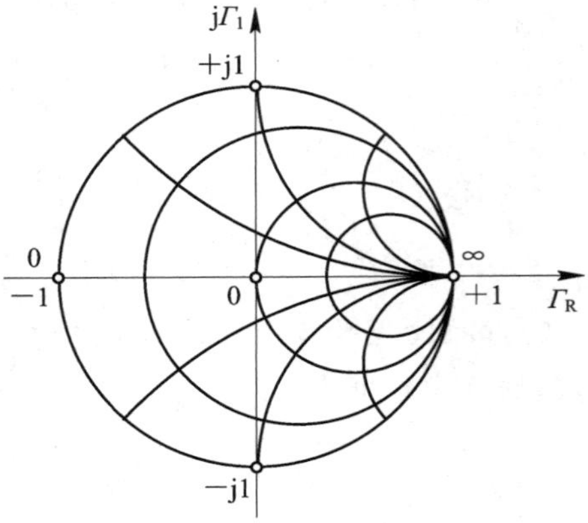

(b) $\tilde{\Gamma}$—平面

图 12-9　$\tilde{z}_{in}$ 平面到 $\tilde{\Gamma}$ 平面的映射关系

$$x=\frac{2\Gamma_I}{(1-\Gamma_R)^2+\Gamma_I^2} \tag{12-105}$$

式(12-104)和式(12-105)又可改写为

$$\left[\Gamma_R-\frac{r}{1+r}\right]^2+\Gamma_I^2=\left[\frac{1}{1+r}\right]^2 \tag{12-106}$$

$$[\Gamma_R-1]^2+\left[\Gamma_I-\frac{1}{x}\right]^2=\left[\frac{1}{x}\right]^2 \tag{12-107}$$

圆方程(12-106)和(12-107)就是 $\tilde{\Gamma}$ 平面上的等 r 圆方程和等 x 圆方程，分别称为等电阻圆和等电抗圆。下面分析其 $\tilde{z}_{in}$ 平面到 $\tilde{\Gamma}$ 平面的映射关系。

(1) 实轴映射关系：① 在 $\tilde{z}_{in}$ 平面的点 (0, 0)，由式(12-104)和式(12-105)知，$\Gamma_I=0$，$\Gamma_R=\pm1$；而代入式(12-103)判定，只有 $\Gamma_R=-1$，因而，在 $\tilde{\Gamma}$ 平面的映像点为 $\tilde{\Gamma}=-1$。② 在 $\tilde{z}_{in}$ 平面的点 (1, 0)，代入式(12-104)和式(12-105)判定，$\Gamma_R=0$，$\Gamma_I=0$，则映像点为 $\tilde{\Gamma}=0$。③ $\tilde{z}_{in}$ 平面的点 $(+\infty, 0)$，由式(12-104)和式(12-105)知，$\Gamma_I=0$，$\Gamma_R=1$，映射点为 $\tilde{\Gamma}=1$。这三点在 $\tilde{\Gamma}$ 平面的实轴上，它是 $\tilde{z}_{in}$ 平面实半轴的映像，凡落在 $\tilde{\Gamma}$ 平面这段实轴上的点均代表纯电阻。

(2) 虚轴映射关系：① $\tilde{z}_{in}$ 平面的点 $(0, j\infty)$，由式(12-104)和式(12-105)知，$\Gamma_R=+1$，$\Gamma_I=0$，则 $\tilde{\Gamma}$ 平面的映像点 $\tilde{\Gamma}=1$。② $\tilde{z}_{in}$ 平面的点 (0, +j1)，由式(12-104)和式(12-105)知，$\Gamma_R=0$，$\Gamma_I=1$，$\tilde{\Gamma}$ 平面的映像点 $\tilde{\Gamma}=+j1$。③ $\tilde{z}_{in}$ 平面的点 (0, 0)，$\tilde{\Gamma}$ 平面的映像点 $\tilde{\Gamma}=-1$。④ $\tilde{z}_{in}$ 平面的点 (0, −j1)，$\tilde{\Gamma}$ 平面的映像点 $\tilde{\Gamma}=-j1$。⑤ $\tilde{z}_{in}$ 平面的点 $(0, -j\infty)$，$\tilde{\Gamma}$ 平面的映像点 $\tilde{\Gamma}=1$。由此可见，凡落在 $\tilde{\Gamma}$ 平面单位圆上的点都代表纯电抗，且上半圆周电抗为正表示感抗，下半圆周电抗为负表示容抗。

(3) 由式(12-106)可知，等 r 圆的半径为 $1/(1+r)$，圆心位于 $\tilde{\Gamma}$ 平面的点 $[r/(1+r), 0]$。r 的数值不同，圆的半径和圆心的位置也不同，由于等 r 圆的圆心都在 Γ_R 轴上，并且圆心横坐标 $r/(1+r)$ 与半径 $1/(1+r)$ 之和恒等于 1，因此，等 r 的圆都在点 (1, 0) 处相切。

(4) 由式(12-107)可知，在 $\tilde{\Gamma}$ 平面上，等 x 圆的半径为 $1/|x|$，圆心位于 $(1, 1/x)$，$x>0$(感抗)，圆心位于上半平面；$x<0$(容抗)，圆心位于下半平面。由于等 x 圆的圆心横坐标为 1，而圆心纵坐标与圆半径相等均为 $1/|x|$，因此，等 x 圆都在 $(1, 0)$ 处相切于 Γ_R 轴。

在 $\tilde{\Gamma}$ 平面上画出这两组圆，就构成了阻抗圆图。有了阻抗圆图后，传输线上任一点的归一化阻抗 $\tilde{z}_{in}$ 及其与之对应的反射系数 $\tilde{\Gamma}$ 都可在圆图上找到。

12.5.2 史密斯圆图的构成

史密斯圆图的构成包含四个部分：阻抗圆图、导纳圆图、反射系数圆图和驻波比圆图①，为了便于理解和使用史密斯圆图，下面分别对史密斯圆图的构成部分进行讨论。

1. 阻抗圆图

阻抗圆图是由三个分布于单位圆内的圆族构成：① 等 r 圆族，其圆心位于实轴上 $(r/1+r, 0)$ 点，半径为 $1/1+r$，圆族有公共切点 $(1, 0)$。图 12-10(a)给出的是 r 取 5、2、1、0.5、0.2 和 0 的一组圆。② 等 x 圆族，圆心在 $(1, 1/x)$ 点，半径为 $1/|x|$，也共切于$(1, 0)$点。当 $x>0$ 时，圆族位于上半平面，而当 $x<0$ 时，圆族位于下半平面。图 12-10(a)给出的是 $x=\pm5$、±2、±1、±0.5 和 ±0.2 的两组圆。由于 $|\tilde{\Gamma}|\leqslant1$，等 x 圆族只有在 $|\tilde{\Gamma}|=1$ 的圆族内部才有意义，因此等 x 圆族实际上是一族圆弧段。

2. 导纳圆图

设与归一化输入阻抗 $\tilde{z}_{in}$ 对应的归一化输入导纳为 $\tilde{y}_{in}$，即

$$\tilde{y}_{in}=\frac{1}{\tilde{z}_{in}}=g+\mathrm{j}b \tag{12-108}$$

式中，g 称为归一化电导，b 称为归一化电纳。式(12-108)代入式(12-102)可得

$$\tilde{y}_{in}(z)=\frac{1-\tilde{\Gamma}(z)}{1+\tilde{\Gamma}(z)} \quad 或 \quad -\tilde{\Gamma}(z)=\frac{\tilde{y}_{in}(z)-1}{\tilde{y}_{in}(z)+1} \tag{12-109}$$

比较式(12-109)和式(12-102)可以看出，反射系数 $\tilde{\Gamma}(z)$ 和归一化输入阻抗 $\tilde{z}_{in}$ 的关系式与反射系数 $\tilde{\Gamma}(z)$ 和归一化输入导纳 $\tilde{y}_{in}$ 的关系式形式相同，仅相差一个负号。因此，只要将阻抗圆图的 Γ_R 轴和 $\mathrm{j}\Gamma_I$ 轴旋转 180°，并以 g 和 b 分别代替 r 和 x，标度不变，阻抗圆图就变成导纳圆图了，在史密斯圆图上就是把阻抗圆图当作导纳圆图使用。但要注意导纳圆图与阻抗圆图的对应关系：① 短路点与开路点对换；② 电感性半圆与电容性半圆对换；③ 纯电阻性与纯电导性对换。图 12-9(b)给出了与阻抗圆图相对应的导纳圆图。

3. 反射系数圆图

由式(12-54)可知，反射系数 $\tilde{\Gamma}(z)$ 在极坐标系下表示为以 $(\Gamma_R=0, \Gamma_I=0)$ 为圆心、半径为 $|\tilde{\Gamma}|$ 的同心圆族，$0\leqslant|\tilde{\Gamma}|\leqslant1$，而极角 $\varphi=2\beta z+\phi_0$ 是通过圆心的辐射直线，φ 标在 $|\tilde{\Gamma}|=1$ 的圆周上，且随 z 的减小(即向电源方向移动) φ 沿顺时针方向旋转，随 z 的增加(即向负载方向移动) φ 沿逆时针方向旋转。在极坐标系下，$\tilde{\Gamma}(1, 0)$ 是开路点，对应于 $\varphi=0°$，$\tilde{\Gamma}(-1, 0)$ 是短路点，对应于 $\varphi=180°$，如图 12-10(c)所示。为了避免拥挤和混

---

① 张克潜，李德杰：《微波与光电子学中的电磁理论(第二版)》，电子工业出版社，2001，第 124 页。

乱，史密斯圆图上并未画出等反射系数圆和极角辐射线，仅在 $|\tilde{\Gamma}|=1$ 的圆周上标注 φ 的数值。

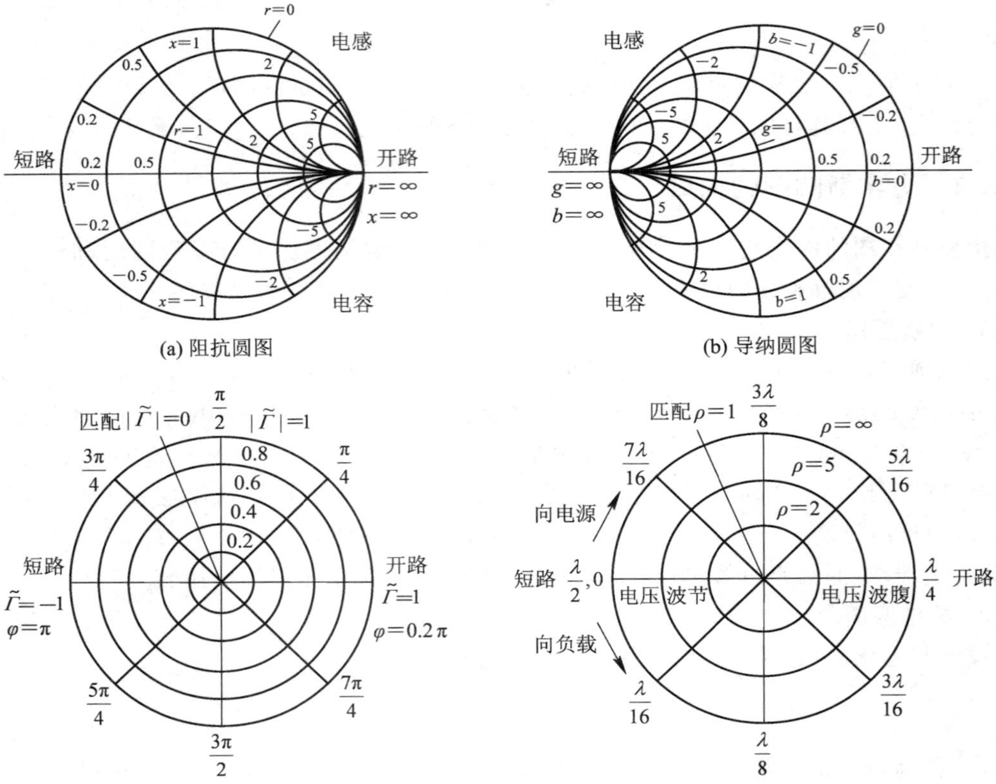

(a) 阻抗圆图　　(b) 导纳圆图

(c) 反射系数圆图　　(d) 驻波比圆图

图 12-10　史密斯圆图的构成

由于反射系数相角变化 $\Delta\varphi$ 与传输线两点之间的长度 Δz 有关，即

$$\Delta\varphi = -2\beta\Delta z = -4\pi d, \quad d = \frac{\Delta z}{\lambda} \tag{12-110}$$

d 称为电长度，因此，可用电长度表示相角。电长度通常标注在史密斯圆图最外面一个圆上。

4. 驻波比圆图

由式(12-57)可知，等反射系数圆与等驻波比圆相对应，当 $|\tilde{\Gamma}|=1$ 时，$\rho=\infty$，即半径为 $|\tilde{\Gamma}|=1$ 的反射系数圆对应于半径为 $\rho=\infty$ 驻波比圆；而当 $|\tilde{\Gamma}|=0$ 时，$\rho=1$，即反射系数圆图的圆心对应于驻波比 $\rho=1$。电感性半圆和电容性半圆的分界线落在圆图的实轴上，它代表传输线处于谐振状态，即输入阻抗为纯电阻。实轴上右半径上的点对应于电压波腹点和电流波节点，类似于并联谐振。右半径上点的数值就是驻波比 ρ，也代表最大归一化阻抗值($\tilde{z}_{in}^{max}=\rho$)。实轴上左半径上的点对应于电流波腹点和电压波节点，类似于串联谐振。左半径上的数值就是驻波比的倒数 $1/\rho$，也代表最小归一化阻抗值 $\tilde{z}_{in}^{min}=1/\rho$。另外，由于驻波极小点易于测定，因此以短路点 $(-1, 0)$ 作为电长度的起点 $d=0$，顺时针方向表

示从负载端指向电源端的电长度，逆时针方向表示从电源端指向负载端的电长度。当 φ 改变 2π 时，由

$$\varphi = 2\beta\Delta z = \frac{4\pi}{\lambda}\Delta z = 2\pi \quad \rightarrow \quad \Delta z = \frac{\lambda}{2} \tag{12-111}$$

知 Δz 改变 $\lambda/2$，即一周相当于 $\lambda/2$，如图 12－10(d)所示。

12.5.3　阻抗圆图的应用

阻抗圆图是设计微波元件和微波测量的实用计算工具，了解圆图原理的目的是在实践中运用。下面举例说明圆图的实际应用。

【例 12.5】　已知传输线的特征阻抗 $\tilde{Z}_0 = 50\ \Omega$，终端负载阻抗 $\tilde{Z}_L = (50 + \mathrm{j}50)\Omega$。利用圆图求距离终端负载 $d = 0.25\lambda$ 处的反射系数和驻波比。

解　图 12－11 为实际中使用的史密斯圆图①。

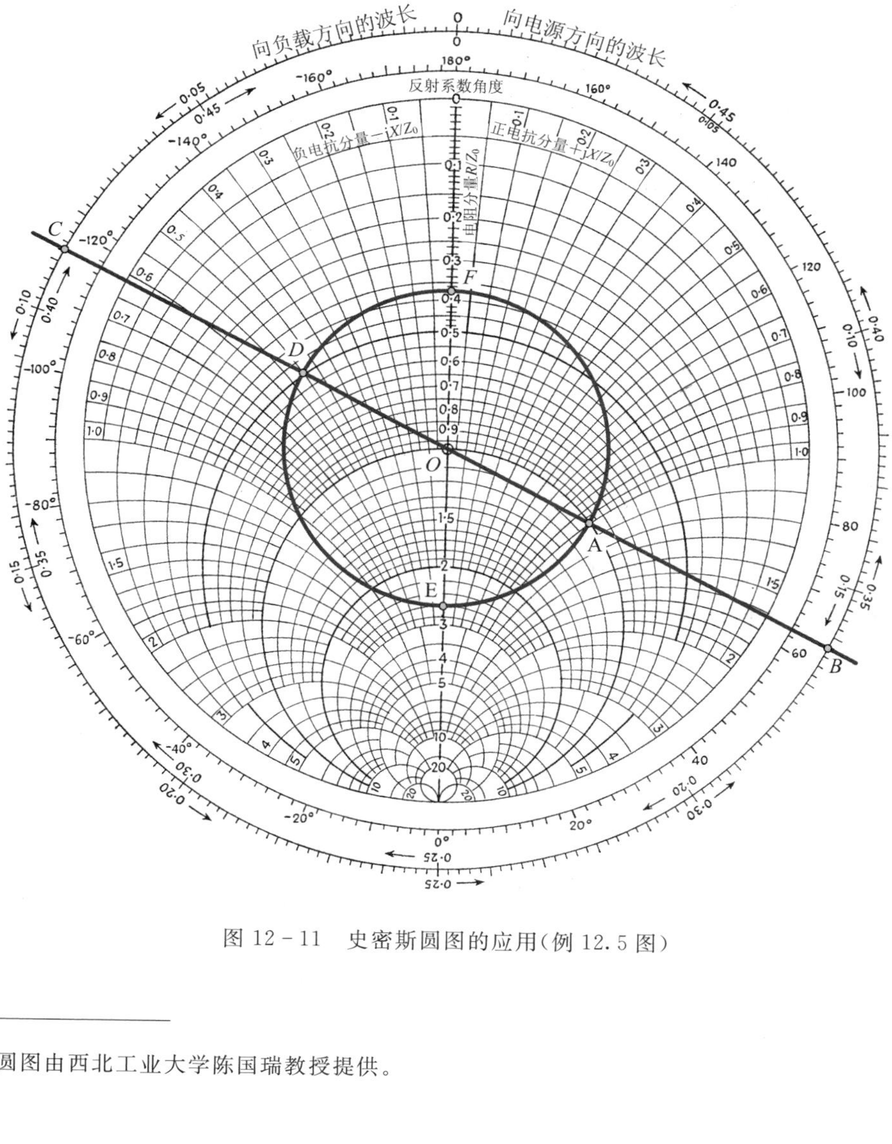

图 12－11　史密斯圆图的应用(例 12.5 图)

① 史密斯圆图由西北工业大学陈国瑞教授提供。

应用圆图求解的过程如下：

(1) 由式(12-100)得到归一化负载阻抗为

$$\tilde{z}_L = \frac{\tilde{Z}_L}{\tilde{Z}_0} = 1 + j1$$

由此可知，归一化负载电阻 r_L 和归一化负载电抗 x_L 为

$$r_L = 1$$

$$x_L = 1$$

在圆图上找到等阻抗圆 $r_L = 1$ 和等电抗圆 $x_L = 1$，其交点在圆图上标记为 A，此点称为入图点。通过史密斯圆图圆心 O 点和入图点 A 作一直线，在史密斯圆图最外层电长度标记的圆上相交于一点 B，其电长度度数为 $l = 0.162$。

(2) 以 A 点到圆心 O 点的长度为半径作圆，即等驻波比 ρ 圆(或反射系数 $|\tilde{\Gamma}|$ 圆)。以 A 点沿等驻波比圆顺时针方向(由负载向电源方向)转电长度 0.25 至 D 点，过圆心 O 和 D 点作直线交圆图外圆于 C 点，其对应的电长度为

$$d = 0.162 + 0.25 = 0.412$$

(3) 读取点 D 处的等电阻和等电抗值，得到电长度为 0.25 处的归一化输入阻抗为

$$\tilde{z}_{in} = 0.5 - j0.5$$

则输入阻抗为

$$\tilde{Z}_{in} = \tilde{z}_{in}\tilde{Z}_0 = [0.5 - j0.5] \times 50 = 25 - j25 \quad \Omega$$

(4) 过 A 点的等驻波比圆与实轴相交点的值为 2.6 和 0.39 (分别对应于圆图上的 E、F 点)，所以

$$\rho = 2.6$$

$$\frac{1}{\rho} \approx 0.39$$

需要说明的是，本例题为已知负载阻抗 $\tilde{Z}_L$ 求输入阻抗 $\tilde{Z}_{in}$，传输线上对应的是顺时针方向。如果已知输入阻抗 $\tilde{Z}_{in}$，求负载阻抗 $\tilde{Z}_L$，那么，过程正好相反。史密斯圆图最外层圆的两个标度就是为此而设计，以方便应用。

【例 12.6】 已知同轴线的特征阻抗 $\tilde{Z}_0 = 50\ \Omega$，线上驻波比 $\rho = 1.5$，电压最小点距离负载为 $d_{min} = 10$ mm，相邻最小点之间的距离为 50 mm，求负载阻抗。

解　求解过程如图 12-12 所示。首先在圆图实轴上找出 $\rho = 1.5$ 的点 A，以 OA 为半径画圆(即等驻波比圆)，交实轴于另一点 B。相邻两个电压最小点之间为半个波长，则电压最小点离负载的电长度为

$$d = \frac{d_{min}}{\lambda} = \frac{10}{2 \times 50} = 0.1$$

以 OB 作直线，然后逆时针方向旋转电长度 0.1，交等驻波比圆于 C 点。C 点对应的值就是归一化负载阻抗，由图 12-12 可得

$$\tilde{z}_L = (0.83 - j0.32)\ \Omega$$

即

$$\tilde{Z}_L = \tilde{z}_L\tilde{Z}_0 = (41.5 - j16)\Omega$$

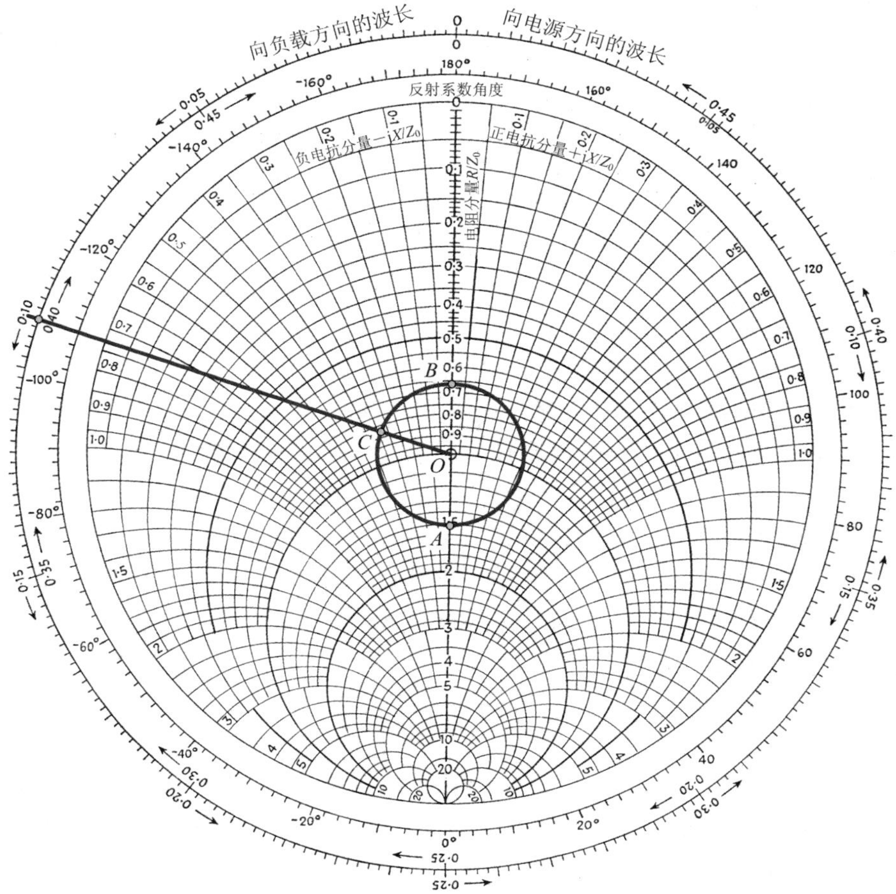

图 12-12 史密斯圆图的应用(例 12.6 图)

习 题 12

12-1 证明如图 T12-1 所示的传输线模型，其传输线方程与式(12-3)和式(12-5)相同。

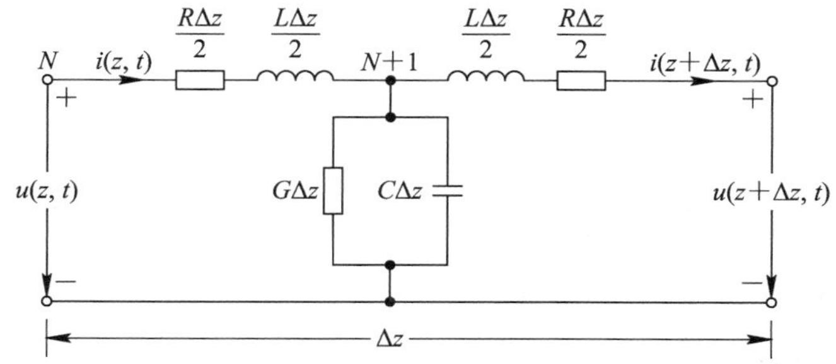

图 T12-1 习题 12-1 图

12-2 已知同轴电缆的内导体直径为 0.5 cm，外导体直径为 1 cm；填充的绝缘材料参数为：$\mu = \mu_0$，$\varepsilon_r = 2.25$，$\sigma = 10^{-3}$ S/m；导体材料为铜，$\mu_c = \mu_0$，$\sigma_c = 5.8 \times 10^7$ S/m；运行频率为 1 GHz。计算同轴电缆的线路参数 R、L、G 和 C，并由此计算同轴电缆的参数 α、β、v_φ 和 $\widetilde{Z}_0$。

12-3 传输线运行在 125 MHz，其中 $\widetilde{Z}_0 = 40\ \Omega$，$\alpha = 0.02$ Np/m，$\beta = 0.75$ rad/m。求线路参数 R、L、G 和 C。

12-4 无损耗传输线的本征阻抗为 $\widetilde{Z}_0 = 50\ \Omega$，端接 $\widetilde{Z}_L = (30 - \mathrm{j}60)\ \Omega$ 的负载阻抗。波长为 $\lambda = 5$ cm。求：

(1) 负载的反射系数；

(2) 线路的驻波比；

(3) 最靠近负载的电压最大值位置；

(4) 最靠近负载的电流最大值位置。

12-5 设均匀无耗传输线的特征阻抗为 $\widetilde{Z}_0 = 50\ \Omega$，终端接负载 $\widetilde{Z}_L = 100\ \Omega$，求负载反射系数 $\widetilde{\Gamma}_L$，并计算离负载 0.2λ、0.25λ 及 0.5λ 处的输入阻抗及反射系数分别为多少。

12-6 求内、外导体直径分别为 0.25 cm 和 0.75 cm 的空气同轴电缆的特征阻抗；若在两导体间填充介电常数 $\varepsilon_r = 2.25$ 的介质，求其特征阻抗及 300 MHz 时的波长。

12-7 设特征阻抗为 $\widetilde{Z}_0$ 的无耗传输线的驻波比为 ρ，第一个电压波节点离负载的距离为 $l_{\min 1}$，试证明此时终端负载为

$$\widetilde{Z}_L = \widetilde{Z}_0 \frac{1 - \mathrm{j}\rho \tan\beta l_{\min 1}}{\rho - \mathrm{j}\tan\beta l_{\min 1}}$$

12-8 有一特征阻抗为 $\widetilde{Z}_0 = 50\ \Omega$ 的无耗均匀传输线，导体间的介质参数为 $\varepsilon_r = 2.25$，$\mu_r = 1$，终端接有 $\widetilde{Z}_L = 1\ \Omega$ 的负载，当 $f = 100$ MHz 时，其线长度为 $\lambda/4$。试求：

(1) 传输线的实际长度；

(2) 负载终端反射系数；

(3) 输入端反射系数；

(4) 输入端阻抗。

12-9 已知电压源电压的时谐表达式为

$$u_g(t) = 5\cos(2\pi \times 10^9 t)$$

内阻 $Z_g = 50\ \Omega$。电压源连接到特征阻抗 $Z_0 = 50\ \Omega$ 的无损耗空气隔离传输线上，线路长度为 5 cm，终端接负载阻抗 $\widetilde{Z}_L = (100 - \mathrm{j}100)\ \Omega$。求：

(1) 负载处的反射系数 $\widetilde{\Gamma}_L$；

(2) 传输线输入端的输入阻抗 $\widetilde{Z}_{in}$；

(3) 输入电压 $\widetilde{U}_i$ 和输入电流 $\widetilde{I}_i$。

12-10 $\widetilde{U}_g = 100$ V，$\widetilde{Z}_g = 50\ \Omega$ 的电压源，经长度 $l = 0.15\lambda$、特征阻抗 $\widetilde{Z}_0 = 50\ \Omega$ 的无损耗传输线连接到 $\widetilde{Z}_L = 75\ \Omega$ 的负载。

(1) 求电源始端的输入阻抗 $\widetilde{Z}_{in}$。

(2) 求输入电流 $\widetilde{I}_i$ 和输入电压 $\widetilde{U}_i$。

(3) 求传送到线路的时间平均功率 $P_{in} = 0.5\mathrm{Re}[\widetilde{U}_i \widetilde{I}_i^*]$。

(4) 求负载端电压 $\widetilde{U}_L$ 和电流 $\widetilde{I}_L$，以及传送到负载的时间平均功率，$P_L = 0.5\mathrm{Re}[\widetilde{U}_L \widetilde{I}_L^*]$，并与 P_{in} 比较。

(5) 求电压源输出的时间平均功率以及 $\widetilde{Z}_g$ 消耗的时间平均功率。它们是否满足功率守恒定律？

12-11 已知传输线的特征阻抗为 $\widetilde{Z}_0 = 50\ \Omega$，负载阻抗 $\widetilde{Z}_L = (50+j50)\ \Omega$，求传输线上电压驻波最大点、最小点的位置及反射系数。

12-12 已知同轴线的特征阻抗 $\widetilde{Z}_0 = 50\ \Omega$，线长为 0.12λ，终端负载 $\widetilde{Z}_L = (25+j75)\Omega$，求负载导纳和输入导纳。

12-13 如图 T12-2 所示，电源经由主馈线向负载 $\widetilde{Z}_{L1} = 56\ \Omega$ 和 $\widetilde{Z}_{L2} = 25\ \Omega$ 并联馈电，为了实现负载与馈线的匹配，以及两个负载接收同等的功率，在两负载与主馈线间串接 $\lambda/4$ 匹配线。求串接的 $\lambda/4$ 线的特征阻抗及其上面的驻波比。

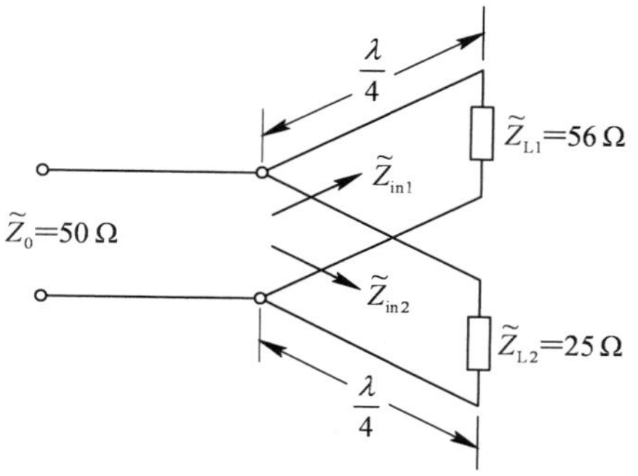

图 T12-2 习题 12-13 图

12-14 求长度为 $l = 0.1\lambda$ 短路线的输入阻抗及输入导纳。

12-15 均匀无耗传输线的特征阻抗为 $\widetilde{Z}_0 = 50\ \Omega$，测得传输线上的驻波比为 $\rho = 5$，电压最小点出现在 $l_{min} = \lambda/3$，求负载阻抗。

12-16 无耗均匀传输线的特征阻抗为 $\widetilde{Z}_0 = 50\ \Omega$，连接到负载阻抗为 $\widetilde{Z}_L = (25-j50)\Omega$ 的天线上。求匹配的短路分支的接入位置和长度。

第 13 章 金属波导

第 12 章采用路分析方法把电磁波的传播问题化为电路问题来处理，得到描述传输线特性的电压和电流波动方程。这种方法适用于双线传输线、同轴线、平板线和微带线等。实际上，基于不同的应用目的，电磁波的传播采用哪种传输线与电磁波的频率紧密相关。在低频段，可采用双线传输线，而传输高频电磁波，为了避免电磁波向外辐射的损耗及对周围环境的干扰，需采用同轴线。在微波波段，由于同轴线内导体的焦耳损耗和介质的热损耗很严重，因此应采用波导传输。

本章采用场的分析方法，以矢量赫姆霍兹方程为理论基础，讨论电磁波在金属矩形波导和圆波导中的传播特性。

13.1 矩形金属波导中的电磁波

13.1.1 矩形波导横平面内场分量之间的关系

图 13－1 所示为无限长矩形金属波导。假设波导壁为理想导体，波导内的填充介质为无耗理想介质，介电常数为 ε，磁导率为 μ，电导率 $\sigma=0$，且波导内无源，即 $\boldsymbol{J}_V=0$。由式(6－96)和式(6－97)可知，时谐电磁波在波导内传播满足麦克斯韦方程：

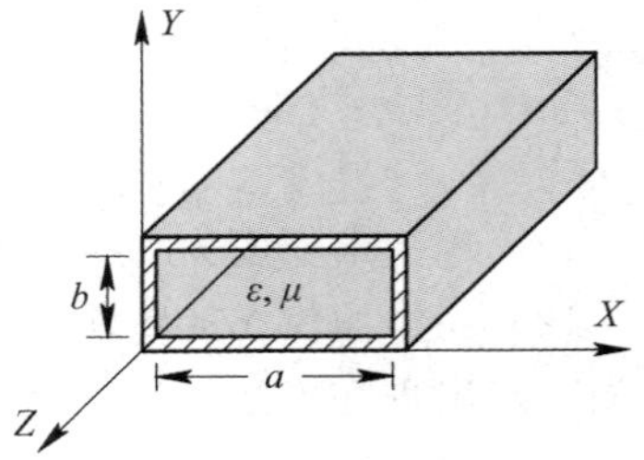

图 13－1 矩形金属波导

$$\begin{cases}\nabla\times\widetilde{\boldsymbol{H}}=\mathrm{j}\omega\varepsilon\widetilde{\boldsymbol{E}}\\ \nabla\times\widetilde{\boldsymbol{E}}=-\mathrm{j}\omega\mu\widetilde{\boldsymbol{H}}\end{cases}\tag{13-1}$$

假定电磁波沿 $+Z$ 方向传播，其传播因子为 $\mathrm{e}^{-\mathrm{j}k_z z}$，则电磁波在直角坐标系下具有的解形式为

$$\begin{cases}\widetilde{\boldsymbol{E}}(x,\ y,\ z)=\widetilde{\boldsymbol{E}}(x,\ y)\mathrm{e}^{-\mathrm{j}k_z z}\\ \widetilde{\boldsymbol{H}}(x,\ y,\ z)=\widetilde{\boldsymbol{H}}(x,\ y)\mathrm{e}^{-\mathrm{j}k_z z}\end{cases}\tag{13-2}$$

式中，k_z 为沿 $+Z$ 方向的相位常数，$\widetilde{\boldsymbol{E}}(x,\ y)$ 和 $\widetilde{\boldsymbol{H}}(x,\ y)$ 是垂直于传播方向横平面内的电场复振幅矢量和磁场复振幅矢量。需要注意的是，$\widetilde{\boldsymbol{E}}(x,\ y,\ z)$ 和 $\widetilde{\boldsymbol{E}}(x,\ y)$，$\widetilde{\boldsymbol{H}}(x,\ y,\ z)$ 和 $\widetilde{\boldsymbol{H}}(x,\ y)$ 采用了相同的记号，通过自变量可以加以区分。

把式(13－1)在直角坐标系下展开成分量形式，并将式(13－2)代入，得到 $\widetilde{\boldsymbol{E}}(x,\ y)$ 和 $\widetilde{\boldsymbol{H}}(x,\ y)$ 的分量形式为

$$\begin{cases} \mathrm{j}\omega\varepsilon\widetilde{E}_x = \dfrac{\partial\widetilde{H}_z}{\partial y} + \mathrm{j}k_z\widetilde{H}_y \\ \mathrm{j}\omega\varepsilon\widetilde{E}_y = -\dfrac{\partial\widetilde{H}_z}{\partial x} - \mathrm{j}k_z\widetilde{H}_x \\ \mathrm{j}\omega\varepsilon\widetilde{E}_z = \dfrac{\partial\widetilde{H}_y}{\partial x} - \dfrac{\partial\widetilde{H}_x}{\partial y} \end{cases} \tag{13-3}$$

和

$$\begin{cases} -\mathrm{j}\omega\mu\widetilde{H}_x = \dfrac{\partial\widetilde{E}_z}{\partial y} + \mathrm{j}k_z\widetilde{E}_y \\ \mathrm{j}\omega\mu\widetilde{H}_y = \dfrac{\partial\widetilde{E}_z}{\partial x} + \mathrm{j}k_z\widetilde{E}_x \\ -\mathrm{j}\omega\mu\widetilde{H}_z = \dfrac{\partial\widetilde{E}_y}{\partial x} - \dfrac{\partial\widetilde{E}_x}{\partial y} \end{cases} \tag{13-4}$$

联立求解方程组(13－3)和(13－4)，得到

$$\begin{cases} \widetilde{E}_x(x,\ y) = -\dfrac{\mathrm{j}}{k_c^2}\left(k_z\dfrac{\partial\widetilde{E}_z}{\partial x} + \omega\mu\dfrac{\partial\widetilde{H}_z}{\partial y}\right) \\ \widetilde{E}_y(x,\ y) = -\dfrac{\mathrm{j}}{k_c^2}\left(k_z\dfrac{\partial\widetilde{E}_z}{\partial y} - \omega\mu\dfrac{\partial\widetilde{H}_z}{\partial x}\right) \\ \widetilde{H}_x(x,\ y) = \dfrac{\mathrm{j}}{k_c^2}\left(\omega\varepsilon\dfrac{\partial\widetilde{E}_z}{\partial y} - k_z\dfrac{\partial\widetilde{H}_z}{\partial x}\right) \\ \widetilde{H}_y(x,\ y) = -\dfrac{\mathrm{j}}{k_c^2}\left(\omega\varepsilon\dfrac{\partial\widetilde{E}_z}{\partial x} + k_z\dfrac{\partial\widetilde{H}_z}{\partial y}\right) \end{cases} \tag{13-5}$$

式中：

$$k_c^2 = \omega^2\mu\varepsilon - k_z^2 = k^2 - k_z^2 \tag{13-6}$$

k_c 称为截止波数。式(13－5)表明，沿 $+Z$ 方向传播的电磁波，在其垂直于传播方向的横平面内，场分量 $\widetilde{E}_x$、$\widetilde{E}_y$、$\widetilde{H}_x$ 和 $\widetilde{H}_y$ 仅仅与 $\widetilde{E}_z$、$\widetilde{H}_z$ 有关。换句话说，如果知道 $\widetilde{E}_z$ 和 $\widetilde{H}_z$，那么 $\widetilde{E}_x$、$\widetilde{E}_y$、$\widetilde{H}_x$ 和 $\widetilde{H}_y$ 就可由式(13－5)得到。这样处理使矩形波导的求解过程得以简化，这种用电磁场的纵向场分量来表示其横向场分量的分析方法称为纵向场法。

13.1.2 矩形波导横平面内纵向场分量方程的解

由式(6－127)和式(6－128)可知，波导内无源空间时谐电磁波满足齐次矢量赫姆霍兹方程：

$$\begin{cases} \nabla^2\widetilde{\boldsymbol{E}} + k^2\widetilde{\boldsymbol{E}} = 0 \\ \nabla^2\widetilde{\boldsymbol{H}} + k^2\widetilde{\boldsymbol{H}} = 0 \end{cases} \tag{13-7}$$

式中：

$$k = \frac{2\pi}{\lambda} = \omega\sqrt{\mu\varepsilon} \tag{13-8}$$

为无界空间均匀介质中的波数。$\widetilde{\boldsymbol{E}}$ 和 $\widetilde{\boldsymbol{H}}$ 是波导内电场和磁场的复振幅矢量，两者都是空间坐标点的函数。对于时谐电磁场，沿 $+Z$ 方向传播的电磁波具有式(13－2)形式的解。将式

(13-2)代入赫姆霍兹方程(13-7)，得到

$$\left(\frac{\partial^2}{\partial^2 x}+\frac{\partial^2}{\partial^2 y}\right)\widetilde{\boldsymbol{E}}(x, y)+k_c^2\widetilde{\boldsymbol{E}}(x, y)=0 \tag{13-9}$$

$$\left(\frac{\partial^2}{\partial^2 x}+\frac{\partial^2}{\partial^2 y}\right)\widetilde{\boldsymbol{H}}(x, y)+k_c^2\widetilde{\boldsymbol{H}}(x, y)=0 \tag{13-10}$$

式中，$\widetilde{\boldsymbol{E}}(x, y)$ 和 $\widetilde{\boldsymbol{H}}(x, y)$ 就是波导横平面内的电场复振幅和磁场复振幅矢量。在直角坐标系下，$\widetilde{\boldsymbol{E}}(x, y)$ 和 $\widetilde{\boldsymbol{H}}(x, y)$ 的分量形式为

$$\widetilde{\boldsymbol{E}}(x, y)=\widetilde{E}_x(x, y)\boldsymbol{e}_x+\widetilde{E}_y(x, y)\boldsymbol{e}_y+\widetilde{E}_z(x, y)\boldsymbol{e}_z \tag{13-11}$$

$$\widetilde{\boldsymbol{H}}(x, y)=\widetilde{H}_x(x, y)\boldsymbol{e}_x+\widetilde{H}_y(x, y)\boldsymbol{e}_y+\widetilde{H}_z(x, y)\boldsymbol{e}_z \tag{13-12}$$

由此，方程(13-9)和方程(13-10)写成分量形式为

$$\left(\frac{\partial^2}{\partial^2 x}+\frac{\partial^2}{\partial^2 y}\right)\widetilde{E}_x(x, y)+k_c^2\widetilde{E}_x(x, y)=0 \tag{13-13}$$

$$\left(\frac{\partial^2}{\partial^2 x}+\frac{\partial^2}{\partial^2 y}\right)\widetilde{E}_y(x, y)+k_c^2\widetilde{E}_y(x, y)=0 \tag{13-14}$$

$$\left(\frac{\partial^2}{\partial^2 x}+\frac{\partial^2}{\partial^2 y}\right)\widetilde{E}_z(x, y)+k_c^2\widetilde{E}_z(x, y)=0 \tag{13-15}$$

和

$$\left(\frac{\partial^2}{\partial^2 x}+\frac{\partial^2}{\partial^2 y}\right)\widetilde{H}_x(x, y)+k_c^2\widetilde{H}_x(x, y)=0 \tag{13-16}$$

$$\left(\frac{\partial^2}{\partial^2 x}+\frac{\partial^2}{\partial^2 y}\right)\widetilde{H}_y(x, y)+k_c^2\widetilde{H}_y(x, y)=0 \tag{13-17}$$

$$\left(\frac{\partial^2}{\partial^2 x}+\frac{\partial^2}{\partial^2 y}\right)\widetilde{H}_z(x, y)+k_c^2\widetilde{H}_z(x, y)=0 \tag{13-18}$$

求解方程(13-9)和方程(13-10)，就是求解分量方程(13-13)～(13-18)。但由于 $\widetilde{E}_x$、$\widetilde{E}_y$ 和 $\widetilde{H}_x$、$\widetilde{H}_y$ 与 $\widetilde{E}_z$ 和 $\widetilde{H}_z$ 满足关系式(13-5)，因此仅需要求解波导横平面内纵向电场分量 $\widetilde{E}_z$ 和纵向磁场分量 $\widetilde{H}_z$，即求解方程(13-15)和方程(13-18)。

下面分别求解方程(13-15)和方程(13-18)。

1. 求解 $\widetilde{E}_z(x, y)$

采用直角坐标系下的分离变量法。设

$$\widetilde{E}_z(x, y)=\widetilde{X}(x)\widetilde{Y}(y) \tag{13-19}$$

将式(13-19)代入方程(13-15)，得到

$$-\frac{\widetilde{X}''(x)}{\widetilde{X}(x)}-\frac{\widetilde{Y}''(y)}{\widetilde{Y}(y)}=k_c^2 \tag{13-20}$$

令

$$k_x^2=-\frac{\widetilde{X}''(x)}{\widetilde{X}(x)},\ k_y^2=-\frac{\widetilde{Y}''(y)}{\widetilde{Y}(y)} \tag{13-21}$$

则有

$$\begin{cases}\widetilde{X}''(x)+k_x^2\widetilde{X}(x)=0\\ \widetilde{Y}''(y)+k_y^2\widetilde{Y}(y)=0\end{cases} \tag{13-22}$$

而波数

$$k_c^2 = k_x^2 + k_y^2 \tag{13-23}$$

方程(13-22)为二阶常系数齐次微分方程，其特征根为一对共轭复根，通解形式为

$$\begin{cases} \widetilde{X}(x) = \widetilde{A}\cos(k_x x) + \widetilde{B}\sin(k_x x) \\ \widetilde{Y}(y) = \widetilde{C}\cos(k_y y) + \widetilde{D}\sin(k_y y) \end{cases} \tag{13-24}$$

式中，$\widetilde{A}$、$\widetilde{B}$、$\widetilde{C}$ 和 $\widetilde{D}$ 为待定复常数，由电场边界条件确定。将式(13-24)代入式(13-19)，有

$$\widetilde{E}_z(x, y) = [\widetilde{A}\cos(k_x x) + \widetilde{B}\sin(k_x x)][\widetilde{C}\cos(k_y y) + \widetilde{D}\sin(k_y y)] \tag{13-25}$$

为了确定方程(13-25)的待定常数，必须给出波导内介质与波导壁交界面上的边界条件。由式(6-52)可知，理想导体表面的电场切向边界条件为

$$\boldsymbol{n} \times \widetilde{\boldsymbol{E}}_1 = 0 \quad 或 \quad \widetilde{E}_{1t} = \widetilde{E}_{2t} = 0 \tag{13-26}$$

式(13-26)表明，波导内介质与波导壁交界面上的电场仅有法向分量，电力线垂直于导体表面。

把式(13-26)应用于矩形波导边界，则有

$$\widetilde{E}_y \big|_{x=0,\ x=a} = \widetilde{E}_z \big|_{x=0,\ x=a} = 0 \tag{13-27}$$

$$\widetilde{E}_x \big|_{y=0,\ y=b} = \widetilde{E}_z \big|_{y=0,\ y=b} = 0 \tag{13-28}$$

这就是金属波导电场所满足的边界条件。

把电场边界条件式(13-27)应用于式(13-25)，则有

$$\widetilde{E}_z(0, y) = \widetilde{A}[\widetilde{C}\cos(k_y y) + \widetilde{D}\sin(k_y y)] = 0 \tag{13-29}$$

$$\widetilde{E}_z(a, y) = [\widetilde{A}\cos(k_x a) + \widetilde{B}\sin(k_x a)][\widetilde{C}\cos(k_y y) + \widetilde{D}\sin(k_y y)] = 0 \tag{13-30}$$

由此得到

$$\begin{cases} \widetilde{A} = 0 \\ \widetilde{B} \neq 0, \quad k_x a = m\pi \quad (m = 0, 1, 2, \cdots) \end{cases} \tag{13-31}$$

把电场边界条件式(13-28)应用于式(13-25)，则有

$$\widetilde{E}_z(x, 0) = \widetilde{C}[\widetilde{A}\cos(k_x x) + \widetilde{B}\sin(k_x x)] = 0 \tag{13-32}$$

$$\widetilde{E}_z(x, b) = [\widetilde{C}\cos(k_y b) + \widetilde{D}\sin(k_y b)][\widetilde{A}\cos(k_x x) + \widetilde{B}\sin(k_x x)] = 0 \tag{13-33}$$

由此得到

$$\begin{cases} \widetilde{C} = 0 \\ \widetilde{D} \neq 0, \quad k_y b = n\pi \quad (n = 0, 1, 2, \cdots) \end{cases} \tag{13-34}$$

把式(13-31)和式(13-34)代入式(13-25)，有

$$\widetilde{E}_z(x, y) = \widetilde{E}_0 \sin\left(\frac{m\pi}{a}x\right)\sin\left(\frac{n\pi}{b}y\right) \tag{13-35}$$

式中，$\widetilde{E}_0 = \widetilde{B}\widetilde{D}$ 为电场复振幅，由激励条件确定，与场分量间的关系和场分布无关。

2. 求解 $\widetilde{H}_z(x, y)$

与求解方程(13-15)的方法相同，可得方程(13-18)的解为

$$\widetilde{H}_z(x, y) = [\widetilde{A}'\cos(k_x x) + \widetilde{B}'\sin(k_x x)][\widetilde{C}'\cos(k_y y) + \widetilde{D}'\sin(k_y y)] \tag{13-36}$$

式中，$\widetilde{A}'$、$\widetilde{B}'$、$\widetilde{C}'$ 和 $\widetilde{D}'$ 为待定常数，由磁场边界条件确定。

由式(6-55)可知，理想导体表面磁通密度矢量的法向边界条件为

$$\boldsymbol{n} \cdot \widetilde{\boldsymbol{B}}_1 = 0 \quad \rightarrow \quad \widetilde{H}_{1\mathrm{n}} = \widetilde{H}_{2\mathrm{n}} = 0 \tag{13-37}$$

该式表明，磁场矢量的法向为零，波导表面磁场矢量仅有切向分量，即磁力线相切于波导壁。

由式(13-37)可得磁场法向边界条件为

$$\begin{cases} H_x \big|_{x=0} = 0, & -H_x \big|_{x=a} = 0 \\ H_y \big|_{y=0} = 0, & -H_y \big|_{y=b} = 0 \end{cases} \tag{13-38}$$

对于 TE 波(见式(13-51))，有

$$\widetilde{E}_z \equiv 0, \quad \frac{\partial \widetilde{E}_z}{\partial x} = 0, \quad \frac{\partial \widetilde{E}_z}{\partial y} = 0 \tag{13-39}$$

由式(13-5)，并利用式(13-38)，得到磁场切向边界条件为

$$\left.\frac{\partial \widetilde{H}_z}{\partial x}\right|_{x=0,\ x=a} = 0, \quad \left.\frac{\partial \widetilde{H}_z}{\partial y}\right|_{y=0,\ y=b} = 0 \tag{13-40}$$

对方程(13-36)求导，有

$$\frac{\partial \widetilde{H}_z(x, y)}{\partial x} = [-\widetilde{A}' k_x \sin(k_x x) + \widetilde{B}' k_x \cos(k_x x)][\widetilde{C}' \cos(k_y y) + \widetilde{D}' \sin(k_y y)] \tag{13-41}$$

$$\frac{\partial \widetilde{H}_z(x, y)}{\partial y} = [\widetilde{A}' \cos(k_x x) + \widetilde{B}' \sin(k_x x)][-\widetilde{C}' k_y \sin(k_y y) + \widetilde{D}' k_y \cos(k_y y)] \tag{13-42}$$

将方程(13-41)代入磁场边界条件式(13-40)第一式，得到

$$\frac{\partial \widetilde{H}_z(0, y)}{\partial x} = \widetilde{B}' k_x [\widetilde{C}' \cos(k_y y) + \widetilde{D}' \sin(k_y y)] = 0 \tag{13-43}$$

$$\frac{\partial \widetilde{H}_z(a, y)}{\partial x} = [-\widetilde{A}' k_x \sin(k_x a) + \widetilde{B}' k_x \cos(k_x a)][\widetilde{C}' \cos(k_y y) + \widetilde{D}' \sin(k_y y)] = 0 \tag{13-44}$$

由此得到

$$\begin{cases} \widetilde{B}' = 0 \\ \widetilde{A}' \neq 0, \quad k_x a = m\pi \quad (m = 0, 1, 2, \cdots) \end{cases} \tag{13-45}$$

将方程(13-42)代入磁场边界条件式(13-40)第二式，得到

$$\frac{\partial \widetilde{H}_z(x, 0)}{\partial y} = \widetilde{D}' k_y [\widetilde{A}' \cos(k_x x) + \widetilde{B}' \sin(k_x x)] = 0 \tag{13-46}$$

$$\frac{\partial \widetilde{H}_z(x, b)}{\partial y} = [\widetilde{A}' \cos(k_x x) + \widetilde{B}' \sin(k_x x)][-\widetilde{C}' k_y \sin(k_y b) + \widetilde{D}' k_y \cos(k_y b)] = 0 \tag{13-47}$$

由此得到

$$\begin{cases} \widetilde{D}' = 0 \\ \widetilde{C}' \neq 0, \quad k_y b = n\pi \quad (n = 0, 1, 2, \cdots) \end{cases} \tag{13-48}$$

把式(13－45)和式(13－48)代入式(13－36)，有

$$\widetilde{H}_z(x, y)=\widetilde{H}_0\cos\frac{m\pi}{a}x\cos\frac{n\pi}{b}y \tag{13-49}$$

式中，$\widetilde{H}_0=\widetilde{A}'\widetilde{C}'$ 为磁场的复振幅。

式(13－35)和式(13－49)就是波导内横平面内纵向场分量的解。

13.1.3 矩形波导中电磁波传播的模式

波导中电磁波能够单独存在的形式称为电磁波的传输模式。平面电磁波在无界空间中传播，电场矢量 $\widetilde{\boldsymbol{E}}$ 和磁场矢量 $\widetilde{\boldsymbol{H}}$ 在垂直于传播方向的横平面内，称为横电磁波，也称 TEM 波或 TEM 模。但由式(13－35)和式(13－49)可知，波导内电磁波在垂直于传播方向的横平面内具有纵向分量，即

$$\widetilde{E}_z(x, y)\neq 0,\quad \widetilde{H}_z(x, y)\neq 0 \tag{13-50}$$

所以波导内电磁波传播的模式与电磁波在无界空间传播的模式不同。如果波导内在垂直于传播方向的横平面内，纵向分量

$$\widetilde{E}_z(x, y)=0,\quad \widetilde{H}_z(x, y)\neq 0 \tag{13-51}$$

则称波导内电磁波存在的形式为横电波，简称 TE 波或 TE 模。如果

$$\widetilde{E}_z(x, y)\neq 0,\quad \widetilde{H}_z(x, y)=0 \tag{13-52}$$

则称为横磁波，简称 TM 波或 TM 模。

TE 波和 TM 波又与 m、n 的取值有关，因此又可分为 TE_{mn} 波和 TM_{mn} 波。实际上，在波导中电磁波存在的形式是 TE_{mn} 波和 TM_{mn} 波的叠加。下面就 TE 波和 TM 波进行讨论。

13.1.4 TE 波和 TM 波

1. TE 波

将 $\widetilde{E}_z=0$ 和式(13－49)代入式(13－5)，然后代入式(13－2)，得到 TE 波的分量形式为

$$\begin{cases}\widetilde{E}_x(x, y, z)=\mathrm{j}\dfrac{\omega\mu}{k_c^2}\dfrac{n\pi}{b}\widetilde{H}_0\cos\left(\dfrac{m\pi}{a}x\right)\sin\left(\dfrac{n\pi}{b}y\right)\mathrm{e}^{-\mathrm{j}k_z z}\\ \widetilde{E}_y(x, y, z)=-\mathrm{j}\dfrac{\omega\mu}{k_c^2}\dfrac{m\pi}{a}\widetilde{H}_0\sin\left(\dfrac{m\pi}{a}x\right)\cos\left(\dfrac{n\pi}{b}y\right)\mathrm{e}^{-\mathrm{j}k_z z}\\ \widetilde{E}_z(x, y, z)=0\\ \widetilde{H}_x(x, y, z)=\mathrm{j}\dfrac{k_z}{k_c^2}\dfrac{m\pi}{a}\widetilde{H}_0\sin\left(\dfrac{m\pi}{a}x\right)\cos\left(\dfrac{n\pi}{b}y\right)\mathrm{e}^{-\mathrm{j}k_z z}\\ \widetilde{H}_y(x, y, z)=\mathrm{j}\dfrac{k_z}{k_c^2}\dfrac{n\pi}{b}\widetilde{H}_0\cos\left(\dfrac{m\pi}{a}x\right)\sin\left(\dfrac{n\pi}{b}y\right)\mathrm{e}^{-\mathrm{j}k_z z}\\ \widetilde{H}_z(x, y, z)=\widetilde{H}_0\cos\left(\dfrac{m\pi}{a}x\right)\cos\left(\dfrac{n\pi}{b}y\right)\mathrm{e}^{-\mathrm{j}k_z z}\end{cases} \tag{13-53}$$

2. TM 波

将 $\widetilde{H}_z=0$ 和式(13－35)代入式(13－5)，然后代入式(13－2)，得到 TM 波的分量形式为

$$\begin{cases}\tilde{E}_x(x,\ y,\ z) = -\mathrm{j}\dfrac{k_z}{k_c^2}\dfrac{m\pi}{a}\tilde{E}_0\cos\left(\dfrac{m\pi}{a}x\right)\sin\left(\dfrac{n\pi}{b}y\right)\mathrm{e}^{-\mathrm{j}k_z z} \\ \tilde{E}_y(x,\ y,\ z) = -\mathrm{j}\dfrac{k_z}{k_c^2}\dfrac{n\pi}{b}\tilde{E}_0\sin\left(\dfrac{m\pi}{a}x\right)\cos\left(\dfrac{n\pi}{b}y\right)\mathrm{e}^{-\mathrm{j}k_z z} \\ \tilde{E}_z(x,\ y,\ z) = \tilde{E}_0\sin\left(\dfrac{m\pi}{a}x\right)\sin\left(\dfrac{n\pi}{b}y\right)\mathrm{e}^{-\mathrm{j}k_z z} \\ \tilde{H}_x(x,\ y,\ z) = \mathrm{j}\dfrac{\omega\varepsilon}{k_c^2}\dfrac{n\pi}{b}\tilde{E}_0\sin\left(\dfrac{m\pi}{a}x\right)\cos\left(\dfrac{n\pi}{b}y\right)\mathrm{e}^{-\mathrm{j}k_z z} \\ \tilde{H}_y(x,\ y,\ z) = -\mathrm{j}\dfrac{\omega\varepsilon}{k_c^2}\dfrac{m\pi}{a}\tilde{E}_0\cos\left(\dfrac{m\pi}{a}x\right)\sin\left(\dfrac{n\pi}{b}y\right)\mathrm{e}^{-\mathrm{j}k_z z} \\ \tilde{H}_z(x,\ y,\ z) = 0 \end{cases} \tag{13-54}$$

式中，k_c 见式(13-23)。给定波导尺寸 a 和 b，式(13-53)和式(13-54)就是矩形波导内电磁场问题的解，也即矩形波导内电磁波可存在的模式。

13.1.5 矩形波导的传输特性

1. 波导的传输条件

将式(13-31)、式(13-34)与式(13-45)、式(13-48)相比较可知，TE 波和 TM 波横向波数 k_x 和 k_y 是相同的。因此，把式(13-31)中的 k_x 和式(13-34)中的 k_y 代入式(13-23)，可得矩形波导中 TE_{mn} 和 TM_{mn} 模的截止波数为

$$k_c^2 = k_x^2 + k_y^2 = \left(\frac{m\pi}{a}\right)^2 + \left(\frac{n\pi}{b}\right)^2 \tag{13-55}$$

式(13-55)表明截止波数与矩形波导的尺寸 a 和 b 以及离散值 m 和 n 有关。

由式(13-6)得到沿 $+Z$ 方向的相位常数为

$$k_z^2 = k^2 - k_c^2 = k^2 - \left[\left(\frac{m\pi}{a}\right)^2 + \left(\frac{n\pi}{b}\right)^2\right] \tag{13-56}$$

式中，$k = 2\pi/\lambda = \omega\sqrt{\mu\varepsilon}$，为无界均匀介质中的波数。该式表明，当 $k < k_c$ 时，k_z 为虚数，则传播因子 $\mathrm{e}^{-\mathrm{j}k_z z}$ 沿 $+Z$ 方向指数衰减，因而波不能沿波导传播；当 $k > k_c$ 时，k_z 为实数，则传播因子 $\mathrm{e}^{-\mathrm{j}k_z z}$ 代表沿 $+Z$ 方向传播的行波，故称 k_c 为截止波数，并以 k_c 作为波能否在波导中传播的判断依据。

通常判断依据也用截止波长 λ_c 或截止频率 f_c 表示。由波数的定义有

$$k_c = \frac{2\pi}{\lambda_c} \tag{13-57}$$

则截止波长为

$$\lambda_c = \frac{2\pi}{k_c} = \frac{2\pi}{\sqrt{(m\pi/a)^2 + (n\pi/b)^2}} = \frac{2}{\sqrt{(m/a)^2 + (n/b)^2}} \tag{13-58}$$

又因

$$k_c = \omega_c\sqrt{\mu\varepsilon} \tag{13-59}$$

则截止频率为

$$f_c = \frac{\omega_c}{2\pi} = \frac{1}{2\pi}\frac{k_c}{\sqrt{\mu\varepsilon}} = \frac{v}{2}\sqrt{\left(\frac{m}{a}\right)^2 + \left(\frac{n}{b}\right)^2} \tag{13-60}$$

式中，$\upsilon = 1/\sqrt{\mu\varepsilon}$，为波在无界均匀介质中的传播速度。

波导的传输条件可用截止波数、截止波长、截止频率表述为

$$k > k_c \quad \rightarrow \quad \frac{2\pi}{\lambda} > \frac{2\pi}{\lambda_c} \tag{13-61}$$

$$\lambda < \lambda_c = \frac{2}{\sqrt{(m/a)^2 + (n/b)^2}} \tag{13-62}$$

$$f > f_c = \frac{1}{2\sqrt{\mu\varepsilon}}\sqrt{\left(\frac{m}{a}\right)^2 + \left(\frac{n}{b}\right)^2} = \frac{\upsilon}{2}\sqrt{\left(\frac{m}{a}\right)^2 + \left(\frac{n}{b}\right)^2} \tag{13-63}$$

根据式(13-63)可以判断，如果被传输电磁波的工作频率高于波导内相应模式的截止频率，则波导内可传输 TE_{mn} 波或 TM_{mn} 波，表明波导具有高通滤波特性。或者根据式(13-62)，如果被传输电磁波的工作波长小于截止波长，则波导内可传输 TE_{mn} 波或 TM_{mn} 波。

2. 矩形波导中存在的传输模式

由式(13-31)、式(13-34)和式(13-45)、式(13-48)可知，m、n 的取值为正整数，因而 k_x 和 k_y 的取值是离散的，不同 m、n 的取值和组合对应于不同的波形或模式。由式(13-53)可知，当 $m=n=0$ 时，电磁波的工作频率不管取何值，除 $\widetilde{H}_z$ 分量外，电磁场其他分量为零，由坡印廷矢量得知，波导中不存在能量流动，因而矩形波导内不存在 TE_{00} 波。将 $m=0$ 和 $n=0$ 或 m、n 中仅有一个为 0 代入式(13-54)可知，矩形波导内不存在 TM_{00}、TM_{m0} ($m\neq 0$)和 TM_{0n} ($n\neq 0$)波。因此，矩形波导内能够存在的模式为 TE_{0n}、TE_{m0} 和 TM_{mn} ($m\neq 0$，$n\neq 0$)波。对于相同的 m 和 n，TE_{mn} 波和 TM_{mn} 波具有相同的截止波数，因而满足传输条件的 TE_{mn} 波和 TM_{mn} 波可以同时在波导中存在，这种同时存在的波称为简并模。

既然 m 和 n 不可能同时为零，即 k_x 和 k_y 不可能同时为零，那么 $\widetilde{E}_z$ 和 $\widetilde{H}_z$ 就不可能同时为零，所以矩形波导内不可能存在横向电磁波(TEM)波。这一结论也适用于所有截面形状为有限的单连通金属波导。

【例 13.1】 一矩形波导的截面尺寸为 $a\times b = 23\ \text{mm}\times 10\ \text{mm}$。当工作波长 $\lambda = 10\ \text{mm}$ 时，波导中能传输哪些模式？当 $\lambda = 30\ \text{mm}$ 时，波导中能传输哪些模式？

解 由式(13-62)知，矩形波导的传输条件为

$$\lambda < \lambda_c = \frac{2}{\sqrt{(m/a)^2 + (n/b)^2}}$$

(1) 当 $\lambda = 10\ \text{mm}$ 时，有

$$10 < \frac{2}{\sqrt{(m/23)^2 + (n/10)^2}} \quad \rightarrow \quad \left(\frac{m}{23}\right)^2 + \left(\frac{n}{10}\right)^2 < 0.04$$

满足条件的 m 和 n 取值如下：

① $m=0$ 时，$n<2.0$，由于波导内不存在 TM_{00}、TM_{m0} 和 TM_{0n} 波，因此仅可传输 TE_{01} 模。

② $m=1$ 时，$n<1.95$，能传输的模式为 TE_{11}、TM_{11} 和 TE_{10}。

③ $m=2$ 时，$n<1.8$，能传输的模式为 TE_{21}、TM_{21} 和 TE_{20}。

④ $m=3$ 时，$n<1.5$，能传输的模式为 TE_{30}、TE_{31} 和 TM_{31}。

⑤ $m=4$ 时，$n<0.95$，所以能传输的模式为 TE_{40}。

⑥ $m=5$ 时，n 无解，不存在传输模式。

由此说明当 $\lambda=10$ mm 时，波导内存在 11 种模式的波形。

(2) 当 $\lambda=30$ mm 时，有

$$30<\frac{2}{\sqrt{(m/23)^2+(n/10)^2}} \quad \rightarrow \quad \left(\frac{m}{23}\right)^2+\left(\frac{n}{10}\right)^2<\frac{4}{900}$$

满足条件的 m 和 n 取值如下：

① $m=0$ 时，$n<0.67$，波导内无传导模式存在。

② $m=1$ 时，$n<0.5$，能传输的模式为 TE_{10}。

③ $m=2$ 时，n 无解，不存在传输模式。

由此说明当 $\lambda=30$ mm 时，波导内仅是单模 TE_{10} 波传输。

3. 相速度和波导波长

相速度 v_φ 是波导内对应于某一频率行波的等相位面传播速度，可令行波的相位因子等于常数，即

$$\omega t-k_z z=C \tag{13-64}$$

两边对时间求导，得

$$v_\varphi=\frac{\mathrm{d}z}{\mathrm{d}t}=\frac{\omega}{k_z}=\frac{\omega}{\sqrt{k^2-k_c^2}}=\frac{k/\sqrt{\mu\varepsilon}}{\sqrt{k^2-k_c^2}}=\frac{v}{\sqrt{1-(\lambda/\lambda_c)^2}} \tag{13-65}$$

式中，$v=1/\sqrt{\mu\varepsilon}$ 为无界均匀介质中电磁波的传播速度，λ 对应于电磁波在介质中的波长。

如果波导内无填充介质，则

$$v_\varphi=\frac{c}{\sqrt{1-(\lambda_0/\lambda_c)^2}} \tag{13-66}$$

式中，c 为自由空间的光速，λ_0 为与工作频率相对应的自由空间中的波长。由式(13-66)可知，$v_\varphi>c$。

波导波长也称相波长(λ_g)，是指某一频率的行波其等相位面在一个周期 T 内沿 Z 方向移动的距离，即

$$\lambda_g=v_\varphi T=\frac{vT}{\sqrt{1-(\lambda/\lambda_c)^2}}=\frac{\lambda}{\sqrt{1-(\lambda/\lambda_c)^2}} \tag{13-67}$$

4. 群速度

群速度 v_g 是指由许多具有相近频率 ω 和相位常数 k_z 构成的合成波在传输过程中的速度。下面以简单的调幅波为例给予说明。

设有两个频率相近、相位常数相近的波沿 Z 方向传播，其电场表达式为

$$\begin{cases}\widetilde{E}_1=\widetilde{E}_0\mathrm{e}^{\mathrm{j}(\omega+\Delta\omega)t}\mathrm{e}^{-\mathrm{j}(k_z+\Delta k_z)z}\\ \widetilde{E}_2=\widetilde{E}_0\mathrm{e}^{\mathrm{j}(\omega-\Delta\omega)t}\mathrm{e}^{-\mathrm{j}(k_z-\Delta k_z)z}\end{cases} \tag{13-68}$$

式中，$\widetilde{E}_0$ 为电场的复振幅，并假定电场方向相同。两个波合成的结果为

$$\widetilde{E}=\widetilde{E}_1+\widetilde{E}_2=2\widetilde{E}_0\cos(\Delta\omega t-\Delta k_z z)\mathrm{e}^{\mathrm{j}(\omega t-k_z z)} \tag{13-69}$$

式中，$\cos(\Delta\omega t-\Delta k_z z)$ 表示合成波的包络。合成波的传播速度就是包络的移动速度，由

$$\Delta\omega t-\Delta k_z z=C \tag{13-70}$$

得到群速度为

$$v_g = \frac{dz}{dt} = \lim_{\substack{\Delta\omega\to 0\\ \Delta k_z\to 0}} \frac{\Delta\omega}{\Delta k_z} = \frac{d\omega}{dk_z} \tag{13-71}$$

而

$$k_z = \sqrt{k^2 - k_c^2} = k\sqrt{1 - k_c^2/k^2} = k\sqrt{1-(\lambda/\lambda_c)^2} \tag{13-72}$$

$$k_z^2 = \omega^2\mu\varepsilon - k_c^2 \quad \rightarrow \quad \omega = \frac{1}{\sqrt{\mu\varepsilon}}\sqrt{k_z^2 + k_c^2} \tag{13-73}$$

式(13-73)两边对 k_z 求导，并利用式(13-72)，有

$$v_g = \frac{d\omega}{dk_z} = \frac{1}{\sqrt{\mu\varepsilon}}\frac{k_z}{\sqrt{k_z^2 + k_c^2}} = v\sqrt{1-(\lambda/\lambda_c)^2} \tag{13-74}$$

如果波导中的填充介质为空气，$v = c$，则

$$v_g = c\sqrt{1-(\lambda/\lambda_c)^2} < c \tag{13-75}$$

该式表明：当不考虑波导内介质的色散时，波导内传输模的群速度必小于光速 c。

由式(13-65)和式(13-74)可知，电磁波的频率不同，即波长不同，其相速度和群速度就不同，这种特性称为波的色散。由此可见，波导传输 TE_{mn} 波或 TM_{mn} 波均为色散波。由于色散的存在，波导传输信号会产生信号失真。TEM 波的相速度和群速度相等，且与频率无关，因此 TEM 波为非色散波。

5. 波阻抗

在波导中，传输模式的横向电场复振幅与横向磁场复振幅之比定义为行波的波阻抗。由式(13-53)得 TE 波的波阻抗为

$$\eta_{TE} = \frac{\widetilde{E}_x}{\widetilde{H}_y} = -\frac{\widetilde{E}_y}{\widetilde{H}_x} = \frac{\omega\mu}{k_z} = \frac{\eta}{\sqrt{1-(\lambda/\lambda_c)^2}} \tag{13-76}$$

由式(13-54)得 TM 波的波阻抗为

$$\eta_{TM} = \frac{\widetilde{E}_x}{\widetilde{H}_y} = -\frac{\widetilde{E}_y}{\widetilde{H}_x} = \frac{k_z}{\omega\varepsilon} = \eta\sqrt{1-(\lambda/\lambda_c)^2} \tag{13-77}$$

式中，η 为 TEM 波在无界均匀介质中的波阻抗。在空气中 $\eta = \eta_0 = 120\pi\ \Omega$。

13.1.6 矩形波导中的主模 TE_{10} 模

波导中截止波长最长的行波称为该波导的主模，由式(13-58)可知，矩形波导的主模为 TE_{10} 模，也称 H_{10} 模。TE_{10} 模的优点是场结构简单、稳定、频带宽及损耗小，并且可以实现单模传输。

1. TE_{10} 模的场分布

式(13-53)中，取 $m=1$，$n=0$，则有

$$\begin{cases} \widetilde{E}_y(x,y,z) = -j\omega\mu\dfrac{a}{\pi}\widetilde{H}_0\sin\left(\dfrac{\pi}{a}x\right)e^{-jk_z z} \\ \widetilde{H}_x(x,y,z) = jk_z\dfrac{a}{\pi}\widetilde{H}_0\sin\left(\dfrac{\pi}{a}x\right)e^{-jk_z z} \\ \widetilde{H}_z(x,y,z) = \widetilde{H}_0\cos\left(\dfrac{\pi}{a}x\right)e^{-jk_z z} \\ \widetilde{E}_x(x,y,z) = \widetilde{E}_z(x,y,z) = \widetilde{H}_y(x,y,z) = 0 \end{cases} \tag{13-78}$$

式(13－78)乘时间因子 $e^{j\omega t}$，取 $\widetilde{H}_0 = |\widetilde{H}_0| e^{j\varphi_h}$，$\varphi_h = 0$，然后取实部，得到相应的瞬时表达式为

$$\begin{cases} E_y(x, y, z; t) = \omega\mu \dfrac{a}{\pi} |\widetilde{H}_0| \sin\left(\dfrac{\pi}{a}x\right) \sin(\omega t - k_z z) \\ H_x(x, y, z; t) = -k_z \dfrac{a}{\pi} |\widetilde{H}_0| \sin\left(\dfrac{\pi}{a}x\right) \sin(\omega t - k_z z) \\ H_z(x, y, z; t) = |\widetilde{H}_0| \cos\left(\dfrac{\pi}{a}x\right) \cos(\omega t - k_z z) \\ E_x(x, y, z; t) = E_z(x, y, z; t) = H_y(x, y, z; t) = 0 \end{cases} \tag{13-79}$$

由此可见，TE_{10} 模的场分量仅有 E_y、H_x 和 H_z 三个，并且三个分量均与 y 无关，说明场在 Y 方向均匀分布。下面讨论 TE_{10} 模的场分布。

1）电场分布

设矩形金属波导横平面尺寸为 $a \times b = 10\ \text{cm} \times 5\ \text{cm}$，波导内的填充介质为空气，$\varepsilon = \varepsilon_0 = 8.85 \times 10^{-12}\ \text{F/m}$，$\mu = \mu_0 = 4\pi \times 10^{-7}\ \text{H/m}$，$c = 3.0 \times 10^8\ \text{m/s}$，波导内传输 TE_{10} 模，$m = 1$，$n = 0$，由式(13－55)可得截止波数为

$$k_c = \sqrt{\left(\frac{m\pi}{a}\right)^2 + \left(\frac{n\pi}{b}\right)^2} = \frac{\pi}{a} = \frac{\pi}{0.1} = 10\pi$$

由式(13－60)计算，可得截止频率为

$$f_c = \frac{v}{2}\sqrt{\left(\frac{m}{a}\right)^2 + \left(\frac{n}{b}\right)^2}\Bigg|_{TE_{10}} = \frac{c}{2a} = \frac{3.0 \times 10^8}{0.2}\ \text{GHz} = 1.5\ \ \text{GHz}$$

根据式(13－63)，选择波导内电磁波的工作频率为 $f = 2\ \text{GHz}$。由式(13－56)可得沿 $+Z$ 方向的相位常数为

$$k_z = \sqrt{k^2 - k_c^2} = 10\pi\sqrt{\frac{7}{9}} \approx 8.82\pi$$

由式(13－79)，取 $t = 0$，$|\widetilde{H}_0| = 0.01$，可得

$$E_y(x, y, z; 0) = -1.6\pi \sin(10\pi x) \sin(8.82\pi z) \tag{13-80}$$

取 $x = 0 \sim 10\ \text{cm}$，$z = 0 \sim 50\ \text{cm}$，依据式(13－80)，电场分布计算结果如图 13－2(a)所示。由图可见，在 $x = 0$ 和 $x = a$ 处，电场 $E_y = 0$；在 $x = a/2$ 处，电场最强。当 $8.82\pi z = n\pi$ $(n=0, 1, 2\cdots)$时，电场 $E_y = 0$；当 $8.82\pi z = (2n-1)\pi/2$ $(n=1, 2\cdots)$时，电场最强。

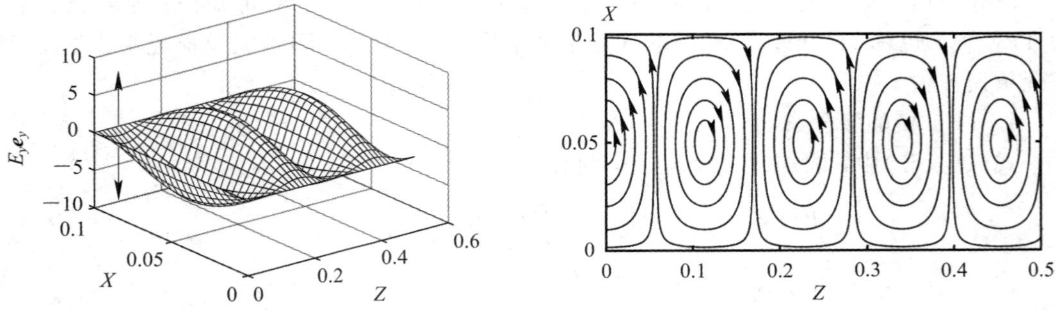

(a) 电场分布　　(b) 磁场分布

图 13－2　波导内 $t = 0$ 时刻的电磁场分布

2）磁场分布

由式(13－79)可知，磁场有两个分量 H_x 和 H_z。根据式(1－64)，可写出磁场矢量线微分方程为

$$\frac{\mathrm{d}x}{H_x}=\frac{\mathrm{d}z}{H_z} \tag{13-81}$$

取 $t=0$，把式(13－79)相应分量代入式(13－81)，有

$$\frac{\mathrm{d}x}{\dfrac{k_z a}{\pi}\sin\left(\dfrac{\pi}{a}x\right)\sin(k_z z)}=\frac{\mathrm{d}z}{\cos\left(\dfrac{\pi}{a}x\right)\cos(k_z z)} \tag{13-82}$$

分离变量，有

$$\frac{\cos\left(\dfrac{\pi}{a}x\right)\mathrm{d}\left(\dfrac{\pi}{a}x\right)}{\sin\left(\dfrac{\pi}{a}x\right)}=\frac{\sin(k_z z)\mathrm{d}(k_z z)}{\cos(k_z z)} \tag{13-83}$$

积分得到

$$\sin\left(\frac{\pi}{a}x\right)\cos(k_z z)=C \tag{13-84}$$

式(13－84)就是磁场矢量线方程。显然，磁场矢量线方程与 y 无关。

取 $C=\pm0.05$，±0.3，±0.6，±0.82，±0.95，$a=10$ cm，$k_z=8.82\pi$，$x=0\sim10$ cm，$z=0\sim50$ cm，依据式(13－84)，磁力线分布仿真计算结果如图13－2(b)所示。由图可见，磁场为涡旋平行平面矢量场分布。

3）波导内的壁面电流分布

电磁场在金属波导内传播会在波导内金属壁面产生感应电流。在微波波段，由于频率很高，导体的趋肤深度很小，因此这种壁面电流将在金属导体表面的薄层内流动。

壁面电流可根据磁场切向分量边界条件确定。由于金属导体内磁场为零，因此由式(6－36)，有

$$\boldsymbol{J}_S=\boldsymbol{n}\times\boldsymbol{H}_1 \tag{13-85}$$

式中，$\boldsymbol{J}_S$ 为波导内壁面电流面密度矢量，$\boldsymbol{H}_1$ 为波导内金属表面磁场强度矢量，$\boldsymbol{n}$ 为波导内壁面单位法向矢量。由图13－1，将式(13－79)相应分量代入式(13－85)，可得

$$\boldsymbol{J}_S\big|_{x=0}=\boldsymbol{n}\times\boldsymbol{H}_1=\boldsymbol{e}_x\times(\boldsymbol{e}_x H_x+\boldsymbol{e}_z H_z)\big|_{x=0}=\boldsymbol{e}_z H_z\big|_{x=0}=-\boldsymbol{e}_y|\widetilde{H}_0|\cos(\omega t-k_z z) \tag{13-86}$$

$$\boldsymbol{J}_S\big|_{x=a}=-\boldsymbol{e}_x\times(\boldsymbol{e}_x H_x+\boldsymbol{e}_z H_z)\big|_{x=a}=-\boldsymbol{e}_x\times\boldsymbol{e}_z H_z\big|_{x=a}=-\boldsymbol{e}_y|\widetilde{H}_0|\cos(\omega t-k_z z) \tag{13-87}$$

$$\begin{aligned}\boldsymbol{J}_S\big|_{y=0}&=\boldsymbol{e}_y\times(\boldsymbol{e}_x H_x+\boldsymbol{e}_z H_z)\big|_{y=0}=(-\boldsymbol{e}_z H_x+\boldsymbol{e}_x H_z)\big|_{y=0}\\&=\boldsymbol{e}_x\left[|\widetilde{H}_0|\cos\left(\frac{\pi}{a}x\right)\cos(\omega t-k_z z)\right]+\boldsymbol{e}_z\left[\frac{k_z a}{\pi}|\widetilde{H}_0|\sin\left(\frac{\pi}{a}x\right)\sin(\omega t-k_z z)\right]\end{aligned} \tag{13-88}$$

$$\begin{aligned}\boldsymbol{J}_S\big|_{y=b}&=-\boldsymbol{e}_y\times(\boldsymbol{e}_x H_x+\boldsymbol{e}_z H_z)\big|_{y=b}=(\boldsymbol{e}_z H_x-\boldsymbol{e}_x H_z)\big|_{y=b}\\&=-\boldsymbol{e}_x\left[|\widetilde{H}_0|\cos\left(\frac{\pi}{a}x\right)\cos(\omega t-k_z z)\right]-\boldsymbol{e}_z\left[\frac{k_z a}{\pi}|\widetilde{H}_0|\sin\left(\frac{\pi}{a}x\right)\sin(\omega t-k_z z)\right]\end{aligned} \tag{13-89}$$

由式(13－86)和式(13－87)可知，波导内 $x=0$ 和 $x=a$ 壁面面电流密度分布相同，且电流面密度与 y 无关，电流面密度矢量沿 Z 轴呈余弦变化。取 $t=0$，$|\widetilde{H}_0|=0.01$，$k_z=8.82\pi$，$y=0\sim5$ cm，$z=0\sim50$ cm，侧壁 $x=0$，$x=a$ 壁面面电流密度矢量的仿真结果如图 13－3(a)所示。

由式(13－88)和式(13－89)可知，波导内 $y=0$ 和 $y=b$ 壁面面电流密度分布相同，方向相反。依据式(13－88)，取 $|\widetilde{H}_0|=0.01$，$k_z=8.82\pi$，$a=10$ cm，$x=0\sim10$ cm，$z=0\sim50$ cm，波导内 $y=0$ 壁面面电流密度矢量的仿真计算结果如图 13－3(b)所示。由图可见，$y=0$ 壁面面电流密度矢量与侧壁 $x=0$ 和 $x=a$ 壁面电流密度矢量在拐角处相衔接。

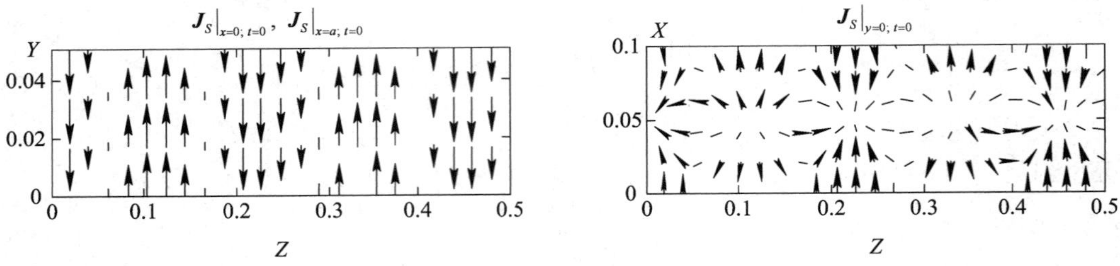

(a) $x=0$，$x=a$ 侧壁壁面面电流密度矢量分布　　(b) $y=0$ 壁面面电流密度矢量分布

图 13－3　$t=0$ 时刻波导内壁面面电流密度矢量分布

2. TE_{10} 模的传输特性

1) 截止波数与截止波长

由式(13－55)，可得 TE_{10} 模的截止波数为

$$k_c=\sqrt{k_x^2+k_y^2}=\sqrt{\left(\frac{m\pi}{a}\right)^2+\left(\frac{n\pi}{b}\right)^2}\Bigg|_{m=1,\ n=0}=\frac{\pi}{a} \tag{13-90}$$

由式(13－57)得截止波长为

$$\lambda_c=\frac{2\pi}{k_c}=2a \tag{13-91}$$

2) 相速度与波导波长

由式(13－65)得 TE_{10} 模的相速度为

$$v_\varphi=\frac{v}{\sqrt{1-(\lambda/2a)^2}} \tag{13-92}$$

由式(13－67)得波导波长为

$$\lambda_g=\frac{\lambda}{\sqrt{1-(\lambda/2a)^2}} \tag{13-93}$$

3) 群速度和波阻抗

由式(13－74)得 TE_{10} 模的群速度为

$$v_g=v\sqrt{1-(\lambda/2a)^2} \tag{13-94}$$

式中，v 为无界均匀介质中的电磁波速度，λ 对应于电磁波在无限均匀介质中的波长。由式(13－76)得 TE_{10} 模的波阻抗为

$$\eta_{TE}=\frac{\eta}{\sqrt{1-(\lambda/2a)^2}} \tag{13-95}$$

式中，η 为无界均匀介质中的波阻抗。

13.1.7 矩形波导的传输功率及尺寸选择

1. 波导的传输功率

无限长理想导体矩形波导所传输的功率等于平均坡印廷矢量 $\boldsymbol{S}_{av}$ 在波导横截面内的积分。由式(6－114)有

$$P=\iint_{(S)}\left[\frac{1}{2}\mathrm{Re}(\widetilde{\boldsymbol{E}}\times\widetilde{\boldsymbol{H}}^*)\right]\cdot \mathrm{d}\boldsymbol{S} \tag{13-96}$$

将式(13－53)或式(13－54)中电场复振幅矢量和磁场复振幅矢量代入式(13－96)，积分可得对应于 TE_{mn} 和 TM_{mn} 不同模式的传输功率。下面以 TE_{10} 模为例，求与该模相对应的传输功率。将式(13－78)代入，有

$$\frac{1}{2}\mathrm{Re}(\widetilde{\boldsymbol{E}}\times\widetilde{\boldsymbol{H}}^*)=\frac{1}{2}\mathrm{Re}\begin{vmatrix}\boldsymbol{e}_x & \boldsymbol{e}_y & \boldsymbol{e}_z\\ \widetilde{E}_x & \widetilde{E}_y & \widetilde{E}_z\\ \widetilde{H}_x^* & \widetilde{H}_y^* & \widetilde{H}_z^*\end{vmatrix}=\frac{1}{2}\mathrm{Re}\begin{vmatrix}\boldsymbol{e}_x & \boldsymbol{e}_y & \boldsymbol{e}_z\\ 0 & \widetilde{E}_y & 0\\ \widetilde{H}_x^* & 0 & \widetilde{H}_z^*\end{vmatrix}$$
$$=\frac{1}{2}\omega\mu k_z\left(\frac{a}{\pi}\right)^2\widetilde{H}_0\widetilde{H}_0^*\sin^2\left(\frac{\pi}{a}x\right)\boldsymbol{e}_z \tag{13-97}$$

则

$$P=\frac{1}{2}\omega\mu k_z\left(\frac{a}{\pi}\right)^2\widetilde{H}_0\widetilde{H}_0^*\iint_{(S)}\sin^2\left(\frac{\pi}{a}x\right)\boldsymbol{e}_z\cdot\boldsymbol{e}_z\mathrm{d}x\mathrm{d}y$$
$$=\frac{1}{2}\omega\mu k_z\left(\frac{a}{\pi}\right)^2\widetilde{H}_0\widetilde{H}_0^*\int_0^b\int_0^a\sin^2\left(\frac{\pi}{a}x\right)\mathrm{d}x\mathrm{d}y=\frac{ab}{4}\omega\mu k_z\left(\frac{a}{\pi}\right)^2|\widetilde{H}_0|^2 \tag{13-98}$$

由式(13－78)第一式，令

$$\widetilde{E}_{10}=-\mathrm{j}\omega\mu\left(\frac{a}{\pi}\right)\widetilde{H}_0\rightarrow|\widetilde{H}_0|^2=\left(\frac{1}{\omega\mu}\right)^2\left(\frac{\pi}{a}\right)^2|\widetilde{E}_{10}|^2 \tag{13-99}$$

将式(13－99)代入式(13－98)，并利用式(13－76)，得

$$P=\frac{ab}{4}\frac{k_z}{\omega\mu}|\widetilde{E}_{10}|^2=\frac{ab}{4}\frac{|\widetilde{E}_{10}|^2}{\eta_{TE}}=\frac{ab}{4\eta}|\widetilde{E}_{10}|^2\sqrt{1-(\lambda/2a)^2} \tag{13-100}$$

式中，$|\widetilde{E}_{10}|$ 为 TE_{10} 模在 $x=a/2$ 处电场的最大振幅。由此可见，矩形波导的传输功率 P 与工作波长 λ、矩形波导横截面面积 ab 及电场振幅 $|\widetilde{E}_{10}|$ 有关。

实际上，电磁波在波导内传输必须考虑波导所能传输的最大功率问题。因为波导传输的功率越大，波导内的电场强度幅值就越大，当电场强度达到波导内介质的击穿强度时，会在击穿处产生高热而损坏波导内壁，从而影响系统的正常工作。波导所能传输的最大功率称为极限功率或波导的功率容量。功率容量与波导的尺寸、波型、工作波长以及波导中填充介质的击穿强度等因素有关。计算功率容量，首先要求出传输功率与电场强度幅值的关系式，然后由介质的击穿强度确定相应的功率，即为功率容量。假如矩形波导内填充介质的击穿强度为 E_c，那么，波导传输 TE_{10} 模的功率容量为

$$P_c=\frac{ab}{4\eta}E_c^2\sqrt{1-(\lambda/2a)^2} \tag{13-101}$$

2. 波导的尺寸选择

矩形波导的尺寸选择必须根据实际应用中具体的技术要求来确定。一般是在给定的频带内保证：① 单模传输；② 有足够的功率容量；③ 损耗小；④ 尺寸尽可能小。

为了保证单模传输，要求

$$\frac{\lambda}{2} < a < \lambda \quad 且 \quad 0 < b < \frac{\lambda}{2} \tag{13-102}$$

考虑到功率容量问题，一般要求

$$0.6\lambda < a < \lambda \quad 且 \quad b = \frac{a}{2} \tag{13-103}$$

要求传输损耗小，应使

$$a \geqslant 0.7\lambda \tag{13-104}$$

综合考虑以上因素，矩形波导尺寸一般选择为

$$a = 0.7\lambda \quad 且 \quad b = (0.4 \sim 0.5)a \tag{13-105}$$

【例 13.2】 空心矩形波导尺寸为 $a = 3$ cm，$b = 2$ cm。假如空气击穿强度为 30 kV/cm，当工作频率为 7 GHz 时，计算 TE_{10} 模的最大平均功率。

解　与工作频率对应的工作波长为

$$\lambda = \frac{c}{f} = \frac{3.0 \times 10^8}{7.0 \times 10^9}\ \text{m} \approx 0.043\ \text{m}$$

由式(13-78)知，TE_{10} 模的电场分量为

$$\widetilde{E}_y(x,\ y,\ z) = -\mathrm{j}\omega\mu\frac{a}{\pi}\widetilde{H}_0\sin\left(\frac{\pi}{a}x\right)\mathrm{e}^{-\mathrm{j}k_z z} = \widetilde{E}_{10}\sin\left(\frac{\pi}{a}x\right)\mathrm{e}^{-\mathrm{j}k_z z}$$

令

$$|\widetilde{E}_{10}| = 3.0 \times 10^6\ \text{V/m}$$

式中，$|\widetilde{E}_{10}|$ 为 $\widetilde{E}_{10}$ 的模。由式(13-100)可知，介质能被击穿的 TE_{10} 模的最大平均功率为

$$\begin{aligned} P_{\text{av}} &= \frac{ab}{4\eta}|\widetilde{E}_{10}|^2\sqrt{1-(\lambda/2a)^2} = \frac{0.03 \times 0.02}{4 \times 120\pi} \times (3.0 \times 10^6)^2\sqrt{1-\left(\frac{0.043}{2 \times 0.03}\right)^2}\ \text{W} \\ &= 25.1 \times 10^5\ \text{W} \end{aligned}$$

为了能安全传输 TE_{10} 模，通常应给击穿强度乘以安全系数，比如，取安全系数为 10，则可令最大电场振幅为

$$|\widetilde{E}_{10}| = 0.3 \times 10^6\ \text{V/m}$$

由此可得能安全传输 TE_{10} 模的最大平均功率为

$$P_{\text{av}} = \frac{0.03 \times 0.02}{4 \times 120\pi} \times (3.0 \times 10^5)^2\sqrt{1-\left(\frac{0.043}{2 \times 0.03}\right)^2}\ \text{W} = 25.1 \times 10^3\ \text{W}$$

【例 13.3】 金属方形波导 $a = b$，波导内的填充介质为空气。如果波导以 TE_{10}、TE_{01}、TE_{11} 和 TM_{11} 模式传播频率为 15 GHz 的微波，则波导管边长 a 应设在什么范围？

解　在空气中，15 GHz 的微波信号其波长为 $\lambda_0 = 2$ cm。由式(13-58)可得 TE_{10}、TE_{01}、TE_{11} 和 TM_{11} 模的截止波长分别为

$$\lambda_{cTE_{10}} = 2a,\quad \lambda_{cTE_{01}} = 2a,\quad \lambda_{cTE_{11}} = \sqrt{2}a,\quad \lambda_{cTM_{11}} = \sqrt{2}a$$

而 TE_{20}、TE_{02}、TE_{21}、TM_{21}、TE_{12} 和 TM_{12} 模的截止波长为

$$\lambda_{cTE_{20}} = \lambda_{cTE_{02}} = a,\quad \lambda_{cTE_{21}} = \lambda_{cTM_{21}} = \lambda_{cTE_{12}} = \lambda_{cTM_{12}} = \sqrt{0.8}a$$

根据波导传输条件式(13-62)可知，波导仅传输 TE_{10}、TE_{01}、TE_{11} 和 TM_{11} 模必须满足的条件为

$$a < \lambda_0 < \sqrt{2}a$$

从而可得

$$\sqrt{2}a > 2\ \text{cm}, \quad a < 2\ \text{cm}$$

即

$$\sqrt{2}\ \text{cm} < a < 2\ \text{cm}$$

13.2 圆柱形金属波导中的电磁波

13.2.1 圆波导横平面内场分量与纵向场分量之间的关系

图 13-4 所示为无限长圆柱形金属波导，其内半径为 a。假设波导壁为理想导体，波导内填充介电常数为 ε、磁导率为 μ 的无耗理想介质，并且波导内无源 $\boldsymbol{J}_V = 0$。由式(6-96)和式(6-97)可写出圆波导内无源空间时谐电磁波传播满足麦克斯韦方程：

$$\begin{cases}\nabla \times \widetilde{\boldsymbol{H}} = \mathrm{j}\omega\varepsilon\widetilde{\boldsymbol{E}} \\ \nabla \times \widetilde{\boldsymbol{E}} = -\mathrm{j}\omega\mu\widetilde{\boldsymbol{H}}\end{cases} \tag{13-106}$$

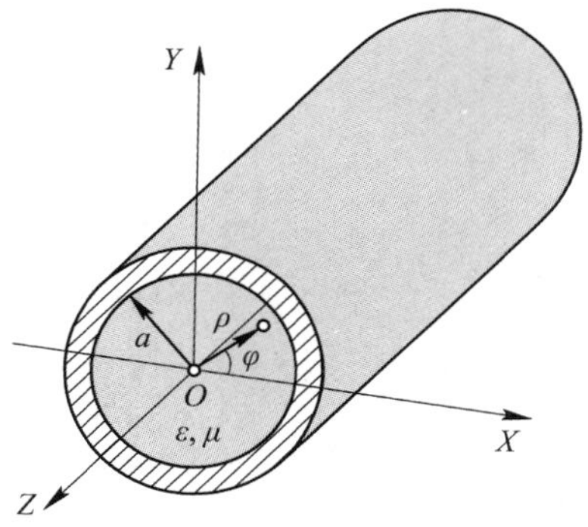

图 13-4 圆柱形金属波导

式中，ω 为电磁波圆频率。假定电磁波沿 $+Z$ 方向传播，其传播因子为 $\mathrm{e}^{-\mathrm{j}k_z z}$，则电磁波在柱坐标系下具有的解形式为

$$\begin{cases}\widetilde{\boldsymbol{E}}(\rho, \varphi, z) = \widetilde{\boldsymbol{E}}(\rho, \varphi)\mathrm{e}^{-\mathrm{j}k_z z} \\ \widetilde{\boldsymbol{H}}(\rho, \varphi, z) = \widetilde{\boldsymbol{H}}(\rho, \varphi)\mathrm{e}^{-\mathrm{j}k_z z}\end{cases} \tag{13-107}$$

式中，k_z 为沿 $+Z$ 方向的相位常数，$\widetilde{\boldsymbol{E}}(\rho, \varphi)$ 和 $\widetilde{\boldsymbol{H}}(\rho, \varphi)$ 是垂直于传播方向横平面内的电场复振幅矢量和磁场复振幅矢量。需要强调的是，波导内空间电场复振幅矢量 $\widetilde{\boldsymbol{E}}(\rho, \varphi, z)$ 和横平面内电场复振幅矢量 $\widetilde{\boldsymbol{E}}(\rho, \varphi)$、波导内空间磁场复振幅矢量 $\widetilde{\boldsymbol{H}}(\rho, \varphi, z)$ 和横平面内磁场复振幅矢量 $\widetilde{\boldsymbol{H}}(\rho, \varphi)$ 采用了相同记号，通过自变量可以加以区分。

根据式(1-89)，把式(13-106)在柱坐标系下展开成分量求和形式，则有

$$\begin{aligned}\nabla \times \widetilde{\boldsymbol{H}} &= \left(\frac{1}{\rho}\frac{\partial \widetilde{H}_z}{\partial \varphi} - \frac{\partial \widetilde{H}_\varphi}{\partial z}\right)\boldsymbol{e}_\rho + \left(\frac{\partial \widetilde{H}_\rho}{\partial z} - \frac{\partial \widetilde{H}_z}{\partial \rho}\right)\boldsymbol{e}_\varphi + \frac{1}{\rho}\left(\frac{\partial(\rho\widetilde{H}_\varphi)}{\partial \rho} - \frac{\partial \widetilde{H}_\rho}{\partial \varphi}\right)\boldsymbol{e}_z \\ &= \mathrm{j}\omega\varepsilon[\widetilde{E}_\rho\,\boldsymbol{e}_\rho + \widetilde{E}_\varphi\,\boldsymbol{e}_\varphi + \widetilde{E}_z\,\boldsymbol{e}_z]\end{aligned} \tag{13-108}$$

$$\begin{aligned}\nabla \times \widetilde{\boldsymbol{E}} &= \left(\frac{1}{\rho}\frac{\partial \widetilde{E}_z}{\partial \varphi} - \frac{\partial \widetilde{E}_\varphi}{\partial z}\right)\boldsymbol{e}_\rho + \left(\frac{\partial \widetilde{E}_\rho}{\partial z} - \frac{\partial \widetilde{E}_z}{\partial \rho}\right)\boldsymbol{e}_\varphi + \frac{1}{\rho}\left(\frac{\partial(\rho\widetilde{E}_\varphi)}{\partial \rho} - \frac{\partial \widetilde{E}_\rho}{\partial \varphi}\right)\boldsymbol{e}_z \\ &= -\mathrm{j}\omega\mu[\widetilde{H}_\rho\,\boldsymbol{e}_\rho + \widetilde{H}_\varphi\,\boldsymbol{e}_\varphi + \widetilde{H}_z\,\boldsymbol{e}_z]\end{aligned} \tag{13-109}$$

将式(13-107)代入式(13-108)和式(13-109)，得到 $\widetilde{\boldsymbol{E}}(\rho, \varphi)$ 和 $\widetilde{\boldsymbol{H}}(\rho, \varphi)$ 的分量方程形式为

$$\begin{cases} \mathrm{j}\omega\varepsilon\widetilde{E}_\rho(\rho,\ \varphi)=\dfrac{1}{\rho}\dfrac{\partial\widetilde{H}_z}{\partial\varphi}+\mathrm{j}k_z\widetilde{H}_\varphi \\ \mathrm{j}\omega\varepsilon\widetilde{E}_\varphi(\rho,\ \varphi)=-\mathrm{j}k_z\widetilde{H}_\rho-\dfrac{\partial\widetilde{H}_z}{\partial\rho} \\ \mathrm{j}\omega\varepsilon\widetilde{E}_z(\rho,\ \varphi)=\dfrac{1}{\rho}\dfrac{\partial(\rho\widetilde{H}_\varphi)}{\partial\rho}-\dfrac{1}{\rho}\dfrac{\partial\widetilde{H}_\rho}{\partial\varphi} \end{cases} \tag{13-110}$$

$$\begin{cases} -\mathrm{j}\omega\mu\widetilde{H}_\rho(\rho,\ \varphi)=\dfrac{1}{\rho}\dfrac{\partial\widetilde{E}_z}{\partial\varphi}+\mathrm{j}k_z\widetilde{E}_\varphi \\ \mathrm{j}\omega\mu\widetilde{H}_\varphi(\rho,\ \varphi)=\mathrm{j}k_z\widetilde{E}_\rho+\dfrac{\partial\widetilde{E}_z}{\partial\rho} \\ -\mathrm{j}\omega\mu\widetilde{H}_z(\rho,\ \varphi)=\dfrac{1}{\rho}\dfrac{\partial(\rho\widetilde{E}_\varphi)}{\partial\rho}-\dfrac{1}{\rho}\dfrac{\partial\widetilde{E}_\rho}{\partial\varphi} \end{cases} \tag{13-111}$$

联立求解方程组(13-110)和(13-111)，得到

$$\begin{cases} \widetilde{E}_\rho(\rho,\ \varphi)=-\dfrac{\mathrm{j}}{k_c^2}\left(k_z\dfrac{\partial\widetilde{E}_z}{\partial\rho}+\dfrac{\omega\mu}{\rho}\dfrac{\partial\widetilde{H}_z}{\partial\varphi}\right) \\ \widetilde{E}_\varphi(\rho,\ \varphi)=-\dfrac{\mathrm{j}}{k_c^2}\left(\dfrac{k_z}{\rho}\dfrac{\partial\widetilde{E}_z}{\partial\varphi}-\omega\mu\dfrac{\partial\widetilde{H}_z}{\partial\rho}\right) \\ \widetilde{H}_\rho(\rho,\ \varphi)=\dfrac{\mathrm{j}}{k_c^2}\left(\dfrac{\omega\varepsilon}{\rho}\dfrac{\partial\widetilde{E}_z}{\partial\varphi}-k_z\dfrac{\partial\widetilde{H}_z}{\partial\rho}\right) \\ \widetilde{H}_\varphi(\rho,\ \varphi)=-\dfrac{\mathrm{j}}{k_c^2}\left(\omega\varepsilon\dfrac{\partial\widetilde{E}_z}{\partial\rho}+\dfrac{k_z}{\rho}\dfrac{\partial\widetilde{H}_z}{\partial\varphi}\right) \end{cases} \tag{13-112}$$

式中：

$$k_c^2=\omega^2\mu\varepsilon-k_z^2=k^2-k_z^2 \tag{13-113}$$

k_c 称为截止波数。显然，沿 $+Z$ 方向传播的电磁波，在其垂直于传播方向的横平面内，场分量 $\widetilde{E}_\rho$、$\widetilde{E}_\varphi$、$\widetilde{H}_\rho$ 和 $\widetilde{H}_\varphi$ 是关于 $\widetilde{E}_z$ 和 $\widetilde{H}_z$ 的函数，因此仅需要求解横平面内电场和磁场纵向分量的解 $\widetilde{E}_z$ 和 $\widetilde{H}_z$，而横平面内 $\widetilde{E}_\rho$、$\widetilde{E}_\varphi$、$\widetilde{H}_\rho$ 和 $\widetilde{H}_\varphi$ 可由式(13-112)得到。

13.2.2 圆波导横平面内电场和磁场纵向分量方程的解

波导内无源空间时谐电磁场满足矢量赫姆霍兹方程

$$\begin{cases} \nabla^2\widetilde{\boldsymbol{E}}+k^2\widetilde{\boldsymbol{E}}=0 \\ \nabla^2\widetilde{\boldsymbol{H}}+k^2\widetilde{\boldsymbol{H}}=0 \end{cases} \tag{13-114}$$

式中，k 为无界均匀介质中的波数。$\widetilde{\boldsymbol{E}}(\rho,\ \varphi,\ z)$ 和 $\widetilde{\boldsymbol{H}}(\rho,\ \varphi,\ z)$ 为波导内电场和磁场复振幅矢量。

在柱坐标系下，$\widetilde{\boldsymbol{E}}(\rho,\ \varphi,\ z)$ 和 $\widetilde{\boldsymbol{H}}(\rho,\ \varphi,\ z)$ 的矢量和形式为

$$\widetilde{\boldsymbol{E}}(\rho,\ \varphi,\ z)=\widetilde{E}_\rho(\rho,\ \varphi,\ z)\boldsymbol{e}_\rho+\widetilde{E}_\varphi(\rho,\ \varphi,\ z)\boldsymbol{e}_\varphi+\widetilde{E}_z(\rho,\ \varphi,\ z)\boldsymbol{e}_z \tag{13-115}$$

$$\widetilde{\boldsymbol{H}}(\rho,\ \varphi,\ z)=\widetilde{H}_\rho(\rho,\ \varphi,\ z)\boldsymbol{e}_\rho+\widetilde{H}_\varphi(\rho,\ \varphi,\ z)\boldsymbol{e}_\varphi+\widetilde{H}_z(\rho,\ \varphi,\ z)\boldsymbol{e}_z \tag{13-116}$$

由此，根据式(13-107)，可写出电场复振幅矢量和磁场复振幅矢量的分量形式为

$$\begin{cases}\widetilde{E}_\rho(\rho, \varphi, z) = \widetilde{E}_\rho(\rho, \varphi)e^{-jk_z z}\\ \widetilde{E}_\varphi(\rho, \varphi, z) = \widetilde{E}_\varphi(\rho, \varphi)e^{-jk_z z}\\ \widetilde{E}_z(\rho, \varphi, z) = \widetilde{E}_z(\rho, \varphi)e^{-jk_z z}\end{cases} \tag{13-117}$$

$$\begin{cases}\widetilde{H}_\rho(\rho, \varphi, z) = \widetilde{H}_\rho(\rho, \varphi)e^{-jk_z z}\\ \widetilde{H}_\varphi(\rho, \varphi, z) = \widetilde{H}_\varphi(\rho, \varphi)e^{-jk_z z}\\ \widetilde{H}_z(\rho, \varphi, z) = \widetilde{H}_z(\rho, \varphi)e^{-jk_z z}\end{cases} \tag{13-118}$$

在柱坐标系下，拉普拉斯算子的表达式为

$$\nabla^2 = \frac{1}{\rho}\frac{\partial}{\partial\rho}\left(\rho\frac{\partial}{\partial\rho}\right) + \frac{1}{\rho^2}\frac{\partial^2}{\partial\varphi^2} + \frac{\partial^2}{\partial^2 z} \tag{13-119}$$

将式(13-115)代入电场复振幅矢量 $\widetilde{\boldsymbol{E}}(\rho, \varphi, z)$ 满足的矢量赫姆霍兹方程(13-114)的第一式，得到

$$\left[\frac{1}{\rho}\frac{\partial}{\partial\rho}\left(\rho\frac{\partial}{\partial\rho}\right) + \frac{1}{\rho^2}\frac{\partial^2}{\partial\varphi^2} + \frac{\partial^2}{\partial^2 z}\right](\widetilde{E}_\rho\boldsymbol{e}_\rho + \widetilde{E}_\varphi\boldsymbol{e}_\varphi + \widetilde{E}_z\boldsymbol{e}_z) + k^2(\widetilde{E}_\rho\boldsymbol{e}_\rho + \widetilde{E}_\varphi\boldsymbol{e}_\varphi + \widetilde{E}_z\boldsymbol{e}_z) = 0 \tag{13-120}$$

将式(13-117)代入方程(13-120)，得到横平面内电场复振幅矢量 $\widetilde{\boldsymbol{E}}(\rho, \varphi)$ 满足方程

$$\left[\frac{1}{\rho}\frac{\partial}{\partial\rho}\left(\rho\frac{\partial}{\partial\rho}\right) + \frac{1}{\rho^2}\frac{\partial^2}{\partial\varphi^2}\right][\widetilde{E}_\rho\boldsymbol{e}_\rho + \widetilde{E}_\varphi\boldsymbol{e}_\varphi + \widetilde{E}_z\boldsymbol{e}_z] + k_c^2[\widetilde{E}_\rho\boldsymbol{e}_\rho + \widetilde{E}_\varphi\boldsymbol{e}_\varphi + \widetilde{E}_z\boldsymbol{e}_z] = 0 \tag{13-121}$$

由于柱坐标系下，单位矢量 $\boldsymbol{e}_\rho$ 和 $\boldsymbol{e}_\varphi$ 是坐标 φ 的函数，因此式(13-121)包含对 $\boldsymbol{e}_\rho$ 和 $\boldsymbol{e}_\varphi$ 求导数。将柱坐标系与直角坐标系单位矢量之间的关系式(1-43)，即

$$\begin{cases}\boldsymbol{e}_\rho = \cos\varphi\,\boldsymbol{e}_x + \sin\varphi\,\boldsymbol{e}_y\\ \boldsymbol{e}_\varphi = -\sin\varphi\,\boldsymbol{e}_x + \cos\varphi\,\boldsymbol{e}_y\end{cases} \tag{13-122}$$

对 φ 求导，有

$$\begin{cases}\dfrac{d\boldsymbol{e}_\rho}{d\varphi} = -\sin\varphi\boldsymbol{e}_x + \cos\varphi\boldsymbol{e}_y = \boldsymbol{e}_\varphi\\ \dfrac{d\boldsymbol{e}_\varphi}{d\varphi} = -\cos\varphi\boldsymbol{e}_x - \sin\varphi\boldsymbol{e}_y = \boldsymbol{e}_\rho\end{cases} \tag{13-123}$$

展开方程(13-121)，并利用式(13-123)，得到 $\widetilde{\boldsymbol{E}}(\rho, \varphi)$ 的分量方程为

$$\begin{cases}\dfrac{1}{\rho}\dfrac{\partial}{\partial\rho}\left(\rho\dfrac{\partial\widetilde{E}_\rho}{\partial\rho}\right) + \dfrac{1}{\rho^2}\dfrac{\partial^2\widetilde{E}_\rho}{\partial\varphi^2} - \dfrac{2}{\rho^2}\dfrac{\partial\widetilde{E}_\varphi}{\partial\varphi} - \dfrac{1}{\rho^2}\widetilde{E}_\rho + k_c^2\widetilde{E}_\rho = 0\\ \dfrac{1}{\rho}\dfrac{\partial}{\partial\rho}\left(\rho\dfrac{\partial\widetilde{E}_\varphi}{\partial\rho}\right) + \dfrac{1}{\rho^2}\dfrac{\partial^2\widetilde{E}_\varphi}{\partial\varphi^2} + \dfrac{2}{\rho^2}\dfrac{\partial\widetilde{E}_\rho}{\partial\varphi} - \dfrac{1}{\rho^2}\widetilde{E}_\varphi + k_c^2\widetilde{E}_\varphi = 0\\ \dfrac{1}{\rho}\dfrac{\partial}{\partial\rho}\left(\rho\dfrac{\partial\widetilde{E}_z}{\partial\rho}\right) + \dfrac{1}{\rho^2}\dfrac{\partial^2\widetilde{E}_z}{\partial\varphi^2} + k_c^2\widetilde{E}_z = 0\end{cases} \tag{13-124}$$

显然，柱坐标系下，横平面内电场横向分量 $\widetilde{E}_\rho(\rho, \varphi)$ 和 $\widetilde{E}_\varphi(\rho, \varphi)$ 不满足赫姆霍兹方程，而电场纵向分量 $\widetilde{E}_z(\rho, \varphi)$ 满足标量赫姆霍兹方程。

同理，将式(13-116)代入磁场满足的矢量赫姆霍兹方程(13-114)的第二式，并利用式(13-123)，可得 $\widetilde{\boldsymbol{H}}(\rho, \varphi)$ 的分量方程为

$$\begin{cases}\dfrac{1}{\rho}\dfrac{\partial}{\partial\rho}\left(\rho\dfrac{\partial\widetilde{H}_\rho}{\partial\rho}\right)+\dfrac{1}{\rho^2}\dfrac{\partial^2\widetilde{H}_\rho}{\partial\varphi^2}-\dfrac{2}{\rho^2}\dfrac{\partial\widetilde{H}_\varphi}{\partial\varphi}-\dfrac{1}{\rho^2}\widetilde{H}_\rho+k_c^2\widetilde{H}_\rho=0\\ \dfrac{1}{\rho}\dfrac{\partial}{\partial\rho}\left(\rho\dfrac{\partial\widetilde{H}_\varphi}{\partial\rho}\right)+\dfrac{1}{\rho^2}\dfrac{\partial^2\widetilde{H}_\varphi}{\partial\varphi^2}+\dfrac{2}{\rho^2}\dfrac{\partial\widetilde{H}_\rho}{\partial\varphi}-\dfrac{1}{\rho^2}\widetilde{H}_\varphi+k_c^2\widetilde{H}_\varphi=0\\ \dfrac{1}{\rho}\dfrac{\partial}{\partial\rho}\left(\rho\dfrac{\partial\widetilde{H}_z}{\partial\rho}\right)+\dfrac{1}{\rho^2}\dfrac{\partial^2\widetilde{H}_z}{\partial\varphi^2}+k_c^2\widetilde{H}_z=0\end{cases} \tag{13-125}$$

与电场分量方程(13-124)相比较，磁场分量方程与电场分量方程形式完全相同，横平面内磁场分量 $\widetilde{H}_\rho(\rho,\varphi)$ 和 $\widetilde{H}_\varphi(\rho,\varphi)$ 不满足赫姆霍兹方程，磁场纵向分量 $\widetilde{H}_z(\rho,\varphi)$ 满足标量赫姆霍兹方程。由此可通过求解波导横平面内电场纵向分量 $\widetilde{E}_z(\rho,\varphi)$ 和磁场纵向分量 $\widetilde{H}_z(\rho,\varphi)$，然后利用纵向分量与横向分量关系式(13-112)，得到 $\widetilde{E}_\rho(\rho,\varphi)$、$\widetilde{E}_\varphi(\rho,\varphi)$ 和 $\widetilde{H}_\rho(\rho,\varphi)$、$\widetilde{H}_\varphi(\rho,\varphi)$，再利用式(13-117)，可得电场复振幅矢量 $\widetilde{\boldsymbol{E}}(\rho,\varphi,z)$，利用式(13-118)，可得磁场复振幅矢量 $\widetilde{\boldsymbol{H}}(\rho,\varphi,z)$。

上述讨论求解 $\widetilde{\boldsymbol{E}}(\rho,\varphi,z)$ 和 $\widetilde{\boldsymbol{H}}(\rho,\varphi,z)$ 的方法，数学上称为纵向场法。下面分别求解 $\widetilde{E}_z(\rho,\varphi)$ 和 $\widetilde{H}_z(\rho,\varphi)$。

1. 求解 $\widetilde{E}_z(\rho,\varphi)$

采用圆柱坐标系下的分离变量法。设

$$\widetilde{E}_z(\rho,\varphi)=\widetilde{R}(\rho)\widetilde{\Phi}(\varphi) \tag{13-126}$$

将式(13-126)代入式(13-124)中的电场纵向分量方程

$$\frac{1}{\rho}\frac{\partial}{\partial\rho}\left(\rho\frac{\partial\widetilde{E}_z}{\partial\rho}\right)+\frac{1}{\rho^2}\frac{\partial^2\widetilde{E}_z}{\partial\varphi^2}+k_c^2\widetilde{E}_z=0 \tag{13-127}$$

有

$$\rho^2\frac{\widetilde{R}''(\rho)}{\widetilde{R}(\rho)}+\rho\frac{\widetilde{R}'(\rho)}{\widetilde{R}(\rho)}+\frac{\widetilde{\Phi}''(\varphi)}{\Phi(\varphi)}+\rho^2k_c^2=0 \tag{13-128}$$

令

$$\frac{\widetilde{\Phi}''(\varphi)}{\Phi(\varphi)}=-m^2 \tag{13-129}$$

得到

$$\widetilde{\Phi}''(\varphi)+m^2\widetilde{\Phi}(\varphi)=0 \tag{13-130}$$

$$\rho^2\widetilde{R}''(\rho)+\rho\widetilde{R}'(\rho)+(\rho^2k_c^2-m^2)\widetilde{R}(\rho)=0 \tag{13-131}$$

方程(13-130)和周期边界条件

$$\widetilde{\Phi}(\varphi)=\widetilde{\Phi}(\varphi+2\pi) \tag{13-132}$$

构成本征值问题，其解为

$$\widetilde{\Phi}(\varphi)=\widetilde{A}\cos(m\varphi)+\widetilde{B}\sin(m\varphi)\quad(m=0,1,2,\cdots) \tag{13-133}$$

或等价形式

$$\widetilde{\Phi}(\varphi)=\widetilde{A}e^{+jm\varphi}+\widetilde{B}e^{-jm\varphi}\quad(m=0,1,2,\cdots) \tag{13-134}$$

式中，$\widetilde{A}$ 和 $\widetilde{B}$ 为待定复常数。m 称为方程(13-130)的本征值，其物理意义为电场沿 $\boldsymbol{e}_\varphi$ 方向变化的周期数。$m=0$，式(13-133)和式(13-134)等于常数 $\widetilde{A}$，对应方程(13-130)的本征函数为1，表明电场沿 $\boldsymbol{e}_\varphi$ 方向不变化；$m\neq0$，对应一个本征值 m，有两个线性无关的本征函

数：$\cos(m\varphi)$ 和 $\sin(m\varphi)$ 或者 $e^{+jm\varphi}$ 和 $e^{-jm\varphi}$，表明电场沿 $\boldsymbol{e}_\varphi$ 方向呈余弦和正弦变化。显然，本征函数 $\cos(m\varphi)$ 和 $\sin(m\varphi)$，或者 $e^{+jm\varphi}$ 和 $e^{-jm\varphi}$ 具有相同的特性，表明圆波导内这两种波可以同时存在，把这两个具有相同特性的波称为简并模。

实际应用中，具有相同特性的本征函数 $\cos(m\varphi)$ 和 $\sin(m\varphi)$ 对应于方程(13－130)的两个解，通常把这两个解表达成

$$\widetilde{\Phi}(\varphi)=\widetilde{A}\begin{Bmatrix}\cos(m\varphi)\\ \sin(m\varphi)\end{Bmatrix}\quad(m=0,1,2,\cdots)\tag{13-135}$$

方程(13－131)作自变量代换

$$x=k_c\rho\tag{13-136}$$

可得

$$x^2\widetilde{R}''(x)+x\widetilde{R}'(x)+(x^2-m^2)\widetilde{R}(x)=0\tag{13-137}$$

这就是 m 阶柱贝塞尔方程，其解为

$$\widetilde{R}(\rho)=\widetilde{C}J_m(k_c\rho)+\widetilde{D}Y_m(k_c\rho)\tag{13-138}$$

式中，$J_m(k_c\rho)$ 和 $Y_m(k_c\rho)$ 分别为 m 阶第一类柱贝塞尔函数和 m 阶第二类柱贝塞尔函数。第一类柱贝塞尔函数和第二类柱贝塞尔函数曲线见图 3－16(a)和(b)。

将式(13－135)和式(13－138)代入式(13－126)，得到波导横平面内电场纵向分量的解为

$$\widetilde{E}_z(\rho,\varphi)=\widetilde{A}[\widetilde{C}J_m(k_c\rho)+\widetilde{D}Y_m(k_c\rho)]\begin{Bmatrix}\cos(m\varphi)\\ \sin(m\varphi)\end{Bmatrix}\tag{13-139}$$

式(13－139)就是波导横平面内电场纵向分量的一般解。需要强调的是，解(13－139)对应于方程(13－127)的两个解，实际解是两个解的叠加。为了确定一般解中的积分常数 $\widetilde{C}$、$\widetilde{D}$ 和截止波数 k_c，必须利用解的有界性和波导内壁面上的边界条件。

1）有界性

当 $\rho=0$ 时，由第二类柱贝塞尔函数的性质(见图 3－16(b))，有

$$Y_m(0)\rightarrow-\infty\tag{13-140}$$

当 $Y_m(0)\rightarrow-\infty$ 时，由式(13－138)和式(13－139)，知

$$R(0)\rightarrow-\infty\quad\rightarrow\quad\widetilde{E}_z(0,\varphi)\rightarrow-\infty\tag{13-141}$$

显然，不符合解的有界性，必有

$$\widetilde{D}=0\tag{13-142}$$

2）边界条件

由式(6－52)可知，圆波导内表面电场切向边界条件为

$$\boldsymbol{n}\times\widetilde{\boldsymbol{E}}_1\big|_{\rho=a}=0\quad\rightarrow\quad-\boldsymbol{e}_\rho\times(\widetilde{E}_\rho\boldsymbol{e}_\rho+\widetilde{E}_\varphi\boldsymbol{e}_\varphi+\widetilde{E}_z\boldsymbol{e}_z)\big|_{\rho=a}=(\widetilde{E}_z\boldsymbol{e}_\varphi-\widetilde{E}_\varphi\boldsymbol{e}_z)\big|_{\rho=a}=0\tag{13-143}$$

由此得到

$$\widetilde{E}_z\big|_{\rho=a}=0,\quad\widetilde{E}_\varphi\big|_{\rho=a}=0\tag{13-144}$$

当 $\rho=a$ 时，将式(13－139)代入边界条件式(13－144)，并取 $\widetilde{D}=0$，则有

$$\widetilde{E}_z(a,\varphi)=\widetilde{A}\widetilde{C}J_m(k_ca)\begin{Bmatrix}\cos(m\varphi)\\ \sin(m\varphi)\end{Bmatrix}\tag{13-145}$$

$\widetilde{C} \neq 0$，否则，$\widetilde{E}_z \equiv 0$。方程存在非零解，必有

$$\mathrm{J}_m(k_c a) = 0 \tag{13-146}$$

设 ξ_{mn} 为 m 阶柱贝塞尔函数第 n 个零点所对应的根，即

$$\mathrm{J}_m(k_c a) = \mathrm{J}_m(\xi_{mn}) = 0 \quad (n = 1, 2, 3, \cdots) \tag{13-147}$$

则有

$$k_c = \frac{2\pi}{\lambda_c} = \frac{\xi_{mn}}{a} \quad \rightarrow \quad \lambda_c = \frac{2\pi a}{\xi_{mn}} \tag{13-148}$$

式中，λ_c 为与截止波数 k_c 相对应的截止波长。ξ_{mn} 的物理意义为电场沿 $\boldsymbol{e}_\rho$ 方向变化的次数。

将式(13-148)代入式(13-139)，并利用式(13-142)，得到

$$\widetilde{E}_z(\rho, \varphi) = \widetilde{E}_0 \mathrm{J}_m\left(\frac{\xi_{mn}}{a}\rho\right)\begin{Bmatrix}\cos(m\varphi)\\ \sin(m\varphi)\end{Bmatrix} \quad (m = 0, 1, 2, \cdots; n = 1, 2, 3, \cdots) \tag{13-149}$$

式中，$\widetilde{E}_0 = \widetilde{A}\widetilde{C}$ 为电场复振幅，由已知激励条件确定。式(13-149)就是波导横平面内电场纵向分量的解。

2. 求解 $\widetilde{H}_z(\rho, \varphi)$

与求解电场纵向分量的方法相同。取方程(13-130)的解形式为

$$\widetilde{\Phi}(\varphi) = \widetilde{A}\begin{Bmatrix}\sin(m\varphi)\\ \cos(m\varphi)\end{Bmatrix} \quad (m = 0, 1, 2, \cdots) \tag{13-150}$$

电场矢量纵向分量选择 $\Phi(\varphi)$ 的解形式(13-135)与磁场矢量纵向分量选择 $\Phi(\varphi)$ 的解形式不同，因为电磁波传播因子为 $\mathrm{e}^{-\mathrm{j}k_z z}$，横平面内电场矢量和磁场矢量满足右手定则关系，$\widetilde{\boldsymbol{E}} \times \widetilde{\boldsymbol{H}} \rightarrow \boldsymbol{e}_z$，且电场矢量和磁场矢量必须满足边界面上的匹配关系，因此，$\widetilde{E}_z$ 的解选择本征函数 $\cos(m\varphi)$，$\widetilde{H}_z$ 的解就必须选择本征函数 $\sin(m\varphi)$；反之亦然。

由式(13-139)可写出方程(13-125)中磁场纵向分量方程

$$\frac{1}{\rho}\frac{\partial}{\partial\rho}\left(\rho\frac{\partial\widetilde{H}_z}{\partial\rho}\right) + \frac{1}{\rho^2}\frac{\partial^2\widetilde{H}_z}{\partial\varphi^2} + k_c^2\widetilde{H}_z = 0 \tag{13-151}$$

的解为

$$\widetilde{H}_z(\rho, \varphi) = \widetilde{A}[\widetilde{C}'\mathrm{J}_m(k_c\rho) + \widetilde{D}'\mathrm{Y}_m(k_c\rho)]\begin{Bmatrix}\sin(m\varphi)\\ \cos(m\varphi)\end{Bmatrix} \quad (m = 0, 1, 2, \cdots) \tag{13-152}$$

式中，$\widetilde{C}'$ 和 $\widetilde{D}'$ 为待定复常数。同样，为了确定一般解式(13-152)中的积分常数 $\widetilde{C}'$、$\widetilde{D}'$ 和截止波数 k_c，必须利用解的有界性和波导内壁面上的边界条件。

1）有界性

当 $\rho = 0$ 时，由于 $Y_m(0) \rightarrow -\infty$，因此有

$$\widetilde{H}_z(0, \varphi) \rightarrow -\infty \tag{13-153}$$

不符合解的有界性，必有

$$\widetilde{D}' = 0 \tag{13-154}$$

2）边界条件

由式(13-37)可得磁场法向边界条件为

$$\boldsymbol{n}\cdot\widetilde{\boldsymbol{H}}_1\big|_{\rho=a}=0 \quad\rightarrow\quad -\boldsymbol{e}_\rho\cdot(\widetilde{H}_\rho\boldsymbol{e}_\rho+\widetilde{H}_\varphi\boldsymbol{e}_\varphi+\widetilde{H}_z\boldsymbol{e}_z)\big|_{\rho=a}=-\widetilde{H}_\rho\big|_{\rho=a}=0 \tag{13-155}$$

即

$$H_\rho\big|_{\rho=a}=0 \tag{13-156}$$

对于 TE 波有

$$\widetilde{E}_z\equiv 0 \quad\rightarrow\quad \frac{\partial\widetilde{E}_z}{\partial\varphi}=0 \tag{13-157}$$

将式(13-156)和式(13-157)代入式(13-112)磁场径向分量方程 $\widetilde{H}\rho(\rho,\varphi)$，得到磁场切向分量边界条件为

$$\frac{\partial\widetilde{H}_z}{\partial\rho}\bigg|_{\rho=a}=0 \tag{13-158}$$

将式(13-152)代入边界条件(13-158)，并取 $\widetilde{D}'=0$ 有

$$\widetilde{H}_z(a,\varphi)=\widetilde{A}\widetilde{C}'\mathrm{J}_m(k_c a)\begin{Bmatrix}\sin(m\varphi)\\ \cos(m\varphi)\end{Bmatrix} \quad (m=0,1,2,\cdots) \tag{13-159}$$

存在非零解的条件为

$$\widetilde{C}'\neq 0,\qquad \mathrm{J}'_m(k_c a)=0 \tag{13-160}$$

式中，J'_m 表示 m 阶柱贝塞尔函数 J_m 关于 ρ 的一阶导数。设 ζ_{mn} 为 m 阶柱贝塞尔函数一阶导数的第 n 个零点所对应的根，即

$$\mathrm{J}'_m(k_c a)=\mathrm{J}'_m(\zeta_{mn})=0 \quad (n=1,2,3,\cdots) \tag{13-161}$$

则有

$$k_c=\frac{2\pi}{\lambda_c}=\frac{\zeta_{mn}}{a} \quad\rightarrow\quad \lambda_c=\frac{2\pi a}{\zeta_{mn}} \tag{13-162}$$

式中，λ_c 为与截止波数 k_c 相对应的截止波长。ζ_{mn} 的物理意义为磁场沿 $\boldsymbol{e}_\rho$ 方向变化的次数。

将式(13-154)和式(13-162)代入式(13-152)得到

$$\widetilde{H}_z(\rho,\varphi)=\widetilde{H}_0\mathrm{J}_m\left(\frac{\zeta_{mn}}{a}\rho\right)\begin{Bmatrix}\sin(m\varphi)\\ \cos(m\varphi)\end{Bmatrix} \quad (m=0,1,2,\cdots;\quad n=1,2,3,\cdots) \tag{13-163}$$

式中，$\widetilde{H}_0=\widetilde{A}\widetilde{C}'$ 为磁场复振幅，由已知激励条件确定。式(13-163)就是波导横平面内磁场纵向分量的解。

13.2.3 圆波导中的电磁波传播模式

由式(13-149)和式(13-163)可知，电磁波在圆波导内传播具有纵向场分量，即

$$\widetilde{E}_z(\rho,\varphi)\neq 0,\quad \widetilde{H}_z(\rho,\varphi)\neq 0 \tag{13-164}$$

与矩形波导相同，可把圆波导内电磁波的传播模式分为两类：TE 模和 TM 模。TE 模对应 $\widetilde{E}_z=0$，TM 模对应 $\widetilde{H}_z=0$。一般情况下，圆波导中电磁波存在的形式是 TE 波和 TM 波的叠加。下面就 TE 波和 TM 波分别进行讨论。

1. TE 波

将 $\widetilde{E}_z=0$ 和式(13-163)代入式(13-112)，其结果再代入式(13-117)和式(13-118)，得到 TE 波的分量形式为

$$
\begin{cases}
\widetilde{E}_\rho(\rho,\ \varphi,\ z)=-\mathrm{j}\,\dfrac{m}{\zeta_{mn}^2}\,\dfrac{\omega\mu a^2}{\rho}\widetilde{H}_0\mathrm{J}_m\left(\dfrac{\zeta_{mn}}{a}\rho\right)\begin{Bmatrix}\cos(m\varphi)\\ -\sin(m\varphi)\end{Bmatrix}\mathrm{e}^{-\mathrm{j}k_z z}\\
\widetilde{E}_\varphi(\rho,\ \varphi,\ z)=\mathrm{j}\,\dfrac{\omega\mu a}{\zeta_{mn}}\widetilde{H}_0\mathrm{J}'_m\left(\dfrac{\zeta_{mn}}{a}\rho\right)\begin{Bmatrix}\sin(m\varphi)\\ \cos(m\varphi)\end{Bmatrix}\mathrm{e}^{-\mathrm{j}k_z z}\\
\widetilde{E}_z(\rho,\ \varphi,\ z)=0\\
\widetilde{H}_\rho(\rho,\ \varphi,\ z)=-\mathrm{j}\,\dfrac{k_z a}{\zeta_{mn}}\widetilde{H}_0\mathrm{J}'_m\left(\dfrac{\zeta_{mn}}{a}\rho\right)\begin{Bmatrix}\sin(m\varphi)\\ \cos(m\varphi)\end{Bmatrix}\mathrm{e}^{-\mathrm{j}k_z z}\\
\widetilde{H}_\varphi(\rho,\ \varphi,\ z)=-\mathrm{j}\,\dfrac{m}{\zeta_{mn}^2}\,\dfrac{k_z a^2}{\rho}\widetilde{H}_0\mathrm{J}_m\left(\dfrac{\zeta_{mn}}{a}\rho\right)\begin{Bmatrix}\cos(m\varphi)\\ -\sin(m\varphi)\end{Bmatrix}\mathrm{e}^{-\mathrm{j}k_z z}\\
\widetilde{H}_z(\rho,\ \varphi,\ z)=\widetilde{H}_0\mathrm{J}_m\left(\dfrac{\zeta_{mn}}{a}\rho\right)\begin{Bmatrix}\sin(m\varphi)\\ \cos(m\varphi)\end{Bmatrix}\mathrm{e}^{-\mathrm{j}k_z z}
\end{cases}
\quad \begin{pmatrix}m=0,1,2,\cdots\\ n=1,\ 2,\ 3,\ \cdots\end{pmatrix} \tag{13-165}
$$

2. TM 波

将 $\widetilde{H}_z=0$ 和式(13－149)代入式(13－112)，其结果再代入式(13－117)和式(13－118)，得到 TM 波的分量形式为

$$
\begin{cases}
\widetilde{E}_\rho(\rho,\ \varphi,\ z)=-\mathrm{j}\,\dfrac{k_z a}{\xi_{mn}}\widetilde{E}_0\mathrm{J}'_m\left(\dfrac{\xi_{mn}}{a}\rho\right)\begin{Bmatrix}\cos(m\varphi)\\ \sin(m\varphi)\end{Bmatrix}\mathrm{e}^{-\mathrm{j}k_z z}\\
\widetilde{E}_\varphi(\rho,\ \varphi,\ z)=-\mathrm{j}\,\dfrac{m}{\xi_{mn}^2}\,\dfrac{k_z a^2}{\rho}\widetilde{E}_0\mathrm{J}_m\left(\dfrac{\xi_{mn}}{a}\rho\right)\begin{Bmatrix}-\sin(m\varphi)\\ \cos(m\varphi)\end{Bmatrix}\mathrm{e}^{-\mathrm{j}k_z z}\\
\widetilde{E}_z(\rho,\ \varphi,\ z)=\widetilde{E}_0\mathrm{J}_m\left(\dfrac{\xi_{mn}}{a}\rho\right)\begin{Bmatrix}\cos(m\varphi)\\ \sin(m\varphi)\end{Bmatrix}\mathrm{e}^{-\mathrm{j}k_z z}\\
\widetilde{H}_\rho(\rho,\ \varphi,\ z)=\mathrm{j}\,\dfrac{m}{\xi_{mn}^2}\,\dfrac{\omega\varepsilon a^2}{\rho}\widetilde{E}_0\mathrm{J}_m\left(\dfrac{\xi_{mn}}{a}\rho\right)\begin{Bmatrix}-\sin(m\varphi)\\ \cos(m\varphi)\end{Bmatrix}\mathrm{e}^{-\mathrm{j}k_z z}\\
\widetilde{H}_\varphi(\rho,\ \varphi,\ z)=-\mathrm{j}\,\dfrac{\omega\varepsilon a}{\xi_{mn}}\widetilde{E}_0\mathrm{J}'_m\left(\dfrac{\xi_{mn}}{a}\rho\right)\begin{Bmatrix}\cos(m\varphi)\\ \sin(m\varphi)\end{Bmatrix}\mathrm{e}^{-\mathrm{j}k_z z}\\
\widetilde{H}_z(\rho,\ \varphi,\ z)=0
\end{cases}
\quad \begin{pmatrix}m=0,1,2,\cdots\\ n=1,2,3,\cdots\end{pmatrix} \tag{13-166}
$$

给定波导尺寸 a，式(13－165)和式(13－166)就是波导内电磁波传播问题的解，也即圆波导内电磁波传播可存在的模式。

13.2.4 圆波导的传输特性

1. 圆波导的传输条件

由式(13－162)和式(13－148)可知，圆波导 TE 波和 TM 波的截止波数是不同的，对于 TE 模，有

$$k_{\mathrm{cTE}}=\frac{2\pi}{\lambda_{\mathrm{c}}}=\frac{\zeta_{mn}}{a} \tag{13-167}$$

对于 TM 模，有

$$k_{\mathrm{cTM}}=\frac{2\pi}{\lambda_{\mathrm{c}}}=\frac{\xi_{mn}}{a} \tag{13-168}$$

由式(13－113)可得相位常数

$$k_z=\sqrt{k^2-k_{\mathrm{c}}^2}=\sqrt{\omega^2\mu\varepsilon-k_{\mathrm{c}}^2} \tag{13-169}$$

式(13－169)就是判断电磁波能否在圆波导中传播的依据。当 $k<k_c$ 时，k_z 为虚数，则传播因子 $e^{-jk_z z}$ 沿 $+Z$ 方向指数衰减，因而波不能沿波导传播；当 $k>k_c$ 时，k_z 为实数，则传播因子 $e^{-jk_z z}$ 代表沿 $+Z$ 方向传播的行波。

对于 TE 波和 TM 波，圆波导中截止波长 λ_c 和截止频率 f_c 不同，则有

$$\begin{cases}\lambda_{cTE}=\dfrac{2\pi}{k_{cTE}}=\dfrac{2\pi a}{\zeta_{mn}}\\[2ex]\lambda_{cTM}=\dfrac{2\pi}{k_{cTM}}=\dfrac{2\pi a}{\xi_{mn}}\end{cases}\tag{13-170}$$

$$\begin{cases}f_{cTE}=\dfrac{\omega_{cTE}}{2\pi}=\dfrac{1}{2\pi}\dfrac{k_{cTE}}{\sqrt{\mu\varepsilon}}=\dfrac{\upsilon}{2\pi}\dfrac{\zeta_{mn}}{a}\\[2ex]f_{cTM}=\dfrac{\omega_{cTM}}{2\pi}=\dfrac{1}{2\pi}\dfrac{k_{cTM}}{\sqrt{\mu\varepsilon}}=\dfrac{\upsilon}{2\pi}\dfrac{\xi_{mn}}{a}\end{cases}\tag{13-171}$$

式中，υ 为电磁波在无界均匀介质中的传播速度。

圆波导的传输条件可用截止波数、截止波长、截止频率表述为

$$k>\begin{cases}k_{cTE}\\k_{cTM}\end{cases}\quad\rightarrow\quad\frac{2\pi}{\lambda}>\begin{cases}\dfrac{2\pi}{\lambda_{cTE}}\\[2ex]\dfrac{2\pi}{\lambda_{cTM}}\end{cases}\tag{13-172}$$

$$\lambda<\lambda_c=\begin{cases}\lambda_{cTE}=\dfrac{2\pi a}{\zeta_{mn}}\\[2ex]\lambda_{cTM}=\dfrac{2\pi a}{\xi_{mn}}\end{cases}\tag{13-173}$$

$$f>f_c=\begin{cases}f_{cTE}=\dfrac{\upsilon}{2\pi}\dfrac{\zeta_{mn}}{a}\\[2ex]f_{cTM}=\dfrac{\upsilon}{2\pi}\dfrac{\xi_{mn}}{a}\end{cases}\tag{13-174}$$

2. 圆波导中存在的传输模式

由式(13－147)和式(13－161)知，$n\neq 0$，因此，圆形波导内不存在 TE_{m0}、TM_{m0} 模。此外，与矩形波导相比较，圆波导中对于相同 m 和 n 值的 TE_{mn} 波和 TM_{mn} 波具有不同的截止波数，因而矩形波导是简并模，而圆波导不是简并模。表 13－1 给出 TE_{mn} 模和 TM_{mn} 模的部分 ζ_{mn}、ξ_{mn} 及 λ_c 值。

由表 13－1 可以看出，圆波导中具有相同截止波长的模是 TE_{01} 和 TM_{11}、TE_{02} 和 TM_{12}。实际上，由于

$$J'_0(x)=-J_1(x)\tag{13-175}$$

即一阶柱贝塞尔函数的零点与零阶柱贝塞尔函数一阶导数的零点相同，因而零点对应的根相等，即

$$\zeta_{0n}=\xi_{1n}\tag{13-176}$$

由式(13－173)，有

$$\lambda_{cTE_{0n}}=\lambda_{cTM_{1n}}\tag{13-177}$$

这种具有相同截止波长的 TE_{0n} 模和 TM_{1n} 模称为 E－H 简并。

另外，对于相同的 n 值，当解分别取本征函数 $\sin(m\varphi)$ 和 $\cos(m\varphi)$ 时，TE_{mn} 波和 TM_{mn}

波的场分量沿 $\boldsymbol{e}_\varphi$ 方向存在着两种可能的分布，这两种分布具有相同的截止波长，仅仅是极化面旋转了 90°，这种简并称为极化简并。极化简并可应用于极化分离器、极化衰减器等。

表 13-1 部分 TE_{mn} 和 TM_{mn} 波的 ζ_{mn}、ξ_{mn} 及 λ_c 值

TE_{mn}			TM_{mn}		
波型	ζ_{mn}	$\lambda_{c\,TE}$	波型	ξ_{mn}	$\lambda_{c\,TM}$
TE_{11}	1.841	3.41*a*	TM_{01}	2.405	2.61 *a*
TE_{21}	3.054	2.06 *a*	TM_{11}	3.832	1.64 *a*
TE_{01}	3.832	1.64 *a*	TM_{21}	5.136	1.22 *a*
TE_{31}	4.201	1.50 *a*	TM_{02}	5.520	1.14 *a*
TE_{12}	5.332	1.18 *a*	TM_{31}	6.379	0.984 *a*
TE_{22}	6.705	0.94 *a*	TM_{12}	7.016	0.90 *a*
TE_{02}	7.016	0.90 *a*	TM_{22}	8.417	0.75 *a*
TE_{32}	8.015	0.78 *a*	TM_{03}	8.654	0.72 *a*

3. 相速度和波导波长

对于圆波导中的 TE_{mn} 模和 TM_{mn} 模，由于截止波长不同，因而相速度也不同。由式(13-65)有

$$v_\varphi=\begin{cases}\dfrac{v}{\sqrt{1-\left(\dfrac{\lambda}{\lambda_{cTE}}\right)^2}}=\dfrac{v}{\sqrt{1-\left(\dfrac{\lambda\zeta_{mn}}{2\pi a}\right)^2}} & (TE_{mn}\text{ 波})\\[2ex] \dfrac{v}{\sqrt{1-\left(\dfrac{\lambda}{\lambda_{cTM}}\right)^2}}=\dfrac{v}{\sqrt{1-\left(\dfrac{\lambda\xi_{mn}}{2\pi a}\right)^2}} & (TM_{mn}\text{ 波})\end{cases}\tag{13-178}$$

式中，v 为无界均匀介质中的电磁波速度，λ 对应于电磁波在介质中的波长。

由式(13-67)得波导波长为

$$\lambda_g=\begin{cases}\dfrac{\lambda}{\sqrt{1-\left(\dfrac{\lambda}{\lambda_{cTE}}\right)^2}}=\dfrac{\lambda}{\sqrt{1-\left(\dfrac{\lambda\zeta_{mn}}{2\pi a}\right)^2}} & (TE_{mn}\text{ 波})\\[2ex] \dfrac{\lambda}{\sqrt{1-\left(\dfrac{\lambda}{\lambda_{cTM}}\right)^2}}=\dfrac{\lambda}{\sqrt{1-\left(\dfrac{\lambda\xi_{mn}}{2\pi a}\right)^2}} & (TM_{mn}\text{ 波})\end{cases}\tag{13-179}$$

4. 群速度 v_g

由式(13-74)得群速度为

$$v_g=\begin{cases}v\sqrt{1-\left(\dfrac{\lambda}{\lambda_{cTE}}\right)^2}=v\sqrt{1-\left(\dfrac{\lambda\zeta_{mn}}{2\pi a}\right)^2} & (TE_{mn}\text{ 波})\\[2ex] v\sqrt{1-\left(\dfrac{\lambda}{\lambda_{cTM}}\right)^2}=v\sqrt{1-\left(\dfrac{\lambda\xi_{mn}}{2\pi a}\right)^2} & (TM_{mn}\text{ 波})\end{cases}\tag{13-180}$$

5. **波阻抗**

由式(13-76)和式(13-77)得 TE_{mn} 波和 TM_{mn} 波的波阻抗分别为

$$\eta_{TE}=\frac{\eta}{\sqrt{1-\left(\frac{\lambda}{\lambda_{cTE}}\right)^2}}=\frac{\eta}{\sqrt{1-\left(\frac{\lambda\zeta_{mn}}{2\pi a}\right)^2}} \tag{13-181}$$

$$\eta_{TM}=\eta\sqrt{1-\left(\frac{\lambda}{\lambda_{cTM}}\right)^2}=\eta\sqrt{1-\left(\frac{\lambda\xi_{mn}}{2\pi a}\right)^2} \tag{13-182}$$

式中，η 为 TEM 波在无界均匀介质中的波阻抗。

13.2.5 圆波导中的主模 TE_{11} 模

由表 13-1 可知，TE_{11} 模具有最大的截止波长，因而 TE_{11} 模是圆波导的主模。TE_{11} 模是极化简并模，也称偏振简并。本征函数取 $\sin(m\varphi)$ 为一种偏振态，取 $\cos(m\varphi)$ 为另一种偏振态，TE_{11} 模是这两种偏振模的叠加。

式(13-165)取 $m=1$，$n=1$，$\widetilde{H}_0=|\widetilde{H}_0|e^{j\varphi_h}$，$\varphi_h=0$，并乘时间因子 $e^{j\omega t}$，然后取实部，得到电磁场矢量分量瞬时表达式为

$$\begin{cases}E_\rho(\rho,\varphi,z;t)=\dfrac{1}{\zeta_{11}^2}\dfrac{\omega\mu a^2}{\rho}|\widetilde{H}_0|J_1\left(\dfrac{\zeta_{11}}{a}\rho\right)\begin{Bmatrix}\cos\varphi\\-\sin\varphi\end{Bmatrix}\sin(\omega t-k_z z)\\ E_\varphi(\rho,\varphi,z;t)=-\dfrac{\omega\mu a}{\zeta_{11}}|\widetilde{H}_0|J'_1\left(\dfrac{\zeta_{11}}{a}\rho\right)\begin{Bmatrix}\sin\varphi\\\cos\varphi\end{Bmatrix}\sin(\omega t-k_z z)\\ E_z(\rho,\varphi,z;t)=0\\ H_\rho(\rho,\varphi,z;t)=\dfrac{k_z a}{\zeta_{11}}|\widetilde{H}_0|J'_1\left(\dfrac{\zeta_{11}}{a}\rho\right)\begin{Bmatrix}\sin\varphi\\\cos\varphi\end{Bmatrix}\sin(\omega t-k_z z)\\ H_\varphi(\rho,\varphi,z;t)=\dfrac{1}{\zeta_{11}^2}\dfrac{k_z a^2}{\rho}|\widetilde{H}_0|J_1\left(\dfrac{\zeta_{11}}{a}\rho\right)\begin{Bmatrix}\cos\varphi\\-\sin\varphi\end{Bmatrix}\sin(\omega t-k_z z)\\ H_z(\rho,\varphi,z;t)=|\widetilde{H}_0|J_1\left(\dfrac{\zeta_{11}}{a}\rho\right)\begin{Bmatrix}\sin\varphi\\\cos\varphi\end{Bmatrix}\cos(\omega t-k_z z)\end{cases} \tag{13-183}$$

依据式(13-183)，下面讨论 TE_{11} 模的场分布。

1. **电场分布**

设金属圆波导内半径为 $a=5$ cm，波导内填充介质为空气，$\varepsilon=\varepsilon_0=8.85\times10^{-12}$ F/m，$\mu=\mu_0=4\pi\times10^{-7}$ H/m，$c=3.0\times10^8$ m/s。由表 13-1 可知，$\zeta_{11}=1.841$。由式(13-167)可得截止波数为

$$k_{cTE_{11}}=\frac{2\pi}{\lambda_c}=\frac{\zeta_{11}}{a}=\frac{1.841}{0.05}=36.82 \tag{13-184}$$

由式(13-171)可得截止频率为

$$f_{cTE_{11}}=\frac{c}{2\pi}\frac{\zeta_{11}}{a}=\frac{3\times10^8}{2\pi}\times36.82=1.758\ \text{GHz} \tag{13-185}$$

根据式(13-174)可知，波导工作频率 $f>f_c$，选择波导内电磁波的工作频率为 $f=2.5$ GHz。

由式(13－169)可得沿＋Z 方向的相位常数为

$$k_z=\sqrt{\omega^2\mu\varepsilon-k_c^2}=\sqrt{\frac{4\pi^2 f^2}{c^2}-36.82^2}\approx 37.23 \tag{13-186}$$

利用柱贝塞尔函数递推公式

$$\mathrm{J}'_m(x)=\mathrm{J}_{m-1}(x)-\frac{m}{x}\mathrm{J}_m(x) \tag{13-187}$$

由式(13－183)可写出横平面内电场矢量分量振幅为

$$\begin{cases} E_\rho(\rho,\ \varphi)=\dfrac{1}{\zeta_{11}^2}\dfrac{\omega\mu a^2}{\rho}\,|\widetilde{H}_0|\,\mathrm{J}_1\left(\dfrac{\zeta_{11}}{a}\rho\right)\begin{Bmatrix}\cos\varphi\\ -\sin\varphi\end{Bmatrix} \\ E_\varphi(\rho,\ \varphi)=-\dfrac{\omega\mu a}{\zeta_{11}}\,|\widetilde{H}_0|\left[\mathrm{J}_0\left(\dfrac{\zeta_{11}}{a}\rho\right)-\dfrac{a}{\zeta_{11}\rho}\mathrm{J}_1\left(\dfrac{\zeta_{11}}{a}\rho\right)\right]\begin{Bmatrix}\sin\varphi\\ \cos\varphi\end{Bmatrix}\end{cases} \tag{13-188}$$

利用柱坐标与直角坐标之间的关系式(1－47)，即

$$\begin{bmatrix}A_x\\ A_y\\ A_z\end{bmatrix}=\begin{bmatrix}\cos\varphi & -\sin\varphi & 0\\ \sin\varphi & \cos\varphi & 0\\ 0 & 0 & 1\end{bmatrix}\begin{bmatrix}A_\rho\\ A_\varphi\\ A_z\end{bmatrix} \tag{13-189}$$

可得 TE_{11} 模横平面内电场矢量分量振幅在直角坐标系下的表达式为

$$\begin{cases} E_x(x,\ y)=\cos\varphi E_\rho(\rho,\ \varphi)-\sin\varphi E_\varphi(\rho,\ \varphi) \\ E_y(x,\ y)=\sin\varphi E_\rho(\rho,\ \varphi)+\cos\varphi E_\varphi(\rho,\ \varphi)\end{cases} \tag{13-190}$$

式中：

$$\rho=\sqrt{x^2+y^2},\quad \varphi=\arctan\frac{y}{x} \tag{13-191}$$

依据式(13－190)和式(13－188)，取 $|\widetilde{H}_0|=0.01$，$-5\ \mathrm{cm}\leqslant x\leqslant +5\ \mathrm{cm}$，$-5\ \mathrm{cm}\leqslant y\leqslant +5\ \mathrm{cm}$，并将 $\zeta_{11}=1.841$，$k_z=37.23$ 和 $a=5$ cm 代入，横平面 XY 面内电场矢量分布仿真计算结果如图 13－5 所示，图 13－5(a)对应于本征函数 $\sin(m\varphi)$，图 13－5(b)对应于本征函数 $\cos(m\varphi)$，图 13－5(c)为两种偏振态的叠加。

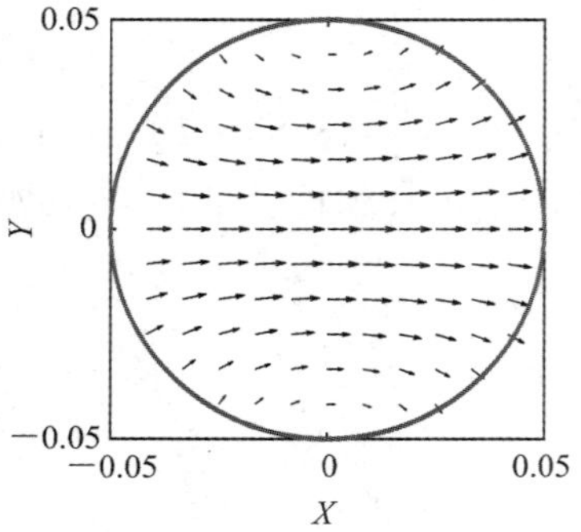

(a) 本征函数cos($m\varphi$)

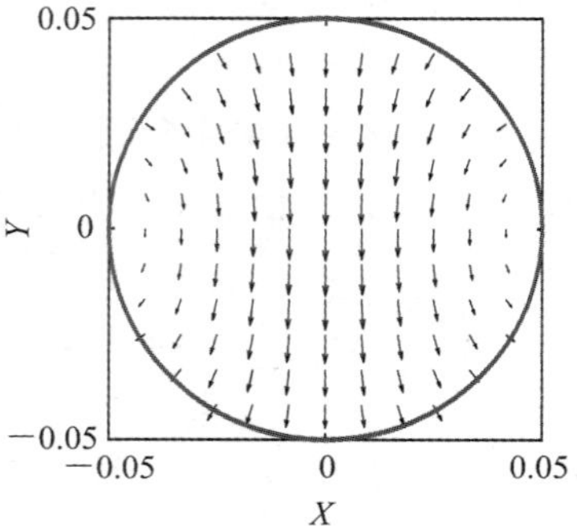

(b) 本征函数sin($m\varphi$)

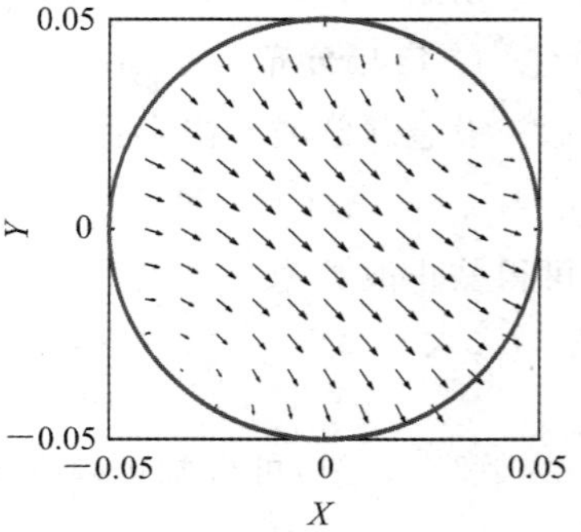

(c) 两种偏振态的叠加

图 13－5　圆波导 TE_{11} 模横平面 XY 面内电场矢量分布

2. 磁场分布

由式(13－183)，并利用式(13－187)，可写出横平面内磁场矢量的分量振幅为

$$\begin{cases} H_\rho(\rho,\varphi)=\dfrac{k_z a}{\zeta_{11}}\left|\widetilde{H}_0\right|\left[\mathrm{J}_0\left(\dfrac{\zeta_{11}}{a}\rho\right)-\dfrac{a}{\zeta_{11}\rho}\mathrm{J}_1\left(\dfrac{\zeta_{11}}{a}\rho\right)\right]\begin{Bmatrix}\sin\varphi\\ \cos\varphi\end{Bmatrix} \\ H_\varphi(\rho,\varphi)=\dfrac{1}{\zeta_{11}^2}\dfrac{k_z a^2}{\rho}\left|\widetilde{H}_0\right|\mathrm{J}_1\left(\dfrac{\zeta_{11}}{a}\rho\right)\begin{Bmatrix}\cos\varphi\\ -\sin\varphi\end{Bmatrix}\end{cases} \tag{13-192}$$

再利用式(13－189)，可得 TE_{11} 模横平面内磁场矢量的分量振幅在直角坐标系下的表达式为

$$\begin{cases} H_x(x,y)=\cos\varphi H_\rho(\rho,\varphi)-\sin\varphi H_\varphi(\rho,\varphi) \\ H_y(x,y)=\sin\varphi H_\rho(\rho,\varphi)+\cos\varphi H_\varphi(\rho,\varphi)\end{cases} \tag{13-193}$$

依据式(13－193)和式(13－192)，取 $\left|\widetilde{H}_0\right|=0.01$，$-5\ \mathrm{cm}\leqslant x\leqslant +5\ \mathrm{cm}$，$-5\ \mathrm{cm}\leqslant y\leqslant +5\ \mathrm{cm}$，并将 $\zeta_{11}=1.841$，$k_z=37.23$ 和 $a=5\ \mathrm{cm}$ 代入，横平面 XY 面内磁场矢量分布的仿真计算结果如图 13－6 所示，图 13－6(a)对应于本征函数 $\sin(m\varphi)$，图 13－6(b)对应于本征函数 $\cos(m\varphi)$，图 13－6(c)为两种偏振态的叠加。

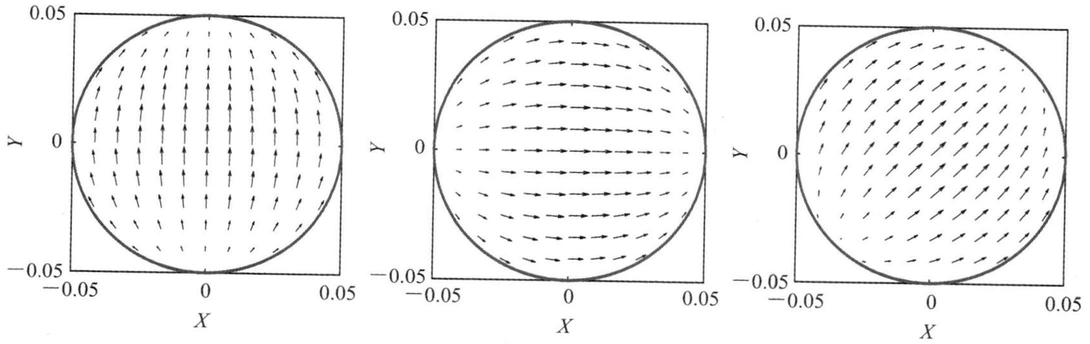

(a) 本征函数sin(mφ)　(b) 本征函数cos(mφ)　(c) 两种偏振态的叠加

图 13－6　圆波导 TE_{11} 模横平面 XY 面内磁场矢量分布

3. 波导内壁的面电流分布

由于金属导体内磁场为零，因此根据式(6－36)，可写出圆波导内壁表面的面电流密度矢量为

$$\boldsymbol{J}_S\big|_{\rho=a}=\boldsymbol{n}\times\boldsymbol{H}_1\big|_{\rho=a}=-\boldsymbol{e}_\rho\times(H_\rho\boldsymbol{e}_\rho+H_\varphi\boldsymbol{e}_\varphi+H_z\boldsymbol{e}_z)\big|_{\rho=a}=(H_z\boldsymbol{e}_\varphi-H_\varphi\boldsymbol{e}_z)\big|_{\rho=a} \tag{13-194}$$

式中，$\boldsymbol{n}=-\boldsymbol{e}_\rho$ 为圆波导内壁壁面的法向单位矢量。取 $t=0$、$\rho=a$，由式(13－183)得

$$\begin{cases} H_\varphi(a,\varphi,z)=-\dfrac{k_z a}{\zeta_{11}^2}\left|\widetilde{H}_0\right|\mathrm{J}_1(\zeta_{11})\begin{Bmatrix}\cos\varphi\\ -\sin\varphi\end{Bmatrix}\sin(k_z z) \\ H_z(a,\varphi,z)=\left|\widetilde{H}_0\right|\mathrm{J}_1(\zeta_{11})\begin{Bmatrix}\sin\varphi\\ \cos\varphi\end{Bmatrix}\cos(k_z z)\end{cases} \tag{13-195}$$

依据式(13－194)，并将式(13－195)代入，取 $\left|\widetilde{H}_0\right|=0.01$，$z=0\sim 25\ \mathrm{cm}$，$a=5\ \mathrm{cm}$，并将 $k_z=37.23$ 和 $\zeta_{11}=1.841$ 代入，则圆波导壁面 $t=0$ 时刻面电流密度矢量的仿真计算结果如图 13－7 所示。

由以上讨论可知，圆波导内 TE_{11} 模横平面内电磁场分布不具有圆对称性，且 TE_{11} 模是两种偏振态的叠加。另外，由于圆波导在加工时会产生很小的椭圆度，使 TE_{11} 模在波导中传输过程中偏振方向发生偏转，因而 TE_{11} 模不能单模传输。但圆波导 TE_{11} 模与矩形波导 TE_{01} 模的电磁场分布很相似，利用这种相似性可以做成矩形-圆形波导转换器，如图13－8所示。

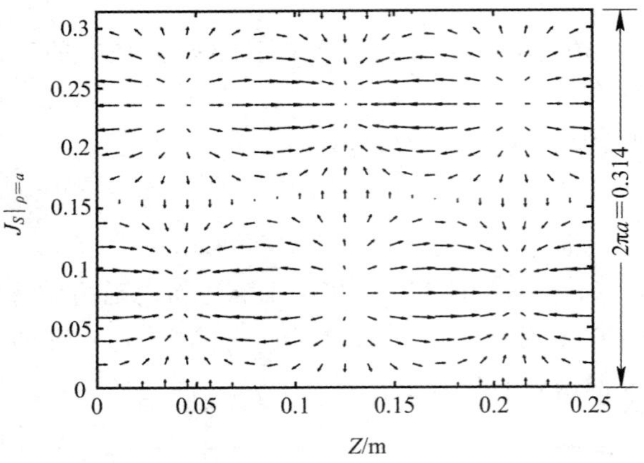

图 13－7 圆波导 TE_{11} 模壁面面电流密度矢量分布

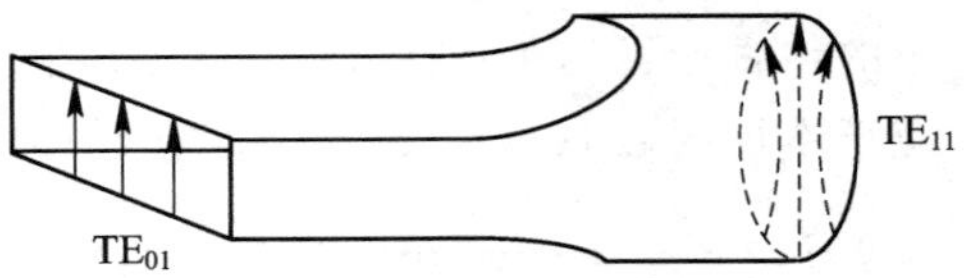

图 13－8 矩形波导-圆波导转换器

13.2.6 圆波导中的 TM_{01} 模

由式(13－166)可知，取 $m=0$，$n=1$，并利用式(13－175)，得 TM_{01} 模电场和磁场复振幅矢量的分量表达式为

$$\begin{cases}\widetilde{E}_\rho(\rho,\ \varphi,\ z)=\mathrm{j}\,\dfrac{k_z a}{\xi_{01}}\widetilde{E}_0\mathrm{J}_1\left(\dfrac{\xi_{01}}{a}\rho\right)\mathrm{e}^{-\mathrm{j}k_z z}\\ \widetilde{E}_z(\rho,\ \varphi,\ z)=\widetilde{E}_0\mathrm{J}_0\left(\dfrac{\xi_{01}}{a}\rho\right)\mathrm{e}^{-\mathrm{j}k_z z}\\ \widetilde{H}_\varphi(\rho,\ \varphi,\ z)=\mathrm{j}\,\dfrac{\omega\varepsilon a}{\xi_{01}}\widetilde{E}_0\mathrm{J}_1\left(\dfrac{\xi_{01}}{a}\rho\right)\mathrm{e}^{-\mathrm{j}k_z z}\\ \widetilde{E}_\varphi(\rho,\ \varphi,\ z)=\widetilde{H}_\rho(\rho,\ \varphi,\ z)=\widetilde{H}_z(\rho,\ \varphi,\ z)=0\end{cases} \tag{13-196}$$

式(13－196)乘时间因子 $\mathrm{e}^{\mathrm{j}\omega t}$，取 $\widetilde{E}_0=|\widetilde{E}_0|\mathrm{e}^{\mathrm{j}\varphi_e}$，$\varphi_e=0$，然后取实部，得到电场和磁场矢量分量的瞬时表达式为

$$\begin{cases}E_\rho(\rho,\ \varphi,\ z;\ t)=-\dfrac{k_z a}{\xi_{01}}|\widetilde{E}_0|\mathrm{J}_1\left(\dfrac{\xi_{01}}{a}\rho\right)\sin(\omega t-k_z z)\\ E_z(\rho,\ \varphi,\ z;\ t)=|\widetilde{E}_0|\mathrm{J}_0\left(\dfrac{\xi_{01}}{a}\rho\right)\cos(\omega t-k_z z)\\ H_\varphi(\rho,\ \varphi,\ z;\ t)=-\dfrac{\omega\varepsilon a}{\xi_{01}}|\widetilde{E}_0|\mathrm{J}_1\left(\dfrac{\xi_{01}}{a}\rho\right)\sin(\omega t-k_z z)\\ E_\varphi(\rho,\ \varphi,\ z;\ t)=H_\rho(\rho,\ \varphi,\ z;\ t)=H_z(\rho,\ \varphi,\ z;\ t)=0\end{cases} \tag{13-197}$$

依据式(13－197)，下面讨论 TM_{01} 模在 $t=0$ 时刻的场分布。

1. 电场分布

对于 TM_{01} 模，$m=0$，$n=1$，由表 13－1 可知，$\xi_{01}=2.405$。由式(13－168)可得截止波数为

$$k_{cTM_{01}}=\frac{2\pi}{\lambda_c}=\frac{\xi_{01}}{a}=\frac{2.405}{0.05}=48.1 \tag{13-198}$$

由式(13－171)可得截止频率为

$$f_{cTM_{01}}=\frac{v}{2\pi}\frac{\xi_{01}}{a}=\frac{3\times10^8}{2\pi}\times48.1\approx2.297\quad \text{GHz} \tag{13-199}$$

选择工作频率为 $f=2.5$ GHz，根据式(13－174)可知，显然满足传输的条件 $f>f_c$。由式(13－169)，可得沿 $+Z$ 方向的相位常数为

$$k_z=\sqrt{\omega^2\mu\varepsilon-k_c^2}=\sqrt{\frac{4\pi^2f^2}{c^2}-48.1^2}\approx20.69 \tag{13-200}$$

由式(13－197)可以看出，波导横平面 XY 面内电场矢量仅有 E_ρ 分量，因而电力线在横平面 XY 面内呈辐射状。利用柱坐标与直角坐标之间的关系式(13－189)，将式(13－197)的第一式代入式(13－189)，可得直角坐标系下横平面 XY 面内电场矢量分量振幅表达式为

$$\begin{cases}E_x(\rho,\varphi)=-\dfrac{k_za}{\xi_{01}}\,|\widetilde{E}_0|\,J_1\left(\dfrac{\xi_{01}}{a}\rho\right)\cos\varphi\\[2ex] E_y(\rho,\varphi)=-\dfrac{k_za}{\xi_{01}}\,|\widetilde{E}_0|\,J_1\left(\dfrac{\xi_{01}}{a}\rho\right)\sin\varphi\end{cases} \tag{13-201}$$

式中，ρ 和 φ 由式(13－191)确定。

依据式(13－201)，并利用式(13－191)，取 $|\widetilde{E}_0|=1$，$-5\text{ cm}\leqslant x\leqslant+5\text{ cm}$，$-5\text{ cm}\leqslant y\leqslant+5\text{ cm}$，并将 $\xi_{01}=2.405$，$k_z=20.69$ 和 $a=5$ cm 代入，横平面 XY 面内电场矢量的分布仿真计算结果如图 13－9(a)所示。

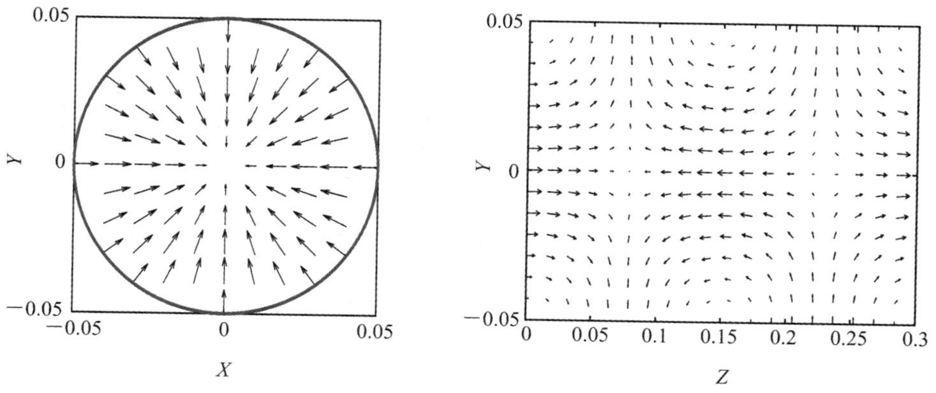

(a) 横平面XY面内电场矢量分布　　(b) 纵剖面YZ面内电场矢量分布

图 13－9　圆波导 TM_{01} 模电场矢量分布

由式(13－197)，取 $t=0$，$\varphi=\pi/2$，并利用式(13－189)，可得纵剖面 YZ 面内电场矢量分量表达式为

$$\begin{cases} E_y\left(y,\ \frac{\pi}{2},\ z\right) = \frac{k_z a}{\xi_{01}}\,|\widetilde{E}_0|\,\mathrm{J}_1\left(\frac{\xi_{01}}{a}y\right)\sin(k_z z) \\ E_z\left(y,\ \frac{\pi}{2},\ z\right) = |\widetilde{E}_0|\,\mathrm{J}_0\left(\frac{\xi_{01}}{a}y\right)\cos(k_z z) \end{cases} \tag{13-202}$$

依据式(13－202)，取 $|\widetilde{E}_0|=1$，$-5\ \text{cm}\leqslant y\leqslant +5\ \text{cm}$，$0\leqslant z\leqslant +30\ \text{cm}$，并将 $\xi_{01}=2.405$，$k_z=20.69$ 和 $a=5$ cm 代入，纵剖面 YZ 面内电场矢量分布的仿真计算结果如图 13－9(b)所示。

2. 磁场分布

由式(13－197)可知，波导横平面 XY 面内磁场矢量仅有 H_φ 分量，因而磁力线在横平面 XY 面内呈同心圆。将式(13－197)的第三式代入式(13－189)，可得横平面 XY 面内磁场矢量分量振幅表达式为

$$\begin{cases} H_x(\rho,\ \varphi) = \frac{\omega\varepsilon a}{\xi_{01}}\,|\widetilde{E}_0|\,\mathrm{J}_1\left(\frac{\xi_{01}}{a}\rho\right)\sin\varphi \\ H_y(\rho,\ \varphi) = -\frac{\omega\varepsilon a}{\xi_{01}}\,|\widetilde{E}_0|\,\mathrm{J}_1\left(\frac{\xi_{01}}{a}\rho\right)\cos\varphi \end{cases} \tag{13-203}$$

依据式(13－203)，并利用式(13－191)，取 $|\widetilde{E}_0|=1$，$-5\ \text{cm}\leqslant x\leqslant +5\ \text{cm}$，$-5\ \text{cm}\leqslant y\leqslant +5\ \text{cm}$，并将 $\varepsilon=\varepsilon_0=8.85\times10^{-12}\,\text{F/m}$，$f=2.5\ \text{GHz}$，$\xi_{01}=2.405$ 和 $a=5$ cm 代入，横平面 XY 面内磁场矢量的分布仿真计算结果如图 13－10(a)所示。

由式(13－197)可知，磁场矢量振幅为

$$H_\varphi(\rho) = \frac{\omega\varepsilon a}{\xi_{01}}\,|\widetilde{E}_0|\,\mathrm{J}_1\left(\frac{\xi_{01}}{a}\rho\right) \tag{13-204}$$

显然，振幅仅与 ρ 有关，其分布如图 13－10(b)所示。

由于磁场矢量仅有 H_φ 分量，在纵剖面 YZ 面内，磁场矢量 $H_\varphi \boldsymbol{e}_\varphi$ 垂直于 YZ 面。

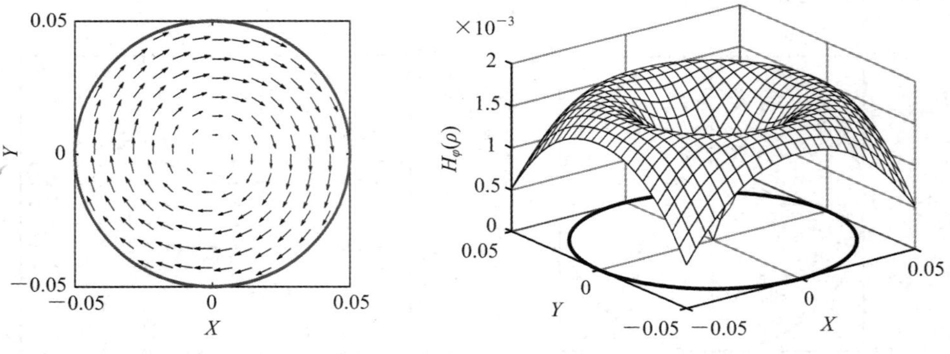

(a) 矢量分布　　(b) 振幅分布

图 13－10　圆波导 TM_{01} 模横平面 XY 面内磁场分布

3. 波导内壁的面电流分布

由于金属导体内磁场为零，根据式(13－85)，可写出圆波导内壁表面的面电流密度矢量为

$$\boldsymbol{J}_S\big|_{\rho=a} = \boldsymbol{n}\times\boldsymbol{H}_1\big|_{\rho=a} = -\boldsymbol{e}_\rho\times(H_\rho\boldsymbol{e}_\rho + H_\varphi\boldsymbol{e}_\varphi + H_z\boldsymbol{e}_z)\big|_{\rho=a} \tag{13-205}$$

式中，$\boldsymbol{n}=-\boldsymbol{e}_\rho$，为圆波导内壁壁面的法向单位矢量。由于磁场矢量仅有 H_φ 分量，且 $\boldsymbol{e}_\rho\times\boldsymbol{e}_\varphi=\boldsymbol{e}_z$，因此将式(13-197)的第三式代入式(13-205)，并取 $t=0$，得到

$$\boldsymbol{J}_S\mid_{\rho=a}=\boldsymbol{n}\times\boldsymbol{H}_1=-H_\varphi\boldsymbol{e}_z\mid=-\frac{\omega\varepsilon a}{\xi_{01}}\mid\widetilde{E}_0\mid \mathrm{J}_1(\xi_{01})\sin(k_z z)\boldsymbol{e}_z \tag{13-206}$$

依据式(13-206)，取 $|\widetilde{E}_0|=1$，$z=0\sim30$ cm，$a=5$ cm，并将 $\varepsilon=\varepsilon_0=8.85\times10^{-12}$ F/m，$f=2.5$ GHz，$k_z=20.69$ 和 $\xi_{01}=2.405$ 代入，圆波导壁面 $t=0$ 时刻的面电流密度矢量的仿真计算结果如图13-11所示。壁面磁场矢量仅有 $\widetilde{H}_\varphi$ 分量，所以壁面磁场 $\widetilde{H}_\varphi\boldsymbol{e}_\varphi$ 与 $\boldsymbol{J}_S\mid_{\rho=a}$ 相垂直。

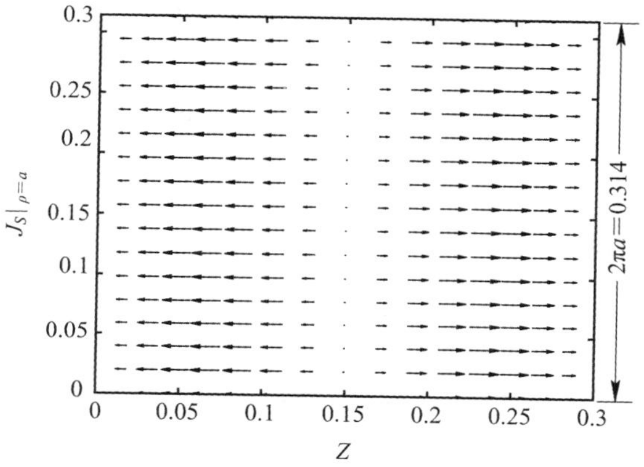

图13-11 圆波导 TM_{01} 模壁面的面电流密度矢量分布

由上述讨论可以看出，圆波导 TM_{01} 模的主要特点是：场分量具有轴对称性，沿 $\boldsymbol{e}_\varphi$ 方向的场分量没有变化，且没有简并；其次，磁场仅有 H_φ 分量，壁面电流沿 $\boldsymbol{e}_z$ 方向。基于这个特点，TM_{01} 模可用作雷达天线和馈线之间的旋转接头，当发射机通过馈线输送能量给发射天线时，馈线静止，而天线做扇形或圆周扫描时，并不影响辐射能量。此外，由于在轴线上 TM_{01} 模具有较强的 E_z 分量，因此一些微波管和直线电子加速器所用的谐振腔等就利用它与轴线运动的电子流进行有效的能量交换。

13.2.7 圆波导中的 TE_{01} 模

由式(13-165)，取 $m=0$，$n=1$，并利用式(13-175)，得 TE_{01} 模电场和磁场复振幅矢量分量表达式为

$$\begin{cases}\widetilde{E}_\varphi(\rho,\varphi,z)=-\mathrm{j}\dfrac{\omega\mu a}{\zeta_{01}}\widetilde{H}_0\mathrm{J}_1\left(\dfrac{\zeta_{01}}{a}\rho\right)\mathrm{e}^{-\mathrm{j}k_z z}\\ \widetilde{H}_\rho(\rho,\varphi,z)=\mathrm{j}\dfrac{k_z a}{\zeta_{01}}\widetilde{H}_0\mathrm{J}_1\left(\dfrac{\zeta_{01}}{a}\rho\right)\mathrm{e}^{-\mathrm{j}k_z z}\\ \widetilde{H}_z(\rho,\varphi,z)=\widetilde{H}_0\mathrm{J}_0\left(\dfrac{\zeta_{01}}{a}\rho\right)\mathrm{e}^{-\mathrm{j}k_z z}\\ \widetilde{E}_\rho(\rho,\varphi,z)=\widetilde{E}_z(\rho,\varphi,z)=\widetilde{H}_\varphi(\rho,\varphi,z)=0\end{cases} \tag{13-207}$$

将式(13-207)乘时间因子 $e^{j\omega t}$，取 $\widetilde{H}_0=|\widetilde{H}_0|e^{j\varphi_h}$，$\varphi_h=0$，然后取实部，得到电场和磁场矢量分量的瞬时表达式为

$$\begin{cases} E_\varphi(\rho,\varphi,z;t)=\dfrac{\omega\mu a}{\zeta_{01}}|\widetilde{H}_0|J_1\left(\dfrac{\zeta_{01}}{a}\rho\right)\sin(\omega t-k_z z) \\ H_\rho(\rho,\varphi,z;t)=-\dfrac{k_z a}{\zeta_{01}}|\widetilde{H}_0|J_1\left(\dfrac{\zeta_{01}}{a}\rho\right)\sin(\omega t-k_z z) \\ H_z(\rho,\varphi,z;t)=|\widetilde{H}_0|J_0\left(\dfrac{\zeta_{01}}{a}\rho\right)\cos(\omega t-k_z z) \\ E_\rho(\rho,\varphi,z;t)=E_z(\rho,\varphi,z;t)=H_\varphi(\rho,\varphi,z;t)=0 \end{cases} \tag{13-208}$$

依据式(13-208)，下面讨论 TE_{01} 模在 $t=0$ 时刻的场分布。

1. 电场分布

对于 TE_{01} 模，由表13-1可知，$\zeta_{01}=3.832$，由式(13-167)可得截止波数为

$$k_{cTE_{01}}=\frac{\zeta_{01}}{a}=\frac{3.832}{0.05}=76.64 \tag{13-209}$$

由式(13-171)可得截止频率为

$$f_{cTE_{01}}=\frac{v}{2\pi}\frac{\zeta_{01}}{a}=\frac{3\times10^8}{2\pi}\times76.64\approx3.66\text{ GHz} \tag{13-210}$$

根据式(13-174)可知，传输条件 $f>f_c$，选择工作频率 $f=4$ GHz。由式(13-169)，有

$$k_z=\sqrt{\omega^2\mu\varepsilon-k_c^2}=\sqrt{\frac{4\pi^2f^2}{c^2}-76.64^2}\approx33.83 \tag{13-211}$$

由式(13-208)可以看出，波导横平面 XY 面内的电场矢量仅有 E_φ 分量，所以电力线在横平面 XY 内呈同心圆。将式(13-208)的第一式代入式(13-189)，可得横平面 XY 面内的电场矢量分量振幅表达式为

$$\begin{cases} E_x(\rho,\varphi)=-\dfrac{\omega\mu a}{\zeta_{01}}|\widetilde{H}_0|J_1\left(\dfrac{\zeta_{01}}{a}\rho\right)\sin\varphi \\ E_y(\rho,\varphi)=\dfrac{\omega\mu a}{\zeta_{01}}|\widetilde{H}_0|J_1\left(\dfrac{\zeta_{01}}{a}\rho\right)\cos\varphi \end{cases} \tag{13-212}$$

依据式(13-212)，并利用式(13-191)，取 $|\widetilde{H}_0|=0.01$，$-5\text{ cm}\leqslant x\leqslant+5\text{ cm}$，$-5\text{ cm}\leqslant y\leqslant+5\text{ cm}$，并将 $\mu=\mu_0=4\pi\times10^{-7}$，$f=4$ GHz，$\zeta_{01}=3.832$ 和 $a=5$ cm 代入，横平面 XY 面内电场矢量分布的仿真计算结果如图13-12(a)所示。

由式(13-208)可写出电场矢量振幅为

$$E_\varphi(\rho)=\frac{\omega\mu a}{\zeta_{01}}|\widetilde{H}_0|J_1\left(\frac{\zeta_{01}}{a}\rho\right) \tag{13-213}$$

电场矢量振幅仅与 ρ 有关，其分布如图13-12(b)所示。

由于电场矢量仅有 E_φ 分量，在纵剖面 YZ 面内，电场矢量 $E_\varphi e_\varphi$ 垂直于 YZ 面。

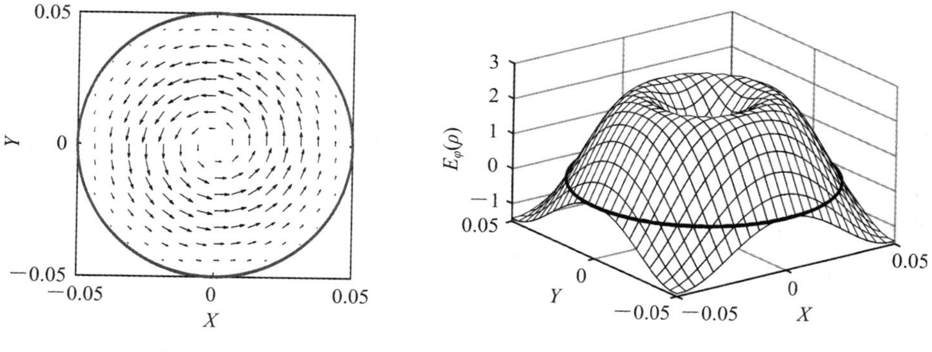

(a) 矢量分布　　(b) 振幅分布

图 13-12　圆波导 TE_{01} 模横平面 XY 面内的电场分布

2. 磁场分布

由式(13-208)可以看出，波导横平面 XY 面内磁场矢量仅有 H_ρ 分量，所以磁力线在横平面内呈辐射状。利用柱坐标与直角坐标之间的关系式(13-189)，将式(13-208)的第二式代入式(13-189)，可得直角坐标系下横平面 XY 面内的磁场矢量分量振幅表达式为

$$\begin{cases} H_x(\rho,\ \varphi)=-\dfrac{k_z a}{\zeta_{01}}\,|\,\widetilde{H}_0\,|\,\mathrm{J}_1\left(\dfrac{\zeta_{01}}{a}\rho\right)\cos\varphi \\ H_y(\rho,\ \varphi)=-\dfrac{k_z a}{\zeta_{01}}\,|\,\widetilde{H}_0\,|\,\mathrm{J}_1\left(\dfrac{\zeta_{01}}{a}\rho\right)\sin\varphi \end{cases} \tag{13-214}$$

式中，ρ 和 φ 由式(13-191)确定。

依据式(13-214)，并利用式(13-191)，取 $|\widetilde{H}_0|=0.01$，$-5\ \text{cm}\leqslant x\leqslant+5\ \text{cm}$，$-5\ \text{cm}\leqslant y\leqslant+5\ \text{cm}$，并将 $k_z\approx33.83$，$k_c=76.64$，$\zeta_{01}=3.832$ 和 $a=5$ cm 代入，横平面 XY 面内磁场矢量分布的仿真计算结果如图 13-13(a)所示。

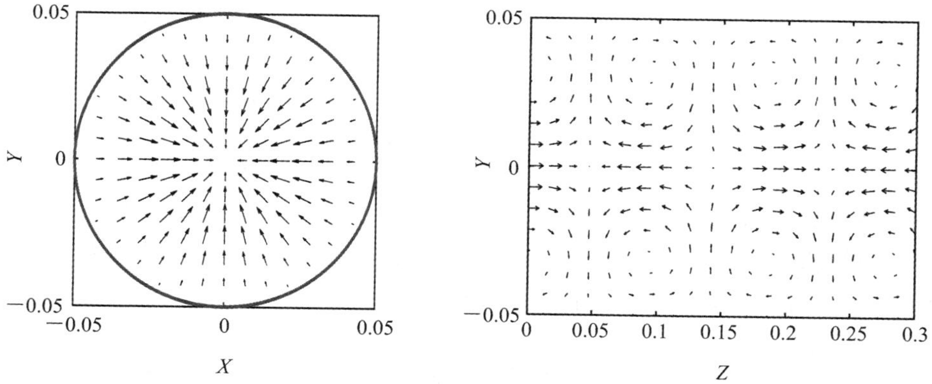

(a) 横平面XY面内的磁场矢量分布　　(b) 纵剖面YZ面内的磁场矢量分布

图 13-13　圆波导 TE_{01} 模磁场分布

由式(13-208)，取 $t=0$，$\varphi=\pi/2$，并利用式(13-189)，可得纵剖面 YZ 面内磁场矢量分量表达式为

$$\begin{cases} H_y\left(\rho, \dfrac{\pi}{2}, z\right) = \dfrac{k_z a}{\zeta_{01}} |\widetilde{H}_0| \mathrm{J}_1\left(\dfrac{\zeta_{01}}{a}\rho\right)\sin(k_z z) \\ H_z\left(\rho, \dfrac{\pi}{2}, z\right) = |\widetilde{H}_0| \mathrm{J}_0\left(\dfrac{\zeta_{01}}{a}\rho\right)\cos(k_z z) \end{cases} \tag{13-215}$$

依据式(13-215)，取 $|\widetilde{H}_0| = 0.01$，$-5\ \mathrm{cm} \leqslant y \leqslant +5\ \mathrm{cm}$，$z = 0 \sim 20\ \mathrm{cm}$，并将 $k_z \approx 33.83$，$k_c = 76.64$，$\zeta_{01} = 3.832$ 和 $a = 5\ \mathrm{cm}$ 代入，纵剖面 YZ 面内磁场矢量分布的仿真计算结果如图 13-13(b)所示。

3. 波导内壁面电流分布

由式(13-208)可知，磁场矢量存在两个分量 H_ρ 和 H_z，将 H_ρ 和 H_z 代入式(13-205)，并利用 $\boldsymbol{e}_\rho \times \boldsymbol{e}_\rho = 0$，$\boldsymbol{e}_\rho \times \boldsymbol{e}_z = -\boldsymbol{e}_\varphi$，得到

$$\boldsymbol{J}_S\big|_{\rho=a} = -\boldsymbol{e}_\rho \times (H_\rho \boldsymbol{e}_\rho + H_\varphi \boldsymbol{e}_\varphi + H_z \boldsymbol{e}_z) = H_z \boldsymbol{e}_\varphi = |\widetilde{H}_0| \mathrm{J}_0\left(\frac{\zeta_{01}}{a}\rho\right)\cos(\omega t - k_z z)\boldsymbol{e}_\varphi \tag{13-216}$$

依据式(13-216)，取 $|\widetilde{H}_0| = 0.01$，$z = 0 \sim 30\ \mathrm{cm}$，$k_c = 76.64$，$k_z \approx 33.83$ 代入式(13-216)，则圆波导壁面 $t = 0$ 时刻的面电流密度矢量的仿真计算结果如图 13-14 所示。壁面磁场 $H_z \boldsymbol{e}_z\big|_{\rho=a}$ 沿 $\boldsymbol{e}_z$ 方向，与壁面电流 $\boldsymbol{J}_S\big|_{\rho=a}$ 相互垂直。

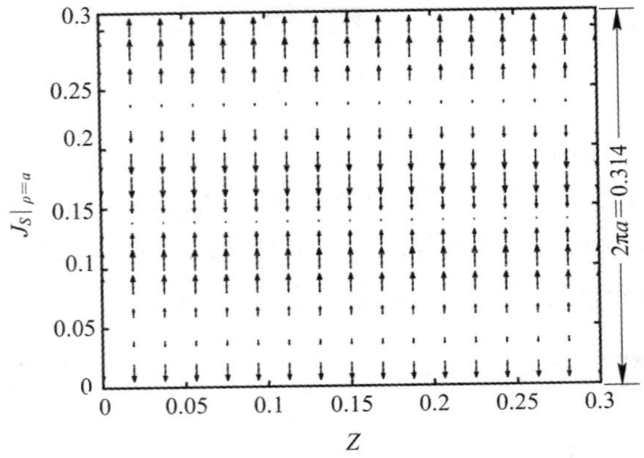

图 13-14　圆波导 TE_{01} 模壁面的面电流密度矢量分布

由式(13-208)可以看出，圆波导 TE_{01} 模场分量与 φ 无关，即场分布具有轴对称性；其次，壁面电流沿 $\boldsymbol{e}_\varphi$ 方向没有纵向分量。TE_{01} 模的这一特点适合用作高品质因素 Q 谐振腔工作模式，也可用作毫米波的远距离波导通信。但是，由于 TE_{01} 模并非圆波导的主模，且与 TM_{11} 模简并，因此为了实现单模传输，必须滤除其他干扰模式。

13.3　圆波导的传输功率及尺寸选择

13.3.1　圆波导的传输功率

与矩形波导相同，无限长金属圆波导的传输功率等于平均坡印廷矢量 $\boldsymbol{S}_{av}$ 在波导横截面内的积分，即式(13-96)。将式(13-165)中的电场复振幅矢量和磁场复振幅矢量代入式(13-96)，积分可得对应于 TE_{mn} 不同模式的传输功率，将式(13-166)中的电场复振幅矢

量和磁场复振幅矢量代入式(13-96)，积分可得对应于 TM_{mn} 不同模式的传输功率。但是，圆波导与矩形波导不同，由式(13-165)和式(13-166)不难看出，圆波导解的横向分量解析式中包含柱贝塞尔函数的导数，由此造成式(13-96)的积分很困难。为了解决式(13-96)积分困难的问题，可通过横向场分量与纵向场分量的关系，把金属圆波导传输功率的计算表达为纵向分量的积分。

可以证明，金属圆波导传输功率的计算公式为①

$$P_{\mathrm{TE}}=\frac{1}{2}\frac{\omega\mu k_z}{k_c^2}\iint_{(S)}|\widetilde{H}_z|^2\mathrm{d}S \tag{13-217}$$

$$P_{\mathrm{TM}}=\frac{1}{2}\frac{\omega\varepsilon k_z}{k_c^2}\iint_{(S)}|\widetilde{E}_z|^2\mathrm{d}S \tag{13-218}$$

由式(13-165)，有

$$\widetilde{H}_z(\rho,\ \varphi,\ z)=\widetilde{H}_0\mathrm{J}_m\left(\frac{\zeta_{mn}}{a}\rho\right)\begin{Bmatrix}\sin(m\varphi)\\ \cos(m\varphi)\end{Bmatrix}\mathrm{e}^{-\mathrm{j}k_z z} \tag{13-219}$$

则

$$|\widetilde{H}_z|^2=\widetilde{H}_z\widetilde{H}_z^*=|\widetilde{H}_0|\mathrm{J}_m^2\left(\frac{\zeta_{mn}}{a}\rho\right)\begin{Bmatrix}\sin^2(m\varphi)\\ \cos^2(m\varphi)\end{Bmatrix} \tag{13-220}$$

将式(13-220)代入式(13-217)积分，有

$$P_{\mathrm{TE}}=\frac{1}{2}\frac{\omega\mu k_z}{k_c^2}|\widetilde{H}_0|\int_0^{2\pi}\begin{Bmatrix}\sin^2(m\varphi)\\ \cos^2(m\varphi)\end{Bmatrix}\mathrm{d}\varphi\int_0^a\mathrm{J}_m^2\left(\frac{\zeta_{mn}}{a}\rho\right)\rho\mathrm{d}\rho \tag{13-221}$$

由式(13-166)，有

$$\widetilde{E}_z(\rho,\ \varphi,\ z)=\widetilde{E}_0\mathrm{J}_m\left(\frac{\xi_{mn}}{a}\rho\right)\begin{Bmatrix}\cos(m\varphi)\\ \sin(m\varphi)\end{Bmatrix}\mathrm{e}^{-\mathrm{j}k_z z} \tag{13-222}$$

则

$$|\widetilde{E}_z|^2=\widetilde{E}_z\widetilde{E}_z^*=|\widetilde{E}_0|^2\mathrm{J}_m^2\left(\frac{\xi_{mn}}{a}\rho\right)\begin{Bmatrix}\cos^2(m\varphi)\\ \sin^2(m\varphi)\end{Bmatrix} \tag{13-223}$$

将式(13-223)代入式(13-218)，有

$$P_{\mathrm{TM}}=\frac{1}{2}\frac{\omega\varepsilon k_z}{k_c^2}|\widetilde{E}_0|^2\int_0^{2\pi}\begin{Bmatrix}\cos^2(m\varphi)\\ \sin^2(m\varphi)\end{Bmatrix}\mathrm{d}\varphi\int_0^a\mathrm{J}_m^2\left(\frac{\xi_{mn}}{a}\rho\right)\rho\mathrm{d}\rho \tag{13-224}$$

利用积分②

$$\int_0^a[\mathrm{J}_m(k_i\rho)]^2\rho\mathrm{d}\rho=\frac{a^2}{2}\left\{[\mathrm{J'}_m(k_ia)]^2+\left(1-\frac{m^2}{k_i^2a^2}\right)[\mathrm{J}_m(k_ia)]^2\right\} \tag{13-225}$$

和

$$\int_0^{2\pi}\begin{Bmatrix}\sin^2(mu)\\ \cos^2(mu)\end{Bmatrix}\mathrm{d}u=\frac{1}{m}\left[\frac{mu}{2}\mp\frac{1}{4}\sin(2mu)\right]_0^{2\pi}=\pi \tag{13-226}$$

最后得到

$$P_{\mathrm{TE}}=\frac{1}{4}\frac{\pi\omega\mu k_z a^2}{k_c^2}|\widetilde{H}_0|\left\{[\mathrm{J'}_m(\zeta_{mn})]^2+\left(1-\frac{m^2}{\zeta_{mn}^2}\right)[\mathrm{J}_m(\zeta_{mn})]^2\right\} \tag{13-227}$$

---

① 证明见附录Ⅶ中的式(Ⅶ-85)和式(Ⅶ-86)。

② 郭敦仁：《数学物理方法》，人民教育出版社，1979，第300页。

$$P_{\mathrm{TM}}=\frac{1}{4}\frac{\pi\omega\varepsilon k_z a^2}{k_c^2}|\widetilde{E}_0|\left\{[\mathrm{J}'_m(\xi_{mn})]^2+\left(1-\frac{m^2}{\xi_{mn}^2}\right)[\mathrm{J}_m(\xi_{mn})]^2\right\} \tag{13-228}$$

对于 TE_{mn} 模，由式(13-161)知，$\mathrm{J}'_m(\zeta_{mn})=0$，代入式(13-227)，得到

$$P_{\mathrm{TE}}=\frac{1}{4}\frac{\pi\omega\mu k_z a^2}{k_c^2}|\widetilde{H}_0|\left\{\left(1-\frac{m^2}{\zeta_{mn}^2}\right)[\mathrm{J}_m(\zeta_{mn})]^2\right\} \tag{13-229}$$

对于 TM_{mn} 模，由式(13-147)知，$\mathrm{J}_m(\xi_{mn})=0$，代入式(13-228)，得到

$$P_{\mathrm{TM}}=\frac{1}{4}\frac{\pi\omega\varepsilon k_z a^2}{k_c^2}|\widetilde{E}_0|^2[\mathrm{J}'_m(\xi_{mn})]^2 \tag{13-230}$$

式(13-229)和式(13-230)就是计算金属圆波导 TE_{mn} 模和 TM_{mn} 模传输功率的公式。

13.3.2 圆波导的尺寸选择

圆波导的尺寸选择除了传输模式、功率容量和损耗外，就是波导半径 a。

如果选择传输模式 TE_{11} 模，由表 13-1 可知，波导截止波长 $\lambda_{\mathrm{cTE}_{11}}=3.41a$，假设工作波长为 λ，由式(13-173)，有

$$\lambda<\lambda_{\mathrm{cTE}_{11}} \quad \rightarrow \quad a>\frac{\lambda}{3.41} \tag{13-231}$$

又因为 TM_{01} 模波导截止波长与 TE_{11} 模波导截止波长相近，所以选择波导半径时需要考虑抑制 TM_{01} 模。对于 TM_{01}，由表 13-1 可知，$\lambda_{\mathrm{cTM}_{01}}=2.61a$，由式(13-173)可知，抑制条件为

$$\lambda>\lambda_{\mathrm{cTM}_{01}} \quad \rightarrow \quad a<\frac{\lambda}{2.61} \tag{13-232}$$

由此得到波导传输 TE_{11} 模抑制 TM_{01} 模，波导半径选择条件为

$$\frac{\lambda}{3.41}<a<\frac{\lambda}{2.61} \tag{13-233}$$

习 题 13

13-1 一矩形波导管由理想导体制成，管的横截面宽为 a，高为 b，设管轴与 Z 轴平行。试证明：

(1) 在波导管内不能传播单色(也即单频)波 $\boldsymbol{E}=E_0\mathrm{e}^{-\mathrm{j}k_z z}\boldsymbol{e}_x$，式中 $\widetilde{E}_0$、ω、k_z 均为常数；

(2) 在管壁处，磁通密度矢量 $\boldsymbol{B}$ 的分量仅满足如下关系：

$$\begin{cases}\dfrac{\partial B_y}{\partial x}=\dfrac{\partial B_z}{\partial x}=0 \quad (x=0,\ a)\\[2mm] \dfrac{\partial B_z}{\partial y}=\dfrac{\partial B_x}{\partial y}=0 \quad (y=0,\ b)\end{cases}$$

13-2 矩形波导横截面尺寸为 $a\times b$，传输 TE_{01} 模($m=0, n=1$)，已知其电场强度为

$$\widetilde{E}_x=\widetilde{E}_0\sin\left(\frac{\pi y}{b}\right)\mathrm{e}^{-\mathrm{j}k_z z}$$

试求：

(1) $\widetilde{H}_y$；

(2) $\boldsymbol{e}_z$ 方向的平均功率密度；

(3) TE_{01} 模的传输功率。

13-3 矩形波导截面尺寸为 23 mm × 10 mm，波导内介质为空气，信号源频率为 10 kHz。试求：

(1) 波导中可以传输的模式(不是衰减)；

(2) 该模式(如果有多种模式存在时，只要求其最低模式)的截止频率、相位常数、波导波长、相速度、本征阻抗。

13-4 矩形波导的尺寸为 $a=72.14$ mm，$b=34.04$ mm。当工作波长为 $\lambda=5$ cm 时，波导中能传输哪些模式？

13-5 已知矩形波导的横截面尺寸为 $a\times b=23$ mm×10 mm。当工作波长 $\lambda=10$ mm 时，波导中能传输哪些波型？$\lambda=30$ mm 呢？

13-6 矩形波导的尺寸为 $a=22$ mm，$b=11$ mm，波导内为空气。若信号的频率为 5 GHz，确定波导中传输的模式、截止波长、相位常数、波导波长和相速度。

13-7 已知圆波导的半径为 $a=3$ cm，求 TM_{11} 和 TM_{01} 的截止波长。

13-8 试设计一个工作波长 $\lambda=5$ cm 的圆柱形波导，材料用紫铜，内充空气，并要求 TE_{11} 波的工作频率应有一定的安全因子。

13-9 求圆柱形波导中 TE_{0n} 波的传输功率。

13-10 已知圆波导的半径为 $a=5$ cm，试确定单模工作频段。

13-11 若工作波长为 $\lambda=5$ cm，试确定圆波导单模传输时的半径。

13-12 因为工作于截止频率附近损耗很大，所以通常取工作频率的下限等于 1.25 倍截止频率。现需要传输 4.8 ~ 7.2 GHz 的矩形波导实现单模传输。

(1) 试求波导的尺寸；

(2) 试求 $\lambda=5$ cm 的波在此波导中传输时的波数 k_z、波长 λ_g、相速度 v；

(3) 试求 $\lambda=5$ cm 的波在此波导中传输时的极限功率(极限功率 $E_m=3\times10^4$ V/cm 时的功率)；

(4) 如果 $f=10$ GHz，在此波导中可能有几个模式存在？

13-13 依据式(13-53)，讨论金属矩形波导 TE_{10} 模横平面 XY 面内和纵剖面 YZ 面内电场和磁场分布，以及矩形波导壁面面电流密度矢量 $\boldsymbol{J}_S\big|_{x=0,\ x=a}$ 的分布。

13-14 依据式(13-54)，讨论金属矩形波导 TM_{11} 模横平面 XY 面内和纵剖面 YZ 面内电场和磁场分布，以及矩形波导壁面面电流密度矢量 $\boldsymbol{J}_S\big|_{y=0,\ y=b}$ 的分布。

13-15 依据式(13-53)，讨论金属矩形波导 TE_{21} 模横平面 XY 面内和纵剖面 YZ 内电场和磁场分布，以及矩形波导壁面面电流密度矢量 $\boldsymbol{J}_S\big|_{y=0,\ y=b}$ 的分布。

13-16 依据式(13-183)，讨论金属圆波导纵剖面 YZ 面内电场和磁场分布。

13-17 依据式(13-165)，讨论金属圆波导 TE_{21} 模横平面 XY 面内和纵剖面 YZ 面内电场和磁场分布，以及圆波导壁面面电流密度矢量 $\boldsymbol{J}_S\big|_{\rho=a}$ 的分布。

第14章 光 波 导

与金属波导类同，光波也可以被约束在介质波导中传播，这种传输光波的介质波导称为光波导。光波导分为两大类：集成光波导和圆柱形光波导——光纤。集成光波导包括平面介质光波导和条形介质光波导，它们是构成光电集成器件必不可少的组成部分，所以称为集成光波导。光纤按光纤纤芯折射率均匀和非均匀可分为阶跃型光纤和渐变型折射率指数光纤，光纤按传输模式又可分为单模光纤和多模光纤。光纤已广泛用于光纤通信。

本章讨论两种介质光波导：平面对称光波导和圆柱形光波导——阶跃型光纤。光波在光波导中传播的求解过程与金属波导的求解过程相同，从麦克斯韦方程出发，采用纵向场解法求解满足边界条件的赫姆霍兹方程。然后利用求解结果分析和讨论平面对称光波导和圆柱形光波导的传播模式及特性，并给出求解实例。

14.1 平面对称光波导

14.1.1 平面对称光波导横平面内的电磁场方程

平面对称光波导的构成是将一块折射率较大的介质平板放置于两块折射率小的介质平板之间，如图14-1所示。折射率大的介质平板称为波导的芯，折射率小的两介质平板称为包层。平面光波导芯的折射率为 $n_1=\sqrt{\varepsilon_{r1}}$，包层折射率为 $n_2=\sqrt{\varepsilon_{r2}}$，$n_1>n_2$，由于包层两介质平板的折射率相同，因此称为平面对称光波导。

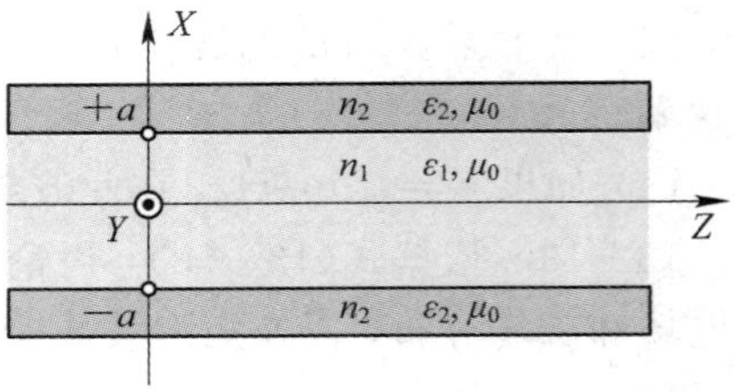

图14-1 平面对称波导结构

与矩形金属波导相同，研究平面对称光波导电磁波的传播问题，出发点仍然是麦克斯韦方程(13-1)，即

$$\begin{cases}\nabla\times\widetilde{\boldsymbol{H}}=\mathrm{j}\omega\varepsilon\widetilde{\boldsymbol{E}}\\ \nabla\times\widetilde{\boldsymbol{E}}=-\mathrm{j}\omega\mu\widetilde{\boldsymbol{H}}\end{cases}\tag{14-1}$$

在直角坐标系下，假定平面对称光波导的 X 方向芯厚度为 $2a$，Y 方向芯和包层为均匀无限大介质，电场强度矢量和磁场强度矢量不随 y 变化，则有

$$\begin{cases}\dfrac{\partial\widetilde{E}_x}{\partial y}=0,\ \dfrac{\partial\widetilde{E}_y}{\partial y}=0,\ \dfrac{\partial\widetilde{E}_z}{\partial y}=0\\ \dfrac{\partial\widetilde{H}_x}{\partial y}=0,\ \dfrac{\partial\widetilde{H}_y}{\partial y}=0,\ \dfrac{\partial\widetilde{H}_z}{\partial y}=0\end{cases}\tag{14-2}$$

又假设光波沿 $+Z$ 方向传播，传播因子为 $\mathrm{e}^{-\mathrm{j}k_z z}$，$k_z$ 为 $+Z$ 方向的相位常数，则电磁波在直角坐标系下具有的解形式为

$$\begin{cases}\widetilde{\boldsymbol{E}}(x,\ z)=\widetilde{\boldsymbol{E}}(x)\mathrm{e}^{-\mathrm{j}k_z z}\\ \widetilde{\boldsymbol{H}}(x,\ z)=\widetilde{\boldsymbol{H}}(x)\mathrm{e}^{-\mathrm{j}k_z z}\end{cases}\tag{14-3}$$

把麦克斯韦方程(14－1)展开成分量形式，然后将式(14－2)和式(14－3)代入，得到 $\widetilde{\boldsymbol{E}}(x)$ 和 $\widetilde{\boldsymbol{H}}(x)$ 满足的方程为

$$\begin{cases}\widetilde{H}_x=-\dfrac{k_z}{\omega\mu}\widetilde{E}_y\\ \widetilde{H}_z=\mathrm{j}\,\dfrac{1}{\omega\mu}\,\dfrac{\partial\widetilde{E}_y}{\partial x}\\ -\dfrac{k_z}{\omega\varepsilon}\widetilde{H}_x+\mathrm{j}\,\dfrac{1}{\omega\varepsilon}\,\dfrac{\partial\widetilde{H}_z}{\partial x}=\widetilde{E}_y\end{cases}\tag{14-4}$$

$$\begin{cases}\widetilde{E}_x=\dfrac{k_z}{\omega\varepsilon}\widetilde{H}_y\\ \widetilde{E}_z=-\mathrm{j}\,\dfrac{1}{\omega\varepsilon}\,\dfrac{\partial\widetilde{H}_y}{\partial x}\\ \dfrac{k_z}{\omega\mu}\widetilde{E}_x-\mathrm{j}\,\dfrac{1}{\omega\mu}\,\dfrac{\partial\widetilde{E}_z}{\partial x}=\widetilde{H}_y\end{cases}\tag{14-5}$$

显然，方程(14－4)和方程(14－5)是两独立方程组。方程(14－4)仅含 $\widetilde{E}_y$、$\widetilde{H}_x$ 和 $\widetilde{H}_z$ 三个分量，$\widetilde{E}_z=\widetilde{E}_x=0(\widetilde{H}_y=0)$，$\widetilde{E}_y$ 分量垂直于传播方向，因而是横电模，简称 TE 模，也称 TE 波。方程(14－5)仅含有 $\widetilde{H}_y$、$\widetilde{E}_x$ 和 $\widetilde{E}_z$ 三个分量，$\widetilde{H}_z=\widetilde{H}_x=0(\widetilde{E}_y=0)$，$\widetilde{H}_y$ 分量垂直于传播方向，因而是横磁模，简称 TM 模，也称 TM 波。

方程(14－4)是关于 $\widetilde{E}_y$ 的微分方程组，方程(14－5)是关于 $\widetilde{H}_y$ 的微分方程组，化简可得

$$\frac{\partial^2\widetilde{E}_y}{\partial x^2}+k_c^2\widetilde{E}_y=0\tag{14-6}$$

$$\frac{\partial^2\widetilde{H}_y}{\partial x^2}+k_c^2\widetilde{H}_y=0\tag{14-7}$$

式中：

$$k_c^2=k^2-k_z^2=k_0^2n^2-k_z^2\tag{14-8}$$

k_c 称为平面对称光波导的截止波数。$k_0=\omega\sqrt{\mu_0\varepsilon_0}$ 为真空中的波数，$n=\sqrt{\varepsilon_r}$ 为介质折射率。

方程(14－6)和方程(14－7)是平面对称光波导内电场分量 $\widetilde{E}_y$ 和磁场分量 $\widetilde{H}_y$ 关于 x 的二阶常微分方程，既适用于波导芯，也适用于包层。求解方程(14－6)和方程(14－7)，然后将 $\widetilde{E}_y$ 代入式(14－4)的第一式和第二式，可得平面对称光波导磁场分量 $\widetilde{H}_x$ 和 $\widetilde{H}_z$ 的解；将 $\widetilde{H}_y$ 代入式(14－5)的第一式和第二式，可得平面对称光波导的电场分量 $\widetilde{E}_x$ 和 $\widetilde{E}_z$ 的解。

光波在平面对称光波导中传播的求解过程与电磁波在矩形金属波导中传播的求解过程相同，即在直角坐标系下求解满足边界条件的赫姆霍兹方程——二阶常微分方程(14－6)和方程(14－7)。不同点在于金属矩形波导导体中的场量为零，而平面对称光波导芯内有解，

包层内也有解。虽然包层内有解，但属于倏逝波。因此，光波在包层中横向传播，光波衰减很快，传播距离非常有限，可以忽略不计。这样就可认为包层很厚，横向延伸到无穷远，即 $x \to \pm\infty$。

14.1.2 求解 $\widetilde{E}_y(x)$ 和 $\widetilde{H}_y(x)$

1. 求解 $\widetilde{E}_y(x)$

由式(3-70)和式(3-71)，可写出方程(14-6)的解为

$$\widetilde{E}_y(x)=\begin{cases}\widetilde{A}\cos(k_c x)+\widetilde{B}\sin(k_c x) & (k_c>0)\\ \widetilde{C}e^{|k_c|x}+\widetilde{D}e^{-|k_c|x} & (k_c<0)\end{cases} \tag{14-9}$$

式中，$\widetilde{A}$、$\widetilde{B}$、$\widetilde{C}$ 和 $\widetilde{D}$ 为复常数，由边界条件确定。式(14-9)表明，对于本征值 k_c，在芯区方程(14-6)存在两个线性无关的本征函数 $\cos(k_c x)$ 和 $\sin(k_c x)$。因此，$\cos k_c x$ 和 $\sin k_c x$ 对应于本征值方程(14-6)的两个解。为了讨论方便起见，可把解(14-9)表达成

$$\widetilde{E}_y(x)=\begin{cases}\widetilde{A}\begin{Bmatrix}\cos(k_c x)\\ \sin(k_c x)\end{Bmatrix} & (k_c>0)\\ \widetilde{C}e^{|k_c|x}+\widetilde{D}e^{-|k_c|x} & (k_c<0)\end{cases} \tag{14-10}$$

下面对解(14-10)进行讨论。

1）波导芯区解

在波导芯区，介质折射率为 n_1，则有

$$k_c^2=k_0^2n_1^2-k_z^2 \tag{14-11}$$

在波导芯区存在波的传播，必有 $k_c>0$。引入横向归一化相位常数 u，令

$$u^2=a^2(k_0^2n_1^2-k_z^2)\to k_c=\frac{u}{a} \tag{14-12}$$

则芯区解为

$$\widetilde{E}_y(x)=\widetilde{A}\begin{Bmatrix}\cos\left(\dfrac{u}{a}x\right)\\ \sin\left(\dfrac{u}{a}x\right)\end{Bmatrix}\quad(-a\leqslant x\leqslant +a) \tag{14-13}$$

2）波导包层区解

在波导包层区，介质折射率为 n_2，则有

$$k_c^2=k_0^2n_2^2-k_z^2 \tag{14-14}$$

在波导包层区为倏逝波，必有 $k_c<0$。又因为在 $x>a$ 的包层区波衰减，所以必有 $\widetilde{C}=0$；而在 $x<-a$ 的包层区波衰减，必有 $\widetilde{D}=0$。引入横向归一化衰减常数 w，令

$$w^2=a^2(k_z^2-k_0^2n_2^2)\to|k_c|=\frac{w}{a} \tag{14-15}$$

则包层区解为

$$\widetilde{E}_y(x)=\begin{cases}\widetilde{D}e^{-\frac{w}{a}x} & (x>a)\\ \widetilde{C}e^{\frac{w}{a}x} & (x<-a)\end{cases} \tag{14-16}$$

将式(14-13)和式(14-16)合写在一起，得到 $\widetilde{E}_y(x)$ 的解为

$$\widetilde{E}_y(x)=\begin{cases}\widetilde{D}e^{-\frac{w}{a}x} & (x>a)\\ \widetilde{A}\begin{Bmatrix}\cos\left(\dfrac{u}{a}x\right)\\ \sin\left(\dfrac{u}{a}x\right)\end{Bmatrix} & (-a\leqslant x\leqslant +a)\\ \widetilde{C}e^{\frac{w}{a}x} & (x<-a)\end{cases} \tag{14-17}$$

2. 求解 $\widetilde{H}_y(x)$

与求解 $\widetilde{E}_y(x)$的过程相同，取芯区解的形式为

$$\widetilde{H}_y(x)=\widetilde{A}'\begin{Bmatrix}\sin\left(\dfrac{u}{a}x\right)\\ \cos\left(\dfrac{u}{a}x\right)\end{Bmatrix}\quad(-a\leqslant x\leqslant +a) \tag{14-18}$$

则 $\widetilde{H}_y(x)$的解为

$$\widetilde{H}_y(x)=\begin{cases}\widetilde{D}'e^{-\frac{w}{a}x} & (x>a)\\ \widetilde{A}'\begin{Bmatrix}\sin\left(\dfrac{u}{a}x\right)\\ \cos\left(\dfrac{u}{a}x\right)\end{Bmatrix} & (-a\leqslant x\leqslant +a)\\ \widetilde{C}'e^{\frac{w}{a}x} & (x<-a)\end{cases} \tag{14-19}$$

式中，复常数 $\widetilde{A}'$、$\widetilde{C}'$和 $\widetilde{D}'$由边界条件确定。

14.1.3 TE 波

对于 TE 波，取 $\widetilde{E}_z=\widetilde{E}_x=0(\widetilde{H}_y=0)$，将式(14-17)代入式(14-4)，并乘以 $e^{-jk_z z}$，得到 TE 波的解为

$$\text{芯区：}\begin{cases}\widetilde{E}_y(x,z)=\widetilde{A}\begin{Bmatrix}\cos\left(\dfrac{u}{a}x\right)\\ \sin\left(\dfrac{u}{a}x\right)\end{Bmatrix}e^{-jk_z z}\\ \widetilde{H}_x(x,z)=-\dfrac{k_z}{\omega\mu_1}\widetilde{A}\begin{Bmatrix}\cos\left(\dfrac{u}{a}x\right)\\ \sin\left(\dfrac{u}{a}x\right)\end{Bmatrix}e^{-jk_z z}\\ \widetilde{H}_z(x,z)=j\dfrac{1}{\omega\mu_1}\dfrac{u}{a}\widetilde{A}\begin{Bmatrix}-\sin\left(\dfrac{u}{a}x\right)\\ \cos\left(\dfrac{u}{a}x\right)\end{Bmatrix}e^{-jk_z z}\\ \widetilde{E}_z(x,z)=\widetilde{E}_x(x,z)=\widetilde{H}_y(x,z)=0\end{cases} \tag{14-20}$$

$$\text{上包层：}\begin{cases}\widetilde{E}_y(x,\ z)=\widetilde{D}\mathrm{e}^{-\frac{w}{a}x}\mathrm{e}^{-\mathrm{j}k_z z}\\ \widetilde{H}_x(x,\ z)=-\dfrac{k_z}{\omega\mu_2}\widetilde{D}\mathrm{e}^{-\frac{w}{a}x}\mathrm{e}^{-\mathrm{j}k_z z}\\ \widetilde{H}_z(x,\ z)=-\mathrm{j}\dfrac{1}{\omega\mu_2}\dfrac{w}{a}\widetilde{D}\mathrm{e}^{-\frac{w}{a}x}\mathrm{e}^{-\mathrm{j}k_z z}\\ \widetilde{E}_z(x,\ z)=\widetilde{E}_x(x,\ z)=\widetilde{H}_y(x,\ z)=0\end{cases}\quad(x>a)\tag{14-21}$$

$$\text{下包层：}\begin{cases}\widetilde{E}_y(x,\ z)=\widetilde{C}\mathrm{e}^{\frac{w}{a}x}\mathrm{e}^{-\mathrm{j}k_z z}\\ \widetilde{H}_x(x,\ z)=-\dfrac{k_z}{\omega\mu_2}\widetilde{C}\mathrm{e}^{\frac{w}{a}x}\mathrm{e}^{-\mathrm{j}k_z z}\\ \widetilde{H}_z(x,\ z)=\mathrm{j}\dfrac{1}{\omega\mu_2}\dfrac{w}{a}\widetilde{C}\mathrm{e}^{\frac{w}{a}x}\mathrm{e}^{-\mathrm{j}k_z z}\\ \widetilde{E}_z(x,\ z)=\widetilde{E}_x(x,\ z)=\widetilde{H}_y(x,\ z)=0\end{cases}\quad(x<-a)\tag{14-22}$$

为了求得横向归一化相位常数 u 和横向归一化衰减常数 w，必须给出平面对称光波导芯与包层介质分界面的边界条件。由于波导芯和包层都是理想介质，因此由式(6－47)和式(6－48)可写出平面对称光波导芯与包层分界面切向边界条件为

$$\widetilde{E}_{1y}\big|_{x=a}=\widetilde{E}_{2y}\big|_{x=a},\ \widetilde{H}_{1z}\big|_{x=a}=\widetilde{H}_{2z}\big|_{x=a}\tag{14-23}$$

$$\widetilde{E}_{1y}\big|_{x=-a}=\widetilde{E}_{2y}\big|_{x=-a},\quad \widetilde{H}_{1z}\big|_{x=-a}=\widetilde{H}_{2z}\big|_{x=-a}\tag{14-24}$$

将式(14－20)和式(14－21)代入式(14－23)上包层分界面 $x=a$ 处的边界条件，得到

$$\widetilde{E}_{1y}\big|_{x=a}=\widetilde{E}_{2y}\big|_{x=a}\quad\rightarrow\quad\begin{cases}\widetilde{A}\cos u=\widetilde{D}\mathrm{e}^{-w}\\ \widetilde{A}\sin u=\widetilde{D}\mathrm{e}^{-w}\end{cases}\tag{14-25}$$

$$\widetilde{H}_{1z}\big|_{x=a}=\widetilde{H}_{2z}\big|_{x=a}\quad\rightarrow\quad\begin{cases}\widetilde{A}\sin u=\dfrac{\mu_1}{\mu_2}\dfrac{w}{u}\widetilde{D}\mathrm{e}^{-w}\\ \widetilde{A}\cos u=-\dfrac{\mu_1}{\mu_2}\dfrac{w}{u}\widetilde{D}\mathrm{e}^{-w}\end{cases}\tag{14-26}$$

与本征函数相对应，边界条件(14－25)和式(14－26)可重写为

$$\cos\frac{u}{a}x:\quad\begin{cases}\widetilde{A}\cos u=\widetilde{D}\mathrm{e}^{-w}\\ \widetilde{A}\sin u=\dfrac{\mu_1}{\mu_2}\dfrac{w}{u}\widetilde{D}\mathrm{e}^{-w}\end{cases}\tag{14-27}$$

$$\sin\frac{u}{a}x:\quad\begin{cases}\widetilde{A}\sin u=\widetilde{D}\mathrm{e}^{-w}\\ \widetilde{A}\cos u=-\dfrac{\mu_1}{\mu_2}\dfrac{w}{u}\widetilde{D}\mathrm{e}^{-w}\end{cases}\tag{14-28}$$

将式(14－20)和式(14－22)代入式(14－24)下包层分界面 $x=-a$ 处的边界条件，得到

$$\widetilde{E}_{1y}\big|_{x=-a}=\widetilde{E}_{2y}\big|_{x=-a}\quad\rightarrow\quad\begin{cases}\widetilde{A}\cos u=\widetilde{C}\mathrm{e}^{-w}\\ -\widetilde{A}\sin u=\widetilde{C}\mathrm{e}^{-w}\end{cases}\tag{14-29}$$

$$\widetilde{H}_{1z}\big|_{x=-a}=\widetilde{H}_{2z}\big|_{x=-a}\quad\rightarrow\quad\begin{cases}\widetilde{A}\sin u=\dfrac{\mu_1}{\mu_2}\dfrac{w}{u}\widetilde{C}\mathrm{e}^{-w}\\ \widetilde{A}\cos u=\dfrac{\mu_1}{\mu_2}\dfrac{w}{u}\widetilde{C}\mathrm{e}^{-w}\end{cases}\tag{14-30}$$

与本征函数相对应，边界条件(14－29)和式(14－30)可重写为

$$\cos\frac{u}{a}x：\quad \begin{cases}\widetilde{A}\cos u=\widetilde{C}e^{-w}\\ \widetilde{A}\sin u=\dfrac{\mu_1}{\mu_2}\dfrac{w}{u}\widetilde{C}e^{-w}\end{cases} \tag{14-31}$$

$$\sin\frac{u}{a}x：\quad \begin{cases}-\widetilde{A}\sin u=\widetilde{C}e^{-w}\\ \widetilde{A}\cos u=\dfrac{\mu_1}{\mu_2}\dfrac{w}{u}\widetilde{C}e^{-w}\end{cases} \tag{14-32}$$

由式(14－27)和式(14－31)可得与本征函数 $\cos(ux/a)$对应的本征方程为

$$\tan u=\frac{\mu_1}{\mu_2}\frac{w}{u},\quad \widetilde{D}=\widetilde{C} \tag{14-33}$$

由式(14－28)和式(14－32)可得与本征函数 $\sin(ux/a)$对应的本征方程为

$$-\cot u=\frac{\mu_1}{\mu_2}\frac{w}{u},\quad \widetilde{D}=-\widetilde{C} \tag{14-34}$$

比较式(14－33)和式(14－34)可知，本征函数 $\cos(ux/a)$与本征函数 $\sin(ux/a)$对应的本征方程不同，因此本征值也不同，表明本征函数 $\cos(ux/a)$与本征函数 $\sin(ux/a)$对应的 TE 波并非简并模。

利用三角函数关系

$$\tan\left(\alpha-m\frac{\pi}{2}\right)=\begin{cases}\tan\alpha & (m=0,2,4,\cdots)\\ -\cot\alpha & (m=1,3,5,\cdots)\end{cases} \tag{14-35}$$

将式(14－33)和式(14－34)合写在一起，有

$$\tan\left(u-m\frac{\pi}{2}\right)=\frac{\mu_1}{\mu_2}\frac{w}{u}=\begin{cases}\tan u(m=0,2,4,\cdots)\\ -\cot u(m=1,3,5,\cdots)\end{cases} \tag{14-36}$$

这就是 TE 波的本征值方程，其对应的模式通常表示为TE_{mn}，$m\pi/2$ 表示周期函数 $\tan u$ 和 $\cot u$ 过零点的位置，m 为零或偶数，称为偶模；m 为奇数，称为奇模。下标 n 为求解超越方程(14－33)和超越方程(14－34)交点的序号。由于 u 和 w 是光波频率的函数，因此本征方程也称为平面对称光波导的色散方程。

为了求解本征值方程，还必须知道本征值 w 与 u 的关系。由式(14－12)和式(14－15)，有

$$\frac{u^2}{a^2}+\frac{w^2}{a^2}=k_0^2(n_1^2-n_2^2) \tag{14-37}$$

当给定平面对称光波导芯区折射率 n_1 和包层折射率 n_2，以及波导工作波长 λ，由式(14－36)和式(14－37)求解可得TE_{mn}模的本征值 u 和 w，然后再由式(14－12)或式(14－15)求 k_z。

由式(14－31)和式(14－32)可得

偶模：

$$\widetilde{C}=\widetilde{A}\cos u e^{w} \tag{14-38}$$

奇模：

$$\widetilde{C}=-\widetilde{A}\sin u e^{w} \tag{14-39}$$

14.1.4 TM 波

对于 TM 波，取 $\widetilde{H}_z=\widetilde{H}_x=0(\widetilde{E}_y=0)$，将式(14－19)代入式(14－5)，并乘以 $e^{-jk_z z}$，得

到 TM 波的解为

$$
\text{芯区：}\begin{cases}
\widetilde{E}_x(x,z)=\dfrac{k_z}{\omega\varepsilon_1}\widetilde{A}'\begin{Bmatrix}\sin\left(\dfrac{u}{a}x\right)\\ \cos\left(\dfrac{u}{a}x\right)\end{Bmatrix}\mathrm{e}^{-\mathrm{j}k_z z}\\
\widetilde{E}_z(x,z)=-\mathrm{j}\dfrac{1}{\omega\varepsilon_1}\dfrac{u}{a}\widetilde{A}'\begin{Bmatrix}\cos\left(\dfrac{u}{a}x\right)\\ -\sin\left(\dfrac{u}{a}x\right)\end{Bmatrix}\mathrm{e}^{-\mathrm{j}k_z z}\\
\widetilde{H}_y(x,z)=\widetilde{A}'\begin{Bmatrix}\sin\left(\dfrac{u}{a}x\right)\\ \cos\left(\dfrac{u}{a}x\right)\end{Bmatrix}\mathrm{e}^{-\mathrm{j}k_z z}\\
\widetilde{H}_z(x,z)=\widetilde{H}_x(x,z)=\widetilde{E}_y(x,z)=0
\end{cases}\quad(-a\leqslant x\leqslant +a)
\tag{14-40}
$$

$$
\text{上包层：}\begin{cases}
\widetilde{E}_x(x,z)=\dfrac{k_z}{\omega\varepsilon_2}\widetilde{D}'\mathrm{e}^{-\frac{w}{a}x}\mathrm{e}^{-\mathrm{j}k_z z}\\
\widetilde{E}_z(x,z)=\mathrm{j}\dfrac{1}{\omega\varepsilon_2}\dfrac{w}{a}\widetilde{D}'\mathrm{e}^{-\frac{w}{a}x}\mathrm{e}^{-\mathrm{j}k_z z}\\
\widetilde{H}_y(x,z)=\widetilde{D}'\mathrm{e}^{-\frac{w}{a}x}\mathrm{e}^{-\mathrm{j}k_z z}\\
\widetilde{H}_z(x,z)=\widetilde{H}_x(x,z)=\widetilde{E}_y(x,z)=0
\end{cases}\quad(x>a)
\tag{14-41}
$$

$$
\text{下包层：}\begin{cases}
\widetilde{E}_x(x,z)=\dfrac{k_z}{\omega\varepsilon_2}\widetilde{C}'\mathrm{e}^{\frac{w}{a}x}\mathrm{e}^{-\mathrm{j}k_z z}\\
\widetilde{E}_z(x,z)=-\mathrm{j}\dfrac{1}{\omega\varepsilon_2}\dfrac{w}{a}\widetilde{C}'\mathrm{e}^{\frac{w}{a}x}\mathrm{e}^{-\mathrm{j}k_z z}\\
\widetilde{H}_y(x,z)=\widetilde{C}'\mathrm{e}^{\frac{w}{a}x}\mathrm{e}^{-\mathrm{j}k_z z}\\
\widetilde{H}_z(x,z)=\widetilde{H}_x(x,z)=\widetilde{E}_y(x,z)=0
\end{cases}\quad(x<-a)
\tag{14-42}
$$

为了求得横向归一化相位常数 u 和横向归一化衰减常数 w，必须给出平面对称光波导芯与包层介质分界面的边界条件。对于理想介质与理想介质分界面，由式(6-47)和式(7-48)可写出平面对称光波导芯与包层分界面切向边界条件为

$$
\widetilde{H}_{1y}\big|_{x=a}=\widetilde{H}_{2y}\big|_{x=a},\quad \widetilde{E}_{1z}\big|_{x=a}=\widetilde{E}_{2z}\big|_{x=a}
\tag{14-43}
$$

$$
\widetilde{H}_{1y}\big|_{x=-a}=\widetilde{H}_{2y}\big|_{x=-a},\quad \widetilde{E}_{1z}\big|_{x=-a}=\widetilde{E}_{2z}\big|_{x=-a}
\tag{14-44}
$$

将式(14-40)和式(14-41)代入式(14-43)上包层分界面 $x=a$ 处的边界条件，得到

$$
\widetilde{H}_{1y}\big|_{x=a}=\widetilde{H}_{2y}\big|_{x=a}\ \rightarrow\ \begin{cases}\widetilde{A}\sin u=\widetilde{D}'\mathrm{e}^{-w}\\ \widetilde{A}\cos u=\widetilde{D}'\mathrm{e}^{-w}\end{cases}
\tag{14-45}
$$

$$
\widetilde{E}_{1z}\big|_{x=a}=\widetilde{E}_{2z}\big|_{x=a}\ \rightarrow\ \begin{cases}-\widetilde{A}\cos u=\dfrac{\varepsilon_1}{\varepsilon_2}\dfrac{w}{u}\widetilde{D}'\mathrm{e}^{-w}\\ \widetilde{A}\sin u=\dfrac{\varepsilon_1}{\varepsilon_2}\dfrac{w}{u}\widetilde{D}'\mathrm{e}^{-w}\end{cases}
\tag{14-46}
$$

与本征函数相对应，边界条件式(14-45)和式(14-46)可重写为

$$\sin\frac{u}{a}x：\begin{cases}\widetilde{A}'\sin u=\widetilde{D}'\mathrm{e}^{-w}\\-\widetilde{A}'\cos u=\dfrac{\varepsilon_1}{\varepsilon_2}\dfrac{w}{u}\widetilde{D}'\mathrm{e}^{-w}\end{cases}\tag{14-47}$$

$$\cos\frac{u}{a}x：\begin{cases}\widetilde{A}'\cos u=\widetilde{D}'\mathrm{e}^{-w}\\\widetilde{A}'\sin u=\dfrac{\varepsilon_1}{\varepsilon_2}\dfrac{w}{u}\widetilde{D}'\mathrm{e}^{-w}\end{cases}\tag{14-48}$$

将式(14-40)和式(14-42)代入式(14-44)下包层分界面 $x=-a$ 处的边界条件，得到

$$\widetilde{H}_{1y}\mid_{x=-a}=\widetilde{H}_{2y}\mid_{x=-a}\quad\rightarrow\quad\begin{cases}-\widetilde{A}'\sin u=\widetilde{C}'\mathrm{e}^{-w}\\\widetilde{A}'\cos u=\widetilde{C}'\mathrm{e}^{-w}\end{cases}\tag{14-49}$$

$$\widetilde{E}_{1z}\mid_{x=-a}=\widetilde{E}_{2z}\mid_{x=-a}\quad\rightarrow\quad\begin{cases}\widetilde{A}'\cos u=\dfrac{\varepsilon_1}{\varepsilon_2}\dfrac{w}{u}\widetilde{C}'\mathrm{e}^{-w}\\\widetilde{A}'\sin u=\dfrac{\varepsilon_1}{\varepsilon_2}\dfrac{w}{u}\widetilde{C}'\mathrm{e}^{-w}\end{cases}\tag{14-50}$$

与本征函数相对应，边界条件(14-49)和式(14-50)可重写为

$$\sin\frac{u}{a}x：\begin{cases}-\widetilde{A}'\sin u=\widetilde{C}'\mathrm{e}^{-w}\\\widetilde{A}'\cos u=\dfrac{\varepsilon_1}{\varepsilon_2}\dfrac{w}{u}\widetilde{C}'\mathrm{e}^{-w}\end{cases}\tag{14-51}$$

$$\cos\frac{u}{a}x：\begin{cases}\widetilde{A}'\cos u=\widetilde{C}'\mathrm{e}^{-w}\\\widetilde{A}'\sin u=\dfrac{\varepsilon_1}{\varepsilon_2}\dfrac{w}{u}\widetilde{C}'\mathrm{e}^{-w}\end{cases}\tag{14-52}$$

由式(14-47)和式(14-51)可得与本征函数 $\sin(ux/a)$ 对应的本征方程为

$$-\cot u=\frac{\varepsilon_1}{\varepsilon_2}\frac{w}{u},\quad\widetilde{D}'=-\widetilde{C}'\tag{14-53}$$

由式(14-48)和式(14-52)可得与本征函数 $\cos(ux/a)$ 对应的本征方程为

$$\tan u=\frac{\varepsilon_1}{\varepsilon_2}\frac{w}{u},\quad\widetilde{D}'=\widetilde{C}'\tag{14-54}$$

利用三角函数关系式(14-35)，将式(14-53)和式(14-54)合写在一起，有

$$\tan\left(u-m\frac{\pi}{2}\right)=\frac{\varepsilon_1}{\varepsilon_2}\frac{w}{u}=\begin{cases}\tan u(m=0,2,4,\cdots)\\-\cot u(m=1,3,5,\cdots)\end{cases}\tag{14-55}$$

这就是TM波的本征值方程，其对应传播模式通常表示为TM_{mn}，m 为零或偶数，称为偶模，m 为奇数，称为奇模。下标 n 为求解超越方程(14-53)和超越方程(14-54)交点的序号。

当给定平面对称光波导芯区折射率 n_1 和包层折射率 n_2，以及波导工作波长 λ，由式(14-55)和式(14-37)求解可得TM_{mn}模的本征值 u 和 w，然后再由式(14-12)或式(14-15)求 k_z。

由式(14-51)和式(14-52)可得

奇模：

$$\widetilde{C}'=-\widetilde{A}'\sin u\mathrm{e}^{w}\tag{14-56}$$

偶模：

$$\widetilde{C}' = \widetilde{A}'\cos u e^{w} \tag{14-57}$$

上述讨论采用解形式(14－17)和式(14－19)得到 TE 波本征方程(14－36)和 TM 波本征方程(14－55)。需要说明的是，如果在芯区采用本征函数 $\cos(ux/a)$和 $\sin(ux/a)$的线性组合形式(14－9)($\widetilde{H}_z$ 也同样)，对于 $\widetilde{E}_z=\widetilde{E}_x=0$，利用边界条件式(14－23)和式(14－24)，可得关于 $\widetilde{A}$、$\widetilde{B}$、$\widetilde{C}$ 和 $\widetilde{D}$ 的四阶线性齐次方程组，令系数行列式为零，同样可得 TE 波本征方程(14－36)；对于 $\widetilde{H}_z=\widetilde{H}_x=0$，利用边界条件式(14－43)和式(14－44)，可得关于 $\widetilde{A}'$、$\widetilde{B}'$、$\widetilde{C}'$和 $\widetilde{D}'$的四阶线性齐次方程组，令系数行列式为零，同样可得 TM 波本征方程(14－55)。但是，采用解形式(14－17)和式(14－19)更为简单方便。另外，需要强调的是，如果采用纵向场方法求解，TE 波本征方程(14－36)和 TM 波本征方程(14－55)相差一个“－”。

14.1.5　平面对称光波导的传输特性

1. 平面对称光波导归一化频率 V

为了讨论方便起见，引入平面对称光波导归一化频率 V，定义

$$V=\sqrt{u^2+w^2} \rightarrow V^2=u^2+w^2 \tag{14-58}$$

显然，横向归一化相位常数 u 和横向归一化衰减常数 w 的变化是半径为 V 的圆。

由式(14－37)有

$$V=\sqrt{a^2k_0^2(n_1^2-n_2^2)} \tag{14-59}$$

由式(14－59)可以看出，平面对称光波导归一化频率 V 是一个包含波导结构参数 a 和工作波长 λ 的综合性参数，它把横向归一化相位常数 u 和横向归一化衰减常数 w 与波导结构参数联系起来，因此归一化频率本质上反映了平面对称波导的特性。

2. 传输条件

由式(14－11)和式(14－14)可知，形成导波的条件为

$$k_0^2n_1^2-k_z^2>0,\quad k_0^2n_2^2-k_z^2<0 \tag{14-60}$$

即

$$u>0,\quad w>0 \quad \rightarrow \quad V>0 \tag{14-61}$$

由此可得

$$k_0^2n_2^2<k_z^2<k_0^2n_1^2 \tag{14-62}$$

式(14－62)表明，导波的相位常数 k_z 介于平面对称光波导芯区介质中平面波波数 $k_1=k_0n_1$ 和包层介质中平面波波数 $k_2=k_0n_2$ 之间。

3. 平面对称光波导的截止特性

如果 $k_z<k_0n_2$，则包层中出现的是传播模式，包层向外辐射电磁波，造成传播方向上的截止，由式(14－15)可得其临界截止条件为横向归一化衰减常数为零，即

$$w=0 \quad \rightarrow \quad k_z=k_0n_2 \tag{14-63}$$

导波截止临界状态横向归一化衰减常数记作 w_c。当 $w_c=0$ 时，归一化频率记作 V_c，由式(14－58)有

$$V_c=\sqrt{u_c^2+w_c^2}=u_c \tag{14-64}$$

该式表明，在临界截止状态下，横向归一化衰减常数为零，截止归一化频率 V_c 等于截止横向归一化相位常数 u_c。

根据式(14－36)和式(14－55)，令 $w=0$，可得 TE 波和 TM 波偶模临界截止条件对应的临界截止横向归一化相位常数为

$$\tan u_{cm}=0 \quad \rightarrow \quad u_{cm}=m\frac{\pi}{2} \quad (m=0,\ 2,\ 4,\ \cdots) \tag{14-65}$$

偶模临界截止横向归一化相位常数 u_{cm} 为正切函数 $\tan u$ 的零点位置。

根据式(14－36)和式(14－55)，令 $w=0$，可得 TE 波和 TM 波奇模临界截止条件对应的临界截止横向归一化相位常数为

$$\cot u_{cm}=0 \quad \rightarrow \quad u_{cm}=m\frac{\pi}{2} \quad (m=1,\ 3,\ 5,\ \cdots) \tag{14-66}$$

奇模临界截止横向归一化相位常数 u_{cm} 为余切函数 $\cot u$ 的零点位置。

当给定平面对称光波导结构参数为芯折射率 n_1、包层折射率 n_2、波导芯厚度 $2a$ 和波导工作波长 λ 时，由式(14－59)可得平面对称光波导归一化频率 V。如果

$$V>V_{cm}=u_{cm}=\begin{cases} m\dfrac{\pi}{2} & (m=2,\ 4,\ 6,\ \cdots,\ \text{偶模}) \\ m\dfrac{\pi}{2} & (m=1,\ 3,\ 5,\ \cdots,\ \text{奇模}) \end{cases} \tag{14-67}$$

则 TE 波和 TM 波可在平面对称光波导中传输。需要说明的是，当 $m=0$，$u_{c0}=0$ 时，可得 $V_c=0$，因此，$V>0$ 表明TE_{01}和TM_{01}模可以工作在接近零频。

4. 本征方程求解

1) TE 波

将式(14－59)代入式(14－37)得

$$w=\sqrt{V^2-u^2} \tag{14-68}$$

将式(14－68)代入 TE 波本征方程(14－33)得

$$u\tan\left(u-m\frac{\pi}{2}\right)=\frac{\mu_1}{\mu_2}\sqrt{V^2-u^2} \tag{14-69}$$

方程(14－69)是关于 u 的超越方程。令

$$y_1(u)=u\tan\left(u-m\frac{\pi}{2}\right)=\begin{cases} u\tan u & (m=0,\ 2,\ 4,\ \cdots) \\ -u\cot u & (m=1,\ 3,\ 5,\ \cdots) \end{cases} \tag{14-70}$$

$$y_2(u)=\frac{\mu_1}{\mu_2}\sqrt{V^2-u^2} \tag{14-71}$$

则方程(14－69)的解为方程(14－70)和方程(14－71)的交点，偶模记作 ξ_{mn}，奇模记作 ζ_{mn}。

对于光学介质，通常取 $\mu_1=\mu_2=\mu_0$，假设平面对称光波导构成为：波导芯为玻璃，折射率 $n_1=1.52$，厚度 $a=2.0\ \mu\text{m}$；包层为氟化镁膜，折射率 $n_2=1.38$。选择工作波长 $\lambda=1.53\ \mu\text{m}$，由式(14－59)可得 $V=5.2334$，则 $V>V_{c2}$，$V>V_{c3}$。依据式(14－70)和式(14－71)，TE 波本征方程图解曲线如图 14－2 所示。图 14－2(a)为本征方程偶模图解曲线，图 14－2(b)为本征方程奇模图解曲线，图解结果为

$$\begin{aligned} &\text{偶模：}\begin{cases} \xi_{01}\approx 1.316 \\ \xi_{22}\approx 3.878 \end{cases} \\ &\text{奇模：}\begin{cases} \zeta_{11}\approx 2.618 \\ \zeta_{32}\approx 5.007 \end{cases} \end{aligned} \tag{14-72}$$

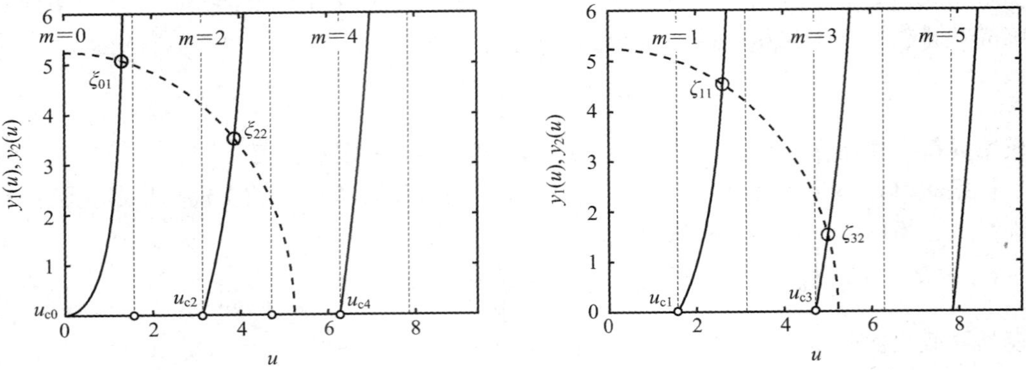

(a) 偶模　　(b) 奇模

图 14-2　对称平面光波导 TE 波本征方程图解

2) TM 波

将式(14-68)代入 TM 波本征方程(14-55)，得到

$$u\tan\left(u-m\frac{\pi}{2}\right)=\frac{\varepsilon_1}{\varepsilon_2}\sqrt{V^2-u^2}=\frac{n_1^2}{n_2^2}\sqrt{V^2-u^2} \tag{14-73}$$

比较式(14-73)和式(14-69)可以看出，TM 波本征方程(14-73)的右端有系数 n_1^2/n_2^2，因而 TE 波本征值与 TM 波本征值存在差别。令

$$y_3(u)=\frac{n_1^2}{n_2^2}\sqrt{V^2-u^2} \tag{14-74}$$

则方程(14-73)的解为方程(14-70)和方程(14-74)的交点，偶模记作 ξ'_{mn}，奇模记作 ζ'_{mn}。

依据式(14-70)和式(14-74)，TM 波本征方程的图解曲线如图 14-3 所示。图 14-3(a)为本征方程的偶模图解曲线，图 14-3(b)为本征方程奇模的图解曲线，图解结果为

$$\begin{aligned}&\text{偶模：}\begin{cases}\xi'_{01}\approx 1.353\\ \xi'_{22}\approx 3.953\end{cases}\\ &\text{奇模：}\begin{cases}\zeta'_{11}\approx 2.684\\ \zeta'_{32}\approx 5.04\end{cases}\end{aligned} \tag{14-75}$$

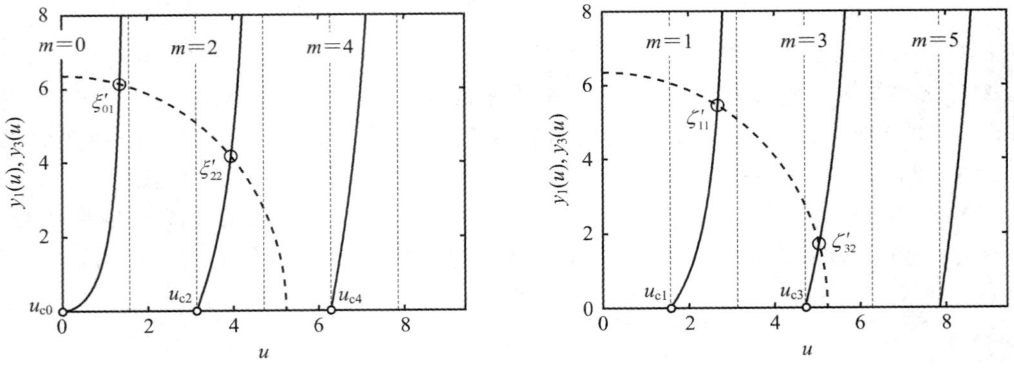

(a) 偶模　　(b) 奇模

图 14-3　对称平面光波导 TM 波本征方程图解

5. 平面对称光波导结构的色散特性

光波在波导中传播会导致波形失真，这种失真表现为波形的展宽，色散就是对波形展宽程度的一种度量。根据色散性质的不同，平面对称光波导色散包含三种：

(1) 模间色散(也称多模色散)。多种模式的光波在平面对称光波导中传播，即使频率相同，由于其延时不同，模间出现延时差，因此叠加的结果会出现波形展宽。

(2) 材料色散。材料色散是由波导介质折射率随波长变化引起的。由于光源发出的光并不是单色光，存在一个有限的谱宽度 $\Delta\lambda$，则不同波长的光以不同的速度传播，因此引起传输光波波形的展宽。

(3) 波导结构色散(简称波导色散)。反映波导特性的综合性参数 V 既包含波导结构参数，又包含工作波长 λ，所以波导结构色散取决于结构参数和光源的谱宽度。

平面对称光波导本征方程本身反映了波导结构的色散特性。这种色散特性通常用平面对称光波导归一化传播常数 κ 和平面对称光波导归一化频率 V 描述。

平面对称光波导归一化传播常数定义为

$$\kappa=\frac{k_z^2-k_2^2}{k_1^2-k_2^2} \tag{14-76}$$

式中，k_z 为 $+Z$ 方向的相位常数，k_1 和 k_1 分别为芯区和包层中的波数。当 $k_z=k_1$ 时，$\kappa=1$；当 $k_z=k_2$ 时，$\kappa=0$。一般情况下，$k_2<k_z<k_1$，因此 $0<\kappa<1$。

将式(14-15)和式(14-59)代入式(14-76)，得

$$\kappa=\frac{k_z^2-k_2^2}{k_1^2-k_2^2}=\frac{w^2}{a^2k_0^2(n_1^2-n_2^2)}=\frac{w^2}{V^2} \tag{14-77}$$

将式(14-77)代入式(14-58)有

$$\begin{cases}u=V\sqrt{1-\kappa}\\ w=V\sqrt{\kappa}\end{cases} \tag{14-78}$$

将式(14-78)代入 TE 波本征方程(14-36)，有

$$\tan\left(V\sqrt{1-\kappa}-m\frac{\pi}{2}\right)=\frac{\mu_1}{\mu_2}\sqrt{\frac{\kappa}{1-\kappa}} \tag{14-79}$$

将式(14-78)代入 TM 波本征方程(14-55)，有

$$\tan\left(V\sqrt{1-\kappa}-m\frac{\pi}{2}\right)=\frac{\varepsilon_1}{\varepsilon_2}\sqrt{\frac{\kappa}{1-\kappa}} \tag{14-80}$$

式(14-79)和式(14-80)就是 TE 波和 TM 波结构色散特性的 $V-\kappa$ 方程。

取 $n_1=1.52$(玻璃)，$n_2=1.38$(氟化镁)，依据式(14-79)和式(14-80)，TE 波和 TM 波结构的色散特性曲线如图 14-4 所示。由图可见，对于弱导情况，$n_1\approx n_2$，TE 波和 TM 波结构的色散特性曲线近似重合，可认为TE_{mn}模和TM_{mn}模为简并模。

14.1.6 平面对称光波导的主模——TE_{01}模和TM_{01}模

由式(14-72)和式(14-75)可知，TE_{01}模和TM_{01}模具有最小的本征值，因而TE_{01}模和TM_{01}模是平面对称光波导的主模。

1. TE_{01}模的场分布

TE_{01}模是偶模，与本征函数 $\cos(ux/a)$相对应。式(14-20)、式(14-21)和式(14-22)

乘时间因子 $e^{j\omega t}$，并利用式(14-33)中的 $\tilde{D}=\tilde{C}$ 和式(14-38)，取 $\tilde{A}=\tilde{E}_0=|\tilde{E}_0|e^{j\varphi_e}$，$\varphi_e=0$，然后取实部，得到芯区和包层中场分量的瞬时表达式为

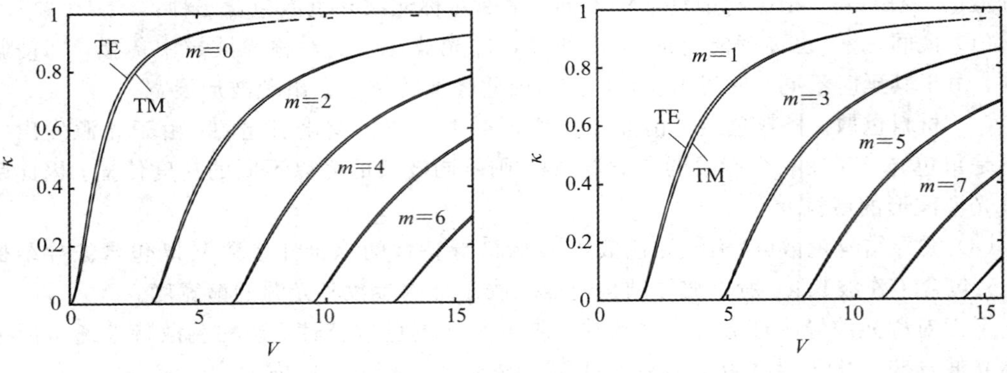

图 14-4　平面对称光波导色散曲线

$$
\text{芯区：}\begin{cases}
E_y(x,z;t)=|\tilde{E}_0|\cos\left(\dfrac{\xi_{01}}{a}x\right)\cos(\omega t-k_z z)\\
H_x(x,z;t)=-\dfrac{k_z}{\omega\mu_0}|\tilde{E}_0|\cos\left(\dfrac{\xi_{01}}{a}x\right)\cos(\omega t-k_z z)\\
H_z(x,z;t)=\dfrac{1}{\omega\mu_0}\dfrac{\xi_{01}}{a}|\tilde{E}_0|\sin\left(\dfrac{\xi_{01}}{a}x\right)\sin(\omega t-k_z z)
\end{cases}\quad(-a\leqslant x\leqslant +a)
\tag{14-81}
$$

$$
\text{上包层：}\begin{cases}
E_y(x,z;t)=|\tilde{E}_0|\cos\xi_{01}e^{w_{01}}e^{-\frac{w_{01}}{a}x}\cos(\omega t-k_z z)\\
H_x(x,z;t)=-\dfrac{k_z}{\omega\mu_0}|\tilde{E}_0|\cos\xi_{01}e^{w_{01}}e^{-\frac{w_{01}}{a}x}\cos(\omega t-k_z z)\\
H_z(x,z;t)=\dfrac{1}{\omega\mu_0}\dfrac{w_{01}}{a}|\tilde{E}_0|\cos\xi_{01}e^{w_{01}}e^{-\frac{w_{01}}{a}x}\sin(\omega t-k_z z)
\end{cases}\quad(x>a)
\tag{14-82}
$$

$$
\text{下包层：}\begin{cases}
E_y(x,z;t)=|\tilde{E}_0|\cos\xi_{01}e^{w_{01}}e^{\frac{w_{01}}{a}x}\cos(\omega t-k_z z)\\
H_x(x,z;t)=-\dfrac{k_z}{\omega\mu_0}|\tilde{E}_0|\cos\xi_{01}e^{w_{01}}e^{\frac{w_{01}}{a}x}\cos(\omega t-k_z z)\\
H_z(x,z;t)=-\dfrac{1}{\omega\mu_0}\dfrac{w_{01}}{a}|\tilde{E}_0|\cos\xi_{01}e^{w_{01}}e^{\frac{w_{01}}{a}x}\sin(\omega t-k_z z)
\end{cases}\quad(x<-a)
\tag{14-83}
$$

对于光学介质，$\mu_1=\mu_2=\mu_0$，$a=2.0\ \mu m$，$\lambda=1.53\ \mu m$，$f=1.96\times10^{14}$ Hz。由式(14-72)可知，$\xi_{01}\approx1.316$，$V=5.2334$，由式(14-58)可得 $w_{01}\approx5.065$，由式(14-12)可得 $k_z\approx6.207\times10^6$。取 $-6\ \mu m\leqslant x\leqslant+6\ \mu m$，$0\leqslant z\leqslant+2\ \mu m$，$|\tilde{E}_0|=1.0$，依据式(14-81)、式(14-82)和式(14-83)可知，$t=0$ 时刻，XZ 面内电场分布的仿真计算结果如图 14-5(a)所示，XZ 面内磁场矢量分布的仿真计算结果如图 14-5(b)所示。

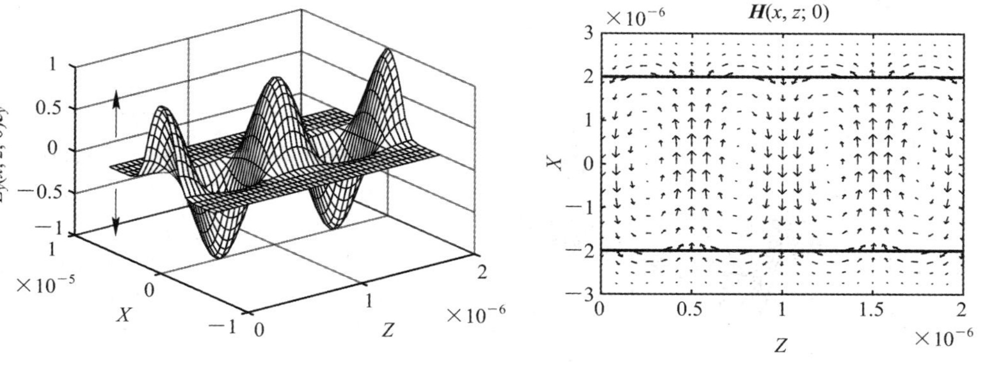

(a) 电场分布　　(b) 磁场分布

图 14-5　TE_{01}模 XZ 面内的场分布

2. TM_{01}模的场分布

TM_{01}模是偶模，与本征函数 $\cos(ux/a)$相对应。式(14-40)、式(14-41)和式(14-42)乘时间因子 $e^{j\omega t}$，并利用式(14-54)中的 $\widetilde{D}'=\widetilde{C}'$ 和式(14-57)，取 $\widetilde{A}'=\widetilde{H}_0=|\widetilde{H}_0|e^{j\varphi_h}$，$\varphi_h=0$，然后取实部，得到芯区和包层中场分量的瞬时表达式如下：

$$
\text{芯区：}\begin{cases}E_x(x,z;t)=\dfrac{k_z}{\omega\varepsilon_1}|\widetilde{H}_0|\cos\left(\dfrac{\xi'_{01}}{a}x\right)\cos(\omega t-k_z z)\\ E_z(x,z;t)=-\dfrac{1}{\omega\varepsilon_1}\dfrac{\xi'_{01}}{a}|\widetilde{H}_0|\sin\left(\dfrac{\xi'_{01}}{a}x\right)\sin(\omega t-k_z z)\quad(-a\leqslant x\leqslant+a)\\ H_y(x,z;t)=|\widetilde{H}_0|\cos\left(\dfrac{\xi'_{01}}{a}x\right)\cos(\omega t-k_z z)\end{cases}\tag{14-84}
$$

$$
\text{上包层：}\begin{cases}E_x(x,z;t)=\dfrac{k_z}{\omega\varepsilon_2}|\widetilde{H}_0|\cos\xi'_{01}e^{w_{01}}e^{-\frac{w'_{01}}{a}x}\cos(\omega t-k_z z)\\ E_z(x,z;t)=-\dfrac{1}{\omega\varepsilon_2}\dfrac{w'_{01}}{a}|\widetilde{H}_0|\cos\xi'_{01}e^{w'_{01}}e^{-\frac{w'_{01}}{a}x}\sin(\omega t-k_z z)\quad(x>a)\\ H_y(x,z;t)=|\widetilde{H}_0|\cos\xi'_{01}e^{w'_{01}}e^{-\frac{w'_{01}}{a}x}\cos(\omega t-k_z z)\end{cases}\tag{14-85}
$$

$$
\text{下包层：}\begin{cases}\widetilde{E}_x(x,z;t)=\dfrac{k_z}{\omega\varepsilon_2}|\widetilde{H}_0|\cos\xi'_{01}e^{w'_{01}}e^{\frac{w'_{01}}{a}x}\cos(\omega t-k_z z)\\ \widetilde{E}_z(x,z;t)=\dfrac{1}{\omega\varepsilon_2}\dfrac{w'_{01}}{a}|\widetilde{H}_0|\cos\xi'_{01}e^{w_{01}}e^{\frac{w'_{01}}{a}x}\sin(\omega t-k_z z)\quad(x<-a)\\ \widetilde{H}_y(x,z;t)=|\widetilde{H}_0|\cos\xi'_{01}e^{w'_{01}}e^{\frac{w'_{01}}{a}x}\cos(\omega t-k_z z)\end{cases}\tag{14-86}
$$

取 $n_1=1.52$(玻璃)，$n_2=1.38$(氟化镁)，$\varepsilon_0=8.85\times10^{-12}$ F/m，$a=2.0\ \mu$m，$\lambda=1.53\ \mu$m，$f=1.96\times10^{14}$ Hz。由式(14-75)可知，$\xi'_{01}\approx1.353$，$V=5.2334$，由式(14-58)可得 $w'_{01}\approx5.055$，由式(14-12)可得 $k_z\approx6.205\times10^6$。取 $-6\ \mu\text{m}\leqslant x\leqslant+6\ \mu\text{m}$，$0\leqslant z\leqslant+2\ \mu$m，$|\widetilde{H}_0|=1.0$，依据式(14-84)、式(14-85)和式(14-86)可知，$t=0$ 时刻，XZ 面内磁场分

布的仿真计算结果如图 14-6(a)所示，XZ 面内电场矢量分布的仿真结果如图 14-6(b)所示。

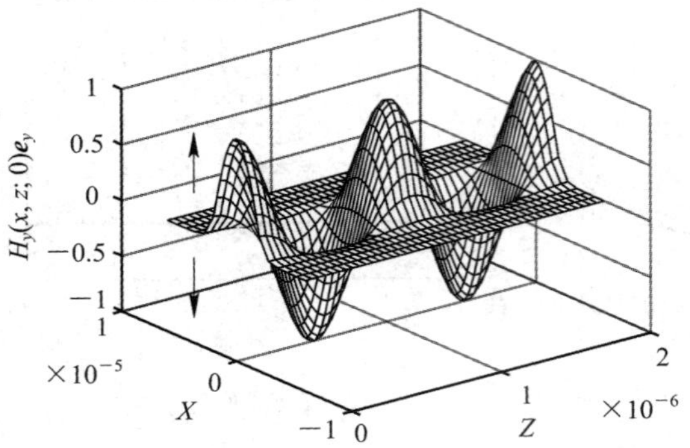

(a) 磁场分布

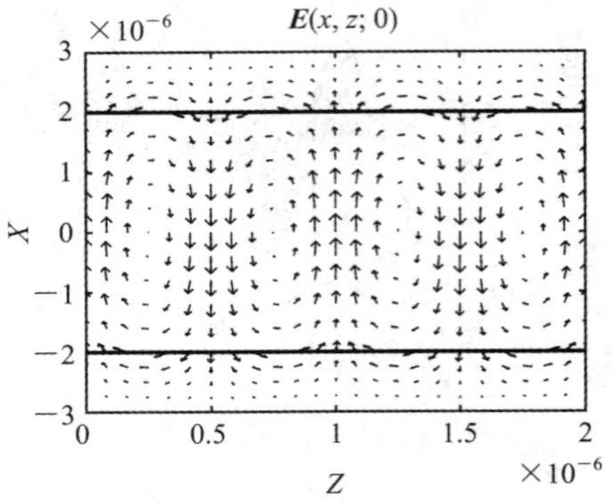

(b) 电场分布

图 14-6　TM_{01} 模 XZ 面内的场分布

3. TE_{01} 模和 TM_{01} 模的传播特性

TE_{01} 模是偶模，由式(14-20)，取 $\widetilde{A}=\widetilde{E}_0$，$\widetilde{E}_0$ 为电场初始复振幅，可写出 TE_{01} 模芯区场分量的复振幅表达式为

$$\text{芯区：}\quad \begin{cases} \widetilde{E}_y(x,\ z) = \widetilde{E}_0 \cos\left(\dfrac{\xi_{01}}{a}x\right) e^{-jk_z z} \\ \widetilde{H}_x(x,\ z) = -\dfrac{k_z}{\omega\mu_1}\widetilde{E}_0 \cos\left(\dfrac{\xi_{01}}{a}x\right) e^{-jk_z z} \\ \widetilde{H}_z(x,\ z) = -\mathrm{j}\,\dfrac{1}{\omega\mu_1}\,\dfrac{\xi_{01}}{a}\widetilde{E}_0 \sin\left(\dfrac{\xi_{01}}{a}x\right) e^{-jk_z z} \end{cases} \tag{14-87}$$

磁场复振幅 $\widetilde{H}_z$ 与 $\widetilde{H}_x$ 相比并取模，有

$$\left|\frac{\widetilde{H}_z}{\widetilde{H}_x}\right| = \frac{\xi_{01}}{ak_z}\tan\left(\frac{\xi_{01}}{a}x\right) \tag{14-88}$$

将数值 $\xi_{01}\approx 1.316$，$a=2.0\ \mu\mathrm{m}$，$k_z\approx 6.207\times 10^6$ 代入式(14-88)，并取 $x=a$，得到平面对称光波导内磁场复振幅 $\widetilde{H}_z$ 与 $\widetilde{H}_x$ 边缘最大比值为

$$\left|\frac{\widetilde{H}_z}{\widetilde{H}_x}\right|_{\max} = \frac{1.316}{2.0\times 10^{-6}\times 6.207\times 10^6}\tan 1.316 \approx 0.0024 \tag{14-89}$$

由此可以看出，$|\widetilde{H}_z| \ll |\widetilde{H}_x|$，忽略 $\widetilde{H}_z$，又有

$$\cos\left(\frac{\xi_{01}}{a}x\right)\Bigg|_{\min} = \cos\left(\frac{\xi_{01}}{a}x\right)\Bigg|_{x=a} \approx 0.9997 \tag{14-90}$$

可取 $\cos(\xi_{01}x/a)\approx 1$，则式(14-87)可简化为

$$\text{芯区：}\quad \begin{cases} \widetilde{E}_y(x,\ z) = \widetilde{E}_0 e^{-jk_z z} \\ \widetilde{H}_x(x,\ z) = -\dfrac{k_z}{\omega\mu_1}\widetilde{E}_0 e^{-jk_z z} \end{cases} \tag{14-91}$$

将式(14-91)与式(7-24)和式(7-25)相比较可知，式(14-91)为平面光波的表达式，由此

说明，平面对称光波导TE_{01}模在波导中传播近似于平面波传播。工作频率 f 越高，k_z 取值越大，$|\widetilde{H}_z/\widetilde{H}_x|$比值越小，近似程度越好。由图 14－5(a)和(b)也可以看出，在波导中心区域，TE_{01}模的场分布 $\widetilde{E}_y\boldsymbol{e}_y$ 近似垂直于 $\widetilde{H}_x\boldsymbol{e}_x$，且满足右手关系 $\widetilde{E}_y\boldsymbol{e}_y\times\widetilde{H}_x\boldsymbol{e}_x\rightarrow k_z\boldsymbol{e}_z$。

同理，由式(14－40)，取 $\widetilde{A}'=\widetilde{H}_0$，$\widetilde{H}_0$ 为磁场初始分振幅，可得TM_{01}模的简化表达式为

$$\text{芯区：}\begin{cases}\widetilde{E}_x(x,\ z)=\dfrac{k_z}{\omega\varepsilon_1}\widetilde{H}_0\mathrm{e}^{-\mathrm{j}k_z z}\\ \widetilde{H}_y(x,\ z)=\widetilde{H}_0\mathrm{e}^{-\mathrm{j}k_z z}\end{cases}\tag{14-92}$$

式(14－92)是用磁场表达电场的平面光波表达式。由此说明，TM_{01}模在波导中传播同样是接近于平面波传播，且满足右手关系 $\widetilde{E}_x\boldsymbol{e}_y\times\widetilde{H}_y\boldsymbol{e}_x\rightarrow k_z\boldsymbol{e}_z$，如图 14－6(a)和(b)所示。

14.1.7　平面对称光波导横平面内的光强分布

对于 TE 波，由式(14－20)可知，TE 波仅有 $\widetilde{E}_y$、$\widetilde{H}_x$ 和 $\widetilde{H}_z$ 分量，由式(6－114)可写出平均坡印廷矢量为

$$\boldsymbol{S}_{\mathrm{av}}=\frac{1}{2}\mathrm{Re}[\widetilde{\boldsymbol{E}}\times\widetilde{\boldsymbol{H}}^*]=\frac{1}{2}\mathrm{Re}[\widetilde{E}_y\boldsymbol{e}_y\times(\widetilde{H}_x^*\boldsymbol{e}_x+\widetilde{H}_z^*\boldsymbol{e}_z)]=\frac{1}{2}\mathrm{Re}[\widetilde{E}_y\widetilde{H}_z^*\boldsymbol{e}_x-\widetilde{E}_y\widetilde{H}_x^*\boldsymbol{e}_z]\tag{14-93}$$

由此可以看出，平面对称光波导内能流沿两个方向流动，X 方向和 Z 方向。在波导横平面内，仅考虑沿 Z 方向能量的流动，则有

$$S_{\mathrm{av}}\,|_z=-\frac{1}{2}\mathrm{Re}[\widetilde{E}_y\widetilde{H}_x^*]\tag{14-94}$$

将式(14－20)代入，并取 $\widetilde{A}=\widetilde{E}_0$，得到

$$\text{偶模：}S_{\mathrm{av}}\,|_z=-\frac{1}{2}\mathrm{Re}[\widetilde{E}_y\widetilde{H}_x^*]=\frac{1}{2}\frac{k_z}{\omega\mu_1}\,|\,\widetilde{E}_0\,|^2\cos^2\left(\frac{u}{a}x\right)\tag{14-95}$$

$$\text{奇模：}S_{\mathrm{av}}\,|_z=-\frac{1}{2}\mathrm{Re}[\widetilde{E}_y\widetilde{H}_x^*]=\frac{1}{2}\frac{k_z}{\omega\mu_1}\,|\,\widetilde{E}_0\,|^2\sin^2\left(\frac{u}{a}x\right)\tag{14-96}$$

光强为平均坡印廷矢量的大小。令

$$I_0=\frac{1}{2}\frac{k_z}{\omega\mu_1}\,|\,\widetilde{E}_0\,|^2\tag{14-97}$$

将式(14－95)和式(14－96)合写在一起，有

$$I=\begin{cases}I_0\cos^2\left(\dfrac{u}{a}x\right)\quad(\text{偶模})\\ I_0\sin^2\left(\dfrac{u}{a}x\right)\quad(\text{奇模})\end{cases}\tag{14-98}$$

式(14－98)就是平面对称光波导横平面内的光强公式。依据式(14－98)，取 $I_0=1.0$，$-2\ \mu\mathrm{m}\leqslant x\leqslant+2\ \mu\mathrm{m}$，$-2\ \mu\mathrm{m}\leqslant y\leqslant+2\ \mu\mathrm{m}$，并将式(14－72)的数值代入，则 TE 波光强分布的仿真结果如图 14－7 所示。

对于 TM 波，横平面内的光强分布公式与式(14－98)完全相同，但数值代入不同，数值代入为式(14－75)。

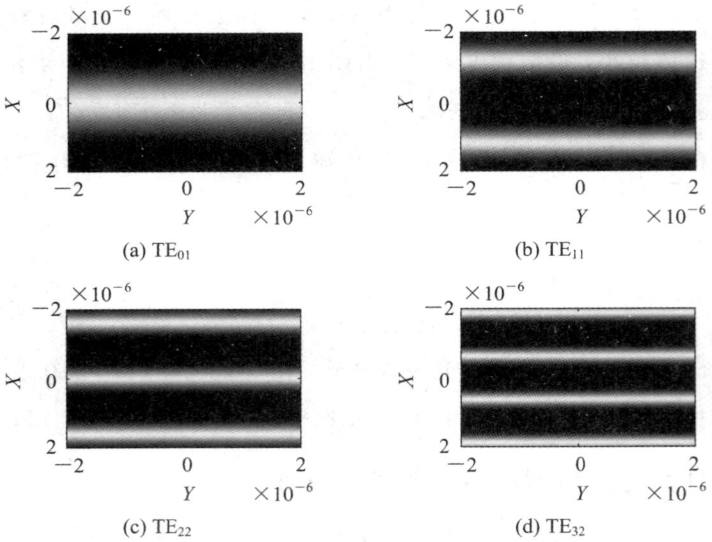

图 14－7　平面对称光波导横平面内 TE 波的光强分布

14.2　圆柱形光波导——光纤

光纤是一种圆柱形介质波导，由于纤芯细而长，因此光纤也称光导纤维。光纤按其芯内介质折射率均匀和非均匀分为均匀光纤和非均匀光纤，如图 14－8(a)和(b)所示。均匀光纤的纤芯和包层折射率均匀分布，在交界面上折射率产生突变，所以均匀光纤又称为阶跃型光纤。非均匀光纤的纤芯折射率纵向均匀、径向呈指数分布且具有轴对称性，在纤芯与包层交界面上折射率连续，因此，非均匀光纤又称为渐变型折射指数光纤。

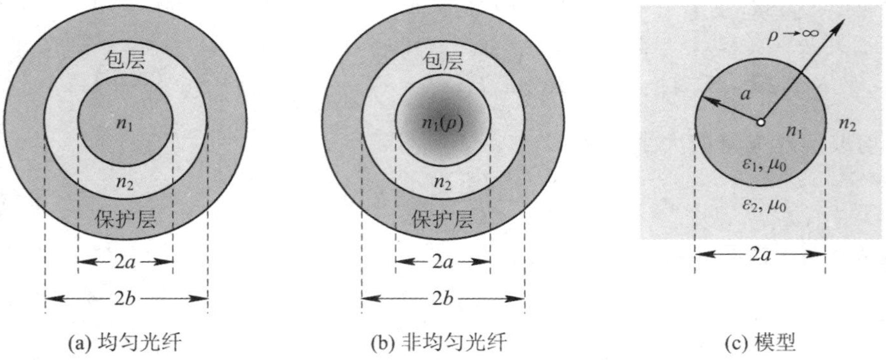

图 14－8　均匀和非均匀光纤横平面折射率分布示意图

光波在光纤中传播的求解过程与金属圆波导的求解过程相同，即在柱坐标系下求解纵向场分量的标量赫姆霍兹方程。不同点在于金属圆波导导体中的场量为零，而光纤不仅纤芯内有解，包层内也有解。但光波在包层中径向传播，场量衰减很快，波传播距离非常有限，属于倏逝波。因此，当光波到达包层外表面时，场量已经很小，可以忽略不计，可近似为光纤包层“很厚”，径向延伸到无穷远。在此近似条件下，求解光波在光纤中传播的问题可归结为图 14－8(c)所示的双层介质模型。下面就阶跃型光纤进行讨论。

14.2.1 阶跃型光纤横平面内纵向场分量的解

如图 14－9 所示，一无限长阶跃型光纤沿 Z 轴放置，纤芯中心与 Z 轴重合，纤芯半径为 a，纤芯介质为无耗理想介质，介电常数 $\varepsilon_1=\varepsilon_0 n_1^2$，$n_1$ 为纤芯介质折射率，磁导率 $\mu_1\approx\mu_0$；包层介质介电常数 $\varepsilon_2=\varepsilon_0 n_2^2$，$n_2$ 为包层介质折射率，磁导率 $\mu_2\approx\mu_0$，假设包层径向延伸至无穷远。

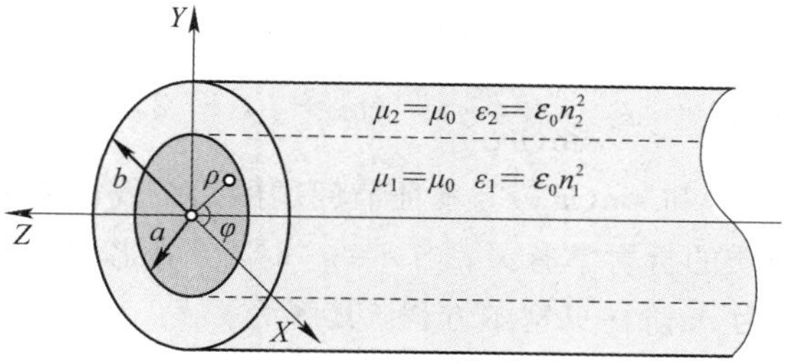

图 14－9 无限长阶跃型光纤

在无源情况下，光纤内无源空间时谐电磁场满足矢量赫姆霍兹方程(13－114)。假设光波沿＋Z 方向传播，传播因子为 $e^{-jk_z z}$，在柱坐标系下将电场复振幅矢量和磁场复振幅矢量分量式(13－115)和式(13－116)代入赫姆霍兹方程(13－114)，并利用式(13－117)和式(13－118)，得到柱坐标系下 $\widetilde{\boldsymbol{E}}(\rho,\varphi)$和 $\widetilde{\boldsymbol{H}}(\rho,\varphi)$的分量方程(13－124)和方程(13－125)。由分量方程可知，纵向场分量 $\widetilde{E}_z(\rho,\varphi)$和 $\widetilde{H}_z(\rho,\varphi)$满足标量赫姆霍兹方程，求解纵向场分量满足的标量赫姆霍兹方程，将其解代入式(13－112)，得到横向场分量的解，这就是光纤电磁波传播问题的求解过程。下面首先讨论纵向场分量 $\widetilde{E}_z(\rho,\varphi)$和 $\widetilde{H}_z(\rho,\varphi)$的解。

根据式(13－113)可知，截止波数 k_c 用介质折射率 n 表示，有

$$k_c^2=k_0^2 n^2-k_z^2 \tag{14-99}$$

由方程(13－124)和方程(13－125)的第三个方程，可写出柱坐标系下 $\widetilde{\boldsymbol{E}}(\rho,\varphi)$和 $\widetilde{\boldsymbol{H}}(\rho,\varphi)$的纵向场分量方程为

$$\frac{1}{\rho}\frac{\partial}{\partial\rho}\left(\rho\frac{\partial\widetilde{E}_z}{\partial\rho}\right)+\frac{1}{\rho^2}\frac{\partial^2\widetilde{E}_z}{\partial\varphi^2}+(k_0^2n^2-k_z^2)\widetilde{E}_z=0 \tag{14-100}$$

$$\frac{1}{\rho}\frac{\partial}{\partial\rho}\left(\rho\frac{\partial\widetilde{H}_z}{\partial\rho}\right)+\frac{1}{\rho^2}\frac{\partial^2\widetilde{H}_z}{\partial\varphi^2}+(k_0^2n^2-k_z^2)\widetilde{H}_z=0 \tag{14-101}$$

式中，n 为介质的折射率，k_0 为真空中的波数。当 $n=n_1$ 时，方程(14－100)和(14－101)的解对应于光纤纤芯介质中的解；当 $n=n_2$ 时，方程(14－100)和方程(14－101)的解对应于光纤包层介质中的解。

1. 求解 $\widetilde{E}_z(\rho,\varphi)$

采用分离变量法。设

$$\widetilde{E}_z(\rho,\varphi)=\widetilde{R}(\rho)\widetilde{\Phi}(\varphi) \tag{14-102}$$

将式(14－102)代入式(14－100)得

$$\rho^2\frac{\widetilde{R}''(\rho)}{\widetilde{R}(\rho)}+\rho\frac{\widetilde{R}'(\rho)}{\widetilde{R}(\rho)}+\frac{\widetilde{\Phi}''(\varphi)}{\widetilde{\Phi}(\varphi)}+\rho^2(k_0^2n^2-k_z^2)=0 \tag{14-103}$$

令
$$\frac{\tilde{\Phi}''(\varphi)}{\tilde{\Phi}(\varphi)}=-m^2 \tag{14-104}$$
得到
$$\tilde{\Phi}''(\varphi)+m^2\tilde{\Phi}(\varphi)=0 \tag{14-105}$$
$$\rho^2R''(\rho)+\rho R'(\rho)+[\rho^2(k_0^2n^2-k_z^2)-m^2]R(\rho)=0 \tag{14-106}$$
方程(14-105)和周期性边界条件
$$\tilde{\Phi}(\varphi)=\tilde{\Phi}(\varphi+2\pi) \tag{14-107}$$
构成本征值问题。由式(13-135)可知，其解可表达为
$$\tilde{\Phi}(\varphi)=\tilde{\alpha}\begin{Bmatrix}\cos(m\varphi)\\ \sin(m\varphi)\end{Bmatrix}\quad(m=0,1,2,3,\cdots) \tag{14-108}$$
式中，$\tilde{\alpha}$ 为复常数。$\cos(m\varphi)$和 $\sin(m\varphi)$为本征值问题的两个线性无关的解。

方程(14-106)与介质的折射率有关。当 $n=n_1$ 时，光在芯内传播，$k_0^2n_1^2-k_z^2>0$ 代表传播模式，方程(14-106)为 m 阶柱贝塞尔方程，其解为
$$\tilde{R}(\rho)=\tilde{C}\mathrm{J}_m(\sqrt{k_0^2n_1^2-k_z^2}\rho)+\tilde{D}\mathrm{Y}_m(\sqrt{k_0^2n_1^2-k_z^2}\rho)\quad(k_0^2n_1^2-k_z^2>0) \tag{14-109}$$
式中，$\tilde{C}$ 和 $\tilde{D}$ 为复常数。$\mathrm{J}_m(\sqrt{k_0^2n_1^2-k_z^2}\rho)$和 $\mathrm{Y}_m(\sqrt{k_0^2n_1^2-k_z^2}\rho)$分别为 m 阶第一类柱贝塞尔函数和 m 阶第二类柱贝塞尔函数。柱贝塞尔函数曲线见图 3-16。

当 $n=n_2$ 时，光在包层内传播，$k_0^2n_2^2-k_z^2<0$ 代表衰减模式，方程(14-106)为虚宗量 m 阶柱贝塞尔方程，其解为
$$\tilde{R}(\rho)=\tilde{F}\mathrm{I}_m(\sqrt{k_z^2-k_0^2n_2^2}\rho)+\tilde{G}\mathrm{K}_m(\sqrt{k_z^2-k_0^2n_2^2}\rho)\quad(k_0^2n_2^2-k_z^2<0) \tag{14-110}$$
式中，$\tilde{F}$ 和 $\tilde{G}$ 为复常数。$\mathrm{I}_m(\sqrt{k_z^2-k_0^2n_2^2}\rho)$和 $\mathrm{K}_m(\sqrt{k_z^2-k_0^2n_2^2}\rho)$分别是虚宗量第一类柱贝塞尔函数和虚宗量第二类柱贝塞尔函数，虚宗量柱贝塞尔函数见图 3-17。

把式(14-108)、式(14-109)和式(14-110)代入式(14-102)，得到光纤横平面内电场纵向分量的解为
$$\tilde{E}_z(\rho,\varphi)=\begin{cases}\tilde{\alpha}\left[\tilde{C}\mathrm{J}_m(\sqrt{k_0^2n_1^2-k_z^2}\rho)+\tilde{D}\mathrm{Y}_m(\sqrt{k_0^2n_1^2-k_z^2}\rho)\right]\begin{Bmatrix}\cos(m\varphi)\\ \sin(m\varphi)\end{Bmatrix} & (\rho\leqslant a)\\ \tilde{\alpha}\left[\tilde{F}\mathrm{I}_m(\sqrt{k_z^2-k_0^2n_2^2}\rho)+\tilde{G}\mathrm{K}_m(\sqrt{k_z^2-k_0^2n_2^2}\rho)\right]\begin{Bmatrix}\cos(m\varphi)\\ \sin(m\varphi)\end{Bmatrix} & (\rho>a)\end{cases} \tag{14-111}$$
式(14-111)就是阶跃型光纤横平面内电场纵向场分量的一般解。

利用解的有界性，可对式(14-111)进行简化。根据第二类柱贝塞尔函数的性质有
$$\rho=0\quad\rightarrow\quad\mathrm{Y}_m(0)\rightarrow-\infty \tag{14-112}$$
必有
$$\tilde{D}=0 \tag{14-113}$$
又根据虚宗量柱贝塞尔函数的性质，有
$$\begin{cases}\mathrm{I}_m(x)\approx\dfrac{1}{\sqrt{2\pi x}}\mathrm{e}^{x} & (x\rightarrow\infty)\\ \mathrm{K}_m(x)\approx\sqrt{\dfrac{\pi}{2x}}\mathrm{e}^{-x} & (x\rightarrow\infty)\end{cases} \tag{14-114}$$

显然，当$\rho \to \infty$时，有

$$\mathrm{I}_m(\sqrt{k_z^2 - k_0^2 n_2^2}\rho) \to \infty, \quad \mathrm{K}_m(\sqrt{k_z^2 - k_0^2 n_2^2}\rho) \to 0 \tag{14-115}$$

必有

$$\widetilde{F} = 0 \tag{14-116}$$

由此可把解(14-111)简化为

$$\widetilde{E}_z(\rho, \varphi) = \begin{cases} \widetilde{A}\mathrm{J}_m(\sqrt{k_0^2 n_1^2 - k_z^2}\rho) \begin{Bmatrix} \cos(m\varphi) \\ \sin(m\varphi) \end{Bmatrix} & (\rho \leqslant a) \\ \widetilde{B}\mathrm{K}_m(\sqrt{k_z^2 - k_0^2 n_2^2}\rho) \begin{Bmatrix} \cos(m\varphi) \\ \sin(m\varphi) \end{Bmatrix} & (\rho > a) \end{cases} \tag{14-117}$$

这就是光纤横平面内纤芯和包层中电场纵向场分量的解。式中，$\widetilde{A} = \tilde{\alpha}\widetilde{C}$和$\widetilde{B} = \tilde{\alpha}\widetilde{G}$为待定复常数。

2. 求解 $\widetilde{H}_z(\rho, \varphi)$

与求解电场纵向场分量$\widetilde{E}_z(\rho, \varphi)$的过程相同。取方程(14-105)的解为

$$\widetilde{\Phi}(\varphi) = \tilde{\alpha}' \begin{Bmatrix} \sin(m\varphi) \\ \cos(m\varphi) \end{Bmatrix} \quad (m = 0, 1, 2, 3, \cdots) \tag{14-118}$$

可得光纤横平面内纤芯和包层中磁场纵向场分量方程(14-101)的解为

$$\widetilde{H}_z(\rho, \varphi) = \begin{cases} \widetilde{A}'\mathrm{J}_m(\sqrt{k_0^2 n_1^2 - k_z^2}\rho) \begin{Bmatrix} \sin(m\varphi) \\ \cos(m\varphi) \end{Bmatrix} & (\rho \leqslant a) \\ \widetilde{B}'\mathrm{K}_m(\sqrt{k_z^2 - k_0^2 n_2^2}\rho) \begin{Bmatrix} \sin m\varphi \\ \cos m\varphi \end{Bmatrix} & (\rho > a) \end{cases} \tag{14-119}$$

式中，$\widetilde{A}'$和$\widetilde{B}'$为待定复常数。

14.2.2 阶跃型光纤电磁场问题的解

为了讨论方便和简化计算，与平面对称光波导相同，可引入光纤径向归一化相位常数u和光纤径向归一化衰减常数w，令

$$u = a\sqrt{k_0^2 n_1^2 - k_z^2} \tag{14-120}$$

$$w = a\sqrt{k_z^2 - k_0^2 n_2^2} \tag{14-121}$$

1. 光纤纤芯内电磁场问题的解

将式(14-117)和式(14-119)乘传播因子$\mathrm{e}^{-\mathrm{j}k_z z}$，并利用式(14-120)，得到光纤纤芯内电场纵向场分量和磁场纵向场分量的解为

$$\widetilde{E}_{1z}(\rho, \varphi, z) = \widetilde{A}\mathrm{J}_m\left(\frac{u}{a}\rho\right) \begin{Bmatrix} \cos(m\varphi) \\ \sin(m\varphi) \end{Bmatrix} \mathrm{e}^{-\mathrm{j}k_z z} \quad (\rho \leqslant a) \tag{14-122}$$

$$\widetilde{H}_{1z}(\rho, \varphi, z) = \widetilde{A}'\mathrm{J}_m\left(\frac{u}{a}\rho\right) \begin{Bmatrix} \sin(m\varphi) \\ \cos(m\varphi) \end{Bmatrix} \mathrm{e}^{-\mathrm{j}k_z z} \quad (\rho \leqslant a) \tag{14-123}$$

式中，角标“1”代表光纤纤芯。

将式(14-120)、式(14-122)和式(14-123)代入式(13-112)，得到阶跃型光纤纤芯内电场和磁场横向场分量的解为

$$\begin{cases}\widetilde{E}_{1\rho}(\rho,\varphi,z)=-\mathrm{j}\left(\dfrac{a}{u}\right)^2\left[\dfrac{k_z u}{a}\widetilde{A}\mathrm{J}'_m\left(\dfrac{u}{a}\rho\right)\begin{Bmatrix}\cos(m\varphi)\\ \sin(m\varphi)\end{Bmatrix}+\dfrac{\omega\mu_1 m}{\rho}\widetilde{A}'\mathrm{J}_m\left(\dfrac{u}{a}\rho\right)\begin{Bmatrix}\cos(m\varphi)\\ -\sin(m\varphi)\end{Bmatrix}\right]\mathrm{e}^{-\mathrm{j}k_z z}\\ \widetilde{E}_{1\varphi}(\rho,\varphi,z)=-\mathrm{j}\left(\dfrac{a}{u}\right)^2\left[\dfrac{mk_z}{\rho}\widetilde{A}\mathrm{J}_m\left(\dfrac{u}{a}\rho\right)\begin{Bmatrix}-\sin(m\varphi)\\ \cos(m\varphi)\end{Bmatrix}-\dfrac{\omega\mu_1 u}{a}\widetilde{A}'\mathrm{J}'_m\left(\dfrac{u}{a}\rho\right)\begin{Bmatrix}\sin(m\varphi)\\ \cos(m\varphi)\end{Bmatrix}\right]\mathrm{e}^{-\mathrm{j}k_z z}\end{cases}\tag{14-124}$$

$$\begin{cases}\widetilde{H}_{1\rho}(\rho,\varphi,z)=\mathrm{j}\left(\dfrac{a}{u}\right)^2\left[\dfrac{m\omega\varepsilon_1}{\rho}\widetilde{A}\mathrm{J}_m\left(\dfrac{u}{a}\rho\right)\begin{Bmatrix}-\sin(m\varphi)\\ \cos(m\varphi)\end{Bmatrix}-\dfrac{k_z u}{a}\widetilde{A}'\mathrm{J}'_m\left(\dfrac{u}{a}\rho\right)\begin{Bmatrix}\sin(m\varphi)\\ \cos(m\varphi)\end{Bmatrix}\right]\mathrm{e}^{-\mathrm{j}k_z z}\\ \widetilde{H}_{1\varphi}(\rho,\varphi,z)=-\mathrm{j}\left(\dfrac{a}{u}\right)^2\left[\dfrac{\omega\varepsilon_1 u}{a}\widetilde{A}\mathrm{J}'_m\left(\dfrac{u}{a}\rho\right)\begin{Bmatrix}\cos(m\varphi)\\ \sin(m\varphi)\end{Bmatrix}+\dfrac{mk_z}{\rho}\widetilde{A}'\mathrm{J}_m\left(\dfrac{u}{a}\rho\right)\begin{Bmatrix}\cos(m\varphi)\\ -\sin(m\varphi)\end{Bmatrix}\right]\mathrm{e}^{-\mathrm{j}k_z z}\end{cases}\tag{14-125}$$

2. 光纤包层电磁场问题的解

由式(14-99)，并利用式(14-121)，有

$$k_c^2=k_0^2n_2^2-k_z^2=-\frac{w^2}{a^2}\tag{14-126}$$

将式(14-117)和式(14-119)乘传播因子 $\mathrm{e}^{-\mathrm{j}k_z z}$，并利用式(14-126)，得到光纤包层电场和磁场纵向场分量的解为

$$\widetilde{E}_{2z}(\rho,\varphi,z)=\widetilde{B}\mathrm{K}_m\left(\frac{w}{a}\rho\right)\begin{Bmatrix}\cos(m\varphi)\\ \sin(m\varphi)\end{Bmatrix}\mathrm{e}^{-\mathrm{j}k_z z}\quad(\rho>a)\tag{14-127}$$

$$\widetilde{H}_{2z}(\rho,\varphi;z)=\widetilde{B}'\mathrm{K}_m\left(\frac{w}{a}\rho\right)\begin{Bmatrix}\sin(m\varphi)\\ \cos(m\varphi)\end{Bmatrix}\mathrm{e}^{-\mathrm{j}k_z z}\quad(\rho>a)\tag{14-128}$$

式中，角标“2”代表光纤包层。

将式(14-126)、式(14-127)和式(14-128)代入式(13-112)，得到阶跃型光纤包层内电场和磁场横向场分量的解为

$$\begin{cases}\widetilde{E}_{2\rho}(\rho,\varphi,z)=\mathrm{j}\left(\dfrac{a}{w}\right)^2\left[\dfrac{k_z w}{a}\widetilde{B}\mathrm{K}'_m\left(\dfrac{w}{a}\rho\right)\begin{Bmatrix}\cos(m\varphi)\\ \sin(m\varphi)\end{Bmatrix}+\dfrac{m\omega\mu_2}{\rho}\widetilde{B}'\mathrm{K}_m\left(\dfrac{w}{a}\rho\right)\begin{Bmatrix}\cos(m\varphi)\\ -\sin(m\varphi)\end{Bmatrix}\right]\mathrm{e}^{-\mathrm{j}k_z z}\\ \widetilde{E}_{2\varphi}(\rho,\varphi,z)=\mathrm{j}\left(\dfrac{a}{w}\right)^2\left[\dfrac{mk_z}{\rho}\widetilde{B}\mathrm{K}_m\left(\dfrac{w}{a}\rho\right)\begin{Bmatrix}-\sin(m\varphi)\\ \cos(m\varphi)\end{Bmatrix}-\dfrac{\omega\mu_2 w}{a}\widetilde{B}'\mathrm{K}'_m\left(\dfrac{w}{a}\rho\right)\begin{Bmatrix}\sin(m\varphi)\\ \cos(m\varphi)\end{Bmatrix}\right]\mathrm{e}^{-\mathrm{j}k_z z}\end{cases}\tag{14-129}$$

$$\begin{cases}\widetilde{H}_{2\rho}(\rho,\varphi,z)=-\mathrm{j}\left(\dfrac{a}{w}\right)^2\left[\dfrac{m\omega\varepsilon_2}{\rho}\widetilde{B}\mathrm{K}_m\left(\dfrac{w}{a}\rho\right)\begin{Bmatrix}-\sin(m\varphi)\\ \cos(m\varphi)\end{Bmatrix}-\dfrac{k_z w}{a}\widetilde{B}'\mathrm{K}'_m\left(\dfrac{w}{a}\rho\right)\begin{Bmatrix}\sin(m\varphi)\\ \cos(m\varphi)\end{Bmatrix}\right]\mathrm{e}^{-\mathrm{j}k_z z}\\ \widetilde{H}_{2\varphi}(\rho,\varphi,z)=\mathrm{j}\left(\dfrac{a}{w}\right)^2\left[\dfrac{\omega\varepsilon_2 w}{a}\widetilde{B}\mathrm{K}'_m\left(\dfrac{w}{a}\rho\right)\begin{Bmatrix}\cos(m\varphi)\\ \sin(m\varphi)\end{Bmatrix}+\dfrac{mk_z}{\rho}\widetilde{B}'\mathrm{K}_m\left(\dfrac{w}{a}\rho\right)\begin{Bmatrix}\cos(m\varphi)\\ -\sin(m\varphi)\end{Bmatrix}\right]\mathrm{e}^{-\mathrm{j}k_z z}\end{cases}\tag{14-130}$$

14.2.3 阶跃型光纤电磁波传播模式的本征方程及分类

1. 边界条件

阶跃型光纤电磁场问题的解中含有径向归一化相位常数 u 和径向归一化衰减常数 w。为了求得 u 和 w，需要给出阶跃型光纤纤芯与包层介质分界面的边界条件。光纤纤芯和包层介质为理想介质，由式(6-47)和式(6-48)可写出光纤纤芯与包层分界面电场和磁场切

向分量的连续边界条件为

$$\widetilde{E}_{1\varphi}\big|_{\rho=a}=\widetilde{E}_{2\varphi}\big|_{\rho=a},\quad \widetilde{E}_{1z}\big|_{\rho=a}=\widetilde{E}_{2z}\big|_{\rho=a} \tag{14-131}$$

$$\widetilde{H}_{1\varphi}\big|_{\rho=a}=\widetilde{H}_{2\varphi}\big|_{\rho=a},\quad \widetilde{H}_{1z}\big|_{\rho=a}=\widetilde{H}_{2z}\big|_{\rho=a} \tag{14-132}$$

2. 光纤传播模式本征方程

将式(14-124)和式(14-129)、式(14-125)和式(14-130)的相应分量代入切向分量边界条件

$$E_{1\varphi}\big|_{\rho=a}=E_{2\varphi}\big|_{\rho=a},\ H_{1\varphi}\big|_{\rho=a}=H_{2\varphi}\big|_{\rho=a} \tag{14-133}$$

得到

$$解1:\begin{cases}mk_z[w^2\widetilde{A}\mathrm{J}_m(u)+u^2\widetilde{B}\mathrm{K}_m(w)]+\omega[\mu_1uw^2\widetilde{A}'\mathrm{J}'_m(u)+\mu_2u^2w\widetilde{B}'\mathrm{K}'_m(w)]=0\\ mk_z[w^2\widetilde{A}'\mathrm{J}_m(u)+u^2\widetilde{B}'\mathrm{K}_m(w)]+\omega[\varepsilon_1uw^2\widetilde{A}\mathrm{J}'_m(u)+\varepsilon_2u^2w\widetilde{B}\mathrm{K}'_m(w)]=0\end{cases} \tag{14-134}$$

$$解2:\begin{cases}mk_z[w^2\widetilde{A}\mathrm{J}_m(u)+u^2\widetilde{B}\mathrm{K}_m(w)]-\omega[\mu_1uw^2\widetilde{A}'\mathrm{J}'_m(u)+\mu_2u^2w\widetilde{B}'\mathrm{K}'_m(w)]=0\\ mk_z[w^2\widetilde{A}'\mathrm{J}_m(u)+u^2\widetilde{B}'\mathrm{K}_m(w)]-\omega[\varepsilon_1uw^2\widetilde{A}\mathrm{J}'_m(u)+\varepsilon_2u^2w\widetilde{B}\mathrm{K}'_m(w)]=0\end{cases} \tag{14-135}$$

式(14-134)和式(14-135)是关于$\widetilde{A}$和$\widetilde{A}'$、$\widetilde{B}$和$\widetilde{B}'$的齐次线性方程组，显然无解，需要找到$\widetilde{A}$和$\widetilde{A}'$、$\widetilde{B}$和$\widetilde{B}'$之间的关系。利用切向分量连续边界条件

$$\widetilde{E}_{1z}\big|_{\rho=a}=\widetilde{E}_{2z}\big|_{\rho=a},\quad \widetilde{H}_{1z}\big|_{\rho=a}=\widetilde{H}_{2z}\big|_{\rho=a} \tag{14-136}$$

将式(14-122)和式(14-127)代入式(14-136)电场切向分量连续边界条件，将式(14-123)和式(14-128)代入式(14-136)磁场切向分量连续边界条件，得到

$$\widetilde{B}=\widetilde{A}\,\frac{\mathrm{J}_m(u)}{\mathrm{K}_m(w)},\qquad \widetilde{B}'=\widetilde{A}'\,\frac{\mathrm{J}_m(u)}{\mathrm{K}_m(w)} \tag{14-137}$$

将式(14-137)代入式(14-134)和式(14-135)，得到

$$解1:\begin{cases}mk_z(w^2+u^2)\mathrm{J}_m(u)\widetilde{A}+\omega\left[\mu_1uw^2\mathrm{J}'_m(u)+\mu_2u^2w\mathrm{J}_m(u)\dfrac{\mathrm{K}'_m(w)}{\mathrm{K}_m(w)}\right]\widetilde{A}'=0\\ \omega\left[\varepsilon_1uw^2\mathrm{J}'_m(u)+\varepsilon_2u^2w\mathrm{J}_m(u)\dfrac{\mathrm{K}'_m(w)}{\mathrm{K}_m(w)}\right]\widetilde{A}+mk_z(w^2+u^2)\mathrm{J}_m(u)\widetilde{A}'=0\end{cases} \tag{14-138}$$

$$解2:\begin{cases}mk_z(w^2+u^2)\mathrm{J}_m(u)\widetilde{A}-\omega\left[\mu_1uw^2\mathrm{J}'_m(u)+\mu_2u^2w\mathrm{J}_m(u)\dfrac{\mathrm{K}'_m(w)}{\mathrm{K}_m(w)}\right]\widetilde{A}'=0\\ \omega\left[\varepsilon_1uw^2\mathrm{J}'_m(u)+\varepsilon_2u^2w\mathrm{J}_m(u)\dfrac{\mathrm{K}'_m(w)}{\mathrm{K}_m(w)}\right]\widetilde{A}-mk_z(w^2+u^2)\mathrm{J}_m(u)\widetilde{A}'=0\end{cases} \tag{14-139}$$

式(14-138)和式(14-139)有解的条件是系数行列式为零。取$\varepsilon_1=\varepsilon_0n_1^2$，$\varepsilon_2=\varepsilon_0n_2^2$，$\mu_1=\mu_2=\mu_0$，由式(14-138)和式(14-139)得

$$\omega^2\mu_0\varepsilon_0\left[\frac{n_1^2}{u}\,\frac{\mathrm{J}'_m(u)}{\mathrm{J}_m(u)}+\frac{n_2^2}{w}\,\frac{\mathrm{K}'_m(w)}{\mathrm{K}_m(w)}\right]\left[\frac{1}{u}\,\frac{\mathrm{J}'_m(u)}{\mathrm{J}_m(u)}+\frac{1}{w}\,\frac{\mathrm{K}'_m(w)}{\mathrm{K}_m(w)}\right]=m^2k_z^2\left(\frac{1}{u^2}+\frac{1}{w^2}\right)^2 \tag{14-140}$$

解1和解2得到的结果相同。

式(14-120)与式(14-121)两边平方，然后相除，求解可得

$$k_z^2 = k_0^2 \frac{n_1^2 w^2 + n_2^2 u^2}{u^2 + w^2} \tag{14-141}$$

将式(14-141)代入方程(14-140)，并利用 $\omega^2 \varepsilon_0 \mu_0 = k_0^2$，得

$$\left[\frac{1}{u}\frac{\mathrm{J}'_m(u)}{\mathrm{J}_m(u)} + \frac{1}{w}\frac{\mathrm{K}'_m(w)}{\mathrm{K}_m(w)}\right]\left[\frac{n_1^2}{n_2^2 u}\frac{\mathrm{J}'_m(u)}{\mathrm{J}_m(u)} + \frac{1}{w}\frac{\mathrm{K}'_m(w)}{\mathrm{K}_m(w)}\right] = m^2\left(\frac{n_1^2}{n_2^2 u^2} + \frac{1}{w^2}\right)\left(\frac{1}{u^2} + \frac{1}{w^2}\right) \tag{14-142}$$

这就是光纤传播模式的本征方程，讨论光纤传输模式都要以此为依据。

本征方程(14-142)是包含两个未知量 u 和 w 的方程，要求解这两个未知量还需要一个方程。为此引入光纤归一化频率 V，定义

$$V = \sqrt{u^2 + w^2} = ak_0\sqrt{n_1^2 - n_2^2} \tag{14-143}$$

光纤归一化频率 V 是一个包含光纤参数 a、n_1、n_2 和工作波长 λ 的综合性参数，它把径向归一化相位常数 u 和径向归一化衰减常数 w 与光纤参数联系起来，因此，光纤归一化频率 V 本质上反映了光纤的特性。

由光纤归一化频率式(14-143)有

$$u^2 + w^2 = a^2 k_0^2 (n_1^2 - n_2^2) \tag{14-144}$$

由此可以看出，当给定光纤纤芯折射率 n_1、包层折射率 n_2、纤芯半径 a 和工作波长 λ 时，通过式(14-143)可得光纤归一化频率 V。在已知光纤归一化频率 V 的情况下，由本征方程(14-142)和式(14-144)求解可得本征值 u 和 w，然后再通过式(14-120)或式(14-121)求得不同模式的相位常数 k_z，从而可确定与本征值相对应的光纤传播模式的空间电磁场分布。

本征方程(14-142)反映的是 $\widetilde{E}_z \neq 0$ 和 $\widetilde{H}_z \neq 0$ 的传输模式，这种模式称为混合模或 HEM 模。由于与本征函数 $\cos(m\varphi)$ 和 $\sin(m\varphi)$ 相对应的两个解具有相同的本征方程，因此 HEM 模是简并模，本征函数 $\cos(m\varphi)$ 对应一种偏振态，本征函数 $\sin(m\varphi)$ 对应另一种偏振态，HEM 模是这两种偏振态的叠加。

3. EH 模和 HE 模

本征方程(14-142)的求解是十分复杂的，仍需要对本征方程进行简化，简化的方法是弱导近似解法①。下面考虑光纤通信中常用的弱导光纤。

对于弱导光纤，光纤纤芯介质与包层介质的折射率相差极小，即

$$\frac{n_1}{n_2} \rightarrow 1 \tag{14-145}$$

可取 $n_1 \approx n_2$，代入方程(14-142)，然后两边开方，则混合模的本征方程可简化为

$$\frac{1}{u}\left[\frac{\mathrm{J}'_m(u)}{\mathrm{J}_m(u)}\right] + \frac{1}{w}\left[\frac{\mathrm{K}'_m(w)}{\mathrm{K}_m(w)}\right] = \pm m\left(\frac{1}{u^2} + \frac{1}{w^2}\right) \tag{14-146}$$

式中，方程右端取“+”号对应于弱导光纤的 EH 模，相应本征方程为 EH 模本征方程；方程右端取“－”号对应弱导光纤的 HE 模，相应本征方程为 HE 模本征方程。

将式(14-146)代入解 1 式(14-138)的第一个方程，得到 $\widetilde{A}$ 和 $\widetilde{A}'$ 的关系为

$$\text{解 1：}\quad \widetilde{A}' = \mp \frac{k_z}{\omega\mu_0}\widetilde{A} \tag{14-147}$$

---

① D. Gloge. Weakly guiding fibers. Appl. Opt, 10(1971): 2252－2258.

将式(14－146)代入解 2 式(14－139)的第一个方程，得到 $\widetilde{A}$ 和 $\widetilde{A}'$ 的关系为

$$\text{解 2：}\quad \widetilde{A}' = \pm \frac{k_z}{\omega\mu_0}\widetilde{A} \tag{14-148}$$

4. TE 模和 TM 模

对于 TE 模和 TM 模，本征值方程相对较简单。

令 $m=0$，方程(14－142)右端项为零，则方程左边两项相乘应分别为零，即

$$\frac{1}{u}\left[\frac{J'_0(u)}{J_0(u)}\right] + \frac{1}{w}\left[\frac{K'_0(w)}{K_0(w)}\right] = 0 \tag{14-149}$$

$$\frac{n_1^2}{n_2^2 u}\left[\frac{J'_0(u)}{J_0(u)}\right] + \frac{1}{w}\left[\frac{K'_0(w)}{K_0(w)}\right] = 0 \tag{14-150}$$

式(14－149)对应 TE 模本征方程，式(14－150)对应 TM 模本征方程。

实际上，式(14－149)可由式(14－124)、式(14－125)和式(14－129)、式(14－130)令 $\widetilde{A}=\widetilde{B}=0$ 得到。而由式(14－122)可知，令 $\widetilde{A}=0$ 得 $\widetilde{E}_{1z}\equiv 0$；由式(14－127)可知，令 $\widetilde{B}=0$ 得 $\widetilde{E}_{2z}\equiv 0$。因而本征方程(14－149)对应于 TE 模本征方程。式(14－150)可由式(14－124)、式(14－125)和式(14－129)、式(14－130)令 $\widetilde{A}'=\widetilde{B}'=0$ 得到，而由式(14－123)可知，令 $\widetilde{A}'=0$ 得 $\widetilde{H}_{1z}\equiv 0$；由式(14－128)可知，令 $B'=0$ 得 $\widetilde{H}_{2z}\equiv 0$。因而本征方程(14－150)对应于 TM 模本征方程。由此得出结论，光纤中仅存在 $m=0$ 的 TE 模和 TM 模。

在弱导光纤的情况下，$n_1 \approx n_2$，则 TE 模和 TM 模具有相同的本征方程(14－149)。

综上所述，在弱导光纤中可存在四种类型的传播模式：TE 模、TM 模、EH 模和 HE 模。TE 模和 TM 模仅在 $m=0$ 的情况下存在，$m\neq 0$ 时存在 EH 模和 HE 模。

14.2.4 光纤的传输特性

1. 传输条件

在求解纵向场分量 $\widetilde{E}_z(\rho, \varphi)$ 和 $\widetilde{H}_z(\rho, \varphi)$ 的过程中，形成传播模式和衰减模式对应的条件为

$$k_0^2 n_1^2 - k_z^2 > 0 \quad \text{和} \quad k_0^2 n_2^2 - k_z^2 < 0 \tag{14-151}$$

即

$$k_0 n_2 < k_z < k_0 n_1 \tag{14-152}$$

式(14－152)表明，传播模式的相位常数 k_z 介于光纤纤芯介质中平面波波数 $k_1=k_0 n_1$ 和包层介质中平面波波数 $k_2=k_0 n_2$ 之间。

2. 弱导光纤的截止特性

如果 $k_z<k_0 n_2$，则包层中出现的是传播模式，包层中向外辐射电磁波，造成传播方向上的截止，所以

$$k_z = k_0 n_2 \quad \rightarrow \quad w = 0 \tag{14-153}$$

是传播模式的临界截止状态，记作 w_c。当 $w_c=0$ 时，光纤归一化频率记作 V_c，V_c 称为归一化截止频率。由式(14－143)有

$$V_c = \sqrt{u_c^2 + w_c^2} = u_c \tag{14-154}$$

该式表明，在临界截止状态下，径向归一化衰减常数为零，归一化截止频率 V_c 等于光纤径向归一化截止相位常数 u_c。为简单起见，下面以弱导光纤为例，分别讨论 TE 模和 TM 模、

EH模和HE模的截止条件和归一化截止频率 V_c。

1) $w \to 0$ 时TE模和TM模的截止条件和归一化截止频率 V_c

在 $w \to 0$ 的情况下，根据虚宗量第二类柱贝塞尔函数的性质①，有

$$\begin{cases} \lim\limits_{w\to 0} K_0(w) = -\lim\limits_{w\to 0} \ln \dfrac{w}{2} \to \infty \quad (m=0) \\ \lim\limits_{w\to 0} K_1(w) = \lim\limits_{w\to 0} \dfrac{1}{w} \to \infty \quad (m=1) \\ \lim\limits_{w\to 0} K_m(w) = \lim\limits_{w\to 0} \dfrac{1}{2}(m-1)!\left(\dfrac{2}{w}\right)^m \quad (m \neq 0) \end{cases} \tag{14-155}$$

利用柱贝塞尔函数的递推公式②

$$\begin{cases} J'_0(u) = -J_1(u) \\ K'_0(w) = -K_1(w) \end{cases} \tag{14-156}$$

TE模和TM模的本征方程(14-149)可化简为

$$\frac{-J_1(u)}{uJ_0(u)} = \frac{K_1(w)}{wK_0(w)} \tag{14-157}$$

将式(14-155)代入式(14-157)并取极限，有

$$\frac{-J_1(u)}{uJ_0(u)} = \lim_{w\to 0} \frac{K_1(w)}{wK_0(w)} = -\lim_{w\to 0} \frac{\dfrac{1}{w}}{w\ln \dfrac{w}{2}} = -\lim_{w\to 0} \frac{\dfrac{1}{w^2}}{\ln \dfrac{w}{2}} = \lim_{w\to 0} \frac{2}{w^2} \to \infty \tag{14-158}$$

则必有

$$J_0(u_c) = 0 \tag{14-159}$$

这就是TE模和TM模截止状态下的本征值方程，u_c 是零阶柱贝塞尔函数零点的根。表14-1给出了 $J_0(u_c)$、$J_1(u_c)$、$J_2(u_c)$ 和 $J_3(u_c)$ 的前十个根，表中 n 表示 $J_0(u_c)$、$J_1(u_c)$、$J_2(u_c)$ 和 $J_3(u_c)$ 零点对应根的编号。

表14-1　$J_0(u_c)$、$J_1(u_c)$、$J_2(u_c)$ 和 $J_3(u_c)$ 的前十个根 u_{c0n}、u_{c1n}、u_{c2n} 和 u_{c3n}

n	u_{c0n}	u_{c1n}	u_{c2n}	u_{c3n}	n	u_{c0n}	u_{c1n}	u_{c2n}	u_{c3n}
1	2.4048	3.8317	5.1356	6.3802	6	18.0711	19.6159	21.1170	22.5827
2	5.5201	7.0156	8.4172	9.7610	7	21.2116	22.7601	24.2701	25.7482
3	8.6537	10.1735	11.6198	13.0152	8	24.3525	25.9037	27.4206	28.9084
4	11.7915	13.3237	14.7960	16.2235	9	27.4935	29.0468	30.5692	32.0649
5	14.9309	16.4706	17.9598	19.4094	10	30.6346	32.1897	33.7165	35.2187

由此可见，$m=0$ 对应的TE模和TM模可分别记为 TE_{0n} 和 TM_{0n}。

对于弱导光纤，由于 TE_{0n} 模和 TM_{0n} 模的本征方程相同，径向归一化截止相位常数 u_c

① 王竹溪、郭敦仁：《特殊函数概论》，北京大学出版社，2000，第366页.

② 任怀宗、师先进：《特殊函数及其应用》，中南工业大学出版社，1986，第91页.

相同，因此TE_{0n}模和TM_{0n}模为简并模。

由式(14-154)可得TE_{0n}模和TM_{0n}模的归一化截止频率为

$$V_{c0n} = u_{c0n} \quad (TE_{0n}\text{ 和 }TM_{0n}\text{ 模}) \tag{14-160}$$

当给定光纤的结构参数 n_1、n_2、a 和光纤工作波长 λ 时，由式(14-143)可得光纤归一化频率 V。如果

$$V > V_{c0n} \tag{14-161}$$

则TE_{0n}模和TM_{0n}模可同时在光纤中传输。如果

$$V < V_{c0n} \tag{14-162}$$

则TE_{0n}模和TM_{0n}模在光纤中被截止，临界状态为 $V=V_{c0n}$。

2) $w\to 0$ 时 EH 模的截止条件和归一化截止频率 V_c

弱导光纤的情况下，EH 模的本征值方程为式(14-146)。利用柱贝塞尔函数的递推公式①

$$\begin{cases} J'_m(u) = \dfrac{m}{u}J_m(u) - J_{m+1}(u) = -\dfrac{m}{u}J_m(u) + J_{m-1}(u) \\ K'_m(w) = \dfrac{m}{w}K_m(w) - K_{m+1}(w) = -\dfrac{m}{w}K_m(w) - K_{m-1}(w) \end{cases} \tag{14-163}$$

取"+"号，式(14-146)可简化为

$$\text{EH 模：}\quad \frac{J_{m+1}(u)}{uJ_m(u)} + \frac{K_{m+1}(w)}{wK_m(w)} = 0 \tag{14-164}$$

将式(14-155)代入式(14-164)，得

$$\frac{J_{m+1}(u_c)}{u_cJ_m(u_c)} = -\lim_{w\to 0}\frac{K_{m+1}(w)}{wK_m(w)} = -\lim_{w\to 0}\frac{\dfrac{1}{2}(m+1-1)!\left(\dfrac{2}{w}\right)^{m+1}}{w\,\dfrac{1}{2}(m-1)!\left(\dfrac{2}{w}\right)^{m}} = -\lim_{w\to 0} m\,\frac{2}{w^2} \to -\infty \tag{14-165}$$

则必有

$$J_m(u_c) = 0 \tag{14-166}$$

这就是 EH 模截止状态下的本征值方程，u_c 是 m 阶柱贝塞尔函数零点的根。设零点对应根的编号为 n，则相应的 EH 模记作EH_{mn}。表 14-1 给出 $m=1$、$m=2$ 和 $m=3$ 时，$J_1(u_c)$、$J_2(u_c)$和$J_3(u_c)$的前十个根。

由式(14-154)可得EH_{mn}模的归一化截止频率为

$$V_{cmn} = u_{cmn} \quad (EH_{mn}\text{ 模}) \tag{14-167}$$

已知 n_1、n_2、a 和光纤工作波长λ，则由式(14-143)可求得光纤归一化频率 V，如果

$$V > V_{cmn} \tag{14-168}$$

则EH_{mn}模可以在光纤中传输。如果

$$V < V_{cmn} \tag{14-169}$$

则EH_{mn}模在光纤中被截止。

① 谢省宗、邴凤山：《特殊函数》，载《现代工程数学手册》第Ⅰ卷第十六篇，华中工学院出版社，1985，第847页。

3) $w\to 0$ 时 HE 模的截止条件和归一化截止频率 V_c

利用柱贝塞尔函数的递推公式(14-163)，式(14-146)取"－"号，则化简得到

$$\text{HE 模：}\quad \frac{J_{m-1}(u)}{uJ_m(u)}-\frac{K_{m-1}(w)}{wK_m(w)}=0 \tag{14-170}$$

将式(14-155)代入式(14-170)有

$$\frac{J_{m-1}(u_c)}{u_cJ_m(u_c)}=\lim_{w\to 0}\frac{K_{m-1}(w)}{wK_m(w)}=\frac{1}{2(m-1)} \tag{14-171}$$

下面分别对 $m=1$ 和 $m>1$ 进行讨论。

(1) 当 $m=1$ 时，本征值方程(14-171)为

$$\frac{J_0(u_c)}{u_cJ_1(u_c)}=\lim_{w\to 0}\frac{K_0(w)}{wK_1(w)}\to\infty \tag{14-172}$$

必有

$$u_c=0\quad \text{或}\quad J_1(u_c)=0 \tag{14-173}$$

记 $u_c=u_{c10}=0$ 为第一个根，其余根 u_{c1n} 见表 14-1。需要强调的是，对于 HE 模，当 $u_c=0$ 时本征值方程仍能满足，而对于 TE 模、TM 模和 EH 模的本征值方程，$u_c=0$ 没有意义。

同样，由式(14-154)可得HE_{1n}模的归一化截止频率为

$$\begin{cases}V_{c11}=u_{c10}=0 & (HE_{11}\text{ 模})\\ V_{c1n}=u_{c1(n-1)} & (HE_{1n}\text{ 模})\end{cases}\quad (n=2,3,\cdots) \tag{14-174}$$

式(14-174)表明，HE_{11}模归一化截止频率 $V_{c11}=0$，说明HE_{11}模没有截止现象，即所有频率的光波都可在光纤中以HE_{11}模传输。那么，如果选取光纤参数使HE_{11}模以外的高次模被截止，那么便可实现光纤单模传输。此外，除HE_{11}模外，其余 HE 模与 EH 模具有相同的归一化截止频率，因而是简并模。

(2) 当 $m>1$ 时，本征值方程(14-171)为

$$\frac{J_{m-1}(u_c)}{u_cJ_m(u_c)}=\frac{1}{2(m-1)} \tag{14-175}$$

利用柱贝塞尔函数递推公式

$$2mJ_m(u)=uJ_{m-1}(u)+uJ_{m+1}(u) \tag{14-176}$$

有

$$2(m-1)J_{m-1}(u)=uJ_{m-2}(u)+uJ_m(u) \tag{14-177}$$

即

$$2(m-1)\frac{J_{m-1}(u)}{uJ_m(u)}=\frac{J_{m-2}(u)}{J_m(u)}+1 \tag{14-178}$$

将式(14-178)代入式(14-175)，得

$$\frac{J_{m-2}(u_c)}{J_m(u_c)}=0 \tag{14-179}$$

必有

$$J_{m-2}(u_c)=0 \tag{14-180}$$

显然，$m>1$ 时，HE 模截止状态下的本征值方程为 $m-2$ 阶柱贝塞尔函数为零。当 $m=2$ 时，由式(14-154)可得HE_{2n}模截止归一化频率为

$$V_{c2n}=u_{c0n}\quad (HE_{2n}\text{ 模}) \tag{14-181}$$

式(14－181)与式(14－160)比较可知，HE_{2n}模与TE_{0n}模和TM_{0n}模简并。

3. 光纤基本参数

本征方程求解需要已知光纤归一化频率 V，而 V 由光纤基本参数确定，所以在进行本征方程求解之前，要先简要介绍光纤基本参数和光纤材料。光纤基本参数包括几何特征参数、数值孔径、相对折射率差以及光纤工作波长。

1）几何特征参数

光纤几何特征参数主要指纤芯半径 a 和包层外径 b，如图 14－9 所示。此外，光纤纤芯不圆度、纤芯与包层的同心度误差也属于光纤几何特征参数。

2）数值孔径 N. A.

光纤数值孔径定义为

$$\text{N. A.} = \sqrt{n_1^2 - n_2^2} \tag{14-182}$$

式中，n_1 和 n_2 分别为光纤纤芯和包层折射率。光纤数值孔径是表示光纤集光能力大小的参数，数值孔径越大，光纤集光能力就越强，即进入光纤的光通量就越多。

3）相对折射率差 Δ

相对折射率差定义为

$$\Delta = \frac{n_1^2 - n_2^2}{2n_1^2} \tag{14-183}$$

对于弱导光纤，纤芯折射率 n_1 与包层折射率 n_2 相差很小，Δ 的取值一般在 0.001～0.01 之间，满足 $\Delta \ll 1$，因而式(14－183)可近似为

$$\Delta = \frac{n_1^2 - n_2^2}{2n_1^2} = \frac{(n_1 + n_2)(n_1 - n_2)}{2n_1^2} \approx \frac{n_1 - n_2}{n_1} \tag{14-184}$$

数值孔径 N. A. 用相对折射率差 Δ 表示，可近似为

$$\text{N. A.} \approx n_1 \sqrt{2\Delta} \tag{14-185}$$

光纤归一化频率 V 用相对折射率差表示，可近似为

$$V \approx ak_0 n_1 \sqrt{2\Delta} \tag{14-186}$$

4）光纤工作波长

光纤工作波长大致可分为如下三种：

短波长范围：800～900 nm。由于此范围的光波在光纤中传播存在衰减和色散，因此仅适用于短距离通信和低比特率数据传输系统。但短波长范围内的光源很容易获得，且耐用又便宜。

中波长范围：1300～1350nm。此范围的光波在单模光纤中传播几乎不存在色散，在多模光纤中传播色散也很小，因此中波长适用于中远距离通信和中等比特率数据传输系统。

长波长范围：1540～1560nm。此范围的光波在单模光纤中传播具有低衰减和低色散的特性，因此长波长范围适用于远距离通信和高比特率数据传输系统。

用作制备光纤的材料对光波必须是透明的，且具有柔软性和韧性。这样的材料有两种：玻璃和塑料。大多数光纤由玻璃制备，而玻璃是由硅石(SiO_2)或者某种硅酸盐组成的，硅石在 850 nm 的折射率为 $n=1.458$。玻璃光纤损耗很小，通常用作远距离通信。塑料光纤的损耗比较大，因而塑料光纤没有得到广泛应用。

下面是典型玻璃光纤(玻璃芯和玻璃包层)的一些参数。

单模光纤芯径：5～10 μm。

多模光纤芯径：30～100 μm。

光纤包层直径：单模光纤为 125 μm，多模光纤为 125～500 μm。

4. 本征方程求解

光纤中的传输模 TE 模、TM 模、EH 模和 HE 模根据场的角向分布和径向分布可标记为TE_{0n}模、TM_{0n}模、EH_{mn}和HE_{mn}模。m 为方程(14-104)的本征值，其物理意义为场沿 $\boldsymbol{e}_\varphi$ 方向变化的周期数，n 为场沿 $\boldsymbol{e}_\rho$ 方向变化的次数。光纤中仅存在 $m=0$ 的 TE 波和 TM 波，所以记作TE_{0n}和TM_{0n}。

1) TE_{0n}模和TM_{0n}模

对于弱导光纤，$n_1 \approx n_2$，TE_{0n}和TM_{0n}模具有相同的本征方程(14-149)。将柱贝赛尔函数递推公式(14-156)代入式(14-149)，有

$$\frac{J_1(u)}{uJ_0(u)} = -\frac{K_1(w)}{wK_0(w)} \tag{14-187}$$

又由式(14-143)，有

$$w = \sqrt{V^2 - u^2} \tag{14-188}$$

将式(14-188)代入式(14-187)，得

$$\frac{J_1(u)}{uJ_0(u)} = -\frac{K_1(\sqrt{V^2 - u^2})}{\sqrt{V^2 - u^2}K_0(\sqrt{V^2 - u^2})} \tag{14-189}$$

根据光纤传输模式的数量，光纤可分为单模光纤和多模光纤。单模光纤仅存在一种模式的光传输，要求归一化频率 $u_{c10} < V < u_{c01}$，即 $0 < V < 2.4048$。为了实现单模传输，要采取的办法是减小纤芯半径 a、增加工作波长 λ 或者使相对折射率差 Δ 尽可能小。与单模光纤相比可知，多模光纤传输模式的数量与纤芯半径 a、工作波长 λ 和相对折射率差 Δ 有关。光纤纤芯半径越大，光纤传输的模式越多；工作波长 λ 越短，光纤传输的模式越多；相对折射率差 Δ 越大，光纤传输的模式也越多。

令

$$y_1(u) = \frac{J_1(u)}{uJ_0(u)} \tag{14-190}$$

$$y_2(u) = -\frac{K_1(\sqrt{V^2 - u^2})}{\sqrt{V^2 - u^2}K_0(\sqrt{V^2 - u^2})} \tag{14-191}$$

取光纤纤芯半径 $a=5$ μm，光纤纤芯折射率 $n_1=1.458$，相对折射率差 $\Delta=0.003$，光纤工作波长 $\lambda=1.55$ μm，由式(14-186)可得 $V\approx 2.289$。依据式(14-190)和式(14-191)，TE_{0n}模和TM_{0n}模本征方程图解曲线如图 14-10(a)所示，显然，对于单模光纤，$V\approx 2.289 < u_{c01}$，TE_{0n}模和TM_{0n}模无解。

其他参数不变，取光纤纤芯半径 $a=15$ μm，由式(14-186)可得 $V\approx 6.8671$。依据式(14-190)和式(14-191)，TE_{0n}模和TM_{0n}模本征方程图解曲线如图 14-10(b)所示，图解结果为

$$\text{多模光纤：}\begin{cases} \xi_{01} \approx 3.327 \\ \xi_{02} \approx 5.967 \end{cases} \tag{14-192}$$

由图 14-10(b)可以看出，多模光纤本征方程在区间$[u_{c01},\ u_{c03}]$存在两个交点 ξ_{01} 和

ξ_{02}，表明光纤可传输TE_{01}模和TM_{01}模、TE_{02}模和TM_{02}模。

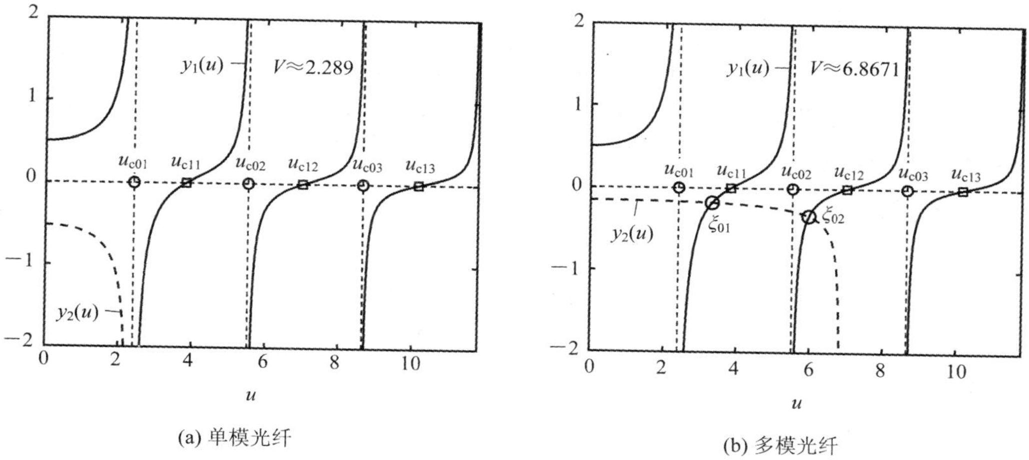

图 14-10　弱导光纤 TE_{0n}模和 TM_{0n}模的本征方程图解曲线

2) EH_{mn} 模

由式(14-164)，移项得EH_{mn}模本征方程为

$$\frac{J_{m+1}(u)}{uJ_m(u)}=-\frac{K_{m+1}(w)}{wK_m(w)} \tag{14-193}$$

当 $m=0$ 时，式(14-193)与式(14-187)完全相同，表明在弱导条件下，EH_{0n}模与TE_{0n}模和TM_{0n}模简并。下面讨论EH_{1n}模本征方程的解。

取 $m=1$，由式(14-193)可得

$$\frac{J_2(u)}{uJ_1(u)}=-\frac{K_2(w)}{wK_1(w)} \tag{14-194}$$

将式(14-188)代入式(14-194)，有

$$\frac{J_2(u)}{uJ_1(u)}=-\frac{K_2(\sqrt{V^2-u^2})}{\sqrt{V^2-u^2}K_1(\sqrt{V^2-u^2})} \tag{14-195}$$

光纤参数取值与图 14-10(a)相同，依据式(14-195)，EH_{1n}模本征方程图解曲线如图 14-11(a)所示，对于单模光纤，$V\approx2.289<u_{c01}$，EH_{1n}模无解。

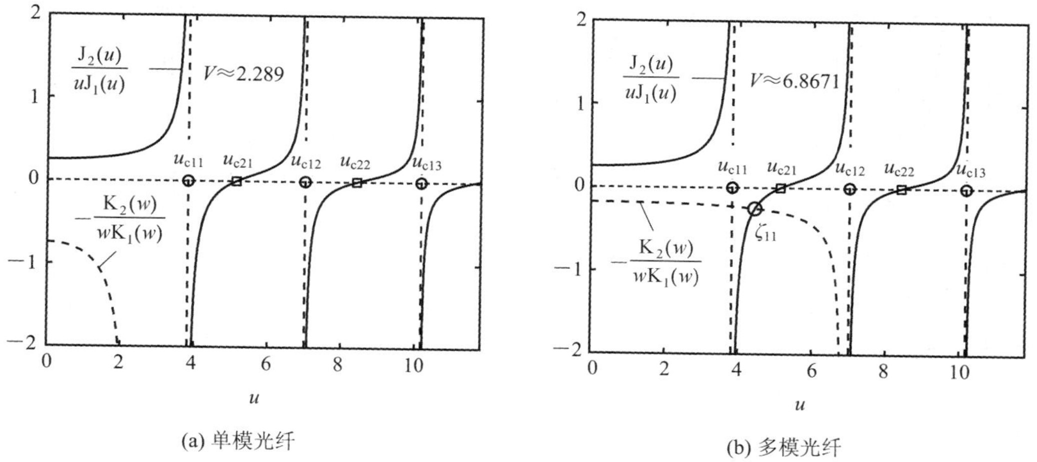

图 14-11　弱导光纤 EH_{1n}模的本征方程图解曲线

光纤参数取值与图 14－10(b)相同，依据式(14－195)，EH_{1n}模本征方程图解曲线如图 14－11(b)所示，图解结果为

$$\text{多模光纤：}\zeta_{11} = 4.442 \tag{14-196}$$

由图 14－11(b)可以看出，多模光纤本征方程在区间$[u_{c11}, u_{c12}]$存在一个交点 ζ_{11}，表明光纤可传输EH_{11}模。

3) HE_{mn} 模

由式(14－170)得HE_{mn}模本征方程为

$$\frac{J_{m-1}(u)}{uJ_m(u)} = \frac{K_{m-1}(w)}{wK_m(w)} \tag{14-197}$$

由于方程(14－197)在 $m=1$ 和 $m>1$ 的渐进行为不同，需要分别进行讨论。

(1) $m=1$。取 $m=1$，由式(14－197)得

$$\frac{J_0(u)}{uJ_1(u)} = \frac{K_0(w)}{wK_1(w)} \tag{14-198}$$

将式(14－188)代入式(14－198)，有

$$\frac{J_0(u)}{uJ_1(u)} = \frac{K_0(\sqrt{V^2-u^2})}{\sqrt{V^2-u^2}K_1(\sqrt{V^2-u^2})} \tag{14-199}$$

光纤参数取值与图 14－10(a)相同，依据式(14－199)，HE_{1n}模本征方程图解曲线如图 14－12(a)所示，图解结果为

$$\text{单模光纤：}\gamma_{11} = 1.616 \tag{14-200}$$

光纤参数取值与图 14－10(b)相同，依据式(14－199)，HE_{1n}模本征方程图解曲线如图 14－12(b)所示，图解结果为

$$\text{多模光纤：}\begin{cases}\gamma_{11} = 2.095 \\ \gamma_{12} = 4.755\end{cases} \tag{14-201}$$

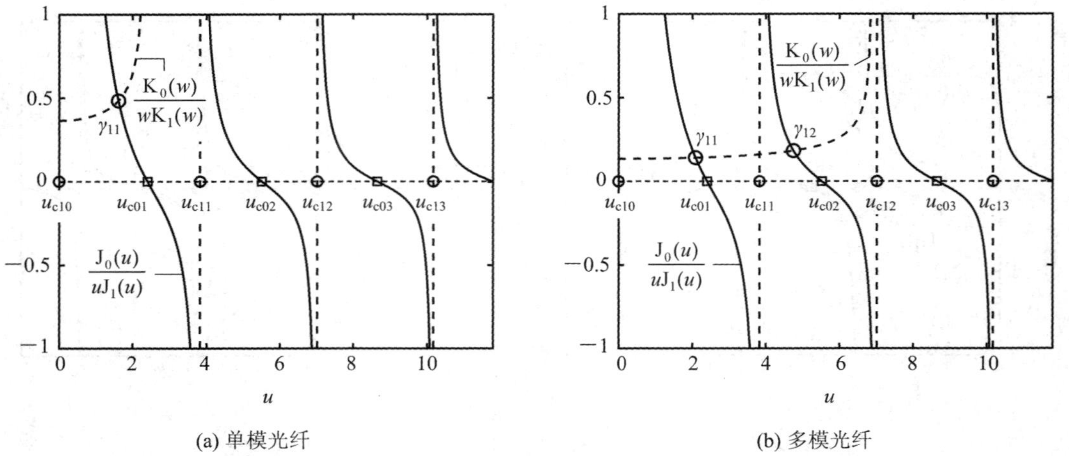

图 14－12　弱导光纤 HE_{1n}模的本征方程图解曲线

由图 14－12(a)可以看出，单模光纤本征方程在区间$[u_{c10}, u_{c11}]$存在一个交点γ_{11}，表明光纤可传输HE_{11}模。由图 14－12(b)可以看出，多模光纤本征方程在区间$[u_{c10}, u_{c12}]$存在两个交点γ_{11}和γ_{12}，表明光纤可传输HE_{11}模和HE_{12}模。

(2) $m>1$。考虑$m=2$的情况。由式(14－197)有

$$\frac{J_1(u)}{uJ_2(u)}=\frac{K_1(w)}{wK_2(w)} \tag{14-202}$$

将式(14－188)代入式(14－202)，有

$$\frac{J_1(u)}{uJ_2(u)}=\frac{K_1(\sqrt{V^2-u^2})}{\sqrt{V^2-u^2}K_2(\sqrt{V^2-u^2})} \tag{14-203}$$

光纤参数取值与图 14－10(a)相同，依据式(14－203)，HE_{2n}模本征方程图解曲线如图 14－13(a)所示，对于单模光纤，$V\approx 2.289<u_{c01}$，HE_{2n}模无解。

光纤参数取值与图 14－10(b)相同，依据式(14－203)，HE_{2n}模本征方程图解曲线如图 14－13(b)所示，图解结果为

$$多模光纤：\begin{cases}\gamma_{21}\approx 3.327\\ \gamma_{22}\approx 5.967\end{cases} \tag{14-204}$$

由图 14－13(b)可以看出，多模光纤本征方程在区间$[u_{c10}, u_{c22}]$存在两个交点γ_{21}和γ_{22}，表明光纤可传输HE_{21}模和HE_{22}模。

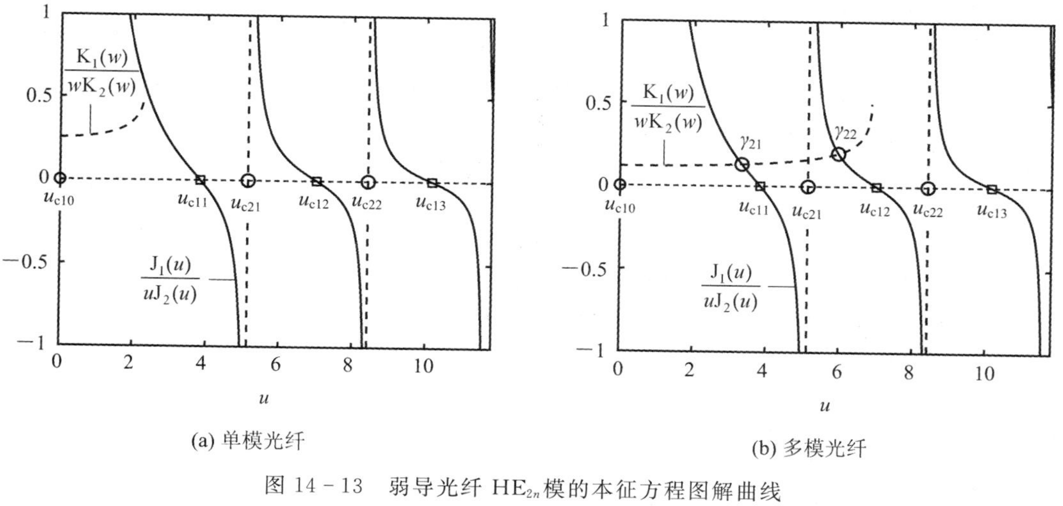

图 14－13　弱导光纤 HE_{2n}模的本征方程图解曲线

综上所述，本征方程图解结果列于表 14－2。由表 14－2 可以看出，在给定光纤参数的情况下，单模光纤取$a=5\ \mu m$，$0<V<2.4048$，光纤仅传输HE_{11}模，其他模均被截止；光纤其他参数不变，多模光纤取$a=15\ \mu m$，$V>2.4048$，光纤为多模传输，且V值越大，光纤传输的模式越多。需要说明的是，由于本征方程求解采用图解法求本征值，因此其解存在一定误差。如果要得到本征方程更为精确的解，需要采用非线性方程数值求根法。

表 14-2　本征方程图解结果

光纤类型	光纤参数	模式	本征值	简并度
单模光纤	$a=5\ \mu m$ $n_1=1.458$ $\Delta=0.003$ $\lambda=1.55\ \mu m$ $V\approx 2.289$	$HE_{11}\times 2$	$\gamma_{11}=1.616$	2
多模光纤	$a=15\ \mu m$ $n_1=1.458$ $\Delta=0.003$ $\lambda=1.55\ \mu m$ $V\approx 6.8671$	$HE_{21}\times 2$，　TE_{01}/TM_{01}	$\xi_{01}=\gamma_{21}\approx 3.327$	4
		$HE_{22}\times 2$，　TE_{02}/TM_{02}	$\xi_{02}=\gamma_{22}\approx 5.967$	4
		$HE_{31}\times 2$，　$EH_{11}\times 2$	$\zeta_{11}\approx 4.442$	2
		$HE_{11}\times 2$	$\gamma_{11}\approx 2.095$	2
		$HE_{12}\times 2$	$\gamma_{12}\approx 4.755$	2

5. 光纤结构色散特性

与平面对称光波导相比，光纤除模间色散、材料色散和光纤结构色散外，还存在偏振色散。由于光纤在实际制备过程中，其几何形状和成分会受到某些干扰，从而偏离理论值，并且这种干扰很难滤除。因此，对于在光纤中传输的正交偏振简并模，在光纤自身误差和环境压力干扰的情况下，正交偏振简并模不再简并，并以不同的传播常数传播，导致传输波形展宽，这就是偏振色散。

光纤本征方程本身反映了光纤结构的色散特性。与平面对称光波导相同，光纤结构色散用光纤归一化传播常数 κ 和光纤归一化频率 V 描述。

光纤归一化传播常数 κ 定义为

$$\kappa=\frac{k_z^2-k_2^2}{k_1^2-k_2^2} \tag{14-205}$$

式中，k_z 为 $+Z$ 方向相位常数，k_1 和 k_2 分别为光纤纤芯和光纤包层中的波数。当 $k_z=k_1$ 时，$\kappa=1$；当 $k_z=k_2$ 时，$\kappa=0$。一般情况下，$k_2<k_z<k_1$，因此 $0<\kappa<1$。

将式(14-121)和式(14-143)代入式(14-205)，得到

$$\kappa=\frac{k_z^2-k_2^2}{k_1^2-k_2^2}=\frac{w^2}{a^2k_0^2(n_1^2-n_2^2)}=\frac{w^2}{V^2} \tag{14-206}$$

将式(14-206)再代入式(14-143)，有

$$u=V\sqrt{1-\kappa}\ ,\ w=V\sqrt{\kappa} \tag{14-207}$$

将式(14-207)代入式(14-187)，有

$$\frac{\sqrt{1-\kappa}\,J_0(V\sqrt{1-\kappa})}{J_1(V\sqrt{1-\kappa})}+\frac{\sqrt{\kappa}\,K_0(V\sqrt{\kappa})}{K_1(V\sqrt{\kappa})}=0 \tag{14-208}$$

这就是描述 TE_{0n} 模和 TM_{0n} 模结构色散特性的 $V-\kappa$ 方程。

将式(14-207)代入式(14-193)，得到 EH_{mn} 模结构色散特性方程为

$$\frac{\sqrt{1-\kappa}\,J_m(V\sqrt{1-\kappa})}{J_{m+1}(V\sqrt{1-\kappa})}+\frac{\sqrt{\kappa}\,K_m(V\sqrt{\kappa})}{K_{m+1}(V\sqrt{\kappa})}=0 \tag{14-209}$$

将式(14－207)代入式(14－197)，得到HE_{mn}模结构色散特性方程为

$$\frac{\sqrt{1-\kappa}J_m(V\sqrt{1-\kappa})}{J_{m-1}(V\sqrt{1-\kappa})}-\frac{\sqrt{\kappa}K_m(V\sqrt{\kappa})}{K_{m-1}(V\sqrt{\kappa})}=0 \tag{14-210}$$

依据式(14－208)、(14－209)和式(14－210)，HE_{11}模、HE_{22}模、TE_{01}模和TM_{01}模、EH_{11}模和EH_{21}模结构色散特性的计算曲线如图14－14所示①。由表14－2可知，TE_{01}模和TM_{01}模与HE_{21}模具有相同的本征值，TE_{02}模和TM_{02}模与HE_{22}模具有相同的本征值，因此结构色散特性曲线重合。

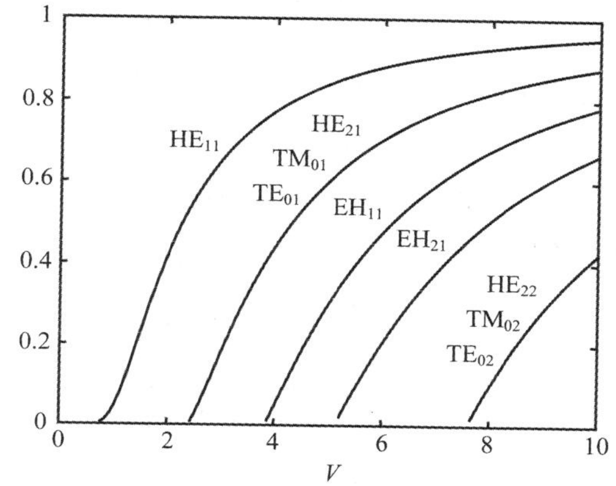

图14－14 弱导光纤结构色散曲线

14.2.5 弱导光纤的主模——HE_{11}模

由表14－2可知，弱导光纤HE_{11}模具有最小的本征值，因而弱导光纤中的HE_{11}模是主模。下面以单模光纤为例讨论HE_{11}模的场分布及传输特性。

1. 直角坐标系下HE_{11}模的电场矢量分量瞬时表达式

对于HE_{11}模，方程(14－146)右端取"－"，则式(14－147)右端取"＋"，式(14－148)右端取"－"。由式(14－147)，有

$$\text{解 1：}\quad \widetilde{A}'=\frac{k_z}{\omega\mu_0}\widetilde{A} \tag{14-211}$$

由式(14－148)，有

$$\text{解 2：}\quad \widetilde{A}'=-\frac{k_z}{\omega\mu_0}\widetilde{A} \tag{14-212}$$

将式(14－211)和式(14－212)分别代入式(14－124)的两个解，并利用式(14－163)的第一式，且取$\mu_1=\mu_2=\mu_0$，同时利用式(14－122)，得到光纤纤芯区HE_{11}模解的电场复振幅矢量分量表达式为

---

① [1] Marek S. Wartak：《计算光子学——MATLAB导论》，吴宗森、吴小山译，科学出版社，2019，第149页。

[2] 欧攀主编，何汉相、鲁军、尹飞飞副主编《高等光学仿真(MATLAB版)——光波导、激光(第3版)》，北京航空航天大学出版社，2019，第167页。

芯区解 1：

$$\begin{cases}\widetilde{E}_{1\rho}(\rho,\ \varphi,\ z)=-\mathrm{j}\left(\dfrac{a}{u}\right)k_z\widetilde{A}\mathrm{J}_0\left(\dfrac{u}{a}\rho\right)\cos\varphi\mathrm{e}^{-\mathrm{j}k_z z}\\ \widetilde{E}_{1\varphi}(\rho,\ \varphi,\ z)=\mathrm{j}\left(\dfrac{a}{u}\right)k_z\widetilde{A}\mathrm{J}_0\left(\dfrac{u}{a}\rho\right)\sin\varphi\mathrm{e}^{-\mathrm{j}k_z z}\\ \widetilde{E}_{1z}(\rho,\ \varphi,\ z)=\widetilde{A}\mathrm{J}_1\left(\dfrac{u}{a}\rho\right)\cos\varphi\mathrm{e}^{-\mathrm{j}k_z z}\end{cases}\tag{14-213}$$

芯区解 2：

$$\begin{cases}\widetilde{E}_{1\rho}(\rho,\ \varphi,\ z)=-\mathrm{j}\left(\dfrac{a}{u}\right)k_z\widetilde{A}\mathrm{J}_0\left(\dfrac{u}{a}\rho\right)\sin\varphi\mathrm{e}^{-\mathrm{j}k_z z}\\ \widetilde{E}_{1\varphi}(\rho,\ \varphi,\ z)=-\mathrm{j}\left(\dfrac{a}{u}\right)k_z\widetilde{A}\mathrm{J}_0\left(\dfrac{u}{a}\rho\right)\cos\varphi\mathrm{e}^{-\mathrm{j}k_z z}\\ \widetilde{E}_{1z}(\rho,\ \varphi,\ z)=\widetilde{A}\mathrm{J}_1\left(\dfrac{u}{a}\rho\right)\sin\varphi\mathrm{e}^{-\mathrm{j}k_z z}\end{cases}\tag{14-214}$$

将式(14－137)代入式(14－127)和式(14－129)，然后再将式(14－211)和式(14－212)代入式(14－127)和式(14－129)的两个解，并利用式(14－163)的第二式，得到光纤包层 HE_{11} 模解的电场复振幅矢量分量表达式为

包层解 1：

$$\begin{cases}\widetilde{E}_{2\rho}(\rho,\ \varphi,\ z)=-\mathrm{j}\left(\dfrac{a}{w}\right)\dfrac{k_z\mathrm{J}_1(u)}{\mathrm{K}_1(w)}\widetilde{A}\mathrm{K}_0\left(\dfrac{w}{a}\rho\right)\cos\varphi\mathrm{e}^{-\mathrm{j}k_z z}\\ \widetilde{E}_{2\varphi}(\rho,\ \varphi,\ z)=\mathrm{j}\left(\dfrac{a}{w}\right)\dfrac{k_z\mathrm{J}_1(u)}{\mathrm{K}_1(w)}\widetilde{A}\mathrm{K}_0\left(\dfrac{w}{a}\rho\right)\sin\varphi\mathrm{e}^{-\mathrm{j}k_z z}\\ \widetilde{E}_{2z}(\rho,\ \varphi,\ z)=\dfrac{\mathrm{J}_1(u)}{\mathrm{K}_1(w)}\widetilde{A}\mathrm{K}_1\left(\dfrac{w}{a}\rho\right)\cos\varphi\mathrm{e}^{-\mathrm{j}k_z z}\end{cases}\tag{14-215}$$

包层解 2：

$$\begin{cases}\widetilde{E}_{2\rho}(\rho,\ \varphi,\ z)=-\mathrm{j}\left(\dfrac{a}{w}\right)\dfrac{k_z\mathrm{J}_1(u)}{\mathrm{K}_1(w)}\widetilde{A}\mathrm{K}_0\left(\dfrac{w}{a}\rho\right)\sin\varphi\mathrm{e}^{-\mathrm{j}k_z z}\\ \widetilde{E}_{2\varphi}(\rho,\ \varphi,\ z)=-\mathrm{j}\left(\dfrac{a}{w}\right)\dfrac{k_z\mathrm{J}_1(u)}{\mathrm{K}_1(w)}\widetilde{A}\mathrm{K}_0\left(\dfrac{w}{a}\rho\right)\cos\varphi\mathrm{e}^{-\mathrm{j}k_z z}\\ \widetilde{E}_{2z}(\rho,\ \varphi,\ z)=\dfrac{\mathrm{J}_1(u)}{\mathrm{K}_1(w)}\widetilde{A}\mathrm{K}_1\left(\dfrac{w}{a}\rho\right)\sin\varphi\mathrm{e}^{-\mathrm{j}k_z z}\end{cases}\tag{14-216}$$

式(14－213)和式(14－214)是 HE_{11} 模在柱坐标系下光纤纤芯区电场复振幅矢量两个解的分量表达式，式(14－215)和式(14－216)是 HE_{11} 模在柱坐标系下光纤包层电场复振幅矢量两个解的分量表达式。

HE_{11} 模是二重简并模，因而 HE_{11} 模的电场分布是解 1 和解 2 两个解的叠加。在柱坐标系下，两个解不能直接相加，需要进行坐标变换。利用关系式(1－47)，即

$$\begin{bmatrix}A_x\\A_y\\A_z\end{bmatrix}=\begin{bmatrix}\cos\varphi & -\sin\varphi & 0\\ \sin\varphi & \cos\varphi & 0\\ 0 & 0 & 1\end{bmatrix}\begin{bmatrix}A_\rho\\A_\varphi\\A_z\end{bmatrix}\tag{14-217}$$

将式(14－213)和式(14－214)分别代入式(14－217)，得到光纤纤芯区电场复振幅矢量在直角坐标下的分量表达式为

芯区解 1：

$$\begin{cases}\widetilde{E}_{1x}\mid_1=-\mathrm{j}\left(\dfrac{a}{u}\right)k_z\widetilde{A}\mathrm{J}_0\left(\dfrac{u}{a}\rho\right)\mathrm{e}^{-\mathrm{j}k_z z}\\ \widetilde{E}_{1y}\mid_1=0\\ \widetilde{E}_{1z}\mid_1=\widetilde{A}\mathrm{J}_1\left(\dfrac{u}{a}\rho\right)\cos\varphi\mathrm{e}^{-\mathrm{j}k_z z}\end{cases}\tag{14-218}$$

芯区解 2：

$$\begin{cases}\widetilde{E}_{1x}\mid_2=0\\ \widetilde{E}_{1y}\mid_2=-\mathrm{j}\left(\dfrac{a}{u}\right)k_z\widetilde{A}\mathrm{J}_0\left(\dfrac{u}{a}\rho\right)\mathrm{e}^{-\mathrm{j}k_zz}\\ \widetilde{E}_{1z}\mid_2=\widetilde{A}\mathrm{J}_1\left(\dfrac{u}{a}\rho\right)\sin\varphi\mathrm{e}^{-\mathrm{j}k_zz}\end{cases} \tag{14-219}$$

芯区叠加结果：

$$\begin{cases}\widetilde{E}_{1x}=\widetilde{E}_{1x}\mid_1+\widetilde{E}_{1x}\mid_2=-\mathrm{j}\left(\dfrac{a}{u}\right)k_z\widetilde{A}\mathrm{J}_0\left(\dfrac{u}{a}\rho\right)\mathrm{e}^{-\mathrm{j}k_zz}\\ \widetilde{E}_{1y}=\widetilde{E}_{1y}\mid_1+\widetilde{E}_{1y}\mid_2=-\mathrm{j}\left(\dfrac{a}{u}\right)k_z\widetilde{A}\mathrm{J}_0\left(\dfrac{u}{a}\rho\right)\mathrm{e}^{-\mathrm{j}k_zz}\\ \widetilde{E}_{1z}=\widetilde{E}_{1z}\mid_1+\widetilde{E}_{1z}\mid_2=\widetilde{A}\mathrm{J}_1\left(\dfrac{u}{a}\rho\right)(\sin\varphi+\cos\varphi)\mathrm{e}^{-\mathrm{j}k_zz}\end{cases} \tag{14-220}$$

将式(14－215)和式(14－216)分别代入式(14－217)，得到光纤包层电场复振幅矢量在直角坐标下的分量表达式为

包层解 1：

$$\begin{cases}\widetilde{E}_{2x}\mid_1=-\mathrm{j}\left(\dfrac{a}{w}\right)\dfrac{k_z\mathrm{J}_1(u)}{\mathrm{K}_1(w)}\widetilde{A}\mathrm{K}_0\left(\dfrac{w}{a}\rho\right)\mathrm{e}^{-\mathrm{j}k_zz}\\ \widetilde{E}_{2y}\mid_1=0\\ \widetilde{E}_{2z}\mid_1=\widetilde{A}\dfrac{\mathrm{J}_1(u)}{\mathrm{K}_1(w)}\mathrm{K}_1\left(\dfrac{w}{a}\rho\right)\cos\varphi\mathrm{e}^{-\mathrm{j}k_zz}\end{cases} \tag{14-221}$$

包层解 2：

$$\begin{cases}\widetilde{E}_{2x}\mid_2=0\\ \widetilde{E}_{2y}\mid_2=-\mathrm{j}\left(\dfrac{a}{w}\right)\dfrac{k_z\mathrm{J}_1(u)}{\mathrm{K}_1(w)}\widetilde{A}\mathrm{K}_0\left(\dfrac{w}{a}\rho\right)\mathrm{e}^{-\mathrm{j}k_zz}\\ \widetilde{E}_{2z}\mid_2=\dfrac{\mathrm{J}_1(u)}{\mathrm{K}_1(w)}\widetilde{A}\mathrm{K}_1\left(\dfrac{w}{a}\rho\right)\sin\varphi\mathrm{e}^{-\mathrm{j}k_zz}\end{cases} \tag{14-222}$$

包层叠加结果：

$$\begin{cases}\widetilde{E}_{2x}=\widetilde{E}_{2x}\mid_1+\widetilde{E}_{2x}\mid_2=-\mathrm{j}\left(\dfrac{a}{w}\right)\dfrac{k_z\mathrm{J}_1(u)}{\mathrm{K}_1(w)}\widetilde{A}\mathrm{K}_0\left(\dfrac{w}{a}\rho\right)\mathrm{e}^{-\mathrm{j}k_zz}\\ \widetilde{E}_{2y}=\widetilde{E}_{2y}\mid_1+\widetilde{E}_{2y}\mid_2=-\mathrm{j}\left(\dfrac{a}{w}\right)\dfrac{k_z\mathrm{J}_1(u)}{\mathrm{K}_1(w)}\widetilde{A}\mathrm{K}_0\left(\dfrac{w}{a}\rho\right)\mathrm{e}^{-\mathrm{j}k_zz}\\ \widetilde{E}_{2z}=\widetilde{E}_{2z}\mid_1+\widetilde{E}_{2z}\mid_2=\widetilde{A}\dfrac{\mathrm{J}_1(u)}{\mathrm{K}_1(w)}\mathrm{K}_1\left(\dfrac{w}{a}\rho\right)(\sin\varphi+\cos\varphi)\mathrm{e}^{-\mathrm{j}k_zz}\end{cases} \tag{14-223}$$

由式(14－218)和式(14－221)可知，HE_{11}模的解 1 在横平面 XY 面内仅有 $\widetilde{E}_x$ 分量，属于 X 线偏振；由式(14－219)和式(14－222)可知，HE_{11}模的解 2 在横平面 XY 面内仅有 $\widetilde{E}_y$ 分量，属于 Y 线偏振，所以HE_{11}模的叠加结果为 X 线偏振和 Y 线偏振的叠加。

将式(14－218)至式(14－223)乘时间因子 $\mathrm{e}^{\mathrm{j}\omega t}$，并取 $\widetilde{A}=|\widetilde{A}|\mathrm{e}^{\mathrm{j}\varphi_a}$，$\varphi_a=0$，然后取实部，得到电场矢量分量瞬时表达式为

芯区解 1：

$$\begin{cases}E_{1x}\mid_1=\left(\dfrac{a}{u}\right)k_z\mid\widetilde{A}\mid\mathrm{J}_0\left(\dfrac{u}{a}\rho\right)\sin(\omega t-k_zz)\\ E_{1y}\mid_1=0\\ E_{1z}\mid_1=\mid\widetilde{A}\mid\mathrm{J}_1\left(\dfrac{u}{a}\rho\right)\cos\varphi\cos(\omega t-k_zz)\end{cases} \tag{14-224}$$

芯区解2：
$$\begin{cases} E_{1x}\mid_2 = 0 \\ E_{1y}\mid_2 = \left(\dfrac{a}{u}\right)k_z \mid \widetilde{A} \mid \mathrm{J}_0\left(\dfrac{u}{a}\rho\right)\sin(\omega t - k_z z) \\ E_{1z}\mid_2 = \mid \widetilde{A} \mid \mathrm{J}_1\left(\dfrac{u}{a}\rho\right)\sin\varphi\cos(\omega t - k_z z) \end{cases} \tag{14-225}$$

芯区叠加结果：
$$\begin{cases} E_{1x} = \left(\dfrac{a}{u}\right)k_z \mid \widetilde{A} \mid \mathrm{J}_0\left(\dfrac{u}{a}\rho\right)\sin(\omega t - k_z z) \\ E_{1y} = \left(\dfrac{a}{u}\right)k_z \mid \widetilde{A} \mid \mathrm{J}_0\left(\dfrac{u}{a}\rho\right)\sin(\omega t - k_z z) \\ E_{1z} = \mid \widetilde{A} \mid \mathrm{J}_1\left(\dfrac{u}{a}\rho\right)(\sin\varphi + \cos\varphi)\cos(\omega t - k_z z) \end{cases} \tag{14-226}$$

包层解1：
$$\begin{cases} E_{2x}\mid_1 = \left(\dfrac{a}{w}\right)\dfrac{k_z \mathrm{J}_1(u)}{\mathrm{K}_1(w)} \mid \widetilde{A} \mid \mathrm{K}_0\left(\dfrac{w}{a}\rho\right)\sin(\omega t - k_z z) \\ E_{2y}\mid_1 = 0 \\ E_{2z}\mid_1 = \mid \widetilde{A} \mid \dfrac{\mathrm{J}_1(u)}{\mathrm{K}_1(w)}\mathrm{K}_1\left(\dfrac{w}{a}\rho\right)\cos\varphi\cos(\omega t - k_z z) \end{cases} \tag{14-227}$$

包层解2：
$$\begin{cases} E_{2x}\mid_2 = 0 \\ E_{2y}\mid_2 = \left(\dfrac{a}{w}\right)\dfrac{k_z \mathrm{J}_1(u)}{\mathrm{K}_1(w)} \mid \widetilde{A} \mid \mathrm{K}_0\left(\dfrac{w}{a}\rho\right)\sin(\omega t - k_z z) \\ E_{2z}\mid_2 = \dfrac{\mathrm{J}_1(u)}{\mathrm{K}_1(w)} \mid \widetilde{A} \mid \mathrm{K}_1\left(\dfrac{w}{a}\rho\right)\sin\varphi\cos(\omega t - k_z z) \end{cases} \tag{14-228}$$

包层叠加结果：
$$\begin{cases} E_{2x} = \left(\dfrac{a}{w}\right)\dfrac{k_z \mathrm{J}_1(u)}{\mathrm{K}_1(w)} \mid \widetilde{A} \mid \mathrm{K}_0\left(\dfrac{w}{a}\rho\right)\sin(\omega t - k_z z) \\ E_{2y} = \left(\dfrac{a}{w}\right)\dfrac{k_z \mathrm{J}_1(u)}{\mathrm{K}_1(w)} \mid \widetilde{A} \mid \mathrm{K}_0\left(\dfrac{w}{a}\rho\right)\sin(\omega t - k_z z) \\ E_{2z} = \mid \widetilde{A} \mid \dfrac{\mathrm{J}_1(u)}{\mathrm{K}_1(w)}\mathrm{K}_1\left(\dfrac{w}{a}\rho\right)(\sin\varphi + \cos\varphi)\cos(\omega t - k_z z) \end{cases} \tag{14-229}$$

式(14－224)至式(14－229)就是在直角坐标系下HE_{11}模电场矢量分量的瞬时表达式。

2. 直角坐标系下HE_{11}模磁场矢量分量的瞬时表达式

将式(14－211)和式(14－212)分别代入式(14－125)的两个解，并利用式(14－163)的第一式，同时利用式(14－123)，可得到光纤纤芯区HE_{11}模解的磁场复振幅矢量分量表达式为

芯区解1：
$$\begin{cases} \widetilde{H}_{1\rho}(\rho, \varphi, z) = -\mathrm{j}\left(\dfrac{a}{u}\right)\dfrac{\widetilde{A}}{\omega\mu_0}\left[\left(\dfrac{u}{a}\right)\dfrac{1}{\rho}\mathrm{J}_1\left(\dfrac{u}{a}\rho\right) + k_z^2 \mathrm{J}_0\left(\dfrac{u}{a}\rho\right)\right]\sin\varphi \mathrm{e}^{-\mathrm{j}k_z z} \\ \widetilde{H}_{1\varphi}(\rho, \varphi, z) = \mathrm{j}\left(\dfrac{a}{u}\right)\dfrac{\widetilde{A}}{\omega\mu_0}\left[\left(\dfrac{u}{a}\right)\dfrac{1}{\rho}\mathrm{J}_1\left(\dfrac{u}{a}\rho\right) - k_1^2 \mathrm{J}_0\left(\dfrac{u}{a}\rho\right)\right]\cos\varphi \mathrm{e}^{-\mathrm{j}k_z z} \\ \widetilde{H}_{1z}(\rho, \varphi, z) = \dfrac{k_z}{\omega\mu_0}\widetilde{A}\mathrm{J}_1\left(\dfrac{u}{a}\rho\right)\sin\varphi \mathrm{e}^{-\mathrm{j}k_z z} \end{cases}$$

(14－230)

$$
\text{芯区解 2：}\begin{cases}
\widetilde{H}_{1\rho}(\rho,\ \varphi,\ z)=\mathrm{j}\left(\dfrac{a}{u}\right)\dfrac{\widetilde{A}}{\omega\mu_0}\left[\left(\dfrac{u}{a}\right)\dfrac{1}{\rho}\mathrm{J}_1\left(\dfrac{u}{a}\rho\right)+k_z^2\mathrm{J}_0\left(\dfrac{u}{a}\rho\right)\right]\cos\varphi\mathrm{e}^{-\mathrm{j}k_z z}\\
\widetilde{H}_{1\varphi}(\rho,\ \varphi,\ z)=\mathrm{j}\left(\dfrac{a}{u}\right)\dfrac{\widetilde{A}}{\omega\mu_0}\left[\left(\dfrac{u}{a}\right)\dfrac{1}{\rho}\mathrm{J}_1\left(\dfrac{u}{a}\rho\right)-k_1^2\mathrm{J}_0\left(\dfrac{u}{a}\rho\right)\right]\sin\varphi\mathrm{e}^{-\mathrm{j}k_z z}\\
\widetilde{H}_{1z}(\rho,\ \varphi,\ z)=-\dfrac{k_z}{\omega\mu_0}\widetilde{A}\mathrm{J}_1\left(\dfrac{u}{a}\rho\right)\cos\varphi\mathrm{e}^{-\mathrm{j}k_z z}
\end{cases}\tag{14-231}
$$

将式(14－137)代入式(14－128)和式(14－130)，然后再将式(14－211)和式(14－212)代入，并利用式(14－163)的第二式，可得到光纤包层HE_{11}模解的磁场复振幅矢量分量表达式为

$$
\text{包层解 1：}\begin{cases}
\widetilde{H}_{2\rho}(\rho,\ \varphi,\ z)=-\mathrm{j}\left(\dfrac{a}{w}\right)\dfrac{\mathrm{J}_1(u)}{\mathrm{K}_1(w)}\dfrac{\widetilde{A}}{\omega\mu_0}\left[\left(\dfrac{w}{a}\right)\dfrac{1}{\rho}\mathrm{K}_1\left(\dfrac{w}{a}\rho\right)+k_z^2\mathrm{K}_0\left(\dfrac{w}{a}\rho\right)\right]\sin\varphi\mathrm{e}^{-\mathrm{j}k_z z}\\
\widetilde{H}_{2\varphi}(\rho,\ \varphi,\ z)=\mathrm{j}\left(\dfrac{a}{w}\right)\dfrac{\mathrm{J}_1(u)}{\mathrm{K}_1(w)}\dfrac{\widetilde{A}}{\omega\mu_0}\left[\left(\dfrac{w}{a}\right)\dfrac{1}{\rho}\mathrm{K}_1\left(\dfrac{w}{a}\rho\right)-k_2^2\mathrm{K}_0\left(\dfrac{w}{a}\rho\right)\right]\cos\varphi\mathrm{e}^{-\mathrm{j}k_z z}\\
\widetilde{H}_{2z}(\rho,\ \varphi,\ z)=\dfrac{k_z}{\omega\mu_0}\dfrac{\mathrm{J}_1(u)}{\mathrm{K}_1(w)}\widetilde{A}\mathrm{K}_1\left(\dfrac{w}{a}\rho\right)\sin\varphi\mathrm{e}^{-\mathrm{j}k_z z}
\end{cases}\tag{14-232}
$$

$$
\text{包层解 2：}\begin{cases}
\widetilde{H}_{2\rho}(\rho,\ \varphi,\ z)=\mathrm{j}\left(\dfrac{a}{w}\right)\dfrac{\mathrm{J}_1(u)}{\mathrm{K}_1(w)}\dfrac{\widetilde{A}}{\omega\mu_0}\left[\left(\dfrac{w}{a}\right)\dfrac{1}{\rho}\mathrm{K}_1\left(\dfrac{w}{a}\rho\right)+k_z^2\mathrm{K}_0\left(\dfrac{w}{a}\rho\right)\right]\cos\varphi\mathrm{e}^{-\mathrm{j}k_z z}\\
\widetilde{H}_{2\varphi}(\rho,\ \varphi,\ z)=\mathrm{j}\left(\dfrac{a}{w}\right)\dfrac{\mathrm{J}_1(u)}{\mathrm{K}_1(w)}\dfrac{\widetilde{A}}{\omega\mu_0}\left[\left(\dfrac{w}{a}\right)\dfrac{1}{\rho}\mathrm{K}_1\left(\dfrac{w}{a}\rho\right)-k_2^2\mathrm{K}_0\left(\dfrac{w}{a}\rho\right)\right]\sin\varphi\mathrm{e}^{-\mathrm{j}k_z z}\\
\widetilde{H}_{2z}(\rho,\ \varphi,\ z)=-\dfrac{k_z}{\omega\mu_0}\widetilde{A}\dfrac{\mathrm{J}_1(u)}{\mathrm{K}_1(w)}\mathrm{K}_1\left(\dfrac{w}{a}\rho\right)\cos\varphi\mathrm{e}^{-\mathrm{j}k_z z}
\end{cases}\tag{14-233}
$$

为了进行解的叠加，需要将柱坐标系下的解变换到直角坐标系下。利用式(14－217)，有

$$
\text{芯区解 1：}\begin{cases}
\widetilde{H}_{1x}\big|_1=-\mathrm{j}\dfrac{\widetilde{A}}{\omega\mu_0}\left[\dfrac{2}{\rho}\mathrm{J}_1\left(\dfrac{u}{a}\rho\right)-\left(\dfrac{u}{a}\right)\mathrm{J}_0\left(\dfrac{u}{a}\rho\right)\right]\sin\varphi\cos\varphi\mathrm{e}^{-\mathrm{j}k_z z}\\
\widetilde{H}_{1y}\big|_1=\mathrm{j}\left(\dfrac{a}{u}\right)\dfrac{\widetilde{A}}{\omega\mu_0}\begin{bmatrix}(\cos^2\varphi-\sin^2\varphi)\left(\dfrac{u}{a}\right)\dfrac{1}{\rho}\mathrm{J}_1\left(\dfrac{u}{a}\rho\right)-\\(k_z^2\sin^2\varphi+k_1^2\cos^2\varphi)\mathrm{J}_0\left(\dfrac{u}{a}\rho\right)\end{bmatrix}\mathrm{e}^{-\mathrm{j}k_z z}\\
\widetilde{H}_{1z}\big|_1=\dfrac{k_z}{\omega\mu_0}\widetilde{A}\mathrm{J}_1\left(\dfrac{u}{a}\rho\right)\sin\varphi\mathrm{e}^{-\mathrm{j}k_z z}
\end{cases}\tag{14-234}
$$

$$
\text{芯区解 2：}\begin{cases}
\widetilde{H}_{1x}\big|_2=\mathrm{j}\left(\dfrac{a}{u}\right)\dfrac{\widetilde{A}}{\omega\mu_0}\begin{bmatrix}(\cos^2\varphi-\sin^2\varphi)\left(\dfrac{u}{a}\right)\dfrac{1}{\rho}\mathrm{J}_1\left(\dfrac{u}{a}\rho\right)+\\(k_z^2\cos^2\varphi+k_1^2\sin^2\varphi)\mathrm{J}_0\left(\dfrac{u}{a}\rho\right)\end{bmatrix}\mathrm{e}^{-\mathrm{j}k_z z}\\
\widetilde{H}_{1y}\big|_2=\mathrm{j}\dfrac{\widetilde{A}}{\omega\mu_0}\left[\dfrac{2}{\rho}\mathrm{J}_1\left(\dfrac{u}{a}\rho\right)-\left(\dfrac{u}{a}\right)\mathrm{J}_0\left(\dfrac{u}{a}\rho\right)\right]\sin\varphi\cos\varphi\mathrm{e}^{-\mathrm{j}k_z z}\\
\widetilde{H}_{1z}\big|_2=-\dfrac{k_z}{\omega\mu_0}\widetilde{A}\mathrm{J}_1\left(\dfrac{u}{a}\rho\right)\cos\varphi\mathrm{e}^{-\mathrm{j}k_z z}
\end{cases}\tag{14-235}
$$

包层解 1：

$$\begin{cases}\widetilde{H}_{2x}\,|_1=-\mathrm{j}\dfrac{\mathrm{J}_1(u)}{\mathrm{K}_1(w)}\dfrac{\widetilde{A}}{\omega\mu_0}\left[\dfrac{2}{\rho}\mathrm{K}_1\left(\dfrac{w}{a}\rho\right)+\left(\dfrac{w}{a}\right)\mathrm{K}_0\left(\dfrac{w}{a}\rho\right)\right]\sin\varphi\cos\varphi\mathrm{e}^{-\mathrm{j}k_z z}\\ \widetilde{H}_{2y}\,|_1=\mathrm{j}\left(\dfrac{a}{w}\right)\dfrac{\mathrm{J}_1(u)}{\mathrm{K}_1(w)}\dfrac{\widetilde{A}}{\omega\mu_0}\begin{bmatrix}(\cos^2\varphi-\sin^2\varphi)\left(\dfrac{w}{a}\right)\dfrac{1}{\rho}\mathrm{K}_1\left(\dfrac{w}{a}\rho\right)-\\(k_z^2\sin^2\varphi+k_2^2\cos^2\varphi)\mathrm{K}_0\left(\dfrac{w}{a}\rho\right)\end{bmatrix}\mathrm{e}^{-\mathrm{j}k_z z}\\ \widetilde{H}_{2z}\,|_1=\dfrac{k_z}{\omega\mu_0}\dfrac{\mathrm{J}_1(u)}{\mathrm{K}_1(w)}\widetilde{A}\mathrm{K}_1\left(\dfrac{w}{a}\rho\right)\sin\varphi\mathrm{e}^{-\mathrm{j}k_z z}\end{cases}\tag{14-236}$$

包层解 2：

$$\begin{cases}\widetilde{H}_{2x}\,|_2=\mathrm{j}\left(\dfrac{a}{w}\right)\dfrac{\mathrm{J}_1(u)}{\mathrm{K}_1(w)}\dfrac{\widetilde{A}}{\omega\mu_0}\begin{bmatrix}(\cos^2\varphi-\sin^2\varphi)\left(\dfrac{w}{a}\right)\dfrac{1}{\rho}\mathrm{K}_1\left(\dfrac{w}{a}\rho\right)+\\(k_z^2\cos^2\varphi+k_2^2\sin^2\varphi)\mathrm{K}_0\left(\dfrac{w}{a}\rho\right)\end{bmatrix}\mathrm{e}^{-\mathrm{j}k_z z}\\ \widetilde{H}_{2y}\,|_2=\mathrm{j}\dfrac{\mathrm{J}_1(u)}{\mathrm{K}_1(w)}\dfrac{\widetilde{A}}{\omega\mu_0}\left[\dfrac{2}{\rho}\mathrm{K}_1\left(\dfrac{w}{a}\rho\right)+\left(\dfrac{w}{a}\right)\mathrm{K}_0\left(\dfrac{w}{a}\rho\right)\right]\sin\varphi\cos\varphi\mathrm{e}^{-\mathrm{j}k_z z}\\ \widetilde{H}_{2z}\,|_2=-\dfrac{k_z}{\omega\mu_0}\widetilde{A}\dfrac{\mathrm{J}_1(u)}{\mathrm{K}_1(w)}\mathrm{K}_1\left(\dfrac{w}{a}\rho\right)\cos\varphi\mathrm{e}^{-\mathrm{j}k_z z}\end{cases}\tag{14-237}$$

将式(14-234)至式(14-237)乘时间因子 $\mathrm{e}^{\mathrm{j}\omega t}$，并取 $\widetilde{A}=|\widetilde{A}|\mathrm{e}^{\mathrm{j}\varphi_a}$，$\varphi_a=0$，然后取实部，得到磁场矢量分量瞬时表达式为

芯区解 1：

$$\begin{cases}H_{1x}\,|_1=\dfrac{|\widetilde{A}|}{\omega\mu_0}\left[\dfrac{2}{\rho}\mathrm{J}_1\left(\dfrac{u}{a}\rho\right)-\left(\dfrac{u}{a}\right)\mathrm{J}_0\left(\dfrac{u}{a}\rho\right)\right]\sin\varphi\cos\varphi\sin(\omega t-k_z z)\\ H_{1y}\,|_1=-\left(\dfrac{a}{u}\right)\dfrac{|\widetilde{A}|}{\omega\mu_0}\begin{bmatrix}(\cos^2\varphi-\sin^2\varphi)\left(\dfrac{u}{a}\right)\dfrac{1}{\rho}\mathrm{J}_1\left(\dfrac{u}{a}\rho\right)-\\(k_z^2\sin^2\varphi+k_1^2\cos^2\varphi)\mathrm{J}_0\left(\dfrac{u}{a}\rho\right)\end{bmatrix}\sin(\omega t-k_z z)\\ H_{1z}\,|_1=\dfrac{k_z}{\omega\mu_0}|\widetilde{A}|\mathrm{J}_1\left(\dfrac{u}{a}\rho\right)\sin\varphi\cos(\omega t-k_z z)\end{cases}\tag{14-238}$$

包层解 1：

$$\begin{cases}H_{2x}\,|_1=\dfrac{\mathrm{J}_1(u)}{\mathrm{K}_1(w)}\dfrac{|\widetilde{A}|}{\omega\mu_0}\left[\dfrac{2}{\rho}\mathrm{K}_1\left(\dfrac{w}{a}\rho\right)+\left(\dfrac{w}{a}\right)\mathrm{K}_0\left(\dfrac{w}{a}\rho\right)\right]\sin\varphi\cos\varphi\sin(\omega t-k_z z)\\ H_{2y}\,|_1=-\left(\dfrac{a}{w}\right)\dfrac{\mathrm{J}_1(u)}{\mathrm{K}_1(w)}\dfrac{|\widetilde{A}|}{\omega\mu_0}\begin{bmatrix}(\cos^2\varphi-\sin^2\varphi)\left(\dfrac{w}{a}\right)\dfrac{1}{\rho}\mathrm{K}_1\left(\dfrac{w}{a}\rho\right)-\\(k_z^2\sin^2\varphi+k_2^2\cos^2\varphi)\mathrm{K}_0\left(\dfrac{w}{a}\rho\right)\end{bmatrix}\sin(\omega t-k_z z)\\ H_{2z}\,|_1=\dfrac{k_z}{\omega\mu_0}\dfrac{\mathrm{J}_1(u)}{\mathrm{K}_1(w)}|\widetilde{A}|\mathrm{K}_1\left(\dfrac{w}{a}\rho\right)\sin\varphi\cos(\omega t-k_z z)\end{cases}\tag{14-239}$$

芯区解 2：

$$\begin{cases} H_{1x}\mid_2 = -\left(\dfrac{a}{u}\right)\dfrac{|\widetilde{A}|}{\omega\mu_0}\left[(\cos^2\varphi-\sin^2\varphi)\left(\dfrac{u}{a}\right)\dfrac{1}{\rho}\mathrm{J}_1\left(\dfrac{u}{a}\rho\right)+\right. \\ \qquad\qquad \left.(k_z^2\cos^2\varphi+k_1^2\sin^2\varphi)\mathrm{J}_0\left(\dfrac{u}{a}\rho\right)\right]\sin(\omega t-k_z z) \\ H_{1y}\mid_2 = -\dfrac{|\widetilde{A}|}{\omega\mu_0}\left[\dfrac{2}{\rho}\mathrm{J}_1\left(\dfrac{u}{a}\rho\right)-\left(\dfrac{u}{a}\right)\mathrm{J}_0\left(\dfrac{u}{a}\rho\right)\right]\sin\varphi\cos\varphi\sin(\omega t-k_z z) \\ H_{1z}\mid_2 = -\dfrac{k_z}{\omega\mu_0}|\widetilde{A}|\mathrm{J}_1\left(\dfrac{u}{a}\rho\right)\cos\varphi\cos(\omega t-k_z z) \end{cases} \tag{14-240}$$

包层解 2：

$$\begin{cases} H_{2x}\mid_2 = -\left(\dfrac{a}{w}\right)\dfrac{\mathrm{J}_1(u)}{\mathrm{K}_1(w)}\dfrac{|\widetilde{A}|}{\omega\mu_0}\left[(\cos^2\varphi-\sin^2\varphi)\left(\dfrac{w}{a}\right)\dfrac{1}{\rho}\mathrm{K}_1\left(\dfrac{w}{a}\rho\right)+\right. \\ \qquad\qquad \left.(k_z^2\cos^2\varphi+k_2^2\sin^2\varphi)\mathrm{K}_0\left(\dfrac{w}{a}\rho\right)\right]\sin(\omega t-k_z z) \\ H_{2y}\mid_2 = -\dfrac{\mathrm{J}_1(u)}{\mathrm{K}_1(w)}\dfrac{|\widetilde{A}|}{\omega\mu_0}\left[\dfrac{2}{\rho}\mathrm{K}_1\left(\dfrac{w}{a}\rho\right)+\left(\dfrac{w}{a}\right)\mathrm{K}_0\left(\dfrac{w}{a}\rho\right)\right]\sin\varphi\cos\varphi\sin(\omega t-k_z z) \\ H_{2z}\mid_2 = -\dfrac{k_z}{\omega\mu_0}|\widetilde{A}|\dfrac{\mathrm{J}_1(u)}{\mathrm{K}_1(w)}\mathrm{K}_1\left(\dfrac{w}{a}\rho\right)\cos\varphi\cos(\omega t-k_z z) \end{cases} \tag{14-241}$$

将式(14－238)和式(14－240)叠加，其芯区叠加解可表达为

芯区叠加解：
$$\begin{cases} H_{1x}(x, y, z; t) = H_{1x}\mid_1 + H_{1x}\mid_2 \\ H_{1y}(x, y, z; t) = H_{1y}\mid_1 + H_{1y}\mid_2 \\ H_{1z}(x, y, z; t) = H_{1z}\mid_1 + H_{1z}\mid_2 \end{cases} \tag{14-242}$$

将式(14－239)和式(14－241)叠加，其包层叠加解可表达为

包层叠加解：
$$\begin{cases} H_{2x}(x, y, z; t) = H_{2x}\mid_1 + H_{2x}\mid_2 \\ H_{2y}(x, y, z; t) = H_{2y}\mid_1 + H_{2y}\mid_2 \\ H_{2z}(x, y, z; t) = H_{2z}\mid_1 + H_{2z}\mid_2 \end{cases} \tag{14-243}$$

式(14－238)至式(14－243)就是在直角坐标系下HE_{11}模磁场矢量分量的瞬时表达式。

3. HE_{11}模的传播特性

HE_{11}模的传播特性主要体现在三个方面：相位特性、振幅特性和矢量特性。下面分别进行讨论。

1）相位特性

将电场矢量分量表达式(14－224)至式(14－229)与磁场矢量分量表达式(14－238)至式(14－241)相应分量比较可知，电场矢量分量与磁场矢量分量同相，其等相位面方程为

$$\varphi(z; t) = \omega t - k_z z \tag{14-244}$$

令 $\varphi(z; t)=C$(常数)，对于任意给定的时间 t，等相位面方程(14－244)为一垂直于 Z 轴的平面，所以HE_{11}模为平面波传播。

方程(14－244)两边对时间求导数，并利用式(14－120)和式(14－121)，得到光纤纤芯和包层中平面波的相速度为

$$v_\varphi = \frac{\mathrm{d}z}{\mathrm{d}t} = \frac{\omega}{k_z} = \frac{\omega}{\sqrt{k_1^2-\left(\dfrac{u}{a}\right)^2}} = \frac{\omega}{\sqrt{\left(\dfrac{w}{a}\right)^2+k_2^2}} \tag{14-245}$$

显然，相速度满足

$$v_{\varphi_1} < v_\varphi < v_{\varphi_2} \tag{14-246}$$

式中，$v_{\varphi_1}=\omega/k_1$ 为光波在折射率为 n_1 的均匀介质中的传播速度，$v_{\varphi_2}=\omega/k_2$ 为光波在折射率为 n_2 的均匀介质中的传播速度。式(14-246)与式(14-152)完全等价，是光纤传输条件的另一种表达形式。

2）振幅特性

由叠加电场矢量分量表达式(14-226)和式(14-229)可以看出，电场矢量分量振幅与 z 无关，表明 z 取任意值时横平面 XY 面内的电场振幅分布都相同。

取单模光纤参数为：$a=5\ \mu\text{m}$，光纤芯折射率 $n_1=1.458$，光纤传输光波波长 $\lambda=1.55\ \mu\text{m}$，光纤归一化频率 $V=2.289$，本征值 $u=\gamma_{11}=1.616$。由式(14-143)可得，$w\approx1.621$。由式(14-120)可得，$k_z\approx5.901\times10^6$。取 $|\widetilde{A}|=1.0$，$-8\ \mu\text{m}\leqslant x\leqslant+8\ \mu\text{m}$，$-8\ \mu\text{m}\leqslant y\leqslant+8\ \mu\text{m}$。依据式(14-226)和式(14-229)，计算得到光纤纤芯和包层电场矢量 X 分量、Y 分量和 Z 分量在横平面 XY 面内的振幅分布如图 14-15 所示。

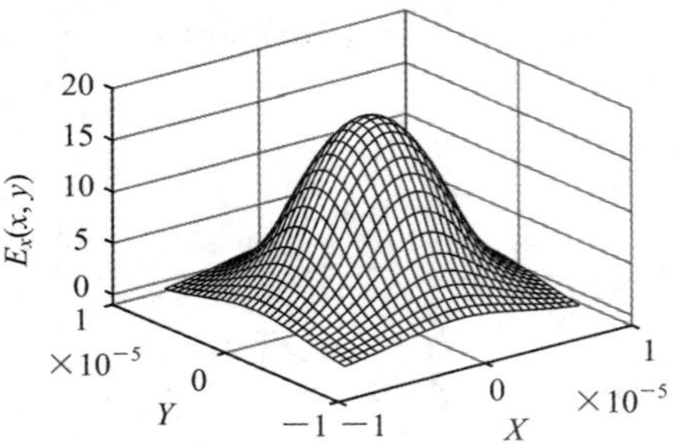

(a) X分量

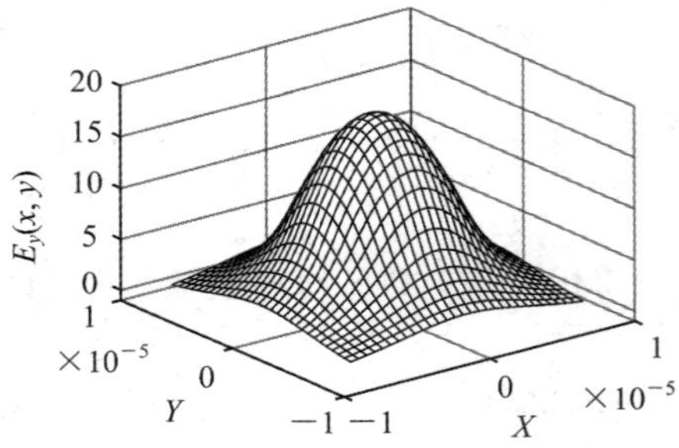

(b) Y分量

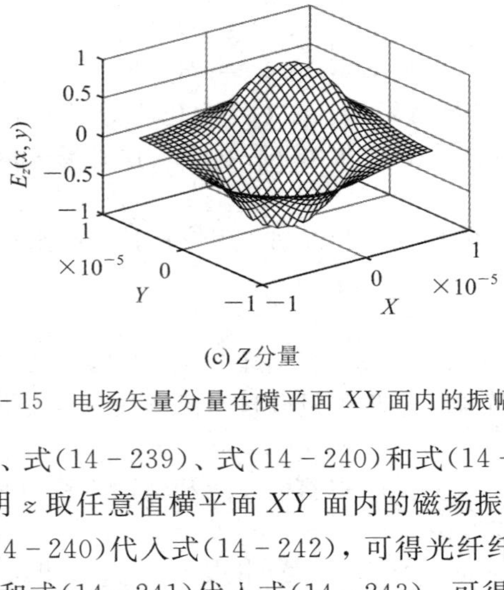

(c) Z分量

图 14-15　电场矢量分量在横平面 XY 面内的振幅分布

同样，由式(14-238)、式(14-239)、式(14-240)和式(14-241)可以看出，磁场矢量分量振幅也与 z 无关，表明 z 取任意值横平面 XY 面内的磁场振幅分布都相同。

将式(14-238)和式(14-240)代入式(14-242)，可得光纤纤芯区叠加解磁场矢量的分量表达式，将式(14-239)和式(14-241)代入式(14-243)，可得光纤包层叠加解磁场矢量的分量表达式，以此计算得到光纤纤芯和包层磁场矢量 X 分量、Y 分量和 Z 分量在横平面 XY 面内的振幅分布如图 14-16 所示。参数取值与图 14-15 相同，单模光纤参数为：$a=5\ \mu\text{m}$，光纤芯折射率 $n_1=1.458$，相对折射率差 $\Delta=0.003$，$n_2\approx n_1-n_1\Delta$，光纤传输光波

波长 $\lambda=1.55\ \mu m$，光速 $c=3.0\times10^8 m/s$，光波频率 $f=\lambda/c$，光波圆频率 $\omega=2\pi f$，真空磁导率 $\mu_0=4\pi\times10^{-7} H/m$，真空中的波数 $k_0=2\pi/\lambda$，光纤纤芯区波数 $k_1=k_0 n_1$，光纤包层波数 $k_2=k_0 n_2$，光纤归一化频率 $V=2.289$，本征值 $u=\gamma_{11}=1.616$。由式(14－143)可得，$w\approx1.621$。由式(14－120)可得，$k_z\approx5.901\times10^6$。取 $|\widetilde{A}|=1.0$，$-8\ \mu m\leqslant x\leqslant+8\ \mu m$，$-8\ \mu m\leqslant y\leqslant+8\ \mu m$。

由图14－15和图14－16可以看出，HE_{11}模在横平面 XY 面内电场矢量和磁场矢量的 X 分量、Y 分量和 Z 分量振幅分布为非均匀分布，X 分量和 Y 分量振幅分布具有圆柱对称性，Z 分量振幅分布具有奇对称性，所以HE_{11}模为非均匀平面波传播。

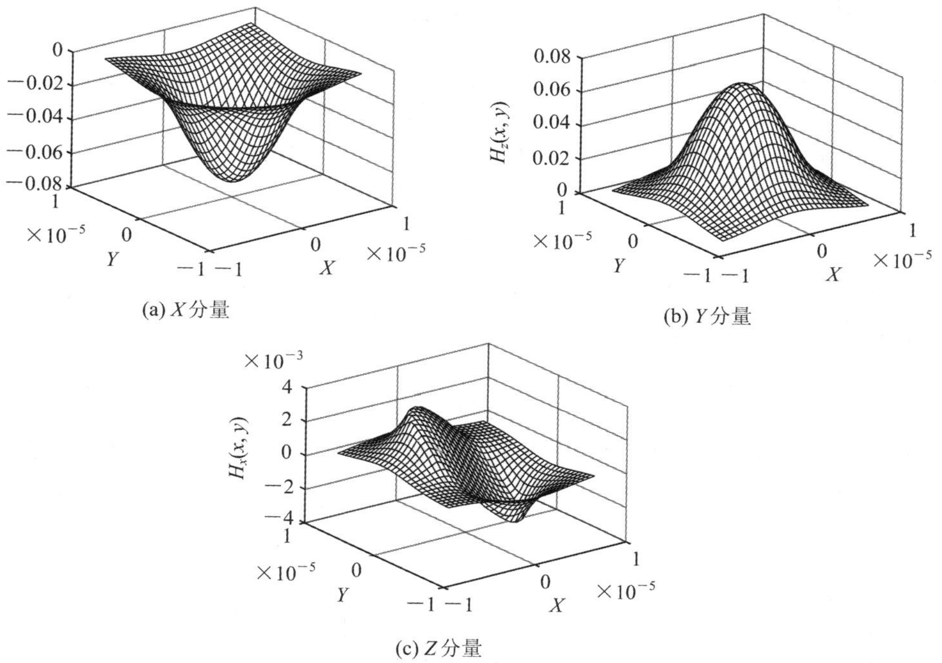

图14－16 磁场矢量分量在横平面 XY 面内的振幅分布

3）矢量特性

矢量特性可通过横平面 XY 面内的偏振特性和纵剖面矢量特性进行描述。

(1) 偏振特性。

由式(14－224)和式(14－225)、式(14－227)和式(14－228)不难判断，HE_{11}模电场矢量在横平面 XY 面内光纤纤芯区和包层解1为 X 方向线偏振，解2为 Y 方向线偏振。由于解1的 X 分量和解2的 Y 分量振幅相同，且相位相同，因此叠加结果仍为线偏振，其偏振角为$\pi/4$。

取单模光纤参数为：$a=5\ \mu m$，光纤芯折射率 $n_1=1.458$，相对折射率差 $\Delta=0.003$，光纤传输光波波长 $\lambda=1.55\ \mu m$，光纤归一化频率 $V=2.289$，本征值 $u=\gamma_{11}=1.616$。由式(14－143)可得，$w\approx1.621$。由式(14－120)可得，$k_z\approx5.901\times10^6$。取 $|\widetilde{A}|=1.0$，$t=0$，$z=0.01$，$-8\ \mu m\leqslant x\leqslant+8\ \mu m$，$-8\ \mu m\leqslant y\leqslant+8\ \mu m$。① 依据式(14－224)和式(14－227)，可得到HE_{11}模解1电场矢量在横平面 XY 面内的分布如图14－17(a)所示；② 依据式

(14 - 225)和式(14 - 228)，得到HE_{11}模解 2 电场矢量在横平面 XY 面内的分布如图 14 - 17(b)所示；③ 依据式(14 - 226)和式(14 - 229)，得到HE_{11}模叠加解电场矢量在横平面 XY 面内的分布如图 14 - 17(c)所示。

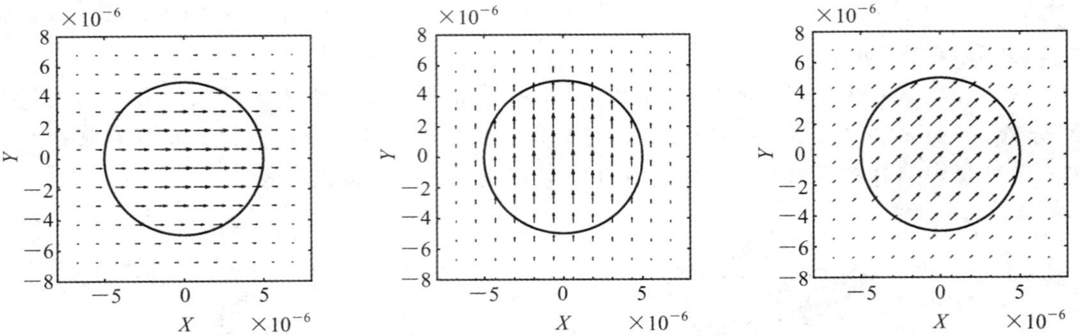

(a) X线偏振(解1)　　(b) Y线偏振(解2)　　(c) 45° 线偏振(叠加结果)

图 14 - 17　横平面 XY 面内 HE_{11}模电场的矢量分布

对于HE_{11}模磁场矢量在横平面 XY 面内的分布，由式(14 - 238)和式(14 - 239)、式(14 -240)和式(14 - 241)并不能直接判断出其偏振状态，需要进行图解计算。

光纤参数取值与图 14 - 17 相同。单模光纤参数为：$a=5\ \mu\text{m}$，光纤芯折射率 $n_1=1.458$，相对折射率差 $\Delta=0.003$，$n_2\approx n_1-n_1\Delta$，光纤传输光波波长 $\lambda=1.55\ \mu\text{m}$，光速 $c=3.0\times10^8\ \text{m/s}$，光波频率 $f=\lambda/c$，光波圆频率 $\omega=2\pi f$，真空磁导率 $\mu_0=4\pi\times10^{-7}\ \text{H/m}$，真空中的波数 $k_0=2\pi/\lambda$，光纤纤芯区波数 $k_1=k_0n_1$，光纤包层波数 $k_2=k_0n_2$，光纤归一化频率 $V=2.289$，本征值 $u=\gamma_{11}=1.616$。由式(14 - 143)可得，$w\approx1.621$。由式(14 - 120)可得，$k_z\approx5.901\times10^6$。取 $|\widetilde{A}|=1.0$，$t=0$，$z=0.01$，$-8\ \mu\text{m}\leqslant x\leqslant+8\ \mu\text{m}$，$-8\ \mu\text{m}\leqslant y\leqslant+8\ \mu\text{m}$。① 依据式(14 - 238)和式(14 - 239)，得到HE_{11}模解 1 的磁场矢量在横平面 XY 面内分布如图 14 - 18(a)所示；② 依据式(14 - 240)和式(14 - 241)，得到HE_{11}模解 2 的磁场矢量在横平面 XY 面内分布如图 14 - 18(b)所示；③ 依据式(14 - 242)和式(14 - 243)，得到HE_{11}模叠加解磁场矢量在横平面 XY 面内分布如图 14 - 18(c)所示。

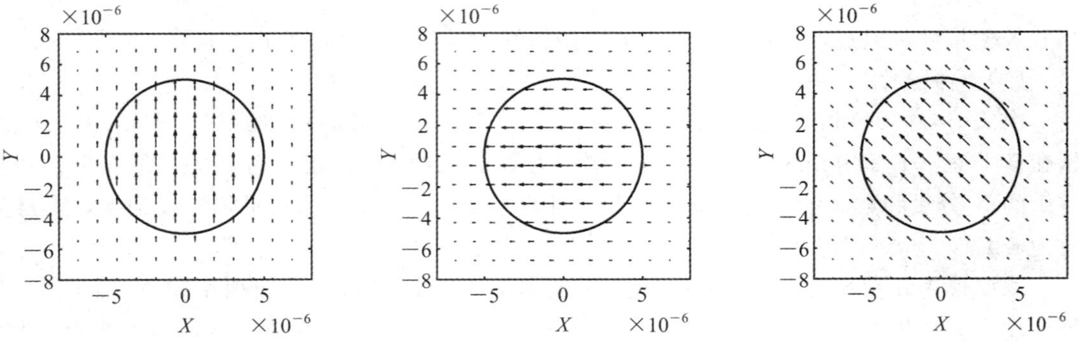

(a) 近似 Y线偏振(解1)　　(b) 近似 X线偏振(解2)　　(c) 近似135° 线偏振(叠加结果)

图 14 - 18　横平面 XY 面内 HE_{11}模的磁场矢量分布

对于HE_{11}模电场矢量分布，解 1、解 2 和叠加解的电场矢量分布是严格意义下的线偏

振。但对于HE_{11}模磁场矢量分布，由式(14－238)和式(14－239)可知，$H_{1x}|_1 \neq 0$，$H_{2x}|_1 \neq 0$，表明图14－18(a)为近似Y线偏振；由式(14－240)和式(14－241)可知，$H_{1y}|_2 \neq 0$，$H_{2y}|_2 \neq 0$，表明图14－18(b)为近似X线偏振，因而图14－18(c)为近似135°线偏振。由此也说明，HE_{11}模横平面XY面内电场矢量$\boldsymbol{E}_t$并不严格垂直于磁场矢量$\boldsymbol{H}_t$（角标“t”表示电场矢量和磁场矢量在横平面内的分量），下面通过数值计算加以证明。

将HE_{11}模横平面XY面内电场矢量与磁场矢量进行点积运算，即

$$\boldsymbol{E}_t \cdot \boldsymbol{H}_t = E_x H_x + E_y H_y \tag{14-247}$$

如果$\boldsymbol{E}_t \cdot \boldsymbol{H}_t = 0$，表明$HE_{11}$模横平面$XY$面内电场矢量与磁场矢量正交，即$\boldsymbol{E}_t \perp \boldsymbol{H}_t$，否则不成立。

将式(14－226)和式(14－229)电场矢量X分量和Y分量、式(14－242)和式(14－243)磁场矢量X分量和Y分量代入式(14－247)进行点积运算，即矢量图14－17(c)和矢量图14－18(c)进行点积运算，得到矢量点积图如图14－19所示。由图可见

$$\boldsymbol{E}_t \cdot \boldsymbol{H}_t = E_x H_x + E_y H_y \neq 0 \tag{14-248}$$

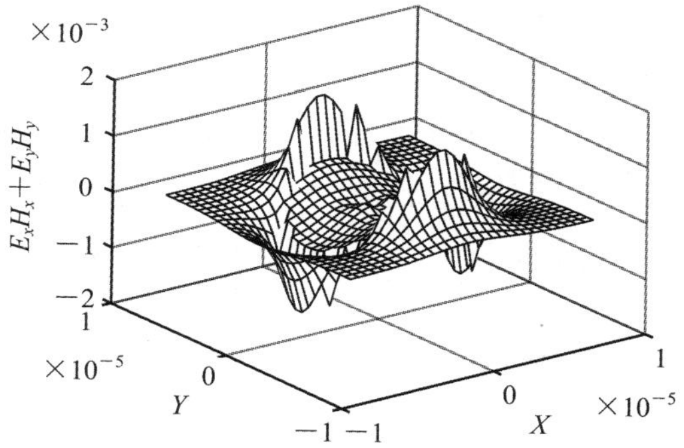

图14－19　点积图$E_xH_x+E_yH_y$

在光纤纤芯与包层边缘邻近点，点积绝对值最大值小于2×10^{-3}，在光纤芯区内和包层内，点积绝对值小于10^{-3}。由于HE_{11}模横平面XY面内电场矢量与磁场矢量点积值很小，电场矢量与磁场矢量近似正交，因此这种平面波可称为准TEM波。

(2) 纵剖面矢量特性。

由式(14－226)和式(14－229)可以看出，光纤纤芯区和包层电场矢量X分量和Y分量与φ无关，Z分量包含有因子$\sin\varphi+\cos\varphi$，其曲线如图14－20所示。由此说明，在过Z轴φ取任意值时对应的纵剖面内，电场矢量X分量和Y分量不变，仅电场矢量Z分量随φ变化，因此，在φ取任意值时，其对应的纵剖面内电场矢量分布具有相同的特性。当$\varphi=0$时，由电场矢量X分量和电场矢量Z分量可得纵剖面XZ面内HE_{11}模的电场矢量分布；当$\varphi=\pi/2$时，由电场矢量Y分量和电场矢量Z分量可得纵剖面YZ面内HE_{11}模的电场矢量分布。由于$\varphi=0$和$\varphi=\pi/2$时，$\sin\varphi+\cos\varphi=1$，因此纵剖面$XZ$面内和纵剖面$YZ$面内$HE_{11}$模电场矢量分布相同。参数取值与图14－15相同，取$z=0\sim2.5\ \mu m$，依据式(14－226)和式(14－229)，可得到纵剖面XZ面内HE_{11}模电场的矢量分布如图14－21(a)所示。

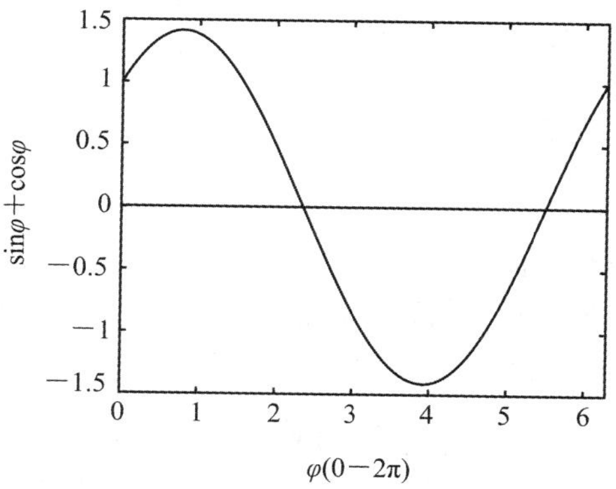

图14－20　$\sin\varphi+\cos\varphi$曲线

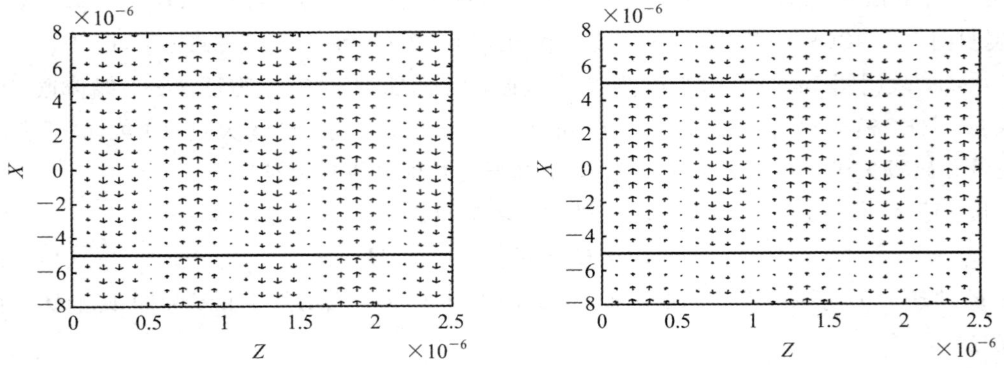

(a) HE_{11}模纵剖面XZ面内电场矢量分布　　(b) HE_{11}模纵剖面XZ面内磁场矢量分布

图 14-21　纵剖面 XZ 面内 HE_{11} 模的电场和磁场矢量分布

取 $\varphi=0$，可得式(14-242)和式(14-243)的简化结果为

芯区叠加解：

$$\begin{cases} H_{1x}=H_{1x}|_2=-\left(\dfrac{a}{u}\right)\dfrac{\widetilde{A}}{\omega\mu_0}\left[\left(\dfrac{u}{a}\right)\dfrac{1}{\rho}\mathrm{J}_1\left(\dfrac{u}{a}\rho\right)+k_z^2\mathrm{J}_0\left(\dfrac{u}{a}\rho\right)\right]\sin(\omega t-k_z z) \\ H_{1y}=H_{1y}|_1=-\left(\dfrac{a}{u}\right)\dfrac{|\widetilde{A}|}{\omega\mu_0}\left[\left(\dfrac{u}{a}\right)\dfrac{1}{\rho}\mathrm{J}_1\left(\dfrac{u}{a}\rho\right)-k_1^2\mathrm{J}_0\left(\dfrac{u}{a}\rho\right)\right]\sin(\omega t-k_z z) \\ H_{1z}=H_{1z}|_2=-\dfrac{k_z}{\omega\mu_0}|\widetilde{A}|\mathrm{J}_1\left(\dfrac{u}{a}\rho\right)\cos(\omega t-k_z z) \end{cases} \tag{14-249}$$

包层叠加解：

$$\begin{cases} H_{2x}=H_{2x}|_2=-\left(\dfrac{a}{w}\right)\dfrac{\mathrm{J}_1(u)}{\mathrm{K}_1(w)}\dfrac{|\widetilde{A}|}{\omega\mu_0}\left[\left(\dfrac{w}{a}\right)\dfrac{1}{\rho}\mathrm{K}_1\left(\dfrac{w}{a}\rho\right)+k_z^2\mathrm{K}_0\left(\dfrac{w}{a}\rho\right)\right]\sin(\omega t-k_z z) \\ H_{2y}=H_{2y}|_1=-\left(\dfrac{a}{w}\right)\dfrac{\mathrm{J}_1(u)}{\mathrm{K}_1(w)}\dfrac{|\widetilde{A}|}{\omega\mu_0}\left[\left(\dfrac{w}{a}\right)\dfrac{1}{\rho}\mathrm{K}_1\left(\dfrac{w}{a}\rho\right)-k_2^2\mathrm{K}_0\left(\dfrac{w}{a}\rho\right)\right]\sin(\omega t-k_z z) \\ H_{2z}=H_{2z}|_2=-\dfrac{k_z}{\omega\mu_0}|\widetilde{A}|\dfrac{\mathrm{J}_1(u)}{\mathrm{K}_1(w)}\mathrm{K}_1\left(\dfrac{w}{a}\rho\right)\cos(\omega t-k_z z) \end{cases} \tag{14-250}$$

参数取值与图 14-16 相同，取 $z=0\sim2.5\ \mu\mathrm{m}$，依据式(14-249)和式(14-250)，可得纵剖面 XZ 面内HE_{11}模的磁场矢量分布如图 14-21(b)所示。

由图 14-21(a)和图 14-21(b)也可以看出，HE_{11}模为平面波传播。

14.2.6　直角坐标系下TE_{0n}模、TM_{0n}模、HE_{mn}模和EH_{mn}模横平面 XY 面内电场矢量分量的瞬时表达式

后面 14.3 节讨论阶跃型光纤中的线偏振模用到直角坐标系下TE_{0n}模、TM_{0n}模、HE_{mn}模和EH_{mn}模横平面 XY 面内电场矢量分量的瞬时表达式，以检验线偏振模与TE_{0n}模、TM_{0n}模、HE_{mn}模和EH_{mn}模之间的关系。下面进行推导并给出其表达式。

1. 直角坐标系下TE_{0n}模横平面 XY 面内电场矢量分量的瞬时表达式

对于TE_{0n}模，$\widetilde{E}_z=0$，所以式(14-117)中的复常数 $\widetilde{A}=0$，$\widetilde{B}=0$，又有 $m=0$，代入式

(14－124)和式(14－129)，且取 $\mu_1=\mu_2=\mu_0$，得到柱坐标系下TE_{0n}模横平面 XY 面内的电场复振幅矢量分量表达式为

$$\text{芯区解 2:}\quad \begin{cases}\widetilde{E}_{1\rho}(\rho,\ \varphi,\ z)=0\\ \widetilde{E}_{1\varphi}(\rho,\ \varphi,\ z)=\mathrm{j}\left(\dfrac{a}{u}\right)\omega\mu_0\widetilde{A}'\mathrm{J}'_0\left(\dfrac{u}{a}\rho\right)\mathrm{e}^{-\mathrm{j}k_z z}\end{cases}\tag{14-251}$$

$$\text{包层解 2:}\quad \begin{cases}\widetilde{E}_{2\rho}(\rho,\ \varphi,\ z)=0\\ \widetilde{E}_{2\varphi}(\rho,\ \varphi,\ z)=-\mathrm{j}\left(\dfrac{a}{w}\right)\omega\mu_0\widetilde{B}'\mathrm{K}'_0\left(\dfrac{w}{a}\rho\right)\mathrm{e}^{-\mathrm{j}k_z z}\end{cases}\tag{14-252}$$

TE_{0n}模仅一个解，属于解 2，解 1 为零。

将式(14－137)中的 $\widetilde{B}'$代入式(14－252)，并利用式(14－156)，且取

$$\widetilde{A}'=\frac{k_z}{\omega\mu_0}\widetilde{A}\tag{14-253}$$

则式(14－251)和式(14－252)可化为

$$\text{芯区解 2:}\quad \begin{cases}\widetilde{E}_{1\rho}(\rho,\ \varphi,\ z)=0\\ \widetilde{E}_{1\varphi}(\rho,\ \varphi,\ z)=-\mathrm{j}\left(\dfrac{a}{u}\right)k_z\widetilde{A}\mathrm{J}_1\left(\dfrac{u}{a}\rho\right)\mathrm{e}^{-\mathrm{j}k_z z}\end{cases}\tag{14-254}$$

$$\text{包层解 2:}\quad \begin{cases}\widetilde{E}_{2\rho}(\rho,\ \varphi,\ z)=0\\ \widetilde{E}_{2\varphi}(\rho,\ \varphi,\ z)=\mathrm{j}\left(\dfrac{a}{w}\right)k_z\widetilde{A}\ \dfrac{\mathrm{J}_0(u)}{\mathrm{K}_0(w)}\mathrm{K}_1\left(\dfrac{w}{a}\rho\right)\mathrm{e}^{-\mathrm{j}k_z z}\end{cases}\tag{14-255}$$

需要强调的是，式(14－253)中的 $\widetilde{A}$ 与TM_{0n}模、HE_{mn}模和EH_{mn}模中的 $\widetilde{A}$ 相对应，$\widetilde{A}$ 并不等于零。

利用变换式(14－217)，得到直角坐标系下TE_{0n}模电场复振幅矢量在横平面 XY 面内的分量表达式为

$$\text{芯区解 2:}\quad \begin{cases}\widetilde{E}_{1x}|_2=\mathrm{j}\left(\dfrac{a}{u}\right)k_z\widetilde{A}\mathrm{J}_1\left(\dfrac{u}{a}\rho\right)\sin\varphi\mathrm{e}^{-\mathrm{j}k_z z}\\ \widetilde{E}_{1y}|_2=-\mathrm{j}\left(\dfrac{a}{u}\right)k_z\widetilde{A}\mathrm{J}_1\left(\dfrac{u}{a}\rho\right)\cos\varphi\mathrm{e}^{-\mathrm{j}k_z z}\end{cases}\tag{14-256}$$

$$\text{包层解 2:}\quad \begin{cases}\widetilde{E}_{2x}|_2=-\mathrm{j}\left(\dfrac{a}{w}\right)\dfrac{\mathrm{J}_0(u)}{\mathrm{K}_0(w)}k_z\widetilde{A}\mathrm{K}_1\left(\dfrac{w}{a}\rho\right)\sin\varphi\mathrm{e}^{-\mathrm{j}k_z z}\\ \widetilde{E}_{2y}|_2=\mathrm{j}\left(\dfrac{a}{w}\right)\dfrac{\mathrm{J}_0(u)}{\mathrm{K}_0(w)}k_z\widetilde{A}\mathrm{K}_1\left(\dfrac{w}{a}\rho\right)\cos\varphi\mathrm{e}^{-\mathrm{j}k_z z}\end{cases}\tag{14-257}$$

将式(14－256)和式(14－257)乘时间因子 $\mathrm{e}^{\mathrm{j}\omega t}$，且取 $\widetilde{A}=|\widetilde{A}|\mathrm{e}^{\mathrm{j}\varphi_a}$，$\varphi_a=0$，然后取实部，得到直角坐标系下$TE_{0n}$模横平面 XY 面内电场矢量分量的瞬时表达式为

$$\text{芯区解 2:}\quad \begin{cases}E_{1x}|_2=-\left(\dfrac{a}{u}\right)k_z\ |\widetilde{A}|\ \mathrm{J}_1\left(\dfrac{u}{a}\rho\right)\sin\varphi\sin(\omega t-k_z z)\\ E_{1y}|_2=\left(\dfrac{a}{u}\right)k_z\ |\widetilde{A}|\ \mathrm{J}_1\left(\dfrac{u}{a}\rho\right)\cos\varphi\sin(\omega t-k_z z)\end{cases}\tag{14-258}$$

$$\text{包层解 2:}\quad \begin{cases}\widetilde{E}_{2x}|_2=\left(\dfrac{a}{w}\right)\dfrac{\mathrm{J}_0(u)}{\mathrm{K}_0(w)}k_z\ |\widetilde{A}|\ \mathrm{K}_1\left(\dfrac{w}{a}\rho\right)\sin\varphi\sin(\omega t-k_z z)\\ \widetilde{E}_{2y}|_2=-\left(\dfrac{a}{w}\right)\dfrac{\mathrm{J}_0(u)}{\mathrm{K}_0(w)}k_z\ |\widetilde{A}|\ \mathrm{K}_1\left(\dfrac{w}{a}\rho\right)\cos\varphi\sin(\omega t-k_z z)\end{cases}\tag{14-259}$$

2. 直角坐标系下TM_{0n}模横平面XY面内电场矢量分量的瞬时表达式

对于TM_{0n}模，$\widetilde{H}_z=0$，所以式(14-119)中的复常数$\widetilde{A}'=0$，$\widetilde{B}'=0$，又有$m=0$，代入式(14-124)和式(14-129)，得到柱坐标系下TM_{0n}模横平面XY面内的电场复振幅矢量分量表达式为

芯区解1：
$$\begin{cases}\widetilde{E}_{1\rho}(\rho,\ \varphi,\ z)=-\mathrm{j}\left(\dfrac{a}{u}\right)k_z\widetilde{A}\mathrm{J}'_0\left(\dfrac{u}{a}\rho\right)\mathrm{e}^{-\mathrm{j}k_z z}\\ \widetilde{E}_{1\varphi}(\rho,\ \varphi,\ z)=0\end{cases}\tag{14-260}$$

包层解1：
$$\begin{cases}\widetilde{E}_{2\rho}(\rho,\ \varphi,\ z)=\mathrm{j}\left(\dfrac{a}{w}\right)k_z\widetilde{B}\mathrm{K}'_0\left(\dfrac{w}{a}\rho\right)\mathrm{e}^{-\mathrm{j}k_z z}\\ \widetilde{E}_{2\varphi}(\rho,\ \varphi,\ z)=0\end{cases}\tag{14-261}$$

TM_{0n}模仅一个解，属于解1，解2为零。

将式(14-137)中的$\widetilde{B}$代入式(14-261)，并利用式(14-156)，则式(14-260)和式(14-261)可化为

芯区解1：
$$\begin{cases}\widetilde{E}_{1\rho}(\rho,\ \varphi,\ z)=\mathrm{j}\left(\dfrac{a}{u}\right)k_z\widetilde{A}\mathrm{J}_1\left(\dfrac{u}{a}\rho\right)\mathrm{e}^{-\mathrm{j}k_z z}\\ \widetilde{E}_{1\varphi}(\rho,\ \varphi,\ z)=0\end{cases}\tag{14-262}$$

包层解1：
$$\begin{cases}\widetilde{E}_{2\rho}(\rho,\ \varphi,\ z)=-\mathrm{j}\left(\dfrac{a}{w}\right)k_z\widetilde{A}\ \dfrac{\mathrm{J}_0(u)}{\mathrm{K}_0(w)}\mathrm{K}_1\left(\dfrac{w}{a}\rho\right)\mathrm{e}^{-\mathrm{j}k_z z}\\ \widetilde{E}_{2\varphi}(\rho,\ \varphi,\ z)=0\end{cases}\tag{14-263}$$

利用变换式(14-217)，得到直角坐标系下TM_{0n}模电场复振幅矢量横平面XY面内的分量表达式为

芯区解1：
$$\begin{cases}\widetilde{E}_{1x}|_1=\mathrm{j}\left(\dfrac{a}{u}\right)k_z\widetilde{A}\mathrm{J}_1\left(\dfrac{u}{a}\rho\right)\cos\varphi\mathrm{e}^{-\mathrm{j}k_z z}\\ \widetilde{E}_{1y}|_1=\mathrm{j}\left(\dfrac{a}{u}\right)k_z\widetilde{A}\mathrm{J}_1\left(\dfrac{u}{a}\rho\right)\sin\varphi\mathrm{e}^{-\mathrm{j}k_z z}\end{cases}\tag{14-264}$$

包层解1：
$$\begin{cases}\widetilde{E}_{2x}|_1=-\mathrm{j}\left(\dfrac{a}{w}\right)k_z\widetilde{A}\ \dfrac{\mathrm{J}_0(u)}{\mathrm{K}_0(w)}\mathrm{K}_1\left(\dfrac{w}{a}\rho\right)\cos\varphi\mathrm{e}^{-\mathrm{j}k_z z}\\ \widetilde{E}_{2y}|_1=-\mathrm{j}\left(\dfrac{a}{w}\right)k_z\widetilde{A}\ \dfrac{\mathrm{J}_0(u)}{\mathrm{K}_0(w)}\mathrm{K}_1\left(\dfrac{w}{a}\rho\right)\sin\varphi\mathrm{e}^{-\mathrm{j}k_z z}\end{cases}\tag{14-265}$$

将式(14-264)和式(14-265)乘时间因子$\mathrm{e}^{\mathrm{j}\omega t}$，且取$\widetilde{A}=|\widetilde{A}|\mathrm{e}^{\mathrm{j}\varphi_a}$，$\varphi_a=0$，然后取实部，得到直角坐标系下$TM_{0n}$模横平面$XY$面内电场矢量分量的瞬时表达式为

芯区解1：
$$\begin{cases}E_{1x}|_1=-\left(\dfrac{a}{u}\right)k_z\ |\widetilde{A}|\ \mathrm{J}_1\left(\dfrac{u}{a}\rho\right)\cos\varphi\sin(\omega t-k_z z)\\ E_{1y}|_1=-\left(\dfrac{a}{u}\right)k_z\ |\widetilde{A}|\ \mathrm{J}_1\left(\dfrac{u}{a}\rho\right)\sin\varphi\sin(\omega t-k_z z)\end{cases}\tag{14-266}$$

包层解1：
$$\begin{cases}E_{2x}|_1=\left(\dfrac{a}{w}\right)k_z\ |\widetilde{A}|\ \dfrac{\mathrm{J}_0(u)}{\mathrm{K}_0(w)}\mathrm{K}_1\left(\dfrac{w}{a}\rho\right)\cos\varphi\sin(\omega t-k_z z)\\ E_{2y}|_1=\left(\dfrac{a}{w}\right)k_z\ |\widetilde{A}|\ \dfrac{\mathrm{J}_0(u)}{\mathrm{K}_0(w)}\mathrm{K}_1\left(\dfrac{w}{a}\rho\right)\sin\varphi\sin(\omega t-k_z z)\end{cases}\tag{14-267}$$

3. 直角坐标系下HE_{mn}模横平面XY面内电场矢量分量的瞬时表达式

对于HE_{mn}模芯区解1，式(14-147)取"+"号，代入式(14-124)，得到柱坐标系下光纤芯区解1的电场复振幅矢量横向分量表达式为

$$
\text{芯区解 1：}\begin{cases}\widetilde{E}_{1\rho}(\rho,\ \varphi,\ z)=-\mathrm{j}\left(\dfrac{a}{u}\right)^2 k_z\widetilde{A}\left[\dfrac{m}{\rho}\mathrm{J}_m\left(\dfrac{u}{a}\rho\right)+\dfrac{u}{a}\mathrm{J'}_m\left(\dfrac{u}{a}\rho\right)\right]\cos(m\varphi)\mathrm{e}^{-\mathrm{j}k_z z}\\ \widetilde{E}_{1\varphi}(\rho,\ \varphi,\ z)=\mathrm{j}\left(\dfrac{a}{u}\right)^2 k_z\widetilde{A}\left[\dfrac{m}{\rho}\mathrm{J}_m\left(\dfrac{u}{a}\rho\right)+\dfrac{u}{a}\mathrm{J'}_m\left(\dfrac{u}{a}\rho\right)\right]\sin(m\varphi)\mathrm{e}^{-\mathrm{j}k_z z}\end{cases}
\tag{14-268}
$$

对芯区解2，式(14-148)取"−"号，代入式(14-124)，得到柱坐标系下光纤芯区解2的电场复振幅矢量横向分量表达式为

$$
\text{芯区解 2：}\begin{cases}\widetilde{E}_{1\rho}(\rho,\ \varphi,\ z)=-\mathrm{j}\left(\dfrac{a}{u}\right)^2 k_z\widetilde{A}\left[\dfrac{m}{\rho}\mathrm{J}_m\left(\dfrac{u}{a}\rho\right)+\dfrac{u}{a}\mathrm{J'}_m\left(\dfrac{u}{a}\rho\right)\right]\sin(m\varphi)\mathrm{e}^{-\mathrm{j}k_z z}\\ \widetilde{E}_{1\varphi}(\rho,\ \varphi,\ z)=-\mathrm{j}\left(\dfrac{a}{u}\right)^2 k_z\widetilde{A}\left[\dfrac{m}{\rho}\mathrm{J}_m\left(\dfrac{u}{a}\rho\right)+\dfrac{u}{a}\mathrm{J'}_m\left(\dfrac{u}{a}\rho\right)\right]\cos(m\varphi)\mathrm{e}^{-\mathrm{j}k_z z}\end{cases}
\tag{14-269}
$$

由变换式(14-217)，并利用柱贝塞尔函数关系式(14-163)的第一式和三角函数关系有

$$
\begin{cases}\sin(\alpha\pm\beta)=\sin\alpha\cos\beta\pm\cos\alpha\sin\beta\\ \cos(\alpha\pm\beta)=\cos\alpha\cos\beta\mp\sin\alpha\sin\beta\end{cases}
\tag{14-270}
$$

由式(14-268)得到直角坐标系下光纤芯区解1的电场复振幅矢量横向分量表达式为

$$
\text{芯区解 1：}\begin{cases}\widetilde{E}_{1x}|_1=-\mathrm{j}\left(\dfrac{a}{u}\right)k_z\widetilde{A}\mathrm{J}_{m-1}\left(\dfrac{u}{a}\rho\right)\cos[(m-1)\varphi]\mathrm{e}^{-\mathrm{j}k_z z}\\ \widetilde{E}_{1y}|_1=\mathrm{j}\left(\dfrac{a}{u}\right)k_z\widetilde{A}\mathrm{J}_{m-1}\left(\dfrac{u}{a}\rho\right)\sin[(m-1)\varphi]\mathrm{e}^{-\mathrm{j}k_z z}\end{cases}
\tag{14-271}
$$

由式(14-269)得到直角坐标系下光纤芯区解2的电场复振幅矢量横向分量表达式为

$$
\text{芯区解 2：}\begin{cases}\widetilde{E}_{1x}|_2=-\mathrm{j}\left(\dfrac{a}{u}\right)k_z\widetilde{A}\mathrm{J}_{m-1}\left(\dfrac{u}{a}\rho\right)\sin[(m-1)\varphi]\mathrm{e}^{-\mathrm{j}k_z z}\\ \widetilde{E}_{1y}|_2=-\mathrm{j}\left(\dfrac{a}{u}\right)k_z\widetilde{A}\mathrm{J}_{m-1}\left(\dfrac{u}{a}\rho\right)\cos[(m-1)\varphi]\mathrm{e}^{-\mathrm{j}k_z z}\end{cases}
\tag{14-272}
$$

同理，由式(14-129)，利用变换式(14-217)，并利用柱贝塞尔函数关系(14-163)的第二式和三角函数关系(14-270)，可得直角坐标系下光纤包层解1和解2的电场复振幅矢量横向分量表达式为

$$
\text{包层解 1：}\begin{cases}\widetilde{E}_{2x}|_1=-\mathrm{j}\left(\dfrac{a}{w}\right)\dfrac{\mathrm{J}_m(u)}{\mathrm{K}_m(w)}k_z\widetilde{A}\mathrm{K}_{m-1}\left(\dfrac{w}{a}\rho\right)\cos[(m-1)\varphi]\mathrm{e}^{-\mathrm{j}k_z z}\\ \widetilde{E}_{2y}|_1=\mathrm{j}\left(\dfrac{a}{w}\right)\dfrac{\mathrm{J}_m(u)}{\mathrm{K}_m(w)}k_z\widetilde{A}\mathrm{K}_{m-1}\left(\dfrac{w}{a}\rho\right)\sin[(m-1)\varphi]\mathrm{e}^{-\mathrm{j}k_z z}\end{cases}
\tag{14-273}
$$

$$
\text{包层解 2：}\begin{cases}\widetilde{E}_{2x}|_2=-\mathrm{j}\left(\dfrac{a}{w}\right)\dfrac{\mathrm{J}_m(u)}{\mathrm{K}_m(w)}k_z\widetilde{A}\mathrm{K}_{m-1}\left(\dfrac{w}{a}\rho\right)\sin[(m-1)\varphi]\mathrm{e}^{-\mathrm{j}k_z z}\\ \widetilde{E}_{2y}|_2=-\mathrm{j}\left(\dfrac{a}{w}\right)\dfrac{\mathrm{J}_m(u)}{\mathrm{K}_m(w)}k_z\widetilde{A}\mathrm{K}_{m-1}\left(\dfrac{w}{a}\rho\right)\cos[(m-1)\varphi]\mathrm{e}^{-\mathrm{j}k_z z}\end{cases}
\tag{14-274}
$$

将式(14-271)、式(14-272)、式(14-273)和式(14-274)乘时间因子$\mathrm{e}^{\mathrm{j}\omega t}$，且取$\widetilde{A}=|\widetilde{A}|\mathrm{e}^{\mathrm{j}\varphi_a}$，$\varphi_a=0$，然后取实部，得到直角坐标系下$HE_{mn}$模横平面$XY$面内电场矢量分量的瞬时表达式为

$$\text{芯区解 1：}\begin{cases} E_{1x}|_1 = \left(\dfrac{a}{u}\right)k_z\ |\widetilde{A}|\ \mathrm{J}_{m-1}\left(\dfrac{u}{a}\rho\right)\cos[(m-1)\varphi]\sin(\omega t - k_z z) \\ E_{1y}|_1 = -\left(\dfrac{a}{u}\right)k_z\ |\widetilde{A}|\ \mathrm{J}_{m-1}\left(\dfrac{u}{a}\rho\right)\sin[(m-1)\varphi]\sin(\omega t - k_z z) \end{cases} \tag{14-275}$$

$$\text{芯区解 2：}\begin{cases} E_{1x}|_2 = \left(\dfrac{a}{u}\right)k_z\ |\widetilde{A}|\ \mathrm{J}_{m-1}\left(\dfrac{u}{a}\rho\right)\sin[(m-1)\varphi]\sin(\omega t - k_z z) \\ E_{1y}|_2 = \left(\dfrac{a}{u}\right)k_z\ |\widetilde{A}|\ \mathrm{J}_{m-1}\left(\dfrac{u}{a}\rho\right)\cos[(m-1)\varphi]\sin(\omega t - k_z z) \end{cases} \tag{14-276}$$

$$\text{包层解 1：}\begin{cases} E_{2x}|_1 = \left(\dfrac{a}{w}\right)\dfrac{\mathrm{J}_m(u)}{\mathrm{K}_m(w)}k_z\ |\widetilde{A}|\ \mathrm{K}_{m-1}\left(\dfrac{w}{a}\rho\right)\cos[(m-1)\varphi]\sin(\omega t - k_z z) \\ E_{2y}|_1 = -\left(\dfrac{a}{w}\right)\dfrac{\mathrm{J}_m(u)}{\mathrm{K}_m(w)}k_z\ |\widetilde{A}|\ \mathrm{K}_{m-1}\left(\dfrac{w}{a}\rho\right)\sin[(m-1)\varphi]\sin(\omega t - k_z z) \end{cases} \tag{14-277}$$

$$\text{包层解 2：}\begin{cases} E_{2x}|_2 = \left(\dfrac{a}{w}\right)\dfrac{\mathrm{J}_m(u)}{\mathrm{K}_m(w)}k_z\ |\widetilde{A}|\ \mathrm{K}_{m-1}\left(\dfrac{w}{a}\rho\right)\sin[(m-1)\varphi]\sin(\omega t - k_z z) \\ E_{2y}|_2 = \left(\dfrac{a}{w}\right)\dfrac{\mathrm{J}_m(u)}{\mathrm{K}_m(w)}k_z\ |\widetilde{A}|\ \mathrm{K}_{m-1}\left(\dfrac{w}{a}\rho\right)\cos[(m-1)\varphi]\sin(\omega t - k_z z) \end{cases} \tag{14-278}$$

4. 直角坐标系下EH_{mn}模横平面XY面内电场矢量分量的瞬时表达式

对于EH_{mn}模芯区解 1，式(14－147)取“－”号，代入式(14－124)，并利用柱贝塞尔函数关系式(14－163)的第一式，得到柱坐标系下光纤芯区解 1 的电场复振幅矢量横向分量表达式为

$$\text{芯区解 1：}\begin{cases} \widetilde{E}_{1\rho}(\rho, \varphi, z) = \mathrm{j}\left(\dfrac{a}{u}\right)k_z\widetilde{A}\mathrm{J}_{m+1}\left(\dfrac{u}{a}\rho\right)\cos m\varphi\, \mathrm{e}^{-\mathrm{j}k_z z} \\ \widetilde{E}_{1\varphi}(\rho, \varphi, z) = \mathrm{j}\left(\dfrac{a}{u}\right)k_z\widetilde{A}\mathrm{J}_{m+1}\left(\dfrac{u}{a}\rho\right)\sin m\varphi\, \mathrm{e}^{-\mathrm{j}k_z z} \end{cases} \tag{14-279}$$

对芯区解 2，式(14－148)取“＋”号，代入式(14－124)，并利用柱贝塞尔函数关系式(14－163)的第一式，得到柱坐标系下光纤芯区解 2 的电场复振幅矢量横向分量表达式为

$$\text{芯区解 2：}\begin{cases} \widetilde{E}_{1\rho}(\rho, \varphi, z) = \mathrm{j}\left(\dfrac{a}{u}\right)k_z\widetilde{A}\mathrm{J}_{m+1}\left(\dfrac{u}{a}\rho\right)\sin(m\varphi)\, \mathrm{e}^{-\mathrm{j}k_z z} \\ \widetilde{E}_{1\varphi}(\rho, \varphi, z) = -\mathrm{j}\left(\dfrac{a}{u}\right)k_z\widetilde{A}\mathrm{J}_{m+1}\left(\dfrac{u}{a}\rho\right)\cos(m\varphi)\, \mathrm{e}^{-\mathrm{j}k_z z} \end{cases} \tag{14-280}$$

由变换式(14－217)，并利用三角函数关系式(14－270)，由式(14－279)得到直角坐标系下光纤芯区解 1 的电场复振幅矢量横向分量表达式为

$$\text{芯区解 1：}\begin{cases} \widetilde{E}_{1x}|_1 = \mathrm{j}\left(\dfrac{a}{u}\right)k_z\widetilde{A}\mathrm{J}_{m+1}\left(\dfrac{u}{a}\rho\right)\cos[(m+1)\varphi]\mathrm{e}^{-\mathrm{j}k_z z} \\ \widetilde{E}_{1y}|_1 = \mathrm{j}\left(\dfrac{a}{u}\right)k_z\widetilde{A}\mathrm{J}_{m+1}\left(\dfrac{u}{a}\rho\right)\sin[(m+1)\varphi]\mathrm{e}^{-\mathrm{j}k_z z} \end{cases} \tag{14-281}$$

由式(14－280)得到直角坐标系下光纤芯区解 2 的电场复振幅矢量横向分量表达式为

芯区解 2：
$$\begin{cases}\widetilde{E}_{1x}|_2 = \mathrm{j}\left(\dfrac{a}{u}\right)k_z\widetilde{A}\mathrm{J}_{m+1}\left(\dfrac{u}{a}\rho\right)\sin[(m+1)\varphi]\mathrm{e}^{-\mathrm{j}k_z z}\\ \widetilde{E}_{1y}|_2 = -\mathrm{j}\left(\dfrac{a}{u}\right)k_z\widetilde{A}\mathrm{J}_{m+1}\left(\dfrac{u}{a}\rho\right)\cos[(m+1)\varphi]\mathrm{e}^{-\mathrm{j}k_z z}\end{cases} \tag{14-282}$$

同理，由式(14-129)，并利用柱贝塞尔函数关系(14-163)的第二式和三角函数关系式(14-270)，可得直角坐标系下光纤包层解 1 和解 2 的电场复振幅矢量横向分量表达式如下：

包层解 1：
$$\begin{cases}\widetilde{E}_{2x}|_1 = -\mathrm{j}\left(\dfrac{a}{w}\right)\dfrac{\mathrm{J}_m(u)}{\mathrm{K}_m(w)}k_z\widetilde{A}\mathrm{K}_{m+1}\left(\dfrac{w}{a}\rho\right)\cos[(m+1)\varphi]\mathrm{e}^{-\mathrm{j}k_z z}\\ \widetilde{E}_{2y}|_2 = -\mathrm{j}\left(\dfrac{a}{w}\right)\dfrac{\mathrm{J}_m(u)}{\mathrm{K}_m(w)}k_z\widetilde{A}\mathrm{K}_{m+1}\left(\dfrac{w}{a}\rho\right)\sin[(m+1)\varphi]\mathrm{e}^{-\mathrm{j}k_z z}\end{cases} \tag{14-283}$$

包层解 2：
$$\begin{cases}\widetilde{E}_{2x}|_2 = -\mathrm{j}\left(\dfrac{a}{w}\right)\dfrac{\mathrm{J}_m(u)}{\mathrm{K}_m(w)}k_z\widetilde{A}\mathrm{K}_{m+1}\left(\dfrac{w}{a}\rho\right)\sin[(m+1)\varphi]\mathrm{e}^{-\mathrm{j}k_z z}\\ \widetilde{E}_{2y}|_2 = \mathrm{j}\left(\dfrac{a}{w}\right)\dfrac{\mathrm{J}_m(u)}{\mathrm{K}_m(w)}k_z\widetilde{A}\mathrm{K}_{m+1}\left(\dfrac{w}{a}\rho\right)\cos[(m+1)\varphi]\mathrm{e}^{-\mathrm{j}k_z z}\end{cases} \tag{14-284}$$

将式(14-281)、式(14-282)、式(14-283)和式(14-284)乘时间因子 $\mathrm{e}^{\mathrm{j}\omega t}$，且取 $\widetilde{A}=|\widetilde{A}|\mathrm{e}^{\mathrm{j}\varphi_a}$，$\varphi_a=0$，然后取实部，得到直角坐标系下$\mathrm{EH}_{mn}$模横平面 XY 面内电场矢量分量的瞬时表达式如下：

芯区解 1：
$$\begin{cases}E_{1x}|_1 = -\left(\dfrac{a}{u}\right)k_z\,|\widetilde{A}|\,\mathrm{J}_{m+1}\left(\dfrac{u}{a}\rho\right)\cos[(m+1)\varphi]\sin(\omega t-k_z z)\\ E_{1y}|_1 = -\left(\dfrac{a}{u}\right)k_z\,|\widetilde{A}|\,\mathrm{J}_{m+1}\left(\dfrac{u}{a}\rho\right)\sin[(m+1)\varphi]\sin(\omega t-k_z z)\end{cases} \tag{14-285}$$

芯区解 2：
$$\begin{cases}E_{1x}|_2 = -\left(\dfrac{a}{u}\right)k_z\,|\widetilde{A}|\,\mathrm{J}_{m+1}\left(\dfrac{u}{a}\rho\right)\sin[(m+1)\varphi]\sin(\omega t-k_z z)\\ E_{1y}|_2 = \left(\dfrac{a}{u}\right)k_z\,|\widetilde{A}|\,\mathrm{J}_{m+1}\left(\dfrac{u}{a}\rho\right)\cos[(m+1)\varphi]\sin(\omega t-k_z z)\end{cases} \tag{14-286}$$

包层解 1：
$$\begin{cases}E_{2x}|_1 = \left(\dfrac{a}{w}\right)\dfrac{\mathrm{J}_m(u)}{\mathrm{K}_m(w)}k_z\,|\widetilde{A}|\,\mathrm{K}_{m+1}\left(\dfrac{w}{a}\rho\right)\cos[(m+1)\varphi]\sin(\omega t-k_z z)\\ E_{2y}|_1 = \left(\dfrac{a}{w}\right)\dfrac{\mathrm{J}_m(u)}{\mathrm{K}_m(w)}k_z\,|\widetilde{A}|\,\mathrm{K}_{m+1}\left(\dfrac{w}{a}\rho\right)\sin[(m+1)\varphi]\sin(\omega t-k_z z)\end{cases} \tag{14-287}$$

包层解 2：
$$\begin{cases}E_{2x}|_2 = \left(\dfrac{a}{w}\right)\dfrac{\mathrm{J}_m(u)}{\mathrm{K}_m(w)}k_z\,|\widetilde{A}|\,\mathrm{K}_{m+1}\left(\dfrac{w}{a}\rho\right)\sin[(m+1)\varphi]\sin(\omega t-k_z z)\\ E_{2y}|_2 = -\left(\dfrac{a}{w}\right)\dfrac{\mathrm{J}_m(u)}{\mathrm{K}_m(w)}k_z\,|\widetilde{A}|\,\mathrm{K}_{m+1}\left(\dfrac{w}{a}\rho\right)\cos[(m+1)\varphi]\sin(\omega t-k_z z)\end{cases} \tag{14-288}$$

14.3 阶跃型光纤中的线偏振模

14.2.1 节和 14.2.2 节给出阶跃型光纤电磁场问题的解是严格矢量解，对应的模式也称为矢量模。对于多模光纤，矢量模是简并模(见表14-2)，矢量模叠加结果的磁场分量表达式比较复杂，因而计算也比较复杂。为了简化计算，可从两个方面进行近似：① TEM平面波近似；② 方程标量近似。由于标量方程的解为线偏振，因此其解也称为线偏振模(Linear Polarized Mode)，简称LP模。

14.3.1 TEM平面波近似及方程标量近似

在直角坐标系下，光纤横平面XY面内的电场复振幅矢量表达为

$$\widetilde{\boldsymbol{E}}_{\mathrm{t}} = \widetilde{E}_x\boldsymbol{e}_x + \widetilde{E}_y\boldsymbol{e}_y \tag{14-289}$$

磁场复振幅矢量表达为

$$\widetilde{\boldsymbol{H}}_{\mathrm{t}} = \widetilde{H}_x\boldsymbol{e}_x + \widetilde{H}_y\boldsymbol{e}_y \tag{14-290}$$

假设电场分量$\widetilde{E}_x$和磁场分量$\widetilde{H}_y$构成TEM平面波($\widetilde{E}_y=0$，$\widetilde{H}_x=0$)，电场分量$\widetilde{E}_y$和磁场分量$-\widetilde{H}_x$构成TEM平面波($\widetilde{E}_x=0$，$\widetilde{H}_y=0$)。在柱坐标系下，$\widetilde{E}_x$和$\widetilde{E}_y$近似满足标量方程(14-100)，即

$$\frac{1}{\rho}\frac{\partial}{\partial\rho}\left(\rho\frac{\partial\widetilde{E}_x}{\partial\rho}\right) + \frac{1}{\rho^2}\frac{\partial^2\widetilde{E}_x}{\partial\varphi^2} + (k_0^2n^2 - k_z^2)\widetilde{E}_x \approx 0 \tag{14-291}$$

$$\frac{1}{\rho}\frac{\partial}{\partial\rho}\left(\rho\frac{\partial\widetilde{E}_y}{\partial\rho}\right) + \frac{1}{\rho^2}\frac{\partial^2\widetilde{E}_y}{\partial\varphi^2} + (k_0^2n^2 - k_z^2)\widetilde{E}_y \approx 0 \tag{14-292}$$

方程(14-291)和方程(14-292)就是阶跃型光纤中X方向线偏振分量$\widetilde{E}_x$和Y方向线偏振分量$\widetilde{E}_y$满足的标量方程。

14.3.2 标量方程的解

标量方程(14-291)和方程(14-292)的求解与方程(14-100)完全相同。由式(14-117)、式(14-122)和式(14-127)，并考虑到HE_{mn}模和EH_{mn}模电场复振幅矢量横向分量表达式(14-271)和式(14-273)的系数，可写出方程(14-291)电场线偏振分量$\widetilde{E}_x$的解为

$$\widetilde{E}_x(\rho,\varphi,z) = \begin{cases} -\mathrm{j}\left(\dfrac{a}{u}\right)k_z\widetilde{A}\mathrm{J}_{m'}\left(\dfrac{u}{a}\rho\right)\begin{Bmatrix}\cos(m'\varphi)\\ \sin(m'\varphi)\end{Bmatrix}\mathrm{e}^{-\mathrm{j}k_z z} & (\rho\leqslant a) \\ -\mathrm{j}\left(\dfrac{a}{w}\right)\dfrac{\mathrm{J}_{m'}(u)}{\mathrm{K}_{m'}(w)}k_z\widetilde{A}\mathrm{K}_{m'}\left(\dfrac{w}{a}\rho\right)\begin{Bmatrix}\cos(m'\varphi)\\ \sin(m'\varphi)\end{Bmatrix}\mathrm{e}^{-\mathrm{j}k_z z} & (\rho > a)\end{cases} \tag{14-293}$$

式中，$\widetilde{A}$为与HE_{mn}模和EH_{mn}模表达式中复常数$\widetilde{A}$相对应的复常数。柱贝塞尔函数的阶数记作m'，以区别矢量模HE_{mn}模和EH_{mn}模表达式中柱贝塞尔函数的阶数m。

又因$\widetilde{E}_x$和磁场分量$\widetilde{H}_y$构成TEM平面波，满足关系式(7-25)，即

$$\widetilde{\boldsymbol{H}} = \frac{1}{\omega\mu}\boldsymbol{k}\times\widetilde{\boldsymbol{E}} \tag{14-294}$$

将式(14-293)代入式(14-294)，并取$\boldsymbol{k}=k\boldsymbol{e}_z=\omega\sqrt{\mu\varepsilon}\boldsymbol{e}_z$，$\widetilde{\boldsymbol{E}}=\widetilde{E}_x\boldsymbol{e}_x$，得到磁场分量$\widetilde{H}_y$的解为

$$\widetilde{H}_y(\rho,\ \varphi,\ z)=\begin{cases}-\mathrm{j}\sqrt{\dfrac{\varepsilon_1}{\mu_0}}\left(\dfrac{a}{u}\right)k_z\widetilde{A}\mathrm{J}_{m'}\left(\dfrac{u}{a}\rho\right)\begin{Bmatrix}\cos(m'\varphi)\\ \sin(m'\varphi)\end{Bmatrix}\mathrm{e}^{-\mathrm{j}k_z z} & (\rho\leqslant a)\\ -\mathrm{j}\sqrt{\dfrac{\varepsilon_2}{\mu_0}}\left(\dfrac{a}{w}\right)\dfrac{\mathrm{J}_{m'}(u)}{\mathrm{K}_{m'}(w)}k_z\widetilde{A}\mathrm{K}_{m'}\left(\dfrac{w}{a}\rho\right)\begin{Bmatrix}\cos(m'\varphi)\\ \sin(m'\varphi)\end{Bmatrix}\mathrm{e}^{-\mathrm{j}k_z z} & (\rho>a)\end{cases}$$

(14-295)

同理，可写出方程(14-292)电场线偏振分量 $\widetilde{E}_y$ 的解为

$$\widetilde{E}_y(\rho,\ \varphi,\ z)=\begin{cases}-\mathrm{j}\left(\dfrac{a}{u}\right)k_z\widetilde{A}\mathrm{J}_{m'}\left(\dfrac{u}{a}\rho\right)\begin{Bmatrix}\cos(m'\varphi)\\ \sin(m'\varphi)\end{Bmatrix}\mathrm{e}^{-\mathrm{j}k_z z} & (\rho\leqslant a)\\ -\mathrm{j}\left(\dfrac{a}{w}\right)\dfrac{\mathrm{J}_{m'}(u)}{\mathrm{K}_{m'}(w)}k_z\widetilde{A}\mathrm{K}_{m'}\left(\dfrac{w}{a}\rho\right)\begin{Bmatrix}\cos(m'\varphi)\\ \sin(m'\varphi)\end{Bmatrix}\mathrm{e}^{-\mathrm{j}k_z z} & (\rho>a)\end{cases}$$

(14-296)

将式(14-296)代入式(14-294)，并取 $\boldsymbol{k}=k\boldsymbol{e}_z=\omega\sqrt{\mu\varepsilon}\boldsymbol{e}_z$，$\widetilde{\boldsymbol{E}}=\widetilde{E}_y\boldsymbol{e}_y$，$\boldsymbol{e}_z\times\boldsymbol{e}_y=-\boldsymbol{e}_x$，得到磁场分量 $\widetilde{H}_x$ 的解为

$$\widetilde{H}_x(\rho,\ \varphi,\ z)=\begin{cases}\mathrm{j}\sqrt{\dfrac{\varepsilon_1}{\mu_0}}\left(\dfrac{a}{u}\right)k_z\widetilde{A}\mathrm{J}_{m'}\left(\dfrac{u}{a}\rho\right)\begin{Bmatrix}\cos(m'\varphi)\\ \sin(m'\varphi)\end{Bmatrix}\mathrm{e}^{-\mathrm{j}k_z z} & (\rho\leqslant a)\\ \mathrm{j}\sqrt{\dfrac{\varepsilon_2}{\mu_0}}\left(\dfrac{a}{w}\right)\dfrac{\mathrm{J}_{m'}(u)}{\mathrm{K}_{m'}(w)}k_z\widetilde{A}\mathrm{K}_{m'}\left(\dfrac{w}{a}\rho\right)\begin{Bmatrix}\cos(m'\varphi)\\ \sin(m'\varphi)\end{Bmatrix}\mathrm{e}^{-\mathrm{j}k_z z} & (\rho>a)\end{cases}$$

(14-297)

式(14-293)和式(14-295)、式(14-296)和式(14-297)分别对应于两线偏振 TEM 平面波解，式(14-293)为 X 方向的线偏振，式(14-296)为 Y 方向的线偏振，且每个线偏振又对应两个解。

需要说明的是，式(14-295) $\widetilde{H}_y$ 和式(14-297) $\widetilde{H}_x$ 的求解结果也可以在柱坐标系下求解 $\widetilde{H}_y$ 和 $\widetilde{H}_x$ 近似满足标量方程(14-101)得到，结果相同。

14.3.3 线偏振模的本征方程

为了确定线偏振模的本征方程，可利用电场和磁场切向分量的连续边界条件式(14-136)，因此需要求解 $\widetilde{E}_z$ 分量和 $\widetilde{H}_z$ 分量。

由麦克斯韦方程在直角坐标系下的分量式(13-3)和分量式(13-4)，有

$$\begin{cases}\mathrm{j}\omega\varepsilon\widetilde{E}_z=\dfrac{\partial\widetilde{H}_y}{\partial x}-\dfrac{\partial\widetilde{H}_x}{\partial y}\\ -\mathrm{j}\omega\mu\widetilde{H}_z=\dfrac{\partial\widetilde{E}_y}{\partial x}-\dfrac{\partial\widetilde{E}_x}{\partial y}\end{cases}\qquad(14-298)$$

对于平面波解式(14-293)和式(14-295)，假定 $\widetilde{E}_y=0$，$\widetilde{H}_x=0$，则式(14-298)可化简为

$$\begin{cases}\widetilde{E}_z=-\mathrm{j}\dfrac{1}{\omega\varepsilon}\dfrac{\partial\widetilde{H}_y}{\partial x}\\ \widetilde{H}_z=-\mathrm{j}\dfrac{1}{\omega\mu}\dfrac{\partial\widetilde{E}_x}{\partial y}\end{cases}\qquad(14-299)$$

将式(14-293)代入式(14-299)的第二式，并利用柱坐标与直角坐标之间的关系

$$\begin{cases}\rho^2 = x^2 + y^2, & \varphi = \arctan\dfrac{y}{x} \\ \dfrac{\partial\rho}{\partial x} = \cos\varphi, & \dfrac{\partial\varphi}{\partial x} = -\dfrac{\sin\varphi}{\rho} \\ \dfrac{\partial\rho}{\partial y} = \sin\varphi, & \dfrac{\partial\varphi}{\partial y} = \dfrac{\cos\varphi}{\rho}\end{cases} \tag{14-300}$$

得到

$$\text{解 1}:\begin{cases}\widetilde{H}_{1z}|_1 = -\dfrac{1}{\omega\mu_0}\left(\dfrac{a}{u}\right)k_z\widetilde{A}\left[\begin{array}{l}\dfrac{u}{a}\mathrm{J}'_{m'}\left(\dfrac{u}{a}\rho\right)\cos(m'\varphi)\sin\varphi \\ -\dfrac{m'}{\rho}\mathrm{J}_{m'}\left(\dfrac{u}{a}\rho\right)\sin(m'\varphi)\cos\varphi\end{array}\right]\mathrm{e}^{-\mathrm{j}k_z z} \\ \widetilde{H}_{2z}|_1 = -\dfrac{1}{\omega\mu_0}\left(\dfrac{a}{w}\right)\dfrac{\mathrm{J}_{m'}(u)}{\mathrm{K}_{m'}(w)}k_z\widetilde{A}\left[\begin{array}{l}\dfrac{w}{a}\mathrm{K}'_{m'}\left(\dfrac{w}{a}\rho\right)\cos(m'\varphi)\sin\varphi \\ -\dfrac{m'}{\rho}\mathrm{K}_{m'}\left(\dfrac{w}{a}\rho\right)\sin(m'\varphi)\cos\varphi\end{array}\right]\mathrm{e}^{-\mathrm{j}k_z z}\end{cases} \tag{14-301}$$

$$\text{解 2}:\begin{cases}\widetilde{H}_{1z}|_2 = -\dfrac{1}{\omega\mu_0}\left(\dfrac{a}{u}\right)k_z\widetilde{A}\left[\begin{array}{l}\dfrac{u}{a}\mathrm{J}'_{m'}\left(\dfrac{u}{a}\rho\right)\sin(m'\varphi)\sin\varphi \\ +\dfrac{m'}{\rho}\mathrm{J}_{m'}\left(\dfrac{u}{a}\rho\right)\cos(m'\varphi)\cos\varphi\end{array}\right]\mathrm{e}^{-\mathrm{j}k_z z} \\ \widetilde{H}_{2z}|_2 = -\dfrac{1}{\omega\mu_0}\left(\dfrac{a}{w}\right)\dfrac{\mathrm{J}_{m'}(u)}{\mathrm{K}_{m'}(w)}k_z\widetilde{A}\left[\begin{array}{l}\dfrac{w}{a}\mathrm{K}'_{m'}\left(\dfrac{w}{a}\rho\right)\sin(m'\varphi)\sin\varphi \\ +\dfrac{m'}{\rho}\mathrm{K}_{m'}\left(\dfrac{w}{a}\rho\right)\cos(m'\varphi)\cos\varphi\end{array}\right]\mathrm{e}^{-\mathrm{j}k_z z}\end{cases} \tag{14-302}$$

将式(14-301)和式(14-302)代入磁场切向连续边界条件(14-136)的第二式，并利用柱贝塞尔函数关系式(14-163)，化简得到

解 1：
$$\frac{\mathrm{J}_{m'}(u)}{u\mathrm{J}_{m'+1}(u)} = \frac{\mathrm{K}_{m'}(w)}{w\mathrm{K}_{m'+1}(w)} \tag{14-303}$$

解 2：
$$\frac{\mathrm{J}_{m'}(u)}{u\mathrm{J}_{m'-1}(u)} = -\frac{\mathrm{K}_{m'}(w)}{w\mathrm{K}_{m'-1}(w)} \tag{14-304}$$

对于平面波解式(14-296)和式(14-297)，假定 $\widetilde{E}_x=0$、$\widetilde{H}_y=0$，则式(14-298)可化简为

$$\begin{cases}\widetilde{E}_z = \dfrac{\mathrm{j}}{\omega\varepsilon}\dfrac{\partial\widetilde{H}_x}{\partial y} \\ \widetilde{H}_z = \dfrac{\mathrm{j}}{\omega\mu}\dfrac{\partial\widetilde{E}_y}{\partial x}\end{cases} \tag{14-305}$$

将式(14-296)代入式(14-305)的第二式，并利用柱坐标与直角坐标之间的关系式(14-300)，然后再利用磁场切向连续边界条件(14-136)的第二式，得到的结果与式(14-303)和式(14-304)相同。

式(14-303)与式(14-304)完全等价，证明如下：

由柱贝塞尔函数递推公式①

---

① 谢省宗、邴凤山：《特殊函数》，载《现代工程数学手册》第Ⅰ卷第十六篇)，华中工学院出版社，1985，第846-847页。

$$\begin{cases}2m\mathrm{J}_m(x)=x\mathrm{J}_{m+1}(x)+x\mathrm{J}_{m-1}(x)\\2m\mathrm{K}_m(x)=x\mathrm{K}_{m+1}(x)-x\mathrm{K}_{m-1}(x)\end{cases}\tag{14-306}$$

将式(14－306)代入式(14－304)，有

$$\frac{u\mathrm{J}_{m'+1}(u)}{\mathrm{J}_{m'}(u)}=\frac{w\mathrm{K}_{m'+1}(w)}{\mathrm{K}_{m'}(w)}\tag{14-307}$$

将式(14－307)取倒数，即得式(14－303)，得证。

由于平面波解式(14－293)和式(14－295)的两个解与平面波解式(14－296)和式(14－297)的两个解本征方程相同，所以LP模为四重简并模，其模式通常记作$\mathrm{LP}_{m'n}$。

14.3.4 线偏振模与矢量模之间的关系

由式(14－170)和式(14－164)可写出光纤传播模式HE_{mn}模和EH_{mn}模的本征方程为

HE_{mn}模：
$$\frac{\mathrm{J}_{m-1}(u)}{u\mathrm{J}_m(u)}=\frac{\mathrm{K}_{m-1}(w)}{w\mathrm{K}_m(w)}\tag{14-308}$$

EH_{mn}模：
$$\frac{\mathrm{J}_{m+1}(u)}{u\mathrm{J}_m(u)}=-\frac{\mathrm{K}_{m+1}(w)}{w\mathrm{K}_m(w)}\tag{14-309}$$

对式(14－308)，令$m-1=m'\rightarrow m=m'+1$，则式(14－308)可改写为

$\mathrm{HE}_{m'+1,n}$模：
$$\frac{\mathrm{J}_{m'}(u)}{u\mathrm{J}_{m'+1}(u)}=\frac{\mathrm{K}_{m'}(w)}{w\mathrm{K}_{m'+1}(w)}\tag{14-310}$$

对于式(14－309)，令$m+1=m'\rightarrow m=m'-1$，则式(14－309)可改写为

$\mathrm{EH}_{m'-1,n}$模：
$$\frac{\mathrm{J}_{m'}(u)}{u\mathrm{J}_{m'-1}(u)}=-\frac{\mathrm{K}_{m'}(w)}{w\mathrm{K}_{m'-1}(w)}\quad(m'\geqslant 2)\tag{14-311}$$

比较式(14－310)和式(14－303)、式(14－311)和式(14－304)，两者完全相同，表明线偏振模$\mathrm{LP}_{m'n}$模的本征方程与矢量模$\mathrm{HE}_{m'+1,n}$模和矢量模$\mathrm{EH}_{m'-1,n}$模的本征方程等价，其对应的本征值也相等。这就是用线偏振模近似矢量模的本质条件。

线偏振模$\mathrm{LP}_{m'n}$为四重简并模，由式(14－307)的证明，表明矢量模$\mathrm{HE}_{m'+1,n}$模和矢量模$\mathrm{EH}_{m'-1,n}$模也为四重简并模。那么，线偏振模$\mathrm{LP}_{m'n}$和矢量模$\mathrm{HE}_{m'+1,n}$模和$\mathrm{EH}_{m'-1,n}$模有怎样的关系，下面通过解的分量表达式给予证明。

首先，写出线偏振模$\mathrm{LP}_{m'n}$模在横平面XY面内电场矢量分量的瞬时表达式。将式(14－293)和式(14－296)乘时间因子$\mathrm{e}^{\mathrm{j}\omega t}$，取$\widetilde{A}=|\widetilde{A}|\mathrm{e}^{\mathrm{j}\varphi_a}$，$\varphi_a=0$，然后取实部，得到

X线偏振解1：
$$\begin{cases}E_{1x}|_1=\left(\dfrac{a}{u}\right)k_z|\widetilde{A}|\mathrm{J}_{m'}\left(\dfrac{u}{a}\rho\right)\cos(m'\varphi)\sin(\omega t-k_z z)\\E_{2x}|_1=\left(\dfrac{a}{w}\right)\dfrac{\mathrm{J}_{m'}(u)}{\mathrm{K}_{m'}(w)}k_z|\widetilde{A}|\mathrm{K}_{m'}\left(\dfrac{w}{a}\rho\right)\cos(m'\varphi)\sin(\omega t-k_z z)\end{cases}\tag{14-312}$$

X线偏振解2：
$$\begin{cases}\widetilde{E}_{1x}|_2=\left(\dfrac{a}{u}\right)k_z|\widetilde{A}|\mathrm{J}_{m'}\left(\dfrac{u}{a}\rho\right)\sin(m'\varphi)\sin(\omega t-k_z z)\\\widetilde{E}_{2x}|_2=\left(\dfrac{a}{w}\right)\dfrac{\mathrm{J}_{m'}(u)}{\mathrm{K}_{m'}(w)}k_z|\widetilde{A}|\mathrm{K}_{m'}\left(\dfrac{w}{a}\rho\right)\sin(m'\varphi)\sin(\omega t-k_z z)\end{cases}\tag{14-313}$$

Y线偏振解1：
$$\begin{cases}E_{1y}|_1=\left(\dfrac{a}{u}\right)k_z|\widetilde{A}|\mathrm{J}_{m'}\left(\dfrac{u}{a}\rho\right)\cos(m'\varphi)\sin(\omega t-k_z z)\\E_{2y}|_1=\left(\dfrac{a}{w}\right)\dfrac{\mathrm{J}_{m'}(u)}{\mathrm{K}_{m'}(w)}k_z|\widetilde{A}|\mathrm{K}_{m'}\left(\dfrac{w}{a}\rho\right)\cos(m'\varphi)\sin(\omega t-k_z z)\end{cases}\tag{14-314}$$

$$\text{Y 线偏振解 2：}\begin{cases} E_{1y}|_2=\left(\dfrac{a}{u}\right)k_z|\widetilde{A}|\mathrm{J}_{m'}\left(\dfrac{u}{a}\rho\right)\sin(m'\varphi)\sin(\omega t-k_z z) \\ E_{2y}|_2=\left(\dfrac{a}{w}\right)\dfrac{\mathrm{J}_{m'}(u)}{\mathrm{K}_{m'}(w)}k_z|\widetilde{A}|\mathrm{K}_{m'}\left(\dfrac{w}{a}\rho\right)\sin(m'\varphi)\sin(\omega t-k_z z)\end{cases} \tag{14-315}$$

对于矢量模HE_{mn}模，取$m-1=m'$，则$m=m'+1$，代入式(14-275)、式(14-276)，式(14-277)和式(14-278)，得到$\mathrm{HE}_{m'+1,n}$模在横平面XY面内电场矢量分量的瞬时表达式为

$$\mathrm{HE}_{m'+1,n}\text{模芯区解 1：}\begin{cases} E_{1x}|_1=\left(\dfrac{a}{u}\right)k_z|\widetilde{A}|\mathrm{J}_{m'}\left(\dfrac{u}{a}\rho\right)\cos(m'\varphi)\sin(\omega t-k_z z) \\ E_{1y}|_1=-\left(\dfrac{a}{u}\right)k_z|\widetilde{A}|\mathrm{J}_{m'}\left(\dfrac{u}{a}\rho\right)\sin(m'\varphi)\sin(\omega t-k_z z)\end{cases} \tag{14-316}$$

$$\mathrm{HE}_{m'+1,n}\text{模芯区解 2：}\begin{cases} E_{1x}|_2=\left(\dfrac{a}{u}\right)k_z|\widetilde{A}|\mathrm{J}_{m'}\left(\dfrac{u}{a}\rho\right)\sin(m'\varphi)\sin(\omega t-k_z z) \\ E_{1y}|_2=\left(\dfrac{a}{u}\right)k_z|\widetilde{A}|\mathrm{J}_{m'}\left(\dfrac{u}{a}\rho\right)\cos(m'\varphi)\sin(\omega t-k_z z)\end{cases} \tag{14-317}$$

$$\mathrm{HE}_{m'+1,n}\text{模包层解 1：}\begin{cases} E_{2x}|_1=\left(\dfrac{a}{w}\right)\dfrac{\mathrm{J}_{m'+1}(u)}{\mathrm{K}_{m'+1}(w)}k_z|\widetilde{A}|\mathrm{K}_{m'}\left(\dfrac{w}{a}\rho\right)\cos(m'\varphi)\sin(\omega t-k_z z) \\ E_{2y}|_1=-\left(\dfrac{a}{w}\right)\dfrac{\mathrm{J}_{m'+1}(u)}{\mathrm{K}_{m'+1}(w)}k_z|\widetilde{A}|\mathrm{K}_{m'}\left(\dfrac{w}{a}\rho\right)\sin(m'\varphi)\sin(\omega t-k_z z)\end{cases} \tag{14-318}$$

$$\mathrm{HE}_{m'+1,n}\text{模包层解 2：}\begin{cases} E_{2x}|_2=\left(\dfrac{a}{w}\right)\dfrac{\mathrm{J}_{m'+1}(u)}{\mathrm{K}_{m'+1}(w)}k_z|\widetilde{A}|\mathrm{K}_{m'}\left(\dfrac{w}{a}\rho\right)\sin(m'\varphi)\sin(\omega t-k_z z) \\ E_{2y}|_2=\left(\dfrac{a}{w}\right)\dfrac{\mathrm{J}_{m'+1}(u)}{\mathrm{K}_{m'+1}(w)}k_z|\widetilde{A}|\mathrm{K}_{m'}\left(\dfrac{w}{a}\rho\right)\cos(m'\varphi)\sin(\omega t-k_z z)\end{cases} \tag{14-319}$$

对于矢量模EH_{mn}模，取$m+1=m'$，则$m=m'-1$，代入式(14-275)、式(14-276)，式(14-277)和式(14-278)，得到$\mathrm{EH}_{m'-1,n}$模在横平面XY面内电场矢量分量的瞬时表达式为

$$\mathrm{EH}_{m'-1,n}\text{模芯区解 1：}\begin{cases} E_{1x}|_1=-\left(\dfrac{a}{u}\right)k_z|\widetilde{A}|\mathrm{J}_{m'}\left(\dfrac{u}{a}\rho\right)\cos(m'\varphi)\sin(\omega t-k_z z) \\ E_{1y}|_1=-\left(\dfrac{a}{u}\right)k_z|\widetilde{A}|\mathrm{J}_{m'}\left(\dfrac{u}{a}\rho\right)\sin(m'\varphi)\sin(\omega t-k_z z)\end{cases} \tag{14-320}$$

$$\mathrm{EH}_{m'-1,n}\text{模芯区解 2：}\begin{cases} E_{1x}|_2=-\left(\dfrac{a}{u}\right)k_z|\widetilde{A}|\mathrm{J}_{m'}\left(\dfrac{u}{a}\rho\right)\sin(m'\varphi)\sin(\omega t-k_z z) \\ E_{1y}|_2=\left(\dfrac{a}{u}\right)k_z|\widetilde{A}|\mathrm{J}_{m'}\left(\dfrac{u}{a}\rho\right)\cos(m'\varphi)\sin(\omega t-k_z z)\end{cases} \tag{14-321}$$

$$\mathrm{EH}_{m'-1,n}\text{模包层解 1：}\begin{cases}E_{2x}|_1=\left(\dfrac{a}{w}\right)\dfrac{\mathrm{J}_{m'-1}(u)}{\mathrm{K}_{m'-1}(w)}k_z|\widetilde{A}|\mathrm{K}_{m'}\left(\dfrac{w}{a}\rho\right)\cos(m'\varphi)\sin(\omega t-k_zz)\\E_{2y}|_1=\left(\dfrac{a}{w}\right)\dfrac{\mathrm{J}_{m'-1}(u)}{\mathrm{K}_{m'-1}(w)}k_z|\widetilde{A}|\mathrm{K}_{m'}\left(\dfrac{w}{a}\rho\right)\sin(m'\varphi)\sin(\omega t-k_zz)\end{cases}\tag{14-322}$$

$$\mathrm{EH}_{m'-1,n}\text{模包层解 2：}\begin{cases}E_{2x}|_2=\left(\dfrac{a}{w}\right)\dfrac{\mathrm{J}_{m'-1}(u)}{\mathrm{K}_{m'-1}(w)}k_z|\widetilde{A}|\mathrm{K}_{m'}\left(\dfrac{w}{a}\rho\right)\sin(m'\varphi)\sin(\omega t-k_zz)\\E_{2y}|_2=-\left(\dfrac{a}{w}\right)\dfrac{\mathrm{J}_{m'-1}(u)}{\mathrm{K}_{m'-1}(w)}k_z|\widetilde{A}|\mathrm{K}_{m'}\left(\dfrac{w}{a}\rho\right)\cos(m'\varphi)\sin(\omega t-k_zz)\end{cases}\tag{14-323}$$

将矢量模$\mathrm{HE}_{m'+1,n}$模和矢量模$\mathrm{EH}_{m'-1,n}$模的相应分量进行叠加。将式(14-316)与式(14-320)的相应分量相加，将式(14-318)与式(14-322)的相应分量相加，并利用式(14-310)和式(14-311)，得到

$\mathrm{HE}_{m'+1,n}+\mathrm{EH}_{m'-1,n}X$ 线偏振解 1：

$$\begin{cases}E_{1x}|_1=0\\E_{2x}|_1=0\end{cases}\tag{14-324}$$

$\mathrm{HE}_{m'+1,n}+\mathrm{EH}_{m'-1,n}Y$ 线偏振解 1：

$$\begin{cases}E_{1y}|_1=-2\left(\dfrac{a}{u}\right)k_z|\widetilde{A}|\mathrm{J}_{m'}\left(\dfrac{u}{a}\rho\right)\sin(m'\varphi)\sin(\omega t-k_zz)\\E_{2y}|_1=-2\left(\dfrac{a}{u}\right)\dfrac{\mathrm{J}_{m'}(u)}{\mathrm{K}_{m'}(w)}k_z|\widetilde{A}|\mathrm{K}_{m'}\left(\dfrac{w}{a}\rho\right)\sin(m'\varphi)\sin(\omega t-k_zz)\end{cases}\tag{14-325}$$

将式(14-317)与式(14-321)的相应分量相加，将式(14-319)与式(14-323)的相应分量相加，并利用式(14-310)和式(14-311)，得到

$\mathrm{HE}_{m'+1,n}+\mathrm{EH}_{m'-1,n}X$ 线偏振解 2：

$$\begin{cases}E_{1x}|_2=0\\E_{2x}|_2=0\end{cases}\tag{14-326}$$

$\mathrm{HE}_{m'+1,n}+\mathrm{EH}_{m'-1,n}Y$ 线偏振解 2：

$$\begin{cases}E_{1y}|_2=2\left(\dfrac{a}{u}\right)k_z|\widetilde{A}|\mathrm{J}_{m'}\left(\dfrac{u}{a}\rho\right)\cos(m'\varphi)\sin(\omega t-k_zz)\\E_{2y}|_2=2\left(\dfrac{a}{u}\right)\dfrac{\mathrm{J}_{m'}(u)}{\mathrm{K}_{m'}(w)}k_z|\widetilde{A}|\mathrm{K}_{m'}\left(\dfrac{w}{a}\rho\right)\cos(m'\varphi)\sin(\omega t-k_zz)\end{cases}\tag{14-327}$$

式(14-324)和式(14-326)表明，$\mathrm{HE}_{m'+1,n}+\mathrm{EH}_{m'-1,n}$模横平面$XY$面内电场矢量$X$方向的分量为零，即$X$方向无偏振。式(14-325)和式(14-327)表明，$\mathrm{HE}_{m'+1,n}+\mathrm{EH}_{m'-1,n}$模横平面$XY$面内电场矢量$Y$方向的分量不为零，因而$\mathrm{HE}_{m'+1,n}+\mathrm{EH}_{m'-1,n}$模为$Y$方向的线偏振。

在$m'\geqslant 2$的情况下，比较式(14-314)和式(14-327)、式(14-315)和式(14-325)，可知$\mathrm{LP}_{m'n}$模的偏振态与$\mathrm{HE}_{m'+1,n}+\mathrm{EH}_{m'-1,n}$模的偏振态相同，可写成

$$\mathrm{LP}_{m'n}=\mathrm{HE}_{m'+1,n}+\mathrm{EH}_{m'-1,n}\tag{14-328}$$

对于$m'=0$，因为$\mathrm{EH}_{-1,n}$不存在，所以有

$$\mathrm{LP}_{0n}=\mathrm{HE}_{1n}\tag{14-329}$$

又由于 $m'=0$，$\sin(m'\varphi)=0$，式(14-313)和式(14-315)为零，因此LP_{0n}模为二重简并模。

取 $m'=1$，代入式(14-321)和式(14-323)，并与式(14-258)和式(14-259)比较，可知

$$EH_{0n}=TE_{0n}+TM_{0n} \tag{14-330}$$

将式(14-330)代入式(14-328)，有

$$LP_{1n}=HE_{2n}+TE_{0n}+TM_{0n} \tag{14-331}$$

综上所述，LP 模与$HE_{m'+1,n}$模和$EH_{m'-1,n}$模的对应关系、简并度及本征方程如表 14-3 所示。

表 14-3 LP 模与$HE_{m'+1,n}$模和$EH_{m'-1,n}$模的对应关系、简并度及本征方程

LP 模	矢量模	简并度	本征方程
LP_{0n}	HE_{1n}	2	$\frac{J_0(u)}{uJ_1(u)}=\frac{K_0(w)}{wK_1(w)}$
LP_{1n}	TE_{0n}，TM_{0n}，HE_{2n}	4	$\frac{J_1(u)}{uJ_2(u)}=\frac{K_1(w)}{wK_2(w)}$
$LP_{m'n}(m'\geqslant 2)$	$HE_{m'+1,n}$，$EH_{m'-1,n}$	4	$\frac{J_{m'}(u)}{uJ_{m'+1}(u)}=\frac{K_{m'}(w)}{wK_{m'+1}(w)}$

为了便于进行直观比较，下面给出多模光纤几个低阶模电场矢量在横平面 XY 面内的分布计算实例。

计算实例 1：HE_{11}模和LP_{01}模。

多模光纤参数取值见表 14-2。取多模光纤 $a=15\ \mu m$，$n_1=1.458$，$\Delta=0.003$，$\lambda=1.55\ \mu m$，$V=6.8671$。对于 HE_{11} 模和 LP_{01} 模，$m'=0$，$n=1$，$u=\gamma_{11}=2.095$，由式(14-143)可得 $w=6.5397$，由式(14-120)可得 $k_z=5.9086\times10^6$。取 $|\widetilde{A}|=1$，$t=0$，$z=0.01$，$-20\ \mu m\leqslant x\leqslant +20\ \mu m$，$-20\ \mu m\leqslant y\leqslant +20\ \mu m$，依据式(14-316)和式(14-318)，$HE_{11}$模解 1 计算结果如图 14-22(a)所示，依据式(14-317)和式(14-319)，HE_{11}模解 2 的计算结果如图 14-22(b)所示。参数取值相同，依据式(14-312)，LP_{01}模 X 线偏振解 1 的计算结果如图 14-22(c)所示，依据式(14-314)，LP_{01}模 Y 线偏振解 1 的计算结果如图 14-22(d)所示。

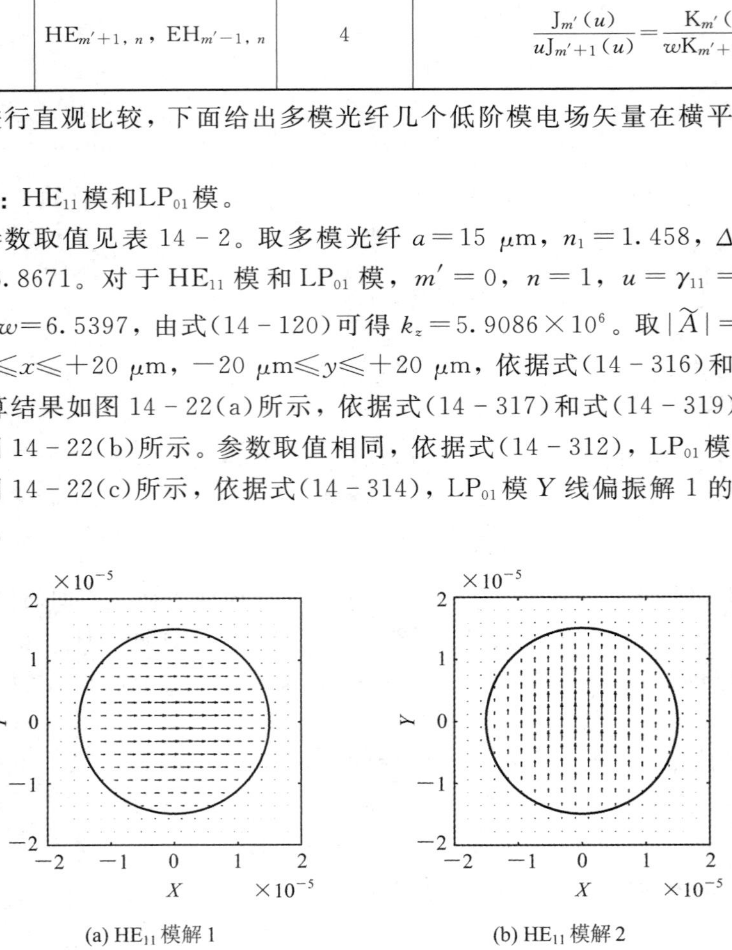

(a) HE_{11}模解 1　　(b) HE_{11}模解 2

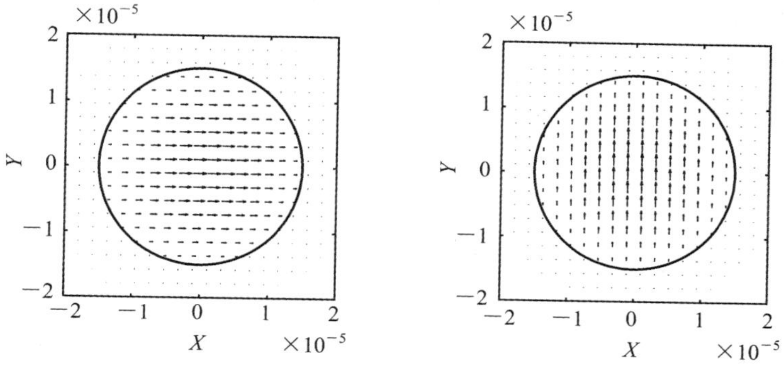

(c) LP_{01} 模 X 线偏振解 1　　　　(d) LP_{01} 模 Y 线偏振解 1

图 14－22　多模光纤横平面 XY 面内LP_{01}模和HE_{11}模电场矢量分布

比较可知，HE_{11}模和LP_{01}模偏振态相同，电场矢量分布相同。

计算实例 2：HE_{21}模和TE_{01}模、TM_{01}模叠加。

对于HE_{21}模和LP_{11}模，$m'=1$，$n=1$。HE_{21}模和TE_{01}模、TM_{01}简并，本征值相同，$u=\gamma_{21}=3.327$。由式(14－143)可得 $w=6.0073$，由式(14－120)可得 $k_z=5.9061\times10^6$。取 $|\widetilde{A}|=1$，$t=0$，$z=0.01$，$-20\ \mu\text{m}\leqslant x\leqslant+20\ \mu\text{m}$，$-20\ \mu\text{m}\leqslant y\leqslant+20\ \mu\text{m}$，依据式(14－316)和式(14－318)，$HE_{21}$模解 1 的计算结果如图 14－23(a)所示；依据式(14－266)和式

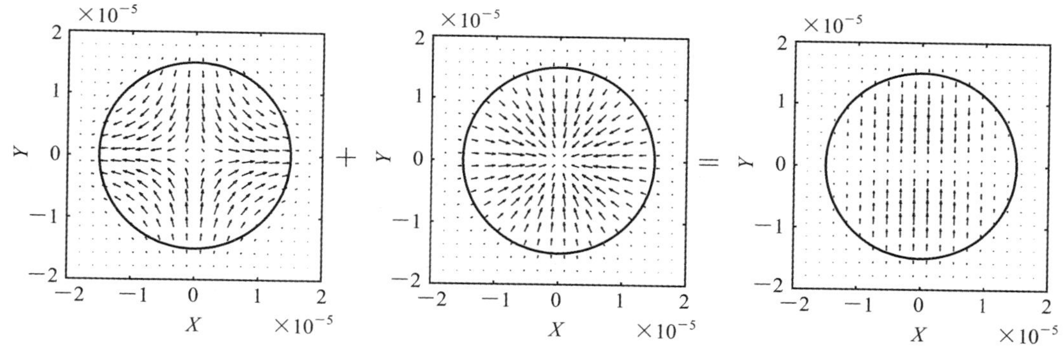

(a) HE_{21}模解 1　　　　(b) TM_{01}模解 1　　　　(c) 叠加结果

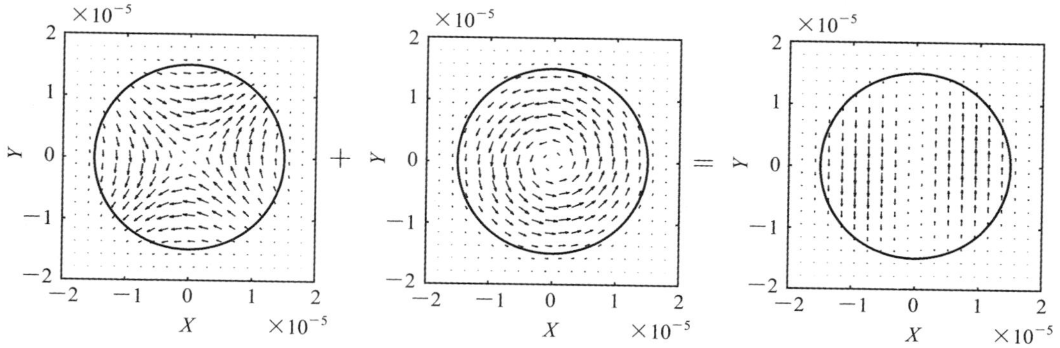

(d) HE_{21}模解 2　　　　(e) TE_{01}模解 2　　　　(f) 叠加结果

图 14－23　HE_{21}模、TM_{01}模和TE_{01}模横平面 XY 面内电场矢量分布

(14－267)，TM_{01}模解1的计算结果如图14－23(b)所示；图14－23(c)为HE_{21}模解1和TM_{01}模解1的叠加结果。依据式(14－317)和式(14－319)，HE_{21}模解2的计算结果如图14－23(d)所示；依据式(14－258)和式(14－259)，TE_{01}模解2的计算结果如图14－23(e)所示；图14－23(f)为HE_{21}模解2和TE_{01}模解2的叠加结果。

参数取值与图14－23相同。LP_{11}模是四重简并模，依据式(14－312)，LP_{11}模X线偏振解1的计算结果如图14－24(a)所示；依据式(14－313)，LP_{11}模X线偏振解2的计算结果如图14－24(b)所示；依据式(14－314)，LP_{11}模Y线偏振解1的计算结果如图14－24(c)所示；依据式(14－315)，LP_{11}模Y线偏振解2的计算结果如图14－24(d)所示。

比较图14－23(c)和图14－24(d)、图14－23(f)和图14－24(c)可以看出，叠加结果与LP_{11}模Y线偏振解相对应，两者偏振态相同，电场分布大小相同。

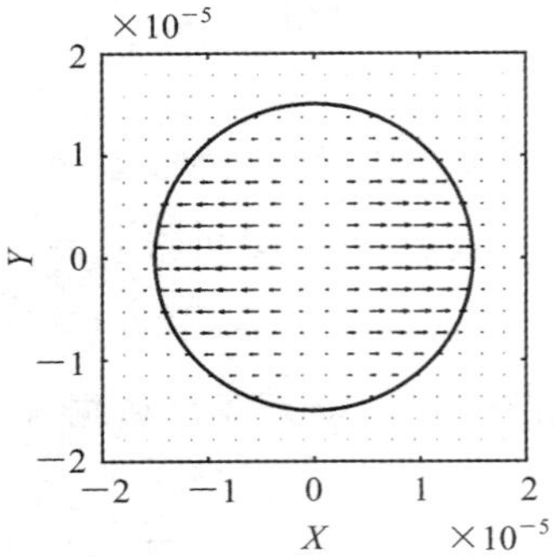

(a) X线偏振解1

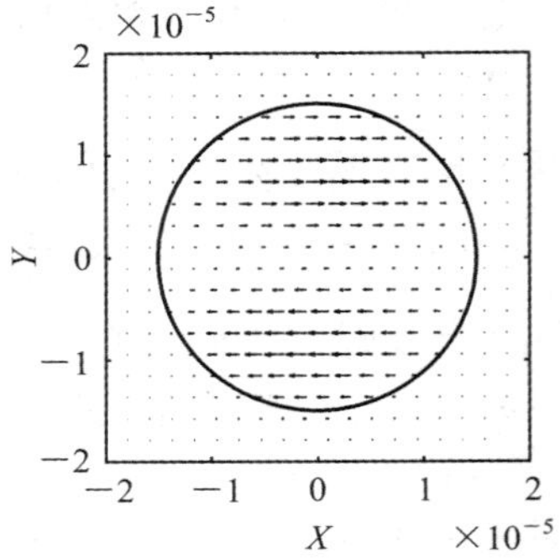

(b) X线偏振解2

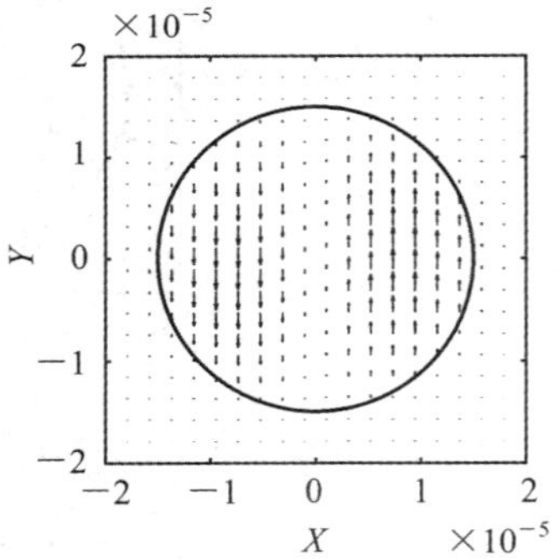

(c) Y线偏振解1

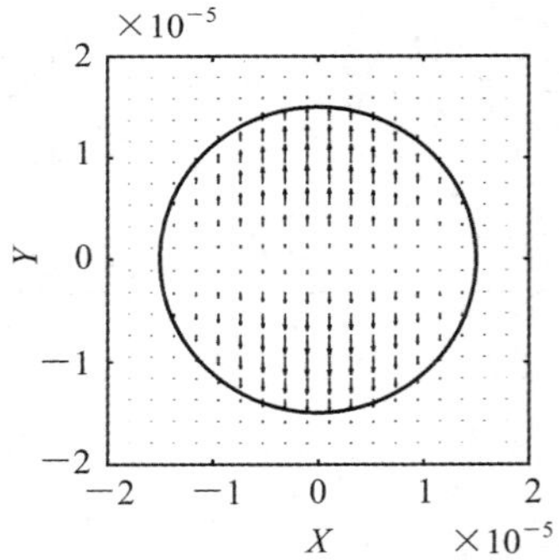

(d) Y线偏振解2

图14－24　LP_{11}模横平面XY面内电场矢量分布

计算实例3：HE_{31}模和EH_{11}模叠加。

HE_{31}模和EH_{11}模为简并模，$m'=2$。多模光纤参数取值见表14－2，HE_{31}模和EH_{11}模本征值相同，$u=\zeta_{11}=4.442$，由式(14－143)可得$w=5.2370$，由式(14－120)可得$k_z=5.9028\times10^6$。取$|\widetilde{A}|=1$，$t=0$，$z=0.01$，$-20\ \mu m\leqslant x\leqslant+20\ \mu m$，$-20\ \mu m\leqslant y\leqslant+20\ \mu m$，依据式(14－316)和式(14－318)，$HE_{31}$模解1的计算结果如图14－25(a)所示；依据式(14－320)和式(14－322)，EH_{11}模解1的计算结果如图14－25(b)所示；图14－25(c)为

HE_{31}模解 1 和EH_{11}模解 1 叠加结果。依据式(14－317)和式(14－319)，HE_{31}模解 2 的计算结果如图 14－25(d)所示；依据式(14－321)和式(14－323)，EH_{11}模解 2 的计算结果如图 14－25(e)所示；图 14－25(f)为HE_{31}模解 2 和EH_{11}模解 2 的叠加结果。

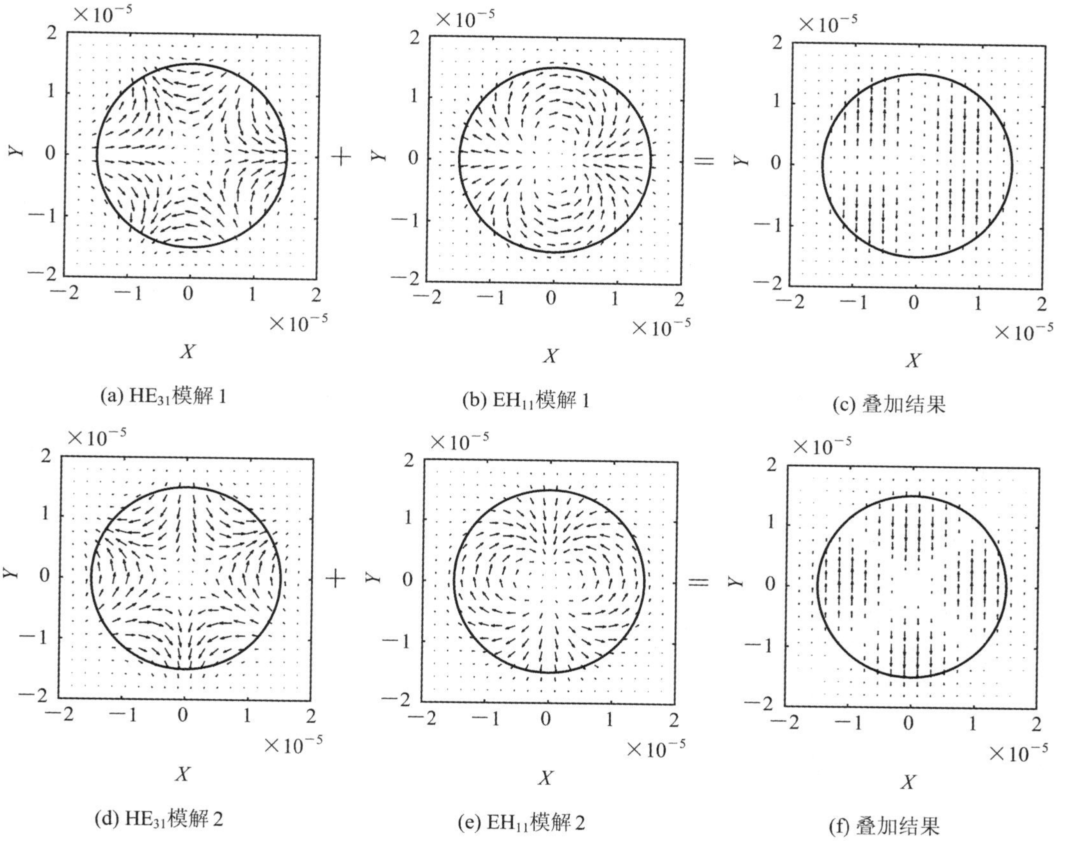

(a) HE_{31}模解 1　(b) EH_{11}模解 1　(c) 叠加结果

(d) HE_{31}模解 2　(e) EH_{11}模解 2　(f) 叠加结果

图 14－25　HE_{31}模和EH_{11}模横平面 XY 面内电场矢量分布

参数取值与图 14－25 相同。LP_{21}模是四重简并模，依据式(14－312)，LP_{21}模 X 线偏振解 1 的计算结果如图 14－26(a)所示；依据式(14－313)，LP_{21}模 X 线偏振解 2 的计算结果如图 14－26(b)所示；依据式(14－314)，LP_{21}模 Y 线偏振解 1 的计算结果如图 14－26(c)所示；依据式(14－315)，LP_{21}模 Y 线偏振解 2 的计算结果如图 14－26(d)所示。

比较图 14－25(c)和图 14－26(d)、图 14－25(f)和图 14－26(c)可以看出，叠加结果与LP_{21}模 Y 线偏振解相对应，两者偏振态相同，电场分布大小相同。

需要说明的是，虽然HE_{21}模解 1 和TM_{01}模解 1 的叠加结果图 14－23(c)与LP_{11}模 Y 线偏振解 2 图 14－24(d)的电场矢量方向相反，HE_{31}模解 1 和EH_{11}模解 1 的叠加结果图 14－25(c)与LP_{21}模 Y 线偏振解 2 的图 14－26(d)电场矢量方向相反，但不影响光纤横平面内光强的计算。如果在 LP 模式(14－296)Y 线偏振解 2 中添加一个“－”号，即可使两者电场矢量方向同向。

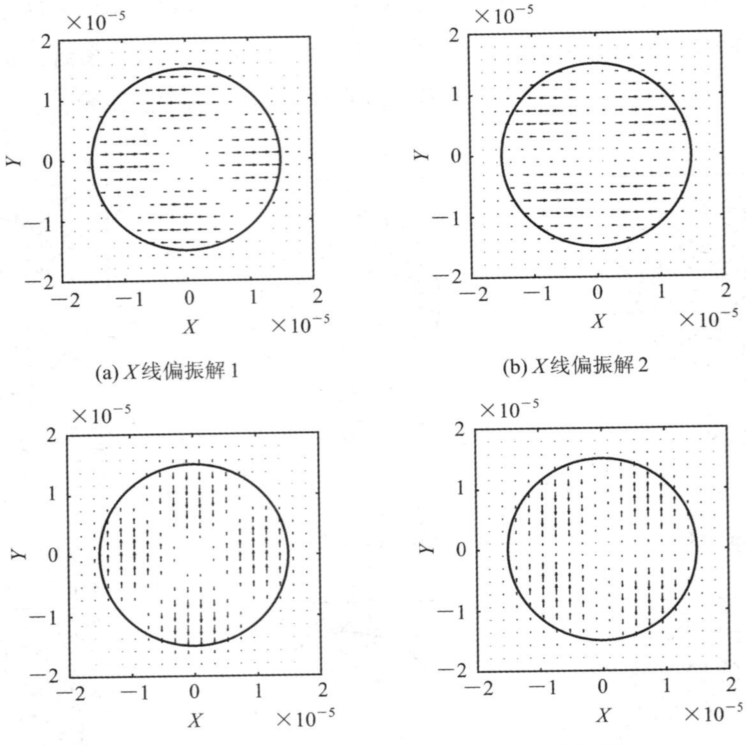

(a) X线偏振解1　　(b) X线偏振解2

(c) Y线偏振解1　　(d) Y线偏振解2

图 14-26　LP_{21}模横平面 XY 面内电场矢量分布

14.3.5　LP 模的光强

光强定义为平均能流密度矢量$\boldsymbol{S}_{av}$的大小，由式(6-114)，有

$$\boldsymbol{S}_{av}=\frac{1}{2}\mathrm{Re}[\widetilde{\boldsymbol{E}}\times\widetilde{\boldsymbol{H}}^*]\tag{14-332}$$

对于 LP 模 X 线偏振，电场分量 $\widetilde{E}_x$ 和磁场分量 $\widetilde{H}_y$ 构成 TEM 平面波，将式(14-293)和式(14-295)代入式(14-332)，有

光纤芯区：

$$\begin{aligned}\boldsymbol{S}_{av}&=\frac{1}{2}\mathrm{Re}[\widetilde{E}_x\boldsymbol{e}_x\times\widetilde{H}_y^*\boldsymbol{e}_y]=\frac{1}{2}\mathrm{Re}[\widetilde{E}_x\widetilde{H}_y^*]\boldsymbol{e}_z\\&=\frac{1}{2}\sqrt{\frac{\varepsilon_1}{\mu_0}}\left(\frac{a}{u}\right)^2k_z^2\mid\widetilde{A}\mid^2\left[\mathrm{J}_{m'}\left(\frac{u}{a}\rho\right)\right]^2\begin{Bmatrix}\cos^2(m'\varphi)\\\sin^2(m'\varphi)\end{Bmatrix}\boldsymbol{e}_z\end{aligned}\tag{14-333}$$

光纤包层：

$$\begin{aligned}\boldsymbol{S}_{av}&=\frac{1}{2}\mathrm{Re}[\widetilde{E}_x\boldsymbol{e}_x\times\widetilde{H}_y^*\boldsymbol{e}_y]=\frac{1}{2}\mathrm{Re}[\widetilde{E}_x\widetilde{H}_y^*]\boldsymbol{e}_z\\&=\frac{1}{2}\sqrt{\frac{\varepsilon_2}{\mu_0}}\left(\frac{a}{w}\right)^2\left[\frac{\mathrm{J}_{m'}(u)}{\mathrm{K}_{m'}(w)}\right]^2k_z^2\mid\widetilde{A}\mid^2\left[\mathrm{K}_{m'}\left(\frac{w}{a}\rho\right)\right]^2\begin{Bmatrix}\cos^2(m'\varphi)\\\sin^2(m'\varphi)\end{Bmatrix}\boldsymbol{e}_z\end{aligned}\tag{14-334}$$

由此可写出光纤横平面 XY 面内的光强为

光纤芯区：$I_1 = \dfrac{1}{2}\sqrt{\dfrac{\varepsilon_1}{\mu_0}}\left(\dfrac{a}{u}\right)^2 k_z^2 \mid \widetilde{A} \mid^2 \left[\mathrm{J}_{m'}\left(\dfrac{u}{a}\rho\right)\right]^2 \begin{Bmatrix}\cos^2(m'\varphi)\\ \sin^2(m'\varphi)\end{Bmatrix}$ (14-335)

光纤包层：$I_2 = \dfrac{1}{2}\sqrt{\dfrac{\varepsilon_2}{\mu_0}}\left(\dfrac{a}{w}\right)^2 \left[\dfrac{\mathrm{J}_{m'}(u)}{\mathrm{K}_{m'}(w)}\right]^2 k_z^2 \mid \widetilde{A} \mid^2 \left[\mathrm{K}_{m'}\left(\dfrac{w}{a}\rho\right)\right]^2 \begin{Bmatrix}\cos^2(m'\varphi)\\ \sin^2(m'\varphi)\end{Bmatrix}$

(14-336)

对于 LP 模 Y 线偏振，电场分量 $\widetilde{E}_y$ 和磁场分量 $-\widetilde{H}_x$ 构成 TEM 平面波，将式(14-296)和式(14-297)代入式(14-332)，结果与式(14-335)和式(14-336)相同。

计算实例 4： $\mathrm{LP}_{m'n}$ 模横平面 XY 面内的光强分布。

参数取值与图 14-22 相同，由式(14-335)和式(14-336)，得到 LP_{01} 模横平面 XY 面内的光强分布如图 14-27(a)所示。参数取值与图 14-24 相同，由式(14-335)和式(14-336)，得到 LP_{11} 模横平面 XY 面内的光强分布如图 14-27(b)和图 14-27(c)所示。参数取值与图 14-26 相同，由式(14-335)和式(14-336)，得到 LP_{21} 模横平面 XY 面内的光强分布如图 14-27(d)和图 14-27(e)所示。

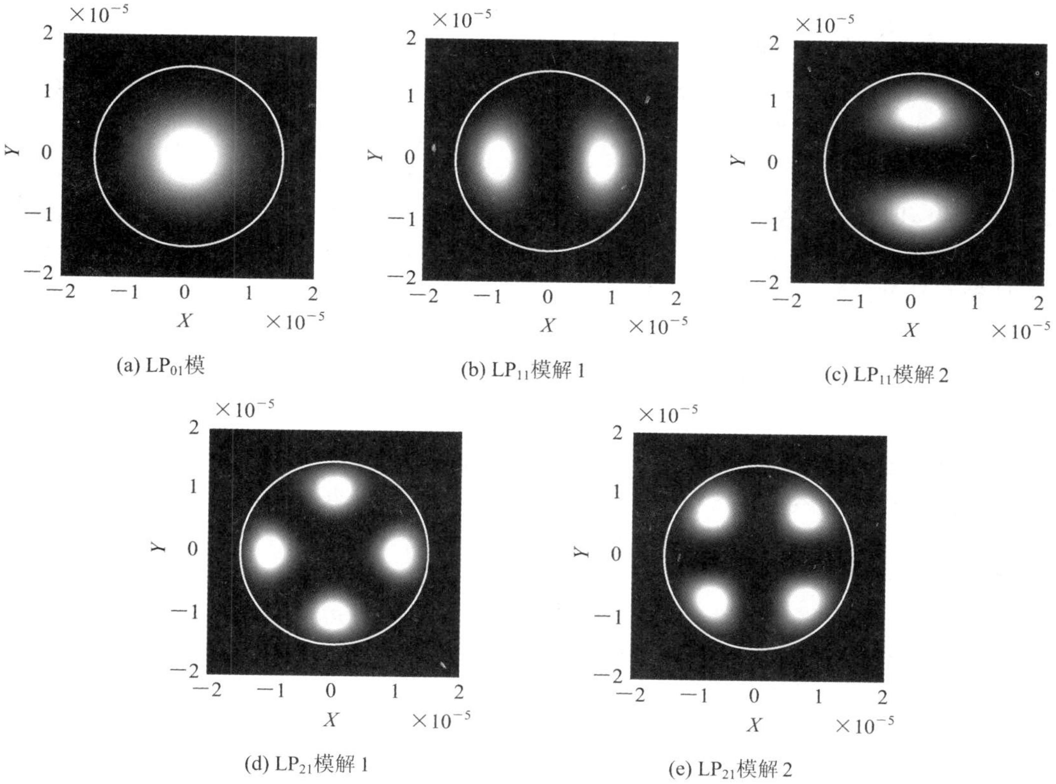

图 14-27 $\mathrm{LP}_{m'n}$ 模横平面 XY 面内的光强分布

习 题 14

14-1 利用 $\widetilde{E}_y$ 的解形式(14-9)和边界条件(14-23)和(14-24)，求 TE 波本征方程。

14-2 采用纵向场方法，求解TE波本征方程和TM波本征方程。

14-3 依据式(14-67)和式(14-59)，在薄膜波导厚度a(半厚度)、波导芯折射率n_1和包层折射率n_2给定的情况下，试讨论单模传输工作波长λ和波导归一化频率V之间的关系。

14-4 设薄膜波导芯折射率$n_1=1.7$，包层折射率$n_2=1.5$，在$a=\lambda/2$，$a=\lambda$，$a=3\lambda/2$三种情况下，分别求波导可传输的导模序列。

14-5 设薄膜波导芯折射率$n_1=1.7$，包层折射率$n_2=1.5$，波导工作波长$\lambda=1.5\ \mu m$，在波导仅传输基模TE_{01}和TM_{01}的情况下，求薄膜波导厚度a的取值范围。

14-6 已知平面对称光波导结构参数为：$a=1\ \mu m$，$n_1=1.625$，$n_2=1.525$，工作波长$\lambda=0.6328\ \mu m$。

(1) 图解计算TE波和TM波本征值；

(2) 依据图解结果本征值，采用MATLAB计算波导主模TE_{01}模的场分布图；

(3) 依据图解结果本征值，采用MATLAB计算波导主模TM_{01}模的场分布图。

14-7 试由式(14-124)、式(14-125)和式(14-129)、式(14-130)，令$\widetilde{A}=\widetilde{B}=0$，求弱导光纤TE模本征方程。

14-8 试由式(14-124)、式(14-125)和式(14-129)、式(14-130)，令$\widetilde{A}'=\widetilde{B}'=0$，求弱导光纤TM模本征方程。

14-9 试证明当$m\neq 0$时，阶跃型光纤不能传输TE波和TM波。

14-10 两种阶跃型光纤，纤芯折射率相同，$n_1=1.5$，相对折射率差Δ分别为0.01和0.001，芯半径a分别为25 μm和4 μm，光纤工作波长λ分别取0.85 μm和1.55 μm，试判断两种光纤是单模光纤还是多模光纤。

14-11 阶跃型光纤，纤芯折射率$n_1=1.54$，光纤工作波长$\lambda=1.31\ \mu m$，相对折射率差$\Delta=0.005$，为保证单模传输，光纤纤芯半径a应该取多大？

14-12 已知阶跃型光纤纤芯折射率$n_1=1.54$，相对折射率差$\Delta=0.01$，纤芯半径$a=25\ \mu m$，光纤工作波长$\lambda=1.0\ \mu m$，试求光纤归一化频率V。

14-13 单模阶跃型光纤，纤芯折射率$n_1=1.52$，相对折射率差$\Delta=0.001$，纤芯半径$a=5\ \mu m$，光纤工作波长$\lambda=1\ \mu m$，依据式(14-199)，用MATLAB图解计算单模光纤本征值。

14-14 多模阶跃型光纤，纤芯折射率$n_1=1.52$，相对折射率差$\Delta=0.001$，纤芯半径$a=15\ \mu m$，光纤工作波长$\lambda=1\ \mu m$，依据式(14-203)，用MATLAB图解计算多模光纤本征值。

14-15 依据线偏振平面波解式(14-296)和式(14-297)，并利用磁场切向分量边界条件，求解线偏振LP模本征方程。

14-16 依据式(14-296)和式(14-297)，推导光纤横平面XY面内LP模Y线偏振光强公式。

14-17 多模光纤参数为：$a=15\ \mu m$，$n_1=1.458$，$\Delta=0.003$，$\lambda=1.55\ \mu m$，$V=6.8671$。对于HE_{12}模和LP_{02}模，$m'=0$，$n=2$，$u=\gamma_{12}=4.755$，用MATLAB计算LP_{02}模横平面XY面内的光强分布。

第15章　天线基础

电磁波在无界空间和有界空间传播，都需要有产生电磁波的源，这种产生电磁波的源或装置称为天线。天线既可以向外辐射电磁波也可以接收电磁波，它主要用于无线电通信、卫星通信、广播电视、雷达及导航等系统。天线按不同用途可分为通信天线、广播天线、雷达天线、导航天线、测向天线和智能天线等；按工作波段可分为长波天线、中波天线、短波天线和微波天线等；按频带特性又可分为窄带天线、宽带天线和超宽带天线；按方向性可分为全向天线、弱方向天线和锐方向天线等；按极化特性可分为线极化天线、圆极化天线和椭圆极化天线等。为了便于分析和研究天线的性能，一般把天线分为两大类：线天线和面天线。线天线是指由半径远小于波长的金属导线或金属棒所构成的天线，而面天线是指由物理尺寸大于波长的金属或介质面构成的天线。线天线主要用于长波、中波和短波波段，而面天线主要用于微波波段，有关电磁波的频段划分见表 6－1。天线是无线电设备中必不可少的重要组成部分，图 15－1 是天线应用于卫星通信网络的构成示意图。

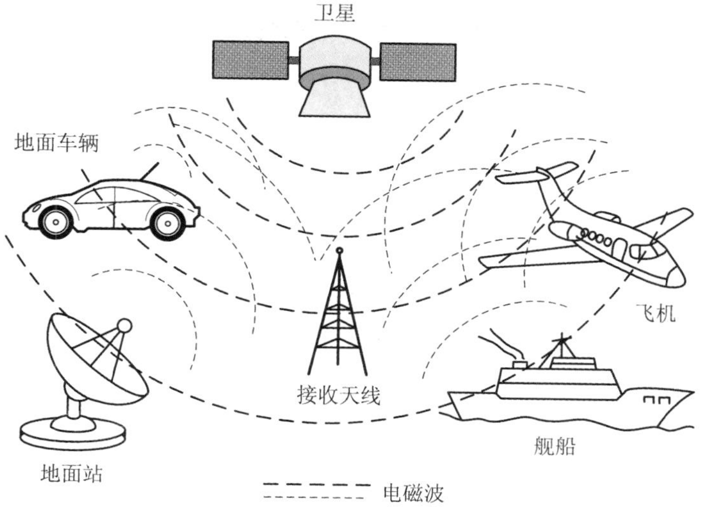

图 15－1　卫星通信网络构成示意图

根据实际应用需要的不同和工作频段的不同，天线分为不同的类型，大致包括偶极子天线、环形天线、抛物面反射天线、喇叭天线、微带天线和天线阵等，如图 15－2 所示。

研究电磁波的辐射问题就是研究天线在空间产生的电磁场分布，也就是研究包含有时变电荷源和电流源情况下麦克斯韦方程的解。由于时变源的存在，因此严格求解含时变源的麦克斯韦方程比较复杂，一般采用数值方法求解，包括矩量法、有限单元法和有限差分法等。本章仅讨论简单的天线类型——线天线，这类天线通常采用矢量磁位波动方程的解。

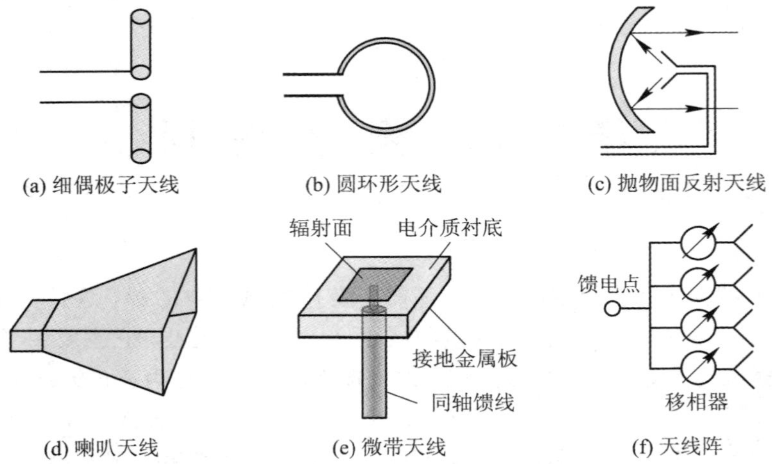

图 15-2　常用类型天线简图

讨论内容包括：① 位函数波动方程的解；② 电基本振子和磁基本振子的辐射；③ 描述天线性能的电参数，如天线功率方向图和场方向图、方向系数和辐射效率等；④ 对称振子天线和天线阵基础；⑤ 天线接收理论；⑥ 雷达基本原理。

15.1　位函数波动方程的解——滞后位

对于时变电磁场，为了简化求解波动方程引入了标量电位 u 和矢量磁位 $\boldsymbol{A}$，由式(6-89)和式(6-88)知，u 和 $\boldsymbol{A}$ 满足非齐次波动方程：

$$\nabla^2 u-\mu\varepsilon\frac{\partial^2 u}{\partial t^2}=-\frac{\rho_V}{\varepsilon}\tag{15-1}$$

$$\nabla^2 \boldsymbol{A}-\mu\varepsilon\frac{\partial^2 \boldsymbol{A}}{\partial t^2}=-\mu\boldsymbol{J}_V\tag{15-2}$$

式中，ρ_V 和 $\boldsymbol{J}_V$ 分别是时变电荷源和时变电流源。由式(6-86)、式(6-80)和式(6-77)可知，时变情况下，标量电位 u 和矢量磁位 $\boldsymbol{A}$ 的关系以及 u 和 $\boldsymbol{A}$ 与电场 $\boldsymbol{E}$ 和磁场 $\boldsymbol{H}$ 的关系为

$$\begin{cases}\nabla\cdot\boldsymbol{A}+\mu\varepsilon\dfrac{\partial u}{\partial t}=0\\ \boldsymbol{E}=-\nabla u-\dfrac{\partial \boldsymbol{A}}{\partial t}\\ \boldsymbol{H}=\dfrac{1}{\mu}\nabla\times\boldsymbol{A}\end{cases}\tag{15-3}$$

波动方程(15-1)、方程(15-2)和关系式(15-3)构成了研究简单天线的理论基础。在给定时变源 ρ_V 和 $\boldsymbol{J}_V$ 的情况下，求解该方程就可得到标量电位和矢量磁位在空间的分布，再利用关系式(15-3)就可得到时变电磁场在空间的分布。通常对于方程(15-1)和(15-2)的求解采用格林函数方法，求解过程相对较为复杂。为了简单起见，下面采用较为直观的方法求解方程(15-1)和(15-2)。

在直角坐标系下，将电流源的体电流密度矢量 $\boldsymbol{J}_V$ 和矢量磁位 $\boldsymbol{A}$ 写成分量形式，有

$$\boldsymbol{J}_V = J_{V_x}\boldsymbol{e}_x + J_{V_y}\boldsymbol{e}_y + J_{V_z}\boldsymbol{e}_z \tag{15-4}$$

$$\boldsymbol{A} = A_x\boldsymbol{e}_x + A_y\boldsymbol{e}_y + A_z\boldsymbol{e}_z \tag{15-5}$$

由此方程(15-2)可分解为三个标量方程，即

$$\begin{cases} \nabla^2 A_x - \mu\varepsilon \dfrac{\partial^2 A_x}{\partial t^2} = -\mu J_{V_x} \\ \nabla^2 A_y - \mu\varepsilon \dfrac{\partial^2 A_y}{\partial t^2} = -\mu J_{V_y} \\ \nabla^2 A_z - \mu\varepsilon \dfrac{\partial^2 A_z}{\partial t^2} = -\mu J_{V_z} \end{cases} \tag{15-6}$$

显然，方程(15-6)与标量电位方程(15-1)形式完全相同，因此仅需求解方程(15-1)即可。

在定态情况下，电荷源 ρ_V 与时间无关，则标量电位波动方程可化为

$$\nabla^2 u(\boldsymbol{r}) = -\left(\frac{1}{4\pi\varepsilon}\right)4\pi\rho_V(\boldsymbol{r}) \tag{15-7}$$

该方程就是求解静电场问题的泊松方程。在无界均匀介质中，该方程的解为

$$u(\boldsymbol{r}) = \frac{1}{4\pi\varepsilon}\iiint_{(V)} \frac{\rho_V(\boldsymbol{r}')}{R}\mathrm{d}V' \tag{15-8}$$

为了得到方程(15-1)的解，假定在空间区域 V 内有随时间变化的电荷分布，其电荷体密度为 $\rho_V(\boldsymbol{r}';\ t)$，如图15-3所示。在 V 内任一点 Q 处取体微分元 $\mathrm{d}V'$，此体微分元内的电荷可认为是随时间变化的点电荷 $q(t)$，用数学语言描述其电荷体密度可表示为

$$\rho_{\mathrm{d}V'}(\boldsymbol{r};\ t) = q(t)\delta(\boldsymbol{r}-\boldsymbol{r}') \tag{15-9}$$

代入方程(15-1)，有

$$\nabla^2 u - \mu\varepsilon\frac{\partial^2 u}{\partial t^2} = -\left(\frac{1}{4\pi\varepsilon}\right)4\pi q(t)\delta(\boldsymbol{r}-\boldsymbol{r}') \tag{15-10}$$

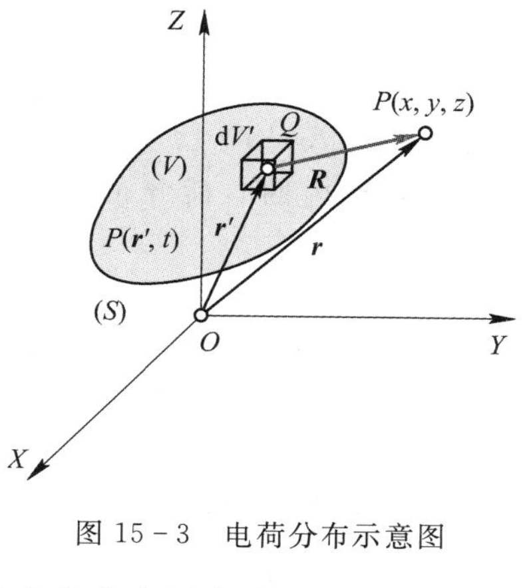

图15-3　电荷分布示意图

由于点电荷在空间产生的电位分布具有球对称性，u 仅依赖于 R 和 t，与角变量 θ 和 φ 无关。因此，在球坐标系下，方程(15-10)可简化为

$$\frac{1}{R^2}\frac{\partial}{\partial R}\left(R^2\frac{\partial u}{\partial R}\right) - \mu\varepsilon\frac{\partial^2 u}{\partial t^2} = -\left(\frac{1}{4\pi\varepsilon}\right)4\pi q(t)\delta(\boldsymbol{r}-\boldsymbol{r}') \tag{15-11}$$

除源点($\boldsymbol{r}=\boldsymbol{r}'$)外，无界空间电位满足齐次波动方程

$$\frac{1}{R^2}\frac{\partial}{\partial R}\left(R^2\frac{\partial u}{\partial R}\right)-\mu\varepsilon\frac{\partial^2 u}{\partial t^2}=0 \tag{15-12}$$

作变换

$$u(R;t)=\frac{U(R;t)}{R} \tag{15-13}$$

得到

$$\frac{\partial^2 U}{\partial R^2}-\frac{1}{v^2}\frac{\partial^2 U}{\partial t^2}=0 \tag{15-14}$$

式中：

$$v=\frac{1}{\sqrt{\mu\varepsilon}} \tag{15-15}$$

为均匀无界空间中的波速。

式(15－14)是一维波动微分方程的标准形式，其通解形式为

$$U(R;t)=f\left(t-\frac{R}{v}\right)+g\left(t+\frac{R}{v}\right) \tag{15-16}$$

对于电磁波辐射问题，仅需考虑向外发散的球面波，取 $g(t+R/v)=0$（汇聚球面波），则有

$$u(R;t)=\frac{1}{R}f\left(t-\frac{R}{v}\right) \tag{15-17}$$

在静电场情况下，Q 点处放置一点电荷 q，在空间产生的电位为

$$u(R)=\frac{1}{4\pi\varepsilon}\frac{q}{R} \tag{15-18}$$

推广到时变的情况，当在 Q 点处放置一时变点电荷 $q(t)$，比较式(15－17)和式(15－18)，可以得到

$$u(R;t)=\frac{1}{4\pi\varepsilon}\frac{q\left(\boldsymbol{r}';t-\frac{R}{v}\right)}{R} \tag{15-19}$$

把式(15－19)代入式(15－11)，不难证明式(15－19)就是方程(15－11)的解。

根据场的叠加性，可得空间区域 V 内的电荷分布 $\rho_V(\boldsymbol{r}';t)$ 在空间任一点产生的电位为

$$u(\boldsymbol{r};t)=\frac{1}{4\pi\varepsilon}\iiint_{(V)}\frac{\rho\left(\boldsymbol{r}';t-\frac{R}{v}\right)}{R}\mathrm{d}V' \tag{15-20}$$

式(15－20)就是微分方程(15－1)的解。

同理，可得时变电流分布 $\boldsymbol{J}_V(\boldsymbol{r}';t)$ 产生的矢量磁位为

$$\boldsymbol{A}(\boldsymbol{r};t)=\frac{\mu}{4\pi}\iiint_{(V)}\frac{\boldsymbol{J}_V\left(\boldsymbol{r}';t-\frac{R}{v}\right)}{R}\mathrm{d}V' \tag{15-21}$$

式(15－20)和式(15－21)就是时变源情况下位函数波动方程的解，描述的是位函数在空间的分布。将式(15－20)和式(15－21)代入式(15－3)的第一个方程，不难验证，解 u 和 $\boldsymbol{A}$ 满

足洛伦兹条件。将式(15－20)和式(15－21)代入式(15－3)的第二个方程和第三个方程，就可得到空间的电磁场分布。

解式(15－20)和式(15－21)的重要意义还在于电磁相互作用具有一定的传播速度v。由式(15－20)和式(15－21)可以看出，空间点P在某时刻t的场量不是依赖于同一时刻的电荷电流分布，而是决定于较早时刻$t-R/v$的电荷电流分布。反过来讲就是，电荷电流产生的物理作用不是立即传至观察点，而是滞后(推迟)R/v的时间，v是电磁作用在介质中的传播速度，所以解(15－20)和(15－21)也称为滞后位或推迟势。

当时变电荷分布$\rho_V(\boldsymbol{r}';t)$和电流分布$\boldsymbol{J}_V(\boldsymbol{r}';t)$给定时，电磁场辐射问题就是计算滞后位。如果电荷随时间作时谐变化，则有

$$\rho_V(\boldsymbol{r}';t)=\mathrm{Re}[\tilde{\rho}_V(\boldsymbol{r}')\mathrm{e}^{\mathrm{j}\omega t}] \tag{15-22}$$

$$\boldsymbol{J}_V(\boldsymbol{r}';t)=\mathrm{Re}[\tilde{\boldsymbol{J}}_V(\boldsymbol{r}')\mathrm{e}^{\mathrm{j}\omega t}] \tag{15-23}$$

将式(15－22)代入式(15－20)，得到

$$u(\boldsymbol{r};t)=\frac{1}{4\pi\varepsilon}\mathrm{Re}\left[\iiint_{(V)}\frac{\tilde{\rho}_V(\boldsymbol{r}')\mathrm{e}^{\mathrm{j}\omega\left(t-\frac{R}{v}\right)}}{R}\mathrm{d}V'\right] \tag{15-24}$$

将式(15－23)代入式(15－21)，得到

$$\boldsymbol{A}(\boldsymbol{r};t)=\frac{\mu}{4\pi}\mathrm{Re}\left[\iiint_{(V)}\frac{\tilde{\boldsymbol{J}}_V(\boldsymbol{r}')\mathrm{e}^{\mathrm{j}\omega\left(t-\frac{R}{v}\right)}}{R}\mathrm{d}V'\right] \tag{15-25}$$

15.2 基本振子的辐射

15.2.1 电基本振子

任何长直导体天线都可以认为是由短直导体串接而成，所以研究长直导体天线的辐射特性首先需要研究短直导体的辐射特性。这种短直导体通常称为电基本振子，也称为短偶极子、电偶极子或赫兹偶极子。实际上，电基本振子就是一段载有高频电流的线电流元，即

$$\tilde{I}\mathrm{d}\boldsymbol{l}'=\tilde{I}\mathrm{d}z'\boldsymbol{e}_z=\tilde{I}l\,\boldsymbol{e}_z \tag{15-26}$$

式中，$\tilde{I}$为复电流，$\boldsymbol{e}_z$为载流线元的方向，$\mathrm{d}z'=l$为线电流元长度，$l\ll\lambda$，λ为工作波长，如图15－4(a)所示。电基本振子也可以想象为两个相距l、用细直导线相连并带时变电荷的固定导体小球(点电容)。当一个导体球的电荷为$+q(t)$时，另一导体球的电荷为$-q(t)$，两者之间的电流为

$$\tilde{I}=\frac{\mathrm{d}q(t)}{\mathrm{d}t} \tag{15-27}$$

设电基本振子沿Z轴放置于坐标原点，如图15－4(b)所示，则线电流元可化为

$$\tilde{I}\mathrm{d}\boldsymbol{l}'=\tilde{I}\mathrm{d}z'\boldsymbol{e}_z=\frac{\tilde{I}}{S}Sl\boldsymbol{e}_z=\tilde{\boldsymbol{J}}_V\mathrm{d}V' \tag{15-28}$$

式中，S为线电流元的横截面积。将式(15－28)代入式(15－25)，并取近似$R\approx r$，积分得到电基本振子产生的矢量磁位为

$$\boldsymbol{A}(\boldsymbol{r};\ t) = \mathrm{Re}\left[\frac{\mu}{4\pi}\frac{\widetilde{I}l}{r}\mathrm{e}^{\mathrm{j}\omega\left(t-\frac{r}{v}\right)}\boldsymbol{e}_z\right] = \mathrm{Re}\left[\left(\frac{\mu}{4\pi}\frac{\widetilde{I}l}{r}\mathrm{e}^{-\mathrm{j}\frac{\omega}{v}r}\boldsymbol{e}_z\right)\mathrm{e}^{\mathrm{j}\omega t}\right] \tag{15-29}$$

利用 $k=\omega/v$，可写出矢量磁位复振幅为

$$\widetilde{\boldsymbol{A}}(\boldsymbol{r}) = \widetilde{A}_z\boldsymbol{e}_z = \frac{\mu}{4\pi}\frac{\widetilde{I}l}{r}\mathrm{e}^{-\mathrm{j}kr}\boldsymbol{e}_z \tag{15-30}$$

显然，电基本振子产生的矢量磁位复振幅仅有 $\widetilde{A}_z$ 分量。

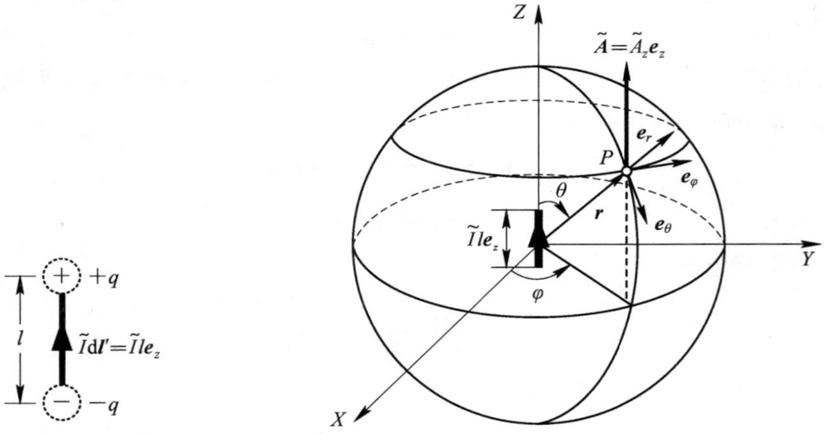

(a) 电基本振子模型——高频电流元　　(b) 电基本振子置于坐标原点

图 15-4　电基本振子

利用直角坐标与球坐标的变换关系式(1-56)，即

$$\begin{bmatrix}\widetilde{A}_r\\ \widetilde{A}_\theta\\ \widetilde{A}_\varphi\end{bmatrix} = \begin{bmatrix}\sin\theta\cos\varphi & \sin\theta\sin\varphi & \cos\theta\\ \cos\theta\cos\varphi & \cos\theta\sin\varphi & -\sin\theta\\ -\sin\varphi & \cos\varphi & 0\end{bmatrix}\begin{bmatrix}\widetilde{A}_x\\ \widetilde{A}_y\\ \widetilde{A}_z\end{bmatrix} \tag{15-31}$$

得到矢量磁位复振幅在球坐标系下的分量为

$$\begin{cases}\widetilde{A}_r = \widetilde{A}_z\cos\theta\\ \widetilde{A}_\theta = -\widetilde{A}_z\sin\theta\\ \widetilde{A}_\varphi = 0\end{cases} \tag{15-32}$$

根据式(15-3)的第三式，并利用式(1-90)，有

$$\widetilde{\boldsymbol{H}} = \frac{1}{\mu}\nabla\times\widetilde{\boldsymbol{A}} = \frac{1}{\mu r^2\sin\theta}\begin{vmatrix}\boldsymbol{e}_r & r\boldsymbol{e}_\theta & r\sin\theta\boldsymbol{e}_\varphi\\ \dfrac{\partial}{\partial r} & \dfrac{\partial}{\partial\theta} & \dfrac{\partial}{\partial\varphi}\\ \widetilde{A}_z\cos\theta & -r\widetilde{A}_z\sin\theta & 0\end{vmatrix} \tag{15-33}$$

由此得到磁场复振幅矢量分量表达式为

$$\begin{cases}\widetilde{H}_r = 0\\ \widetilde{H}_\theta = 0\\ \widetilde{H}_\varphi = \dfrac{\widetilde{I}lk^2}{4\pi}\left[\dfrac{\mathrm{j}}{kr} + \dfrac{1}{(kr)^2}\right]\mathrm{e}^{-\mathrm{j}kr}\sin\theta\end{cases} \tag{15-34}$$

对于时谐场，在无源空间，由式(6-96)可写出电场复振幅矢量与磁场复振幅矢量的关系为

$$\widetilde{\boldsymbol{E}}=\frac{1}{\mathrm{j}\omega\varepsilon}\nabla\times\widetilde{\boldsymbol{H}} \tag{15-35}$$

将式(15-34)代入式(15-35)，得到电场复振幅矢量的分量表达式为

$$\begin{cases}\widetilde{E}_r=\dfrac{2\widetilde{I}lk^3}{4\pi\omega\varepsilon}\left[\dfrac{1}{(kr)^2}-\dfrac{\mathrm{j}}{(kr)^3}\right]\mathrm{e}^{-\mathrm{j}kr}\cos\theta\\ \widetilde{E}_\theta=\dfrac{\widetilde{I}lk^3}{4\pi\omega\varepsilon}\left[\dfrac{\mathrm{j}}{kr}+\dfrac{1}{(kr)^2}-\dfrac{\mathrm{j}}{(kr)^3}\right]\mathrm{e}^{-\mathrm{j}kr}\sin\theta\\ \widetilde{E}_\varphi=0\end{cases} \tag{15-36}$$

下面依据式(15-36)和式(15-34)讨论电磁场在空间的分布。

1. 近区场

近区场就是场点的距离 r 远小于波长 λ 的区域，即

$$kr\ll 1 \text{ 或 } r\ll\frac{\lambda}{2\pi} \tag{15-37}$$

有

$$\frac{1}{kr}\ll\frac{1}{(kr)^2}\ll\frac{1}{(kr)^3} \tag{15-38}$$

而

$$\lim_{kr\to 0}\mathrm{e}^{-\mathrm{j}kr}\approx 1 \tag{15-39}$$

在式(15-36)和式(15-34)中仅取高次幂项，则有

$$\begin{cases}\widetilde{E}_r\approx-\mathrm{j}\dfrac{2\widetilde{I}l}{4\pi\omega\varepsilon r^3}\cos\theta\\ \widetilde{E}_\theta\approx-\mathrm{j}\dfrac{\widetilde{I}l}{4\pi\omega\varepsilon r^3}\sin\theta\\ \widetilde{H}_\varphi\approx\dfrac{\widetilde{I}l}{4\pi r^2}\sin\theta\end{cases} \tag{15-40}$$

如果令 $\widetilde{I}=\mathrm{j}\omega q$，则有

$$\begin{cases}\widetilde{E}_r\approx\dfrac{ql}{2\pi\varepsilon r^3}\cos\theta\\ \widetilde{E}_\theta\approx\dfrac{ql}{4\pi\varepsilon r^3}\sin\theta\end{cases} \tag{15-41}$$

式(15-41)与第 2 章电偶极子的静电场表达式(2-26)完全相同。由毕奥-萨伐尔定律(式(5-15))，可以得到放置于坐标原点线电流元产生的磁场表达式 $\widetilde{H}_\varphi$，与式(15-40)中磁场 $\widetilde{H}_\varphi$ 的表达式也完全相同，所以常常将时变线电流元称为电偶极子或电基本振子。式(15-41)和式(15-40)也表明，近区场与放置于原点的电偶极子和线电流元产生的静态场相同，因此近区场又称为似稳场。

另外，由式(15-40)可知，电场与磁场的相位相差90°($\mathrm{j}=\mathrm{e}^{\mathrm{j}90^\circ}$)，因而复坡印廷矢量 $\widetilde{\boldsymbol{S}}$ 为虚数，平均坡印廷矢量 $\boldsymbol{S}_{\mathrm{av}}$ 为零，表明在近区场平均辐射功率为零，故称近区场为感应场。

2. 远区场

远区场就是场点的距离 r 远大于波长 λ 的区域，即

$$kr \gg 1 \text{ 或 } r \gg \frac{\lambda}{2\pi} \tag{15-42}$$

因此有

$$\frac{1}{kr} \gg \frac{1}{(kr)^2} \gg \frac{1}{(kr)^3} \tag{15-43}$$

在式(15－36)和式(15－34)中仅取低次幂项 $1/kr$，并利用关系 $k=\omega\sqrt{\mu\varepsilon}$ 和 $\eta=\sqrt{\mu/\varepsilon}$，得到

$$\begin{cases} \widetilde{E}_\theta = \mathrm{j}\,\dfrac{\widetilde{I}l}{2\lambda r}\eta \mathrm{e}^{-\mathrm{j}kr}\sin\theta \\ \widetilde{H}_\varphi = \mathrm{j}\,\dfrac{\widetilde{I}l}{2\lambda r}\mathrm{e}^{-\mathrm{j}kr}\sin\theta \\ \widetilde{E}_r = \widetilde{E}_\varphi = 0 \\ \widetilde{H}_r = \widetilde{H}_\theta = 0 \end{cases} \tag{15-44}$$

式中，η 为介质波阻抗。对自由空间，$\eta=\eta_0=120\pi\approx 377\Omega$。

式(15－44)表明：

(1) 远区场仅有 $\widetilde{E}_\theta$ 和 $\widetilde{H}_\varphi$ 分量，$\widetilde{E}_\theta \boldsymbol{e}_\theta \times \widetilde{H}_\varphi^* \boldsymbol{e}_\varphi$ 为实数，则平均坡印廷矢量 $\boldsymbol{S}_{\mathrm{av}}$ 的大小取实数，方向为 $\boldsymbol{e}_r$，说明电基本振子的能量沿矢径 $\boldsymbol{e}_r$ 方向辐射(或传播)，因而远区场又称为辐射场。

(2) $\boldsymbol{e}_\theta$、$\boldsymbol{e}_\varphi$ 与传播方向 $\boldsymbol{e}_r$(球面波)满足右手关系，且 $\widetilde{E}_\theta/\widetilde{H}_\varphi=\eta$ 为常数，说明远区场具有平面波属性，属横电磁波。

(3) 远区场 $\widetilde{E}_\theta$ 和 $\widetilde{H}_\varphi$ 与 r 成反比，且在距离为 r 的球面上具有相同的相位，因此电基本振子远区场又具有球面波的性质。如果 r 取值很大，在横向范围远小于 r 的情况下，球面波可看作平面波。

(4) 远区场 $\widetilde{E}_\theta$ 和 $\widetilde{H}_\varphi$ 与 $\sin\theta$ 成正比，说明远区场辐射具有方向性。当 $\theta=0°$ 和 $\theta=180°$ 时，辐射场为零，也就是沿电基本振子轴向的辐射为零；当 $\theta=90°$ 时，辐射场最大，即沿垂直于电基本振子轴向的方向辐射最大。$\widetilde{E}_\theta$ 和 $\widetilde{H}_\varphi$ 与 φ 无关，说明电基本振子远区场具有轴对称性。

(5) $\widetilde{E}_\theta$ 和 $\widetilde{H}_\varphi$ 与线电流强度 $\widetilde{I}$ 成正比，与电基本振子几何长度 l 和波长 λ 的比值 l/λ 成正比，l/λ 称为电基本振子的电长度。

为了直观起见，下面给出电基本振子远区场的矢量分布图。

利用球坐标与直角坐标变换关系式(1－59)，并将 $\widetilde{E}_\theta$ ($\widetilde{E}_r=0$，$\widetilde{E}_\varphi=0$)代入，得到电场复振幅矢量的直角分量为

$$\begin{cases} \widetilde{E}_x = \cos\theta\cos\varphi\widetilde{E}_\theta = \mathrm{j}\,\dfrac{\widetilde{I}l}{2\lambda r}\eta\sin\theta\cos\theta\cos\varphi\,\mathrm{e}^{-\mathrm{j}kr} \\ \widetilde{E}_y = \cos\theta\sin\varphi\widetilde{E}_\theta = \mathrm{j}\,\dfrac{\widetilde{I}l}{2\lambda r}\eta\sin\theta\cos\theta\sin\varphi\,\mathrm{e}^{-\mathrm{j}kr} \\ \widetilde{E}_z = -\sin\theta\widetilde{E}_\theta = -\mathrm{j}\,\dfrac{\widetilde{I}l}{2\lambda r}\eta\sin\theta\sin\theta\,\mathrm{e}^{-\mathrm{j}kr} \end{cases} \tag{15-45}$$

将式(15－45)乘时间因子 $\mathrm{e}^{\mathrm{j}\omega t}$，然后取实部，且假设 $\widetilde{I}=|\widetilde{I}|\mathrm{e}^{\mathrm{j}\delta}$，$|\widetilde{I}|=I_0$，$\delta=0$，得到电场矢量的瞬时直角分量表达式为

$$\begin{cases} E_x(r,\ \theta,\ \varphi;\ t) = -\dfrac{I_0 l}{2\lambda r}\eta\sin\theta\cos\theta\cos\varphi\sin(\omega t - kr) \\ E_y(r,\ \theta,\ \varphi;\ t) = -\dfrac{I_0 l}{2\lambda r}\eta\sin\theta\cos\theta\sin\varphi\sin(\omega t - kr) \\ E_z(r,\ \theta,\ \varphi;\ t) = \dfrac{I_0 l}{2\lambda r}\eta\sin\theta\sin\theta\sin(\omega t - kr) \end{cases} \tag{15-46}$$

同理，可得磁场矢量的瞬时直角分量表达式为

$$\begin{cases} H_x(r,\ \theta,\ \varphi;\ t) = \dfrac{I_0 l}{2\lambda r}\sin\theta\sin\varphi\sin(\omega t - kr) \\ H_y(r,\ \theta,\ \varphi;\ t) = -\dfrac{I_0 l}{2\lambda r}\sin\theta\cos\varphi\sin(\omega t - kr) \end{cases} \tag{15-47}$$

电基本振子参数取值为：$I_0 = 1.0$ A，$l = 1$ cm，$t = 0.1$ s，$\lambda = 5$ m，$\eta = \eta_0 = 120\ \pi\Omega$，$c = 3.0 \times 10^8$ m/s，-5 m $\leqslant x \leqslant +5$ m，-5 m $\leqslant z \leqslant +5$ m。依据式(15-46)，并利用关系 $\omega = 2\pi f = 2\pi c/\lambda$ 和 $k = 2\pi/\lambda$，远场条件取 $r > 1$ m，扩散因子 $1/r = 1/2$，得到 XZ 面($\varphi=0$)内电场矢量分布如图 15-5(a)所示，YZ 面($\varphi = \pi/2$)内电场矢量分布如图 15-5(b)所示。参数取值相同，依据式(15-47)，得到 XY 面($\theta = \pi/2$)内磁场矢量分布如图 15-5(c)所示。

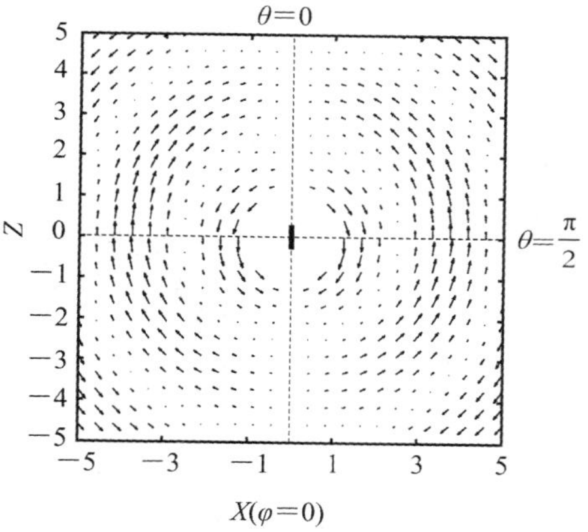

(a) XZ面内电场矢量分布

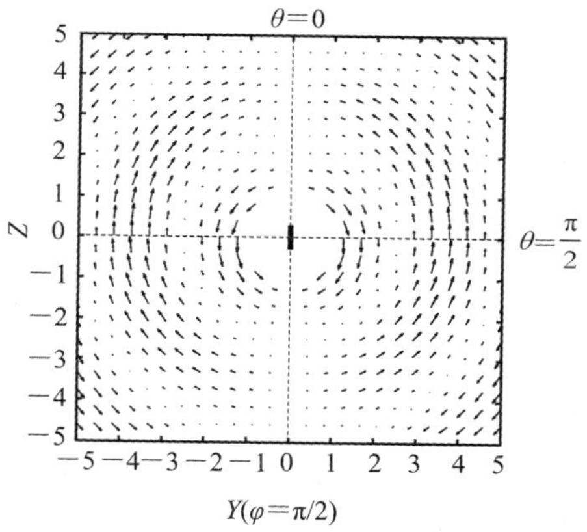

(b) YZ面内电场矢量分布

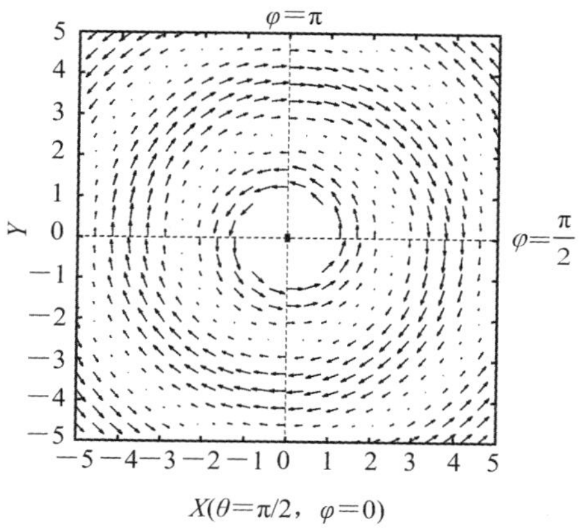

(c) XY面内磁场矢量分布

图 15-5 电基本振子远区场分布

3. 平均功率密度矢量

根据式(6-114)，并将式(15-44)代入，得到电基本振子远区场平均功率密度矢量为

$$\tilde{\boldsymbol{S}}_{av}=\frac{1}{2}\mathrm{Re}[\tilde{\boldsymbol{E}}\times\tilde{\boldsymbol{H}}^*]=\frac{1}{2}\mathrm{Re}\begin{vmatrix}\boldsymbol{e}_r & \boldsymbol{e}_\theta & \boldsymbol{e}_\varphi\\ \tilde{E}_r & \tilde{E}_\theta & \tilde{E}_\varphi\\ \tilde{H}_r^* & \tilde{H}_\theta^* & \tilde{H}_\varphi^*\end{vmatrix}$$

$$=\frac{1}{2}\mathrm{j}\frac{\tilde{I}l}{2\lambda r}\eta\sin\theta\,\mathrm{e}^{-\mathrm{j}kr}\left(-\mathrm{j}\frac{\tilde{I}^*l}{2\lambda r}\sin\theta\,\mathrm{e}^{\mathrm{j}kr}\right)\boldsymbol{e}_r$$

$$=\frac{|\tilde{I}|^2l^2}{8\lambda^2r^2}\eta\sin^2\theta\,\boldsymbol{e}_r \tag{15-48}$$

令

$$S_{av}(r,\theta,\varphi)=\left(\frac{|\tilde{I}|^2l^2}{8\lambda^2r^2}\eta\right)\sin^2\theta \tag{15-49}$$

则有

$$\boldsymbol{S}_{av}=S_{av}(r,\theta,\varphi)\boldsymbol{e}_r \tag{15-50}$$

$S_{av}(r,\theta,\varphi)$ 称为电基本振子平均功率密度函数。

15.2.2 磁基本振子

磁基本振子也称为磁偶极子，是一个半径为 a 的导体小圆环通一高频电流，小圆环的半径 $a\ll\lambda$，λ 为工作波长。假设磁基本振子放置于 XY 平面，小圆环的圆心位于坐标原点。小圆环通电流 $\tilde{I}$，圆环各点电流大小相等，r 为坐标原点至场点 P 的距离，R 为源点 $\tilde{I}\mathrm{d}\boldsymbol{l}'$ 至场点 P 的距离，如图15-6所示。

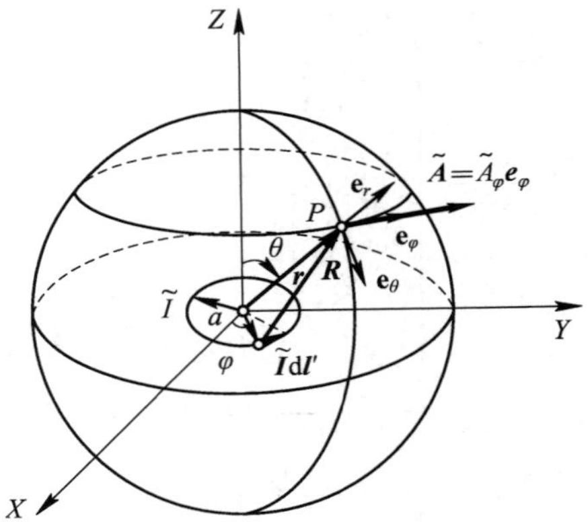

图15-6 磁基本振子

根据式(15-25)，并利用式(15-28)，且 $k=\omega/v$，省略时间因子 $\mathrm{e}^{\mathrm{j}\omega t}$，则有

$$\tilde{\boldsymbol{A}}(\boldsymbol{r})=\frac{\mu\tilde{I}}{4\pi}\oint_{(l)}\frac{\mathrm{e}^{-\mathrm{j}kR}}{R}\mathrm{d}\boldsymbol{l}' \tag{15-51}$$

在 $r\gg a$，$R\gg a$，且 $a\ll\lambda$ 的情况下，利用关系

$$\mathrm{e}^x\approx 1+x\quad(|x|\ll 1) \tag{15-52}$$

对指数因子 $\mathrm{e}^{-\mathrm{j}kR}$ 取近似，则有

$$\mathrm{e}^{-\mathrm{j}kR}=\mathrm{e}^{-\mathrm{j}k(R-r+r)}=\mathrm{e}^{-\mathrm{j}kr}\mathrm{e}^{-\mathrm{j}k(R-r)}\approx\mathrm{e}^{-\mathrm{j}kr}[1-\mathrm{j}k(R-r)] \tag{15-53}$$

将式(15-53)代入式(15-51)，有

$$\tilde{\boldsymbol{A}}(\boldsymbol{r})\approx\frac{\mu\tilde{I}}{4\pi}\oint_{(l)}\frac{1}{R}[1-\mathrm{j}k(R-r)]\mathrm{e}^{-\mathrm{j}kr}\mathrm{d}\boldsymbol{l}'=\frac{\mu\tilde{I}}{4\pi}[1+\mathrm{j}kr]\mathrm{e}^{-\mathrm{j}kr}\oint_{(l)}\frac{1}{R}\mathrm{d}\boldsymbol{l}'-\mathrm{j}k\frac{\mu\tilde{I}}{4\pi}\oint_{(l)}\mathrm{d}\boldsymbol{l}' \tag{15-54}$$

由于

$$\oint_{(l)}\mathrm{d}\boldsymbol{l}'=0 \tag{15-55}$$

因此第二项积分为零。另外，由式(5-44)知，小电流环的矢量磁位为

$$\boldsymbol{A}(\boldsymbol{r}) = \frac{\mu I}{4\pi}\oint_{(l)} \frac{1}{R}\mathrm{d}\boldsymbol{l}' \tag{15-56}$$

在 $r \gg a$ 的条件下，由式(5-61)有

$$\boldsymbol{A}(\boldsymbol{r}) = \frac{\mu I a^2}{4r^2}\sin\theta\boldsymbol{e}_\varphi \tag{15-57}$$

将式(15-57)代入式(15-54)的第一项，得到

$$\widetilde{\boldsymbol{A}}(\boldsymbol{r}) = \widetilde{A}_\varphi\boldsymbol{e}_\varphi \approx \frac{\mu\widetilde{I}S}{4\pi r^2}[1+\mathrm{j}kr]\mathrm{e}^{-\mathrm{j}kr}\sin\theta\boldsymbol{e}_\varphi \tag{15-58}$$

式中，$S=\pi a^2$ 为小电流环的面积。

根据式(15-3)的第三式，并利用式(1-90)，则有

$$\widetilde{\boldsymbol{H}} = \frac{1}{\mu}\nabla\times\widetilde{\boldsymbol{A}} = \frac{1}{\mu r^2\sin\theta}\begin{vmatrix} \boldsymbol{e}_r & r\boldsymbol{e}_\theta & r\sin\theta\boldsymbol{e}_\varphi \\ \dfrac{\partial}{\partial r} & \dfrac{\partial}{\partial\theta} & \dfrac{\partial}{\partial\varphi} \\ 0 & 0 & r\sin\theta\widetilde{A}_\varphi \end{vmatrix} \tag{15-59}$$

由此得磁基本振子的磁场复振幅矢量为

$$\widetilde{\boldsymbol{H}} = \frac{\widetilde{I}S}{2\pi}\left(\frac{1}{r^3}+\mathrm{j}k\frac{1}{r^2}\right)\mathrm{e}^{-\mathrm{j}kr}\cos\theta\,\boldsymbol{e}_r + \frac{\widetilde{I}S}{4\pi}\left(\frac{1}{r^3}+\frac{\mathrm{j}k}{r^2}-\frac{k^2}{r}\right)\mathrm{e}^{-\mathrm{j}kr}\sin\theta\boldsymbol{e}_\theta \tag{15-60}$$

其分量形式为

$$\begin{cases} \widetilde{H}_r = \dfrac{\widetilde{I}S}{2\pi}\left(\dfrac{1}{r^3}+\mathrm{j}k\dfrac{1}{r^2}\right)\mathrm{e}^{-\mathrm{j}kr}\cos\theta \\ \widetilde{H}_\theta = \dfrac{\widetilde{I}S}{4\pi}\left(\dfrac{1}{r^3}+\dfrac{\mathrm{j}k}{r^2}-\dfrac{k^2}{r}\right)\mathrm{e}^{-\mathrm{j}kr}\sin\theta \\ \widetilde{H}_\varphi = 0 \end{cases} \tag{15-61}$$

将式(15-61)代入式(15-35)，并利用式(1-90)，得到磁基本振子电场复振幅矢量的分量形式为

$$\begin{cases} \widetilde{E}_r = 0 \\ \widetilde{E}_\theta = 0 \\ \widetilde{E}_\varphi = -\mathrm{j}\dfrac{k\widetilde{I}S}{4\pi}\eta\left[\dfrac{\mathrm{j}k}{r}+\dfrac{1}{r^2}\right]\mathrm{e}^{-\mathrm{j}kr}\sin\theta \end{cases} \tag{15-62}$$

式中，η 为介质波阻抗。

1. 远区场

与电基本振子的讨论相同，对于远区场，即 $r\gg\lambda$，略去式(15-61)和式(15-62)中 $1/r$ 的高次项，得到磁基本振子的远区辐射场为

$$\begin{cases} \widetilde{E}_\varphi = \dfrac{\widetilde{I}Sk^2}{4\pi r}\eta\sin\theta\mathrm{e}^{-\mathrm{j}kr} \\ \widetilde{H}_\theta = -\dfrac{\widetilde{I}Sk^2}{4\pi r}\sin\theta\mathrm{e}^{-\mathrm{j}kr} \\ \widetilde{E}_r = \widetilde{E}_\theta = 0 \\ \widetilde{H}_r \approx 0,\ \widetilde{H}_\varphi = 0 \end{cases} \tag{15-63}$$

显然，磁基本振子与电基本振子具有相同特点：

(1) 磁基本振子的远区场仅有 $\widetilde{E}_\varphi$ 和 $\widetilde{H}_\theta$ 分量，$\widetilde{E}_\varphi e_\varphi \times (-\widetilde{H}_\theta^* e_\theta)$ 为实数，则平均坡印廷矢量 $\boldsymbol{S}_{av}$ 的大小取实数，方向为 e_r，说明磁基本振子的能量沿 e_r 方向辐射。

(2) e_φ、$-e_\theta$ 与传播方向 e_r 满足右手关系，且 $\widetilde{E}_\varphi / (-\widetilde{H}_\theta) = \eta$ 为常数，说明远区场具有平面波属性，属横电磁波。

(3) 远区场 $\widetilde{E}_\varphi$ 和 $\widetilde{H}_\theta$ 与 r 成反比，且在距离为 r 的球面上具有相同的相位，因此磁基本振子远区场又具有球面波性质。

(4) 远区场 $\widetilde{E}_\varphi$ 和 $\widetilde{H}_\theta$ 与 $\sin\theta$ 成正比，说明远区场具有方向性，当 $\theta=0°$ 和 $\theta=180°$ 时，辐射场为零，也就是沿磁基本振子轴向的辐射为零；当 $\theta=90°$ 时，辐射场最大，即沿垂直于磁基本振子轴向的方向辐射最大。$\widetilde{E}_\varphi$ 和 $\widetilde{H}_\theta$ 与 φ 无关，说明磁基本振子远区场具有轴对称性。

(5) $\widetilde{E}_\varphi$ 和 $\widetilde{H}_\theta$ 与线电流强度 $\widetilde{I}$ 成正比，与小电流环的面积 S 成正比，与波数 k^2 成正比（与工作波长 λ^2 成反比）。

下面给出磁基本振子远区场的矢量分布图。

利用球坐标与直角坐标变换关系式(1-59)，并将 $\widetilde{E}_\varphi$（式(15-63)的第一式）、$\widetilde{E}_r = 0$ 和 $\widetilde{E}_\theta = 0$ 代入，得到电场复振幅矢量的直角分量为

$$\begin{cases} \widetilde{E}_x = -\dfrac{\widetilde{I}Sk^2}{4\pi r}\eta\sin\theta\sin\varphi e^{-jkr} \\[3mm] \widetilde{E}_y = \dfrac{\widetilde{I}Sk^2}{4\pi r}\eta\sin\theta\cos\varphi e^{-jkr} \end{cases} \tag{15-64}$$

将式(15-64)乘时间因子 $e^{j\omega t}$，然后取实部，且假设 $\widetilde{I} = |\widetilde{I}|e^{j\delta}$，$|\widetilde{I}| = I_0$，$\delta = 0$，则电场矢量的瞬时直角分量表达式为

$$\begin{cases} E_x(r;\, t) = -\dfrac{I_0 Sk^2}{4\pi r}\eta\sin\theta\sin\varphi\cos(\omega t - kr) \\[3mm] E_y(r;\, t) = \dfrac{I_0 Sk^2}{4\pi r}\eta\sin\theta\cos\varphi\cos(\omega t - kr) \end{cases} \tag{15-65}$$

同理，可得磁场矢量的瞬时直角分量表达式为

$$\begin{cases} H_x(r;\, t) = -\dfrac{I_0 Sk^2}{4\pi r}\sin\theta\cos\theta\cos\varphi\cos(\omega t - kr) \\[3mm] H_y(r;\, t) = -\dfrac{I_0 Sk^2}{4\pi r}\sin\theta\cos\theta\sin\varphi\cos(\omega t - kr) \\[3mm] H_z(r;\, t) = \dfrac{I_0 Sk^2}{4\pi r}\sin\theta\sin\theta\cos(\omega t - kr) \end{cases} \tag{15-66}$$

磁基本振子参数取值为：$I_0 = 1.0$ A，$a = 0.5$ cm，$t = 0.1$ s，$\lambda = 5.0$ m，$\eta = \eta_0 = 120\pi\ \Omega$，$c = 3.0 \times 10^8$ m/s，-5 m $\leqslant x \leqslant +5$ m，-5 m $\leqslant z \leqslant +5$ m。依据式(15-65)，并利用关系 $\omega = 2\pi f = 2\pi c/\lambda$ 和 $k = 2\pi/\lambda$，远场条件取 $r > 1$ m，扩散因子 $1/r = 1/2$，得到 XY 面（$\varphi = 0$）内的电场矢量分布如图 15-7(a)所示。参数取值相同，依据式(15-66)，得到 XZ 面（$\varphi = 0$）内的磁场矢量分布如图 15-7(b)所示，YZ 面（$\varphi = \pi/2$）内的磁场矢量分布如图 15-7(c)所示。

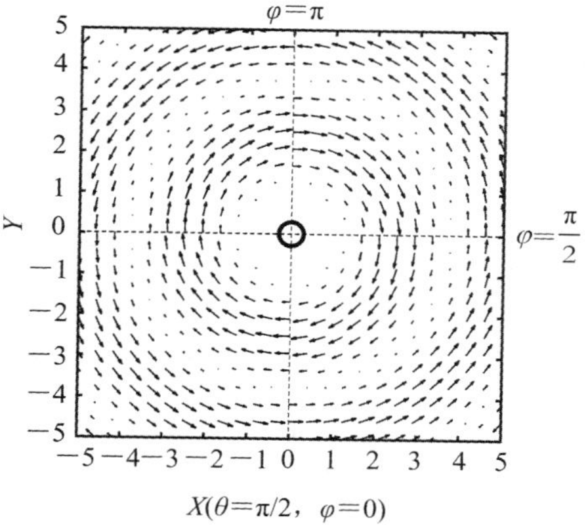

(a) XY 面内电场矢量分布

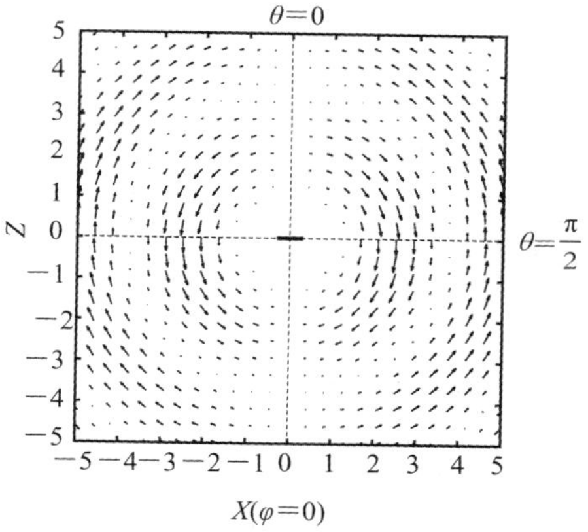

(b) XZ 面内磁场矢量分布

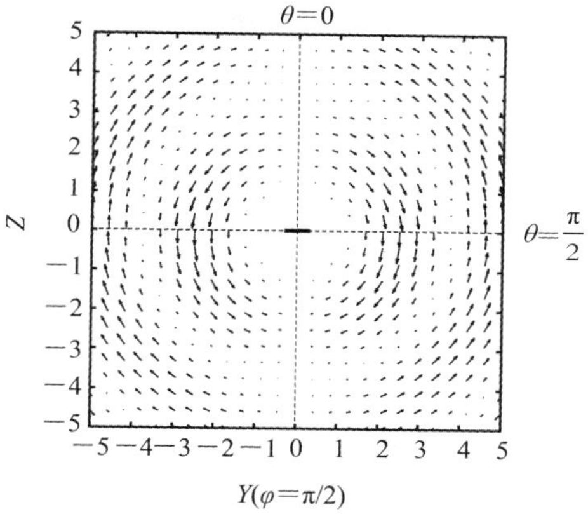

(c) YZ 面内磁场矢量分布

图 15－7　磁基本振子远区场分布

2. 平均功率密度矢量

根据式(6－114)，并将式(15－63)代入，得到磁基本振子远区场的平均功率密度矢量为

$$\tilde{\boldsymbol{S}}_{\mathrm{av}}=\frac{1}{2}\mathrm{Re}[\tilde{\boldsymbol{E}}\times\tilde{\boldsymbol{H}}^{*}]=\frac{1}{2}\mathrm{Re}\begin{vmatrix}\boldsymbol{e}_r & \boldsymbol{e}_\theta & \boldsymbol{e}_\varphi\\ \tilde{E}_r & \tilde{E}_\theta & \tilde{E}_\varphi\\ \tilde{H}_r^{*} & \tilde{H}_\theta^{*} & \tilde{H}_\varphi^{*}\end{vmatrix}=\frac{1}{2}\frac{|\tilde{I}|^2S^2k^4}{(4\pi r)^2}\eta\sin^2\theta\boldsymbol{e}_r \tag{15-67}$$

令

$$S_{\mathrm{av}}(r,\theta,\varphi)=\left[\frac{1}{2}\frac{|\tilde{I}|^2S^2k^4}{(4\pi r)^2}\eta\right]\sin^2\theta \tag{15-68}$$

则有

$$\boldsymbol{S}_{\mathrm{av}}=S_{\mathrm{av}}(r,\theta,\varphi)\boldsymbol{e}_r \tag{15-69}$$

$S_{\mathrm{av}}(r,\theta,\varphi)$ 称为磁基本振子平均功率密度函数。

比较式(15－49)和式(15－68)、式(15－50)和式(15－69)可知，电基本振子辐射场与磁基本振子辐射场具有相同的特点。

15.3　天线的辐射特性

在建立了电基本振子和磁基本振子辐射场的概念之后，就可以讨论描述天线辐射特性的电参数了，这些电参数用来评价一幅天线的性能。天线电参数包括功率方向图和场方向图、方向系数、半功率波束宽度、天线波束立体角、天线效率、极化特性、频带宽度和输入阻抗等。

15.3.1　天线辐射场的区域划分

天线的辐射充满整个空间，空间不同区域的辐射特性不同，因此，有必要对天线辐射的空间区域进行划分。一般情况下，天线周围空间辐射场可划分为四个区域①，图 15－8 给出了单偶极子天线周围空间辐射场区域划分示意图。

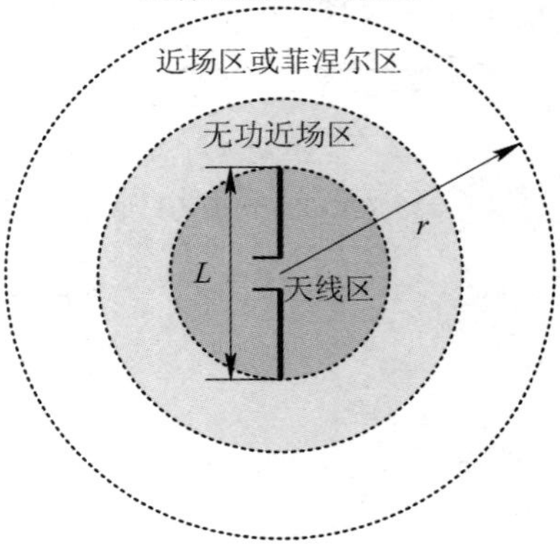

图 15－8　天线辐射场区域划分

1. 天线区

天线物理边界内所对应的区域称为天线区域，定义为

$$r \leqslant \frac{L}{2} \qquad (15-70)$$

式中，L 为天线的最大尺寸，单位为米(m)。

2. 无功近场区

天线周围空间平均辐射功率为零的区域称为无功近场区域，其定义为

$$\frac{L}{2} < r \leqslant 0.62\sqrt{\frac{L^3}{\lambda}} \qquad (15-71)$$

式中，λ 为天线工作波长，单位为米(m)。

3. 近场区——菲涅耳区

近场区也称菲涅耳区(与光学菲涅耳衍射概念相对应)。在近场区天线辐射电磁波，辐射方向随相位中心的距离而变化，辐射功率主要沿径向，但存在非径向辐射，该区域定义为

$$0.62\sqrt{\frac{L^3}{\lambda}} < r \leqslant \frac{2L^2}{\lambda} \qquad (15-72)$$

4. 远场区——夫琅和费区

远场区也称夫琅和费区(与光学夫琅和费衍射概念相对应)。在远场区天线辐射电磁波，辐射功率沿径向，不存在非径向辐射，该区域定义为

---

① 弗兰克・B. 格罗斯(Frank B. Gross)：《智能天线(MATLAB 实践版)(第二版)》，刘光毅、费泽松、王亚峰译，机械工业出版社，2019，第 25 页。
John D. Kraus and Ronald J. Marhefka：《天线(第三版)(上册)》，章文勋译，电子工业出版社，2016，第 30 页。

$$r > \frac{2L^2}{\lambda} \tag{15-73}$$

下面讨论天线辐射特性，没有特殊说明，一般都指天线远区场的辐射特性。

15.3.2 天线方向图

1. 功率方向图

一般而言，任何结构类型的天线都对应一个描述该天线特性的平均功率密度函数 $S_{av}(r, \theta, \varphi)$，而 $S_{av}(r, \theta, \varphi)$ 可以是解析函数，也可以是数值解。$S_{av}(r, \theta, \varphi)$ 反映了天线的辐射特性，对于解析函数，可以把 $S_{av}(r, \theta, \varphi)$ 分离为两部分：① 平均功率密度方向系数，记作 $S_C(r)$，$S_C(r)$ 是包括天线结构参数、衰减因子和常数的函数；② 平均功率密度方向函数，记作 $F(\theta, \varphi)$，$F(\theta, \varphi)$ 仅是方向角 (θ, φ) 和天线结构参数的函数。平均功率密度方向函数通常也简称功率方向函数，其定义为

$$F(\theta, \varphi) = \frac{S_{av}(r, \theta, \varphi)}{S_C(r)} \tag{15-74}$$

功率方向函数 $F(\theta, \varphi)$ 对应的图形称为功率方向图，也称功率波瓣图。

在三维空间，功率方向图是用功率方向函数 $F(\theta, \varphi)$ 代替位置矢量的大小 r $(r \geqslant 0)$，然后采用球坐标转换为直角坐标的关系画图。由式(1-49)有

$$\begin{cases} x = F(\theta, \varphi)\sin\theta\cos\varphi \\ y = F(\theta, \varphi)\sin\theta\sin\varphi \quad (F(\theta, \varphi) \geqslant 0) \\ z = F(\theta, \varphi)\cos\theta \end{cases} \tag{15-75}$$

这就是三维功率方向图的数学表达式。需要强调的是，式(15-75)中的 x、y 和 z 并不具有三维空间坐标的意义，而是代表功率方向函数 $F(\theta, \varphi)$ 在三维空间 X 轴、Y 轴和 Z 轴上的分量。

如果选取 $\varphi = 0$，式(15-75)可化简为

$$\begin{cases} x = F(\theta, \varphi)\big|_{\varphi=0}\sin\theta \\ z = F(\theta, \varphi)\big|_{\varphi=0}\cos\theta \end{cases} \tag{15-76}$$

式(15-76)对应二维 XZ 面功率方向图。如果 $\varphi = \pi/2$，式(15-75)可化简为

$$\begin{cases} y = F(\theta, \varphi)\big|_{\frac{\pi}{2}}\sin\theta \\ z = F(\theta, \varphi)\big|_{\frac{\pi}{2}}\cos\theta \end{cases} \tag{15-77}$$

式(15-77)对应二维 YZ 面功率方向图。

【例 15.1】 依据式(15-75)和式(15-76)画电基本振子三维功率方向图和二维 XZ 面功率方向图。

解 由式(15-49)可写出电基本振子平均功率密度方向系数为

$$S_C(r) = \frac{|\tilde{I}|^2 l^2}{8\lambda^2 r^2}\eta \tag{15-78}$$

将式(15-49)和式(15-78)代入定义式(15-74)，得到电基本振子功率方向函数为

$$F(\theta, \varphi) = \sin^2\theta \tag{15-79}$$

将式(15-79)代入式(15-75)，得到电基本振子三维功率方向图的数学表达式为

$$\begin{cases} x = \sin^2\theta\sin\theta\cos\varphi \\ y = \sin^2\theta\sin\theta\sin\varphi \\ z = \sin^2\theta\cos\theta \end{cases} \tag{15-80}$$

依据式(15－80)可得电基本振子三维功率方向图如图 15－9(a)所示。

对于二维平面功率方向图，采用极坐标比较方便。根据式(1－37)，由式(15－76)，有

$$XZ\ 面：\quad \rho=\sqrt{x^2+z^2}=F(\theta,\varphi)\big|_{\varphi=0} \tag{15-81}$$

由式(15－77)，有

$$YZ\ 面：\quad \rho=\sqrt{y^2+z^2}=F(\theta,\varphi)\big|_{\varphi=\frac{\pi}{2}} \tag{15-82}$$

将式(15－79)代入式(15－81)，得到电基本振子二维 XZ 面功率方向图的数学表达式为

$$\rho=\sin^2\theta \tag{15-83}$$

依据式(15－83)，电基本振子二维 XZ 面功率方向图如图 15－9(b)所示。由于电基本振子功率方向函数 $F(\theta,\varphi)$ 与 φ 无关，因此二维 YZ 面功率方向图与二维 XZ 面功率方向图相同。

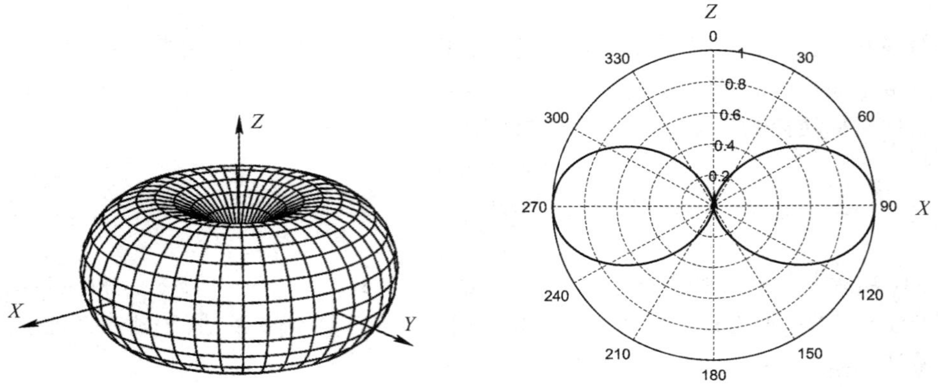

(a) 三维功率方向图　　(b) 二维XZ面功率方向图

图 15－9　电基本振子功率方向图

比较式(15－49)和式(15－68)可知，电基本振子与磁基本振子功率方向函数相同，因而功率方向图相同。

2. 场方向图

功率方向图可以反映天线辐射电磁能量的方向性，同样电场和磁场分布也可以反映天线辐射电磁能量的方向性。为了便于对不同天线电场和磁场远区场分布进行比较，可画出天线电场方向图和磁场方向图，电场方向图和磁场方向图统称为场方向图。下面以电场方向图为例，给出场方向图的定义。

设天线远区场电场分量为 $\widetilde{E}(r,\theta,\varphi)$，把 $\widetilde{E}(r,\theta,\varphi)$ 分离为两部分：① 电场方向系数，记作 $\widetilde{E}_{\mathrm{C}}(r)$，$\widetilde{E}_{\mathrm{C}}(r)$ 是包括天线结构参数、衰减因子、空间相位因子和常数的函数；② 电场方向函数，记作 $f(\theta,\varphi)$，$f(\theta,\varphi)$ 仅是方向角 (θ,φ) 和天线结构参数的函数。天线电场方向函数定义为

$$f(\theta,\varphi)=\frac{\widetilde{E}(r,\theta,\varphi)}{\widetilde{E}_{\mathrm{C}}(r)} \tag{15-84}$$

式中，$\widetilde{E}(r, \theta, \varphi)$ 为天线远区场电场复振幅矢量分量 $\widetilde{E}_\theta(r, \theta, \varphi)$ 或 $\widetilde{E}_\varphi(r, \theta, \varphi)$。

与功率方向图不同，场方向图是用场方向函数取模 $|f(\theta, \varphi)|$ 代替位置矢量的大小 r $(r \geqslant 0)$，然后采用球坐标转换为直角坐标的关系画图。由式(1-49)得到三维场方向图的数学表达式为

$$\begin{cases} x = |f(\theta, \varphi)| \sin\theta\cos\varphi \\ y = |f(\theta, \varphi)| \sin\theta\sin\varphi \\ z = |f(\theta, \varphi)| \cos\theta \end{cases} \tag{15-85}$$

如果选取 $\varphi = 0$，由式(15-85)得到二维 XZ 面场方向图的数学表达式为

$$\begin{cases} x = |f(\theta, \varphi)|_{\varphi=0}| \sin\theta \\ z = |f(\theta, \varphi)|_{\varphi=0}| \cos\theta \end{cases} \tag{15-86}$$

式(15-86)对应二维 XZ 面场方向图。选取 $\varphi = \pi/2$，由式(15-85)得到二维 YZ 面场方向图的数学表达式为

$$\begin{cases} y = |f(\theta, \varphi)|_{\frac{\pi}{2}}| \sin\theta \\ z = |f(\theta, \varphi)|_{\frac{\pi}{2}}| \cos\theta \end{cases} \tag{15-87}$$

式(15-87)对应二维 YZ 面场方向图。

【例 15.2】 依据式(15-85)和式(15-86)画电基本振子三维电场方向图和二维 XZ 面电场方向图。

解 由式(15-44)可写出电场复振幅矢量分量 $\widetilde{E}_\theta(r, \theta, \varphi)$ 对应的电场方向系数为

$$\widetilde{E}_\mathrm{C}(r) = \mathrm{j}\,\frac{\widetilde{I}l}{2\lambda r}\eta \mathrm{e}^{-\mathrm{j}kr} \tag{15-88}$$

将式(15-44)中的第一式 $\widetilde{E}_\theta(r, \theta, \varphi)$ 和式(15-88)代入定义式(15-84)，得到电基本振子电场方向函数为

$$f(\theta, \varphi) = \sin\theta \tag{15-89}$$

将式(15-89)取模代入式(15-85)，得到电基本振子三维电场方向图的数学表达式为

$$\begin{cases} x = |\sin\theta| \sin\theta\cos\varphi \\ y = |\sin\theta| \sin\theta\sin\varphi \\ z = |\sin\theta| \cos\theta \end{cases} \tag{15-90}$$

根据极坐标与直角坐标变换关系式(1-37)，由式(15-86)，有

XZ 面：
$$\rho = \sqrt{x^2 + z^2} = |f(\theta, \varphi)|_{\varphi=0}| \tag{15-91}$$

由式(15-87)，有

YZ 面：
$$\rho = \sqrt{y^2 + z^2} = |f(\theta, \varphi)|_{\varphi=\frac{\pi}{2}}| \tag{15-92}$$

将式(15-89)代入式(15-91)和式(15-92)，得到电基本振子二维 XZ 面和 YZ 面电场方向图的数学表达式为

$$\rho = |\sin\theta| \tag{15-93}$$

依据式(15-90)，电基本振子三维电场方向图如图 15-10(a)所示。依据式(15-93)，电基本振子二维 XZ 面电场方向图如图 15-10(b)所示。由于电基本振子电场方向函数

$f(\theta, \varphi)$ 与 φ 无关，因此 YZ 面电场方向图与 XZ 面电场方向图相同。

图 15-10(b)与图 15-5(a)和图 15-5(b)比较可知，XZ 面电场矢量分布图和 YZ 面电场矢量分布图与图 15-10(b)具有相同的特点。

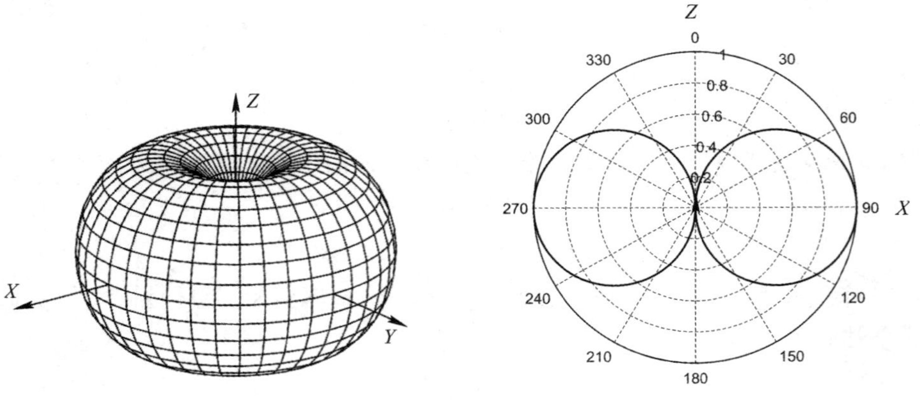

(a) 三维电场方向图　　(b) 二维 XZ 面电场方向图

图 15-10　电基本振子电场振幅方向图

【例 15.3】　画出电基本振子二维 XY 面磁场方向图。

解　由式(15-44)，有

$$\widetilde{H}_{\varphi} = \mathrm{j}\,\frac{\widetilde{I}l}{2\lambda r}\mathrm{e}^{-\mathrm{j}kr}\sin\theta \tag{15-94}$$

由此可写出电基本振子磁场方向系数为

$$\widetilde{H}_{\mathrm{C}}(r) = \mathrm{j}\,\frac{\widetilde{I}l}{2\lambda r}\mathrm{e}^{-\mathrm{j}kr} \tag{15-95}$$

根据场方向函数定义，得磁场方向函数为

$$f(\theta, \varphi) = \frac{\widetilde{H}_{\varphi}(r, \theta, \varphi)}{\widetilde{H}_{\mathrm{C}}(r)} = \sin\theta \tag{15-96}$$

将式(15-96)取模代入式(15-85)，并取 $\theta = \pi/2$，得到

$$\begin{cases} x = \left| f(\theta, \varphi)\right|_{\theta=\frac{\pi}{2}} \left| \sin\theta\cos\varphi = \cos\varphi \right. \\ y = \left| f(\theta, \varphi)\right|_{\theta=\frac{\pi}{2}} \left| \sin\theta\sin\varphi = \sin\varphi \right. \\ z = \left| f(\theta, \varphi)\right|_{\theta=\frac{\pi}{2}} \left| \cos\theta = 0 \right. \end{cases} \tag{15-97}$$

根据极坐标与直角坐标变换关系式(1-37)，由式(15-97)，并将式(15-96)代入，得到电基本振子二维 XY 面磁场方向函数为

XY 面：
$$\rho = \sqrt{x^2 + y^2} = \left| f(\theta, \varphi)\right|_{\theta=\frac{\pi}{2}} \Big| = 1 \tag{15-98}$$

显然，二维 XY 面磁场方向函数为常数 1，则磁场方向图为半径等于 1 的单位圆，如图 15-11所示。由图 15-5(c)可以看出，XY 面内磁场矢量分布矢量线为同心圆，与 XY 面磁场方向图相同。

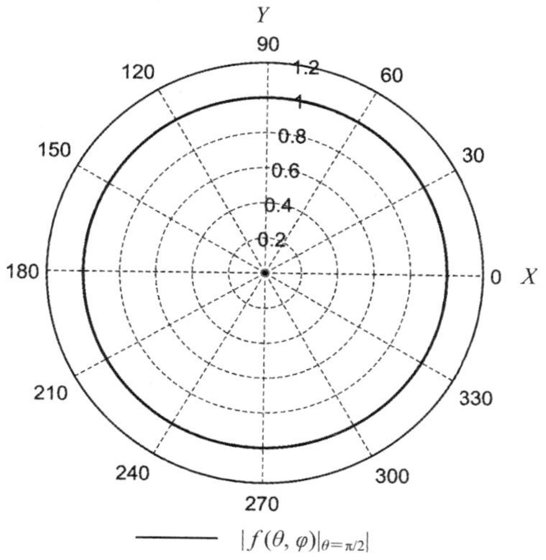

图 15-11 电基本振子 XY 面磁场方向图

在此需要强调的是，式(15-74)定义的功率方向函数 $F(\theta,\varphi)$ 不能称为归一化功率方向函数，式(15-84)定义的电场方向函数 $f(\theta,\varphi)$ 也不能称为归一化电场方向函数，虽然对于电基本振子和磁基本振子，$F(\theta,\varphi)$ 和 $f(\theta,\varphi)$ 的最大值为 1，但对于一般情况 $F(\theta,\varphi)$ 和 $f(\theta,\varphi)$ 可大于 1，见图 15-18(b)和图 15-18(c)。

15.3.3 天线方向系数

天线功率方向图反映了天线辐射能量在空间分布存在各向"异性"，但不能反映天线在空间辐射能量的集中程度，也不能定量比较不同天线方向性的强弱。为了定量描述不同天线的方向性，通常采用天线方向系数 D。定义 D 通常选择无方向性天线(理想点源天线)作为比较标准，无方向性天线的方向系数取 1。由于无方向性天线实际上是不存在的，因此无方向性天线在某一方向上的功率密度可以用实际天线各方向平均功率密度进行计算。因此，D 可定义为天线远区场在球面最大辐射方向 $(\theta,\varphi)_{\max}$ 上的功率 $P_{\max}(\theta,\varphi)$ 与该球面上的平均功率 P_{av} 之比，即

$$D=\frac{P_{\max}(\theta,\varphi)}{P_{av}} \tag{15-99}$$

下面推导方向系数 D 的表达式。假设天线的平均功率密度函数为 $S_{av}(r,\theta,\varphi)$，则球面的平均功率为

$$P_{av}=\frac{1}{4\pi r^2}\int_0^{2\pi}\int_0^{\pi}\boldsymbol{S}_{av}(r,\theta,\varphi)\cdot \mathrm{d}\boldsymbol{S}_r=\frac{1}{4\pi r^2}\int_0^{2\pi}\int_0^{\pi}S_{av}(r,\theta,\varphi)r^2\sin\theta\mathrm{d}\theta\mathrm{d}\varphi \tag{15-100}$$

将式(15-74)代入式(15-100)，有

$$P_{av}=\frac{S_C(r)}{4\pi}\int_0^{2\pi}\int_0^{\pi}F(\theta,\varphi)\sin\theta\mathrm{d}\theta\mathrm{d}\varphi \tag{15-101}$$

在球面最大辐射方向 $(\theta,\varphi)_{\max}$ 上的功率 $P_{\max}(\theta,\varphi)$ 为

$$P_{\max}(\theta,\varphi)=S_C(r)F_{\max}(\theta,\varphi) \tag{15-102}$$

将式(15-101)和式(15-102)代入式(15-99)，得到

$$D=\frac{4\pi F_{\max}(\theta,\varphi)}{\int_0^{2\pi}\int_0^{\pi}F(\theta,\varphi)\sin\theta\mathrm{d}\theta\mathrm{d}\varphi} \tag{15-103}$$

定义归一化功率方向函数为

$$F_n(\theta,\varphi)=\frac{F(\theta,\varphi)}{F_{\max}(\theta,\varphi)} \tag{15-104}$$

则式(15-103)可改写为

$$D=\frac{4\pi}{\int_0^{2\pi}\int_0^{\pi}F_n(\theta,\varphi)\sin\theta\mathrm{d}\theta\mathrm{d}\varphi} \tag{15-105}$$

由式(15-103)可知，如果已知天线功率方向函数 $F(\theta,\varphi)$，则利用该式就可计算天线方向系数。如果用分贝表示，则天线最大方向系数为

$$D=10\lg D \tag{15-106}$$

【例 15.4】　计算电基本振子的天线方向系数。

解　由式(15-79)，有

$$F(\theta,\varphi)=\sin^2\theta$$

则

$$F_{\max}(\theta,\varphi)=\sin^2\theta\big|_{\theta=\pi/2}=1$$

将上两式代入式(15-103)，得到

$$D=\frac{4\pi}{\int_0^{2\pi}\int_0^{\pi}\sin^3\theta\mathrm{d}\theta\mathrm{d}\varphi}=\frac{4\pi}{8\pi/3}=1.5\approx1.76(\mathrm{dB})$$

15.3.4　天线半功率波束宽度

图 15-12 所示为天线归一化场方向函数①

$$f_n(\theta,\varphi)=\sin\frac{\pi}{2N}\frac{\cos\left[\frac{N\pi d}{\lambda}(1-\cos\theta)\right]}{\sin\left[\frac{\pi d}{\lambda}(1-\cos\theta)+\frac{\pi}{2N}\right]},\quad \left(N=8,\ d=\frac{\lambda}{4},\ \lambda=1\right) \tag{15-107}$$

对应的三维场方向图(计算将式(15-107)代入式(15-85))。由图 15-12 可见，三维场方向图存在一个主瓣(或称主波束)、两个旁瓣(或称副瓣)和两个后瓣，场方向图沿 Z 轴对称分布，Z 轴称为主瓣轴。三维场方向图全方位反映天线电磁辐射在空间的方向特性。

三维场方向图不便于对天线电磁辐射方向特性进行定量研究，通常是选取球坐标系特定平面绘制天线场方向图或功率方向图，比如 θ 平面或者 φ 平面。选取 θ 平面，φ 取定值，$\varphi=0°$，对应于 XZ 平面；$\varphi=90°$，对应于 YZ 平面。同理，选取 φ 平面，$\theta=90°$，对应于 XY 平面。一般情况下，天线电磁辐射方向特性需要两个相互垂直的剖面 XZ 面和 YZ 面，XZ 面和 YZ 面也称为主平面，其对应的方向图也称为主平面方向图或主平面波瓣图。如果天

① 钟顺时：《天线理论与技术(第二版)》，电子工业出版社，2020，第 113 页。

线方向图具有轴对称性，则仅需一个主平面即可。

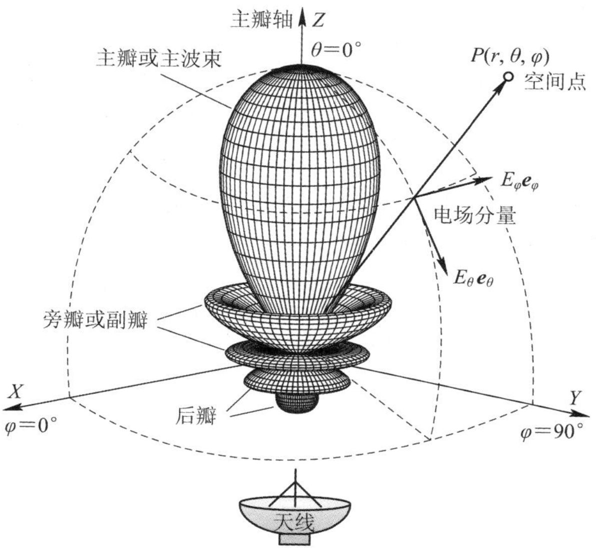

图 15-12　天线三维场方向图

图 15-13(a)和图 15-13(b)为天线电磁辐射归一化场方向函数式(15-107)对应的场方向图和功率方向图。由图可见，在极坐标系下绘制方向图，可以直观地对天线电磁辐射波瓣作出解释。但是，对于天线方向图波束比较窄或旁瓣和后瓣电平比较低的情况，图 15-13(b)所示的功率方向图旁瓣和后瓣功率电平很小，这种情况下将 $[\theta, |f_n(\theta)|]$ 或 $[\theta, F_n(\theta)]$ 对应的极坐标方向图改为以 θ 为横坐标的直角坐标方向图，且 $|f_n(\theta)|$ 或 $F_n(\theta)$ 取对数，这样既可以"展宽"方向图波瓣，也可以"抬高"方向图旁瓣和后瓣电平。图 15-13(c)为对应于图 15-13(b)的直角坐标场方向图，显然，直角坐标场方向图更易分辨。由于直角坐标方向图纵坐标取

$$f_n(\theta) = 10\lg|f_n(\theta)| \text{或} F_n(\theta) = 10\lg F_n(\theta) \tag{15-108}$$

因此直角坐标方向图通常称为方向分贝图。

天线方向图直观地反映天线电磁辐射的方向特性。为了定量描述天线的方向特性，可引入天线半功率波束宽度，用 $\beta_{1/2}$ 表示。$\beta_{1/2}$ 定义为当归一化功率方向函数 $F_n(\theta)$ 的幅值等于主瓣峰值(归一化功率方向函数 $F_n(0)=1$)的一半(或分贝取值 -3 dB)时，即 $F_n(\theta)=0.5$，主瓣上两侧对应位置之间的角宽度如图 15-13(b)所示。对于图 15-13(c)所示的方向分贝图，$\beta_{1/2}$ 为

$$\beta_{1/2} = |\theta_2 - \theta_1| \tag{15-109}$$

天线半功率波束宽度也可以用归一化场方向函数 $f_n(\theta)$ 定义，如图 15-13(a)所示。当场方向函数 $|f_n(\theta)| = 0.707$ (归一化场方向函数 $|f_n(0)| = 1$)时，主瓣上两侧对应位置之间的角宽度为 $\beta_{1/2}$。因为 $F_n(\theta) = |f_n(\theta)|^2$，所以两种定义半功率波束宽度相等。

除了半功率波束宽度外，还可以用零点波束宽度描述天线的方向特性，它是主瓣峰值两侧第一个零点之间的角宽度，用 β_0 表示，如图 15-13(c)所示。

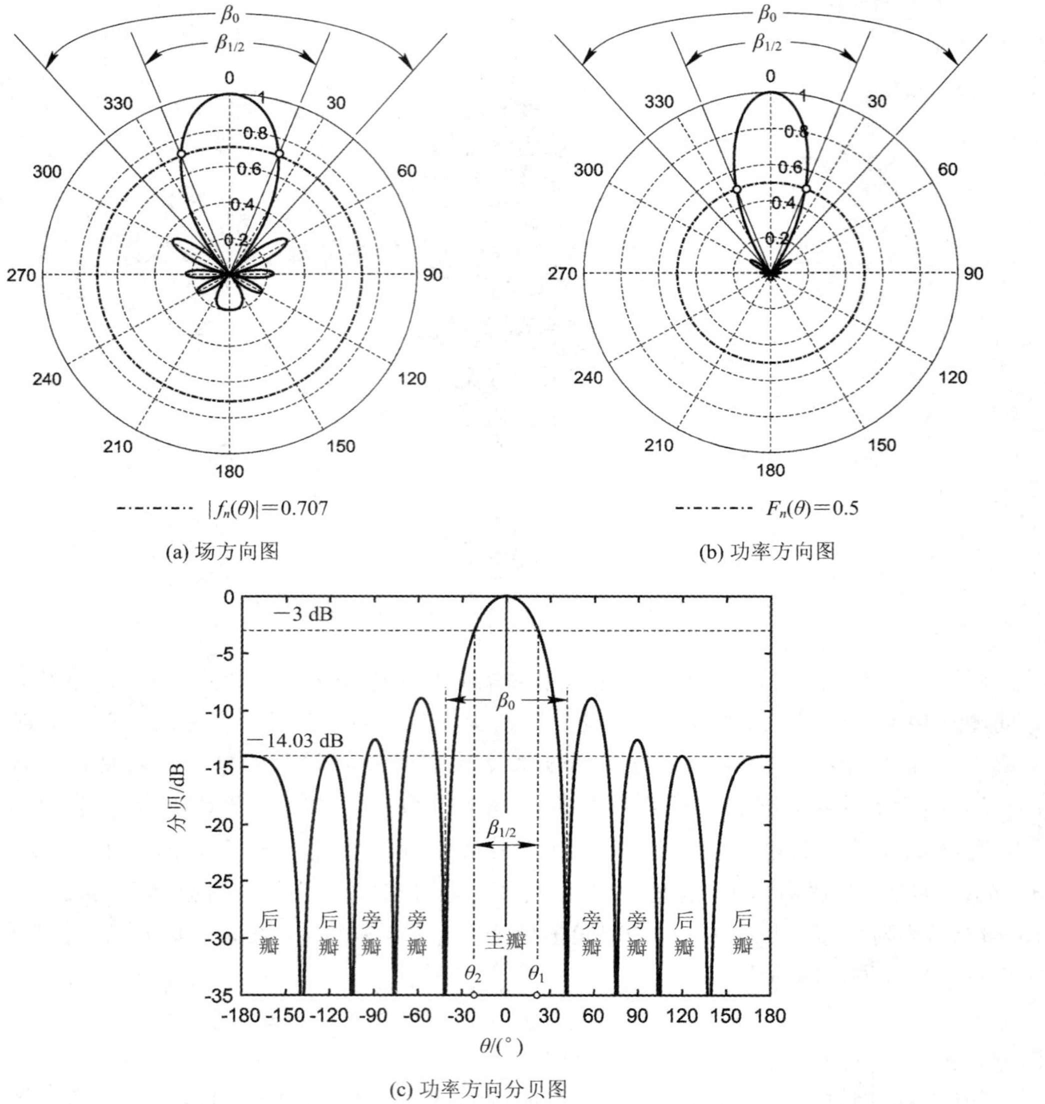

(a) 场方向图　　(b) 功率方向图

(c) 功率方向分贝图

图 15-13　天线方向图

15.3.5　天线波束立体角

1. 立体角的概念

由式(1-53)可知，球坐标系中沿 $\boldsymbol{e}_r$ 方向的面微分元大小为

$$dS_r = r^2 \sin\theta d\theta d\varphi = r^2 d\Omega \tag{15-110}$$

式中：

$$d\Omega = \sin\theta d\theta d\varphi \tag{15-111}$$

为面元 dS_r 所张的立体角元，如图 15-14 所示。立体角的国际单位为球面度，用 sr 表示。立体角也可以采用非国际制单位平方度，用角标“□”表示。

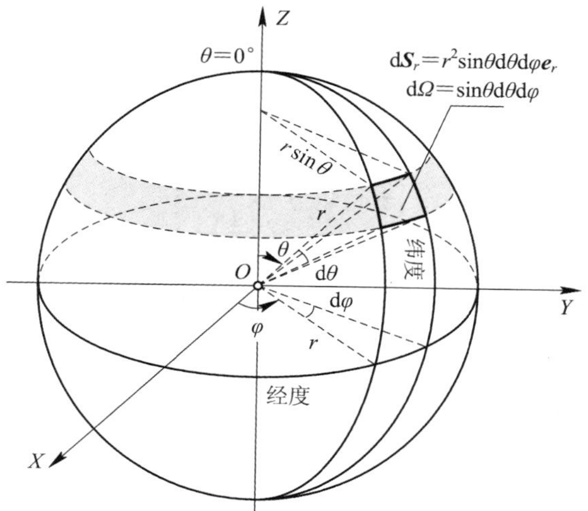

图 15-14 球坐标系中的立体角元

对于半径为 r 的球面，球面面积为

$$S=\int_0^{\pi}\int_0^{2\pi} r^2\sin\theta\mathrm{d}\theta\mathrm{d}\varphi=2\pi r^2\int_0^{\pi}\sin\theta\mathrm{d}\theta=4\pi r^2 \tag{15-112}$$

比较式(15-110)和式(15-112)可知，完整球面立体角为 4π sr。

如果用弧度表示角度，则式(15-111)的量纲等式为

$$[\mathrm{sr}]=[\mathrm{rad}][\mathrm{rad}]=[\mathrm{rad}^2] \tag{15-113}$$

由此得到球面度与弧度的关系为

$$1\ \mathrm{sr}=1\ \mathrm{rad}^2 \tag{15-114}$$

如果用度表示角度可得

$$1\ \mathrm{rad}^2=\left(\frac{180}{\pi}\right)^2(\mathrm{deg})^2=\left(\frac{180}{\pi}\right)^2(^\circ)^2\approx 3282.8\ 平方度=3282.8^{\square} \tag{15-115}$$

因此，可写出完整球面的立体角为

$$4\pi\ \mathrm{sr}=4\pi\ \mathrm{rad}^2\approx 3282.8\times 4\pi^{\square}\approx 41253^{\square} \tag{15-116}$$

2. 天线波束立体角

天线波束立体角 Ω_{P} 定义为归一化功率方向函数 $F_n(\theta, \varphi)$ 在球面 4π sr 上的积分，即

$$\Omega_{\mathrm{P}}=\iint_{(4\pi)} F_n(\theta, \varphi)\mathrm{d}\Omega=\int_0^{\pi}\int_0^{2\pi} F_n(\theta, \varphi)\sin\theta\mathrm{d}\theta\mathrm{d}\varphi \tag{15-117}$$

3. 天线最大方向系数与天线波束立体角之间的关系

将式(15-117)代入式(15-105)，可得

$$D=\frac{4\pi}{\Omega_{\mathrm{P}}} \tag{15-118}$$

这就是用天线波束立体角 Ω_{P} 表达天线方向系数 D 的表达式。该式表明，天线功率方向图波瓣的 Ω_{P} 越小，天线的方向系数 D 就越大。对于各向同性天线，由于 $\Omega_{\mathrm{P}}=4\pi$，因此其方向系数 $D=1$。

实际应用中，对于仅有一个主瓣的天线，如图 15-15(a)所示，天线波束立体角可近似为两个主平面 XZ 面和 YZ 面主瓣半功率波束宽度 β_{xz}（图 15-15(b)）和 β_{yz}（图 15-15(c)）的乘积，即

$$\Omega_{\mathrm{P}} \approx \beta_{xz}\beta_{yz} \tag{15-119}$$

因此，方向系数 D 可近似为

$$D = \frac{4\pi}{\Omega_{\mathrm{P}}} \approx \frac{4\pi}{\beta_{xz}\beta_{yz}} \tag{15-120}$$

若天线主瓣半功率波束宽度 β_{xz} 和 β_{yz} 用度(°)表示，则方向系数近似为

$$D = \frac{4\pi}{\Omega_{\mathrm{P}}} \approx \frac{41235^{\square}}{\beta_{xz}\beta_{yz}} \tag{15-121}$$

已知某天线主瓣半功率波束宽度 $\beta_{xz} = \beta_{yz} = 40°$，则天线方向系数为

$$D \approx \frac{41235^{\square}}{\beta_{xz}\beta_{yz}} = \frac{41235^{\square}}{40° \times 40°} \approx 25.8 \approx 14\ \mathrm{dB} \tag{15-122}$$

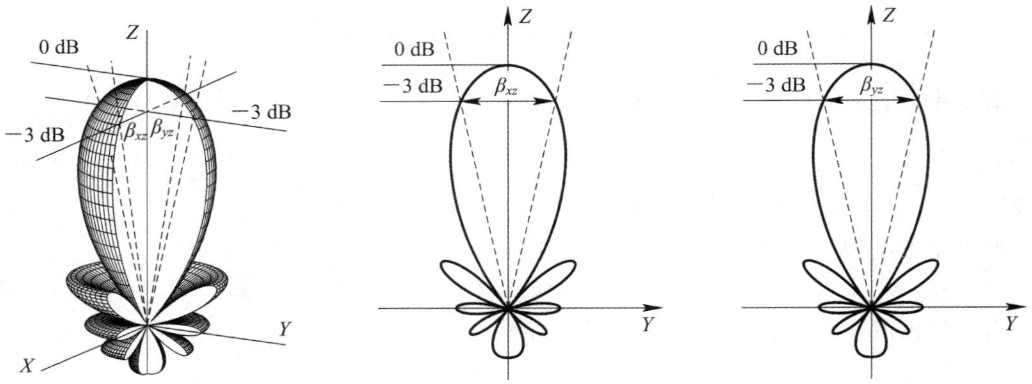

(a) 波束立体角　(b) XZ面半功率波束宽度　(c) YZ面半功率波束宽度

图 15-15　波束立体角与半功率波束宽度的关系

15.3.6 天线辐射效率、增益和辐射电阻

1. 天线辐射效率

假设供给天线的总功率为 P_{t}（天线发射器总功率），天线辐射到空间的功率为 P_{r}，天线结构中的热损耗功率为 P_{ℓ}。辐射效率记作 ξ，定义为

$$\xi = \frac{P_{\mathrm{r}}}{P_{\mathrm{t}}} = \frac{P_{\mathrm{r}}}{P_{\mathrm{r}} + P_{\ell}} \tag{15-123}$$

2. 天线增益

定义天线增益与定义天线方向系数一样，需要采用无方向性天线作为比较标准，并规定无方向性天线的增益为 1。不同之处在于定义天线增益是在输入功率相同的条件下与无方向性天线作比较。

天线增益定义为天线在最大辐射方向的功率与天线发射总功率之比，即

$$G = \frac{P_{\max}(\theta, \varphi)}{P_{\mathrm{t}}} \tag{15-124}$$

将式(15－123)代入式(15－124)，有

$$G = \xi \frac{P_{\max}(\theta, \varphi)}{P_r} \tag{15-125}$$

天线辐射到空间的功率 P_r 用实际天线平均功率替代，由式(15－101)，有

$$P_r = P_{av} = \frac{S_C(r)}{4\pi} \int_0^{2\pi} \int_0^{\pi} F(\theta, \varphi) \sin\theta \mathrm{d}\theta \mathrm{d}\varphi \tag{15-126}$$

将天线最大辐射功率式(15－102)和式(15－126)代入式(15－125)，得到

$$G = \xi \frac{4\pi F_{\max}(\theta, \varphi)}{\int_0^{2\pi} \int_0^{\pi} F(\theta, \varphi) \sin\theta \mathrm{d}\theta \mathrm{d}\varphi} \tag{15-127}$$

利用天线方向系数式(15－103)，得到天线增益与方向系数的关系为

$$G = \xi D \tag{15-128}$$

天线增益 G 考虑了天线的欧姆损耗，而天线方向系数则没有。对于无耗天线 $\xi = 1$。

3. 天线辐射电阻

天线辐射电磁波必须通过传输线与信号发生器相连接，因此，天线本身可以看作是整个传输系统的一个负载，具有阻抗特性，如图 15－16 所示。假设系统输入总功率为 P_t，通过天线传输一部分辐射到空间，即 P_r，一部分耗散在天线中，即 P_ℓ。天线阻抗中的电阻分量可分作两部分：辐射电阻 R_r 和损耗电阻 R_ℓ。与辐射电阻 R_r 对应的辐射功率为 P_r，与损耗电阻 R_ℓ 对应的耗散功率为 P_ℓ，根据电阻与功率的关系，有

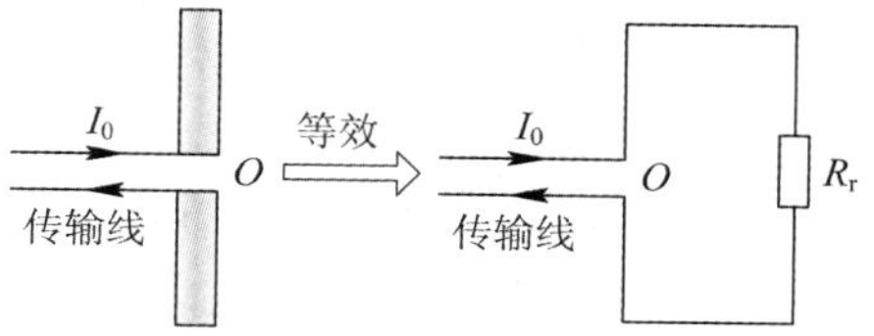

图 15－16　天线辐射电阻

$$P_r = \frac{1}{2} I_0^2 R_r \tag{15-129}$$

$$P_\ell = \frac{1}{2} I_0^2 R_\ell \tag{15-130}$$

式中，I_0 为天线中正弦波激励电流的幅值。

根据式(15－123)，并将式(15－129)和式(15－130)代入，则有

$$\xi = \frac{P_r}{P_t} = \frac{P_r}{P_r + P_\ell} = \frac{R_r}{R_r + R_\ell} \tag{15-131}$$

辐射电阻的计算可先计算 P_r，然后再代入式(15－129)，即可求得 R_r。

【例 15.5】　求电基本振子的辐射电阻。

解　如图 15－4(b)所示，选择包围电基本振子的球面，球面半径为 r，球面上的平均功率密度矢量为 $\boldsymbol{S}_{av}$。$\boldsymbol{S}_{av}$ 沿球面积分，得到电基本振子辐射功率为

$$P_r = \oint\!\!\oint_{(S)} \boldsymbol{S}_{av} \cdot \mathrm{d}\boldsymbol{S} = \oint\!\!\oint_{(S)} S_{av} \boldsymbol{e}_r \cdot \boldsymbol{e}_r r^2 \sin\theta \mathrm{d}\theta \mathrm{d}\varphi = \int_0^{\pi} \int_0^{2\pi} S_{av} r^2 \sin\theta \mathrm{d}\theta \mathrm{d}\varphi \tag{15-132}$$

将式(15－49)代入，并取 $\eta = \eta_0 = 120\pi$，积分得到

$$P_r = \frac{|\widetilde{I}|^2 l^2}{8\lambda^2} 120\pi \int_0^{\pi} \int_0^{2\pi} \sin^3\theta \mathrm{d}\theta \mathrm{d}\varphi = \frac{|\widetilde{I}|^2 l^2}{\lambda^2} 30\pi^2 \int_0^{\pi} \sin^3\theta \mathrm{d}\theta = 40\pi^2 \frac{|\widetilde{I}|^2 l^2}{\lambda^2} \tag{15-133}$$

显然，电基本振子辐射功率与电流强度平方 $|\widetilde{I}|^2$ 和电长度平方 $(l/\lambda)^2$ 成正比，而与球面半径 r 无关。

设 $|\tilde{I}| = I_0$，令式(15-129)和式(15-133)相等，得到电基本振子辐射电阻为

$$R_r = 80\pi^2 \frac{l^2}{\lambda^2} \tag{15-134}$$

15.3.7　天线极化特性和工作带宽

1. 天线极化特性

所谓天线的极化特性是指天线在最大辐射方向上电场强度矢量的空间取向，或者是指瞬时电场矢量在一个周期内所描绘的轨迹。当天线辐射的电场矢量在最大辐射方向空间所描绘的轨迹是直线、圆或椭圆时，相应的天线就称为线极化天线、圆极化天线或椭圆极化天线。线极化天线又可分为水平极化和垂直极化，水平极化电场矢量与地表面平行，而垂直极化电场矢量与地表面垂直。圆极化和椭圆极化又分为左旋极化和右旋极化，左旋极化是沿传播方向电场矢量顺时针变化(左手关系)，而右旋极化是沿传播方向电场矢量逆时针变化(右手关系)。

2. 天线工作带宽

天线的辐射特性与辐射频率有关，因此，天线的工作频带宽度(即工作带宽)通常是针对几个主要特性指标满足要求的频率范围。但在不同的应用中，频带特性的要求也不尽相同。比如电视发射天线，为了避免信号在发射机与发射天线之间的馈线来回反射而产生重影，对电视发射天线的阻抗带宽有严格的要求。对某些接收天线，为了避免接收其他方向来的干扰信号或杂波信号，须限定旁瓣电平和后瓣电平，也就是对天线的方向图和方向图带宽提出要求。对于几个特性参数有要求时，该天线的工作带宽最窄。

天线的带宽通常用绝对带宽 Δf 和相对带宽 $\Delta f/f_0$ 来表示。所谓绝对带宽是指在中心频率 f_0 两侧，当天线特性下降到规定值时所对应的两个频点之间的范围，即 Δf；而相对带宽是绝对带宽与中心频率的比值。

15.4　对称振子天线

对称振子天线是由横截面尺寸小于纵向尺寸并小于工作波长的金属导线构成的，是一种线天线。线天线广泛应用于通信、雷达等无线电系统中，下面讨论对称振子天线的概念和特性。

15.4.1　对称振子天线远区场

对称振子天线的辐射特性计算通常采用等效传输线近似的方法。该方法把对称振子天线认为是由开路的双线传输线张开而成，天线上的电流近似认为是正弦分布，在图 15-17 所示的坐标系下，电流可表示为

$$\tilde{I}(z) = \begin{cases} I_0 \sin k(l-z) & (0 \leqslant z \leqslant l) \\ I_0 \sin k(l+z) & (-l \leqslant z \leqslant 0) \end{cases} \tag{15-135}$$

式中，I_0 为天线上波腹点的电流，l 为天线单臂长度，$k = 2\pi/\lambda$ 为波数，λ 为自由空间的波长。

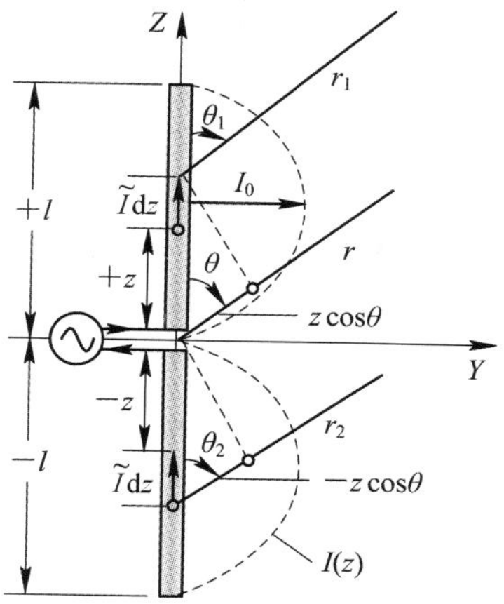

图 15 - 17　对称振子

计算对称振子的辐射场，可把对称振子分成无穷多个首尾相接的电基本振子，空间任一点的辐射场就是这些电基本振子辐射场的叠加。不妨在对称振子上取一线电流元 $\tilde{I}(z)\mathrm{d}z$，由电基本振子远区场的表达式(15 - 44)的第一式，得到在 $\pm z$ 处电流元远区电场复振幅为

$$\begin{cases} \mathrm{d}\tilde{E}_{\theta_1} = \mathrm{j}\dfrac{\tilde{I}(z)\mathrm{d}z}{2\lambda r_1}\eta\sin\theta_1 \mathrm{e}^{-\mathrm{j}kr_1} \\ \mathrm{d}\tilde{E}_{\theta_2} = \mathrm{j}\dfrac{\tilde{I}(z)\mathrm{d}z}{2\lambda r_2}\eta\sin\theta_2 \mathrm{e}^{-\mathrm{j}kr_2} \end{cases} \tag{15 - 136}$$

由于是远区场，可采用平行光线近似，则有

$$\theta \approx \theta_1 \approx \theta_2 \tag{15 - 137}$$

计算积分时，分母中取近似为

$$r \approx r_1 \approx r_2 \tag{15 - 138}$$

在相位因子中，取近似为

$$\begin{cases} r_1 = r - z\cos\theta \quad (z > 0) \\ r_2 = r - z\cos\theta \quad (z < 0) \end{cases} \tag{15 - 139}$$

由此式(15 - 136)可简化为

$$\begin{cases} \mathrm{d}\tilde{E}_{\theta_1} = \mathrm{j}\dfrac{I_0 \sin k(l - z)\mathrm{d}z}{2\lambda r}\eta\sin\theta \mathrm{e}^{-\mathrm{j}kr}\mathrm{e}^{\mathrm{j}kz\cos\theta} \quad (z > 0) \\ \mathrm{d}\tilde{E}_{\theta_2} = \mathrm{j}\dfrac{I_0 \sin k(l + z)\mathrm{d}z}{2\lambda r}\eta\sin\theta \mathrm{e}^{-\mathrm{j}kr}\mathrm{e}^{\mathrm{j}kz\cos\theta} \quad (z < 0) \end{cases} \tag{15 - 140}$$

式(15 - 140)两式分别积分然后叠加，得到对称振子总辐射场电场复振幅矢量分量为

$$\begin{aligned} \tilde{E}_\theta &= \int_0^l \mathrm{d}\tilde{E}_{\theta_1} + \int_{-l}^0 \mathrm{d}\tilde{E}_{\theta_2} = \mathrm{j}\frac{I_0\eta}{2\lambda r}\sin\theta \mathrm{e}^{-\mathrm{j}kr}\left[\int_0^{+l}\sin k(l - z)\mathrm{e}^{\mathrm{j}kz\cos\theta}\mathrm{d}z + \int_{-l}^0 \sin k(l + z)\mathrm{e}^{\mathrm{j}kz\cos\theta}\mathrm{d}z\right] \\ &= \mathrm{j}\frac{I_0\eta}{\lambda r}\sin\theta \mathrm{e}^{-\mathrm{j}kr}\int_0^{+l}\sin(kl - kz)\cos(kz\cos\theta)\mathrm{d}z = \mathrm{j}\frac{I_0\eta}{2\pi r}\left[\frac{\cos(kl\cos\theta) - \cos(kl)}{\sin\theta}\right]\mathrm{e}^{-\mathrm{j}kr} \end{aligned} \tag{15 - 141}$$

即

$$\widetilde{E}_\theta = \mathrm{j}\,\frac{I_0\eta}{2\pi r}\left[\frac{\cos(kl\cos\theta)-\cos(kl)}{\sin\theta}\right]\mathrm{e}^{-\mathrm{j}kr} \tag{15-142}$$

由时谐形式的麦克斯韦方程(6-97)，有

$$\widetilde{\boldsymbol{H}} = \mathrm{j}\,\frac{1}{\omega\mu}\nabla\times\widetilde{\boldsymbol{E}} \tag{15-143}$$

将式(15-142)代入式(15-143)，并利用式(1-90)，得到总辐射场磁场复振幅矢量为

$$\widetilde{\boldsymbol{H}} = \mathrm{j}\,\frac{1}{\omega\mu r^2\sin\theta}\begin{vmatrix}\boldsymbol{e}_r & r\,\boldsymbol{e}_\theta & r\sin\theta\,\boldsymbol{e}_\varphi\\ \dfrac{\partial}{\partial r} & \dfrac{\partial}{\partial\theta} & \dfrac{\partial}{\partial\varphi}\\ 0 & r\widetilde{E}_\theta & 0\end{vmatrix} = \mathrm{j}\,\frac{I_0}{2\pi r}\mathrm{e}^{-\mathrm{j}kr}\left[\frac{\cos(kl\cos\theta)-\cos(kl)}{\sin\theta}\right]\boldsymbol{e}_\varphi \tag{15-144}$$

由此得到磁场复振幅矢量分量为

$$\widetilde{H}_\varphi = \mathrm{j}\,\frac{I_0}{2\pi r}\left[\frac{\cos(kl\cos\theta)-\cos(kl)}{\sin\theta}\right]\mathrm{e}^{-\mathrm{j}kr} \tag{15-145}$$

式(15-142)和式(15-145)就是对称振子天线远区场电场复振幅矢量分量 $\widetilde{E}_\theta$ 和磁场复振幅矢量分量 $\widetilde{H}_\varphi$ 的表达式。由于对称振子天线沿 Z 轴放置，对称振子天线远区场仅有 $\widetilde{E}_\theta$ 和 $\widetilde{H}_\varphi$ 分量且 $\widetilde{E}_\theta$ 和 $\widetilde{H}_\varphi$ 与 φ 无关，因此对称振子天线与电基本振子具有相同的特点。

15.4.2　对称振子天线功率方向函数和场方向函数

由式(6-114)，并将式(15-142)和式(15-145)代入，得到平均功率密度矢量为

$$\widetilde{\boldsymbol{S}}_{\mathrm{av}} = \frac{1}{2}\mathrm{Re}[\widetilde{\boldsymbol{E}}\times\widetilde{\boldsymbol{H}}^*] = \frac{1}{2}\mathrm{Re}\begin{vmatrix}\boldsymbol{e}_r & \boldsymbol{e}_\theta & \boldsymbol{e}_\varphi\\ 0 & \widetilde{E}_\theta & 0\\ 0 & 0 & \widetilde{H}_\varphi^*\end{vmatrix} = \frac{1}{2}\,\frac{I_0^2\eta}{(2\pi r)^2}\left[\frac{\cos(kl\cos\theta)-\cos(kl)}{\sin\theta}\right]^2\boldsymbol{e}_r \tag{15-146}$$

由此可写出对称振子天线平均功率密度函数为

$$S_{\mathrm{av}} = \frac{1}{2}\,\frac{I_0^2\eta}{(2\pi r)^2}\left[\frac{\cos(kl\cos\theta)-\cos(kl)}{\sin\theta}\right]^2 \tag{15-147}$$

对称振子天线平均功率方向系数为

$$S_{\mathrm{c}}(r) = \frac{1}{2}\,\frac{I_0^2\eta}{(2\pi r)^2} \tag{15-148}$$

根据式(15-74)，可写出对称振子天线功率方向函数为

$$F(\theta,\varphi) = \left[\frac{\cos((kl)\cos\theta)-\cos(kl)}{\sin\theta}\right]^2 \tag{15-149}$$

由式(15-142)，可写出对称振子天线电场方向系数为

$$\widetilde{E}_{\mathrm{C}}(r) = \mathrm{j}\,\frac{I_0\eta}{2\pi r}\mathrm{e}^{-\mathrm{j}kr} \tag{15-150}$$

根据式(15-84)，并将式(15-142)和式(15-150)代入，得到对称振子天线电场方向函数为

$$f(\theta,\varphi) = \frac{\cos(kl\cos\theta)-\cos(kl)}{\sin\theta} \tag{15-151}$$

将式(15－151)代入式(15－85)，然后取 $\varphi=0$，再代入式(15－86)，则对称振子天线三维电场方向图和二维 XZ 面电场方向图如图 15－18 所示，参数取值为：$k=2\pi/\lambda$，$\lambda=1.0\ \text{m}$。图 15－18(a)中 $2l=\lambda/2$（半波），图 15－18(b)中 $2l=\lambda$（全波），图 15－18(c)中

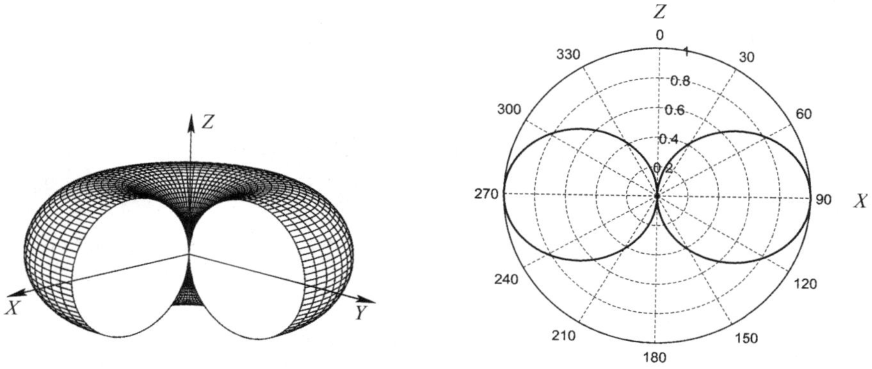

三维电场方向图　　二维 XZ 面电场方向图

(a) 半波天线($2l=\lambda/2$)

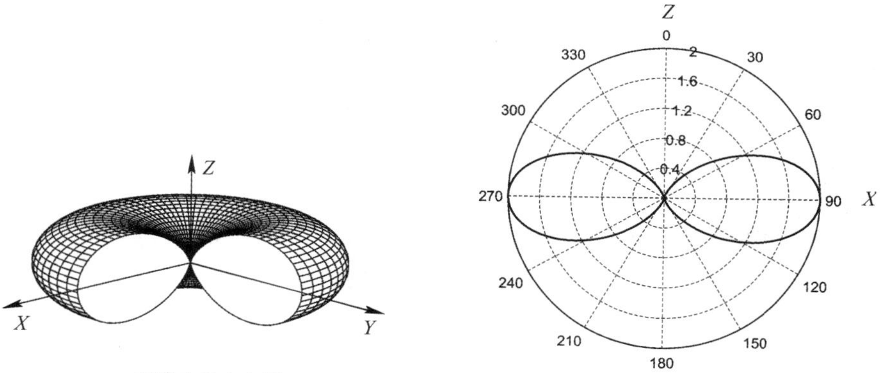

三维电场方向图　　二维 XZ 面电场方向图

(b) 全波天线($2l=\lambda$)

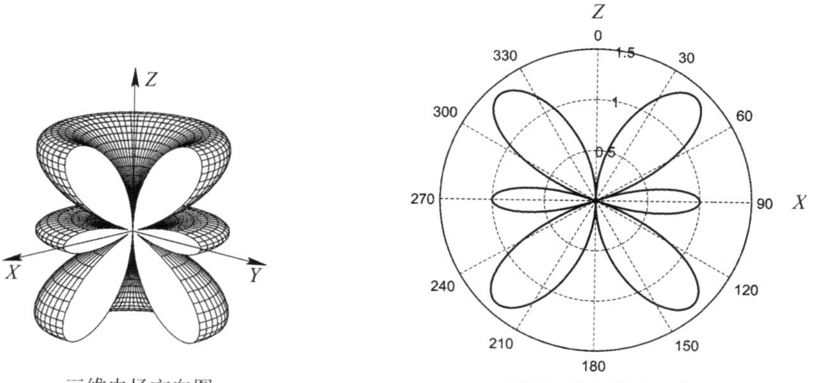

三维电场方向图　　二维 XZ 面电场方向图

(c) 三倍半波天线($2l=3\lambda/2$)

图 15－18　半波、全波和三倍半波天线三维电场方向图和二维 XZ 面电场方向图

$2l=3\lambda/2$（三倍半波）。由于对称振子天线电场方向函数 $f(\theta,\varphi)$ 与 φ 无关，因此 YZ 面电场方向图与 XZ 面电场方向函数相同。

15.4.3 对称振子天线辐射电阻

由式(15－129)可得对称振子天线辐射电阻为

$$R_r=\frac{P_r}{I_0^2/2} \tag{15-152}$$

式中，I_0 为天线中正弦波激励电流的幅值，P_r 为天线辐射功率。

天线辐射功率 P_r 为平均功率密度矢量 $\tilde{\boldsymbol{S}}_{av}$ 沿包围天线整个球面的积分，即

$$P_r=\oiint_{(S)}\tilde{\boldsymbol{S}}_{av}\cdot \mathrm{d}\boldsymbol{S}_r=\oiint_{(S)}(\tilde{S}_{av}\,\boldsymbol{e}_r)\cdot(\mathrm{d}S_r\boldsymbol{e}_r)=\oiint_{(S)}\tilde{S}_{av}\mathrm{d}S_r=\int_0^{2\pi}\int_0^{\pi}\tilde{S}_{av}r^2\sin\theta\mathrm{d}\theta\mathrm{d}\varphi \tag{15-153}$$

将式(15－153)和式(15－147)代入式(15－152)，有

$$\begin{aligned}R_r&=\frac{P_r}{I_0^2/2}=\frac{\eta}{(2\pi)^2}\int_0^{2\pi}\int_0^{\pi}\left[\frac{\cos(kl\cos\theta)-\cos(kl)}{\sin\theta}\right]^2\sin\theta\mathrm{d}\theta\mathrm{d}\varphi\\&=\frac{\eta}{2\pi}\int_0^{\pi}\frac{[\cos(kl\cos\theta)-\cos(kl)]^2}{\sin\theta}\mathrm{d}\theta\end{aligned} \tag{15-154}$$

式中，$\eta=\eta_0=120\pi\Omega$ 为真空波阻抗。显然，对称振子天线辐射电阻与 I_0 无关。

下面讨论式(15－154)的积分计算。记

$$u=\cos\theta\rightarrow\mathrm{d}u=-\sin\theta\mathrm{d}\theta \tag{15-155}$$

有

$$\begin{cases}\theta=0\rightarrow u=+1\\\theta=\pi\rightarrow u=-1\end{cases}\quad\left(\mathrm{d}\theta=-\frac{\mathrm{d}u}{\sin\theta}\right) \tag{15-156}$$

将式(15－155)和式(15－156)代入式(15－154)，且记 $K=kl$，得到

$$R_r=60\int_{-1}^{+1}\frac{[\cos(Ku)-\cos K]^2}{1-u^2}\mathrm{d}u \tag{15-157}$$

又因

$$\frac{1}{1-u^2}=\frac{1}{(1+u)(1-u)}=\frac{1}{2}\left(\frac{1}{1+u}+\frac{1}{1-u}\right) \tag{15-158}$$

则式(15－157)可化为

$$R_r=30\int_{-1}^{+1}\left\{\frac{[\cos(Ku)-\cos K]^2}{1+u}+\frac{[\cos(Ku)-\cos K]^2}{1-u}\right\}\mathrm{d}u \tag{15-159}$$

式(15－159)两项积分相等，证明如下：

令

$$u=-\zeta\rightarrow\begin{cases}u=-1\rightarrow\zeta=+1\\u=+1\rightarrow\zeta=-1\end{cases}\quad(\mathrm{d}u=-\mathrm{d}\zeta) \tag{15-160}$$

将式(15－160)代入式(15－159)的第一个积分，则有

$$\begin{aligned}\int_{-1}^{+1}\frac{[\cos(Ku)-\cos K]^2}{1+u}\mathrm{d}u&\underline{\underline{u=-\zeta}}-\int_{+1}^{-1}\frac{[\cos(K\zeta)-\cos K]^2}{1-\zeta}\mathrm{d}\zeta\\&=\int_{-1}^{+1}\frac{[\cos(K\zeta)-\cos K]^2}{1-\zeta}\mathrm{d}\zeta\\&\underline{\underline{\zeta=u}}\int_{-1}^{+1}\frac{[\cos(Ku)-\cos K]^2}{1-u}\mathrm{d}u\end{aligned} \tag{15-161}$$

得证。

利用式(15-161)，式(15-159)可简化为

$$R_r = 60\int_{-1}^{+1} \frac{[\cos(Ku) - \cos K]^2}{1-u} du \tag{15-162}$$

令

$$1-u=v \rightarrow \begin{cases} u=-1 \rightarrow v=+2 \\ u=+1 \rightarrow v=0 \end{cases} \quad (du = -dv) \tag{15-163}$$

将式(15-163)代入式(15-162)，并利用三角函数公式

$$\cos(\alpha \pm \beta) = \cos\alpha\cos\beta \mp \sin\alpha\sin\beta \tag{15-164}$$

得到

$$R_r = 60\int_0^{+2} \frac{[\cos K\cos(Kv) + \sin K\sin(Kv) - \cos K]^2}{v} dv \tag{15-165}$$

求式(15-165)的积分，需要对式(15-165)进一步化简，则令

$$X = [\cos K\cos(Kv) + \sin K\sin(Kv) - \cos K]^2 \tag{15-166}$$

展开式(15-166)，并利用三角关系

$$\begin{cases} \cos^2\alpha = \dfrac{1+\cos 2\alpha}{2},\ \sin^2\alpha = \dfrac{1-\cos 2\alpha}{2} \\ \cos 2\alpha = \cos^2\alpha - \sin^2\alpha = 2\cos^2\alpha - 1 \end{cases} \tag{15-167}$$

有

$$\begin{aligned} X = &\frac{1}{2}(1+\cos(2K)\cos(2Kv)) + \frac{1}{2}\sin 2K\sin(2Kv) + \\ &\cos^2 K(1-2\cos(Kv)) - \sin(2K)\sin(Kv) \end{aligned} \tag{15-168}$$

将式(15-168)代入积分式(15-165)，化简整理得到

$$\begin{aligned} R_r = &120\cos^2 K\int_0^2 \frac{1-\cos(Kv)}{v}dv - 30\cos 2K\int_0^2 \frac{1-\cos(2Kv)}{v}dv + \\ &30\sin(2K)\int_0^2 \frac{\sin(2Kv)}{v}dv - 60\sin 2K\int_0^2 \frac{\sin(Kv)}{v}dv \end{aligned} \tag{15-169}$$

对式(15-169)中的四个积分进行变量代换，有

$$I_1 = 120\cos^2 K\int_0^2 \frac{1-\cos(Kv)}{v}dv \ \underline{\underline{u=Kv}}\ 120\cos^2 K\int_0^{2K} \frac{1-\cos u}{u}du \tag{15-170}$$

$$I_2 = -30\cos 2K\int_0^2 \frac{1-\cos(2Kv)}{v}dv \ \underline{\underline{u=2Kv}}\ -30\cos 2K\int_0^{4K} \frac{1-\cos u}{u}du \tag{15-171}$$

$$I_3 = 30\sin 2K\int_0^2 \frac{\sin(2Kv)}{v}dv \ \underline{\underline{u=2Kv}}\ 30\sin 2K\int_0^{4K} \frac{\sin u}{u}du \tag{15-172}$$

$$I_4 = -60\sin 2K\int_0^2 \frac{\sin(Kv)}{v}dv \ \underline{\underline{u=Kv}}\ -60\sin 2K\int_0^{2K} \frac{\sin u}{u}du \tag{15-173}$$

利用超越函数积分

$$\mathrm{Si}(x) = \int_0^x \frac{\sin t}{t}dt,\ \mathrm{Ci}(x) = -\int_x^{\infty} \frac{\cos t}{t}dt = \int_{\infty}^x \frac{\cos t}{t}dt \quad (x>0) \tag{15-174}$$

以及

$$\mathrm{C_{in}}(x) = \int_0^x \frac{1-\cos t}{t}dt = \gamma + \ln x - \mathrm{Ci}(x) \quad (\gamma \approx 0.5772) \tag{15-175}$$

式(15－170)至式(15－173)可简记为

$$I_1 = 120\cos^2 K[\gamma + \ln 2K - \mathrm{Ci}(2K)] \tag{15－176}$$

$$I_2 = -30\cos 2K[\gamma + \ln 4K - \mathrm{Ci}(4K)] \tag{15－177}$$

$$I_3 = 30\sin 2K\,\mathrm{Si}(4K) \tag{15－178}$$

$$I_4 = -60\sin 2K\,\mathrm{Si}(2K) \tag{15－179}$$

将式(15－176)至式(15－179)代入式(15－169)，并利用三角关系(15－167)，化简得到

$$R_r = 60\left\{\begin{aligned}&[\gamma + \ln 2K - \mathrm{Ci}(2K)] + \frac{\sin 2K}{2}[\mathrm{Si}(4K) - 2\mathrm{Si}(2K)]\\&+\frac{\cos 2K}{2}[\gamma + \ln K - 2\mathrm{Ci}(2K) + \mathrm{Ci}(4K)]\end{aligned}\right\} \tag{15－180}$$

将 $K = kl$ 代入式(15－180)，最后得到

$$R_r = 60\left\{\begin{aligned}&[\gamma + \ln(2kl) - \mathrm{Ci}(2kl)] + \frac{\sin(2kl)}{2}[\mathrm{Si}(4kl) - 2\mathrm{Si}(2kl)]\\&+\frac{\cos(2kl)}{2}[\gamma + \ln(kl) - 2\mathrm{Ci}(2kl) + \mathrm{Ci}(4kl)]\end{aligned}\right\} \tag{15－181}$$

依据式(15－178)，取 $\lambda = 1.0\ \mathrm{m}$，且 $k = 2\pi/\lambda$，对称振子天线辐射电阻随天线长度变化的计算曲线如图 15－19 所示。计算得到：

$$R_1 = R_r\big|_{2l=\lambda/2} \approx 73.1\ \Omega \tag{15－182}$$

$$R_2 = R_r\big|_{2l=\lambda} \approx 199.1\ \Omega \tag{15－183}$$

$$R_3 = R_r\big|_{2l=3\lambda/2} \approx 105.5\ \Omega \tag{15－184}$$

$$R_4 = R_r\big|_{2l=2\lambda} \approx 259.6\ \Omega \tag{15－185}$$

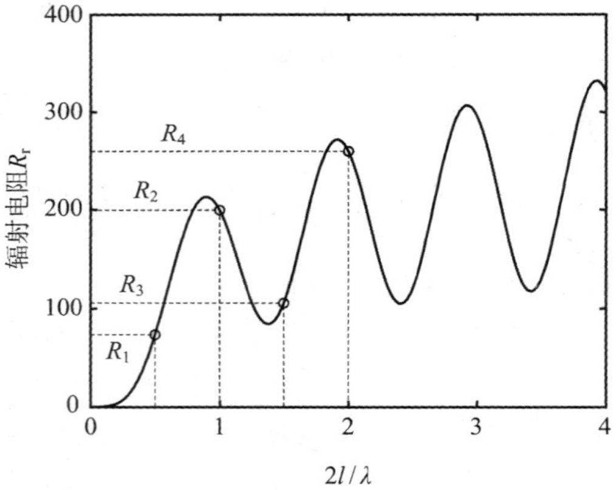

图 15－19　对称振子天线辐射电阻

15.4.4　对称振子天线方向系数

由式(15－103)可知，计算对称振子天线方向系数 D 需要确定最大辐射方向角 θ。由图 15－18 可以看出，对称振子天线最大辐射方向角随振子长度 l 而变化，所以计算方向系数 D 首先需要确定与振子长度 l 相对应的最大辐射方向角 θ。简单的办法是给定天线振子长度 l，画功率方向函数 $F(\theta, \varphi)$ 随 θ 变化的曲线，数值求解可得辐射最大方向角 θ。图 15－20(a)给出了半波 $2l = \lambda/2$、全波 $2l = \lambda$ 和三倍半波 $2l = 3\lambda/2$ 功率方向函数 $F(\theta, \varphi)$（式

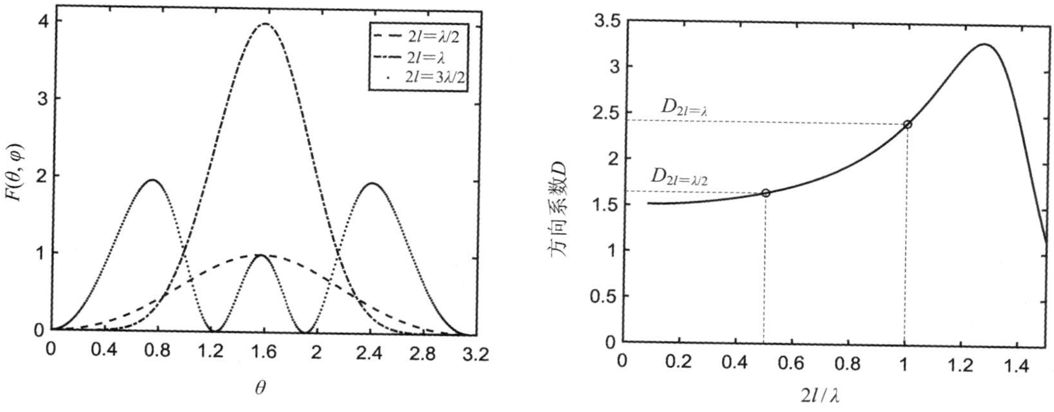

(a) 功率方向函数曲线

(b) 对称振子天线方向系数

图 15-20 对称振子天线方向系数计算

(15-146))随 θ 的计算曲线，由图可见，半波 $2l=\lambda/2$ 和全波 $2l=\lambda$ 对应相同的最大辐射方向角

$$\theta=\frac{\pi}{2} \tag{15-186}$$

将 $\theta=\pi/2$ 代入式(15-149)，得到

$$F_{\max}(\theta, \varphi)=[1-\cos(kl)]^2 \tag{15-187}$$

将式(15-187)和式(15-149)代入式(15-103)，得到对称振子天线方向系数表达式为

$$D=\frac{2[1-\cos(kl)]^2}{\int_0^\pi \frac{[\cos(kl\cos\theta)-\cos(kl)]^2}{\sin\theta}\mathrm{d}\theta} \tag{15-188}$$

由式(15-154)，有

$$\frac{2\pi R_r}{\eta}=\int_0^\pi \frac{[\cos(kl\cos\theta)-\cos(kl)]^2}{\sin\theta}\mathrm{d}\theta \tag{15-189}$$

将式(15-189)代入式(15-188)，取 $\eta=\eta_0=120\pi\Omega$，得到

$$D=\frac{120}{R_r}[1-\cos(kl)]^2 \tag{15-190}$$

依据式(15-190)和式(15-181)，取 $\lambda=1.0$ m，且 $k=2\pi/\lambda$，对称振子天线方向系数随天线长度变化的曲线如图 15-20(b)所示。计算得到：

$$D_{2l=\lambda/2}=1.641\approx 2.15 \text{ dB} \tag{15-191}$$

$$D_{2l=\lambda}=2.411\approx 3.82 \text{ dB} \tag{15-192}$$

显然，$D_{2l=\lambda}>D_{2l=\lambda/2}$，说明对称振子全波天线方向性比半波天线方向性好。比较图 15-18(a)和图 15-18(b)可以看出，方向性好体现在两个方面：一是最大辐射方向波束宽度窄，半波天线零点波束宽度 $\beta_0=\pi$，全波天线零点波束宽度 $\beta_0=2\pi/3$；二是最大辐射方向辐射能量强，半波天线场方向函数最大幅值 $f_{\max}(\pi/2)=1$，全波天线场方向函数最大幅值 $f_{\max}(\pi/2)=2$。由此得出结论，对称振子天线通过改变天线长度可以改变天线的方向性。

15.5 天线阵基础

由 15.4 节讨论可知，对称振子天线方向图波束较宽。为了增强天线的方向性，基本的方法是把对称振子天线作为天线单元(也称阵元)进行排阵，把由许多天线单元按一定规律排列组成的天线系统称为天线阵或阵列天线。天线阵根据其排列方法，可分为直线阵、圆环阵、平面阵和立体阵。直线阵是基础，平面阵和立体阵可由直线阵推广得到。下面首先讨论两个天线单元组成的二元阵，然后讨论 N 元直线阵、圆环阵和直角面阵。

15.5.1 二元阵

1. 端射阵

设两个结构和取向相同的对称振子天线① 和② 垂直于 XY 面沿 Y 轴对称放置，这样排列的天线阵称为端射阵，如图 15－21 所示。设二元阵两阵元间距为 d，阵元单臂长度为 l，阵元① 电流为 $\widetilde{I}_1$，阵元② 电流为 $\widetilde{I}_2$，由式(15－139)可写出两阵元电场复振幅矢量分量为

$$\widetilde{E}_\theta(r_1,\theta)\big|_1 = \mathrm{j}\,\frac{\widetilde{I}_1\eta}{2\pi}\left[\frac{\cos(kl\cos\theta)-\cos(kl)}{\sin\theta}\right]\frac{\mathrm{e}^{-\mathrm{j}kr_1}}{r_1} \qquad (15-193)$$

$$\widetilde{E}_\theta(r_2,\theta)\big|_2 = \mathrm{j}\,\frac{\widetilde{I}_2\eta}{2\pi}\left[\frac{\cos(kl\cos\theta)-\cos(kl)}{\sin\theta}\right]\frac{\mathrm{e}^{-\mathrm{j}kr_2}}{r_2} \qquad (15-194)$$

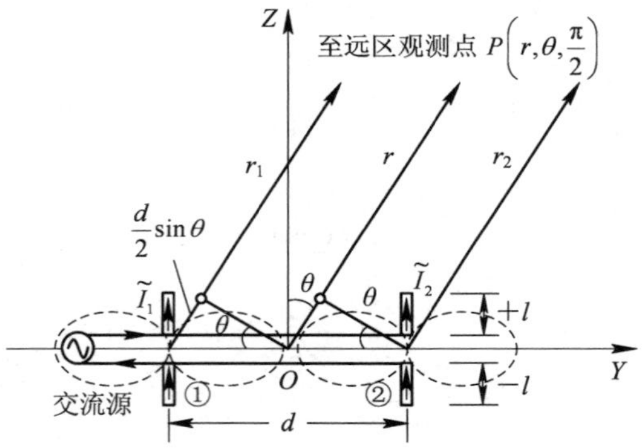

图 15－21　二元端射阵

假设两阵元通过双线传输线串联馈电，则阵元②的电流 $\widetilde{I}_2$ 比阵元①的电流 $\widetilde{I}_1$ 滞后 $\delta = kd$，可令

$$\begin{cases}\widetilde{I}_1 = I_0\mathrm{e}^{-\mathrm{j}\frac{\delta}{2}}\\ \widetilde{I}_2 = I_0\mathrm{e}^{+\mathrm{j}\frac{\delta}{2}}\end{cases} \qquad (15-195)$$

式中，I_0 为传输线电流幅值。记

$$f_1(\theta) = \frac{\cos(kl\cos\theta)-\cos(kl)}{\sin\theta} \qquad (15-196)$$

将式(15－195)和式(15－196)代入式(15－193)和式(15－194)，则有

$$\widetilde{E}_\theta(r_1,\theta)\big|_1 = \mathrm{j}\,\frac{I_0\eta}{2\pi}f_1(\theta)\mathrm{e}^{-\mathrm{j}\frac{\delta}{2}}\ \frac{\mathrm{e}^{-\mathrm{j}kr_1}}{r_1} \tag{15-197}$$

$$\widetilde{E}_\theta(r_2,\theta)\big|_2 = \mathrm{j}\,\frac{I_0\eta}{2\pi}f_1(\theta)\mathrm{e}^{+\mathrm{j}\frac{\delta}{2}}\ \frac{\mathrm{e}^{-\mathrm{j}kr_2}}{r_2} \tag{15-198}$$

在远区观测点 P，取近似 $r_1\boldsymbol{e}_r \parallel r_2\boldsymbol{e}_r$，则近似有 $\widetilde{E}_\theta\big|_1\boldsymbol{e}_\theta \parallel \widetilde{E}_\theta\big|_2\boldsymbol{e}_\theta$，那么二元阵远区电场近似为两阵元远区电场的标量叠加，即

$$\widetilde{E}_\theta(r,\theta)=\widetilde{E}_\theta(r_1,\theta)\big|_1+\widetilde{E}_\theta(r_2,\theta)\big|_2=\mathrm{j}\,\frac{I_0\eta}{2\pi}\left[\mathrm{e}^{-\mathrm{j}\frac{\delta}{2}}\ \frac{\mathrm{e}^{-\mathrm{j}kr_1}}{r_1}+\mathrm{e}^{+\mathrm{j}\frac{\delta}{2}}\ \frac{\mathrm{e}^{-\mathrm{j}kr_2}}{r_2}\right]f_1(\theta) \tag{15-199}$$

由于观测点 P 离二元阵很远，采用平行光线近似，因此在分母中取近似为

$$r\approx r_1\approx r_2 \tag{15-200}$$

在相位因子中取近似为

$$r_1\approx r+\frac{d}{2}\sin\theta \tag{15-201}$$

$$r_2\approx r-\frac{d}{2}\sin\theta \tag{15-202}$$

将式(15-200)、式(15-201)和式(15-202)代入式(15-199)，化简得到

$$\begin{aligned}\widetilde{E}_\theta(r,\theta)&=\mathrm{j}\,\frac{I_0\eta}{2\pi}\left[\mathrm{e}^{-\mathrm{j}\left(k\frac{d}{2}\sin\theta+\frac{\delta}{2}\right)}+\mathrm{e}^{+\mathrm{j}\left(k\frac{d}{2}\sin\theta+\frac{\delta}{2}\right)}\right]\frac{\mathrm{e}^{-\mathrm{j}kr}}{r}f_1(\theta)\\&=\mathrm{j}\,\frac{I_0\eta}{2\pi}\,\frac{\mathrm{e}^{-\mathrm{j}kr}}{r}f_1(\theta)\left[2\cos\left(\frac{kd\sin\theta+\delta}{2}\right)\right]\end{aligned} \tag{15-203}$$

将 $\delta=kd$ 代入式(15-203)，最后得到

$$\widetilde{E}_\theta(r,\theta)=\underbrace{\mathrm{j}\,\frac{I_0\eta}{2\pi}\,\frac{\mathrm{e}^{-\mathrm{j}kr}}{r}f_1(\theta)}_{\text{阵元因子}}\ \underbrace{\left\{2\cos\left[\frac{kd}{2}(\sin\theta+1)\right]\right\}}_{\text{阵列因子}} \tag{15-204}$$

式中，阵元因子为对称振子天线远区场公式(15-142)，而阵列因子是与二元阵几何特征相关的天线方向函数。由此可以看出，具有相同阵元的阵列天线远场电场复振幅矢量分量 $\widetilde{E}_\theta$ 可以分解为阵元因子和阵列因子的乘积。

令

$$f_2(\theta)=2\cos\left[\frac{kd}{2}(\sin\theta+1)\right] \tag{15-205}$$

$f_2(\theta)$ 称为二元阵列方向因子，$f_2(\theta)$ 仅与组成二元阵的参数 d 有关，而与阵元自身参数无关。由此可写出二元阵电场方向函数为

$$f(\theta)=f_1(\theta)f_2(\theta) \tag{15-206}$$

式(15-206)表明，二元阵的场方向函数等于阵元场方向函数与阵列方向因子的乘积，这就是天线方向性乘积定理。需要强调的是，二元阵列方向因子有系数 2，因而二元阵电场方向函数 $f(\theta)$ 并不是归一化方向函数。

依据式(15-196)、式(15-205)和式(15-206)，取 $\lambda=1.0$ m、$k=2\pi/\lambda$、$l=\lambda/4$、$d=\lambda/4$，计算得到二元端射阵场方向图如图 15-22 所示，图 15-22(a)为阵元场方向图，图15-22(b)为阵列因子方向图，图 15-22(c)为二元端射阵电场方向图。由图可见，和对称振子半波天线相比较，二元阵半波天线方向性得到了很大改善，包括两个方面：① 二元

阵半波天线方向图主瓣定向在 $-X$ 方向，而对称振子半波天线主瓣定向在 $-X$ 方向和 $+X$ 方向；② 二元阵半波天线方向图主瓣最大值为 2，而对称振子半波天线主瓣最大值为 1。

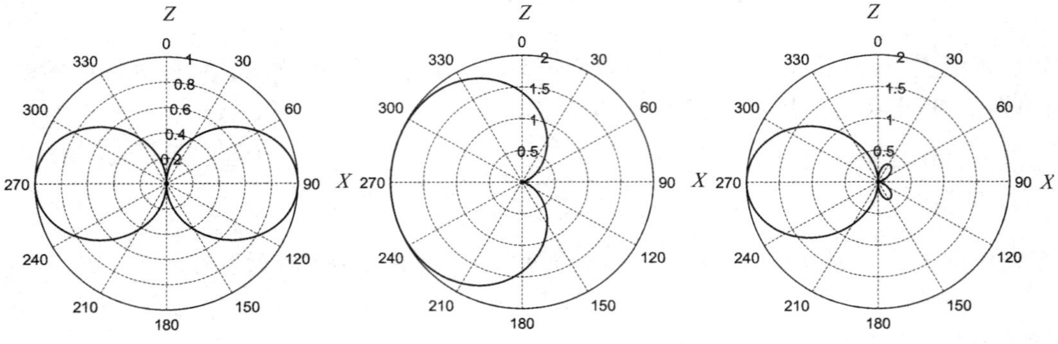

(a) $|f_1(\theta)|$　(b) $|f_2(\theta)|$　(c) $|f(\theta)|=|f_1(\theta)f_2(\theta)|$

图 15-22　二元端射阵 XZ 面电场方向图（$2l=\lambda/2$，$d=\lambda/4$）

2. 边射阵

设两个结构和取向相同的对称振子天线① 和② 沿 Z 轴对称放置，这样排列的天线阵称为边射阵，如图 15-23 所示。由于采用并联式馈电，因此两阵元电流相等，$\tilde{I}_1=\tilde{I}_2=I_0$。在远区观测点 P，取近似 $r_1\boldsymbol{e}_r \parallel r_2\boldsymbol{e}_r$，则近似有 $\tilde{E}_\theta|_1\boldsymbol{e}_\theta \parallel \tilde{E}_\theta|_2\boldsymbol{e}_\theta$，二元阵远区电场近似为两阵元远区电场的标量叠加。采用平行光线近似，分母取近似 $r_1\approx r_2\approx r$，相位因子取近似

$$r_1\approx r-\frac{d}{2}\cos\theta \tag{15-207}$$

$$r_2\approx r+\frac{d}{2}\cos\theta \tag{15-208}$$

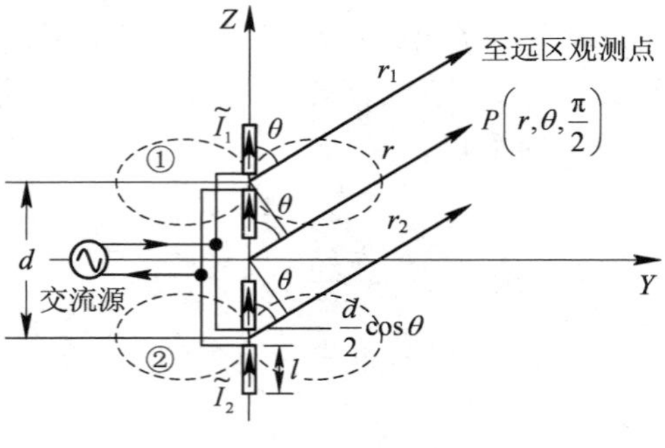

图 15-23　二元边射阵

将式(15-193)和式(15-194)叠加，并将式(15-196)代入，化简得到

$$\tilde{E}_\theta(r,\theta)=\underbrace{\mathrm{j}\frac{I_0\eta}{2\pi}\frac{\mathrm{e}^{-\mathrm{j}kr}}{r}f_1(\theta)}_{\text{阵元因子}}\underbrace{\left[2\cos\left(\frac{kd}{2}\cos\theta\right)\right]}_{\text{阵列因子}} \tag{15-209}$$

式中，阵元因子为对称振子天线远区场公式(15-142)，而阵列因子是与二元阵几何特征相关的天线方向函数。比较式(15-204)和式(15-209)可以看出，二元端射阵与边射阵阵列方向因子不同，二元边射阵阵列方向因子为

$$f_2(\theta)=2\cos\left(\frac{kd}{2}\cos\theta\right) \tag{15-210}$$

依据式(15-196)、式(15-210)和式(15-206)，取 $\lambda=1.0\ \text{m}$、$k=2\pi/\lambda$、$l=\lambda/4$、$d=3\lambda/4$，计算得到二元边射阵场方向图如图 15-24 所示，图 15-24(a)为阵元场方向图，图 15-24(b)为阵列因子方向图，图 15-24(c)为二元边射阵电场方向图。由图可见，和对称振子半波天线相比较，虽然二元边射阵半波天线主瓣仍定向在 $-X$ 方向和 $+X$ 方向，但二元边射阵半功率波束宽度变窄，且二元边射阵半波天线方向图主瓣最大值为 2，而对称振子半波天线主瓣最大值为 1，因此二元边射阵方向性得到改善。

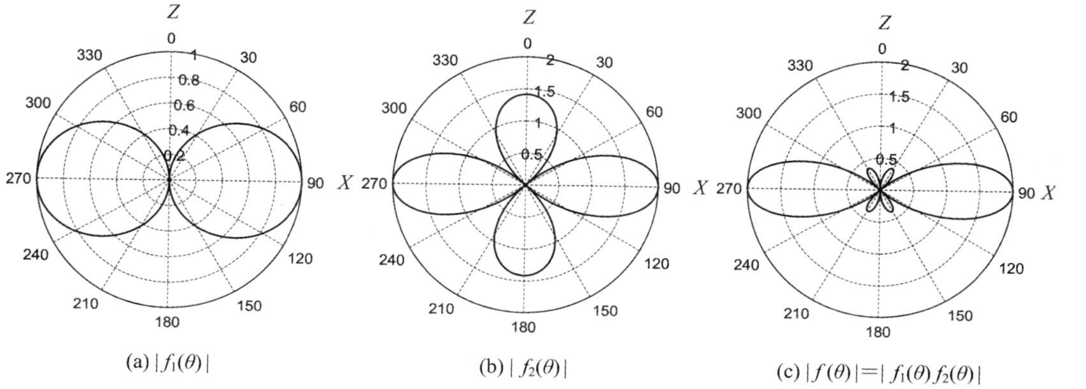

图 15-24　二元边射阵 XZ 面电场方向图($2l=\lambda/2$，$d=3\lambda/4$)

15.5.2　均匀直线式天线阵

1. N 元等幅直线端射阵

二元阵对场的方向性控制是有限的，为了更好地改善场辐射的方向性，可采用均匀直线式天线阵。图 15-25 所示为 N 元直线端射阵，结构和取向相同的 N 个对称振子天线沿 Y 轴等间隔排列在一条直线上，阵元间距为 d，阵元单臂长度为 l。假设阵元馈电采用传输线串联馈电，相邻阵元电流滞后 $\delta=kd$，则阵元电流可表达为

$$\widetilde{I}_n=I_0\mathrm{e}^{+\mathrm{j}(n-1)\delta}\quad(n=1,2,\cdots,N) \tag{15-211}$$

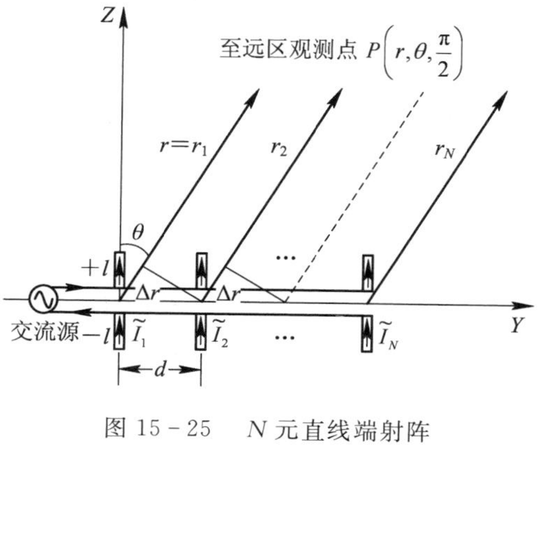

图 15-25　N 元直线端射阵

I_0 为传输线电流幅值。在远区观测点 P，取近似

$$r_1\boldsymbol{e}_r \parallel r_2\boldsymbol{e}_r \parallel \cdots \parallel r_N\boldsymbol{e}_r \tag{15-212}$$

$$\widetilde{E}_\theta\big|_1\boldsymbol{e}_\theta \parallel \widetilde{E}_\theta\big|_2\boldsymbol{e}_\theta \parallel \cdots \parallel \widetilde{E}_\theta\big|_N\boldsymbol{e}_\theta \tag{15-213}$$

在分母中取

$$r = r_1 \approx r_2 \approx \cdots \approx r_N \tag{15-214}$$

在相位因子中取近似

$$r_1 = r,\ r_2 = r_1 - \Delta r,\ \cdots,\ r_N = r_1 - (N-1)\Delta r \tag{15-215}$$

式中：

$$\Delta r = d\sin\theta \tag{15-216}$$

在以上近似条件下，N 元直线端射阵远区电场近似为 N 个阵元远区电场的标量叠加，利用式(15-142)和式(15-196)，有

$$\widetilde{E}_\theta(r,\theta) = \underbrace{\mathrm{j}\frac{I_0\eta}{2\pi}\frac{\mathrm{e}^{-\mathrm{j}kr}}{r}f_1(\theta)}_{\text{阵元因子}}\underbrace{\sum_{n=1}^{N}\mathrm{e}^{+\mathrm{j}(n-1)(k\Delta r+\delta)}}_{\text{阵列因子}} \tag{15-217}$$

令

$$u = k\Delta r + \delta \tag{15-218}$$

记

$$f_2(\theta) = \sum_{n=1}^{N}\mathrm{e}^{+\mathrm{j}(n-1)u} \tag{15-219}$$

显然，阵列因子 $f_2(\theta)$ 为等比级数，求和得到

$$f_2(\theta) = \frac{1-\mathrm{e}^{+\mathrm{j}Nu}}{1-\mathrm{e}^{+\mathrm{j}u}} = \frac{\mathrm{e}^{+\mathrm{j}\frac{Nu}{2}}\left(\mathrm{e}^{-\mathrm{j}\frac{Nu}{2}}-\mathrm{e}^{+\mathrm{j}\frac{Nu}{2}}\right)}{\mathrm{e}^{+\mathrm{j}\frac{u}{2}}\left(\mathrm{e}^{-\mathrm{j}\frac{u}{2}}-\mathrm{e}^{+\mathrm{j}\frac{u}{2}}\right)} = \mathrm{e}^{+\mathrm{j}\frac{(N-1)}{2}u}\frac{\sin\dfrac{Nu}{2}}{\sin\dfrac{u}{2}} \tag{15-220}$$

式中，$\mathrm{e}^{+\mathrm{j}\frac{(N-1)}{2}u}$ 为阵列因子的相移，表明单边 N 元等幅直线端射阵的物理中心位于 $(N-1)d/2$。如果 N 元等幅直线端射阵选择以原点对称，物理中心为坐标原点，则 $(N-1)d/2=0$。

对于单边 N 元等幅直线端射阵或者对称 N 元等幅直线端射阵，阵列方向因子对应的方向图是相同的。因为

$$\left|\mathrm{e}^{+\mathrm{j}\frac{(N-1)}{2}u}\right| = 1 \tag{15-221}$$

在进行方向图计算时，场方向函数 $f(\theta,\varphi)$ 取模与极坐标 ρ 相对应，即

$$|f(\theta,\varphi)| \to \rho \quad (\rho \geqslant 0) \tag{15-222}$$

所以阵列因子相移 $\mathrm{e}^{+\mathrm{j}\frac{(N-1)}{2}u}$ 不影响方向图的计算。简单起见，把式(15-220)可简写为

$$f_2(\theta) = \frac{\sin\dfrac{Nu}{2}}{\sin\dfrac{u}{2}} \tag{15-223}$$

将 $\delta = kd$ 和式(15-216)代入式(15-218)，然后代入式(15-223)，得到

$$f_2(\theta) = \frac{\sin\left[\dfrac{Nkd}{2}(\sin\theta+1)\right]}{\sin\left[\dfrac{kd}{2}(\sin\theta+1)\right]} \tag{15-224}$$

式(15－224)就是 N 元等幅直线端射阵阵列方向因子。将式(15－196)与式(15－224)相乘，最后得到 N 元等幅直线端射阵电场方向函数为

$$f(\theta)=f_1(\theta)f_2(\theta)=\left[\frac{\cos(kl\cos\theta)-\cos(kl)}{\sin\theta}\right]\frac{\sin\left[\dfrac{Nkd}{2}(\sin\theta+1)\right]}{\sin\left[\dfrac{kd}{2}(\sin\theta+1)\right]} \tag{15-225}$$

如果对式(15－223)进行归一化，利用罗必塔法则，得到 N 元等幅直线端射阵阵列方向因子的最大值为

$$f_2(\theta)\big|_{\max}=\lim_{u\to 0}\frac{\sin\dfrac{Nu}{2}}{\sin\dfrac{u}{2}}=\lim_{u\to 0}\frac{\dfrac{N}{2}\cos\dfrac{Nu}{2}}{\dfrac{1}{2}\cos\dfrac{u}{2}}=N \tag{15-226}$$

则 N 元等幅直线端射阵归一化阵列方向因子为

$$f_{2n}(\theta)=\frac{1}{N}\frac{\sin\left[\dfrac{Nkd}{2}(\sin\theta+1)\right]}{\sin\left[\dfrac{kd}{2}(\sin\theta+1)\right]} \tag{15-227}$$

在 $2l=\lambda/2$ 的情况下，N 元等幅直线端射阵归一化电场方向函数为

$$f_n(\theta)=f_1(\theta)f_{2n}(\theta)=\frac{1}{N}\left[\frac{\cos(kl\cos\theta)-\cos(kl)}{\sin\theta}\right]\frac{\sin\left[\dfrac{Nkd}{2}(\sin\theta+1)\right]}{\sin\left[\dfrac{kd}{2}(\sin\theta+1)\right]} \tag{15-228}$$

需要强调的是，由于阵元场方向函数 $f_1(\theta)$ 在 $2l=\lambda/2$ 时为归一化函数，但在 $2l=\lambda$ 和 $2l=3\lambda/4$ 时，$f_1(\theta)$ 并非归一化函数，因此式(15－228)作为归一化电场方向函数仅适用于 $2l=\lambda/2$ 相对应的阵元场方向函数。

依据式(15－196)、式(15－224)和式(15－225)，取 $\lambda=1.0$ m，$k=2\pi/\lambda$，$N=8$，$l=\lambda/4$，$d=\lambda/4$，计算得到 8 元等幅直线端射阵场方向图如图 15－26 所示，图 15－26(a)为阵元场方向图，图 15－26(b)为阵列因子方向图，图 15－26(c)为 8 元等幅直线端射阵电场方向图。和二元端射阵方向图 15－22 相比较，8 元等幅直线端射阵的方向性明显得到了改善。

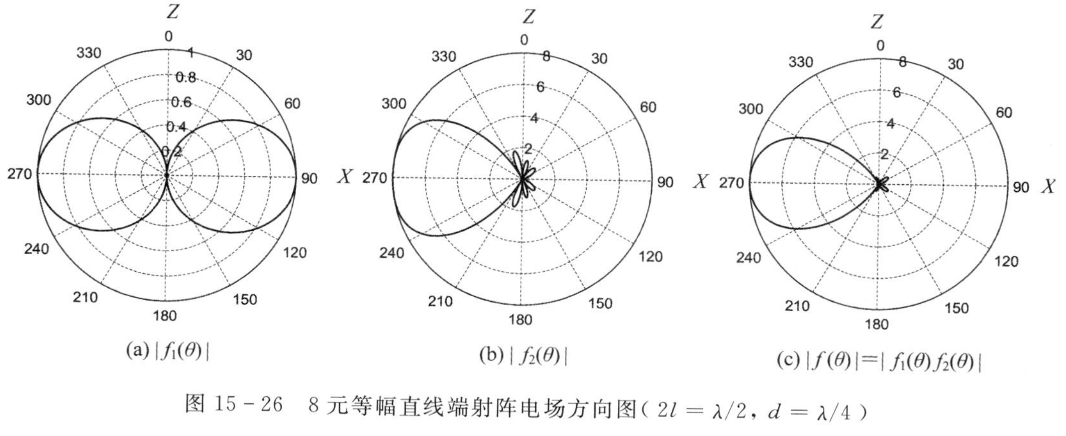

图 15－26 8 元等幅直线端射阵电场方向图($2l=\lambda/2$，$d=\lambda/4$)

2. N 元等幅直线边射阵

设 N 个结构和取向相同的对称振子天线沿 Z 轴单边放置，阵元单臂长度为 l，阵元间

距为 d，如图 15－27 所示。假设阵元馈电采用并接馈电，阵元电流幅值相等，即

$$\tilde{I}_1 = \tilde{I}_2 = \cdots = \tilde{I}_N = I_0 \tag{15-229}$$

式中，I_0 为电流幅值。远场近似取式(15－212)、式(15－213)、式(15－214)和式(15－215)，则 N 元直线边射阵远区电场可近似为 N 个阵元远区电场的标量叠加，结果与式(15－217)的形式相同，因而阵列因子形式相同。对于 N 元直线边射阵，不同之处在于

$$\Delta r = d\cos\theta \tag{15-230}$$

和

$$u = k\Delta r = kd\cos\theta \tag{15-231}$$

将式(15－231)代入式(15－223)，得到 N 元直线边射阵的阵列方向因子为

$$f_2(\theta) = \frac{\sin\left(\dfrac{Nkd}{2}\cos\theta\right)}{\sin\left(\dfrac{kd}{2}\cos\theta\right)} \tag{15-232}$$

将式(15－196)和式(15－231)相乘，得到 N 元直线边射阵电场方向函数为

$$f(\theta) = f_1(\theta)f_2(\theta) = \left[\frac{\cos(kl\cos\theta) - \cos(kl)}{\sin\theta}\right]\frac{\sin\left(\dfrac{Nkd}{2}\cos\theta\right)}{\sin\left(\dfrac{kd}{2}\cos\theta\right)} \tag{15-233}$$

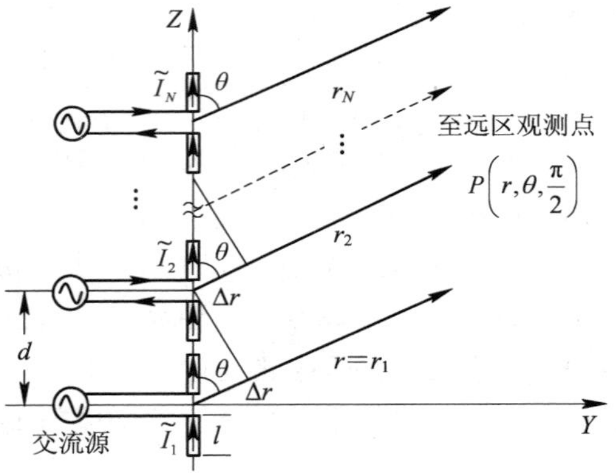

图 15－27　N 元直线边射阵

依据式(15－196)、式(15－232)和式(15－233)，取 $\lambda = 1.0$ m，$k = 2\pi/\lambda$，$N = 6$，$l = \lambda/4$，$d = 3\lambda/4$，计算得到 6 元等幅直线边射阵场方向图如图 15－28 所示，图 15－28(a)为阵元场方向图，图 15－28(b)为阵列因子方向图，图 15－28(c)为 6 元等幅直线边射阵电场方向图。和二元边射阵方向图 15－24 相比较，6 元等幅直线边射阵的方向性明显得到了改善。

3. N 元等幅直线波束导向端射阵

由以上讨论可以看出，一般情况下端射阵波束主瓣宽度远大于边射阵主瓣波束宽度。但是端射阵波束宽度和方向性可以通过改变相邻阵元电流相位 δ 得到显著改善。

令

$$\delta = kd + \frac{\pi}{N} \tag{15-234}$$

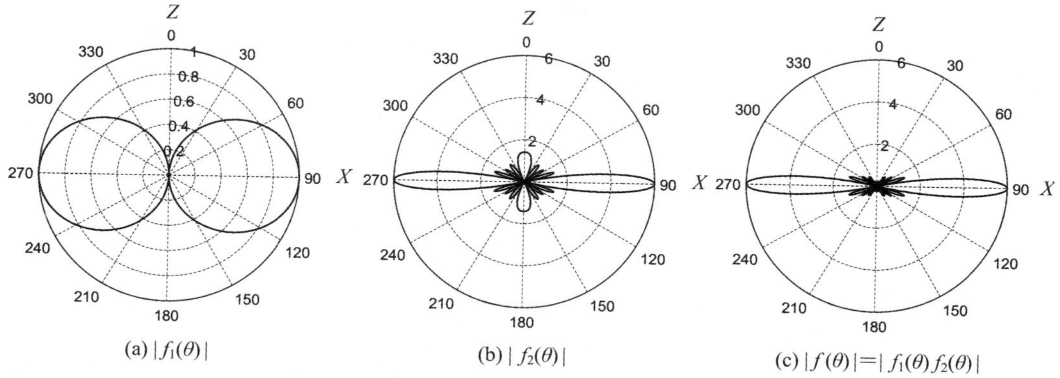

图 15-28 6元等幅直线边射阵电场方向图（$2l=\lambda/2$，$d=3\lambda/4$）

将式(15-216)和式(15-234)代入式(15-218)，有

$$u=kd(\sin\theta+1)+\frac{\pi}{N} \tag{15-235}$$

将式(15-235)代入式(15-223)，有

$$f_2(\theta)=\frac{\sin\left[\dfrac{Nkd}{2}(\sin\theta+1)+\dfrac{\pi}{2}\right]}{\sin\left[\dfrac{kd}{2}(\sin\theta+1)+\dfrac{\pi}{2N}\right]} \tag{15-236}$$

由此得到 N 元等幅直线端射阵电场的方向函数为

$$f(\theta)=f_1(\theta)f_2(\theta)=\left[\frac{\cos(kl\cos\theta)-\cos(kl)}{\sin\theta}\right]\frac{\sin\left[\dfrac{Nkd}{2}(\sin\theta+1)+\dfrac{\pi}{2}\right]}{\sin\left[\dfrac{kd}{2}(\sin\theta+1)+\dfrac{\pi}{2N}\right]} \tag{15-237}$$

依据式(15-237)，参数取值与图15-26相同，计算得到8元等幅直线端射阵场方向图如图15-29所示，图15-29(a)为阵元场方向图，图15-29(b)为阵列因子方向图，图15-29(c)为电场方向图。和方向图15-26相比较，方向性得到了显著改善。

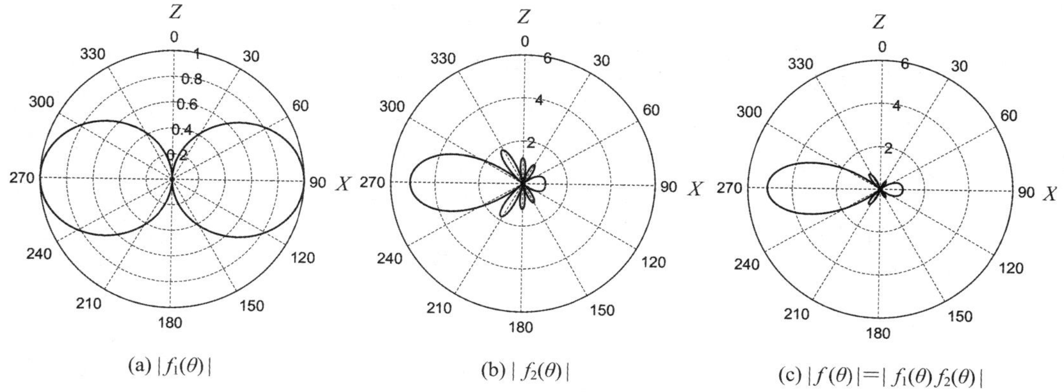

图 15-29 8元等幅直线端射阵电场方向图

天线阵相邻阵元电流相位 δ 不仅可以改变波束宽度，而且可以改变波束导向，使天线主瓣波束指向任何感兴趣的方向。对于 N 元等幅直线端射阵，令

$$\delta = kd\sin\theta_0 \tag{15-238}$$

式中，θ_0 称为波束导向角。将式(15－216)和式(15－238)代入式(15－218)，有

$$u = kd(\sin\theta + \sin\theta_0) \tag{15-239}$$

将式(15－239)代入式(15－223)，有

$$f_2(\theta) = \frac{\sin\left[\dfrac{Nkd}{2}(\sin\theta + \sin\theta_0)\right]}{\sin\left[\dfrac{kd}{2}(\sin\theta + \sin\theta_0)\right]} \tag{15-240}$$

由此得到 N 元等幅直线波束导向端射阵电场方向函数为

$$f(\theta) = f_1(\theta)f_2(\theta) = \left[\frac{\cos(kl\cos\theta) - \cos(kl)}{\sin\theta}\right]\frac{\sin\left[\dfrac{Nkd}{2}(\sin\theta + \sin\theta_0)\right]}{\sin\left[\dfrac{kd}{2}(\sin\theta + \sin\theta_0)\right]} \tag{15-241}$$

依据式(15－241)，参数取值与图15－29相同，取 $\theta_0 = \pi/12$ 和 $\theta_0 = \pi/6$，计算得到8元等幅直线波束导向端射阵电场方向图如图15－30所示，图15－30(a)为 $\theta_0 = \pi/12$ 电场方向图，图15－30(b)为 $\theta_0 = \pi/6$ 电场方向图。

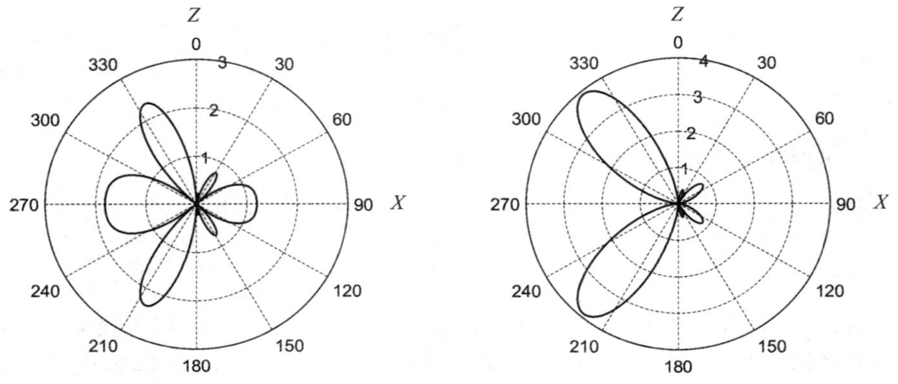

(a) $\theta_0 = \pi/12$　　(b) $\theta_0 = \pi/6$

图15－30　8元等幅直线波束导向端射阵电场方向图

4. N 元等幅直线阵半功率波束宽度、零点波束宽度和方向系数的计算

依据 N 元等幅直线阵归一化电场方向函数 $f_n(\theta)$，采用作图法求解，可得半功率波束宽度 $\beta_{1/2}$ 和零点波束宽度 β_0。对于 N 元等幅直线阵方向系数，依据式(15－105)直接计算比较困难，可利用天线方向系数与天线波束立体角之间的关系式(15－118)近似计算。下面以8元等幅直线端射阵为例进行讨论，并给出计算结果。

依据 N 元等幅直线端射阵归一化电场方向函数式(15－228)作方向图，参数取值为：$N = 8$，$\lambda = 1.0$ m，$d = \lambda/4$，$l = \lambda/4$，$k = 2\pi/\lambda$，方向图如图15－31所示。求解结果为

$$\begin{cases} \theta_2 \approx -2.109\text{rad} \\ \theta_1 \approx -1.033\text{rad} \end{cases} \tag{15-242}$$

$$\begin{cases} \theta'_2 \approx -2.618\text{rad} \\ \theta'_1 \approx -0.5236\text{rad} \end{cases} \tag{15-243}$$

将式(15－242)代入式(15－109)，得到8元等幅直线端射阵半功率波束宽度 $\beta_{1/2}$ 为零点波

束宽度 β_0 为

$$\beta_{1/2} = |\theta_2 - \theta_1| \approx 1.076\text{rad} \approx 61.7° \tag{15-244}$$

$$\beta_0 = |\theta'_2 - \theta'_1| \approx 2.094\text{rad} \approx 120° \tag{15-245}$$

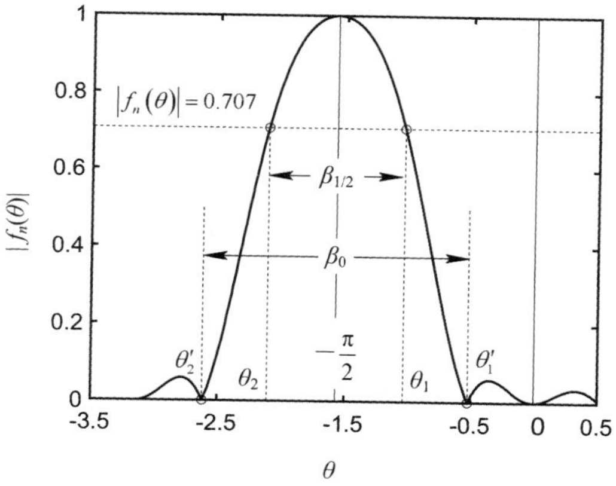

图 15-31　8元等幅直线端射阵归一化电场方向图

由式(15-228)可知，$f_n(\theta)$ 与 φ 无关，因此 N 元等幅直线端射阵两个主平面 XZ 面和 YZ 面主瓣半功率波束宽度 β_{xz} 和 β_{yz} 相等，由式(15-244)，有

$$\beta_{xz} = \beta_{yz} = \beta_{1/2} \approx 61.7° \tag{15-246}$$

将式(15-246)代入式(15-121)，得到8元等幅直线端射阵方向系数近似为

$$D = \frac{4\pi}{\Omega_P} \approx \frac{41\ 235^{\square}}{\beta_{xz}\beta_{yz}} = \frac{41\ 235^{\square}}{3831.6^{\square}} \approx 10.83 = 10.35\ \text{dB} \tag{15-247}$$

对于仅有一个主瓣的天线，式(15-121)计算方向系数提供了一个很有用的方法。对于不同类型的天线，由于归一化功率方向函数 $F_n(\theta, \varphi)$ 不同，式(15-105)的积分计算方法也不同。在天线方向图主瓣宽度比较窄的情况下，由图15-26、图15-28和图15-29可以看出，N 元等幅直线阵电场方向图可用阵列因子方向图近似。例如，对于 N 元等幅直线端射阵，由式(15-223)取近似

$$f_n(\theta) \approx f_{2n}(\theta) = \frac{\sin\dfrac{Nu}{2}}{N\sin\dfrac{u}{2}} \approx \frac{\sin\dfrac{Nu}{2}}{\dfrac{Nu}{2}} \tag{15-248}$$

式中：

$$u = kd\sin\theta + \delta \tag{15-249}$$

电场方向图零点用阵列因子零点近似，由式(15-248)，有

$$\frac{N}{2}(kd\sin\theta_{\pm n} + \delta) = \pm n\pi \quad (n = 1, 2, 3, \cdots) \tag{15-250}$$

式中，$\theta_{\pm n}$ 为零点对应的角度。由此得到零点波束宽度为

$$\beta_0 \approx |\theta_{+1} - \theta_{-1}| \tag{15-251}$$

对于半功率波束宽度近似计算，令

$$f_{2n}(\theta) = 0.707 \tag{15-252}$$

由于

$$x=\pm 1.391,\ \frac{\sin x}{x}\approx 0.707 \tag{15-253}$$

则有

$$\frac{N}{2}(kd\sin\theta_{\pm}+\delta)=\pm 1.391 \tag{15-254}$$

$$\theta_{\pm}=\arcsin\left[\frac{1}{kd}\left(\pm\frac{2.782}{N}-\delta\right)\right] \tag{15-255}$$

由此得到

$$\beta_{1/2}\approx|\theta_{+}-\theta_{-}| \tag{15-256}$$

15.5.3 圆环阵

N 元等幅直线阵可以提高天线增益和方向系数，圆环阵也可以，同样具有实用意义。如图 15-32 所示，结构和取向相同的 N 个阵元沿半径为 a 的圆周等角间隔放置，阵元在 XY 面角位置为

$$\varphi_n=\frac{2\pi}{N}(n-1)\quad(n=1,2,\cdots,N) \tag{15-257}$$

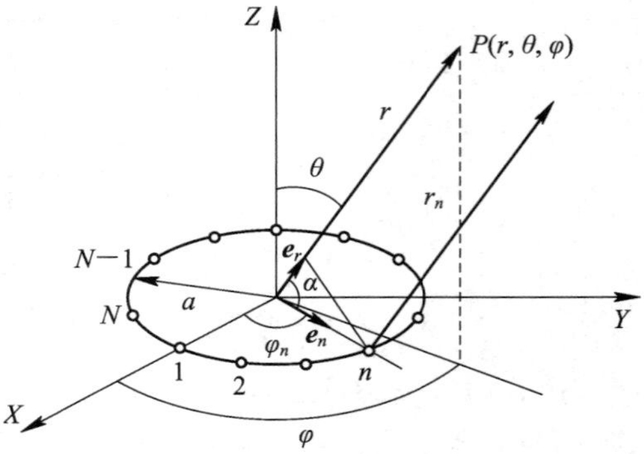

图 15-32 N 元圆环阵

假设阵元电流 $\tilde{I}_n$ 相位不同，则 $\tilde{I}_n$ 可表达为

$$\tilde{I}_n=I_0e^{j\delta_n}\quad(n=1,2,\cdots,N) \tag{15-258}$$

式中，δ_n 为阵元 n 电流 $\tilde{I}_n$ 的相位。

假设阵元为电基本振子，由式(15-44)的第一式，可写出第 n 个电基本振子远区电场分量为

$$\tilde{E}_\theta(\theta)|_n=j\frac{\tilde{I}_nl}{2\lambda r_n}\eta e^{-jkr_n}\sin\theta \tag{15-259}$$

在远区观测点 P，取近似

$$r\boldsymbol{e}_r\parallel r_n\boldsymbol{e}_r,\ \tilde{E}_\theta|_r\boldsymbol{e}_\theta\parallel\tilde{E}_\theta|_{r_n}\boldsymbol{e}_\theta \tag{15-260}$$

则 N 元圆环阵远区场近似为 N 个阵元远区电场的标量叠加，由式(15-259)，有

$$\tilde{E}_\theta(\theta,\varphi)=j\frac{I_0l\eta}{2\lambda}\sin\theta\sum_{n=1}^{N}\frac{e^{-j(kr_n-\delta_n)}}{r_n} \tag{15-261}$$

下面对式(15-261)进行化简。每个阵元角方向定义单位矢量

$$\boldsymbol{e}_n=\cos\varphi_n\boldsymbol{e}_x+\sin\varphi_n\boldsymbol{e}_y \tag{15-262}$$

远区观测点 P 位置矢量 $\boldsymbol{r}$ 对应的位置矢量，由式(1-49)，有

$$\boldsymbol{e}_r=\sin\theta\cos\varphi\boldsymbol{e}_x+\sin\theta\sin\varphi\boldsymbol{e}_y+\cos\theta\boldsymbol{e}_z \tag{15-263}$$

两单位矢量 $\boldsymbol{e}_n$ 和 $\boldsymbol{e}_r$ 点积，得到

$$\cos\alpha_n=\boldsymbol{e}_n\cdot\boldsymbol{e}_r=\sin\theta(\cos\varphi\cos\varphi_n+\sin\varphi\sin\varphi_n)=\sin\theta\cos(\varphi-\varphi_n) \tag{15-264}$$

将 r_n 用 r 表示，则有

$$r_n=r-a\cos\alpha_n=r-a\sin\theta\cos(\varphi-\varphi_n) \tag{15-265}$$

将式(15-265)代入式(15-261)，分母取近似 $r_n\approx r$，整理得到

$$\widetilde{E}_\theta(\theta,\ \varphi) = \underbrace{\mathrm{j}\,\frac{I_0 l\eta}{2\lambda}\,\frac{\mathrm{e}^{-\mathrm{j}kr}}{r}\sin\theta}_{\text{阵元因子}}\ \underbrace{\sum_{n=1}^{N}\mathrm{e}^{\mathrm{j}[ka\sin\theta\cos(\varphi-\varphi_n)+\delta_n]}}_{\text{阵列因子}} \tag{15-266}$$

显然，阵元因子为放置于坐标原点电基本振子远区电场的表达式，其场方向函数为

$$f_1(\theta) = \sin\theta \tag{15-267}$$

记阵列因子为

$$f_2(\theta,\ \varphi) = \sum_{n=1}^{N}\mathrm{e}^{\mathrm{j}[ka\sin\theta\cos(\varphi-\varphi_n)+\delta_n]} \tag{15-268}$$

则可写出 N 元圆环阵远区场电场的方向函数为

$$f(\theta,\ \varphi) = f_1(\theta)f_2(\theta,\ \varphi) = \sin\theta\sum_{n=1}^{N}\mathrm{e}^{\mathrm{j}[ka\sin\theta\cos(\varphi-\varphi_n)+\delta_n]} \tag{15-269}$$

依据式(15－85)、式(15－86)和式(15－87)，并将式(15－269)代入，计算得到 10 元圆环阵电场方向图如图 15－33 所示。参数取值为：$\lambda = 1.0$ m，$k = 2\pi/\lambda$，$\delta_n = 0$。图 15－33(a)对应 $a = \lambda/10$，图 15－33(b)对应 $a = \lambda/2$，图 15－33(c)对应 $a = \lambda$。由图 15－33 可以看出，当圆环阵半径 $a = \lambda/10$ 时，10 元圆环阵电场方向图与单个电基本振子电场方向图形态相同，电场幅值增强近 10 倍。在阵元数一定的情况下，随着圆环阵半径的增大，电场方向图波瓣在增加，方向性在发生变化。由图 15－33(c)可以看出，当 $a = \lambda$ 时，三维电场方向

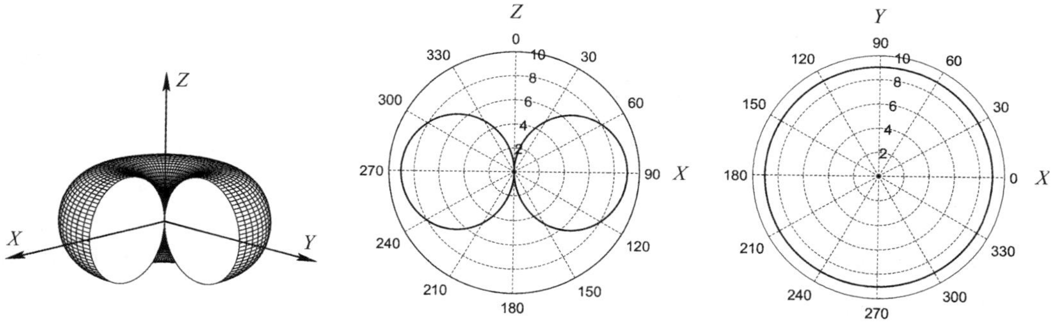

三维电场方向图　　二维 XZ 面电场方向图　　二维 XY 面电场方向图

(a) $a=\lambda/10$

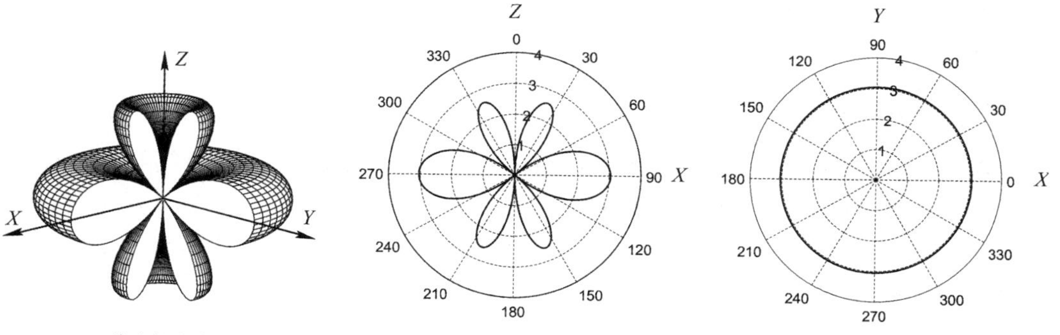

三维电场方向图　　二维 XZ 面电场方向图　　二维 XY 面电场方向图

(b) $a=\lambda/2$

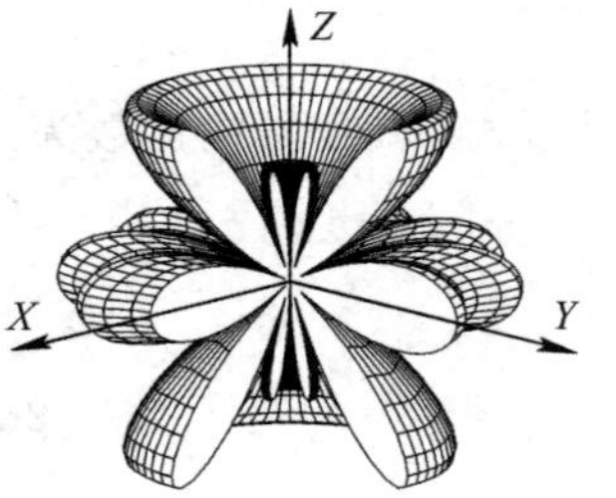

三维电场方向图

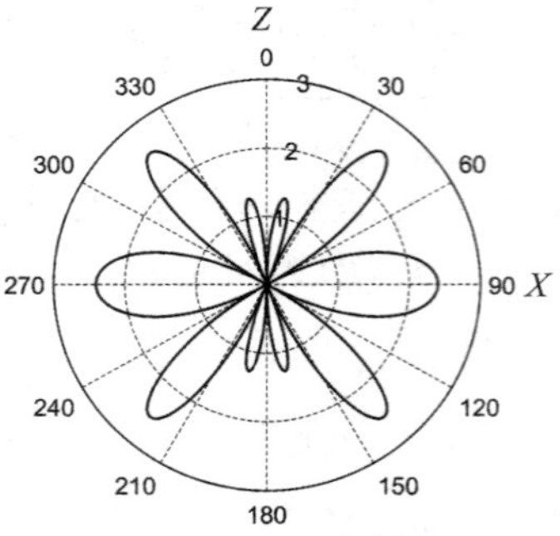

二维 XZ 面电场方向图

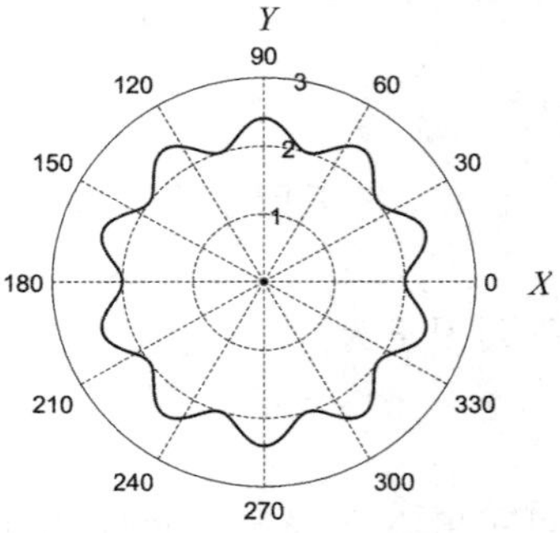

二维 XY 面电场方向图

(c) $a=\lambda$

图 15-33　10 元圆环阵电场方向图

图和二维 XY 面电场方向图明显反映出单个电基本振子效应，随着圆环阵半径的继续增大，这种效应越明显。

与线阵波束导向相同，圆环阵阵元电流 $\widetilde{I}_n$ 的相位 δ_n 也可以实现波束导向。假设圆环阵阵元电流的相位为

$$\delta_n=-ka\sin\theta_0\cos(\varphi_0-\varphi_n) \tag{15-270}$$

将式(15-270)代入阵列因子式(15-268)，有

$$f_2(\theta,\varphi)=\sum_{n=1}^{N}\mathrm{e}^{\mathrm{j}\{ka[\sin\theta\cos(\varphi-\varphi_n)-\sin\theta_0\cos(\varphi_0-\varphi_n)]\}} \tag{15-271}$$

将式(15-271)代入式(15-269)，得到 N 元圆环阵远区场电场方向函数为

$$f(\theta,\varphi)=\sin\theta\sum_{n=1}^{N}\mathrm{e}^{\mathrm{j}\{ka[\sin\theta\cos(\varphi-\varphi_n)-\sin\theta_0\cos(\varphi_0-\varphi_n)]\}} \tag{15-272}$$

依据式(15-85)、式(15-86)和式(15-87)，并将式(15-271)代入，计算得到 10 元圆环阵阵列因子方向图如图 15-34(a)所示。参数取值[①]为：$N=10$，$ka=10$，$\delta_n=0$。图 15-34(a)分别对应于三维阵列因子方向图、二维 XZ 面阵列因子方向图和二维 YZ 面阵列因子方向图。图 15-34(b)为波束导向角 $\theta_0=\varphi_0=30°$ 波束导向圆环阵三维阵列因子方向图(式(15-271))和三维电场方向图(式(15-272))，参数取值为：$N=10$，$\lambda=1.0$ m，$a=\lambda$，$k=2\pi/\lambda$。

15.5.4　直角面阵

如图 15-35 所示，结构和取向相同的 $M\times N$ 个阵元放置于 XY 平面，沿 X 方向有 M 个阵元，M 个阵元等间隔放置，阵元间距为 d_x。沿 Y 方向有 N 个阵元，N 个阵元等间隔放置，阵元间距为 d_y。假设阵元为电基本振子，由式(15-44)的第一式，可写出第(m,n)个阵元远区电场分量为

$$\widetilde{E}_\theta\big|_{mn}(\theta)=\mathrm{j}\,\frac{\widetilde{I}_{mn}l}{2\lambda r_{mn}}\eta\mathrm{e}^{-\mathrm{j}kr_{mn}}\sin\theta \tag{15-273}$$

---

① 钟顺时：《天线理论与技术(第二版)》，电子工业出版社，2020，第 154 页。

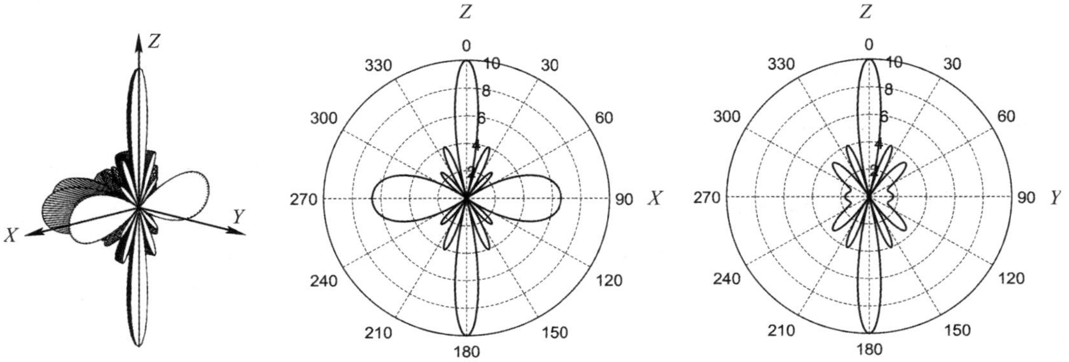

三维阵列因子方向图　　二维 XZ 面阵列因子方向图　　二维 YZ 面阵列因子方向图

(a) $\theta_0=0,\ \varphi_0=0$

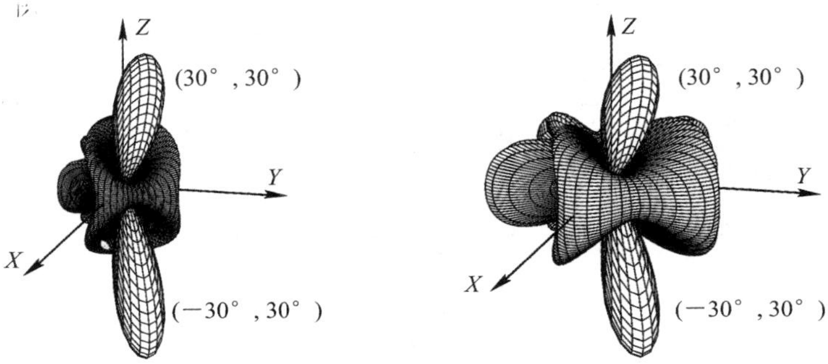

三维阵列因子方向图　　三维电场方向图

(b) $\theta_0=30°,\ \varphi_0=30°$

图 15－34　10 元波束导向圆环阵阵列因子方向图

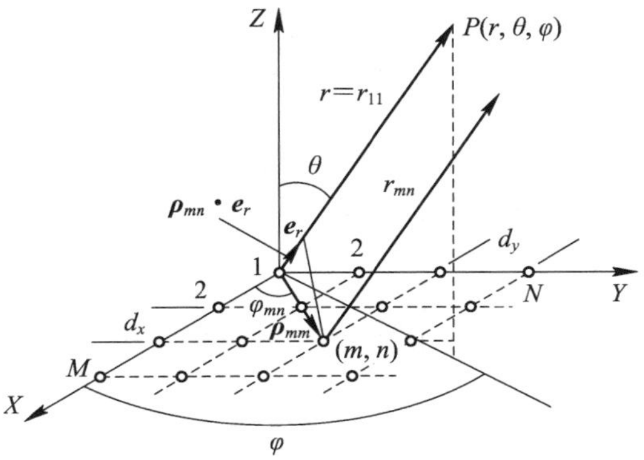

图 15－35　$M\times N$ 元直角面阵

式中，$\tilde{I}_{mn}$ 为第 $(m,\ n)$ 个阵元的电流。考虑 $\tilde{I}_{mn}$ 的相位，$\tilde{I}_{mn}$ 可表达为

$$\tilde{I}_{mn}=I_0\mathrm{e}^{\mathrm{j}[(m-1)\delta_x+(n-1)\delta_y]}\quad (m=1,\ 2,\ \cdots,\ M;\ n=1,\ 2,\ \cdots,\ N)\qquad(15-274)$$

式中，δ_x 和 δ_y 分别为 X 方向和 Y 方向相邻阵元之间的相位差。第 $(m,\ n)$ 个阵元 XY 平面的位置矢量记作 $\boldsymbol{\rho}_{mn}$，在直角坐标系下 $\boldsymbol{\rho}_{mn}$ 的表达式为

$$\boldsymbol{\rho}_{mn} = (m-1)d_x\boldsymbol{e}_x + (n-1)d_y\boldsymbol{e}_y \tag{15-275}$$

矢量 $\boldsymbol{\rho}_{mn}$ 和 $\boldsymbol{e}_r$（见式(15-263)）点积得到

$$\boldsymbol{\rho}_{mn}\cdot\boldsymbol{e}_r = (m-1)d_x\sin\theta\cos\varphi + (n-1)d_y\sin\theta\sin\varphi \tag{15-276}$$

r_{mn} 用 $r=r_{11}$ 表示，则有

$$r_{mn} = r-\boldsymbol{\rho}_{mn}\cdot\boldsymbol{e}_r = r-(m-1)d_x\sin\theta\cos\varphi-(n-1)d_y\sin\theta\sin\varphi \tag{15-277}$$

在远区观测点 P，取近似

$$r\boldsymbol{e}_r \parallel r_{mn}\boldsymbol{e}_r,\ \widetilde{E}_\theta\big|_r\boldsymbol{e}_\theta \parallel \widetilde{E}_\theta\big|_{r_{mn}}\boldsymbol{e}_\theta \tag{15-278}$$

则 $M\times N$ 元直角面阵远区场近似为 $M\times N$ 个阵元远区电场的标量叠加，由式(15-273)，有

$$\widetilde{E}_\theta(\theta,\varphi) = \mathrm{j}\frac{l\eta}{2\lambda}\sin\theta\sum_{n=1}^{N}\sum_{m=1}^{M}\frac{\widetilde{I}_{mn}\mathrm{e}^{-\mathrm{j}kr_{mn}}}{r_{mn}} \tag{15-279}$$

将式(15-274)和式(15-277)代入式(15-279)，整理得到

$$\widetilde{E}_\theta(\theta,\varphi) = \underbrace{\mathrm{j}\frac{I_0 l\eta}{2\lambda}\frac{\mathrm{e}^{-\mathrm{j}kr}}{r}\sin\theta}_{\text{阵元因子}}\underbrace{\sum_{n=1}^{N}\mathrm{e}^{\mathrm{j}(n-1)(kd_y\sin\theta\sin\varphi+\delta_y)}}_{Y\text{方向阵列因子}}\underbrace{\sum_{m=1}^{M}\mathrm{e}^{\mathrm{j}(m-1)(kd_x\sin\theta\cos\varphi+\delta_x)}}_{X\text{方向阵列因子}} \tag{15-280}$$

记

$$f_{2x}(\theta,\varphi) = \sum_{m=1}^{M}\mathrm{e}^{\mathrm{j}(m-1)(kd_x\sin\theta\cos\varphi+\delta_x)} \tag{15-281}$$

$$f_{2y}(\theta,\varphi) = \sum_{n=1}^{N}\mathrm{e}^{\mathrm{j}(n-1)(kd_y\sin\theta\sin\varphi+\delta_y)} \tag{15-282}$$

令

$$u = kd_x\sin\theta\cos\varphi + \delta_x \tag{15-283}$$

$$w = kd_y\sin\theta\sin\varphi + \delta_y \tag{15-284}$$

则式(15-281)和式(15-282)可简写为

$$f_{2x}(\theta,\varphi) = \sum_{m=1}^{M}\mathrm{e}^{\mathrm{j}(m-1)u} \tag{15-285}$$

$$f_{2y}(\theta,\varphi) = \sum_{n=1}^{N}\mathrm{e}^{\mathrm{j}(n-1)w} \tag{15-286}$$

阵列因子 $f_{2x}(\theta,\varphi)$ 和 $f_{2y}(\theta,\varphi)$ 为等比级数，求和得到

$$f_{2x}(\theta,\varphi) = \mathrm{e}^{+\mathrm{j}\frac{(M-1)}{2}u}\frac{\sin\dfrac{Mu}{2}}{\sin\dfrac{u}{2}} \tag{15-287}$$

$$f_{2y}(\theta,\varphi) = \mathrm{e}^{+\mathrm{j}\frac{(N-1)}{2}w}\frac{\sin\dfrac{Nw}{2}}{\sin\dfrac{w}{2}} \tag{15-288}$$

式中，$\mathrm{e}^{+\mathrm{j}\frac{(M-1)}{2}u}$ 为 X 方向阵列因子的相移，表明 X 方向的物理中心位于 $(M-1)d_x/2$；$\mathrm{e}^{+\mathrm{j}\frac{(N-1)}{2}w}$ 为 Y 方向阵列因子的相移，表明 Y 方向的物理中心位于 $(N-1)d_y/2$。由于

$$\left|\mathrm{e}^{+\mathrm{j}\frac{(M-1)}{2}u}\right| = 1,\ \left|\mathrm{e}^{+\mathrm{j}\frac{(N-1)}{2}w}\right| = 1 \tag{15-289}$$

在进行方向图计算时，阵列因子相移 $e^{+j\frac{(M-1)}{2}u}$ 和 $e^{+j\frac{(N-1)}{2}w}$ 并不影响场方向图的计算，所以阵列因子可以简写为

$$f_{2x}(\theta, \varphi)=\frac{\sin\frac{M}{2}(kd_x\sin\theta\cos\varphi+\delta_x)}{\sin\frac{1}{2}(kd_x\sin\theta\cos\varphi+\delta_x)} \tag{15-290}$$

$$f_{2y}(\theta, \varphi)=\frac{\sin\frac{N}{2}(kd_y\sin\theta\sin\varphi+\delta_y)}{\sin\frac{1}{2}(kd_y\sin\theta\sin\varphi+\delta_y)} \tag{15-291}$$

由此可写出 $M\times N$ 元直角面阵远区电场方向函数为

$$\begin{aligned} f(\theta, \varphi) &= f_1(\theta)f_{2x}(\theta, \varphi)f_{2y}(\theta, \varphi) \\ &= \sin\theta\left[\frac{\sin\frac{M}{2}(kd_x\sin\theta\cos\varphi+\delta_x)}{\sin\frac{1}{2}(kd_x\sin\theta\cos\varphi+\delta_x)}\right]\left[\frac{\sin\frac{N}{2}(kd_y\sin\theta\sin\varphi+\delta_y)}{\sin\frac{1}{2}(kd_y\sin\theta\sin\varphi+\delta_y)}\right] \end{aligned} \tag{15-292}$$

依据式(15 - 85)，并将式(15 - 292)代入，计算得到 16 × 16 元波束导向直角面阵三维电场方向图如图 15 - 36 所示。参数取值为：$\lambda=1.0$ m，$k=2\pi/\lambda$，$d_x=\lambda/5$，$d_y=\lambda/5$。X 方向和 Y 方向相邻阵元之间的相位差为

$$\begin{cases}\delta_x=-kd_x\sin\theta_0\cos\varphi_0\\ \delta_y=-kd_x\sin\theta_0\sin\varphi_0\end{cases} \tag{15-293}$$

图 15 - 36(a)对应波束导向角 $\theta_0=0$，$\varphi_0=0$，图 15 - 36(b)对应波束导向角 $\theta_0=45°$，$\varphi_0=45°$。由图 15 - 36 可见，波束导向角 $\theta_0=0$，$\varphi_0=0$，直角面阵方向性很差，波束导向角 $\theta_0=45°$，$\varphi_0=45°$，方向性得到很大改善，波束导向直角面阵主波束定向在 (45°, 45°) 和 (−45°, 45°) 两个方向。改变相邻阵元之间的相位差控制波束在空间的定向，这就是相控阵的简单原理，式(15 - 292)为平面相控阵电场方向函数。

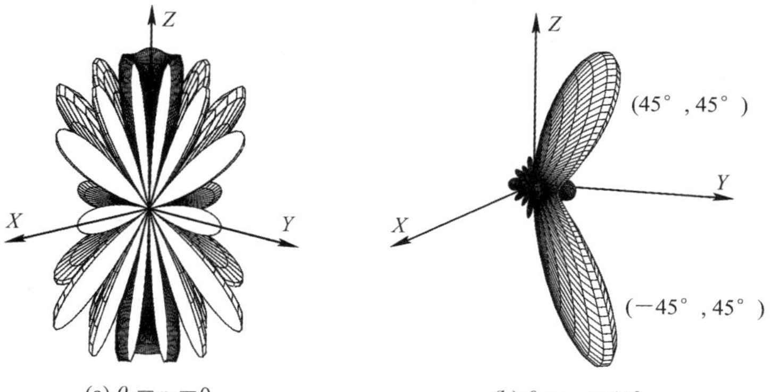

(a) $\theta_0=\varphi_0=0$　　(b) $\theta_0=\varphi_0=45°$

图 15 - 36　16 × 16 元直角面阵三维电场方向图

天线波束在空间定向可用于卫星通信，如低地球轨道卫星通信系统，每颗卫星向地面固定位置发射定向波束。

15.6 接收天线

前面几节讨论并分析了电基本振子、磁基本振子、对称振子天线、直线式天线阵、圆环阵和直角面阵的电磁辐射特性。实际上，天线可以发射电磁信号，也可以接收电磁信号，发射天线和接收天线都是电磁能量转换器。本节简单讨论天线的接收原理、天线互易定理、接收天线的有效面积和天线噪声温度。

15.6.1 天线接收原理

由法拉第电磁感应定律(式(6-2))可知，随时间变化的磁场激发涡旋电场，涡旋电场在空间产生感生电动势。当导体放置于随时间变化的磁场中时，在导体中会出现感应电流。这就是天线接收的原理，下面以对称振子天线为例加以说明。

如图15-37所示，对称振子接收天线放置于远离对称振子发射天线的辐射场中，远离发射天线的辐射场可近似为平面电磁波。设平面电磁波的电场分量为$\widetilde{E}_\theta$，磁场分量为$\widetilde{H}_\varphi$，平面电磁波传播方向$\boldsymbol{k}$与发射天线轴向$\boldsymbol{e}_z$的夹角为θ，与接收天线轴向$\boldsymbol{e}_z$的夹角为$\pi-\theta$，依据式(6-2)，可写出金属导线线微分元dz中产生的感生电动势为

$$d\mathscr{E}=\widetilde{E}_\theta\boldsymbol{e}_\theta\cdot\boldsymbol{e}_z dz=-\widetilde{E}_\theta\sin\theta dz \tag{15-294}$$

d$\mathscr{E}$称为元电动势。元电动势分布于整个天线导线中，负载$\widetilde{Z}_L$中产生的电流是所有元电动势产生的电流之和。依据第12章的传输线理论，可计算负载$\widetilde{Z}_L$中产生的电流，这种根据分布参数求出负载电流的分析方法称为感生电动势法，其优点在于物理概念清晰，但计算较为复杂。实际应用中，为分析简单起见，通常采用互易定理。

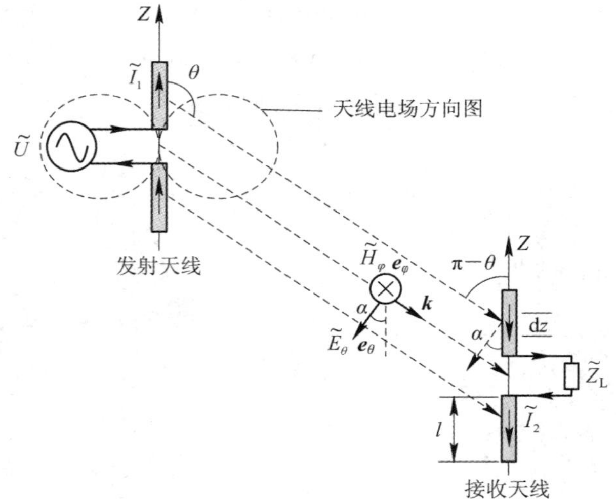

图15-37 接收天线原理

15.6.2 互易定理

互易定理是电磁场理论的基本定理之一，可以用来证明发射天线和接收天线特性之间

的互易性。

假设空间存在两个电流源 $\widetilde{\boldsymbol{J}}_{V_1}$ 和 $\widetilde{\boldsymbol{J}}_{V_2}$，两个电流源频率相同，时间因子均为 $e^{j\omega t}$。电流源 $\widetilde{\boldsymbol{J}}_{V_1}$ 的体积为 V_1，在空间产生的电磁场为 $(\widetilde{\boldsymbol{E}}_1,\widetilde{\boldsymbol{H}}_1)$；电流源 $\widetilde{\boldsymbol{J}}_{V_2}$ 的体积为 V_2，在空间产生的电磁场为 $(\widetilde{\boldsymbol{E}}_2,\widetilde{\boldsymbol{H}}_2)$；无源区域空间介质为各向同性线性介质，体积为 V_3，整个空间的体积为 $V=V_1+V_2+V_3$，如图 15－38 所示。

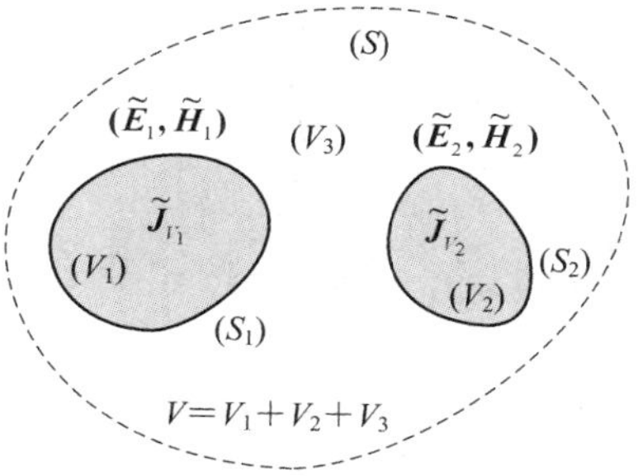

图 15－38　互易定理

根据矢量恒等式

$$\nabla\cdot(\widetilde{\boldsymbol{A}}\times\widetilde{\boldsymbol{B}})=\widetilde{\boldsymbol{B}}\cdot(\nabla\times\widetilde{\boldsymbol{A}})-\widetilde{\boldsymbol{A}}\cdot(\nabla\times\widetilde{\boldsymbol{B}}) \tag{15-295}$$

有

$$\nabla\cdot(\widetilde{\boldsymbol{E}}_1\times\widetilde{\boldsymbol{H}}_2)=\widetilde{\boldsymbol{H}}_2\cdot(\nabla\times\widetilde{\boldsymbol{E}}_1)-\widetilde{\boldsymbol{E}}_1\cdot(\nabla\times\widetilde{\boldsymbol{H}}_2) \tag{15-296}$$

将时谐形式的麦克斯韦方程

$$\begin{cases}\nabla\times\widetilde{\boldsymbol{H}}=\widetilde{\boldsymbol{J}}_V+j\omega\varepsilon\widetilde{\boldsymbol{E}}\\ \nabla\times\widetilde{\boldsymbol{E}}=-j\omega\mu\widetilde{\boldsymbol{H}}\end{cases} \tag{15-297}$$

代入式(15－296)，得到

$$\nabla\cdot(\widetilde{\boldsymbol{E}}_1\times\widetilde{\boldsymbol{H}}_2)=-j\omega(\mu\widetilde{\boldsymbol{H}}_2\cdot\widetilde{\boldsymbol{H}}_1+\varepsilon\widetilde{\boldsymbol{E}}_2\cdot\widetilde{\boldsymbol{E}}_1)-\widetilde{\boldsymbol{E}}_1\cdot\widetilde{\boldsymbol{J}}_{V_2} \tag{15-298}$$

同理，得

$$\nabla\cdot(\widetilde{\boldsymbol{E}}_2\times\widetilde{\boldsymbol{H}}_1)=-j\omega(\mu\widetilde{\boldsymbol{H}}_1\cdot\widetilde{\boldsymbol{H}}_2+\varepsilon\widetilde{\boldsymbol{E}}_2\cdot\widetilde{\boldsymbol{E}}_1)-\widetilde{\boldsymbol{E}}_2\cdot\widetilde{\boldsymbol{J}}_{V_1} \tag{15-299}$$

将式(15－298)与式(15－299)相减，得到

$$\nabla\cdot(\widetilde{\boldsymbol{E}}_1\times\widetilde{\boldsymbol{H}}_2-\widetilde{\boldsymbol{E}}_2\times\widetilde{\boldsymbol{H}}_1)=\widetilde{\boldsymbol{E}}_2\cdot\widetilde{\boldsymbol{J}}_{V_1}-\widetilde{\boldsymbol{E}}_1\cdot\widetilde{\boldsymbol{J}}_{V_2} \tag{15-300}$$

将式(15－300)两边对体积 V 进行积分，并利用高斯散度定理(式(1－84))，则有

$$\oiint_{(S)}(\widetilde{\boldsymbol{E}}_1\times\widetilde{\boldsymbol{H}}_2-\widetilde{\boldsymbol{E}}_2\times\widetilde{\boldsymbol{H}}_1)\cdot d\boldsymbol{S}=\iiint_{(V)}(\widetilde{\boldsymbol{E}}_2\cdot\widetilde{\boldsymbol{J}}_{V_1}-\widetilde{\boldsymbol{E}}_1\cdot\widetilde{\boldsymbol{J}}_{V_2})dV \tag{15-301}$$

式中，S 为包围体积 V 的封闭面。式(15－301)为洛伦兹互易定理的积分形式，是互易定理的一般表达式，简称互易定理。

当 $S\to\infty$ 时，由于无穷远处电磁场近似为零，可以忽略，因此互易定理(式(15－301))左端积分近似为零，即

$$\oiint_{(S_\infty)}(\widetilde{\boldsymbol{E}}_1\times\widetilde{\boldsymbol{H}}_2-\widetilde{\boldsymbol{E}}_2\times\widetilde{\boldsymbol{H}}_1)\cdot d\boldsymbol{S}\approx 0 \tag{15-302}$$

同时，必有

$$\iiint_{(V)}(\widetilde{\boldsymbol{E}}_2\cdot\widetilde{\boldsymbol{J}}_{V_1}-\widetilde{\boldsymbol{E}}_1\cdot\widetilde{\boldsymbol{J}}_{V_2})dV\approx 0 \tag{15-303}$$

由于 $V=V_1+V_2+V_3$，利用积分叠加性，式(15-303)可改写为

$$\begin{aligned}\iiint_{(V)}(\widetilde{\boldsymbol{E}}_2\cdot\widetilde{\boldsymbol{J}}_{V_1}-\widetilde{\boldsymbol{E}}_1\cdot\widetilde{\boldsymbol{J}}_{V_2})\mathrm{d}V=&\iiint_{(V_1)}(\widetilde{\boldsymbol{E}}_2\cdot\widetilde{\boldsymbol{J}}_{V_1}-\widetilde{\boldsymbol{E}}_1\cdot\widetilde{\boldsymbol{J}}_{V_2})\mathrm{d}V+\\&\iiint_{(V_2)}(\widetilde{\boldsymbol{E}}_2\cdot\widetilde{\boldsymbol{J}}_{V_1}-\widetilde{\boldsymbol{E}}_1\cdot\widetilde{\boldsymbol{J}}_{V_2})\mathrm{d}V+\\&\iiint_{(V_3)}(\widetilde{\boldsymbol{E}}_2\cdot\widetilde{\boldsymbol{J}}_{V_1}-\widetilde{\boldsymbol{E}}_1\cdot\widetilde{\boldsymbol{J}}_{V_2})\mathrm{d}V\\\approx&\ 0\end{aligned}\tag{15-304}$$

V_3 为无源区域，则有

$$\iiint_{(V_3)}(\widetilde{\boldsymbol{E}}_2\cdot\widetilde{\boldsymbol{J}}_{V_1}-\widetilde{\boldsymbol{E}}_1\cdot\widetilde{\boldsymbol{J}}_{V_2})\mathrm{d}V=0\tag{15-305}$$

在源区 V_1 内，$\widetilde{\boldsymbol{J}}_{V_2}=0$，在源区 V_2 内，$\widetilde{\boldsymbol{J}}_{V_1}=0$，因此有

$$\iiint_{(V_1)}\widetilde{\boldsymbol{E}}_1\cdot\widetilde{\boldsymbol{J}}_{V_2}\mathrm{d}V=0,\quad\iiint_{(V_2)}\widetilde{\boldsymbol{E}}_2\cdot\widetilde{\boldsymbol{J}}_{V_1}\mathrm{d}V=0\tag{15-306}$$

将式(15-305)和式(15-306)代入式(15-304)，得到

$$\iiint_{(V)}(\widetilde{\boldsymbol{E}}_2\cdot\widetilde{\boldsymbol{J}}_{V_1}-\widetilde{\boldsymbol{E}}_1\cdot\widetilde{\boldsymbol{J}}_{V_2})\mathrm{d}V=\iiint_{(V_1)}\widetilde{\boldsymbol{E}}_2\cdot\widetilde{\boldsymbol{J}}_{V_1}\mathrm{d}V-\iiint_{(V_2)}\widetilde{\boldsymbol{E}}_1\cdot\widetilde{\boldsymbol{J}}_{V_2}\mathrm{d}V\approx 0\tag{15-307}$$

最后得到

$$\iiint_{(V_1)}\widetilde{\boldsymbol{E}}_2\cdot\widetilde{\boldsymbol{J}}_{V_1}\mathrm{d}V\approx\iiint_{(V_2)}\widetilde{\boldsymbol{E}}_1\cdot\widetilde{\boldsymbol{J}}_{V_2}\mathrm{d}V\tag{15-308}$$

式(15-308)是很有用的互易定理形式，由卡森(J. R. Carson)首先导出，所以称为卡森(J. R. Carson)形式的互易定理。卡森互易定理反映的是在各向同性线性介质中两个源与其电场之间的互易关系，其本质是在各向同性线性介质中麦克斯韦方程组的线性性质。

15.6.3 天线收发方向图的互易性

根据互易定理，可以证明同一天线用作发射和用作接收时，其电特性是相同的。下面以对称振子线天线为例，证明天线收发方向图具有互易性。

对于线电流源，有

$$\widetilde{\boldsymbol{J}}_V\mathrm{d}V=\widetilde{I}\mathrm{d}\boldsymbol{l}\tag{15-309}$$

则互易定理(式(15-308))可改写为

$$\widetilde{I}_1\int_{(l_1)}\widetilde{\boldsymbol{E}}_2\cdot\mathrm{d}\boldsymbol{l}\approx\widetilde{I}_2\int_{(l_2)}\widetilde{\boldsymbol{E}}_1\cdot\mathrm{d}\boldsymbol{l}\tag{15-310}$$

现假设两个完全相同的对称振子天线，分别用于发射和接收，如图15-39所示。图15-39(a)天线1用作发射天线，输入端加电压 $\widetilde{U}_1$，天线电流为 $\widetilde{I}_1$，天线远区场为 $\widetilde{\boldsymbol{E}}_{\theta_1}$ 和 $\widetilde{\boldsymbol{H}}_{\varphi_1}$；天线2用作接收天线，输入端短路，其开路电压记作 $\widetilde{U}_{21}(r,\theta,\varphi)$。图15-39(b)天线2用作发射天线，输入端加电压 $\widetilde{U}_2$，天线电流为 $\widetilde{I}_2$，天线远区场为 $\widetilde{\boldsymbol{E}}_{\theta_2}$ 和 $\widetilde{\boldsymbol{H}}_{\varphi_2}$；天线1用作接收天线，输入端短路，其开路电压记作 $\widetilde{U}_{12}(r,\theta,\varphi)$。由于 $\widetilde{U}_{21}(r,\theta,\varphi)$ 为天线1产生的场 $\widetilde{\boldsymbol{E}}_1(r,\theta,\varphi)$ 在天线2端引起的开路电压(电动势)，$\widetilde{U}_{12}(r,\theta,\varphi)$ 为天线2产生的场

$\widetilde{\boldsymbol{E}}_2(r, \theta, \varphi)$ 在天线 1 端引起的开路电压(电动势)，因此有

$$\widetilde{U}_{21}(r, \theta, \varphi)=-\int_{(l_2)} \widetilde{\boldsymbol{E}}_1(r, \theta, \varphi) \cdot \mathrm{d}\boldsymbol{l},\ \widetilde{U}_{12}(r, \theta, \varphi)=-\int_{(l_1)} \widetilde{\boldsymbol{E}}_2(r, \theta, \varphi) \cdot \mathrm{d}\boldsymbol{l} \tag{15-311}$$

将式(15－311)代入式(15－310)，得到

$$\widetilde{I}_1\widetilde{U}_{12}(r, \theta, \varphi)=\widetilde{I}_2\widetilde{U}_{21}(r, \theta, \varphi) \text{或} \frac{\widetilde{U}_{12}(r, \theta, \varphi)}{\widetilde{I}_2}=\frac{\widetilde{U}_{21}(r, \theta, \varphi)}{\widetilde{I}_1} \tag{15-312}$$

该式称为电路形式的互易定理。

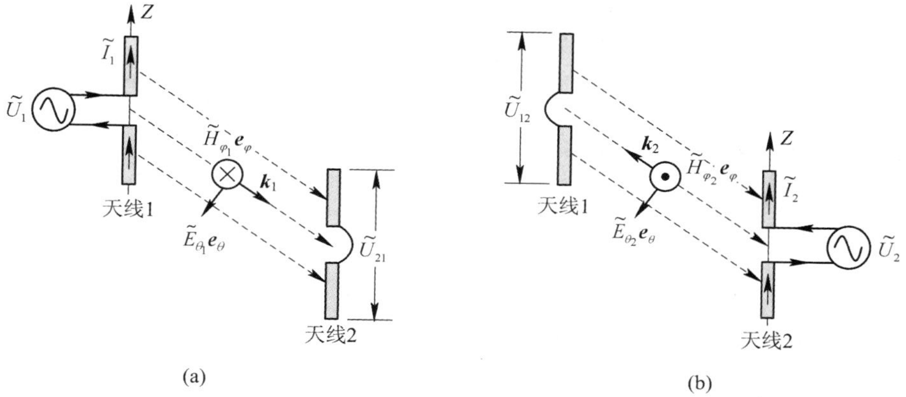

图 15－39　天线方向图的互易性

如果取 $\widetilde{U}_1=\widetilde{U}_2$，必有 $\widetilde{I}_1=\widetilde{I}_2$，则式(15－312)可简化为

$$\widetilde{U}_{12}(r, \theta, \varphi)=\widetilde{U}_{21}(r, \theta, \varphi) \tag{15-313}$$

式(15－310)可改写为

$$\int_{(l_2)} \widetilde{\boldsymbol{E}}_1(r, \theta, \varphi) \cdot \mathrm{d}\boldsymbol{l}=\int_{(l_1)} \widetilde{\boldsymbol{E}}_2(r, \theta, \varphi) \cdot \mathrm{d}\boldsymbol{l} \tag{15-314}$$

又因天线 1 与天线 2 相同，令 $l=l_1=l_2$，最后得到

$$\int_{(l)} \widetilde{\boldsymbol{E}}_1(r, \theta, \varphi) \cdot \mathrm{d}\boldsymbol{l}=\int_{(l)} \widetilde{\boldsymbol{E}}_2(r, \theta, \varphi) \cdot \mathrm{d}\boldsymbol{l} \tag{15-315}$$

式(15－313)表明，在远场条件下，天线放置于空间任意点 (r, θ, φ) 处用于发射和接收时的开路电压是相同的，即

$$\widetilde{U}_{12}(r, \theta, \varphi)=\widetilde{U}_{21}(r, \theta, \varphi) \tag{15-316}$$

这就是天线方向图互易性的电压表达形式，说明天线用于发射和用于接收的方向图相同。

实际上，天线方向图测量一般是测量电压方向图，因此天线电压方向图的互易性(式(15－316))可以通过测量进行检验①。天线电压方向图测量如图 15－40 所示，两个相同的

① [1]钟顺时：《天线理论与技术(第二版)》，电子工业出版社，2020，第 35 页。
[2]Warren L. Stutzman and Gary A. Thiele：《天线理论与设计(第二版)》，朱守正、安同一译，人民邮电出版社，2006，第 382 页。

天线，天线 1 放置于坐标原点，天线 2 放置于半径为 r 的球面上，r 必须足够大，满足远场条件(15－73)。图 15－40(a)天线 1 用于发射，天线 2 为被测天线用于接收；图 15－40(b)天线 2 用于发射，天线 1 为被测天线用于接收。测量时方法有两种：① 被测天线沿球面移动，沿 θ 角移动和沿 φ 角移动；② 被测天线在球面固定点处转动，转动角为 θ 和 φ。

用互易定理也可以证明天线用于发射和接收时，天线增益和输入阻抗也相同。

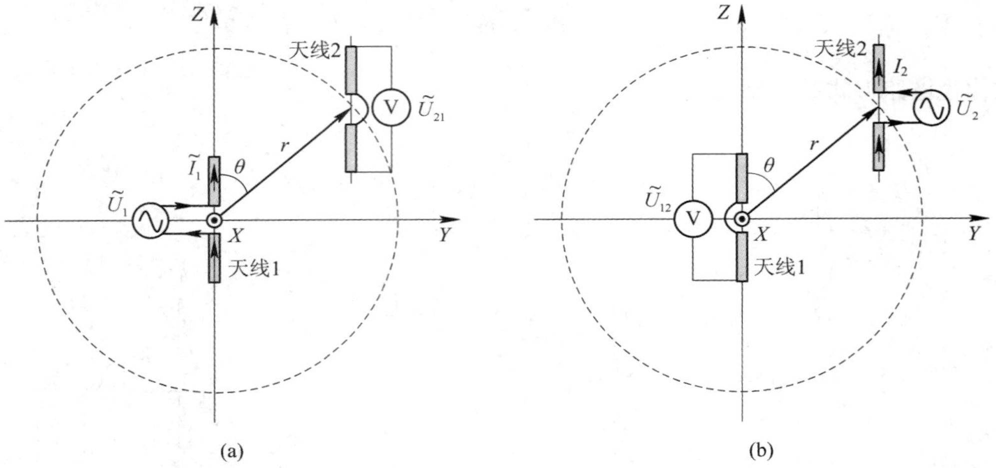

图 15－40　天线电压方向图测量

15.6.4　接收天线有效面积及弗里斯传输公式

1. 接收天线有效面积

天线可发射电磁波，也可接收电磁波。天线发射电磁波其能量分布于整个空间，能量分布用平均功率密度函数 S_{av} 描述。接收天线放置于远离发射天线的空间点，接收来自发射天线的电磁波，"触点"很小，仅能得到电磁能量的很小一部分。为了描述天线接收电磁信号能量的能力，引入天线有效面积，通常记作 A_e。天线有效面积是接收天线的一个重要参数。

接收天线的有效面积 A_e 定义为接收天线的最大接收功率(实功率) P_r(W) 与接收天线所在空间点的平均功率密度 S_{av}(W/m^2) 之比①，即

$$A_e = \frac{P_r}{S_{av}} \tag{15-317}$$

下面讨论 A_e 的计算问题。为简单起见，仍以对称振子天线为例，如图 15－41(a)所示，发射天线电磁辐射在远区近似为平面电磁波，入射到对称振子天线，天线感应开路电压为 $\widetilde{U}_{21}$ (电动势)，当在 $\widetilde{U}_{21}$ 两端加负载阻抗 $\widetilde{Z}_L$ 时，就构成了信号接收电路。根据戴维宁定理②，接收电路可等效为如图 15－41(b)所示的电压等效电路，其中 $\widetilde{Z}_i$ 为电压源内阻，即天线阻抗。$\widetilde{Z}_i$ 和 $\widetilde{Z}_L$ 通常都取复数形式，即

① 钟顺时：《天线理论与技术(第二版)》，电子工业出版社，2020，第 69 页。

② 赵凯华、陈熙谋：《电磁学(上册)》，人民教育出版社，1979，第 238 页。

$$\begin{cases} \tilde{Z}_i = R_r + jX_i \\ \tilde{Z}_L = R_L + jX_L \end{cases} \tag{15-318}$$

式中，R_r 为天线辐射电阻，X_i 为天线辐射电抗，R_L 为负载电阻，X_L 为负载电抗。当 $\tilde{Z}_L = \tilde{Z}_i^*$ 时，负载获得最大接收功率，则有

$$R_L = R_r,\ X_L = -X_i \tag{15-319}$$

$$\tilde{I}_i = \frac{\tilde{U}_{21}}{\tilde{Z}_i + \tilde{Z}_L} = \frac{\tilde{U}_{21}}{2R_r} \tag{15-320}$$

负载获得的最大功率为

$$P_r = \frac{1}{2}\,|\tilde{I}_i|^2 R_r = \frac{1}{2}\,\frac{|\tilde{U}_{21}|^2}{4R_r^2}R_r = \frac{1}{8}\,\frac{|\tilde{U}_{21}|^2}{R_r} \tag{15-321}$$

将式(15－321)代入定义式(15－317)，得到

$$A_e = \frac{1}{8}\,\frac{|\tilde{U}_{21}|^2}{R_r S_{av}} \tag{15-322}$$

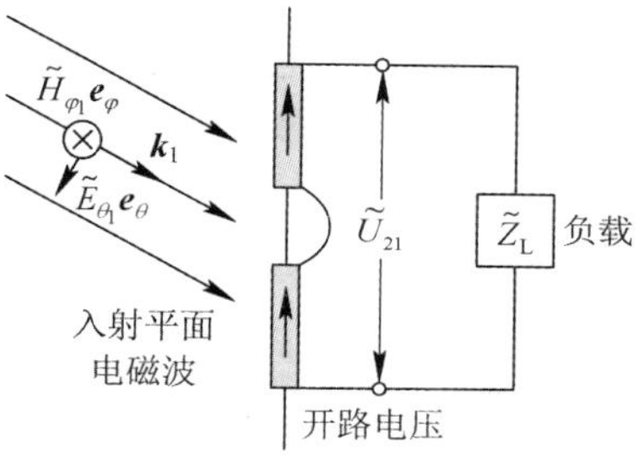

(a) 接收天线

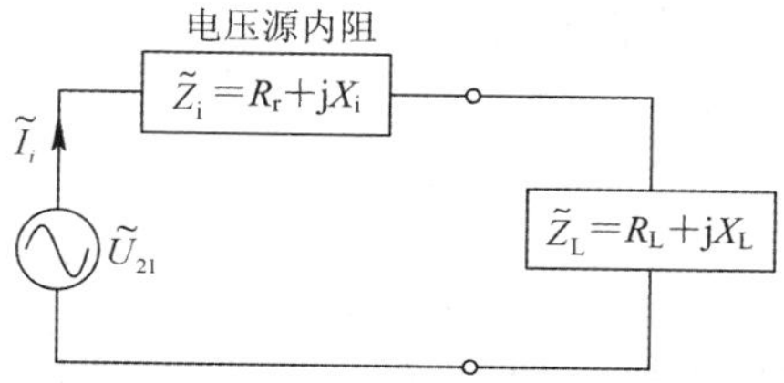

(b) 等效电路

图 15－41　接收天线等效电路

【例 15.6】 求电基本振子(短偶极子天线)的最大接收有效面积。

解　由于电基本振子长度远小于入射电磁波波长，即 $l \ll \lambda$，因此可认为电基本振子中的感应电流是均匀的，由式(15－294)和式(15－311)可写出开路端电压(感应电动势)近似为

$$\tilde{U}_{21} \approx -\tilde{E}_\theta l \sin\theta \tag{15-323}$$

将式(15－323)、式(15－44)的第一式、式(15－49)和式(15－134)代入式(15－322)，并取 $\theta=\pi/2$，得到电基本振子最大接收有效面积为

$$A_e = \frac{3}{8\pi}\lambda^2 \tag{15-324}$$

式(15－324)表明，电基本振子最大有效接收面积与入射平面电磁波波长的平方成正比。

由例 15.4 知，电基本振子方向系数 $D = 1.5$，对于无耗传输线，辐射效率 $\xi = 1$，因而 $G = D$，由此可得

$$\frac{G}{A_e}=\frac{3/2}{3\lambda^2/8\pi}=\frac{4\pi}{\lambda^2}\quad（对任何天线）\tag{15-325}$$

式(15-325)表明，G/A_e 与工作波长 λ^2 成反比，与天线结构无关，所以这个比值对阻抗匹配的任何天线都成立①。

2. 弗里斯传输公式

弗里斯传输公式由贝尔电话实验室弗里斯(Harald T. Friis)发表于1946年，用于计算无线电通信线路中无耗且负载匹配接收天线的功率。

如图15-42所示，两个天线构成空间无线电传输线路，两天线空间距离为 r，r 足够大使接收天线位于发射天线电磁辐射远场区。设发射天线和接收天线的最大接收有效面积分别为 A_{et} 和 A_{er}，辐射效率分别为 ξ_t 和 ξ_r，增益分别为 G_t 和 G_r。电源供给发射天线的功率为 P_t，辐射功率为 P_{rt}；接收天线的入射功率为 P_i，接收功率为 P_r。首先假定发射天线是各向同性的无损耗体，则在距离 r 的球面上接收天线处的功率密度为

$$S_i=\frac{P_t}{4\pi r^2}\tag{15-326}$$

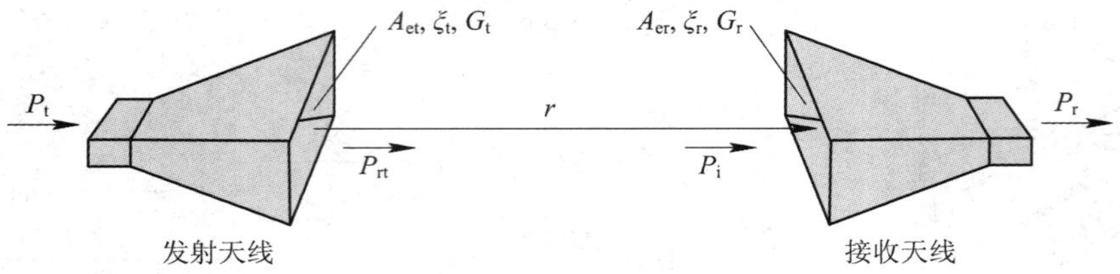

图15-42 无线电传输线路

对于实际的天线，既存在损耗，辐射也具有各向异性，这种特性通常用天线增益 G 描述。假设发射天线增益为 G_t，$G_t=\xi_t D_t$，则距离发射天线 r 处接收天线的实际最大入射功率密度可表达为

$$S_r=G_tS_i=\xi_tD_tS_i=\frac{\xi_tD_tP_t}{4\pi r^2}\tag{15-327}$$

式(15-327)既包含发射天线损耗的影响(用天线效率 ξ_t 描述)，也包含发射天线场分布的方向性(用 D_t 描述)。

设接收天线有效面积为 A_{er}，则接收天线的最大接收功率为

$$P_r=S_rA_{er}=\frac{\xi_tD_tP_t}{4\pi r^2}A_{er}\tag{15-328}$$

将式(15-325)代入式(15-328)，并利用式(15-128)，得到

$$P_r=\left(\frac{\lambda}{4\pi r}\right)^2G_tG_rP_t\tag{15-329}$$

式(15-329)称为弗里斯传输公式，比值 P_r/P_t 称为功率传输比。

由于定义式(15-99)为最大辐射方向的方向系数，因而式(15-329)中的 P_r 为最大辐射方向接收功率。如果发射天线和接收天线不在传递最大功率方向，就必须考虑天线方向

---

① [1]Fawwaz T. Ulaby:《应用电磁学基础》，尹华杰译，人民邮电出版社，2007，第354页。
[2]钟顺时:《天线理论与技术(第二版)》，电子工业出版社，2020，第69页。

系数 D 随方向角 (θ, φ) 的变化，此时将式(15-127)分子的 $F_{max}(\theta, \varphi)$ 用 $F(\theta, \varphi)$ 替代，则天线增益可表达为

$$G(\theta, \varphi) = \xi D(\theta, \varphi) \tag{15-330}$$

$G(\theta, \varphi)$ 称为天线增益方向函数。由此式(15-329)可改写为

$$P_r = \left(\frac{\lambda}{4\pi r}\right)^2 G_t(\theta_t, \varphi_t) G_r(\theta_r, \varphi_r) P_t \tag{15-331}$$

这就是弗里斯传输公式的一般形式。式(15-331)中，$G_t(\theta, \varphi)$ 为发射天线增益方向的函数，$G_r(\theta, \varphi)$ 为接收天线增益方向的函数。

【例 15.7】 如图 15-43 所示，两短偶极子天线平行放置于空间，距离 $r = 1$ km，满足远场条件，两天线纵向高度差为 $h = 500$ m。假设发射天线发射功率为 $P_t = 1$ kW，计算接收天线的接收功率 P_r。发射天线增益为

$$G_t(\theta_t, \varphi_t) = \sin^2\theta_1 \tag{15-332}$$

接收天线增益为

$$G_r(\theta_r, \varphi_r) = \sin^2\theta_2 \tag{15-333}$$

天线工作频率 $f = 2$ GHz。

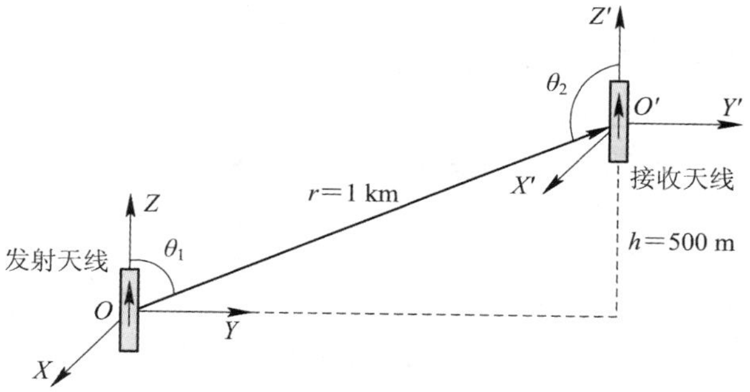

图 15-43 两短偶极子天线传输线路

解 由图几何关系可知，$\theta_1 = 60°$，$\theta_2 = 120°$。将式(15-332)和式(15-333)代入式(15-331)，并利用关系式(6-138)，取 $c = 3 \times 10^8$ m/s，得到

$$\begin{aligned}P_r &= \left(\frac{\lambda}{4\pi r}\right)^2 G_t(\theta_t, \varphi_t) G_r(\theta_r, \varphi_r) P_t = \left(\frac{c/f}{4\pi r}\right)^2 \sin^2\theta_1 \sin^2\theta_2 P_t \\ &= \left(\frac{3.0 \times 10^8 / 2 \times 10^9}{4\pi \times 10^3}\right)^2 \times \sin^2 60° \times \sin^2 120° \times 10^3 \text{ W} \approx 8.015 \times 10^{-8} \text{ W} \\ &= 80.15 \text{ nW}\end{aligned}$$

15.6.5 接收天线的噪声温度

对于一般通信系统和雷达用的小型天线，由于作用距离较短，接收天线接收到的信号功率比噪声功率大很多，因此可以不考虑接收天线的噪声问题。但是对于远距离通信和探测，如卫星通信、射电天文望远镜观测、遥感遥测和超远程大型警戒雷达等，接收天线接收到的电磁信号功率很微弱，必须考虑接收天线的噪声，以保证接收信号的质量。

天线噪声分为内部噪声和外部噪声。内部噪声是指接收天线设备本身的固有噪声。天

线外部噪声是通过天线进入接收系统，通常简称为天线噪声。天线噪声包含许多成分：① 宇宙噪声，来自宇宙空间的各种电磁辐射；② 大气噪声，来自大气层的各种电磁辐射；③ 雨致噪声，空间云层降雨和雷电放电产生的电磁辐射；④ 地面噪声，地球表面各种植物等产生的热辐射；⑤ 工业噪声，各种用途的电气设备工作时的电磁辐射；⑥ 其他天线和电台的电磁辐射噪声等。工作在长、中、短波波段的天线，噪声来源主要是工业噪声、雨致噪声和其他天线和电台的电磁辐射噪声。工作在米波和厘米波波段的天线，尤其是厘米波段，噪声来源主要是宇宙噪声、大气噪声和地面噪声等。天线噪声通常用天线噪声温度描述。

1. 电阻热噪声

热噪声是由物质中电子热运动引起的。对于天线电路中的无源器件，如电阻和馈线，微观上看是导体中的电子始终作随机热运动，宏观上表现为导体中出现微弱随机交变电流，这种流经过电阻会产生噪声电压。描述热噪声通常采用均方电压、均方电流和功率。

在时域，热噪声的幅度和相位随时间作无规则变化，且服从正态分布。在频域，热噪声功率谱密度为常数，因此热噪声也称白噪声。

约翰逊(J. B. Johnson(1926))和奈奎斯特(Harry Nyquist(1928))从实验和理论两方面研究和证实了电阻是一个噪声源，并给出电路开路均方电压为

$$\overline{\tilde{V}}_{n}^{2} = 4kT_{n}R\Delta f \tag{15-334}$$

式中，$k = 1.38\times10^{-23}$ J/K，为玻尔兹曼常数；T_n 为电阻 R 所处的环境温度，单位为 K（开尔文），$0^\circ = -273$K；Δf 为热噪声带宽。

电阻噪声源可等效为电压源串联电路，如图 15-44 所示，在负载匹配条件下，$R = R_L$，匹配负载 R_L（带宽为 Δf）获得的最大噪声功率为

$$P_n = kT_n\Delta f \tag{15-335}$$

式(15-335)表明，当噪声源电阻 R 置于温度为 T_n 的环境时，在电阻 R 与负载 R_L 匹配的条件下，且噪声带宽 Δf 一定时，负载获得的噪声功率 P_n 与噪声源电阻 R 和匹配负载 R_L 的大小无关，噪声功率 P_n 与环境温度 T_n 和带宽 Δf 成正比，因此噪声电平可用环境温度来衡量，环境温度 T_n 也称为噪声温度。

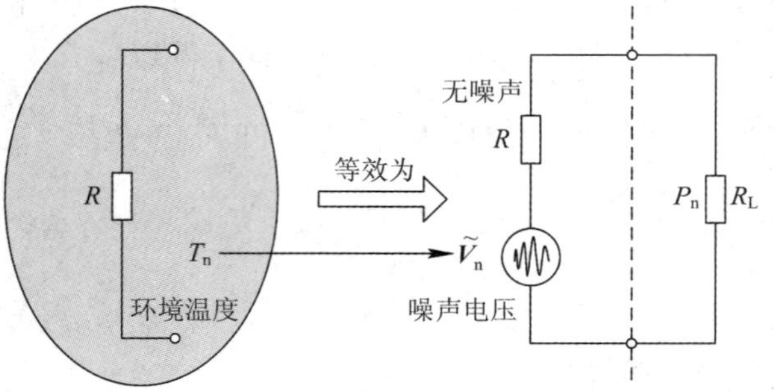

图 15-44　电阻热噪声

2. 天线噪声温度

下面首先介绍两个基本概念：黑体辐射和亮度温度。

1) 黑体辐射

空间任何物体都发射电磁辐射，其特性取决于物体的性质和环境温度。当物体温度高

于环境温度时，则向外辐射能量使其温度下降；反之，则从外边吸收能量使其温度升高达到动态平衡为止。因此，在恒温下物体与外界处于热平衡状态。

所谓黑体是一个理想化的物体，它能够吸收来自外部的全部(任何频率)电磁辐射，并转化为热辐射，其辐射谱特征仅与该黑体的温度有关，与黑体的材质无关。黑体辐射实际上就是黑体的热辐射，在一定温度下，黑体是辐射本领最大的物体。

2) 亮度温度

亮度温度是指和被测物体具有相同辐射强度的黑体所具有的温度，通常记作 $T_b(\theta, \varphi)$。亮度温度虽然具有温度的量纲，但不是通常意义上的温度。亮度温度表征的是物体的辐射强度，在相同辐射条件下，黑体的亮度温度低于实际物体的温度。

3) 天线噪声温度

天线从空间接收不同方向的热辐射。热辐射是一种电磁噪声，其特性与热噪声相同(式(15-335))，因此其噪声功率也可用噪声温度描述，通常记作 T_A，T_A 称为天线噪声温度。

对于无耗天线，假设天线辐射电阻为 R_r，天线噪声温度 T_A 可等效为电压源串联电路，如图 15-45 所示。由此可写出天线到馈线输入端匹配负载的最大电磁噪声功率为

$$P_A = kT_A\Delta f \tag{15-336}$$

式中，Δf 为电磁噪声带宽。式(15-336)表明，天线获得的电磁噪声功率与辐射电阻 R_r 无关，在带宽 Δf 一定时，天线噪声功率 P_A 与天线噪声温度 T_A 成正比。

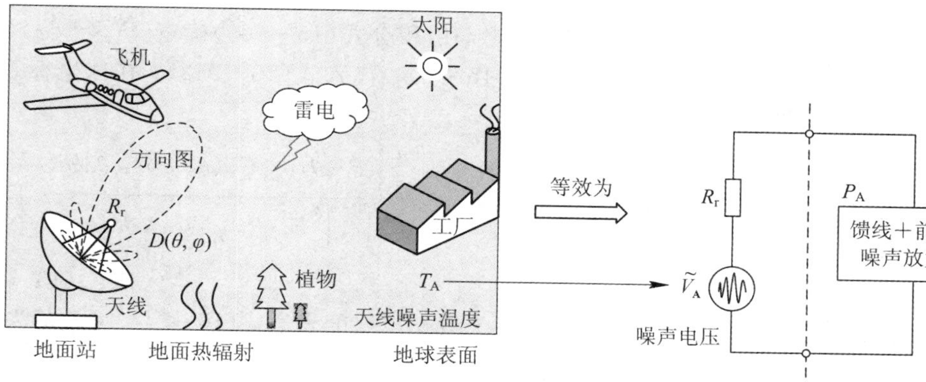

图 15-45　天线噪声温度的概念

天线外部噪声源的辐射强度可用亮度温度 $T_b(\theta, \varphi)$ 表示。设 $T_b(\theta, \varphi)$ 表示在 (θ, φ) 方向上所有外部噪声源亮度温度的和，由此可推算出天线噪声温度 T_A。设天线在 (θ, φ) 方向上立体角为 Ω 的方向系数为 $D(\Omega)$，由方向系数定义式(15-99)，有①

$$D(\Omega) = \frac{\Delta p_A|_{(\theta,\varphi)}(\Omega)}{\sum \Delta p_A|_{(\theta,\varphi)}(\Omega)/(4\pi)} = \frac{4\pi\Delta p_A|_{(\theta,\varphi)}(\Omega)}{\sum \Delta p_A|_{(\theta,\varphi)}(\Omega)} \tag{15-337}$$

式中，$\Delta p_A|_{(\theta,\varphi)}(\Omega)$ 为在 (θ, φ) 方向上单位立体角接收的噪声功率，$\sum \Delta p_A|_{(\theta,\varphi)}(\Omega)/4\pi$ 为单位立体角接收的平均噪声功率。在 $d\Omega$ 内，亮度温度 $T_b(\Omega)$ 可视为均匀，则天线接收到

① [1]　周朝栋、王元坤、杨恩耀：《天线与电波》，西安电子科技大学出版社，1994，第 27 页。
[2]　钟顺时：《天线理论与技术(第二版)》，电子工业出版社，2020，第 77 页。
注：文献[1]和文献[2]推导式(15-341)的过程其出发点不同，但结果相同。

$\mathrm{d}\Omega$ 内的噪声功率为

$$\Delta p_{\mathrm{A}}\big|_{(\theta,\ \varphi)}(\Omega)\mathrm{d}\Omega=\frac{D(\Omega)}{4\pi}\sum\Delta p_{\mathrm{A}}\big|_{(\theta,\ \varphi)}(\Omega)\mathrm{d}\Omega \tag{15-338}$$

由于

$$\sum\Delta p_{\mathrm{A}}\big|_{(\theta,\ \varphi)}(\Omega)=kT_{\mathrm{b}}(\Omega)\Delta f \tag{15-339}$$

因此将式(15 - 339)代入式(15 - 338)，得到

$$\Delta p_{\mathrm{A}}\big|_{(\theta,\ \varphi)}(\Omega)\mathrm{d}\Omega=\frac{D(\Omega)}{4\pi}[kT_{\mathrm{b}}(\Omega)\Delta f]\mathrm{d}\Omega \tag{15-340}$$

天线得到外部空间所有方向全部噪声源的噪声功率为

$$P_{\mathrm{A}}=\iint\limits_{(4\pi)}\Delta p_{\mathrm{A}}\big|_{(\theta,\ \varphi)}(\Omega)\mathrm{d}\Omega=\frac{k\Delta f}{4\pi}\iint\limits_{(4\pi)}D(\Omega)T_{\mathrm{b}}(\Omega)\mathrm{d}\Omega \tag{15-341}$$

比较式(15 - 336)和式(15 - 341)，得到

$$T_{\mathrm{A}}=\frac{1}{4\pi}\iint\limits_{(4\pi)}D(\Omega)T_{\mathrm{b}}(\Omega)\mathrm{d}\Omega \tag{15-342}$$

将天线最大方向系数代入式(15 - 337)，由式(15 - 99)，有

$$D(\Omega)=\frac{P(\theta,\ \varphi)}{P_{\mathrm{av}}}=\frac{P_{\max}(\theta,\ \varphi)}{P_{\mathrm{av}}}\frac{P(\theta,\ \varphi)}{P_{\max}(\theta,\ \varphi)}=D\frac{F(\theta,\ \varphi)}{F_{\max}(\theta,\ \varphi)}=DF_{\mathrm{n}}(\theta,\ \varphi) \tag{15-343}$$

式中，D 为天线最大方向系数，是一个确定的数，由积分式(15 - 105)确定，$F_{\mathrm{n}}(\theta,\ \varphi)$ 为天线归一化功率方向函数。将式(15 - 343)和式(15 - 105)代入式(15 - 342)，在球坐标系下，$\mathrm{d}\Omega=\sin\theta\mathrm{d}\theta\mathrm{d}\varphi$，代入得到

$$T_{\mathrm{A}}=\frac{D}{4\pi}\int_0^{2\pi}\int_0^{\pi}T_{\mathrm{b}}(\theta,\ \varphi)F_{\mathrm{n}}(\theta,\ \varphi)\sin\theta\mathrm{d}\theta\mathrm{d}\varphi=\frac{\int_0^{\pi}\int_0^{2\pi}T_{\mathrm{b}}(\theta,\ \varphi)F_{\mathrm{n}}(\theta,\ \varphi)\sin\theta\mathrm{d}\theta\mathrm{d}\varphi}{\int_0^{2\pi}\int_0^{\pi}F_{\mathrm{n}}(\theta,\ \varphi)\sin\theta\mathrm{d}\theta\mathrm{d}\varphi} \tag{15-344}$$

利用天线波束立体角 Ω_{P} 的定义式(15 - 117)，天线噪声温度表达式(15 - 344)可改写为

$$T_{\mathrm{A}}=\frac{1}{\Omega_{\mathrm{P}}}\int_0^{\pi}\int_0^{2\pi}T_b(\theta,\ \varphi)F_{\mathrm{n}}(\theta,\ \varphi)\sin\theta\mathrm{d}\theta\mathrm{d}\varphi \tag{15-345}$$

由式(15 - 345)可以看出，在不考虑天线极化特性的情况下，天线噪声温度取决于天线外部噪声源的总辐射强度，即亮度温度 $T_{\mathrm{b}}(\theta,\ \varphi)$ 和天线归一化功率方向函数 $F_{\mathrm{n}}(\theta,\ \varphi)$。天线噪声温度值是天线归一化功率方向函数 $F_{\mathrm{n}}(\theta,\ \varphi)$ 加权天线外部噪声源亮度温度 $T_{\mathrm{b}}(\theta,\ \varphi)$ 对所有方向积分取平均值。因此，设计低噪声天线，为了减小噪声温度，可从两方面考虑：一是减小天线方向图的旁瓣和后瓣；二是避免天线面向强噪声源辐射。

如果不考虑天线极化特性，式(15 - 345)对任何天线都适用。为了检验式(15 - 345)的合理性，下面给出两个特例①。

【例 15.8】 如果全空间噪声源亮度温度为常数，求天线噪声温度。

解 因为全空间噪声源亮度温度为常数，设

① Warren L. Stutzman and Gary A. Thiele：《天线理论与设计(第二版)》，朱守正，安同一译，人民邮电出版社，2006，第 376 页。

$$T_b(\theta,\varphi)=T_0 \tag{15-346}$$

又由式(15－117)，有

$$\int_0^{\pi}\int_0^{2\pi}T_b(\theta,\varphi)F_n(\theta,\varphi)\sin\theta\mathrm{d}\theta\mathrm{d}\varphi=T_0\int_0^{\pi}\int_0^{2\pi}F_n(\theta,\varphi)\sin\theta\mathrm{d}\theta\mathrm{d}\varphi=T_0\Omega_P \tag{15-347}$$

将式(15－347)代入式(15－345)，得到

$$T_A=\frac{T_0\Omega_P}{\Omega_P}=T_0 \tag{15-348}$$

式(15－348)表明，天线完全由亮度温度 T_0 所包围，则天线噪声温度等于 T_0，与天线方向图无关。

【例 15.9】 设噪声源分布在立体角为 Ω_s 的范围内，立体角 Ω_s 很小，在 Ω_s 内亮度温度 $T_b(\theta,\varphi)\approx T_s$ 为常数，如果天线主波束对准立体角 Ω_s 的中心，求天线噪声温度。

解 假设天线主波束与噪声源分布相比较波束宽度远大于立体角 Ω_s，则在立体角 Ω_s 内可近似取归一化功率方向函数 $F_n(\theta,\varphi)\approx 1$，且 $T_b(\theta,\varphi)=T_s$，由式(25－345)得

$$T_A=\frac{1}{\Omega_P}\int_0^{\pi}\int_0^{2\pi}T_sF_n(\theta,\varphi)\sin\theta\mathrm{d}\theta\mathrm{d}\varphi=\frac{T_s}{\Omega_P}\iint_{(\Omega_s)}\sin\theta\mathrm{d}\theta\mathrm{d}\varphi=\frac{T_s}{\Omega_P}\Omega_s=\frac{\Omega_s}{\Omega_P}T_s \tag{15-349}$$

式(15－349)表明，天线噪声温度与噪声源分布范围有关，噪声源分布范围小，引起的天线噪声温度低，噪声源分布范围大，引起的天线噪声温度高。

3. 接收天线输入端噪声温度的计算

式(15－345)计算天线噪声温度并未涉及天线馈线的热噪声温度和损耗，实际计算中必须加以考虑。如果考虑天线馈线热噪声温度和损耗，同时考虑接收机低噪声前置放大器本身的噪声温度，则接收天线输入端噪声温度的计算如图 15－46 所示。

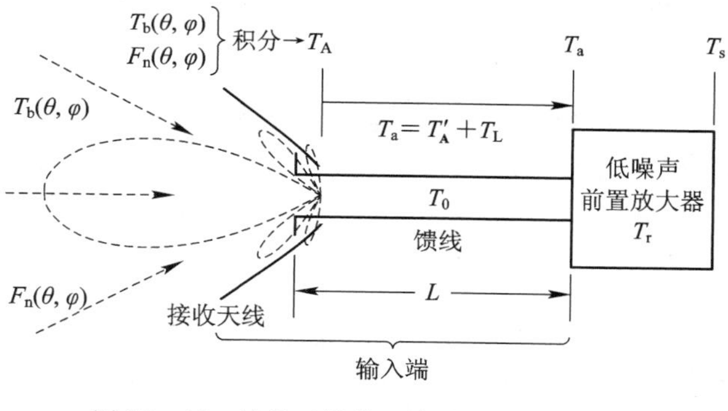

图 15－46 接收天线输入端噪声温度的计算

设天线馈线存在衰减，其衰减常数为 α（NP/m），则天线噪声温度 T_A 经长度为 L 的馈线衰减为①

$$T'_A=T_A\mathrm{e}^{-\alpha L} \tag{15-350}$$

令

① [1] John D. Kraus and Ronald J. Marhefka:《天线(第三版)(上册)》，章文勋译，电子工业出版社，2016，第 326 页。

[2] 钟顺时:《天线理论与技术(第二版)》，电子工业出版社，2020，第 76 页。

[3] 宋铮、张建华、黄冶:《天线与电波传播》，西安电子科技大学出版社，2003，第 19 页。

$$\eta = e^{-\alpha L} \tag{15-351}$$

η称为馈线传输效率，则式(15-350)可改写为

$$T'_A = T_A \eta \tag{15-352}$$

假设馈线所处环境温度为T_0，则馈线热噪声功率为

$$P_n = kT_0 \Delta f \tag{15-353}$$

馈线热噪声功率P_n经长度为L的馈线衰减为

$$P'_n = kT_0 \Delta f \eta \tag{15-354}$$

由此可写出馈线损耗的热噪声功率为

$$\Delta P_n = P_n - P'_n = kT_0 \Delta f - kT_0 \Delta f \eta = kT_0 \Delta f (1-\eta) \tag{15-355}$$

记馈线损耗噪声温度为T_L，则有

$$\Delta P_n = kT_L \Delta f \tag{15-356}$$

由式(15-355)和式(15-356)，得到

$$T_L = T_0(1-\eta) \tag{15-357}$$

根据黑体辐射理论，损耗功率ΔP_n以噪声形式再辐射①，由此可得接收天线输入端噪声温度为

$$T_a = T'_A + T_L = T_A \eta + T_0(1-\eta) \tag{15-358}$$

如果接收天线低噪声前置放大器噪声温度为T_r，则接收天线整个接收系统输入端噪声温度为

$$T_s = T_a + T_r = T_A \eta + T_0(1-\eta) + T_r \tag{15-359}$$

4. 天线品质因数 G/T

天线品质因数是衡量天线接收性能优劣的一个重要指标，通常记作G/T，其定义为

$$\frac{G}{T} = \frac{\text{天线接收增益}}{\text{天线噪声温度}} \tag{15-360}$$

G/T值越大，天线接收系统质量越好。如果考虑天线馈线传输效率η，并假设天线接收增益为G_R，G_R换算到接收天线输入端为$G_R\eta$，将式(15-358)和$G_R\eta$代入定义式(15-360)有

$$\frac{G}{T} = \frac{G_R \eta}{T_A \eta + T_0(1-\eta)} = \frac{G_R}{T_A + T_0\left(\dfrac{1}{\eta} - 1\right)} \tag{15-361}$$

由式(15-361)不难看出，接收天线输入端的信噪比主要与三个因素有关：接收天线噪声温度T_A、馈线环境温度T_0和馈线传输效率η。因此，为了提高接收天线的信噪比，可从三个方面考虑：① 避免天线归一化功率方向图朝向强的辐射源，可降低天线噪声温度T_A；② 采用冷却装置将馈线和低噪声放大器置于低温容器中，可降低环境温度T_0，深空探测和射电天文望远镜通常都采用制冷装置；③ 缩短馈线长度，提高传输效率。

天线品质因数G/T通常用对数形式表达，简记为

$$[G/T] = [G_R] - [T] \tag{15-362}$$

式中，$[G/T]$为天线品质因数G/T的值，单位为dB/K；$[G_R]$为天线接收增益，单位为dB；$[T]$为天线噪声温度取对数，$[T] = 10\lg T$。

---

① [1] 周朝栋、王元坤、杨恩耀：《天线与电波》，西安电子科技大学出版社，1994，第28页。

[2] 田议：《接收系统的噪声计算》，《无线电通信技术》1990年第2期。

大多数卫星通信系统，为了规范系统内各地球站的性能，保证卫星通信线路质量均衡一致，通常以 G/T 值作为划分不同标准类型地球站的主要参数之一。目前，国际卫星组织(INTELSAT)对各类地球标准站 G/T 值规定为①

A 标准站(6/4GHz)：

1986 年 3 月 12 日以前的地球站(老标准)

$$[G/T] \geqslant 40.7 + 20\lg f/4 \tag{15-363}$$

现行新标准：

$$[G/T] \geqslant 35.0 + 20\lg f/4 \tag{15-364}$$

B 标准站(6/4GHz)：

$$[G/T] \geqslant 31.7 + 20\lg f/4 \tag{15-365}$$

式中，f 为频率，单位取 GHz。

我国现行国标对各类型地球站当天线工作仰角为 10° 时，G/T 值规定为

一类站： $$[G/T] \geqslant 31.7 + 20\lg f/4 \tag{15-366}$$

二类站： $$[G/T] \geqslant 28.5 + 20\lg f/4 \tag{15-367}$$

三类站： $$[G/T] \geqslant 23.0 + 20\lg f/4 \tag{15-368}$$

四类站： $$[G/T] \geqslant 18.5 + 20\lg f/4 \tag{15-369}$$

卫星通信地球站 G/T 的值是卫星入网的一个强制性指标，必须通过测试验证，满足地球站的规定标准。

5. 接收天线输入端的信噪比

接收天线输入端同时接收无线电波信号与噪声，其比值就是接收天线输入端的信噪比。信噪比通常记作 S/N。

假设接收天线与发射天线频带宽度相同，发射天线和接收天线的增益分别为 G_t 和 G_r，发射天线到接收天线的距离为 r，由弗里斯传输公式(15-331)知，接收天线输入端的最大接收功率为

$$P_r = \left(\frac{\lambda}{4\pi r}\right)^2 G_t G_r P_t \tag{15-370}$$

式中，P_t 为电源供给发射天线的功率；λ 为天线工作波长，与工作频率 f 相对应。

又假设发射天线有效面积为 A_{et}(也称有效口径)，接收天线有效面积为 A_{er}，由式(15-325)，有

$$G_t = \frac{4\pi}{\lambda^2}A_{et},\ G_r = \frac{4\pi}{\lambda^2}A_{er} \tag{15-371}$$

将式(15-371)代入式(15-370)，得到

$$P_r = \frac{A_{et}A_{er}}{\lambda^2 r^2}P_t \tag{15-372}$$

由式(15-336)可知，接收天线输入端的噪声功率为

$$P_A = kT_a\Delta f \tag{15-373}$$

由此得到接收天线输入端的信噪比为

---

① 殷琪：《卫星通信系统测试》，人民邮电出版社，1997，第 62 页。

$$\frac{S}{N}=\frac{P_r}{P_A}=\frac{A_{et}A_{er}P_t}{\lambda^2 r^2}/kT_a\Delta f=\frac{A_{et}A_{er}P_t}{\lambda^2 r^2 kT_a\Delta f} \tag{15-374}$$

式中，$k=1.38\times10^{-23}$ J/K，为玻尔兹曼常数；T_a 由式(15-358)确定；Δf 为噪声带宽。需要说明的是，式(15-374)没有考虑天线的极化特性。

6. 噪声温度的频率特性

由式(15-374)可以看出，接收天线输入端的信噪比与天线噪声温度 T_a 和噪声带宽 Δf 成反比，由此说明信噪比与噪声温度的频率特性有关。实际上，噪声温度的频率特性反映的是噪声源的频率特性，目前已经得到很多有关噪声源频率特性的测量和理论计算结果，天线设计都可以加以利用。下面给出两个实例[①]。

1）宇宙背景辐射和地球大气辐射亮度温度的频率特性

如图 15-47 所示，图中实线为 0.1～100 GHz 频段内宇宙银河系背景辐射亮度温度 T_b 与频率的关系曲线，T_b 的最大值对应银河系中心的方向，最小值对应银河系的边缘。由图 15-47 可以看出，宇宙银河系背景辐射噪声亮度温度 T_b 随频率增高而降低，在频率高于 4 GHz 时，$T_b=0$，所以如果设计天线工作频率大于 4 GHz，可以不考虑银河系背景辐射噪声。

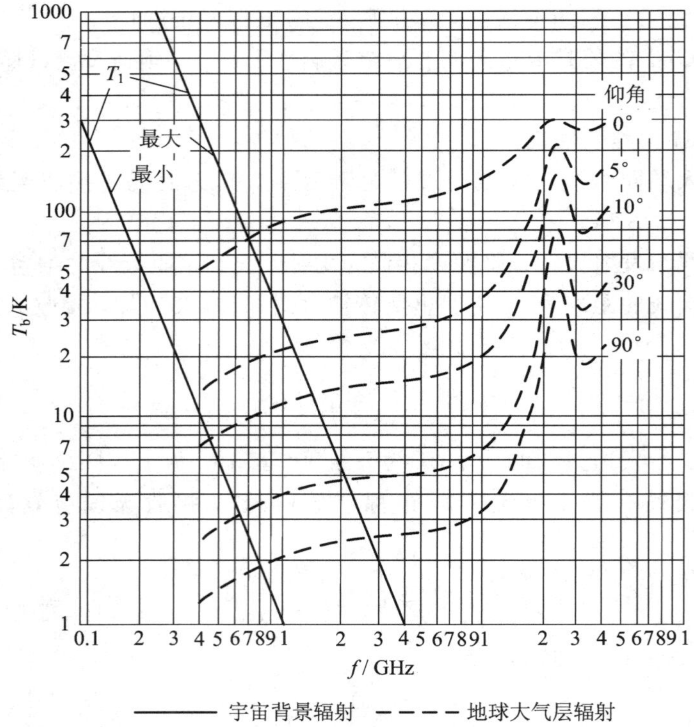

图 15-47　宇宙背景辐射和地球大气层辐射亮度温度与频率的关系曲线

银河系是由恒星、行星、卫星、流星、气体、尘埃和星际物质等组成的，其星体构成离散噪声源。离散噪声源的辐射强度也随频率的增高而降低，因为离散源对地面天线而言，

---

① 万伟、王季：《微波技术与天线》，西北工业大学出版社，1987，第 202 页。

可看作是点源，所以辐射角度范围很小。如果天线方向图主瓣方向不指向离散点源，则离散点源的辐射对天线接收信号的影响很小，因此也不必考虑离散点源的辐射噪声。

图 15-47 中虚线表示在 0.1～100GHz 频段内，天线仰角分别为 $\theta'=0°$、$5°$、$10°$、$30°$ 和 $90°$ 时（$\theta'=\pi/2-\theta$），地球大气层辐射亮度温度与频率的关系曲线。由图 15-47 可以看出，天线仰角小，由于电磁噪声穿透大气层的厚度增加，因此亮度温度增加。比较宇宙背景辐射亮度温度曲线和地球大气层辐射亮度温度曲线可知，随着频率的增加，宇宙背景辐射噪声减小，地球大气层噪声在增加。当频率高于 4GHz 时，天线噪声源主要来自大气层辐射。

综合宇宙背景噪声和大气层噪声曲线可知，在 1～10 GHz 频带内噪声较小，这一频段称为“电波窗口”，所以卫星通信天线工作频率选择 4 GHz 和 7.5 GHz。

2）太阳和月亮亮度温度的频率特性

太阳是银河系离散点源中辐射强度最大的噪声源，辐射角范围达 30′。对于锐方向天线，比如直径为 30 m 的标准地面站天线，在工作频率为 4 GHz 时，波束主瓣角宽度达 9.6′。显然，太阳已不能看作点源，需要考虑太阳辐射噪声的影响。在厘米波段和分米波段，太阳平静期（无黑子时）的辐射及相应的亮度温度随太阳活动周期（11 年）而变化，在此周期中，太阳的最大和最小亮度温度与波长的关系曲线如图 15-48 所示。由图也可以看出，相比太阳，月亮的亮度温度比较低，说明月亮的辐射强度比较小，因而天线噪声源可以不考虑月亮的辐射。

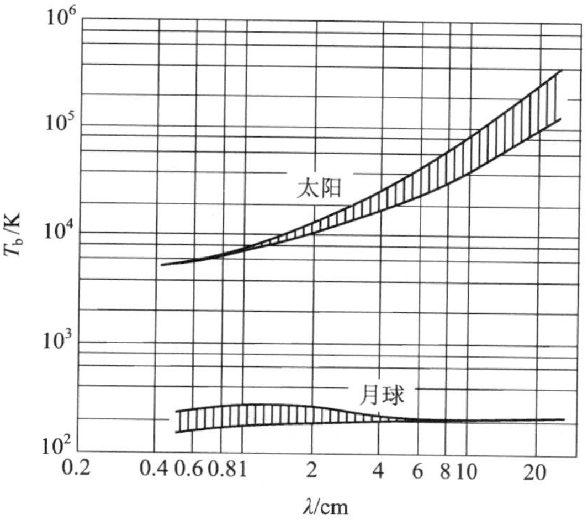

图 15-48 太阳和月亮的平均亮度温度与波长的关系曲线

宇宙背景亮度温度和大气层亮度温度之和也称为地面上半空间天空亮度温度。由图 15-47 可以看出，天空亮度温度随天线仰角增加而减小，$f=4$ GHz，仰角 $\theta'=90°$（天线指向天顶），天空亮度温度约为 $T_b\approx 2.7$ K，仰角 $\theta'=0°$（天线水平指向），$T_b\approx 120$ K。显然，地面亮度温度比天空亮度温度大很多（两个数量级）。这是因为天线放置于地球表面，必然受到地球表面热辐射的影响。因为地球可近似为不透明的半黑体，地球表面吸收辐射能量后会产生再辐射，所以引起地面亮度温度的增大。

15.7 雷达基本原理

雷达(radar)是无线电探测和定位(radio detection and range)的缩写，是指发射和接收高频信号的电磁系统。雷达也是一种检测装置，能感受到被测目标的信息，并能将感受到的目标信息变换为电信号，所以雷达也称为雷达传感器。

天线是构成雷达系统的关键设备或器件。雷达系统发射天线发射电磁波到空间特定区域搜索目标，雷达接收天线接收目标反射电磁波，也称回波，回波经雷达接收机处理，可提取目标的信息，如距离、速度、角位置和其他可识别特征。如果雷达用同一天线发射和接收信号，则这种雷达称为单站雷达；如果雷达用两台天线分别发射和接收信号，则这种雷达系统称为双站雷达；如果雷达在空间采用间隔分布的多台天线分别发射和接收信号，这就构成了雷达网系统。

雷达在日常生活和军事领域具有广泛应用，包括空中交通管制、飞机导航、导弹控制与引导、地球环境遥感遥测、天气观测、天文、汽车防撞和GPS全球卫星定位系统等。从应用的角度讲，雷达的分类很复杂，但最基本的分类方法是根据雷达的波形分为连续波(CW)雷达和脉冲(PR)雷达。连续波雷达使用单独的发射和接收天线，无调制的连续波雷达能够准确测量目标的径向速度和角位置，但不能提取目标的距离信息。无调制连续波雷达的主要用途是目标速度搜索与跟踪以及导弹制导。脉冲雷达使用脉冲串调制波形，低脉冲串频率主要用于测距，高脉冲串频率主要用于测量目标速度。下面从连续波和脉冲波的角度讨论雷达探测和定位的基本原理。

15.7.1 雷达方程

为简单起见，考虑如图15-49所示的双站雷达系统。假设发射天线最大方向增益为G_t，R_1为发射天线至目标的距离。由式(15-124)可知，目标所在空间点处的最大辐射方向功率为

$$P_{max} = G_t P_t \tag{15-375}$$

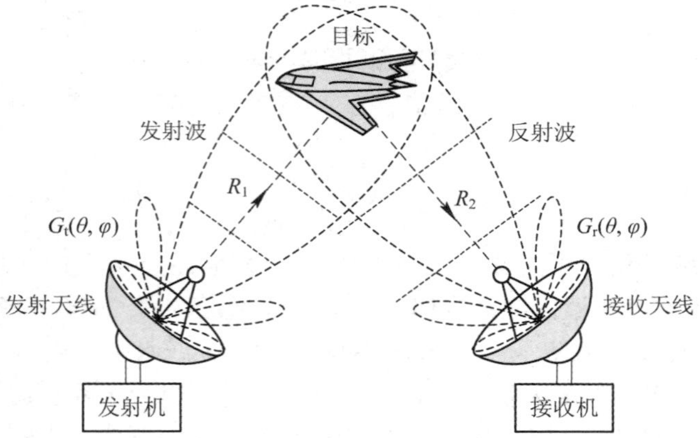

图15-49 双站雷达系统

则入射最大平均功率密度为

$$S_{avi} = \frac{P_t G_t}{4\pi R_1^2} \tag{15-376}$$

式中，P_t 为发射天线的发射总功率。如果目标有效散射面积为 σ（σ 也称雷达散射截面(RCS)），则目标总反射功率为

$$P_{R_1} = S_{avi}\sigma \tag{15-377}$$

由此可得距离目标 R_2 处的接收天线所在空间点的最大平均功率密度为

$$S_{avr} = \frac{P_{R_1}}{4\pi R_2^2} = \frac{\sigma P_t G_t}{(4\pi)^2 R_1^2 R_2^2} \tag{15-378}$$

如果接收天线的有效面积为 A_{er}，则接收天线的最大接收功率为

$$P_r = S_{avr} A_{er} = \frac{A_{er}\sigma P_t G_t}{(4\pi)^2 R_1^2 R_2^2} \tag{15-379}$$

由式(15-325)可得接收天线的有效面积为

$$A_{er} = \frac{G_r \lambda^2}{4\pi} \tag{15-380}$$

式中，G_r 为接收天线的最大方向增益，λ 为雷达工作波长。将式(15-380)代入式(15-379)，得到

$$P_r = \frac{1}{4\pi} G_t G_r \sigma \left[\frac{\lambda}{4\pi R_1 R_2}\right]^2 P_t \tag{15-381}$$

式(15-381)称为双站雷达方程。

对于单站雷达，使用同一个天线发送和接收信号，则有

$$\begin{cases} R = R_1 = R_2 \\ G = G_t = G_r \end{cases} \tag{15-382}$$

由此式(15-381)可简化为

$$P_r = \frac{G^2 \lambda^2 \sigma}{(4\pi)^3 R^4} P_t \tag{15-383}$$

式(15-383)称为单站雷达方程。

如果接收天线最小可检测功率为 P_{rmin}，由式(15-383)可得雷达最大探测距离为

$$R_{max} = \left[\frac{\lambda^2 G^2 \sigma P_t}{(4\pi)^3 P_{rmin}}\right]^{1/4} \tag{15-384}$$

当 $P_r = P_{rmin}$ 时，由式(15-374)可知，信噪比取最小值，记作 s_{min}，则有

$$s_{min} = \frac{S}{N} = \frac{P_{rmin}}{P_A} = \frac{P_{rmin}}{kT_a \Delta f} \tag{15-385}$$

由此可得

$$P_{rmin} = kT_a \Delta f s_{min} \tag{15-386}$$

将式(15-386)代入式(15-384)，得到

$$R_{max} = \left[\frac{\lambda^2 G^2 \sigma P_t}{(4\pi)^3 kT_a \Delta f s_{min}}\right]^{1/4} \tag{15-387}$$

这是雷达方程的另外一种形式。由式(15-387)可以看出，增大雷达天线发射功率 P_t，降低最小信噪比 s_{min}，减小噪声带宽 Δf（可在接收天线输入端接匹配滤波器），都可以增大雷达的最大探测距离 R_{max}。

【例 15.10】 某雷达系统发射功率为 100 kW，雷达工作频率为 3 GHz。如果天线增益

为 20 dB，目标散射截面为 $\sigma = 4\ \text{m}^2$，雷达最小可检测信号功率为 $P_{\text{rmin}} = 2\ \text{pW}$，求单站雷达系统的最大探测距离。

解 天线增益为 20 dB，则 $G = 100$。雷达工作频率为 3 GHz，则工作波长 $\lambda = 0.1\ \text{m}$，$P_{\text{t}} = 100\ \text{kW}$。由式(15－384)得

$$R_{\max} = \left[\frac{\lambda^2 G^2 \sigma P_{\text{t}}}{(4\pi)^3 P_{\text{rmin}}}\right]^{1/4} = \left[\frac{0.1^2 \times 100^2 \times 4 \times 100 \times 10^3}{(4\pi)^3 \times 2 \times 10^{-12}}\right]^{1/4} \text{km} \approx 10\ \text{km}$$

15.7.2 脉冲雷达①

1. 基本原理

脉冲雷达原理图如图 15－50(a)所示。假设雷达与目标的距离为 R，雷达发射单脉冲，

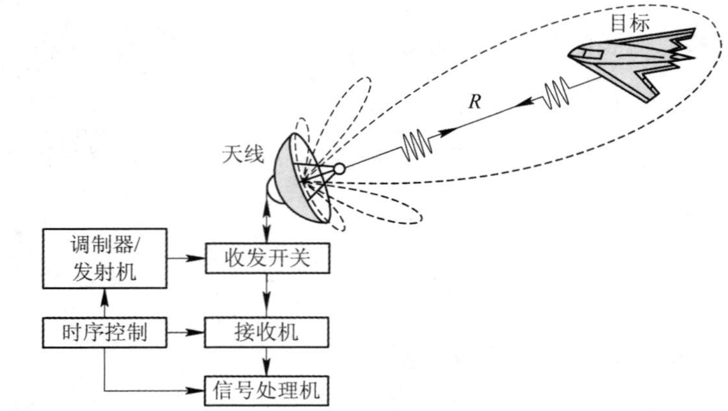

(a) 测量原理

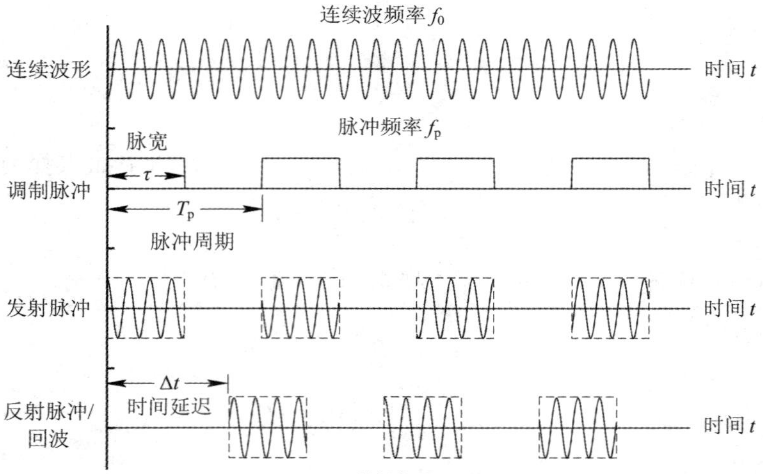

(b) 雷达波形

图 15－50 单站脉冲雷达测距

① [1] Bassem R. Mahafza and Atef Z. Elsherbeni：《雷达系统设计——MATLAB 仿真》，朱国富、黄晓涛、黎向阳、李悦丽译，电子工业出版社，2016，第 2－13、97－105 页。

[2] Fawwaz T. Ulaby：《应用电磁学基础(第四版)》，尹华杰译，人民邮电出版社，2007，第 391－400 页。

脉冲在雷达与目标之间的双程时间差为 Δt，则有

$$R = \frac{c\Delta t}{2} \tag{15-388}$$

式中，$c = 3.0 \times 10^8$ m/s 为光速。式(15-388)就是单脉冲雷达测距的基本原理。

通常情况下，脉冲雷达发射和接收脉冲串，如图 15-50(b)所示。假设连续波频率为 f_0，脉冲周期为 T_p，脉宽为 τ，则连续波经周期脉冲调制就是雷达发射脉冲。记发射脉冲频率为 f_p，利用周期与频率的关系，则有

$$f_p = \frac{1}{T_p} \tag{15-389}$$

脉冲雷达由时序电路控制收发开关发射和接收信号。收发开关在 τ 时间内发射信号，在 $T_p - \tau$ 时间内接收回波信号，$T_p - \tau$ 大，接收回波的时间长，因此测量距离 R 大。通常时间间隔 $T_p - \tau$ 的大小用脉冲占空比 d 描述，其定义为

$$d = \frac{\tau}{T_p} \tag{15-390}$$

由式(15-390)可以看出，脉冲周期 T_p 固定，脉冲宽度 τ 越小，占空比 d 越小，则测量距离 R 越大；同样，如果脉冲宽度 τ 固定，脉冲周期 T_p 越长，占空比 d 越小，测量距离 R 也越大。

2. 非模糊距离

雷达能够清晰测量的最大距离称为非模糊距离，通常用 R_u 表示。如图 15-51 所示，假设远处目标距离雷达为 R_1，发射脉冲 1 经 Δt 的时间返回，则有

$$R_1 = \frac{c\Delta t}{2} \tag{15-391}$$

发射脉冲 2 经 $T_p + \Delta t$ 的时间返回，对应的测量距离为

$$R_2 = \frac{c(T_p + \Delta t)}{2} \tag{15-392}$$

实际上，R_2 也可以看作是脉冲 1 入射到更远处目标产生的反射脉冲。

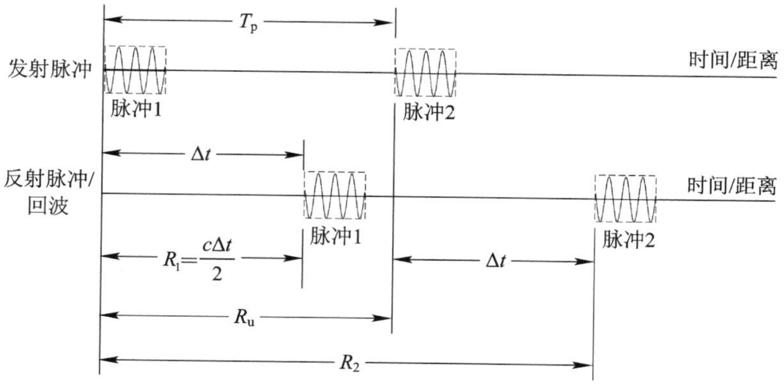

图 15-51 非模糊距离示意图

显然，两个脉冲(或者两个目标)刚好可分辨的距离就是 R_2 与 R_1 的差，即

$$R_u = R_2 - R_1 = \frac{cT_p}{2} = \frac{c}{2f_p} \tag{15-393}$$

这就是非模糊距离。R_u 对应于目标回波在下一个脉冲发射之前收到的最大目标距离。

【例 15.11】 如果雷达探测 100 km 远处的目标，需要选择的最低脉冲频率为多少？

解 根据式(15-393)，可得

$$f_p = \frac{c}{2R_u} = \frac{3\times 10^8}{2\times 100\times 10^3} = 1.5\times 10^3\ \text{kHz} = 1.5\ \text{kHz}$$

由式(15-393)可以看出，脉冲频率 f_p 越高，非模糊距离 R_u 越小，所以要使雷达非模糊距离 R_u 增大，需要选择低的脉冲频率 f_p。但是，雷达脉冲频率 f_p 的选择受多种因素制约，比如信噪比、平均发射功率和工作带宽等，需要折中考虑。

3. 距离分辨率

假设空间远处有两个目标，目标 1 距离雷达为 R_1，目标 2 距离雷达为 R_2，目标 1 的时间延迟为 t_1，目标 2 的时间延迟为 t_2。如果两目标可分辨的最小时间差为 $\delta_t = t_2 - t_1$，由式(15-388)可得两目标可分辨的最小距离差为

$$\Delta R = R_2 - R_1 = c\,\frac{t_2 - t_1}{2} = c\,\frac{\delta_t}{2} \tag{15-394}$$

ΔR 称为距离分辨率。下面通过图 15-52 分析雷达分辨两目标的最小距离差 ΔR。

如图 15-52(a)所示，假设两目标间隔距离为 $c\tau/4$（τ 为脉冲宽度），则目标 2 反射脉冲 2 与目标 1 反射脉冲 1 相差的时间为 $\tau/2$（双程时间），两反射脉冲在空间发生重叠，叠加后反射脉冲宽度为 $3c\tau/2$，显然，两目标不可分辨。如果两目标间隔距离为 $c\tau/2$，如图 15-52(b)所示，目标 2 反射脉冲 2 与目标 1 反射脉冲 1 相差的时间为 τ（双程时间），则两反射脉冲在空间首尾相接，刚好可分辨。因此，两目标可分辨的条件为

$$\Delta R \geqslant \frac{c\tau}{2} \tag{15-395}$$

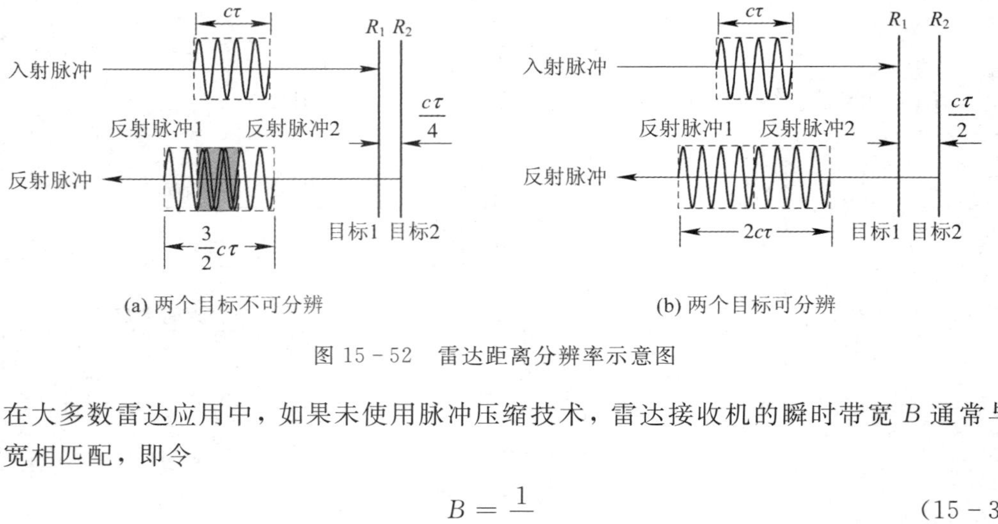

(a) 两个目标不可分辨　　(b) 两个目标可分辨

图 15-52　雷达距离分辨率示意图

在大多数雷达应用中，如果未使用脉冲压缩技术，雷达接收机的瞬时带宽 B 通常与脉冲带宽相匹配，即令

$$B = \frac{1}{\tau} \tag{15-396}$$

因此距离分辨率为

$$\Delta R = \frac{c\tau}{2} = \frac{c}{2B} \tag{15-397}$$

在此需要强调的是，如果既要满足距离分辨率的要求，同时也要保持足够的平均发射

功率，则可以通过使用脉冲压缩技术实现。

15.7.3 连续波雷达——多普勒雷达

1. 多普勒效应

连续波雷达是利用多普勒效应对目标进行测距、定位和测速等，所以连续波雷达也称多普勒雷达。多普勒现象是奥地利数学、物理学家多普勒1842年发现的，因此而得名。如图15-53(a)所示，点波源S(声波、光波、电磁波)静止放置于坐标原点，点源向外辐射球面波，等相位面间隔等于真空波长 λ_0。当点源沿 $+X$ 方向以速度 $\boldsymbol{v}$ 匀速运动时，如图15-53(b)所示，$+X$ 方向波面被压缩，等相位面间隔波长 $\lambda' < \lambda_0$，$-X$ 方向波面被拉伸，等相位面间隔波长 $\lambda'' > \lambda_0$。波源运动引起波长发生变化的这种现象就是多普勒效应，波长变化相对应的频率变化量称为多普勒频率。

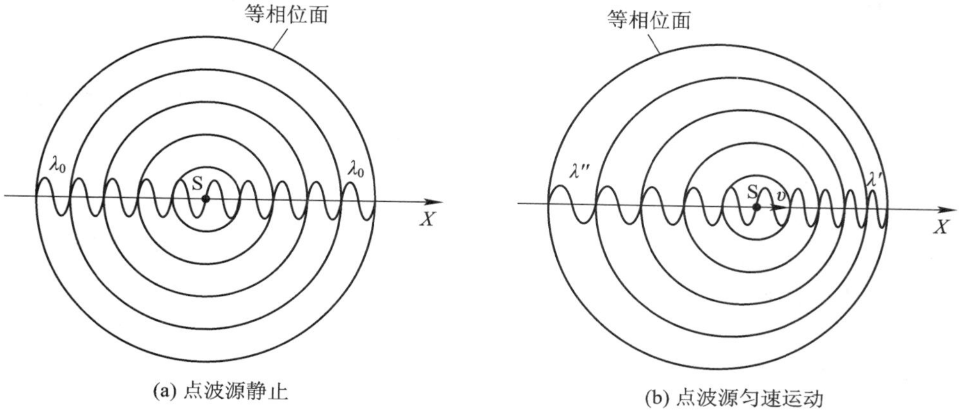

图15-53 多普勒效应示意图

2. 多普勒频率

波源运动产生多普勒效应。实际上，波源静止，目标运动同样也会产生多普勒效应。如图15-54所示，设雷达与目标径向距离为 R，目标沿径向朝向雷达运动，速度为 v。设波源(天线)发射频率为 f_0 的球面波，由式(7-174)并利用关系 $\omega = 2\pi f_0$，可写出电场瞬时表达式为

$$E(R;\ t) = |\widetilde{E}_0|\cos(2\pi f_0 t - kR) \tag{15-398}$$

式中，$|\widetilde{E}_0|$ 为球面波复振幅的模；k 为真空中的波数。

由于多普勒效应改变波传播的相位，并不改变波传播的振幅，而波传播本质上又是相位的传播，因此多普勒频率仅需考虑波传播的相位即可。令

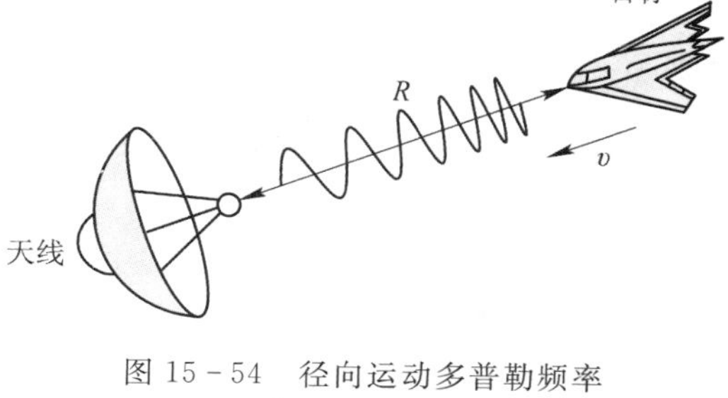

图15-54 径向运动多普勒频率

$$\phi(R;\ t) = \omega t - kR = 2\pi f_0 t - \frac{2\pi}{\lambda_0}R \tag{15-399}$$

$\phi(R;\ t)$ 可称为相位传播函数。式中，$k = 2\pi/\lambda_0$，λ_0 为真空波长。需要说明的是，式

(15－399)中 R 为相位距离，如果波源既发射又接收，则波传播经历双程相同路径，相位距离是径向距离的 2 倍。

假设 $t=0$，雷达距离目标径向距离为 R_0。目标沿径向以速度 v 向雷达运动，在任意时刻 t，雷达与目标的径向距离为

$$R = R_0 - vt \tag{15-400}$$

相位距离为

$$R = 2(R_0 - vt) \tag{15-401}$$

将式(15－401)代入式(15－399)，有

$$\phi(R;\ t) = 2\pi f_0 t - \frac{4\pi}{\lambda_0}(R_0 - vt) \tag{15-402}$$

这就是雷达接收到的信号相位。

根据频率的定义，波的频率等于相位 ϕ 对时间求导数再除以 2π，由式(15－402)，有

$$f_r = \frac{1}{2\pi}\frac{d\phi}{dt} = f_0 + \frac{2v}{\lambda_0} \tag{15-403}$$

显然，雷达接收到的频率由两部分组成：f_0 为波源发射频率；$2v/\lambda_0$ 为目标运动引起的频率变化量，$2v/\lambda_0$ 称为多普勒频移，也称多普勒频率。通常多普勒频率记作 f_d，因此有

$$f_d = \frac{2v}{\lambda_0} \tag{15-404}$$

目标沿径向朝向雷达运动，f_d 取正值，表明雷达接收信号频率增大，波形被压缩。

对于目标沿径向远离雷达运动，其相位距离为

$$R = 2(R_0 + vt) \tag{15-405}$$

由此可得多普勒频率为

$$f_d = -\frac{2v}{\lambda_0} \tag{15-406}$$

式中，“－”表示频率减小，波形展宽。

对于目标非径向运动的情况，如图 15－55 所示，速度矢量 $\boldsymbol{v}$ 与径向矢量 $\boldsymbol{R}$ 存在夹角 θ'，需要求目标速度矢量 $\boldsymbol{v}$ 沿径向 $\boldsymbol{R}$ 的分量，由此可将式(15－404)和式(15－406)合写为

$$f_d = -\frac{2v}{\lambda_0}\cos\theta' \tag{15-407}$$

这就是多普勒频率的一般表达式。

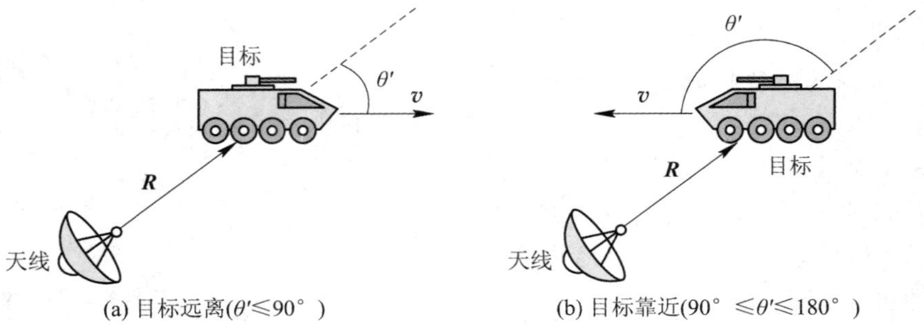

图 15－55　非径向运动多普勒频率

【例 15.12】 军用雷达工作频率为 10 GHz，装甲车(目标)以 120 km/h 的速度沿径向

朝向雷达行驶，求多普勒频率。

解　装甲车沿径向朝向雷达运动，$\theta' = 180°$，$\cos\theta' = -1$，又有

$$f_0 = 10^{10}\,\text{Hz},\ v = 120\ \text{km/h} = 1.2\times10^5/3.6\times10^3\,\text{m/s},\ \lambda_0 = \frac{c}{f_0} = \frac{3.0\times10^8}{f_0}$$

代入式(15-407)，得到

$$f_d = \frac{2v}{\lambda_0} \approx \frac{66.7}{0.03} \approx 2223\ \text{Hz}$$

3. 多普勒雷达测速原理

多普勒测速雷达由发射机、接收机、混频器、检波器及放大器和处理电路等组成，多普勒雷达测速原理如图 15-56(a)所示。假设雷达天线发射电磁信号为

$$E_i(t) = E_{0i}\cos(2\pi f_0 t) \tag{15-408}$$

雷达接收目标反射电磁信号为

$$E_r(t) = E_{0r}\cos(2\pi f_r t) \tag{15-409}$$

发射电磁信号 $E_i(t)$ 和接收电磁信号 $E_r(t)$ 经混频器得到混合波电磁信号为

$$E(t) = E_i(t) + E_r(t) = E_{0i}\cos(2\pi f_0 t) + E_{0r}\cos(2\pi f_r t) \tag{15-410}$$

发射电磁信号、接收电磁信号和混合波电磁信号仿真波形如图 15-56(b)所示。

混合波电磁信号的包络呈周期性变化，其频率为发射电磁信号频率 f_0 与接收电磁信号频率 f_r 的差，即

$$f_d = f_0 - f_r \tag{15-411}$$

混合波经检波器并进行处理，即可得到 f_d。将 f_d 代入式(15-407)，即可得到径向速度 v，即

$$v = \frac{f_d\lambda_0}{2} \tag{15-412}$$

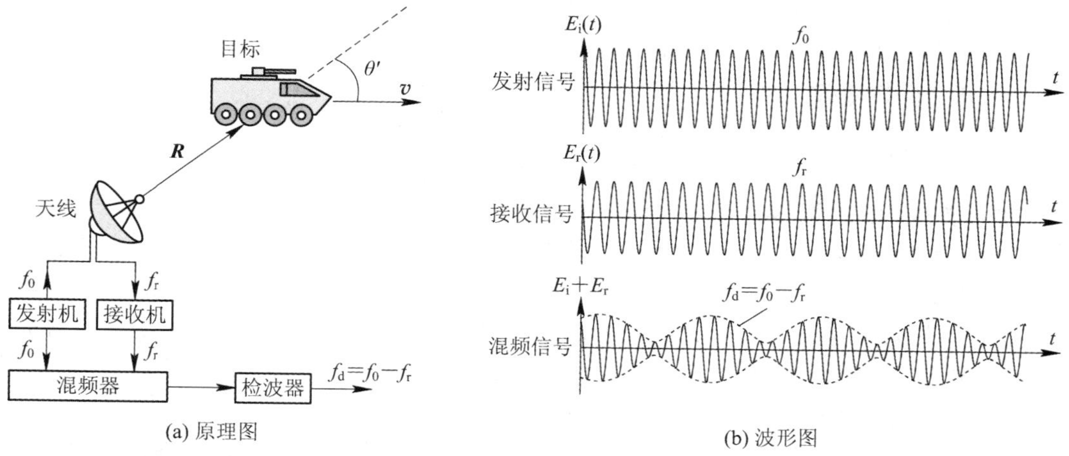

图 15-56　多普勒雷达测速原理

15.7.4　激光雷达

激光雷达是激光技术与雷达技术相结合的产物，几乎涉及物理学的各个领域。激光雷达由发射机、接收机、光学天线、光束控制器和信息处理等部分组成。发射机涉及多种激光

器，如二氧化碳激光器、掺钕钇铝石榴石激光器、半导体激光器及波长可调谐的固体激光器等；天线是光学望远镜；接收机采用各种形式的光电探测器，如光电倍增管、半导体光电二极管、雪崩光电二极管、红外和可见光多元探测器件等。激光雷达采用脉冲或连续波两种工作方式，探测方法分直接探测和外差探测。激光雷达的应用领域极为广泛，涉及航空、航天、航海、气象、农业和生物化学等方面。下面简单介绍激光雷达的基本原理。

1. 激光雷达的类型及特点

激光雷达种类繁多，类型主要包括：

(1) 按激光波段分为紫外激光雷达、可见激光雷达和红外激光雷达。

(2) 按激光介质分为气体激光雷达、固体激光雷达、半导体激光雷达和二极管激光泵浦固体激光雷达等。

(3) 按激光发射波形分为脉冲激光雷达、连续波激光雷达和混合型激光雷达等。

(4) 按运载平台分为地基固定式激光雷达、车载激光雷达、机载激光雷达、船载激光雷达、星载激光雷达和弹载激光雷达等。

(5) 按功能分为激光测距雷达、激光测速雷达、激光测角和跟踪雷达、激光成像雷达和生物激光雷达等。

(6) 按用途分为靶场、火控、目标识别、导航、气象和大气监测激光雷达等。

激光波长比微波波长短几个数量级，波束又很窄，因此与微波雷达相比，激光雷达具有如下优点：

(1) 角分辨率高、速度分辨率高和距离分辨率高。采用距离多普勒成像技术可以得到运动目标的高分辨率清晰图像。

(2) 激光不受无线电波干扰，能穿透等离子体鞘层，低仰角工作时对地面的多路径效应不敏感，所以抗干扰性强。激光束很窄(一般为 10^{-3} rad 数量级)，激光束照射目标的点很小，激光雷达发射的激光被截获的概率很低，因此隐蔽性好。

(3) 激光雷达的工作波长很短，可以在分子量级上对目标探测，而微波雷达无能为力。

(4) 在功能相同的情况下，比微波雷达体积小，重量轻。

但是，激光雷达与微波雷达相比较也有其缺点：

(1) 受天气和大气影响很大。激光一般在晴朗的天气里衰减较小，传播距离较远；而在恶劣天气(如大雨天、浓烟浓雾天气等)里，衰减大，传播距离近。例如，工作波长为 10.7 μm 的 CO_2 激光是所有激光中大气传输特性较好的。地面或低空使用的 CO_2 激光雷达其作用距离在晴天为 10～20 km，而在恶劣天气条件下降为 3～5 km，特别恶劣的天气甚至降为 2 km 以内。如果出现大气湍流还会使激光光束产生畸变和抖动，从而使激光雷达的测量精度降低。然而，在高空，特别是在大气层外及宇宙空间，由于空气稀薄或不存在大气，因此激光雷达的作用距离会大大提高，可达几千公里。

(2) 激光束很窄，搜索、捕获目标困难。一般情况下，先由微波雷达实施大范围、快速捕获目标，然后由激光雷达对目标进行精密跟踪测量。

2. 激光雷达作用距离方程

激光和微波同属电磁波，激光雷达作用距离方程的推导与单站雷达作用距离方程式

(15－383)的推导是相似的。根据单站雷达方程(15－383)，可导出激光雷达方程为①

$$P_r = \frac{P_t G_t}{4\pi R^2} \times \frac{\sigma}{4\pi R^2} \times \frac{\pi D^2}{4} \times \eta_A \eta_S \tag{15-413}$$

式中，P_r 是接收激光功率(W)；P_t 是发射激光功率(W)；G_t 是发射天线增益；σ 为目标散射截面；D 是接收孔径(m)；R 是激光雷达到目标的距离(m)；η_A 是单程大气传输系数；η_S 是激光雷达光学系统的传输系数。

光学系统发射天线增益 G_t 与发射激光束宽 θ_t 的关系为

$$G_t = \frac{4\pi}{\theta_t^2} \tag{15-414}$$

而

$$\theta_t = \frac{K_a \lambda}{D} \tag{15-415}$$

式中，λ 是发射激光的波长，K_a 是光学系统接收孔径的透光常数。将式(15－414)和式(15－415)代入式(15－413)，得到

$$P_r = \frac{P_t}{16R^4}\frac{\sigma D^4}{K_a^2\lambda^2}\eta_A \eta_S \tag{15-416}$$

这就是激光雷达的作用距离方程。目标散射截面为

$$\sigma = \frac{4\pi}{\Omega}\bar{r}\Delta S \tag{15-417}$$

式中，Ω 是目标散射立体角，ΔS 是目标的面元，$\bar{r}$ 是目标的平均反射系数。

由式(15－416)可以看出，激光雷达作用距离方程与辐射源到目标的距离 R 的四次方成反比。实际上，激光光束照射目标的波束很窄，由单站雷达作用距离方程推导出的激光雷达作用距离方程(15－416)需要进行修正，对不同的目标，激光雷达作用距离方程具有不同的意义和形式。对扩展目标，光波波段的接收功率 P_r 与 R^2 成反比。其他非扩展目标，光波波段的接收功率 P_r 与 R^3 或 R^4 成反比。

对于一个朗伯散射的点目标，被激光照射的面元为 ΔS，则目标散射截面可简化为

$$\sigma_p = 4\bar{r}_p \Delta S \tag{15-418}$$

式中，$\bar{r}_p$ 是点目标的平均反射系数。将式(15－418)代入作用距离方程式(15－416)，得到点目标接收信号功率为

$$P_r = \frac{P_t}{4R^4}\frac{\bar{r}_p D^4 \Delta S}{K_a^2\lambda^2}\eta_A \eta_S \tag{15-419}$$

在式(15－419)中，假定发射波长和接收波长相同。

当激光束照射到目标时，光束在目标表面形成一光斑，此光斑的面积为

$$\Delta S = \frac{\pi R^2 \theta_t^2}{4} \tag{15-420}$$

式中，θ_t 是发射激光的衍射极限角。将式(15－420)代入式(15－418)，得到朗伯扩展目标的散射截面为

$$\sigma_s = \pi \bar{r}_s R^2 \theta_t^2 \tag{15-421}$$

---

① 戴永江：《激光雷达技术(上册)》，电子工业出版社，2010，第179页。

将式(15－421)和式(15－415)代入式(15－416)，得到

$$P_r = \frac{\pi P_t \bar{r}_s D^2}{(4R)^2}\eta_A \eta_S \tag{15－422}$$

式中，$\bar{r}_s$ 为扩展目标的平均反射系数。

对于线形目标，比如电线，其长度远大于被照射区域的长度，而宽度却小于被照射区域的宽度。假设线形目标的线径为 d，激光照射到线目标的长度为 $R\theta_t$，则目标的散射截面近似为

$$\sigma_\ell = 4\bar{r}_\ell R\theta_t d \tag{15－423}$$

将式(15－423)和式(15－415)代入式(15－416)得

$$P_r = \frac{P_t \bar{r}_\ell d D^3}{4R^3 K_a \lambda}\eta_A \eta_S \tag{15－424}$$

式中，$\bar{r}_\ell$ 是线目标的平均反射系数。

根据式(15－419)可得点目标在特定接收功率下的最大作用距离为

$$R = \left[\frac{P_t}{4P_r}\frac{\bar{r}_p D^4 \Delta S}{K_a^2 \lambda^2}\eta_A \eta_S\right]^{1/4} \tag{15－425}$$

式(15－425)是非线性方程，通过数值求解可得问题的解。对于扩展目标和线性目标，由式(15－422)和式(15－424)同样可得到最大作用距离的非线性方程。

激光雷达测距有两种方法：脉冲激光雷达测距和连续波激光雷达测距。脉冲激光雷达测距是向目标发射一列很窄的光脉冲(脉冲宽度一般小于50 ns)，测量发射脉冲经目标反射后到达接收机的时间，就可计算目标的距离。而连续波激光雷达测距采用相位法，即利用已调制的连续波激光器对准目标发射连续波激光束，激光接收机接收由目标反射或散射的回波，通过测量发射激光束和回波激光束之间的相位移就可确定目标的距离。

【例15.13】 试推导脉冲激光雷达测距公式。

解　脉冲激光雷达测距原理如图15－57所示。假设雷达与目标距离为 R，光脉冲经目标反射往返经过的时间为 t，光在空气中的传播速度为 c，则

$$R = c\,\frac{t}{2} \tag{15－426}$$

脉冲激光雷达测距是通过计数器记录进入计数器的脉冲个数。设在 t 时间内有 n 个脉冲进入计数器，发射脉冲之间的间隔为 τ，脉冲的发射频率为 f，则

$$R = c\,\frac{t}{2} = c\,\frac{n\tau}{2} = \frac{cn}{2f} = Ln \tag{15－427}$$

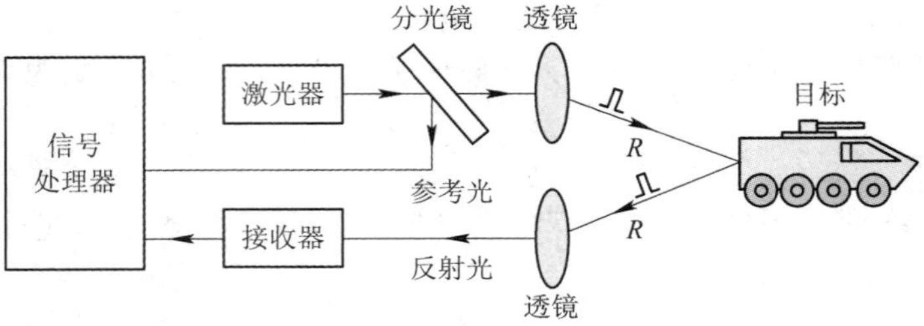

图15－57　脉冲激光雷达测距原理图

式中：

$$L = \frac{c}{2f} \tag{15-428}$$

L 表示每个脉冲所代表的距离基准。如取 $f = 30$ MHz，$c = 3.0\times10^8$ m/s，则 $L = \pm5$ m。

习 题 15

15-1 已知电偶极矩的矢量磁位复振幅为

$$\widetilde{\boldsymbol{A}} = \mathrm{j}\,\frac{\mu_0 \omega \boldsymbol{p}}{4\pi r}\mathrm{e}^{-\mathrm{j}kr}$$

试求所产生的磁场表达式。

15-2 假设一电偶极子在垂直于它的轴线方向上距离100 km处所产生的电场强度振幅等于100 pV/m，试求电偶极子所辐射的功率。

15-3 电偶极子的辐射功率 $P_r = 100$ W，试求 $r = 10$ km 处，$\theta = 0°$、45°和90°的场强，θ 为射线与振子轴之间的夹角。

15-4 一个中心馈电的赫兹振子，由 $I_0 = 10$ A 的电流进行激励。如果振子长度为 $\lambda/50$，试确定1 km远处的最大辐射功率密度。

15-5 1 m长的振子，由频率为1 MHz、幅值为12 A的电流进行激励。在偏离振子轴线为30°的方向上，距离为5 km的远处，振子辐射的平均功率密度为多少？

15-6 一天线，其归一化功率方向函数为

$$F_n(\theta, \varphi) = \begin{cases} 1 & (0 \leqslant \theta \leqslant 60°,\ 0 \leqslant \varphi \leqslant 2\pi) \\ 0 & (\text{其他}) \end{cases}$$

试确定：

(1) 最大辐射的方向；

(2) 方向系数；

(3) 波束立体角；

(4) XZ 平面中的半功率波束宽度。

15-7 天线归一化功率方向函数为

$$F_n(\theta, \varphi) = \begin{cases} \sin^2\theta\cos^2\varphi & \left(0 \leqslant \theta \leqslant \pi,\ -\frac{\pi}{2} \leqslant \varphi \leqslant \frac{\pi}{2}\right) \\ 0 & (\text{其他}) \end{cases}$$

试确定：

(1) 最大辐射的方向；

(2) 方向系数；

(3) 波束立体角；

(4) XZ 平面中的半功率波束宽度。

15-8 计算下列功率方向函数的最大方向系数：

(1) $F(\theta, \varphi) = 4\cos^2\theta$；

(2) $F(\theta, \varphi) = 2\sin^2\theta$；

(3) $F(\theta, \varphi) = 2\sin^2\theta\cos^2\varphi$。

15－9　试求下列功率方向函数的波束立体角：

(1) $F(\theta, \varphi) = 2\cos^2\theta$；

(2) $F(\theta, \varphi) = 4\sin^2\theta\cos^2\varphi$。

15－10　一个长为 2 m、中心馈电的振子天线，运行在 AM 波段中的 1 MHz 频率下，振子由半径为 1 mm 的铜线制成。

(1) 天线的辐射效率是多少？

(2) 天线的增益是多少(以 dB 表示)？

(3) 为了使天线辐射 20 W，所需要的天线电流是多大？信号发生器必须提供多少功率给天线？

15－11　对于一个长度为 $l = 3\lambda/2$ 的偶极子天线。

(1) 确定最大辐射方向；

(2) 确定 S_C 的表达式；

(3) MATLAB 绘制归一化功率方向图。

15－12　两个相互平行的电偶极子，激励电流波长均为 λ，辐射均为 I_0，且同相振动。两偶极子长度均为 h，偶极子间距离 $d = 2\lambda$，试求在远区的场强。

15－13　一个半波振子电视广播天线，频率为 50 MHz，发射功率为 1 kW。位于 30 km 远处、增益为 13 dB 的家用电视天线接收到的功率是多少？

15－14　两个相互平行的电偶极子，激励电流波长均为 λ，辐射均为 I_0，且同相振动。两偶极子长度均为 h，偶极子间距离 $d = 2\lambda$，试求在远区场的场强。

15－15　一个 5 单元的直线天线阵，具有等相位、均匀幅值分布的激励，单元间隔为 $3\lambda/4$。试求：

(1) 归一化的阵列因子，并用 MATLAB 绘制其方向图；

(2) 半功率宽度的大小。

15－16　一个 8 单元直线阵，单元间隔为 $\lambda/2$，采用等幅激励。为了将主波束转向到低于边射方向 60°的方向，相邻单元间的相位延迟增量应该为多少？给出阵列因子表达式，并用 MATLAB 绘制其方向图。

15－17　均匀直线式天线阵阵元间距 $d = \lambda/2$，如要求它的最大辐射方向在偏离天线阵轴线 ±60°的方向，单元之间的相位差应为多少？

15－18　单站雷达系统在 5 GHz 频率时可发送 10 kW 功率，能检测 3 pW 的信号，天线方向增益是 30 dB。它检测 1.5 m^2 截面的目标最大距离是多少？

附录Ⅰ 符号、物理量及单位

符号	物理量	国际单位	简写
$\boldsymbol{A}$	矢量磁位	韦伯/米	Wb/m
$\boldsymbol{B}$	磁通密度矢量(磁感应强度矢量)	特斯拉或韦伯/平方米	T 或 Wb/m^2
C	电容	法拉	F
c	光速	米/秒	m/s
D	天线方向系数	无量纲	无量纲
$\boldsymbol{E}$	电场强度矢量	伏特/米	V/m
$\boldsymbol{D}$	电通密度矢量(电位移矢量)	库仑/平方米	C/m^2
F	方向图因子	无量纲	无量纲
$\boldsymbol{F}$	力	牛顿	N
f	频率	赫兹	Hz
G	电导、天线增益	西门子、无量纲	S
$\boldsymbol{H}$	磁场强度矢量	安培/米	A/m
I	电流	安培	A
$\boldsymbol{J}_V$	自由电流体密度矢量	安培/平方米	A/m^2
$\boldsymbol{J}_S$	自由电流面密度矢量	安培/米	A/m
k	波数(空间圆频率)	弧度/米	Rad/m
L	电感	亨利	H
l	长度	米	m
m	质量	千克	kg
$\boldsymbol{M}$	磁化强度矢量	安培/米	A/m
n	折射率	无量纲	无量纲
$\boldsymbol{p}_e$	电偶极矩矢量	库仑·米	C·m
$\boldsymbol{p}_m$	磁偶极矩矢量	安培·平方米	$A \cdot m^2$
$\boldsymbol{P}$	极化强度矢量	库仑/平方米	C/m^2
P	功率	瓦特	W
Q、q	电荷	库仑	C
r	反射系数	无量纲	无量纲
R	反射率、电阻	无量纲、欧姆	无量纲、Ω

续表

符号	物 理 量	国际单位	简 写
$\boldsymbol{S}$	坡印廷矢量	瓦特/平方米	W/m^2
$\boldsymbol{S}_{av}$	平均坡印廷矢量	瓦特/平方米	W/m^2
t	透射系数、时间	无量纲、秒	无量纲、s
T	透射率、温度	无量纲、开尔文	无量纲、K
u、U	电位、电压	伏特	V
v	速度	米/秒	m/s
$\boldsymbol{W}$	能量	焦耳	J
w	能量密度	焦耳/立方米	J/m^3
w_e	电场能量密度	焦耳/立方米	J/m^3
w_m	磁场能量密度	焦耳/立方米	J/m^3
α	衰减常数	奈培/米	Np/m
δ_s	趋肤深度	米	m
ε	介电常数	法/米	F/m
ε_r	相对介电常数	无量纲	无量纲
ε	电动势	伏特	V
η	波阻抗	欧姆	Ω
λ	波长	米	m
μ	磁导率	亨/米	H/m
μ_0	真空磁导率	亨/米	H/m
μ_r	相对磁导率	无量纲	无量纲
ρ_ℓ	线电荷密度	库仑/米	C/m
ρ_S	面电荷密度	库仑/米^2	C/m^2
ρ_V	体电荷密度	库仑/米^3	C/m^3
σ	电导率	西门子/米	S/m
$\boldsymbol{\Phi}$	磁通	韦伯	Wb
χ_e	电极化率	无量纲	无量纲
χ_m	磁化率	无量纲	无量纲
$\boldsymbol{\Omega}$	立体角	立体弧度	sr
ω	角频率	弧度/秒	rad/s

附录Ⅱ 常用材料的电磁常数

表Ⅱ-1 相对介电常数 ε_r（低频、室温 20℃ 以下）

$(\varepsilon = \varepsilon_r \varepsilon_0,\ \varepsilon_0 = 8.854 \times 10^{-12}\,\mathrm{F/m})$

材料	相对介电常数
空气	1
空气(海平面处)	1.0006
泡沫聚苯乙烯	1.03
聚四氟乙烯	2.1
石油	2.1
干木材	1.5～4
石蜡	2.2
聚乙烯	2.25
聚苯乙烯	2.6
纸	2～4
橡胶	2.2～4
干燥土壤	2.5～3.5
有机玻璃	3.4
玻璃	4.5～10
石英	3.8～5
酚醛塑料	5
瓷器	5.7
胶木	6
云母	5.4～6
氨水	22
海水	72～80
蒸馏水	81

注：对于绝大多数金属，$\varepsilon_r \approx 1$。

表Ⅱ-2 电导率σ(低频、室温20℃以下)

材料	电导率/(S/m)	材料	电导率/(S/m)
导体		半导体	
银	6.2×10^{7}	纯锗	2.2
铜	5.8×10^{7}	纯硅	4.4×10^{-4}
金	4.1×10^{7}	绝缘体	
铝	3.5×10^{7}	湿土壤	10^{-2}
钨	1.8×10^{7}	生水	10^{-3}
锌	1.7×10^{7}	蒸馏水	10^{-4}
黄铜	1.5×10^{7}	干燥土壤	10^{-4}
生铁	1.0×10^{7}	玻璃	10^{-12}
青铜	1.0×10^{7}	硬橡胶	10^{-15}
锡	9.0×10^{7}	石蜡	10^{-15}
铅	5.0×10^{7}	云母	10^{-15}
水银	1.0×10^{6}	熔凝石英	10^{-17}
碳	3.0×10^{4}	蜡	10^{-17}
海水	4		
动物身体(平均)	0.3		

表Ⅱ-3 相对磁导率μ的典型值(实际值取决于具体材料的品质)

$(\mu=\mu_0\mu_r,\ \mu_0=4\pi\times10^{-7}\,\text{H/m})$

材料	相对磁导率	材料	相对磁导率	材料	相对磁导率
抗磁性		顺磁性		铁磁性(非线性)	
铋	0.999 83≈1	空气	1.000 004≈1	钴	250
金	0.999 96≈1	铝	1.000 02≈1	镍	600
水银	0.999 97≈1	钨	1.000 08≈1	低碳钢	2000
银	0.999 98≈1	钛	1.000 2≈1	纯铁	4000～5000
铜	0.999 99≈1	铂	1.000 2≈1	硅钢	7000
水	0.999 99≈1			镍铁高导磁合金	～100 000
				精制纯铁	～200 000

附录Ⅲ　基本物理常数和基本国际单位

表Ⅲ-1　基本物理常数

常　　数	符　　号	数　　值
真空光速	c	$2.998\times10^{8}\approx3.0\times10^{8}$ m/s
玻尔兹曼常数	k	1.38×10^{-23} J/K
基本电荷	e	1.60×10^{-19} C
自由空间介电常数	ε_0	8.85×10^{-12} F/m
自由空间磁导率	μ_0	$4\pi\times10^{-7}$ H/m
电子质量	m_e	9.11×10^{-31} kg
质子质量	m_p	1.67×10^{-27} kg
普朗克常数	h	6.63×10^{-34} J·s
自由空间本征阻抗	η_0	$367.7\approx120\pi\Omega$

表Ⅲ-2　基本国际单位

名称	量纲	单位名称	单位符号	
			中文	国际
长度	L	米	米	m
质量	M	千克	千克	kg
时间	T	秒	秒	s
电流强度	I	安培	安	A
热力学温度	Θ	开尔文	开	K
物质的量	N	摩尔	摩	mol
发光强度	J	坎德拉	坎	cd

表Ⅲ-3　用于构成十进制倍数和分数单位的词头

所表示的因数	词头名称	词头符号	所表示的因数	词头名称	词头符号
10^{24}	尧	Y	10^{-1}	分	d
10^{21}	泽	Z	10^{-2}	厘	c
10^{18}	艾[可萨]	E	10^{-3}	毫	m
10^{15}	拍[它]	P	10^{-6}	微	μ
10^{12}	太[拉]	T	10^{-9}	纳[诺]	n
10^{9}	吉[咖]	G	10^{-12}	皮[可]	p
10^{6}	兆	M	10^{-15}	飞[母托]	f
10^{3}	千	K	10^{-18}	阿[托]	a
10^{2}	百	h	10^{-21}	仄[普托]	z
10	十	da	10^{-24}	幺[科托]	y

附录Ⅳ　常用矢量恒等式

1. 矢量代数恒等式

$$\boldsymbol{A}\cdot\boldsymbol{B}=AB\cos\theta\ （标量积）\tag{Ⅳ-1}$$

$$\boldsymbol{A}\times\boldsymbol{B}=AB\sin\theta\boldsymbol{n}\ （\boldsymbol{n}\ 垂直于包含\ \boldsymbol{A}\ 和\ \boldsymbol{B}\ 的平面）（矢量积）\tag{Ⅳ-2}$$

$$\boldsymbol{A}\cdot(\boldsymbol{B}\times\boldsymbol{C})=\boldsymbol{B}\cdot(\boldsymbol{C}\times\boldsymbol{A})=\boldsymbol{C}\cdot(\boldsymbol{A}\times\boldsymbol{B})\tag{Ⅳ-3}$$

$$\boldsymbol{A}\times(\boldsymbol{B}\times\boldsymbol{C})=\boldsymbol{B}(\boldsymbol{A}\cdot\boldsymbol{C})-\boldsymbol{C}(\boldsymbol{A}\cdot\boldsymbol{B})\tag{Ⅳ-4}$$

$$(\boldsymbol{A}\times\boldsymbol{B})\cdot(\boldsymbol{C}\times\boldsymbol{D})=(\boldsymbol{A}\cdot\boldsymbol{C})(\boldsymbol{B}\cdot\boldsymbol{D})-(\boldsymbol{A}\cdot\boldsymbol{D})(\boldsymbol{B}\cdot\boldsymbol{C})\tag{Ⅳ-5}$$

2. 矢量微分恒等式

$$\nabla(u+\varphi)=\nabla u+\nabla\varphi\tag{Ⅳ-6}$$

$$\nabla(u\varphi)=\varphi\nabla u+u\nabla\varphi\tag{Ⅳ-7}$$

$$\nabla\cdot(\boldsymbol{A}+\boldsymbol{B})=\nabla\cdot\boldsymbol{A}+\nabla\cdot\boldsymbol{B}\tag{Ⅳ-8}$$

$$\nabla\cdot(\varphi\boldsymbol{A})=\boldsymbol{A}\cdot\nabla\varphi+\varphi\nabla\cdot\boldsymbol{A}\tag{Ⅳ-9}$$

$$\nabla\times(\varphi\boldsymbol{A})=\varphi\nabla\times\boldsymbol{A}+\nabla\varphi\times\boldsymbol{A}\tag{Ⅳ-10}$$

$$\nabla\times(\boldsymbol{A}+\boldsymbol{B})=\nabla\times\boldsymbol{A}+\nabla\times\boldsymbol{B}\tag{Ⅳ-11}$$

$$\nabla\cdot(\boldsymbol{A}\times\boldsymbol{B})=\boldsymbol{B}\cdot(\nabla\times\boldsymbol{A})-\boldsymbol{A}\cdot\nabla\times\boldsymbol{B}\tag{Ⅳ-12}$$

$$\nabla\times(\boldsymbol{A}\times\boldsymbol{B})=\boldsymbol{A}(\nabla\cdot\boldsymbol{B})-\boldsymbol{B}(\nabla\cdot\boldsymbol{A})+(\boldsymbol{B}\cdot\nabla)\boldsymbol{A}-(\boldsymbol{A}\cdot\nabla)\boldsymbol{B}\tag{Ⅳ-13}$$

$$\nabla\cdot\nabla\varphi=\nabla^2\varphi\tag{Ⅳ-14}$$

$$\nabla\times\nabla\varphi=0\tag{Ⅳ-15}$$

$$\nabla\cdot(\nabla\times\boldsymbol{A})=0\tag{Ⅳ-16}$$

$$\nabla\times\nabla\times\boldsymbol{A}=\nabla(\nabla\cdot\boldsymbol{A})-\nabla^2\boldsymbol{A}\tag{Ⅳ-17}$$

3. 矢量积分恒等式

$$\iiint_{(V)}(\nabla\cdot\boldsymbol{A})\mathrm{d}V=\oiint_{(S)}\boldsymbol{A}\cdot\mathrm{d}\boldsymbol{S}\quad（散度定理）\tag{Ⅳ-18}$$

$$\iint_{(S)}(\nabla\times\boldsymbol{A})\cdot\mathrm{d}\boldsymbol{S}=\oint_{(l)}\boldsymbol{A}\cdot\mathrm{d}\boldsymbol{l}\quad（斯托克斯定理）\tag{Ⅳ-19}$$

$$\iiint_{(V)}\nabla\varphi\mathrm{d}V=\oiint_{(S)}\varphi\mathrm{d}\boldsymbol{S}\tag{Ⅳ-20}$$

$$\iiint_{(V)}(\nabla\times\boldsymbol{A})\mathrm{d}V=\oiint_{(S)}\mathrm{d}\boldsymbol{S}\times\boldsymbol{A}\tag{Ⅳ-21}$$

$$\iint_{(S)}\mathrm{d}\boldsymbol{S}\times\nabla\varphi=\oint_{(l)}\varphi\mathrm{d}\boldsymbol{l}\tag{Ⅳ-22}$$

4. 梯度、散度、旋度及拉普拉斯运算

直角坐标系（x，y，z）：

$$\nabla u=\frac{\partial u}{\partial x}\boldsymbol{e}_x+\frac{\partial u}{\partial y}\boldsymbol{e}_y+\frac{\partial u}{\partial z}\boldsymbol{e}_z \tag{Ⅳ-23}$$

$$\nabla\cdot\boldsymbol{A}=\frac{\partial A_x}{\partial x}+\frac{\partial A_y}{\partial y}+\frac{\partial A_z}{\partial z} \tag{Ⅳ-24}$$

$$\nabla\times\boldsymbol{A}=\begin{vmatrix}\boldsymbol{e}_x & \boldsymbol{e}_y & \boldsymbol{e}_z\\ \dfrac{\partial}{\partial x} & \dfrac{\partial}{\partial y} & \dfrac{\partial}{\partial z}\\ A_x & A_y & A_z\end{vmatrix}=\left(\frac{\partial A_z}{\partial y}-\frac{\partial A_y}{\partial z}\right)\boldsymbol{e}_x+\left(\frac{\partial A_x}{\partial z}-\frac{\partial A_z}{\partial x}\right)\boldsymbol{e}_y+\left(\frac{\partial A_y}{\partial x}-\frac{\partial A_x}{\partial y}\right)\boldsymbol{e}_z \tag{Ⅳ-25}$$

$$\nabla^2 u=\frac{\partial^2 u}{\partial x^2}+\frac{\partial^2 u}{\partial y^2}+\frac{\partial^2 u}{\partial z^2} \tag{Ⅳ-26}$$

柱坐标系（ρ，φ，z）：

$$\nabla u=\frac{\partial u}{\partial \rho}\boldsymbol{e}_\rho+\frac{1}{\rho}\frac{\partial u}{\partial \varphi}\boldsymbol{e}_\varphi+\frac{\partial u}{\partial z}\boldsymbol{e}_z \tag{Ⅳ-27}$$

$$\nabla\cdot\boldsymbol{A}=\frac{1}{\rho}\frac{\partial}{\partial \rho}(\rho A_\rho)+\frac{1}{\rho}\frac{\partial A_\varphi}{\partial \varphi}+\frac{\partial A_z}{\partial z} \tag{Ⅳ-28}$$

$$\nabla\times\boldsymbol{A}=\frac{1}{\rho}\begin{vmatrix}\boldsymbol{e}_\rho & \rho\boldsymbol{e}_\varphi & \boldsymbol{e}_z\\ \dfrac{\partial}{\partial \rho} & \dfrac{\partial}{\partial \varphi} & \dfrac{\partial}{\partial z}\\ A_\rho & \rho A_\varphi & A_z\end{vmatrix}=\left(\frac{1}{\rho}\frac{\partial A_z}{\partial \varphi}-\frac{\partial A_\varphi}{\partial z}\right)\boldsymbol{e}_\rho+\left(\frac{\partial A_\rho}{\partial z}-\frac{\partial A_z}{\partial \rho}\right)\boldsymbol{e}_\varphi+\frac{1}{\rho}\left(\frac{\partial}{\partial \rho}(\rho A_\varphi)-\frac{\partial A_\rho}{\partial \varphi}\right)\boldsymbol{e}_z \tag{Ⅳ-29}$$

$$\nabla^2 u=\frac{1}{\rho}\frac{\partial}{\partial \rho}\left(\rho\frac{\partial u}{\partial \rho}\right)+\frac{1}{\rho^2}\frac{\partial^2 u}{\partial \varphi^2}+\frac{\partial^2 u}{\partial z^2} \tag{Ⅳ-30}$$

球坐标系（r，θ，φ）：

$$\nabla u=\frac{\partial u}{\partial r}\boldsymbol{e}_r+\frac{1}{r}\frac{\partial u}{\partial \theta}\boldsymbol{e}_\theta+\frac{1}{r\sin\theta}\frac{\partial u}{\partial \varphi}\boldsymbol{e}_\varphi \tag{Ⅳ-31}$$

$$\nabla\cdot\boldsymbol{A}=\frac{1}{r^2}\frac{\partial}{\partial r}(r^2A_r)+\frac{1}{r\sin\theta}\frac{\partial}{\partial \theta}(A_\theta\sin\theta)+\frac{1}{r\sin\theta}\frac{\partial A_\varphi}{\partial \varphi} \tag{Ⅳ-32}$$

$$\begin{aligned}\nabla\times\boldsymbol{A}&=\frac{1}{r^2\sin\theta}\begin{vmatrix}\boldsymbol{e}_r & r\boldsymbol{e}_\theta & r\sin\theta\,\boldsymbol{e}_\varphi\\ \dfrac{\partial}{\partial r} & \dfrac{\partial}{\partial \theta} & \dfrac{\partial}{\partial \varphi}\\ A_r & rA_\theta & (r\sin\theta)A_\varphi\end{vmatrix}\\ &=\frac{1}{r\sin\theta}\left(\frac{\partial}{\partial \theta}(\sin\theta A_\varphi)-\frac{\partial A_\theta}{\partial \varphi}\right)\boldsymbol{e}_r+\frac{1}{r}\left(\frac{1}{\sin\theta}\frac{\partial A_r}{\partial \varphi}-\frac{\partial}{\partial r}(rA_\varphi)\right)\boldsymbol{e}_\theta+\frac{1}{r}\left(\frac{\partial}{\partial r}(rA_\theta)-\frac{\partial A_r}{\partial \theta}\right)\boldsymbol{e}_\varphi\end{aligned} \tag{Ⅳ-33}$$

$$\nabla^2 u=\frac{1}{r^2}\frac{\partial}{\partial r}\left(r^2\frac{\partial u}{\partial r}\right)+\frac{1}{r^2\sin\theta}\frac{\partial}{\partial \theta}\left(\sin\theta\frac{\partial u}{\partial \theta}\right)+\frac{1}{r^2\sin^2\theta}\frac{\partial^2 u}{\partial \varphi^2} \tag{Ⅳ-34}$$

附录Ⅴ 柱贝塞尔函数和勒让德函数

Ⅴ.1 柱贝塞尔函数

1. 柱贝塞尔函数

在圆柱坐标系中求解拉普拉斯方程或波动方程时，常遇到如下形式的方程：

$$x^2\frac{\mathrm{d}^2y}{\mathrm{d}x^2}+x\frac{\mathrm{d}y}{\mathrm{d}x}+(x^2-m^2)y=0 \tag{Ⅴ-1}$$

这个方程称为 m 阶柱贝塞尔方程。它的两个独立解可用下面两个无穷级数表示：

$$\mathrm{J}_m(x)=\sum_{k=0}^{\infty}\frac{(-1)^k}{k!(k+m)!}\left(\frac{x}{2}\right)^{m+2k}=\sum_{k=0}^{\infty}\frac{(-1)^k}{k!\Gamma(k+m+1)}\left(\frac{x}{2}\right)^{m+2k}\quad(m=0,1,2,\cdots) \tag{Ⅴ-2}$$

$$\mathrm{Y}_m(x)=\frac{2}{\pi}\left[\gamma+\ln\frac{x}{2}\right]\mathrm{J}_m(x)-\frac{1}{\pi}\sum_{k=0}^{m-1}\frac{(m-k-1)!}{k!}\left(\frac{x}{2}\right)^{-m+2k}-\frac{1}{\pi}\sum_{k=0}^{\infty}\frac{(-1)^k}{k!(m+k)!}\left(\frac{x}{2}\right)^{m+2k}\left[\sum_{n=1}^{m}\frac{1}{n}+\sum_{n=1}^{m+k}\frac{1}{n}\right] \tag{Ⅴ-3}$$

其中：

$$\gamma=\lim_{n\to\infty}\left[1+\frac{1}{2}+\frac{1}{3}+\cdots+\frac{1}{n}-\ln n\right]\approx 0.5772 \tag{Ⅴ-4}$$

称为欧拉常数。

$\mathrm{J}_m(x)$ 称为 m 阶第一类柱贝塞尔函数，$\mathrm{Y}_m(x)$ 称为 m 阶第二类柱贝塞尔函数(或称诺依曼函数)。这两个函数还可以进行线性组合：

$$\begin{cases}\mathrm{H}_m^{(1)}(x)=\mathrm{J}_m(x)+\mathrm{j}\mathrm{Y}_m(x)\\ \mathrm{H}_m^{(2)}(x)=\mathrm{J}_m(x)-\mathrm{j}\mathrm{Y}_m(x)\end{cases} \tag{Ⅴ-5}$$

$\mathrm{H}_m^{(1)}(x)$ 称为第一类汉格尔函数，$\mathrm{H}_m^{(2)}(x)$ 称为第二类汉格尔函数。它们统称为第三类柱贝塞尔函数，并且都是柱贝塞尔方程的解。

2. 柱贝塞尔函数的性质

柱贝塞尔函数具有下列性质。下面用 $\mathrm{J}_m(x)$ 写出公式，对 $\mathrm{Y}_m(x)$ 也同样适用。

(1) 递推公式：

$$\mathrm{J}_{m-1}(x)+\mathrm{J}_{m+1}(x)=\frac{2m}{x}\mathrm{J}_m(x) \tag{Ⅴ-6}$$

(2)导数公式：

$$\mathrm{J}_{m-1}(x)-\mathrm{J}_{m+1}(x)=2\mathrm{J}'_m(x) \tag{Ⅴ-7}$$

$$\mathrm{J}_{m-1}(x)-\frac{m}{x}\mathrm{J}_m(x)=\mathrm{J}'_m(x) \tag{Ⅴ-8}$$

$$\frac{m}{x}\mathrm{J}_m(x)-\mathrm{J}_{m+1}(x)=\mathrm{J}'_m(x) \tag{Ⅴ-9}$$

(3) 积分公式：

$$\int x^{m+1}\mathrm{J}_m(x)\mathrm{d}x=x^{m+1}\mathrm{J}_{m+1}(x)+C \tag{Ⅴ-10}$$

$$\int x^{1-m}\mathrm{J}_m(x)\mathrm{d}x=-x^{1-m}\mathrm{J}_{m-1}(x)+C \tag{Ⅴ-11}$$

(4) 正交性。设 $\alpha_{m,n}$ 和 $\alpha_{m,k}$ 是 m 阶柱贝塞尔函数的第 n 个根和第 k 个根，则

$$\int_0^1 x\mathrm{J}_m(\alpha_{m,n}x)\mathrm{J}_m(\alpha_{m,k}x)\mathrm{d}x=\begin{cases}0 & (n\neq k)\\ \frac{1}{2}\mathrm{J}_{m+1}^2(\alpha_{m,n}) & (n=k)\end{cases} \tag{Ⅴ-12}$$

3. 柱贝塞尔函数的渐进表达式

当 $|x|\gg 1$ 时，柱贝塞尔函数可用下面的渐进表达式表示：

$$\mathrm{J}_m(x)\approx\sqrt{\frac{2}{\pi x}}\cos\left(x-\frac{\pi}{4}-\frac{m\pi}{2}\right) \tag{Ⅴ-13}$$

$$\mathrm{Y}_m(x)\approx\sqrt{\frac{2}{\pi x}}\sin\left(x-\frac{\pi}{4}-\frac{m\pi}{2}\right) \tag{Ⅴ-14}$$

$$\mathrm{H}_m^{(1)}(x)\approx\sqrt{\frac{2}{\pi x}}\mathrm{e}^{\mathrm{j}\left(x-\frac{\pi}{4}-\frac{m\pi}{2}\right)} \tag{Ⅴ-15}$$

$$\mathrm{H}_m^{(2)}(x)\approx\sqrt{\frac{2}{\pi x}}\mathrm{e}^{-\mathrm{j}\left(x-\frac{\pi}{4}-\frac{m\pi}{2}\right)} \tag{Ⅴ-16}$$

且有

$$\lim_{x\to\infty}\mathrm{J}_m(x)=0 \quad 和 \quad \lim_{x\to\infty}\mathrm{Y}_m(x)=0 \tag{Ⅴ-17}$$

当 $|x|\ll 1$ 时，柱贝塞尔函数可用下面的渐进表达式表示：

$$\mathrm{J}_0(x)\approx 1 \tag{Ⅴ-18}$$

$$\mathrm{J}_m(x)\approx\frac{x^m}{2^m m!} \tag{Ⅴ-19}$$

$$\mathrm{Y}_0(x)\approx\frac{2}{\pi}\ln\frac{x}{2} \tag{Ⅴ-20}$$

$$\mathrm{Y}_m(x)\approx-\frac{(m-1)!}{\pi}\left(\frac{2}{x}\right)^m \tag{Ⅴ-21}$$

4. 柱贝塞尔函数的零点

表Ⅴ-1为 $\mathrm{J}_0(x)$ 和 $\mathrm{J}_1(x)$ 的前十个根 $x_n^{(0)}$ 和 $x_n^{(1)}$。

表Ⅴ-1　$\mathrm{J}_0(x)$ 和 $\mathrm{J}_1(x)$ 的前十个根 $x_n^{(0)}$ 和 $x_n^{(1)}$

n	$x_n^{(0)}$	$\lvert\mathrm{J}_1(x_n^{(0)})\rvert$	$x_n^{(1)}$	n	$x_n^{(0)}$	$\lvert\mathrm{J}_1(x_n^{(0)})\rvert$	$x_n^{(1)}$
1	2.4080	0.5191	3.8317	6	18.0711	0.1877	19.6159
2	5.5201	0.3403	7.0156	7	21.2116	0.1733	22.7601
3	8.6537	0.2715	10.1735	8	24.3525	0.1617	25.9037
4	11.7915	0.2325	13.3237	9	27.4935	0.1522	29.0468
5	14.9309	0.2065	16.4706	10	30.6346	0.1442	32.1897

Ⅴ.2　虚宗量柱贝塞尔函数

圆柱坐标系中分离变量求解拉普拉斯方程时，在本征值小于零的情况下，得到如下形式的方程：

$$x^2\frac{\mathrm{d}^2y}{\mathrm{d}x^2}+x\frac{\mathrm{d}y}{\mathrm{d}x}-(x^2+\nu^2)y=0 \tag{Ⅴ-22}$$

这个方程称为虚宗量柱贝塞尔方程(也称修正柱贝塞尔方程)。如果令

$$z=\mathrm{j}x,\quad R(z)=y(x) \tag{Ⅴ-23}$$

代入方程(Ⅴ-22)，得到柱贝塞尔方程形式：

$$z^2\frac{\mathrm{d}^2R}{\mathrm{d}z^2}+z\frac{\mathrm{d}R}{\mathrm{d}z}+(z^2-\nu^2)R=0 \tag{Ⅴ-24}$$

因此，在柱贝塞尔方程的解中令 $z=\mathrm{j}x$ 即可得到虚宗量柱贝塞尔方程的解。引入如下形式的一个新函数：

$$\mathrm{I}_\nu(x)=(-\mathrm{j})^\nu\mathrm{J}_\nu(\mathrm{j}x) \tag{Ⅴ-25}$$

式中，$(-\mathrm{j})^\nu$ 的引入是为了确保 $\mathrm{I}_\nu(x)$ 是实函数。由 $\mathrm{J}_\nu(x)$ 的级数形式得到

$$\mathrm{I}_\nu(x)=\sum_{k=0}^{\infty}\frac{1}{k!\Gamma(\nu+k+1)}\left(\frac{x}{2}\right)^{\nu+2k} \tag{Ⅴ-26}$$

$\mathrm{I}_\nu(x)$ 称为 ν 阶第一类虚宗量柱贝塞尔函数(也称为第一类修正柱贝塞尔函数)。

当 ν 不等于整数时，虚宗量柱贝塞尔方程的解为

$$y(x)=C\mathrm{I}_\nu(x)+D\mathrm{I}_{-\nu}(x) \tag{Ⅴ-27}$$

式中，C 和 D 为任意常数。

当 ν 取包含整数的任意值时，由于

$$\mathrm{I}_m(x)=\mathrm{I}_{-m}(x) \tag{Ⅴ-28}$$

故 $\mathrm{I}_m(x)$ 和 $\mathrm{I}_{-m}(x)$ 线性相关。因此可定义线性无关的另一特解为

$$\mathrm{K}_\nu(x)=\frac{\pi}{2}\frac{\mathrm{I}_{-\nu}(x)-\mathrm{I}_\nu(x)}{\sin\pi\nu} \tag{Ⅴ-29}$$

$\mathrm{K}_\nu(x)$ 称为 ν 阶第二类虚宗量柱贝塞尔函数(或称第二类修正柱贝塞尔函数)。$\mathrm{I}_\nu(x)$ 和 $\mathrm{K}_\nu(x)$ 一起构成虚宗量柱贝塞尔方程的两个线性无关的通解。故得到 ν 取任意值时虚宗量贝塞尔方程的通解为

$$y(x)=C\mathrm{I}_\nu(x)+D\mathrm{K}_\nu(x) \tag{Ⅴ-30}$$

式中，C 和 D 是任意常数。

Ⅴ.3　Γ 函数

实变数 x 的 Γ 函数的定义为

$$\Gamma(x)=\int_0^\infty \mathrm{e}^{-t}t^{x-1}\mathrm{d}t \tag{Ⅴ-31}$$

在 $x>0$ 的条件下，积分(Ⅴ-31)收敛。

根据定义(Ⅴ-31)，有

$$\begin{cases}\Gamma(1)=\int_0^\infty \mathrm{e}^{-t}\mathrm{d}t=1\\ \Gamma\left(\frac{1}{2}\right)=\int_0^\infty \mathrm{e}^{-t}t^{-\frac{1}{2}}\mathrm{d}t=\sqrt{\pi}\end{cases} \tag{Ⅴ-32}$$

对

$$\Gamma(x+1)=\int_0^\infty e^{-t}t^x\,dt$$

进行分布积分，得到递推公式为

$$\Gamma(x+1)=x\Gamma(x) \tag{Ⅴ-33}$$

如果 x 取正整数 m，则可得到

$$\Gamma(m+1)=m\Gamma(m)=m(m-1)\Gamma(m-1)=\cdots=m! \tag{Ⅴ-34}$$

由此可见，x 取正整数，Γ 函数就是阶乘的推广。

关于 Γ 函数在 $x<0$ 区域的延拓问题请参考有关参考书，在此不再赘述。

Ⅴ.4 勒让德函数

1. 勒让德方程

在球坐标系下的拉普拉斯方程为

$$\frac{1}{r^2}\frac{\partial}{\partial r}\left(r^2\frac{\partial u}{\partial r}\right)+\frac{1}{r^2\sin\theta}\frac{\partial}{\partial\theta}\left(\sin\theta\frac{\partial u}{\partial\theta}\right)+\frac{1}{r^2\sin^2\theta}\frac{\partial^2 u}{\partial\varphi^2}=0 \tag{Ⅴ-35}$$

分离变量后得到欧拉型常微分方程和球谐函数方程，即

$$r^2\frac{d^2R}{dr^2}+2r\frac{dR}{dr}-l(l+1)R=0 \tag{Ⅴ-36}$$

$$\frac{1}{\sin\theta}\frac{\partial}{\partial\theta}\left(\sin\theta\frac{\partial Y}{\partial\theta}\right)+\frac{1}{\sin^2\theta}\frac{\partial^2 Y}{\partial\varphi^2}+l(l+1)Y=0 \tag{Ⅴ-37}$$

$Y(\theta,\varphi)$ 与半径 r 无关，因而称为球谐函数或简称球函数。令

$$Y(\theta,\varphi)=\Theta(\theta)\Phi(\varphi) \tag{Ⅴ-38}$$

得到关于 $\Theta(\theta)$ 的常微分方程

$$\frac{1}{\sin\theta}\frac{d}{d\theta}\left(\sin\theta\frac{d\Theta}{d\theta}\right)+\left[l(l+1)-\frac{m^2}{\sin^2\theta}\right]\Theta=0 \tag{Ⅴ-39}$$

此方程称为 l 阶连带勒让德方程。如果令 $\theta=\arccos x$ 和 $y(x)=\Theta(x)$，把自变量 θ 换为 x，则(Ⅴ-39)化为下列形式的 l 阶连带勒让德方程：

$$(1-x^2)\frac{d^2y}{dx^2}-2x\frac{dy}{dx}+\left[l(l+1)-\frac{m^2}{1-x^2}\right]y=0 \tag{Ⅴ-40}$$

对于具有旋转对称性的定解问题，其解与 φ 无关，则 $m=0$，有

$$\frac{1}{\sin\theta}\frac{d}{d\theta}\left(\sin\theta\frac{d\Theta}{d\theta}\right)+l(l+1)\Theta=0 \tag{Ⅴ-41}$$

此方程称为 l 阶勒让德方程。如果令 $\theta=\arccos x$ 和 $y(x)=\Theta(x)$，上式可化为如下形式 l 阶勒让德方程：

$$(1-x^2)\frac{d^2y}{dx^2}-2x\frac{dy}{dx}+l(l+1)y=0 \tag{Ⅴ-42}$$

2. 勒让德多项式

当 l 取整数时，勒让德方程(Ⅴ-42)构成本征值问题，本征值为 $l(l+1)$，勒让德方程的两个独立特解之一为 l 次多项式：

$$P_l(x)=\sum_{k=0}^{K}(-1)^k\frac{(2l-2k)!}{2^l k!(l-k)!(l-2k)!}x^{l-2k} \tag{Ⅴ-43}$$

其中，

$$K=\begin{cases}\dfrac{l}{2} & (l\text{ 为偶数}) \\ \dfrac{l-1}{2} & (l\text{ 为奇数})\end{cases} \tag{Ⅴ-44}$$

$P_l(x)$ 称为 l 次勒让德多项式(或称第一勒让德函数)。勒让德多项式也可以表示成微分形式：

$$P_l(x)=\frac{1}{2^l l!}\frac{d^l}{dx^l}(x^2-1)^l \tag{Ⅴ-45}$$

此式通常称为勒让德多项式的罗德里格斯公式。

勒让德方程的另一个解为无穷级数

$$Q_l(x)=\frac{1}{2}P_l(x)\ln\frac{x+1}{x-1}-\sum_{k=1}^{l}\frac{1}{k}P_{k-1}(x)P_{l-k}(x) \tag{Ⅴ-46}$$

$Q_l(x)$ 称为第二勒让德函数。因为 $x=\pm1$ 时，$Q_l(x)\to\infty$，所以 $Q_l(x)$ 不常应用。方程(Ⅴ-42)的通解为

$$y=AP_l(x)+BQ_l(x) \tag{Ⅴ-47}$$

3. 勒让德多项式的几个低阶表达式

$$P_0(x)=1 \tag{Ⅴ-48}$$

$$P_1(x)=x=\cos\theta \tag{Ⅴ-49}$$

$$P_2(x)=\frac{1}{2}(3x^2-1)=\frac{1}{4}(3\cos2\theta+1) \tag{Ⅴ-50}$$

$$P_3(x)=\frac{1}{2}(5x^3-3x)=\frac{1}{8}(5\cos3\theta+3\cos\theta) \tag{Ⅴ-51}$$

$$P_4(x)=\frac{1}{8}(35x^4-30x^2+3)=\frac{1}{64}(35\cos4\theta+20\cos2\theta+9) \tag{Ⅴ-52}$$

$$P_5(x)=\frac{1}{8}(63x^5-70x^3+15x)=\frac{1}{128}(63\cos5\theta+35\cos3\theta+30\cos\theta) \tag{Ⅴ-53}$$

附录Ⅵ 式(7-141)和式(7-142)的证明

对于一般情况下的椭圆极化波，方程(7-138)用三角函数表示，通常引入两个参数：χ 和 γ，如图 7-12 所示。χ 称为椭圆角，γ 为椭圆长轴 X' 与参考方向 X 轴间的夹角，称为椭圆倾角。利用参数 χ 和 γ，椭圆方程(7-138)就可简化为三角函数形式，下面给予证明。

假设在坐标系 $X'OY'$ 下，两个相互垂直线偏振光电场矢量的大小为 E'_x 和 E'_y。将坐标系 XOY 下的两个相互垂直线偏振光电场矢量的大小 E_x 和 E_y 投影到坐标系 $X'OY'$ 的 X' 轴和 Y' 轴，得到

$$\begin{cases} E_{x'} = E_x\cos\gamma + E_y\cos\left(\dfrac{\pi}{2}-\gamma\right) = E_x\cos\gamma + E_y\sin\gamma \\ E_{y'} = -E_x\cos\left(\dfrac{\pi}{2}-\gamma\right) + E_y\cos\gamma = -E_x\sin\gamma + E_y\cos\gamma \end{cases} \quad \left(-\frac{\pi}{2} \leqslant \gamma \leqslant +\frac{\pi}{2}\right) \tag{Ⅵ-1}$$

另外，假设在坐标系 $X'OY'$ 下两个相互垂直线偏振光初始复振幅大小为 $|\widetilde{E}_{x'0}|$ 和 $|\widetilde{E}_{y'0}|$，由式(7-131)可知，坐标系 $X'OY'$ 下的椭圆偏振方程为

$$\frac{E_x^{2'}}{|\widetilde{E}_{x'0}|^2} + \frac{E_y^{2'}}{|\widetilde{E}_{y'0}|^2} = 1 \tag{Ⅵ-2}$$

由式(7-127)和式(7-128)，可写出与式(Ⅵ-2)相对应的分量形式为

$$\begin{cases} E_{x'} = |\widetilde{E}_{x'0}|\cos(\omega t + \delta_0) \\ E_{y'} = |\widetilde{E}_{y'0}|\cos\left(\omega t + \delta_0 \pm \dfrac{\pi}{2}\right) = \mp |\widetilde{E}_{y'0}|\sin(\omega t + \delta_0) \end{cases} \tag{Ⅵ-3}$$

式中，“$\mp$”表示在新坐标系 $X'OY'$ 下标准椭圆偏振的左旋和右旋。相位值 δ_0 的引入是数学上的需要，对椭圆偏振光的偏振状态不会产生影响。

为了确定在新坐标系 $X'OY'$ 下的 $|\widetilde{E}_{x'0}|$ 和 $|\widetilde{E}_{y'0}|$，令式(Ⅵ-1)和式(Ⅵ-3)对应量相等，有

$$\begin{cases} |\widetilde{E}_{x'0}|\cos(\omega t + \delta_0) = E_x\cos\gamma + E_y\sin\gamma \\ \mp |\widetilde{E}_{y'0}|\sin(\omega t + \delta_0) = -E_x\sin\gamma + E_y\cos\gamma \end{cases} \tag{Ⅵ-4}$$

将式(7-134)和式(7-135)代入式(Ⅵ-4)有

$$\begin{cases} |\widetilde{E}_{x'0}|\cos\omega t\cos\delta_0 - |\widetilde{E}_{x'0}|\sin\omega t\sin\delta_0 \\ \qquad = |\widetilde{E}_{x0}|\cos\omega t\cos\gamma + |\widetilde{E}_{y0}|\cos\omega t\cos\delta\sin\gamma - |\widetilde{E}_{y0}|\sin\omega t\sin\delta\sin\gamma \\ \mp |\widetilde{E}_{y'0}|\sin\omega t\cos\delta_0 \mp |\widetilde{E}_{y'0}|\cos\omega t\sin\delta_0 \\ \qquad = -|\widetilde{E}_{x0}|\cos\omega t\sin\gamma + |\widetilde{E}_{y0}|\cos\omega t\cos\delta\cos\gamma - |\widetilde{E}_{y0}|\sin\omega t\sin\delta\cos\gamma \end{cases} \tag{Ⅵ-5}$$

令式(Ⅵ-5)两端 $\cos\omega t$ 和 $\sin\omega t$ 的系数分别相等，得到

$$\begin{cases} |\widetilde{E}_{x'0}|\cos\delta_0 = |\widetilde{E}_{x0}|\cos\gamma + |\widetilde{E}_{y0}|\cos\delta\sin\gamma \\ |\widetilde{E}_{x'0}|\sin\delta_0 = |\widetilde{E}_{y0}|\sin\delta\sin\gamma \\ \mp|\widetilde{E}_{y'0}|\sin\delta_0 = -|\widetilde{E}_{x0}|\sin\gamma + |\widetilde{E}_{y0}|\cos\delta\cos\gamma \\ \mp|\widetilde{E}_{y'0}|\cos\delta_0 = -|\widetilde{E}_{y0}|\sin\delta\cos\gamma \end{cases} \tag{Ⅵ-6}$$

方程(Ⅵ-6)的第一式、第二式两端平方，相加得到

$$|\widetilde{E}_{x'0}|^2 = |\widetilde{E}_{x0}|^2\cos^2\gamma + |\widetilde{E}_{y0}|^2\sin^2\gamma + 2|\widetilde{E}_{x0}||\widetilde{E}_{y0}|\cos\psi\cos\delta\sin\gamma \tag{Ⅵ-7}$$

方程(Ⅵ-6)的第三式、第四式两端平方，相加得到

$$|\widetilde{E}_{y'0}|^2 = |\widetilde{E}_{x0}|^2\sin^2\gamma + |\widetilde{E}_{y0}|^2\cos^2\psi - 2|\widetilde{E}_{x0}||\widetilde{E}_{y0}|\sin\gamma\cos\delta\cos\gamma \tag{Ⅵ-8}$$

式(Ⅵ-7)与式(Ⅵ-8)相加，有

$$|\widetilde{E}_{x'0}|^2 + |\widetilde{E}_{y'0}|^2 = |\widetilde{E}_{x0}|^2 + |\widetilde{E}_{y0}|^2 \tag{Ⅵ-9}$$

方程(Ⅵ-6)的第一式与第四式两端相乘，有

$$\mp|\widetilde{E}_{x'0}||\widetilde{E}_{y'0}|\cos^2\delta_0 = -|\widetilde{E}_{x0}||\widetilde{E}_{y0}|\sin\delta\cos^2\gamma - |\widetilde{E}_{y0}|^2\sin\delta\cos\delta\cos\gamma\sin\gamma \tag{Ⅵ-10}$$

方程(Ⅵ-6)的第二式与第三式两端相乘，有

$$\mp|\widetilde{E}_{y'0}||\widetilde{E}_{x'0}|\sin^2\delta_0 = -|\widetilde{E}_{x0}||\widetilde{E}_{y0}|\sin\delta\sin^2\gamma + |\widetilde{E}_{y0}|^2\sin\delta\cos\delta\sin\gamma\cos\gamma \tag{Ⅵ-11}$$

式(Ⅵ-10)与式(Ⅵ-11)两端相加，得到

$$\pm|\widetilde{E}_{x'0}||\widetilde{E}_{y'0}| = |\widetilde{E}_{x0}||\widetilde{E}_{y0}|\sin\delta \tag{Ⅵ-12}$$

方程(Ⅵ-6)的第四式除第一式、第三式除第二式，两除式相等，得到

$$\frac{-|\widetilde{E}_{y0}|\sin\delta\cos\gamma}{|\widetilde{E}_{x0}|\cos\gamma + |\widetilde{E}_{y0}|\cos\delta\sin\gamma} = \frac{-|\widetilde{E}_{x0}|\sin\gamma + |\widetilde{E}_{y0}|\cos\delta\cos\gamma}{|\widetilde{E}_{y0}|\sin\delta\sin\gamma} \tag{Ⅵ-13}$$

整理可得

$$\tan2\gamma = \frac{2|\widetilde{E}_{x0}||\widetilde{E}_{y0}|}{|\widetilde{E}_{x0}|^2 - |\widetilde{E}_{y0}|^2}\cos\delta \tag{Ⅵ-14}$$

由已知量 $|\widetilde{E}_{x0}|$、$|\widetilde{E}_{y0}|$ 及 δ，利用式(Ⅵ-9)、式(Ⅵ-12)和式(Ⅵ-14)求解可得在 $X'OY'$ 坐标系下的椭圆半长轴 $|\widetilde{E}_{x'0}|$、半短轴 $|\widetilde{E}_{y'0}|$ 和椭圆倾角 γ。

如果引入椭圆角 χ 和椭圆辅助角 ψ_0，上述表达式可进行简化。定义椭圆角为

$$\tan\chi = \pm\frac{|\widetilde{E}_{y'0}|}{|\widetilde{E}_{x'0}|} \quad \left(-\frac{\pi}{2} \leqslant \chi \leqslant +\frac{\pi}{2}\right) \tag{Ⅵ-15}$$

式中，“$\pm$”对应于椭圆偏振光的两种旋转方向，与式(Ⅵ-3)中的“$\mp$”相对应。椭圆辅助角 ψ_0 定义为

$$\tan\psi_0 = \frac{|\widetilde{E}_{y0}|}{|\widetilde{E}_{x0}|} \quad \left(0 \leqslant \psi_0 \leqslant \frac{\pi}{2}\right) \tag{Ⅵ-16}$$

将式(Ⅵ-16)代入式(Ⅵ-14)，简化可得

$$\tan2\psi = \tan2\psi_0\cos\delta \tag{Ⅵ-17}$$

将式(Ⅵ-12)除以式(Ⅵ-9)，得到

$$\pm\frac{|\widetilde{E}_{x'0}||\widetilde{E}_{y'0}|}{|\widetilde{E}_{x'0}|^2+|\widetilde{E}_{y'0}|^2}=\frac{|\widetilde{E}_{x0}||\widetilde{E}_{y0}|}{|\widetilde{E}_{x0}|^2+|\widetilde{E}_{y0}|^2}\sin\delta \qquad (Ⅵ-18)$$

将式(Ⅵ-15)和式(Ⅵ-16)代入式(Ⅵ-18)，简化得到

$$\sin 2\chi = \sin 2\psi_0 \sin\delta \qquad (Ⅵ-19)$$

方程(Ⅵ-17)和方程(Ⅵ-19)就是方程(7-138)的三角函数表示。ψ 和 χ 描述了椭圆的形状和取向，应用中这两个量可以直接测量。

附录Ⅶ　式(13－217)和式(13－218)的证明

Ⅶ.1　由麦克斯韦方程求解横向分量和纵向分量之间的关系

1. 电场复振幅矢量和磁场复振幅矢量表达为横向分量和纵向分量之和

电场强度复振幅矢量和磁场强度复振幅矢量在直角坐标和柱坐标系下的分量求和形式为

$$\text{直角坐标：}\begin{cases}\widetilde{\boldsymbol{E}}=\widetilde{E}_x\boldsymbol{e}_x+\widetilde{E}_y\boldsymbol{e}_y+\widetilde{E}_z\boldsymbol{e}_z\\ \widetilde{\boldsymbol{H}}=\widetilde{H}_x\boldsymbol{e}_x+\widetilde{H}_y\boldsymbol{e}_y+\widetilde{H}_z\boldsymbol{e}_z\end{cases}\tag{Ⅶ－1}$$

$$\text{柱坐标：}\begin{cases}\widetilde{\boldsymbol{E}}=\widetilde{E}_\rho\boldsymbol{e}_\rho+\widetilde{E}_\varphi\boldsymbol{e}_\varphi+\widetilde{E}_z\boldsymbol{e}_z\\ \widetilde{\boldsymbol{H}}=\widetilde{H}_\rho\boldsymbol{e}_\rho+\widetilde{H}_\varphi\boldsymbol{e}_\varphi+\widetilde{H}_z\boldsymbol{e}_z\end{cases}\tag{Ⅶ－2}$$

在讨论电磁波在传输线和波导中传播时，通常假定电磁波沿＋Z方向传播，传播因子为$e^{-jk_z z}$，k_z为沿＋Z方向的相位常数。因此坐标Z对应于纵向，直角坐标X和Y为横向，柱坐标ρ和φ为横向。由此可定义电场强度复振幅矢量和磁场强度复振幅矢量横向分量为

$$\text{直角坐标：}\begin{cases}\widetilde{\boldsymbol{E}}_t=\widetilde{E}_x\boldsymbol{e}_x+\widetilde{E}_y\boldsymbol{e}_y\\ \widetilde{\boldsymbol{H}}_t=\widetilde{H}_x\boldsymbol{e}_x+\widetilde{H}_y\boldsymbol{e}_y\end{cases}\tag{Ⅶ－3}$$

$$\text{柱坐标：}\begin{cases}\widetilde{\boldsymbol{E}}_t=\widetilde{E}_\rho\boldsymbol{e}_\rho+\widetilde{E}_\varphi\boldsymbol{e}_\varphi\\ \widetilde{\boldsymbol{H}}_t=\widetilde{H}_\rho\boldsymbol{e}_\rho+\widetilde{H}_\varphi\boldsymbol{e}_\varphi\end{cases}\tag{Ⅶ－4}$$

用横向分量表示，式(Ⅶ－1)和式(Ⅶ－2)可表达为

$$\begin{cases}\widetilde{\boldsymbol{E}}=\widetilde{\boldsymbol{E}}_t+\widetilde{E}_z\boldsymbol{e}_z\\ \widetilde{\boldsymbol{H}}=\widetilde{\boldsymbol{H}}_t+\widetilde{H}_z\boldsymbol{e}_z\end{cases}\tag{Ⅶ－5}$$

2. 哈密顿算子表达为横向算子和纵向算子之和

在直角坐标系下，哈密顿算子为

$$\nabla=\boldsymbol{e}_x\frac{\partial}{\partial x}+\boldsymbol{e}_y\frac{\partial}{\partial y}+\boldsymbol{e}_z\frac{\partial}{\partial z}\tag{Ⅶ－6}$$

在柱坐标系下，哈密顿算子为

$$\nabla=\boldsymbol{e}_\rho\frac{\partial}{\partial\rho}+\boldsymbol{e}_\varphi\frac{1}{\rho}\frac{\partial}{\partial\varphi}+\boldsymbol{e}_z\frac{\partial}{\partial z}\tag{Ⅶ－7}$$

记横向算子

$$\nabla_t=\begin{cases}\boldsymbol{e}_x\dfrac{\partial}{\partial x}+\boldsymbol{e}_y\dfrac{\partial}{\partial y}\quad\text{（直角坐标）}\\ \boldsymbol{e}_\rho\dfrac{\partial}{\partial\rho}+\boldsymbol{e}_\varphi\dfrac{1}{\rho}\dfrac{\partial}{\partial\varphi}\quad\text{（柱坐标）}\end{cases}\tag{Ⅶ－8}$$

由此哈密顿算子可表达为

$$\nabla = \nabla_t + \boldsymbol{e}_z \frac{\partial}{\partial z} \tag{Ⅶ-9}$$

需要注意的是，坐标系不同，算子 ∇_t 的形式不同。

3. 用横向算子表示麦克斯韦方程

均匀各向同性线性理想介质，介质介电常数为 ε，磁导率为 μ，在介质中电磁波传播时间因子为 $e^{j\omega t}$，由式(6-96)和式(6-97)，可写出时谐形式的麦克斯韦方程为

$$\nabla \times \widetilde{\boldsymbol{H}} = \mathrm{j}\omega\varepsilon \widetilde{\boldsymbol{E}} \tag{Ⅶ-10}$$

$$\nabla \times \widetilde{\boldsymbol{E}} = -\mathrm{j}\omega\mu \widetilde{\boldsymbol{H}} \tag{Ⅶ-11}$$

麦克斯韦方程用横向算子表示，有

$$\left(\nabla_t + \boldsymbol{e}_z \frac{\partial}{\partial z}\right) \times (\widetilde{\boldsymbol{H}}_t + \widetilde{H}_z \boldsymbol{e}_z) = \mathrm{j}\omega\varepsilon (\widetilde{\boldsymbol{E}}_t + \widetilde{E}_z \boldsymbol{e}_z) \tag{Ⅶ-12}$$

$$\left(\nabla_t + \boldsymbol{e}_z \frac{\partial}{\partial z}\right) \times (\widetilde{\boldsymbol{E}}_t + \widetilde{E}_z \boldsymbol{e}_z) = -\mathrm{j}\omega\mu (\widetilde{\boldsymbol{H}}_t + \widetilde{H}_z \boldsymbol{e}_z) \tag{Ⅶ-13}$$

式(Ⅶ-12)和式(Ⅶ-13)就是用横向算子表达的麦克斯韦方程。

4. 电场复振幅矢量和磁场复振幅矢量横向分量和纵向分量之间的关系

展开式(Ⅶ-12)，并利用 $\boldsymbol{e}_z \times \boldsymbol{e}_z = 0$，有

$$\nabla_t \times \widetilde{\boldsymbol{H}}_t + \nabla_t \times (\widetilde{H}_z \boldsymbol{e}_z) + \boldsymbol{e}_z \times \frac{\partial \widetilde{\boldsymbol{H}}_t}{\partial z} = \mathrm{j}\omega\varepsilon \widetilde{\boldsymbol{E}}_t + \mathrm{j}\omega\varepsilon \widetilde{E}_z \boldsymbol{e}_z \tag{Ⅶ-14}$$

展开式(Ⅶ-13)，并利用 $\boldsymbol{e}_z \times \boldsymbol{e}_z = 0$，有

$$\nabla_t \times \widetilde{\boldsymbol{E}}_t + \nabla_t \times (\widetilde{E}_z \boldsymbol{e}_z) + \boldsymbol{e}_z \times \frac{\partial \widetilde{\boldsymbol{E}}_t}{\partial z} = -\mathrm{j}\omega\mu \widetilde{\boldsymbol{H}}_t - \mathrm{j}\omega\mu \widetilde{H}_z \boldsymbol{e}_z \tag{Ⅶ-15}$$

横向算子与横向分量的矢量积为纵向，横向算子与纵向分量的矢量积为横向，纵向矢量与横向矢量的矢量积为横向，据此令方程(Ⅶ-14)两端横向分量和纵向分量分别相等，有

$$\nabla_t \times \widetilde{\boldsymbol{H}}_t = \mathrm{j}\omega\varepsilon \widetilde{E}_z \boldsymbol{e}_z \tag{Ⅶ-16}$$

$$\nabla_t \times (\widetilde{H}_z \boldsymbol{e}_z) + \boldsymbol{e}_z \times \frac{\partial \widetilde{\boldsymbol{H}}_t}{\partial z} = \mathrm{j}\omega\varepsilon \widetilde{\boldsymbol{E}}_t \tag{Ⅶ-17}$$

令方程(Ⅶ-15)两端横向分量和纵向分量相等，有

$$\nabla_t \times \widetilde{\boldsymbol{E}}_t = -\mathrm{j}\omega\mu \widetilde{H}_z \boldsymbol{e}_z \tag{Ⅶ-18}$$

$$\nabla_t \times (\widetilde{E}_z \boldsymbol{e}_z) + \boldsymbol{e}_z \times \frac{\partial \widetilde{\boldsymbol{E}}_t}{\partial z} = -\mathrm{j}\omega\mu \widetilde{\boldsymbol{H}}_t \tag{Ⅶ-19}$$

由式(Ⅶ-17)和式(Ⅶ-19)不难看出，消去磁场横向分量 $\widetilde{\boldsymbol{H}}_t$，可得电场横向分量 $\widetilde{\boldsymbol{E}}_t$ 与电场纵向分量 $\widetilde{E}_z$ 和磁场纵向分量 $\widetilde{H}_z$ 之间的关系。

式(Ⅶ-19)两边作 $\boldsymbol{e}_z \times \frac{\partial}{\partial z}$ 运算，并乘以 $\mathrm{j}\omega\varepsilon$，则有

$$\mathrm{j}\omega\varepsilon \left\{ \boldsymbol{e}_z \times \frac{\partial}{\partial z} [\nabla_t \times (\widetilde{E}_z \boldsymbol{e}_z)] + \boldsymbol{e}_z \times \frac{\partial}{\partial z} \left(\boldsymbol{e}_z \times \frac{\partial \widetilde{\boldsymbol{E}}_t}{\partial z} \right) \right\} = k^2 \boldsymbol{e}_z \times \frac{\partial \widetilde{\boldsymbol{H}}_t}{\partial z} \tag{Ⅶ-20}$$

式中：

$$k = \omega \sqrt{\mu \varepsilon} \tag{Ⅶ-21}$$

为无界空间的波数。方程(Ⅶ-17)两边乘以 $\mathrm{j}\omega\mu$，有

$$\mathrm{j}\omega\mu \left[\nabla_t \times (\widetilde{H}_z \boldsymbol{e}_z) + \boldsymbol{e}_z \times \frac{\partial \widetilde{\boldsymbol{H}}_t}{\partial z} \right] = -k^2 \widetilde{\boldsymbol{E}}_t \tag{Ⅶ-22}$$

利用矢量恒等式

$$\boldsymbol{A}\times(\boldsymbol{B}\times\boldsymbol{C})=\boldsymbol{B}(\boldsymbol{A}\cdot\boldsymbol{C})-\boldsymbol{C}(\boldsymbol{A}\cdot\boldsymbol{B}) \tag{Ⅶ-23}$$

有

$$\boldsymbol{e}_z\times\frac{\partial}{\partial z}\left(\boldsymbol{e}_z\times\frac{\partial\widetilde{\boldsymbol{E}}_\text{t}}{\partial z}\right)=\boldsymbol{e}_z\times\left(\boldsymbol{e}_z\times\frac{\partial^2\widetilde{\boldsymbol{E}}_\text{t}}{\partial z^2}\right)=\boldsymbol{e}_z\left(\boldsymbol{e}_z\cdot\frac{\partial^2\widetilde{\boldsymbol{E}}_\text{t}}{\partial z^2}\right)-\frac{\partial^2\widetilde{\boldsymbol{E}}_\text{t}}{\partial z^2}(\boldsymbol{e}_z\cdot\boldsymbol{e}_z) \tag{Ⅶ-24}$$

$$\boldsymbol{e}_z\times\frac{\partial}{\partial z}[\nabla_\text{t}\times(\widetilde{E}_z\boldsymbol{e}_z)]=\nabla_\text{t}\left(\boldsymbol{e}_z\cdot\boldsymbol{e}_z\frac{\partial\widetilde{E}_z}{\partial z}\right)-\left(\boldsymbol{e}_z\frac{\partial}{\partial z}\cdot\nabla_\text{t}\right)\widetilde{E}_z\boldsymbol{e}_z \tag{Ⅶ-25}$$

因为

$$\boldsymbol{e}_z\cdot\frac{\partial^2\widetilde{\boldsymbol{E}}_\text{t}}{\partial z^2}=\frac{\partial^2}{\partial z^2}(\boldsymbol{e}_z\cdot\widetilde{\boldsymbol{E}}_\text{t})=0,\ \boldsymbol{e}_z\cdot\boldsymbol{e}_z=1,\ \left(\boldsymbol{e}_z\frac{\partial}{\partial z}\cdot\nabla_\text{t}\right)\widetilde{E}_z\boldsymbol{e}_z=\frac{\partial}{\partial z}[(\boldsymbol{e}_z\cdot\nabla_\text{t})\widetilde{E}_z\boldsymbol{e}_z]=0 \tag{Ⅶ-26}$$

因此，式(Ⅶ-20)可简化为

$$\text{j}\omega\varepsilon\left\{\frac{\partial}{\partial z}\nabla_\text{t}\widetilde{E}_z-\frac{\partial^2\widetilde{\boldsymbol{E}}_\text{t}}{\partial z^2}\right\}=k^2\boldsymbol{e}_z\times\frac{\partial\widetilde{\boldsymbol{H}}_\text{t}}{\partial z} \tag{Ⅶ-27}$$

将式(Ⅶ-27)代入式(Ⅶ-22)得

$$\left(k^2+\frac{\partial^2}{\partial z^2}\right)\widetilde{\boldsymbol{E}}_\text{t}=\frac{\partial}{\partial z}\nabla_\text{t}\widetilde{E}_z-\text{j}\omega\mu\nabla_\text{t}\widetilde{H}_z\times\boldsymbol{e}_z \tag{Ⅶ-28}$$

同理，由式(Ⅶ-17)和式(Ⅶ-19)消去电场横向分量$\widetilde{\boldsymbol{E}}_\text{t}$，可得磁场横向分量$\widetilde{\boldsymbol{H}}_\text{t}$与电场纵向分量$\widetilde{E}_z$和磁场纵向分量$\widetilde{H}_z$之间的关系为

$$\left(k^2+\frac{\partial^2}{\partial z^2}\right)\widetilde{\boldsymbol{H}}_\text{t}=\frac{\partial}{\partial z}\nabla_\text{t}\widetilde{H}_z+\text{j}\omega\varepsilon\nabla_\text{t}\widetilde{E}_z\times\boldsymbol{e}_z \tag{Ⅶ-29}$$

5. 圆波导横平面内电场复振幅矢量和磁场复振幅矢量横向分量与纵向分量之间的关系

假定电磁波沿$+Z$方向传播，其传播因子为$\text{e}^{-\text{j}k_z z}$，则电磁波在柱坐标系下具有的解形式为

$$\begin{cases}\widetilde{\boldsymbol{E}}_\text{t}(\rho,\ \varphi,\ z)=\widetilde{\boldsymbol{E}}_\text{t}(\rho,\ \varphi)\text{e}^{-\text{j}k_z z}\\ \widetilde{E}_z(\rho,\ \varphi,\ z)=\widetilde{E}_z(\rho,\ \varphi)\text{e}^{-\text{j}k_z z}\\ \widetilde{\boldsymbol{H}}_\text{t}(\rho,\ \varphi,\ z)=\widetilde{\boldsymbol{H}}_\text{t}(\rho,\ \varphi)\text{e}^{-\text{j}k_z z}\\ \widetilde{H}_z(\rho,\ \varphi,\ z)=\widetilde{H}_z(\rho,\ \varphi)\text{e}^{-\text{j}k_z z}\end{cases} \tag{Ⅶ-30}$$

式中，k_z为沿$+Z$方向的相位常数，$\widetilde{\boldsymbol{E}}_\text{t}(\rho,\ \varphi,\ z)$、$\widetilde{\boldsymbol{E}}_\text{t}(\rho,\ \varphi)$和$\widetilde{\boldsymbol{H}}_\text{t}(\rho,\ \varphi,\ z)$、$\widetilde{\boldsymbol{H}}_\text{t}(\rho,\ \varphi)$分别为垂直于传播方向横平面内的电场复振幅矢量和磁场复振幅矢量。需要强调的是，$\widetilde{\boldsymbol{E}}_\text{t}(\rho,\ \varphi,\ z)$和$\widetilde{\boldsymbol{E}}_\text{t}(\rho,\ \varphi)$、$\widetilde{\boldsymbol{H}}_\text{t}(\rho,\ \varphi,\ z)$和$\widetilde{\boldsymbol{H}}_\text{t}(\rho,\ \varphi)$采用了相同记号，可通过自变量加以区分。

将式(Ⅶ-30)代入式(Ⅶ-28)和式(Ⅶ-29)，得到

$$\widetilde{\boldsymbol{E}}_\text{t}=-\frac{\text{j}}{k_\text{c}^2}(k_z\nabla_\text{t}\widetilde{E}_z+\omega\mu\nabla_\text{t}\widetilde{H}_z\times\boldsymbol{e}_z) \tag{Ⅶ-31}$$

$$\widetilde{\boldsymbol{H}}_\text{t}=-\frac{\text{j}}{k_\text{c}^2}(k_z\nabla_\text{t}\widetilde{H}_z-\omega\varepsilon\nabla_\text{t}\widetilde{E}_z\times\boldsymbol{e}_z) \tag{Ⅶ-32}$$

式中：

$$k_\text{c}^2=k^2-k_z^2 \tag{Ⅶ-33}$$

k_c^2为圆波导截止波数。式(Ⅶ-31)和式(Ⅶ-32)就是由麦克斯韦方程求解得到的圆波导横

平面内电场复振幅矢量横向分量$\widetilde{\boldsymbol{E}}_{\mathrm{t}}(\rho, \varphi)$和磁场复振幅矢量横向分量$\widetilde{\boldsymbol{H}}_{\mathrm{t}}(\rho, \varphi)$与纵向分量$\widetilde{E}_z(\rho, \varphi)$和$\widetilde{H}_z(\rho, \varphi)$的关系式。需要强调的是，式(Ⅶ-31)和式(Ⅶ-32)仅适用于均匀线性各向同性理想介质。

Ⅶ.2　用横向分量表达金属圆波导的传输功率

1. 金属圆波导波阻抗的定义

与无界空间平面电磁波(TEM波)波阻抗定义相同。金属波导波阻抗定义为波导横平面电场复振幅矢量横向分量与磁场复振幅矢量横向分量之比，即

$$\eta = \frac{\boldsymbol{e}_z \times \widetilde{\boldsymbol{E}}_{\mathrm{t}}}{\widetilde{\boldsymbol{H}}_{\mathrm{t}}} \tag{Ⅶ-34}$$

在无界空间平面电磁波(TEM波)传播，电场矢量$\widetilde{\boldsymbol{E}}$与磁场矢量$\widetilde{\boldsymbol{H}}$服从右手关系，即$\widetilde{\boldsymbol{E}} \times \widetilde{\boldsymbol{H}}$沿$\boldsymbol{e}_z$方向。同样，金属波导中电磁波传播也服从右手关系，$\widetilde{\boldsymbol{E}}_{\mathrm{t}} \times \widetilde{\boldsymbol{H}}_{\mathrm{t}}$沿$\boldsymbol{e}_z$方向。因此，必有$\boldsymbol{e}_z \times \widetilde{\boldsymbol{E}}_{\mathrm{t}}$与矢量$\widetilde{\boldsymbol{H}}_{\mathrm{t}}$方向相同。

2. 金属圆波导TE波波阻抗

对于TE波，$\widetilde{E}_z = 0$，由式(Ⅶ-31)和式(Ⅶ-32)，有

$$\widetilde{\boldsymbol{E}}_{\mathrm{t}} = -\frac{\mathrm{j}\omega\mu}{k_{\mathrm{c}}^2} \nabla_{\mathrm{t}} \widetilde{H}_z \times \boldsymbol{e}_z \tag{Ⅶ-35}$$

$$\widetilde{\boldsymbol{H}}_{\mathrm{t}} = -\frac{\mathrm{j}k_z}{k_{\mathrm{c}}^2} \nabla_{\mathrm{t}} \widetilde{H}_z \tag{Ⅶ-36}$$

将式(Ⅶ-35)和式(Ⅶ-36)代入定义式(Ⅶ-34)，并利用矢量恒等式(Ⅶ-23)，得到

$$\eta_{\mathrm{TE}} = \frac{\boldsymbol{e}_z \times \widetilde{\boldsymbol{E}}_{\mathrm{t}}}{\widetilde{\boldsymbol{H}}_{\mathrm{t}}} = \frac{-\dfrac{\mathrm{j}\omega\mu}{k_{\mathrm{c}}^2} \boldsymbol{e}_z \times (\nabla_{\mathrm{t}} \widetilde{H}_z \times \boldsymbol{e}_z)}{-\dfrac{\mathrm{j}k_z}{k_{\mathrm{c}}^2} \nabla_{\mathrm{t}} \widetilde{H}_z} = \frac{\omega\mu \boldsymbol{e}_z \times (\nabla_{\mathrm{t}} \widetilde{H}_z \times \boldsymbol{e}_z)}{k_z \nabla_{\mathrm{t}} \widetilde{H}_z} = \frac{\omega\mu}{k_z} \tag{Ⅶ-37}$$

由此可得

$$\eta_{\mathrm{TE}} = \frac{\omega\mu}{k_z} \tag{Ⅶ-38}$$

无界空间TEM波波阻抗为

$$\eta_{\mathrm{TEM}} = \sqrt{\frac{\mu}{\varepsilon}} \tag{Ⅶ-39}$$

由式(Ⅶ-38)和式(Ⅶ-39)，并利用式(Ⅶ-33)，可得

$$\eta_{\mathrm{TE}} = \frac{\omega\mu}{k_z} = \eta_{\mathrm{TEM}} \frac{k}{k_z} = \eta_{\mathrm{TEM}} \Big/ \sqrt{1 - \frac{k_{\mathrm{c}}^2}{k^2}} \tag{Ⅶ-40}$$

显然，η_{TE}是一个与位置无关的常数。

3. 金属圆波导TM波波阻抗

对于TM波，$\widetilde{H}_z = 0$，由式(Ⅶ-31)和式(Ⅶ-32)，有

$$\widetilde{\boldsymbol{E}}_{\mathrm{t}} = -\frac{\mathrm{j}k_z}{k_{\mathrm{c}}^2} \nabla_{\mathrm{t}} \widetilde{E}_z \tag{Ⅶ-41}$$

$$\widetilde{\boldsymbol{H}}_{\mathrm{t}} = \frac{\mathrm{j}\omega\varepsilon}{k_{\mathrm{c}}^2} \nabla_{\mathrm{t}} \widetilde{E}_z \times \boldsymbol{e}_z \tag{Ⅶ-42}$$

将式(Ⅶ-41)和式(Ⅶ-42)代入定义式(Ⅶ-34)，得到

$$\eta_{\mathrm{TM}}=\frac{\boldsymbol{e}_z\times\widetilde{\boldsymbol{E}}_{\mathrm{t}}}{\widetilde{\boldsymbol{H}}_{\mathrm{t}}}=\frac{-\dfrac{\mathrm{j}k_z}{k_{\mathrm{c}}^2}\boldsymbol{e}_z\times\nabla_{\mathrm{t}}\widetilde{E}_z}{\dfrac{\mathrm{j}\omega\varepsilon}{k_{\mathrm{c}}^2}\nabla_{\mathrm{t}}\widetilde{E}_z\times\boldsymbol{e}_z}=\frac{k_z\nabla_{\mathrm{t}}\widetilde{E}_z\times\boldsymbol{e}_z}{\omega\varepsilon\nabla_{\mathrm{t}}\widetilde{E}_z\times\boldsymbol{e}_z}=\frac{k_z}{\omega\varepsilon} \tag{Ⅶ-43}$$

由此得到

$$\eta_{\mathrm{TM}}=\frac{k_z}{\omega\varepsilon}=\eta_{\mathrm{TEM}}\frac{k_z}{k}=\eta_{\mathrm{TEM}}\sqrt{1-\frac{k_{\mathrm{c}}^2}{k^2}} \tag{Ⅶ-44}$$

同样，η_{TM}也是一个与位置无关的常数。

4. 金属圆波导的传输功率

无限长金属圆波导的传输功率等于平均坡印廷矢量 $\boldsymbol{S}_{\mathrm{av}}$ 在波导横平面内的积分，由式(6-114)有

$$P=\iint_{(S)}\left[\frac{1}{2}\mathrm{Re}(\widetilde{\boldsymbol{E}}\times\widetilde{\boldsymbol{H}}^*)\right]\cdot\mathrm{d}\boldsymbol{S}=\frac{1}{2}\mathrm{Re}\iint_{(S)}(\widetilde{\boldsymbol{E}}\times\widetilde{\boldsymbol{H}}^*)\cdot\boldsymbol{e}_z\mathrm{d}S \tag{Ⅶ-45}$$

将式(Ⅶ-5)代入式(Ⅶ-45)被积函数，进行矢量运算得到

$$\begin{aligned}(\widetilde{\boldsymbol{E}}\times\widetilde{\boldsymbol{H}}^*)\cdot\boldsymbol{e}_z&=[(\widetilde{\boldsymbol{E}}_{\mathrm{t}}+\widetilde{\boldsymbol{E}}_z\boldsymbol{e}_z)\times(\widetilde{\boldsymbol{H}}_{\mathrm{t}}^*+\widetilde{\boldsymbol{H}}_z^*\boldsymbol{e}_z)]\cdot\boldsymbol{e}_z\\&=(\widetilde{\boldsymbol{E}}_{\mathrm{t}}\times\widetilde{\boldsymbol{H}}_{\mathrm{t}}^*+\widetilde{\boldsymbol{E}}_z\boldsymbol{e}_z\times\widetilde{\boldsymbol{H}}_{\mathrm{t}}^*+\widetilde{\boldsymbol{E}}_{\mathrm{t}}\times\boldsymbol{e}_z\widetilde{H}_z^*+\widetilde{E}_z\widetilde{H}_z^*\boldsymbol{e}_z\times\boldsymbol{e}_z)\cdot\boldsymbol{e}_z=(\widetilde{\boldsymbol{E}}_{\mathrm{t}}\times\widetilde{\boldsymbol{H}}_{\mathrm{t}}^*)\cdot\boldsymbol{e}_z\end{aligned} \tag{Ⅶ-46}$$

将式(Ⅶ-46)代入式(Ⅶ-45)，有

$$P=\frac{1}{2}\mathrm{Re}\iint_{(S)}(\widetilde{\boldsymbol{E}}_{\mathrm{t}}\times\widetilde{\boldsymbol{H}}_{\mathrm{t}}^*)\cdot\boldsymbol{e}_z\mathrm{d}S \tag{Ⅶ-47}$$

1) TE 波传输功率

由式(Ⅶ-37)，有

$$\widetilde{\boldsymbol{H}}_{\mathrm{t}}^*=\frac{\boldsymbol{e}_z\times\widetilde{\boldsymbol{E}}_{\mathrm{t}}^*}{\eta_{\mathrm{TE}}} \tag{Ⅶ-48}$$

将式(Ⅶ-47)代入式(Ⅶ-46)，并利用式(Ⅶ-23)，有

$$(\widetilde{\boldsymbol{E}}_{\mathrm{t}}\times\widetilde{\boldsymbol{H}}_{\mathrm{t}}^*)\cdot\boldsymbol{e}_z=\frac{1}{\eta_{\mathrm{TE}}}\widetilde{\boldsymbol{E}}_{\mathrm{t}}\times(\boldsymbol{e}_z\times\widetilde{\boldsymbol{E}}_{\mathrm{t}}^*)\cdot\boldsymbol{e}_z=\frac{1}{\eta_{\mathrm{TE}}}|\widetilde{\boldsymbol{E}}_{\mathrm{t}}|^2 \tag{Ⅶ-49}$$

将式(Ⅶ-49)代入式(Ⅶ-47)，得到 TE 波传输功率为

$$P_{\mathrm{TE}}=\frac{1}{2\eta_{\mathrm{TE}}}\iint_{(S)}|\widetilde{\boldsymbol{E}}_{\mathrm{t}}|^2\mathrm{d}S \tag{Ⅶ-50}$$

2) TM 波传输功率

将式(Ⅶ-43)两边乘$\widetilde{\boldsymbol{H}}_{\mathrm{t}}$，然后左乘 $\boldsymbol{e}_z$，再利用式(Ⅶ-23)，得到

$$\widetilde{\boldsymbol{E}}_{\mathrm{t}}=\boldsymbol{e}_z\times(\boldsymbol{e}_z\times\widetilde{\boldsymbol{E}}_{\mathrm{t}})=-\eta_{\mathrm{TM}}\boldsymbol{e}_z\times\widetilde{\boldsymbol{H}}_{\mathrm{t}} \tag{Ⅶ-51}$$

将式(Ⅶ-51)代入式(Ⅶ-46)，并利用式(Ⅶ-23)有

$$(\widetilde{\boldsymbol{E}}_{\mathrm{t}}\times\widetilde{\boldsymbol{H}}_{\mathrm{t}}^*)\cdot\boldsymbol{e}_z=\eta_{\mathrm{TM}}[\widetilde{\boldsymbol{H}}_{\mathrm{t}}^*\times(\boldsymbol{e}_z\times\widetilde{\boldsymbol{H}}_{\mathrm{t}})]\cdot\boldsymbol{e}_z=\eta_{\mathrm{TM}}|\widetilde{\boldsymbol{H}}_{\mathrm{t}}|^2 \tag{Ⅶ-52}$$

将式(Ⅶ-52)代入式(Ⅶ-47)，得到 TM 波传输功率为

$$P_{\mathrm{TM}}=\frac{\eta_{\mathrm{TM}}}{2}\iint_{(S)}|\widetilde{\boldsymbol{H}}_{\mathrm{t}}|^2\mathrm{d}S \tag{Ⅶ-53}$$

由式(Ⅶ-50)和式(Ⅶ-53)可以看出，把TE_{mn}模的横向分量$\widetilde{\boldsymbol{E}}_{\mathrm{t}}$ 代入式(Ⅶ-50)可求得 TE 波

的传输功率，把TM_{mn}模的横向分量$\widetilde{\boldsymbol{H}}_{\mathrm{t}}$代入式(Ⅶ-53)可求得 TM 波的传输功率。但是由于金属圆波导横向分量的解析式比纵向分量解析式复杂得多，且解析式含有柱贝赛尔函数和柱贝赛尔函数导数的形式，造成式(Ⅶ-50)和式(Ⅶ-53)的积分很困难。

Ⅶ.3　用纵向分量表达金属圆波导的传输功率

为了解决式(Ⅶ-50)和式(Ⅶ-53)积分困难的问题，可通过横向场分量与纵向分量之间的关系式(Ⅶ-31)和式(Ⅶ-32)，把金属波导传输功率表达为纵向分量的积分。

1. TE 波传输功率

对于TE_{mn}模，取 $\widetilde{E}_z=0$，由式(Ⅶ-31)和式(Ⅶ-32)，得到

$$\widetilde{\boldsymbol{E}}_{\mathrm{t}}=-\frac{\mathrm{j}\omega\mu}{k_{\mathrm{c}}^2}\nabla_{\mathrm{t}}\widetilde{H}_z\times\boldsymbol{e}_z \tag{Ⅶ-54}$$

$$\widetilde{\boldsymbol{H}}_{\mathrm{t}}=-\frac{\mathrm{j}k_z}{k_{\mathrm{c}}^2}\nabla_{\mathrm{t}}\widetilde{H}_z \tag{Ⅶ-55}$$

将式(Ⅶ-54)和式(Ⅶ-55)代入式(Ⅶ-47)，并利用式(Ⅶ-23)，得到

$$\begin{aligned}P_{\mathrm{TE}}&=\frac{1}{2}\iint\limits_{(S)}(\widetilde{\boldsymbol{E}}_{\mathrm{t}}\times\widetilde{\boldsymbol{H}}_{\mathrm{t}}^{*})\cdot\boldsymbol{e}_z\mathrm{d}S=\frac{1}{2}\iint\limits_{(S)}\left[\left(-\frac{\mathrm{j}\omega\mu}{k_{\mathrm{c}}^2}\nabla_{\mathrm{t}}\widetilde{H}_z\times\boldsymbol{e}_z\right)\times\left(\frac{\mathrm{j}k_z}{k_{\mathrm{c}}^2}\nabla_{\mathrm{t}}\widetilde{H}_z^{*}\right)\right]\cdot\boldsymbol{e}_z\mathrm{d}S\\&=\frac{1}{2}\frac{\omega\mu k_z}{k_{\mathrm{c}}^4}\iint\limits_{(S)}|\nabla_{\mathrm{t}}\widetilde{H}_z|^2\mathrm{d}S\end{aligned} \tag{Ⅶ-56}$$

2. TM 波传输功率

对于TM_{mn}模，取 $\widetilde{H}_z=0$，由式(Ⅶ-31)和式(Ⅶ-32)，得到

$$\widetilde{\boldsymbol{E}}_{\mathrm{t}}=-\frac{\mathrm{j}k_z}{k_{\mathrm{c}}^2}\nabla_{\mathrm{t}}\widetilde{E}_z \tag{Ⅶ-57}$$

$$\widetilde{\boldsymbol{H}}_{\mathrm{t}}=\frac{\mathrm{j}\omega\varepsilon}{k_{\mathrm{c}}^2}\nabla_{\mathrm{t}}\widetilde{E}_z\times\boldsymbol{e}_z \tag{Ⅶ-58}$$

将式(Ⅶ-57)和式(Ⅶ-58)代入式(Ⅶ-47)，并利用式(Ⅶ-23)，得到

$$\begin{aligned}P_{\mathrm{TM}}&=\frac{1}{2}\iint\limits_{(S)}(\widetilde{\boldsymbol{E}}_{\mathrm{t}}\times\widetilde{\boldsymbol{H}}_{\mathrm{t}}^{*})\cdot\boldsymbol{e}_z\mathrm{d}S=\frac{1}{2}\iint\limits_{(S)}\left[\left(-\frac{\mathrm{j}k_z}{k_{\mathrm{c}}^2}\nabla_{\mathrm{t}}\widetilde{E}_z\right)\times\left(-\frac{\mathrm{j}\omega\varepsilon}{k_{\mathrm{c}}^2}\nabla_{\mathrm{t}}\widetilde{E}_z^{*}\times\boldsymbol{e}_z\right)\right]\cdot\boldsymbol{e}_z\mathrm{d}S\\&=\frac{1}{2}\frac{\omega\varepsilon k_z}{k_{\mathrm{c}}^4}\iint\limits_{(S)}|\nabla_{\mathrm{t}}\widetilde{E}_z|^2\mathrm{d}S\end{aligned} \tag{Ⅶ-59}$$

3. 用纵向分量表达金属圆波导的传输功率

$$\text{TE 波：}\quad\iint\limits_{(S)}|\nabla_{\mathrm{t}}\widetilde{H}_z|^2\mathrm{d}S=k_{\mathrm{c}}^2\iint\limits_{(S)}|\widetilde{H}_z|^2\mathrm{d}S \tag{Ⅶ-60}$$

$$\text{TM 波：}\quad\iint\limits_{(S)}|\nabla_{\mathrm{t}}\widetilde{E}_z|^2\mathrm{d}S=k_{\mathrm{c}}^2\iint\limits_{(S)}|\widetilde{E}_z|^2\mathrm{d}S \tag{Ⅶ-61}$$

(1) 对于 TE 波，取 $\varphi=\widetilde{H}_z$，$\boldsymbol{A}=\nabla\widetilde{H}_z^{*}$。利用矢量恒等式

$$\nabla\cdot(\varphi\boldsymbol{A})=\boldsymbol{A}\cdot\nabla\varphi+\varphi\nabla\cdot\boldsymbol{A} \tag{Ⅶ-62}$$

有

$$\nabla\cdot(\widetilde{H}_z\nabla\widetilde{H}_z^{*})=|\nabla\widetilde{H}_z|^2+\widetilde{H}_z\nabla^2\widetilde{H}_z^{*} \tag{Ⅶ-63}$$

由哈密顿算子式(Ⅶ-9)，并利用式(Ⅶ-30)，有

$$\nabla\widetilde{H}_z=\nabla_{\mathrm{t}}\widetilde{H}_z+\boldsymbol{e}_z\frac{\partial\widetilde{H}_z}{\partial z}=\nabla_{\mathrm{t}}\widetilde{H}_z-\mathrm{j}k_z\widetilde{H}_z\boldsymbol{e}_z \tag{Ⅶ-64}$$

对式(Ⅶ－64)取两端共轭，有

$$\nabla\widetilde{H}_z^* = \nabla_t\widetilde{H}_z^* + \boldsymbol{e}_z\frac{\partial\widetilde{H}_z^*}{\partial z} = \nabla_t\widetilde{H}_z^* + jk_z\widetilde{H}_z^*\boldsymbol{e}_z \tag{Ⅶ－65}$$

对式(Ⅶ－64)和式(Ⅶ－65)求标量积，得到

$$|\nabla\widetilde{H}_z|^2 = (\nabla_t\widetilde{H}_z - jk_z\widetilde{H}_z\boldsymbol{e}_z)\cdot(\nabla_t\widetilde{H}_z^* + jk_z\widetilde{H}_z^*\boldsymbol{e}_z) = |\nabla_t\widetilde{H}_z|^2 + k_z^2|\widetilde{H}_z|^2 \tag{Ⅶ－66}$$

又由式(13－120)知，纵向分量 $\widetilde{H}_z$ 满足标量赫姆霍兹方程

$$\nabla^2\widetilde{H}_z + k^2\widetilde{H}_z = 0 \tag{Ⅶ－67}$$

将式(Ⅶ－67)取共轭，然后代入式(Ⅶ－63)的第二项，得到

$$\nabla\cdot(\widetilde{H}_z\nabla\widetilde{H}_z^*) = |\nabla\widetilde{H}_z|^2 - k^2\widetilde{H}_z\widetilde{H}_z^* = |\nabla\widetilde{H}_z|^2 - k^2|\widetilde{H}_z|^2 \tag{Ⅶ－68}$$

将式(Ⅶ－66)代入式(Ⅶ－68)，并利用式(Ⅶ－33)，得到

$$\nabla\cdot(\widetilde{H}_z\nabla\widetilde{H}_z^*) = |\nabla_t\widetilde{H}_z|^2 - k_c^2|\widetilde{H}_z|^2 \tag{Ⅶ－69}$$

对式(Ⅶ－69)两边进行体积分，有

$$\iiint_{(V)}\nabla\cdot(\widetilde{H}_z\nabla\widetilde{H}_z^*)\mathrm{d}V = \iiint_{(V)}(|\nabla_t\widetilde{H}_z|^2 - k_c^2|\widetilde{H}_z|^2)\mathrm{d}V \tag{Ⅶ－70}$$

下面证明积分(Ⅶ－70)左边积分为零。应用高斯定理式(1－84)，有

$$\iiint_{(V)}\nabla\cdot(\widetilde{H}_z\nabla\widetilde{H}_z^*)\mathrm{d}V = \oint\!\!\!\oint_{(S)}(\widetilde{H}_z\nabla\widetilde{H}_z^*)\cdot\mathrm{d}\boldsymbol{S} \tag{Ⅶ－71}$$

式中，S 为体积 V 的外表面，为闭合曲面。如图Ⅶ－1所示，在波导内选择体积微元为 z 到 $z+\mathrm{d}z$ 的一段圆柱体。圆柱体表面由三部分构成：z 处圆截面 S_1，外法向 $-\boldsymbol{e}_z$；$z+\mathrm{d}z$ 处圆截面 S_2，外法向 $\boldsymbol{e}_z$；$\mathrm{d}z$ 宽度的圆柱边界面 S_3，外法向为 $\boldsymbol{e}_\rho$。由此式(Ⅶ－71)右端闭合面的积分可改写为

$$\oint\!\!\!\oint_{(S)}(\widetilde{H}_z\nabla\widetilde{H}_z^*)\cdot\mathrm{d}\boldsymbol{S} = \iint_{(S_1)}(\widetilde{H}_z\nabla\widetilde{H}_z^*)\cdot(-\boldsymbol{e}_z)\mathrm{d}S + \iint_{(S_2)}(\widetilde{H}_z\nabla\widetilde{H}_z^*)\cdot\boldsymbol{e}_z\mathrm{d}S + \iint_{(S_3)}(\widetilde{H}_z\nabla\widetilde{H}_z^*)\cdot\boldsymbol{e}_\rho\mathrm{d}S \tag{Ⅶ－72}$$

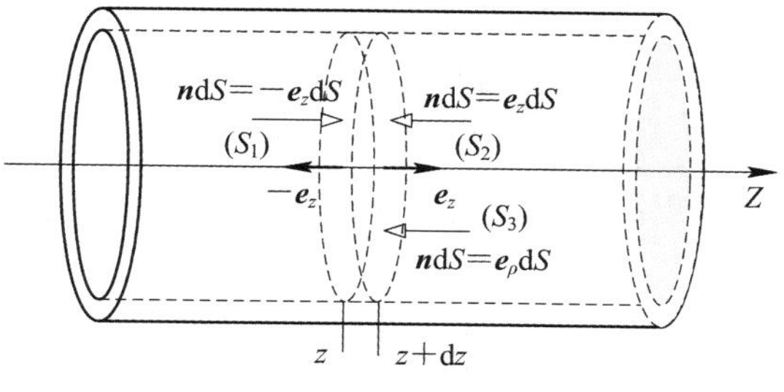

图Ⅶ－1　金属圆波导体微元和面微分元

由于 $\mathrm{d}z$ 很小，可取

$$\widetilde{H}_z\nabla\widetilde{H}_z^*\big|_z \approx \widetilde{H}_z\nabla\widetilde{H}_z^*\big|_{z+\mathrm{d}z} \tag{Ⅶ－73}$$

由此可得式(Ⅶ－72)右端前两项积分和为零。又有

$$(\widetilde{H}_z\nabla\widetilde{H}_z^*)\cdot\boldsymbol{e}_\rho = \widetilde{H}_z\nabla\widetilde{H}_z^*\cdot\boldsymbol{e}_\rho = \widetilde{H}_z\frac{\partial\widetilde{H}_z^*}{\partial\rho} \tag{Ⅶ－74}$$

对于 TE 波，由式(13-158)有

$$\left.\frac{\partial \widetilde{H}_z}{\partial \rho}\right|_{\rho=a}=0 \rightarrow \left.\frac{\partial \widetilde{H}_\rho^*}{\partial \rho}\right|_{\rho=a}=0 \tag{Ⅶ-75}$$

由此可得式(Ⅶ-72)右端第三项积分为零。显然，式(Ⅶ-72)积分为零。由式(Ⅶ-70)必有

$$\iiint_{(V)}(|\nabla_t \widetilde{H}_z|^2-k_c^2\ |\widetilde{H}_z|^2)\mathrm{d}V=0 \tag{Ⅶ-76}$$

(2) 对于 TM 波，取 $\varphi=\widetilde{E}_z$，$\mathbf{A}=\nabla\widetilde{E}_z^*$。并利用边界条件(13-144)，即

$$\widetilde{E}_z|_{\rho=a}=0 \tag{Ⅶ-77}$$

同理可得

$$\iiint_{(V)}(|\nabla_t \widetilde{E}_z|^2-k_c^2\ |\widetilde{E}_z|^2)\mathrm{d}V=0 \tag{Ⅶ-78}$$

(3) 体积分化为面积分。

式(Ⅶ-76)和式(Ⅶ-78)体积分可化为

$$\int_z^{z+\mathrm{d}z}\iint_{(S)}(|\nabla_t \widetilde{H}_z|^2-k_c^2\ |\widetilde{H}_z|^2)\mathrm{d}S\mathrm{d}z=0 \tag{Ⅶ-79}$$

$$\int_z^{z+\mathrm{d}z}\iint_{(S)}(|\nabla_t \widetilde{E}_z|^2-k_c^2\ |\widetilde{E}_z|^2)\mathrm{d}S\mathrm{d}z=0 \tag{Ⅶ-80}$$

纵向场变化取近似为

$$(|\nabla_t \widetilde{H}_z|^2-k_c^2\ |\widetilde{H}_z|^2)|_z \approx (|\nabla_t \widetilde{H}_z|^2-k_c^2\ |\widetilde{H}_z|^2)|_{z+\mathrm{d}z} \tag{Ⅶ-81}$$

$$(|\nabla_t \widetilde{E}_z|^2-k_c^2\ |\widetilde{E}_z|^2)|_z \approx (|\nabla_t \widetilde{E}_z|^2-k_c^2\ |\widetilde{E}_z|^2)|_{z+\mathrm{d}z} \tag{Ⅶ-82}$$

由式(Ⅶ-79)和式(Ⅶ-80)可得

$$\iint_{(S)}|\nabla_t \widetilde{H}_z|^2\mathrm{d}S=k_c^2\iint_{(S)}|\widetilde{H}_z|^2\mathrm{d}S \tag{Ⅶ-83}$$

$$\iint_{(S)}|\nabla_t \widetilde{E}_z|^2\mathrm{d}S=k_c^2\iint_{(S)}|\widetilde{E}_z|^2\mathrm{d}S \tag{Ⅶ-84}$$

将式(Ⅶ-83)代入式(Ⅶ-56)，式(Ⅶ-84)代入式(Ⅶ-59)，得到

$$P_{\mathrm{TE}}=\frac{1}{2}\frac{\omega\mu k_z}{k_c^2}\iint_{(S)}|\widetilde{H}_z|^2\mathrm{d}S \tag{Ⅶ-85}$$

$$P_{\mathrm{TM}}=\frac{1}{2}\frac{\omega\varepsilon k_z}{k_c^2}\iint_{(S)}|\widetilde{E}_z|^2\mathrm{d}S \tag{Ⅶ-86}$$

式(Ⅶ-85)和式(Ⅶ-86)就是用纵向场分量计算金属圆波导传输功率的公式。

参考文献

[1] 谢树艺. 矢量分析与场论. 2 版. 北京：高等教育出版社，1985.

[2] 北京大学数学力学系高等数学教材编写组. 多元微积分. 北京：人民教育出版社，1978.

[3] 陆传务，林化夷. 矢量和张量及其应用. 武汉：华中工学院出版社，1983.

[4] BORISENKO A I, TARAPOV I E. Vector and Tensor Analysis with Applications. Dover Publications, Inc. New York, 1979.

[5] 戴振铎，鲁述. 电磁理论中的并矢格林函数. 武汉：武汉大学出版社，1995.

[6] GURU B S, HIZIROGLU H R. 电磁场与电磁波. 2 版. 周克定，译. 机械工业出版社，2006.

[7] 陈秉乾，舒幼生，胡望雨. 电磁学专题研究. 北京：高等教育出版社，2001.

[8] ULABY F T. 应用电磁学基础. 4 版. 尹华杰，译. 北京：人民邮电出版社，2007.

[9] CHESTON W B. Elementary Theory of Electric and Magnetic Fields. John Wiley and Sons, Inc. New York, 1964.

[10] 马海武，王丽黎，赵仙红. 电磁场理论. 北京：北京邮电大学出版社，2004.

[11] 郭辉萍，刘学观. 电磁场与电磁波. 西安：西安电子科技大学出版社，2003.

[12] 马冰然. 电磁场与微波技术. 2 版. 广州：华南理工大学出版社，2006.

[13] 丁君. 工程电磁场与电磁波. 北京：高等教育出版社，2005.

[14] 程稼夫，胡友秋，尤峻汉. 经典力学 电磁学 电动力学. 北京：中国科学技术大学出版社，1990.

[15] 何启智. 电动力学. 北京：高等教育出版社，1985.

[16] 陈军. 光学电磁理论. 北京：科学出版社，2005.

[17] 郭硕鸿. 电动力学. 北京：人民教育出版社，1979.

[18] 刘鹏程. 电磁场解析方法. 北京：电子工业出版社，1995.

[19] 吴万春. 电磁场理论. 北京：电子工业出版社，1985.

[20] MONTROSE M I. 电磁兼容和印刷电路板：理论、设计和布线. 刘元安，李书芳，高攸纲，译. 人民邮电出版社，2002.

[21] 杨华军. 数学物理方法与计算机仿真. 北京：电子工业出版社，2005.

[22] 王元明. 数学物理与特殊函数. 4 版. 北京：高等教育出版社，2004.

[23] 北京大学数学力学系，高等数学教材编写组. 常微分方程与无穷级数. 北京：人民教育出版社，1978.

[24] 郭敦仁. 数学物理方法. 北京：人民教育出版社，1979.

[25] 黄卡玛，赵翔. 电磁场中的逆问题及应用. 北京：科学出版社，2005.

[26] HECHT E. Optics. 4 版. 张存林，改编. 北京：高等教育出版社，2005.

[27] 张克潜，李德杰. 微波和光电子学中的电磁理论. 北京：电子工业出版社，2005.

[28] 田芊，廖延彪，孙利群. 工程光学. 北京：清华大学出版社，2006.

[29] Л. M. 布列霍夫斯基赫. 分层介质中的波. 北京：科学出版社，1960.

[30] 唐晋发，顾培夫，刘旭，等. 现代光学薄膜技术. 杭州：浙江大学出版社，2006.

[31] 杨儒贵，陈达章，刘鹏程. 电磁理论. 西安：西安交通大学出版社，1991.

[32] 石顺祥，刘继芳，孙艳玲. 光的电磁理论：光波的传播与控制. 西安：西安电子科技大学出版社，2006.
[33] 苏步青，华宣积，忻元龙，等. 空间解析几何. 上海：上海科学技术出版社，1984.
[34] 是度芳，李承芳，张国平，等. 现代光学导论. 武汉：湖北科学技术出版社，2003.
[35] 董孝义. 光波电子学. 天津：南开大学出版社，1987.
[36] 廖延彪. 偏振光学. 北京：科学出版社，2003.
[37] 梁昆淼. 数学物理方法. 北京：人民教育出版社，1979.
[38] 王竹溪，郭敦仁. 特殊函数概论. 北京：北京大学出版社，2000.
[39] 现代工程数学手册编委会. 现代工程数学手册：第一卷. 武汉：华中工学院出版社，1985.
[40] 盛剑霓. 工程电磁场数值分析. 西安：西安交通大学出版社，1991.
[41] 王载舆. 数学物理方程及特殊函数. 北京：清华大学出版社，1991.
[42] 石辛民，翁智. 数学物理方程及其 MATLAB 解算. 北京：清华大学出版社，2011.
[43] 桂子鹏，康盛亮. 数学物理方程. 上海：同济大学出版社，1987.
[44] 任怀宗，师先进. 特殊函数及其应用. 长沙：中南工业大学出版社，1986.
[45] 杨应辰，徐明聪. 数学物理方程与特殊函数. 北京：国防工业出版社，1984.
[46] 李信真，车刚明，欧阳洁，等. 计算方法. 2 版. 西安：西北工业大学出版社，2013.
[47] 吕英华. 计算电磁学的数值方法. 北京：清华大学出版社，2006.
[48] HAYT W H，BUCK J J. 工程定磁场. 8 版. 北京：清华大学出版社，2014.
[49] 傅林. 电磁场与电磁波：理论与仿真. 北京：北京理工大学出版社，2018.
[50] CHENG D K. 电磁场与电磁波. 2 版. 何业军，桂良启. 北京：清华大学出版社，2013.
[51] 应嘉年，顾茂章，张克潜. 微波与光波导技术. 北京：国防工业出版社，1996.
[52] 张伟刚. 光纤光学原理及应用(2 版). 北京：清华大学出版社，2017.
[53] WARTAK M S. 计算光子学：MATLAB 导论. 吴宗森，吴小山，译. 北京：科学出版社，2019.
[54] 葛德彪，魏兵. 电磁波理论. 北京：科学出版社，2013.
[55] 李淑凤，李成仁. 光波导理论基础. 2 版. 北京：电子工业出版社，2019.
[56] FRANZ J H，JAIN V K. 光通信器件与系统. 徐宏杰，何珺，蒋剑良，等译. 北京：电子工业出版社，2002.
[57] 欧攀，何汉相，鲁军，等. 高等光学仿真(MATLAB 版)：光波导，激光. 3 版. 北京：北京航天航空大学出版社，2019.
[58] 曹建章. 光学原理及应用. 北京：电子工业出版社，2020.
[59] 李玉权，崔敏. 光波导理论与技术. 北京：人民邮电出版社，2002.
[60] 马春生，刘式墉. 光波导模式理论. 长春：吉林大学出版社，2006.
[61] GLOGE D. Weakly guiding fibers. Appl. Opt.，10：2252-2258，1971.
[62] KRAUS J D，MARHEFKA R J. 天线. 3 版. 章文勋，译. 北京：电子工业出版社，2018.
[63] 万伟，王季立. 微波技术与天线. 西安：西北工业大学出版社，1987.
[64] 伍裕江，聂在平，宗显政. 接收天线等效电路的严格推导. 电子科技大学学报，2008，37(4)，508-510.
[65] 王桂杰，杨林. 互易定理与电磁兼容. 微波学报，2014 年 6 月，65-67.
[66] GROSS F B. 智能天线：MATLAB 实践版. 2 版. 刘光毅，费泽松，王亚峰，译. 北京：机械工业出版社，2019.
[67] MAKAROV S N. 通信天线建模与 MATLAB 仿真分析. 许献国，译. 北京：北京邮电大学出版社，2006.
[68] MILLIGAN T A. 现代天线设计. 2 版. 郭玉春，方加云，张光生，等译. 北京：电子工业出版

社，2018.
[69] 宋丰华. 现代空间光电系统及应用. 北京：国防工业出版社，2004.
[70] 戴永江. 激光雷达原理. 北京：国防工业出版社，2002.
[71] 张明友，汪学刚. 雷达系统. 北京：电子工业出版社，2006.
[72] MAHAFZA B R，ELSHERBENI A Z. 雷达系统设计 MATLAB 仿真. 朱国富，黄晓涛，黎向阳，等译. 北京：电子工业出版社，2016.
[73] 杨克忠. 深空探测天线. 北京：人民邮电出版社，2014.
[74] 殷琪. 卫星通信系统测试. 北京：人民邮电出版社，1997.
[75] 秦顺友. 地面站系统 G/T 值测试方法综述. 无线电通信技术，2020，46(6)706－711.
[76] 郭向勇. 接收天线的噪声特性与 G/T 值的计算. 广播电视信息，1998：23－26.
[77] 廖连常，林士杰. 用微波辐射计测量天线辐射效率. 电子科学学刊，1991，13(6)：597－602.
[78] 赵凯华，罗蔚茵. 量子物理. 北京：高等教育出版社，2001.
[79] 周朝栋，王元坤，杨恩耀. 天线与电波. 西安：西安电子科技大学出版社，1994.
[80] 宋铮，张建华，黄冶. 天线与电波传播. 西安：西安电子科技大学出版社，2003.
[81] 潘仲英. 电磁波、天线与电波传播. 北京：机械工业出版社，2003.
[82] 林场禄. 天线测量. 成都：成都电信工程学院出版社，1988.
[83] STUTZMAN W L，THIELE G A. 天线理论与设计. 2 版. 朱守正，安同一，译. 北京：人民邮电出版社，2006.
[84] 刘嘉栋. 卫星测控通信系统射频测试原理与方法. 西安：陕西科学技术出版社，2017.
[85] 张风林. 宽波束天线噪声温度的计算. 遥感遥测，2004，25(5)：14－17.
[86] 房少军，王钟葆. 数字微波通信. 大连：大连海事大学出版社，2018.
[87] 郭文彬，杨鸿文，桑林，等. 通信原理：基于 MATLAB 的计算机仿真. 北京：北京邮电大学出版社，2015.
[88] 姬国枢，王威，刘东浩，等. 射电阵列天线和接收机性能综合测试方法. 天文研究与技术，2010，9(4)：391－396.
[89] 张军，蔡兴雨. 有源阵列天线的噪声温度. 火控雷达技术，2008，37(2)：1－5.
[90] 袁惠仁，彭云楼，薛吟章，等. 用射电天文方法测量天线参数. 通信学报，1991(3)：45－52.
[91] 赵瑾，董晓龙，张德海. 星载微波辐射计天馈系统噪声温度分析. 宇航学报，2010，31(2)：466－471.
[92] 孙建民. 射电天文无线电监测理论研究. 中国无线电，2009(5)：52－54.
[93] 秦顺友，杜彪，张文静. 反射面天线欧姆损耗噪声温度的计算. 中国电子科学研究院学报，2009，408－411.
[94] 陈奇波. 地球站品质因素(G/T)测量方法综述. 通信学报，1995，16(2)：40－50.
[95] 吴祈耀. 随机过程. 北京：国防工业出版社，1987.
[96] 雷振亚，王青，刘家州. 射频/微波电路导论. 2 版. 西安：西安电子科技大学出版社，2017.
[97] 华中工学院无线电技术教研室. 高频电子线路：下册(第一分册). 北京：人民教育出版社，1982.
[98] 刘保柱，苏彦华，张宏. MATLAB7.0 从入门到精通. 2 版. 北京：人民邮电出版社，2010.
[99] MAGRAB E B. MATLAB 原理与工程应用. 高会生，李新叶，胡智奇，等译. 北京：电子工业出版社，2002 年.
[100] 周博，薛世峰. MATLAB 工程与科学绘图. 北京：清华大学出版社，2015.
[101] 张德丰. MATLAB 实用数值分析. 北京：清华大学出版社，2012.
[102] 苏金明，王永利. MATLAB7.0 实用指南. 北京：电子工业出版社，2005.
[103] 石辛民，翁智. 数学物理方程及其 MATLAB 解算. 北京：清华大学出版社，2011.

[104] 陈明，郑彩云，张铮. MATLAB函数和实例速查手册. 北京：人民邮电出版社，2014.
[105] 杨显清，王园，赵家升. 电磁场与电磁波教学指导书.4版. 北京：高等教育出版社，2006.
[106] 焦其祥，章茂林，张安，等. 电磁场与电磁波习题精解. 北京：科学出版社，2004.
[107] 上海市物理学会教学委员会. 理论物理习题集. 上海：上海科学技术文献出版社，1983.
[108] 张文灿，邓亲俊. 电磁场的难题和例题分析. 北京：高等教育出版社，1987.
[109] 刘金英，陈银华，赵叔平，等. 电磁学与电动力学：物理学大题典. 北京：科学出版社、中国科学技术大学出版社，2005.
[110] 张锦. 激光干涉光刻技术. 成都：四川大学博士学位论文，2003.
[111] 曹建章，徐平，李景镇. 薄膜光学与薄膜技术基础. 北京：科学出版社，2014.
[112] 曹建章. 光学原理及应用：上册. 北京：电子工业出版社，2020.
[113] 刘国强，张锦，周崇喜. 三光束激光干涉光刻的实现方法. 强激光与粒子束，2011，23(12).
[114] 张伟，刘维萍，顾小勇，等. 多光束激光干涉光刻图样. 强激光与粒子束，2011,23(12).
[115] 王大鹏，车英. MATLAB对激光干涉纳米阵列的仿真与研究. 长春理工大学学报(自然科学版)，2012，35(2).
[116] 张锦，冯伯儒，郭永康. 振幅分割无掩膜激光干涉光刻的实现方法. 光电工程，2004，31(2).
[117] 郑宇，杨黠，李群华，等. 多束SPPs干涉成像模拟研究. 四川理工学院学报(自然科学版)，2010，23(1).
[118] 金凤泽，方亮，张志友等. 表面等离激元体干涉制备纳米光子晶体的模拟分析. 光学学报，2009，29(4).
[119] 郑宇，杜惊雷. 多束表面等离子体干涉场的模拟研究. 激光技术，2013，37(1).